Lange

Umformtechnik

Springer

Berlin
Heidelberg
New York
Barcelona
Hongkong
London
Mailand
Paris
Tokio

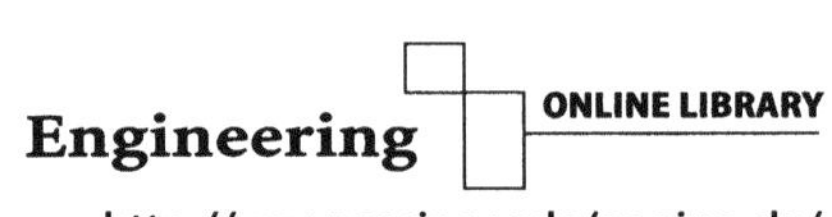

Umformtechnik

Handbuch
für Industrie und Wissenschaft

Herausgegeben von Kurt Lange

Band 1: Grundlagen

2. Auflage 1984
Nachdruck 2002 in veränderter Ausstattung — Studienausgabe

Mit 483 Abbildungen

 Springer

Herausgeber:

Dr.-Ing. Dr. h. c. Kurt Lange

o. Professor em., Institut für Umformtechnik
Universität Stuttgart

ISBN-13: 978-3-540-43686-7   e-ISBN-13: 978-3-642-61760-7
DOI: 10.1007/978-3-642-61760-7

Die Deutsche Bibliothek - CIP-Einheitsaufnahme
Umformtechnik : Handbuch für Industrie und Wirtschaft / hrsg. von Kurt Lange.- Berlin ; Heidelberg ;
New York ; Barcelona ; Hongkong ; London ; Mailand ; Paris ; Tokio : Springer, 2002

Springer-Verlag Berlin Heidelberg New York
ein Unternehmen der BertelsmannSpringer Science+Business Media GmbH

http://www.springer.de

Text: Datenerstellung durch Autoren
Einbandgestaltung: Medio Technologies AG, Berlin
Gedruckt auf säurefreiem Papier   SPIN: 10878528   7/3020hu -5 4 3 2 1 0-

Mitarbeiter

Dannenmann, E., Dipl.-Ing., Institut für Umformtechnik, Universität Stuttgart
(Kap. 5 u. 7)

Geiger, M., Prof. Dr.-Ing., Lehrstuhl für Fertigungstechnologie,
Friedrich-Alexander-Universität Erlangen-Nürnberg (Kap. 4)

Geiger, R., Dr.-Ing., Preß- + Stanzwerk AG, Eschen/Liechtenstein (Kap. 5)

Gräbener, Th., Dr.-Ing., SÜKO-SIM Sicherheitsmuttern-Verbindungselemente
GmbH + Co., Schrozberg (Kap. 5)

Lange, K., Prof. Dr.-Ing., Institut für Umformtechnik, Universität Stuttgart
(Kap. 0, 1, 7, 8)

Pöhlandt, K., Dr.-Ing. habil., Institut für Umformtechnik, Universität Stuttgart
(Kap. 3)

Reissner, J., Prof., Institut für Umformtechnik, ETH Zürich/Schweiz
(Kap. 2 u. 3)

Schmidt, V., Dr.-Ing., Institut für Umformtechnik, Universität Stuttgart
(Kap. 6)

Schröder, G., Dr.-Ing., BBC, Forschungszentrum, Dättwil/Schweiz (Kap. 2 u. 3)

Steck, E., Prof. Dr.-Ing., Lehrstuhl für Mechanik B, Universität Braunschweig
(Kap. 4)

Vorwort zur Studienausgabe 2002

Als der Springer-Verlag an mich mit dem Vorschlag herantrat, eine broschierte Sonderausgabe des 1984 in 2. Auflage erschienenen und wiederholt nachgedruckten „Handbuch für Industrie und Wissenschaft, Umformtechnik Band 1: Grundlagen" herauszubringen, habe ich dieses Vorhaben sogleich in dreifacher Hinsicht begrüßt. Erstens würde damit eine nach Auslaufen der 2. Auflage erkennbare Lücke geschlossen werden, zweitens wären damit alle wesentlichen, nach wie vor aktuellen Grundlagen dieser immer wichtiger werdenden Produktionstechnik in geschlossener Form weiterhin verfügbar und drittens wäre ein unveränderter Nachdruck kostengünstig und damit vor allem auch Studierenden breiter zugänglich. Dieser letztere Punkt ist ein besonderes Anliegen des Verlages.

Die Zielsetzung der 1972 als „Lehrbuch der Umformtechnik" erschienenen 1. Auflage dieses Werkes ist heute unverändert gültig: Eine Einführung in die Umformtechnik mit einer nach einheitlichem Konzept ausgerichteten Gesamtdarstellung, die auch den sicheren Rückgriff auf Grundinformationen bei allfälligen Fragen und Problemen erlaubt. Diese Zielsetzung hat das auf der deutschen Auflage beruhende, in den USA seit 1985 erscheinende „Handbook of Metal Forming" zu einem auch an vielen amerikanischen Universitäten benutzten Werk werden lassen. Die vorliegende Sonderausgabe des 1. Bandes der 2. Auflage erfüllt diese Zielsetzung in hohem Maße. Gerade für die im letzten Jahrzehnt verbreitet auf den Markt gekommenen anspruchsvollen Berechnungs- und Simulationsprogramme ist z. B. die profunde Kenntnis der in ihnen enthaltenen metallkundlichen, tribologischen und mathematischen Grundlagen Voraussetzung für eine sachgerechte Beurteilung und Anwendung. Auch das Verstehen des Verhaltens der Grundbauarten von Umformmaschinen ist trotz der in jüngerer Zeit entwickelten Sonderbauarten sowie flexiblen, numerischen Steuerungen für eine technisch-wirtschaftliche Produktion unabdingbar. Für die geplante 3. Auflage werden die Inhalte dann in überarbeiteter Form zur Verfügung stehen.

Stuttgart, im Sommer 2002   Kurt Lange

Vorwort

Seit Erscheinen der ersten Auflage dieses Werkes unter dem Titel „Lehrbuch der Umformtechnik" hat sich die Anwendung umformender Fertigungsverfahren in der industriellen Produktion und parallel dazu die Verbreiterung und Vertiefung der technisch-wissenschaftlichen Grundlagen der Umformtechnik ohne Zweifel weltweit in sich beschleunigendem Tempo fortgesetzt. Antriebskräfte sind dabei der Zwang zu wirtschaftlicherer Verwendung von Energie und Rohstoffen einerseits sowie die Nutzung der hohen Produktivität umformender Fertigungsverfahren zur Dämpfung des Kostenanstiegs in der Produktion andererseits. Eingeschlossen hierin ist das Bemühen um das Erzeugen möglichst einbaufertiger Werkstücke durch Umformen oder das Absenken nachfolgender Fertigbearbeitung zur Erzeugung umformend nicht herstellbarer Geometrieelemente, zum Erzielen besserer Maßgenauigkeiten und bestimmter Oberflächenfeinstrukturen. Ziel war und ist dabei die Entwicklung einer „Präzisionsumformtechnik", der auch ein im Jahre 1981 angelaufenes Schwerpunktprogramm der Deutschen Forschungsgemeinschaft gewidmet ist. Voraussetzung hierfür ist auch die seit Erscheinen der ersten Auflage zu verzeichnende Intensivierung bei der Entwicklung neuer Werkstoffe mit gezielt gezüchteten Verarbeitungs- und Gebrauchseigenschaften sowohl für Massiv- als auch Blechumformung; hingewiesen sei hier stellvertretend auf die neuen hochfesten tiefziehfähigen Blechqualitäten.

Die Technologie der Umformtechnik wurde durch zahlreiche wissenschaftliche Arbeiten in den führenden Industrieländern weiterentwickelt und in ihren Grundlagen vertieft. Erfahrung wird dadurch zunehmend durch quantitativ gesichertes Wissen ersetzt. Hierzu trägt nicht nur die weiterhin verbesserte Meßtechnik in Verbindung mit leistungsfähigeren Geräten zur Datenverarbeitung bei als auch der zunehmende Einsatz des Rechners zur Prozeß-Analysis und -Simulation. Moderne Meßtechnik hat auch den breiteren Einbezug tribologischer Phänomene in Grundlagenuntersuchungen für die Umformtechnik ermöglicht. Bei den Werkzeugmaschinen der Umformtechnik zeigt sich ein zunehmender Einfluß von numerischen Steuerungen, deren Preis/Leistungsverhältnis durch Einführung der Mikroprozessor-Technik entscheidend verbessert werden konnte. Bemerkenswerte Erfolge bei der Errichtung zentral gesteuerter komplexer Fertigungsanlagen und bei der Entwicklung neuer flexibler Steuerungskonzepte und damit anpassungsfähigerer Maschinen wurden bereits erzielt. Eine zunehmende

Aktivität in Richtung der Entwicklung flexibler Erziehungseinrichtungen für kleine und mittlere Stückzahlen von Werkstücken ist deutlich zu beobachten.

An der Schwelle der Einführung in die industrielle Praxis befindet sich schließlich das rechnerunterstützte „Engineering" mit den Teilkomponenten „rechnerunterstütztes Konstruieren (CAD)", „rechnerunterstütztes Bearbeiten (CAM)" und „rechnerunterstütztes Prüfen und Messen (CAP)". Nach ermutigenden Erfolgen in einer Reihe von Großbetrieben kann davon ausgegangen werden, daß sich diese Techniken, die sich insbesondere auch auf die Konstruktions- und Arbeitsvorbereitungsphase auswirken werden, breiten Eingang in mittlere und kleinere Betriebe finden werden.

Insgesamt zeigt die Entwicklung seit Erscheinen der ersten Auflage, daß das Anliegen des „Lehrbuchs der Umformtechnik" auch heute noch gültig ist: je breiter und tiefer die Strukturen moderner Umformtechnik werden, desto mehr bedarf es einer nach einem einheitlichen Konzept ausgerichteten Gesamtdarstellung zur Einführung in die Umformtechnik und zum sicheren Rückgriff auf Grundinformationen bei laufenden Problemen. Die zweite Auflage erscheint deshalb als „Handbuch für Industrie und Wissenschaft." Damit wird auch deutlich, daß bei einer auf so vielen Grundlagenwissenschaften fußenden Technologie wie der Umformtechnik für eine gedeihliche Weiterentwicklung ein enges Miteinander von Anwendungspraxis sowie Forschung und Entwicklung nicht nur angezeigt, sondern zwingend notwendig ist.

Für die nun vorgestellte zweite Auflage wurden Ergebnisse aus den eingangs erwähnten laufenden Entwicklungen sowohl aus Arbeiten am Institut für Umformtechnik der Universität Stuttgart als auch an anderen Forschungsstellen aus dem Industrie- und Hochschulbereich im In- und Ausland herangezogen. Beibehalten wird die bewährte Gliederung der ersten Auflage mit der Dreiteilung des Stoffes in die Bände I: Grundlagen, II: Massivumformung und III: Blechbearbeitung.

Der vorliegende Band behandelt nach Einführung in grundlegende Verfahrensbegriffe und Grundlagen der Behandlung von Problemen der Umformtechnik sowie nach Vorstellung der benutzten Formelzeichen die metallkundlichen, plastizitätstheoretischen und tribologischen Grundlagen. Den Fließkurven und ihrer Aufnahme ist wie zuvor als Bindeglied zwischen Metallkunde und Plastizitätstheorie ein eigenes Kapitel gewidmet; es wurde erweitert und vertieft um einen Abschnitt über Fließortkurven. Die Kapitel über die Ermittlung von Verfahrenskennwerten durch Messen, Grundlagen der Werkzeugmaschinen der Umformtechnik sowie Arbeitsgenauigkeit wurden durch gründliche Überarbeitung dem neueren Stand der Technik angepaßt. Wie bei der ersten Auflage wird bei der Darstellung Wert auf leicht faßliche Einführung in den Stoff einerseits und Anbietung ausreichender Informationen zur selbständigen Lösung nicht zu spezieller Probleme andererseits gelegt. Die wie seither umfassenden Literaturverzeichnisse am Schluß eines jeden Kapitels sollen die Einarbeitung in Spezialgebiete erleichtern.

Herausgeber und Verfasser hoffen, daß die zweite Auflage unter dem Titel „Umformtechnik — Handbuch für Industrie und Wissenschaft" im Sinne der Zielsetzung der ersten Auflage Ingenieuren in der Industrie und Studierenden an Hoch- und Fachhochschulen die Einarbeitung in die Umformtechnik erleichtert und ihnen bei der Lösung von Problemen eine nützliche Hilfe ist. Sie nehmen die Gelegenheit, dem Springer-Verlag für die ausgezeichnete Zusammenarbeit bei der Vorbereitung und Drucklegung sowie für die hervorragende Ausstattung des Bandes Dank zu sagen. Sie bitten schließlich den Leser um Kritik, Hinweise und Ergänzungsvorschläge.

Stuttgart, im Juli 1984 Kurt Lange

Inhaltsverzeichnis

Inhalt der Bände 2 bis 4

Band 2: Massivumformung
- Einführung
- Stauchen
- Schmieden
- Walzen
- Grundlagen des Durchdrückens und Durchziehens
- Durchziehen
- Strangpressen
- Fließpressen
- Eindrückverfahren
- Rohteilherstellung
- Wärme- und Oberflächenbehandlung

Band 3: Blechbearbeitung
- Einführung
- Prüfung der Umformeigenschaften von Blechwerkstoffen
- Formänderungsanalyse mittels Liniennetzverfahren
- Tribologie der Blechumformung
- Schneiden
- Biegen
- Tiefziehen
- Ziehen unregelmäßiger Blechteile
- Sonder-Tiefziehverfahren
- Ziehen dickwandiger Hohlkörper
- Gestaltung und Fertigung dickwandiger Hohlkörper
- Drücken
- Sonderverfahren des Zug-Druck-Umformens
- Zugumformen
- Rohteilherstellung für die Blechumformung

Band 4: Sonderverfahren, Prozesssimulation, Werkzeugtechnik, Produktion
- Einführung
- Hochleistungs-, Hochenergie-, Hochgeschwindigkeitsumformung
- Umformen mit hohen hydrostatischen Drücken, hydrostatisches Strang- und Fließpressen
- Umformen mit bewußt geändertem Spannungszustand
- Umformen unter Anwendung überlagerter mechanischer Schwingungen
- Umformen mit besonderen Werkstoffzuständen
- Umformen von Automatenstählen
- Umformen pulvermetallurgisch hergestellter Rohteile
- Umformen von Nickelbasislegierungen (Superlegierungen)
- Umformen von Verbundwerkstoffen und Stoffverbunden
- Innenhochdruckumformen
- Fügen durch Umformen
- Prozeßsimulation und -optimierung
- Konstruktion von Umformwerkzeugen - Allgemeine Gesichtspunkte
- Rechnerunterstützte Konstruktion von Umformwerkzeugen
- Werkzeuge für die Umformtechnik
- Verschleißschutz durch Beschichtungen und Ionenstrahltechniken
- Einsatz von Umformwerkzeugen in der Produktion
- Dynamische Qualitätssicherung in der Umformtechnik
- Energieeinsatz in der Umformtechnik

Maschinen und Einrichtungen werden in den einzelnen Kapiteln mitbehandelt.

0 Allgemeine Begriffe, Formelzeichen und Einheiten in der Umformtechnik

Von **K. Lange**

Das Anliegen dieses Buches ist die Darstellung der Umformtechnik, ihrer Grundlagen, Verfahren, Werkzeuge, Werkzeugmaschinen und Einrichtungen in einheitlicher und systematischer Weise. Das erfordert neben einer einheitlichen Terminologie der Fachsprache die Verwendung vereinheitlichter Formelzeichen und Einheiten. Dieser Vereinheitlichung haben das „Gesetz über Einheiten im Meßwesen" vom 2. Juli 1969, mit dem das SI-Maßsystem verbindlich eingeführt wurde, die DIN 1301 (Februar/Oktober 1978) und die auf den ISO Empfehlungen R 31/III bis V beruhende DIN 1304 (Februar 1978) bereits als wesentliche Grundlage gedient. Hinzu kamen die Neufassung der VDI-Richtlinie 3137: Begriffe, Benennungen, Kenngrößen des Umformens (Januar 1976), die Unified Terminology „Forming" der Internationalen Forschungsgemeinschaft für mechanische Produktionstechnik (CIRP), Ausgabe Januar 1976, die auf der internationalen Norm ISO 82 beruhende DIN 50145: Prüfung metallischer Werkstoffe. Zugversuch. Trotz dieser inzwischen weitgehend eingeführten teils verbindlichen, teils empfohlenen Regelungen bleiben noch einige Lücken zu schließen, damit das oben genannte Ziel dieses Buches erreicht wird.

Außerdem ist noch zu berücksichtigen, daß sich beginnend nach 1950 einige grundsätzliche Entwicklungen im Bereich der Plastizitätstheorie vollzogen haben. Auf der einen Seite wurde die elementare Plastizitätstheorie, die vor der Verfügbarkeit des Großrechners das Feld beherrschte, stetig weiterentwickelt und ist immer noch ein sehr nützliches Werkzeug für die theoretische Behandlung von Umformvorgängen, insbesondere für die Berechnung von Spannungen, Kräften und Arbeiten. Auf der anderen Seite hat die v. Misessche Plastizitätstheorie aus der Einführung des Großrechners ganz besonderen Nutzen gezogen. Er ermöglichte erst die Anwendung numerischer Lösungsverfahren für komplexe Differentialgleichungssysteme u. a. m. Während die elementare Theorie die Umformung ganzer Körper oder größerer Teile von diesen (Makroelemente) unter Annahme homogener Formänderung behandelt, beruht die v. Misessche Theorie auf den inkrementellen Formänderungs- und Spannungszuständen in einem Körper oder in Mikroelementen eines solchen. Aus traditionellen Gründen werden heute noch verschiedene Begriffe und Symbole z. B. für Formänderungen und Formänderungsgeschwindigkeiten benutzt. Dieser Tradition folgen auch die VDI-Richtlinie 3137 und die CIRP Unified Terminology. Sie wird auch in diesem Buch konsequent verfolgt. Zu berücksichtigen war schließlich auch DIN 5485: Wortzusammensetzungen mit den Wörtern Konstante, Koeffizient, Zahl, Faktor, Grad, Maß, Pegel (Mai 1977) und

DIN 5490: Gebrauch der Wörter bezogen, spezifisch, relativ, normiert und reduziert.

Bei den Einheiten wird entsprechend der Empfehlung des ISO Komitees TC17 vom Juni 1970 und DIN 1301, Blatt 2 (Februar 1978) als Einheit für mechanische Spannungen das N/mm^2 ($1\ N/m^2 = 1\ Pa$) durchgehend verwendet. Pneumatische und hydraulische Drücke werden in der außerhalb des SI-Systems liegenden Einheit bar (entsprechend DIN 1301 Blatt 2, $1\ bar = 10^5\ Pa$) angegeben. Härtewerte werden entsprechend einem Beschluß des ISO Komitees TC17 vom Juni 1970 (siehe auch DIN 50133, Härteprüfung nach Vickers (Dezember 1972) und DIN 50351, Härteprüfung nach Brinell (Januar 1973) in unveränderter Größe ohne Angabe einer Einheit aufgeführt. Als Einheiten für Temperaturen finden das Kelvin (K) und das Grad Celsius (°C) parallel Verwendung.

Im nachstehenden führt Tabelle 0.1 die allgemeinen Formelzeichen, Indizes und Beispiele auf, während Tabelle 0.2 die Symbole für Werkstoffkennwerte aus dem Zugversuch enthält. Tabelle 0.3 schließlich umfaßt die Einheiten der wichtigsten vorkommenden Größen; zur Erleichterung der Umrechnung von Zahlenwerten in das amerikanische „Customary system" (bzw. in umgekehrter Richtung), das in den USA neben dem in Einführung begriffenen SI-System noch breit benutzt wird, enthält sie gleichzeitig die betreffenden Umrechnungsfaktoren.

Tabelle 0.1 Allgemeine Zeichen

a) Zeichen

Zeichen		Bedeutung
DIN 1304	Umformtechnik	
a		Beschleunigung
A		Fläche
α		Winkel, Wärmeübergangszahl, Längenausdehnungszahl
b		Breite
β		Winkel
	β	Tiefziehverhältnis
c		spezifische Wärmekapazität
	C	Federzahl
d		Durchmesser
E		Elastizitätsmodul, (verfügbare) Energie
ε		Dehnung (auf Ausgangswert bezogene Abmessungsänderung)
	ε	Formänderung (Dehnung und/oder Schiebung) ⎫ für v. Misessche
	$\dot{\varepsilon}$	Formänderungsgeschwindigkeit ⎬ Plastizitäts-
		⎭ theorie
	$\dot{\varepsilon}$	Formänderungsgeschwindigkeits-Tensor
	ε_v	Vergleichsformänderung
	$\dot{\varepsilon}_v$	Vergleichsformänderungsgeschwindigkeit
η		Wirkungsgrad
f		Frequenz
	f	Federweg
F		Kraft
	φ	Umformgrad ⎫ für elementare
	$\dot{\varphi}$	Umformgeschwindigkeit ⎭ Plastizitätstheorie

a) Zeichen

Zeichen		Bedeutung
DIN 1304	Umform-technik	
	φ_v	Vergleichsumformgrad
	$\dot{\varphi}_v$	Vergleichsumformgeschwindigkeit
g		Fallbeschleunigung
G		Gewichtskraft, Schubmodul
γ		Schiebung, Winkel
	γ	Schiebung $\rbrace$ für v. Misessche
	$\dot{\gamma}$	Schiebungsgeschwindigkeit $\rbrace$ Plastizitätstheorie
h		Höhe
	h	Bodendicke, Stößelweg (laufende Koordinate)
	H	(Gesamt-) Hub
ϑ		Celsius-Temperatur
	k	Schubfließspannung, Kippung
	k_f	Fließspannung
	k_s	bezogene Schneidkraft
	k_w	Umformwiderstand
K		Kompressionsmodul
l		Länge
λ		Wärmeleitfähigkeit
m		Masse
m		Reibfaktor
M		Moment
μ		Reibzahl
n		Drehzahl (Hubzahl)
	n	Verfestigungsexponent
ν		Poisson-Zahl
p		Impuls
	p	hydrostatischer Druck
	$\bar{p}$	bezogene (Umform-)Kraft (über Fläche gemittelte Druckspannung)
P		Leistung
Q		Wärmemenge
r		Radius
	r	Kennwert für anisotropes Werkstoffverhalten (senkrechte Anisotropie)
	Δr	Kennwert für ebene Anisotropie
	S	deviatorische Spannung
	s	Dicke, Komponente des Spannungsdeviators, Umformweg, Spiel
σ		Normalspannung
t		Zeit
	σ_v	Vergleichsspannung
T		Kelvin-Temperatur
	$\boldsymbol{\sigma}$	Spannungstensor
	$\boldsymbol{\sigma}'$	Spannungsdeviator
τ		Schubspannung
	u	Spaltbreite, horizontaler Steifebeiwert
v		Geschwindigkeit
	v	horizontale Verlagerung
V		Volumen
W		Arbeit (umgesetzte Energie)

b) Indizes

Index Großbuchstabe → Werkzeugabmessungen
Index Kleinbuchstabe → Werkstückabmessungen

Index		*Bedeutung*
DIN 1304	Umform-technik	
a, A		Außen...
	b	Biege..., Boden...
	B	Bruch..., Berühr...
e		elektrisch
	eff	effektiv
	el	elastisch
	F	Formänderungs..., Umform..., Fließ...
	ges	Gesamt...
	g	Gleichmaß...
	h	Höhen...
i, I		Innen...
	id	ideell
	l	Längen...
	m (oder Quer-strich)	Mittelwert
	max	Maximal... (Größt...)
	min	Minimal... (Kleinst...)
	M	Maschinen..., Matrizen...
	n	Normal...
	N	Nenn...
	o	obere
	opt	optimal
	pl	plastisch
	r	Radial...
	R	Reib...
	rel	Relativ...
	S	Schneid...
	Sch	Schiebungs...
	St	Stempel..., Stößel...
	t	Torsions..., Tangential...
	ϑ	Tangential...
	U	Umform...
	u	untere..., Umfangs...
	v	Vergleichs...
	V	Verlust...
	Wz	Werkzeug
	Wst	Werkstück

c) Beispiele

Allgemeines:	Umform ... → φ
	Formänderung ... → ε

$\varepsilon_1 = \Delta l/l_0$	auf Ausgangslänge bezogene Längenänderung
$\varepsilon_A = \Delta A/A_0$	auf Ausgangsfläche bezogene Flächenänderung
$\varepsilon_r, \varepsilon_\vartheta, \varepsilon_z$	Dehnungen im r, ϑ, z Koordinatensystem

| Allgemeines: | Umform ... $\rightarrow \varphi$ |
| | Formänderung ... $\rightarrow \varepsilon$ |

$\varphi_1, \varphi_2, \varphi_3$	Umformgrade in den Hauptrichtungen
v_{St}	Stempelgeschwindigkeit, Stößelgeschwindigkeit
F_{Sch}	Schiebungskraft
W_{eff}	genutzte Arbeit
W_{id}	ideelle Arbeit
τ_R	Reibschubspannung
t_B	Berührzeit
h_{b2}	Bodendicke nach 2. Umformstufe
d_i	Werkstück-Innendurchmesser
d_I, d_{MI}	Matrizen-Innendurchmesser
$\bar{p}_{St\,max}$	über der Stempelfläche gemittelte, während des Vorgangs größte Druckspannung (maximale bezogene Stempelkraft)
h_N	Nennkraftweg

Tabelle 0.2 Werkstoffkennwerte aus dem Zugversuch (DIN 50145)

		Einheit
A	Bruchdehnung	%
A_g	Gleichmaßdehnung	%
R_p	Dehngrenze	N/mm²
z. B. $R_{p0,2}$	z. B. 0,2-Grenze	N/mm²
R_{eH}	obere Streckgrenze	N/mm²
R_{eL}	untere Streckgrenze	N/mm²
R_m	Zugfestigkeit	N/mm²
R_r	Spannung mit bestimmter bleibender Verlängerung	N/mm²
Z	Brucheinschnürung	%
E_r	bleibende Dehnung	%
E_t	gesamte Dehnung	%

Tabelle 0.3 Einheiten und Umrechnungsfaktoren wichtiger Größen (SI-Einheiten/US-Customary units)

A	Fläche	1 in² = 645,2 mm²	1 mm² = 0.001 55 in²
	area	1 ft² = 0,0929 m²	1 m² = 10.764 ft²
a	Beschleunigung	1 ft/s² = 0,3048 m/s²	1 m/s² = 3.281 ft/s²
	acceleration		
E	Elastizitätsmodul	1 lbf/in² = 0,00676 N/mm²	1 N/mm² = 147.9 lbf/in²
	modulus of elasticity		
E	Energie	1 ft lbf = 1,356 J	1 J = 0.738 ft lbf
	energy	1 ft ton = 2,712 kJ	1 kJ = 0.3688 ft ton
			1 MJ = 368.8 ft ton
F	Kraft	1 lbf = 4,448 N	1 N = 0.225 lbf
	force, load	1 ton = 8,897 kN	1 kN = 225 lbf
			(0.1124 ton)
			1 MN = 112.4 ton*
°C	Celsius-Temperatur	1 °F = 9/5 °C	1 °C = 5/9 °F
		Temp °F	Temp °C
		= 9/5 Temp °C + 32	= 5/9 (Temp °F − 32)

Tabelle 0.3 (Fortsetzung)

l	Länge (Breite, Höhe)	1 µin = 0,0254 µm	1 µm = 39.37 µ in
	length (width, thickness)	1 in = 25,4 mm	1 mm = 0.03937 in
		1 ft = 0,3048 m	1 m = 3.281 ft
M	Moment	1 lbf in = 0,113 Nm	1 Nm = 8.85 lbf in
	moment	1 lbf ft = 1,356 Nm	1 Nm = 0.7376 lbf ft
m	Masse	1 lb = 0,4536 kg	1 kg = 2.205 lb
	mass	1 ton = 907,2 kg	1 t = 1.102 ton*
			* short ton = 2000 lb
p	Impuls	1 lb in/s = 0,0115 kg m/s	1 kg m/s = 86.795 lb in/s
	impulse		
p	Druck	1 psi = 0,0689 bar	1 bar = 14.5 lbf/in²
	pressure	$\triangle$ 6894 Pa	1 kbar = 0.145 · 10⁻³ lbf in
		1 ton/in² = 154,4 bar	1 bar = 6.475 ton/in²
		$\triangle$ 154,4 · 10⁵ Pa	
P	Leistung	1 ft lbf/s = 1,356 W	1 W = 0.738 ft lbf/s
	power		1 kW = 737.9 ft lbf/s
		1 hp = 745,7 W	1 kW = 1.325 hp
σ, τ	Spannung (mechanisch)	1 psi = 0,0069 N/mm²	1 N/mm² = 145 psi
	stress	1 ksi = 6,9 N/mm²	1 N/mm² = 0.145 ksi
T	Kelvin-Temperatur	1 °F = 9/5 K	1 K = 5/9 °F
v	Geschwindigkeit	1 in/s = 25,4 mm	1 mm/s = 0.03937 in/s
	velocity	1 ft/s = 0,3048 m/s	1 mm/s = 0.00328 ft/s
		1 in/min = 25,4 mm/min	1 mm/min = 0.039 in/min
		1 ft/min = 0,3048 m/min	1 m/min = 3.281 ft/min
V	Volumen	1 in³ = 16387 mm³	1 mm³ = 61.02 · 10⁻⁶ in³
	volume	1 ft³ = 0,02832 m³	1 m³ = 35.32 ft³
W	Arbeit (verbrauchte)	1 ft lbf = 1,3558 J	1 J = 0.7376 ft lbf
	work	1 ft ton = 2,712 kJ	1 kJ = 0.3687 ft ton
			1 MJ = 368.7 ft ton

1 Einführung

Von **K. Lange**

1.0 Begriffe, Allgemeines

Unter Umformtechnik — mitunter auch zur Abgrenzung gegen die Elektrotechnik „Mechanische Umformtechnik" genannt —, versteht man eine Gruppe von Verfahren der Fertigungstechnik, durch die die gegebene Form eines festen Körpers — Werkstück — in eine andere Form unter Beibehaltung der Masse und des Stoffzusammenhangs überführt wird. Insgesamt dient die Fertigungs-

Zusammenhalt schaffen	Zusammenhalt beibehalten	Zusammenhalt vermindern	Zusammenhalt vermehren	
		Formändern		
1. Urformen Formschaffen	2. Umformen	3. Trennen	4. Fügen	5. Beschichten
		6. Stoffeigenschaftändern		
	Umlagern von Stoffteilchen	Aussondern von Stoffteilchen	Einbringen von Stoffteilchen	

Bild 1.1 Einteilung der Fertigungsverfahren. Nach DIN 8580 [1.1]

technik in Abgrenzung zur Verfahrenstechnik, die im wesentlichen formlose Stoffe mit bestimmten Eigenschaften erzeugt oder die Eigenschaften solcher Stoffe ändert, der Erzeugung von Werkstücken mit geometrisch definierter Form. Die Fertigungsverfahren selbst teilen sich gemäß Bild 1.1 in die 6 Hauptgruppen:

Urformen = erstmaliges Schaffen einer Form aus dem schmelzflüssigen, gasförmigen oder formlos festen Zustand, d. h. Vermehren des Stoffzusammenhalts.

Umformen

Trennen = Abspanen oder Abtragen von Stoff, d. h. Vermindern des Stoffzusammenhalts.

Fügen = Vereinigen von Einzelwerkstücken zu Baugruppen, Füllen und Tränken von Werkstücken usw., d. h. Vermehren des Stoffzusammenhalts.

Beschichten = Aufbringen dünner Schichten auf Werkstücke, z. B. durch Galvanisieren, Lackieren, Beschichten mit Kunststoffolien usw., d. h. Vermehren des Stoffzusammenhalts.

Stoffeigenschaftändern = Bewußtes Ändern der Werkstückstoffeigenschaften im Sinne der Erzielung optimaler Gebrauchseigenschaften in einem bestimmten Zeitpunkt des Fertigungsablaufs. Hierzu zählen das Umlagern, das Einlagern und das Auslagern von Stoffteilchen, d. h. die Gesichtspunkte: Beibehalten des Stoffzusammenhalts, Vermindern des Stoffzusammenhalts und Vermehren des Stoffzusammenhalts finden sich hier sinngemäß wieder. In diese Gruppe gehören vor allem die zahlreichen Verfahren der Wärmebehandlung in verschiedenen Atmosphären.

Für die Verfahren der 2. Hauptgruppe „Umformen" wurde bisher auch der Begriff „Verformen" benutzt. Da „Verformen" aber auch eine Mißbildung oder eine örtliche Zerstörung der alten Form bedeuten kann, schien es geraten, zwischen beiden folgendermaßen zu unterscheiden:

Umformen = Ändern einer Form *mit* Beherrschung der Geometrie,
Verformen = Ändern einer Form *ohne* Beherrschung der Geometrie.

In der Fertigungstechnik, insbesondere in den genannten Gruppen 1 bis 4, geht es im Produktionsbereich stets um die Frage: Wie fertige ich ein bestimmtes technisches Produkt mit bestimmten Maß- und Formtoleranzen, bestimmter Oberflächenbeschaffenheit und bestimmten Stoffeigenschaften am wirtschaftlichsten? Ohne an dieser Stelle auf Einzelheiten eingehen zu wollen, wieweit hier Betriebsgegebenheiten oder zu produzierende Mengen einen Einfluß ausüben, soll anhand der Herstellung eines einfachen Bolzens in Bild 1.2 gezeigt werden, daß ein solches Werkstück sich grundsätzlich mit Verfahren aus jeder der vier ersten Gruppen herstellen läßt.

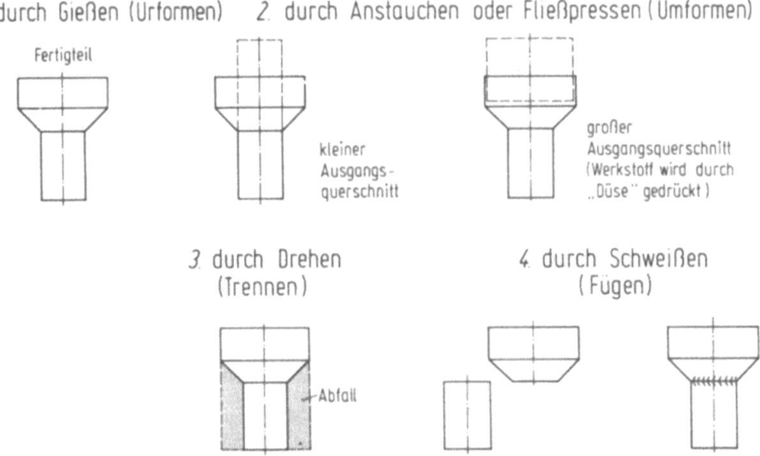

Bild 1.2 Fertigungsmöglichkeiten für einen Bolzen durch Urformen, Umformen, Trennen oder (Trennen +) Fügen

Im Vergleich zu den Verfahren der für die Werkstückformgebung sehr wichtigen Gruppe „Trennen", insbesondere den hierzu gehörenden spanenden Verfahren, haben die Umformverfahren folgende Merkmale:

1. Die zum Umformen erforderlichen Kräfte und Spannungen sind sehr hoch; die letzteren schwanken je nach Verfahren und Werkstoff zwischen etwa 50 und 2500 N/mm². Da meist das ganze Werkstück oder zumindest ein beträchtlicher Teil davon umgeformt wird, werden die Kräfte sehr groß. Entsprechend sind die Maschinen schwer gebaut und kapitalintensiv. So gibt es z. B. Gesenkschmiedepressen bis zu 750 MN Preßkraft.

Zum Vergleich: Eine schwere Hobelmaschine bringt z. B. nur einige kN-Durchzugkraft auf (kleine „Waagrecht-Stoßmaschinen" 20 kN, große „Doppelständer-Hobelmaschinen" 200 kN).

2. Die Werkstücke werden überwiegend im ganzen umgeformt. Mit Rücksicht auf die hohen Kräfte werden die Werkzeuge meist sehr groß, schwer und entsprechend teuer. Die Herstellung von Umformwerkzeugen erfordert bestens eingerichtete Werkstätten mit erstklassigen Facharbeitern; die erforderlichen Genauigkeiten reichen bis in den Bereich der Feinwerktechnik und des Lehrenbaus. Bei der Werkzeugherstellung hat die Umformtechnik unmittelbare Berührung mit der Abspantechnik. Hier gelten auch die technisch-wirtschaftlichen Gesetzmäßigkeiten der Einzelstück- und Kleinserienfertigung.

3. Die hohen Kosten für Maschinen und Werkzeuge machen bestimmte Mindestmengen zur Voraussetzung einer wirtschaftlichen Fertigung. Werden diese überschritten, so kommen die Vorteile der Umformverfahren zur Geltung:

— Hohe Werkstoffausnutzung;
— hohe Mengenleistung mit kürzesten Stückzeiten;
— hohe Maß- und Formgenauigkeit der Werkstücke innerhalb bestimmter Toleranzen;
— günstige mechanische Werkstoffeigenschaften, besonders bei dynamischer Beanspruchung der Bauteile.

Die Voraussetzung ausreichender Mengen ist durch den zunehmenden Massenbedarf seit 1960 auch im europäischen Raum fast auf allen Gebieten erfüllt worden, wie z. B. im Bereich der Fahrzeugindustrie, Haushaltsgeräteindustrie, Maschinen- und Apparatebau, Elektroindustrie usw. Umgeformte Werkstücke finden sich sowohl in der Feinmechanik als auch im Schwermaschinen- und Großapparatebau mit Stückmassen von ≈ 1 g bis > 100 t!

1.1 Technisch-wirtschaftliche Bedeutung der Umformtechnik

Umformverfahren werden in den beiden großen Bereichen Halbzeugfertigung (auch 1. Verarbeitungsstufe) und Fertigung einzelner Werkstücke (auch 2. Verarbeitungsstufe) für die Erzeugung von *Fließgut* bzw. *Stückgut* eingesetzt. Die erste Verarbeitungsstufe mit den Verfahrensgruppen Walzen und Strangpressen durchlaufen alle metallischen Werkstoffe, die nicht unmittelbar durch Gießen oder Sintern in eine endgültige Form gebracht werden. Hierzu zählt die gesamte Walzstahlproduktion, die Produktion von Nichteisenmetallhalbzeug auf Aluminium-

und Kupferbasis usw. Etwa 70% der Walzstahlprodukte in der Bundesrepublik
Deutschland sind Flachprodukte, worunter kaltgewalztes Fein- und Mittelblech
mit engen Dickentoleranzen und hochwertiger Oberflächenqualität mit 30% an
der Walzstahlproduktion den großen Anteil hat. Allein die Automobilindustrie
verbraucht etwa 4 Mill. t Feinblech jährlich (1982).

In den zweiten Bereich, die Fertigung einzelner Werkstücke durch Umformen
fallen Konstruktionsteile für Fahrzeug-, Maschinen-, Apparate- und Gerätebau;
die Umformtechnik ist hier eine nicht zu ersetzende Vorbedingung für die moderne
Konstruktionsentwicklung zum *Leichtbau*. Des weiteren seien erwähnt Werkzeuge,
wie Hämmer, Zangen, Schraubenschlüssel,. chirurgische Instrumente usw., Ver-
bindungselemente wie Schrauben, Muttern, Bolzen, Niete usw., Verpackungen,
Konservendosen, Kanister, Behälter usw., Beschläge für Bauwesen, Fahrzeuge,
Möbel, Sportgeräte, Elemente für Hoch- und Tiefbautechnik (Dach- und Wand-
verkleidungen, Wandelemente), Eisenbahnausrüstungen, Grubenausrüstungen,
Möbel und viele andere. Die Verfahren der Umformtechnik wurden in den letzten
Jahrzehnten auf Produktion möglichst einbaufertiger Werkstücke mit ausreichenden Maßtoleranzen für den Austauschbau entwickelt. Sie sind damit eine wichtige Voraussetzung für die Versorgung der Bevölkerung mit Investitions- und
Konsumgütern aus Metallen zu günstigen Preisen. Je nach Grad der Annäherung
an das einbaufertige Werkstück wird durch Umformen gegenüber dem Halbzeug
eine Wertsteigerung um das Zwei- bis etwa Sechsfache, in Einzelfällen auch
darüber bewirkt.

Bei den verarbeiteten Werkstoffen ist eine zunehmende Ausweitung festzustellen. Diese wird von steigenden Anforderungen an statische und dynamische
Festigkeit, Temperaturbeständigkeit, Korrosionsbeständigkeit angetrieben. Neben
Stahl — Kohlenstoffstahl, legierte Stähle, nichtrostende Stähle, warmfeste Stähle
— werden Nichteisenleicht- und -schwermetalle auf Aluminium-, Zink- und
Kupferbasis umgeformt. Hinzu kommen vermehrt Titanwerkstoffe, hochwarmfeste Werkstoffe auf Nickelbasis, ferner Wolfram, Molybdän und ihre Legierungen, Zirkon und Zirkonlegierungen u. a. m. Wesentliche Impulse bezüglich
Verwendung der letzteren Werkstoffgruppen kommen von der Luftfahrt- und
Raumfahrttechnik sowie von der Reaktortechnik. In diesem Zusammenhang
muß auch auf die zunehmend bedeutendere Kombination Sintern-Umformen
verwiesen werden.

Die wirtschaftliche Bedeutung der Umformtechnik läßt sich nur näherungsweise umreißen. An der Werkzeugmaschinenproduktion der Bundesrepublik
Deutschland haben seit 1960 die umformenden Werkzeugmaschinen einen Anteil
von wertmäßig einem Drittel, gewichtsmäßig von etwa 44%. Von der Produktion an Walzstahlfertigerzeugnissen in der Bundesrepublik Deutschland mit
(1982) 25,8 Mill. t — wird ein Anteil von etwa 50% durch Umformen zu Werkstücken verarbeitet. Mengenmäßig liegt der Hauptanteil bei Stahlblech. Die
Erzeugung von Feinblech nahm hier zwischen 1950 und 1968 von 1,2 Mill. t auf
6,6 Mill. t und seitdem bis 1982 auf 7,9 Mill. t zu. Nach Untersuchungen in verschiedenen Industrieländern besteht ein nahezu linearer Zusammenhang zwischen
Lebensstandard und Feinblechverbrauch. Im Bereich der Massivumformung
wurden 1979 etwa 1,2 Mill. t Stahl für rd. 1 Mill. t Warmgesenkschmiedestücke
eingesetzt, ferner 400000 t für Befestigungsmittel und 115000 t für Kaltfließ-

preßteile. In Japan betragen die entsprechenden Vergleichswerte für Kaltfließpreßteile knapp 400 000 t und in den USA etwa 1,2 Mill. t. Sowohl bei Blech-
als auch bei Massivumformteilen besteht weltweit eine enge Bindung der Produktion an die Produktion von Kraftfahrzeugen. Je Pkw wurden in den USA
und in Japan 1979/1980 etwa 60 bis 70 kg Kaltformteile und Befestigungsmittel
aus Stahl eingesetzt. Etwa 50 bis 60% der Masse eines Personenkraftwagens
entfallen auf Blechteile mit einer Materialausnutzung von etwa 65%; diese
beträgt bei Warmgesenkschmiedestücken etwa 75 bis 80%, bei Kaltformteilen
85 bis 90%. Vergleichsweise wird bei der spanenden Fertigung von Werkstücken
aus Stabmaterial eine Werkstoffausnutzung von etwa 50% erreicht.

Große und zunehmende Bedeutung hat die Umformtechnik auch in der Luft-
fahrt- und Raumfahrttechnik. Hier werden insbesondere Nichteisenmetalle
mit günstigem Festigkeits-/Gewichts-Verhältnis und hoher Warmfestigkeit
verarbeitet. Für die Fertigungstechnik der Zukunft allgemein richtungsweisend
sind die dabei entwickelten Kombinationen Sintern-Umformen, die isostatischen
und isothermen sowie superplastischen Umformverfahren [1.20].

1.2 Übersicht über die Verfahren der Umformtechnik

Die Einteilung der Umformverfahren in die nachstehend aufgeführten fünf
Gruppen erfolgte zunächst nach den wesentlichen Unterschieden in den wirksamen Spannungen. Da sich keine einfachen Beschreibungen der Spannungszustände finden lassen, weil je nach Art des Vorgangs verschiedene Spannungen
gleichzeitig auftreten oder sich gerade im Laufe des Umformvorgangs ändern,
wählte man die überwiegend wirksamen Spannungen als Kriterium, wobei in
den Definitionen der Begriff „Beanspruchung" verwendet wurde. Hiermit ergeben sich die folgenden Definitionen für die fünf Gruppen der Umformverfahren:

Druckumformen (DIN 8583) [1.4] ist Umformen eines festen Körpers, wobei
der plastische Zustand im wesentlichen durch eine ein- oder mehrachsige Druckbeanspruchung herbeigeführt wird.

Zugdruckumformen (DIN 8584) [1.5] ist Umformen eines festen Körpers,
wobei der plastische Zustand im wesentlichen durch eine zusammengesetzte
Zug- und Druckbeanspruchung herbeigeführt wird.

Zugumformen (DIN 8585) [1.6] ist Umformen eines festen Körpers, wobei
der plastische Zustand im wesentlichen durch eine ein- oder mehrachsige Zugbeanspruchung herbeigeführt wird.

Biegeumformen (DIN 8586) [1.7] ist Umformen eines festen Körpers, wobei
der plastische Zustand im wesentlichen durch eine Biegebeanspruchung herbeigeführt wird.

Schubumformen (DIN 8587) [1.8] ist Umformen eines festen Körpers, wobei
der plastische Zustand im wesentlichen durch Schubbeanspruchung herbeigeführt wird.

In den Gruppen erfolgt die weitere Einteilung der Verfahren nach den Gesichtspunkten Kinematik (Relativbewegung Werkzeug—Werkstück), Werkzeug-

geometrie, Werkstückgeometrie und den Zusammenhängen zwischen beiden. In den verschiedenen Gruppen treten dabei diese Gesichtspunkte nicht immer in der gleichen Reihenfolge auf.

Die gewählte Ordnung der einzelnen Verfahren ist mit Rücksicht auf die spätere Eingliederung neuer Verfahren völlig frei von jeder Bezugnahme auf die Anwendung der Fertigungsverfahren, z. B. in bestimmten Industriezweigen. Für bestimmte Anwendungsgebiete lassen sich jedoch auf diese zugeschnittene Verfahrenszusammenstellungen aus den einzelnen Gruppen sowie auch aus anderen Hauptgruppen bilden, wie z. B. für das Freiformschmieden [1.10]. Die Ordnung der Umformverfahren läßt auch bewußt offen, ob ein Verfahren ohne Anwärmen, d. h. also bei Raumtemperatur, oder nach Anwärmen auf eine Temperatur oberhalb der Raumtemperatur durchgeführt wird. Bisher war es üblich, als Grenze zwischen Kalt- und Warmumformung die Rekristallisationstemperatur zu benutzen. Obwohl diese zweifellos einen Einfluß auf das Werkstoffverhalten während des Vorgangs haben kann, hat sich heute verbreitet die Erkenntnis durchgesetzt, daß spontane Erholungsvorgänge bei kurzzeitig verlaufenden Umformvorgängen eine weit größere Rolle spielen — zudem führt dieser Sprachgebrauch bei der Vielfalt der heute verwendeten Werkstoffe zu einer verwirrenden Regelung. So wäre danach z. B. das Umformen von Blei bei Raumtemperatur „Warmumformen", das Umformen von Molybdän bei 800 °C „Kaltumformen". Nach DIN 8582 wird daher einmal unterschieden, ob ein Werkstück vor dem Umformen über die übliche Raumtemperatur hinaus erwärmt wird oder nicht. Getrennt davon ist zu berücksichtigen, ob sich nach dem Vorgang eine bleibende Festigkeitsänderung feststellen läßt oder während des Vorganges eine nur vorübergehende Festigkeitsänderung auftritt. Mit Hilfe dieser zwei Merkmale lassen sich die Umformverfahren in folgender Wiese unterscheiden:

a) Umformen nach Anwärmen = Warmumformen,
   Umformen ohne Anwärmen = Kaltumformen,

b) Umformen ohne Festigkeitsänderung,
   Umformen mit vorübergehender Festigkeitsänderung,
   Umformen mit bleibender Festigkeitsänderung.

Diese Vorgänge und andere werden bei zahlreichen Umformverfahren, die die Änderung der Form zum Hauptzweck haben, auch bewußt zur Änderung der Stoffeigenschaften genutzt. Solche Umformverfahren, deren Hauptzweck eine Stoffeigenschaftsänderung ist, wie z. B. „Oberflächenfestwalzen", werden, wenn die Werkstückform nicht nennenswert verändert wird, in die Hauptgruppe 6 „Stoffeigenschaftsändern" einzureihen sein.

Das gewählte Ordnungssystem hat den großen Vorteil, daß jedes Verfahren nur einmal aufgeführt wird. Es läßt, zumindest in den ersten drei der fünf Gruppen, aufgrund der Haupteinteilung nach der Beanspruchungsart qualitativ Rückschlüsse darauf zu, welche Formänderungen bei den diesen Gruppen angehörenden Verfahren zu erzielen sind. Bekanntlich nimmt das Formänderungsvermögen als Maß für die von einem Werkstück ertragbare Formänderung bis zum Auftreten äußerer oder innerer Schädigungen ab, wenn der Spannungszustand in der Umformzone sich von mehrachsigem Druck über zusammengesetzte Zug-Druck-Spannungen zu zwei- und einachsigem Zug verschiebt. Beispiele

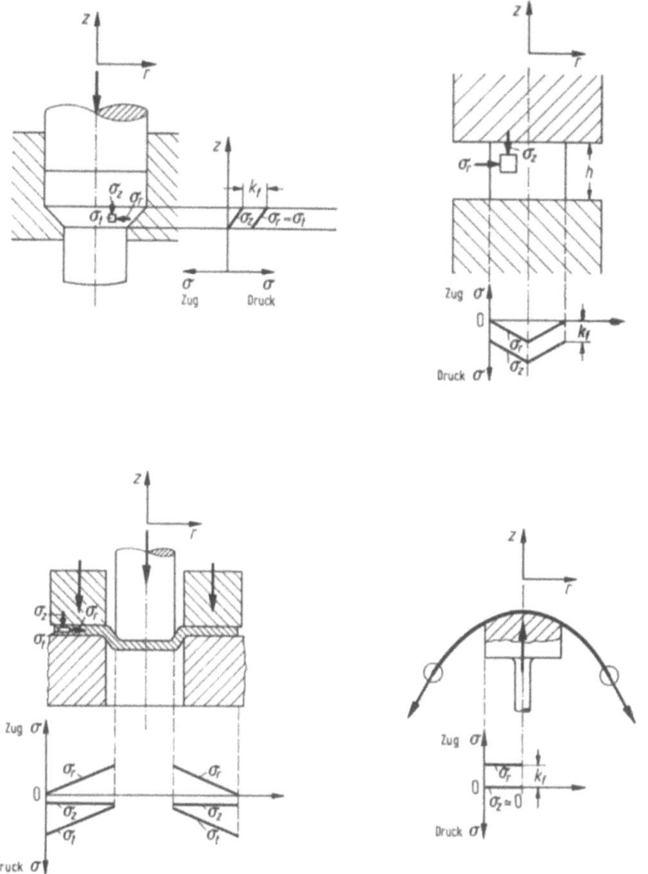

Bild 1.3 Spannungszustand der Umformzone bei verschiedenen Umformverfahren. Nach elementarer Plastizitätstheorie

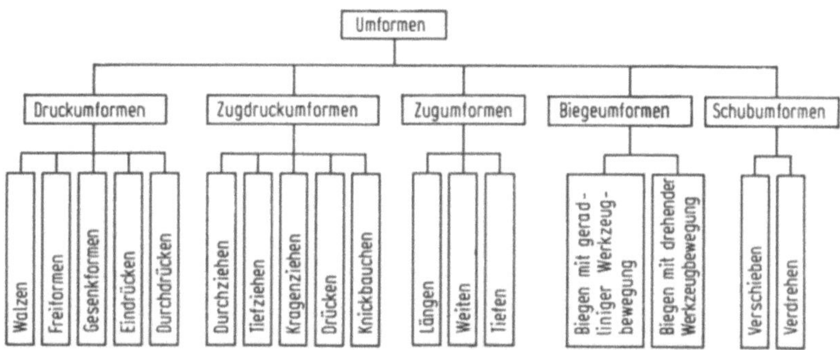

Bild 1.4 Einteilung der Fertigungsverfahren der Umformtechnik in Untergruppen. Nach DIN 8582

hierfür seien das Fließpressen, Stauchen, Tiefziehen und Streckziehen (Bild 1.3).
Die Verfahrensgrenze = erreichbarer Umformgrad ist entsprechend einmal durch
die Belastbarkeit des Werkzeugs (Kaltfließpressen), einmal durch die Beanspruchung des Werkstücks beim Umformen (Streckziehen) gegeben. Einen Überblick
über die Gesamteinteilung der fünf Gruppen der Umformverfahren in 18 Untergruppen gibt Bild 1.4. In diesen Untergruppen sind insgesamt etwa 230 Grundverfahren zusammengestellt, von denen wiederum zahlreiche Spezialanwendungen, insbesondere im Bereich der Walzverfahren, existieren. Darüber hinaus
werden in der industriellen Praxis zahllose Verfahrenskombinationen angewandt [1.9—1.16].

Druckumformen

DIN 8583 [1.4] gliedert sich in Walzen, Freiformen, Gesenkformen, Eindrücken
und Durchdrücken. Die Walzverfahren sind nach den Ordnungsgesichtspunkten
Kinematik in Längs-, Quer- und Schrägwalzen, Walzengeometrie in Flach-
und Profilwalzen und Werkstückgeometrie in Voll- und Hohlprofilwalzen unterteilt (Bild 1.5). Sie beinhalten neben den Verfahren der Halbzeug- und Walz-
werkfertigerzeugnisse auch die Walzverfahren, die sich in der heutigen Fertigungstechnik in den verschiedensten Bereichen finden, z. B. Gewindewalzen =
Querprofilwalzen (Einstechverfahren) oder Schrägprofilwalzen (Durchlaufverfahren), Keilwellenprofilwalzen, Glattwalzen u. a. m. Auch die bisher als „Ab-
streckdrücken" und „Projizierabstreckdrücken" bekannten Drückverfahren mit
Wanddickenänderung finden sich in dieser Untergruppe unter „Schrägflach-
walzen" bzw. „Schrägprofilwalzen" mit der Benennung „Drückwalzen" (Bild
1.6 bis 1.8).

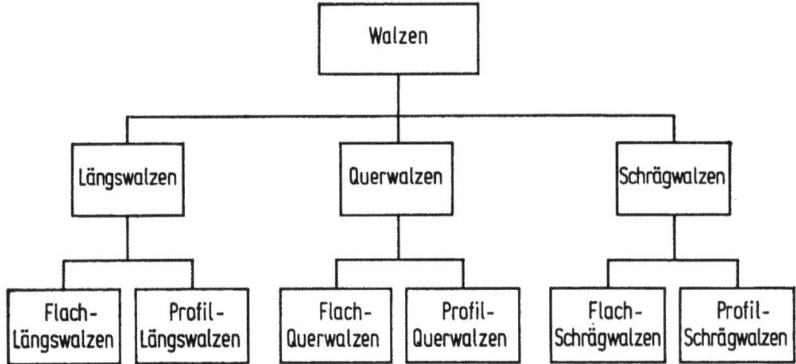

Bild 1.5 Einteilung der Walzverfahren. Nach DIN 8583

Die Freiform- und Gesenkformverfahren umfassen die Druckumformverfahren mit gegeneinander bewegten Werkzeugen, die entweder die Form des
Werkstücks nicht oder nur teilweise (= Freiformen) bzw. ganz oder zu einem
wesentlichen Teil (= Gesenkformen) enthalten (Bild 1.9). Zum Freiformen zählen
wichtige Verfahren des Freiformschmiedens, wie Recken, Breiten, Stauchen, Anstauchen, Rundkneten u. a. m., wodurch nochmals unterstrichen wird, daß es
sich dabei um einen Sammelbegriff handelt (Bild 1.10). Ähnlich verhält es sich mit
dem Gesenkschmieden, dessen wichtigste Verfahren das Formpressen mit und

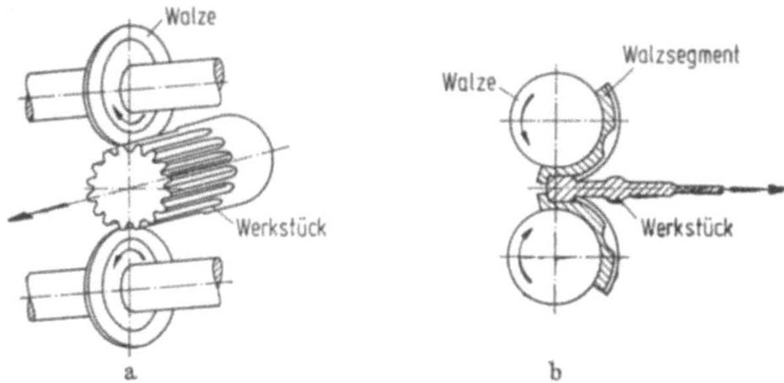

Bild 1.6 Beispiele für Stück-Walzverfahren: Längswalzen. Nach DIN 8583.
a Walzen von Vielnutwellen; **b** Reckwalzen

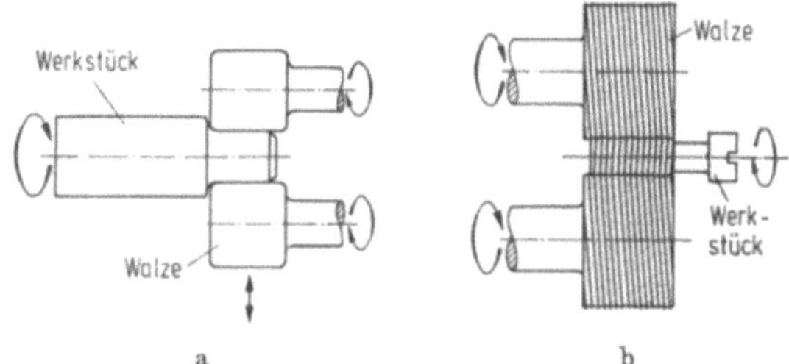

Bild 1.7 Beispiele für Stück-Walzverfahren: Querwalzen. Nach DIN 8583.
a Glattwalzen im Einstechverfahren; **b** Gewindewalzen im Einstechverfahren

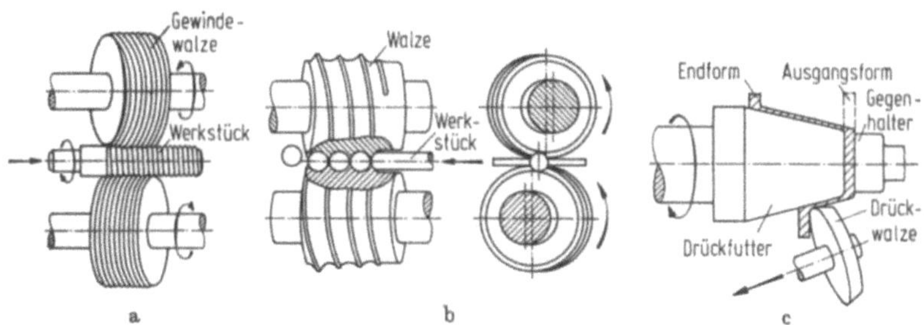

Bild 1.8 Beispiele für Stück-Walzverfahren: Schrägwalzen. Nach DIN 8583.
a Gewindewalzen im Durchlaufverfahren; **b** Schrägwalzen von Kugeln; **c** Drückwalzen

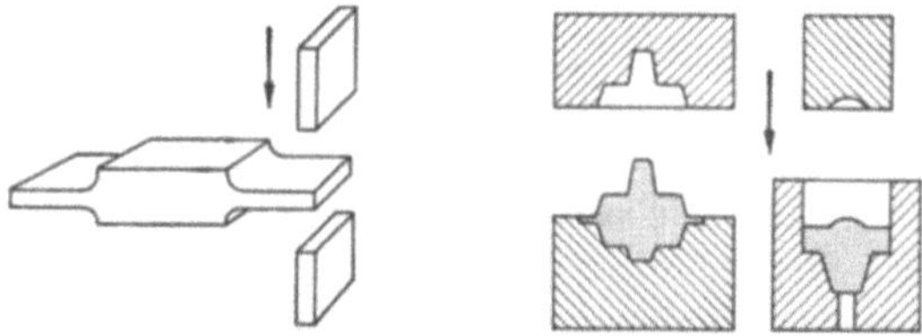

Bild 1.9 Freiformen — Gesenkformen

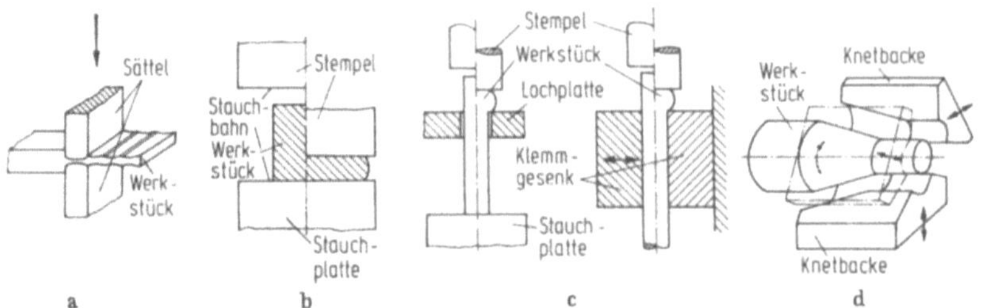

Bild 1.10 Beispiele für Freiformverfahren. Nach DIN 8583. **a** Recken von Vollkörpern; **b** Stauchen; **c** Anstauchen; **d** Rundkneten im Vorschubverfahren

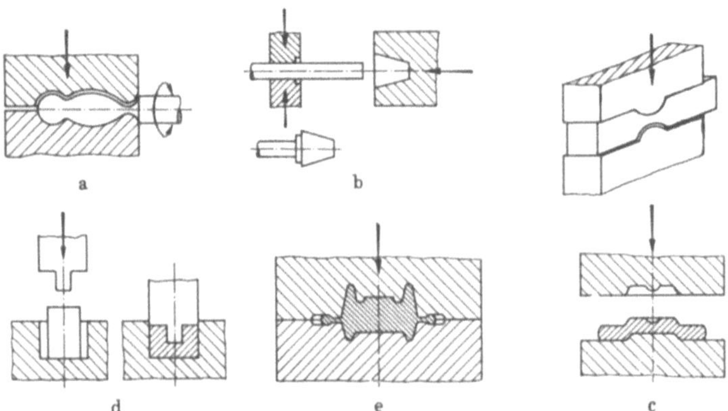

Bild 1.11 Beispiele für Gesenkformverfahren. Nach DIN 8583. **a** Reckstauchen; **b** Anstauchen im Gesenk; **c** Formstauchen; **d** Formpressen ohne Grat; **e** Formpressen mit Grat

ohne Grat und das Anstauchen im Gesenk sind. Zum Gesenkformen rechnen gemäß der oben gegebenen Definition noch einige andere Verfahren der Massiv- und Blechumformung (Bild 1.11).

Zum Eindrücken gehören solche Verfahren, bei denen ein Werkzeug in ein Werkstück eindringt, wobei auch eine Relativbewegung zwischen Werkzeug und Werkstück entlang der Oberfläche auftreten kann. Beispiele sind Körnen, Einsenken, Dornen (Hohldornen), Richtprägen von Blechen mit gerasterten Werkzeugen (ohne Relativbewegung) und Gewindefurchen (mit Relativbewegung) (Bild 1.12).

Zu den Verfahren des Durchdrückens (Bild 1.13) — durch eine formgebende Werkzeugöffnung hindurch — gehören neben dem Verjüngen (Reduzieren) = Erzeugen kleinerer Querschnittsänderungen an Voll- und Hohlkörpern als wichtigste Verfahrensgruppen das Strangpressen und Fließpressen. Beide sind sich im Umformmechanismus sehr ähnlich, unterscheiden sich jedoch sowohl in bezug auf Werkzeuge und Maschinen als auch in bezug auf das Erzeugnis. Während das Strangpressen vornehmlich bei der Herstellung von Voll- oder Hohlsträngen (Stäben, Rohren, Profilen), also bei der Fertigung von Halbzeugen angewandt wird, hat das Fließpressen die Herstellung einzelner Werkstücke zum Ziel. Ver-

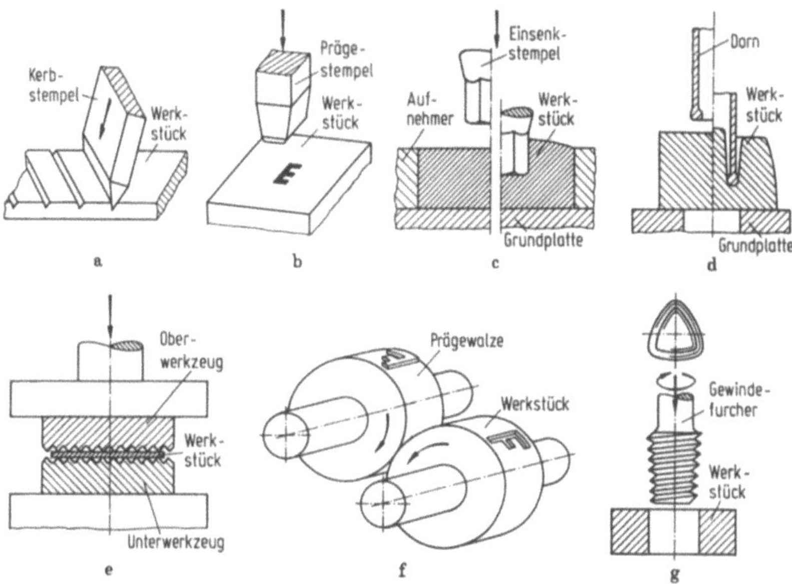

Bild 1.12 Beispiele für Eindrückverfahren. Nach DIN 8583. **a** Kerben; **b** Einprägen; **c** Einsenken; **d** Hohldornen; **e** Prägerichten; **f** Wälzprägen; **g** Gewindefurchen

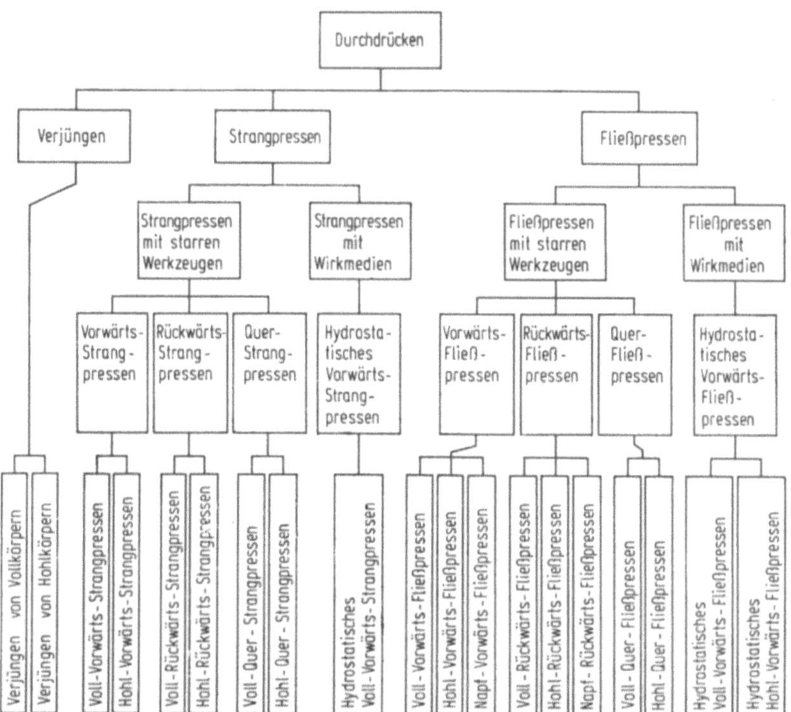

Bild 1.13 Einteilung der Durchdrückverfahren. Nach DIN 8583

breitet ist heute das Kaltfließpressen von Stahl — die Kombination mit anderen
Verfahren zum „Kaltschmieden" oder „Kaltgesenkschmieden" ist in Entwicklung begriffen —, das Kaltfließpressen von Hülsen, Bechern, Tuben aus Al, Zn
usw. Die Grundverfahren werden nach den Gesichtspunkten Kinematik und
Werkstückendform in Voll-Vorwärts- bzw. -Rückwärts-, Hohl- und Napffließpressen aufgeteilt (Bild 1.14).

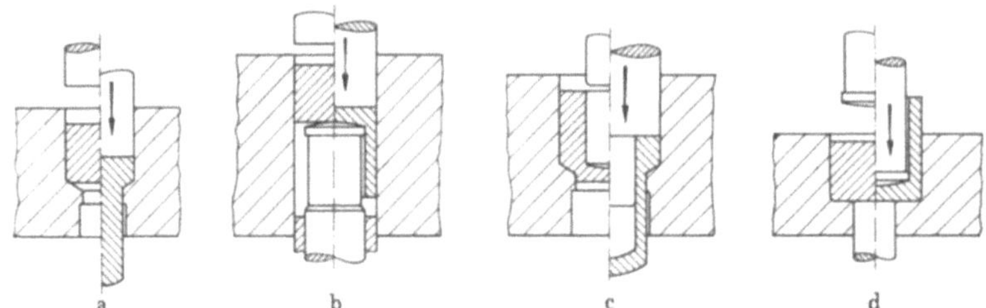

Bild 1.14 Grundverfahren des Fließpressens. Nach DIN 8583. **a** Voll-Vorwärtsfließpressen;
b Napf-Vorwärtsfließpressen; **c** Hohl-Vorwärtsfließpressen; **d** Napf-Rückwärtsfließpressen

Zugdruckumformen

Die zweite Gruppe der Umformverfahren (DIN 8584) [1.5] vereinigt in sich eine
Fülle von Verfahren der Massiv- und Blechumformung, die durch teils sehr unterschiedliches Zusammenwirken der den plastischen Zustand in der Umformzone
hervorrufenden Zug- und Druckbeanspruchungen gekennzeichnet sind. Die Verfahrensgruppe ist entsprechend in die fünf Untergruppen

— Durchziehen,
— Tiefziehen,
— Drücken,
— Kragenziehen,
— Knickbauchen

eingeteilt.

Das „Durchziehen" umfaßt die bekannten Verfahren des Stab-, Draht-,
Rohr- und Profilziehens, wobei die formgebende Werkzeugöffnung durch eine
starre Ziehmatrize oder durch Walzen gebildet werden kann (Bild 1.15). Im
Einzelfall sind dabei gewisse Übergänge zu Walzverfahren für die Halbzeugherstellung festzustellen, wie überhaupt die Anzahl der möglichen Kombinationen von
den durch die Begriffsnormung erfaßten „reinen" Verfahren mit anderen nahezu
unbegrenzt ist. Erwähnt sei noch, daß auch das häufig in Kombination mit dem
Tiefziehen benutzte Abstreckziehen (Vermindern der Wanddicke eines Hohlkörpers) ebenfalls ein Durchziehverfahren ist.

Die für die Praxis der Blechumformung sehr wichtige Untergruppe „Tiefziehen" ist so definiert, daß Tiefziehen Zugdruckumformen eines Blechs (auch
Folie oder Platte, Tafel, Ausschnitt, Abschnitt) in einen Hohlkörper oder eines
Hohlkörpers in einen Hohlkörper mit kleinerem Umfang ohne gewollte Veränderung der Blechdicke ist. Die Erfassung aller Tiefziehverfahren — auch solcher,
die mit Druckflüssigkeiten, Schockwellen, Magnetfeldern usw. arbeiten — er-

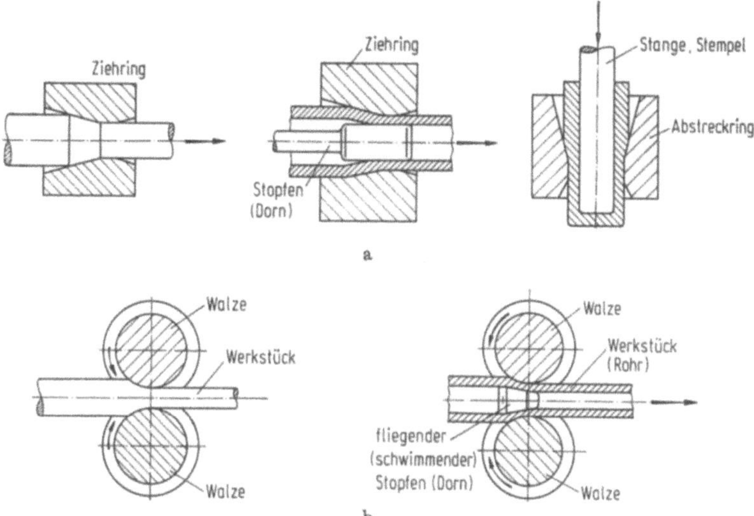

Bild 1.15 Grundverfahren des Durchziehens. Nach DIN 8584. **a** Gleitziehen (Stabziehen, Ziehen über festen Stopfen, Absteckziehen); **b** Walzziehen (Drahtziehen, Ziehen über „fliegenden" Stopfen)

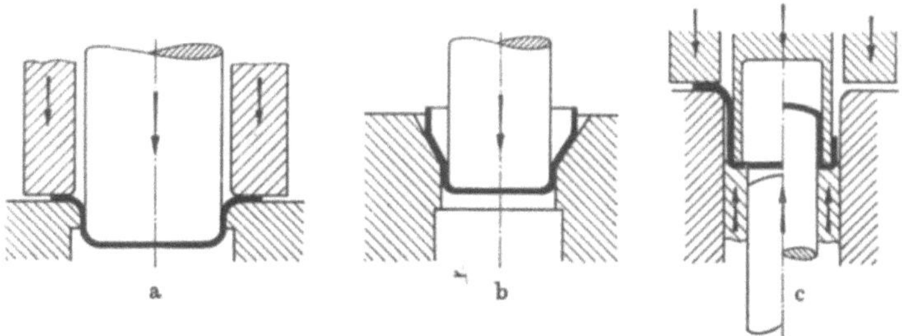

Bild 1.16 Grundverfahren des Tiefziehens mit starren Werkzeugen. Nach DIN 8584. **a** Tiefziehen im Erstzug mit Niederhalter; **b** Tiefziehen im Weiterzug ohne Niederhalter; **c** Stülpziehen

forderte unter Rückgriff auf DIN 8580, wonach Veränderungen der Geometrie eines Werkstücks durch Werkzeuge, Wirkmedien oder Wirkenergien erfolgen können, die Unterteilung in die drei Bereiche

— Tiefziehen mit Werkzeugen,
— Tiefziehen mit Wirkmedien,
— Tiefziehen mit Wirkenergien.

Werkzeuge können starr oder nachgiebig (unter Verwendung elastischer Kissen oder Stempel) ausgeführt sein, wobei die ersteren natürlich in der Praxis überwiegen. Das Umformen einer Platine in einen Napf oder Becher soll „Tiefziehen im Erstzug", das weitere Umformen in Hohlkörper kleineren Durchmessers „Tiefziehen im Weiterzug" heißen. Randfälle sind das „Randhochstellen" und „Kümpeln" beim Tiefziehen im Erstzug, ein wichtiger Anwendungsfall beim Weiterziehen das Stülpziehen (Bild 1.16).

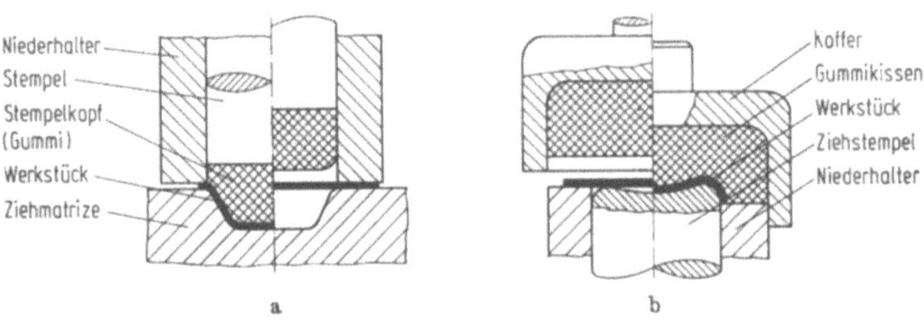

Bild 1.17 Grundverfahren des Tiefziehens mit elastischen Werkzeugen. Nach DIN 8584.
a Tiefziehen mit Gummistempel; **b** Tiefziehen mit Gummikissen

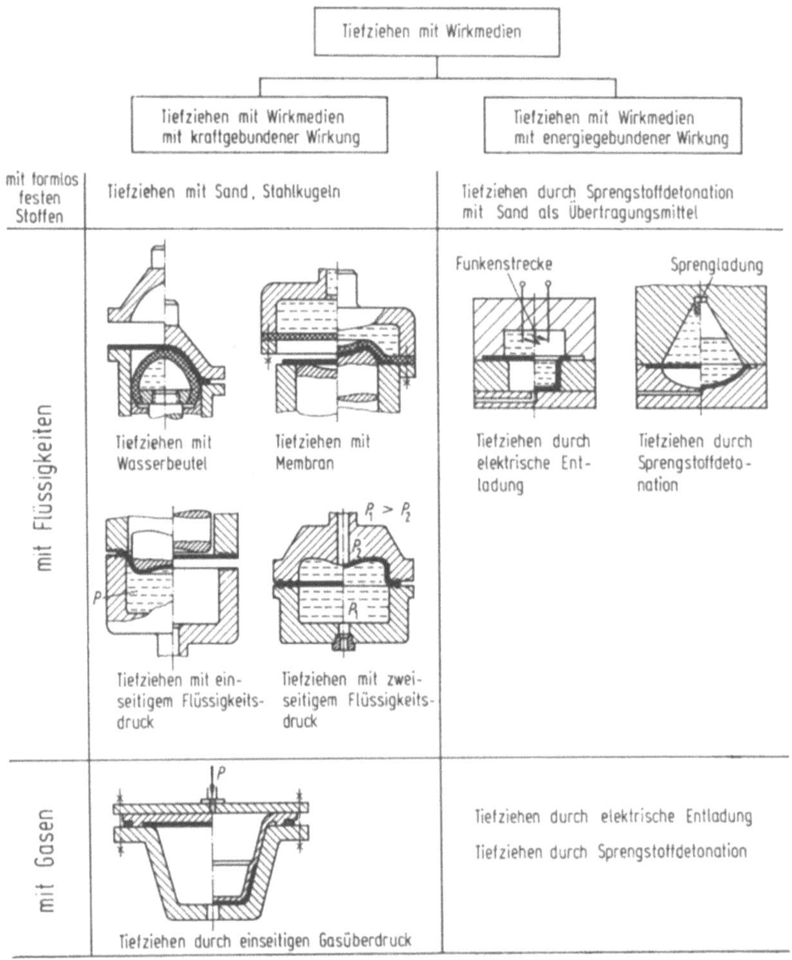

Bild 1.18 Tiefziehen mit Wirkmedien. Nach DIN 8584

Bei den Verfahren mit nachgiebigen Werkzeugen wurde bewußt darauf verzichtet, weiterzugehen als bis zu einer Unterscheidung von „Tiefziehen mit elastischem Stempel" und „Tiefziehen mit elastischem Kissen" (Bild 1.17). Damit entfallen die zahlreichen Benennungen nach Firmennamen, die ohnehin nichts über das Verfahren aussagen.

Wirkmedien zum Tiefziehen können formlose feste Stoffe, Flüssigkeiten oder Gase sein, wobei Flüssigkeiten die größte Bedeutung für die Praxis haben. Sie können entweder Träger statischer Kraftwirkungen, wie beim Tiefziehen mit Wasserbeutel, Tiefziehen mit Membran usw. oder Träger kinetischer Energie sein (Bild 1.18).

Der bei der Freisetzung der Energie hervorgerufene Druckstoß kann durch Detonation eines Sprengstoffs, Explosion eines Gasgemischs, Funkenentladung oder durch kurzzeitige Entspannung hochgespannter Gase entstehen. In der praktischen Anwendung überwiegen auch hier Flüssigkeiten als Wirkmedium, z. B. bei der Explosionsumformung größerer Werkstücke im Wassertank oder der elektro-hydraulischen Umformung in geschlossenen Werkzeugen.

Tiefziehen mit Wirkenergie schließlich ist durch Einwirkung eines sich kurzzeitig aufbauenden Magnetfeldes möglich (Bild 1.19).

Die Verfahrensuntergruppe „Drücken" gliedert sich in Drücken von Hohlkörpern (= Umformen einer ebenen Scheibe in einen Hohlkörper), Weiten durch Drücken und Engen durch Drücken (Bild 1.20). Auch hierbei sind Änderungen

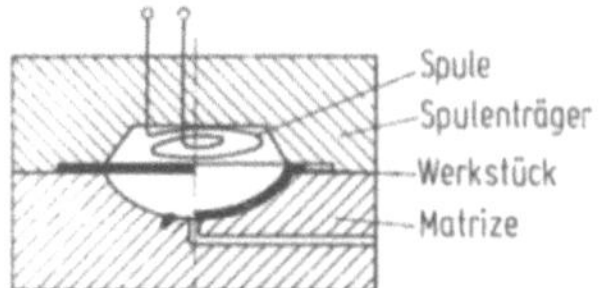

Bild 1.19 Tiefziehen mit Wirkenergie. Nach DIN 8584

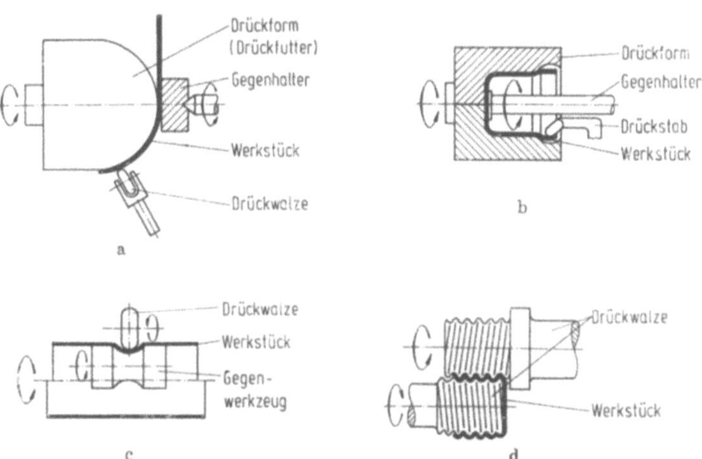

Bild 1.20 Verfahren des Drückens. Nach DIN 8584. **a** Drücken von Hohlkörpern, ausgehend von Zuschnitt; **b** Aufweiten durch Drücken; **c** Engen durch Drücken; **d** Gewindedrücken

der Ausgangsblechdicke nicht beabsichtigt. Bei diesen Verfahren zeigen sich teils fließende Übergänge von Zugdruck- nach Zug- oder Druckbeanspruchung. Da jedoch im wesentlichen zu irgend einem Zeitpunkt des Vorgangs auch bei den Verfahren des Weitens und Engens durch Drücken ein zusammengesetzter Zugdruck-Beanspruchungszustand auftreten kann, wurden die Drückverfahren, wie gezeigt, in einer Untergruppe zusammengefaßt. Daß die Drückverfahren mit gewollter Wanddickenänderung dagegen zu den Walzverfahren gehören, wurde schon erwähnt (Bild 1.8).

Die Untergruppen „Kragenziehen" und „Knickbauchen" wurden geschaffen, da sich hier ein ganz anderes Zusammenwirken von Zug- und Druckbeanspruchung einstellt als etwa beim Durchziehen und Tiefziehen. Während dort radiale Druck- und axiale Zugspannungen bzw. radiale Zug- und tangentiale Druckspannungen herrschen, sind es beim Kragenziehen tangentiale Zug- und radiale Druckspannungen, beim Knickbauchen (z. B. durch Stauchen eines Rohres) axiale Druck- und tangentiale Zugspannungen. Das für die Praxis bedeutsam gewordene Kragenziehen kann an ebenen oder gewölbten Blechen (Rohren), teils auch kombiniert mit Lochen und Abstrecken vorgenommen werden (Bild 1.21). Die beiden grundsätzlichen Möglichkeiten des Knickbauchens zeigt Bild 1.22.

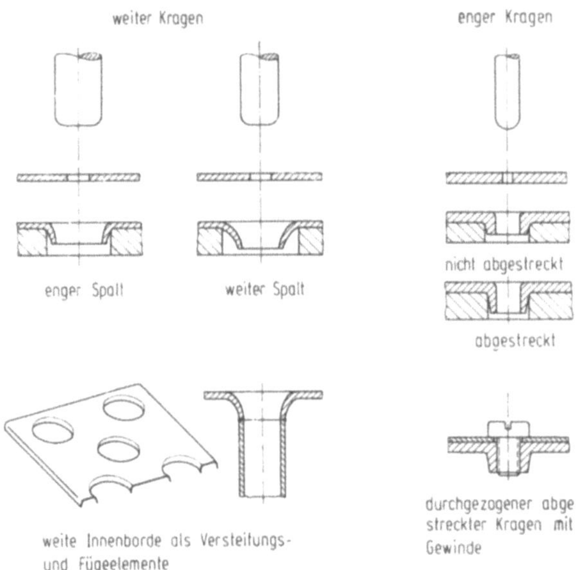

Bild 1.21 Verfahren des Kragenziehens und Anwendungsbeispiele gezogener Kragen

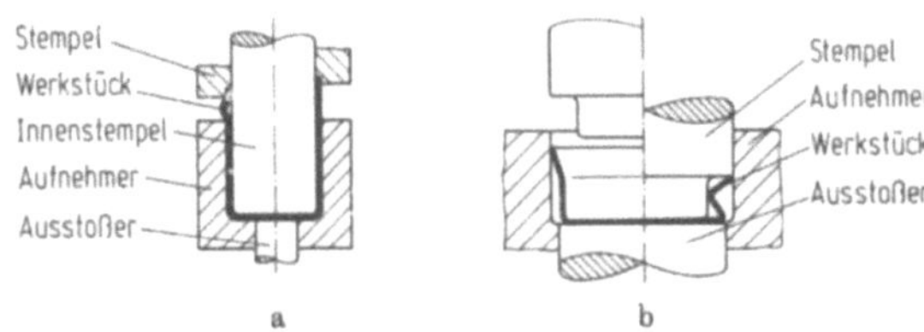

Bild 1.22 Knickbauchen. Nach DIN 8584. **a** nach außen; **b** nach innen

Zugumformen

Die Verfahrensgruppe „Zugumformen" (DIN 8585) [1.6] umfaßt die drei Untergruppen Längen, Weiten und Tiefen. Das Längen, gekennzeichnet durch eine in der Werkstücklängsachse wirkende Zugkraft wird im wesentlichen zum „Streckrichten" zwecks Beseitigung von Verbiegungen und Verwindungen an Stäben, Rohren, Profilen sowie von Beulen an Blechen eingesetzt: Ein extremer Anwendungsfall ist der Zugversuch.

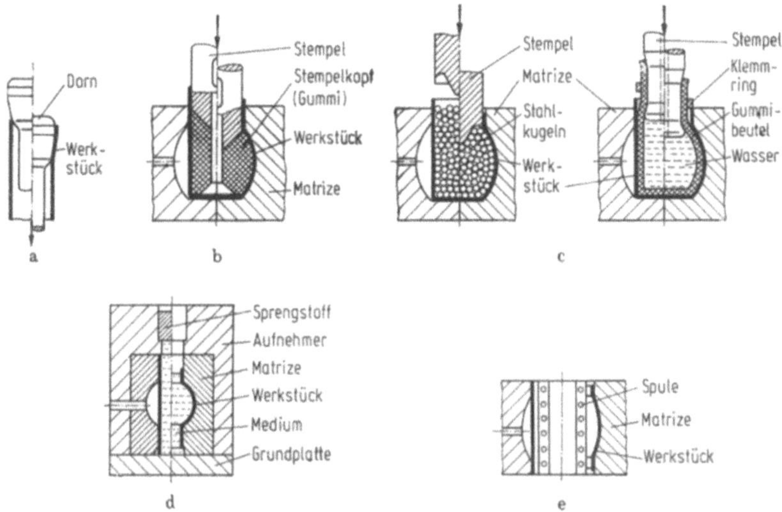

Bild 1.23 Verfahren des Weitens. Nach DIN 8585. **a** Weiten mit starrem Werkzeug (Dorn); **b** Weiten mit elastischem Werkzeug (Gummistempel); **c** Weiten mit Wirkmedien mit kraftgebundener Wirkung (Stahlkugeln, Wasserbeutel); **d** Weiten mit Wirkmedien mit energiegebundener Wirkung (Sprengstoffdetonation); **e** Weiten mit Wirkenergien (Magnetfeld)

Das „Weiten" dient der Vergrößerung des Umfangs eines Hohlkörpers durch tangentiale Zugbeanspruchung. Die dazu gehörenden Verfahren lassen sich mit starren oder nachgiebigen Werkzeugen, Wirkmedien oder Wirkenergie ausführen, so daß sich eine eng an das Tiefziehen angelehnte weitere Aufgliederung ergab (Bild 1.23). Das gleiche bezüglich der Unterteilung gilt auch für die Verfahren des „Tiefens" zum Anbringen von Vertiefungen an ebenen oder gewölbten Werkstücken aus Blech durch Zugbeanspruchung, wobei die Oberflächenvergrößerung durch Vermindern der Wanddicke erreicht wird (Bild 1.24). Zum Tiefen mit starrem Werkzeug gehören die beiden wichtigen Verfahren „Streckziehen" — wobei ein starrer Stempel in das am Rand fest eingespannte Blech eindringt (Grenzfall: Erichsen-Tiefungsversuch) — und „Hohlprägen" = Tiefen mit starrem oder nachgiebigem beweglichem Stempel in ein Gegenwerkzeug hinein, wobei die Vertiefung klein gegenüber der Werkstückabmessung sein soll.

Wenn man die Verfahren des „Tiefziehens" und „Tiefens" betrachtet, so wird man finden, daß je nach Gestalt des Werkstücks ein bestimmtes Verfahren sowohl dem Zugdruckumformen als auch dem Zugumformen zugewiesen werden kann.

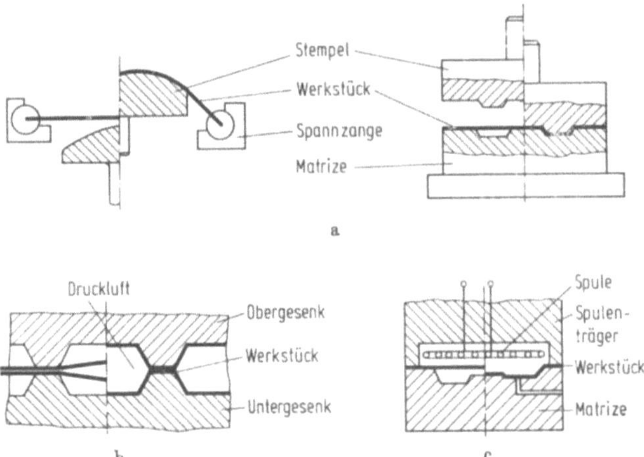

Bild 1.24 Verfahren des Tiefens. Nach DIN 8585. **a** Tiefen mit starren Werkzeugen (Streck-ziehen, Hohlprägen); **b** Tiefen mit Wirkmedien mit kraftgebundener Wirkung; **c** Tiefen mit Wirkenergie (Magnetfeld)

Bei unregelmäßig geformten Blechteilen werden verschiedene Werkstückab-schnitte oft ganz unterschiedlich beansprucht, z. B. auf Zug, Zugdruck, Biegung und Druck. Es finden sich entsprechende Elemente des Tiefziehens, Tiefens. Biegens, Hohl- und Vollprägens usw. in einer Kombination vereinigt, der die Werkzeuggestaltung Rechnung zu tragen hat. Beispiele hierfür liefert das Ziehen von Karosserieteilen oder allgemein die Herstellung von Hohlkörpern aus dünnen Blechen. Da hierbei überwiegend Gesenke als Werkzeuge verwendet werden, soll die beschriebene Kombination verschiedener Verfahren „Formziehen im Gesenk" oder „Gesenkziehen" heißen.

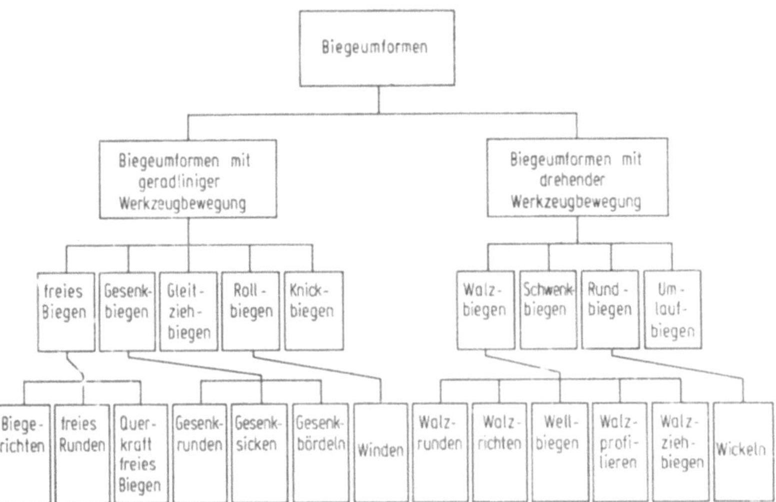

Bild 1.25 Aufgliederung der Biegeverfahren. Nach DIN 8586

Biegeumformen

Die Gruppe „Biegeumformen" (DIN 8586) [1.7] umfaßt die beiden Untergruppen „Biegeumformen mit geradliniger Werkzeugbewegung" und „Biegeumformen mit drehender Werkzeugbewegung" (Bild 1.25 bis 1.27). Bei den Benennungen wurden soweit wie möglich eingeführte Begriffe verwendet, jedoch mußten auch neue Ausdrücke geschaffen werden, um eindeutige Benennungen zu erhalten. Beispiele für neue Begriffe in dieser Gruppe sind Schwenkbiegen und Rollbiegen. Sie zeigen auch, daß das Grundwort „Biegen" soweit wie möglich in die einzelnen Benennungen hineingenommen wurde. In manchen Fällen führt auch das Ausmaß der Umformung zu anderen Begriffen: Rundbiegen um mehr als 360° heißt so z. B. „Wickeln", Rollbiegen um mehr als 360° „Winden". Auch mußten im Sinne

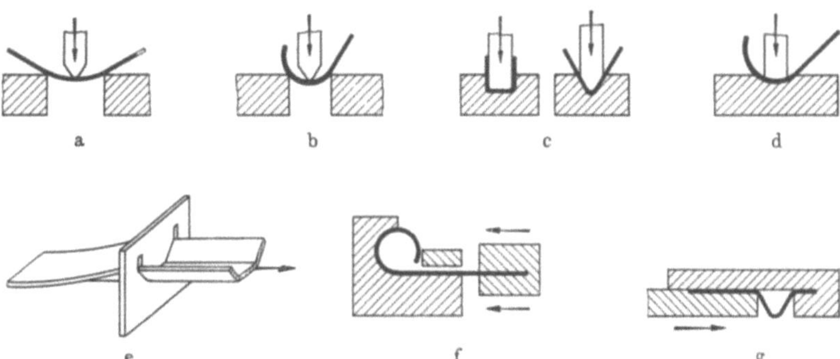

Bild 1.26 Beispiele für Biegeumformen mit geradliniger Werkzeugbewegung. Nach DIN 8586. **a** freies Biegen; **b** freies Runden; **c** Gesenkbiegen; **d** Gesenkrunden; **e** Gleitziehbiegen; **f** Rollbiegen; **g** Knickbiegen

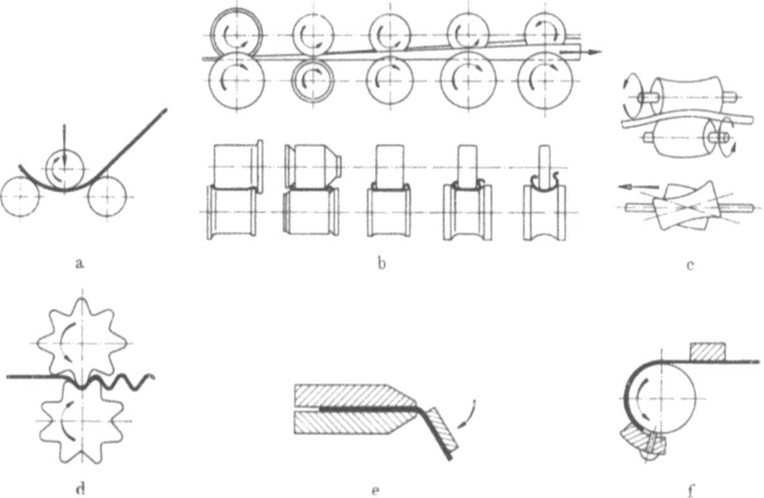

Bild 1.27 Beispiele für Biegeumformen mit drehender Werkzeugbewegung. **a** Walzrunden; **b** Walzprofilieren; **c** Walzrichten; **d** Wellbiegen (a—d = Walzbiegeverfahren); **e** Schwenkbiegen; **f** Rundbiegen

der gewählten Systematik Zwischenbegriffe gebildet werden, wie z. B. „Walzbiegen" für die Gruppe „Walzrunden", Walzrichten", „Wellbiegen", „Walzprofilieren" und „Walzziehbiegen" (Bild 1.25).

Schubumformen

Die letzte der fünf Gruppen des Umformens, „Schubumformen" (DIN 8587) [1.8] umfaßt nur wenige Verfahren und teilt sich in „Verschieben" und „Verdrehen" auf. Während beim Verschieben (Abschieben, Durchsetzen) benachbarte Querschnittsflächen des Werkstücks in Kraftrichtung parallel zueinander verlagert werden, werden sie beim Verdrehen (Verwinden, Schränken) durch eine Drehbewegung gegeneinander verlagert. Das Durchsetzen entlang einer in sich geschlossenen Werkzeugkante dient z. B. der Herstellung von Schweißbuckeln, Zentrieransätzen in Blechteilen usw. (Bild 1.28).

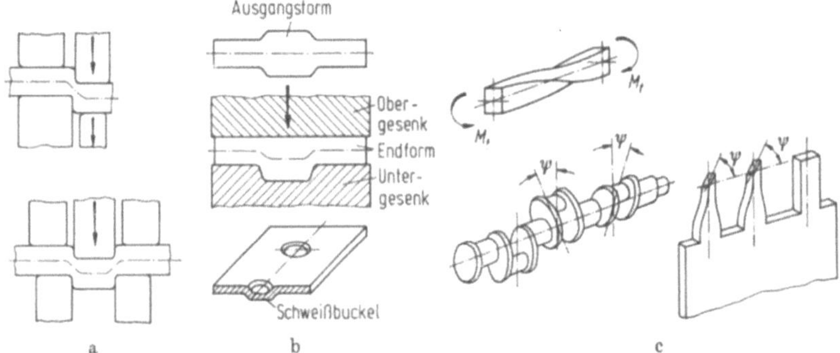

Bild 1.28 Verfahren des Schubumformens. Nach DIN 8587. **a** Verschieben;
b Durchsetzen; **c** Verdrehen

Das vorstehend beschriebene System der Gliederung der Fertigungsverfahren und ihrer Benennungen soll

— der Ausbildung in Hoch- und Fachhochschulen sowie Berufsschulen dienen;
— eine schnelle und sichere Verständigung in Diskussionen technischer Themen in Wort und Schrift sicherstellen;
— die Grundlagen für die Verständigung nach außen, d. h. zu anderen Sprachgebieten bilden;
— der Arbeitsvorbereitung in den Betrieben das Rüstzeug für zu treffende Benennungen liefern und in Zusammenhang damit Ingenieuren, Technikern, Meistern und Facharbeitern ein einheitliches Sprachgut vermitteln.

1.3 Massivumformung — Blechumformung

In der industriellen Produktion hat sich, soweit die Umformverfahren betroffen sind, die Unterteilung in die beiden Gruppen Massivumformung—Blechumformung unabhängig von der in [1.3] beschriebenen Systematik eingeführt. Diese

Begriffe sagen nichts anderes aus, als daß einmal entsprechend Bild 1.29 bei den Verfahren der Massivumformung von Stäben, Gußstücken, d. h. räumlich zu beschreibenden Rohteilen der Stoff bei teils sehr großer Querschnitts- und damit auch Wanddickenänderung in alle Raumrichtungen verteilt wird, andererseits dadurch, daß aus als „flächenhaft" zu beschreibenden Rohteilen Hohlteile mit annähernd konstanter Wanddicke, die der Rohteilwanddicke entspricht, erzeugt werden. Bei den Verfahren der Massivumformung, die überwiegend durch mehrachsige Druckspannungszustände gekennzeichnet sind, sind die bezogenen Kräfte i. allg. wesentlich größer als bei denen der Blechumformung. Die Maschinen für die Massivumformung sind infolgedessen steifer und i. allg. gedrungener ausgeführt als diejenigen für die Blechumformung. Ähnliche Gesichtspunkte gelten für die Konstruktion der Werkzeuge und die Auswahl der Werkzeugbaustoffe.

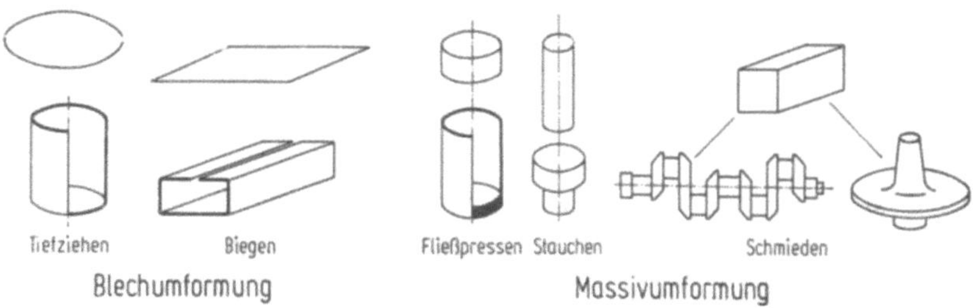

Bild 1.29 Blechumformen — Massivumformung. Nach [1.17]

Von der geschichtlichen Entwicklung her gesehen ist die Massivumformung sehr viel älter als die Blechumformung. Sie läßt sich schon am Ausgang des Neolithikums, d. h. vor etwa 6000 Jahren, nachweisen. Damals wurden zunächst gediegene Metalle durch Schmieden, Treiben usw. bearbeitet. Mit der Beherrschung der Erzeugung von Schmiedeeisen nimmt die Warmschmiedetechnik bis in unser Jahrhundert hinein, d. h. über 2000 Jahre hinweg, die beherrschende Stellung in der umformenden Fertigungstechnik, die bis zum Ausgang des 18. Jahrhunderts überwiegend handwerklich gehandhabt wurde, ein. Die Herstellung des Ausgangswerkstoffs für die Blechumformung, d. h. des Blechs selbst, war und ist eines der wichtigsten Verfahren der Massivumformung. Während die Grenze der durch Schmieden erzeugbaren Feinblechabmessungen bei Tafeln von 600×600 mm und etwa 1 mm Dicke lag, haben die heute verfügbaren gewalzten Bleche teilweise sehr viel geringere, vor allem aber gleichmäßigere Dicken. Den Beginn der modernen Blechumformung kann man etwa auf das letzte Drittel des 19. Jahrhunderts datieren, nachdem die für das wichtige Grundverfahren „Tiefziehen" neben ausreichend genauen Blechdicken wesentlichen Voraussetzungen erfüllt waren: Erzeugung von Flußstahl (= Werkstoffe mit besserer Isotropie als Schweißstahl) und doppeltwirkende Pressen.

Seitdem hat sich die Blechbearbeitungstechnik, nicht zuletzt durch die sehr intensive Förderung durch die Entwicklung im Kraftfahrzeugbau, außerordentlich stürmisch entwickelt. Heute finden sich in der modernen Entwicklung der

Fertigungstechnik häufig Kombinationen von Massivumformung und Blechumformung an einem Werkstück, was gegebenenfalls außerordentlich viel zur Wirtschaftlichkeit und Genauigkeit der Werkstücke beiträgt (Bild 1.30).

Bild 1.30 Beispiel für die Kombination Massiv- und Blechumformung an einem Werkstück (Herstellung eines Flansches) (Daimler-Benz)

1.4 Systematische Betrachtung von Umformvorgängen

Alle Vorgänge der Umformtechnik lassen sich erschöpfend nach einem System behandeln, das auf Gedanken von Backofen, Gebhardt, Kienzle, Schey und des Verfassers zurückgeht. Es erfaßt in acht Punkten die sich stellenden Probleme von den plastizitätstheoretischen und metallkundlichen Grundlagen bis zu Produktionsfragen [1.18; 1.19]. Nach Bild 1.31 enthält das System überwiegend solche Punkte (*1* bis *6*), die mit dem in seiner Mitte stehenden Vorgang eng verknüpft sind. Eine Diskussion vieler, teils grundlegend verschiedener Vorgänge zeigt aber, daß die in den sechs Punkten zusammengefaßten Problemkreise grundsätzlich gleich sind. Die Prinzipskizzen der Verfahren lassen sich daher, wie Bild 1.32 zeigt, ohne weiteres austauschen, ohne daß sich das System als Ganzes ändert, dessen Punkte *7* und *8* den Rahmen darstellen, in dem sich die Produktion mit dem betreffenden Verfahren abspielt.

In Bereich *1* der *Umformzone* ist das Verhalten des Werkstückstoffes im plastischen Zustand zu ermitteln. Die Plastizitätstheorie stellt hierfür zunächst unter Annahme idealisierter, isotroper Werkstoffe Methoden zur Ermittlung von Spannungen, Dehnungen und Werkstofffluß und darauf aufbauend von örtlicher und zeitlicher Temperaturverteilung zur Verfügung. Die Metallkunde ermöglicht die Beschreibung der Mikrovorgänge im Werkstoff selbst, wobei das tatsächliche Werkstoffverhalten erfaßt wird (Anisotropie, Texturen usw.).

Der Bereich *2* umfaßt die *Werkstückstoffeigenschaften vor dem Umformen*. Diese beeinflussen mehr oder weniger das Stoffverhalten in der Umformzone und die Eigenschaften des umgeformten Werkstücks. Neben chemischer Zusammensetzung spielen hier mechanische Eigenschaften, ferner die Kristallstruktur,

Texturen und das Gefüge (Korngröße, Zementitanteil und -art usw.) eine bedeutende Rolle. Außer der chemischen Zusammensetzung werden alle genannten Eigenschaften durch eine Wärmebehandlung mehr oder weniger stark verändert. Weiterhin sind Oberflächenbeschaffenheit und Oberflächenbehandlung vor dem Umformen von Bedeutung.

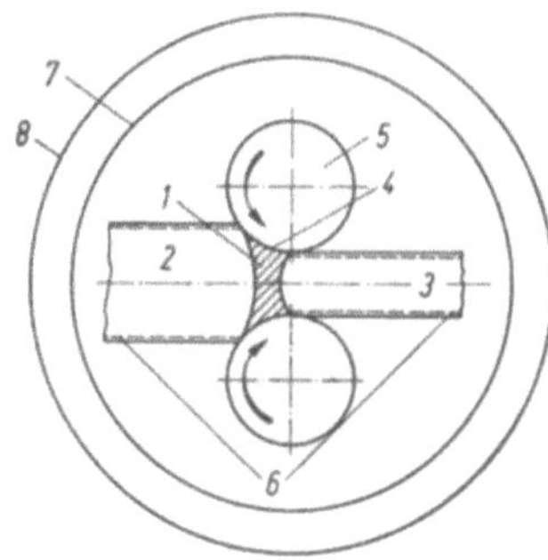

Bild 1.31 System einer Betrachtung von Umformproblemen nach Backofen, Gebhardt, Kienzle, Lange, Schey (Beispiel: Walzen)

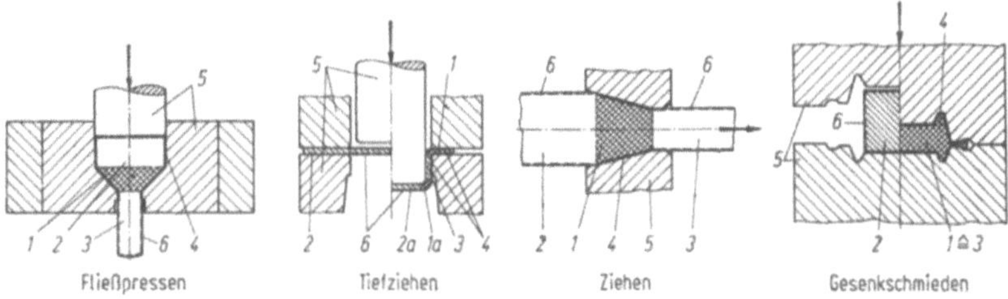

Bild 1.32 Prinzipskizzen zum System einer Betrachtung von Umformproblemen

Der Bereich *3* umfaßt die *Werkstückeigenschaften.* Diese sind *nach der Umformung* vorwiegend mechanische Eigenschaften, Oberflächenbeschaffenheit und Werkstückgenauigkeit. Die Werkstückstoffeigenschaften nach der Umformung bestimmen entscheidend das Werkstückverhalten im Gebrauch (Beispiel: Kaltverfestigung bei der Schraubenfertigung).

Im Bereich *4* dem *Grenzbereich* zwischen teils elastischem (starrem), teils plastischem *Werkstück* und elastischem *Werkzeug* (= *Wirkfuge*) stehen alle Fragen zur Lösung an, die mit Reibung, Schmierung, Verschleiß in Verbindung stehen. Die Werkstoffpaarung Werkstück—Werkzeug spielt hier eine Rolle. In dem genannten Bereich spielt sich ferner die teilweise beträchtliche Änderung der ursprünglichen Werkstückoberfläche ab.

Ein Umformvorgang kann nicht losgelöst vom *Umformwerkzeug* betrachtet werden. Der Bereich *5* enthält aus diesem Grunde die vielfältigen Probleme, die von der Werkzeuggestaltung und von den Werkzeugbaustoffen herrühren. So haben verfahrensgerechte und ausreichend ausgelegte Konstruktion (z. B. Steifigkeit), Führung bewegter Werkzeugteile gegeneinander, Einfluß auf die Werkstückgenauigkeit. Zweckmäßig ausgewählte Werkzeugwerkstoffe beeinflussen Lebensdauer, elastische Verformungen im System Werkzeug—Werkstück und haben damit wiederum Einfluß auf die Werkstückgenauigkeit (Bereich *3*).

Im Bereich *6*, d. h. außerhalb der Berührungszone Werkzeug/Werkstück, können *Oberflächenreaktionen* zwischen Werkstück und umgebender Atmosphäre auftreten, z. B. Oxidbildung bei Warmumformvorgängen, Gasaufnahme beim Umformen von Sondermetallen usw. Diese Vorgänge können einerseits die spätere Oberflächenbeschaffenheit im Bereich *3*, andererseits auch die Werkstückeigenschaften im gleichen Bereich teils erheblich beeinflussen, z. B. durch Aufnahme geringer Mengen von Gasen bei Sondermetallen.

Das System Werkzeug—Werkstück mit den Problemkreisen *1* bis *6* ist stets in eine *Werkzeugmaschine* (Hammer, mechanische oder hydraulische Presse, Walzmaschine usw.) eingebaut. Die Werkzeugmaschine wird durch den inneren Kreis — Bereich *7* — symbolisiert. Sie muß Kräfte und Arbeiten für verschiedene Vorgänge in jedem Augenblick bereitstellen und für ausreichend genaue Führung der Werkzeugteile zueinander (Lagegenauigkeit) sorgen. Für den jeweiligen Verwendungszweck (z. B. Massivumformung, Blechumformung) bedarf es ausreichender Einbaumaße für Werkzeuge und gegebenenfalls Werkstückhandhabungseinrichtungen. Für die Produktivität sind schließlich die Hubzahlen, die Rüstzeiten usw. wichtige Faktoren.

In einem übergeordneten Rahmen — Bereich *8* — müssen schließlich alle Fragen des *Betriebs* gesehen werden, die durch die vorhandenen Einrichtungen (Maschinen, Wärmeinrichtungen, Oberflächenbehandlungseinrichtungen, Werkstückhandhabung, Transport usw.) und die betriebliche Organisation (Arbeitsablauf) aufgeworfen werden. In diesen Bereich hinein gehören selbstverständlich auch Fragen der wirtschaftlichen Produktion, d. h. auch der Automatisierung.

Das vorgestellte System ist in seiner Geschlossenheit in bezug auf die Erfassung von Problemen der Grundlagenforschung, angewandten Forschung, Produktentwicklung und Produktion geeignet, nicht nur im wissenschaftlichen Bereich, sondern auch im Produktionsbereich, d. h. in der Industrie, benutzt zu werden. Für die Industrie gewinnt ein solches System dann besonderen Wert, wenn der Fortbestand der Unternehmen im wesentlichen auf der ständigen Entwicklung neuer Produkte und weniger auf Kapazitätsausweitung und Rationalisierung beruht. Man kann dann vom neuen Produkt aus, d. h. rückwärts von Punkt *8* nach Punkt *1* systematisch und schnell ermitteln, in welchen Bereichen ausreichend Wissensstoff vorhanden ist und wo mit Blickrichtung auf das betreffende Produkt noch Untersuchungen nötig sind. In Forschung und Entwicklung erscheint ein systematisches Vorgehen besonders auch deshalb notwendig, da einerseits die in den acht Punkten zusammengefaßten Problemkreise sich teils gegenseitig beeinflussen und daher nicht vollständig losgelöst voneinander betrachtet werden können, andererseits bei verschiedenen Verfahren gewonnene Erkenntnisse in mehr oder weniger abgewandelter Form auch auf andere Verfahren übertragen werden können. Es besteht die Hoffnung, auf diese Weise systematisch Wissenselemente zu schaffen, die bei bekannten Voraussetzungen auf verschiedene Vorgänge anwendbar sind und so die Zeit für Erforschung und Entwicklung des gesamten Bereiches der Umformverfahren zu senken vermögen.

Literatur zu Kapitel 1

1.1 DIN 8580. Begriffe der Fertigungsverfahren; Einteilung. Ausg. Juni 1974.

1.2 Lange, K.: Bericht über eine Studienreise nach Großbritannien und den Vereinigten Staaten von Amerika in der Zeit vom 11. September bis 21. Oktober 1967. Lehrstuhl und Institut für Umformtechnik, Universität Stuttgart, 1968.

1.3 DIN 8582. Fertigungsverfahren Umformen, 1. Ausg. 1971.

1.4 DIN 8583. Fertigungsverfahren Druckumformen. Bl. 1 u. 6, 1. Ausg. 1969; Bl. 2—5, 1. Ausg. 1970.

1.5 DIN 8584. Fertigungsverfahren Zugdruckumformen. 1. Ausg. 1970.

1.6 DIN 8585. Fertigungsverfahren Zugumformen. Bl. 1 u. 2, 1. Ausg. 1970, Bl. 3 u 4. 1. Ausg. 1971.

1.7 DIN 8586. Fertigungsverfahren Biegeumformen. 1. Ausg. 1970.

1.8 DIN 8587. Fertigungsverfahren Schubumformen. 1. Ausg. 1969.

1.9 Kienzle, O.: Begriffe und Benennungen der Fertigungsverfahren. Werkstattstechnik 56 (1966) 169—173.

1.10 Lange, K.: Begriffe und Benennungen in der Umformtechnik. Draht 30 (1979) 612 bis 614, 664—668, 763—766.

1.11 Pawelski, O.: Normungsarbeiten über die Begriffe des Walzens. Techn. Forsch. 43 (1965) 816—820.

1.12 Feldmann, H.-D.: Benennungen und Begriffsbestimmungen in der Umformtechnik. Werkstatt Betr. 99 (1966) 260—262.

1.13 Feldmann, H.-D.: Benennungen und Begriffsbestimmungen in der Umformtechnik. Draht 17 (1966) 301—304 18 (1967) 33—38.

1.14 Lange, K.: Benennungen und Begriffsbestimmungen in der Umformtechnik. Ind. Anz. 87 (1965) 1573—1578.

1.15 Rechlin, B.: Benennungen und Begriffsbestimmungen für die Umformtechnik. Klepzig Fachber. 73 (1965) 493—496.

1.16 Rechlin, B.: Begriffe und Benennungen für die Verfahren des Biegens und des Schubumformens. Werkstattstechnik 56 (1966) 173—175.

1.17 Lange, K.: Entwicklungsstufen der Umformtechnik. Ind. Anz. 87 (1965) 967—970.

1.18 Lange, K.: Lehre und Forschung am Institut für Umformtechnik der Universität Stuttgart. Ind. Anz. 91 (1969) 669—670.

1.19 Lange, K.: A system for the investigation of metal forming processes. Proc. 10th Int. M.T.D.R. Conf., University of Manchester, 1969. Oxford, London: Pergamon Press 1970.

1.20 Lange, K., Schaub, W., Stilz, M.: Sonderverfahren des Urformens und Umformens. wt-Z. ind. Fertig. 71 (1981) 197—205.

2 Metallkundliche Grundlagen

Von **G. Schröder** und **J. Reissner**

Begriffe und Formelzeichen

a	Atomabstand
b	Betrag des Burgers-Vektors
$\boldsymbol{b}$	Burgers-Vektor
$\chi,\ \chi_1$	Winkel zwischen Spannungsvektor und Gleitebene
$2c$	Rißlänge
d	Korndurchmesser
$d\eta$	räumliche Formänderung
e	Einheitsvektor normal zur Gleitebene
$\boldsymbol{g}$	Einheitsvektor in Gleitrichtung
γ	1. spezifische Oberflächenenergie
	2. Abgleitung, Schiebung (Bogenmaß)
$H_1,\ H_2,\ H$	eingeschobene Halbebenen bei Stufenversetzungen
h	Orientierung der Kristallachsen
(hkl)	Millersche Indizes
K	Spannungsintensität in MN m$^{-3/2}$
K_C	kritische Spannungsintensität (Bruchzähigkeit) in MN m$^{-3/2}$
$l_{\alpha 1},\ l_{\alpha 1},\ l_{\beta 2},\ l_{\beta 2}$	Richtungskosinusse
$\lambda,\ \lambda_1$	Winkel zwischen Spannungsvektor und Gleitrichtung
M	Taylor-Faktor
$\overline{M}$	mittlerer Taylor-Faktor
μ	Orientierungsfaktor
q	Formänderungsverhältnis
$r_0,\ r_{90}$	r-Wert
	Index: Winkel zwischen Probenlage und Walzrichtung
ϱ	Versetzungsdichte
S_1	Gleitebene
σ	auf den Ausgangsquerschnitt bezogene Spannung
σ'	auf den jeweiligen Querschnitt bezogene Spannung
σ_th	theoretische (Trenn-)Festigkeit
t	Versetzungslinie
T_R	Rekristallisationstemperatur in K
T_s	Schmelztemperatur in K
τ_0	kritische Schubspannung
τ_th	theoretische Schubfestigkeit
$\top,\ \perp$	Symbole für positive und negative Stufenversetzung
$\odot$	Symbol für Schraubenversetzung
$u,\ v,\ w$	Koordinaten der Gitterpunkte
[uvw]	Richtungsindizes
$\boldsymbol{x},\ \boldsymbol{y},\ \boldsymbol{z}$	Translationsvektoren
Y	Geometriefaktor in Funktion von Rißlänge a und Abmessungen der Probe (des Bauteiles)

2.0 Einleitung

Die Anwendung von Verfahren der Umformtechnik setzt bestimmte Werkstoffeigenschaften voraus:

Der Werkstoff muß bei entsprechender Beanspruchung, hervorgerufen durch
äußere Kräfte, bildsames (plastisches) Ändern der Form zulassen, ohne daß sein
Zusammenhalt verlorengeht.

Die Möglichkeit plastischer Formänderung zählt zu den charakteristischen
Kennzeichen der Metalle. Von den Stoffen mit plastischen Eigenschaften kommt
diesen eine überragende Stellung in der Fertigungstechnik zu. Daher werden
Verfahren der Umformtechnik vorwiegend zur Formänderung von Metallen
eingesetzt.

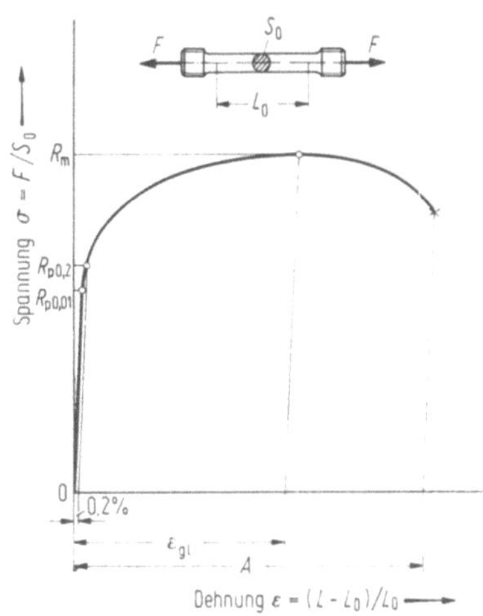

Bild 2.1 Schematisches Spannungs-Dehnungs-
Schaubild eines Metalls ohne ausgeprägte
Streckgrenze im Zugversuch

Das für die Umformtechnik wesentliche Verhalten von Metallen unter der
Einwirkung von Kräften, läßt sich z. B. im Zugversuch verfolgen. Beim Zugversuch wird die Zugprobe langsam und stetig zunehmend gedehnt, bis sie schließlich zu Bruch geht. Dabei wird i. allg. mit einer Schreibeinrichtung die Kraft in
Abhängigkeit von der Verlängerung aufgezeichnet.

In der Werkstoffprüfung ist es üblich, die Spannung als wirkende Kraft F
bezogen auf den Ausgangsquerschnitt S_0 anzugeben.

$$\sigma = \frac{F}{S_0}. \tag{2.1}$$

Entsprechend wird die Dehnung als Verlängerung ΔL der Ausgangsmeßlänge
L_0, $(\Delta L = L - L_0)$, bezogen auf L_0 definiert.

$$\varepsilon = \frac{L - L_0}{L_0} = \frac{\Delta L}{L_0}. \tag{2.2}$$

Die Spannung σ über der Dehnung ε aufgetragen, ergibt ein Spannungs-Dehnungs-
Schaubild, wie es schematisch in Bild 2.1 gezeigt ist.

Für das Verhalten der Metalle beim Umformen lassen sich darin zwei Gebiete unterscheiden:

Elastischer Bereich. Wird der Zugstab belastet, so dehnt er sich zunächst rein elastisch. Die Probe federt beim Entlasten wieder auf ihre ursprüngliche Länge zurück. Im elastischen Gebiet lassen sich definitionsgemäß keine bleibenden Formänderungen erzielen.

Bei den metallischen Werkstoffen besteht zunächst ein linearer Zusammenhang zwischen der Spannung σ und der Dehnung ε. Es gilt die Beziehung:

$$\sigma = E\varepsilon \quad \text{(Hookesches Gesetz)}. \tag{2.3}$$

Der Elastizitätsmodul E kennzeichnet das elastische Verhalten eines Werkstoffs unter der Wirkung von Normalspannungen.

Der rein elastische Bereich wird durch die Elastizitätsgrenze σ_E (Bild 2.2) begrenzt.

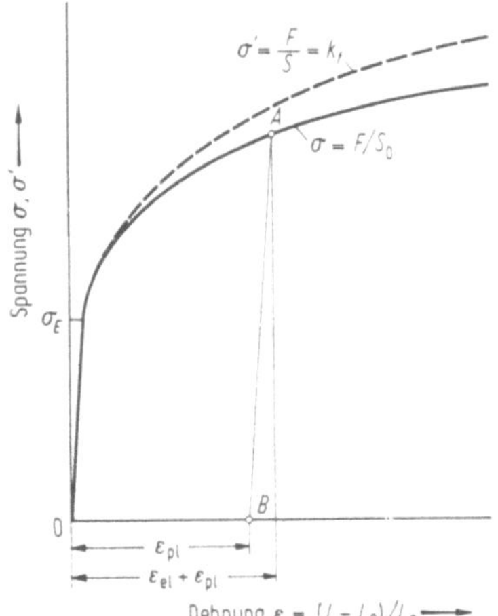

Bild 2.2 Erster Teil eines Spannungs-Dehnungs-Schaubildes mit eingetragenen Spannungen σ, σ'

Elastisch-plastischer Bereich. Wird die Zugprobe über die Elastizitätsgrenze hinaus belastet, so beginnt der Werkstoff plastisch zu „fließen". Die Probe zeigt nach dem Entlasten eine bleibende Verlängerung.

Als meßtechnisch erfaßbare Größen für den Beginn des plastischen Gebietes wurde der Begriff der Dehngrenzen eingeführt. Eine Dehngrenze gibt die auf den Ausgangsquerschnitt bezogene Kraft an, bei der eine bleibende Dehnung bestimmter Größe (z. B. 0,01 oder 0,2%) erreicht wird. Technisch wichtig sind die 0,01-Dehngrenze (plastische Dehnung 0,01%), die auch technische Elastizitätsgrenze $R_{p0,01}$ genannt wird, und die 0,2-Grenze $R_{p0,2}$ (plastische Dehnung 0,2%) (Bild 2.1).

Bei einigen metallischen Werkstoffen tritt zu Beginn des plastischen Fließens eine Unstetigkeit auf (Bild 2.45). Dort läßt sich dann eine (natürliche) Streckgrenze bestimmen (s. Abschn. 2.5.2). Bei Werkstoffen mit stetigem Verlauf des Kraft-Verlängerungs-Schaubildes wird die 0,2-Grenze als Streckgrenze angesehen.

Die Streckgrenze spielt in der Festigkeitslehre für die Auslegung der Bauteile eine wesentliche Rolle.

Oberhalb der Elastizitätsgrenze ergibt sich im belasteten Zustand die Gesamtdehnung als Summe der elastischen Dehnung ε_{el} und der plastischen Dehnung ε_{pl}. Nach der Entlastung bleibt die plastische Dehnung ε_{pl}. In Bild 2.2 ist dieser Zusammenhang für die Belastung von 0 bis A und die anschließende Entlastung von A nach B dargestellt.

Bei den Verfahren der Umformtechnik wird im elastisch-plastischen Bereich gearbeitet. Zusätzlich zu den gewünschten bleibenden Formänderungen treten elastische Rückfederungen auf. Die elastischen Formänderungen sind zwar normalerweise im Verhältnis zu den plastischen gering, müssen aber in ihrer Auswirkung berücksichtigt werden (z. B. Rückfederung beim Biegen).

Der Höchstwert der Kraft F_m bezogen auf den Ausgangsquerschnitt im Zugversuch, ergibt die Zugfestigkeit R_m (Bild 2.1)

$$R_m = \frac{F_m}{S_0}. \tag{2.4}$$

Während bis zum Höchstlastpunkt innerhalb der Meßlänge eine nahezu gleichmäßige Querschnittsabnahme erfolgt, schnürt sich danach die Probe örtlich ein. Die Querschnittsverminderung hat einen Abfall der Kraft F und damit auch der auf den Ausgangsquerschnitt bezogenen Spannung $\sigma = F/S_0$ im Spannungs-Dehnungs-Schaubild zur Folge.

Das Auftreten eines Bruchs im Zugversuch zeigt, daß das Formänderungsvermögen eines metallischen Werkstoffs begrenzt ist. Es hängt stark vom Werkstoff und dem herrschenden Spannungszustand ab. Als Maß für das Formänderungsvermögen des Werkstoffs werden im Zugversuch die folgenden Größen bestimmt:

Brucheinschnürung Z als auf den Ausgangsquerschnitt bezogene bleibende Querschnittsverminderung ΔS an der Bruchstelle

$$Z = \frac{\Delta S}{S_0} \cdot 100\%. \tag{2.5}$$

Bruchdehnung A als auf die Ausgangsmeßlänge L_0 bezogene bleibende Längenänderung ΔL_r nach dem Bruch der Probe.

$$A = \frac{\Delta L_r}{L_0} \cdot 100\%. \tag{2.6}$$

Da beim Zugversuch im plastischen Bereich der momentane Querschnitt S kleiner als der Ausgangsquerschnitt S_0 ist, sind die Spannungen $\sigma = F/S_0$ gegenüber den wirklich vorliegenden Längsspannungen $\sigma' = F/S$ zu klein.

Um die wahren Spannungen in Längsrichtung zu erhalten, muß die Kraft F auf den momentanen Querschnitt S bezogen werden.

$$\sigma' = \frac{F}{S}. \tag{2.7}$$

Die Spannung $\sigma' = f(\varepsilon)$ ist zum Vergleich in Bild 2.2 eingetragen. Im Bereich der Gleichmaßdehnung ε_{gl}, also bis zum Beginn einer Einschnürung, liegt beim Zugversuch ein einachsiger Spannungszustand vor. In diesem Bereich entspricht die Spannung $\sigma' = F/S$ im plastischen Gebiet der Fließspannung k_f (s. Kap. 3). Die Spannung $\sigma' = F/S$ steigt (im Gegensatz zu der fiktiven Spannung $\sigma = F/S_0$) bis zum Bruch an. Mit zunehmender Dehnung im plastischen Gebiet steigt die zur weiteren Formänderung nötige Spannung an. Der Werkstoff verfestigt sich (Näheres in Abschn. 2.4.5).

Dem beschriebenen Verhalten eines Metalls liegen Vorgänge im Gefüge zugrunde. Diese werden mit Verfahren der Metallphysik und Metallkunde untersucht. Dadurch ist die Möglichkeit gegeben, vom Elementarvorgang ausgehend, die makroskopisch feststellbaren Erscheinungen zu deuten und bestimmte Kenngrößen zu berechnen.

2.1 Kristallstruktur und Gefüge der Metalle

Reine Metalle sind chemische Elemente, die in der Technik nur in Sonderfällen eingesetzt werden (z. B. in der Elektrotechnik reines Kupfer als Leitermaterial). Die meisten metallischen Werkstoffe sind Legierungen aus zwei oder mehreren Metallen. Durch Legieren lassen sich mechanische Eigenschaften in weiten Bereichen ändern.

Bild 2.3 Schliffbild eines vielkristallinen Metalls (Zink 99,9)

Sowohl bei makroskopischer Betrachtung als auch in vielen Eigenschaften ist ein Metall ein homogener Stoff. Stellt man jedoch durch Schleifen und Polieren von Metallflächen sog. „Schliffe" her, die nach entsprechender Ätzung unter dem Mikroskop betrachtet werden, so findet man, daß das Metall aus einer Vielzahl einzelner *Körner* besteht, die an den *Korngrenzen* zusammenstoßen (Bild 2.3, 2.4). Diese Körner sind kristallin aufgebaut und werden daher auch *Kristallite* genannt. Die Korngröße kann je nach Vorbehandlung und Zusammensetzung in weiten Grenzen variieren (etwa 10^{-4} mm bis mehrere mm bzw. cm). Die Anordnung der Körner, einschließlich der Korngrenzen und der Baufehler, wird als *Gefüge* bezeichnet.

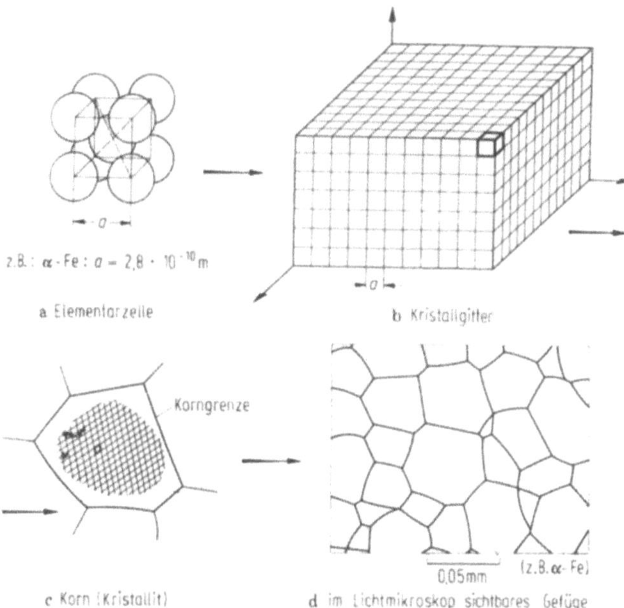

Bild 2.4 Verschiedene Stufen des Aufbaus eines vielkristallinen Metalls

Das Gefüge von Legierungen kann sehr verschiedenartig aufgebaut sein, da sowohl die Größe und die Form der Körner als auch ihre Struktur und Zusammensetzung verschieden sein können.

In einem Kristall sind die Atome so angeordnet, daß sich ihre Abstände periodisch im Raum wiederholen. Diese regelmäßige Atomanordnung wird *Kristallgitter* genannt. Die Atomanordnung des Kristallgitters wird jeweils durch eine *Elementarzelle* gekennzeichnet (Bild 2.5). Die Atome befinden sich an ihren Gitterplätzen in einer Gleichgewichtslage, die durch die abstoßenden und anziehenden Kräfte der Elektronen und Atomkerne gegeben ist. Die *Kristallstrukturen* der Metalle können z. B. mit Hilfe von Beugungserscheinungen der Röntgenstrahlen untersucht werden.

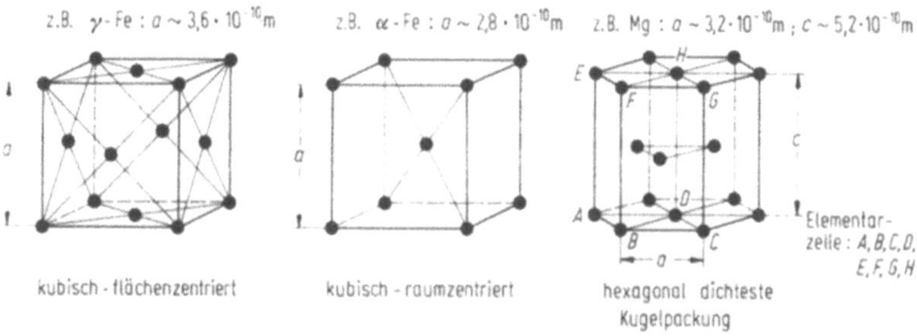

Bild 2.5 Elementarzellen der wichtigsten Kristallsysteme bei Metallen

Bei den technisch wichtigen Metallen und Legierungen sind drei Kristallstrukturen am häufigsten:

— Das kubisch-raumzentrierte Gitter,
— das kubisch-flächenzentrierte Gitter,
— das hexagonal (dichtest gepackte) Gitter.

Bild 2.5 zeigt die Atomlagen in den Elementarzellen dieser Gittertypen.
In Tabelle 2.1 sind die Strukturen einiger wichtiger Metalle angegeben.

Tabelle 2.1 Kristallstrukturen wichtiger Metalle

Kristallstruktur	Metalle mit einer Struktur	Metalle mit mehreren Strukturen Temperaturbereich
kubisch- flächenzentriert kfz	Aluminium (Al) Nickel (Ni); Kupfer (Cu) Silber (Ag) Platin (Pt); Gold (Au) Blei (Pb)	Eisen (Fe) [1 184—1 665 K] Kobalt (Co) > 1 393 K
kubisch- raumzentriert krz	Vanadium (V); Chrom (Cr) Niob (Nb); Molybdän (Mo) Tantal (Ta); Wolfram (W)	Eisen (Fe) außer 1 184—1 665 K Titan (Ti) > 1 155 K Zirkonium (Zr) > 1 125 K Hafnium (Hf) > 2 248 K
hexagonal hdP	Beryllium (Be) Magnesium (Mg) Zink (Zn)	Titan (Ti) < 1 155 K Kobalt (Co) < 1 393 K Zirkonium (Zr) < 1 125 K Hafnium (Hf) < 2 248 K

Bei einer Reihe von Metallen treten in Abhängigkeit von der Temperatur verschiedene Kristallstrukturen auf. Jede Struktur ist dabei nur innerhalb eines bestimmten Temperaturbereichs stabil. Der Übergang von der einen in die andere
Struktur wird als *Phasenumwandlung* bezeichnet. Derartige Phasenumwandlungen
sind in Legierungen noch häufiger als in reinen Metallen und werden zur Erzielung bestimmter technischer Eigenschaften ausgenutzt.

Innerhalb eines Korns ist das Kristallgitter, abgesehen von Fehlern, die im
weiteren Verlauf noch eingehend besprochen werden, regelmäßig aufgebaut.

Struktur und Orientierung des Gitters (bezüglich eines mit der Probe fest
verbundenen Koordinatensystems) und Gestalt der verschiedenen Körner sind
von der Vorgeschichte des Metalls abhängig. Die Kristallorientierung der Körner
kann sowohl statistisch regellos als auch durch bestimmte Vorzugsorientierungen
(*Texturen*) ausgezeichnet sein [2.2; 2.21].

In Bild 2.4 sind die verschiedenen Stufen des Aufbaus eines vielkristallinen
Metalls gezeigt. Entsprechend den Abmessungen der einzelnen Stufen wurden
Untersuchungsmethoden mit dem erforderlichen Auflösungsvermögen entwickelt.
Die Lehre von der Beschreibung der Gefüge ist die *Metallographie*; ihre wichtig-
sten Werkzeuge sind Licht- und Elektronenmikroskop.

2.2 Elastische und plastische Formänderungen an Einkristallen bzw. Idealkristallen

Die äußeren Formänderungen beim Umformen metallischer Werkstoffe ergeben sich aus dem Zusammenwirken von elementaren Vorgängen innerhalb der einzelnen Körner. Um den Mechanismus der plastischen Formänderung studieren zu können, ist es zweckmäßig, zunächst den Einfluß der Körner untereinander und der Korngrenzen auszuklammern. Um das zu erreichen, werden „*Einkristalle*", die im Ausgangszustand keine Korngrenzen und eine geringe Konzentration anderer Gitterbaufehler aufweisen, untersucht. Es gibt verschiedene Verfahren, um ausgedehnte Einkristalle zu züchten, an denen z. B. Zugversuche oder Stauchversuche ausgeführt werden können.

Die kristallographische Betrachtungsweise der Kristallstrukturen geht von *Idealkristallen* aus, die keine Fehler im Gitteraufbau und keine Korngrenzen aufweisen. Schmid und Boas [2.9] geben einen umfassenden Überblick von Ergebnissen der Einkristallforschung.

2.2.1 Elastische Formänderungen

Entsprechend dem Hookeschen Gesetz $\sigma = E\varepsilon$ (2.3) für Zug- bzw. Druckspannungen gilt bei der Wirkung von Schubspannungen ein linearer Zusammenhang zwischen der Schubspannung τ und der durch sie hervorgerufenen Schiebung γ

$$\tau = G\gamma. \tag{2.8}$$

Den äußerlich in Erscheinung tretenden Formänderungen liegen Lageveränderungen der Atome im Kristallgitter zugrunde. Der Zusammenhang sei am Beispiel eines kubisch-primitiven Gitters erläutert, bei dem die Atome an den Eckpunkten von Würfeln angeordnet sind.

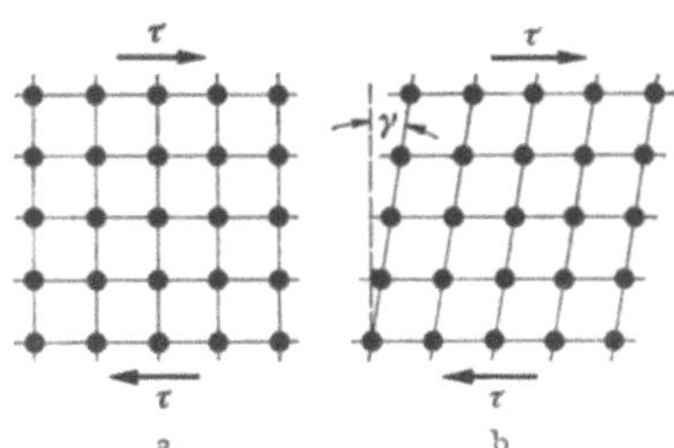

Bild 2.6 Elastische Verzerrung eines Kristallgitters. **a** Ausgangszustand, unverzerrt; **b** verzerrt

Bild 2.6 zeigt, wie in einem Idealkristall die Winkeländerung mit einer Lageveränderung der Atome aus ihrer Gleichgewichtslage verbunden ist.

Elastische Verzerrungen sind dadurch gekennzeichnet, daß die Verschiebungen der Atome so klein sind, daß diese nach Entlastung wieder ihre ursprünglichen Gitterplätze als Gleichgewichtslage einnehmen.

2.2.2 Plastische Formänderungen

Durch Beobachtungen an Kristallen aus Metallen und Nichtmetallen wurden zwei wesentliche Mechanismen, die zu plastischen Formänderungen führen, erkannt.

2.2.2.1 Gleitung

Gedehnte Einkristalle zeigen auf der Oberfläche Stufen, die dadurch erklärt werden können, daß Teile des Kristalls aufeinander abgleiten (Bild 2.7). Dieses Verhalten legte die Annahme nahe, daß eine gekoppelte Atomverschiebung entlang einer Gitterebene die Ursache ist. Bild 2.8 zeigt das Schema einer solchen Abgleitung. Gleitung erfolgt dabei bevorzugt entlang bestimmter Ebenen und Richtungen des Kristallgitters. Die Gesamtabgleitung beträgt i. allg. ein ganzzahliges Vielfaches der Atomabstände in Gleitrichtung. *Gleitebene* und eine darin liegende *Gleitrichtung* bilden zusammen ein *Gleitsystem*, Bild 2.7.

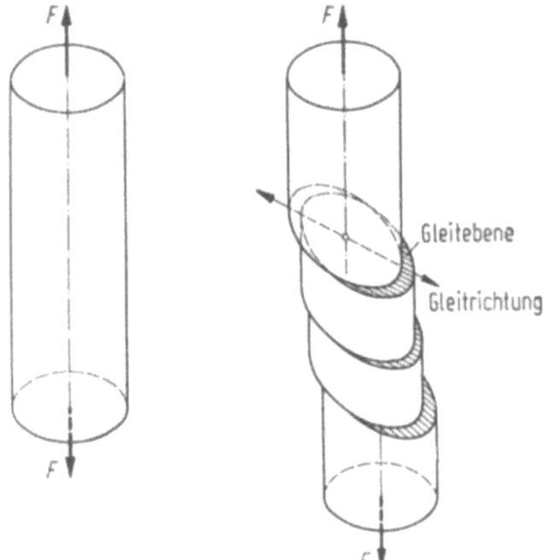

Bild 2.7 Prinzip der Formänderung durch freies Abgleiten bei Einkristallen unter Zugbelastung

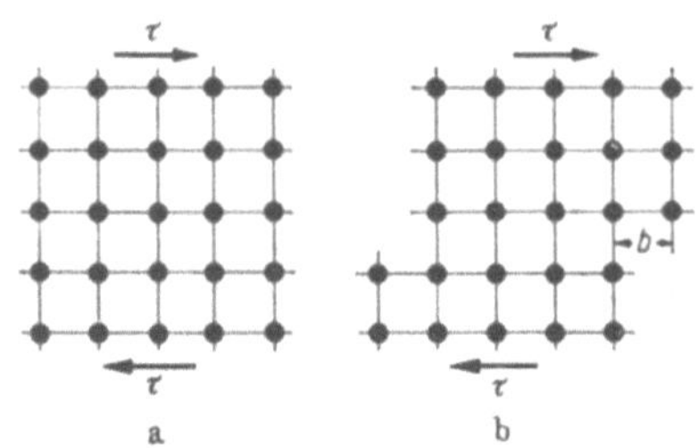

Bild 2.8 Modelldarstellung der plastischen Verformung eines Kristallgitters durch Gleiten, wobei alle Atome beiderseits der Gleitebene gleichzeitig aneinander vorbeibewegt werden.
a Ausgangszustand; **b** abgeglitten

Theoretische und experimentelle Untersuchungen haben zu dem Ergebnis geführt, daß die Gleitebenen meist kristallographisch dichtestbelegte Ebenen, die Gleitrichtungen meist dichtest belegte Gittergeraden sind.

Bild 2.9 zeigt für einige Metalle die wichtigsten Gleitsysteme.

Die Anzahl der Gleitsysteme wirkt sich stark auf das plastische Verhalten der Metalle aus. Metalle mit hexagonaler Kristallstruktur sind infolge der beschränkten Anzahl von Gleitsystemen oft nur sehr begrenzt umformbar.

Untersuchungen an Einkristallen haben zu dem Ergebnis geführt, daß in einem Gleitsystem plastische Verformung durch Gleiten dann einsetzt, wenn eine bestimmte *kritische Schubspannung* τ_0 erreicht wird.

Struktur Metall	Gleitsysteme	Anzahl der Gleitebenen	Anzahl der Gleitrichtungen	Anzahl der Gleitsysteme
kfz Cu, Al, Ni Pb, Au, Ag γ-Fe	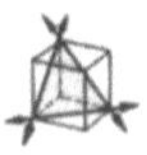	4	3	12
krz α-Fe, W, Mo β-Messing	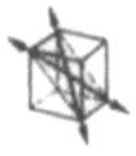	6	2	12
	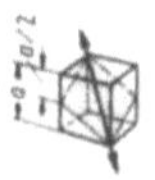	12	1	12
	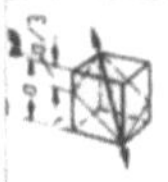	24	1	24

Struktur Metall	Gleitsysteme	Anzahl der Gleitebenen	Anzahl der Gleitrichtungen	Anzahl der Gleitsysteme
hexagonal Cd, Zn, Mg Ti, Be	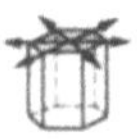	1	3	3
	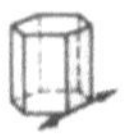	3	1	3
	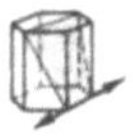	6	1	6

Gleitebene ↗ Gleitrichtung kfz : kubisch-flächenzentriert krz : kubisch-raumzentriert

Bild 2.9 Beispiele für Gleitsysteme wichtiger Metalle

Welches Gleitsystem bei einem vorliegenden Spannungszustand zuerst betätigt wird, hängt davon ab, in welcher Ebene und in welcher Richtung die maximale Schubspannung wirkt und welche kritische Schubspannung erforderlich ist, um mit dem jeweiligen Gleitsystem eine Abgleitung zu bewirken. Es soll nun der Zusammenhang zwischen der in Achsrichtung eines Einkristalls wirkenden Kraft und der Schubspannung in einem Gleitsystem hergeleitet werden (Schmidsches Schubspannungsgesetz).

Ebene S_1 in Bild 2.10a sei Gleitebene. Die Gleitrichtung $\boldsymbol{g}$ liegt in der Gleitebene S_1. F ist die auf den Stab wirkende Zugkraft. Gesucht ist die Schubspannung τ in Gleitrichtung.

Aus Bild 2.10a folgt:

$$S_0 = S_1 \cos(90° - \chi) = S_1 \sin \chi, \tag{2.9}$$

$$F = \sigma_0 S_0 = \sigma_1 S_1 \tag{2.10}$$

mit (2.9) und (2.10)

$$\sigma_1 = \sigma_0 \frac{S_0}{S_1} = \sigma_0 \sin \chi. \tag{2.11}$$

τ sei die Komponente der Spannung σ_1 in Gleitrichtung $\boldsymbol{g}$. Aus Bild 2.10b folgt

$$\tau = \sigma_1 \cos \lambda \tag{2.12}$$

oder mit (2.11)

$$\tau = \sigma_0 \sin \chi \cos \lambda \tag{2.13}$$

(*Schmidsches Schubspannungsgesetz*).

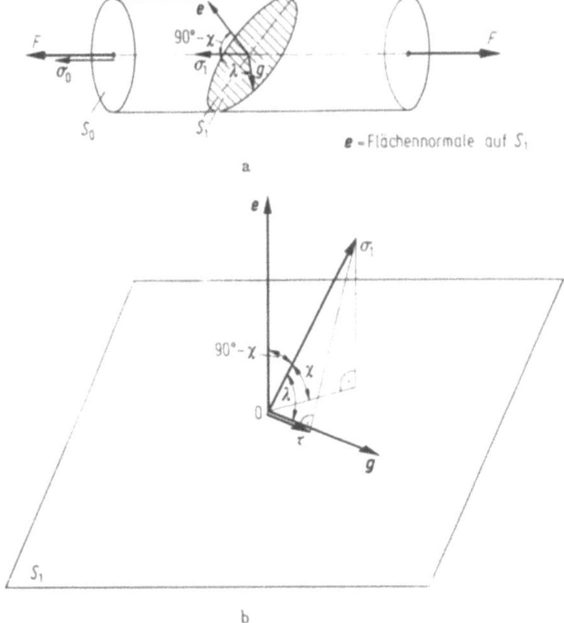

Bild 2.10 In Gleitrichtung wirkende Schubspannung bei einem Einkristall unter Zugbelastung.
a Zugprobe mit Gleitebene S_1 und Gleitrichtung g; **b** Teil der Gleitebene S_1

Damit läßt sich also die wirkende Schubspannung τ in einem Gleitsystem berechnen, wenn Betrag und Richtung der Spannung σ_0 gegeben sind, oder aber umgekehrt bei bekannter kritischer Schubspannung τ_0 und der Orientierung χ, λ eines Gleitsystems die für den Beginn des Gleitens maßgebliche Spannung

$$\sigma_0 = \frac{\tau_0}{\sin \chi \cos \lambda}. \tag{2.14}$$

Die wirkende Schubspannung in einem Gleitsystem ist bei gegebener Spannung σ_0 durch die Winkel χ und λ bestimmt. Aus (2.13) folgt als maßgebliche Größe für die Schubspannung:

$$\mu = \sin \chi \cos \lambda \quad \textit{(Orientierungsfaktor)}. \tag{2.15}$$

Je größer der Orientierungsfaktor μ ist, desto größer ist nach (2.13) die wirkende Schubspannung τ. Bei welchen Werten der Winkel χ und λ erreicht nun τ seinen Höchstwert?

Zur Ableitung denkt man sich einen bestimmten Winkel $\chi = \chi_i$ zwischen der Gleitebene und der Richtung der Spannung σ_1 vorgegeben (Bild 2.11). Damit ist die Richtung der Spannung σ_1 noch nicht eindeutig festgelegt. Es sind noch alle Richtungen möglich, die aus der Drehung von σ_1 um e hervorgehen. σ_1 beschreibt dann einen Kegel mit der Spitze in 0, der Achse e und dem Öffnungswinkel $2 (90° - \chi_i)$. Man erkennt, daß dann bei festem Winkel χ_i der Winkel $\lambda = \lambda_i$ zwischen der Spannung σ_1 und der Gleitrichtung g nicht frei wählbar ist, sondern nur in den Grenzen

$$\chi_\mathrm{i} \leqq \lambda_\mathrm{i} \leqq (180° - \chi_\mathrm{i})\,. \tag{2.16}$$

Diese Grenzwerte liegen in der Ebene durch g und e (Bild 2.11).

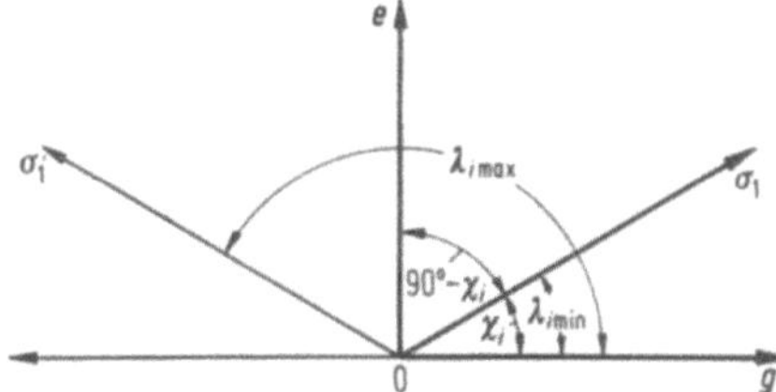

Bild 2.11 Grenzwerte des Winkels λ_i zwischen Gleitebenennormale e und Gleitrichtung g bei vorgegebenem Winkel χ_i

Aus (2.13) und (2.16) folgt für eine in Gleitrichtung g positive Schubspannung τ:

$$\chi_\mathrm{i} \leqq \lambda_\mathrm{i} \leqq 90°\,. \tag{2.17}$$

Für einen vorgegebenen Winkel χ_i ergibt sich mit (2.13), daß τ um so größer wird, je kleiner der Winkel λ_i ist. Nach (2.17) $\lambda_\mathrm{i\,min} = \chi_\mathrm{i}$ eingesetzt in (2.13)

$$\tau = \sigma_0 \sin \chi_\mathrm{i} \cos \chi_\mathrm{i} \tag{2.18}$$

mit $\sin \chi_\mathrm{i} \cos \chi_\mathrm{i} = \tfrac{1}{2} (\sin 2\chi_\mathrm{i})$

$$\tau = \sigma_0 \cdot \tfrac{1}{2} \sin 2\chi_\mathrm{i}\,. \tag{2.19}$$

τ hat den Höchstwert für $2\chi_\mathrm{i} = 90°$ bzw. $\chi_\mathrm{i} = 45°$, damit wird $\lambda_\mathrm{i\,min} = \chi_\mathrm{i} = 45°$

$$\left.\begin{array}{l} \tau_\mathrm{max} = \tfrac{1}{2}\,\sigma_0 \\[2mm] \mu_\mathrm{max} = \tfrac{1}{2} \end{array}\right\} \quad \text{für} \quad \chi = \lambda = 45°\,. \tag{2.20}$$

Da in den meisten Kristallen mehrere Gleitsysteme vorhanden sind, erreicht das Gleitsystem mit dem höchsten Orientierungsfaktor zuerst die kritische Schubspannung und beginnt zu gleiten.

Der Orientierungsfaktor erreicht seinen Höchstwert $\mu_\mathrm{max} = 0{,}5$, wenn χ und $\lambda = 45°$ sind. In Gleitsystemen für die $\mu = 0$ wird, wirkt keine Schubspannung, sie sind nicht gleitfähig (Bild 2.12).

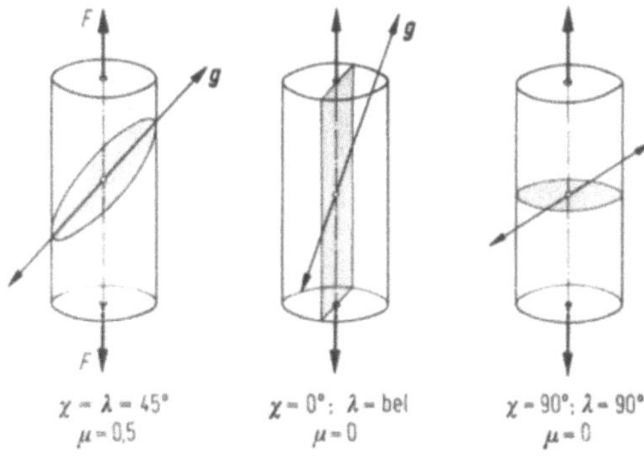

Bild 2.12 Besondere Lagen eines Gleitsystems bezüglich der wirkenden Kraft

2.2.2.2 Zwillingsbildung

Ein weiterer Vorgang, der zu plastischen Formänderungen führt, ist die mechanische Zwillingsbildung. Durch Schubspannungen entsprechender Größe wird ein Teil des Kristallgitters in eine spiegelbildliche Lage übergeführt. Die Symmetrieebene wird als Zwillingsebene bezeichnet. Bild 2.13 zeigt das Schema der Zwillingsbildung.

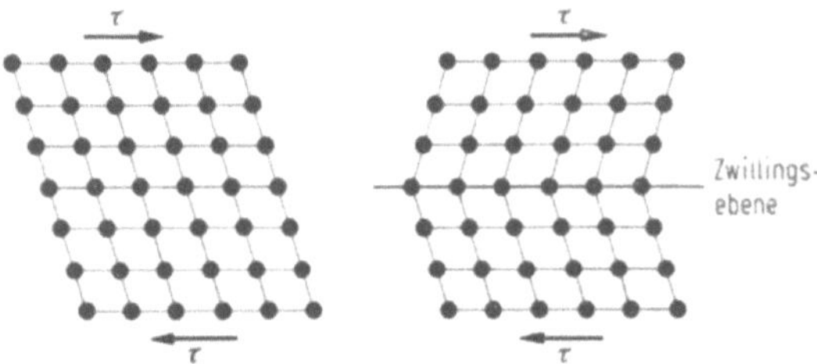

Bild 2.13 Modell der Zwillingsbildung in einem Kristallgitter

Im Gegensatz zur Gleitung, wo die Orientierung nach der Abgleitung oberhalb und unterhalb der Gleitebene erhalten bleibt, führt die Zwillingsbildung zu einer Orientierungsänderung oberhalb der Zwillingsebene. Die Bedeutung der Zwillingsbildung liegt weniger darin, daß sie zu großen Formänderungen führt, als daß infolge der Orientierungsänderung erneute Abgleitung möglich ist.

Zwillingsbildung tritt insbesondere bei hexagonalen und kubisch-raumzentrierten Metallen auf, weniger bei kubisch-flächenzentrierten. Bild 2.14 zeigt das Aussehen eines Gefüges mit Verformungszwillingen. Die zur Zwillingsbildung erforderliche Spannung ist im Verhältnis zur Gleitung hoch. Daher tritt Zwillingsbildung besonders dann auf, wenn Gleitvorgänge erschwert sind. Dies ist z. B. bei kubisch-raumzentrierten Metallen bei tiefen Temperaturen oder hohen Formänderungsgeschwindigkeiten der Fall. Bei hexagonalen Metallen führt die geringe Anzahl von Gleitsystemen für bestimmte Richtungen zu hohen Fließspannungen und damit zur verstärkten Zwillingsbildung.

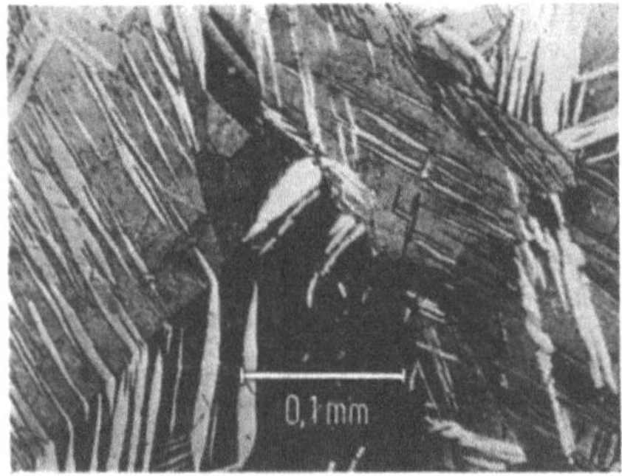

Bild 2.14 Gefüge mit Verformungszwillingen. Zink leicht umgeformt; polarisiertes Licht, ungeätzt

2.2.3 Theoretische Schubfestigkeit

Die Schubspannung, die in einem Gleitsystem eines Idealkristalls überschritten werden muß, um Gleiten zu ermöglichen, wird *theoretische Schubfestigkeit* τ_{th} des betreffenden Gleitsystems genannt.

Bei der Berechnung der theoretischen Schubfestigkeit geht man davon aus. daß beim Gleiten alle Atome beiderseits der Gleitebene gleichzeitig aneinander vorbeigeschoben werden. Da bis zum Einsetzen von plastischen Formänderungen elastische Verzerrungen vorliegen, geht der Schubmodul in diese Beziehung ein. Mit entsprechenden Ansätzen für die Kraftwirkung der Atome ergibt sich für die theoretische Schubfestigkeit:

$$\tau_{th} \approx \frac{G}{30}. \tag{2.21}$$

Für Eisen mit einem Schubmodul $G = 83\,000\ \text{N/mm}^2$ ergibt sich daraus $\tau_{th} = 2760\ \text{N/mm}^2$.

Es ist gelungen, sehr dünne Kristallfäden zu züchten, deren Kristallgitter nahezu fehlerfrei ist. Diese sog. „Whiskers" (Haarkristalle) erreichen tatsächlich etwa die theoretische Schubfestigkeit. Wegen ihrer sehr hohen Festigkeit wird versucht, faserartige Whiskers in metallische oder nichtmetallische Grundwerkstoffe einzubetten und damit Verbundwerkstoffe hoher Festigkeit herzustellen.

Demgegenüber sind die bei Einkristallen reiner Metalle gemessenen kritischen Schubspannungen, bei denen plastische Formänderung beginnt, etwa um den Faktor 1000 niedriger als die errechneten theoretischen Schubfestigkeiten. Selbst vielkristalline Metalle, die wegen des Korngrenzeneinflusses nicht direkt zum Vergleich herangezogen werden können, haben eine gegenüber der errechneten theoretischen Schubfestigkeit wesentlich geringere Schubfließgrenze.

Diese Tatsachen führten zu dem Schluß, daß die kritische Schubspannung realer (nicht ideal gebauter) Kristalle nicht durch die beschriebene gleichzeitige Abgleitung aller Atome beiderseits der Gleitebene gegeben sein kann. Es zeigte sich vielmehr, daß die Abgleitung und damit die erforderliche Schubspannung durch Fehler im Kristallaufbau bestimmt werden. Als für die plastische Formänderungen wesentlicher Fehler wurden linienförmige Störungen des Kristallgitters erkannt, die als *Versetzungen* bezeichnet werden. Mit Hilfe von Versetzungsbewegungen können die Vorgänge des plastischen Verhaltens von Metallen befriedigend erklärt werden. Die theoretischen Vorstellungen der Versetzungstheorie wurden durch experimentelle Ergebnisse der Elektronenmikroskopie bestätigt und ergänzt.

2.3 Gitterfehler

2.3.1 Arten von Gitterfehlern

Der kristalline Aufbau der metallischen Werkstoffe ist durch Fehler verschiedener Art gestört.

Die Gitterfehler lassen sich entsprechend ihrer Ausdehnung einteilen. Hierbei werden nur Ausdehnungen berücksichtigt, die über atomare Abmessungen hinausgehen:

— Punktförmige (nulldimensionale) Fehler (z. B. Leerstellen, Zwischengitteratome),
— linienförmige (eindimensionale) Fehler (Versetzungen),
— flächenhafte (zweidimensionale) Fehler (z. B. Korngrenzen, Zwillingsgrenzen,
   Phasengrenzen).

Mit Gitterfehlern behaftete Kristalle werden als *Realkristalle* bezeichnet. Die große Bedeutung der Gitterfehler für viele Eigenschaften von Metallen darf nicht darüber hinwegtäuschen, daß sie nur in verhältnismäßig geringer Konzentration vorkommen. Die Erforschung der Gitterfehler zählt heute zu den Hauptarbeits-gebieten der Festkörperphysik.

2.3.2 Versetzungen

Die offensichtliche Diskrepanz zwischen der theoretischen Schubfestigkeit und den gemessenen kritischen Schubspannungen konnte erst geklärt werden, nach-dem zunächst rein theoretisch von G. J. Taylor, E. Orowan und M. Polanyi angegeben wurde, daß die plastischen Formänderungen auf die Bewegung von eindimensionalen Gitterfehlern („Versetzungen") zurückzuführen sind. Die darauf beruhende Theorie der plastischen Formänderung der Kristalle wurde theoretisch weiterentwickelt, bis es 1952 F. C. Frank gelang, Versetzungen an der Oberfläche von Kristallen, ab 1956 P. B. Hirsch und Mitarbeitern, auch solche im Innern von Kristallen, mit dem Elektronenmikroskop sichtbar zu machen [2.10]. Um Versetzungen zu beschreiben und ihr Verhalten erfassen zu können, gibt es im wesentlichen zwei Möglichkeiten:

— *Atomistischer Standpunkt.* Die Versetzungen werden als Fehler des aus Atomen
   aufgebauten Kristallgitters angesehen.
— *Kontinuumstheorie der Versetzungen.* Versetzungen verzerren das Kristallgitter in ihrer Umgebung. Daher sind sie die Ursache von elementaren Eigenspannungen, die mit Methoden der Kontinuumsmechanik behandelt werden
   können.

2.3.2.1 Arten von Versetzungen

Um die Grundtypen der Versetzungen zu erklären, sei das Modell eines kubisch primitiven Gitters betrachtet, bei dem die Atome durch Kugeln repräsentiert werden (Bild 2.15 bis 2.17).

Bild 2.15 zeigt den Aufbau eines idealen Kristalls. Eine *Stufenversetzung* (Kurzzeichen $\perp$) liegt vor, wenn im Kristallgitter eine Ebene endet, dunkle Kugeln, Bild 2.16. Die Begrenzungslinie dieser Ebene im Kristall wird als Ver-setzungslinie t bezeichnet, sie entspricht dem Verlauf des Zentrums maximaler Verzerrung des Gitters durch die Versetzung.

Ein weiterer Grundtyp ist die *Schraubenversetzung* (Kurzzeichen $\odot$) (Bild 2.17). Dabei verlaufen die ursprünglich ebenen und parallelen Gitterebenen des Ideal-kristalls (Bild 2.15) nun wie Schraubenflächen, mit der Versetzungslinie t als Achse.

Spannungsfelder, wie sie infolge der Verzerrungen des Kristallgitters durch Versetzungen hervorgerufen werden, können an entsprechenden Modellen mit Verfahren der Elastizitätstheorie berechnet werden.

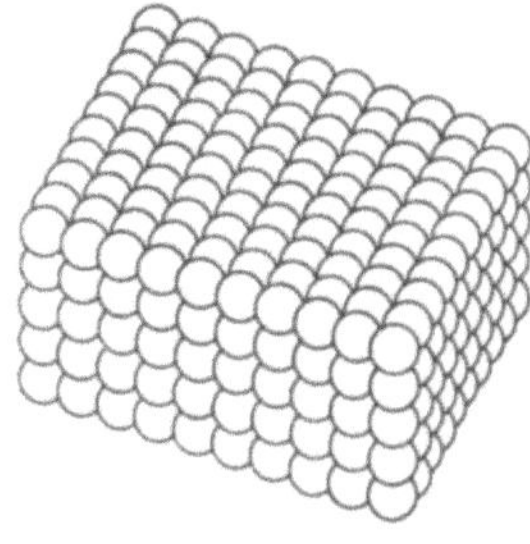

Bild 2.15 Kugelmodell eines Idealkristalls; kubisch primitives Gitter. Nach [2.11]

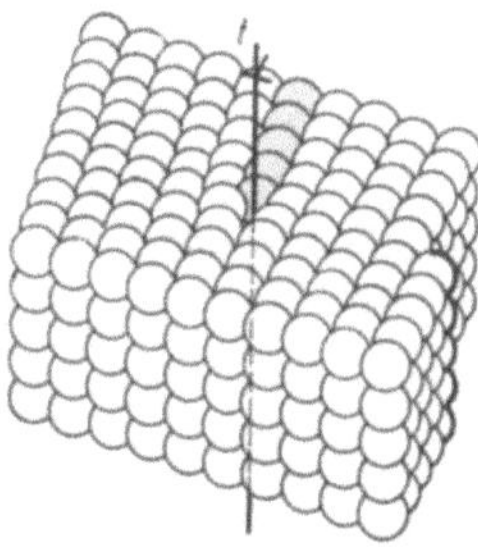

Bild 2.16 Kristall mit einer Stufenversetzung; Versetzungslinie t.
Nach [2.11]

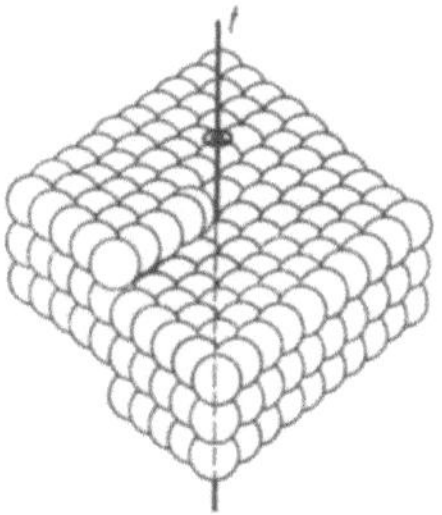

Bild 2.17 Kristall mit Schraubenversetzung; Versetzungslinie t.
Nach [2.11]

Bild 2.18 zeigt solche Modelle für eine Stufen- bzw. Schraubenversetzung. Man denke sich dazu einen Zylinder aus einem elastischen Werkstoff in Achsrichtung mit einer kleinen Bohrung versehen. Dann wird der Zylinder axial bis zur Mitte aufgeschnitten. Nun werden die Schnittflächen in radialer (Stufenversetzung) (Bild 2.18a) oder axialer Richtung (Schraubenversetzung) (Bild 2.18b) gegeneinander um einen kleinen Betrag b verschoben und wieder zu einem Körper ohne Trennflächen zusammengefügt.

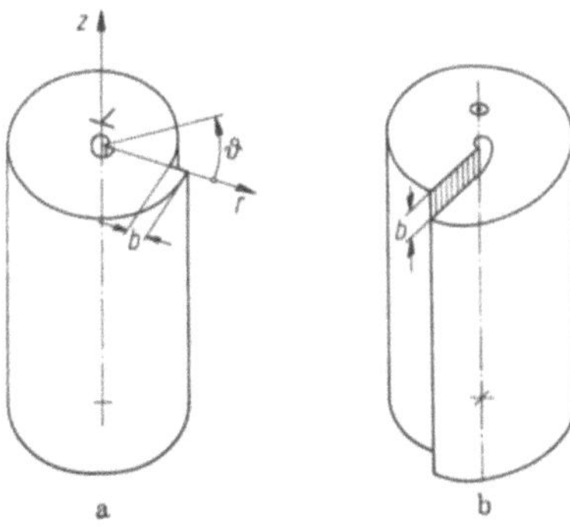

Bild 2.18 Modelle zur Berechnung des Spannungsfeldes von Versetzungen nach der Elastizitätstheorie. **a** für Stufenversetzung; **b** für Schraubenversetzung

Bild 2.19 zeigt eine ebene Darstellung eines Kristalls mit einer Stufenversetzung und die durch sie hervorgerufenen Spannungen in den Hauptrichtungen. Es entspricht der oberen Atomlage der Darstellung einer Stufenversetzung in Bild 2.16.

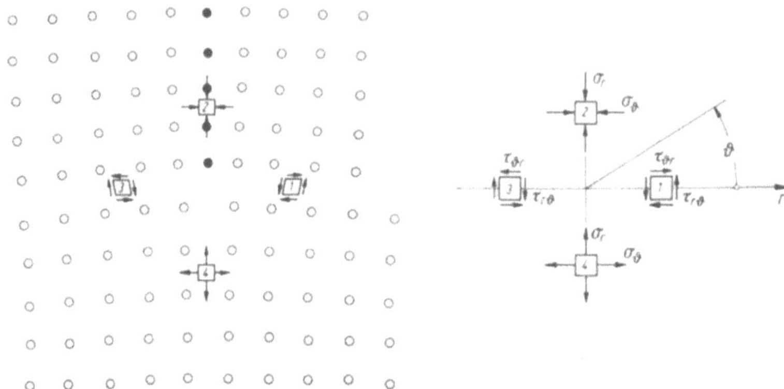

Bild 2.19 Ebene Darstellung eines Kristalls mit einer Stufenversetzung (ausgefüllte Kreise); Spannungen des Spannungsfeldes der Versetzung in den Hauptrichtungen

Für eine Stufenversetzung läßt sich an einem Modell nach Bild 2.18a folgendes Spannungsfeld errechnen (Seeger in [2.4])

$$\sigma_r = \sigma_\vartheta = -\frac{bG \sin \vartheta}{2\pi(1-\nu)\,r}, \tag{2.22}$$

$$\tau_{r\vartheta} = \frac{bG \cos \vartheta}{2\pi(1-\nu)\,r}, \tag{2.23}$$

für die eingezeichneten Elemente *1, 2, 3, 4* in Bild 2.19 erhält man damit folgende Spannungen

Element *1*: $\vartheta = 0$

$$\sigma_r = \sigma_\vartheta = 0; \quad \tau_{r\vartheta} = \frac{bG \cdot 1}{2\pi(1-\nu)\,r}, \tag{2.24}$$

Element *2*: $\vartheta = 90°$

$$\sigma_r = \sigma_\vartheta = \frac{-bG \cdot 1}{2\pi(1-\nu)\,r}; \quad \tau_{r\vartheta} = 0, \tag{2.25}$$

Element *3*: $\vartheta = 180°$

$$\sigma_r = \sigma_\vartheta = 0; \quad \tau_{r\vartheta} = \frac{-bG \cdot 1}{2\pi(1-\nu)\,r}, \tag{2.26}$$

Element *4*: $\vartheta = 270°$

$$\sigma_r = \sigma_\vartheta = \frac{bG \cdot 1}{2\pi(1-\nu)\,r}. \tag{2.27}$$

Für den Winkel $\vartheta = 0$ (Gleitebene) wechselt die Normalspannung ihr Vorzeichen, während die Schubspannung dort ihren Höchstwert erreicht. Das Spannungsfeld um die Versetzung nimmt proportional zu $1/r$ mit wachsendem Abstand r vom Zentrum der Versetzung ab.

In der unmittelbaren Umgebung der Versetzungslinie (wenige Atomabstände) kann die Spannungsverteilung mit den Verfahren der Kontinuumsmechanik nicht richtig beschrieben werden. Die Spannungen würden bei der Annahme eines Kontinuums rechnerisch in der Versetzungslinie unendlich groß.

Welche Größenordnung haben nun die von einer Versetzung hervorgerufenen Spannungen? Für Kupfer gilt:

Schubmodul $G = 45\,500$ N/mm², Poisson-Zahl $\nu = 0{,}35$

$b = 2{,}5 \cdot 10^{-7}$ mm (entsprechend einem Atomabstand in Gleitrichtung),

$r = 10^{-4}$ mm Abstand vom Zentrum der Versetzung.

Damit erhält man z. B. für die Schubspannung des Elements 1 ($\vartheta = 0°$) aus den obigen Beziehungen:

$$\tau_{r\vartheta} = \frac{bG \cdot 1}{2\pi(1 - \nu)\,r} = 27{,}4 \ \text{N/mm}^2.$$

Versetzungen verursachen also beträchtliche Eigenspannungen. Die äußeren Spannungen überlagern sich mit den Spannungsfeldern der Versetzungen und können so zu einer Bewegung der Versetzungen im Gitter führen.

2.3.2.2 Burgers-Umlauf, Burgers-Vektor

Um Versetzungen quantitativ zu beschreiben, wird ihr sog. *Burgers-Vektor* und der Verlauf der Versetzungslinie im Gitter angegeben. Der Burgers-Vektor gibt die Verzerrung des Gitters durch die Versetzung an. Um ihn zu ermitteln, kann man sich der Methode des sog. *Burgers-Umlaufs* bedienen.

Dazu beschreibt man zunächst in einem fehlerfreien Kristall einen von Atom zu Atom fortschreitenden Weg, dessen Anfangs- und Endpunkt zusammenfällt. In Bild 2.20a ist dieser geschlossene Umlauf an einem ebenen Schema eines fehlerfreien Kristallgitters durchgeführt. Anfangspunkt 0 und Endpunkt E fallen zusammen. In Bild 2.20b ist der entsprechende Umlauf bei einem Kristall mit Stufenversetzung, eingeschobene Halbebene H, dargestellt.

Legt man vom Anfangspunkt 0 ausgehend den gleichen Weg zurück wie beim fehlerfreien Kristall Bild 2.20a (von 0 aus im Uhrzeigersinn 6 Atomabstände in $(-y)$-Richtung; 7 Atomabstände in $(-x)$-Richtung; 7 Atomabstände in $(+y)$-Richtung; 7 Atomabstände in $(+x)$-Richtung; 1 Atomabstand in $(-y)$-Richtung), so schließt sich der Weg nicht. Der Vektor vom Endpunkt zum Anfangspunkt des Weges ist der *Burgers-Vektor* b der Versetzung, Bild 2.20b. Bei einer reinen Stufenversetzung steht der *Burgers-Vektor* senkrecht auf der Versetzungslinie. In Bild 2.21 ist analog dazu der Burgers-Umlauf an einem fehlerfreien Kristall und einem Gitter mit einer Schraubenversetzung durchgeführt. In dieser Darstellung ist das Kristallgitter durch die Verbindungslinien der Atome gekennzeichnet. Bei der Schraubenversetzung schließt sich der dem Umlauf beim fehlerfreien Kristall entsprechende Weg ebenfalls nicht. Der Burgers-Vektor *b* verläuft jedoch bei der Schraubenversetzung parallel zur Versetzungslinie *t*.

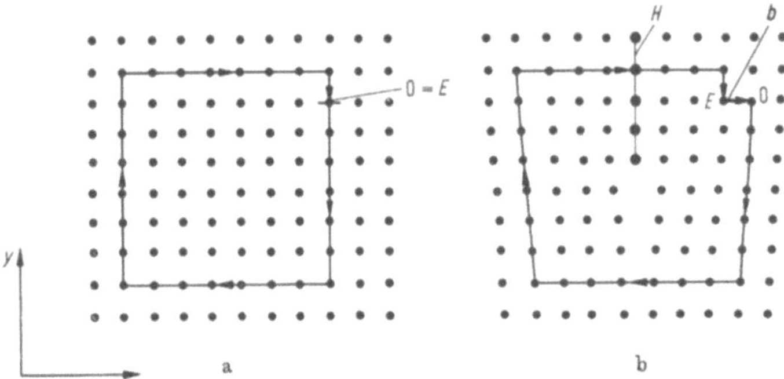

Bild 2.20 Burgers-Umlauf. **a** bei ungestörtem Kristall; **b** bei Kristall mit Stufenversetzung

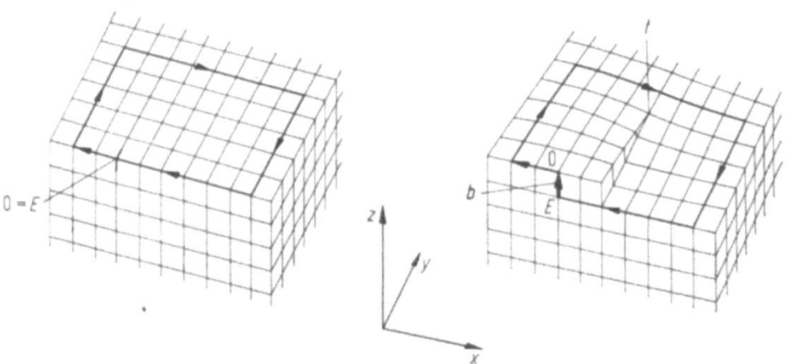

Bild 2.21 Burgers-Umlauf. **a** bei ungestörtem Kristall; **b** bei Kristall mit Schraubenversetzung

Um den Burgers-Vektor vollständig festzulegen, muß der Versetzungslinie eine Richtung zugeordnet werden. Der Burgers-Vektor ergibt sich dann mit richtigem Vorzeichen, wenn ein Burgers-Umlauf um die positive Richtung der Versetzungslinie im Sinne einer Rechtsschraube durchgeführt wird. Versetzungslinien müssen nicht geradlinig verlaufen. Zwischen den beiden Grenzfällen Stufenversetzung (Burgers-Vektor senkrechte Versetzungslinie) und Schraubenversetzung (Burgers-Vektor parallele Versetzungslinie) treten je nach dem Winkel zwischen Versetzungslinie und Burgers-Vektor alle möglichen Übergänge auf. Bild 2.22 zeigt einen gekrümmten Versetzungsring mit Anteilen von Stufen- und Schraubenversetzungen. Allgemeine Versetzungen, die einen beliebigen Winkel zwischen Burgers-Vektor und einem Linienelement der Versetzungslinie haben können, lassen sich vektoriell in Stufen- und Schraubenanteile zerlegen.

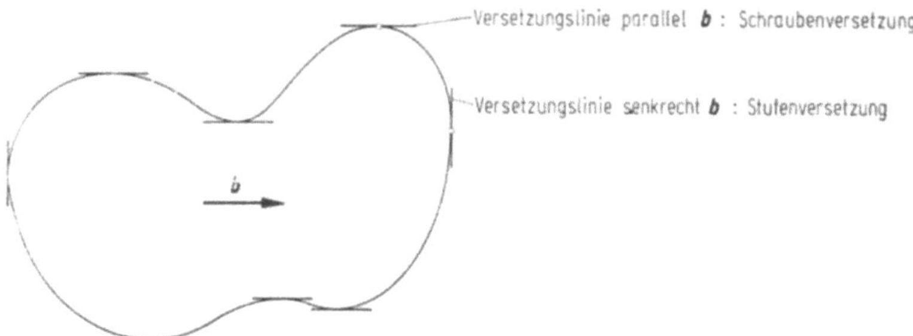

Bild 2.22 Geschlossene Versetzungslinie (Versetzungsring), mit Anteilen von Stufen- und Schraubenversetzungen Burgers-Vektor *b*

2.3.2.3 Teilversetzungen, Stapelfehler

Im kubisch primitiven Gitter ist die Stufenversetzung durch eine eingeschobene Halbebene gekennzeichnet (Bild 2.16).

Im kubisch-f ächenzentrierten bzw. kubisch-raumzentrierten Gitter entstehen durch den geänderten Gitteraufbau kompliziertere Versetzungsstrukturen. Bild 2.23a zeigt die Elementarzelle des kfz-Gitters als Kugelmodell, und Bild 2.23b die dichtest gepackte Raumdiagonalebene — Oktaederebene (111) (Zur Kennzeichnung von Gitterebenen und -geraden s. Abschn. 2.7.1). Das kubisch-flächenzentrierte Kristallgitter läßt sich nun aus Ebenen dichtester Kugelpackung, parallel zu (111) aufbauen, wobei jedoch die Stapelfolge *ABC ABC...* vorliegt (Bild 2.24). Beim hexagonalen Gitter liegt die Stapelfolge *ABABAB...* mit der Basisebene als Ebene dichtester Kugelpackung vor (Bild 2.5).

Im kubisch-flächenzentrierten Gitter (kfz) ist eine Stufenversetzung aus energetischen Gründen immer in zwei Teilversetzungen aufgespalten; Bild 2.25 zeigt eine mögliche Anordnung. Zwischen den Teilversetzungen befindet sich in der Gleitebene (111) eine flächenhafte Gitterstörung, ein sogenannter *Stapelfehler*. Die beiden Teilversetzungen schließen einen Bereich ein, bei dem die normale Stapelfolge *ABC ABC...* gestört ist (Bild 2.26). Die auf die Flächeneinheit bezogene Energie des Fehlers wird als *Stapelfehlerenergie* bezeichnet.

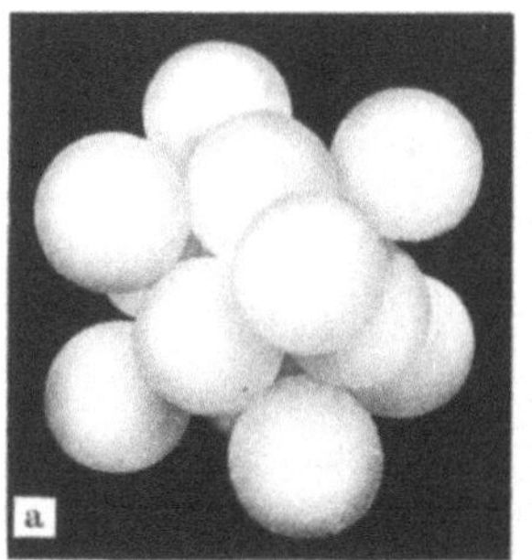

Bild 2.23 a Kugelmodell der Elementarzelle des kubisch-flächenzentrierten Gitters; **b** Raumdiagonalebene [Oktaederebene (111)]

Der Abstand der Teilversetzungen ist umgekehrt proportional zu der Stapelfehlerenergie:

Hohe Stapelfehlerenergie   → geringer Abstand der Teilversetzungen,

niedrige Stapelfehlerenergie → großer Abstand der Teilversetzungen.

Die Versetzungsanordnung innerhalb der Körner eines metallischen Werkstoffs wird daher stark von der Stapelfehlerenergie geprägt.

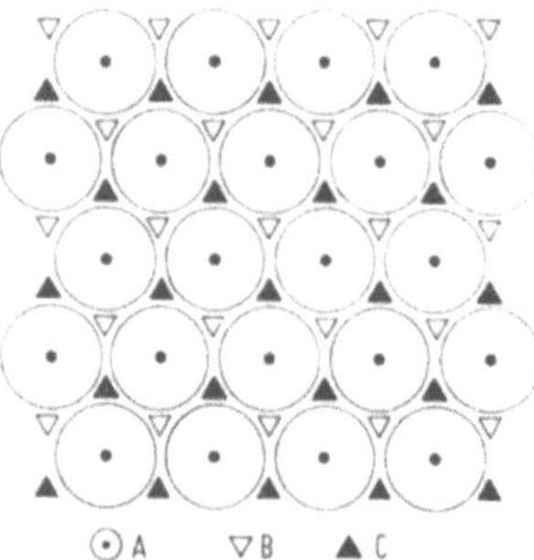

Bild 2.24 Stapelfolge der (111)-Ebene $ABC\ ABC\ ...$ im kubisch-flächenzentrierten Gitter

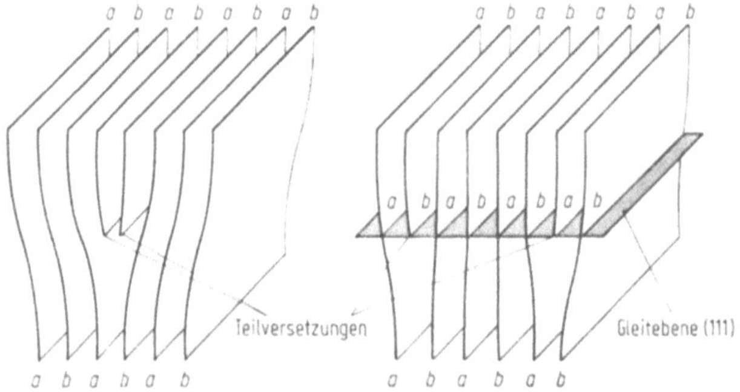

Bild 2.25 Schematische Darstellung einer Stufenversetzung im kubisch-flächenzentrierten Gitter (a). Aufspaltung in zwei Halbversetzungen, die in der Gleitebene einen Stapelfehler verursachen (b). Nach [2.11]

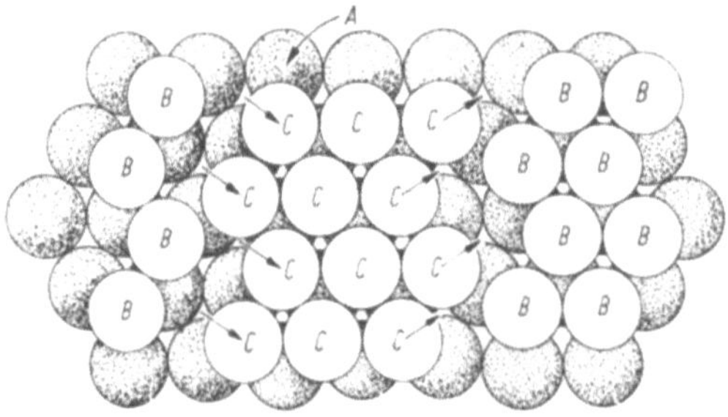

Bild 2.26 Stapelfehler (C-Lagen) in der (111)-Ebene eines kfz-Gitters zwischen aufgespalteten Teilversetzungen, als Lücken zwischen Atomen in B- und C-Lagen dargestellt. Nach [2.6]

Bei der Verformung von Metallen mit *hoher* Stapelfehlerenergie (z. B. Al, Al-Legierungen, ferritische Stähle) bildet sich eine Zellstruktur der Versetzungen aus (Bild 2.41; 2.42). Bei Metallen mit niedriger Stapelfehlerenergie (Cu, Ni und deren Legierungen, austenitische Stähle) treten dagegen ebene Versetzungsanordnungen auf, die bei der Kaltverformung zu geradlinig begrenzten Gleitbändern führen [2.28; 2.31].

Bei der Warmumformung/Wärmebehandlung ist die Stapelfehlerenergie für die Art der Gefügeveränderung (Erholung/Rekristallisation) eine wichtige Kenngröße, Abschn. 2.6.

2.3.3 Andere Gitterfehler

2.3.3.1 Nulldimensionale Gitterfehler

Die wichtigsten punktförmigen Gitterfehler sind Leerstellen, d. h. unbesetzte Gitterplätze (Bild 2.27a) und Zwischengitteratome, also Atome, die zwischen eigentlichen Gitterplätzen angeordnet sind (Bild 2.27b). Diese Gitterfehler haben in den drei Dimensionen nur atomare Ausdehnung. Leerstellen werden bevorzugt an Versetzungssprüngen (Abschn. 2.4.4) gebildet und vernichtet, aber auch Korngrenzen sind Quellen und Senken für punktförmige Gitterfehler. Für die Bewegung von Versetzungen und damit für die plastische Formänderung sind Leerstellen außerordentlich wichtig, da sie die Möglichkeit schaffen, daß Stufenversetzungen bei höheren Temperaturen Hindernisse durch Klettern umgehen. Darauf wird in Abschn. 2.4.4 näher eingegangen.

2.3.3.2 Zweidimensionale Gitterfehler

Die wichtigsten zweidimensionalen Gitterfehler sind Korngrenzen und Phasengrenzflächen. Eine mögliche Unterteilung der Korngrenzen beruht auf dem Orientierungsunterschied der Gitter der Kristalle, die an einer Grenzfläche zusammenstoßen. So spricht man bei einem Orientierungsunterschied bis zu etwa 5° von Kleinwinkelkorngrenzen (Bild 2.28). Bei größeren Orientierungsunterschieden liegen Großwinkelkorngrenzen vor [2.18].

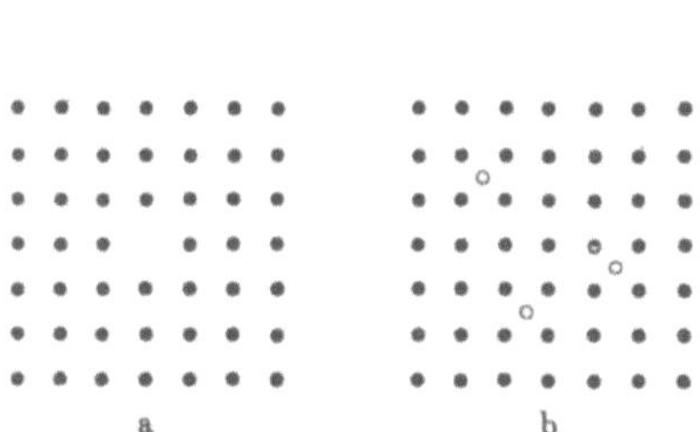

Bild 2.27 Schema eines Kristalls mit punktförmigen Gitterfehlern.
a Kristall mit Leerstelle;
b Kristall mit Zwischengitteratomen

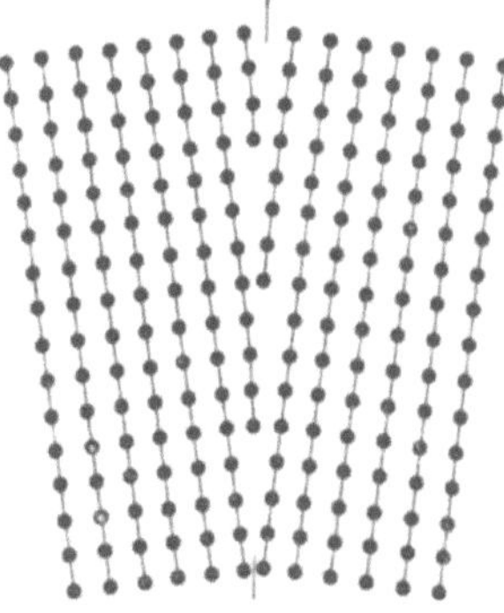

Bild 2.28 Modell einer aus Versetzungen aufgebauten Kleinwinkelkorngrenze

Kleinwinkelkorngrenzen sind aus Versetzungen aufgebaut, die den Übergang der Kristallgitter verschiedener Orientierung bewirken. Sie treten besonders bei Kristallerholungsvorgängen auf (Abschn. 2.6.2).

Beim Erstarren aus der Schmelze bilden sich ausgehend von einer Vielzahl von Keimen unterschiedlich orientierte Kristalle, die schließlich bis zur vollständigen Berührung wachsen. An ihren Berührungsflächen, den (Großwinkel-) Korngrenzen sind die Körner fest miteinander verbunden. Bild 2.29 zeigt die Korngrenzen einer Nickelbasislegierung. Unter Korngrenzen versteht man im engeren Sinne die Grenzflächen zwischen Kristallen einer einzigen Phase (Kristallart), im Gegensatz zu den Phasengrenzen, welche Körner aus verschiedenen Kristallarten trennen.

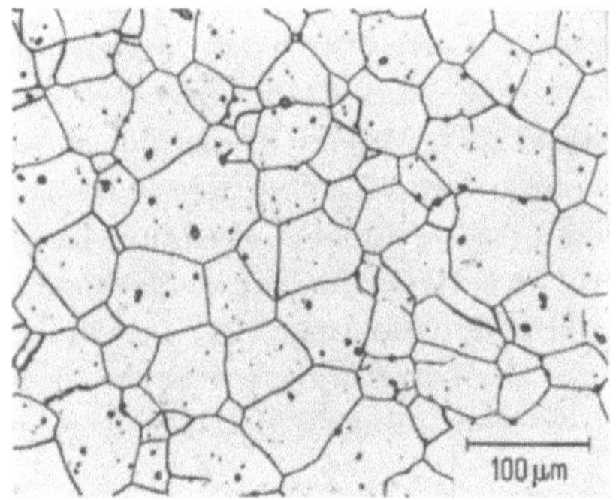

Bild 2.29 Gefüge mit Korngrenzen; NiCr 20 Co 18 Ti

Bei den Großwinkelkorngrenzen sind die Kristallgitter bis nahe an die Korngrenze unverzerrt. Die Dicke der Korngrenzen, d. h. die Breite des gestörten Kristallbereichs, wird mit höchstens 2 bis 5 Atomabständen angegeben. Man ist bei der Beschreibung von Korngrenzen noch weitgehend auf Modelle angewiesen.

Eine Sonderart der Korngrenzen sind die sog. *Zwillingsgrenzen*, weil die Kristallteile beiderseits der Grenze eine bestimmte Orientierungsbeziehung (die Zwillingsbeziehung) aufweisen, während bei allen anderen Korngrenzen die Orientierungsbeziehung beliebig sein kann.

Die Körner sind selbst vielfach in Bereiche (Subkörner) mit geringen Orientierungsunterschieden des Kristallgitters aufgeteilt, die durch Kleinwinkelkorngrenzen getrennt sind.

Bei tiefen Temperaturen haben die Korngrenzen in der Regel eine hohe Festigkeit und schwächen das Grundmetall nicht. Daher verlaufen beim *Gewaltbruch* die Risse bei entsprechend gedehnten Metallen und Legierungen oft bei tiefen Temperaturen quer durch die Körner hindurch (*transkristalliner Bruch*). Bei hohen Temperaturen und kleinen Dehngeschwindigkeiten nimmt die Festigkeit der Korngrenzen schneller ab, als die der Kristalle. Der Bruch verläuft dann entlang der Korngrenzen (*interkristalliner Bruch*). Außer der Umformtemperatur können aber auch andere Einflüsse, wie das Gleitverhalten des Gitters, inhomogene Verteilung verschiedener Atomarten, Ausscheidungen und Oberflächeneinflüsse den Bruchverlauf bestimmen.

2.4 Versetzungen und Werkstoffeigenschaften

2.4.1 Plastische Formänderungen durch Versetzungsbewegung

Nach heutiger Erkenntnis ist die Bewegung von Versetzungen der elementare
Mechanismus bei plastischen Formänderungen. Die äußeren Kräfte rufen Spannungsfelder hervor, die sich denjenigen der Versetzungen überlagern. Erreichen
die Spannungen der resultierenden Spannungsfelder eine entsprechende Größe,
so werden die Versetzungen zur Wanderung angetrieben. Um den Vorgang der
Versetzungsbewegung zu verstehen, sei eine Stufenversetzung betrachtet.

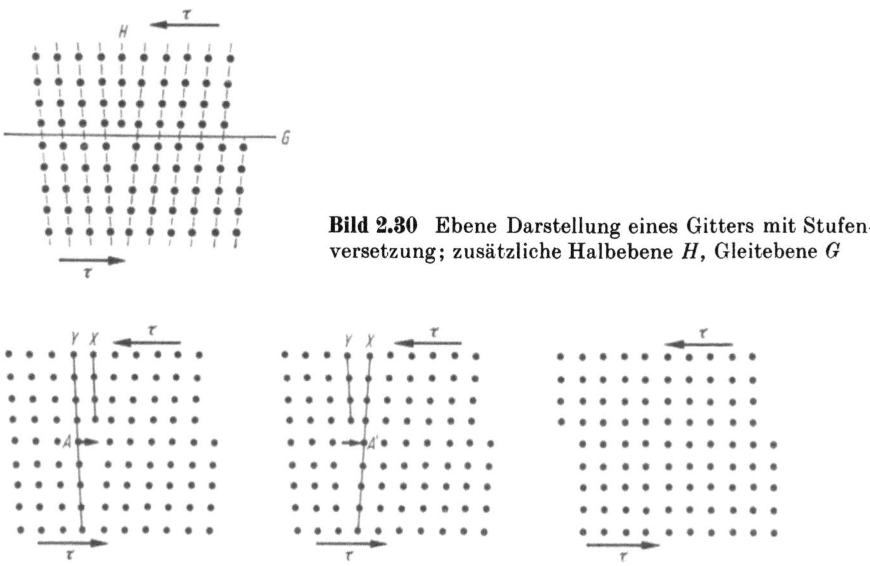

Bild 2.30 Ebene Darstellung eines Gitters mit Stufenversetzung; zusätzliche Halbebene H, Gleitebene G

Bild 2.31 Abgleiten durch Wandern einer Stufenversetzung. Nach [2.6]. **a** Ausgangslage
entsprechend Bild 2.30; **b** Versetzung um einen Atomabstand nach links verschoben;
c Versetzung durchgewandert

Bild 2.30 ist eine ebene Darstellung eines Kristalls mit einer von rechts einge-
wanderten Stufenversetzung entsprechend Bild 2.16. Die Halbebene H verläuft
vollständig von der Vorderseite bis zur Rückseite durch den Kristall. Sie endet
in der Gleitebene G. Unter der Wirkung der Schubspannung τ bewegt sich die
Versetzung durch den Kristall. Die Bewegung der Versetzung kann so erklärt
werden, daß senkrechte Atomreihen unterhalb der Gleitebene durch die wirkende
Schubspannung zeitlich nacheinander gegenüber den Atomen oberhalb der Gleitebene um einen Atomabstand nach rechts abgleiten. Bild 2.31a zeigt einen Kristall mit einer Stufenversetzung. Als Folge der wirkenden Schubspannung können
sich die unterhalb der Gleitebene befindlichen Atome der Ebene Y nach rechts
bewegen. Atom A kommt in Position A' (Bild 2.31b) usw. Die Ebene X verläuft
nun ununterbrochen von oben nach unten durch den Kristall, während die Ebene
Y in der Gleitebene endet. Die Versetzungslinie hat sich also um einen Atomabstand nach links verschoben. Das Wandern der Versetzung ist gleichbedeutend

mit einem Abgleiten der Atome oberhalb und unterhalb der Gleitebene. Die Versetzungslinie bildet dabei die Grenze zwischen dem schon abgeglittenen Kristallteil und dem noch nicht abgeglittenen. Bild 2.31c zeigt den Kristall, nachdem die Versetzung ganz durchgewandert ist. Die obere Kristallhälfte ist gegenüber der unteren entlang der Gleitebene um einen Atomabstand abgeglitten.

Das Resultat der Wanderung einer Stufenversetzung entspricht also demjenigen des gleichzeitigen Gleitens einer ganzen Atomebene über eine andere, entsprechend Bild 2.8. Bei der Versetzungsbewegung gleiten jedoch nicht alle Atome einer Ebene gleichzeitig, sondern schrittweise nacheinander. Die dazu erforderlichen Kräfte sind viel geringer. Zum besseren Verständnis diene folgender Vergleich:

Für eine einzelne Person ist es schwierig, einen schweren Teppich flach über einen rauhen Fußboden zu ziehen. Dies erfordert eine große Kraft. Um den Teppich um einen Weg a zu bewegen, kann man aber auch folgendermaßen vorgehen: man bringt zunächst den einen Rand in die vorgesehene Lage. Im Teppich entsteht dadurch eine Falte. Treibt man diese zum anderen Rand, so ist der gesamte Teppich um den Weg a verschoben. Der nötige Kraftaufwand bei dieser Methode ist wesentlich kleiner als bei einem Verschieben des ganzen Teppichs.

Die erforderlichen Spannungen zum Bewegen der Versetzungen sind sehr viel geringer als die sich aus der Vorstellung des gleichzeitigen Abgleitens ergebenden theoretischen Schubfestigkeiten. Damit kommt man in den Bereich der tatsächlich an Metallen bestimmten kritischen Schubspannungen.

Bei gleitfähigen Versetzungen muß die Versetzungslinie und der Burgers-Vektor in einer Gleitebene liegen. Die Abgleitung erfolgt in Richtung des Burgers-Vektors, der daher bei gleitfähigen Versetzungen parallel zu einer Gleitrichtung ist. Da bei einer Stufenversetzung Versetzungslinie und Burgers-Vektor senkrecht aufeinander stehen, ist dort die Gleitebene eindeutig bestimmt. Bei der Schraubenversetzung ist dies nicht der Fall. Versetzungslinie und Burgers-Vektor sind parallel. Daher kann theoretisch jede Ebene, welche die Versetzungslinie enthält, Gleitebene sein. Dies führt zu der sog. Quergleitung von Schraubenversetzungen (Abschn. 2.4.3). Bild 2.32 zeigt den Zusammenhang zwischen Burgers-Vektor und Versetzungslinie bei einer Stufen- und Schraubenversetzung.

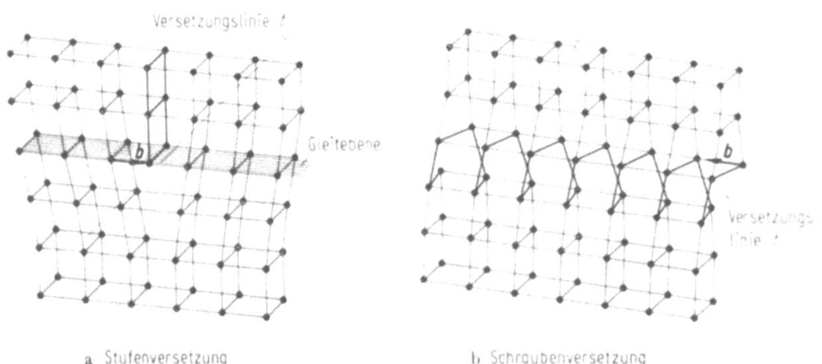

Bild 2.32 Versetzungslinie und Burgers-Vektor. Nach [2.19]. **a** bei einer Stufenversetzung; **b** bei einer Schraubenversetzung

Da die Versetzungslinie den abgeglittenen Teil eines Kristalls vom nicht abgeglittenen trennt, muß sie entweder geschlossen sein, oder an der Kristalloberfläche enden. Sie kann also nicht im Innern des ungestörten Gitters enden, ausgenommen an inneren Oberflächen, Versetzungsknoten und anderen Störstellen [2.1]. Aus der Eigenschaft der Versetzungslinie als Grenze des abgeglittenen Bereichs folgt aber auch, daß eine beliebig gekrümmte Versetzungslinie an jeder Stelle den gleichen Burgers-Vektor hat, der ja ein Maß für die Abgleitung des eingeschlossenen Kristallteils ist, Bild 2.33 zeigt einen geschlossenen Versetzungsring mit dem zugehörigen Burgers-Vektor.

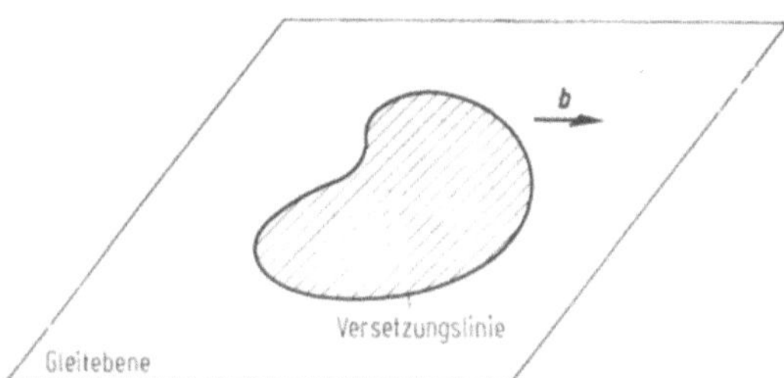

Bild 2.33 Versetzungsring in einer Gleitebene mit dazugehörigem Burgers-Vektor *b*

Macherauch beschreibt ausführlich die versetzungstheoretischen Grundlagen der Kaltumformung [2,13; 2,28; 2,29].

Die Versetzungsanordnung im unverformten Kristall ist i. allg. regellos. Die von den Versetzungen verursachten Gitterverzerrungen rufen Kontraste bei der Durchstrahlung von Metallfolien im Elektronenmikroskop hervor. Auf diese Weise kann die Anordnung von Versetzungen im Elektronenmikroskop beobachtet werden.

Das Auflösungsvermögen guter Elektronenmikroskope liegt bei etwa $3 \cdot 10^{-10}$ m. Die Metallfolien für Durchstrahlaufnahmen im Elektronenmikroskop müssen durch kombinierte mechanisch-elektrolytische Verfahren auf die sehr geringe durchstrahlbare Dicke gebracht werden. Bild 2.54 zeigt eine Aufnahme der Zellbildung von Versetzungen.

2.4.2 Erzeugung von Versetzungen, Versetzungsquellen

Versetzungen entstehen zunächst beim Wachstum der Kristalle aus der Schmelze.

Aus der Versetzungsdichte, dem durchschnittlichen Laufweg der Versetzungen und dem Betrag des Burgers-Vektors, läßt sich die Gesamtabgleitung eines Kristalls abschätzen [2.12]. Dazu sei die Bewegung einer Stufenversetzung betrachtet (Bild 2.34). Überstreicht eine Stufenversetzung die Gleitebene $ABCD$ mit der Fläche $S_0 = l_x l_y$, so ergibt sich eine Abgleitung vom Betrag des Burgers-Vektors *b*.

Überstreicht die Versetzung nur einen Teil der Fläche, nämlich $S_1 = l_x s$, entsprechend einem Laufweg s in y-Richtung, so ergibt sich an der Rückseite nur eine Verschiebung um

$$\Delta y = \frac{S_1}{S_0} b = \frac{l_x s}{l_x l_y} b = \frac{s}{l_y} b. \tag{2.28}$$

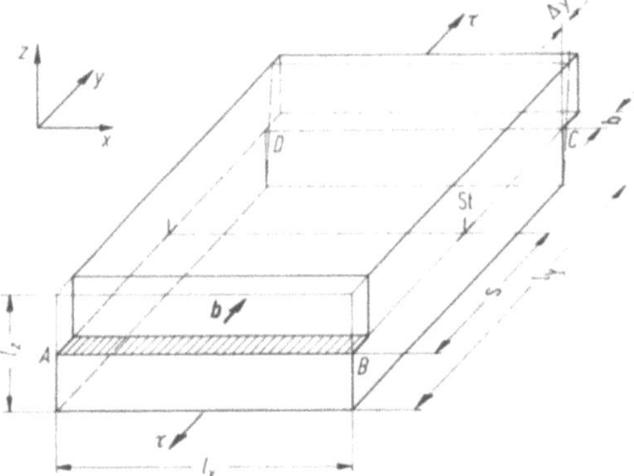

Bild 2.34 Abgleitung durch
Bewegung einer Stufenversetzung.
Nach [2.12]

Als *Versetzungsdichte* ϱ wird meist die Zahl der Versetzungslinien angegeben, die eine Bezugsfläche von 1 cm² durchstoßen. Für die Gesamtzahl N der bewegten Versetzungen in Bild 2.34 ergibt sich dann

$$N = \varrho l_y l_z. \tag{2.29}$$

Jede Versetzung liefert einen Beitrag Δy zur Gesamtverschiebung y. Diese ergibt sich zu:

$$y = N \, \Delta y \tag{2.30}$$

mit (2.28) und (2.29)

$$y = \varrho l_z s b. \tag{2.31}$$

Definiert man als Abgleitung γ, die Verschiebung y bezogen auf den senkrechten Abstand l_z der zur Gleitebene parallelen Deckflächen, so ergibt sich mit (2.31)

$$\gamma = \frac{y}{l_z} = \varrho s b. \tag{2.32}$$

Nimmt man einen durchschnittlichen Laufweg $s = 10^{-2}$ mm, eine Abgleitung $\gamma = 30\% = 0{,}3$ und einen Burgers-Vektor mit dem Betrag $b = 2{,}5 \cdot 10^{-7}$ mm an, so ist eine Versetzungsdichte von $\varrho \approx 10^{10}$ Versetzungen/cm² erforderlich.

Ein typischer Wert für die Versetzungsdichte weichgeglühter Metalle ist etwa 10^7 Versetzungen/cm². Sowohl die Abschätzung der Versetzungsdichte über die gemessene Abgleitung, als auch die direkte Bestimmung der Versetzungsdichte unter dem Elektronenmikroskop ergaben, daß bei den Formänderungen, die bei Umformverfahren vorkommen, eine Vervielfachung der vorhandenen Versetzungen stattfinden muß. Nach großen Formänderungen wurden unter dem Elektronenmikroskop Versetzungsdichten von etwa 10^{12} Versetzungen/cm² bestimmt. Versetzungen werden einerseits an Korngrenzen gebildet, andererseits können sie auch im Kristallinneren vervielfacht werden.

2.4.2.1 Frank-Read-Quelle

Versetzungen verzerren das Kristallgitter in ihrer Umgebung. Man kann ihnen daher eine elastische Energie zuordnen. Eine Verlängerung der Versetzungslinie bedeutet eine Erhöhung der elastischen Energie. Analog zu einer Saite setzt daher eine an zwei Punkten verankterte Versetzungslinie (Bild 2.35) *0*, der Verlängerung durch Ausbeulen einen Widerstand entgegen. Aus diesem Grund verläuft die Versetzungslinie geradlinig, wenn keine Spannungen auf sie einwirken.

Das Aufrechterhalten einer Krümmung ist nur unter der Wirkung von Spannungen möglich.

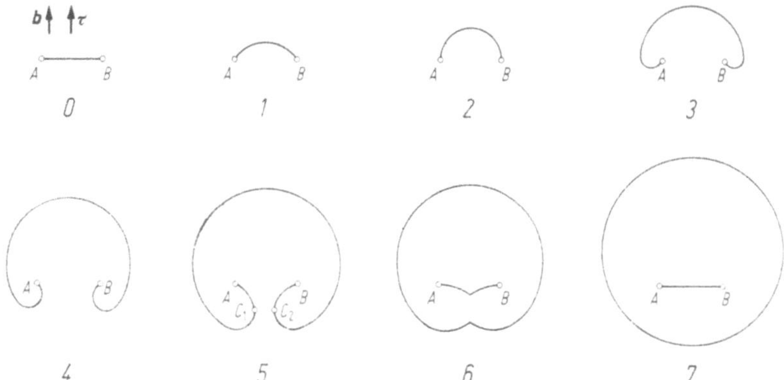

Bild 2.35 Schema einer Frank-Read-Quelle; verschiedene Stadien der Versetzungsneubildung

Für die erforderliche Schubspannung τ gilt analog Gleichung (2.23)

$$\tau \approx \frac{1}{2}\frac{Gb}{r},\tag{2.33}$$

r: Krümmungsradius der Versetzungslinie.

Frank und Read haben einen Mechanismus angegeben, nach dem sich unter der Wirkung einer in dem jeweiligen Gleitsystem wirkenden Schubspannung geschlossene Versetzungsstücke bilden können. Punkt A und B in Bild 2.35 seien Knoten eines Versetzungsnetzwerkes, an welchen die Versetzungslinie $\overline{AB}$ verankert sei. Die Versetzungslinie $\overline{AB}$ liegt in einer Gleitebene und beult sich unter der Wirkung einer von außen aufgebrachten Spannung τ aus. Die erforderliche Spannung ist nach (2.33) proportional $1/r$. Daher muß die erforderliche Spannung ansteigen, bis die kritische Halbkreisform erreicht ist. Von hier aus breitet sich die Versetzung auch ohne Spannungserhöhung weiter aus, da der Radius wieder zunimmt. Die Versetzungslinie nimmt die Formen *1* bis *7* an, weil die auf ein Linienelement der Versetzung wirkende Kraft im Spannungsfeld immer senkrecht zu der Tangente an dieses Element wirkt [2.11]. Die Bogenstücke bei den Punkten C_1, C_2 der Position *5* sind Schraubenversetzungen mit entgegengesetzten Vorzeichen. Ihre Spannungsfelder rufen anziehende Kräfte auf die Versetzungsstücke hervor. Schließlich erfolgt eine Berührung und Auslöschung der Schraubenversetzungen entgegengesetzten Vorzeichens. Es ist ein geschlossener Versetzungsring und ein neues Versetzungsstück $\overline{AB}$, das nun erneut in der entsprechenden Weise einen Versetzungsring bilden kann, entstanden, Bild 2.35, Position *6, 7*.

Der Vorgang des Auslöschens von Versetzungen mit entgegengesetzten Vorzeichen soll am Beispiel von Stufenversetzungen erklärt werden.

Bild 2.36a zeigt einen Kristall mit einer positiven Stufenversetzung (Kurzzeichen $\perp$, Halbebene H_1) und einer negativen Stufenversetzung (Kurzzeichen $\top$, Halbebene H_2). Das Kristallgitter ist dabei durch die Ebenenschar angedeutet. Unter der Wirkung der Schubspannung τ bewegen sich die beiden Stufenversetzungen aufeinander zu. Treffen sie zusammen, so bilden die beiden Halbebenen H_1, H_2 die vollständige Gitterebene H. Die Versetzungen haben sich ausgelöscht, das Gitter ist wieder ungestört (Bild 2.36b).

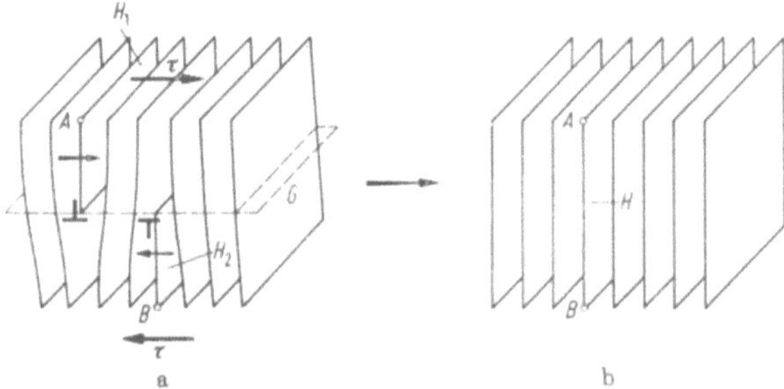

Bild 2.36 Auslöschen zweier Stufenversetzungen mit entgegengesetztem Vorzeichen

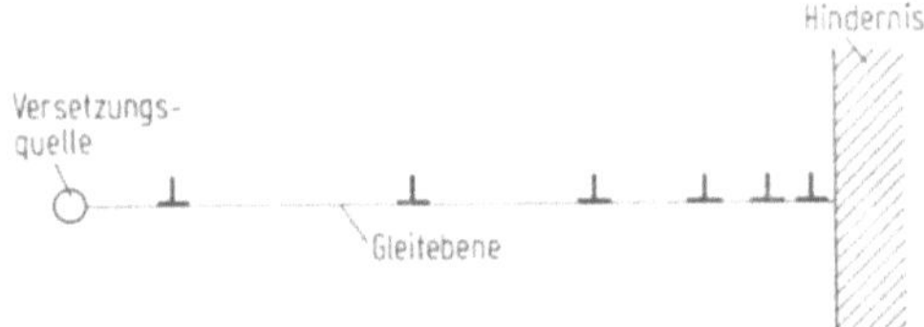

Bild 2.37 Aufgestaute Versetzungen zwischen einer Versetzungsquelle und einem Hindernis

Eine Versetzungsquelle kann nun nicht unbegrenzt Versetzungen abgeben, da sich die erzeugten Versetzungen an Hindernissen aufstauen und durch ihre Spannungsfelder auf die Quelle zurückwirken. Als Hindernis können hierbei z.B. unbewegliche Versetzungen, Ausscheidungen oder Korngrenzen wirken. Die in der gleichen Richtung von der Quelle aus liegenden Stücke der Versetzungsringe haben gleiches Vorzeichen und stoßen sich gegenseitig ab. Die von der Quelle ausgehenden Versetzungen stauen sich daher auf, wodurch das Spannungsfeld vergrößert wird, die nachfolgenden Versetzungen bleiben dann immer früher stecken. Die Quelle versiegt schließlich, wenn das Spannungsfeld der aufgestauten Versetzungen die wirkende Schubspannung kompensiert. Bild 2.37 zeigt schematisch den Aufstau von Versetzungen zwischen einer Quelle und einem Hindernis.

Die Frank-Read-Quelle ist nur eine Möglichkeit der Neubildung von Versetzungen unter Spannungen. Auch Korngrenzen oder Grenzflächen zwischen Kristallen verschiedener Struktur können als Quellen wirken (Bild 2.38).

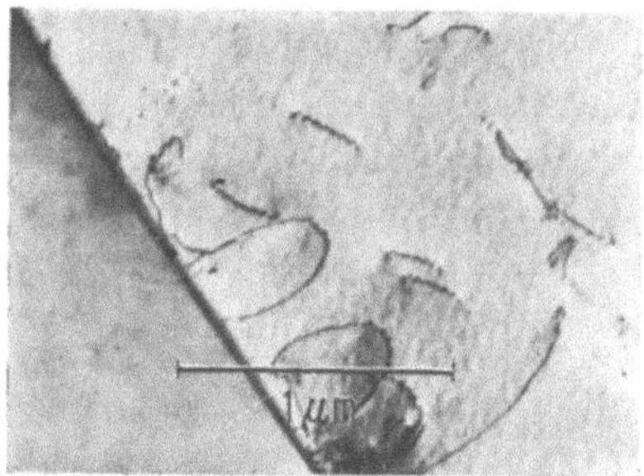

Bild 2.38 Versetzungsneubildung an einer Korngrenze (Warlimont)

2.4.3 Quergleitung von Schraubenversetzungen

Wie schon erwähnt, hat eine Schraubenversetzung keine eindeutig festgelegte Gleitebene, sondern kann sich im Prinzip auf jeder Ebene bewegen, welche die Versetzungslinie enthält (Abschn. 2.4.1). Bild 2.39 zeigt an einem Modell zwei verschiedene Möglichkeiten der Abgleitung durch eine Schraubenversetzung. Während in Bild 2.39b die Abgleitung auf einer Gleitebene erfolgt, zeigt Bild 2.39c einen Fall, bei dem die Abgleitung auf zwei verschiedenen Ebenen stattfindet.

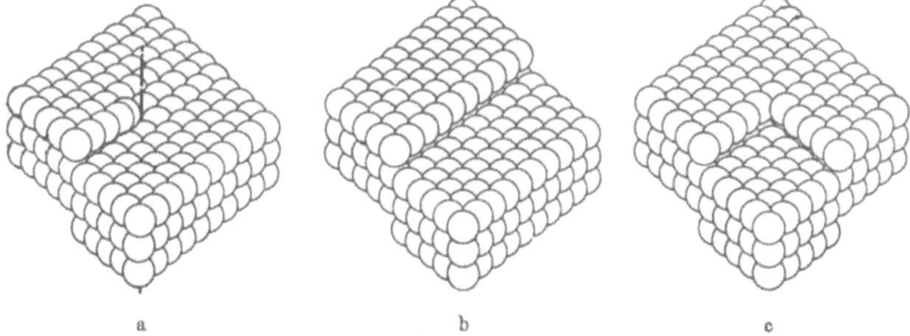

Bild 2.39 Abgleiten und Quergleiten durch Bewegung einer Schraubenversetzung. Nach [2.11]. **a** Kristall mit Schraubenversetzung; **b** einfache Gleitung; **c** Quergleitung

Eine Schraubenversetzung hat die Möglichkeit, auf eine andere Gleitebene auszuweichen, wenn die ursprüngliche Gleitebene durch ein Hindernis blockiert ist. Dieser Vorgang wird als *Quergleitung* bezeichnet. Nach einem bestimmten Gleitweg auf einer Quergleitebene kann auch wieder Gleiten auf einer zur ursprünglichen Gleitebene parallelen Ebene erfolgen, man spricht dann von doppelter Quergleitung. Allerdings wird die Quergleitung von Schraubenversetzungen in manchen Kristallgittern durch eine Aufspaltung der Versetzungen in Teilversetzungen erschwert [2.4; 2.6]. Eine Schraubenversetzung kann in diesem Fall nur dann auf eine andere Gleitebene ausweichen, wenn die ursprüngliche Gleitebene durch ein Hindernis blockiert ist und die Aufspaltung der Versetzung durch die wirksame Schubspannung aufgehoben wird.

2.4.4 Klettern von Stufenversetzungen

Die Gleitebene einer Stufenversetzung ist durch den Burgers-Vektor und die
Versetzungslinie eindeutig festgelegt. Stauen sich Stufenversetzungen an Hindernissen wie Ausscheidungen oder Korngrenzen auf, so besteht nicht ohne weiteres
die Möglichkeit, das Hindernis durch einen Wechsel der Gleitebene zu umgehen,
wie das bei Schraubenversetzungen möglich ist.

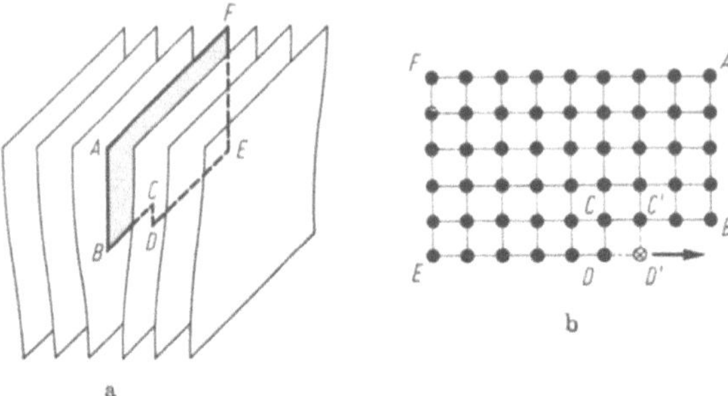

Bild 2.40 Klettern einer Stufenversetzung. **a** Versetzungslinie *BCDE* mit Sprung bei *CD*
b Diffusion eines Atoms *D′* an die Sprungstelle, welche dadurch in Richtung *B* wandert

Versetzungslinien verlaufen in Wirklichkeit praktisch nie in nur einer Gitterebene, sondern wechseln oft in benachbarte Ebenen. Solche Stellen werden
„Versetzungssprünge" genannt. Bild 2.40a zeigt schematisch eine Stufenversetzung mit einem Sprung. Durch Heran- oder Wegdiffundieren von Atomen an
die Sprungstelle wandert der Versetzungssprung (Bild 2.40b). Läuft ein Sprung
auf einer geschlossenen Versetzungslinie um (Bild 2.22), so kann diese dadurch
vollständig in die benachbarte Gleitebene überwechseln. Wegen des allmählichen
Herauf- bzw. Herabsteigens der Versetzungen durch Diffusion spricht man bei
diesem Prozeß von „Klettern". Die Diffusion von Atomen bzw. Leerstellen innerhalb des Gitters erfolgt nur bei thermischer Aktivierung, also bei höheren Temperaturen in merklichem Ausmaß. Bei Erholungs- und Kriechvorgängen spielt
sie dann aber eine wichtige Rolle.

Für das Umformen bei höheren Temperaturen ist es wesentlich, daß die Leerstellenkonzentration bei Temperaturerhöhung und bei der Umformung stark
ansteigt. Dadurch wird die zum Klettern erforderliche Diffusion von Atomen erleichtert und ein Abbau der Verfestigung ermöglicht.

2.4.5 Verfestigung

Ein für den Umformvorgang und die Eigenschaften der herzustellenden Teile
außerordentlich wichtiger Vorgang ist die *Verfestigung*. Hierunter versteht man
die Erscheinung, daß bei der Umformung von Metallen bei tiefen Temperaturen
die Fließspannung mit zunehmendem Umformgrad ansteigt (Bild 3.3). Dies gilt
für Umformtemperaturen die so niedrig sind, daß thermisch aktivierte Vorgänge
(s. Abschn. 2.6) keine nennenswerte Rolle spielen. Die Verfestigung erhöht die
Werkzeugbeanspruchung bei der Umformung und erfordert erhöhte Umformkraft
und Umformarbeit. Um die erwünschten Formänderungen erzielen zu können,

muß in vielen Fällen eine Wärmebehandlung zwischen einzelnen Umformoperationen erfolgen, welche die Fließspannung wieder herabsetzt und das Formänderungsvermögen erhöht.

Eine andere Möglichkeit besteht darin, bei entsprechend hohen Temperaturen umzuformen, jedoch ist hierbei die erzielbare Genauigkeit und Oberflächengüte geringer als bei einer Umformung bei Raumtemperatur.

Neben diesen für die Umformung unerwünschten Begleiterscheinungen der Verfestigung ist die Steigerung der Festigkeitswerte durch Umformen vielfach für die Eigenschaften der Fertigteile sehr erwünscht.

Die Härte- und Festigkeitssteigerung durch Verfestigung kann bei praktisch allen Metallen und Legierungen ausgenutzt werden. Die Steigerung der Streckgrenze und der Zugfestigkeit ermöglichen es vielfach, für Werkstücke, die durch Umformen hergestellt werden, Werkstoffe mit geringerer Ausgangsfestigkeit zu verwenden, als bei den entsprechenden spanend hergestellten Teilen. Außerdem lassen sich bei gezielter Werkstoffverfestigung vielfach Wärmebehandlungen einsparen, allerdings muß beachtet werden, daß mit zunehmender Verfestigung die Dehnung bzw. das Formänderungsvermögen abnimmt.

2.4.5.1 Ursachen der Verfestigung

Während der Umformung erhöht sich die Versetzungsdichte um mehrere Zehnerpotenzen. Durch die steigende Anzahl von Versetzungen entstehen als „Versetzungswald" bezeichnete Bereiche hoher Versetzungsdichte, die für die bewegten Versetzungen Hindernisse darstellen (Bild 2.41, 2.42). Erst bei erhöhter Spannung können sich die Versetzungen aneinander vorbeibewegen oder durchschneiden. Die inneren Spannungen wirken auch rücktreibend auf Versetzungsquellen, die erst bei höheren Spannungen wieder betätigt werden. Die Spannungsfelder der Versetzungen, die der Entstehung und Bewegung weiterer Versetzungen entgegenwirken, müssen als Hauptursache der Verfestigung angesehen werden. Bei vielkristallinen Metallen kommen die Korngrenzen und der Übergang der Gleitebenen zwischen den Körnern als Hindernisse für die Versetzungsbewegung hinzu. Bild 2.43 zeigt Versetzungen, die an einer Korngrenze aufgestaut sind.

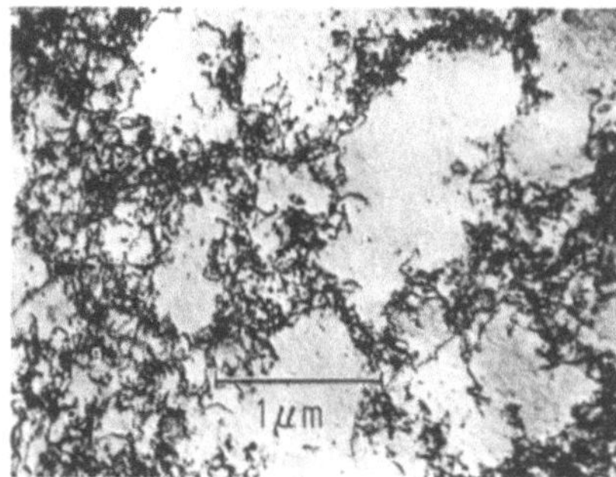

Bild 2.41 Versetzungsstruktur eines schwach umgeformten Metalls.
Cu gewalzt, bezogene Höhenabnahme 8%
(Warlimont)

Bild 2.42 Versetzungsstruktur eines stärker umgeformten Metalls. Cu gewalzt.
bezogene Höhenabnahme 16,6%
(Warlimont)

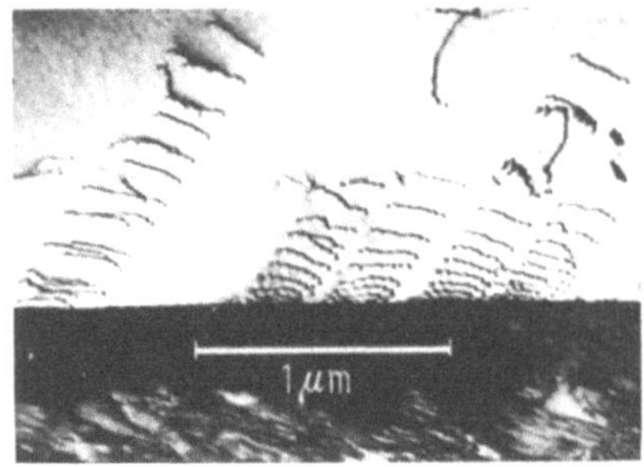

Bild 2.43 An Korngrenze aufgestaute
Versetzungen (Warlimont)

2.5 Wechselwirkung von Versetzungen mit Fremdatomen und Teilchen

2.5.1 Mischkristallbildung

Auch nulldimensionale Gitterfehler wie Leerstellen und Fremdatome im Gitter stellen Hindernisse für die Versetzungsbewegung dar.

Durch Zulegieren eines anderen Elements wird das Gitter des Grundmetalls verzerrt, und es werden die Bindungskräfte der Atome untereinander verändert.

Nimmt das Raumgitter des Grundmetalls Atome in statistisch regelloser Anordnung auf, so spricht man von Mischkristallbildung. Dabei hat man zu unterscheiden zwischen:

— Substitutionsmischkristallen (Bild 2.44a),
— Einlagerungsmischkristallen (Bild 2.44b).

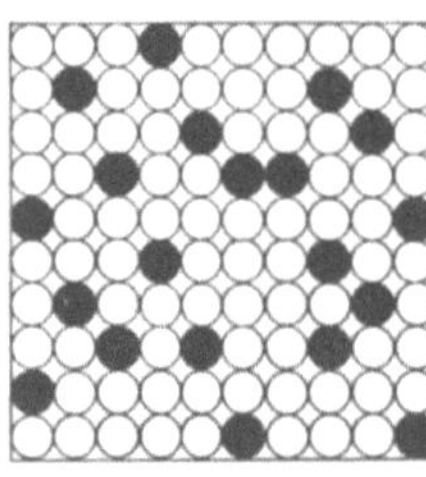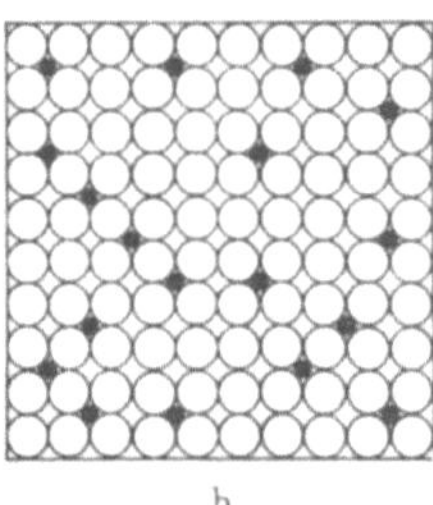

Bild 2.44 Schema der Atomanordnung bei Mischkristallen. Nach [2.3].
a Substitutionsmischkristall; **b** Einlagerungsmischkristall

Bei den Legierungen mit *Substitutionsmischkristallen* sitzen Atome des zulegierten Elements B auf regulären Gitterplätzen des Elements A. Mischkristalle sind nicht auf zwei Bestandteile beschränkt, sie können auch aus vielen Elementen aufgebaut sein. Ein weiterer Unterschied besteht im Grad der Löslichkeit der Atome im Grundmetall. Es gibt Metallpaarungen, bei denen sich die Partner unbeschränkt in flüssigem und festem Zustand Atome gegenseitig austauschen können. Man spricht dann von einer lückenlosen Mischkristallreihe. Beispiele dafür sind die Systeme: Cu—Ni; Ag—Au; Co—Ni.

Damit vollständige Mischbarkeit auftritt, müssen die Partner bestimmte Bedingungen erfüllen (Hume-Rothery):

— Beide Komponenten müssen im gleichen Gittertyp kristallisieren.
— Ihre Atomradien müssen annähernd gleich groß sein (Toleranzgrenze 10 bis 15%).
— Zwischen den Komponenten muß eine gewisse chemische Affinität bestehen. (Ist sie zu groß, so entstehen intermetallische Verbindungen.)

Diese Bedingungen sind zwar notwendig, aber vielfach nicht hinreichend. Sind diese Voraussetzungen nicht erfüllt, so ist nur beschränkte Mischkristallbildung zu erwarten. Die Aufnahmefähigkeit für andere Atome ist begrenzt, es tritt eine sog. Mischungslücke auf [2.8].

Bei den *Einlagerungsmischkristallen* sitzen Atome eines Elements auf Zwischengitterplätzen. Dies ist allerdings nur bei sehr kleinen Atomradien (kleiner als $1 \cdot 10^{-10}$ m) möglich, wie ihn Wasserstoff, Sauerstoff, Stickstoff, Kohlenstoff und Bor haben. Der γ-Eisen-Kohlenstoff-Mischkristall (Austenit) ist ein wichtiges Beispiel für die Bildung von Einlagerungsmischkristallen. Die Eisenatome bilden ein kubisch-flächenzentriertes Gitter, in dem die Kohlenstoffatome auf Zwischengitterplätzen eingebaut sind.

Sowohl die Bildung von Substitutionsmischkristallen als auch von Einlagerungsmischkristallen führt zu einer Gitterverzerrung und damit zu einer Behinderung der Versetzungsbewegung, wobei eingelagerte Atome etwa die zehnfache Erhöhung der erforderlichen Schubspannung im Vergleich zu substituierten Atomen bewirken. Die Behinderung der Versetzungsbewegung ist der Grund dafür, daß die Festigkeit bei der Mischkristallbildung gegenüber den Grundmetallen erhöht wird. Beispielsweise ist Messing härter als seine Bestandteile Kupfer und Zink.

2.5.2 Obere und untere Streckgrenze, Reckalterung, Blaubrüchigkeit

Eine Eigentümlichkeit verschiedener Legierungen, besonders solcher mit Einlagerungsmischkristallen, ist das Auftreten einer ausgeprägten Streckgrenze im Zugversuch (Bild 2.45). Überschreitet die Spannung die obere Streckgrenze R_{eH}, setzt plastische Verformung ein, wobei die dazu erforderliche Spannung

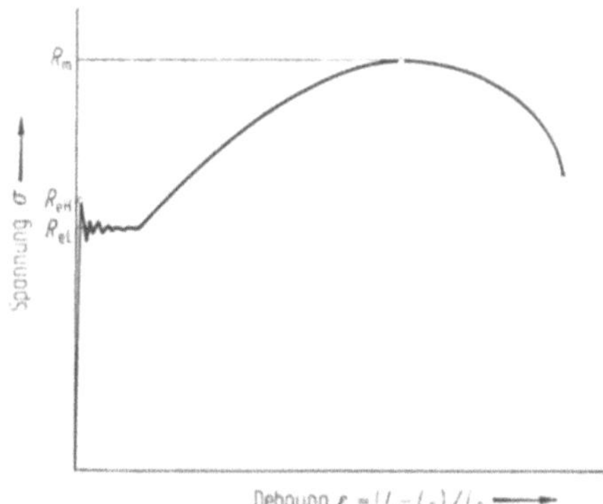

Bild 2.45 Schematisches Spannungs-Dehnungs-Schaubild eines Metalls mit ausgeprägter Streckgrenze

auf die untere Streckgrenze R_{eL} abfällt. Erst bei größeren Dehnungen, die mehrere Prozent betragen können, steigt die Spannung wieder wie bei den Spannungs-Dehnungs-Schaubildern ohne ausgeprägte Streckgrenze an (Bild 2.45).

Besonders bei Stählen wird im Zugversuch die obere Streckgrenze ermittelt. Die in den Werkstoffnormen festgelegten Streckgrenzenwerte beziehen sich auf die obere Streckgrenze.

Die Verformung der Zugprobe erfolgt nach Überschreiten der oberen Streckgrenze nicht homogen über die Probe, sondern lokalisiert in Form von verhältnismäßig schmalen, sog. *Lüders-Bändern*, die sich über die Probe ausbreiten. Lüders-Bänder zeigen sich deutlich auf polierten Oberflächen von Zugproben. Die inhomogene Verformung im Bereich der Streckgrenze kann bei Verfahren der Blechumformung zu streifigen, aufgerauhten Oberflächen führen, die besonders bei Tiefziehteilen nachhaltig in Erscheinung treten, die dann für bestimmte Verwendungszwecke ungeeignet sind. Metalle mit ausgeprägter Streckgrenze sind z. B. schwach C-haltige Stähle, aber auch Aluminium-Magnesium-Legierungen.

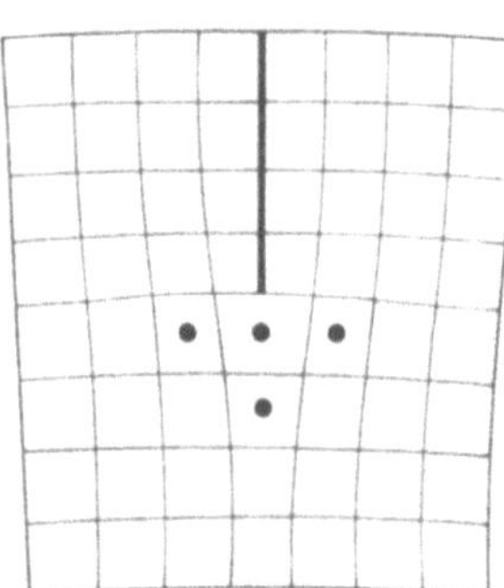

Bild 2.46 Anlagerung von interstitiell gelösten Atomen an einer Stufenversetzung

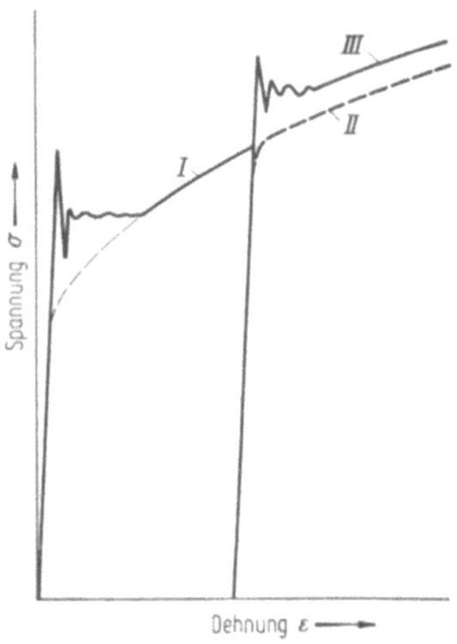

Bild 2.47 Einfluß der Alterung auf den Verlauf eines Stufenzugversuchs. Verlauf *III* nach Alterung

Von Cottrell stammt eine Theorie zur Erklärung der ausgeprägten Streckgrenze bestimmter Legierungen. Atome, die auf Zwischengitterplätzen sitzen (z. B. Kohlenstoff, Stickstoff in den meisten kubisch-raumzentrierten Metallen) führen wie in Abschn. 2.5.1 angeführt, zu einer starken Gitterdehnung. Sie haben deshalb das Bestreben, energetisch günstigere Plätze, z. B. im gedehnten Verzerrungsbereich einer Stufenversetzung einzunehmen (Bild 2.46). Diese Lage führt zu einer geringeren Gitterverzerrung und ist daher ein Zustand geringerer Energie als die Anordnung auf ungestörten Zwischengitterplätzen.

Die eingelagerten Zwischengitteratome behindern infolge ihrer Spannungsfelder die Bewegung der Versetzungen. Dadurch wird die Streckgrenze bis auf

R_{eH} erhöht. Sobald sich die Versetzungen von dem auch häufig als „Cottrell-Wolke" bezeichneten Bereich losgerissen haben, sinkt die zur weiteren Bewegung erforderliche Spannung bis auf die untere Streckgrenze R_{eL} (Bild 2.45).

Im Verlauf einer längeren Auslagerung von umgeformten Stählen kommt es zu einer Erhöhung der Streckgrenze. Dieser Vorgang wird als *Reckalterung* bezeichnet. Nach der Vorstellung von Cottrell läßt sich dieser Vorgang damit erklären, daß die Kohlenstoff- bzw. Stickstoffatome sich auch bei Raumtemperatur durch Diffusion innerhalb des Kristalls bewegen. Infolge der erhöhten Versetzungsdichte nach der Umformung kann die Wanderung der Kohlenstoff- bzw. Stickstoffatome an die Versetzungen beschleunigt erfolgen. Dadurch werden die Versetzungen erneut blockiert und die Streckgrenze erhöht. Bild 2.47 zeigt den Verlauf von Stufenzugversuchen, wobei sich der Verlauf *II* bei schneller Wiederbelastung und Kurve *III* bei Belastung nach erfolgter Alterung ergibt. Die *Alterung* von Stählen führt außer zu der erwähnten Streckgrenzenerhöhung auch zu einer Versprödung. Die Dehnungswerte fallen ab, der Steilabfall der Kerbschlagzähigkeit wird zu höheren Temperaturen verschoben. Diese Erscheinung muß bei beanspruchten Bauteilen unbedingt beachtet werden.

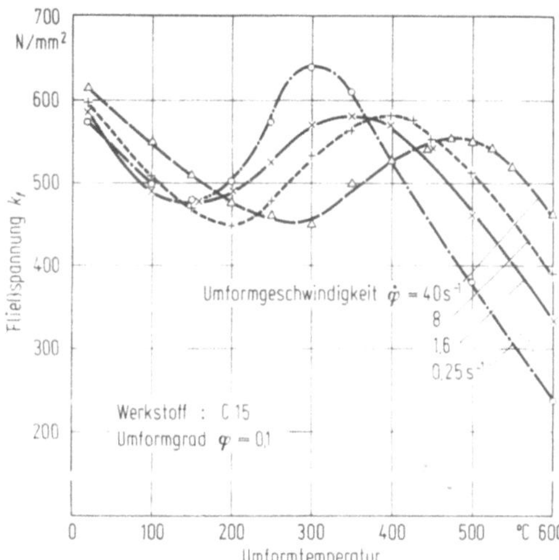

Bild 2.48 Einfluß von Temperatur und Formänderungsgeschwindigkeit auf die Fließspannung Stahl mit geringem Kohlenstoffgehalt (C 15). Nach [2.15]

Die Diffusionsgeschwindigkeit steigt mit zunehmender Temperatur an. Nach der Theorie von Cottrell müßte es einen Temperaturbereich geben, in dem die Diffusionsgeschwindigkeit von Kohlenstoff- und Stickstoffatomen etwa der Geschwindigkeit der Versetzungsbewegung entspricht. In diesem Temperaturbereich wäre dann eine erhöhte Fließspannung zu erwarten, da die Versetzungsbewegung durch die mitzuschleppenden Atome stark behindert wird. Tatsächlich beobachtet man bei Stählen mit geringem Kohlenstoffgehalt einen Anstieg der Fließspannung zwischen etwa 150 und 500 °C [2.15]. Dieser Vorgang wird wegen des gleichzeitigen Sinkens der Dehnungswerte auch als Blausprödigkeit bezeichnet. Bild 2.48 zeigt den Verlauf der Fließspannung für einen Einsatzstahl mit geringem Kohlenstoffgehalt (C 15), der das besprochene Verhalten zeigt.

2.5.3 Aushärtung, Dispersionshärtung

Eine wichtige Möglichkeit, die Festigkeit bestimmter Legierungen zu erhöhen, ist die sog. *Aushärtung*. Diese Härte- bzw. Festigkeitssteigerung beruht auf der Wirkung von feindispergierten Teilchen einer zweiten Phase auf die Versetzungen. Die Erzeugung einer feinen Teilchendispersion im festen Zustand ist möglich, wenn Mischkristalle vorliegen, bei denen eine mit abnehmender Temperatur sinkende Löslichkeit einer Atomart B besteht, Bereich α im Bild 2.49. Durch schnelles Abkühlen aus dem Bereich des homogenen Mischkristalls α in das Zweiphasengebiet $\alpha + A_xB_y$ entsteht ein für die Endtemperatur übersättigter Mischkristall. Der Gleichgewichtszustand wird durch die Ausscheidung von Teilchen der intermetallischen Verbindung mit der Zusammensetzung A_xB_y angestrebt, welche die in Übersättigung vorliegenden Atome in höherer Konzentration enthält. Die Ausscheidung geschieht durch Diffusion. Daher ist eine Auslagerungszeit erforderlich, bis die aus der Wechselwirkung von Versetzungen und Teilchen zu erwartende Festigkeitserhöhung erreicht wird. In der Technik sind besonders aushärtbare Aluminiumlegierungen wichtig. Beispiele dafür sind etwa die Systeme Al—Cu—Mg, Al—Zn—Mg, Al—Mg—Si.

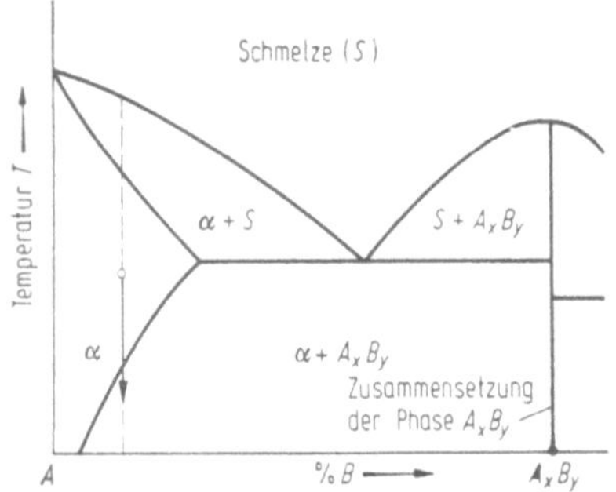

Bild 2.49 Teil des Zustandsschaubildes einer Legierung mit temperaturabhängiger Löslichkeit

Die Theorien zur Deutung der Aushärtungsvorgänge gehen davon aus, daß durch die ausgeschiedenen Teilchen die Versetzungsbewegung gehemmt wird. Schließt man den Fall aus, daß eine Versetzung an einem Teilchen steckenbleibt, so kann man sich vorstellen, daß dieses Hindernis entweder umgangen wird (Orowan) oder aber, daß das Teilchen geschnitten wird (Kelly, Fine).

Sowohl zum Schneiden, als auch zum Hindurchzwängen zwischen Teilchen ist eine erhöhte Spannung erforderlich. Elektronenmikroskopische Aufnahmen ergaben, daß beide Möglichkeiten vorkommen. Entscheidend sind dabei der Abstand, die Größe und die Festigkeit der Teilchen, sowie die kristallographischen Beziehungen zwischen den Phasen.

Die Aushärtung spielt auch für die Erhöhung der Zeitstandfestigkeit von Werkstoffen eine große Rolle. Viele hochwarmfeste Legierungen auf Nickelbasis sind ausscheidungsgehärtete Werkstoffe.

Bei der sog. *Dispersionshärtung* werden in die Matrix des Grundwerkstoffs weitgehend unlösliche Phasen gebracht. Dies kann z. B. pulvermetallurgisch erfolgen. Dabei werden die Bestandteile pulverisiert, gemischt und anschließend gesintert. Da die dispergierte Phase unlöslich oder nur wenig im Grundmetall löslich ist, sind dispersionsgehärtete Werkstoffe bis zu sehr hohen Temperaturen verwendbar, da die Bewegung der Versetzungen und Korngrenzen weitgehend behindert wird.

Bekannt sind u. a. Aluminium-, Kupfer-, Molybdän- und Nickelbasislegierungen, welche durch Oxiddispersionen eine erhöhte Temperaturbeständigkeit erhalten.

2.5.4 Martensitbildung, Stahlhärtung

Der wichtigste Vorgang zur Festigkeitssteigerung von Stählen ist die Stahlhärtung durch Martensitbildung. Dabei wird der bei hohen Temperaturen stabile kohlenstoffhaltige γ-Eisen-Mischkristall durch eine während des Abschreckens auftretende martensitische Umwandlung in eine verzerrte kubisch-raumzentrierte α-Modifikation des Eisens übergeführt. Mit der Martensitbildung ist eine starke Erhöhung der Streckgrenze, der Bruchfestigkeit und der Härte, bei einer gleichzeitigen Verminderung der Dehnungswerte verbunden. Die martensitische Umwandlung läuft diffusionslos ab. Ähnlich der Zwillingsbildung kommt es zu einer kooperativen Scherbewegung von Atomen. Die umgewandelten Kristallbereiche ändern dabei ihre äußere Form, was zu Verzerrungen des Gitters und zu erheblichen inneren Spannungen führt. Es entstehen meist plattenförmige Gebilde der neuen Phase (Bild 2.50). Die Martensitplatten können von Versetzungen nur bei hohen Schubspannungen geschnitten werden.

Bild 2.50 Martensitplatten (hell) in Austenitmatrix. Stahl mit 1,25% C, 7,5% Ni (Warlimont)

Die Formänderungsfähigkeit wird so klein, daß die an den Kerben auftretenden Spannungsspitzen nicht mehr durch Fließen abgebaut werden können, der Werkstoff ist kerbempfindlich und spröde.

Die Versetzungsbewegung wird infolge der Mischkristallhärtung durch eingelagerte Kohlenstoffatome, Aushärtung durch ausgeschiedene Karbide und Verfestigung der martensitischen Bereiche durch eine hohe, umwandlungsbedingte Versetzungsdichte, stark eingeschränkt. Dies ist die Ursache für die Festigkeitssteigerung und den Abfall der Dehnungswerte.

Durch Glühen (Anlassen) können die Dehnungswerte wieder erhöht werden, weil Ausscheidungs- und Erholungsvorgänge zu einem günstigeren Gleitverhalten der Versetzungen führen.

2.6 Thermisch aktivierte Vorgänge

2.6.1 Übersicht

Metalle ändern bei Temperaturerhöhung ihre plastischen Eigenschaften. Die Spannungskennwerte (Fließspannung, 0,2-Grenze, Zugfestigkeit) fallen ab, das Metall wird „weicher" (Bild 2.51). Außerdem ist die erreichbare Formänderung bei höheren Temperaturen in der Regel größer, das Metall ist duktiler.

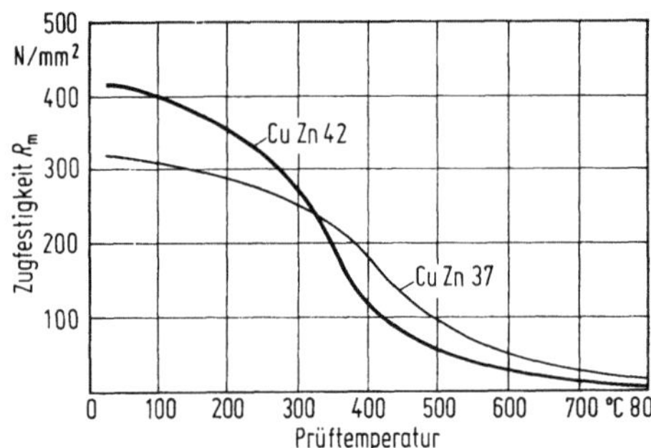

Bild 2.51 Warmfestigkeit von Messing (CuZn 42; CuZn 37). Kurzzeitversuch. Nach [2.19]

Diese Eigenschaftsänderungen bei Temperaturerhöhung werden beim Umformen in großem Maßstab genutzt.

Bei allen Umformverfahren ist es erwünscht, daß die erforderliche Kraft und Arbeit möglichst klein sind. Eine weitere Forderung ist meist, daß der Werkstoff große Formänderungen zuläßt, ohne daß der Werkstoffzusammenhalt verlorengeht. Dies läßt sich bei fast allen Metallen durch Umformen bei entsprechend hohen Temperaturen erreichen. Nachteile der *Warmumformung* sind die erhöhte Oxidationsgeschwindigkeit und Gaslöslichkeit vieler Metalle bei höheren Temperaturen, sowie die geringere Maßgenauigkeit der hergestellten Teile.

Die Oxidation der Oberfläche setzt die Oberflächengüte herab und kann Oberflächenfehler verursachen. Die Gasaufnahme kann zur Versprödung des Werkstoffs führen. Muß dies vermieden werden, so ist eine Erwärmung/Umformung unter Schutzgas notwendig. Ein anderer Weg ist die Umformung im Bereich der sog. *Halbwarmumformung* bei abgesenkter Temperatur und damit geringerer Oxidationsgeschwindigkeit. Der Temperaturbereich, von dem an thermisch aktivierte Vorgänge in beachtlichem Ausmaß auftreten und zu den angeführten Änderungen der mechanischen Eigenschaften führen, ist von Metall zu Metall verschieden. Er ist hauptsächlich von der Schmelztemperatur T_s [K] abhängig. Eine genaue Grenze läßt sich aber nicht angeben, weil außer der Temperatur die Zeit und der Umformgrad als wesentliche Faktoren auftreten.

Für den praktischen Gebrauch ist nach DIN 8582 festgelegt:

Warmumformen: Umformen nach Anwärmen,

Kaltumformen: Umformen ohne Anwärmen.

Als Grenztemperatur wird also die Raumtemperatur gewählt. Dadurch entfällt allerdings die Bezugnahme auf metallkundliche Vorgänge bei der Definition der Begriffe Warmumformung und Kaltumformung.

Temperaturerhöhung bedeutet eine Energiezufuhr. Die Atomsprünge und Bewegungen der Gitterfehler sind bei höheren Temperaturen thermisch aktiviert, sie haben eine größere Beweglichkeit. Daher genügen kleinere Fließspannungen, um Formänderungen hervorzurufen. Neben der Erscheinung, daß Metalle beim Erwärmen weicher werden, ist die Tatsache entscheidend, daß bei entsprechender Anwärmung während des Umformvorgangs nur geringe oder gar keine Verfestigung eintritt. Dazu sind Vorgänge erforderlich, welche der Zunahme der Versetzungsdichte während der Umformung entgegenwirken. Das wird in erster Linie durch die sog. Erholung und durch Rekristallisation erreicht. Die Auswirkungen der Kristallerholung und der Rekristallisation auf die mechanischen Eigenschaften sind in vieler Beziehung ähnlich [2.16; 2.27].

Nach einer neueren Definition gehören zur Rekristallisation alle Vorgänge, die mit der Entstehung und Verschiebung von *Großwinkelkorngrenzen* verbunden sind [2.18]. Dies erlaubt eine Abgrenzung zwischen Rekristallisationsvorgängen und Erholungsvorgängen.

Außer bei der Warmumformung, wo (dynamische) Erholungs- und Rekristallisationsvorgänge gleichzeitig mit der Formänderung ablaufen, Abschn. 2.6.4, werden sie häufig auch als Wärmebehandlung nach dem Umformen oder zwischen einzelnen Umformoperationen durchgeführt, um die Verfestigung abzubauen und erneute Formänderung zu ermöglichen.

Da die thermisch aktivierten Vorgänge mit endlicher Geschwindigkeit ablaufen, wird die Fließspannung stark geschwindigkeitsabhängig.

2.6.2 Kristallerholung

Das plastische Verhalten der Metalle wird von der Anordnung und Bewegung der Versetzungen bestimmt. Daher müssen in diesem Zusammenhang Eigenschaftsänderungen bei der Erwärmung als Folge von Veränderungen der Versetzungsstruktur oder der Versetzungsdichte zu deuten sein. Während der Verformung des Gefüges bei tiefen Temperaturen nimmt die Versetzungsdichte zu. Daher kommt es zur Verfestigung (s. auch Abschn. 2.4.5). Diese Verfestigung kann abgebaut werden, wenn sich die Versetzungsdichte oder die Versetzungsanordnung ändert.

Bei dem Abbau der Versetzungsdichte durch Erholung löschen sich Versetzungen entgegengesetzten Vorzeichens aus. Die verbleibenden Versetzungen ordnen sich häufig um und bilden Subkorngrenzen. Als maßgeblicher Vorgang bei der Umordnung der Versetzungen wird das Klettern von Stufenversetzungen angesehen [2.17] (s. auch Abschn. 2.4.4).

Zum Klettern von Stufenversetzungen sind Leerstellen erforderlich. Diese liegen während eines Umformvorgangs in hoher Konzentration vor, da sie dabei

durch Versetzungsreaktionen laufend erzeugt werden. Infolge der hohen Leerstellenkonzentration können Erholungsvorgänge bei der Warmumformung sehr
viel schneller ablaufen, als bei einer nachträglichen Glühung [2.17].

Lange Zeit wurde der Rekristallisation die ausschlaggebende Bedeutung bei
der Warmumformung zugemessen. Besonders Arbeiten von Stüwe [2.14; 2.17]
zeigten jedoch, daß die Rekristallisationsgeschwindigkeit gegenüber den Formänderungsgeschwindigkeiten oft zu klein ist, um während der Umformung neue
Körner zu bilden. Vielfach rekristallisiert das Metall nicht während des Umformvorgangs, sondern erst anschließend.

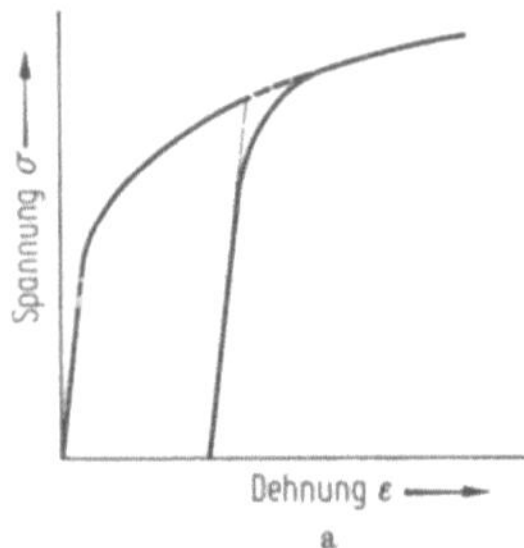
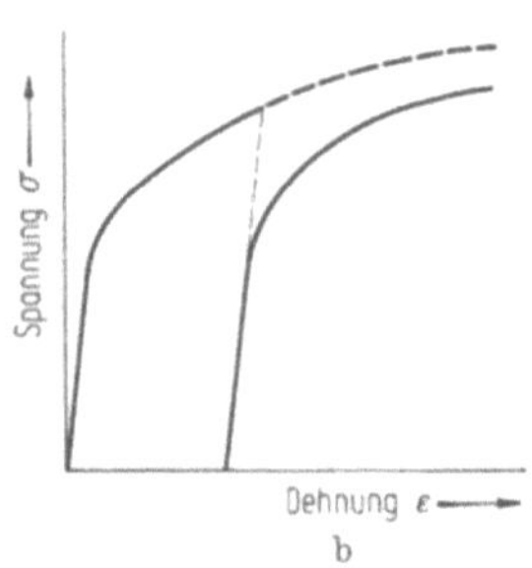

Bild 2.52 Einfluß der Erholungsglühung auf den Verlauf des Spannungs-Dehnungs-
Schaubildes. Nach [2.1]. **a** „Meta"-Erholung $0{,}25T_s < T < 0{,}5T_s$; **b** „Ortho"-Erholung
$T > 0{,}5T_s$

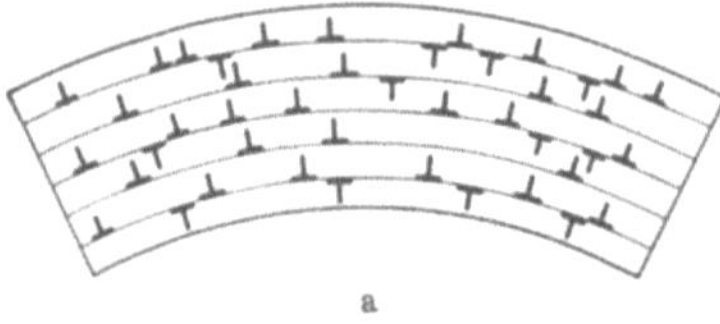
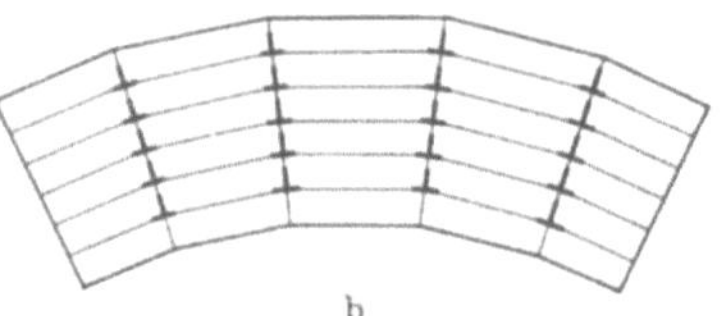

Bild 2.53 Schema der Polygonisation bei einem gebogenen Kristall. **a** Versetzungsanordnung
im gebogenen Kristall; **b** Versetzungsanordnung nach Polygonisation

Erholungsvorgänge sind stark temperaturabhängig. Das zeigt sich bei Stufenzugversuchen (Bild 2.52). Zunächst wird lediglich die Streckgrenze erniedrigt,
während die Fließspannung bei größerem Umformgrad nahezu gleich bleibt
(Meta-Erholung, Bild 2.52a). Bei Temperaturen ($T > \approx 0{,}5T_s$) wird die gesamte
Fließspannung herabgesetzt (Ortho-Erholung, Bild 2.52b). Die bei der Erholung
stattfindenden Umordnungen und Reaktionen von Versetzungen führen zu Änderungen im Gefüge, die im Elektronenmikroskop sichtbar sind.

Bei der Erholung kommt es zu einer, gegenüber dem „Versetzungswald"
(Bild 2.42) nach der Verformung, energetisch günstigeren Anordnung der Versetzungen. Dabei löschen sich Versetzungen mit entgegengesetzten Vorzeichen aus.
Die restlichen Versetzungen gleichen Vorzeichens ordnen sich zu Kleinwinkelkorngrenzen (Subkorngrenzen) an. Dieser als *Polygonisation* bezeichnete Vorgang
läßt sich bei gebogenen Kristallen besonders gut darstellen (Bild 2.53).

Bei der Erholung von umgeformten Metallen entstehen Subkörner mit geringer Versetzungsdichte, die durch Kleinwinkelkorngrenzen, d. h. Netzwerken hoher Versetzungsdichte getrennt sind (Bild 2.54).

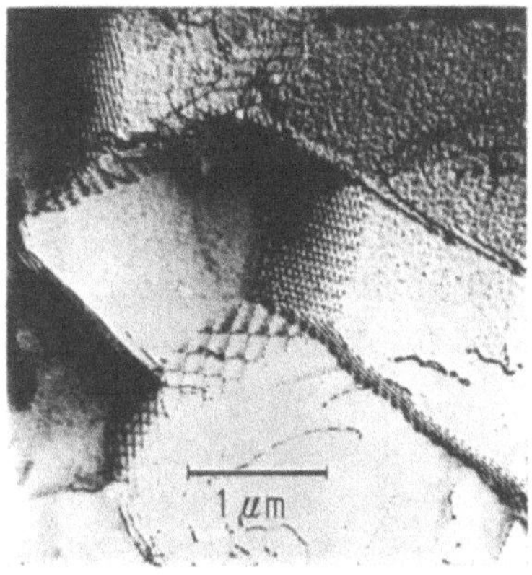

Bild 2.54 Subkornbildung bei der Polygonisation; Fe 11,7% Al (Warlimont)

2.6.3 Rekristallisation und Kornvergrößerung

Bei noch höheren Temperaturen findet Rekristallisation des Gefüges statt. Darunter versteht man Vorgänge, die zur Entstehung und Verschiebung von Großwinkelkorngrenzen führen (Bild 2.55).

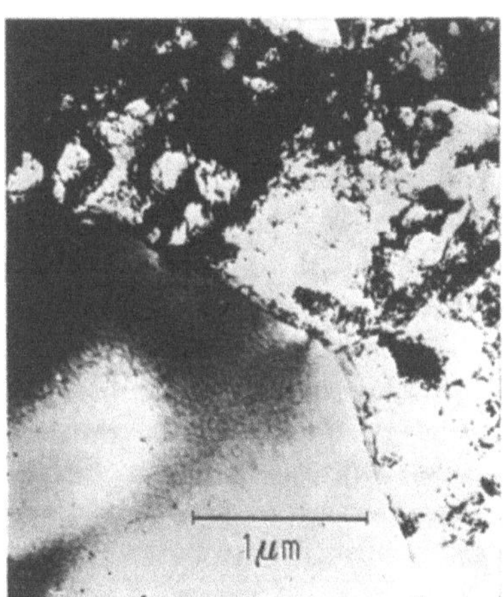

Bild 2.55 Rekristallisiertes Korn wächst in ein Gebiet hoher Versetzungsdichte; Cu—Au, kaltverformt, geglüht bei 380 °C (Warlimont)

Zunächst kommt es hierbei zu einer Neubildung von Körnern im verfomten Gefüge. Dieser Vorgang wird als *primäre Rekristallisation* bezeichnet. Im primär rekristallisierten Gefüge können weitere Rekristallisationsvorgänge stattfinden. Dabei handelt es sich um Verschiebungen der Großwinkelkorngrenzen. Man unterscheidet zwischen *sekundärer Rekristallisation* und *Kornvergrößerung*.

2.6.3.1 Primäre Rekristallisation

Bei der primären Rekristallisation besteht eine Abhängigkeit der Neubildung und des Wachstums der Körner von der Formänderung, der Temperatur und der Glühdauer. Qualitativ lassen sich folgende Zusammenhänge angeben [2.1]:

— Rekristallisation tritt nur auf, wenn eine bestimmte Mindestversetzungsdichte vorhanden ist. Dazu muß eine gewisse Formänderung überschritten werden.
— Je größer die vorhergehende Formänderung war, desto niedriger ist die Temperatur, bei der Rekristallisation einsetzt.
— Durch Verlängerung der Glühzeit kann bei niedrigeren Temperaturen Rekristallisation erreicht werden.
— Die Korngröße nach der Rekristallisation wird um so größer, je kleiner die Formänderung (oberhalb des in Punkt 1 erwähnten Mindestwertes) und je höher die Glühtemperatur war.

In sehr reinen Metallen können schon geringe Verunreinigungen die Rekristallisationstemperatur stark heraufsetzen.

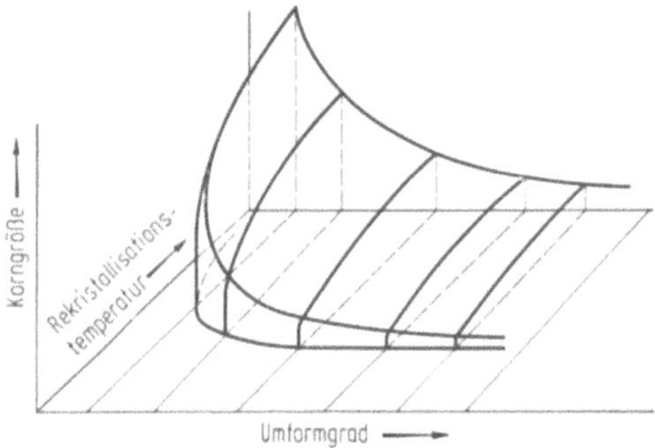

Bild 2.56 Schema eines Rekristallisationsschaubildes. Nach [2.3]

Aus den obigen Darlegungen folgt, daß die Temperatur, bei der Rekristallisation stattfindet, keinesfalls nur von dem jeweiligen Metall abhängt. Vielmehr sind eine ganze Reihe von Veränderlichen zu berücksichtigen. Außerdem wird vielfach keine einheitliche Definition der Rekristallisationstemperatur gebraucht. Nach Reed-Hill [2.6] ist unter der Rekristallisationstemperatur jene Temperatur zu verstehen, bei welcher ein Metall mit einer bestimmten Kaltumformung in einem begrenzten Zeitraum (normalerweise 1 Stunde) vollständig rekristallisiert. Als grober Anhaltswert kann für technisch reine Metalle bei hohem Umformgrad dienen:

$$T_\mathrm{R} \geqq (0{,}4\ldots0{,}5)\, T_\mathrm{s} \quad \text{in K.} \tag{2.34}$$

Der Zusammenhang zwischen Korngröße, Rekristallisationstemperatur und Umformung wird häufig in räumlichen Rekristallisationsschaubildern dargestellt (Bild 2.56).

Bei geringen vorhergehenden Formänderungen ist die Versetzungsdichte klein und damit auch die Anzahl der wachsenden Körner. Daher kommt es bei kleinem Umformgrad und hoher Temperatur zu Grobkornbildung. Grobkornbildung ist besonders bei der Blechumformung unerwünscht, wenn nach einer Rekristallisationsglühung weitere Umformvorgänge folgen, die dann zu einer Aufrauhung der Oberfläche führen.

Die Rekristallisation kann sehr stark von Ausscheidungsvorgängen beeinflußt werden, die vorher oder gleichzeitig ablaufen. Die Ausscheidungen können in geeigneter Größe und Form die Korngrenzenbildung und -bewegung stark hemmen. Derartige Zusammenhänge werden zur gezielten Einstellung der Größe, Form und Orientierung der bei der Rekristallisation entstehenden Körner eingesetzt.

2.6.3.2 Sekundäre Rekristallisation, Kornvergrößerung

Das primär rekristallisierte Gefüge befindet sich noch nicht im thermodynamischen Gleichgewicht. Die Korngrenzen besitzen eine Energie, vergleichbar mit der Oberflächenenergie einer Seifenblase entsprechend der Oberflächenspannung. Bei hohen Temperaturen und langen Glühzeiten kommt es daher im primär rekristallisierten Gefüge zu weiteren Wachstumsprozessen. Treibende Kraft ist dabei der Gewinn an Korngrenzenenergie bei Verringerung der Korngrenzfläche bezogen auf das eingeschlossene Volumen [2.1].

Man unterscheidet bei dem Kornwachstum zwei Vorgänge: *Sekundärrekristallisation* und *Kornvergrößerung*.

Bei der Sekundärrekristallisation wachsen nur einzelne Körner bevorzugt. Daher liegen während dieses Vorgangs sehr große Körner neben den primär rekristallisierten Körnern vor. Schließlich kann das Gefüge aus einzelnen, sehr großen Körnern bestehen. Sekundäre Rekristallisation tritt besonders bei hohem Umformgrad und bei hohen Glühtemperaturen auf.

Im Gegensatz zur Sekundärrekristallisation kommt es bei der Kornvergrößerung zu einer Zunahme des mittleren Korndurchmessers.

Sekundärrekristallisation und Kornvergrößerung führen i. allg. zu einer Verschlechterung der mechanischen Eigenschaften. Besonders ungünstig ist der Abfall der Dehnungswerte. Beim Tiefziehen, Streckziehen oder Biegen erhält man bei großem mittlerem Korndurchmesser eine grobe Oberfläche.

2.6.4 Statische und dynamische Gefügeänderungen bei der Warmumformung

2.6.4.1 Einleitung

Rekristallisation und Kristallerholung treten nicht nur bei der Glühung kaltumgeformter Metalle auf, sondern bestimmen auch das Umformverhalten und die Gefügeeinstellung bei der Warmumformung.

Von *dynamischer Rekristallisation* bzw. *dynamischer Kristallerholung* spricht man dann, wenn diese Prozesse innerhalb der Umformzone, also plastischer Verformung bei entsprechenden Spannungen und Deformationsgeschwindigkeiten stattfinden. Hierbei werden ständig Versetzungen und Leerstellen neu gebildet, durch dynamische Kristallerholung bzw. Rekristallisation kann dann ein Gleichgewichtszustand erreicht werden. Besonders die hohe Leerstellenkonzentration bei der Verformung erhöht die Kristallerholungs- bzw. Rekristallisationsgeschwindigkeit gegenüber dem statischen Fall erheblich. Im Gegensatz dazu be-

zeichnet man die Rekristallisation bzw. Kristallerholung beim Glühen, Erwärmen
oder Abkühlen als *statisch*, da hierbei ein vorgegebenes Gefüge verändert wird.
Beim Warmumformen (z. B. Strangpressen, Warmwalzen, Schmieden) verändert
sich das Ausgangsgefüge in der Umformzone durch dynamische Rekristallisation
und erfährt dann in der Regel beim Abkühlen außerhalb der Umformzone eine
weitere Gefügeveränderung durch nachfolgende statische Prozesse (s. Bild 2.57).
Der Anteil von dynamischer Erholung/Rekristallisation in der Umformzone wird
vom Werkstoff (Stapelfehlerenergie) sowie den Umformbedingungen, insbesondere
dem Umformgrad bestimmt.

Vom Werkstoff her ist die Stapelfehlerenergie (s. Abschn. 2.3.2.3) der Gefüge-
parameter, welcher die Versetzungsstruktur und damit auch das Rekristalli-
sations- bzw. Erholungsverhalten bestimmt. Bei Metallen mit hoher Stapelfehlerenergie (z. B. Al, α-Fe, ferritische Legierungen) ist die dynamische/statische *Erholung* stark begünstigt.

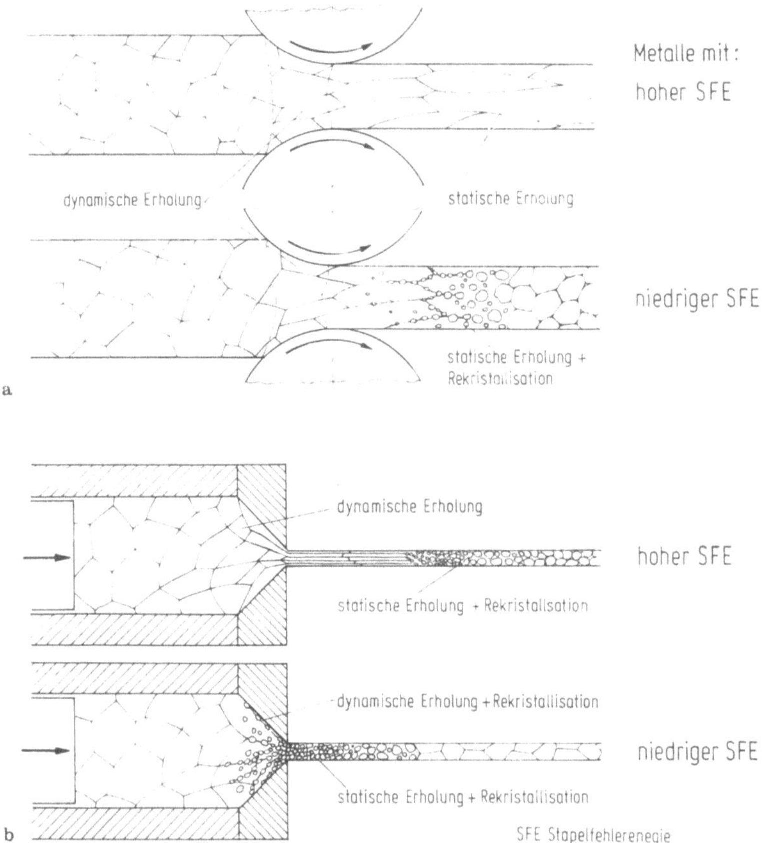

Bild 2.57 Statische und dynamische Gefügeveränderungen bei der Warmumformung.
Nach [2.31]. **a** Warmwalzen mit geringer Höhenabnahme, z. B. $\varepsilon_h = 50\%$, Metalle mit
hoher bzw. niedriger Stapelfehlerenergie; **b** Strangpressen mit hoher Querschnittsabnahme,
z. B. $\varepsilon_A = 99\%$, Metalle mit hoher bzw. niedriger Stapelfehlerenergie

Bei hoher Stapelfehlerenergie sind die Teilversetzungen dicht beieinander, Kletter- und Quergleitvorgänge der Versetzungen, welche zur Kristallerholung führen, können leicht stattfinden [2.31].

Wie Bild 2.57 zeigt, sind die Vorgänge in der Umformzone und das Gefüge der Teile von folgenden Parametern abhängig:

— Ausgangsgefüge,
— Werkstoff (Stapelfehlerenergie),
— Formänderungsgeschwindigkeit (dynamisch),
— Formänderung (statisch),
— Temperatur.

Dies eröffnet in der Warmumformung die Möglichkeit, das Endgefüge durch die Umformbedingungen und eine kontrollierte Abkühlung/Wärmebehandlung zu steuern. Beispiele für solche thermomechanischen Behandlungen sind Nickel-basis-Dispersionslegierungen, bei denen ein für Hochtemperaturlegierungen optimales Gefüge eingestellt wird, aber auch z. B. Gesenkschmiedestücke aus Stahl, welche aus der Schmiedewärme abgeschreckt und dann angelassen werden.

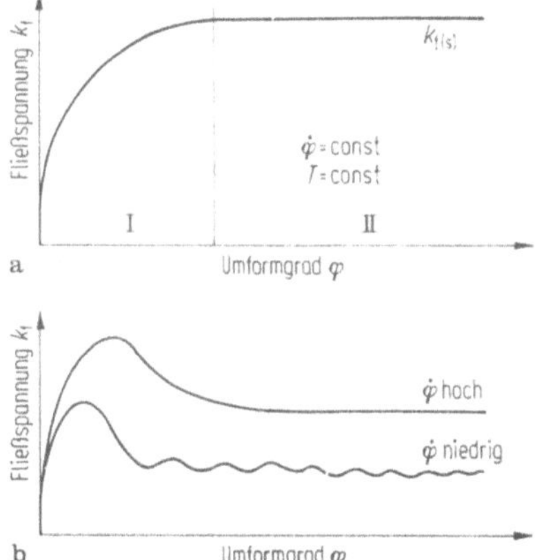

Bild 2.58 Schematische Form der Warmfließ-kurven bei dynamischer Entfestigung.
a allein durch dynamische Erholung;
b durch dynamische Erholung und dynamische Rekristallisation

Dynamische Erholungs- bzw. Rekristallisationsvorgänge beeinflussen den Verlauf der Fließkurven (Kap. 3) in charakteristischer Weise. Für die dynamische Erholung sind Warmfließkurven mit einem nach anfänglicher Verfestigung gleich-bleibenden, oder leicht fallenden Fließspannungswert $k_{f(s)}$ typisch (Bild 2.58a). Dagegen haben die Fließkurven bei dynamischer Rekristallisation nach der an-fänglichen Verfestigung einen sprunghaften Abfall der Fließspannung, welche dann ebenfalls in einen gleichbleibenden, bzw. leicht fallenden Verlauf einmündet (Bild 2.58 b).

2.6.4.2 Dynamische Erholung

Der Ablauf der dynamischen Erholung kann an der Fließkurve, Bild 2.58a, verfolgt werden. In der Verfestigungsphase I erfolgt eine starke Zunahme der Versetzungsdichte. Die Versetzungen werden dabei vernetzt und bilden eine Zellstruktur innerhalb der Körner.

Beim Erreichen des stationären Teils II der Fließkurven haben sich daraus Subkörner gebildet, deren Größe, Gleichmäßigkeit und Orientierung vom Metall, der Verformungsgeschwindigkeit und der Temperatur abhängen [2.31]. Die Hauptparameter der Subkörner, nämlich die Versetzungsdichte zwischen den Versetzungswänden, ihr durchschnittlicher Abstand und die gegenseitigen Orientierungsunterschiede ändern sich im stationären Teil II der Fließkurven nicht. Die Fließspannung $k_{f(s)}$ ist dann in guter Näherung umgekehrt proportional zur Subkorngröße d_{sk} (Bild 2.59):

$$k_{f(s)} \approx d_{sk}^{-1}. \tag{2.35}$$

Die Subkörner bleiben auch bei großen Verformungen ungestreckt, im Gegensatz zu den Körnern selbst, die entsprechend der Verformung verzerrt werden [2.31].

Es besteht ein dynamisches Gleichgewicht zwischen Versetzungsbildung und Versetzungsvernichtung, das zu einer konstanten Versetzungsdichte und damit zu einer konstanten Fließspannung führt. Der in Bild 2.59 gezeigte Zusammenhang zwischen Subkorngröße und Fließspannung ist auch für eine nachfolgende statische Rekristallisation von Bedeutung, da hiervon die Korngröße des Rekristallisationsgefüges maßgeblich bestimmt wird. Die Bildungsgeschwindigkeit der Versetzungen ist von der wirkenden Spannung und von der Verformungsgeschwindigkeit abhängig. Auf der anderen Seite ist die Geschwindigkeit des Versetzungsabbaus durch Erholung eine Funktion der Versetzungsdichte, sowie von den Bedingungen für Klettern, Quergleiten und Knotenauflösung (Abschn. 2.6.2), besonders also von der Leerstellenkonzentration und der Stapelfehlerenergie.

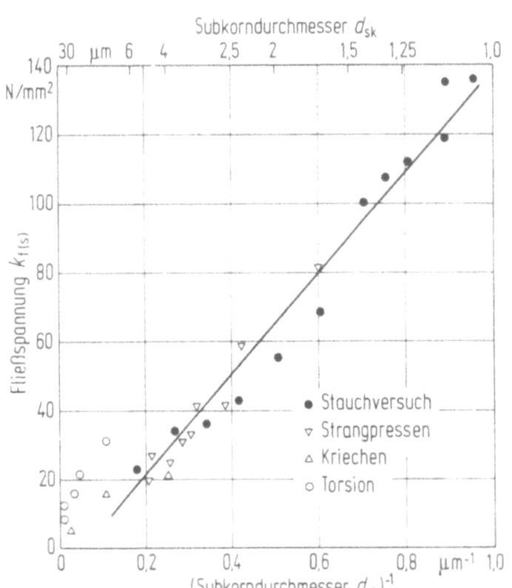

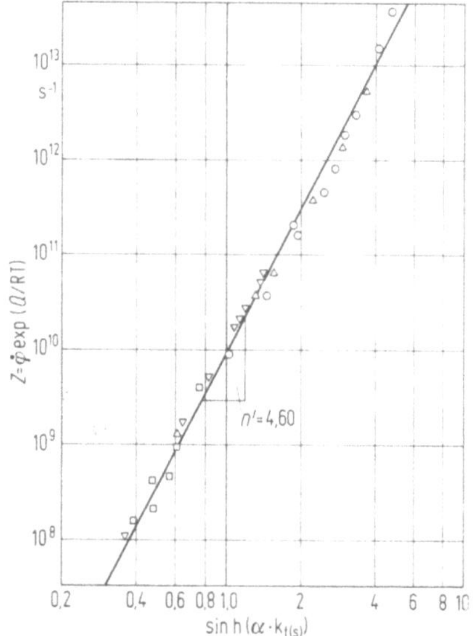

Bild 2.59 Zusammenhang zwischen Fließspannung $k_{f(s)}$ im stationären Bereich der Warmfließkurve und dem Subkorndurchmesser d_{sk} für technisch reines Aluminium. Nach [2.31]

Bild 2.60 Zusammenhang zwischen temperaturkompensierter Umformgeschwindigkeit $Z = \dot{\varphi} \exp{(Q/RT)}$ und stationärer Fließ-Spannung $k_{f(s)}$ entsprechend Gl. (2.37). Nach [2.24] für 0,25% C-Stahl

So ist es verständlich, daß dynamische Erholung besonders leicht bei Metallen mit großer Stapelfehlerenergie auftritt, wo der geringe Abstand von Teilversetzungen die Vereinigung und dann das Klettern bzw. Quergleiten erleichtern [2.31; 2.42]. In kubisch-flächenzentrierten Metallen, welche relativ hohe Stapelfehlerenergien haben (z. B. Al, α-Fe, ferritische Stähle) wird deshalb stets dynamische Erholung gefunden [2.42]. Ähnliche Bedingungen gelten in hexagonalen Metallen (z. B. Zn, Zr), wo ebenfalls dynamische Erholung auftritt [2.31; 2.42].

Dagegen ist bei Metallen mit niedriger Stapelfehlerenergie (Nickel, Nickelbasislegierungen, austenitische Stähle, Kupfer und Kupferlegierungen) die dynamische Erholung durch den großen Abstand der Teilversetzungen erschwert, wodurch die dynamische Rekristallisation begünstigt wird.

Die Fließspannung von Metallen, bei denen dynamische Erholung den stationären Teil $k_{f(s)} = f(\dot{\varphi}, T)$ bestimmt, läßt sich in weiten Bereichen durch Gleichungen der folgenden Art beschreiben [2.42]:

$$k_{f(s)} = f[\dot{\varphi} \exp (Q/RT)] = f(Z). \tag{2.36}$$

Hierin bedeuten:

Q Aktivierungsenergie (Selbstdiffusion, Kriechen, Warmumformung); R Gaskonstante; T absolute Temperatur in K; Z temperaturkompensierte Umformgeschwindigkeit.

Bild 2.60 zeigt, daß sich dieser funktionale Zusammenhang in der Form

$$Z = \dot{\varphi} \exp (Q/RT) = A(\sinh \alpha k_{f(s)})^{n'} \tag{2.37}$$

A, α Konstanten; n' Geschwindigkeitsexponent

im doppeltlogarithmischen System als Gerade darstellen läßt. Die Beziehungen (2.36), (2.37) belegen, daß bei der dynamischen Erholung diffusionsgesteuerten Prozessen, wie dem Klettern von Versetzungen, eine bestimmende Bedeutung zukommt. Mit (2.37) ist eine vereinfachte Darstellung des Zusammenhangs $k_f = f(\dot{\varphi}, T)$ für den stationären Bereich der Warmfließkurven bei dynamischer Erholung möglich (s. auch Kap. 3 und Bd. 2, Abschn. 5.5.2.3).

2.6.4.3 Dynamische Rekristallisation

Das Auftreten von dynamischer Rekristallisation verändert die Fließkurven in charakteristischer Weise (Bild 2.58b). Bei den, bei den meisten Umformverfahren üblichen relativ hohen Formänderungsgeschwindigkeiten, findet nach einem Verfestigungsmaximum ein Abfall der Fließspannung und Übergang in ein Plateau der Warmfließkurve statt. Dies ist die Folge einer kontinuierlichen, schnellen, dynamischen Rekristallisation. Bei niedrigen Formänderungsgeschwindigkeiten beobachtet man dagegen oft Wellen bei den Fließkurven, die auf wiederholte dynamische Rekristallisation zurückzuführen sind.

Auch bei der dynamischen Rekristallisation erreicht man Bereiche mit annähernd konstanter Fließspannung, Bild 2.58b. Dann liegt ebenfalls ein dynamisches Gleichgewicht vor zwischen Versetzungsneubildung und -vernichtung. Dies führt auch zu einer gleichbleibenden Korngröße für diesen Gleichgewichtszustand. Für den Beginn der dynamischen Rekristallisation gibt es eine kritische Formänderung, die ca. 20% tiefer ist als die Formänderung, bei der das Maximum der Fließkurve auftritt (Rossard 1973). Die der dynamischen Rekristallisation zugeordneten Fließspannungen sind (für den stationären Bereich) niedriger als für den Fall, daß nur dynamische Erholung auftritt.

Die erste Voraussetzung für dynamische Rekristallisation ist, daß die Verformung den kritischen Wert ε_c übersteigt. Auch dann tritt jedoch dynamische Rekristallisation in der Regel nur bei Metallen/Legierungen auf, die nur eine geringe dynamische Erholung zeigen. Dies sind vorwiegend Metalle und Legierungen mit niedriger Stapelfehlerenergie, wie Kupfer und Kupferlegierungen, Nickel und Nickellegierungen und austenitische Stähle [2.31; 2.42].

Es muß jedoch festgehalten werden, daß der dynamischen Rekristallisation stets eine dynamische Erholung (Substrukturbildung) vorausgeht bzw. parallel abläuft. Es stellt sich also kaum die Frage ob der eine oder der andere Prozeß stattfindet, sondern welchen Anteil an der Entfestigung jeder Prozeß hat (Bild 2.57). Bei geringer Gesamtverformung (z. B. kleinen Höhenabnahmen beim Walzen) unterhalb des Maximums der Fließkurve wird ausschließlich dynamische Erholung auftreten. Dies wird durch eine hohe Stapelfehlerenergie, welche das Klettern der Versetzungen begünstigt, erleichtert.

Bei hohem Umformgrad (z. B. Strangpressen) und erschwertem Versetzungsklettern (niedrige Stapelfehlerenergie) wird bevorzugt dynamische Rekristallisation auftreten.

2.7 Anisotropie

Bei vielen Umformverfahren ist es notwendig, von der Vorstellung abzugehen, daß ein vielkristalliner metallischer Werkstoff sich *isotrop* verhalte und in allen Richtungen gleiche Eigenschaften habe. Eine verfeinerte Betrachtungsweise muß die Richtungsabhängigkeit der Werkstoffeigenschaften, die sog. Anisotropie, berücksichtigen. Ein bekanntes Beispiel einer Auswirkung der Anisotropie ist die Zipfelbildung beim Tiefziehen von Blechen. Beim Tiefziehen hängt außerdem das Grenzziehverhältnis von der senkrechten Anisotropie des Blechs ab. Bei der Massivumformung kann sich die Anisotropie der plastischen Eigenschaften auf den Stofffluß bei der Umformung und auf die Eigenschaften der Werkstücke auswirken, Bild 2.61. Aus der Sicht der Umformtechnik sind die elastische und plastische Anisotropie sowie die anisotrope Verfestigung von Bedeutung. Die

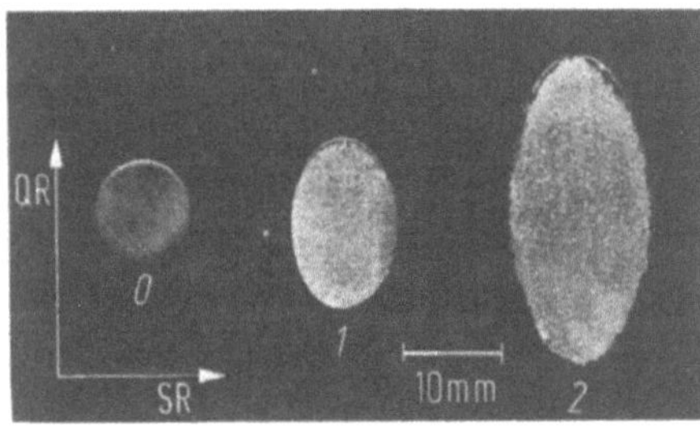

Bild 2.61 Änderung der Stirnflächenform einer ursprünglich kreiszylindrischen Normalprobe beim Stauchen; Feinzink 99,9, stranggepreßt. SR Strangpreßrichtung; QR Querrichtung. Nach [2.20]

Ursache für die mechanische Anisotropie liegt in der Kristallanisotropie in Verbindung mit der Textur und in der Gefügeanisotropie, die durch die Ausrichtung bestimmter Gefügeelemente wie Korngrenzen oder Phasen bewirkt wird.

2.7.1 Kristallanisotropie und Gefügeanisotropie

In einem metallischen Einkristall sind aufgrund von zwischenatomaren Kräften in allen Richtungen gleichartiger Atomanordnung die Eigenschaften gleich. In Richtungen, die sich in den Atomabständen unterscheiden, werden hingegen verschiedene Eigenschaften gemessen. Daraus folgt die Kristallanisotropie als wichtige Kristalleigenschaft.

Das Ausmaß der Kristallanisotropie steigt mit abnehmender Symmetrie der Kristallstruktur. So sind Metalle mit hexagonaler Struktur wesentlich stärker anisotrop als solche mit kubischer Struktur. Es gilt jedoch zu beachten, daß die Kristallanisotropie nur teilweise mit der Kristallgeometrie erklärt werden kann. Eine quantitative Berechnung ist nur mit Hilfe der Quantenmechanik möglich.

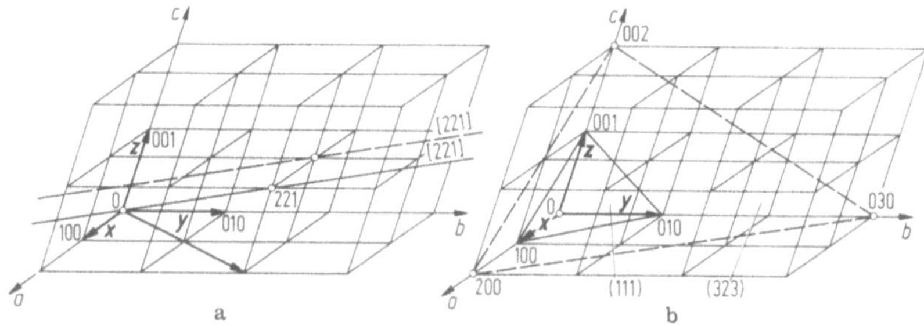

Bild 2.62 Indizierung von Gittergeraden (**a**) und von Netzebenen (**b**)

Voraussetzung für eine verfeinerte Betrachtungsweise ist eine analytische Beschreibung des Raumgitters. Jeder seiner Gitterpunkte kann durch den vom Nullpunkt ausgehenden zu ihm führenden Vektor bezeichnet werden (Bild 2.62a). Da die Beträge von x, y, z Gittervektoren sind, spielen nur die Koordinaten u, v, w eine Rolle. Sie werden zu einem Tripel uvw zusammengefaßt.

Zur Kennzeichnung einer Gittergeraden wird die Gerade durch den Nullpunkt in der vorgesehenen Richtung gezogen, und die Koordinaten eines Punktes darauf bestimmt (Bild 2.62a). Als Indizes der Richtung wird das kleinste ganzzahlige Koordinatentripel genommen und in eckige Klammern gesetzt. Die Richtungsindizes werden in allgemeiner Form mit [uvw] bezeichnet.

Eine Gitterebene ist eindeutig durch die Koordinaten der drei Achsenabschnitte bestimmt (Bild 2.62b). Zur Vermeidung großer Zahlen und um für parallele Ebenen die gleichen Indizes zu bekommen, werden die reziproken Achsenabschnitte benutzt. Man faßt das kleinste ganzzahlige Vielfache der reziproken Achsenabschnitte in einem Tripel zusammen und setzt es in runde Klammern. Die in der Form (hkl) angegebenen Indizes werden als Millersche Indizes bezeichnet [2.1; 2.32]; dabei werden Minuszeichen nicht vor, sondern über die betreffende Ziffer gesetzt, z. B. ($12\bar{3}$).

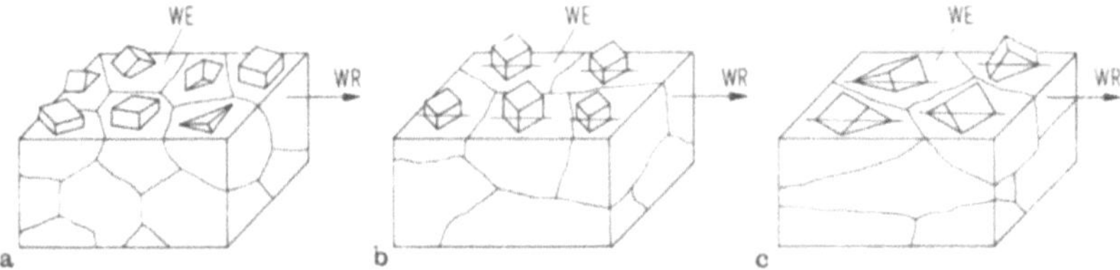

Bild 2.63 Blechtexturen. **a** quasi-isotrop; **b** (100) [011]-Textur; **c** [111]-Fasertextur.
WR Walzrichtung, WE Walzebene

Die Kristallanisotropie macht sich im vielkristallinen Material nur dann
bemerkbar, wenn eine Vorzugsorientierung, d. h. eine Textur vorliegt. Wenn sie
scharf ausgeprägt ist, dann läßt sie sich mit Hilfe der „idealen Lage" kennzeichnen [1]. Darunter versteht man die Orientierung des größten Teils der Kristallite
in bezug auf charakteristische Richtungen des Werkstücks. Bei Blechen wird die
Textur oft näherungsweise durch die Angabe (hkl) [uvw] beschrieben, wobei
(hkl) die parallel zur Walzebene liegende Gitterebene, und [uvw] die in Walzrichtung liegende Gitterrichtung ist (Bild 2.63). Durch Walzen kommt es bei
kfz-Metallen zur Ausbildung von (123) [41$\bar{2}$]- bzw. (011) [21$\bar{1}$]-Texturen, dagegen
weisen krz-Metalle eine (100) [011]-Textur auf (Bild 2.63 b). Bleche besitzen nach
einer Streckziehbeanspruchung häufig eine Fasertextur (Bild 2.63 c).

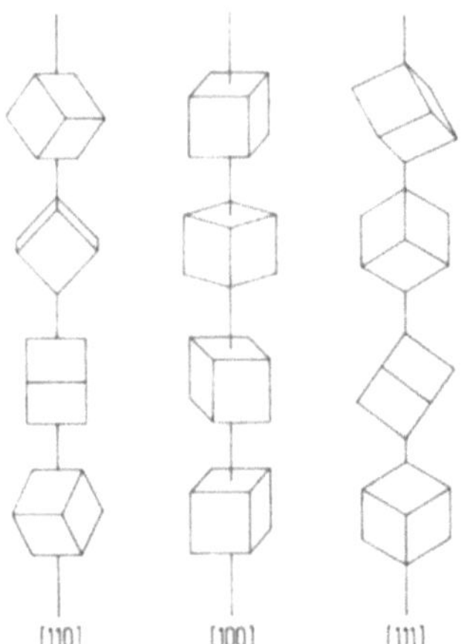

Bild 2.64 Fasertexturen

In gezogenen Drähten und stranggepreßten Stäben sind stets Fasertexturen
vorhanden. Für deren Kennzeichnung genügt oft die Angabe der parallel zur Draht-
achse liegenden Richtung, da die Verteilung senkrecht dazu meist regellos ist
(Bild 2.64). Eine quantitative Beschreibung ist mit Hilfe der sogenannten Polfigur möglich, die röntgenographisch ermittelt werden kann [2.21].

Denkt man sich alle Körner im Mittelpunkt einer Kugel und errichtet die
Lote auf einer bestimmten kristallographischen Ebene der verschiedenen Körner,
so läßt sich die Lage der Fläche mit dem Durchstoßpunkte ihrer Normalen auf

der Lagekugel kennzeichnen (Bild 2.65a). Die stereographische Projektion der Durchstoßpunkte auf die Äquatorebene mit P als Projektionszentrum bezeichnet man als Polfigur (Bild 2.65b). Sie gibt die Lage der Kristallflächen oder ihrer Normalen zum probenfesten Koordinatensystem an. Daürber hinaus kann sie Auskunft über die Dichte der Belegung geben. Während bei einer regellosen Orientierung die Durchstoßpunkte gleichmäßig verteilt sind (Belegungsdichte $= 1$), treten sie im Falle einer Textur an manchen Stellen gehäuft auf. Ort gleicher Belegungsdichte werden durch Kurven verbunden (Bild 2.66).

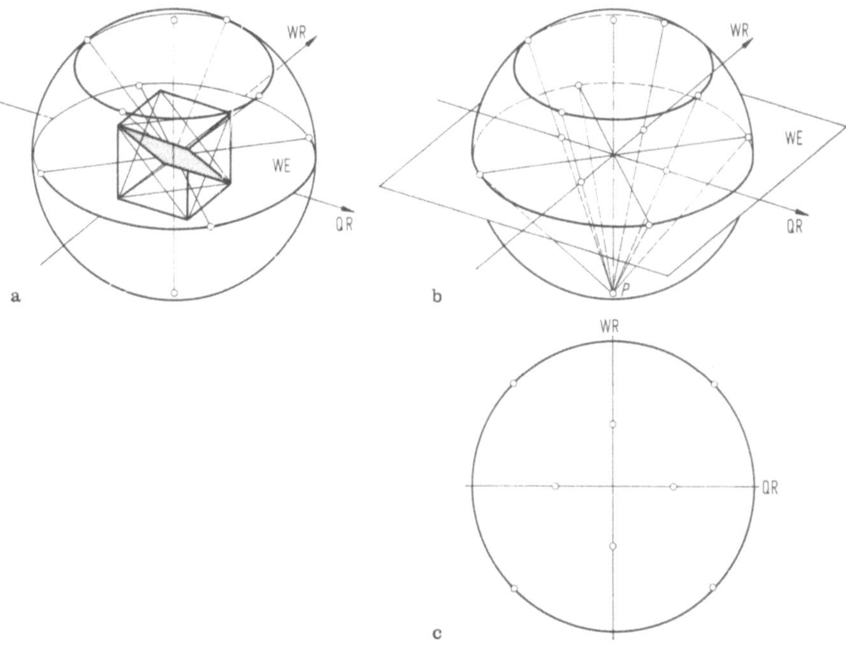

Bild 2.65 Zur Entstehung einer (110)-Polfigur. **a** Beziehung zwischen Kristallflächen und Flächenpolen; **b** Beziehung zwischen Flächenpolen und Projektionspunkten, WR Walzrichtung, QR Querrichtung, WE Walzebene; **c** (110)-Polfigur

Eine Richtungsabhängigkeit kann auch durch die Korngrößen- und Kornformverteilung und durch die Gefügeanordnung verursacht werden. Ein typisches Beispiel für den Einfluß der Kornform ist das Sekundärgefüge von einem Stahl-Feinblech, das ein gestrecktes Korn aufweist (pan-cake-Gefüge, Bild 2.67a). Von den nichtmetallischen Einschlüssen ist der Einfluß von Mangansulfid auf die Gefügeanisotropie im Stahl am größten, da sich diese Sulfide beim Warmumformen sehr stark strecken und je nach Erzeugnisform unterschiedlich lange Einschlußzeilen bilden können (Bild 2.67b). Neben der Orientierung relativ zur Walzrichtung kann auch eine kristallographische Orientierung von ausgeschiedenen Teilchen auftreten, wie es Bild 2.67c für die Θ'-Phase in einer Al–Cu-Legierung zeigt.

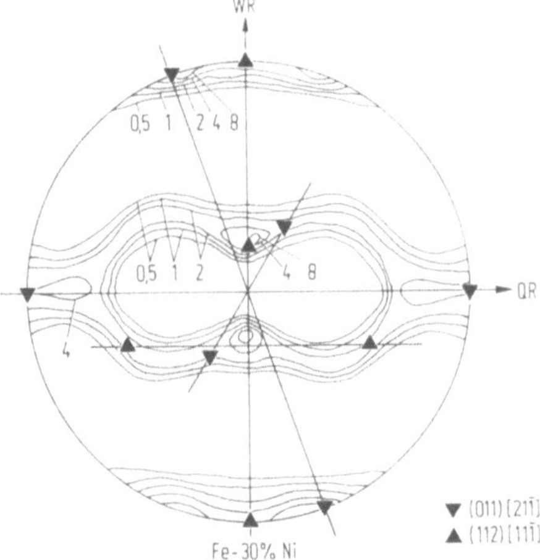

Bild 2.66 (111)-Polfigur der Walztextur einer Fe—30% Ni-Legieung. Nach [2.33]. WR Walzrichtung

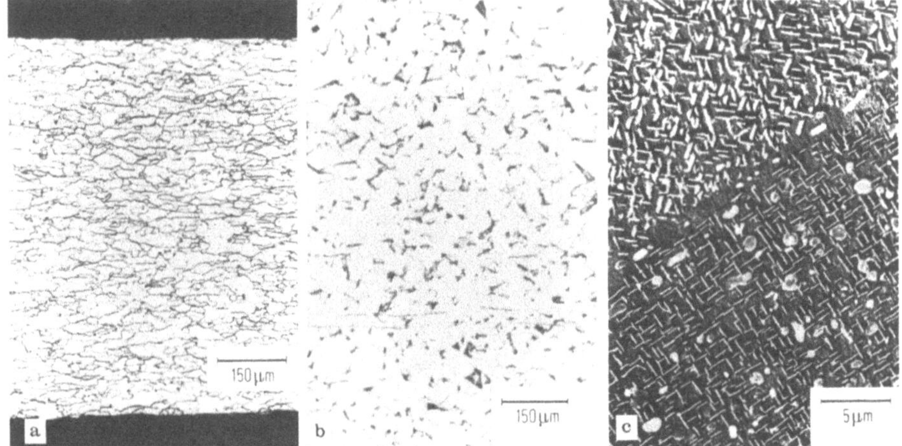

Bild 2.67 Gefügeanisotropie. **a** Kornform; **b** nichtmetallische Einschlüsse; **c** orientiert ausgeschiedene Teilchen

2.7.2 Elastische und plastische Anisotropie

Im allgemeinen verlaufen Eigenschaftsänderungen symmetrisch zu bestimmten Ebenen. Gibt es drei solche Ebenen, die senkrecht aufeinanderstehen, so bezeichnet man den Werkstoff als orthotrop. Das gewalzte Blech mit den Spiegelebenen senkrecht zur Walz-, Quer- und Normalrichtung soll als Beispiel dienen.

Ein Spezialfall der Orthotropie liegt dann vor, wenn sich eine Ebene angeben läßt, in der die Eigenschaft nicht richtungsabhängig ist. Solche Stoffe nennt man normalanisotrop. Ein Beispiel hierfür ist ein Blech mit Fasertextur und der gezogene Draht. Bei der Behandlung der mechanischen Anisotropie wird von einem orthotropen Werkstoff ausgegangen.

Das elastische Verhalten — und damit die elastische Anisotropie — ist in
der Umformtechnik dann von Interesse, wenn Eigenspannungen betrachtet werden, oder wenn die Umformzone nur teilweise plastifiziert wird. Eine gewisse
Rolle spielt sie auch bei allen plastischen Knickvorgängen wie z. B. bei der Faltenbildung während des Tiefziehvorgangs. Da das elastische Verhalten mit den
zwischenatomaren Kräften zusammenhängt, ist der Elastizitätsmodul eines
Einkristalls i. allg. richtungsabhängig [2.34]. In Vielkristallen kommt zusätzlich
zum Einfluß der Orientierungsverteilung derjenige der Gefügeanisotropie hinzu
(Bild 2.68).

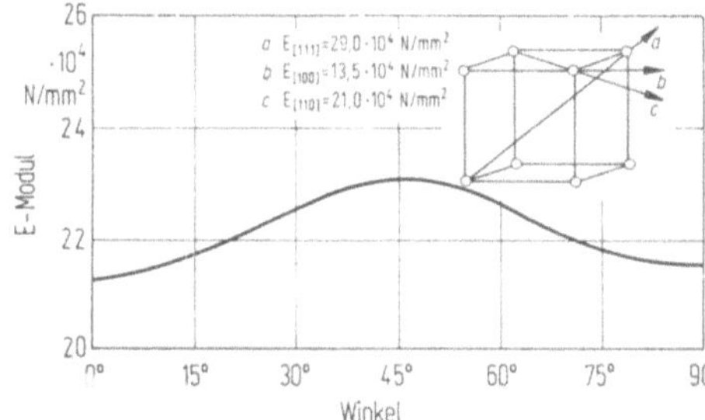

Bild 2.68 Die Richtungsabhängigkeit
des Elastizitätsmoduls eines texturierten
Stahlblechs

Eine plastische Formänderung tritt im Zugversuch dann auf, wenn die Zugspannung die Fließspannung k_f erreicht. Für einen anisotropen Werkstoff geht
die übliche Abhängigkeit der Fließspannung k_f

$$k_f = f \,(\text{Werkstoff},\, \varphi,\, \dot{\varphi},\, T) \tag{2.38}$$

über in

$$k_f = f \,(\text{Werkstoff},\, \varphi,\, \dot{\varphi},\, T,\, \text{Richtung}). \tag{2.39}$$

Die Bestimmung der plastischen Anisotropie kann sowohl durch Ermittlung der
Fließspannungen in den Hauptrichtungen als auch durch Messung der Formänderungen erfolgen.

Üblicherweise werden die Kennwerte der plastischen Anisotropie, die sog.
r-Werte, nämlich der r_0- und der r_{90}-Wert im Zugversuch nach den Definitions-
formeln

$$r_0 = -\,\frac{\varphi_2}{\varphi_2 + \varphi_1} \tag{2.40}$$

und

$$r_{90} = -\,\frac{\varphi_1}{\varphi_2 + \varphi_1} \tag{2.41}$$

gemessen. Darin bedeuten φ_1 und φ_2 den Umformgrad in Längs- bzw. in Breitenrichtung und die Indizes 0 und 90 die Winkel zwischen Probenlage und Walzrichtung. Da der r-Wert ein Fließspannungsverhältnis angibt, kann er zur Beurteilung des Umform- und des Festigkeitsverhaltens aber auch zur Ermittlung des
Kraftbedarfs herangezogen werden. In der Umformtechnik ist eine Auswirkung
der Anisotropie z. B. die Zipfelbildung beim Tiefziehen (Bild 2.69).

Da unter einem reinen hydrostatischen Spannungszustand keine Schubspannungen auftreten, wird das Fließverhalten durch einen solchen nicht beeinflußt. Daher ist es möglich, den Fließbeginn ohne Einbuße an Verallgemeinerung in der σ_{11}-σ_{22}-Ebene durch die Gleichung

$$\tau_0 = l_{\alpha 1} l_{\beta 1} \sigma_{11} + l_{\alpha 2} l_{\beta 2} \sigma_{22} \tag{2.42}$$

darzustellen.

Bild 2.69 Zipfelbildung infolge plastischer Anisotropie

Darin bedeuten α die Gleitebene und β die Gleitrichtung sowie 1 und 2 die äußeren Hauptrichtungen (1 = Walzrichtung, 2 = Querrichtung). $l_{\alpha 1}$ und $l_{\beta 2}$ sind die Richtungskosinus der Gleitebenennormale und der Gleitrichtung bezüglich der äußeren Hauptrichtungen. Plastisches Fließen setzt ein, wenn in einem Gleitsystem $\sigma_{\alpha\beta}$ den kritischen Wert τ_0 erreicht.

Man erhält als geometrische Lösung Geradengleichungen, die im σ_{11}-σ_{22}-Koordinatensystem die Fließortkurve ergeben. Die Hauptspannungen werden im weiteren mit σ_1, σ_2 und σ_3 bezeichnet. Fließortkurven sind der geometrische Ort für alle σ_1-σ_2-Kombinationen, bei denen plastisches Fließen eintritt.

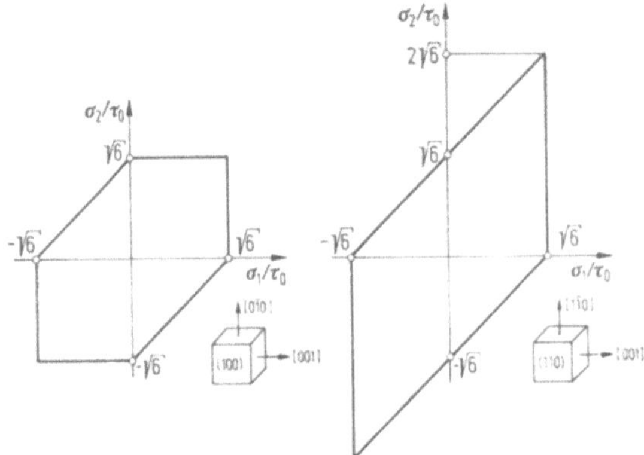

Bild 2.70 Theoretische Fließortkurven für die Kristallorientierungen (100) [001] und (110) [001]

Bild 2.70 zeigt theoretische Fließortkurven für einfache Blechtexturen von Metallen, die durch $\{111\}\langle011\rangle$ bzw. $\{110\}\langle111\rangle$ Gleitung verformen (d. h. Gleitung auf Ebenen vom Typ $\{111\}$ in Richtungen vom Typ $\langle011\rangle$ bzw. auf Ebenen vom Typ $\{110\}$ in Richtungen vom Typ $\langle111\rangle$). Interessant ist die Feststellung, daß die Form der Fließortkurve eines (100) [001]-Kristalls mit derjenigen des Tresca-Fließkriteriums übereinstimmt. Die Erklärung liegt darin, daß die mikroskopischen Gleitrichtungen im Einkristall mit den makroskopischen Scherrichtungen im isotropen Werkstoff zusammenfallen.

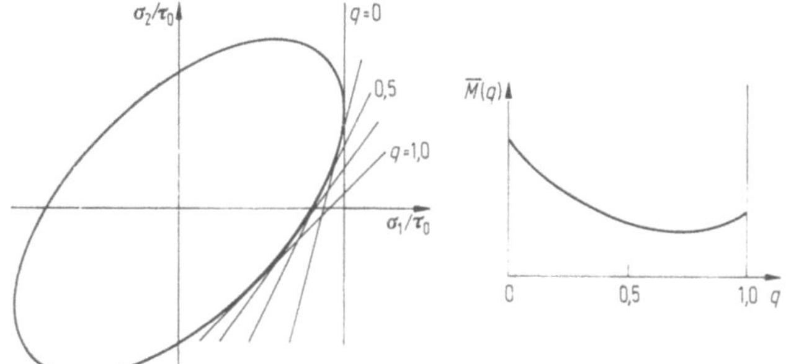

Bild 2.71 Ermittlung der Fließortkurve mit Hilfe der Taylor-Faktorkurve

Für einen Vielkristall, der sich durch Ideallagen beschreiben läßt, erfolgt eine Mittelung (Bild 2.71). Damit die Körner im gegenseitigen Kontakt bleiben, d. h. um Lochbildung zu verhindern, muß das Korn unter der Wirkung einer äußeren Spannung zu einer allgemeinen plastischen Formänderung in der Lage sein (Taylor-Modell [2.35; 2.36; 2.37].) Dazu müssen fünf unabhängige Gleitsysteme betätigt werden. Die Auswahl unter den möglichen Gleitsystemen wird nach dem Prinzip der kleinsten Formänderungsarbeit getroffen. Dabei gilt die Annahme, daß in jedem Gleitsystem die kritische Schubspannung den gleichen Wert hat. Für eine räumliche Formänderung von der Größe $d\eta$ kann für die Arbeit

$$dW = \tau_0 M(q, h)\, d\eta \qquad (2.43)$$

geschrieben werden.

Die minimale Abgleitsumme ist von der Orientierung g der Kristallachsen relativ zu den Hauptformänderungsrichtungen und vom Formänderungsverhältnis $q = d\varepsilon_2/d\varepsilon_1$ abhängig. Der Taylor-Faktor M ist der geometrische Faktor in diesem Ausdruck. Erfährt jedes Korn die gleiche Formänderung, dann wird (2.43) über alle Kornorientierungen g gemittelt und der mittlere Taylor-Faktor $\overline{M}(q)$ in (2.43) eingeführt, die dann folgende Form annimmt:

$$dW = \tau_0 \overline{M}(q)\, d\eta. \qquad (2.44)$$

Für den ebenen Spannungszustand erhält man die Beziehung

$$\sigma_1 - q\sigma_2 = \tau_0 \overline{M}(q). \qquad (2.45)$$

Sie beschreibt die Tangente an die Fließortkurve. Die Hüllkurve wird ermittelt, indem man (2.45) nach dem Scharparameter q differenziert (Bild 2.71). Sie lautet

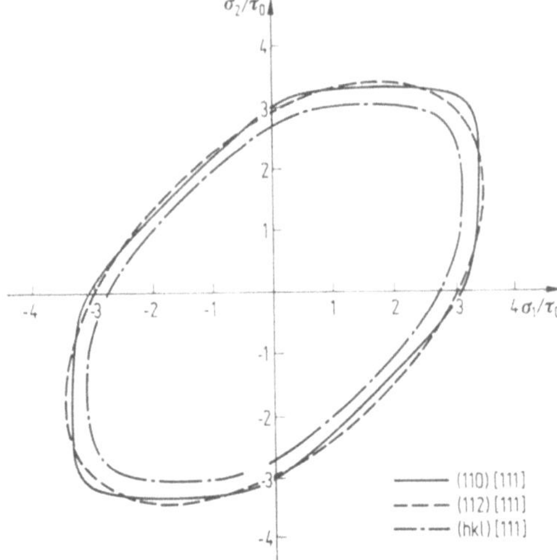

Bild 2.72 Fließortkurve eines Werkstoffs mit statistisch verteilter Orientierung in Abhängigkeit des Gleittyps

in Parameterdarstellung:

$$\left.\begin{array}{l} \sigma_1 = \tau_0 \left[\overline{M}(q) - q\, \dfrac{\mathrm{d}\overline{M}(q)}{\mathrm{d}q} \right] \\[4mm] \sigma_2 = -\tau_0\, \dfrac{\mathrm{d}\overline{M}(q)}{\mathrm{d}q} \end{array}\right\} B(q)\,. \tag{2.46}$$

In Bild 2.72 ist der Einfluß des Gleittypes in einer statistisch regellosen Probe auf die Form der Fließortkurve dargestellt [2.36]. Der Gleittypus (hkl) [111], auch pencil-glide genannt, besitzt keine bestimmten Gleitebenen, festliegt dagegen die Gleitrichtung. Selbstverständlich ist der r-Wert bestimmt, wenn die Fließortkurve bekannt ist (Bild 2.73).

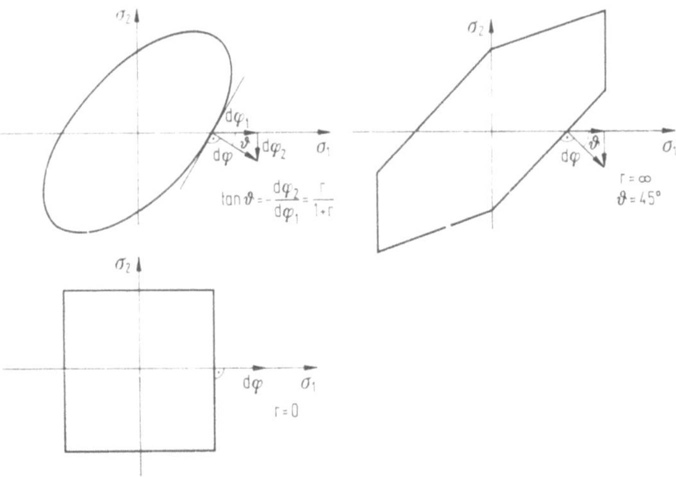

Bild 2.73 Beziehung zwischen Fließortkurve und r-Wert

                                89

Es gilt zu beachten, daß bei dieser Betrachtungsweise das plastische Fließen
nur durch Versetzungsgleiten zustandekommt, und daß die Kornform sowie nichtmetallische und metallische Zweitphasen unberücksichtigt bleiben.

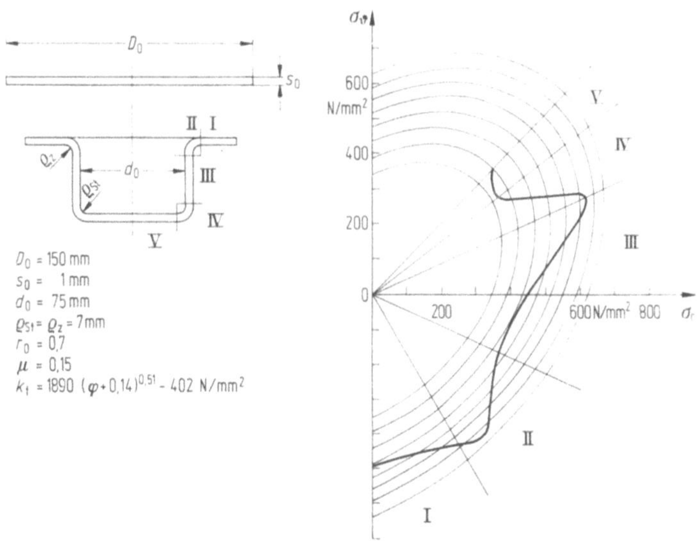

Bild 2.74 Isotrope Verfestigung beim Tiefziehen eines Napfes

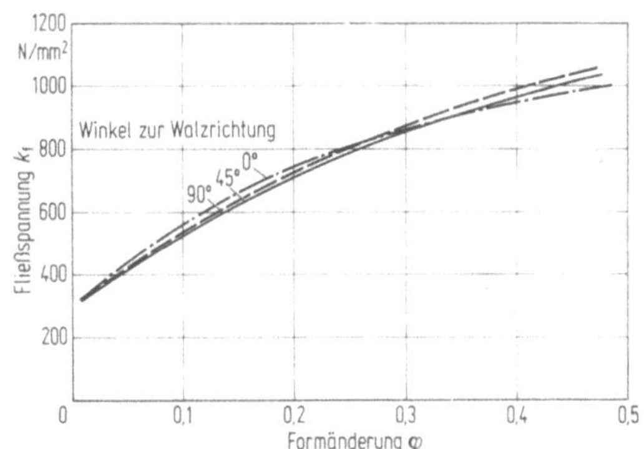

Bild 2.75 Einfluß der Richtung auf die Verfestigung eines austenitischen Stahls

Für die rechnerische Erfassung von Umformvorgängen wird vorausgesetzt,
das isotrope Verfestigung vorliegt. Das ist dann der Fall, wenn die Fließortkurve
bei steigender Verformung unter konstanten Streckverhältnissen der Achsen
kontinuierlich expandiert. In Bild 2.74 sind die Spannungsbildpunkte auf der
Fließortkurve für die einzelnen Napfbereiche eingezeichnet. Als Zeitpunkt wurde
das Ende der Vorverformung der kritischen Zone gewählt. Sie ist dann als abgeschlossen zu betrachten, wenn am Auslauf der Stempelrundung die Napfwand
den Stempel berührt [2.37].

Bei metastabilen austenitischen Stählen tritt infolge der richtungsabhängigen Bildung von Verformungsmartensit eine anisotrope Verfestigung auf (Bild 2.75 [2.38]). Stärker ausgeprägt ist die Anisotropie bei hexagonalen Metallen (Bild 2.76).

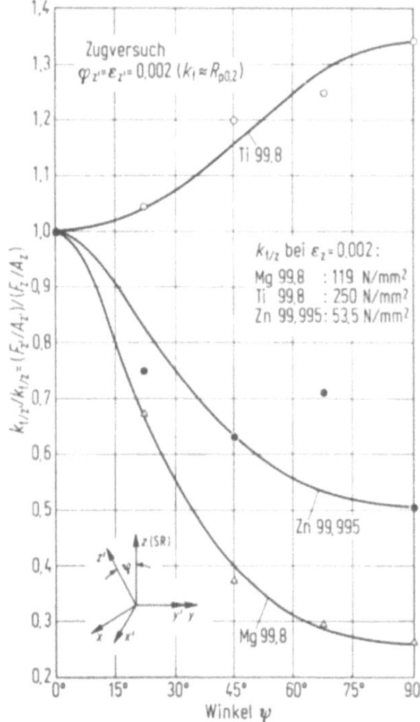

Bild 2.76 Anisotropie der bezogenen Fließspannung $k_{fz'}/k_{fz}$ bei hexagonalen Metallen im Zugversuch. z Strangpreßrichtung — $(k_{f/z})$; z' Richtung im Winkel ψ zu z — $(k_{f/z'})$

2.8 Bruchvorgänge bei Metallen

2.8.1 Bedeutung der Bruchvorgänge

Die Grenze des Formänderungsvermögens eines Metalls ist erreicht, wenn Werkstofftrennung durch Rißbildung oder Bruch erfolgt. Bei vielen Umformverfahren, wie etwa dem Drahtziehen, Tiefziehen usw., ist der erzielbare Umformgrad in erster Linie durch das Auftreten von Bruchvorgängen im Werkstückwerkstoff begrenzt, während die auftretenden Werkzeugbeanspruchungen verhältnismäßig gering sind.

Die Gesetze der Rißentstehung und des Rißwachstums werden in der Bruchmechanik untersucht [2.44]. Die Grundfrage der *Bruchmechanik* um einen Gewaltbruch (überkritisches Rißwachstum) zu verhüten lautet:

Welche Belastung führt bei einem Fehler (Riß) gegebener Größe zu einem spontanen (überkritischen) Rißwachstum?

Die Bruchmechanik hat dafür ein Kriterium auf theoretischer Grundlage definiert:

$$K = \sigma \sqrt{a \cdot Y},$$
$$K \geqq K_C \qquad \text{für Gewaltbruch.}$$

(2.47)

Die Spannungsintensität K ist eine Funktion der Spannung σ im Rißgrund, der Rißlänge a und der Geometrie, ausgedrückt durch den Geometriefaktor Y. Der Bruch tritt ein, wenn K größer als die kritische Spannungsintensität K_C (Werkstoffkennwert) wird.

Damit ist eine eindeutige Definition (und Prüfmethode) für die Zähigkeit, nämlich als Widerstand gegen spontane Rißausbreitung, eines Werkstoffes gegeben. Auf dieser Basis werden Sicherheitsnachweise bei Flugzeugen, Kraftwerken, Schiffen aber neuerdings auch bei Umformwerkzeugen geführt [2.44, 2.45].

Die Bruchmechanik geht in der Regel von elastischem Werkstoffverhalten mit einer plastischen Zone um die Rißspitze, die klein im Verhältnis zur Bauteilabmessung ist (linear elastische Bruchmechanik LEBM) aus. Erweiterungen auf ausgedehnte plastische Verformungen in der Umgebung der Rißspitze ermöglicht die sogenannte Fließbruchmechanik (FBM), welche in Zukunft auch Bedeutung für die Beurteilung des Formänderungsvermögens bei Umformvorgängen erlangen kann.

2.8.2 Der spröde Bruch

2.8.2.1 Theoretische Festigkeit

Die Atome innerhalb eines Körpers werden durch Kohäsionskräfte zusammengehalten. Es wäre nun denkbar, daß ein Bruch dadurch eintritt, daß diese Kräfte auf einer Trennfläche gleichzeitig überwunden werden. Die Abschätzung der sich daraus ergebenden theoretischen Festigkeit kann auf folgende Weise erfolgen: Bild 2.77a zeigt eine belastete Probe, die entlang der Ebene $M-N$ durch Überwindung der Bindungskräfte der schwarz angedeuteten Atome getrennt werden soll. In Bild 2.77b ist der Verlauf der Spannung als Funktion des Abstands der Atome aufgetragen. Der Höchstwert der Zugspannung entspricht der theoretischen Festigkeit. Geht man davon aus, daß sich der Werkstoff bei kleinen Abstandsänderungen elastisch verhält und die zur Trennung erforderliche Arbeit in eine gleich große Oberflächenenergie $2\gamma S$ der gebildeten Bruchfläche umgesetzt wird, so ergibt sich für die theoretische Festigkeit die Abschätzung [2.22]:

$$\sigma_\mathrm{th} \approx \sqrt{\frac{\gamma E}{a}}. \tag{2.48}$$

Mit den entsprechenden Werten für Eisen [2.22] (z. B. $E = 200\,000\ \mathrm{N/mm^2}$, $\gamma = 2 \cdot 10^{-6}\ \mathrm{Nm/mm^2}$, $a = 3 \cdot 10^{-10}\ \mathrm{m}$) erhält man eine theoretische Festigkeit

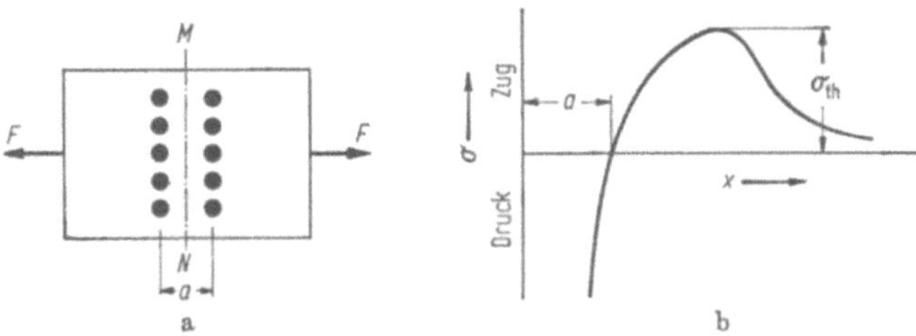

Bild 2.77 Ableitung der theoretischen Festigkeit. **a** belastete Probe, Schema mit angedeuteten Atomlagen; **b** Kohäsionsspannung als Funktion des Atomabstandes. Nach [2.6]

im Bereich von 40000 N/mm². Die gemessenen Werte bei Metallen liegen weit
unter diesem Wert. Dies ist ein Hinweis darauf, daß bei Metallen üblicherweise
kein Bruch durch gleichzeitiges Überwinden der atomaren Bindungen entlang
der Trennfläche erfolgt.

2.8.2.2 Theorie von Griffith

Von Griffith stammt eine Theorie, die zur Erklärung der im Verhältnis zur theoretischen Festigkeit geringen wirklichen Bruchspannungen herangezogen werden
kann. In ihrer ursprünglichen Form gilt sie jedoch nur für Körper, die ohne jede
plastische Verformung zu Bruch gehen, wie etwa Glas.

Griffith geht davon aus, daß in dem beanspruchten Werkstoff oder am Rande
bereits feine Risse vorhanden sind. Infolge der Kerbwirkung der Risse entsteht
an den Spitzen eine hohe Spannungskonzentration (Bild 2.78). Dadurch kann
an den Rißspitzen die theoretische Festigkeit erreicht werden und der Riß sich
ausbreiten, während die aufzubringende mittlere Spannung und damit die zu
erwartende Zugfestigkeit im Verhältnis zu der Spannung an der Rißspitze gering
ist. Griffith ging von einer elliptischen Form des Risses aus. Berechnungen für
andere Rißformen ergaben nur eine geringe Abhängigkeit der erforderlichen Spannung von der Rißform. Für die Spannung σ, unter der sich ein vorhandener Riß
schnell ausbreitet, ergibt sich für verschiedene Rißformen nach [2.6]

$$\sigma \approx \sqrt{\frac{\gamma E}{c}} \tag{2.49}$$

Diese Beziehung gilt nur für Stoffe, bei denen die Rißfortpflanzung ohne plastische
Verformung im Bereich des Risses erfolgt. Da bei Metallen auch bei sprödem
Bruch eine geringe plastische Verformung beim Ausbreiten des Risses erfolgt,
wird die elastische Energie der gedehnten Probe nicht nur in Oberflächenenergie,
sondern zusätzlich in Verformungsenergie umgesetzt. Dadurch erhöht sich die
zur Rißausbreitung erforderliche Spannung gegenüber (2.49).

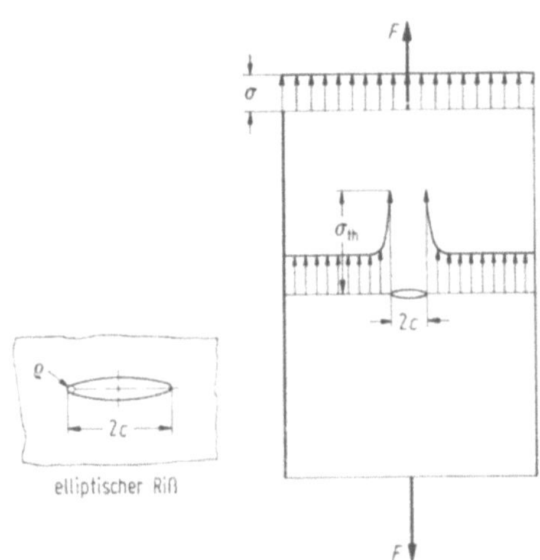

Bild 2.78 Spannungskonzentration an
einem elliptischen Riß. An den Rißspitzen
kann nach Griffith die theoretische
Festigkeit erreicht werden, wenn ϱ die
Größenordnung des Atomabstands hat

2.8.2.3 Rißbildung

Der Ansatz von Griffith geht davon aus, daß Risse im Werkstoff schon vor der Beanspruchung vorhanden sind. Metalle erfüllen dieses Kriterium normalerweise nicht, haben aber dennoch eine weit unter der theoretischen Festigkeit liegende Bruchspannung. Daher muß es Mechanismen geben, die durch örtliche Spannungskonzentration zur Bildung eines Anrisses führen.

Zener hat als erster angenommen, daß Gleithindernisse Rißbildung verursachen können. Nach dieser Vorstellung kann der Aufstau von Stufenversetzungen an einem Gleithindernis (z. B. Korngrenze, Zwillingsgrenze) zu einer örtlichen Werkstofftrennung führen. Bild 2.79 zeigt eine Gruppe von Stufenversetzungen, die z. B. an einer Korngrenze aufgestaut sind. Die Spannungskonzentration führt an der Spitze der aufgestauten Versetzungsgruppe zur Mikrorißbildung.

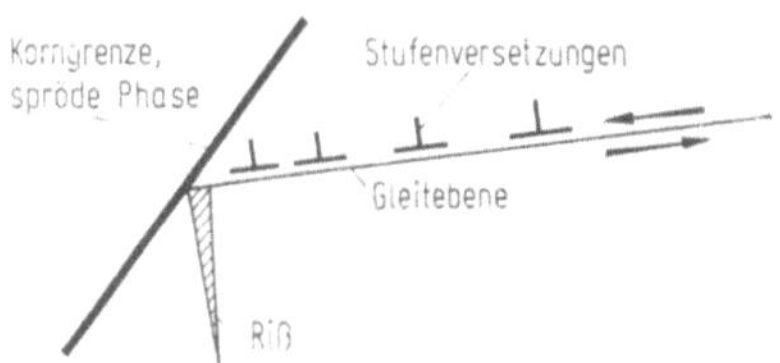

Bild 2.79 Rißbildung durch das Spannungsfeld von an einem Hindernis aufgestauten Versetzungen

2.8.2.4 Korngrenzeneinfluß

Korngrenzen stellen Hindernisse für die Ausbreitung von Rissen dar. Ein Beweis dafür ist, daß in vielkristallinen Metallen Risse festgestellt wurden, die quer durch ein Korn verlaufen und an den Korngrenzen enden. Die Bruchspannung ist daher von der Korngröße abhängig. Für die Bruchspannung kann sowohl die zur Rißbildung erforderliche Spannung als auch die Spannung, die zur Ausbreitung des Risses nötig ist, maßgeblich sein. Insgesamt steigt die Bruchfestigkeit und die Zähigkeit mit abnehmendem mittleren Korndurchmesser an.

2.8.2.5 Einfluß des Spannungszustands

Mit dem in der Umformzone herrschenden Spannungszustand läßt sich der erreichbare Umformgrad und die Art des Bruchs stark beeinflussen. Die Ausbreitung von Rissen wird durch Zugspannungen begünstigt. Dagegen erfordern die auf der Versetzungsbewegung beruhenden Gleitvorgänge bei Formänderungen im plastischen Bereich Schubspannungen entsprechender Größe. Das Fließen eines Metalls begrenzt auch die Höhe der Normalspannungen, die aufgebracht werden können. Ein Spannungszustand, bei dem hohe Zugspannungen und kleine Schubspannungen auftreten, wird daher das Auftreten eines spröden Bruchs begünstigen.

Der Spannungszustand bei einachsigem Zug entspricht einem System von Schubspannungen, die unter 45° zur Zugrichtung verlaufen (Bild 2.80). Bild 2.80b zeigt die entsprechenden Spannungen an einem Element, bei dem die Zugspannung senkrecht zu derjenigen am Element Bild 2.80a steht. Die Schubspannungen bei den beiden Spannungssystemen sind entgegengesetzt gerichtet.

Greifen die beiden Zugspannungen gleichzeitig an, so ergibt sich durch Überlagerung, daß die resultierenden Schubspannungen verkleinert werden bzw. verschwinden.

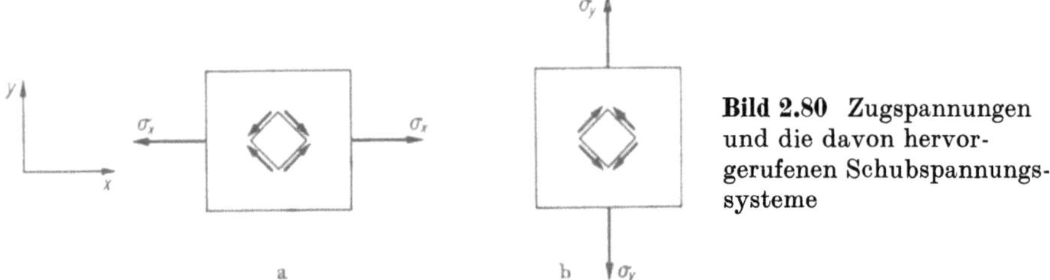

Bild 2.80 Zugspannungen und die davon hervorgerufenen Schubspannungssysteme

Anders ausgedrückt können bei mehrachsiger Zugbeanspruchung hohe Zugspannungen aufgebaut werden, ehe die zum Gleiten erforderliche Schubspannung erreicht ist. Daher wird durch mehrachsige Zugspannungen das Auftreten eines Sprödbruchs begünstigt.

Gerade umgekehrt sind die Verhältnisse, wenn senkrecht zu der Spannung in Bild 2.80a eine Druckspannung überlagert wird. Die Schubspannungen sind dann gleichgerichtet und verstärken sich. Dieses Spannungssystem begünstigt die plastische Formänderung durch Gleiten, während die zum Fließen erforderliche Zugspannung verringert wird.

Bei den meisten Metallen, die zum Sprödbruch neigen, ist es daher günstig, mit Verfahren, bei denen ein Druckspannungszustand (Druckumformverfahren) oder aber eine Zugspannung mit überlagerter Druckspannung (Zugdruckumformverfahren) vorliegt, umzuformen.

2.8.3 Der duktile Bruch

Darunter soll ein Bruch verstanden werden, bei dem die Rißausbreitung als Folge starker plastischer Verformung an den Spitzen des Risses erfolgt. Die meisten gut umformbaren Metalle brechen im Zugversuch in einer charakteristischen Weise (Bild 2.81). Nach dem Auftreten der Einschnürung bilden sich im Innern der Probe in der Einschnürzone feine Poren, die schließlich zu einem Riß zusammenwachsen, der sich dann senkrecht zur Zugrichtung ausbreitet. Schließlich erfolgt ein Bruch des Restquerschnitts unter etwa 45° zur Richtung der Zugspannung.

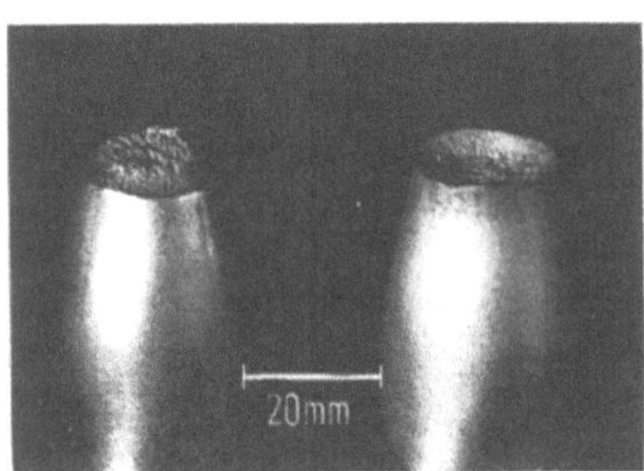

Bild 2.81 Typisches Aussehen eines duktilen Bruchs

Es konnte nachgewiesen werden, daß sich die Poren im Innern bei handelsüblichen metallischen Werkstoffen häufig an nichtmetallischen Einschlüssen bilden. Dies wird von der Beobachtung gestützt, daß sehr reine Metalle oft so duktil sind, daß die Einschnürung ohne Rißbildung so weit fortschreiten kann, daß feine Spitzen entstehen. Als Ursache der Porenbildung werden vielfach Versetzungsreaktionen an den Einschlüssen angesehen, die zu Mikrorissen führen.

Für den duktilen Bruch ist das samtartig matte Aussehen der zerklüfteten Bruchfläche charakteristisch.

Die wahre Bruchspannung zeigt beim duktilen Bruch etwa die gleiche Abhängigkeit vom mittleren Korndurchmesser wie der spröde Bruch [2.1]. Neben dem Werkstoff ist auch die Temperatur, der Spannungszustand und die Belastungsgeschwindigkeit für das Auftreten eines duktilen oder spröden Bruchs maßgeblich.

Literatur zu Kapitel 2

2.1 Böhm, H.: Einführung in die Metallkunde, B. I. Hochschultaschenbuch 196/196a, Mannheim, Zürich: Bibliograph. Institut 1968.

2.2 Barrett, C. S.; Massalski, T. B.: Structure of metals, 3. Aufl., New York, St. Louis, San Francisco, Toronto, London, Sydney: McGraw-Hill 1966.

2.3 Eisenkolb, F.: Einführung in die Werkstoffkunde, Bd. I—V, 9. Aufl. Berlin: VEB Verlag Technik 1966.

2.4 Flügge, S.: Handbuch der Physik, Bd. VII, Teil 1: Kristallphysik I, Bd. VII, Teil 2: Kristallphysik II. Berlin, Göttingen, Heidelberg: Springer 1955/1958.

2.5 Hornbogen, E.; Warlimont, H.: Metallkunde, Berlin, Heidelberg, New York: Springer 1967.

2.6 Reed-Hill, R. E.: Physical metallurgy principles, 4. Aufl. Toronto, Princeton, New Jersey, London: van Nostrand 1967.

2.7 Schulze, G. E. R.: Metallphysik. Berlin: Akademie-Verlag 1967.

2.8 Schuhmann, H.: Metallographie, 7. Aufl. Leipzig: VEB Verl. f. Grundstoffindustrie 1969.

2.9 Schmid, E.; Boas, W.: Kristallplastizität. Berlin: Springer 1935.

2.10 Dehlinger, U.: Gitterbaufehler und technische Festigkeit. Umschau (1968) 432—437.

2.11 Kröner, E.: Kontinuumstheorie der Versetzungen und Eigenspannungen. Berlin, Göttingen, Heidelberg: Springer 1958.

2.12 Kochendörfer, A.: Physikalische Grundlagen der Formänderungsfestigkeit der Metalle/Ergänzung 1966, Düsseldorf: Stahleisen 1963 (1967).

2.13 Macherauch, E.: Die strukturmechanischen Grundlagen der Kaltumformung. Z. Metallkde. 61 (1970) 617—628.

2.14 Stüwe, H. P.: Die Fließkurven vielkristalliner Metalle und ihre Anwendung in der Plastizitätsmechanik. Z. Metallkde. 56 (1965) 633—642.

2.15 Schack, J.: Das Verhalten der Formänderungsfestigkeit von Eisen-Mangan-Kohlenstoff-Legierungen im Bereich der Blauwärme. Diss. TH Hannover 1965.

2.16 Byrne, J. G.: Recovery, recrystallization, and grain growth. New York, London: Macmillan 1965.

2.17 Stüwe, H. P.; Drube, B.: Metallkundliche Grundlagen zur Warmverformung. Z. Metallkde. 58 (1967) 499—506.

2.18 Wassermann, G.: Rekristallisationsvorgänge. Z. Metallkde. 57 (1966) 493—499.

2.19 Das Wieland-Buch Schwermetalle. Ulm: Wieland-Werke AG, 1964.

2.20 Schröder, G.: Einfluß der Anisotropie beim Stauchen von stranggepreßtem Zink. Ind. Anz. 91 (1969) 13—16; 53—57.

2.21 Wassermann, G.; Grewen, J.: Texturen metallischer Werkstoffe, 2. Aufl. Berlin, Heidelberg, New York: Springer 1962.

2.22 Kochendörfer, A.: Neuere Vorstellungen über den Mechanismus des spröden und des zähen Bruches von Metallen. Materialprüf. 3 (1961) 266—274.

2.23 Stüwe, H.-P.: Mechanismen beim Verformungsbruch und beim Sprödbruch. Arch. Eisenhüttenwes. 31 (1963) 633—640.

2.24 Sellars, C. M.; Tegart, W. J. McG.: Hot workability. Int. Metall. Rev. 17 (1972), Rev. 158, S. 1—24.

2.25 Hornbogen, E.: Werkstoffe, 2. Aufl. Berlin, Heidelberg, New York: Springer 1979 (3. Aufl. 1983).

2.26 Stüwe, H.-P.: Einführung in die Werkstoffkunde, BI-Hochschultaschenbuch 467. Mannheim: Bibliograph. Inst. 1969.

2.27 Haessner, F.: Recrystallisation of metallic materials. Stuttgart: Riederer 1978.

2.28 Macherauch, E.; Vöhringer, O.: Das Verhalten metallischer Werkstoffe unter mechanischer Beanspruchung. Z. Werkstofftech. 9 (1978) 370—391.

2.29 Macherauch, E.: Einführung in die Versetzungslehre. Inst. f. Werkstoffkunde, Univ. Karlsruhe.

2.30 Seeger, A.: Moderne Probleme der Metallphysik, Bd. 1. Berlin, Heidelberg, New York: Springer 1965.

2.31 Mc Queen, H. J.; Jonas, J. J.: Recovery and recrystallisation during high temperature deformation. In: Treatise on materials science and technology, Vol 6. San Francisco: Academic Press 1975.

2.32 Stüwe, H.-P.; Vibrans, G.: Feinstrukturuntersuchungen in der Werkstoffkunde. Mannheim: Bibliograph. Inst. 1974.

2.33 Grewen, J.: Entstehung von Verformungstexturen. In: Mechanische Anisotropie (H. P. Stüwe, Hrsg.) Wien, New York: Springer 1974, S. 73—103.

2.34 Stickels, C. A.; Mould, P. R.: The use of Young's modulus for predicting the plastic-strain ratio of low carbon steel sheets. Metall. Trans. 1 (1970) 1303—1312.

2.35 Taylor, G. I.: Plastic strain in metalls. J. Inst. Met. 62 (1938) 307.

2.36 Bunge, H. J.; Schulze, M.; Greszik, D.: Calculation of the yield locus of polycristalline material according to the Taylor theory. (demnächst: Salzgitter-Ber.).

2.37 Reissner, J.: Die Bedeutung der Fließortkurve in der Blechumformung. Blech Rohre Profile (demnächst).

2.38 Reissner, J.: Fließkurven austenitischer Stähle und deren Darstellung mittels empirischer Funktionen. Maschinenmarkt 84 (1978) 552.

2.39 Schröder, G.: Über die Anisotropie des plastischen Verhaltens stranggepreßter Stäbe aus hexagonalen Metallen, Ber. Nr. 26, Inst. f. Umformtechnik, Univ. Stuttgart. Essen: Girardet 1974.

2.40 Haessner, F.; Schröder, G.: Anisotropie der Plastizität bei stranggepreßten Stäben aus Magnesium, Titan und Zink. Z. Metallkde. 68 (1977) 624—635.

2.41 Haessner, F.; Schröder, G.: Kontinuumsmechanische Analyse der Anisotropie von Fließkurven und Formänderungen stranggepreßter Stäbe aus Magnesium, Titan und Zink. Z. Metal kde. 69 (1978) 203—211.

2.42 Jonas, J. J.; Sellars, C. M.; Tegart, W. J. McG.: Strength and structure under hotworking conditions. Int. Metall. Rev. 14 (1969) 1—24.

2.43 Ilschner, B.: Hochtemperatur-Plastizität. Reine und angew. Metallkunde in Einzeldarst., Bd. 23. Berlin, Heidelberg, New York: Springer 1973.

2.44 Blumenauer, H.; Pusch, G.: Technische Bruchmechanik. Leipzig: VEB Deutscher Verlag für Grundstoffindustrie 1982.

2.45 Schröder, G.: Methoden der Bruchmechanik zur Lebensdauervorhersage bei Umformwerkzeugen. Werkstattstechnik 74 (1984) 207—210.

3 Fließkurven, Fließortkurven und Formänderungsvermögen

Von **K. Pöhlandt, J. Reissner** und **G. Schröder**

Begriffe und Formelzeichen

α	Spannungsverhältnis
a	Radius einer Torsionsprobe
$a; b$	Abmessungen der Flachstauchprobe
a	Radius einer Hohlprobe zur Ermittlung der Fließortkurve
b	Breite einer Hohlprobe zur Ermittlung der Fließortkurve
c	Konstante in Gl. (3.15) bzw. (3.38)
d	mittlerer Korndurchmesser
$\varepsilon_1; \varepsilon_2; \varepsilon_3$	Hauptformänderungen
F	Kraft im Stauchversuch
φ_g	Umformgrad bei Erreichen der Gleichmaßdehnung im Zugversuch
γ_r	Schiebungswinkel beim Torsionsversuch $(0 < r < a)$
γ_{rk}	Schiebung in einer Torsionsprobe unter dem Einfluß der Kerbwirkung
h	Höhe einer Stauchprobe
HK	Knoop-Härtewert
k	Konstante in der Hall-Petch-Beziehung Gl. (3.9)
k_w	Umformwiderstand
k_{f1}	Konstante in Gl. (3.10)
l	Länge einer Torsionsprobe
l_p	„wirksame Länge" einer Torsionsprobe
m	Exponent zur Beschreibung der Dehngeschwindigkeitsempfindlichkeit
n	Verfestigungsexponent
ψ	Verdrehwinkel beim Torsionsversuch
p	Druck im hydraulischen Tiefungsversuch
Δp	Überdruck
p_i	Innendruck
p_a	Außendruck
r^*	kritischer Radialabstand in einer Torsionsprobe
$r_0; r_{90}$	r-Werte
σ_m	mittlere Normalspannung
$\sigma_1'; \sigma_2'; \sigma_3'$	äquivalente Hauptspannungen
σ_t	Tangentialspannung
σ_z	Axialspannung
σ_r	Radialspannung
σ_K	Kornanteil der Fließspannung
ϱ	Krümmungsradius der Einschnürung am Zugstab
s	Blechdicke
$s(F)$	Stauchweg bei der Kraft F im Stauchversuch
τ_1	Betrag der Schubspannung für $\gamma = 1$
w	bezogene ideelle Umformarbeit

3.0 Einleitung

Für die Auslegung von Werkzeugen für Umformvorgänge und die Auswahl von Umformmaschinen wird die Größe der Spannungen in der Umformzone und die daraus resultierende Kraft benötigt. Die Spannungen sind in erster Linie von den Eigenschaften des Werkstückstoffs im plastischen Zustand, von den Reibverhältnissen in der Wirkfuge und von der Werkzeuggestaltung abhängig. Aussagen über die Spannungsverteilung sowie den Kraft- und Arbeitsbedarf eines Umformvorgangs können mit den Verfahren der Plastizitätstheorie gemacht werden (s. Kap. 4). Grundlage aller derartiger Berechnungsverfahren ist die möglichst exakte Kenntnis des Umformverhaltens der Metalle. Dieses wird durch die Fließkurve, die Fließortkurve und das Formänderungsvermögen beschrieben.

3.1 Definition der Fließkurve

Den Berechnungen der Festigkeitslehre liegen meist Werkstoffkennwerte zugrunde, die aus dem Spannungs-Dehnungs-Diagramm entnommen werden, das üblicherweise im Zugversuch aufgenommen wird. Die Kraft F wird dabei auf den Ausgangsquerschnitt S_0 der Probe bezogen. Da sich der Querschnitt laufend ändert, werden somit nicht die wahren Spannungen ermittelt.

Um bei einem Umformvorgang plastisches Fließen des Werkstücks in der Umformzone einzuleiten bzw. aufrechtzuerhalten, müssen die tatsächlich wirkenden Spannungen eine bestimmte charakteristische Größe erreichen. Bei der Ermittlung von Werkstoffkennwerten in der Umformtechnik ist es deshalb üblich, die wirkende Kraft F auf die tatsächliche Fläche S zu beziehen. Die Spannung

$$k_\mathrm{f} = \frac{F}{S} \tag{3.1}$$

heißt im Bereich des plastischen Fließens Fließspannung.

Die Fließspannung k_f wird meist über dem *Umformgrad* φ aufgetragen. Die Definition des Umformgrades sei am Beispiel des einachsigen Zuges erläutert. Der Zugstab habe die Ausgangslänge L_0. Diese soll auf die Länge L_1 plastisch gedehnt werden. Bezieht man die Längenänderung $\mathrm{d}L$ definitionsgemäß auf die augenblickliche Länge L, so ergibt sich:

$$\mathrm{d}\varphi = \frac{\mathrm{d}L}{L}. \tag{3.2}$$

Gl. (3.2) über dem Umformweg integriert, ergibt den Umformgrad:

$$\varphi = \int_{L_0}^{L_1} \frac{\mathrm{d}L}{L} = \ln \frac{L_1}{L_0}. \tag{3.3}$$

In der Festigkeitslehre ist folgende Darstellung üblich:

$$\mathrm{d}\varepsilon = \frac{\mathrm{d}L}{L_0}. \tag{3.4}$$

Die Dehnung ergibt sich zu:

$$\varepsilon = \int\limits_{L_0}^{L_1} \frac{\mathrm{d}L}{L_0} = \frac{L_1 - L_0}{L_0}. \tag{3.5}$$

Der Umformgrad φ eignet sich zur Beschreibung großer plastischer Formänderungen besser als die in der Festigkeitslehre übliche, auf die Ausgangslänge bezogene Längenänderung ε.

Da i. allg. bei plastischer Verformung Volumenkonstanz gilt, kann der Probenquerschnitt S in (3.1) aus der gemessenen Längenänderung berechnet werden. Die „Fließkurve"

$$k_\mathrm{f} = k_\mathrm{f}(\varphi) \tag{3.6}$$

stellt die Spannung dar, die im einachsigen Spannungszustand notwendig ist, um bei dem augenblicklichen Umformgrad plastisches Fließen einzuleiten bzw. aufrechtzuerhalten.

Die Übertragung der Fließspannung aus dem einachsigen auf mehrachsige Spannungszustände ist durch die Fließbedingungen von Tresca und v. Mises möglich (s. Kap. 4). Es wird eine Vergleichsspannung σ_v errechnet, die dann bei einem Vergleichsumformgrad φ_v mit der Fließspannung k_f verglichen wird.

Im allgemeinen Fall muß in (3.6) statt des Umformgrades der Vergleichsumformgrad φ_v eingesetzt werden. Beim einachsigen Zugversuch gilt jedoch

$$\varphi_\mathrm{v} = \varphi. \tag{3.7}$$

Im folgenden wird, wenn dies nicht zu Mißverständnissen führt, der Einfachheit halber häufig φ statt φ_v geschrieben.

Außer vom Umformgrad φ ist die Fließspannung eines Werkstoffs abhängig von der Umformgeschwindigkeit $\dot{\varphi} = \mathrm{d}\varphi/\mathrm{d}t$, der Temperatur, sowie im allgemeinen Fall eines anisotropen Werkstoffs von der Richtung, in der die Probe aus dem Werkstück entnommen wird [3.1], zudem in geringem Maße auch von der mittleren Spannung $\sigma_\mathrm{m} = 1/3(\sigma_1 + \sigma_2 + \sigma_3)$ [3.2; 3.3]. Mit Hilfe der Fließkurve kann die auf das Volumen V bezogene, ideelle Umformarbeit berechnet werden

$$w = \frac{W_\mathrm{id}}{V} = \int\limits_0^\varphi k_\mathrm{f}(\varphi')\,\mathrm{d}\varphi' \tag{3.8}$$

Hierin ist die Integrationsvariable zur Unterscheidung von der Integrationsgrenze mit einem ′ gekennzeichnet.

3.2 Fließkurven von Einkristallen

Mit Hilfe der Versetzungstheorie gelang es, die Fließkurven von Einkristallen weitgehend zu erklären. Wenn auch der Verlauf der Fließkurven von vielkristallinen Metallen, insbesondere von Legierungen, durch die gegenseitige Beeinflussung der Körner und der Wirkung der zweidimensionalen Gitterfehler (z. B. Korngrenzen, Phasengrenzen, Zwillingsgrenzen) auf die Versetzungsbewegung erheblich vom Verhalten der Einkristalle abweicht, so sind Einkristallfließkurven doch die Grundlage für die Deutung von Vielkristallfließkurven.

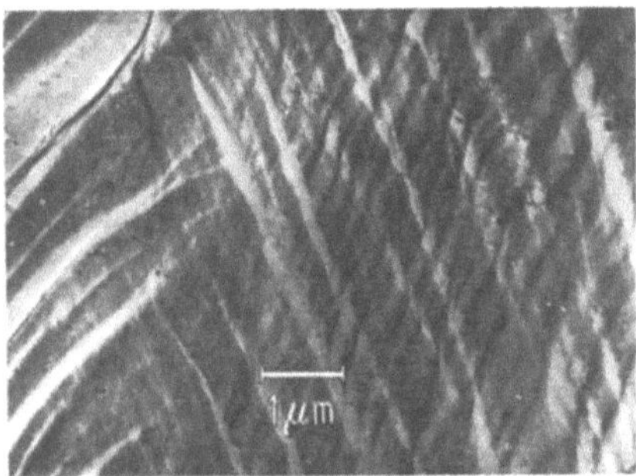

Bild 3.1 Gleitstufen an der Oberfläche eines gedehnten Einkristalls

Bei Einkristallen führt die nicht durch Korngrenzen gehemmte Versetzungsbewegung zum Abgleiten ganzer Schichten. Das Ergebnis läßt sich vielfach als Gleitstufe an der freien Oberfläche verformter Körner und Einkristalle beobachten (Bild 3.1). Die Fließkurven von Einkristallen werden z. B. in [3.4, 3.5] ausführlich behandelt.

3.3 Fließkurven vielkristalliner Metalle

Die Körner eines vielkristallinen metallischen Werkstoffs können sich nicht frei wie Einkristalle verformen. Jedes einzelne Korn ist von Nachbarkörnern umgeben und muß sich bei der Umformung dem Verband anpassen, wenn der Zusammenhang nicht verlorengehen soll. Dazu ist erforderlich, daß mehrere „Gleitsysteme" in Aktion treten (s. Bild 2.9).

Bei vielkristallinen Werkstoffen setzt daher schon zu Beginn der plastischen Formänderung Mehrfachgleiten ein. Dabei ist der Übergang vom elastischen Bereich zum plastischen Bereich oft nicht scharf ausgeprägt.

Mehrfachgleitung und Korngrenzeneinfluß führen bei Vielkristallen dazu, daß die Fließspannung meist wesentlich höher ist als bei Einkristallen.

3.3.1 Korngrenzeneinfluß

Bei der plastischen Formänderung von Vielkristallen sind die Korngrenzen Versetzungsquellen und Hindernisse für die Versetzungsbewegung und liefern einen Beitrag zur Verfestigung. Daher sind die Fließkurven von der Korngröße abhängig.

Es wurde vielfach gefunden, daß sich die Fließspannungen von Vielkristallen additiv aus einem Kornanteil σ_K und aus einem Korngrenzenanteil zusammensetzt.

Der Korngrößeneinfluß auf die Streckgrenze bzw. auf den Beginn der Fließkurve wird meist durch die sog. „Hall-Petch-Beziehung" beschrieben:

$$\sigma = \sigma_K + \frac{k}{\sqrt{d}}. \tag{3.9}$$

Diese Beziehung ist bei vielen Metallen für den Beginn der Fließkurve erfüllt. Dadurch ist die Möglichkeit gegeben, Verfestigungskurven von Einkristallen mit Vielkristallfließkurven zu vergleichen. Bild 3.2 zeigt die Korngrößenabhängigkeit der unteren Streckgrenze für Stahl.

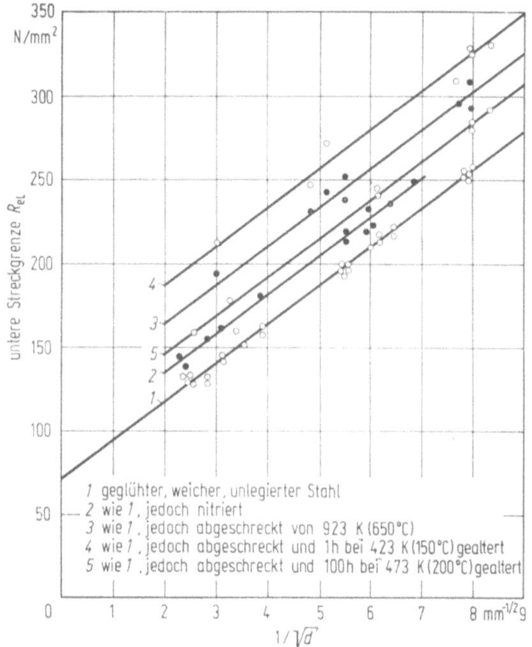

Bild 3.2 Abhängigkeit der unteren Streckgrenze vom mittleren Korndurchmesser. Nach [3.6]

Bei größeren Formänderungen ergibt sich ein uneinheitliches Bild über den Korngrößeneinfluß. Wegen der starken Verfestigung ist dann die Wirkung der Versetzungsaufstauungen mit derjenigen der Korngrenzen bei der Versetzungsbewegung vergleichbar, so daß kein einfacher Zusammenhang zwischen Fließspannung und Korngröße mehr zu erwarten ist.

3.3.2 Fließkurven bei Raumtemperatur

Metallphysikalisch ist die Raumtemperatur keine ausgezeichnete Temperatur für die Elementarvorgänge bei der Umformung (s. Abschn. 2.6). Da sie aber als Grundlage für die technische Definition von Warm- und Kaltumformung heran-

gezogen wird, sollen hier die Fließkurven einiger wichtiger Metalle besprochen
werden, bei denen bei Raumtemperatur keine thermisch aktivierten Vorgänge
(Kristallerholung, Rekristallisation) in nennenswertem Ausmaß ablaufen. Bild 3.3
zeigt die Fließkurven einiger Metalle, für welche diese Voraussetzung zutrifft.

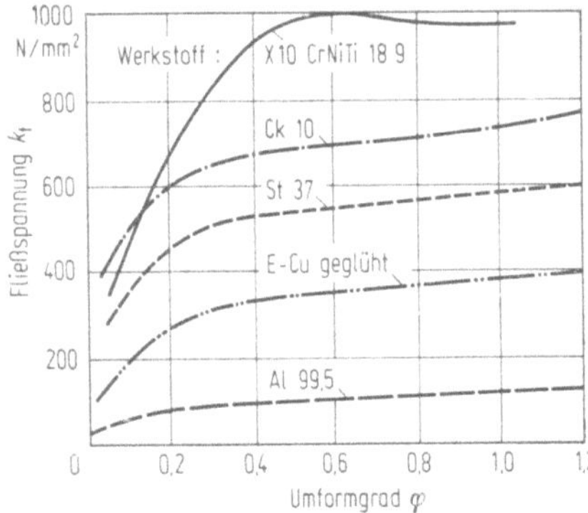

Bild 3.3 Fließkurven einiger Metalle
bei Raumtemperatur. Nach [3.1]

Bei Temperaturen unterhalb des Bereichs der Kristallerholung steigt die
Fließspannung mit dem Umformgrad meist stetig an. Die Steigung der Fließkurve
$dk_f/d\varphi$ nimmt mit wachsendem Umformgrad ab.

Sowohl bei der Aufnahme von Fließkurven als auch bei der Betrachtung von
Umformvorgängen muß jedoch beachtet werden, daß bei Umformvorgängen
ohne thermische Aktivierung etwa 90% der Umformarbeit in Wärme umgesetzt
werden. Der Rest der Umformarbeit ist als innere Energie gespeichert. Die während
der Umformung stattfindende Erwärmung kann bei der Aufnahme von Fließkurven deren Verlauf beeinflussen, d. h. thermisch aktivierte Vorgänge werden
überlagert. Dies gilt besonders für Werkstoffe mit niedrigem Schmelzpunkt.

3.3.3 Einfluß von Temperatur und Umformgeschwindigkeit

Bei höheren Temperaturen, bei denen Erholungs- bzw. Rekristallisationsvorgänge
infolge thermischer Aktivierung stattfinden, sind die Fließkurven außer von
der Temperatur und dem Umformgrad stark von der Umformgeschwindigkeit
abhängig (Abschn. 2.6). Die Bilder 3.4 und 3.5 zeigen den Einfluß von Temperatur
und Umformgeschwindigkeit auf die Fließkurven von Aluminium technischer
Reinheit. Die Fließkurven in Bild 3.4 haben ab etwa 500 K (227 °C) einen ausgeprägten Höchstwert. Die Fließspannung nimmt zunächst zu, fällt dann bei
höheren Umformgraden wieder ab. Diese Erscheinung kann dadurch erklärt
werden, daß die Versetzungen bei höheren Temperaturen durch „Klettern"
Hindernisse umgehen können. Dazu sind Leerstellen erforderlich, die bei Umformvorgängen mit thermischer Aktivierung in hoher Konzentration vorliegen.
Diese Erholungsvorgänge wurden in Abschn. 2.6.2 ausführlich beschrieben. Ob
nun die Rekristallisierung oder die Kristallerholung der für die jeweiligen Bedingungen maßgebliche Vorgang ist, muß von Fall zu Fall entschieden werden. So-

wohl die Erholungsvorgänge als auch die Rekristallisation erfolgen mit endlicher, von der Temperatur abhängiger Geschwindigkeit. Der Verlauf der Fließkurve, der sich aus dem Zusammenwirken von Verfestigung durch Zunahme der Versetzungsdichte bei der Umformung und Abnahme der Versetzungsdichte durch Kristallerholung bzw. Rekristallisation ergibt, wird dadurch stark von der Temperatur T und der Umformgeschwindigkeit $\dot{\varphi}$ abhängig. Bei konstanter Temperatur läßt sich die Geschwindigkeitsabhängigkeit der Fließspannung mit ausreichender Genauigkeit durch Potenzfunktionen der Art

$$k_{\mathrm{f}} \approx k_{\mathrm{f1}} \left(\frac{\dot{\varphi}}{\dot{\varphi}_1} \right)^{\mathrm{m}} \tag{3.10}$$

darstellen. Hierin ist k_{f1} die Fließspannung bei der Umformgeschwindigkeit $\dot{\varphi}_1$.

Nach [3.7] liegt der m-Wert z. B. für Stahl (X 10 CrNiTi 189, Ck 10, St 37) bei niedrigen Temperaturen (293 bis 723 K bzw. 20 bis 450 °C) zwischen $-0,018$ und $0,045$ und bei Temperaturen oberhalb 1150 K (880 °C) zwischen 0,1 und 0,22.

Bild 3.5 zeigt die Fließkurve von Stahl (C 15) bei verschiedenen Umformgeschwindigkeiten. Die Fließspannung steigt mit der Umformgeschwindigkeit an.

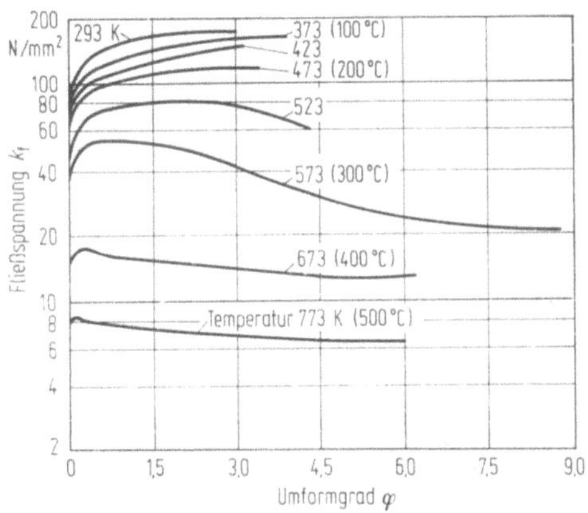

Bild 3.4 Abhängigkeit der Fließspannung von Aluminium technischer Reinheit von Umformgrad und Temperatur. Nach [3.3]

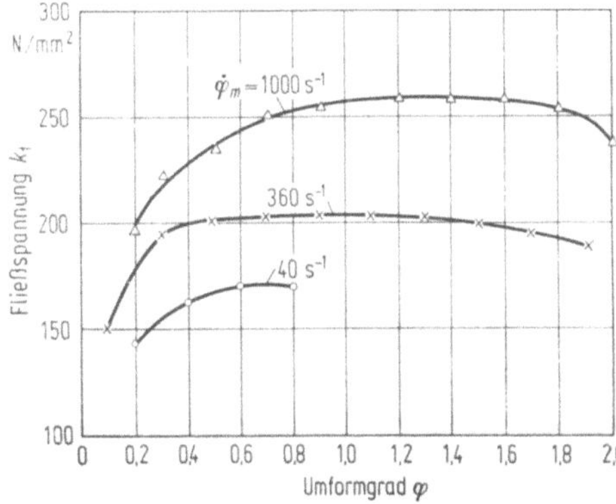

Bild 3.5 Einfluß der Umformgeschwindigkeit auf die Fließspannung von C 15 bei 1373 K (1100 °C). Nach [3.8]

Mit steigender Umformgeschwindigkeit steigt auch die Zunahme der Versetzungsdichte pro Zeiteinheit und damit die verfestigende Wirkung gegenüber den ent-
festigenden Vorgängen an.

3.4 Aufnahme von Fließkurven

Fließkurven werden durch Versuche bestimmt; in Sonderfällen können sie bei
Stählen aus der chemischen Zusammensetzung berechnet werden, vgl. Abschn.
3.6.3.

Zur Bestimmung der Fließkurve dienen vor allem drei Grundversuche: Zugversuch, Torsionsversuch und Stauchversuch.

Die Vielfalt der möglichen Aufnahmeverfahren für Fließkurven wird hauptsächlich durch die Forderung nach möglichst exakter Reproduzierbarkeit der
Spannungs- und Bewegungsverhältnisse in der Umformzone eingeschränkt. Meistens sind die Einflüsse von Reibschubspannungen nicht genau genug zu übersehen.

Ein weiterer Gesichtspunkt bei der Auswahl der Aufnahmeverfahren ist neben
der Wirtschaftlichkeit die Forderung, daß die Fließspannung bis zu möglichst
hohen Umformgraden und in einem möglichst weiten Temperatur- und Geschwin-
digkeitsbereich ermittelt werden soll.

Im folgenden werden die gebräuchlichsten Verfahren beschrieben.

Wird die Fließkurve nur im Bereich kleiner Umformgrade benötigt, wird
i. allg. der Zugversuch eingesetzt, denn dieser ist zu einem hohen Stand entwickelt
worden in bezug auf Instrumentierung, Versuchsauswertung und Normung. Der
Zugversuch ergibt auch dann eine ausreichende Information, wenn der bei niedrigen Umformgraden ermittelte Verlauf der Fließkurve zu höheren Umformgraden extrapoliert werden kann.

3.4.1 Zugversuch

Der Zugversuch ist die Grundlage der Begriffsbildung zur Beschreibung der mechanischen Eigenschaften von Werkstoffen. In DIN 50125 und 50145 sowie 50114
ist der Zugversuch an massiven bzw. flachen Proben genormt.

3.4.1.1 Zugversuch nach DIN 50145

Im Bereich der Gleichmaßdehnung nimmt man an, daß die Zugspannung gleichmäßig über den Querschnitt der Probe verteilt ist. Für die Fließspannung gilt
dann die schon angegebene Beziehung

$$k_\mathrm{f} = \frac{F}{S}. \tag{3.1}$$

Hierin ist S gegeben durch

$$S = \frac{\pi r_0^2 L_0}{L_0 + \Delta L}. \tag{3.11}$$

Der Bereich der Gleichmaßdehnung hat als obere Grenze die Dehnung A_g, bei der im Zugversuch die maximale Zugkraft auftritt. Zu diesem Zeitpunkt beginnt die Probe örtlich einzuschnüren. Der große Nachteil des Zugversuchs liegt darin, daß die Einschnürung schon bei relativ kleinen Umformgraden einsetzt. Für viele metallische Werkstoffe gilt

$$\varphi_\mathrm{g} = \ln\,(1 + A_\mathrm{g}) \approx 0{,}2 \ldots 0{,}3\,. \tag{3.12}$$

In der Einschnürzone werden zwar große Umformgrade erreicht, der Spannungszustand ist jedoch nicht mehr einachsig. Die Ermittlung der Fließspannung im Zugversuch über den Bereich der Gleichmaßdehnung hinaus wird im folgenden Abschnitt beschrieben.

3.4.1.2 Verfahren nach Siebel und Schwaigerer

Nach Siebel und Schwaigerer [3.9] berechnet sich die Fließspannung bei Einschnürung eines runden Stabs zu (vgl. Bild 3.6)

$$k_\mathrm{f} = \frac{F}{S_{\min}(1 + r/4\varrho)}\,. \tag{3.13}$$

Der zugehörige Vergleichsumformgrad ist

$$\varphi_\mathrm{v} = \ln\left(\frac{S_0}{S_{\min}}\right). \tag{3.14}$$

Darin bedeuten:

$S_{\min}$ kleinste Querschnittsfläche
r Probenradius   im Einschnürbereich.
ϱ Krümmungsradius

Voraussetzung ist, daß die Probe auch in der Einschnürzone ihren kreisförmigen Querschnitt beibehält.

Fehlermöglichkeiten ergeben sich in erster Linie bei der Bestimmung von ϱ sowie durch die Vernachlässigung des Geschwindigkeitseinflusses. Bleibt die Ziehgeschwindigkeit der Maschine während des Versuchs konstant, so treten beim Einschnüren erheblich höhere Umformgeschwindigkeiten auf als im Bereich

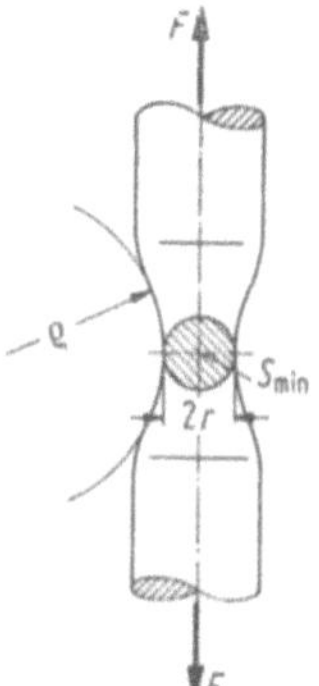

Bild 3.6 Einschnürstelle einer zylindrischen Zugprobe (schematisch)

der Gleichmaßdehnung, da die Umformzone im wesentlichen auf die Einschnürstelle beschränkt ist. Unter Einbeziehen der Einschnürung werden im Zugversuch
Umformgrade bis $\varphi \approx 1{,}0$ erreicht.

3.4.1.3 Zugversuch nach Reihle

Die Fließkurven von unlegierten und niedriglegierten Stählen sind bei Raumtemperatur bis zu Umformgraden $\varphi \approx 1$ in doppeltlogarithmischer Darstellung
Geraden. Demnach gilt

$$k_f = C\varphi^n . \tag{3.15}$$

Dies ist die sog. „Ludwik-Gleichung" [3.10], die in der vorliegenden Form zuerst
von Hollomon [3.11] angegeben wurde.

Fließkurven z. B. hochlegierter Stähle und von Kupfer lassen sich durch
(3.15) dagegen nicht erfassen. Weiter muß vorausgesetzt werden, daß der Werkstoff nicht vorverfestigt ist. Falls (3.15) als gültig angenommen werden kann,
genügt zur Ermittlung der Fließkurve die Bestimmung der Konstanten C und n
im Zugversuch nach Reihle [3.12].

Es läßt sich zeigen, daß für die Konstanten C und n folgende Beziehungen
gelten

$$n = \varphi_g , \tag{3.16}$$

$$C = R_m \left(\frac{e}{n} \right)^n . \tag{3.17}$$

Hierin ist e die Basis der natürlichen Logarithmen. Zur Bestimmung der Fließkurve sind somit lediglich die Gleichmaßdehnung und die Zugfestigkeit zu ermitteln.

Für die Messung der Gleichmaßdehnung gibt es verschiedene Möglichkeiten.
Die exakteste besteht darin, daß die Probe bis über die Gleichmaßdehnung gedehnt und φ_g aus der Dehnung einer außerhalb der Einschnürung liegenden Meßlänge ermittelt wird. Soll die Fließkurve nur näherungsweise ermittelt werden,
so kann die Gleichmaßdehnung nach der Formel

$$A_g = A_{10} - A_5 \tag{3.18}$$

berechnet werden. A_{10} und A_5 sind die Bruchdehnungen, die mit den genormten
Zugproben ($l_0 = 10d_0$ und $l_0 = 5d_0$) ermittelt werden. Als Voraussetzung für
(3.18) wurde angenommen, daß die Einschnürzone bei beiden Probenarten dieselbe Länge hat.

Der Verfestigungsexponent n ergibt sich aus (3.12), (3.16). Dieses Vorgehen
hat den Vorteil, daß die Fließkurve aus oft schon vorliegenden Werten für R_m,
A_{10} und A_5 ermittelt werden kann.

Ein gewisser Nachteil der Methode von Reihle liegt darin, daß die Proben sehr
genau hergestellt werden müssen. Innerhalb der Meßlänge dürfen bei Flachproben
Dicke und Breite um nicht mehr als 0,02 mm schwanken. Für eine genaue Ermittlung von φ_g ist es notwendig, daß sich die Gleichmaßdehnung über einer ausreichenden Länge des Meßbereichs ausbildet. Bei einer örtlichen Schwächung
des Querschnitts würde sich an dieser Stelle schon eine Einschnürung ausbilden,
bevor die übrigen Probenteile die Gleichmaßdehnung erreicht haben.

3.4.2 Stauchversuch

3.4.2.1 Grundbegriffe

Da das Formänderungsvermögen von Metallen i. allg. bei hydrostatischer Zugspannung am kleinsten ist, und bei hydrostatischer Druckspannung am größten [3.13; 3.14], werden im Stauchversuch die höchsten Umformgrade erreicht, so daß die Fließkurve im Stauchversuch in einem größeren Wertbereich ermittelt wird als im Zugversuch oder im Torsionsversuch.

Da für den Bereich niedriger Umformgrade der Zugversuch ausreicht, wird der Stauchversuch zweckmäßig dann eingesetzt, wenn möglichst hohe Umformgrade erreicht werden sollen. Es wird im folgenden vorausgesetzt, daß (3.15) nicht streng erfüllt ist (wenn (3.15) gilt, genügt ja der Zugversuch nach Reihle).

Zunächst wird der herkömmliche Zylinderstauchversuch an kreiszylindrischen Proben betrachtet (Zylinderstauchversuch). Der Versuch ist, soweit es die Ermittlung der Fließkurve betrifft, bis jetzt nicht genormt. Er kann jedoch in Anlehnung an DIN 50106 durchgeführt werden.

Ein zylindrischer Probekörper wird zwischen ebenen, parallelen Stauchbahnen zusammengedrückt (s. Bild 3.7).

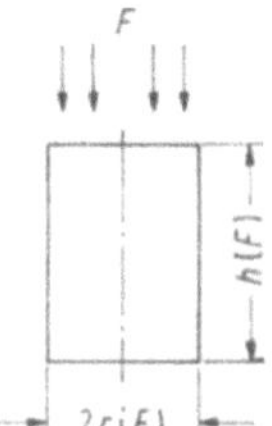

Bild 3.7 Zylinderstauchversuch (schematisch)

Für den Vergleichsumformgrad gilt bei Vernachlässigung von Korrekturen nach dem Tresca-Kriterium

$$\varphi_{\mathrm{v}}(F) \approx \ln\left[\frac{h(F)}{h_0}\right] < 0. \tag{3.19}$$

Hierin ist $h(F)$ die momentane Probenhöhe bei der Last F. Es wird geschrieben

$$h(F) = h_0 - s(F). \tag{3.20}$$

$s(F)$ ist der gemessene Stauchweg.

Da der Vergleichsumformgrad φ_{v} aufgrund der Definitionsgleichung (3.19) negativ ist, nimmt die Probenhöhe mit wachsendem Betrag von φ_{v} exponentiell ab.

Für die Ermittlungen der Fließkurve wird angenommen, daß gilt

$$k_{\mathrm{f}}(\varphi_{\mathrm{v}}) = k_{\mathrm{f}}(-\varphi_{\mathrm{v}}). \tag{3.21}$$

Diese Annahme ist nicht streng gültig, da der hydrostatische Spannungsanteil die Fließspannung beeinflußt [3.2].

Für die Fließspannung wird zunächst als Näherung geschrieben

$$k_f(F) \approx \frac{F[h_0 - s(F)]}{\pi r_0^2 h_0}. \qquad (3.22)$$

Mit (3.19), (3.20), (3.22) lassen sich aus der gemessenen Last-Weg-Kurve $F(s)$ Umformgrad und Fließspannung berechnen. Dabei geht die gemessene Kraft F lediglich in die Fließspannung ein, während die Höhenabnahme s sowohl in den Umformgrad als auch in die Fließspannung eingeht. Es ist plausibel, daß der Meßfehler der Höhenabnahme sich stärker auf die berechnete Fließkurve $k_f(\varphi_v)$ auswirken wird als der Fehler der Kraftmessung, zumal die Probenhöhe mit wachsendem Betrag des Umformgrades exponentiell abnimmt.

3.4.2.2 Einfluß der Reibung

Beim Stauchversuch stören vor allem solche Fehler, die im Bereich hoher Beträge des Umformgrades wesentlich sind. Dies gilt insbesondere für die Reibung. Diese wirkt sich zweifach aus:

1. Sie macht eine zusätzliche Kraft zum Erreichen eines gegebenen Umformgrades erforderlich. Es gilt deshalb statt (3.22)

$$\frac{F(\varphi)}{\pi r^2(\varphi)} \approx k_f(\varphi)\left[1 + \frac{2\mu r(\varphi)}{3h(\varphi)}\right]. \qquad (3.23)$$

Hierin ist μ die Reibzahl. Die linke Seite von (3.23) wird als „Umformwiderstand" $k_w(\varphi)$ bezeichnet:

$$k_w(\varphi) = \frac{F(\varphi)}{\pi r^2(\varphi)}. \qquad (3.24)$$

2. Die Reibung behindert die radiale Ausbreitung der Probe, so daß es zu einer tonnenförmigen Aufwölbung kommt. Zur Umrechnung auf einachsige Formänderung muß die Kontur der Probe ausgemessen werden, wodurch eine zusätzliche Meßunsicherheit in das Ergebnis eingeht, wie auch die Unsicherheit des Fließkriteriums (vgl. Kap. 4).

Die Aufwölbung der Probe kann so weit gehen, daß sich Teile der Mantelfläche an die Stauchbahnen anlegen. Dann ist eine sinnvolle Versuchsauswertung kaum noch möglich.

Von einem Stauchversuch im engeren Sinne des Wortes kann nur die Rede sein, wenn die Axialspannung betragsmäßig groß ist gegen alle anderen Komponenten des Spannungstensors.

Die meisten im Schrifttum beschriebenen Ausführungsformen des Stauchversuchs dienen dazu, die Reibung zu unterdrücken bzw. bei der Versuchsauswertung rechnerisch zu eliminieren [3.16—3.21; 3.27]. In [3.22] werden diese Methoden diskutiert. Der einfachste Weg, die Reibung zu verringern, besteht in der Verwendung eines geeigneten Schmierstoffes (z. B. Teflon, Molybdändisulfid). Auf diese Weise kann bis $|\varphi| \approx 0{,}7$ gestaucht werden [3.15].

3.4.2.3 Kontinuierlicher und diskontinuierlicher Stauchversuch

Im allgemeinen wird der Stauchversuch in seinen verschiedenen Ausführungsformen kontinuierlich durchgeführt, d. h. ununterbrochen bis zum vorgegebenen Umformgrad. Da sich hierbei die Probe erwärmt, kann die Fließspannung verfälscht werden; im Extremfall sehr hoher Umformgeschwindigkeit wird die adiabatische Fließkurve angenähert. (s. auch Abschn. 3.4.2.5). Zugleich wird mit wachsendem Umformgrad die Schmierung zunehmend schlechter, da sich die Stirnfläche der Probe vergrößert, wodurch der Schmierstoffilm dünner wird. Aus diesem Grunde wird in manchen Fällen der Stauchversuch diskontinuierlich durchgeführt („Stufenstauchversuch"). Der Stauchvorgang wird unterbrochen, um die Probe wieder auf den anfänglichen Schlankheitsgrad abzudrehen und neu zu schmieren. Hierdurch wird die Reibung wirksam unterdrückt und zugleich eine Abweichung der Probe von der Zylinderform durch Aufbauchen beseitigt; zudem kann die Probe während der Unterbrechung abkühlen, so daß die isothermische Fließkurve besser angenähert wird.

Beim Stufenstauchversuch ist große Sorgfalt erforderlich, um Nullpunktsfehler zu vermeiden.

3.4.2.4 Zylinderstauchversuch nach Rastegaev

Im folgenden wird eine besonders vorteilhafte Ausführungsform des Stauchversuchs, nämlich der Zylinderstauchversuch mit Schmierung nach Rastegaev [3.22—3.28] behandelt.

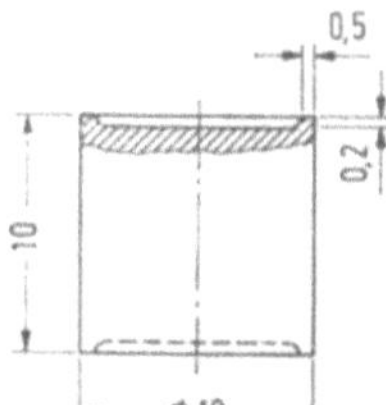

Bild 3.8 Zylinderstauchprobe nach Rastegaev [3.24] (Maße in mm)

In Bild 3.8 sind Stauchproben nach Rastegaev eingezeichnet. Höhe und Breite der Wulste an den Stirnflächen sollen proportional zu den Abmessungen der Probe sein [3.25]. Als Schmiermittel bei Raumtemperatur wird Paraffin in die Ausdrehungen gefüllt. In [3.26] wurden Rastegaev-Proben mit unterschiedlichem Schlankheitsgrad gestaucht. Es ergab sich bei gleichem Umformgrad in den Fehlergrenzen der gleiche Umformwiderstand. Mit (3.24) folgt, daß die Reibungszahl in den Fehlergrenzen gleich Null gesetzt werden konnte, so daß

$$k_\mathrm{w}(\varphi) \approx k_\mathrm{f}(\varphi). \tag{3.25}$$

Dies gilt allerdings nicht in Strenge. Rastegaev-Proben behalten auch bei hohem Umformgrad zylindrische Gestalt, so daß die Verformung über das Probenvolumen homogen ist (vgl. Bild 3.9); dies wurde auch in [3.20] durch Anätzen von Seigerungslinien bestätigt.

Leider geht bei Rastegaev-Proben die gute Schmierung auf Kosten der Genauigkeit, mit welcher der Stauchweg gemessen wird. Die Stirnflächen der Probe unter dem Schmiermittelfilm bleiben nicht eben [3.19; 3.20] (Bild 3.10[1]).

Bild 3.9 Zylinderstauchproben ($h_0 = 16$ mm, $r_0 = 5$ mm) mit und ohne Schmiertaschen nach Rastegaev: **a** ungestaucht; **b** ohne Schmierung $\varphi \approx 0{,}7$; **c** Rastegaev — Probe, $\varphi \approx 1{,}3$. Nach [3.26]

Bild 3.10 Rastegaev — Probe (Stahl), $h_0 = 64$ mm, $r_0 = 20$ mm, gestaucht bis $\varphi \approx 1{,}2$. Nach [3.22]

Aus einem gegebenen absoluten Meßfehler der Höhenabnahme ergibt sich ein mit wachsendem Umformgrad exponentiell zunehmender absoluter Fehler für den Umformgrad sowie ein exponentiell wachsender relativer Fehler für die Fließspannung [3.22]. Dabei wirkt sich für hohe Beträge des Umformgrades i. allg. der Fehler der Fließspannung stärker aus, weil hier die Steigung der Fließkurve klein ist.

Somit wird im Rastegaev-Versuch die Fließkurve mit wachsendem Umformgrad immer ungenauer ermittelt, und es gibt eine Grenze für den Umformgrad, bis zu welcher der Versuch überhaupt sinnvoll ist. Je nach geforderter Genauigkeit liegt diese Grenze etwa im Bereich $|\varphi| = 1{,}2 \dots 1{,}5$.

In diesem Zusammenhang ist zu bedenken, daß bei Rastegaev-Proben der Schlankheitsgrad nicht so hoch sein darf wie bei ungeschmierten Proben, denn die gute Schmierung macht Rastegaev-Proben instabil gegen Parallelverschiebung der Stirnflächen. Es muß sein

$$h_0/2r_0 \leqq 1 \dots 1{,}5, \tag{3.26}$$

d. h. der betrachtete Fehler kann nicht durch Verwendung von Proben mit hohem Schlankheitsgrad unterdrückt werden. Aus diesem Grunde wurden in [3.27; 3.28] Proben mit Schmiertaschen von nur 0,05 mm Tiefe verwendet.

---

[1] Zum Meßfehler der Höhenabnahme kann auch die elastische Verformung der Prüfmaschine beitragen. Diese ist beim Stauchversuch wegen der stetigen Zunahme des Probenquerschnitts und damit der Kraft viel größer als im Zugversuch an einer Probe mit gleichem Anfangsquerschnitt. Um diese Fehlerquelle auszuschalten, soll die Probenhöhe direkt zwischen den Stauchbahnen gemessen werden.

3.4.2.5 Einfluß der Umformgeschwindigkeit und der Temperatur

Vorwiegend bei Umformvorgängen mit thermischer Aktivierung hat die Umformgeschwindigkeit einen starken Einfluß auf die Fließspannung. In solchen Fällen darf die Umformgeschwindigkeit während des Versuchs nicht verändert werden.

Beim Zylinderstauchversuch sowie beim Flachstauchversuch gilt folgendes: Aus (3.19), (3.20) folgt

$$|\dot\varphi| = \frac{\dot s}{h_0}\,\exp\,(|\varphi|)\,. \tag{3.27}$$

Bei konstanter Vorschubgeschwindigkeit $\dot s$ der Stauchbahn ergibt sich eine mit wachsendem Umformgrad exponentiell zunehmende Umformgeschwindigkeit. Daher muß die Vorschubgeschwindigkeit kontinuierlich verändert werden in der Weise, daß gilt

$$\dot s = \dot s(\varphi) = \dot s_0\,\exp\,(-|\varphi|)\,. \tag{3.28}$$

Dies ist möglich mit Hilfe eines kurvengesteuerten oder hydraulisch bzw. elektronisch gesteuerten „Plastometers" [3.30—3.32].

Die Umformgeschwindigkeit spielt immer dann eine Rolle, wenn die Bedingungen technischer Warmumformung simuliert werden sollen. In solchen Fällen müssen sehr hohe Umformgeschwindigkeiten erreicht werden (10^2 bis 10^3 s^{-1}). Dann kann die Umformwärme nicht hinreichend schnell abgeleitet werden, so daß sich die Probe während des Versuchs erwärmt. Diese Erwärmung ist allerdings nicht ganz so stark, wenn guter thermischer Kontakt zwischen Probe und Werkzeug besteht. Dies ist der Fall beim Flachstauchversuch. Grundsätzlich läßt sich ein völliger Temperaturausgleich aber nur dadurch erreichen, daß der Versuch oft genug unterbrochen wird; auf diese Weise kann die „isothermische Fließkurve" ermittelt werden. Die Abweichung der gemessenen von der isothermischen Fließkurve ist um so größer, je höher die Umformgeschwindigkeit ist. Im Grenzfall unendlicher Umformgeschwindigkeit wird die „adiabatische Fließkurve" ermittelt. Den Bedingungen der Praxis entspricht i. allg. eine solche Umformgeschwindigkeit, bei der eine endliche, aber nicht adiabatische Erwärmung erfolgt.

Abschließend sei darauf hingewiesen, daß statt des Stauchversuchs auch der Torsionsversuch in Betracht kommt, wenn die Umformgeschwindigkeit einen wesentlichen Einfluß auf die Fließspannung hat (s. Abschn. 3.4.3).

3.4.2.6 Flachstauchversuch

Im Flachstauchversuch werden Fließkurven bei ebenem Formänderungszustand aufgenommen [3.29—3.31] (s. Bild 3.11). Es werden zwei gegenüberstehende ebene Stempel in die Probe gedrückt, wobei für ebenen Formänderungszustand das Breiten/Höhen-Verhältnis $b/h \gtrsim 6$ sein muß.

Die Theorie des Flachstauchversuchs ist in [3.29] ausführlich behandelt. Hier soll nur auf einige wichtige Besonderheiten des Versuchs hingewiesen werden:

1. Die belastete Fläche bleibt während des Versuchs konstant. Daher geht die Höhenabnahme der Probe nicht in die berechnete Fließspannung ein, sondern

nur in den Umformgrad, so daß sich der Meßfehler nicht so stark auswirkt wie beim Zylinderstauchversuch. Es gilt

$$k_f = k_f(F) = \frac{F}{ab}.$$ (3.29)

2. Die Stauchwerkzeuge müssen sehr genau geführt werden, da ein Seitenversatz die gestauchte Fläche verringert.

3. An den Längskanten der belasteten Flächen besteht eine Kerbwirkung, die mit wachsendem Umformgrad zunimmt. Hierdurch kann es zum Bruch kommen, bei einem Umformgrad, bei dem im Fall einachsiger Beanspruchung das Umformvermögen des Werkstoffs nicht erschöpft wäre.

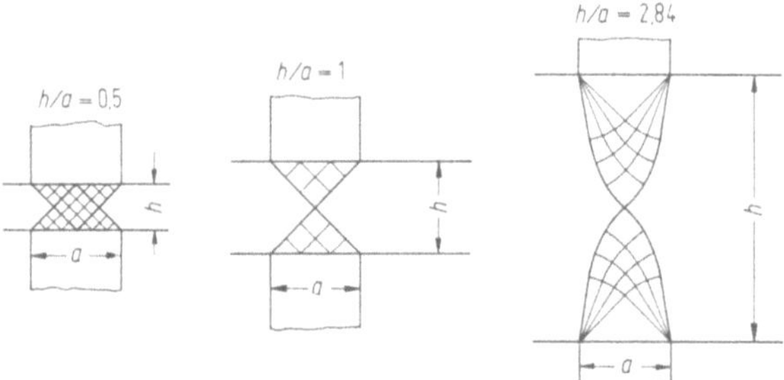

Bild 3.11 Flachstauchversuch (schematisch)

3.4.3 Verdrehversuch

3.4.3.1 Grundbegriffe

Beim Verdrehversuch (Torsionsversuch) wird eine zylindrische (massive oder hohle) Probe durch ein um die Längsachse wirkendes Moment M verdreht (Bild 3.12). Die Fließspannung k_f wird aus dem wirkenden Drehmoment M berechnet, und der Umformgrad φ aus dem Schiebungswinkel γ.

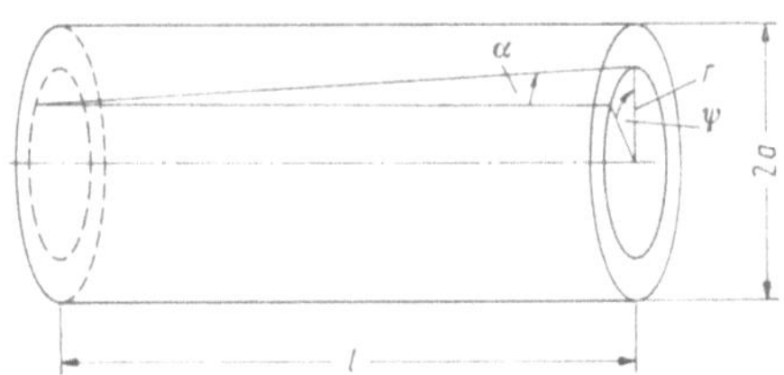

Bild 3.12 Bezeichnungen
an einer Torsionsprobe

Im folgenden wird zunächst die Torsion massiver Proben betrachtet.

Da im Torsionsversuch die Probengeometrie praktisch unverändert bleibt, kann die Umformgeschwindigkeit besonders einfach (durch Festlegung der Drehzahl) eingestellt und während des Versuchs konstant gehalten werden. Dies ist von Bedeutung, wenn die Fließspannung stark von der Umformgeschwindigkeit abhängt, d. h. vor allem bei erhöhten Temperaturen.

Für die Schiebung im Abstand r von der Achse einer langen, kreiszylindrischen Torsionsprobe (Bild 3.12) gilt ([3.33]):

$$\gamma_{\mathrm{r}}(\psi) = \tan \alpha = \frac{r\psi}{l}; \quad 0 \leq r \leq a \tag{3.30}$$

Hierin ist ψ der Winkel, um den die Stirnfläche gegeneinander verdrillt worden sind.

In (3.30) ist vorausgesetzt, daß der Werkstoff homogen und isotrop ist, und daß die Probenlänge während der Torsion konstant bleibt. Dann werden Radiusvektoren, die von der Achse ausgehen und senkrecht auf ihr stehen, nicht verkrümmt [3.38]. Zur Versuchsauswertung wird aus den Meßdaten die Schubspannung als Funktion der Schiebung berechnet, und zwar herkömmlicherweise für die Außenfaser ($r = a$). Aus (3.30) wird dann

$$\dot{\gamma}_{\mathrm{a}}(\psi) = \frac{a\dot{\psi}}{l}. \tag{3.31}$$

Für die Schiebungsgeschwindigkeit auf der Mantelfläche folgt

$$\dot{\gamma}_{\mathrm{a}} = \frac{a\dot{\psi}}{l}. \tag{3.32}$$

Die Versuche werden üblicherweise bei konstanter Drehzahl durchgeführt, und somit bei konstanter Schiebungsgeschwindigkeit.

3.4.3.2 Berechnung der Fließkurve aus den Meßdaten

Für das Drehmoment gilt

$$M = (a, \gamma_{\mathrm{a}}, \dot{\gamma}_{\mathrm{a}}) = 2\pi \int\limits_0^a \tau(\gamma_{\mathrm{r}}, \dot{\gamma}_{\mathrm{r}})\, r^2\, \mathrm{d}r. \tag{3.33}$$

Hierin ist γ_{r} durch (3.30) gegeben, und $\dot{\gamma}_{\mathrm{r}}$ ist die Ableitung von γ_{r} nach der Zeit.

Aus der gemessenen Drehmoment-Drehwinkel-Kurve kann die Schubspannung auf der Mantelfläche der Probe ($r = a$) berechnet werden. Es gilt ([3.33]):

$$\tau(\gamma_{\mathrm{a}}, \dot{\gamma}_{\mathrm{a}}) = \frac{3M(a, \gamma_{\mathrm{a}}, \dot{\gamma}_{\mathrm{a}})}{2\pi a^3} \left[1 + \frac{1}{3M} \left(\gamma_{\mathrm{a}} \frac{\partial M}{\partial \gamma_{\mathrm{a}}} + \dot{\gamma}_{\mathrm{a}} \frac{\partial M}{\partial \dot{\gamma}_{\mathrm{a}}} \right) \right]. \tag{3.34}$$

Mit Hilfe dieser Beziehung wird herkömmlicherweise der Torsionsversuch ausgewertet.

(3.34) vereinfacht sich, wenn für die Schubspannung vorausgesetzt werden kann, daß gilt

$$\tau(\gamma, \dot{\gamma}) = \tau_1 \gamma^{\mathrm{n}} \dot{\gamma}^{\mathrm{m}}. \tag{3.35}$$

Hierin sind τ_1, n und m Konstanten ($n = $ „Verfestigungsexponent" wie in (3.15), und m ist definiert wie in (3.10)). Mit (3.35) wird aus (3.34)

$$M(a, \gamma_{\mathrm{a}}, \dot{\gamma}_{\mathrm{a}}) = \frac{2\pi a^3}{3 + n + m}\, \tau(\gamma_{\mathrm{a}}, \dot{\gamma}_{\mathrm{a}}). \tag{3.36}$$

Hierin ist abgekürzt

$$\tau(\gamma_a, \dot{\gamma}_a) = \tau_1 \gamma_a^n \dot{\gamma}_a^m. \tag{3.37}$$

In diesem Fall ist die Ermittlung der drei zu bestimmenden Konstanten τ_1, n und m einfach.

Wie jedoch zuerst von Barraclough et. al. [3.34] gezeigt wurde, ist die Berechnung der örtlichen Schubspannung auf der Mantelfläche der Probe zwar mathematisch korrekt, jedoch physikalisch nicht sinnvoll: direkt an der Oberfläche sind die Werkstoffeigenschaften stets durch verschiedene Effekte verfälscht: spanende Bearbeitung bei der Probenherstellung, Oxidation, Oberflächenmikrogeometrie.

Aus diesen Gründen wird in [3.34] die Berechnung der örtlichen Schubspannung für einen „kritischen Radialabstand" $r^* < a$ vorgeschlagen.

3.4.3.3 Auswirkung des Fließkriteriums

Aus der Funktion $\tau(\gamma, \dot{\gamma})$ ist die Fließkurve $k_f(\varphi_v, \dot{\varphi}_v)$ zu berechnen. Zu diesem Zweck wird üblicherweise das v. Mises- oder das Tresca-Kriterium angenommen. In jedem Fall ist der Vergleichsumformgrad φ_v proportional zur Schiebung γ [3.35] (die in [3.36] angegebene nichtlineare Beziehung für $\varphi_v(\gamma)$ darf bei der Ermittlung von Fließkurven nicht verwendet werden).

Aus dem Unterschied zwischen den beiden genannten Fließkriterien resultiert eine Unsicherheit der berechneten Fließkurve. Um diese abzuschätzen, wird (3.35) als gültig angenommen. Dann folgt nach kurzer Rechnung [3.37]

$$k_f(\varphi_v, \dot{\varphi}_v) = C \varphi_v^n \dot{\varphi}_v^m. \tag{3.38}$$

Hierin sind n und m identisch mit den Exponenten in (3.35), und für den Normierungsfaktor C gilt

$$C = 3^{(1+n+m)/2} \tau_1 \quad \text{nach v. Mises,} \tag{3.39}$$

$$C = 2^{1+n+m} \tau_1 \quad \text{nach Tresca.} \tag{3.40}$$

Für $0 < n + m < 1/2$ ergeben sich aus (3.39), (3.40) Werte, die sich um bis zu 24% unterscheiden. Daher ist die absolute Höhe der ermittelten Fließspannung mit einer Unsicherheit behaftet, gegen die alle Meßfehler vernachlässigt werden können. Andererseits geht das Fließkriterium nicht in die Werte n und m in (3.38) ein.

Die Unsicherheit des Fließkriteriums ist in Wahrheit noch größer, als im Unterschied zwischen den Fließkriterien nach v. Mises und Tresca zum Ausdruck kommt: beide Fließkriterien haben nämlich einige Voraussetzungen gemeinsam, die nur in mehr oder weniger guter Näherung erfüllt sind: Homogenität, Isotropie und Inkompressibilität des Werkstoffs. Diese Annahmen sind auch schon in (3.30) für die Schiebung als Funktion des Radialabstands enthalten [3.38]. Unter diesen Annahmen kann vor allem die der Isotropie einen erheblichen Fehler verursachen: die meisten Werkstoffe haben eine Textur, zudem wird beim Torsionsversuch eine Verformungstextur erzeugt [3.39].

Die beiden Fließkriterien haben noch eine weitere Voraussetzung gemeinsam: die Fließspannung muß unabhängig von der Umformgeschwindigkeit sein.

Da der Torsionsversuch vorwiegend zur Prüfung dehngeschwindigkeitsempfindlicher Werkstoffe eingesetzt wird, ist somit die Verwendung eines der genannten Fließkriterien nicht folgerichtig. Bis jetzt scheint aber kein einfaches, für den Praktiker geeignetes Fließkriterium bekannt zu sein, welches die Dehngeschwindigkeitsempfindlichkeit berücksichtigt.

3.4.3.4 Das Hauptergebnis des Torsionsversuchs

Als Hauptergebnis des Torsionsversuchs ist diejenige Größe oder Funktion anzusehen, die aus den Meßdaten mit der kleinsten Unsicherheit berechnet wird. Da bei erhöhten Temperaturen der relative Verlauf der Fließkurve weniger interessiert als die Dehngeschwindigkeitsempfindlichkeit, und da zudem der relative Verlauf der Fließkurve bei hohen Umformgraden besser im Stauchversuch bestimmt wird, ist die Dehngeschwindigkeitsempfindlichkeit als Hauptergebnis des Torsionsversuchs anzusehen [3.37].

3.4.3.5 Erzielen extrem hoher Umformgeschwindigkeiten

Um die Aufnahme von Warmfließkurven bei ähnlich hohen Umformgeschwindigkeiten wie bei technischer Warmumformung durchzuführen, gibt es im Prinzip zwei Möglichkeiten:

1. Torsion herkömmlicher Versuchsproben bei extrem hoher Drehzahl. Dies erfordert eine sehr aufwendige Prüfmaschine.

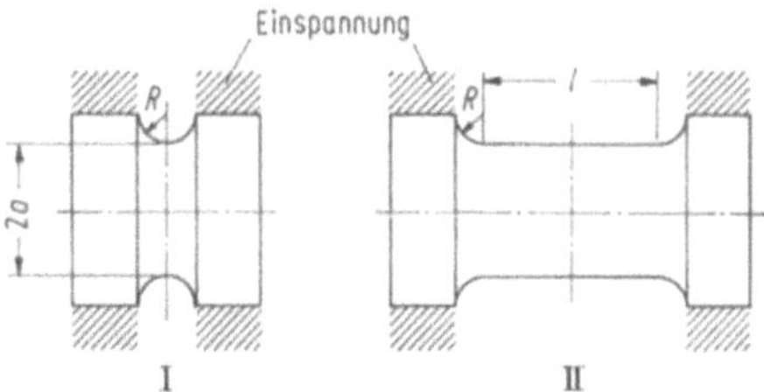

Bild 3.13 Kurze und lange Torsionsproben. Nach [3.38]

2. Torsion von Proben mit großem a/l-Verhältnis, vgl. (3.32). Hierbei ist für den Probenradius a eine obere Grenze gegeben durch das maximal von der Prüfmaschine aufgebrachte Drehmoment. Somit bleibt nur die Möglichkeit, Proben mit sehr kleiner Länge zu verwenden [3.34; 3.37—3.42] (s. auch Bild 3.13). Für die Angabe der Schiebung in der Mittelebene einer kurzen Probe (Typ I in Bild 3.13) wird die „wirksame Probenlänge" l_p eingeführt als Maß für die den an der Verformung beteiligten Abschnitt der Gesamtlänge der Probe. Statt l ist jetzt l_p in den Nenner von (3.30) einzusetzen.

Die Bestimmung der wirksamen Probenlänge kann mit Hilfe von Experimenten erfolgen. Es ist aber auch möglich, die wirksame Länge semiempirisch zu bestimmen [3.37; 3.38].

3.4.3.6 Berücksichtigung der Kerbwirkung

Die Frage, wie die Schiebung vom Radialabstand abhängt und ob (3.30) vorausgesetzt werden darf, galt lange als ein Hauptproblem beim Verdrehversuch. Die Frage ist besonders kritisch bei einer gekerbten Probe (Typ I in Bild 3.13). Für diesen Probetyp wurde in [3.38] die Kerbwirkung berechnet. Als Näherung für schwache Kerben gilt

$$\gamma_{rk}(\psi) \approx \gamma_r(\psi) \left\{ 1 + \frac{1}{2Ra} \left[r^2 - \left(\frac{3 + n + m}{5 + n + m} \right) a^2 \right] \right\}. \tag{3.41}$$

Hierin ist $\gamma_{rk}(\psi)$ die wirkliche Schiebung, und $\gamma_r(\psi)$ ist die Schiebung, die sich bei fehlender Kerbe ergeben würde gemäß (3.30), d. h. bei unendlich langer Probe. In (3.41) ist (3.38) für die Fließkurve vorausgesetzt.

3.4.3.7 Abwandlungen des Torsionsversuchs

Wie erwähnt, sind die Annahmen, die (3.30) für die Schiebung als Funktion des Radialabstands zugrundeliegen, mit einer Unsicherheit behaftet. Aus diesem Grunde wird von einigen Autoren die Torsion von Hohlproben empfohlen, siehe z. B. [3.34; 3.44]. Es ist allerdings schwierig, aus weichen Werkstoffen dünnwandige Proben herzustellen; zudem erfolgt bei der Torsion oft eine Verwölbung der Hohlprobe. Um diese Schwierigkeiten zu umgehen, wurden in [3.45; 3.46] massive Proben mit unterschiedlichem Durchmesser bei sonst gleichen Abmessungen verdreht. Bei der Versuchsauswertung wurde zunächst die Differenz der bei gleichem Drehwinkel gemessenen Drehmomente gebildet, anschließend wurde wie bei Hohlproben ausgewertet. Dies ist aber relativ ungenau.

3.4.3.8 Fehler beim Torsionsversuch

Da der Torsionsversuch oft bei hohen Umformgeschwindigkeiten durchgeführt wird, ist eine Erwärmung der Probe zu berücksichtigen. Hierfür gilt analog zum Stauchversuch (Abschn. 3.4.2.2), daß nur bei niedriger Umformgeschwindigkeit bzw. bei (ggf. mehrfacher) Unterbrechung des Versuchs die isothermische Fließkurve angenähert wird. Weitere Fehlerquellen sind die Voraussetzungen der Homogenität, Inkompressibilität und Isotropie des Werkstoffs, wobei die Anisotropie i. allg. am meisten stören dürfte. Zudem geht die Unsicherheit des Fließkriteriums in das Ergebnis ein.

Über die eigentlichen Experimentierfehler beim Torsionsversuch finden sich Angaben z. B. in [3.38; 3.43; 3.47]. Dieser Fehler dürften aber in vielen Fällen klein gegen die grundsätzliche Unsicherheit des Fließkriteriums sein.

3.4.4 Ermittlung der Fließkurven von Blechwerkstoffen

3.4.4.1 Flachzugversuch

Im Flachzugversuch nach DIN 50114 werden Bleche von < 3 mm Dicke geprüft Der wesentliche Unterschied zum Zugversuch an Vollstäben besteht darin, daß im Flachzugversuch nur unterhalb der Gleichmaßdehnung ausgewertet werden kann, d. h. es entfällt die Möglichkeit, im Bereich der Einschnürung auszuwerten (die Einschnürzone läuft i. allg. nicht senkrecht zur Achsrichtung über die Flachprobe). Daher ist der Flachzugversuch auf den Bereich $\varphi \leq \varphi_{\mathrm{g}} \approx n$ beschränkt. Ein entscheidender Vorteil des Flachzugversuchs ist die Möglichkeit, den r-Wert der senkrechten Anisotropie zu ermitteln (s. Band 3).

3.4.4.2 Flachstauchversuch

Grundsätzlich lassen sich im Flachstauchversuch (vgl. Abschn. 3.4.2.5) höhere Umformgrade erreichen als im Flachzugversuch. Dabei gilt aber eine Einschränkung: die Blechdicke darf nicht zu klein sein, weil sonst die Dickenabnahme und somit der Umformgrad nicht hinreichend genau ermittelt wird.

3.4.4.3 Hydraulischer Tiefungsversuch

Bei diesem Versuch wird eine Blechprobe in eine Tiefungsvorrichtung gespannt und auf einer Seite einem hydraulischen Druck ausgesetzt. Das Blech tieft sich und wird dabei durch reines Streckziehen umgeformt, da durch die Einspannung kein Nachfließen möglich ist. Die Tiefung hat somit eine Blechdickenabnahme zur Folge.

Vernachlässigt man die Normalspannung des hydraulischen Drucks, so hat man in der Kuppe einen zweiachsigen Zugspannungszustand. Die Spannungen können nach der Membrangleichung berechnet werden. Mit der Trescaschen Fließbedingung gilt für die Fließspannung

$$k_{\mathrm{f}} = \frac{p}{2}\left(\frac{r}{s} + 1\right). \tag{3.42}$$

Für den Vergleichsumformgrad gilt bei der Ausgangsblechdicke s_0:

$$\varphi_{\mathrm{v}} = \ln\left[\frac{s}{s_0}\right]. \tag{3.43}$$

Dabei ist s die Blechdicke, und r der Krümmungsradius in der Kuppe gemessen, p ist der hydraulische Prüfdruck. Zur Bestimmung der Fließkurve müssen demnach bei jeder Stufe die Blechdicke s, der Krümmungsradius r sowie der Druck p ermittelt werden. Statt der Blechdicke s kann wegen Volumenkonstanz die Umfangsdehnung gemessen werden. Mit einer von Gologranc [3.50] konstruierten

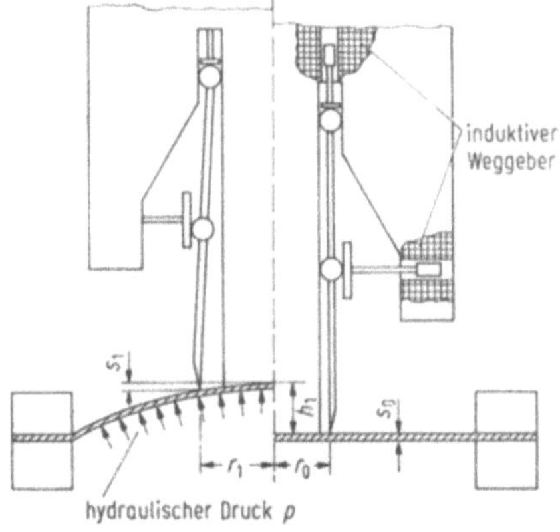

Bild 3.14 Hydraulischer Tiefungsversuch (schematisch)

Vorrichtung können Umfangsdehnung und Krümmungsradius kontinuierlich gemessen werden (Bild 3.14). Im Tiefungsversuch können im Prinzip unabhängig vom Werkstoff Umformgrade bis zu $|\varphi| \approx \ln 2 \approx 0{,}7$ erreicht werden [3.51]; in der Versuchspraxis ist der erreichbare Umformgrad oft wesentlich niedriger.

Bleche zeigen oft eine starke ebene Anisotropie. Im Zugversuch nimmt man deshalb Fließkurven in Walzrichtung und unter bestimmten Winkeln zur Walzrichtung auf. Im Tiefungsversuch ist eine solche Trennung des Fließverhaltens nicht möglich. Die im Tiefungsversuch ermittelte Fließspannung liegt i. allg. über den Werten, die im Zugversuch erhalten werden. Nach Korrektur auf die senkrechte Anisotropie [3.50] wird die Übereinstimmung teilweise etwas besser.

3.5 Vergleich der Verfahren

In [3.7; 3.19; 3.52—3.54] finden sich vergleichende Betrachtungen der wichtigsten Methoden zur Aufnahme von Fließkurven. Hier soll nur auf einige wesentliche Gesichtspunkte hingewiesen werden, soweit diese nicht schon bei der Beschreibung der einzelnen Verfahren erwähnt worden sind.

Die wichtigsten systematischen Fehler bei Versuchen zur Aufnahme von Fließkurven ergeben sich aus der Reibung und aus Temperatureinflüssen. Dazu kommen die grundsätzlichen Unsicherheiten, die durch die Annahme der Inkompressibilität, der Homogenität und der Isotropie des Werkstoffs bedingt sind, sowie die Unsicherheit des Fließkriteriums.

Wie schon bei der Beschreibung der einzelnen Verfahren erwähnt wurde, hat jedes einen bevorzugten Anwendungsbereich. Daher gibt es kein in allen Fällen optimales Verfahren. Ob sich ein Verfahren eignet, hängt auch davon ab, ob bei dem Versuch die Verhältnisse des Umformverfahrens simuliert werden, für das die Fließkurve benötigt wird. In diesem Zusammenhang ist die Probengröße nicht willkürlich wählbar, auch wenn die DIN-Norm (wie im Fall der Norm DIN 50106 für den Zylinderstauchversuch ohne Schmierung) für die Probengröße einen sehr weiten Rahmen angibt.
Schließlich hängt die Auswahl eines Prüfverfahrens auch von dem erforderlichen Zeitaufwand ab. In Tabelle 3.1 sind einige wesentliche Merkmale der drei Grundversuche zusammengestellt, wobei stark vereinfacht werden mußte.

3.6 Fließkurven wichtiger Werkstoffe

3.6.1 Kaltfließkurven

Im folgenden wird der Umformgrad der Einfachheit halber mit φ bezeichnet. Gemeint ist aber stets der Vergleichsumformgrad φ_{v}. Wie erwähnt, lassen sich die Fließkurven von unlegierten und legierten Stählen einiger Nichtmetalle unter bestimmten Voraussetzungen durch die schon angegebene Potenzfunktion darstellen

$$k_{\mathrm{f}}(\varphi) = C\varphi^{\mathrm{n}}. \tag{3.15}$$

Tabelle 3.1 Grundversuche zur Aufnahme von Fließkurven

---

1. Zugversuch (Fließkriterium nicht erforderlich); $\sigma_m > 0$

1.1 Zugversuch nach DIN 50145	Nur im Bereich der Gleichmaßdehnung möglich. Homogene Umformung, reibungsfrei. Einachsiger Spannungszustand. Einfache Versuchsdurchführung.
1.2 Zugversuch nach Siebel und Schwaigerer	Einbeziehung der Einschnürung. Fehlermöglichkeiten: Bestimmung des Krümmungsradius der Einschnürstelle, Vernachlässigung des Geschwindigkeitseinflusses, keine homogene Umformung $\varphi_{max} \approx 1$. Größerer Versuchsaufwand.
1.3 Zugversuch nach Reihle	Fließkurve kann bei vorliegenden Werten von R_m, A_{10} und A_5 berechnet werden. Sehr genaue Proben erforderlich.
1.4 Flachzugversuch	Einfache Durchführung und Auswertung. Geeignet für Blechwerkstoffe. Auch nach dem Verfahren von Reihle durchführbar. $\varphi_{max} \approx \varphi_g \approx n$. Gleichzeitige Ermittlung des r-Wertes (Anisotropie-Kennwert) möglich.

---

2. Stauchversuch (Fließkriterium nicht erforderlich außer beim Flachstauchversuch zur Berechnung des Vergleichsumformgrades); $\sigma_m < 0$

2.1 Gewöhnlicher Zylinder-Stauchversuch mit Schmierung in Anlehnung an DIN 50106	Einfache Durchführung. Sehr gute Schmierung zur Vermeidung dreiachsigen, inhomogenen Formänderungszustands erforderlich, dadurch $|\varphi|_{max} \approx 0{,}7$. Höhere Umformgrade im Stufenstauchversuch erreichbar.
2.2 Zylinderstauchversuch nach Rastegaev (nicht genormt)	Praktisch reibungsfreie, streng homogene einachsige Verformung. Einfache Durchführung und Auswertung. Bei hohen Umformgraden ($|\varphi| \gtrsim 1{,}2$) stört der Meßfehler der Höhenabnahme.
2.3 Flachstauchversuch (nicht genormt)	Keine homogene Verformung. Einfache Ausführung. Meßfehler der Höhenabnahme stört nicht. Fehler durch Reibung und Seitenversatz der Werkzeuge.

---

3. Torsionsversuch (nicht genormt) (Zur Berechnung des Vergleichsumformgrades sowie der Vergleichsspannung wird ein Fließkriterium benötigt); $\sigma_m = 0$

	Kein Reibungseinfluß. Verformung inhomogen. Leichte Variation von φ. Versuchseinrichtung aufwendig. Komplizierte Versuchsauswertung. Theorie noch unvollständig.

Für alle Versuche gilt, daß die isothermische Fließkurve nur bei häufiger Unterbrechung oder niedriger Umformgeschwindigkeit angenähert wird.

Diese Beziehung ergibt sich aus (3.38), wenn $m = 0$ gesetzt wird (bei Raumtemperatur kann der Einfluß der Umformgeschwindigkeit auf die Fließspannung i. allg. vernachlässigt werden). Für die Konstante n gilt die schon angegebene Beziehung (3.16).

Die Größe des Verfestigungsexponenten n hängt i. allg. vom Gefügezustand ab. Mit zunehmender Korngröße wird n kleiner. Da zugleich die Einflüsse, welche die Korngröße verringern, die Festigkeit erhöhen, gilt: ansteigende Werte für die Festigkeitseigenschaften entsprechen einem kleineren n-Wert und somit z. B. schlechterer Umformbarkeit durch Streckziehen. Werte für die Konstanten C und n in (3.15) sind für einige Werkstoffe in Tabelle 3.2 zusammengestellt. Auch die Fließkurven höher legierter Stähle und anderer Werkstoffe lassen sich durch analytische Beziehungen mehr oder weniger annähern. Eine Anzahl solcher Beziehungen wird z. B. in [3.55] diskutiert und mit empirischen Fließkurven verglichen. Keine dieser Beziehungen hat jedoch eine solche Verbreitung gefunden wie (3.15). Der durch (3.15) definierte n-Wert ist in den allgemeinen Sprachgebrauch der Umformtechnik eingegangen und wird vor allem im Bereich der Blechumformung häufig verwendet. Wenn die Fließkurve eines Werkstoffs nicht durch (3.15) mit einem konstanten n-Wert beschrieben wird, wird häufig anstatt einer anderen analytischen Gleichung für die Fließkurve formal angenommen, daß gilt

$$n = n(\varphi). \tag{3.44}$$

Es wird dann der n-Wert als Funktion des Umformgrades angegeben. In manchen Fällen kann dabei $n(\varphi)$ gebietsweise durch konstante Werte angenähert werden. So wird beispielsweise bei manchen Werkstoffen, die nur zwei gebietsweise verschiedene n-Werte haben, von einem „Doppel-n-Verhalten" („double-n-behaviour") gesprochen.

An dieser Stelle sei davor gewarnt, in einem im Schrifttum angegebenen n-Wert mehr als einen Richtwert zu sehen. Für jeden konkreten Werkstoff muß die Fließkurve experimentell bestimmt werden, wenn wirklich genaue Werte erhalten werden sollen. Allerdings sind graphisch dargestellte — d. h. nicht analytisch angenäherte! — Fließkurven schon wesentlich zuverlässiger als die bloße Angabe der C- und n-Werte.

Tabelle 3.2 Werte der Konstanten C und n in Gl. (3.15) für einige wichtige Werkstoffe der Umformtechnik [3.55]

Werkstoff	C Nmm^{-2}	n	$\dot{\varphi}$ s^{-1}	Gültigkeitsbereich
St 38	730	0,10		
St 42	850	0,23		
St 60	890	0,15		
C 10	800	0,24		
Ck 10	730	0,22		
Ck 35	960	0,15		
15 Cr 3	850	0,09	16	0,1···0,7
16 MnCr 5	810	0,09	1,6	0,1···0,7
20 MnCr 5	950	0,15		
100 Cr 6	1 160	0,18		
Al 99,5	110	0,24		
AlMg 3	390	0,19	10^{-3}	0,2···1,0
CuZn 40	800	0,33	10^{-3}	0,2···1,0

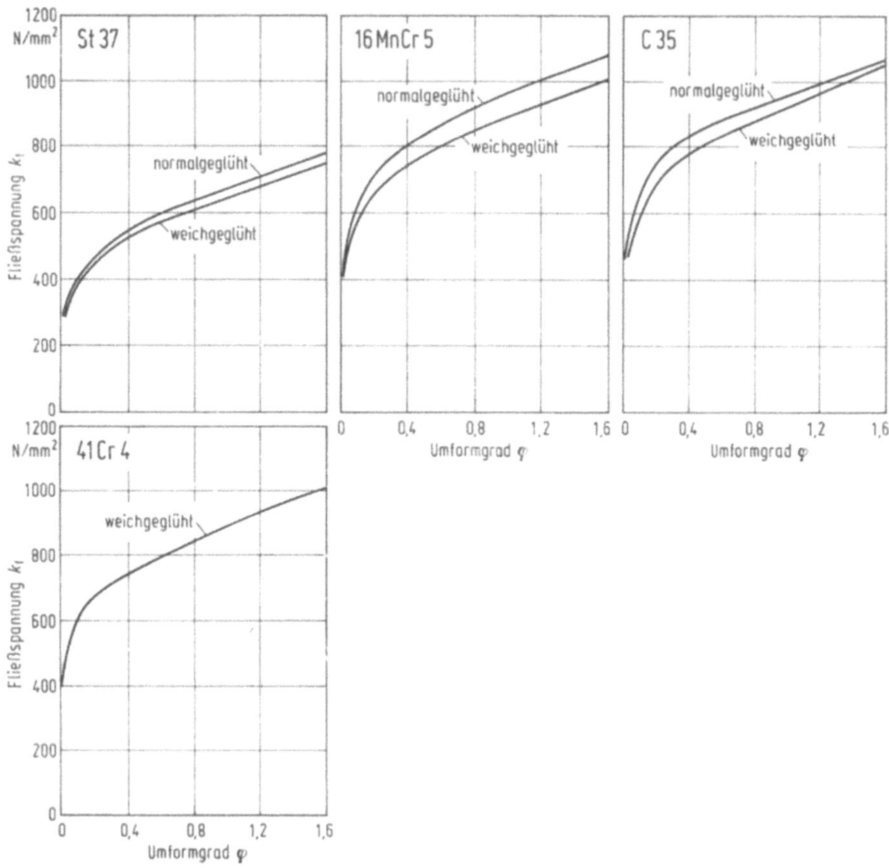

Bild 3.15 Fließkurven häufig verwendeter Stähle. Nach [3.56]

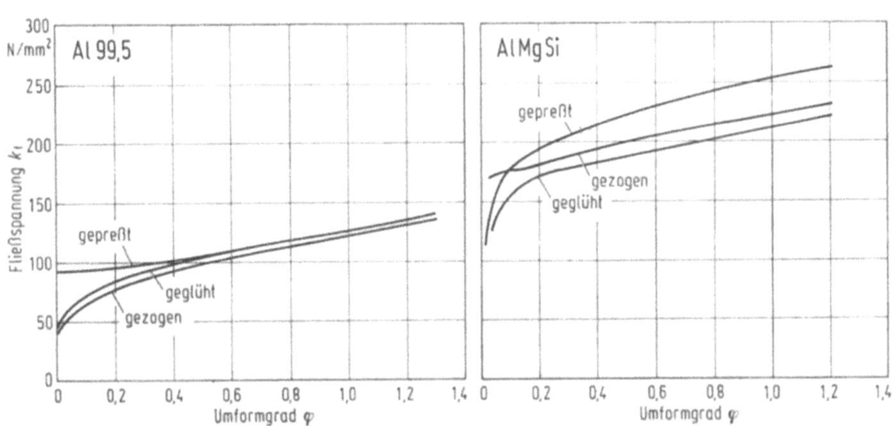

Bild 3.16 Fließkurven einiger Aluminiumwerkstoffe. Nach [3.56]

Die Fließkurven einiger für die Kaltumformung wichtiger Stähle sind in [3.56; 3.66] zusammengestellt. Für Nichteisenmetalle finden sich zahlreiche Fließkurven in [3.57; 3.65]. Einige Beispiele sind in Bild 3.3; 3.15 bis 3.17 dargestellt.

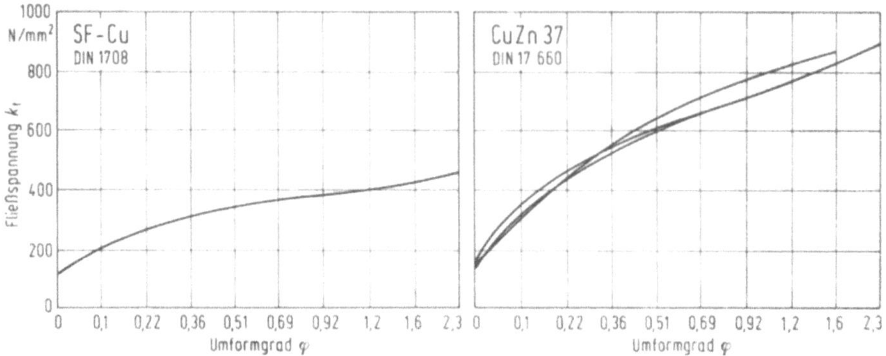

Bild 3.17 Fließkurven einiger Kupferwerkstoffe. Nach [3.65]

3.6.2 Warmfließkurven

Einige Beispiele für Fließkurven bei erhöhten Temperaturen sind in Bild 3.4 sowie in Bild 3.18 und 3.19 dargestellt. Wie schon erwähnt, sind Warmfließkurven i. allg. stark von der Umformgeschwindigkeit abhängig, vgl. Bild 3.5. In manchen Fällen ist der Einfluß der Umformgeschwindigkeit sogar viel stärker als der des

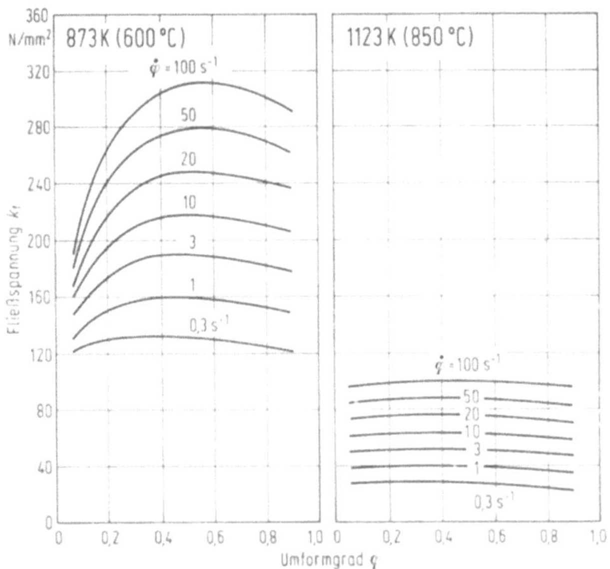

Bild 3.18 Fließkurven von CuZn 28. Nach [3.58]

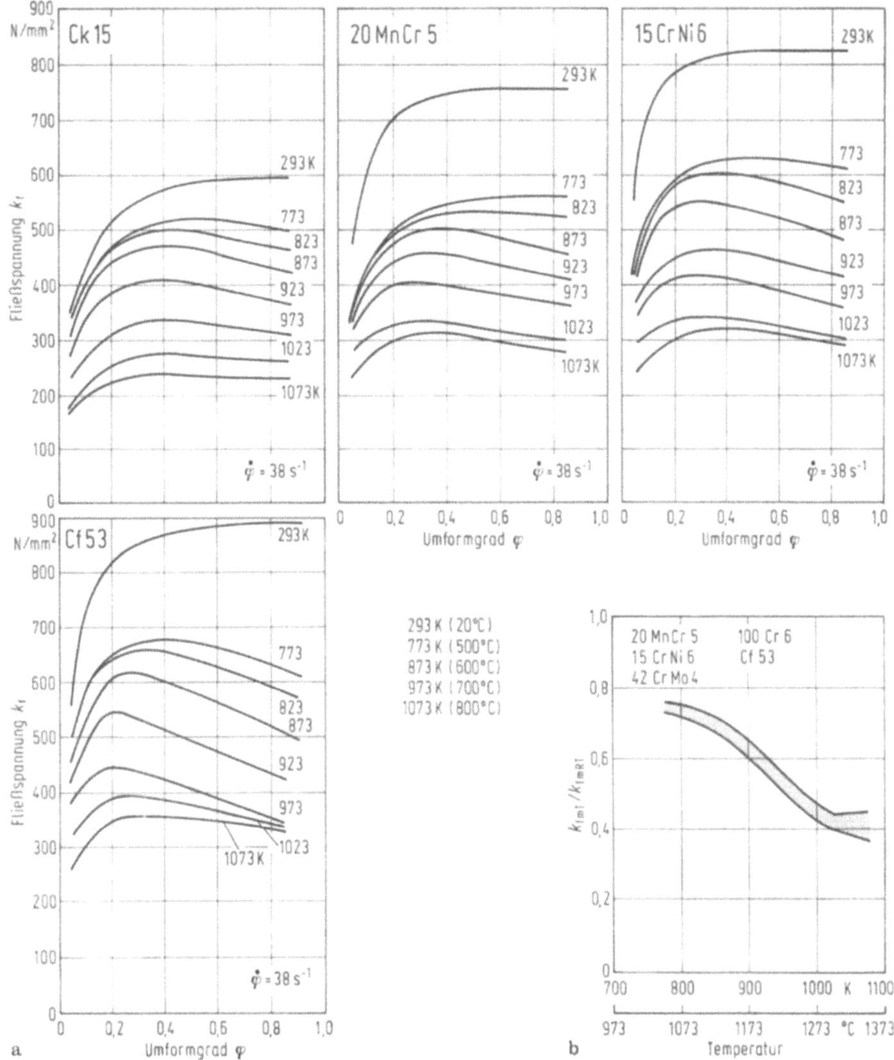

Bild 3.19 a Fließkurven von vier Stählen im Temperaturbereich der Halbwarmumformung;
b Veränderung der Fließspannung in Abhängigkeit von der Temperatur. Nach [3.59]

Umformgrades. Falls die Fließkurve sich durch (3.38) beschreiben läßt, kann in diesem Fall gesetzt werden

$$n \ll m. \tag{3.45}$$

Dann geht (3.38) näherungsweise über in (3.10).

Demnach interessiert bei hohen Temperaturen oft nicht so sehr der relative Verlauf der Fließkurve als vielmehr die Dehngeschwindigkeitsempfindlichkeit („strain rate sensitivity"). (3.10) wird durch den linearen Verlauf der Ausgleichskurven in Bild 3.20 bestätigt. Diese Kurven lassen sich auch für eine Anzahl anderer Werkstoffe verwenden, wobei die Umrechnung mit Hilfe von Tabelle 3.3 erfolgt.

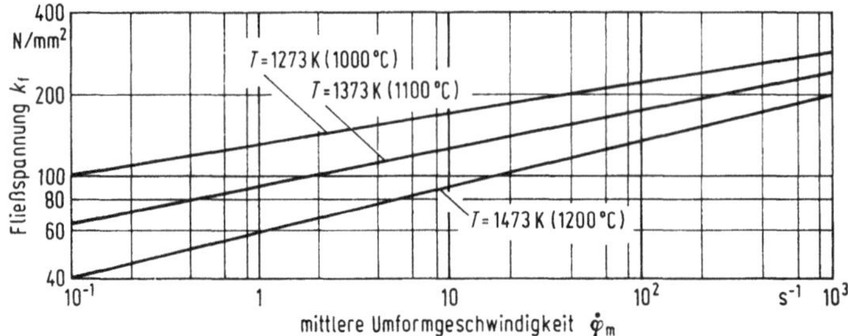

Bild 3.20 Fließspannung als Funktion der Umformgeschwindigkeit (Stahl C15, Umformgrad $\varphi = 0,5$). Nach [3.60]

Tabelle 3.3 Umrechnungsfaktor für die Fließspannung verschiedener Stähle auf den Bezugswerkstoff C 15 (Fehler 5···20%) [3.60]

Werkstoff	Verhältnis k_f/k_f (C15)		
	1373 K (1100 °C)	1273 K (1000 °C)	1173 K (900 °C)
C15	1	1	1
16 MnCr 5	1,05	1,09	1,12
20 MnCr 5	1,05	1,10	1,13
C 35	1,06	1,10	1,16
C 45	1,02	1,12	1,27
C 60	1,11	1,19	1,38
26 CrV 7	1,05	1,09	1,27
37 MnV 7	1,10	1,13	1,22
42 MnV 7	1,14	1,18	1,27
37 MnSi 5	1,21	1,28	1,36
100 Cr 6	1,16	1,28	1,51

3.6.3 Vorhersage der Fließkurven von Einsatz- und Vergütungsstählen aus der chemische Analyse und dem Gefügezustand

Der Fließkurvenverlauf eines metallischen Werkstoffs bei Raumtemperatur in Abhängigkeit vom Umformgrad wird von der chemischen Zusammensetzung und dem Gefügezustand im unverfestigten Zustand bestimmt [3.62–3.64]. Wagenbach [3.62] hat nach umfangreichen Untersuchungen ein Verfahren ausgearbeitet, nach dem unter Zuhilfenahme der chemischen Analyse und mechanisch-technologischer Stoffwerte bei unlegierten und legierten Stählen die Fließkurve in Näherung berechnet werden kann. Ein besonderer Vorteil des Verfahrens besteht darin, daß auch die wichtigsten Werkstoffkennwerte R_m, R_p A_5, Z mit einer Genauigkeit von etwa 5 bis 8% in Abhängigkeit vom Umformgrad vorausgesagt werden können. Voraussetzung für die Anwendung des Verfahrens ist mindestens die Kenntnis der Analyse sowie der Zugfestigkeit (bzw. Brinellhärte) des unverfestigten Stahls.

3.7 Fließkurven und Fließortkurven

Wird ein isotroper Werkstoff mehrachsig beansprucht, so genügt für die Berechnung des Umformverhaltens die Kenntnis der Fließkurve unter der Voraussetzung, daß das v. Mises-Fließkriterium (s. Abschn. 4.1.5) gültig ist. Verhält sich der Werkstoff anisotrop, dann muß zusätzlich der Fließort, d. h. der geometrische Ort für den Fließbeginn im sechsdimensionalen Raum bekannt sein. Für Werkstoffe, die während der Umformung ihr Volumen nicht ändern, läßt sich für Hauptspannungen, und zwar ohne Einbuße an Verallgemeinerungen, die Fließbedingung als Fließortkurve in der σ_1-σ_2-Ebene darstellen. Kann man die Fließortkurve durch eine Ellipsengleichung beschreiben, so genügt es, die plastische Anisotropie durch den r_0 und r_{90}-Wert zu charakterisieren.

Der Einfluß des Umformgrades, der Umformgeschwindigkeit und der Umformtemperatur wird bei Vorliegen isotroper Verfestigung im einachsigen Fall ermittelt und durch die unterschiedliche Expansion der Fließortkurve berücksichtigt.

3.7.1 Aufnahme von Fließortkurven

Zur experimentellen Ermittlung von Fließortkurven ist es notwendig, den Fließbeginn für zweiachsige Spannungszustände zu bestimmen. Dazu müssen entweder definierte Spannungszustände [3.67] oder Formänderungszustände eingestellt werden [3.68]. Ein weiteres Verfahren ist die theoretische Berechnung der Fließortkurve mit Hilfe der Taylor-Theorie und den aus der Texturanalyse gewonnenen Texturkoeffizienten [3.69]. Für eine grobe Abschätzung hat sich die Knoop-Härtemessung bewährt.

3.7.1.1 Definierte Spannungszustände

Die Verwirklichung von definierten ebenen Spannungszuständen in allen Quadranten ist durch Verwendung von rohrförmigen Proben möglich, die unter Innenoder Außendruck und gleichzeitigem Zug bzw. Druck in Axialrichtung beansprucht werden. Der Innendruck p_i (genauer: $\Delta p = p_i - p_a$) führt bei dünnwandigen Rohren zu tangentialen Zugspannungen von der Größe

$$\sigma_t = \frac{p_i a}{s}. \tag{3.46}$$

Die Beziehung (3.46) ist unter dem Namen „Kesselformel" bekannt. Sie läßt sich mit Hilfe der Gleichgewichtsbetrachtung in Radialrichtung[2]

$$p_i b a \, d\varphi = \sigma_t b s \, d\varphi \tag{3.47}$$

an einem differentiellen Wandelement herleiten (Bild 3.21). Da das Rohr axial abgeschlossen ist, treten auch Axialspannungen auf. Durch die Gleichgewichtsbedingung in axialer Richtung (Bild 3.21)

$$\int_0^{2\pi} \sigma_z s a \, d\varphi = \int_F p_i \, dA \tag{3.48}$$

---

[2] In Abschn. 3.7 bezeichnet φ stets den Vergleichsumformgrad.

ist die Axialspannung

$$\sigma_z = \frac{p_i a}{2s} = \frac{\sigma_t}{2} \tag{3.49}$$

bestimmt. In Rohren mit einem Innendurchmesser/Wanddicken-Verhältnis > 20 kann die Radialspannung vernachlässigt werden. Es liegt daher näherungsweise ein ebener Spannungszustand vor, bei dem sich die tangentialen und axialen Zugspannungen wie $2:1$ verhalten.

Den Spannungen, die durch den Innendruck erzeugt werden, können von außen Druck- oder Zugspannungen in axialer Richtung überlagert werden. Durch eine gezielte Wahl der Axialkräfte läßt sich jedes Spannungsverhältnis $\alpha = \sigma_1/\sigma_2$ in den Quadranten I, II und IV einstellen (Bild 3.22).

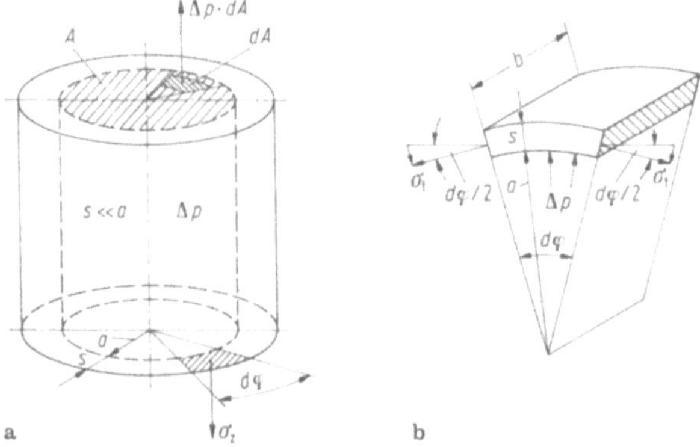

Bild 3.21 Gleichgewichtsbetrachtung an einem dünnwandigen Rohr: **a** in radialer; **b** in axialer Richtung $(\Delta(p = p_i - p_a)$

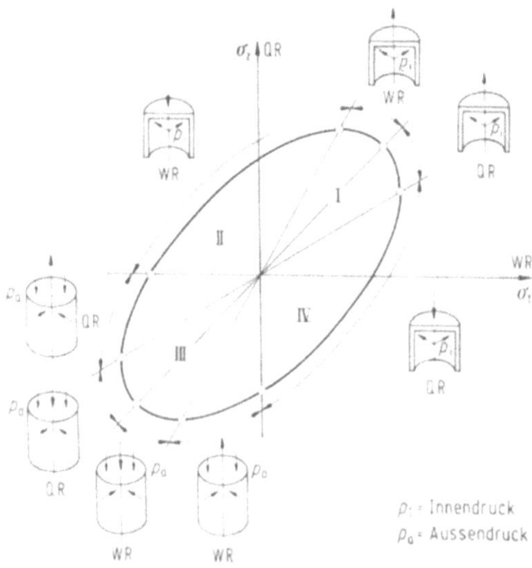

Bild 3.22 Ermittlung der Fließortkurve durch Innen- oder Außendruckversuche mit gleichzeitiger Zug- oder Druckbeanspruchung.
WR Walzrichtung,
QR Querrichtung

Für die Bestimmung der Fließortkurve im Quadranten III muß anstelle des Innendrucks ein Außendruck aufgebracht werden. Die Ermittlung dieses Abschnitts wird wegen der Einbeulgefahr erschwert. Durch Messung der axialen und tangentialen Formänderungen mit Hilfe von Feindehnungsmeßstreifen wird für jedes α die dazugehörige Tangente gewonnen. Grundlage dafür ist die von der Potentialtheorie hergeleitete Aussage, daß der Formänderungszuwachs im Schnittpunkt der Fließortkurve mit Belastungsweg senkrecht auf dem Fließort steht (Normalenregel-Fließgesetz).

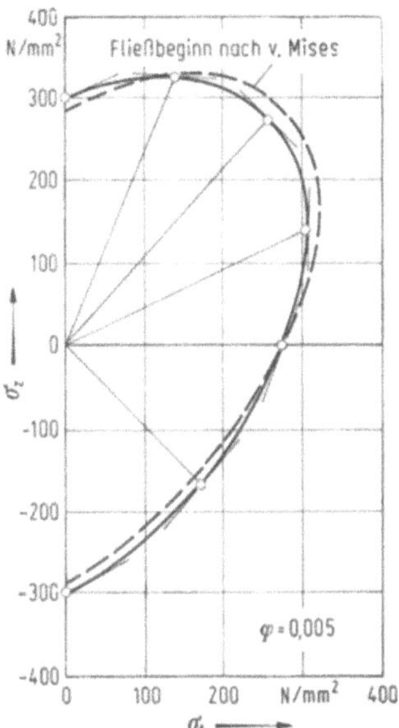

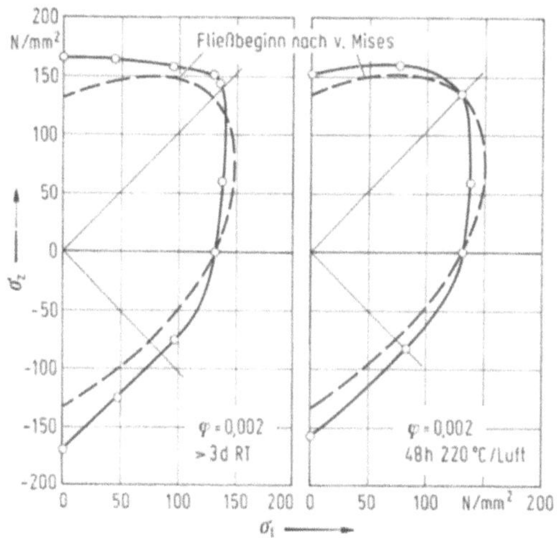

Bild 3.23 Fließortkurve einer rohrförmigen Probe aus Stahl 1.4303. Nach [3.70]

Bild 3.24 Fließortkurve von AlMgSi 1-Rohren mit gleicher Textur und unterschiedlichem Auslagerungszustand. Nach [3.71]

Nachteilig ist, daß für anisotrope Werkstoffe die entsprechende Vergleichsformänderung nicht genau bekannt ist, da sie von der zu bestimmenden Anisotropie abhängt. Die in Bild 3.23 aufgenommene Fließortkurve dürfte jedoch wegen des fast isotropen plastischen Verhaltens mit nur geringen Fehlern behaftet sein. In Bild 3.24 sind die Fließortkurven von texturbehafteten Rohren aus Aluminiumwerkstoffen in den Quadranten I und IV dargestellt. Die Kurvenzüge beziehen sich auf eine konstante Vergleichsformänderung.

3.7.1.2 Ebener Formänderungsversuch

Unter der Voraussetzung, daß die Normalenregel (Fließgesetz) gültig ist, kann man in ebenen Formänderungsversuchen Tangenten an die Fließortkurve bestimmen [3.72] (Bild 3.25). Die ebenen Formänderungszustände können experimentell in ebenen Druck-Formänderungsversuchen eingestellt werden, bei denen das Fließen in bestimmten Richtungen verhindert wird. Die zu den Tangenten gehörenden Spannungszustände lassen sich in einigen Fällen nicht direkt ermitteln. Es werden nach einer Überlagerung eines hydrostatischen Drucks die Schnittpunkte der Tangenten mit der σ_1- bzw. σ_2-Achse gefunden.

Für den Fall z. B. $\varepsilon_1 = 0$ (Quadrant I) ist es erforderlich, den Spannungszustand ($\sigma_1 = 0$, $\sigma_2 =$ unbekannt, $\sigma_3 =$ gemessen) durch Überlagerung eines hydrostatischen Drucks σ_3 in den äquivalenten Spannungszustand

$$\sigma_1' = -\sigma_3; \quad \sigma_2' = \sigma_2 - \sigma_3, \quad \sigma_3' = 0 \tag{3.50}$$

überzuführen. Der Schnittpunkt der Tangente mit der σ_1-Achse entspricht der gemessenen Spannung $-\sigma_3$.

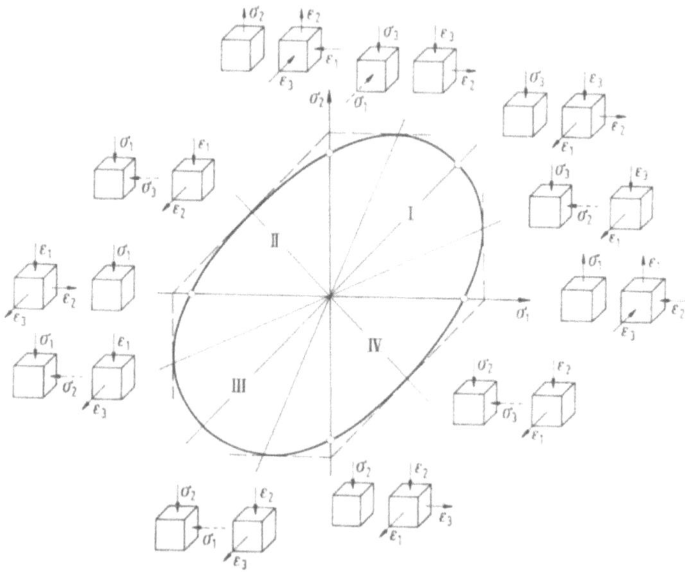

Bild 3.25 Fließortkurvenbestimmung mit ebenen Formänderungsversuchen (...Spannungswert unbekannt)

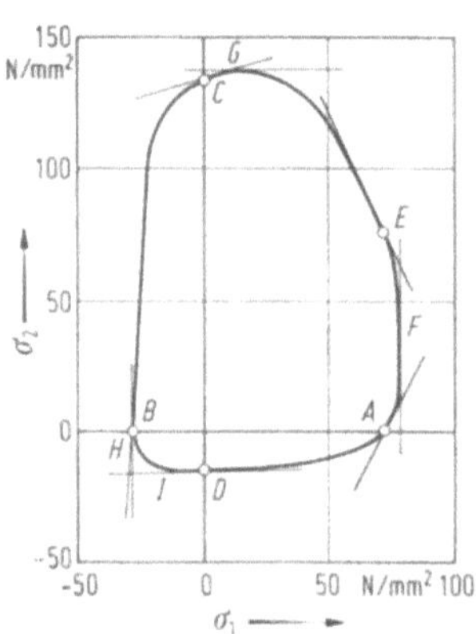

Bild 3.26 Gemessene Fließortkurven für Magnesium Blech mit Walztextur. Nach [3.72]

Die Lage der Schnittpunkte wird von der Art der Berechnung der Vergleichsformänderung und von der Höhe der Reibung bestimmt. In Bild 3.26 ist die
asymmetrische Form eines Mg-Blechs dargestellt. Die Ursache hierfür liegt darin,
daß bei kfz-Metallen mit niedriger Stapelfehlerenergie und vor allem bei hexagonalen Metallen als weiterer Verformungsmechanismus die mechanische Zwillingsbildung hinzukommt. Das gilt auch für die Fließortkurve des texturierten
Blechs (Bild 3.27). Die Tangenten in den Punkten F, G und H wurden mittels
ebener Druck-Formänderungsversuche gefunden.

3.7.1.3 Texturanalyse

Die geschlossene Losung einer anisotropen Fließortkurve auf kristallographischen
Grundlage wird durch Anwendung der Taylor-Theorie gefunden. Die Berechnungen
gelten für Metalle, die sich durch $\{111\}\,\langle011\rangle$, $\{110\}\,\langle111\rangle$ und durch $\{hkl\}\,\langle111\rangle$-
Gleitung verformen und deren Texturen sich durch Texturkoeffizienten beschrei-
ben lassen.

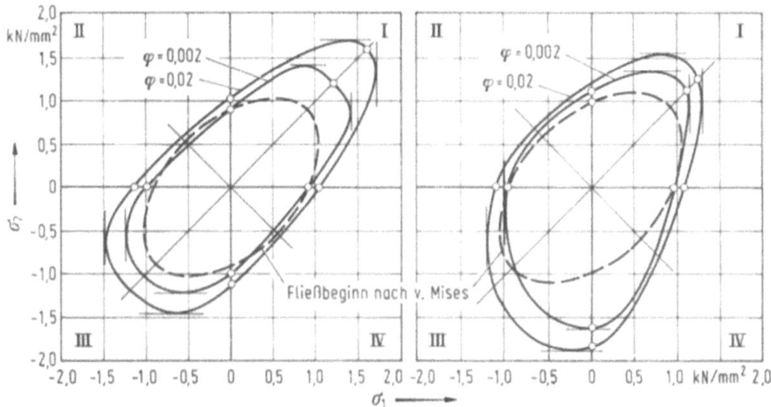

Bild 3.27 Gemessene Fließortkurve für ein Ti4Al-Blech mit Textur. Nach [3.73]

Bild 3.28 zeigt die theoretischen Fließortkurven eines austenitischen Stahls
unterschiedlicher Vorverformung. Die Übereinstimmung mit der praktischen
Kurve wird dann als zufriedenstellend angesehen, wenn die berechneten und
gemessenen r-Werte nur gering voneinander abweichen.

3.7.1.4 Knoop-Härtemessung

Bei diesem Verfahren wird eine Diamantpyramide mit rhombischer Projektions-
fläche benutzt. Länge und Breite des Eindrucks verhalten sich wie 7 : 1. Grundlage der Meßmethode ist die Annahme, daß die ermittelten Härtewerte der Fließspannung entsprechen, wenn das Verhältnis der Deviatorspannungen möglichst
groß ist [3.75]. In diesem Fall verhalten sich die Deviatorspannungen wie folgt:

$$(\sigma_1 - \sigma_\mathrm{m}) : (\sigma_2 - \sigma_\mathrm{m}) = 7 : 1 \tag{3.51}$$

mit

$$\sigma_\mathrm{m} = \frac{\sigma_1 + \sigma_2 + \sigma_3}{3}. \tag{3.52}$$

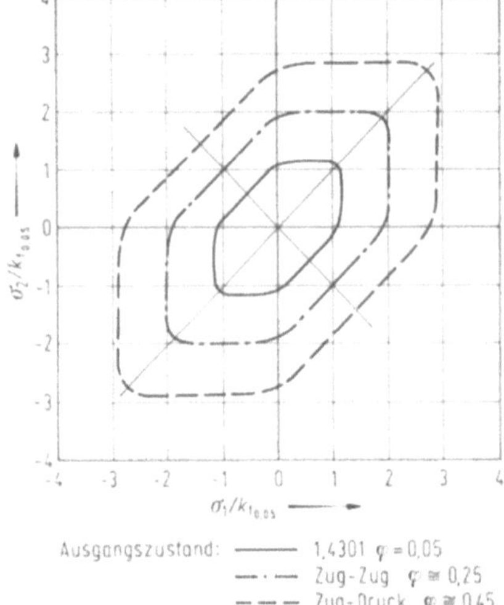

Bild 3.28 Theoretische Fließortkurven von einem austenitischen Stahl nach unterschiedlichem Umformgrad. Nach [3.74]

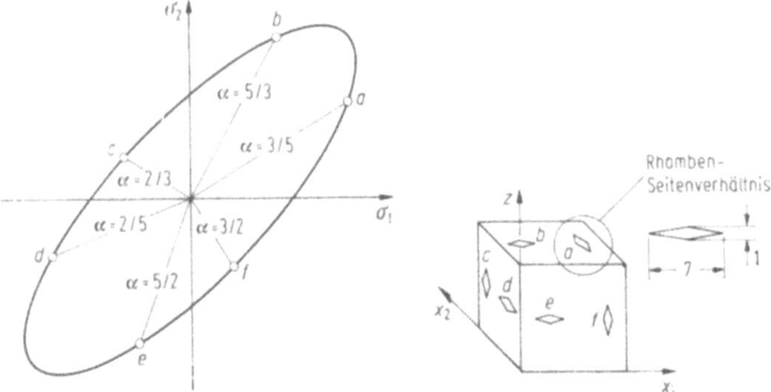

Bild 3.29 Ermittlung der Fließortkurve aus Knoop-Härtemessungen an einem Zircaloy-Z-Blech. Nach [3.75]

In Bild 3.29 ist die Fließortkurve ($\sigma_3 = 0$) dargestellt. Dieses Bild zeigt, daß jeder Meßpunkt einem bestimmten Spannungsverhältnis $\alpha = \sigma_2/\sigma_1$ entspricht, wobei jeder Härtewert einen Punkt mit den Koordinaten

$$\sigma_1 = \frac{\text{HK}}{\sqrt{1 - \alpha + \alpha^2}}, \qquad \sigma_2 = \alpha\sigma_1 \tag{3.53}$$

liefert. Die Spannungsverhältnisse und Knoop-Härtewerte HK bestimmen sechs Punkte auf der Fließortkurve.

3.7.2 Vergleich der Verfahren

Die Messungen an dünnwandigen Rohren ergeben unmittelbar die Koordinaten eines Punktes der Fließortkurve und die dazugehörige Tangente. Für dieses Verfahren mit der größten Informationsdichte ist jedoch sowohl der zeitliche als auch apparative Aufwand am höchsten.

Mit wesentlich geringerem Aufwand sind die ebenen Formänderungsversuche durchzuführen. Entsprechend kleiner ist ihr Informationsgehalt, da sie nur die Tangenten liefern.

Während bei beiden Verfahren das Problem der Berechnung der Vergleichsformänderung auftritt, kommt bei den ebenen Formänderungsversuchen noch jenes der Reibung hinzu.

Die Knoop-Härteprüfung ist sehr einfach, aber leider kann mit ihrer Hilfe keine vollständige Fließortkurve aufgenommen werden.

Das Verfahren mit der Texturanalyse ermöglicht z. T. noch mit vielen Voraussetzungen und Annahmen für einphasige Legierung die Aufstellung einer Fließortkurve. Diese Methode wird aber für die Werkstoffentwicklung zukünftig von großer Bedeutung sein.

3.8 Formänderungsvermögen und Grenzformänderung

3.8.1 Formänderungsvermögen

Unter dem Formänderungsvermögen eines Werkstoffs (in [3.76] „Umformvermögen" genannt) wird der beim Bruch erreichte Vergleichsumformgrad φ_B verstanden, vgl. Abschn. 4.1.6. Die Bestimmung des Formänderungsvermögens bereitet Schwierigkeiten, da der beim Bruch erreichte Umformgrad von verschiedenen Einflußgrößen abhängt. Diese Einflußgrößen lassen sich im wesentlichen in zwei Gruppen zusammenfassen:

1. Die Geometrie des Systems im weiteren Sinne. Hierzu zählen nicht nur die Gestalt und absolute Größe des Werkstücks, sondern auch die Art der Krafteinleitung, d. h. die Wechselwirkung zwischen Werkstück und Werkzeug, Formänderungsgradienten sowie der hydrostatische Spannungsanteil. Zur Geometrie im weiteren Sinne sind auch Oberflächeneinflüsse zu rechnen, soweit sie nicht als Werkstoffeigenschaften angesehen werden, ferner räumliche Gradienten der Umformgeschwindigkeit (Schwingungen!) und der Temperatur.

2. Die Kinetik des Vorgangs im weiteren Sinne, d. h. die mittlere Umformgeschwindigkeit und deren zeitliche Veränderung. Hiervon läßt sich der Einfluß der mittleren Temperatur und deren zeitlicher Änderung nicht trennen.

Um eine echte Werkstoffkenngröße für das Formänderungsvermögen zu ermitteln, muß von den genannten Einflußfaktoren abstrahiert, bzw. es müssen einheitliche Bedingungen für diese Faktoren geschaffen werden.

Für die Ausschaltung von Geometrieeinflüssen kommt im Prinzip die Bestimmung des im Zug- oder Stauchversuch erreichbaren Umformgrades in Betracht. Aber auch hierbei ist die Bedingung eines einachsigen homogenen Formänderungszustands nicht in Strenge erfüllt, da z. B. im Zugversuch die Probe vor dem Bruch einschnürt.

Selbst wenn es aber gelingen würde, bis zum Bruchbeginn einen streng einachsigen Formänderungszustand zu erhalten, wäre der so ermittelte Umformgrad noch abhängig von den folgenden Einflußgrößen:

— Hydrostatische Spannung,
— Umformgeschwindigkeit,
— Temperatur.

Es ist also nötig, den beim Bruch erreichten Vergleichsumformgrad in Abhängigkeit von diesen drei unabhängigen Variablen zu ermitteln. Grundsätzlich gilt, daß das Formänderungsvermögen mit wachsender Temperatur zu- und mit wachsender Umformgeschwindigkeit abnimmt.

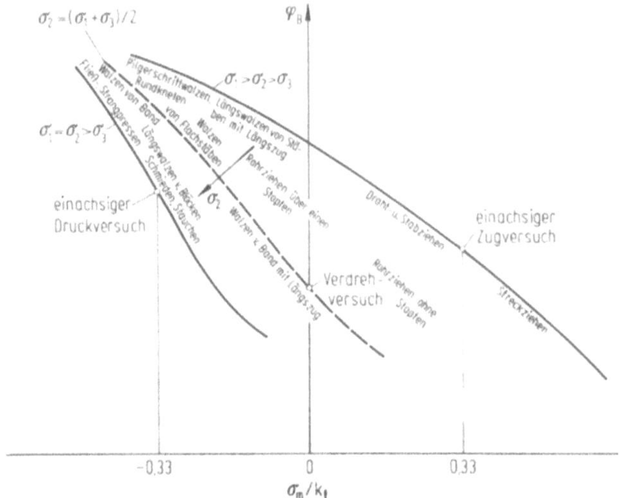

Bild 3.30 Abhängigkeit des Formänderungsvermögens vom bezogenen Spannungsmittelwert, schematisch. Nach [3.13]

Die Abhängigkeit von der hydrostatischen Spannung ist in Bild 3.30 dargestellt. Es zeigt sich, daß das Formänderungsvermögen nicht nur von der hydrostatischen Spannung, sondern auch von der Größe der mittleren Hauptspannung σ_2 abhängt.

Im allgemeinen Fall ist zudem ein richtungsabhängiges Verhalten des Werkstoffs zu berücksichtigen: die Versuchsproben zur Ermittlung des Formänderungsvermögens sind in verschiedenen Richtungen aus dem Werkstoff zu entnehmen.

3.8.2 Der Begriff „Zähigkeit" oder „Duktilität"

Wie beschrieben, ist eine strenge Bestimmung des Formänderungsvermögens φ_B schwierig bzw. unmöglich. In vielen Fällen ist dies aber auch gar nicht erforderlich. Es kommt vielmehr darauf an, die Bedingungen bei realen Umformvorgängen im Versuch anzunähern. Im konkreten Einzelfall lassen sich diese Bedingungen nur im jeweiligen Umformversuch selbst in Strenge realisieren. Um dies zu umgehen, werden Modellversuche durchgeführt, mit denen pauschale Aussagen über die Eignung eines Werkstoff für Umformvorgänge gewonnen werden.

Zu diesem Modellversuch zählen zunächst die drei Grundversuche, die üblicherweise zur Aufnahme von Fließkurven dienen, d. h. Zug-, Stauch- und Torsionsversuch, je nach Erfordernis bei Raumtemperatur oder bei erhöhten Temperaturen. Das einfachste relative Maß für die Umformeignung ist die Bruch-

einschnürung Z im Zugversuch. Diese kann z. B. als Maß für die Beurteilung der
Schmiedbarkeit eines Werkstoffs verwendet werden (Bild 3.31). Wie in [3.84]
gezeigt wurde, kann anhand der Brucheinschnürung auch ausgesagt werden, ob
ein Blechwerkstoff eine scharfkantige 180°-Biegung erträgt.

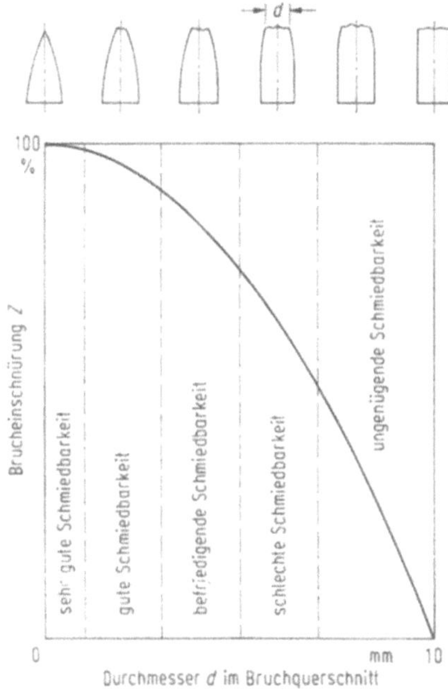

Bild 3.31 Brucheinschnürung
beim Warmzugversuch als Vergleichswert
für die Schmiedbarkeit ($d_0 = 10$ mm)

Es ist üblich, Werkstoffe mit hohem Formänderungsvermögen als „duktil"
oder „zäh" zu bezeichnen. So wird z. B. in [3.77] der Begriff „Duktilität" für den
beim Bruch erreichten Vergleichsumformgrad im Torsionsversuch verwendet,
und in [3.78] entsprechend für den Stauchversuch. Hohe Duktilität ist in der
Umformtechnik grundsätzlich erwünscht.

Die Begriffe „Duktilität" und „Zähigkeit" sind aber nicht streng definiert
und werden auch noch in einem anderen Sinne gebraucht: von einen „duktilen
Bruch" wird gesprochen, wenn vor bzw. während des Bruchs ein großer Arbeitsbetrag pro Volumen aufgewendet wurde. In diesem Fall hat die Maßzahl für
die Duktilität eine Dimension (Arbeit/Volumen), im Gegensatz zum dimensions-
losen Formänderungsvermögen.

Da der eigentliche Bruchvorgang für die Umformtechnik von geringem Interesse
ist, — hierzu s. a. Abschn. 2.8 „Bruchvorgänge bei Metallen" —, hat nur die
bis zum Bruch aufgewendete Arbeit Bedeutung für die Umformeignung eines
Werkstoffs (der ideelle Anteil dieser Arbeit läßt sich aus der Fließkurve und
dem bei einachsiger Belastung ermittelten Formänderungsvermögen berechnen,
vgl. (3.6).

In der Praxis wird als Maß für die Zähigkeit oft die im Kerbschlagbiegeversuch (vor und während des Bruchs) aufgewendete Gesamtarbeit, bezogen
auf den Probenquerschnitt („Kerbschlagzähigkeit" α_K) verwendet. Die experi-

mentelle Bestimmung der Kerbschlagzähigkeit ist einfach und in DIN 50115 „Kerbschlagversuch", Februar 1975, genormt. Der Versuch gestattet es, die Übergangstemperatur spröde-duktil [3.79] zu ermitteln. Im übrigen ist die Aussagefähigkeit des Versuchs umstritten. Weniger häufig als der Kerbschlagbiegeversuch wird der Schlagdrehversuch eingesetzt [3.80; 3.81]. Auch in diesem Versuch wird die während der Umformung und des Bruchs aufgewendete Gesamtarbeit ermittelt.

3.8.3 Grenzformänderung

Der bei einem konkreten Umformverfahren in einer Stufe erreichbare Vergleichsumformgrad wird als „Grenzformänderung" φ_G bezeichnet. Die Grenzformänderung hängt nicht nur von den in Abschn. 3.8.1 genannten Einflußgrößen hydrostatischer Druck, Umformgeschwindigkeit und Temperatur ab, sondern auch von den folgenden durch das Fertigungsverfahren und das System Werkstück-Werkzeug bedingten Gegebenheiten:

— Krafteinleitungsvermögen,
— Möglichkeit unzulässiger Deformation am Werkstück (z. B. Knicken beim Stauchen),
— Einschränkungen durch Werkzeugeigenschaften.

Im allgemeinen gilt, daß die „Grenzformänderung" höchstens gleich dem Formänderungsvermögen des Werkstoffs sein kann:

$$\varphi_G \leqq \varphi_\Gamma. \tag{3.54}$$

In realen Fällen ist sie fast immer kleiner. Als Beispiele für Prüfmethoden, mit denen eine Aussage über die in einem konkreten Umformverfahren erreichbare Formänderung gewonnen werden, seien genannt:

1. Im Bereich der Massivumformung:
1.1 Verfahren zur Bestimmung der „Stauchbarkeit" („upsettability")

Zu diesen Verfahren zählen der gewöhnliche Zylinderstauchversuch, sowie der Stauchversuch an Proben mit einer Längskerbe [3.82; 3.83], bei denen der Umformgrad beim Bruchbeginn ermittelt wird.

1.2 Verfahren zur Ermittlung der „Schmiedbarkeit" („forgeability")

Auch in diesem Fall wird vorwiegend der Stauchversuch (an Proben mit oder ohne Längskerbe) eingesetzt, vielfach bei erhöhten Temperaturen und hohen Umformgeschwindigkeiten („Schlagversuch") [3.78]. Wie schon erwähnt, werden auch Messungen der Brucheinschnürung im Warmzugversuch zur Beurteilung der Schmiedbarkeit durchgeführt (Bild 3.31), ferner Bestimmungen der Bruchformänderung φ_B im Torsionsversuch.

2. Für den Bereich der Blechumformung die Bestimmung des Grenzformänderungsschaubildes (s. Band 3 des Lehrbuches der Umformtechnik).

Bei allen derartigen Prüfmethoden ist im allgemeinen Fall eine Richtungsabhängigkeit des Werkstoffverhaltens zu berücksichtigen.

Weitere Angaben über die Grenzformänderung bei verschiedenen Umformverfahren finden sich in [3.76].

Literatur zu Kapitel 3

3.1 Stüwe, H.-P.: Die Fließkurven vielkristalliner Metalle und ihre Anwendung in der Plastizitätsmechanik, Z. Metallkde. 56 (1965) 633—642.

3.2 Herbertz, R.; Wiegels, H.: Der Unterschied zwischen Zug- und Druckfließkurve, gedeutet durch den hydrostatischen Druckeinfluß. Arch. Eisenhüttenwes. 51 (1980) 413—416.

3.3 Bridgeman, P. W.: Studies in large plastic flow and fracture. New York: McGraw-Hill 1952.

3.4 Vladimirov, V. I.: Einführung in die physikalische Theorie der Plastizität und Festigkeit. Leipzig: Verlag f. Grundstoffindustrie 1976.

3.5 Schulze, G. E. R.: Metallphysik. Berlin: Akademie-Verlag 1967.

3.6 Siebel, E.; Pomp, A.: Zur Weiterentwicklung des Druckversuches. Mitt. KWI Eisenforschung 10 (1928) 55—62.

3.7 Krause, U.: Vergleich verschiedener Verfahren zum Bestimmen der Formänderungsfestigkeit bei der Kaltumformung. Diss. TU Hannover 1962.

3.8 Bühler, H.; Vollmer, J.: Fließkurven metallischer Werkstoffe bei großen Formänderungen und Formänderungsgeschwindigkeiten, Ind. Anz. 91 (1969) 2021—2023.

3.9 Siebel, E.; Schwaigerer, S.: Zur Mechanik des Zugversuches. Arch. Eisenhüttenwes. 19 (1948) 145—152.

3.10 Ludwik, P.: Elemente der technologischen Mechanik. Berlin: Springer 1909.

3.11 Hollomon, J. H.: Tensile Deformation. Trans Met. Soc AIME 162 (1945) 268 bis 290.

3.12 Reihle, M.: Ein einfaches Verfahren zur Aufnahme der Fließkurven von Stahl bei Raumtemperatur. Arch. Eisenhüttenwes. 32 (1961) 331—336.

3.13 Stenger, H.: Über die Abhängigkeit des Formänderungsvermögens metallischer Werkstoffe vom Spannungszustand. Diss. TH Aachen 1965.

3.14 Vater, M.; Lienhart, A.: Abhängigkeit des Formänderungsvermögens metallischer Werkstoffe vom Spannungszustand bei unterschiedlich hoher Temperatur und Formänderungsgeschwindigkeit. Bänder Bleche Rohre 13 (1972) 387—395.

3.15 Pawelski, O.: Vergleichende Wertung der Prüfverfahren für die Warmumformbarkeit von Metallen. In: Warmumformung und Warmfestigkeit. Symp. Bad Nauheim 1975. Oberursel: DGM 1976.

3.16 Sachs, G.: Z Metallkde. 16 (1924) 55.

3.17 Cooke, M.; Larke, C.: Resistance of copper alloys to homogeneous deformation in compression. J. Inst. Met. 71 (1945) 371—390.

3.18 Sato, Y.; Takeyama, H.: An extrapolation method for obtaining stress-strain-curves at high rates of strain in uniaxial compression. Technol. Rep. Tohoku Univ. 44 (1980) 287—302.

3.19 Siebel, E.; Pomp, A.: Die Ermittlung der Formänderungsfestigkeit von Metallen durch den Stauchversuch. Mitt. Kaiser Wilhelm Inst. Eisenforsch. 9 (1927) 157 bis 171.

3.20 Kopp, R.: Abschlußbericht zum Forschungsvorhaben Ko 579/72 „Untersuchungen zum Kennwert Formänderungsfestigkeit-Grenzen und Reproduzierbarkeit". Inst. f. Bildsame Formgebung. TH Aachen 1980.

3.21 Wiegels, H.; Herbertz, R.: Der Zylinderstauchversuch mit großer Reibung zur Bestimmung der Fließspannung (Formänderungsfestigkeit). Stahl Eisen 99 (1979) 1380—1390.

3.22 Pöhlandt, K.; Nester, W.: Bestimmung von Fließkurven im Stauchversuch. Ein Überblick. Draht 8 (1981) (z. Veröff. ang.).

3.23 Rastegaev, M. V.: Neue Methode der homogenen Stauchung von Proben zur Bestimmung der Fließspannung und des Koeffizienten der inneren Reibung (russ.). Zavod. Lab. (1940) 354.

3.24 Turno, A.: Die Bestimmung der Verfestigungskurven an Probekörpern mit Ausdrehungen an den Stirnflächen (poln.). Obrobka Plast. (Poznan) 11 (1972) 123—127.

3.25 Krokha, V. A.: A method of determining the flow stress in compression to high degrees of plastic deformation. Ind. Lab. 40 (1974) 754—758.

3.26 Pöhlandt, K.: Stauchversuch zur Ermittlung von Fließkurven nach Rastegaev. Ind. Anz. 101 (1979) 28—29 (HGF 79/26).

3.27 Rafalski, Z.; Misiolek, Z.: Beurteilen der Plastizität kaltverformter Metalle. Bänder Bleche Rohre 21 (1980) 459—463.

3.28 Chang, T.; Shu, U.: The stress-strain-relationship of metals under homogeneous compression. Sci. Sin. 10 (1961) 377—385.

3.29 Lippmann, H.; Mahrenholtz, O.: Plastomechanik der Umformung metallischer Werkstoffe, Bd. 1. Berlin, Heidelberg, New York: Springer 1967.

3.30 Pawelski, O., et. al.: Der Warmumformsimulator des Max-Planck-Institutes für Eisenforschung — ein neues Konzept zur Erforschung schneller Warmumformvorgänge. Stahl Eisen 98 (1978) 165—178.

3.31 Kaspar, R.; Pawelski, O.: A computer-controlled simulation of hot work by flat compression on a high speed servo-hydraulic testing machine. In: Davies, B. J. (ed.): Proc. 19th MTDR Conf. Manchester, 13—15. 9. 1978, London: Macmillan Press 1979.

3.32 Hawkyard, J. B., et al.: A wedge plastometer for hot multistage compression testing. J. Mech. Working Technol. 1 (1978) 291—298.

3.33 Stüwe, H.-P.; Turck, H.: Zur Messung von Fließkurven im Torsionsversuch. Z. Metallkde. 55 (1964) 699—703.

3.34 Barraclough, D. R.: Effect of specimen geometry on hot torsion test results for solid and tubular specimens. J. Test. Eval. (JTEVA) 1 (1973) 220—226.

3.35 Verein Deutscher Eisenhüttenleute (VdEh) (Hrsg): Grundlagen der bildsamen Formgebung. Düsseldorf: Stahleisen 1966.

3.36 Nadai, A.: Theory of the flow and fracture of solids. New York: McGraw-Hill 1950.

3.37 Pöhlandt, K.: Testing strain-rate sensitive materials in the torsion test, Materialprüfung 22 (1980) 399—406.

3.38 Pöhlandt, K.: Beitrag zur Optimierung der Probengestalt und zur Auswertung des Torsionsversuches. Diss. TU Braunschweig 1977.

3.39 Witzel, W.: Inhomogene Verformung auf Grund von Texturänderungen. Z. Metallkde. 69 (1978) 337—343.

3.40 Itihara, M.: Rep. Tohoku Univ. 11 (1935) 489, 512, 528. Zitiert in: Siebel, E.: Handbuch der Werkstoffprüfung, Bd. 2. Berlin: Springer 1939.

3.41 Horiucbi, M. R., et al.: The characteristics of the torsion test for assessing hot workability of aluminium alloys. Inst. Space Aeronautical Science. Univ. of Tokyok Rep. No. 443, Tokyo 1970.

3.42 Weiss, H., et. al.: A torsion machine for programmed simulation of hot working. J. Phys. E: Sci. Instrum. 6 (1973) 710—714.

3.43 Lahoti, G. D.; Altan, T.: Prediction of temperature distributions in axisymmetric compression and torsion. Trans. ASME J. Eng. Mater. Technol. (1974) 1—8.

3.44 Brown, M. W.: Torsional stress in tubular specimens. J. Strain Anal. 13 (1978) 23 bis 28.

3.45 Shvartsbart, Ya. S., et. al.: Mechanical methods of testing. Ind. Lab. (1978) 791—794.

3.46 Krokha, V. A.: Methods of plotting hardening curves based on torsion tests (survey). Ind. Lab. (1976, A) 798—801.

3.47 Hecker, F. W.: Beitrag zur Ermittlung von Fließkurven im Verdrehversuch. Arch. Eisenhüttenwes. 52 (1971) 813—818.

3.48 Wright, D. S.; Sheppard, T.: Determination of flow stress Pt. 2: Radial and axial temperature distribution during torsion testing. Met. Technol. 31 (1979) 224—229.

3.49 Panknin, W.: Die Bestimmung der Fließkurve und der Dehnungsfähigkeit von Blechen durch den hydraulischen Tiefungsversuch. Ind. Anz. 86 (1964) 915—918.

3.50 Gologranc, F.: Untersuchung der hydraulischen Tiefung zur Aufnahme von Fließkurven. Ind. Anz. 90 (1968) 775—779

3.51 Schott, H. K.: Plastische Verformung und Stabilität beim hydraulischen Tiefungsversuch. Diss. TU Braunschweig 1973.

3.52 Vanovsek, W.; Trenkler, H.: Neuere Untersuchungen an einer Warmtorsionsanlage. Berg- u. Hüttenmänn. Monatsh. 122 (1977) 397—409.

3.53 Frobin, R.: Vergleich verschiedener Verfahren zur Aufnahme von Fließkurven. Fertigungstech. Betr. 15 (1965) 550—554.

3.54 Bauer, D.: Grundversuche der Metallumformung. Metall 32 (1978) 776—781.

3.55 Hensel, A.; Spittel, Th.: Kraft- und Arbeitsbedarf bildsamer Formgebungsverfahren. Leipzig: VEB Deutscher Verlag f. Grundstoffindustrie 1976.

3.56 VDI-Arbeitsblatt 3200 bis 3202: Fließkurven metallischer Werkstoffe, Oktober 1978.

3.57 Deutsche Gesellschaft für Metallkunde (DGM) (Hrsg.): Atlas der Warmformgebungseigenschaften von Nichteisenmetallen, Bd. 1: Aluminiumwerkstoffe; Bd. 2: Kupferwerkstoffe. Oberursel: DGM 1978.

3.58 Heinemann, H. H.: Formänderungsfestigkeit verschiedener Aluminium- und Kupferlegierungen bei hohen Formänderungsgeschwindigkeiten und Umformtemperaturen. Diss. TH Aachen 1961.

3.59 Diether, U.: Aufnahme von Warmfließkurven im Stauchversuch. Ind. Anz. 102 (1979) 67—68 (HGF 79/87).

3.60 Neuberger, F., et al.: Klassifikation gebräuchlicher Schmiedewerkstoffe durch Stauchversuche. Maschinenbautechnik 7 (1958) 249—254.

3.61 Jonas, J. J., et al.: Strength and structure under hot working conditions. Metall. Rev. (1969) Rev. 130.

3.62 Leykamm, H.: Berechnung der Fließkurve von Fließpreßstählen und der Festigkeit, Bruchdehnung und Brucheinschnürung kaltumgeformter Werkstücke aus der Werkstoffanalyse nach Wagenbach: Draht 29 (1978) 648—651.

3.63 Jonck, R., et al.: Einfluß der Legierungselemente auf das Kaltumformverhalten. Z. Wirtsch. Fertigung 69 (1974) 419—424.

3.64 Mathon, M. P.: Influence des impuretés des aciers sur leur aptitude au formage à froid. Formage et Materiaux 1 (1969) 15—19.

3.65 Deutsche Gesellschaft für Metallkunde (DGM) (Hrsg.): Fließkurven verschiedener Werkstoffe. Oberursel: DGM 1978.

3.66 Dahl, W.; Rees, H.: Die Spannungs-Dehnungs-Kurve von Stahl. Düsseldorf: Stahleisen 1976.

3.67 Althoff, J.; Wincierz, P.: The influence of texture on the yield loci of copper and aluminium. Z. Metallkde. 63 (1973) 623—633.

3.68 Kelley, E. W.; Hosford, F.: The deformation characteristics of textured magnesium. Trans. TMS-AIME 242 (1968) 654—661.

3.69 Bunge, H. J., et al.: Calculation of the yield locus of polycrystalline materials according to the Taylor theory. (Demnächst: Salzgitter-Ber.).

3.70 Reissner, J.: Bedeutung der Fließkurve in der Blechumformung. (demnächst: Blech Rohre Profile).

3.71 Althoff, J., et al.: Charakterisierung der mechanischen Anisotropie stranggepreßter, ausgehärteter Al-Legierungen (Preßeffekt) durch Kurven des Fließbeginns und r-Werte. Z. Metallkde. 62 (1971) 765—771.

3.72 Hosford, F.: Texture hardening. In: Grewen, J.; Wassermann, G. (Hrsg.): Texturen in Forschung und Praxis. Berlin, Heidelberg, New York: Springer 1969, 414—435.

3.73 Lowden, U. A. W.; Hutchinson, W. B.: Texture strengthening and strength differential in Ti6Al4V. Met. Trans. 6A (1975) 441—448.

3.74 Reissner, J.: Ein neues Kriterium zur Ermittlung der Grenzformänderung in der Blechumformung. Berg- u. Hüttenmänn. Monatsh. 124 (1979) 300—308.

3.75 Wheeler, R. G.; Ireland, D. R.: Multiaxial plastic flow of zircaloy-2 determined from hardness data. Electrochem. Technol. 4 (1966) 313—317.

3.76 Jahnke, H.; Retzke, R.; Weber, W.: Umformen und Schneiden, 2. Aufl. Berlin: VEB Verlag Technik 1972.

3.77 Hammad, F. H., et al.: Factors affecting ductility of aluminium during torsional-tensile deformation. Aluminium 55 (1979) 457—461.

3.78 Spretnak, J. W.: Forgeability. Institute for forging Design, Forging Industry Association, Cleveland/Ohio 1980.

3.79 Blumenauer, H. (Hrsg.): Werkstoffprüfung. Leipzig: VEB Deutscher Verlag f. Grundstoffindustrie 1977.

3.80 Scherer, R.; Kiessler, H.: Verdrehschlagzähigkeit von Stahl. Stahl Eisen 63 (1943) 353—360.

3.81 Popescu-Castellin, N. D.: Verfahren und Vorrichtung zur Untersuchung des Verhaltens der Metalle bei dynamischer Torsionsbeanspruchung. Materialprüfung 15 (1973) 307—311.

3.82 Dannenmann, E.; Blaich, M.: Verfahren zur Prüfung der Kaltstauchbarkeit. Draht 28 (1978) 703—706.

3.83 Tozawa, Y.: Recommended method in Japan for testing for cold upsettability. ICFG Vollversammlung, Stuttgart 1979.

3.84 Schaub, W.: Untersuchungen über das Versagen von Blechen beim scharfkantigen 180°-Biegen. Bänder Bleche Rohre 20 (1979) 458—461.

4 Plastizitätstheoretische Grundlagen

Von E. Steck und M. Geiger*

Begriffe und Formelzeichen

A_{mn}, B_{ij}, C_{pq}	freie Parameter
D	Determinante
δ_{ij}	Kronecker-Delta
E	Einheitstensor
Φ_1, Φ_2	Spannungsfunktionen
g_i	Gewichtsfaktoren
I_1, I_2, I_3	Invarianten des Formänderungsgeschwindigkeitstensors
J_1, J_2, J_3	Invarianten des Spannungsdeviators
$\bar{J}_1$, $\bar{J}_2$, $\bar{J}_3$	Invarianten des Spannungstensors
λ	Proportionalitätsfaktor
n	Normalenvektor (Einheitsvektor)
ω	$= \sigma_m/2k$ (siehe S. 205)
ψ	Stromfunktion
ϱ	Öffnungswinkel des Reibungskegels ($\mu = \tan \varrho$)
S	Spannungsvektor
ϑ	Winkel
u	Verschiebung
X, Y, Z	spezifische Massenkräfte

4.0 Einleitung

Die Plastizitätstheorie ist das Teilgebiet der Kontinuumsmechanik, das sich mit dem Verhalten der Festkörper beim Auftreten von bleibenden Formänderungen beschäftigt. Sie ist damit die Grundlage für die rechnerische Behandlung von Umformvorgängen. Ihre Grundgleichungen führen allerdings bei der Anwendung auf praktische Aufgaben auf schwierig zu lösende mathematische Probleme. Sie hat daher, zumindest vor der Einführung elektronischer Rechenanlagen, in der Umformtechnik nur sehr beschränkte Anwendung gefunden.

Für die Zwecke der Umformtechnik wurden statt dessen heute unter dem Namen „elementare Plastizitätstheorie" zusammengefaßte Berechnungsmethoden entwickelt, die durch stark vereinfachende Annahmen über die im Werkstück auftretenden Formänderungs- und Spannungsverteilungen die mathematischen Schwierigkeiten umgehen und eine näherungsweise quantitative Behandlung von Umformvorgängen zulassen.

Die folgende Darstellung wurde daher in drei Abschnitte aufgeteilt. Um dem vorwiegend an der praktischen Anwendung der Umformtechnik interessierten

---

* Unter Mitarbeit von K. Roll und M. Rebholz bei Abschn. 4.3.6.

Leser einen direkten Zugang zu den Grundlagen der elementaren Plastizitätstheorie zu ermöglichen, wurden die dazu notwendigen Begriffe und Grundgleichungen im ersten Teil zusammengefaßt, und nicht, wie es auch möglich gewesen
wäre, durch Spezialisierung auf bevorzugte Koordinatensysteme aus den im
zweiten Teil allgemeiner formulierten Beziehungen abgeleitet. Da beide Teile
für sich lesbar sein sollen, mußten Wiederholungen einzelner Definitionen und
Ableitungen in Kauf genommen werden.

Im dritten Abschnitt werden Lösungsverfahren zum Bestimmen von Spannungs- und Formänderungsverteilungen bei einem Umformvorgang vorgestellt,
die eine möglichst gute Näherung der allgemein formulierten Grundgleichungen
der Plastizitätstheorie und der Randbedingungen des Vorgangs zulassen.

Die im ersten Teil dargestellten Grundgleichungen der elementaren Plastizitätstheorie lassen sich bei der Behandlung bestimmter Aufgaben noch weiter
vereinfachen. Entsprechende Ableitungen finden sich in den Bänden 2 und 3, die
sich mit den einzelnen Umformverfahren beschäftigen.

4.1 Grundlagen der elementaren Plastizitätstheorie

4.1.1 Plastizität, Fließgrenze, Verfestigung

Metallkunde und Metallphysik haben die Ursachen des plastischen Verhaltens
der metallischen Werkstoffe und dessen Abhängigkeit von den verschiedenen
Einflußgrößen, wie Vorgangsgeschwindigkeit, Vorgeschichte, Temperatur u. a.
weitgehend geklärt. Die wesentlich ältere *Plastizitätstheorie*, die der Berechnung
von Spannungen, Kräften und Formänderungen zugrunde liegt, nimmt allerdings auf diese Erkenntnisse nicht direkt Bezug, obwohl sie selbstverständlich die
Sicherheit bei der Beurteilung des Verhaltens der Metalle im plastischen Bereich
wesentlich steigern.

Die Plastizitätstheorie geht vielmehr von den makroskopisch beobachtbaren
Erscheinungen aus, also von den Eigenschaften der Werkstoffe, die unmittelbar
bei Umformvorgängen — insbesondere bei Modellvorgängen, wie Zug- oder
Stauchversuch — beobachtet und gemessen werden können. Sie gelangt so zur
folgenden, einfachen Beschreibung des plastischen Verhaltens:

Plastizität ist das Vermögen eines Werkstoffs, unter Wirkung von Spannungen
seine Form bleibend zu ändern, wenn diese Spannungen eine werkstoffabhängige,
kritische Größe, die sog. *Fließgrenze*, erreichen.

Dieses Verhalten läßt sich z. B. aus dem im Zugversuch ermittelten Spannungs-Dehnungs-Diagramm (Bild 2.1) ablesen: Bleibt die Spannung σ unterhalb
der kritischen Größe R_p oder $R_\mathrm{p0,2}$, so verschwinden die Formänderungen nach
Wegnahme der Last. Be- und Entlastungskurve fallen zusammen. Der Werkstoff
verhält sich elastisch.

Erreicht die Spannung die Fließgrenze, so sind bleibende Formänderungen
die Folge. Das Werkstück behält nach der Entlastung eine gegenüber dem Ausgangszustand veränderte Gestalt. Es ist plastisch oder bleibend verformt, oder
— wenn die Endform bewußt angestrebt wurde — umgeformt worden. Stoffe mit
elastisch-plastischem Verhalten können nach dem Umformen wieder bis zur

Fließgrenze (die jetzt höher liegt) belastet werden, ohne daß sich bleibende Formänderungen einstellen. Der Anstieg der Fließgrenze infolge der vorhergegangenen Umformung wird als *Verfestigung* des Werkstoffs bezeichnet.

Ziel der Plastizitätstheorie ist es, auf theoretischem Wege Aussagen über Spannungs- und Bewegungszustände zu gewinnen, die in einem Werkstück während eines Umformvorgangs herrschen. Diese Forderung hat zu einer — wie Versuche bestätigen — zutreffenden (wenn auch vereinfachenden) physikalischen Beschreibung der Vorgänge im Kleinen, d. h. am Element geführt.

4.1.2 Bewegungszustand

Die Grundlage der Beschreibung eines Umformvorgangs im Ganzen ist die Beschreibung der Spannungen und Formänderungen und ihres Zusammenhangs am Werkstoffelement. Wie erwähnt, verursachen bei einem Umformvorgang äußere Kräfte im Werkstück Spannungen, und es treten bleibende Formänderungen auf, falls diese Spannungen die Fließgrenze erreichen. Der Werkstoff „fließt". Die Bewegung der Werkstoffteilchen, deren Geschwindigkeit als Wandergeschwindigkeit bezeichnet wird, läßt sich durch das sog. *Geschwindigkeitsfeld* darstellen, das die augenblickliche Geschwindigkeit der Teilchen nach Richtung und Betrag angibt (Bild 4.1 und 4.2).

Als *Stromlinien* des Geschwindigkeitsfelds bezeichnet man Linien, die die Geschwindigkeitsvektoren zu Tangenten haben. Die von den Teilchen während des Vorgangs tatsächlich durchlaufenen Wege nennt man *Bahnlinien*.

Ändert sich der Bewegungszustand, d. h. das Geschwindigkeitsfeld während

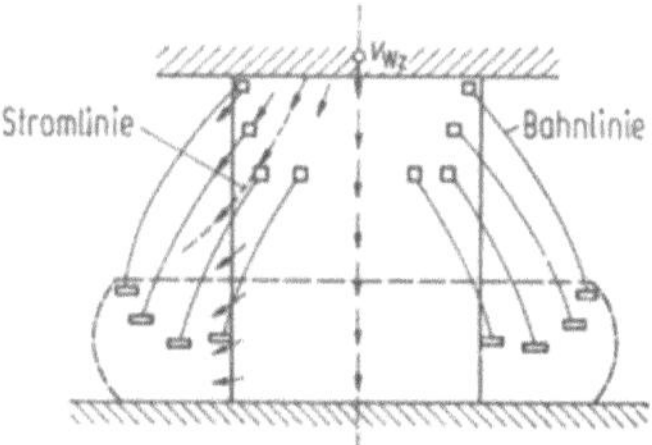

Bild 4.1 Bewegungszustand eines instationären Umformvorgangs (Stauchen)

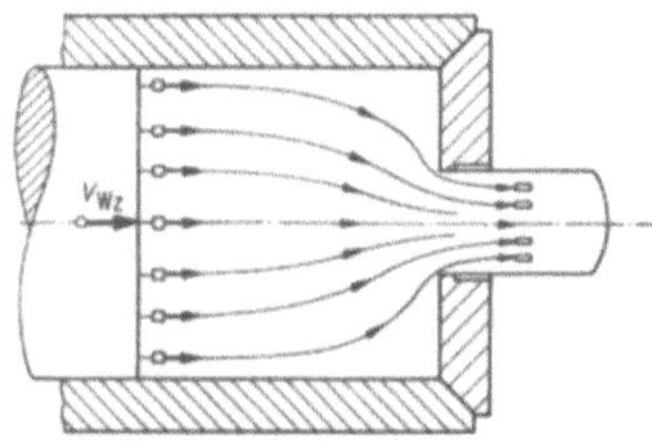

Bild 4.2 Bewegungszustand eines stationären Umformvorgangs (Strangpressen)

Bild 4.3 Experimentelle Bestimmung des Bewegungszustands mit Liniennetzen

des Vorgangs, so nennt man ihn *instationär*. Bleibt das Geschwindigkeitsfeld unverändert, so ist der Vorgang *stationär*. (Ein stationäres Geschwindigkeitsfeld ist in Wirklichkeit nur über Abschnitte des Vorgangs vorhanden.) Bei stationären Vorgängen fallen Strom- und Bahnlinien zusammen; bei instationären nicht. Es ist darüberhinaus leicht einzusehen, daß sich bei stationärem Bewegungszustand auch die übrigen mit dem Vorgang verknüpften Größen, insbesondere Spannungen und Kräfte, mit der Zeit nicht ändern.

Der Werkstofffluß läßt sich durch Teilen von Werkstücken und Aufbringen von später verzerrten Liniennetzen veranschaulichen (Bild 4.3) oder durch Modellversuche darstellen.

4.1.3 Formänderungen und Formänderungsgeschwindigkeiten

Betrachtet man kleine Werkstoffgebiete (sog. Werkstoffelemente), die zu einer bestimmten Zeit t des Vorgangs gekennzeichnet wurden, nach einem Zeitintervall Δt, so werden sie i. allg. infolge der Werkstoffbewegung ihre Gestalt geändert haben; es treten *Formänderungen* auf (Bild 4.4).

Die gesamte Formänderung wird in zwei Anteile „Dehnungen" und „Schiebungen" aufgeteilt.

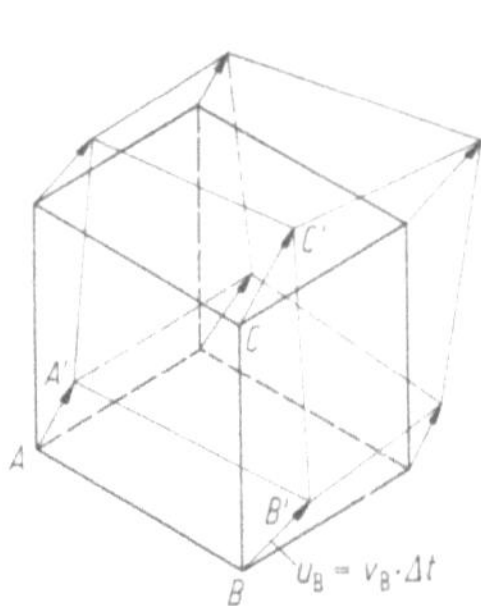

Bild 4.4 Verformung eines Werkstoffelements in der Zeitspanne Δt

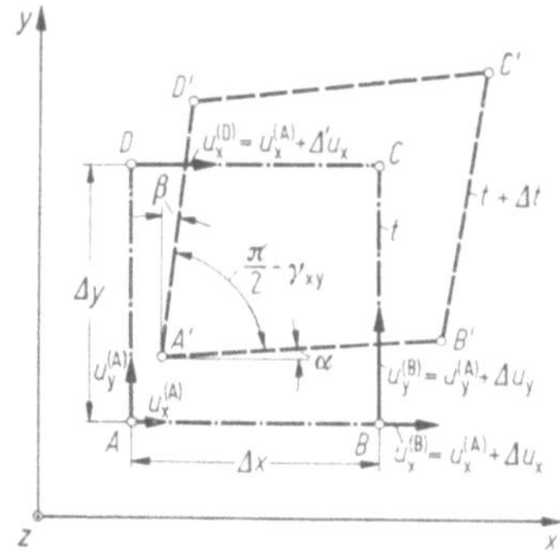

Bild 4.5 Verformung einer zur x-y-Ebene parallelen Fläche eines Werkstoffelements. $u_x^{(A)}$ ist die Verschiebung des Punktes A in x-Richtung. Die Verschiebungen in y- und z-Richtung werden mit $u_y^{(A)}$ und $u_z^{(A)}$ bezeichnet

4.1.3.1 Dehnungen

Als Dehnung des Elements in x-Richtung bezeichnet man die Verlängerung der Strecke $\overline{AB}$ (Bild 4.5), bezogen auf ihre Ausgangslänge. Da infolge des als sehr klein angenommenen Zeitintervalls Δt nur kleine Längenänderungen und Winkel auftreten, unterscheidet sich die Strecke $\overline{A'B'}$, in die $\overline{AB}$ übergeht, nur unwesentlich von ihrer Projektion auf die x-Achse. Die Länge der Strecke $\overline{A'B'}$ ergibt sich zu

$$\overline{A'B'} = \Delta x - u_x^{(A)} + u_x^{(B)} = \Delta x + \Delta u_x, \tag{4.1}$$

wobei u_x die Verschiebung des betrachteten Punktes in x-Richtung darstellt.

Für die Dehnung gilt

$$\varepsilon_x = \frac{\Delta x + \Delta u_x - \Delta x}{\Delta x} = \frac{\Delta u_x}{\Delta x}. \tag{4.2}$$

Für $\Delta t \to 0$ (Übergang zum Zeitdifferential) und $\Delta x \to 0$ gilt

$$\varepsilon_x = \frac{\partial u_x}{\partial x} \tag{4.3a}$$

(partielles Differential $\partial/\partial x$ weil u_x auch von y und z abhängt). Entsprechend gilt

$$\varepsilon_y = \frac{\partial u_y}{\partial y}, \tag{4.3b}$$

$$\varepsilon_z = \frac{\partial u_z}{\partial z}. \tag{4.3c}$$

4.1.3.2 Schiebungen

Als Schiebungen bezeichnet man die Änderungen der ursprünglich rechten Winkel des Elements. Für die Änderung des Winkels DAB gilt

$$\gamma_{xy} = \alpha + \beta. \tag{4.4}$$

Da α und β sehr kleine Winkel sind, gilt $\tan \alpha \approx \alpha$, $\tan \beta \approx \beta$. Außerdem kann bei der Berechnung von α und β ohne einen wesentlichen Fehler $\overline{A'B'} = \overline{AB}$ und $\overline{A'D'} = \overline{AD}$ gesetzt werden. Man erhält dann:

$$\alpha = \lim_{\Delta x \to 0} \frac{u_y^{(B)} - u_y^{(A)}}{\Delta x} = \lim_{\Delta x \to 0} \frac{\Delta u_y}{\Delta x} = \frac{\partial u_y}{\partial x}, \tag{4.5a}$$

$$\beta = \lim_{\Delta y \to 0} \frac{u_x^{(D)} - u_x^{(A)}}{\Delta y} = \lim_{\Delta y \to 0} \frac{\Delta' u_x}{\Delta y} = \frac{\partial u_x}{\partial y}. \tag{4.5b}$$

Hieraus ergibt sich

$$\gamma_{xy} = \frac{\partial u_x}{\partial y} + \frac{\partial u_y}{\partial x}, \tag{4.3d}$$

und entsprechend

$$\gamma_{xz} = \frac{\partial u_z}{\partial x} + \frac{\partial u_x}{\partial z}, \tag{4.3e}$$

$$\gamma_{yz} = \frac{\partial u_z}{\partial y} + \frac{\partial u_y}{\partial z}. \tag{4.3f}$$

Für die Beschreibung von Umformvorgängen sind außer den Formänderungen die *Formänderungsgeschwindigkeiten* wichtig. Werden die Geschwindigkeiten, mit denen sich ein Teilchen in x-Richtung bewegt, mit

$$v_x = \frac{\partial u_x}{\partial t} \tag{4.6a}$$

und entsprechend für die y- und z-Richtung mit

$$v_\mathrm{y} = \frac{\partial u_\mathrm{y}}{\partial t}, \qquad\qquad\qquad (4.6\,\mathrm{b})$$

$$v_\mathrm{z} = \frac{\partial u_\mathrm{z}}{\partial t} \qquad\qquad\qquad (4.6\,\mathrm{c})$$

bezeichnet, so gilt für die Dehnungs- und Schiebungsgeschwindigkeiten z. B.:

$$\dot{\varepsilon}_\mathrm{x} = \frac{\partial \varepsilon_\mathrm{x}}{\partial t} = \frac{\partial}{\partial t}\frac{\partial}{\partial x}(u_\mathrm{x}) = \frac{\partial}{\partial x}\left(\frac{\partial u_\mathrm{x}}{\partial t}\right) = \frac{\partial v_\mathrm{x}}{\partial x}, \qquad\qquad (4.7\,\mathrm{a})$$

$$\dot{\gamma}_\mathrm{xy} = \frac{\partial v_\mathrm{x}}{\partial y} + \frac{\partial v_\mathrm{y}}{\partial x}. \qquad\qquad\qquad (4.7\,\mathrm{b})$$

Durch die oben abgeleiteten Beziehungen für die Formänderungen und die Formänderungsgeschwindigkeiten werden der Formänderungszustand und dessen zeitliche Veränderung für ein sehr kleines Werkstoffelement, d. h. also *lokal*, beschrieben. Die berechneten Werte ändern sich i. allg. von Ort zu Ort. Sie sind außerdem von der Lage des Elements abhängig.

Der Formänderungszustand ist durch die Dehnungen und Schiebungen vollständig beschrieben. Aus den in einem x-y-z-System ermittelten Werten lassen sich die Formänderungen und Formänderungsgeschwindigkeiten für ein beliebiges x'-y'-z'-System, das aus dem ursprünglichen durch eine Drehung hervorgegangen ist, berechnen, wenn die Größe der Drehung bekannt ist (s. Abschn. 4.2.2.2).

Es ist nun möglich, in jedem Punkt eines bis zur Fließgrenze beanspruchten Körpers ein Element so zu legen, daß es *keine Schiebungen*, sondern nur Dehnungen erfährt. Die durch seine Kanten gegebenen Richtungen, die senkrecht aufeinander stehen, werden als *Hauptformänderungsrichtungen* (oder *Hauptachsen* des Formänderungszustands in einem bestimmten Punkt) bezeichnet.

Zur Veranschaulichung soll folgendes Beispiel dienen (Bild 4.6). Betrachtet man bei einer *ebenen* Formänderung, bei der also nur in x- und y-Richtung eine Werkstoffbewegung stattfindet, ein ursprünglich durch einen Kreis berandetes Element, so wird es durch eine kleine Formänderung zu einer Ellipse. Die Richtungen, die durch die größte und die kleinste Achse dieser Ellipse gegeben sind, sind die Hauptachsen des Formänderungszustands. Strecken, die vor der Formänderung zu diesen Achsen parallel waren, sind es auch noch nach der Formände-

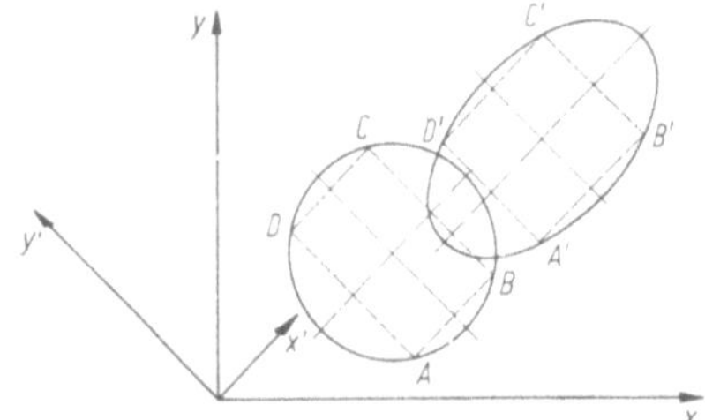

Bild 4.6 Ebene Formänderung eines durch einen Kreis berandeten Elements

rung. In einem x'-y'-Koordinatensystem, das den Kanten des Elements $ABCD$ parallel ist, gilt

$$\gamma_{x'y'} = 0; \qquad \dot{\gamma}_{x'y'} = 0,$$

d. h. die Schiebungen und Schiebungsgeschwindigkeiten verschwinden.

Bei Umformvorgängen sind in der Regel die plastischen (bleibenden) Formänderungen gegenüber den elastischen Verformungen sehr groß, so daß man vom elastischen Anteil absehen kann. Versuche haben ergeben, daß die plastischen Formänderungen keine Änderung des Volumens des Werkstoffs mit sich bringen. Diese Kenntnis führt zu der allen umformtechnischen Berechnungen zugrunde gelegten Regel:

Während der Umformung bleibt das Volumen konstant.

Diese Aussage wird durch die Gleichungen

$$\varepsilon_x + \varepsilon_y + \varepsilon_z = 0, \tag{4.8a}$$

bzw.

$$\dot{\varepsilon}_x + \dot{\varepsilon}_y + \dot{\varepsilon}_z = 0 \tag{4.8b}$$

ausgedrückt (s. Abschn. 4.2.3.1).

4.1.4 Homogene Umformung, Umformgrad

Die Änderung der äußeren Abmessungen eines Werkstücks während der Umformung läßt meist nur qualitative Rückschlüsse auf die Vorgänge im Innern zu, da die Formänderungen innerhalb des Werkstücks sehr verschiedenartig sein können. Man kann sich jedoch Umformvorgänge vorstellen und sie auch zumindest näherungsweise verwirklichen, bei denen an jedem Punkt des Werkstücks die gleichen Formänderungen stattfinden, bei denen also der Umformvorgang *homogen* abläuft.

Es ist leicht einzusehen, daß sich nur derartige homogene Umformvorgänge zur experimentellen Bestimmung von Werkstoffeigenschaften verwenden lassen. Bei den Versuchen werden die Änderungen der äußeren Abmessungen eines Probekörpers infolge der angelegten Kräfte gemessen. Sie erlauben nur dann Rückschlüsse auf den den Werkstoff kennzeichnenden Zusammenhang zwischen Spannungen und Formänderungen, wenn die beobachteten Änderungen der äußeren Abmessungen kennzeichnend für die Vorgänge an jedem beliebigen Werkstoffelement sind.

Der Zugversuch erfüllt diese Bedingung in guter Näherung, solange keine Einschnürung stattfindet. Ein weiterer homogener Umformvorgang ist das reibungsfreie Stauchen zwischen parallelen Stauchbahnen. Dieser Umformvorgang ist zwar schwierig zu verwirklichen. Er besitzt aber für theoretische Betrachtungen eine gewisse Bedeutung.

Wird ein Stauchkörper mit rechteckigem Querschnitt zwischen parallelen Bahnen reibungsfrei gestaucht (Bild 4.7), so läßt sich nachweisen, daß die Geschwindigkeiten, mit denen sich die Werkstoffelemente bewegen, linear von den

Ortskoordinaten abhängen. Sie sind durch die Beziehungen

$$v_\mathrm{x} = \frac{v_\mathrm{Wz}}{2h}\, x, \tag{4.9a}$$

$$v_\mathrm{y} = \frac{v_\mathrm{Wz}}{2h}\, y, \tag{4.9b}$$

$$v_\mathrm{z} = -\frac{v_\mathrm{Wz}}{h}\, z \tag{4.9c}$$

gegeben. Hieraus berechnen sich die Dehnungsgeschwindigkeiten

$$\dot\varepsilon_\mathrm{x} = \frac{v_\mathrm{Wz}}{2h} = \dot\varphi_1, \tag{4.10a}$$

$$\dot\varepsilon_\mathrm{y} = \frac{v_\mathrm{Wz}}{2h} = \dot\varphi_\mathrm{b}, \tag{4.10b}$$

$$\dot\varepsilon_\mathrm{z} = -\frac{v_\mathrm{Wz}}{h} = \dot\varphi_\mathrm{h}. \tag{4.10c}$$

Wie man durch Einsetzen in (4.8b) prüft, erfüllt das angegebene Geschwindigkeitsfeld die Bedingung der Volumenkonstanz. Die Schiebungsgeschwindigkeiten ergeben sich zu:

$$\dot\gamma_\mathrm{xy} = \frac{\partial v_\mathrm{y}}{\partial x} + \frac{\partial v_\mathrm{x}}{\partial y} = 0, \tag{4.11a}$$

$$\dot\gamma_\mathrm{xz} = \frac{\partial v_\mathrm{z}}{\partial x} + \frac{\partial v_\mathrm{x}}{\partial z} = 0, \tag{4.11b}$$

$$\dot\gamma_\mathrm{yx} = \frac{\partial v_\mathrm{z}}{\partial y} + \frac{\partial v_\mathrm{y}}{\partial z} = 0. \tag{4.11c}$$

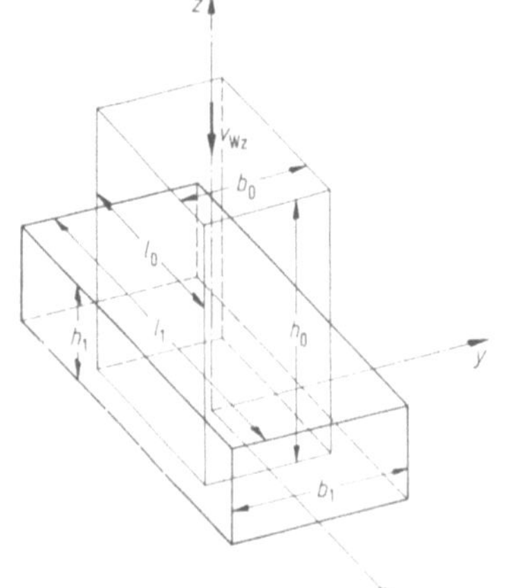

Bild 4.7 Homogene Umformung eines Quaders. v_Wz ist die Geschwindigkeit der bewegten oberen Stauchbahn

Die x-, y- und z-Richtung sind damit für jedes Teilchen des Stauchkörpers Hauptrichtungen, und die Dehnungsgeschwindigkeiten haben für jeden Punkt die gleiche Größe.

In der Umformtechnik werden die bei homogenen Formänderungszuständen auftretenden Hauptdehnungsgeschwindigkeiten als *Umformgeschwindigkeiten* $\dot{\varphi}$ bezeichnet. Sie sind für jedes Element durch die Größen v_{Wz} und h bestimmt.

Damit können auch die Dehnungen, die jedes Element im Zeitintervall $t_1 - t_0$ erfährt, durch diese Größen beschrieben werden. Zum Beispiel ergibt sich für die Dehnung in z-Richtung:

$$\varphi_h = \int_{t_0}^{t_1} \dot{\varphi}_h \, dt = \int_{t_0}^{t_1} -\frac{v_{Wz}}{h} \, dt. \tag{4.12}$$

Bezeichnet man die Höhe des Stauchkörpers zur Zeit t_0 mit h_0 und zur Zeit t_1 mit h_1, so gilt mit

$$dh = -v_{Wz} \, dt,$$

$$\varphi_h = \int_{h_0}^{h_1} \frac{dh}{h} = \ln h_1 - \ln h_0 = \ln \frac{h_1}{h_0}. \tag{4.13a}$$

Entsprechend erhält man für die Dehnungen in x- und y-Richtung:

$$\varphi_l = \ln \frac{l_1}{l_0}, \tag{4.13b}$$

$$\varphi_b = \ln \frac{b_1}{b_0}. \tag{4.13c}$$

Die Größe φ wird *Umformgrad* genannt. Die Beziehungen (4.13) zur Bestimmung der Umformgrade gelten nicht nur für einachsige Spannungszustände, wie sie beim Zug- oder Stauchversuch auftreten, sondern auch für Vorgänge, bei denen mehrachsige Spannungszustände vorhanden sind; Voraussetzung ist, der Formänderungszustand bleibt homogen, da nur unter dieser Voraussetzung der Umformgrad ein Maß für die örtliche Formänderung ist. Für inhomogene Formänderungszustände ist es deshalb i. allg. nicht sinnvoll, einen Umformgrad anzugeben. Er ist dann nur ein geometrischer Verhältniswert, der allerdings in der Umformtechnik häufig verwendet wird.

Die Umformgrade in den verschiedenen Richtungen können stets über das Gesetz der Volumenkonstanz miteinander verknüpft werden. Aus

$$V = h_0 b_0 l_0 = h_1 b_1 l_1$$

folgt

$$\frac{h_1 b_1 l_1}{h_0 b_0 l_0} = 1.$$

Durch Logarithmieren erhält man

$$\ln \frac{h_1}{h_0} + \ln \frac{b_1}{b_0} + \ln \frac{l_1}{l_0} = \varphi_\mathrm{h} + \varphi_\mathrm{b} + \varphi_\mathrm{l} = 0. \qquad (4.8\,\mathrm{c})$$

Diese Gleichung ist der Sonderfall der Gl. (4.8a) für den Fall der homogenen Umformung.

Den Gln. (4.13) entsprechende Beziehungen für den Umformgrad können auch durch folgende Betrachtung erhalten werden (vgl. Kap. 3):

Bei der Definition der Dehnung, z. B. beim Zugversuch, können zwei Wege eingeschlagen werden. Man kann einmal die Längenänderung $\mathrm{d}l$ auf die Ausgangslänge l_0 des Zugstabs beziehen und erhält dann

$$\mathrm{d}\varepsilon = \frac{\mathrm{d}l}{l_0}^{\,1} \qquad (3.4)$$

und hieraus, wenn die endgültige Länge l_1 beträgt:

$$\varepsilon = \int_{l_0}^{l_1} \frac{\mathrm{d}l}{l_0} = \frac{l_1 - l_0}{l_0}. \qquad (3.5)$$

Diese Dehnungsdefinition wird in der Festigkeitslehre benutzt.

Bezieht man dagegen die Längenänderung $\mathrm{d}l$ auf die augenblickliche Länge l, so erhält man

$$\mathrm{d}\varphi = \frac{\mathrm{d}l}{l} \qquad (3.2)$$

und

$$\varphi = \int_{l_0}^{l_1} \frac{\mathrm{d}l}{l} = \ln \frac{l_1}{l_0}. \qquad (3.3)$$

Beim Auftreten von bleibenden Formänderungen verliert der spannungsfreie Ausgangszustand seine Bedeutung als Bezugszustand, den er bei Vorgängen mit nur elastischen Formänderungen besitzt. Der Umformgrad φ ist dann unter der Voraussetzung, daß der Formänderungszustand homogen ist, besser geeignet, bleibende Formänderungen zu beschreiben.

Bei Zug- oder Stauchversuchen mit rechteckigem Probenquerschnitt ist die homogene Umformung dadurch gekennzeichnet, daß die Hauptachsen des Formänderungszustands für alle Elemente gleichgerichtet sind. Besitzen die Proben kreisförmigen Querschnitt, so spricht man dann von homogener Umformung, wenn die Dehnungsgeschwindigkeiten in Radial-, Umfangs- und Längsrichtung jeweils für alle Punkte des Werkstücks gleich groß sind. Dies ist z. B. bei Zug- oder Stauchversuchen an einem Rotationskörper der Fall.

---

[1] Der Durchgängigkeit halber werden bei dieser allgemeinen Betrachtung die Symbole für Längendehnungen in Abweichung von DIN 50145 mit kleinen Indizes geschrieben.

Als Umformgrade erhält man hierfür in Axialrichtung

$$\varphi_l = \ln \frac{l_1}{l_0}$$

und in Radial- und Umfangsrichtung

$$\varphi_r = \varphi_t = \ln \frac{r_1}{r_0}.$$

4.1.5 Fließbedingung und Stoffgesetz

Beim einachsigen Zug-Druck-Versuch tritt Fließen ein, wenn die Spannung $\sigma = F/A$ den Wert k_f erreicht. Diesen Sachverhalt kann man als *Fließbedingung*

$$\left| \frac{F}{A} \right| = k_f \text{ }^2 \tag{4.14}$$

schreiben. Bei *mehrachsigen* Spannungszuständen hängt der Eintritt des Fließens nicht mehr nur von einer Spannung (z. B. der größten Zug- oder Druckspannung) sondern von einer Kombination *aller* Spannungen ab. Von zahlreichen für diesen Fall vorgeschlagenen Fließbedingungen werden zwei, nämlich

— die Schubspannungshypothese (Tresca, Mohr) [4.1],
— die Gestaltänderungsenergiehypothese (v. Mises, Hencky [4.2])

durch Versuche gut bestätigt. Sie sind zur Grundlage der meisten Untersuchungen auf dem Gebiet der Plastizitätstheorie geworden. Beide enthalten selbstverständlich die Fließbedingung (4.14) für einachsigen Zug oder Druck als Sonderfall.

Die *Schubspannungshypothese* sagt aus, daß der Werkstoff an einer bestimmten Stelle des Werkstücks dann bleibende Formänderungen erleidet, wenn die größte an dieser Stelle wirkende Schubspannung einen kritischen Wert erreicht. Man erhält also die Fließbedingung

$$|\tau_{\max}| = k. \tag{4.15}$$

In dieser Beziehung ist k die (werkstoffabhängige) *Schubfließgrenze*, die z. B. durch einen Scherversuch ermittelt werden könnte. Es sei hier daran erinnert, daß der Spannungszustand wie der Formänderungszustand Hauptachsen besitzt, die aufeinander senkrecht stehen und in deren Richtungen die *Hauptspannungen* wirken, die i. allg. mit σ_1, σ_2 und σ_3 bezeichnet werden (s. Abschn. 4.1.3.2).

Wird der Spannungszustand in der Ebene, in der die größte Hauptspannung σ_1 und die kleinste Hauptspannung σ_3 wirken, durch den *Mohrschen Kreis* [4.3] dargestellt, so erhält man Bild 4.8. Wie man hieraus erkennen kann, ist die größte in dieser Ebene wirkende Schubspannung $\tau_{\max}$ durch den Halbmesser des Mohrschen Kreises gegeben. Sie ist zugleich die größte am betrachteten Element auftretende Schubspannung.

---

[2] Der Durchgängigkeit halber wird in Kap. 4 ausschließlich das Symbol „A" für Querschnitt bzw. Fläche verwendet.

Da der Durchmesser des Mohrschen Kreises durch die Differenz der größten und der kleinsten Hauptspannung gegeben ist, gilt

$$\tau_{\max} = \frac{\sigma_1 - \sigma_3}{2}. \qquad (4.16)$$

Spannungszustände, durch die der Werkstoff bleibende Formänderungen erleidet, werden also stets durch Mohrsche Kreise mit dem Halbmesser k dargestellt.

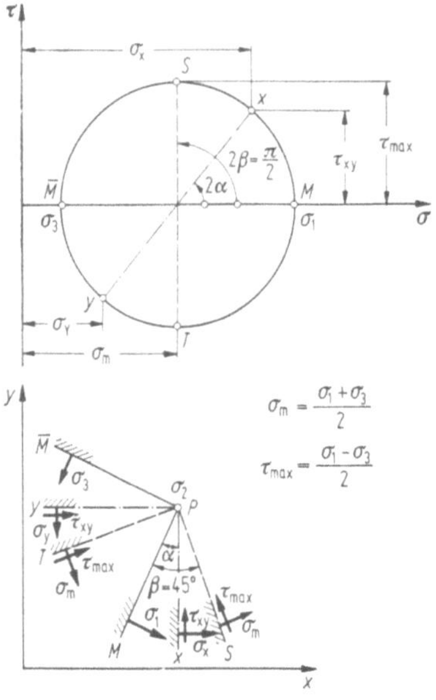

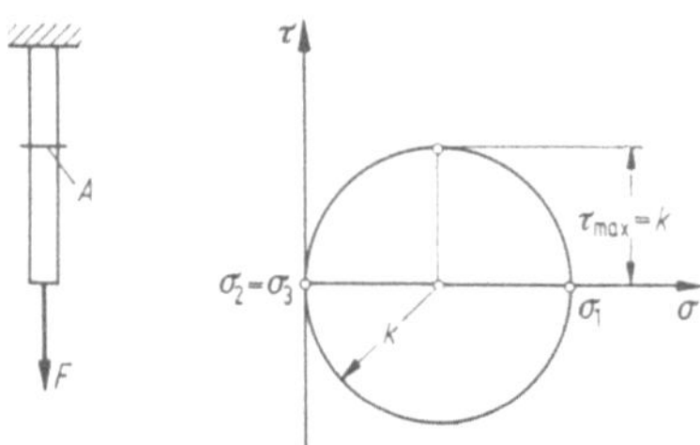

Bild 4.8 Darstellung des Spannungszustands durch den Mohrschen Kreis

Bild 4.9 Mohrscher Kreis für einachsigen Zug

Für den einachsigen Zugversuch ($\sigma_2 = \sigma_3 = 0$) gilt, wenn Fließen eintritt (Bild 4.9)

$$\sigma_1 = \frac{F}{A} = k_f = 2k.$$

Man erhält also

$$k = \frac{k_f}{2}. \qquad (4.17)$$

Damit läßt sich die Schubspannungshypothese in der Form:

$$\sigma_1 - \sigma_3 = k_f \qquad (4.18)$$

schreiben.

Aus Bild 4.8 ist außerdem zu erkennen, daß die Lage des Mohrschen Kreises im σ-τ-Koordinatensystem, d. h. die Lage seines Mittelpunktes auf der σ-Achse, für den Eintritt des Fließens ohne Bedeutung ist. Die mittlere Normalspannung

$$\sigma_\mathrm{m} = \frac{\sigma_1 + \sigma_2 + \sigma_3}{3}, \tag{4.19}$$

deren negativer Wert

$$p = -\sigma_\mathrm{m} \tag{4.20}$$

als hydrostatischer Druck bezeichnet wird, besitzt demnach keinen Einfluß auf den Fließbeginn. Hiermit stimmt die Beobachtung überein, daß die Beanspruchung eines Werkstücks durch einen allseitig wirkenden Druck, der im Werkstoff überall einen hydrostatischen Spannungszustand erzeugt, für den

$$\sigma_1 = \sigma_2 = \sigma_3 = -p$$

gilt, keine bleibenden Formänderungen hervorruft.

Die Schubspannungshypothese berücksichtigt bei der Beurteilung, ob ein Spannungszustand den Werkstoff zum Fließen bringt, nur einen Teil der vorhandenen Spannungen (z. B. die größte und die kleinste Hauptspannung). Die von v. Mises angestellte Überlegung, welche auf die *Gestaltänderungsenergiehypothese* führt, berücksichtigt den gesamten Spannungszustand. Sie lautet etwa folgendermaßen:

Der Eintritt des Fließens muß von einer Kombination der Normal- und Schubspannungen abhängen, die ihren Wert beim Übergang auf ein anderes Koordinatensystem nicht ändert, da das Koordinatensystem und damit die Lage des betrachteten Werkstoffelements den Beginn des Fließvorgangs nicht beeinflussen können. Der hydrostatische Druck darf, wie bei der Schubspannungshypothese, keinen Einfluß auf den Fließbeginn haben.

v. Mises verwendet, ausgehend von diesen Überlegungen, eine Fließbedingung, die für die Hauptspannungen angesetzt, die Form

$$\sqrt{\tfrac{1}{2}\left[(\sigma_1 - \sigma_2)^2 + (\sigma_2 - \sigma_3)^2 + (\sigma_1 - \sigma_3)^2\right]} = k_\mathrm{f} \tag{4.21}$$

annimmt. Dieser Ausdruck kann mit der Beziehung (4.19) umgeschrieben werden in

$$\sqrt{\tfrac{3}{2}\left[(\sigma_1 - \sigma_\mathrm{m})^2 + (\sigma_2 - \sigma_\mathrm{m})^2 + (\sigma_3 - \sigma_\mathrm{m})^2\right]} = k_\mathrm{f}. \tag{4.22}$$

Der Versuch einer physikalischen Interpretation [4.4] der linken Seite der v. Misesschen Fließbedingung ergibt, daß sie der elastischen Gestaltänderungsenergie proportional ist, die im Werkstoff während der dem Fließen vorhergehenden elastischen Formänderung gespeichert wird. Unter Gestaltänderungsenergie versteht man dabei die Formänderungsenergie abzüglich der zur Volumenänderung erforderlichen Energie. Die Fließbedingung sagt damit aus, daß Fließen dann eintritt, wenn die *elastische* Gestaltänderungsenergie einen kritischen Wert erreicht.

Auch diese Fließbedingung enthält die Fließbedingung für einachsigen Zug oder Druck als Sonderfall (Bild 4.9):

Es gilt für

$$\sigma_1 = \frac{F}{A}; \qquad \sigma_2 = \sigma_3 = 0$$

die Fließbedingung

$$\sqrt{\tfrac{1}{2} \cdot 2\sigma_1^2} = k_f.$$

Für die bei Fließbeginn auftretende größte Schubspannung liefern bei einachsigem Spannungszustand die Trescasche und die v. Misessche Fließbedingung denselben Wert, nämlich

$$\tau_{\max} = \tfrac{1}{2}\sigma_1 = 0{,}5\,k_f.$$

Bei anderen Spannungszuständen ergibt die Gestaltänderungsenergiehypothese eine größere maximale Schubspannung als die Schubspannungshypothese. Der größte Unterschied tritt für den sog. reinen Schubspannungszustand (Bild 4.10) auf, der z. B. durch

$$\sigma_3 = -\sigma_1, \qquad \sigma_2 = 0$$

gegeben ist. Nach der Schubspannungshypothese gilt hier:

$$\tau_{\max} = \sigma_1 = 0{,}5\,k_f.$$

Die v. Misessche Fließbedingung ergibt

$$k_f = \frac{1}{\sqrt{2}}\,\sqrt{\sigma_1^2 + \sigma_1^2 + 4\sigma_1^2} = \sqrt{3}\,\sigma_1\,;$$

außerdem gilt wieder

$$\tau_{\max} = \sigma_1 = \frac{k_f}{\sqrt{3}} = 0{,}577\,k_f.$$

Die Unterschiede der nach den beiden genannten Hypothesen bei theoretischem Fließbeginn auftretenden größten Schubspannung liegen damit zwischen 0 und 15%.

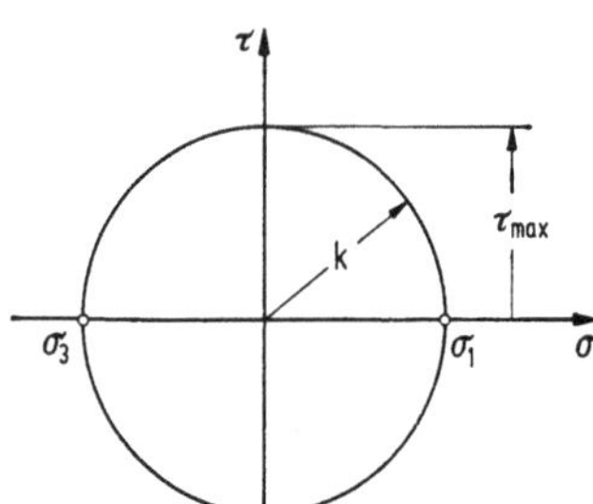

Bild 4.10 Mohrscher Kreis für reinen Schub

Von den zahlreichen Untersuchungen mit dem Ziel, die Fließbedingungen von Tresca und von v. Mises *experimentell* zu prüfen, sind in Bild 4.11 die Ergebnisse der Versuche von Taylor und Quinney [4.5] dargestellt. Bei diesen Experimenten wurde eine Kombination von Zug- und Torsionsbeanspruchung verwendet. Die Fließbedingung von v. Mises gibt die wirklichen Verhältnisse etwas genauer wieder als die Schubspannungshypothese.

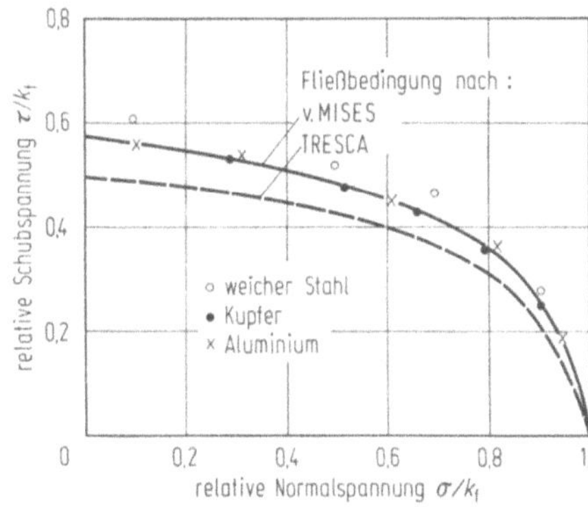

Bild 4.11 Experimentelle Prüfung der Fließbedingungen von v. Mises und Tresca. Nach [4.5]

Nach Erreichen der Fließgrenze beginnt der Werkstoff unter dem Einfluß der herrschenden Spannungen zu fließen. Bei plastischen Stoffen ist nun nicht wie bei elastischen einer bestimmten Spannung eine bestimmte Formänderung zugeordnet, sondern es können bei derselben Formänderung verschiedene Spannungen auftreten und umgekehrt. Es lassen sich jedoch drei Tatsachen festhalten:

— Soll der Werkstoff in einem bestimmten Punkt eines Werkstücks plastisch fließen, so müssen dort die Spannungen die Fließgrenze erreichen.
— Der Fließvorgang (d. h. z. B. die Größe der Dehnungsgeschwindigkeiten in bestimmten Richtungen) ist von der Art des Spannungszustands abhängig.
— Die Dehnungen können den Spannungen *nicht* zugeordnet werden.

Der Zusammenhang zwischen den Umformgeschwindigkeiten und dem Spannungszustand wird *Stoffgesetz* genannt. Dieses Stoffgesetz lautet (für Hauptachsen formuliert und bei Benutzung der v. Misesschen Fließbedingung):

$$\dot{\varphi}_1 = \lambda(\sigma_1 - \sigma_m), \tag{4.23a}$$

$$\dot{\varphi}_2 = \lambda(\sigma_2 - \sigma_m), \tag{4.23b}$$

$$\dot{\varphi}_3 = \lambda(\sigma_3 - \sigma_m). \tag{4.23c}$$

Diese Gleichungen sagen aus, daß die Umformgeschwindigkeiten in den drei Hauptrichtungen des Formänderungszustands den Differenzen zwischen den Hauptspannungen (die ebenfalls in diesen Richtungen wirken sollen) und der mittleren Normalspannung σ_m proportional sind. Die rechte Seite der Gln. (4.23) berücksichtigt wieder die Feststellung, daß unter allseitigem Druck keine Umformung stattfindet. Für den Fließvorgang ist also der um den hydrostatischen Spannungszustand verminderte Spannungszustand maßgebend. Die Größe λ ist richtungsunabhängig und kann als vom Werkstoff, der Temperatur, dem Umformgrad und der Umformgeschwindigkeit abhängig angenommen werden.

4.1.6 Formänderungsvermögen

Eine Umformung ist nur bis zu einer bestimmten Größe der Formänderungen möglich. Wird z. B. beim Zugversuch eine bestimmte Dehnung überschritten, so tritt ein Bruch auf. Man spricht dann davon, daß das *Formänderungsvermögen* erschöpft sei.

Bruchtheorien, die eine Vorhersage der Größe der kritischen Formänderungen oder der gefährlichen Spannungszustände ermöglichen, sind noch nicht so weit entwickelt, daß sie quantitative Ergebnisse liefern könnten. Man ist deshalb darauf angewiesen, aus Versuchen ermittelte qualitative Ergebnisse zu benutzen. Das Formänderungsvermögen wird vor allem von drei Größen beeinflußt: von der Art des Spannungszustands, von der Temperatur, bei der der Umformvorgang abläuft, und von der Umformgeschwindigkeit.

Zugspannungen verursachen i. allg. eher einen Bruch als Druckspannungen. Wird daher der Spannungszustand so beeinflußt, daß die auftretenden Spannungen im Druckgebiet liegen, so wird das Formänderungsvermögen erhöht. Als Maß dafür, wie weit der Spannungszustand im Druckgebiet liegt, kann die mittlere Normalspannung σ_m benutzt werden (Bild 4.12).

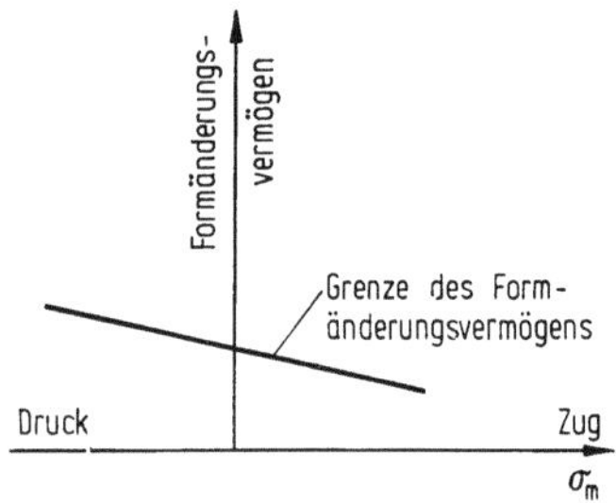

Bild 4.12 Abhängigkeit des Formänderungsvermögens von der mittleren Normalspannung σ_m

Mit zunehmender Temperatur wird das Formänderungsvermögen größer, unter anderem deshalb, weil nun während des Umformvorgangs Kristallerholungsvorgänge ablaufen.

Der günstige Einfluß von überlagerten Druckspannungen und erhöhter Temperatur auf das Bruchverhalten der Werkstoffe wird bei zahlreichen Umformverfahren zum Erzielen großer Formänderungen während eines Arbeitsganges ausgenutzt.

Mit wachsender Umformgeschwindigkeit erhöht sich die Neigung der Werkstoffe zu Sprödbrüchen. Damit fällt in der Regel das Formänderungsvermögen ab.

4.1.7 Umformleistung und Umformarbeit

Umformvorgänge sind irreversible (nicht umkehrbare) Vorgänge. Die zur Formänderung aufgewandte mechanische Arbeit wird während des Vorgangs zum größten Teil in Wärmeenergie umgewandelt und läßt sich daher, im Gegensatz, zu der bei elastischer Verformung im Werkstoff gespeicherten Energie, nicht mehr zurückgewinnen.

Bei der *homogenen* Umformung eines Quaders (Bild 4.13), der unter dem Einfluß der eingezeichneten Kräfte steht, seien die Geschwindigkeiten, mit denen sich die Längen der Kanten AB, BC und BD vergrößern, mit v_el, v_b und v_h bezeichnet.

Wegen

$$\varphi_\mathrm{h} = \varphi_1 = \ln \frac{h}{h_0}$$

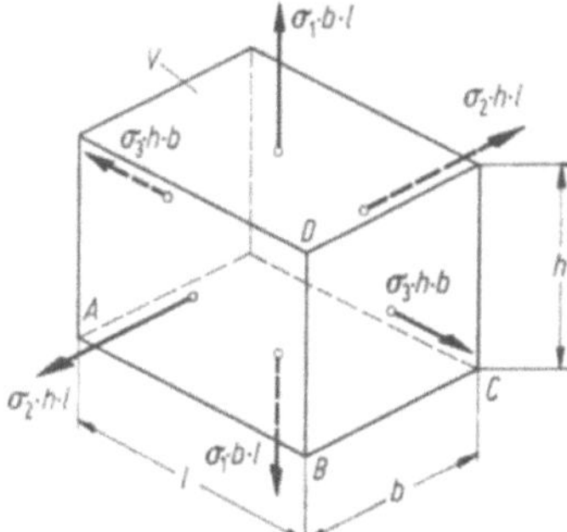

Bild 4.13 Homogene Umformung eines Quaders

gilt

$$\dot\varphi_1 = \frac{\mathrm{d}}{\mathrm{d}t}\left(\ln\frac{h}{h_0}\right) = \frac{h_0}{h}\,\frac{1}{h_0}\,\frac{\mathrm{d}h}{\mathrm{d}t} = \frac{v_\mathrm{h}}{h}.$$

Entsprechend sind

$$\varphi_\mathrm{b} = \varphi_2 = \ln\frac{b}{b_0}, \qquad \dot\varphi_2 = \frac{v_\mathrm{b}}{b},$$

$$\varphi_\mathrm{l} = \varphi_3 = \ln\frac{l}{l_0}, \qquad \dot\varphi_3 = \frac{v_\mathrm{l}}{l}.$$

Für die augenblicklich von den Kräften erzeugte Leistung ergibt sich (Kraft mal Geschwindigkeit):

$$\begin{aligned}
P &= \sigma_1 b\, l\, v_\mathrm{h} + \sigma_2 h\, l\, v_\mathrm{b} + \sigma_3 h\, b\, v_\mathrm{l}\\
&= \sigma_1 b\, l\, \dot\varphi_1 h + \sigma_2 h\, l\, \dot\varphi_2 b + \sigma_3 h\, b\, \dot\varphi_3 l\\
&= (\sigma_1\dot\varphi_1 + \sigma_2\dot\varphi_2 + \sigma_3\dot\varphi_3)\, V.
\end{aligned} \tag{4.24}$$

Wird die Leistung auf das Volumen $V = h\, b\, l$ des Quaders bezogen, so erhält man die Leistungsdichte

$$p = \frac{P}{V} = \sigma_1\dot\varphi_1 + \sigma_2\dot\varphi_2 + \sigma_3\dot\varphi_3, \tag{4.25}$$

die hier wegen der homogenen Umformung für jedes beliebige Teilvolumen den gleichen Wert besitzt.

Wird die Umformleistung über eine Zeitspanne $t_1 - t_0$ aufintegriert, so ergibt sich die während dieser Zeit verbrauchte *Umformarbeit* W zu

$$W = V\int_{t_0}^{t_1} (\sigma_1\dot\varphi_1 + \sigma_2\dot\varphi_2 + \sigma_3\dot\varphi_3)\,\mathrm{d}t. \tag{4.26}$$

Hängen die Spannungen *nicht* von der Geschwindigkeit der Umformung, sondern nur vom Umformgrad ab (Kaltumformung mit Verfestigung), so gilt wegen $\dot\varphi\,\mathrm{d}t = \mathrm{d}\varphi$

$$W = V\left(\int_0^{\varphi_1}\sigma_1\,\mathrm{d}\varphi_1 + \int_0^{\varphi_2}\sigma_2\,\mathrm{d}\varphi_2 + \int_0^{\varphi_3}\sigma_3\,\mathrm{d}\varphi_3\right), \tag{4.27}$$

wenn durch φ_1, φ_2 und φ_3 die Umformung in der betrachteten Zeitspanne gekennzeichnet ist.

Die Umwandlung mechanischer Energie in Wärmeenergie führt zu einer Erwärmung des Werkstücks. Da Umformvorgänge aber in der Regel nicht homogen ablaufen und daher an verschiedenen Punkten des Werkstücks verschiedene Wärmemengen frei werden, außerdem eine Wärmeabgabe an das Werkzeug und die umgebende Luft stattfindet, ist die während der Umformung bestehende Temperaturverteilung schwierig zu ermitteln.

4.1.8 Vergleichsumformgrad und Vergleichsumformgeschwindigkeit

Das Werkstoffverhalten, d. h. die Fließspannung in Abhängigkeit von φ, $\dot\varphi$ und ϑ, wird i. allg. im einachsigen Versuch aufgenommen und durch die Fließkurve dargestellt. Um die so gewonnenen Werte auf Umformvorgänge unter mehrachsigen Spannungszuständen übertragen zu können, müssen Aussagen über die *Vergleichbarkeit* von Umformvorgängen gemacht werden.

Die wichtigste Größe, die im einachsigen Versuch gemessen wird und auf allgemeinere Vorgänge übertragen werden muß, ist das Maß der Verfestigung, die der Werkstoff erleidet. Hierzu wird (in befriedigender Übereinstimmung mit Versuchen) angenommen, daß für einen bestimmten Werkstoff die Verfestigung von der bis zum Zeitpunkt der Betrachtung aufgewendeten auf das umgeformte Volumen bezogenen Arbeit (Arbeit/Volumeneinheit) abhängt.

Wird also für ein bestimmtes Element des betrachteten Werkstücks, das unter mehrachsigem Spannungszustand umgeformt wurde, die bis zum Betrachtungszeitpunkt verbrauchte bezogene Arbeit berechnet, so besitzt nach obiger Voraussetzung dieses Werkstoffelement die gleiche Fließspannung wie ein im einachsigen Zug- oder Druckversuch umgeformtes Werkstück aus dem gleichen Werkstoff, das dieselbe bezogene Arbeit verbraucht hat.

Legen wir das Element so, daß seine Kanten den Hauptspannungsrichtungen parallel sind, so ist bei einer kleinen Umformung mit den Umformgraden $\mathrm{d}\varphi_1$, $\mathrm{d}\varphi_2$ und $\mathrm{d}\varphi_3$ während der Zeit $\mathrm{d}t$ der Arbeitszuwachs durch

$$\mathrm{d}W = (\sigma_1\,\mathrm{d}\varphi_1 + \sigma_2\,\mathrm{d}\varphi_2 + \sigma_3\,\mathrm{d}\varphi_3)\,V \tag{4.28}$$

gegeben. Wird durch das Zeitelement $\mathrm{d}t$ dividiert, so ergibt sich die augenblickliche Umformleistung

$$P = \frac{\mathrm{d}W}{\mathrm{d}t} = (\sigma_1\dot\varphi_1 + \sigma_2\dot\varphi_2 + \sigma_3\dot\varphi_3)\,V. \tag{4.29}$$

Der Umformgrad in Richtung der äußeren Kraft im einachsigen Versuch wird als Vergleichsumformgrad φ_v bezeichnet. Hier findet, da die Spannung den Wert k_f besitzt, in einem Zeitdifferential $\mathrm{d}t$ ein Arbeitszuwachs von

$$\mathrm{d}W' = k_\mathrm{f}\,\mathrm{d}\varphi_\mathrm{v}\,V' \tag{4.30}$$

statt, wenn V' das Volumen der Probe ist. Daraus ergibt sich die Leistung

$$P' = k_\mathrm{f}\dot\varphi_\mathrm{v}V'. \tag{4.31}$$

Besitzen in einem bestimmten Zeitpunkt das betrachtete Werkstoffelement und der Werkstoff des einachsigen Vergleichsversuchs denselben Fließwiderstand, so verläuft die Verfestigung im darauffolgenden Zeitelement dt dann gleich, wenn

$$\frac{\mathrm{d}W}{V} = \frac{\mathrm{d}W'}{V'} \quad \text{oder} \quad \frac{P}{V} = \frac{P'}{V'} \tag{4.32}$$

gilt. Hieraus folgt

$$k_\mathrm{f}\dot{\varphi}_\mathrm{v} = \sigma_1\dot{\varphi}_1 + \sigma_2\dot{\varphi}_2 + \sigma_3\dot{\varphi}_3. \tag{4.33}$$

Die Spannungen σ_1, σ_2 und σ_3 müssen, wenn man der Betrachtung die Gestaltänderungsenergiehypothese zugrundelegt, die Fließbedingung (4.22) erfüllen. Mit Hilfe dieser Beziehung und dem v. Misesschen Stoffgesetz können aus (4.33) die Spannungen eliminiert werden. Man erhält dann eine Beziehung zwischen den Umformgeschwindigkeiten $\dot{\varphi}_\mathrm{v}$ und $\dot{\varphi}_1$, $\dot{\varphi}_2$ und $\dot{\varphi}_3$. Wegen (4.8b), die sich für die Hauptumformgeschwindigkeiten in der Form

$$\dot{\varphi}_1 + \dot{\varphi}_2 + \dot{\varphi}_3 = 0$$

schreiben läßt, gilt auch

$$\sigma_\mathrm{m}(\dot{\varphi}_1 + \dot{\varphi}_2 + \dot{\varphi}_3) = 0.$$

Für (4.33) erhält man damit

$$k_\mathrm{f}\dot{\varphi}_\mathrm{v} = \dot{\varphi}_1(\sigma_1 - \sigma_\mathrm{m}) + \dot{\varphi}_2(\sigma_2 - \sigma_\mathrm{m}) + \dot{\varphi}_3(\sigma_3 - \sigma_\mathrm{m}). \tag{4.34}$$

Setzt man für die Fließspannung k_f die linke Seite der Gl. (4.22) ein, so ergibt sich

$$\dot{\varphi}_\mathrm{v} = \frac{\dot{\varphi}_1(\sigma_1 - \sigma_\mathrm{m}) + \dot{\varphi}_2(\sigma_2 - \sigma_\mathrm{m}) + \dot{\varphi}_3(\sigma_3 - \sigma_\mathrm{m})}{\sqrt{\frac{3}{2}\left[(\sigma_1 - \sigma_\mathrm{m})^2 + (\sigma_2 - \sigma_\mathrm{m})^2 + (\sigma_3 - \sigma_\mathrm{m})^2\right]}}. \tag{4.35}$$

Mit dem durch (4.23) gegebenen Stoffgesetz folgt schließlich

$$\dot{\varphi}_\mathrm{v} = \sqrt{\tfrac{2}{3}(\dot{\varphi}_1^2 + \dot{\varphi}_2^2 + \dot{\varphi}_3^2)}. \tag{4.36}$$

Ist der zeitliche Ablauf des Formänderungsvorgangs am betrachteten Element bekannt, d. h. sind die Umformgeschwindigkeiten als Funktionen der Zeit gegeben, so läßt sich der Vergleichsumformgrad

$$\varphi_\mathrm{v} = \int\limits_{t_0}^{t_1} \dot{\varphi}_\mathrm{v}\,\mathrm{d}t \tag{4.37}$$

berechnen, der angibt, welcher Umformgrad in Spannungsrichtung beim einachsigen Versuch die gleiche Verfestigung ergibt, wie jene, die das Element infolge seiner Formänderung erhalten hat.

Bei Verwendung der Trescaschen Fließbedingung erhält man für die Vergleichsumformgeschwindigkeit [4.6]

$$\dot{\varphi}_\mathrm{v} = \dot{\varphi}_\mathrm{max} \quad \text{(größte Hauptumformgeschwindigkeit)} \tag{4.38}$$

und damit für den Vergleichsumformgrad

$$\varphi_{\mathrm{v}} = \varphi_{\max}. \qquad (4.39)$$

Um dies einzusehen, muß man zwei Fälle betrachten (Bild 4.14).

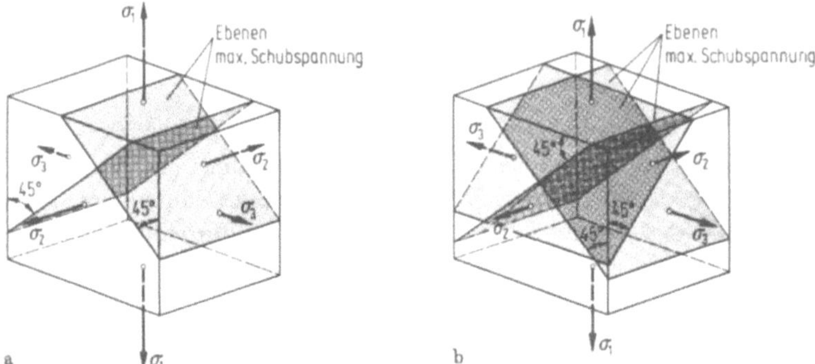

Bild 4.14 Ebenen maximaler Schubspannung $\tau_{\max}$, wenn **a** $\sigma_1 > \sigma_2 > \sigma_3$; **b** $\sigma_1 > \sigma_2 = \sigma_3$

Sind die Hauptspannungen σ_1, σ_2 und σ_3 verschieden, so möge $\sigma_1 > \sigma_2 > \sigma_3$ gelten. Die Flächen, in denen die größten Schubspannungen

$$\tau_{\max} = \tfrac{1}{2}\,(\sigma_1 - \sigma_3)$$

wirken, stehen auf den durch σ_1 und σ_3 aufgespannten Ebenen senkrecht (Bild 4.14a). In σ_2-Richtung findet damit keine Werkstoffbewegung statt. Es gilt $\dot{\varphi}_2 = 0$ und damit wegen (4.8b)

$$\dot{\varphi}_1 = -\dot{\varphi}_3.$$

Aus (4.33) erhält man also

$$k_{\mathrm{f}}\dot{\varphi}_{\mathrm{v}} = \sigma_1\dot{\varphi}_1 + \sigma_3\dot{\varphi}_3$$
$$= \dot{\varphi}_1(\sigma_1 - \sigma_3)$$

und mit (4.18)

$$k_{\mathrm{f}}\dot{\varphi}_{\mathrm{v}} = \dot{\varphi}_1 k_{\mathrm{f}}$$
$$\dot{\varphi}_{\mathrm{v}} = \dot{\varphi}_1 = \dot{\varphi}_{\max}.$$

Damit ergibt sich mit (4.37)

$$\varphi_{\mathrm{v}} = \varphi_{\max}.$$

Wenn zwei der Hauptspannungen gleich sind, also z. B. $\sigma_1 > \sigma_2 = \sigma_3$ gilt, so erhält man (Bild 4.14b)

$$\dot{\varphi}_2 = \dot{\varphi}_3.$$

(4.8b) ergibt jetzt

$$\dot{\varphi}_1 = -\dot{\varphi}_2 - \dot{\varphi}_3 = -2\dot{\varphi}_3$$

und (4.33) wird zu

$$k_\mathrm{f}\dot{\varphi}_\mathrm{v} = \sigma_1\dot{\varphi}_1 - 2\sigma_3\,\tfrac{1}{2}\dot{\varphi}_1$$
$$= \dot{\varphi}_1(\sigma_1 - \sigma_3)$$
$$= \dot{\varphi}_1 k_\mathrm{f}\,.$$

Man erhält also wieder

$$\dot{\varphi}_\mathrm{v} = \dot{\varphi}_1 = \dot{\varphi}_\mathrm{max}\,.$$

Für eine ausführlichere Diskussion des Bewegungszustands bei Verwendung des Trescaschen Fließkriteriums sei auf [4.14] verwiesen.

4.1.9 Lösungsverfahren der elementaren Plastizitätstheorie

Die Grundlagen für diese Verfahren wurden in den Jahren 1924/25 von Siebel [4.7] und Karman [4.8] am Walzvorgang entwickelt und in der Folgezeit von Sachs auf den Ziehvorgang [4.9] und von Siebel und Pomp auf das Schmieden [4.10] übertragen. Anfangs unterschied sich das Vorgehen bei den einzelnen Umformverfahren noch durch verschiedene Annahmen (s. Siebel [4.11]). Heute hat man die Methoden zur Behandlung von Vorgängen, bei denen ein ebener Bewegungszustand vorliegt, unter dem Namen *Streifentheorie* zusammengefaßt. Ihre Übertragung auf axialsymmetrische Vorgänge haben zur *Scheiben-* und *Röhrentheorie* geführt [4.12]. Eine ausführliche Darstellung der Grundlagen und Anwendungen der elementaren Theorie mit Einschluß von Massenkräften findet sich in dem Lehrbuch von Lippmann und Mahrenholtz [4.13].

4.1.9.1 Streifentheorie

Im folgenden soll die Methode der elementaren Plastizitätstheorie am Beispiel der Streifentheorie, also für Vorgänge, bei denen ein ebener Fließzustand angenommen werden kann, dargestellt werden. Dabei werden zunächst folgende Voraussetzungen getroffen:

— Die Werkzeuge besitzen Symmetrie.
— Die Gewichts- und Trägheitskräfte können vernachlässigt werden.
— Zwischen Werkzeug und Werkstück herrscht Coulombsche Reibung mit der konstanten Reibzahl μ.
— Die Fließspannung k_f ist als Funktion von φ, $\dot{\varphi}$ und T gegeben.

Der wesentliche Ausgangspunkt der elementaren Theorie ist eine stark vereinfachende Annahme über den Bewegungszustand. Bild 4.15 zeigt das zugrunde gelegte Modell.

Es wird angenommen, daß die Geschwindigkeit v_x für jeden Punkt eines Schnittes $x = \mathrm{const}$ denselben Wert besitzt. Dies bedeutet, daß Schnitte $x = \mathrm{const}$ und damit die Begrenzungsflächen des angelegten Streifens während des ganzen Vorgangs eben bleiben.

Ist für einen bestimmten Schnitt $x = x^*$ der Betrag der Geschwindigkeit v_x^* bekannt, so kann der Geschwindigkeitsbetrag für beliebige andere Schnitte berechnet werden. Grundlage hierfür ist die Volumenkonstanz des Werkstoffs.

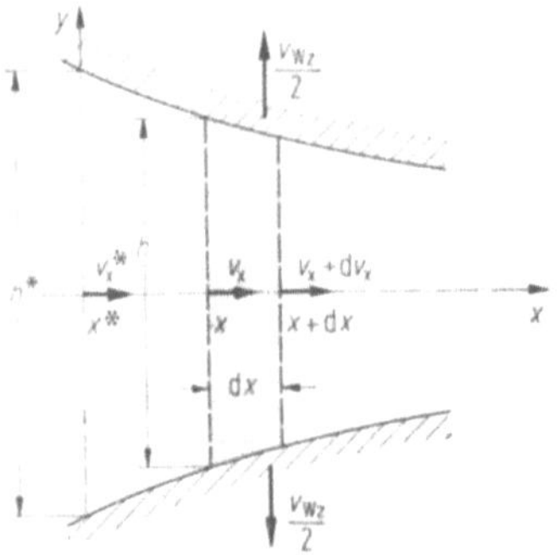

Bild 4.15 Streifenmodell

Bei stillstehendem Werkzeug, also für $v_{Wz} = 0$ gilt, daß soviel Werkstoff, wie im Schnitt x^* in das von den Schnitten x^* und x begrenzte Volumen einströmt, im Schnitt x wieder ausströmen muß. Hieraus folgt, wenn die Umformzone senkrecht zur Bildebene die Breite b besitzt:

$$h^* v_x^* b = h v_x b \qquad (4.40)$$

oder

$$v_x = \frac{v_x^* h^*}{h}. \qquad (4.41)$$

Bewegen sich die Werkzeughälften gegeneinander, so ist das zwischen x^* und x eingeschlossene Volumen zur Zeit t durch

$$V = b \int_{x^*}^{x} h \, \mathrm{d}x$$

und zur Zeit $t + \mathrm{d}t$ durch

$$V + \mathrm{d}V = b \int_{x^*}^{x} (h + v_{Wz} \, \mathrm{d}t) \, \mathrm{d}x$$

gegeben, da sich die Höhe aller zwischen x^* und x liegenden Streifen um den Betrag $v_{Wz} \, \mathrm{d}t$ vergrößert hat. Für die Geschwindigkeit, mit der sich das Volumen V ändert, gilt damit

$$\dot{V} = \frac{\mathrm{d}V}{\mathrm{d}t} = \frac{b \int_{x^*}^{x} (h + v_{Wz} \, \mathrm{d}t) \, \mathrm{d}x - b \int_{x^*}^{x} h \, \mathrm{d}x}{\mathrm{d}t}$$

$$= b \int_{x^*}^{x} v_{Wz} \, \mathrm{d}x = b v_{Wz} (x - x^*). \qquad (4.42)$$

Aus der Bedingung der Volumenkonstanz folgt

$$h^* v_x^* b - h v_x b = b v_{Wz} (x - x^*) \qquad (4.43)$$

oder

$$v_{\mathrm{x}} = \frac{1}{h}\left[h^{*}v_{\mathrm{x}}^{*} - v_{\mathrm{Wz}}(x - x^{*})\right].\tag{4.44}$$

Die Geschwindigkeit $\dot{h}$, mit der sich die Höhe h eines Streifens ändert, wird zum einen durch die Geschwindigkeit bestimmt, mit der sich die Bahnen gegeneinander bewegen. Sie hängt außerdem von der Neigung der Werkzeugbahn an der Stelle, an der sich der Streifen augenblicklich befindet, und von der Geschwindigkeit, mit der sich der Streifen in x-Richtung bewegt, ab.

Bei ruhendem Werkzeug gilt

$$\dot{h} = \frac{\partial h}{\partial t} = \frac{\partial h}{\partial x}\,v_{\mathrm{x}}.\tag{4.45}$$

Bei bewegtem Werkzeug ist diesem Ausdruck noch der durch die Werkzeugbewegung gegebene Anteil hinzuzufügen. Man erhält dann

$$\dot{h} = \frac{\partial h}{\partial x}\,v_{\mathrm{x}} + v_{\mathrm{Wz}}.\tag{4.46}$$

Der angenommene Bewegungszustand führt für jeden Streifen auf einen homogenen Formänderungszustand. Damit ergibt sich für den Umformgrad in y-Richtung

$$\varphi_{\mathrm{h}} = \ln\frac{h}{h_{0}}\tag{4.47}$$

und

$$\dot{\varphi}_{\mathrm{h}} = \frac{\partial\varphi_{\mathrm{h}}}{\partial t} = \frac{\dot{h}}{h}.\tag{4.48}$$

(4.44) nach x abgeleitet, führt auf

$$\frac{\partial v_{\mathrm{x}}}{\partial x} = -\frac{1}{h}\left(\frac{\partial h}{\partial x}\,v_{\mathrm{x}} + v_{\mathrm{Wz}}\right) = -\frac{\dot{h}}{h}.\tag{4.49}$$

Zwischen der Geschwindigkeit v_{x} und der Umformgeschwindigkeit $\dot{\varphi}_{\mathrm{h}}$ ist damit folgender Zusammenhang gegeben

$$\frac{\partial v_{\mathrm{x}}}{\partial x} = -\dot{\varphi}_{\mathrm{h}}.\tag{4.50}$$

Infolge des angenommenen Bewegungszustands erfahren die der Betrachtung zugrunde gelegten Streifen eine homogene Umformung. Die Hauptachsen des Formänderungszustands sind der x- und y-Achse parallel. In den Ebenen $x = \mathrm{const}$ treten keine Schubspannungen auf, und die auf die Schnittfläche wirkende Normalspannung σ_{x} ist gleichmäßig über den Querschnitt verteilt (Bild 4.16a).

Auf den Streifen wirken damit in x-Richtung die Kräfte $\sigma_{\mathrm{x}}bh$ für x und $\sigma_{\mathrm{x}}bh + \mathrm{d}(\sigma_{\mathrm{x}}bh)$ für $x + \mathrm{d}x$. Die Werkzeugbahnen üben auf den Streifen die Normalkraft $\sigma_{\mathrm{n}}b\,\mathrm{d}s$ aus, die die Reibkraft $\mu\sigma_{\mathrm{n}}b\,\mathrm{d}s$ erzeugt. Die Reibkraft werde, wenn die Bewegung des Streifens in positiver x-Richtung erfolgt, in der eingezeichneten Richtung als positiv angenommen. Verläuft die Bewegung umgekehrt, so ist μ negativ anzusetzen.

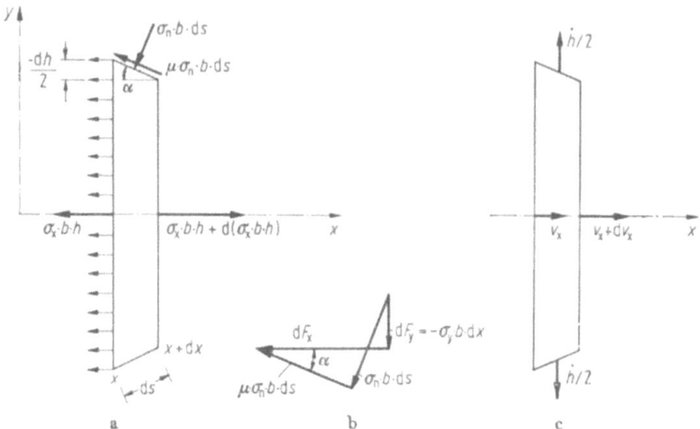

Bild 4.16 a Spannungen am Streifen; **b** Bestimmung der Kräfte in x- und y-Richtung an der Bahn; **c** Bewegungszustand des Streifens

Die Kräfte an der Werkzeugbahn lassen sich zu einer Kraft in y-Richtung (Bild 4.16 b)

$$\mathrm{d}F_\mathrm{y} = -\sigma_\mathrm{y} b\, \mathrm{d}x = \sigma_\mathrm{n} b\, \mathrm{d}s \cos\alpha - \mu\sigma_\mathrm{n} b\, \mathrm{d}s \sin\alpha \tag{4.51}$$

und einer Kraft in x-Richtung

$$\mathrm{d}F_\mathrm{x} = \sigma_\mathrm{n} b\, \mathrm{d}s \sin\alpha + \mu\sigma_\mathrm{n} b\, \mathrm{d}s \cos\alpha \tag{4.52}$$

zusammenfassen. Mit

$$\mathrm{d}s = \frac{\mathrm{d}x}{\cos\alpha}$$

erhält man

$$\sigma_\mathrm{y} = -\sigma_\mathrm{n}(1 - \mu \tan\alpha);$$

$$\mathrm{d}F_\mathrm{x} = \sigma_\mathrm{n} b\, \mathrm{d}x\, (\tan\alpha + \mu) = -\sigma_\mathrm{y} b\, \mathrm{d}x\, \frac{\tan\alpha + \mu}{1 - \mu \tan\alpha}.$$

Wird für die Reibzahl

$$\mu = \tan\varrho \tag{4.53}$$

gesetzt, so gilt wegen

$$\tan(\beta + \gamma) = \frac{\tan\beta + \tan\gamma}{1 - \tan\beta \tan\gamma}$$

für die Kraft $\mathrm{d}F_\mathrm{x}$:

$$\mathrm{d}F_\mathrm{x} = -\sigma_\mathrm{y} b\, \mathrm{d}x \tan(\varrho + \alpha). \tag{4.54}$$

Die so berechneten äußeren Kräfte am Streifen erzeugen mit den in Bild 4.16c angegebenen Geschwindigkeiten die für die Umformung des Streifens augenblicklich verbrauchte Leistung. Sie muß mit der für den einachsigen Versuch berechneten Leistung verglichen werden.

In der elementaren Plastizitätstheorie wird stets die Trescasche Fließbedingung benutzt. Damit erhält man die Vergleichsumformgeschwindigkeit

$$\dot{\varphi}_v = \dot{\varphi}_{max} = \frac{\dot{h}}{h}. \tag{4.55}$$

Die für die Umformung des Streifens verbrauchte Leistung berechnet sich zu

$$P = -(\sigma_x bh)\, v_x + [\sigma_x bh + \mathrm{d}(\sigma_x bh)]\,(v_x + \mathrm{d}v_x)$$
$$-2\,\mathrm{d}F_x v_x + \dot{h}\sigma_y b\,\mathrm{d}x. \tag{4.56}$$

Für den unter einem einachsigen Spannungszustand umgeformten Streifen erhält man

$$P' = \mp\frac{\dot{h}}{h}\,hb\,\mathrm{d}x k_f. \tag{4.57}$$

Das obere Vorzeichen auf der rechten Seite gilt für den Fall gestauchter Streifen, da dabei $\dot{\varphi}_v = \dot{h}/h$ negativ ist. Die Leistung P' muß sich positiv ergeben.

Für den Vergleich von einachsigen und mehrachsigen Vorgängen müssen nach (4.32) die auf das Volumen bezogenen Leistungen miteinander verglichen werden. Da die nach (4.56) und (4.57) berechneten Leistungen für das gleiche Volumen ermittelt wurden, können sie unmittelbar gleichgesetzt werden.

Wird dann durch $b\,\mathrm{d}x$ gekürzt, (4.49) und (4.54) eingesetzt und werden Produkte von Differentialen vernachlässigt, so erhält man

$$v_x\left[\frac{\mathrm{d}(\sigma_x h)}{\mathrm{d}x} + 2\sigma_y \tan(\varrho + \alpha)\right] + \dot{h}[\pm k_f + \sigma_y - \sigma_x] = 0. \tag{4.58}$$

Mit der Trescaschen Fließbedingung, die für den Streifen die Form

$$\sigma_x - \sigma_y = \pm k_f \tag{4.59}$$

annimmt (bei gestauchten Streifen ist σ_x die größte, d. h. am weitesten im Zuggebiet liegende Hauptspannung), ergibt sich aus (4.58):

$$\frac{\mathrm{d}(\sigma_x h)}{\mathrm{d}x} + 2\sigma_y \tan(\varrho + \alpha) = 0. \tag{4.60}$$

Wird das erste Glied differenziert und (4.59) eingesetzt, folgt mit

$$\frac{\mathrm{d}h}{\mathrm{d}x} = -2\tan\alpha,$$

eine gewöhnliche, lineare Differentialgleichung 1. Ordnung zur Bestimmung von σ_x

$$\frac{\mathrm{d}\sigma_x}{\mathrm{d}x} + \frac{2}{h}\left[\tan(\varrho + \alpha) + \tan\alpha\right]\sigma_x \mp \frac{2}{h}k_f \tan(\varrho + \alpha) = 0. \tag{4.61}$$

Wird (4.61) in der Form

$$\frac{\mathrm{d}\sigma_x}{\mathrm{d}x} + f(x)\,\sigma_x + g(x) = 0 \tag{4.62}$$

geschrieben, so lautet, wenn für eine beliebige Stelle $x = \bar{x}$ der Wert $\sigma_x = \bar{\sigma}_x$ der Spannung in x-Richtung bekannt ist, die allgemeine Lösung der Gl. (4.62):

$$\sigma_x(x) = e^{-\int\limits_{\bar{x}}^{x} f\,\mathrm{d}x}\left[\bar{\sigma}_x - \int\limits_{\bar{x}}^{x}\left(g\,e^{\int\limits_{\bar{x}}^{x} f\,\mathrm{d}x}\right)\mathrm{d}x\right]. \tag{4.63}$$

Diese Gleichung ist allerdings nur für solche Fälle brauchbar, für die die vorkommenden Integrale geschlossen ausgewertet werden können. Ist dies nicht möglich, was häufig der Fall sein wird, so ist es zweckmäßig, (4.61) numerisch zu behandeln (s. 2. Beispiel, S. 168). Mit der so gewonnenen Spannung σ_x läßt sich aus (4.59) die Spannung σ_y ohne Schwierigkeiten ermitteln.

4.1.9.2 Axialsymmetrische Umformung

Zum Ableiten der Beziehungen für die Behandlung solcher axialsymmetrischer Umformvorgänge, die sich nach der *Scheibentheorie* behandeln lassen, werden die in Abschn. 4.1.9.1 angewandten Überlegungen an der in Bild 4.17 gezeichneten Scheibe angestellt. Da die Werkzeuggeschwindigkeit bei derartigen Vorgängen meist verschwindet, gilt für die Wandergeschwindigkeit des Werkstoffs in x-Richtung:

$$v_x = \frac{A^*}{A}\,v_x^*, \tag{4.64}$$

wenn v_x^* wieder die als bekannt vorausgesetzte Geschwindigkeit im Schnitt $x = x^*$ ist. Die Vergleichsumformgeschwindigkeit ergibt sich zu

$$\dot{\varphi}_v = 2\,\frac{\dot{r}}{r} = -\frac{\partial v_x}{\partial x}. \tag{4.65a}$$

Der Vergleichsumformgrad berechnet sich zu

$$\varphi_v = 2\ln\frac{r}{r_0}. \tag{4.65b}$$

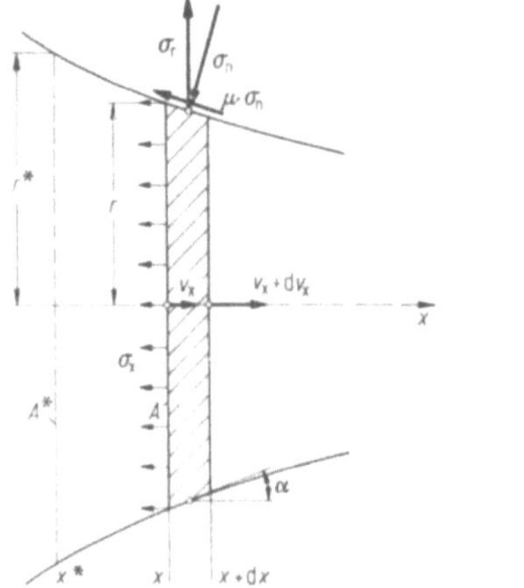

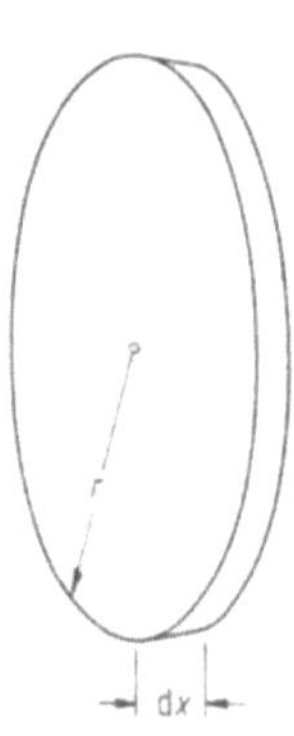

Bild 4.17 Scheibenmodell

Wird wieder die gleichmäßig über die Querschnittsfläche verteilte Axialspannung σ_x eingeführt und die vom Werkzeug auf das Werkstück ausgeübte Radialspannung durch $-\sigma_r$ bezeichnet, erhält man

$$\sigma_x - \sigma_r = \pm k_f, \tag{4.66}$$

wobei gilt

$$\sigma_r = \sigma_\vartheta.$$

In (4.66) gilt das obere Vorzeichen für den Fall, daß sich während der Umformung die Scheibenradien verkleinern. Zum Bestimmen von σ_x folgt nun die Gleichung

$$\frac{d\sigma_x}{dx} + \frac{2}{r}\,[\tan(\varrho + \alpha) - \tan\alpha]\,\sigma_x \mp \frac{2}{r}\,k_f \tan(\varrho + \alpha) = 0, \tag{4.67}$$

die sich wie (4.61) behandeln läßt.

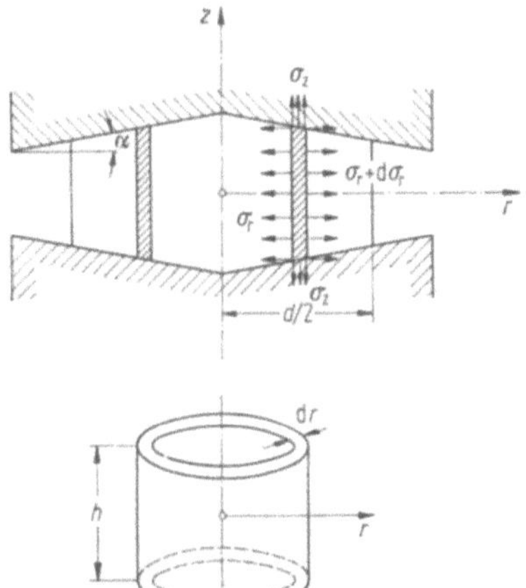

Bild 4.18 Röhrenmodell

Die Scheibentheorie setzt hinsichtlich der Werkzeugform nur voraus, daß es sich um eine einzige axialsymmetrische Bahn handelt. Dagegen ist die *Röhrentheorie* in ihrer Anwendbarkeit stark eingeschränkt. Sie gilt streng nur für den Stauchvorgang an Vollproben zwischen ebenen Stauchbahnen, da nur für diesen Vorgang ein einachsiger Vergleichsversuch gefunden werden kann [4.12]. Als Näherung ist sie für solche Fälle anwendbar, für die der sog. kinematische Fehler sehr klein ist, d. h. für die überall

$$\left| 2\,\frac{x}{h}\,\tan\alpha \right| \ll 1$$

gilt.

In den Fällen, in denen die Röhrentheorie anwendbar ist, gelten (4.59) und (4.61) für die in Bild 4.18 eingezeichneten Spannungen, wenn in diesen Gleichungen x durch r, σ_x durch σ_r und σ_y durch σ_z ersetzt werden.

4.1.9.3 Beispiele

Die Anwendung der elementaren Plastizitätstheorie soll im folgenden an zwei Beispielen erläutert werden.

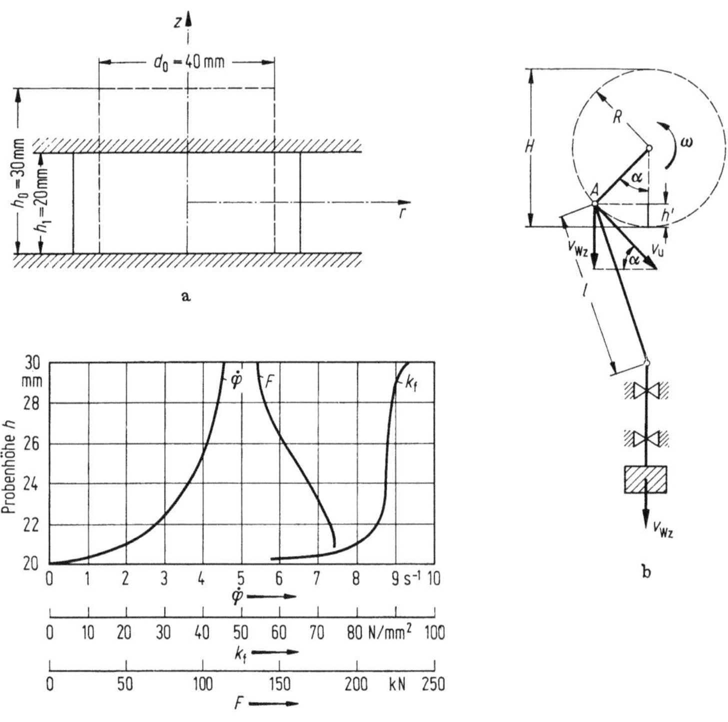

Bild 4.19 **a** Ausgangs- und Endabmessungen des Stauchkörpers; **b** angenommene Pressenkinematik; **c** Verlauf von $\dot{\varphi}$, k_f und F während des Stauchvorgangs

1. Beispiel (Bild 4.19):

Auf einer Kurbelpresse von $H = 200$ mm Hub und einer Hubzahl von 30/min werde eine kreiszylindrische Probe aus C 15 mit den Ausgangsabmessungen $h_0 = 30$ mm, $d_0 = 40$ mm um 10 mm auf $h_1 = 20$ mm gestaucht (Bild 4.19a). Die Umformtemperatur betrage 1370 K. Zwischen Stauchbahn und Werkstück herrsche Reibung mit der Reibzahl $\mu = 0{,}3$.

Ermittelt werden soll die auf die Probe wirkende Stauchkraft in Abhängigkeit von der augenblicklichen Probenhöhe h, wobei die Geschwindigkeitsabhängigkeit von k_f zu berücksichtigen ist.

Zur Ermittlung der Spannungen σ_r und σ_z werden (4.59) und (4.63) herangezogen. Es gilt also

$$\sigma_\mathrm{r}(r) = \mathrm{e}^{-\int_{\bar{r}}^{r} f\,\mathrm{d}r}\left[\bar{\sigma}_\mathrm{r} - \int_{\bar{r}}^{r}\left(g\,\mathrm{e}^{\int_{\bar{r}}^{r} f\,\mathrm{d}r}\right)\mathrm{d}r\right].$$

Mit $\alpha = 0$ und $\tan \varrho = \mu$ ist

$$f = \frac{2\mu}{h}; \qquad g = -\frac{2\mu}{h}\, k_\mathrm{f}.$$

Für $r = d/2$ ist $\sigma_\mathrm{r} = 0$. Damit gilt $\bar r = d/2$, $\bar\sigma_\mathrm{r} = 0$ mit

$$d = d_0\,\sqrt{\frac{h_0}{h}}.$$

Man erhält σ_r zu:

$$\sigma_\mathrm{r} = k_\mathrm{f}\left[1 - \mathrm{e}^{\frac{2\mu}{h}\left(\frac{d}{2}-r\right)}\right],$$

und mit (4.59) ergibt sich:

$$\sigma_\mathrm{z} = -k_\mathrm{f}\,\mathrm{e}^{\frac{2\mu}{h}\left(\frac{d}{2}-r\right)}.$$

Wird $-\sigma_\mathrm{z}$ über der Berührungsfläche von Werkstück und Werkzeug aufsummiert, so folgt für die Stauchkraft F

$$F = 2\pi k_\mathrm{f}\int_0^{\frac{d}{2}} \mathrm{e}^{2\frac{\mu}{h}\left(\frac{d}{2}-r\right)}\, r\,\mathrm{d}r = 2\pi\, k_\mathrm{f}\left[\frac{h^2}{4\mu^2}\left(\mathrm{e}^{\frac{\mu d}{h}}-1\right) - \frac{hd}{4\mu}\right]. \qquad (4.68)$$

Durch die Pressenkinematik ist der augenblicklichen Höhe der Probe eine Werkzeuggeschwindigkeit $v_\mathrm{Wz}(h)$ zugeordnet (Bild 4.19 b). Die Abmessungen der Presse seien so, daß v_Wz als senkrechte Komponente der Umfangsgeschwindigkeit v_U des Punktes A angenommen werden darf, d. h. die Pleuellänge sei groß gegenüber dem Hub und die Auffederung der Presse sei vernachlässigbar gering. Für die Endhöhe h_1 des Stauchkörpers soll $\alpha = 0$ sein (unterer Totpunkt). Es gilt dann

$$v_\mathrm{Wz} = v_\mathrm{U}\sin\alpha = v_\mathrm{U}\sqrt{1 - \cos^2\alpha},$$

$$h = h_1 + h' = h_1 + R(1 - \cos\alpha),$$

$$\cos\alpha = 1 - \frac{h - h_1}{R},$$

$$v_\mathrm{Wz} = v_\mathrm{U}\sqrt{1 - \left(1 - \frac{h - h_1}{R}\right)^2}.$$

Mit

$$\varphi = \ln\frac{h}{h_0}; \quad \dot\varphi = \frac{\mathrm{d}\left(\ln\frac{h}{h_0}\right)}{\mathrm{d}t} = \frac{1}{h}\frac{\mathrm{d}h}{\mathrm{d}t} = \frac{v_\mathrm{Wz}}{h}$$

erhält man

$$\dot\varphi = \frac{v_\mathrm{U}}{h}\sqrt{1 - \left(1 - \frac{h - h_1}{R}\right)^2}. \qquad (4.69)$$

Die Abhängigkeit der Fließspannung von der Umformgeschwindigkeit werde nach [4.41] durch die Beziehung

$$k_\mathrm{f} = 74 \cdot \dot\varphi^{0,125}$$

beschrieben. Umformgeschwindigkeit und Stauchkraft als Funktionen der Höhe h ergeben sich damit aus (4.68) und (4.69). Sie sind in Bild 4.19c über h aufgetragen.

2. Beispiel (Bild 4.20):

Es soll ein Fließpreßvorgang in einer axialsymmetrischen Matrize untersucht werden. Der Umformvorgang finde bei Raumtemperatur statt. Als Werkstoff werde der Stahl C 10 gewählt, dessen Fließkurve im betrachteten φ-Bereich Bild 4.21 zeigt. Gesucht sind der Radialdruck auf die Matrize und die Preßkraft F_St bei konstanter Stempelgeschwindigkeit (stationärer Vorgang).

Bei der gestellten Aufgabe führt die Verwendung der Gl. (4.63), wenn die Werkstoffverfestigung mitberücksichtigt wird, auf komplizierte Integrale. Es empfiehlt sich daher, von (4.67) auszugehen und diese numerisch zu integrieren.

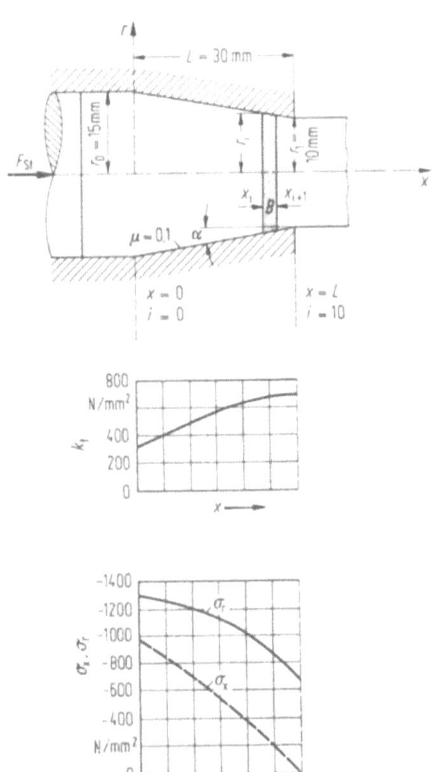

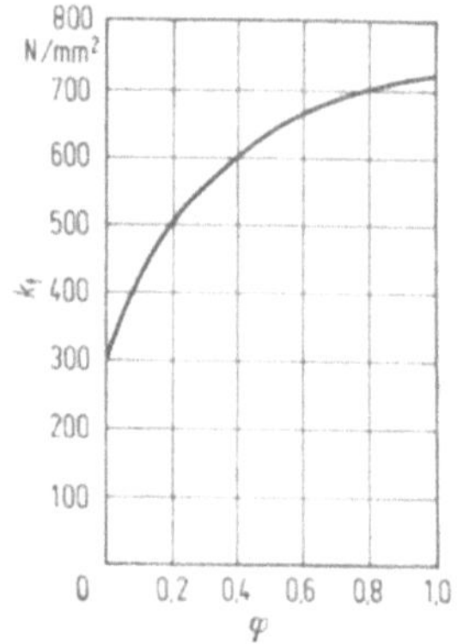

Bild 4.20 Skizze des Fließpreßvorgangs und Verlauf von k_f, σ_x und σ_y über der Umformzone

Bild 4.21 Fließkurve des Stahls C10. Nach VDI-Richtlinie 3200

Eines der möglichen Verfahren ist die Differenzenrechnung. Das Umformgebiet wird hierzu in n (z. B. 10) gleiche Intervalle von der Breite $B = L/n$ aufgeteilt und in (4.67) anstelle des Differentialquotienten $d\sigma_x/dx$ der Differenzenquotient

$$\frac{\Delta\sigma_x}{\Delta x} = \frac{\sigma_{x_{i+1}} - \sigma_{x_i}}{x_{i+1} - x_i} = \frac{\sigma_{x_{i+1}} - \sigma_{x_i}}{B}$$

eingeführt. Dabei bedeutet σ_{x_i} die Spannung in x-Richtung im Schnitt $x = x_i$. Da als Randbedingung $\sigma_x = 0$ für $x = L$ gilt, empfiehlt es sich, die abgeänderte Gl. (4.67) nach σ_{x_i} aufzulösen, und in negativer x-Richtung, ausgehend vom bekannten σ_x-Wert an der Stelle $x = L$, die σ_x-Werte für die übrigen Intervallgrenzen zu bestimmen. Die Radialspannung ergibt sich dann aus (4.66), und die Stempelkraft F_{St} berechnet sich zu

$$F_{St} = \pi\, r_0^2\, |\sigma_{x|x=0}|.$$

(4.67) ergibt

$$\sigma_{x_i} = \frac{\dfrac{2B}{r_i}\, k_{f_i} \tan(\varrho + \alpha_i) - \sigma_{x_{i+1}}}{\dfrac{2B}{r_i}\, [\tan(\varrho + \alpha_i) - \tan\alpha_i] - 1}.$$

k_{f_i} wird mit

$$|\varphi_i| = 2 \ln \frac{r_0}{r_i}$$

Tabelle 4.1 Rechengang zur Berechnung der Stempelkraft bei einem Fließpreßvorgang

i	x_i	r_i	r_0/r_i	$|\varphi_i|$	k_{fi}	$2B/r_i$	C_i	$C_i - 1$	D_i	σ_{xi}	σ_{ri}
—	mm	mm	—	—	N/mm²	—	—	—	N/mm²	N/mm²	N/mm²
10	30	10,0	1,500	0,810	697					0,0	−697
9	27	10,5	1,429	0,712	694	0,571	0,0594	−0,9406	107,39	−114,2	−808
8	24	11,0	1,364	0,620	679	0,545	0,0567	−0,9433	100,28	−227,3	−906
7	21	11,5	1,304	0,530	656	0,521	0,0542	−0,9458	92,62	−338,3	−994
6	18	12,0	1,250	0,446	625	0,500	0,0520	−0,9480	84,69	−446,2	−1071
5	15	12,5	1,200	0,364	587	0,480	0,0500	−0,9500	76,36	−550,0	−1137
4	12	13,0	1,154	0,286	542	0,461	0,0480	−0,9520	67,71	−648,9	−1191
3	9	13,5	1,111	0,192	479	0,444	0,0462	−0,9538	57,64	−740,8	−1220
2	6	14,0	1,071	0,138	438	0,428	0,0445	−0,9555	50,80	−828,4	−1266
1	3	14,5	1,034	0,066	378	0,414	0,0430	−0,9570	42,41	−910,0	−1288
0	0	15,0	1,000	0,000	317	0,400	0,0416	−0,9584	34,36	−985,3	−1302

$n = 10$

$B = x_{i+1} - x_i = L/10 = 3$ mm

$\tan\alpha_i = \tan\alpha = 5/30 = 0{,}167,\ \alpha = 9{,}5°$

$\tan\varrho = 0{,}100,\ \varrho = 5{,}7°$

$\tan(\varrho + \alpha) = 0{,}271$

$$C_i = \frac{2B}{r_i} [\tan(\varrho + \alpha_i) - \tan\alpha_i]$$

$$D_i = \frac{2B}{r_i} k_{fi} \tan(\varrho + \alpha_i)$$

und

$$r_\mathrm{i} = r_0 - \frac{r_0 - r_1}{L}\, x_\mathrm{i}$$

aus der Fließkurve entnommen. Die Rechnung läuft dann nach Tabelle 4.1 ab.
Die Stempelkraft errechnet sich schließlich zu

$$F_\mathrm{St} = 696,1\ \mathrm{kN}\,.$$

4.2 Grundlagen und Anwendungen der v. Misesschen Plastizitätstheorie

Im vorhergehenden Kapitel wurden die zur Beschreibung des Verhaltens eines
plastischen Werkstoffs benutzten Grundgleichungen für spezielle Koordinatensysteme (nämlich für die Hauptachsen des Spannungs- und Formänderungszustands) abgeleitet. Geht man von der in der elementaren Plastizitätstheorie
getroffenen Voraussetzung der homogenen Umformung ab, so ist diese Spezialisierung nicht mehr zweckmäßig.

Umformvorgänge besitzen stets einen inhomogenen Formänderungszustand.
Das bedeutet u. a., daß die Hauptachsen des Formänderungs- und Spannungszustands für jeden Punkt des Werkstücks verschieden gerichtet sind. Wollte man
Beziehungen verwenden, die für die Hauptachsen formuliert sind, so müßte man
diese Richtungen von vornherein kennen. Diese Kenntnis kann aber erst die
Lösung der Aufgabe vermitteln. Es ist deshalb notwendig, die Grundgleichungen
so zu formulieren, daß sie von der Orientierung des Koordinatensystems unabhängig sind. Der Verzicht auf die vereinfachende Beschreibung des Bewegungszustands erhöht allerdings die mathematischen Schwierigkeiten bei der Behandlung
praktischer Aufgaben. Um diese Schwierigkeiten so gering wie möglich zu halten,
greift man zu erheblichen Vereinfachungen bei der Beschreibung des Werkstoffverhaltens.

4.2.1 Werkstoffmodelle

Die wesentlichen Eigenschaften eines Werkstoffs, der sich plastisch verhält,
sind das Vorhandensein einer Fließgrenze und das Auftreten von bleibenden
Formänderungen, wenn die Spannungen diese Fließgrenze erreicht haben. Die
einfachsten Werkstoffmodelle, die diesen Sachverhalt beschreiben, sind der sog.
elastisch-idealplastische und der *starr-idealplastische* Werkstoff, deren Spannungs-
Dehnungs-Schaubilder bei einachsiger Beanspruchung in Bild 4.22 dargestellt
sind.

Beim elastisch-idealplastischen Werkstoff treten, solange die Spannungen die
Fließgrenze nicht erreichen, elastische Formänderungen auf. Nach dem Erreichen
der Fließgrenze fließt der Werkstoff ohne Spannungserhöhung.

Beim starr-idealplastischen Werkstoff wird eine weitere Vereinfachung des
Stoffverhaltens vorgenommen. Man nimmt an, daß der Werkstoff, solange die
Spannungen die Fließgrenze nicht erreichen, keine Formänderungen zeigt; er

verhält sich in diesem Gebiet wie ein starrer Körper. Es ist möglich, diese Werkstoffmodelle so abzuwandeln, daß auch Vorgänge mit Verfestigung berechnet werden können (s. Abschn. 4.3.4).

Die beiden Stoffmodelle führen naturgemäß auf verschiedene Stoffgesetze. Sie sind beim elastisch-idealplastischen Werkstoff nach Prandtl und Reuss und beim starr-idealplastischen Werkstoff nach v. Mises benannt. Man spricht daher von einer Plastizitätstheorie nach Prandtl-Reuss oder nach v. Mises.

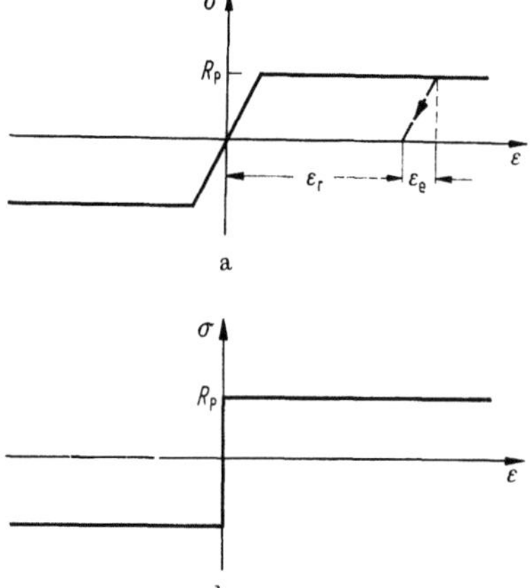

Bild 4.22 Spannungs-Dehnungs-Diagramme des **a** elastisch-idealplastischen und **b** starr-idealplastischen Werkstoffs

Die Prandtl-Reußsche Theorie liefert wegen der Mitberücksichtigung der elastischen Anteile der Formänderungen kompliziertere Stoffgleichungen als die v. Misessche Theorie und weist daher auch bei den praktischen Anwendungen erheblich größere mathematische Schwierigkeiten auf. Sie muß dann angewendet werden, wenn bei den betrachteten Vorgängen die auftretenden elastischen und plastischen Formänderungen von gleicher Größenordnung sind. Dies ist bei Festigkeitsberechnungen z. B. im Bauwesen oder bei Biege- und Schneidvorgängen der Fall.

Bei den meisten Umformvorgängen sind die bleibenden Formänderungen erheblich größer als die elastischen Verformungen. Man macht dann keinen großen Fehler, wenn man annimmt, daß sich der Werkstoff unterhalb der Fließgrenze starr verhält. Daher wird in der Umformtechnik vorwiegend das starr-idealplastische Werkstoffmodell, also die v. Misessche Plastizitätstheorie verwendet. Der Betrag der Werkzeugschließgeschwindigkeit hat bei einem starr-idealplastischen Werkstoff keinen Einfluß auf die Größe der Spannungen. Die Spannungen am Ende einer Umformung sind unabhängig von der Zeit, die dieser Vorgang benötigt hat. Sie hängen nur von den eingetretenen geometrischen Veränderungen ab. Der starr-idealplastische Werkstoff zeigt keine Zähigkeitseffekte. Im folgenden sollen nur die Grundgleichungen dieser Theorie abgeleitet und angewendet werden. Eine Darstellung der Prandtl-Preußschen Theorie findet sich z. B. in den Büchern von Prager und Hodge [4.15] oder von Hill [4.16].

Für die Formulierung eines Stoffgesetzes, das den für den Modellwerkstoff charakteristischen Zusammenhang zwischen den Spannungen und den daraus resultierenden Formänderungen (oder Formänderungsgeschwindigkeiten) darstellt, müssen zunächst zutreffende Beschreibungen des Spannungs- und Formänderungszustands vorhanden sein.

4.2.2 Spannungszustand und Spannungsverteilung

Führt man durch einen Festkörper, der durch äußere Kräfte belastet ist (Bild 4.23), einen gedachten Schnitt, der durch einen beliebigen Punkt P geht, so müssen, damit an den Verhältnissen nichts geändert wird, an den beiden Schnittflächen die vom einen auf den anderen Teil ausgeübten inneren Kräfte angebracht werden. Bezieht man die in einem den Punkt P enthaltenden Element ΔA der Schnittfläche übertragene Kraft ΔF auf diese Fläche, so erhält man, wenn man die Fläche ΔA gegen Null gehen läßt, die Spannung

$$ S = \lim_{\Delta A \to 0} \frac{\Delta F}{\Delta A}. \tag{4.70} $$

Der Spannungsvektor S kann in je eine Komponente senkrecht und parallel zur Übertragungsfläche zerlegt werden. Die senkrechte Komponente wird Normalspannung genannt. Die zur Schnittfläche parallele Komponente heißt Schubspannung.

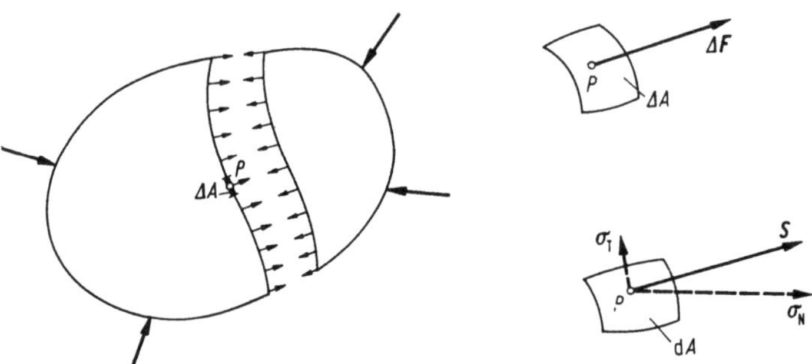

Bild 4.23 Spannung in einem Körper

Es ist leicht einzusehen, daß Größe und Richtung der im Punkt P übertragenen Spannung von der Lage der Schnittfläche, also von der Orientierung des Flächenelements $\mathrm{d}A$ abhängen. Sind die für eine beliebige Orientierung des Flächenelements auftretenden Spannungen bekannt, so ist damit der *Spannungszustand* im Punkt P bestimmt.

In Abschn. 4.2.2.2 wird gezeigt, daß es zu einer vollständigen Kenntnis des Spannungszustands ausreicht, wenn man die Spannungen kennt, die in drei aufeinander senkrecht stehenden Flächenelementen angreifen.

Wählt man diese Flächen parallel den Achsen eines rechtwinkliggeradlinigen (kartesischen) Koordinatensystems, so erhält man Bild 4.24. Man kann nun die Spannungen, die in jeder der drei Flächen angreifen, in Richtung der Koordinatenachsen zerlegen und erhält dann neun Spannungskomponenten, nämlich die drei Normalspannungen σ_x, σ_y und σ_z und sechs Schubspannungen τ_{xy}, τ_{yx}, τ_{xz}, τ_{zx}, τ_{yz} und τ_{zy}. Die Normalspannungen werden positiv gezählt, wenn sie als Zugspannungen, also von ihrer Angriffsfläche weg wirken. Für die Schubspannungen gilt folgende Vorzeichenvereinbarung: Greift eine Schubspannung in einer Fläche an, für die die positive Normalspannung in positive Koordinatenrichtung weist, so ist sie dann positiv, wenn sie ebenfalls in positive Koordinatenrichtung weist. Für Flächen, für die die positive Normalspannung in negative Koordinatenrichtung zeigt, weisen auch die positiven Schubspannungen in negative Koordinatenrichtung. Zur Veranschaulichung möge Bild 4.24 dienen. Alle hier eingezeichneten Komponenten des Spannungszustands sind positiv.

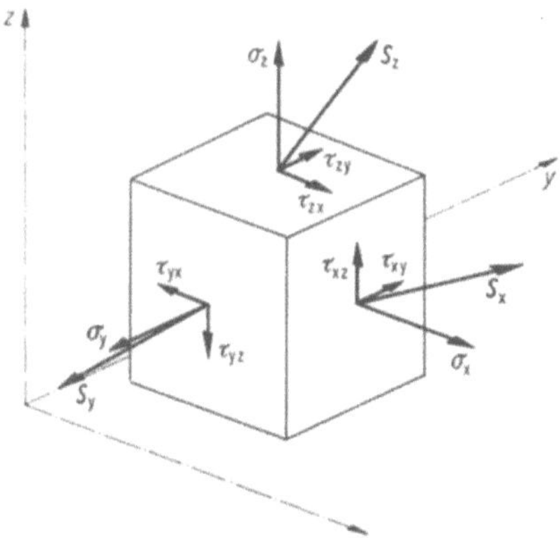

Bild 4.24 Komponenten des Spannungszustands im kartesischen Koordinatensystem

4.2.2.1 Spannungsverteilung und Gleichgewichtsbedingungen

In einem Kontinuum, das einer äußeren Belastung unterworfen ist, herrschen in der Regel von Ort zu Ort verschiedene Spannungszustände. Der Spannungszustand ist also eine i. allg. stetige Funktion der Ortskoordinaten. Setzt man voraus, daß der Spannungszustand und damit jede seiner Komponenten stetig und stetig differenzierbar von den Ortskoordinaten abhängt, so gilt bei einem Übergang von einem Punkt P mit den Koordinaten x, y, z auf einen Nachbarpunkt P' mit den Koordinaten $x + dx$, $y + dy$, $z + dz$, z. B. für die Spannungskomponente σ_x, die Taylor-Entwicklung

$$\sigma_x(x + dx, y + dy, z + dz) = \sigma_x(x, y, z)$$

$$+ \frac{\partial \sigma_x}{\partial x}\, dx + \frac{\partial \sigma_x}{\partial y}\, dy + \frac{\partial \sigma_x}{\partial z}\, dz. \tag{4.71}$$

Dabei sind die höheren Glieder der Entwicklung, die Produkte der Differentiale dx, dy und dz enthalten, als von höherer Ordnung klein vernachlässigt worden.

Die Spannungen, die an einem Volumenelement angreifen, dessen Flächen den Koordinatenachsen parallel sind, ergeben sich unter Beachtung dieser Entwicklung wie in Bild 4.25 eingezeichnet.

Die Verteilung der Spannungen in einem Körper kann nicht völlig beliebig sein. Sie ist durch die Bedingung eingeschränkt, daß jedes herausgeschnitten gedachte Volumenelement unter der Wirkung der angreifenden Spannungen und etwaiger Massenkräfte (z. B. Gewichts- oder Beschleunigungskräfte) im Gleichgewicht sein muß. Die Komponenten der im Schwerpunkt des Elements angreifenden, auf das Volumen des Elements bezogenen Massenkräfte sind in Bild 4.25 mit X, Y und Z bezeichnet.

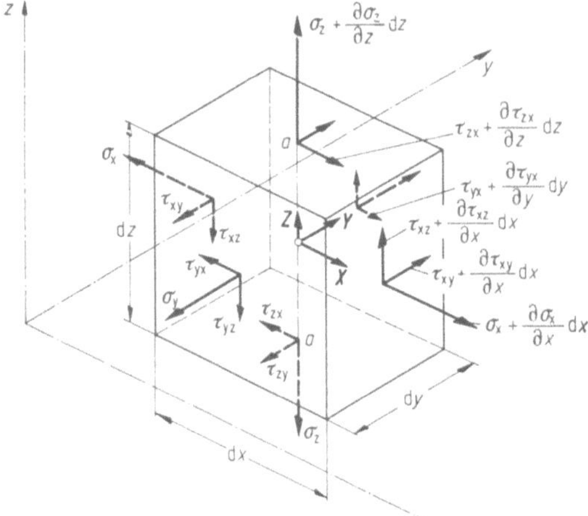

Bild 4.25 Spannungen und Massenkräfte an einem Werkstoffelement

Diese Gleichgewichtsbedingung ist dann erfüllt, wenn sich die aus den Spannungen und bezogenen Massenkräften resultierenden Kräfte in x-, y- und z-Richtung das Gleichgewicht halten und wenn die Momente um drei zu den Koordinatenachsen parallelen Achsen durch den Schwerpunkt im Gleichgewicht sind.

Das Gleichgewicht der Momente um die Achse $a-a$ ist vorhanden, wenn die Bedingung

$$-\tau_{xy}\,dy\,dz\,\frac{dx}{2} + \tau_{yx}\,dx\,dz\,\frac{dy}{2} - \left(\tau_{xy} + \frac{\partial \tau_{xy}}{\partial x}\,dx\right)dy\,dz\,\frac{dx}{2}$$

$$+ \left(\tau_{yx} + \frac{\partial \tau_{yx}}{\partial y}\,dy\right)dx\,dz\,\frac{dy}{2} = 0 \tag{4.72}$$

erfüllt ist. Hieraus folgt

$$\tau_{xy} = \tau_{yx}. \tag{4.73a}$$

Entsprechend liefern die Bedingungen des Gleichgewichts gegen Verdrehen um die zur x- und y-Achse parallelen Achsen die Beziehungen

$$\tau_{yz} = \tau_{zy}, \tag{4.73b}$$

$$\tau_{xz} = \tau_{zx}. \tag{4.73c}$$

Der durch (4.73) gegebene Sachverhalt wird als *„Gesetz von der Zuordnung der Schubspannungen"* bezeichnet. Außerdem ergibt sich hieraus, daß der Spannungszustand durch sechs voneinander unabhängige Komponenten vollständig bestimmt ist.

Betrachtet man nun die Bedingung für das Gleichgewicht der Kräfte in x-Richtung:

$$\frac{\partial \sigma_x}{\partial x}\, dx\, dy\, dz + \frac{\partial \tau_{yx}}{\partial y}\, dy\, dx\, dz + \frac{\partial \tau_{zx}}{\partial z}\, dz\, dx\, dy + X\, dx\, dy\, dz = 0,$$

(4.74)

so erhält man (mit $\tau_{yx} = \tau_{xy}$, $\tau_{zx} = \tau_{xz}$) die Beziehung

$$\frac{\partial \sigma_x}{\partial x} + \frac{\partial \tau_{xy}}{\partial y} + \frac{\partial \tau_{xz}}{\partial z} + X = 0.$$

(4.75a)

Für die y- und z-Richtung ergeben sich entsprechend die Gleichgewichtsbedingungen

$$\frac{\partial \tau_{xy}}{\partial x} + \frac{\partial \sigma_y}{\partial y} + \frac{\partial \tau_{yz}}{\partial z} + Y = 0$$

(4.75b)

und

$$\frac{\partial \tau_{xz}}{\partial x} + \frac{\partial \tau_{yz}}{\partial y} + \frac{\partial \sigma_z}{\partial z} + Z = 0.$$

(4.75c)

In der Plastizitätstheorie können häufig die Massenkräfte vernachlässigt werden. Die Gleichgewichtsbedingungen reduzieren sich dann auf

$$\frac{\partial \sigma_x}{\partial x} + \frac{\partial \tau_{xy}}{\partial y} + \frac{\partial \tau_{xz}}{\partial z} = 0,$$

(4.76a)

$$\frac{\partial \tau_{xy}}{\partial x} + \frac{\partial \sigma_y}{\partial y} + \frac{\partial \tau_{yz}}{\partial z} = 0,$$

(4.76b)

$$\frac{\partial \tau_{xz}}{\partial x} + \frac{\partial \tau_{yz}}{\partial y} + \frac{\partial \sigma_z}{\partial z} = 0.$$

(4.76c)

4.2.2.2 Transformation des Spannungszustands, Spannungstensor

Der Spannungszustand in einem bestimmten Punkt des Kontinuums ist dann durch die Spannungskomponenten σ_x, σ_y, σ_z, τ_{xy}, τ_{yz}, τ_{xz} eindeutig bestimmt, wenn es möglich ist, aus diesen Komponenten den Spannungsvektor S für eine beliebig gelegte Schnittebene zu berechnen.

Betrachtet man das in Bild 4.26a dargestellte, tetraederförmige Volumenelement, so sei die Fläche ABC, deren Orientierung durch den Normalenvektor n bestimmt ist, die Fläche, für die der Spannungsvektor errechnet werden soll. Die Richtung des Normalenvektors falle mit der ξ-Achse eines ξ-η-ζ-Koordinatensystems zusammen, das durch eine Drehung aus dem ursprünglichen x-y-z-Koordinatensystem hervorgegangen ist. Für die Komponenten des Einheitsvektors n ($|n| = 1$) im x-y-z-System gilt, wenn z. B. mit (ξ, x) der Winkel zwischen der ξ- und der x-Achse bezeichnet wird:

$$n_x = \cos (\xi, x),$$

(4.77a)

$$n_y = \cos (\xi, y),$$

(4.77b)

$$n_z = \cos (\xi, z).$$

(4.77c)

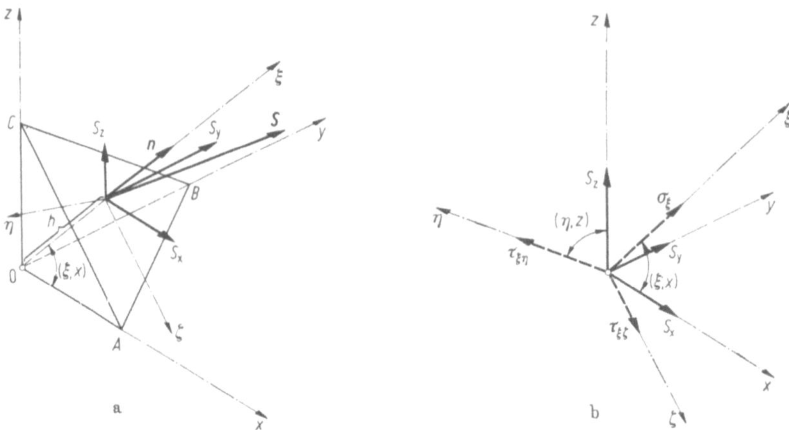

Bild 4.26 Volumenelement zur Ermittlung der Spannungen in einem zur ξ-Achse senkrechten Flächenelement

Am betrachteten Volumenelement gilt wieder die Bedingung, daß sich die angreifenden Kräfte das Gleichgewicht halten müssen.

Ist A_{ABC} der Inhalt der Fläche ABC, so sind die dem x-y-z-System parallelen Flächen:

$$A_{0\mathrm{BC}} = A_{\mathrm{ABC}}n_\mathrm{x} = A_{\mathrm{ABC}} \cos (\xi, x),$$

$$A_{0\mathrm{AC}} = A_{\mathrm{ABC}}n_\mathrm{y} = A_{\mathrm{ABC}} \cos (\xi, y),$$

$$A_{0\mathrm{AB}} = A_{\mathrm{ABC}}n_\mathrm{z} = A_{\mathrm{ABC}} \cos (\xi, z).$$

Nun gilt z. B. für das Gleichgewicht in x-Richtung

$$S_\mathrm{x}A_{\mathrm{ABC}} = \sigma_\mathrm{x}A_{0\mathrm{BC}} + \tau_{\mathrm{yx}}A_{0\mathrm{AC}} + \tau_{\mathrm{zx}}A_{0\mathrm{AB}} - XA_{\mathrm{ABC}}\,\frac{h}{3}$$

($A_{\mathrm{ABC}}h/3$ ist das Volumen des Tetraeders). Hieraus ergibt sich für $h \to 0$:

$$S_\mathrm{x} = \sigma_\mathrm{x} \cos (\xi, x) + \tau_{\mathrm{yx}} \cos (\xi, y) + \tau_{\mathrm{zx}} \cos (\xi, z). \tag{4.78a}$$

Für die y- und z-Richtung erhält man entsprechend

$$S_\mathrm{y} = \tau_{\mathrm{xy}} \cos (\xi, x) + \sigma_\mathrm{y} \cos (\xi, y) + \tau_{\mathrm{zy}} \cos (\xi, z), \tag{4.78b}$$

$$S_\mathrm{z} = \tau_{\mathrm{xz}} \cos (\xi, x) + \tau_{\mathrm{yz}} \cos (\xi, y) + \sigma_\mathrm{z} \cos (\xi, z). \tag{4.78c}$$

Der Spannungsvektor in einer beliebigen Schnittebene läßt sich somit durch die Spannungskomponenten für das x-y-z-System ausdrücken. Zerlegt man ihn in seine Komponenten parallel zu den Achsen des ξ-η-ζ-Systems, so erhält man (Bild 4.26b):

$$\sigma_\xi = S_\mathrm{x} \cos (\xi, x) + S_\mathrm{y} \cos (\xi, y) + S_\mathrm{z} \cos (\xi, z), \tag{4.79a}$$

$$\tau_{\xi\eta} = S_\mathrm{x} \cos (\eta, x) + S_\mathrm{y} \cos (\eta, y) + S_\mathrm{z} \cos (\eta, z), \tag{4.79b}$$

$$\tau_{\xi\zeta} = S_\mathrm{x} \cos (\zeta, x) + S_\mathrm{y} \cos (\zeta, y), + S_\mathrm{z} \cos (\zeta, z). \tag{4.79c}$$

Eine entsprechende Betrachtung für Schnittflächen senkrecht zur η- und zur ζ-Achse führt auf die Spannungskomponenten σ_η, $\tau_{\eta\xi}$, $\tau_{\eta\zeta}$, σ_ζ, $\tau_{\zeta\xi}$ und $\tau_{\zeta\eta}$.

Man nennt allgemein neun Größen, die sich bei einer Drehung des Koordinatensystems in der angegebenen Weise transformieren, die Komponenten eines *Tensors*. Es ist üblich, diese Komponenten in Matrixform zusammenzufassen. Der Spannungszustand im Punkt P läßt sich damit durch die Matrix

$$\sigma = \begin{pmatrix} \sigma_x & \tau_{xy} & \tau_{xz} \\ \tau_{xy} & \sigma_y & \tau_{yz} \\ \tau_{xz} & \tau_{yz} & \sigma_z \end{pmatrix} \qquad (4.80\,\text{a})$$

oder

$$\bar{\sigma} = \begin{pmatrix} \sigma_\xi & \tau_{\xi\eta} & \tau_{\xi\zeta} \\ \tau_{\xi\eta} & \sigma_\eta & \tau_{\eta\zeta} \\ \tau_{\xi\zeta} & \tau_{\eta\zeta} & \sigma_\zeta \end{pmatrix} \qquad (4.80\text{b})$$

darstellen. Infolge der durch (4.73) gegebenen Zuordnung der Schubspannungen besitzt der Spannungszustand eine *symmetrische* Matrix.

4.2.2.3 Hauptachsen und Invarianten

Für jeden Spannungszustand gibt es in jedem Punkt P eines Kontinuums mindestens ein Koordinatensystem, für das die Schubspannungen verschwinden. Damit sind die Spannungsvektoren, die in den zugehörigen Schnittflächen wirken, den Koordinatenachsen parallel. Man nennt die Achsen eines solchen Koordinatensystems die *Hauptachsen* des Spannungszustands. In Bild 4.27 sei die Richtung der ξ-Achse eine Hauptrichtung. Für den Spannungsvektor S muß dann

$$S = \sigma \cdot n \qquad (4.81)$$

gelten, wenn mit σ der Betrag von S bezeichnet wird. Damit ergibt sich mit (4.78):

$$S_x = n_x\sigma = \cos(\xi, x)\,\sigma = \sigma_x \cos(\xi, x) + \tau_{xy} \cos(\xi, y) + \tau_{xz} \cos(\xi, z),$$
$$(4.82\,\text{a})$$

$$S_y = n_y\sigma = \cos(\xi, y)\,\sigma = \tau_{xy} \cos(\xi, x) + \sigma_y \cos(\xi, y) + \tau_{yz} \cos(\xi, z),$$
$$(4.82\,\text{b})$$

$$S_z = n_z\sigma = \cos(\xi, z)\,\sigma = \tau_{xz} \cos(\xi, x) + \tau_{yz} \cos(\xi, y) + \sigma_z \cos(\xi, z).$$
$$(4.82\text{c})$$

Man erhält somit ein lineares, homogenes Gleichungssystem für die Komponenten n_x, n_y und n_z des Normalenvektors n, der eine Hauptrichtung bestimmt. Für dieses Gleichungssystem muß eine Lösung gesucht werden, die mit der Forderung

$$n_x^2 + n_y^2 + n_z^2 = 1$$

verträglich ist. Die Bedingung für die Existenz einer anderen als der trivialen Lösung $n_x = n_y = n_z = 0$ ist das Verschwinden der Koeffizientendeterminante

$$D = \begin{vmatrix} \sigma_x - \sigma & \tau_{xy} & \tau_{xz} \\ \tau_{xy} & \sigma_y - \sigma & \tau_{yz} \\ \tau_{xz} & \tau_{yz} & \sigma_z - \sigma \end{vmatrix}$$

des Gleichungssystems. Berechnet man diese Determinante, so erhält man die kubische Gleichung

$$\sigma^3 - \bar{J}_1\sigma^2 - \bar{J}_2\sigma - \bar{J}_3 = 0 \tag{4.83}$$

mit den Koeffizienten

$$\bar{J}_1 = \sigma_x + \sigma_y + \sigma_z, \tag{4.84a}$$

$$\bar{J}_2 = -(\sigma_x\sigma_y + \sigma_y\sigma_z + \sigma_z\sigma_x) + \tau_{xy}^2 + \tau_{xz}^2 + \tau_{yz}^2, \tag{4.84b}$$

$$\bar{J}_3 = \begin{vmatrix} \sigma_x & \tau_{xy} & \tau_{xz} \\ \tau_{xy} & \sigma_y & \tau_{yz} \\ \tau_{xz} & \tau_{yz} & \sigma_z \end{vmatrix} \tag{4.84c}$$

Wegen der Symmetrie des Spannungstensors sind die drei Wurzeln σ_1, σ_2 und σ_3 der Gl. (4.83) sämtlich reell (s. [4.16, S. 32]). Sie sind die zu den Hauptachsen gehörigen *Hauptspannnngen*.

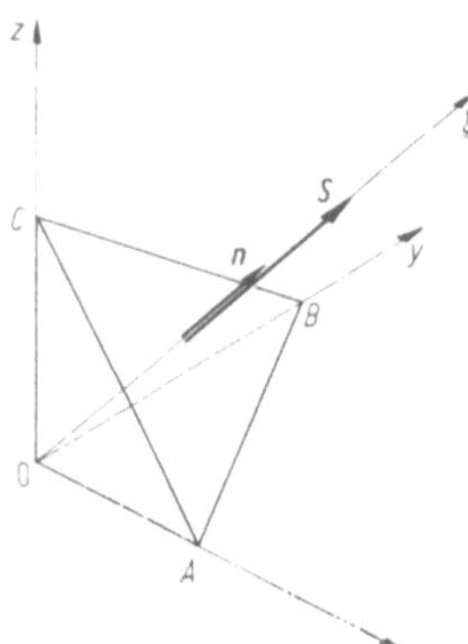

Bild 4.27 Lage des Spannungsvektors, wenn die ξ-Achse Hauptachse ist

Da (4.83) unabhängig von der Wahl des Koordinatensystems x, y, z stets die gleichen Hauptspannungen liefern muß, müssen die Koeffizienten dieser Gleichung bei einer Drehung der Koordinatenachsen ungeändert bleiben. Sie stellen drei *Invarianten* des Spannungszustands dar.

4.2.2.4 Deviator des Spannungszustands und Fließbedingung

Die erste Invariante $\bar{J}_1$ des Spannungszustands ist der mittleren Normalspannung

$$\sigma_m = \tfrac{1}{3}(\sigma_x + \sigma_y + \sigma_z) = -p \tag{4.85}$$

proportional (p ist der sog. hydrostatische Druck). Versuche haben ergeben, daß die Größe der mittleren Normalspannung ohne Einfluß auf den Eintritt des Fließens und das Fließverhalten eines plastischen Werkstoffs ist (vgl. Abschn. 4.1.5). Bei hydrostatischen Spannungszuständen, die für jedes Koordinatensystem durch den Tensor

$$\begin{pmatrix} \sigma_m & 0 & 0 \\ 0 & \sigma_m & 0 \\ 0 & 0 & \sigma_m \end{pmatrix} \tag{4.86}$$

dargestellt werden können, tritt keine bleibende Formänderung auf. Damit ist für das plastische Verhalten eines Werkstoffs ein reduzierter Spannungszustand maßgebend, bei dem die Normalspannungen um die mittlere Spannung σ_m vermindert sind. Man nennt ihn den *Deviator* des Spannungszustands und schreibt

$$\sigma' = \begin{pmatrix} \sigma_x - \sigma_m & \tau_{xy} & \tau_{xz} \\ \tau_{xy} & \sigma_y - \sigma_m & \tau_{yz} \\ \tau_{xz} & \tau_{yz} & \sigma_z - \sigma_m \end{pmatrix} = \begin{pmatrix} s_x & s_{xy} & s_{xz} \\ s_{xy} & s_y & s_{yz} \\ s_{xz} & s_{yz} & s_z \end{pmatrix} = \sigma - \sigma_m E \tag{4.87}$$

mit dem Einheitstensor

$$E = \begin{pmatrix} 1 & 0 & 0 \\ 0 & 1 & 0 \\ 0 & 0 & 1 \end{pmatrix}. \tag{4.88}$$

Der Deviator gibt also die Abweichung eines Spannungszustands vom Zustand allseitig gleicher Spannungen an, bei dem kein Fließen auftritt.

Der Spannungsdeviator besitzt die Invarianten

$$J_1 = s_x + s_y + s_z = 0, \tag{4.89a}$$

$$J_2 = -(s_x s_y + s_y s_z + s_z s_x) + s_{xy}^2 + s_{xz}^2 + s_{yz}^2, \tag{4.89b}$$

$$J_3 = \begin{vmatrix} s_x & s_{xy} & s_{xz} \\ s_{xy} & s_y & s_{yz} \\ s_{xz} & s_{yz} & s_z \end{vmatrix}. \tag{4.89c}$$

Aus dem Vorhergehenden wird ersichtlich, daß in die Beziehungen, die den Eintritt des Fließens und den Fließvorgang beschreiben sollen, nur der Deviator des Spannungszustands eingehen darf. Da der Fließbeginn von der Lage des verwendeten Koordinatensystems unabhängig ist, muß die *Fließbedingung*, also die Beziehung, die angibt, welche Spannungszustände zu bleibenden Formänderungen führen, *koordinateninvariant* sein. Ausgehend von dieser Überlegung verwendet v. Mises folgende Gleichung als Fließbedingung:

$$J_2 = k^2. \tag{4.90}$$

Hierin ist J_2 die zweite Invariante des Spannungsdeviators nach (4.89b) und k die Schubfließgrenze des Werkstoffs. Der Werkstoff zeigt also dann bleibende

Formänderungen, wenn J_2 den Wert k^2 erreicht. Wendet man die Fließbedingung (4.90) auf den einachsigen Zugversuch an, so ergibt sich zwischen der Fließspannung k_f und der Schubfließgrenze k der Zusammenhang:

$$k_f = \sqrt{3}\, k.$$

Die aus der Schubspannungshypothese folgende Trescasche Fließbedingung läßt sich ebenfalls in koordinateninvarianter Form schreiben. Man erhält

$$4J_2^3 - 27J_3^2 - 36k^2J_2^2 + 96k^4J_2 - 64k^6 = 0. \tag{4.91}$$

Die v. Misessche Fließbedingung, die, wie in Abschn. 4.1.5 dargestellt, in guter Übereinstimmung mit Versuchen steht, und die im folgenden ausschließlich verwendet werden soll, wurde zunächst aus rein mathematischen Überlegungen gewonnen. Später erfolgten physikalische Interpretationen über die Oktaederschubspannung [4.18] und die Gestaltänderungsenergie [4.4], deren Berechtigung allerdings bis heute umstritten ist.

4.2.3 Bewegungszustand

Bei den Werkstoffmodellen, die diesen Betrachtungen zugrunde gelegt werden, tritt i. allg. uneingeschränktes plastisches Fließen auf, wenn die Spannungen die Fließgrenze erreichen. Die Geschwindigkeit, mit der sich ein Teilchen bewegt, das augenblicklich die Koordinaten x, y, z besitzt, sei durch den Geschwindigkeitsvektor

$$\boldsymbol{v} = v_x \cdot \boldsymbol{i} + v_y \cdot \boldsymbol{j} + v_z \cdot \boldsymbol{k} \tag{4.92}$$

gegeben (Bild 4.28). Sind die Geschwindigkeitskomponenten v_x, v_y, v_z als Funktionen der Ortskoordinaten für das ganze plastische Gebiet bekannt, so kennt man das augenblickliche *Geschwindigkeitsfeld* des Vorgangs.

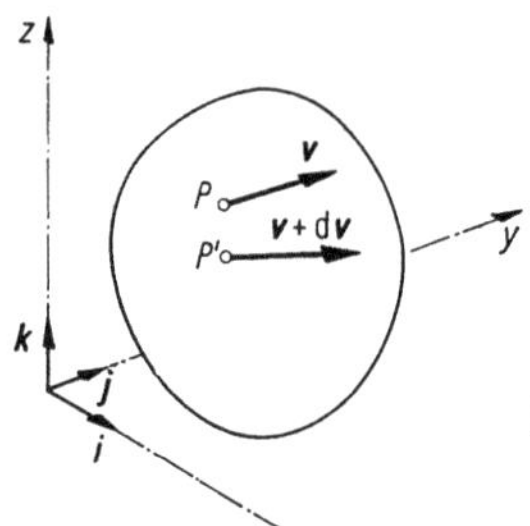

Bild 4.28   Geschwindigkeitsvektor in P und in P'

Es soll wieder angenommen werden, daß die Geschwindigkeitskomponenten stetig und stetig differenzierbar von den Ortskoordinaten abhängen. Sie können dann in eine Taylor-Reihe entwickelt werden. Beim Übergang von einem Punkt P mit den Koordinaten x, y, z zu einem Nachbarpunkt P' mit den Koordinaten $x + \mathrm{d}x$, $y + \mathrm{d}y$, $z + \mathrm{d}z$ erhält man z. B. für die Geschwindigkeitskomponente v_x:

$$v_x(x + \mathrm{d}x, y + \mathrm{d}y, z + \mathrm{d}z) = v_x(x, y, z) + \frac{\partial v_x}{\partial x}\,\mathrm{d}x + \frac{\partial v_x}{\partial y}\,\mathrm{d}y + \frac{\partial v_x}{\partial z}\,\mathrm{d}z. \tag{4.93}$$

4.2.3.1 Kontinuitätsgleichung

In der v. Misesschen Plastizitätstheorie wird angenommen, daß sich der Werkstoff inkompressibel verhält. Während des Fließvorgangs treten also keine Volumenänderungen auf. Diese Voraussetzung führt zu einer Bedingung für das Geschwindigkeitsfeld, die als *Kontinuitätsgleichung* des inkompressiblen Werkstoffs bezeichnet wird.

Betrachtet man ein raumfestes (also nicht mit den Werkstoffteilchen verbundenes) Kontrollelement nach Bild 4.29, so sind die Geschwindigkeiten, mit denen der Werkstoff an diesem Element ein- und austritt, durch die dargestellten Komponenten gegeben. Da der Werkstoff keine Volumenänderungen aufweisen soll, muß das eintretende Volumen dem austretenden gleich sein. Hieraus folgt

$$v_x \, \mathrm{d}y \, \mathrm{d}z + v_y \, \mathrm{d}x \, \mathrm{d}z + v_z \, \mathrm{d}x \, \mathrm{d}y$$

$$= \left(v_x + \frac{\partial v_x}{\partial x} \, \mathrm{d}x\right) \mathrm{d}y \, \mathrm{d}z + \left(v_y + \frac{\partial v_y}{\partial y} \, \mathrm{d}y\right) \mathrm{d}x \, \mathrm{d}z + \left(v_z + \frac{\partial v_z}{\partial z} \, \mathrm{d}z\right) \mathrm{d}x \, \mathrm{d}y$$

oder

$$\frac{\partial v_x}{\partial x} + \frac{\partial v_y}{\partial y} + \frac{\partial v_z}{\partial z} = 0. \tag{4.94}$$

4.2.3.2 Formänderungsgeschwindigkeiten

Bild 4.30 zeigt wieder ein den Koordinatenachsen paralleles Werkstoffelement. Da sich das Geschwindigkeitsfeld von Ort zu Ort ändert, werden dessen Eckpunkte in der Regel verschiedene Geschwindigkeiten besitzen. Aus diesen Geschwindigkeitsunterschieden lassen sich die *Formänderungsgeschwindigkeiten* ermitteln, die für die Beschreibung des Fließvorgangs maßgebend sind.

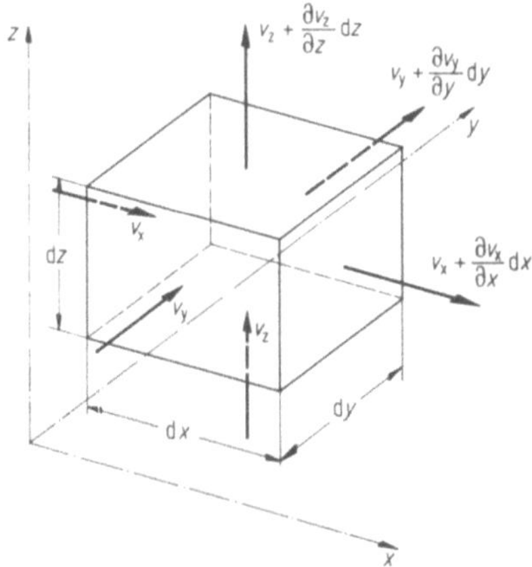

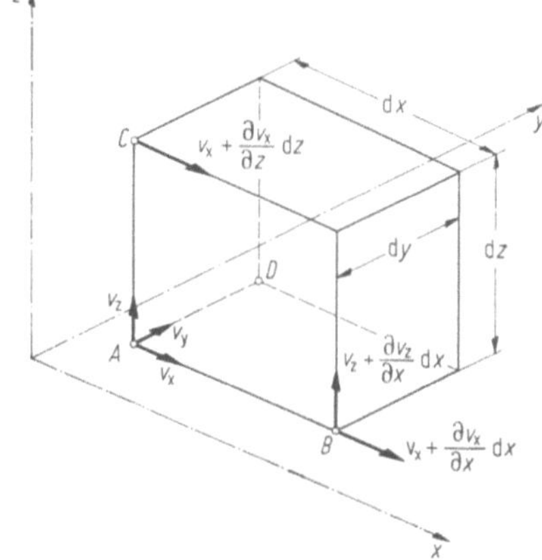

Bild 4.29 Fließen des Werkstoffs durch ein raumfestes Kontrollelement

Bild 4.30 Geschwindigkeiten der Eckpunkte eines quaderförmigen Werkstoffelements

Der augenblickliche Formänderungsvorgang wird durch die *Dehnungsge-schwindigkeiten* der Strecken $\overline{AB}$, $\overline{AC}$ und $\overline{AD}$ und die *Schiebungsgeschwindig-keiten*, die angeben, mit welcher Geschwindigkeit sich die rechten Winkel CAB, CAD und DAB ändern, vollständig beschrieben.

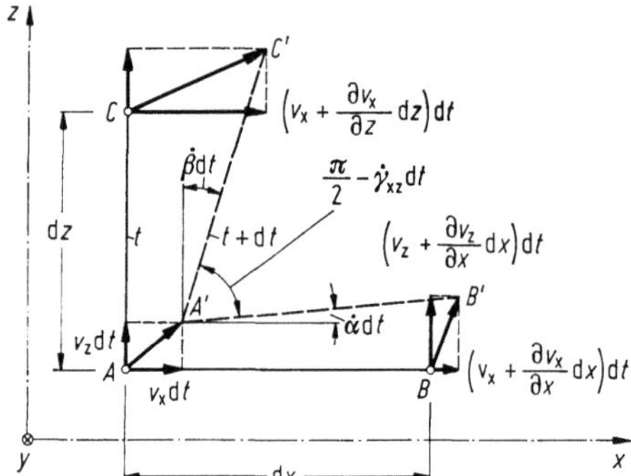

Bild 4.31 Verformungen in einer zur x-z-Ebene parallelen Fläche des Werkstoffelements

Aus Bild 4.31 erhält man für die Dehnungsgeschwindigkeit in x-Richtung:

$$\dot{\varepsilon}_\mathrm{x} = \frac{v_\mathrm{x} + \dfrac{\partial v_\mathrm{x}}{\partial x}\,\mathrm{d}x - v_\mathrm{x}}{\mathrm{d}x} = \frac{\partial v_\mathrm{x}}{\partial x}. \tag{4.95a}$$

Entsprechend ergibt sich für die y- und z-Richtung

$$\dot{\varepsilon}_\mathrm{y} = \frac{\partial v_\mathrm{y}}{\partial y}, \tag{4.95b}$$

$$\dot{\varepsilon}_\mathrm{z} = \frac{\partial v_\mathrm{z}}{\partial z}. \tag{4.95c}$$

Für die Änderung des rechten Winkels CAB erhält man

$$\dot{\gamma}_\mathrm{xz} = \dot{\alpha} + \dot{\beta} = \frac{v_\mathrm{z} + \dfrac{\partial v_\mathrm{z}}{\partial x}\,dx - v_\mathrm{z}}{\mathrm{d}x} + \frac{v_\mathrm{x} + \dfrac{\partial v_\mathrm{x}}{\partial z}\,dz - v_\mathrm{x}}{\mathrm{d}z}$$

$$= \frac{\partial v_\mathrm{z}}{\partial x} + \frac{\partial v_\mathrm{x}}{\partial z} = 2\dot{\varepsilon}_\mathrm{xz}$$

und damit

$$\dot{\varepsilon}_\mathrm{xz} = \dot{\varepsilon}_\mathrm{zx} = \frac{1}{2}\,\dot{\gamma}_\mathrm{xz} = \frac{1}{2}\left(\frac{\partial v_\mathrm{x}}{\partial z} + \frac{\partial v_\mathrm{z}}{\partial x}\right). \tag{4.95d}$$

Für die Änderung der Winkel DAB und CAD folgt

$$\dot{\varepsilon}_\mathrm{xy} = \dot{\varepsilon}_\mathrm{yx} = \frac{1}{2}\,\dot{\gamma}_\mathrm{xy} = \frac{1}{2}\left(\frac{\partial v_\mathrm{x}}{\partial y} + \frac{\partial v_\mathrm{y}}{\partial x}\right), \tag{4.95e}$$

$$\dot{\varepsilon}_\mathrm{yz} = \dot{\varepsilon}_\mathrm{zy} = \frac{1}{2}\,\dot{\gamma}_\mathrm{yz} = \frac{1}{2}\left(\frac{\partial v_\mathrm{y}}{\partial z} + \frac{\partial v_\mathrm{z}}{\partial y}\right). \tag{4.95f}$$

Die durch (4.95) gegebenen Formänderungsgeschwindigkeiten transformieren sich bei einer Drehung des Koordinatensystems auf die gleiche Weise wie die Spannungskomponenten. Sie stellen somit die Komponenten eines symmetrischen Tensors, des sog. *Formänderungsgeschwindigkeitstensors* dar. Er lautet in Matrixschreibweise

$$\dot{\varepsilon} = \begin{pmatrix} \dot{\varepsilon}_x & \dot{\varepsilon}_{xy} & \dot{\varepsilon}_{xz} \\ \dot{\varepsilon}_{xy} & \dot{\varepsilon}_y & \dot{\varepsilon}_{yz} \\ \dot{\varepsilon}_{xz} & \dot{\varepsilon}_{yx} & \dot{\varepsilon}_z \end{pmatrix}. \tag{4.96}$$

Der Formänderungsgeschwindigkeitstensor besitzt, wie jeder symmetrische Tensor, drei aufeinander senkrecht stehende Hauptachsen. Für das Hauptachsensystem verschwinden die Schiebungsgeschwindigkeiten. Die nun allein auftretenden Dehnungsgeschwindigkeiten in den Hauptrichtungen werden die *Hauptdehnungsgeschwindigkeiten* genannt und üblicherweise mit $\dot{\varepsilon}_1$, $\dot{\varepsilon}_2$ und $\dot{\varepsilon}_3$ bezeichnet. Die rechten Winkel des zugehörigen Volumenelements bleiben bei einer infinitesimalen Formänderung erhalten.

Der Formänderungsgeschwindigkeitstensor hat die Invarianten:

$$I_1 = \dot{\varepsilon}_x + \dot{\varepsilon}_y + \dot{\varepsilon}_z, \tag{4.97a}$$

$$I_2 = -(\dot{\varepsilon}_x\dot{\varepsilon}_y + \dot{\varepsilon}_y\dot{\varepsilon}_z + \dot{\varepsilon}_x\dot{\varepsilon}_z) + \dot{\varepsilon}_{xy}^2 + \dot{\varepsilon}_{xz}^2 + \dot{\varepsilon}_{yz}^2. \tag{4.97b}$$

$$I_3 = \begin{vmatrix} \dot{\varepsilon}_x & \dot{\varepsilon}_{xy} & \dot{\varepsilon}_{xz} \\ \dot{\varepsilon}_{xy} & \dot{\varepsilon}_y & \dot{\varepsilon}_{yz} \\ \dot{\varepsilon}_{xz} & \dot{\varepsilon}_{yz} & \dot{\varepsilon}_z \end{vmatrix} \tag{4.97c}$$

Wie ein Vergleich der ersten Invarianten I_1 mit der Kontinuitätsgleichung (4.94) zeigt, ist I_1 bei einem inkompressiblen Werkstoff Null. Symmetrische Tensoren, für die die erste Invariante (die man auch die Spur des Tensors nennt) verschwindet, werden allgemein als Deviatoren bezeichnet (vgl. den Spannungsdeviator). Der Formänderungsgeschwindigkeitstensor eines inkompressiblen Werkstoffs ist also ein Deviator.

4.2.4 Stoffgesetz

Die speziellen Eigenschaften eines Werkstoffs werden durch das *Stoffgesetz* beschrieben, das angibt, welche Zusammenhänge z. B. zwischen den Spannungen und den Formänderungen bestehen.

Für den starrplastischen Werkstoff muß das Stoffgesetz folgende Aussagen enthalten:

Solange die Spannungen im betrachteten Punkt die Fließgrenze noch nicht erreicht haben, verhält sich der Werkstoff wie ein starrer Körper. Es treten keine Formänderungen auf. Nach dem Eintritt des Fließens können bei einem Werkstoff ohne Verfestigung bei konstantem Spannungszustand beliebig große Formänderungen auftreten. Es besteht also kein Zusammenhang zwischen den Formänderungen und den Spannungen, sondern nur zwischen den Spannungen und dem Zuwachs der Formänderungen und damit den Formänderungsgeschwindigkeiten. Da die mittlere Normalspannung keinen Einfluß auf den Fließvorgang besitzt, darf auch im Stoffgesetz nur der Deviator des Spannungszustands auftreten.

Ein Stoffgesetz, das diese Aussagen enthält, ist das sog. *v. Misessche Stoffgesetz*. Es läßt sich mit den Symbolen für den Spannungsdeviator aus (4.87) und den Formänderungsgeschwindigkeitstensor aus (4.96) in der Form

$$\dot{\varepsilon} = 0 \qquad \text{für} \quad J_2 < k^2, \tag{4.98a}$$

$$\dot{\varepsilon} = \lambda \cdot \sigma' \quad \text{für} \quad J_2 = k^2 \tag{4.98b}$$

schreiben. Dieses Stoffgesetz sagt aus, daß die Komponenten des Formänderungsgeschwindigkeitstensors verschwinden, solange die Fließbedingung nicht erfüllt ist. Erfüllen die Spannungen die Fließbedingung, so sind die Komponenten des Spannungsdeviators den Komponenten des Formänderungsgeschwindigkeitstensors über einen Faktor λ proportional.

Die Tensorgleichung (4.98b) entspricht also den folgenden sechs gewöhnlichen Gleichungen:

$$\dot{\varepsilon}_x = \lambda s_x = \lambda(\sigma_x - \sigma_m), \tag{4.99a}$$

$$\dot{\varepsilon}_y = \lambda s_y = \lambda(\sigma_y - \sigma_m), \tag{4.99b}$$

$$\dot{\varepsilon}_z = \lambda s_z = \lambda(\sigma_z - \sigma_m), \tag{4.99c}$$

$$\dot{\varepsilon}_{xy} = \lambda s_{xy} = \lambda \tau_{xy}, \tag{4.99d}$$

$$\dot{\varepsilon}_{xz} = \lambda s_{xz} = \lambda \tau_{xz}, \tag{4.99e}$$

$$\dot{\varepsilon}_{yz} = \lambda s_{yz} = \lambda \tau_{yz}. \tag{4.99f}$$

Der Proportionalitätsfaktor λ ist eine positive skalare Größe. Er ändert sich damit bei einer Drehung des Koordinatensystems nicht. Dies bedeutet, daß das Fließgesetz für jede beliebige Lage des Koodinatensystems dieselbe Form annimmt. Es beschreibt einen *isotropen* Werkstoff, d. h. einen Werkstoff, dessen Eigenschaften für alle Richtungen gleich sind.

Die Größe λ kann allerdings keine Konstante sein. Ließe man nämlich in (4.99) die Formänderungsgeschwindigkeiten sämtlich gegen sehr kleine Werte gehen, so würde dies bei konstantem λ bedeuten, daß auch die Komponenten des Spannungsdeviators sehr klein werden müßten. (Dies ist bei viskosen Flüssigkeiten der Fall.) Damit ergäbe sich ein Widerspruch zu der Forderung, daß erst dann von Null verschiedene Formänderungsgeschwindigkeiten auftreten können, wenn die Spannungen die Fließbedingung erfüllen, und damit die Spannungskomponenten von endlicher Größe sind.

Aus dieser Forderung läßt sich die Größe von λ ermitteln. Setzt man nämlich in den Ausdruck (4.89b) für die zweite Invariante des Spannungsdeviators die durch (4.99) gegebenen Beziehungen ein, so erhält man

$$\begin{aligned} J_2 &= -(s_x s_y + s_y s_z + s_z s_x) + s_{xy}^2 + s_{xz}^2 + s_{yz}^2 \\ &= \frac{1}{\lambda^2}\left[-(\dot{\varepsilon}_x \dot{\varepsilon}_y + \dot{\varepsilon}_y \dot{\varepsilon}_z + \dot{\varepsilon}_z \dot{\varepsilon}_x) + \dot{\varepsilon}_{xy}^2 + \dot{\varepsilon}_{xz}^2 + \dot{\varepsilon}_{yz}^2\right] = \frac{I_2}{\lambda^2} \end{aligned}$$

(I_2 ist die zweite Invariante des Formänderungsgeschwindigkeitstensors).

Mit der Fließbedingung nach (4.90) folgt hieraus

$$k^2 = \frac{I_2}{\lambda^2}$$

oder

$$\lambda = \frac{\sqrt{I_2}}{k}. \qquad (4.100)$$

Mit den sechs Gleichungen des Stoffgesetzes (4.99), den drei Gleichgewichtsbedingungen (4.75) bzw. (4.76) und (4.85) für die mittlere Normalspannung σ_m hat man zehn Gleichungen zur Bestimmung des Bewegungszustands und der Spannungsverteilung zur Verfügung. (Die Fließbedingung wurde durch (4.100) in das Fließgesetz aufgenommen.)

Der Bewegungszustand ist für jeden Punkt durch die drei Geschwindigkeitskomponenten v_x, v_y und v_z bestimmt; die Spannungsverteilung ist dann gegeben, wenn die sechs Komponenten des Spannungsdeviators und die mittlere Normalspannung als Funktionen der Ortskoordinaten bekannt sind. Man besitzt damit also gerade soviel Gleichungen wie unbekannte Funktionen.

Die Lösung einer bestimmten Aufgabe besteht nun darin, Funktionen für den Bewegungszustand und die Spannungsverteilung zu finden, die überall in der Umformzone die genannten Gleichungen erfüllen, und die an der Oberfläche des betrachteten Körpers den *Randbedingungen* genügen, die für die Spannungen und Formänderungen durch den speziellen Vorgang vorgeschrieben sind. Diese Randbedingungen müssen so gegeben sein, daß eine *eindeutige* Lösung der Aufgabe möglich ist.

4.2.5 Sonderfälle des Spannungs- und Formänderungszustands

Bei zahlreichen Umformvorgängen vereinfacht sich die vorgenannte Aufgabenstellung, weil durch die Geometrie des Vorgangs ein Teil der den Spannungs- und Bewegungszustand bestimmenden Größen von vornherein bekannt ist. Damit verringert sich die Zahl der Unbekannten. Die Lösung von plastizitätstheoretischen Aufgaben wurde bisher fast ausschließlich für solche Vorgänge durchgeführt.

Die wichtigsten Sonderfälle sind der *ebene Formänderungszustand* und Vorgänge mit *axialer Symmetrie.*

4.2.5.1 Ebener Formänderungszustand

Ein ebener Formänderungszustand liegt vor, wenn es möglich ist, für den betrachteten Körper ein Koordinatensystem so zu legen, daß in Richtung einer Koordinatenachse keine Werkstoffbewegung auftritt (Bild 4.32). Nimmt man an, daß dies für die z-Achse eines x, y, z-Systems gilt, so erhält man für die Geschwindigkeitsverteilung:

$$v_x = v_x(x, y), \qquad (4.101\,a)$$

$$v_y = v_y(x, y), \qquad (4.101\,b)$$

$$v_z \equiv 0. \qquad (4.101\,c)$$

Damit verschwinden alle Dehnungen in z-Richtung, und der Spannungs- und der Formänderungszustand sind von z unabhängig.

Ein ebener Formänderungszustand tritt — zumindest in guter Näherung — z. B. beim Walzen (in genügender Entfernung vom Rand des Walzgutes) oder beim Flachstauchen auf.

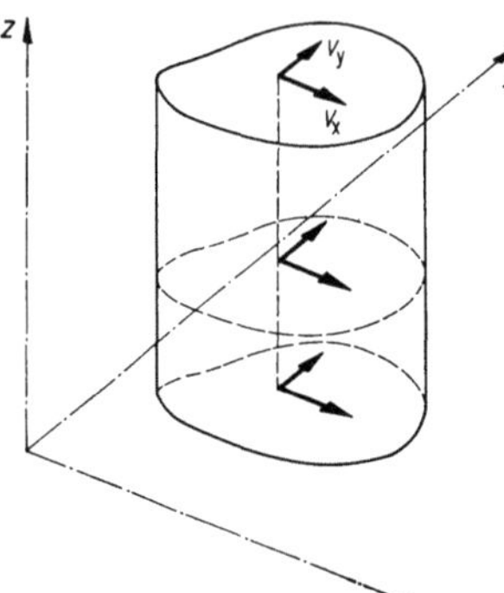

Bild 4.32 Ebener Formänderungszustand

Da beim ebenen Formänderungszustand die Geschwindigkeitskomponente in z-Richtung und alle nach z abgeleiteten Größen verschwinden, erhält man mit

$$\dot{\varepsilon}_z = \frac{\partial v_z}{\partial z} = 0, \tag{4.102a}$$

$$\dot{\varepsilon}_{xz} = \frac{1}{2}\left(\frac{\partial v_x}{\partial z} + \frac{\partial v_z}{\partial x}\right) = 0, \tag{4.102b}$$

$$\dot{\varepsilon}_{yz} = \frac{1}{2}\left(\frac{\partial v_y}{\partial z} + \frac{\partial v_z}{\partial y}\right) = 0 \tag{4.102c}$$

den Formänderungsgeschwindigkeitstensor

$$\dot{\varepsilon} = \begin{pmatrix} \dot{\varepsilon}_x & \dot{\varepsilon}_{xy} & 0 \\ \dot{\varepsilon}_{xy} & \dot{\varepsilon}_y & 0 \\ 0 & 0 & 0 \end{pmatrix}. \tag{4.103}$$

Hieraus folgt mit (4.99 c), (4.99 e) und 4.99 f)·

$$s_z = \sigma_z - \sigma_m = 0, \tag{4.104a}$$

$$s_{xz} = \tau_{xz} = 0, \tag{4.104b}$$

$$s_{yz} = \tau_{yz} = 0 \tag{4.104c}$$

und damit der Spannungsdeviator

$$\sigma' = \begin{pmatrix} s_x & s_{xy} & 0 \\ s_{xy} & s_y & 0 \\ 0 & 0 & 0 \end{pmatrix}. \tag{4.105}$$

Da die Schubspannungen τ_{xz} und τ_{yz} überall verschwinden, ist die Richtung der z-Achse für jeden Punkt der Umformzone Hauptrichtung mit der Hauptspannung σ_z.

Aus (4.104a) erhält man

$$\sigma_z = \sigma_m$$

und mit

$$\sigma_m = \frac{\sigma_x + \sigma_y + \sigma_z}{3}$$

ergibt sich für die mittlere Normalspannung und die Spannung σ_z

$$\sigma_m = \sigma_z = \frac{\sigma_x + \sigma_y}{2}. \tag{4.106}$$

Damit gehört zum ebenen Formänderungszustand im allgemeinen Fall ein dreiachsiger Spannungszustand. Die Kontinuitätsgleichung (4.94) reduziert sich auf

$$\frac{\partial v_x}{\partial x} + \frac{\partial v_y}{\partial y} = 0, \tag{4.107}$$

und von den Gleichgewichtsbedingungen (4.76) verbleiben die Beziehungen:

$$\frac{\partial \sigma_x}{\partial x} + \frac{\partial \tau_{xy}}{\partial y} = 0, \tag{4.108a}$$

$$\frac{\partial \tau_{xy}}{\partial x} + \frac{\partial \sigma_y}{\partial y} = 0. \tag{4.108b}$$

Die v. Misessche Fließbedingung (4.90) nimmt mit

$$s_x = \sigma_x - \tfrac{1}{2}(\sigma_x + \sigma_y) = \tfrac{1}{2}(\sigma_x - \sigma_y),$$

$$s_y = \sigma_y - \tfrac{1}{2}(\sigma_x + \sigma_y) = -\tfrac{1}{2}(\sigma_x - \sigma_y)$$

die Form

$$\tfrac{1}{4}(\sigma_x - \sigma_y)^2 + \tau_{xy}^2 = k^2 \tag{4.109}$$

an. Schreibt man diese Bedingung für ein Hauptachsensystem, für das

$$\sigma_x = \sigma_1, \quad \sigma_y = \sigma_3, \quad \tau_{xy} = 0$$

gilt, so erhält man

$$\tfrac{1}{4}(\sigma_1 - \sigma_3)^2 = k^2$$

oder

$$\frac{|\sigma_1 - \sigma_3|}{2} = k,$$

d. h., für den ebenen Formänderungszustand liefern die v. Misessche und die Trescasche Fließbedingung (s. Abschn. 4.1.5) das gleiche Ergebnis.

Für Aufgaben, bei denen ein ebener Formänderungszustand vorliegt, wurden spezielle Lösungsverfahren entwickelt, die unter dem Namen *Gleitlinientheorie* bekannt sind, und auf die in Abschn. 4.3.2 näher eingegangen werden soll.

4.2.5.2 Vorgänge mit axialer Symmetrie

Bei zahlreichen Umformvorgängen besitzt das Werkstück die Form eines Rotationskörpers (oft sogar die eines Kreiszylinders) und wird so umgeformt, daß die Endform und alle Zwischenformen Rotationskörper sind.

Führt man zur Beschreibung solcher Vorgänge ein Zylinderkoordinatensystem nach Bild 4.33 ein, so findet während der Umformung keine Werkstoffbewegung in der ϑ-Richtung statt, und der Spannungs- und der Formänderungszustand sind von ϑ unabhängig. Der Vorgang verläuft axialsymmetrisch. (Das Verschwinden der Geschwindigkeitskomponente v_ϑ ist nicht Voraussetzung dafür, daß der Vorgang axialsymmetrisch ist. Es genügt, wenn der Spannungs- und der Bewegungszustand von ϑ unabhängig sind. Bei Umformvorgängen ist jedoch i. allg. auch $v_\vartheta = 0$ gegeben. Im folgenden wird daher stets von dieser Voraussetzung Gebrauch gemacht.)

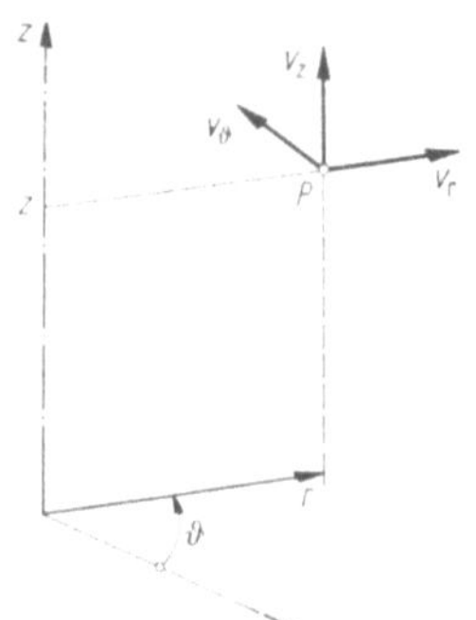

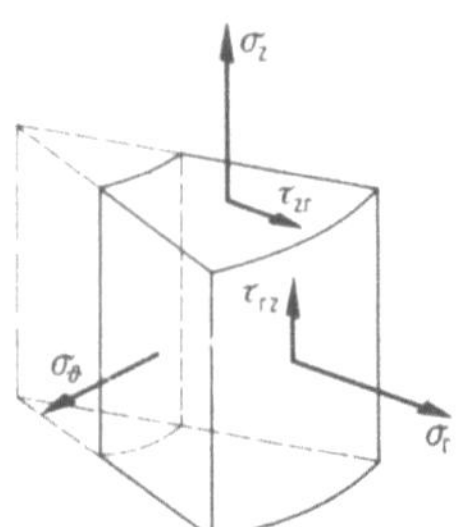

Bild 4.33 Zylinderkoordinaten

Bild 4.34 Spannungen am Werkstoffelement bei axialsymmetrischen Vorgängen

Der Spannungszustand in einem beliebigen Punkt (Bild 4.34) ist nun durch den Spannungstensor

$$\sigma = \begin{pmatrix} \sigma_r & 0 & \tau_{rz} \\ 0 & \sigma_\vartheta & 0 \\ \tau_{rz} & 0 & \sigma_z \end{pmatrix} \tag{4.110}$$

gegeben. Mit der mittleren Normalspannung

$$\sigma_m = \tfrac{1}{3}\,(\sigma_r + \sigma_\vartheta + \sigma_z) \tag{4.111}$$

ergibt sich der Deviator des Spannungszustands zu

$$\sigma' = \begin{pmatrix} \sigma_r - \sigma_m & 0 & \tau_{rz} \\ 0 & \sigma_\vartheta - \sigma_m & 0 \\ \tau_{rz} & 0 & \sigma_z - \sigma_m \end{pmatrix} = \begin{pmatrix} s_r & 0 & s_{rz} \\ 0 & s_\vartheta & 0 \\ s_{rz} & 0 & s_z \end{pmatrix}. \tag{4.112}$$

Infolge der Krummlinigkeit des Zylinderkoordinatensystems haben die Beziehungen zur Ermittlung der Dehnungsgeschwindigkeiten aus den Geschwindigkeitskomponenten eine gegenüber (4.95) veränderte Form (siehe z. B. [4.18, S. 43]). Für die verbleibenden Komponenten des Formänderungsgeschwindigkeitstensors

$$\dot{\varepsilon} = \begin{pmatrix} \dot{\varepsilon}_r & 0 & \dot{\varepsilon}_{rz} \\ 0 & \dot{\varepsilon}_\vartheta & 0 \\ \dot{\varepsilon}_{rz} & 0 & \dot{\varepsilon}_z \end{pmatrix} \tag{4.113}$$

gilt

$$\dot{\varepsilon}_r = \frac{\partial v_r}{\partial r}, \tag{4.114a}$$

$$\dot{\varepsilon}_\vartheta = \frac{v_r}{r}, \tag{4.114b}$$

$$\dot{\varepsilon}_z = \frac{\partial v_z}{\partial z}, \tag{4.114c}$$

$$\dot{\varepsilon}_{rz} = \frac{1}{2}\left(\frac{\partial v_r}{\partial z} + \frac{\partial v_z}{\partial r}\right). \tag{4.114d}$$

Das v. Misessche Stoffgesetz ist wieder durch die Gleichungen

$$\dot{\varepsilon} = 0 \qquad \text{für} \quad J_2 < k^2, \tag{4.98a}$$

$$\dot{\varepsilon} = \lambda \cdot \sigma' \quad \text{für} \quad J_2 = k^2 \tag{4.98b}$$

gegeben. (4.98b) liefert für den Sonderfall axialsymmetrischer Vorgänge die vier gewöhnlichen Gleichungen

$$\dot{\varepsilon}_r = \lambda s_r = \lambda(\sigma_r - \sigma_m), \tag{4.115a}$$

$$\dot{\varepsilon}_\vartheta = \lambda s_\vartheta = \lambda(\sigma_\vartheta - \sigma_m), \tag{4.115b}$$

$$\dot{\varepsilon}_z = \lambda s_z = \lambda(\sigma_z - \sigma_m), \tag{4.115c}$$

$$\dot{\varepsilon}_{rz} = \lambda s_{rz} = \lambda \tau_{rz}. \tag{4.115d}$$

Für die Kontinuitätsgleichung erhält man

$$\frac{\partial v_r}{\partial r} + \frac{v_r}{r} + \frac{\partial v_z}{\partial z} = 0. \tag{4.116}$$

Als Gleichgewichtsbedingungen für die Spannungsverteilung ergeben sich die Gleichungen

$$\frac{\partial \sigma_r}{\partial r} + \frac{\partial \tau_{rz}}{\partial z} + \frac{\sigma_r - \sigma_\vartheta}{r} = 0, \tag{4.117a}$$

$$\frac{\partial \tau_{rz}}{\partial r} + \frac{\partial \sigma_z}{\partial z} + \frac{\tau_{rz}}{r} = 0. \tag{4.117b}$$

Die Fließbedingung nimmt wieder die Form

$$J_2 = k^2$$

an. Die zweite Invariante des Spannungsdeviators berechnet sich jetzt zu

$$J_2 = -(s_r s_\vartheta + s_\vartheta s_z + s_z s_r) + s_{rz}^2 \tag{4.118}$$

(vgl. (4.89 b)). Für den Proportionalitätsfaktor λ gilt wieder

$$\lambda = \frac{\sqrt{I_2}}{k}$$

mit

$$I_2 = -(\dot{\varepsilon}_r \dot{\varepsilon}_\vartheta + \dot{\varepsilon}_\vartheta \dot{\varepsilon}_z + \dot{\varepsilon}_z \dot{\varepsilon}_r) + \dot{\varepsilon}_{rz}^2 \,. \tag{4.119}$$

4.2.6 Abgekürzte Schreibweise für kartesische Tensoren

In den vorhergehenden Abschnitten wurde zur Darstellung der Begriffe und Grundgleichungen die sog. symbolische Schreibweise verwendet. Sie führt rasch auf umfangreiche Schreibarbeit, wenn man kompliziertere Sachverhalte beschreiben will, da die Größen, die in der Plastizitätstheorie auftreten, durch bis zu sechs Komponenten gegeben sind und die Beziehungen zwischen den einzelnen Größen für jede Komponente angegeben werden müssen.

Im folgenden soll eine abgekürzte Schreibweise dargestellt werden, die für kartesische Tensoren gilt, also für Tensoren, die in einem rechtwinkligen kartesischen Koordinatensystem definiert sind (s. auch [4.17, S. 11]).

Man bezeichnet hierzu die Achsen des Koordinatensystems nicht mehr mit x, y und z, sondern mit x_1, x_2 und x_3 (Bild 4.35) und schreibt hierfür allgemeiner x_i, wobei man vereinbart, daß kleine lateinische Indizes die Werte 1, 2 und 3 annehmen können.

Ein Vektor, der in symbolischer Schreibweise durch

$$\begin{aligned} \boldsymbol{v} &= v_x \cdot \boldsymbol{i} + v_y \cdot \boldsymbol{j} + v_z \cdot \boldsymbol{k} \\ &= v_1 \cdot \boldsymbol{i} + v_2 \cdot \boldsymbol{j} + v_3 \cdot \boldsymbol{k} \end{aligned} \tag{4.120}$$

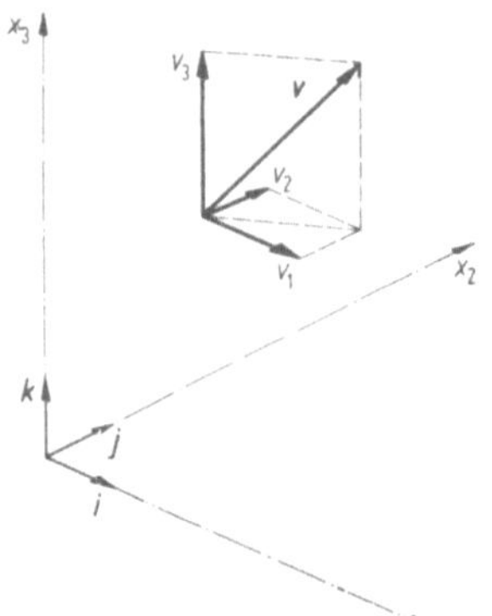

Bild 4.35 Bezeichnung der Vektorkomponenten für die Indexschreibweise

gegeben ist, wird kurz als der Vektor v_i bezeichnet. Für das Produkt des Vektors v_i mit einem Skalar c erhält man cv_i. Als Summe zweier Vektoren a_i und b_i erhält man den Vektor $a_i + b_i$.

Schreibt man das Skalarprodukt der Vektoren $\boldsymbol{u}$ und $\boldsymbol{v}$ an, so ergibt sich

$$\boldsymbol{u} \cdot \boldsymbol{v} = u_1 v_1 + u_2 v_2 + u_3 v_3 = \sum_{i=1}^{3} u_i v_i . \tag{4.121}$$

Da Ausdrücke dieser Art häufig vorkommen, trifft man folgende *Summationsvereinbarung*:

Wenn derselbe Buchstabenindex in einem einzelnen Glied zweimal vorkommt, dann ist dieses Glied als eine Abkürzung für die Summe zu betrachten, die man erhält, wenn man diesem Index nacheinander die Werte 1, 2, und 3 gibt und die so erhaltenen Ausdrücke addiert.

Man schreibt also z. B. für das Skalarprodukt (4.121) einfach $u_i v_i$.

Betrachtet man nun eine Größe, die durch einen Tensor gegeben ist, z. B. den Spannungstensor (4.80a):

$$\sigma = \begin{pmatrix} \sigma_x & \tau_{xy} & \tau_{xz} \\ \tau_{xy} & \sigma_y & \tau_{yz} \\ \tau_{xz} & \tau_{yz} & \sigma_z \end{pmatrix} ,$$

so kann man hierfür in abkürzter Schreibweise σ_{ij} schreiben. Die Indizes i und j können wieder die Werte 1, 2 und 3 annehmen. Man erhält in diesem Fall:

$$\sigma_{11} = \sigma_x , \qquad \sigma_{22} = \sigma_y , \qquad \sigma_{33} = \sigma_z ,$$

$$\sigma_{12} = \sigma_{21} = \tau_{xy} , \quad \sigma_{13} = \sigma_{31} = \tau_{xz} , \quad \sigma_{32} = \sigma_{23} = \tau_{yz} .$$

Wegen der Symmetrie des Spannungstensors gilt also $\sigma_{ij} = \sigma_{ji}$.

Die Transformationsformeln aus Abschn. 4.2.2.2 können, wenn man die Achsen des gegenüber dem x_1, x_2, x_3-System gedrehten Koordinatensystems mit x_1', x_2' und x_3' und den Kosinus des Winkels zwischen der x_i- und der x_j'-Achse mit c_{ij} bezeichnet, in der Form

$$\sigma_{kl}' = c_{ik} c_{jl} \sigma_{ij} \tag{4.122}$$

geschrieben werden (s. [4.17, S. 20]).

Der Einheitstensor (4.88), der in jedem Koordinatensystem dieselben Komponenten besitzt, wird abgekürzt durch den Tensor

$$\delta_{ij} = \begin{cases} 1 & \text{für} \quad i = j, \\ 0 & \text{für} \quad i \neq j \end{cases} \tag{4.123}$$

dargestellt, der Kronecker-Delta genannt wird.

Ableitungen nach den Koordinatenrichtungen x_i werden durch das Symbol ∂_i bezeichnet. Es gilt also

$$\frac{\partial}{\partial x_1} = \partial_1 , \quad \frac{\partial}{\partial x_2} = \partial_2 , \quad \frac{\partial}{\partial x_3} = \partial_3 . \tag{4.124}$$

Der Operator ∂_i kann als Komponente des Vektoroperators ∇ angesehen werden, der in symbolischer Schreibweise die Form

$$\nabla = \frac{\partial}{\partial x} \cdot \boldsymbol{i} + \frac{\partial}{\partial y} \cdot \boldsymbol{j} + \frac{\partial}{\partial z} \cdot \boldsymbol{k}$$

annimmt. Die Ausdrücke grad φ oder $\nabla\varphi$ und div $\boldsymbol{u}$ oder $\nabla\boldsymbol{u}$, mit denen der Gradient eines Skalarfelds $\varphi(x, y, z)$ bzw. die Divergenz eines Vektorfelds $\boldsymbol{u}(x, y, z)$ symbolisch bezeichnet werden, ergeben sich nun einfach zu $\partial_i\varphi$ und $\partial_i u_i$.

Es soll weiter als vereinbart gelten, daß der Operator ∂_i, wenn er in einem Ausdruck auftritt, nur auf die unmittelbar folgende Größe angewendet wird. Soll er auf einen aus mehreren Größen zusammengesetzten Ausdruck angewendet werden, so muß dieser durch Klammern eingeschlossen sein. Man erhält also z. B.

$$\partial_j(\varphi u_j) = \partial_j\varphi u_j + \varphi\partial_j u_j.$$

Dies entspricht in symbolischer Schreibweise der Beziehung

$$\operatorname{div}(\varphi \cdot \boldsymbol{u}) = \operatorname{grad}\varphi \cdot \boldsymbol{u} + \varphi \operatorname{div}\boldsymbol{u}.$$

Mit den bisher getroffenen Vereinbarungen können nun die in den Abschn. 4.2.2 bis 4.2.4 abgeleiteten Grundgleichungen abgekürzt dargestellt werden.

Aus dem Spannungstensor σ_{ij} erhält man mit der mittleren Normalspannung

$$\sigma_\mathrm{m} = \tfrac{1}{3}\,\sigma_\mathrm{kk} = \tfrac{1}{3}\,(\sigma_{11} + \sigma_{22} + \sigma_{33}) \tag{4.125}$$

und dem Einheitstensor nach (4.123) den Deviator des Spannungszustands zu

$$\sigma'_{ij} = \sigma_{ij} - \sigma_\mathrm{m}\delta_{ij} = \sigma_{ij} - \tfrac{1}{3}\,\sigma_\mathrm{kk}\delta_{ij}. \tag{4.126}$$

Für die erste Invariante dieses Tensors kann man schreiben

$$J_1 = s_\mathrm{x} + s_\mathrm{y} + s_\mathrm{z} = \sigma'_{ii} = 0. \tag{4.127}$$

Addiert man zu der zweiten Invarianten nach (4.89 b) den Ausdruck

$$\tfrac{1}{2}\,J_1^2 = \tfrac{1}{2}\,(s_\mathrm{x} + s_\mathrm{y} + s_\mathrm{z})^2 = 0,$$

so erhält man

$$J_2 = \tfrac{1}{2}\,(s_\mathrm{x}^2 + s_\mathrm{y}^2 + s_\mathrm{z}^2) + s_\mathrm{xy}^2 + s_\mathrm{xz}^2 + s_\mathrm{yz}^2.$$

Hieraus folgt in abgekürzter Schreibweise

$$J_2 = \tfrac{1}{2}\,\sigma'_{ij}\sigma'_{ij}\left(= \tfrac{1}{2}\sum_{i=1}^{3}\sum_{j=1}^{3}\sigma'_{ij}\sigma'_{ij}\right). \tag{4.128}$$

Der Formänderungsgeschwindigkeitstensor nach (4.96) soll durch $\dot{\varepsilon}_{ij}$ abgekürzt werden. Für seine Komponente gilt

$$\dot{\varepsilon}_{ij} = \tfrac{1}{2}\,(\partial_i v_j + \partial_j v_i). \tag{4.129}$$

Die Symmetrie des Formänderungsgeschwindigkeitstensors wird aus dieser Beziehung unmittelbar ersichtlich. Für die erste und die zweite Invariante erhält man

$$I_1 = \dot{\varepsilon}_{ii}, \tag{4.130}$$

$$I_2 = \tfrac{1}{2}\,\dot{\varepsilon}_{ij}\dot{\varepsilon}_{ij}. \tag{4.131}$$

Die Kontinuitätsgleichung (4.94) lautet nun

$$\dot\varepsilon_{ii} = \dot\varepsilon_{11} + \dot\varepsilon_{22} + \dot\varepsilon_{33} = 0$$

oder

$$\partial_i v_i = 0. \tag{4.132}$$

(Dies entspricht in symbolischer Schreibweise der Beziehung div $v = 0$.)

Wird der Vektor der spezifischen Massenkraft mit X_i bezeichnet, so erhält man für die Gleichgewichtsbedingungen (4.75):

$$\partial_j \sigma_{ij} + X_i = 0. \tag{4.133}$$

Werden die Massenkräfte vernachlässigt, so gilt

$$\partial_j \sigma_{ij} = 0. \tag{4.134}$$

Die Beziehungen (4.133) und (4.134) stellen jeweils drei Gleichungen dar (nämlich jeweils eine für $i = 1, 2$ und 3).

Für die Fließbedingung erhält man mit (4.128):

$$\sigma'_{ij}\sigma'_{ij} - 2k^2 = 0, \tag{4.135}$$

und für das v. Misessche Stoffgesetz ergibt sich

$$\dot\varepsilon_{ij} = 0 \qquad \text{für} \quad \sigma'_{ij}\sigma'_{ij} < 2k^2, \tag{4.136a}$$

$$\dot\varepsilon_{ij} = \lambda\sigma'_{ij} \quad \text{für} \quad \sigma'_{ij}\sigma'_{ij} = 2k^2. \tag{4.136b}$$

Dies sind jeweils neun Gleichungen (von denen sechs voneinander unabhängig sind), da sowohl i als auch j die Werte 1, 2, 3 annehmen können. Man erhält z. B. für $i = 1$, $j = 3$ aus (4.136b) die Beziehung

$$\dot\varepsilon_{13} = \lambda\sigma'_{13},$$

die (4.99e) entspricht.

4.2.7 Umformleistung

Zur Ermittlung der Leistung, die zur Aufrechterhaltung eines Umformvorgangs aufgebracht werden muß, betrachten wir einen vollständig im plastischen Gebiet liegenden Bereich V, der durch die raumfeste Fläche A umschlossen sei (Bild 4.36). Die Orientierung eines Elements dA dieser Fläche, das den Punkt P enthält, sei durch den Normalenvektor n mit den Komponenten n_i bestimmt. n ist ein Einheitsvektor, der dann positiv gezählt wird, wenn er vom Innern des Bereichs V nach außen zeigt.

Die Umgebung des Bereichs V übt auf dessen Oberfläche Kräfte aus. Die hieraus nach (4.70) für das Flächenelement dA resultierende Spannung sei durch den Vektor S mit den Komponenten S_i gegeben. Nach (4.78) lassen sich diese Komponenten aus dem im Punkt P herrschenden Spannungszustand über die Beziehungen

$$S_j = n_i \sigma_{ij} \tag{4.137}$$

ermitteln.

Die Leistung der gegen die Spannung $\boldsymbol{S}$ mit der Geschwindigkeit $\boldsymbol{v}(v_i)$ durch das Flächenelement $\mathrm{d}A$ strömenden Teilchen ist durch

$$\mathrm{d}P = \boldsymbol{v} \cdot \boldsymbol{S} \cdot \mathrm{d}A = v_i S_i \, \mathrm{d}A \tag{4.138}$$

gegeben. Hieraus erhält man mit (4.137)

$$\mathrm{d}P = v_j n_i \sigma_{ij} \, \mathrm{d}A \,. \tag{4.139}$$

Integriert man über die Oberfläche A, so ergibt sich

$$P = \int\limits_A v_j n_i \sigma_{ij} \, \mathrm{d}A = \int\limits_A v_i S_i \, \mathrm{d}A \,. \tag{4.140}$$

Dies ist die Leistung, die zur Aufrechterhaltung der Formänderungsvorgänge im Innern des Bereichs V aufgewendet werden muß.

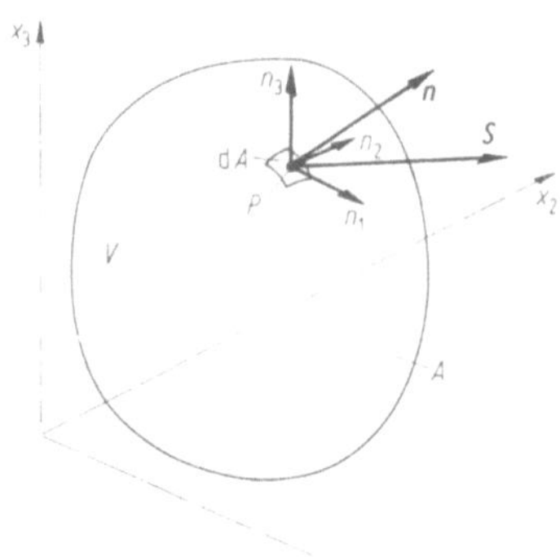

Bild 4.36 Im Flächenelement $\mathrm{d}A$
übertragene Spannung

Das Oberflächenintegral in (4.140) kann mit Hilfe des *Gaußschen Integralsatzes* in ein Volumenintegral über V umgewandelt werden. Für einen beliebigen Vektor $\boldsymbol{w}$, der in V stetig und stetig differenzierbar sein soll, gilt nach dem Gaußschen Satz

$$\int\limits_A \boldsymbol{n} \cdot \boldsymbol{w} \cdot \mathrm{d}A = \int\limits_V \operatorname{div} \boldsymbol{w} \cdot \mathrm{d}V = \int\limits_V \nabla \boldsymbol{w} \cdot \mathrm{d}V$$

oder

$$\int\limits_A n_j w_j \, \mathrm{d}A = \int\limits_V \partial_j w_j \, \mathrm{d}V \,. \tag{4.141}$$

(Hierin ist $\boldsymbol{n}$ wieder der Normalenvektor des Flächenelements $\mathrm{d}A$.) Setzt man für den Vektor w_j den Ausdruck $v_i \sigma_{ij}$ ein, so gilt

$$P = \int\limits_A n_j (v_i \sigma_{ij}) \, \mathrm{d}A = \int\limits_V \partial_j (v_i \sigma_{ij}) \, \mathrm{d}V \,. \tag{4.142}$$

Hieraus folgt

$$P = \int\limits_V (\partial_j v_i \sigma_{ij} + v_i \partial_j \sigma_{ij}) \, \mathrm{d}V \,. \tag{4.143}$$

Vernachlässigt man die Massenkräfte, so muß die Spannungsverteilung den Gleichgewichtsbedingungen (4.134) genügen und (4.143) wird zu

$$P = \int\limits_{V} \partial_j v_i (\sigma'_{ij} + \tfrac{1}{3}\,\sigma_{kk}\delta_{ij})\,\mathrm{d}V, \qquad (4.144)$$

wenn man für den Spannungstensor (4.126) berücksichtigt.
Wie man sich durch Ausrechnen überzeugt, gilt

$$\tfrac{1}{3}\,\partial_j v_i \sigma_{kk}\delta_{ij} = \tfrac{1}{3}\,\partial_j v_j \sigma_{kk}.$$

Mit der Kontinuitätsgleichung (4.132) folgt aus (4.144) für den inkompressiblen Werkstoff

$$P = \int\limits_{V} \partial_j v_i \sigma'_{ij}\,\mathrm{d}V. \qquad (4.145)$$

Durch Vertauschen der Indizes i und j erhält man die Identität

$$\partial_j v_i \sigma'_{ij} \equiv \partial_i v_j \sigma'_{ji}$$

und damit wegen der Symmetrie des Tensors σ'_{ij}

$$\partial_j v_i \sigma'_{ij} = \tfrac{1}{2}(\partial_i v_j + \partial_j v_i)\,\sigma'_{ij} = \dot{\varepsilon}_{ij}\sigma'_{ij}.$$

Schließlich ergibt sich folgende Beziehung zwischen der Oberflächenleistung und der Leistung der Spannungen im Innern:

$$\int\limits_{A} v_i S_i\,\mathrm{d}A = \int\limits_{V} \dot{\varepsilon}_{ij}\sigma'_{ij}\,\mathrm{d}V. \qquad (4.146)$$

Zur Ableitung der Gl. (4.146) wurden an den Bewegungszustand und die Spannungsverteilung nur die Forderungen gestellt, daß die Kontinuitätsgleichung (4.132) und die Gleichgewichtsbedingungen (4.134) erfüllt sein müssen. Sonst können Spannungen und Geschwindigkeiten beliebig gewählt werden. Sie brauchen also insbesondere nicht durch ein Stoffgesetz verknüpft zu sein.

(4.146) drückt damit das *Prinzip der virtuellen Leistungen* aus, das z. B. der Prüfung dienen kann, ob ein gegebenes Spannungsfeld im Gleichgewicht ist. (Man wählt dazu ein beliebiges Geschwindigkeitsfeld, das der Kontinuitätsgleichung genügt, und bildet mit dem gegebenen Spannungsfeld die Gl. (4.146). Ist sie erfüllt, so sind auch die Gleichgewichtsbedingungen erfüllt.)

Sind die Spannungen und die Formänderungsgeschwindigkeiten über das Stoffgesetz (4.136)

$$\dot{\varepsilon}_{ij} = \lambda\sigma'_{ij}$$

verknüpft, so gilt

$$\dot{\varepsilon}_{ij}\dot{\varepsilon}_{ij} = \lambda^2 \sigma'_{ij}\sigma'_{ij},$$

und mit der Fließbedingung

$$\sigma'_{ij}\sigma'_{ij} - 2k^2 = 0$$

erhält man für den Proportionalitätsfaktor λ:

$$\lambda = \frac{\sqrt{\dot{\varepsilon}_{ij}\dot{\varepsilon}_{ij}}}{k\,\sqrt{2}}.$$

Damit gilt

$$\sigma'_{ij} = \frac{k\sqrt{2}}{\sqrt{\dot\varepsilon_{kl}\dot\varepsilon_{kl}}}\,\dot\varepsilon_{ij},$$

und die rechte Seite der Gl. (4.146) ergibt

$$\int\limits_V \dot\varepsilon_{ij}\sigma'_{ij}\,\mathrm{d}V = k\sqrt{2}\int\limits_V \frac{\dot\varepsilon_{ij}\dot\varepsilon_{ij}}{\sqrt{\dot\varepsilon_{pq}\dot\varepsilon_{pq}}}\,\mathrm{d}V = k\sqrt{2}\int\limits_V \sqrt{\dot\varepsilon_{kl}\dot\varepsilon_{kl}}\,\mathrm{d}V. \qquad (4.147)$$

Aus dieser Beziehung erkennt man, daß bei einem starrplastischen Werkstoff zur Berechnung der im Gebiet V verbrauchten Leistung die Kenntnis des Geschwindigkeitsfelds ausreicht.

4.2.8 Zusammenhang zwischen Fließbedingung und Stoffgesetz; Druckersches Postulat

Zwischen der Fließbedingung (4.135) und dem v. Misesschen Stoffgesetz (4.136) besteht ein Zusammenhang, der sich aus einer allgemeinen Forderung an die Eigenschaften der Stoffgesetze für die Beschreibung plastischen Werkstoffverhaltens ergibt. Es wird *Eindeutigkeit* und *Stabilität* der Lösungen für Aufgabenstellungen gefordert, bei denen diese Eigenschaften für den betrachteten Vorgang zu erwarten sind. Dies führt auf das Druckersche Postulat [4.19], das sich in einer von Hill angegebenen Form [4.20] als Prinzip vom Maximum der plastischen Arbeit formulieren läßt.

Die Fließbedingung (4.135) ist ein Sonderfall einer allgemeineren Bedingung für das Auftreten plastischer Formänderungen in einem gegebenen Werkstoff, die in der Form

$$F(\sigma_{ij}, \varkappa_\alpha) = 0, \quad (\alpha = 1, 2, \ldots, N) \qquad (4.148)$$

geschrieben werden kann. Hierbei bedeutet $F(\sigma_{ij}, \varkappa_\alpha)$ eine skalare Funktion, die von den durch den Spannungstensor σ_{ij} gegebenen Spannungen und den Parametern $\varkappa_\alpha$ abhängt, mit denen der augenblickliche Werkstoffzustand (z. B. dessen Anisotropie) und der Einfluß der Belastungsvorgeschichte auf das Werkstoffverhalten, d. h. die Verfestigung, beschrieben werden kann. Falls (4.148) erfüllt ist, liegt der betrachtete Spannungszustand an der Fließgrenze. Ein geeigneter Spannungszuwachs kann zu plastischen Formänderungen führen.

Die Bedingung $F = 0$ ergibt im Spannungsraum eine stetige Fläche (die sog. Fließfläche), die die Spannungspunkte umschließt, für die sich der Werkstoff elastisch (oder starr) verhält. Falls keine Verfestigung berücksichtigt wird, ist ihre Gestalt unabhängig von den plastischen Formänderungen. Bei Berücksichtigung der Verfestigung ändert sie sich wegen der Änderung der $\varkappa_\alpha$ in Abhängigkeit von den plastischen Formänderungsgeschwindigkeiten (Bild 4.37). Sowohl für Werkstoffmodelle mit als auch ohne Berücksichtigung der Verfestigung bedeutet $F < 0$ einen Spannungszustand, für den sich der Werkstoff elastisch bzw. starr verhält.

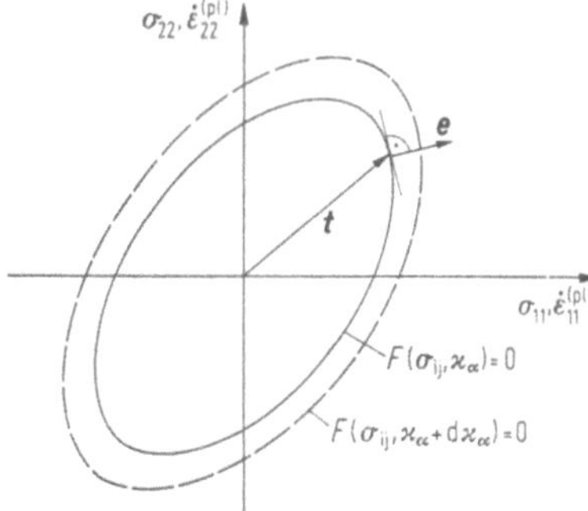

Bild 4.37 Vereinfachte Darstellung der Fließfläche

Bei verfestigendem Werkstoff gilt bei einer Änderung der plastischen Formänderungen $F = 0$, $\mathrm{d}F = 0$ (der Spannungszustand bleibt an der Fließgrenze), und $\varkappa_\alpha \neq 0$ (der Werkstoff verfestigt). Man bezeichnet derartige Spannungsänderungen als *Belastungs*vorgänge.

Falls $F = 0$, $\mathrm{d}F = 0$ und $\varkappa_\alpha = 0$ gilt, bleibt der Spannungszustand zwar an der Fließgrenze, es treten aber keine plastischen Formänderungen auf: man spricht von einer *neutralen* Spannungsänderung. Falls $F = 0$ und $\mathrm{d}F < 0$ gilt, ändern sich die Spannungen so, daß der Spannungspunkt sich von der Fließfläche wegbewegt, es findet *Entlastung* statt.

Bei einem Werkstoffmodell ohne Verfestigung treten plastische Formänderungen immer dann auf, wenn der Spannungszustand die Fließbedingung erfüllt, d. h. wenn $F = 0$ und $\mathrm{d}F = 0$ gilt. Für $F = 0$ und $\mathrm{d}F < 0$ bewegt sich der Spannungszustand wieder von der Fließgrenze in den elastischen oder starren Bereich, und es findet Entlastung statt.

Das *Prinzip vom Maximum der plastischen Arbeit* stellt die Forderung

$$\sigma_{ij}\dot{\varepsilon}_{ij}^{(pl)} \leqq \sigma_{ij}^{*}\dot{\varepsilon}_{ij}^{(pl)}. \tag{4.149}$$

Hierbei bedeutet σ_{ij} den Spannungszustand, für den plastische Formänderungsgeschwindigkeiten $\dot{\varepsilon}_{ij}^{(pl)}$ auftreten. σ_{ij}^{*} ist ein beliebiger anderer Spannungszustand, für den $F(\sigma_{ij}, \varkappa) \leqq 0$ gilt. (4.149) sagt somit aus, daß ein Spannungszustand σ_{ij} an der Fließgrenze mit den von ihm hervorgerufenen plastischen Formänderungsgeschwindigkeiten eine spezifische Leistung erbringt, die den Maximalwert der Leistungen darstellt, die diese Formänderungsgeschwindigkeiten mit einem beliebigen anderen Spannungszustand, der die Fließbedingung nicht verletzt, ergeben.

Sowohl für Werkstoffmodelle mit als auch ohne Verfestigung ergibt das Postulat (4.149) die Forderung, daß die Fließfläche konvex sein muß, und daß sich die plastischen Formänderungen so einstellen müssen, daß

$$\dot{\varepsilon}_{ij}^{(pl)} = \lambda\,\frac{\partial F}{\partial \sigma_{ij}} \tag{4.150}$$

gilt, wobei λ eine positive, skalare Größe ist. Den durch (4.150) gegebenen Zusammenhang, der das zu einer bestimmten Fließbedingung gehörende Fließgesetz ergibt, bezeichnet man als *Normalitätsregel* (Bild 4.37).

Bild 4.38 veranschaulicht an einem zweidimensionalen Beispiel den Zusammenhang zwischen dem Prinzip vom Maximum der plastischen Arbeit und den Bedingungen, daß die Fließfläche konvex sein und daß (4.150) gelten muß.

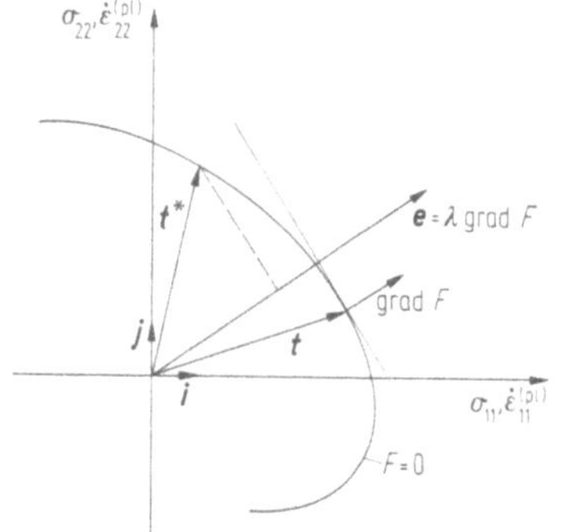

Bild 4.38 Von allen Vektoren t^* besitzt bei konvexer Fließfläche der Vektor t die größte Projektion auf den Vektor e

Setzt man einen *ebenen* Spannungszustand mit den Hauptspannungen σ_{11} und $\sigma_{22} \neq 0$, $\sigma_{33} = 0$ voraus, so ergibt sich für die spezifische Leistung auf der linken Seite der Ungleichung (4.149) der Wert:

$$\sigma_{ij}\dot{\varepsilon}_{ij}^{(pl)} = \sigma_{11}\dot{\varepsilon}_{11}^{(pl)} + \sigma_{22}\dot{\varepsilon}_{22}^{(pl)}. \tag{4.151}$$

Dieser Ausdruck läßt sich als das Skalarprodukt der Vektoren $t = \sigma_{11}i + \sigma_{22}j$ und $e = \dot{\varepsilon}_{11}^{(pl)}i + \dot{\varepsilon}_{22}^{(pl)}j$ auffassen. Die Forderung nach einem Größtwert für dieses Skalarprodukt läßt sich nur dann eindeutig erfüllen, wenn die Fließfläche konvex ist und der Vektor e, in dem durch den Spannungsvektor t gegebenen Punkt P, senkrecht zur Tangente an die Fließfläche steht. Dies bedeutet, daß der Vektor e dem Gradienten der Fließfläche in P proportional sein muß, da der Gradient grad F der Skalarfunktion $F(\sigma_{ij}, \varkappa_\alpha)$, ($\varkappa_\alpha = $ const) stets in Richtung des größten Anstiegs dieser Funktion zeigt. Er steht damit auf den Flächen $F = $ const senkrecht. Es gilt also:

$$e = \lambda\,\mathrm{grad}\,F \qquad (\varkappa_\alpha = \mathrm{const}), \tag{4.152}$$

$$\dot{\varepsilon}_{11}^{(pl)}i + \dot{\varepsilon}_{22}^{(pl)}j = \lambda\left(\frac{\partial F}{\partial\sigma_{11}}\,i + \frac{\partial F}{\partial\sigma_{22}}\,j\right) \tag{4.153}$$

mit einem positiven Proportionalitätsfaktor λ.
Damit gilt:

$$\dot{\varepsilon}_{11}^{(pl)} = \lambda\,\frac{\partial F}{\partial\sigma_{11}}, \qquad \dot{\varepsilon}_{22}^{(pl)} = \lambda\,\frac{\partial F}{\partial\sigma_{22}}.$$

(4.150) ergibt sich als Verallgemeinerung dieser Beziehungen für den Fall, daß die Spannungen und Formänderungsgeschwindigkeiten als Vektoren mit den Koordinaten σ_{ij}, bzw. $\dot{\varepsilon}_{ij}^{(pl)}$ aufgefaßt werden.

Die für den idealplastischen, isotropen Werkstoff vorwiegend benutzte v. Misessche Fließbedingung (4.135) läßt sich in der Form

$$F = J_2(\sigma_{ij}) - k^2 = 0 \tag{4.154}$$

schreiben.

Damit erhält man aus (4.150):

$$\frac{\partial F}{\partial \sigma_{ij}} = \frac{\partial}{\partial \sigma_{ij}} \left[\frac{1}{2} (\sigma_{kl} - \sigma_m \delta_{kl})(\sigma_{kl} - \sigma_m \delta_{kl}) - k^2 \right]$$

$$= \left(\frac{\partial \sigma_{kl}}{\partial \sigma_{ij}} - \frac{\partial \sigma_m}{\partial \sigma_{ij}} \delta_{kl} \right) (\sigma_{kl} - \sigma_m \delta_{kl}). \qquad (4.155)$$

Da die Spannungskomponenten σ_{ij} voneinander unabhängig sind, gilt

$$\frac{\partial \sigma_{kl}}{\partial \sigma_{ij}} = \delta_{ki} \delta_{lj},$$

d. h. die Ableitung ergibt nur dann einen von Null verschiedenen Wert, (und zwar 1), wenn die Spannungskomponente nach sich selbst abgeleitet wird. Dies ist dann der Fall, wenn die Indizes k und i, sowie l und j übereinstimmen. Aus (4.155) erhält man hiermit

$$\frac{\partial F}{\partial \sigma_{ij}} = \left(\delta_{ki} \delta_{lj} - \frac{\partial \sigma_m}{\partial \sigma_{ij}} \delta_{kl} \right) (\sigma_{kl} - \sigma_m \delta_{kl})$$

$$= \sigma_{ij} - \frac{\partial \sigma_m}{\partial \sigma_{ij}} \delta_{kl} \sigma_{kl} - \sigma_m \delta_{ij} + \frac{\partial \sigma_m}{\partial \sigma_{ij}} \sigma_m \delta_{kl} \delta_{kl}$$

mit

$$\delta_{kl} \sigma_{kl} = \sigma_{kk} = 3\sigma_m ; \quad \delta_{kl} \delta_{kl} = 3$$

ergibt sich

$$\frac{\partial F}{\partial \sigma_{ij}} = \sigma_{ij} - \sigma_m \delta_{ij} = \sigma'_{ij}.$$

(4.150) ergibt damit das zur Fließbedingung (4.135) gehörende Fließgesetz:

$$\dot{\varepsilon}_{ij}^{(pl)} = \lambda \sigma'_{ij}.$$

Die Größen $\varkappa_\alpha$ in der Fließbedingung beschreiben die Verfestigung des Werkstoffs, wenn ihre Größe von den plastischen Formänderungen abhängt. Sie werden bei nichtverfestigendem Werkstoffverhalten dazu benutzt, die Anisotropie des Werkstoffs in die Fließbedingung und das Fließgesetz aufzunehmen. *Eine Möglichkeit für eine solche Formulierung ist die Berücksichtigung der Anisotropie in der Fließbedingung mit Hilfe eines Anisotropietensors,* der die (von der Vorgeschichte unabhängigen) Anisotropieeigenschaften berücksichtigt. Die Fließbedingung kann dann etwa die Form

$$F = K_{ijkl} \sigma_{ij} \sigma_{kl} - k^2 = 0 \qquad (4.156)$$

annehmen. Die Größen K_{ijkl} und k sind Werkstoffkonstanten. Das zugehörige Fließgesetz folgt hieraus mit (4.150).

Die v. Misessche Fließbedingung ergibt sich aus (4.156) als Sonderfall mit dem isotropen Tensor

$$K_{ijkl} = \frac{1}{4} (\delta_{jk} \delta_{il} + \delta_{jl} \delta_{ik}) - \frac{1}{2} \delta_{ij} \delta_{kl}. \qquad (4.157)$$

4.2.9 Extremalprinzipien der v. Misesschen Theorie

In der Elastizitätstheorie lassen sich aus den Prinzipien vom Minimum der Formänderungsarbeit und dem Minimum der Ergänzungsarbeit leistungsfähige Methoden zum Aufstellen von Näherungslösungen schwieriger Randwertaufgaben gewinnen. In der Plastizitätstheorie erhält man aus den in Abschn. 4.2.7 abgeleiteten Leistungsausdrücken ebenfalls *Extremalprinzipien*, aus denen wirksame Näherungsverfahren abgeleitet werden können ([4.15, S. 238]).

Betrachtet man einen Körper, der sich *ganz* in einem Zustand des plastischen Fließens befindet, so soll ein für den ganzen Körper definiertes Spannungsfeld σ_{ij}^0 dann *statisch zulässig* genannt werden, wenn es überall die Gleichgewichtsbedingungen (4.134) und die Fließbedingung (4.135) erfüllt und außerdem den durch den betrachteten Vorgang gegebenen Randbedingungen für die Spannungen an der Oberfläche genügt.

Ein Geschwindigkeitsfeld v_i^* mit den zugehörigen Formänderungsgeschwindigkeiten $\dot{\varepsilon}_{ij}^*$, das für den ganzen Körper definiert ist, werde *kinematisch zulässig* genannt, wenn es überall der Kontinuitätsgleichung (4.132) genügt und an der Oberfläche die für das Geschwindigkeitsfeld vorgeschriebenen Randbedingungen erfüllt. Die Randbedingungen für die Spannungen und Geschwindigkeiten müssen dabei so vorgegeben sein, daß eine eindeutige Lösung der Aufgabe möglich ist. Die für den betrachteten Körper wirklich auftretenden Spannungsverteilungen σ_{ij}, Geschwindigkeitsverteilungen v_i und Formänderungsgeschwindigkeiten $\dot{\varepsilon}_{ij}$ sind gemäß diesen Definitionen selbstverständlich ebenfalls statisch bzw. kinematisch zulässig.

Für Spannungs- und Geschwindigkeitsfelder, die den obigen Definitionen genügen, lassen sich folgende Extremalaussagen beweisen:

1. Von allen statisch zulässigen Spannungsfeldern σ_{ij}^0 macht das wirklich vorhandene Spannungsfeld σ_{ij} den Ausdruck

$$I^0 = \int\limits_A \sigma_{ij}^0 v_i n_j \, \mathrm{d}A \tag{4.158}$$

zu einem Maximum.

2. Von allen kinematisch zulässigen Formänderungsgeschwindigkeitsfeldern $\dot{\varepsilon}_{ij}^*$ macht das wirklich vorhandene Formänderungsgeschwindigkeitsfeld $\dot{\varepsilon}_{ij}$ den Ausdruck

$$J^* = k\sqrt{2} \int\limits_V \sqrt{\dot{\varepsilon}_{ij}^* \dot{\varepsilon}_{ij}^*} \, \mathrm{d}V - \int\limits_A S_i v_i^* \, \mathrm{d}A \tag{4.159}$$

zum Minimum. Diese Extremalaussage gilt nur für starr-idealplastisches Werkstoffverhalten und Fließbeginn.

Sind (wie es häufig vorkommt) die Geschwindigkeitsrandbedingungen auf einem Teil A_V der Oberfläche A und die Randbedingungen für die Spannungen auf dem Rest A_S der Oberfläche gegeben, so kann für die Beziehung (4.158)

$$I^0 = \int\limits_{A_V} \sigma_{ij}^0 v_i n_j \, \mathrm{d}A_V \tag{4.158a}$$

und für (4.159)

$$J^* = k\sqrt{2} \int\limits_V \sqrt{\dot{\varepsilon}_{ij}^* \dot{\varepsilon}_{ij}^*}\, \mathrm{d}V - \int\limits_{A_\mathrm{s}} S_i v_i^*\, \mathrm{d}A_\mathrm{s} \tag{4.159a}$$

geschrieben werden, da dann

$$\int\limits_{A_\mathrm{s}} \sigma_{ij}^0 v_i n_j\, \mathrm{d}A_\mathrm{s} = \int\limits_{A_\mathrm{s}} \sigma_{ij} v_i n_j\, \mathrm{d}A_\mathrm{s}$$

und

$$\int\limits_{A_\mathrm{v}} S_i v_i^*\, \mathrm{d}A_\mathrm{v} = \int\limits_{A_\mathrm{v}} S_i v_i\, \mathrm{d}A_\mathrm{v}$$

gilt.

$\int\limits_{A_\mathrm{v}} \sigma_{ij}^0 v_i n_j\, \mathrm{d}A_\mathrm{s}$ hat also für jedes statisch zulässige Spannungsfeld und $\int\limits_{A_\mathrm{v}} S_i v_i^*\, \mathrm{d}A_\mathrm{v}$ für jedes kinematisch zulässige Geschwindigkeitsfeld denselben Wert.

Hier sei nur der Beweis für das Extremalprinzip (4.159) gegeben, das für die Behandlung praktischer Aufgaben eine erheblich größere Bedeutung besitzt als (4.158). Kinematisch zulässige Geschwindigkeitsfelder lassen sich nämlich in vielen Fällen ohne große Schwierigkeiten aufstellen, während statisch zulässige Spannungsfelder i. allg. schwierig zu finden sind. (Für den Beweis von (4.158) s. [4.15].)

Das Extremalprinzip (4.159) sagt aus, daß der Ausdruck J^* für jedes kinematisch zulässige Geschwindigkeitsfeld v_i^* nicht kleiner sein kann, als die Größe J, die man erhält, wenn man in (4.159) die aus dem wirklich auftretenden Geschwindigkeitsfeld folgenden Formänderungsgeschwindigkeiten $\dot{\varepsilon}_{ij}$ einsetzt. Bildet man die Differenz $J^* - J$, so erhält man, wenn man die Oberflächenintegrale nach (4.146) in Volumenintegrale umformt mit (4.136):

$$J^* - J = k\sqrt{2} \int\limits_V \left(\sqrt{\dot{\varepsilon}_{ij}^* \dot{\varepsilon}_{ij}^*} - \sqrt{\dot{\varepsilon}_{ij} \dot{\varepsilon}_{ij}} \right) \mathrm{d}V$$

$$- \int\limits_V \frac{1}{\lambda}\, \dot{\varepsilon}_{ij}(\dot{\varepsilon}_{ij}^* - \dot{\varepsilon}_{ij})\, \mathrm{d}V. \tag{4.160}$$

Setzt man

$$\lambda = \frac{\sqrt{\dot{\varepsilon}_{ij} \dot{\varepsilon}_{ij}}}{k\sqrt{2}} \tag{4.161}$$

ein und vereinfacht, so erhält man

$$J^* - J = k\sqrt{2} \int\limits_V \frac{\sqrt{\dot{\varepsilon}_{ij}^* \dot{\varepsilon}_{ij}^*}\, \sqrt{\dot{\varepsilon}_{kl} \dot{\varepsilon}_{kl}} - \dot{\varepsilon}_{ij}^* \dot{\varepsilon}_{ij}}{\sqrt{\dot{\varepsilon}_{pq} \dot{\varepsilon}_{pq}}}\, \mathrm{d}V. \tag{4.162}$$

Nach der *Schwarzschen Ungleichung* gilt stets

$$\dot{\varepsilon}_{ij}^* \dot{\varepsilon}_{ij} \leqq \sqrt{\dot{\varepsilon}_{ij}^* \dot{\varepsilon}_{ij}^*}\, \sqrt{\dot{\varepsilon}_{ij} \dot{\varepsilon}_{ij}}. \tag{4.163}$$

Der Zähler des Integranden in (4.162) kann damit nicht negativ werden. Er wird Null, wenn

$$\dot{\varepsilon}_{ij}^* = c\dot{\varepsilon}_{ij} \tag{4.164}$$

gilt. Der skalare Faktor c darf von den Koordinaten abhängen. Mit λ nach (4.161) liefert (wie man durch Einsetzen kontrolliert) das Misessche Fließgesetz für $\dot{\varepsilon}_{ij}$ und $c\dot{\varepsilon}_{ij}$ den gleichen Spannungsdeviator σ'_{ij}. Da die Formänderungsgeschwindigkeiten $\dot{\varepsilon}_{ij}$ aus einem Geschwindigkeitsfeld abgeleitet werden, das kinematisch zulässig ist und damit den Geschwindigkeitsrandbedingungen genügt, ist jedes $\dot{\varepsilon}_{ij}$ nach (4.164), für das $J = J^*$ gilt, eine Lösung der Randwertaufgabe. Das heißt, der Ausdruck (4.159) nimmt sein Minimum für jedes Formänderungsgeschwindigkeitsfeld an, das eine Lösung der vorliegenden Randwertaufgabe darstellt ([4.15, S. 24]).

4.3 Lösungsverfahren

Strenge Lösungen, d. h. Funktionen für die Größen der Spannungsverteilung und des Bewegungszustands, die überall im plastischen Gebiet den Gln. (4.132), (4.134), (4.135) und (4.136) genügen und sämtliche Randbedingungen erfüllen, können nur bei besonderen, einfachen Aufgabenstellungen gefunden werden. Man ist daher i. allg. gezwungen, Näherungsverfahren anzuwenden. In diesem Abschnitt, der sich mit verschiedenen Möglichkeiten zur Behandlung von praktischen Aufgaben beschäftigen soll, werden als Näherungsverfahren solche Methoden verstanden, die ohne weitere Vereinfachungen der Aufgabenstellung (wie sie z. B. in der elementaren Theorie durch die Einführung des homogenen Formänderungszustands vorgenommen werden) auskommen. Es handelt sich also um die Bestimmung von Spannungs- und Formänderungsverteilungen, die die oben angeführten Gleichungen und die Randbedingungen in möglichst guter Näherung erfüllen.

4.3.1 Strenge Lösungen

Strenge Lösungen können, wie erwähnt, bisher nur in besonderen Fällen angegeben werden. Es handelt sich dabei stets um Aufgaben, bei denen die Geometrie des Vorgangs einen Teil der Spannungs- und Formänderungsgrößen von vornherein festlegt. Hierbei ist vor allem der ebene Formänderungszustand von Bedeutung, für den mit der *Gleitlinientheorie* zahlreiche Aufgaben gelöst werden konnten.

Beispiele für Vorgänge, die streng behandelt werden können, sind in [4.15] zu finden.

4.3.2 Gleitlinientheorie

Die Gleitlinientheorie hat heute durch die Entwicklung neuer numerischer Methoden zur Lösung dreidimensionaler Spannungs- und Formänderungszustände zweifellos an Bedeutung verloren. Vor einigen Jahren stellte sie jedoch ein Verfahren dar, das bei einem oft recht erheblichen Zeichenaufwand Lösungen für einige Fälle des ebenen plastischen Fließens lieferte. Aus Gründen der Vollständigkeit und zum besseren Verständnis des plastischen Fließens sollen die Grundlagen und wichtigsten Überlegungen der Gleitlinientheorie dargestellt werden. Für eine eingehendere Darstellung der Gleitlinientheorie und ihrer Anwendung sei u. a.

auf [4.15; 4.16; 4.23] und [4.24] verwiesen. In [4.40] wird versucht, die Gleitlinientheorie auf Vorgänge mit axialer Symmetrie anzuwenden.

Betrachtet man bei einem Vorgang mit ebenem Formänderungszustand die Spannungen, die in einer beliebigen Fläche senkrecht zur Ebene des Fließens wirken (Bild 4.39), so können die Normalspannung σ_α und die Schubspannung τ_α (die in den eingezeichneten Richtungen positiv gezählt werden sollen) aus σ_x. σ_y und τ_{xy} über die Beziehungen

$$\sigma_\alpha = \sigma_x \cos^2 \alpha + \sigma_y \sin^2 \alpha + 2\tau_{xy} \cos \alpha \sin \alpha \qquad (4.165)$$

und

$$\tau_\alpha = (\sigma_x - \sigma_y) \sin \alpha \cos \alpha + \tau_{xy}(\sin^2 \alpha - \cos^2 \alpha) \qquad (4.166)$$

berechnet werden.

(4.165) und (4.166) sind in einem σ-τ-Koordinatensystem die Parameterdarstellung des *Mohrschen Kreises* (Bild 4.40) mit dem Mittelpunkt

$$\sigma = \tfrac{1}{2} (\sigma_x + \sigma_y); \qquad \tau = 0$$

und dem Radius

$$r = \sqrt{\tfrac{1}{4} (\sigma_x - \sigma_y)^2 + \tau_{xy}^2}. \qquad (4.167)$$

Die Punkte dieses Kreises repräsentieren damit die Spannungen σ_α und τ_α für jeden Winkel α. Er kann also als Darstellung des Spannungszustands im betrachteten Punkt P aufgefaßt werden.

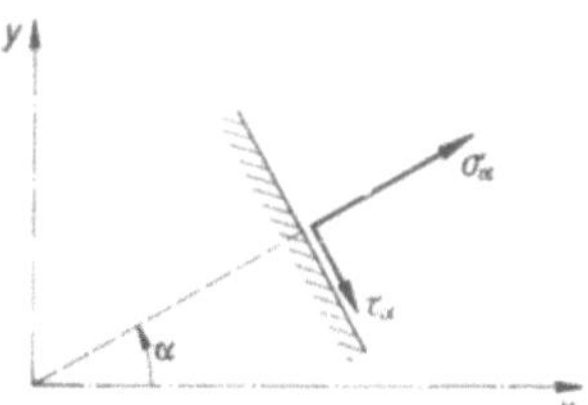

Bild 4.39 Vorzeichenvereinbarung für die Spannungen in der Gleitlinientheorie

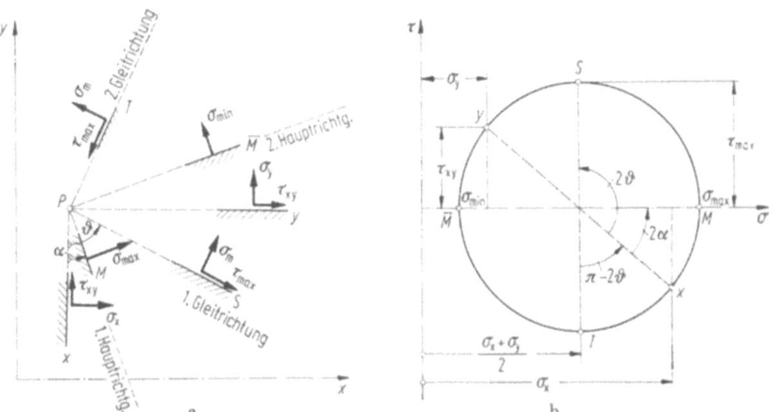

Bild 4.40 Darstellung des Spannungszustands mit dem Mohrschen Kreis.
a physikalische Ebene; **b** Spannungsebene

Für den Mohrschen Kreis gilt folgende Regel: Betrachtet man die Spannungen in zwei Schnitten, die durch Drehung um einen Winkel α auseinander hervorgegangen sind, so werden sie auf dem Mohrschen Kreis durch zwei Punkte repräsentiert, für die vom Mittelpunkt zu diesen Punkten gezogene Strahlen durch eine Drehung um den Winkel 2α auseinander hervorgehen (Bild 4.40).

Bei einem ebenen Formänderungszustand gilt für die mittlere Normalspannung σ_m und die Spannung σ_z, die senkrecht zu den Fließebenen wirkt, nach (4.106)

$$\sigma_\mathrm{m} = \sigma_z = \tfrac{1}{2}\,(\sigma_\mathrm{x} + \sigma_\mathrm{y}).$$

Damit ist die Abszisse des Mittelpunkts des Mohrschen Kreises diesen Spannungen gleich. Sein Halbmesser ist, wie ein Vergleich der Gln. (4.109) und (4.167) zeigt, für jeden Punkt eines ebenen, plastischen Fließgebiets gleich der Schubfließgrenze k.

Betrachtet man wieder Bild 4.40, so sind durch M und $\overline{M}$ Punkte bezeichnet, für die keine Schubspannungen auftreten und für die die Normalspannungen einen Größtwert bzw. Kleinstwert annehmen. In den zugehörigen Schnitten wirken also die Hauptspannungen σ_max und σ_min. Die Richtung, die die Schnittlinie der Ebene, in der die größte Hauptspannung wirkt, mit der x-y-Ebene angibt, wird als *erste Hauptrichtung* bezeichnet. Die Ebene, in der die kleinste Hauptspannung auftritt, kennzeichnet entsprechend die *zweite Hauptrichtung*. Die Punkte S und T des Mohrschen Kreises, für welche die Schubspannung ihre Größtwerte $+\tau_\mathrm{max}$ und $-\tau_\mathrm{max}$ erreichen, erhält man, wenn man von den Punkten M und $\overline{M}$ um $\pi/2$ entgegen der Uhrzeigerrichtung fortschreitet. In den zugehörigen Schnittflächen, die mit den Schnitten, in denen die Hauptspannungen wirken, Winkel von $45°$ einschließen, werden Schubspannungen mit dem Betrag k und Normalspannungen mit dem Betrag σ_m übertragen.

Die Richtungen, in denen die maximalen Schubspannungen auftreten, werden als *erste* und *zweite Gleitrichtung* bezeichnet. Dabei erhält man die erste Gleitrichtung durch die Drehung der ersten Hauptrichtung im Gegenuhrzeigersinn. Die dazu senkrechte zweite Gleitrichtung ergibt sich entsprechend aus der zweiten Hauptrichtung (s. Bild 4.40).

Kurven, die in jedem Punkt des betrachteten Gebiets die erste oder die zweite Gleitrichtung als Tangentenrichtungen haben, werden als *erste* bzw. *zweite Gleitlinien* bezeichnet. Sie bilden, da die erste und die zweite Gleitrichtung überall aufeinander senkrecht stehen, zwei *orthogonale* Kurvenscharen, das sog. Gleitliniennetz.

Die Spannungen σ_x, σ_y und τ_xy sind bekannt, wenn man den Radius des Mohrschen Kreises, die Lage seines Mittelpunkts und damit σ_m und die Orientierung des Durchmessers $x - y$ (also den Winkel ϑ) kennt. Da überall im plastischen Gebiet $r = k$ gilt, kann der Spannungszustand in jedem Punkt durch die Größen σ_m und ϑ eindeutig beschrieben werden.

Aus Bild 4.40 liest man ab

$$\sigma_\mathrm{x} = \sigma_\mathrm{m} + k \sin\,(\pi - 2\vartheta),$$

$$\sigma_\mathrm{y} = \sigma_\mathrm{m} - k \sin\,(\pi - 2\vartheta),$$

$$\tau_\mathrm{xy} = k \cos\,(\pi - 2\vartheta).$$

Setzt man $\sigma_m = 2k\omega$ und $\sin(\pi - 2\vartheta) = \sin 2\vartheta$, $\cos(\pi - 2\vartheta) = -\cos 2\vartheta$, so erhält man hieraus

$$\sigma_x = 2k\omega + k \sin 2\vartheta, \tag{4.168a}$$

$$\sigma_y = 2k\omega - k \sin 2\vartheta, \tag{4.168b}$$

$$\tau_{xy} = -k \cos 2\vartheta. \tag{4.168c}$$

Die durch (4.168) gegebenen Spannungen genügen der Fließbedingung. Eine weitere Forderung, die an eine sinnvolle Spannungsverteilung gestellt werden muß, ist die, daß sie die Gleichgewichtsbedingungen erfüllt. Für den ebenen Formänderungszustand sind dies die Gln. (4.108):

$$\frac{\partial \sigma_x}{\partial x} + \frac{\partial \tau_{xy}}{\partial y} = 0,$$

$$\frac{\partial \tau_{xy}}{\partial x} + \frac{\partial \sigma_y}{\partial y} = 0.$$

Setzt man die Spannungen nach (4.168) ein, so erhält man nach Kürzen durch $2k$:

$$\frac{\partial \omega}{\partial x} + \cos 2\vartheta \, \frac{\partial \vartheta}{\partial x} + \sin 2\vartheta \, \frac{\partial \vartheta}{\partial y} = 0 \tag{4.169a}$$

und

$$\frac{\partial \omega}{\partial y} - \cos 2\vartheta \, \frac{\partial \vartheta}{\partial y} + \sin 2\vartheta \, \frac{\partial \vartheta}{\partial x} = 0. \tag{4.169b}$$

Die Größen ϑ und ω können also nicht voneinander unabhängig sein.

Wählt man bei der Betrachtung des Spannungszustands in einem beliebigen Punkt P das x-y-Koordinatensystem so, daß die x-Achse mit der ersten und damit die y-Achse mit der zweiten Gleitrichtung zusammenfällt (Bild 4.41), dann hat der Winkel ϑ den Wert $\pi/2$, und für die Ableitungen in x- und y-Richtung kann man

$$\frac{\partial}{\partial x} = \frac{\partial}{\partial s_1}; \qquad \frac{\partial}{\partial y} = \frac{\partial}{\partial s_2}$$

schreiben. Damit erhält man aus (4.169)

$$\frac{\partial}{\partial s_1}(\omega - \vartheta) = 0, \tag{4.170a}$$

$$\frac{\partial}{\partial s_2}(\omega + \vartheta) = 0. \tag{4.170b}$$

Die Wahl des Punktes P ist dabei völlig willkürlich. Die Gln. (4.170) gelten daher überall im Fließgebiet, und man erhält allgemein

$$\omega - \vartheta = \text{const} \quad \text{längs einer 1. Gleitlinie,} \tag{4.171a}$$

$$\omega + \vartheta = \text{const} \quad \text{längs einer 2. Gleitlinie.} \tag{4.171b}$$

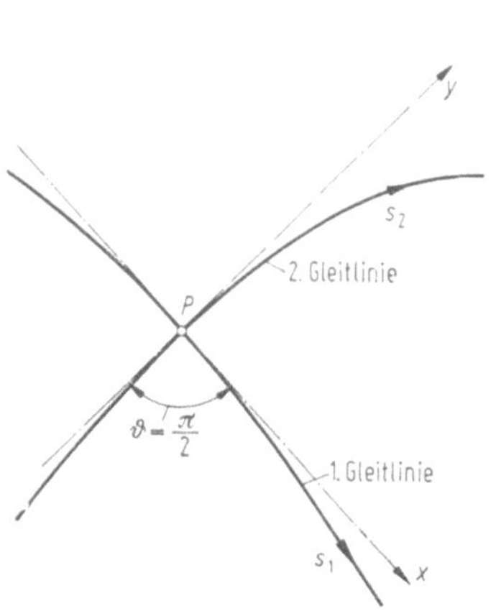

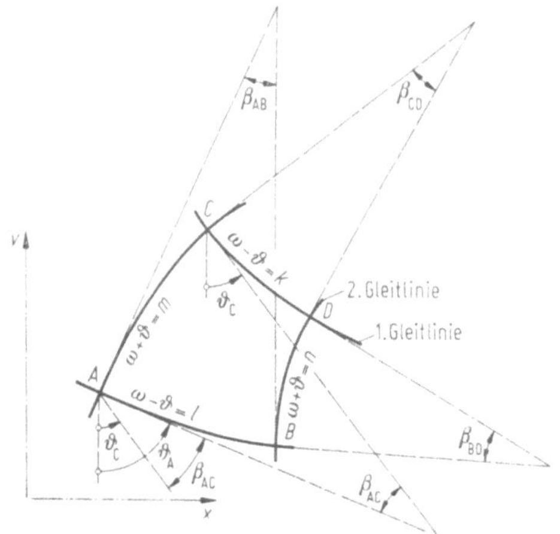

Bild 4.41 Die x- und y-Richtungen
fallen mit der ersten bzw. zweiten
Gleitrichtung zusammen, $\vartheta = \pi/2$

Bild 4.42 Masche des Gleitliniennetzes

Aus diesen Beziehungen folgen geometrische Eigenschaften der Gleitliniennetze,
die für ihre Konstruktion von großer Bedeutung sind.

Betrachtet man eine aus zwei beliebigen ersten und zwei beliebigen zweiten
Gleitlinien gebildete Masche $ABCD$ des Gleitliniennetzes (Bild 4.42), so bilden
die Tangenten in den Punkten A und C an die ersten Gleitlinien einen Winkel
β_{AC}. Die Tangenten in den Punkten B und D an diese Gleitlinien bilden den Winkel
β_{BD}. Die Werte für $\omega - \vartheta$ und $\omega + \vartheta$ für die betrachteten Gleitlinien seien wie
in Bild 4.42 angegeben k, l, m und n. Man erhält mit

$$\vartheta = \tfrac{1}{2}(\omega + \vartheta) - \tfrac{1}{2}(\omega - \vartheta)$$

für ϑ in den Punkten A, B, C und D die Werte

$$\vartheta_A = \tfrac{1}{2}m - \tfrac{1}{2}l; \quad \vartheta_B = \tfrac{1}{2}n - \tfrac{1}{2}l;$$

$$\vartheta_C = \tfrac{1}{2}m - \tfrac{1}{2}k; \quad \vartheta_D = \tfrac{1}{2}n - \tfrac{1}{2}k.$$

Für den Winkel β_{AC} gilt dann

$$\beta_{AC} = \vartheta_A - \vartheta_C = \tfrac{1}{2}(k - l),$$

und für β_{BD} erhält man

$$\beta_{BD} = \vartheta_B - \vartheta_D = \tfrac{1}{2}(k - l);$$

es gilt also

$$\beta_{AC} = \beta_{BD}. \tag{4.172a}$$

Auf die gleiche Weise kann gezeigt werden, daß

$$\beta_{AB} = \beta_{CD} \tag{4.172b}$$

ist.

Man erhält so den *Henckyschen Satz* [4.21]:

Der Winkel, den die Tangenten an zwei bestimmte Gleitlinien der einen Schar in ihren Schnittpunkten mit einer Gleitlinie der zweiten Schar miteinander bilden, ist von der Wahl der Gleitlinie der zweiten Schar unabhängig.

Orthogonale Netze, die diese Eigenschaft besitzen, werden *Hencky-Prandtlsche* Netze genannt. Aus dem Henckyschen Satz lassen sich weitere geometrische Eigenschaften der Gleitlinien ableiten (s. [4.15, S. 132]), von denen hier nur ein einfaches Beispiel angeführt sei.

Betrachtet man eine Gleitlinienschar, die eine gerade Gleitlinie enthält, so gilt für die in Bild 4.43 dargestellte Masche allgemein $\vartheta_A - \vartheta_C = \vartheta_B - \vartheta_D$. Mit $\vartheta = \text{const}$ entlang AB und damit $\vartheta_A = \vartheta_B$ gilt nach (4.172) auch $\vartheta_C = \vartheta_D$ und damit nach dem Henckyschen Satz $\vartheta = \text{const}$ entlang CD. Somit erhält man die Aussage:

Enthält eine Gleitlinienschar eine Gerade, so besteht sie ganz aus Geraden.

Bei Gleitliniennetzen, die eine Schar von Geraden enthalten, kann man zwei Fälle unterscheiden:

1. Die geraden Gleitlinien sind parallel (Bild 4.44a). Dann müssen wegen der Orthogonalität des Gleitliniennetzes auch die Gleitlinien der zweiten Schar parallele Geraden sein, die die erste Schar rechtwinklig schneiden. Wegen $\vartheta = \text{const}$ für das ganze Gebiet, in dem parallele gerade Gleitlinien auftreten, gilt mit $\omega - \vartheta = \text{const}$ entlang der einen und $\omega + \vartheta = \text{const}$ entlang der anderen Schar auch $\omega = \text{const}$ für das ganze Gebiet. Der Spannungszustand ist damit überall derselbe; man hat ein Gebiet konstanten Zustands.

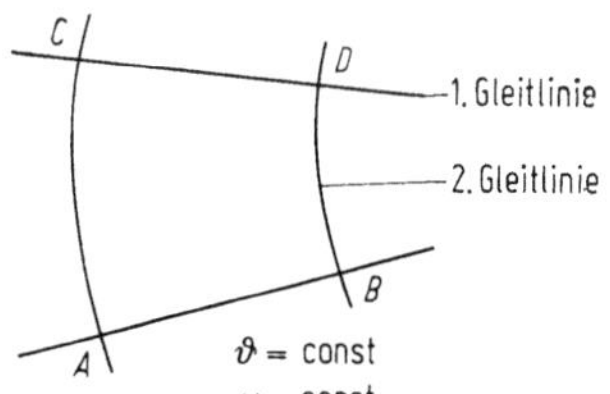

Bild 4.43 Masche mit geraden Gleitlinien

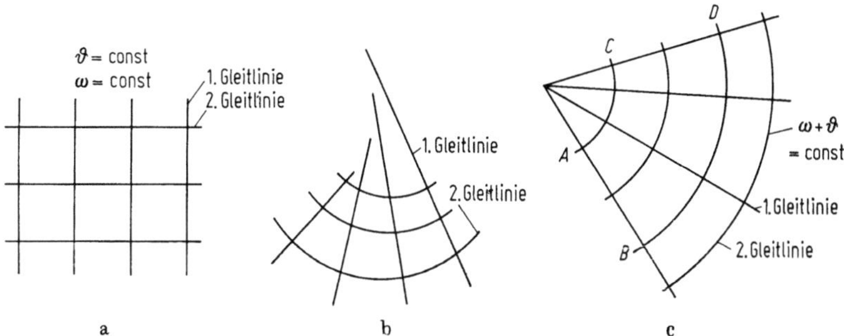

Bild 4.44 Gleitliniennetze mit geraden Gleitlinien. **a** Gebiet konstanten Zustands; **b** Fächer; **c** zentrierter Fächer

2. Die geraden Gleitlinien sind nicht parallel (Bild 4.44b). Man nennt ein solches Netz einen Fächer. Wenn sich die geraden Gleitlinien in einem Punkt schneiden, erhält man einen zentrierten Fächer (Bild 4.44c). Die andere Gleitlinienschar besteht dann aus konzentrischen Kreisbögen. Für die Geraden gilt wieder $\vartheta = $ const und $\omega = $ const. Sind sie erste Gleitlinien, so gilt für zwei beliebige Gleitlinien der andern Schar $\omega + \vartheta$ in A gleich $\omega + \vartheta$ in B gleich $\omega + \vartheta$ längs AC gleich $\omega + \vartheta$ längs BD. Damit gilt im ganzen Fächer $\omega + \vartheta = $ const. Entsprechend läßt sich zeigen, daß $\omega - \vartheta$ für den ganzen zentrierten Fächer konstant ist, wenn die Geraden zweite Gleitlinien sind.

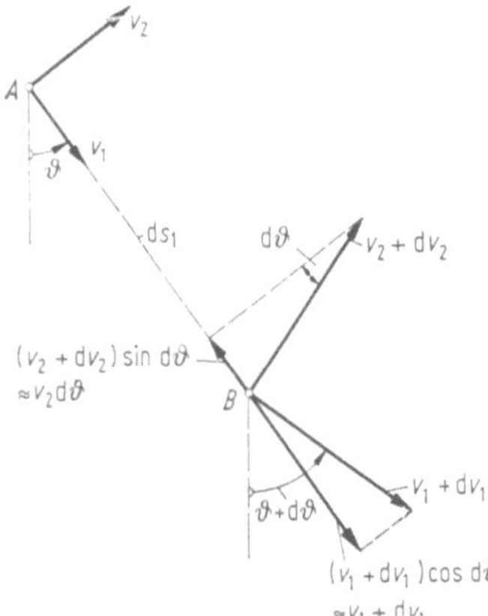

Bild 4.45 Geschwindigkeiten an zwei Punkten einer ersten Gleitlinie

Die Gleitlinien geben in einem Gebiet ebenen plastischen Fließens die Richtungen der maximalen Schubspannungen und damit nach dem v. Misesschen Fließgesetz auch die Richtungen der maximalen Schiebungsgeschwindigkeiten an. Quer zu den Gleitlinien der einen und damit in Richtung der anderen Schar wirkt die mittlere Normalspannung σ_m. Damit verschwindet die Normalkomponente des Spannungsdeviators in Gleitlinienrichtung. Entlang der Gleitlinien treten somit keine Dehnungsgeschwindigkeiten auf. Das Gleitliniennetz schreibt also auch Bedingungen für das Geschwindigkeitsfeld vor.

Beschreibt man das Geschwindigkeitsfeld durch Geschwindigkeitskomponenten v_1 und v_2 in Richtung der ersten und der zweiten Gleitlinie (die positive Richtung von v_2 soll dabei aus der positiven Richtung von v_1 durch eine Drehung um 90° im Gegenuhrzeigersinn hervorgehen), so bewegen sich die Endpunkte eines infinitesimalen Linienelements AB auf der ersten Gleitlinie, dessen Länge mit ds_1 bezeichnet sei, mit den in Bild 4.45 eingezeichneten Geschwindigkeiten. Die Forderung, daß entlang AB keine Dehnungsgeschwindigkeit auftreten darf, führt auf die Bedingung, daß die Differenz der Geschwindigkeiten der Punkte A und B in Richtung des Linienelements verschwinden muß. Hieraus folgt

$$dv_1 - v_2\, d\vartheta = 0 \quad \text{längs einer 1. Gleitlinie} \tag{4.173a}$$

und entsprechend für eine zweite Gleitlinie

$$dv_2 + v_1\, d\vartheta = 0 \quad \text{längs einer 2. Gleitlinie.} \tag{4.173b}$$

Diese Beziehungen werden als *Geiringersche Gleichungen* bezeichnet [4.22].

Mit den durch (4.172) und (4.173) gegebenen Eigenschaften der Gleitlinien können nun in vielen Fällen, ausgehend von den Randbedingungen für die Spannungen und Geschwindigkeiten, Gleitliniennetze (die den Spannungszustand beschreiben) und zugehörige Geschwindigkeitsfelder ermittelt werden.

Als geeignetes Beispiel für die Anwendung der Gleitlinientheorie sei ein ebener Strangpreßvorgang empfohlen ([4.15; 4.25]).

4.3.3 Schrankenverfahren

Die in Abschn. 4.2.9 dargestellten Extremalprinzipien der v. Misesschen Plastizitätstheorie werden in der Umformtechnik hauptsächlich dazu verwendet, sog. *obere* und *untere Schranken* für die zur Durchführung des Umformvorgangs erforderlichen äußeren Kräfte (also z. B. Stempelkräfte) zu bestimmen. Man kann mit Hilfe von angenommenen, zulässigen Spannungs- und Geschwindigkeitsfeldern Werte für die Umformkräfte ermitteln, von denen man weiß, daß sie von den wirklich auftretenden Kräften nicht über- bzw. unterschritten werden.

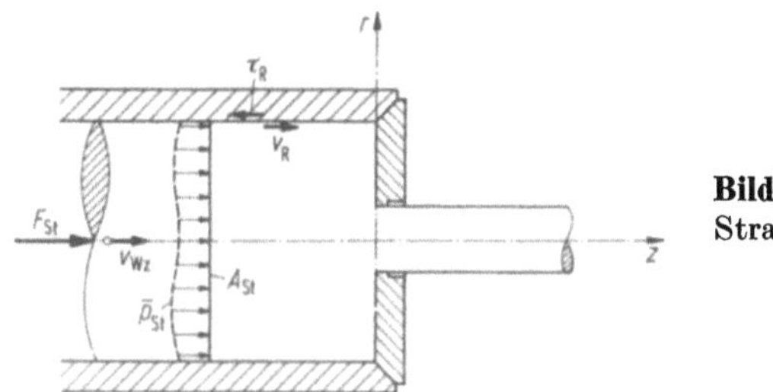

Bild 4.46 Axialsymmetrischer Strangpreßvorgang

Zur Ermittlung der unteren Schranke wird die Extremalaussage (4.158) herangezogen. Betrachtet man als Beispiel einen Strangpreßvorgang nach Bild 4.46, von dem zunächst angenommen werden soll, daß weder an der Aufnehmerwand noch am Stempel, noch an der Matrize Reibung zwischen Werkzeug und Werkstoff herrsche, so müssen statisch zulässige Spannungsfelder neben den Gleichgewichtsbedingungen und der Fließbedingung die Randbedingung erfüllen, daß die Schubspannungen parallel zur Aufnehmerwand, zur Matrize und zur Berührungsfläche von Stempel und Werkstoff verschwinden. Aus einem beliebigen solchen Spannungsfeld σ_{ij}^0 erhält man am Stempel eine Verteilung $\overline{p}_{St}^0(r)$ der Spannung in Axialrichtung. Wirken diese Spannungen wie eingezeichnet, so sind sie der Stempelbewegung gleichgerichtet. v_{Wz} sei die Stempelgeschwindigkeit. Alle übrigen Kräfte an der Oberfläche der Umformzone stehen wegen der Reibungsfreiheit senkrecht zur Bewegungsrichtung der Teilchen und ergeben daher in (4.158) keinen Beitrag zur Leistung. Man erhält also

$$I^0 = \int\limits_{A_{St}} \overline{p}_{St}^0 v_{Wz} \, dA_{St} = v_{Wz} \int\limits_{A_{St}} \overline{p}_{St}^0 \, dA_{St} = v_{Wz} F_{St}^0 .$$

Bezeichnet man mit F_{St} die zum wirklich auftretenden Spannungsfeld (d. h. zum Spannungsfeld der strengen Lösung der Aufgabe) gehörende Stempelkraft, so gilt nach der Extremalaussage (4.158):

$$v_{\mathrm{Wz}}F_{\mathrm{St}}^0 \leqq v_{\mathrm{Wz}}F_{\mathrm{St}} \tag{4.174}$$

und damit

$$F_{\mathrm{St}}^0 \leqq F_{\mathrm{St}}. \tag{4.175}$$

F_{St}^0 ist also ein Wert, der von der wirklich auftretenden Stempelkraft sicher nicht unterschritten wird. Er stellt eine untere Schranke dar.

Herrscht bei dem Vorgang Reibung, so sind nur solche Spannungsfelder σ_{ij}^0 statisch zulässig, die an den Berührungsflächen von Werkzeug und Werkstoff die vorgeschriebenen Reibschubspannungen liefern. Da diese aber mit den als bekannt angenommenen Geschwindigkeiten v_i (die ja zum Geschwindigkeitsfeld der Lösung gehören und damit festliegen) immer den gleichen Beitrag zu (4.158) ergeben, bleibt die Aussage (4.174) unverändert erhalten.

Wendet man auf das betrachtete Beispiel die Extremalaussage (4.159) an, so müssen die kinematisch zulässigen Geschwindigkeitsfelder v_i^* neben der Kontinuitätsgleichung die Bedingungen erfüllen, daß die von ihnen beschriebenen Bewegungen des Werkstoffs am Aufnehmer und an der Matrize parallel zur Werkzeugoberfläche verlaufen (die zum Werkzeug senkrechte Geschwindigkeitskomponente muß verschwinden). Am Stempel muß die zum Stempel senkrechte Geschwindigkeitskomponente den Wert v_{Wz} besitzen. Das Volumenintegral in (4.159) soll mit P_{U}^* bezeichnet werden. Es kann als die Leistung gedeutet werden, die der Werkstoff für eine Umformung mit dem angenommenen Geschwindigkeitsfeld verbrauchen würde. Wenn keine Reibung herrscht, erhält man aus dem Oberflächenintegral in (4.159)

$$\int\limits_A S_i v_i^* \, \mathrm{d}A = \int\limits_{A_{\mathrm{St}}} \overline{p}_{\mathrm{St}} v_{\mathrm{Wz}} \, \mathrm{d}A_{\mathrm{St}} = F_{\mathrm{St}} v_{\mathrm{Wz}},$$

da S_i die als bekannt vorausgesetzten Oberflächenspannungen der zur Lösung gehörenden Spannungsverteilung σ_{ij} sind. $F_{\mathrm{St}}\, v_{\mathrm{Wz}}$ ist also die Leistung der wirklich auftretenden Stempelkraft. Für $v_i^* = v_i$ (also für das Geschwindigkeitsfeld der strengen Lösung) sind die Beträge der beiden Integrale auf der rechten Seite von (4.159) nach dem Prinzip der virtuellen Leistungen (4.146) einander gleich. Es gilt also $J_{\min}^* = J = 0$. Damit erhält man

$$J^* = P_{\mathrm{U}}^* - F_{\mathrm{St}} v_{\mathrm{Wz}} \geqq 0$$

und hieraus

$$F_{\mathrm{St}} \leqq \frac{P_{\mathrm{U}}^*}{v_{\mathrm{Wz}}} = F_{\mathrm{St}}^*. \tag{4.176}$$

Die aus dem angenommenen Geschwindigkeitsfeld nach (4.176) errechnete Kraft F_{St}^* stellt also eine obere Schranke für die Stempelkraft dar.

Herrscht in den Berührungsflächen zwischen Werkzeug und Werkstoff Reibung, so erhält man, wenn mit A_{R} die Flächen bezeichnet werden, in denen Reibschubspannungen wirken,

$$\int\limits_A S_i v_i^* \, \mathrm{d}A = -\int\limits_{A_{\mathrm{R}}} |\tau_{\mathrm{R}} v_{\mathrm{R}}^*| \, \mathrm{d}A_{\mathrm{R}} + F_{\mathrm{St}} v_{\mathrm{Wz}} = -P_{\mathrm{R}}^* + F_{\mathrm{St}} v_{\mathrm{Wz}},$$

da die (als bekannt vorausgesetzten) Schubspannungen τ_R stets der Werkstoffbewegung v_R^* entgegengerichtet sind. P_R^* kann als die zu dem angenommenen Geschwindigkeitsfeld v_i^* gehörende Reibleistung bezeichnet werden. Damit ergibt sich statt (4.176) der Wert

$$F_{St}^* = \frac{P_U^* + P_R^*}{v_{Wz}} \qquad (4.177)$$

als obere Schranke für die Stempelkraft.

Bei der Aufstellung von zulässigen Geschwindigkeitsfeldern ist es oft zweckmäßig, das betrachtete Gebiet in einzelne Bereiche aufzuteilen, in denen verschiedene Ansätze gelten (siehe das folgende Beispiel). Infolge der Forderung nach Volumenkonstanz des Werkstoffs müssen beim Übergang von einem Bereich zum andern die Geschwindigkeitskomponenten senkrecht zu den Bereichsgrenzen übereinstimmen, während der Werkstoff parallel zu den Grenzen verschiedene Geschwindigkeiten haben darf. Man fordert damit aber ein Abscheren des Werkstoffs längs der Bereichsgrenzen A_S. Dieses (fiktive) Abscheren muß durch einen Beitrag P_S^* zur Umformleistung, der sich nach

$$P_S^* = \int\limits_{A_S} |v_{diff}^* \tau_{max}| \, dA_S \qquad (4.178)$$

errechnet, berücksichtigt werden. v_{diff}^* ist die Differenzgeschwindigkeit der Stoffteilchen beiderseits der Fläche A_S. τ_{max} stellt die größte vom Werkstoff übertragbare Schubspannung dar. Nach der v. Misesschen Fließbedingung gilt $\tau_{max} = k$ $= k_f/\sqrt{3}$. Statt (4.177) erhält man jetzt

$$F_{St}^* = \frac{P_U^* + P_R^* + P_S^*}{v_{Wz}} \qquad (4.179)$$

als obere Schranke für die Stempelkraft.

Bei der Behandlung praktischer Aufgaben wäre anzustreben, die Umformkraft durch möglichst nahe beieinanderliegende obere und untere Schranken einzuschließen. Dies scheitert jedoch in den meisten Fällen an den erheblichen Schwierigkeiten, die der Aufstellung statisch zulässiger Spannungsfelder entgegen-

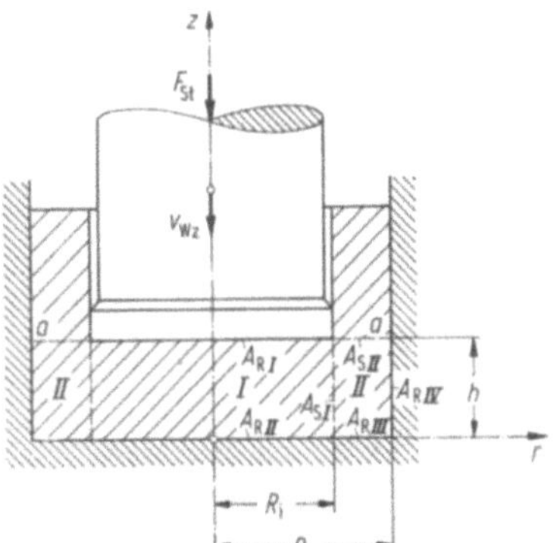

Bild 4.47 Aufteilung der Umformzone
beim Rückwärtsfließpressen

stehen. Man verzichtet daher meist auf die Bestimmung der unteren Schranke und begnügt sich mit der wesentlich einfacher zu berechnenden oberen Schranke, mit der man dann einen Näherungswert für die Umformkraft besitzt, der für die Bemessung von Umformwerkzeug und -maschine deshalb wertvoll ist, weil er von den auftretenden Kräften sicher nicht überschritten wird. Im folgenden soll an einem einfachen Beispiel die Ermittlung einer oberen Schranke ausführlicher dargestellt werden. Für weitere Beispiele zu den Schrankenverfahren sei u. a. auf [4.26—4.29] verwiesen.

Bei dem in Bild 4.47 dargestellten axialsymmetrischen Rückwärtsfließpreßvorgang [4.30] erstrecke sich die Umformzone auf den zylinderförmigen Bereich I und den ringförmigen Bereich II. Der Werkstoff oberhalb der Linie $a - a$ werde als starr angenommen. Für die Geschwindigkeitsverteilungen in den Bereichen I und II gelten folgende Rand- und Übergangsbedingungen:

Bereich I:

$$v_{rI} = 0 \qquad \text{für} \quad r = 0,$$
$$v_{zI} = 0 \qquad \text{für} \quad z = 0,$$
$$v_{zI} = -v_{Wz} \quad \text{für} \quad z = \text{h},$$

Bereich II:

$$v_{zII} = 0 \qquad \text{für} \quad z = 0,$$
$$v_{zII} = \text{const} \quad \text{für} \quad z = h,$$
$$v_{rII} = 0 \qquad \text{für} \quad r = R_a,$$
$$v_{rII} = v_{rI} \qquad \text{für} \quad r = R_i.$$

Das Geschwindigkeitsfeld

$$v_{rI} = \frac{1}{2}\frac{v_{Wz}}{h}\,r, \qquad v_{rII} = \frac{v_{Wz}}{2h}\frac{R_i^2}{R_a^2 - R_i^2}\left(\frac{R_a^2}{r} - r\right),$$

$$v_{zI} = -\frac{v_{Wz}}{h}\,z, \qquad v_{zII} = \frac{v_{Wz}}{h}\frac{R_i^2}{R_a^2 - R_i^2}\,z$$

erfüllt diese Bedingungen und, wie man durch Einsetzen prüft, auch die Kontinuitätsgleichung (4.116). Es ist damit kinematisch zulässig. Die Formänderungsgeschwindigkeiten ergeben sich aus (4.114) zu

$$\dot\varepsilon_{11}^{(I)} = \frac{\partial v_{rI}}{\partial r} = \frac{1}{2}\frac{v_{Wz}}{h}, \qquad \dot\varepsilon_{33}^{(I)} = \frac{\partial v_{zI}}{\partial z} = -\frac{v_{Wz}}{h},$$

$$\dot\varepsilon_{22}^{(I)} = \frac{v_{rI}}{r} = \frac{1}{2}\frac{v_{Wz}}{h}; \qquad \dot\varepsilon_{13}^{(I)} = \frac{1}{2}\left(\frac{\partial v_{rI}}{\partial z} + \frac{\partial v_{zI}}{\partial r}\right) = 0$$

im Bereich I, und zu

$$\dot\varepsilon_{11}^{(II)} = -\frac{v_{Wz}}{2h}\frac{R_i^2}{R_a^2 - R_i^2}\left(\frac{R_a^2}{r^2} + 1\right), \qquad \dot\varepsilon_{33}^{(II)} = \frac{v_{Wz}}{h}\frac{R_i^2}{R_a^2 - R_i^2},$$

$$\dot\varepsilon_{22}^{(II)} = \frac{v_{Wz}}{2h}\frac{R_i^2}{R_a^2 - R_i^2}\left(\frac{R_a^2}{r^2} - 1\right), \qquad \dot\varepsilon_{13}^{(II)} = 0$$

im Bereich II.

Die Bezeichnung der Formänderungsgeschwindigkeiten im Zylinderkoordinatensystem mit den für kartesisches Koordinatensystem definierten Symbolen $\dot{\varepsilon}_{\mathrm{ij}}$ ist zulässig, wenn man annimmt, daß im betrachteten Punkt ein x_1-x_2-x_3-Koordinatensystem so gelegt sei, daß seine Achsen in r-, ϑ- und z-Richtung zeigen. Mit diesen Formänderungsgeschwindigkeiten erhält man für die Leistung P_{U}^* im Bereich I: (mit $k = k_{\mathrm{f}}/\sqrt{3}$):

$$P_{\mathrm{UI}}^* = \frac{\sqrt{2}\,k_{\mathrm{f}}}{\sqrt{3}} \int\limits_0^{2\pi} \int\limits_0^h \int\limits_0^{R_{\mathrm{i}}} \frac{v_{\mathrm{Wz}}}{h} \sqrt{\frac{3}{2}}\, r\, \mathrm{d}r\, \mathrm{d}z\, \mathrm{d}\vartheta = k_{\mathrm{f}} \pi v_{\mathrm{Wz}} R_{\mathrm{i}}^2.$$

und im Bereich II:

$$P_{\mathrm{UII}}^* = \sqrt{\frac{2}{3}}\, \pi\, v_{\mathrm{Wz}} k_{\mathrm{f}} \frac{R_{\mathrm{i}}^2}{R_{\mathrm{a}}^2 - R_{\mathrm{i}}^2} \int\limits_{R_{\mathrm{i}}}^{R_{\mathrm{a}}} r \sqrt{\frac{2R_{\mathrm{a}}^4}{r^4} + 6}\, \mathrm{d}r = \frac{1}{\sqrt{3}} \pi v_{\mathrm{Wz}} k_{\mathrm{f}} \frac{R_{\mathrm{i}}^2}{R_{\mathrm{a}}^2 - R_{\mathrm{i}}^2}$$

$$\times \Bigg[R_{\mathrm{a}}^2 \big(2 - \ln \sqrt{3} \big) - R_{\mathrm{i}}^2$$

$$\times \left(\sqrt{\left(\frac{R_{\mathrm{a}}}{R_{\mathrm{i}}}\right)^4 + 3} - \left(\frac{R_{\mathrm{a}}}{R_{\mathrm{i}}}\right) \cdot \ln \frac{\left(\frac{R_{\mathrm{a}}}{R_{\mathrm{i}}}\right)^2 + \sqrt{\left(\frac{R_{\mathrm{a}}}{R_{\mathrm{i}}}\right)^4 + 3}}{\sqrt{3}} \right) \Bigg].$$

Reibung tritt in den Flächen $A_{\mathrm{R\,I}}$ unter dem Stempel, $A_{\mathrm{R\,II}}$ unter Bereich I sowie in den Berührungsflächen $A_{\mathrm{R\,III}}$ und $A_{\mathrm{R\,IV}}$ des Gebiets II mit dem Aufnehmer auf. Die in diesen Flächen auftretenden Geschwindigkeiten zwischen Werkzeug und Werkstück sind für

$$A_{\mathrm{R\,I}}: \quad v_{\mathrm{R\,I}} = \frac{1}{2} \frac{v_{\mathrm{Wz}}}{h}\, r,$$

$$A_{\mathrm{R\,II}}: \quad v_{\mathrm{R\,II}} = \frac{1}{2} \frac{v_{\mathrm{Wz}}}{h}\, r,$$

$$A_{\mathrm{R\,III}}: v_{\mathrm{R\,III}} = \frac{1}{2} \frac{v_{\mathrm{Wz}}}{h} \frac{R_{\mathrm{i}}^2}{R_{\mathrm{a}}^2 - R_{\mathrm{i}}^2} \left(\frac{R_{\mathrm{a}}^2}{r} - r \right),$$

$$A_{\mathrm{R\,IV}}: \quad v_{\mathrm{R\,IV}} = \frac{v_{\mathrm{Wz}}}{h} \frac{R_{\mathrm{i}}^2}{R_{\mathrm{a}}^2 - R_{\mathrm{i}}^2}\, z.$$

Wird für die Reibschubspannungen τ_{R} der Reibansatz

$$\tau_{\mathrm{R}} = \mu k_{\mathrm{f}}$$

mit der Reibzahl μ angenommen, so ergibt sich die Reibleistung in der Fläche $A_{\mathrm{R\,I}}$ zu

$$P_{\mathrm{RI}}^* = \mu k_{\mathrm{f}} \int\limits_{A_{\mathrm{RI}}} \frac{v_{\mathrm{Wz}}}{2h}\, r\, \mathrm{d}A_{\mathrm{R\,I}} = \mu k_{\mathrm{f}} \frac{v_{\mathrm{Wz}}}{2h} \int\limits_0^{2\pi} \int\limits_0^{R_{\mathrm{i}}} r^2\, \mathrm{d}r\, \mathrm{d}\vartheta = \frac{\mu k_{\mathrm{f}} v_{\mathrm{Wz}} \pi R_{\mathrm{i}}^3}{3h}.$$

Entsprechend erhält man

$$P^*_{\mathrm{RII}} = \frac{\mu k_{\mathrm{f}} v_{\mathrm{Wz}}\, \pi\, R^3_{\mathrm{i}}}{3h},$$

$$P^*_{\mathrm{RIII}} = \frac{\mu k_{\mathrm{f}} v_{\mathrm{Wz}}\, \pi}{3h}\, \frac{R^2_{\mathrm{i}}}{R_{\mathrm{a}} + R_{\mathrm{i}}}\, (2R^2_{\mathrm{a}} - R_{\mathrm{i}} R_{\mathrm{a}} - R^2_{\mathrm{i}}),$$

$$P^*_{\mathrm{RIV}} = \mu k_{\mathrm{f}} v_{\mathrm{Wz}} \pi h\, \frac{R^2_{\mathrm{i}} R_{\mathrm{a}}}{R^2_{\mathrm{a}} - R^2_{\mathrm{i}}}.$$

Die gesamte Reibleistung ergibt sich zu

$$P^*_{\mathrm{R}} = P^*_{\mathrm{RI}} + P^*_{\mathrm{RII}} + P^*_{\mathrm{RIII}} + P^*_{\mathrm{RIV}}.$$

Entlang der Fläche A_{SI}, die das Gebiet I vom Gebiet II trennt, und der Fläche A_{SII} zwischen dem Gebiet II und dem als starr angenommenen Werkstoff oberhalb des Schnittes $a-a$ treten Unstetigkeiten der Geschwindigkeiten parallel zu diesen Flächen auf, die durch einen Scherleistungsanteil nach (4.178) berücksichtigt werden müssen.

Als Differenzgeschwindigkeit der Werkstoffteilchen beiderseit der Unstetigkeitsflächen ergibt sich für

$$A_{\mathrm{SI}}: \quad |v_{\mathrm{diffI}}| = -v_{\mathrm{zI}}|_{\mathrm{r=Ri}} + v_{\mathrm{zII}}|_{\mathrm{r=Ri}} = \frac{v_{\mathrm{Wz}}}{h}\, \frac{R^2_{\mathrm{a}}}{R^2_{\mathrm{a}} - R^2_{\mathrm{i}}}\, z,$$

$$A_{\mathrm{SII}}: \quad |v_{\mathrm{diffII}}| = v_{\mathrm{rII}}|_{\mathrm{z=h}} = \frac{v_{\mathrm{Wz}}}{2h}\, \frac{R^2_{\mathrm{i}}}{R^2_{\mathrm{a}} - R^2_{\mathrm{i}}}\, \left(\frac{R^2_{\mathrm{a}}}{r} - r\right).$$

Die Scherleistungen an den Flächen A_{SI} und A_{SII} berechnen sich damit zu

$$P^*_{\mathrm{SI}} = \frac{k_{\mathrm{f}}}{\sqrt{3}}\, v_{\mathrm{Wz}} \pi h\, \frac{R^2_{\mathrm{a}} R_{\mathrm{i}}}{R^2_{\mathrm{a}} - R^2_{\mathrm{i}}},$$

$$P^*_{\mathrm{SII}} = \frac{k_{\mathrm{f}} v_{\mathrm{Wz}} \pi}{3\sqrt{3}\, h}\, \frac{R^2_{\mathrm{i}}}{R_{\mathrm{a}} + R_{\mathrm{i}}}\, (2R^2_{\mathrm{a}} - R_{\mathrm{i}} R_{\mathrm{a}} - R^2_{\mathrm{i}}).$$

Für die gesamte Scherleistung gilt

$$P^*_{\mathrm{S}} = P^*_{\mathrm{SI}} + P^*_{\mathrm{SII}}.$$

Als obere Schranke für die Stempelkraft erhält man schließlich

$$F^*_{\mathrm{St}} = \frac{1}{v_{\mathrm{Wz}}}\, (P^*_{\mathrm{UI}} + P^*_{\mathrm{UII}} + P^*_{\mathrm{R}} + P^*_{\mathrm{S}}).$$

Bei dem geschilderten Beispiel war es wegen der einfachen Werkzeuggeometrie möglich, bei der Aufstellung der kinematisch zulässigen Geschwindigkeitsverteilung mit sehr einfachen Annahmen über den Bewegungszustand auszukommen. Kompliziertere geometrische Verhältnisse oder die Forderung nach einer genaueren Beschreibung des Bewegungszustands führen auf verwickelter gebaute Ansätze. Methoden zur Aufstellung solcher Ansätze bei ebenen und axialsymmetrischen Formänderungszuständen werden im nächsten Abschnitt noch etwas allgemeiner behandelt.

4.3.4 Fehlerabgleichmethoden

Mit den Schrankenverfahren erhält man bei manchen Aufgaben, die einer strengen Behandlung nicht zugänglich sind, befriedigende Auskünfte über die Kräfte, die zum Durchführen des Umformvorgangs aufgebracht werden müssen; sie lassen jedoch i. allg. keine zutreffenden Schlüsse auf die im Werkstück auftretenden Spannungen und Formänderungen zu. Von den möglichen Verfahren, die auch bei komplizierteren Umformvorgängen eine näherungsweise Ermittlung des Spannungs- und Formänderungszustands zulassen, sei hier ein Beispiel dargestellt, das zu den sog. Fehlerabgleichmethoden (Methods of weighted residuals) gehört, für die sich aus anderen Gebieten der Technik zahlreiche Anwendungsbeispiele finden lassen [4.31].

Für Vorgänge mit ebenem und axialsymmetrischem Formänderungszustand ist es ohne Schwierigkeiten möglich, Ansätze für die Spannungs- und Geschwindigkeitsverteilungen aufzustellen, die den Gleichgewichtsbedingungen bzw. der Kontinuitätsgleichung genügen.

Für den axialsymmetrischen Fall erhält man aus einer Stromfunktion $\psi(r, z)$ nach

$$v_\mathrm{r} = \frac{1}{r}\frac{\partial \psi}{\partial z}, \tag{4.180a}$$

$$v_\mathrm{z} = -\frac{1}{r}\frac{\partial \psi}{\partial r}. \tag{4.180b}$$

Geschwindigkeitskomponenten, die die Kontinuitätsgleichung (4.116) erfüllen und aus den Spannungsfunktionen $\Phi_1(r, z)$ und $\Phi_2(r, z)$ nach

$$\sigma_\mathrm{r} = \frac{1}{r}\frac{\partial^2 \Phi_1}{\partial z^2} + \frac{\Phi_2}{r}, \tag{4.181a}$$

$$\sigma_\vartheta = \frac{\partial \varphi_2}{\partial r}, \tag{4.181b}$$

$$\sigma_\mathrm{z} = \frac{1}{r}\frac{\partial^2 \Phi_1}{\partial r^2}, \tag{4.181c}$$

$$\tau_\mathrm{rz} = -\frac{1}{r}\frac{\partial^2 \Phi_1}{\partial r\,\partial z}. \tag{4.181d}$$

Spannungskomponenten, die den Gleichgewichtsbedingungen (4.117) genügen.

Die weitere Aufgabe besteht darin, für die Strom- und Spannungsfunktionen zweckmäßige Ansätze aufzustellen und die in ihnen enthaltenen freien Parameter so zu bestimmen, daß die Fehler in den Gleichungen des Fließgesetzes und den nicht schon in den Ansätzen berücksichtigten Randbedingungen möglichst klein sind [4.32; 4.33]. Dieser Lösungsweg soll am Beispiel eines axialsymmetrischen Umformvorgangs näher erläutert werden.

Betrachtet man das Stauchen einer kreiszylindrischen Probe zwischen parallelen Platten nach Bild 4.48, so soll für die Stromfunktion der in den freien Parametern A_{mn} lineare Ansatz

$$\psi = \frac{v_{Wz}}{2h}\, r^2 z + (z^2 - h^2) \sum_1^M \sum_1^N A_{mn} r^{2m} z^{2n-1} \tag{4.182}$$

gewählt werden, der auf die Geschwindigkeitskomponenten

$$v_r = \frac{v_{Wz}}{2h}\, r + \sum_1^M \sum_1^N A_{mn} r^{2m-1}[2z^{2n} + (z^2 - h^2)\,(2n - 1)\,z^{2n-2}], \tag{4.183a}$$

$$v_z = -\left[\frac{v_{Wz}}{h}\, z + (z^2 - h^2) \sum_1^M \sum_1^N A_{mn} \cdot 2m r^{2m-2} z^{2n-1}\right] \tag{4.183b}$$

führt. v_{Wz} ist die Werkzeuggeschwindigkeit nach Bild 4.48, $2h$ die augenblickliche
Probenhöhe.

Es läßt sich leicht prüfen, daß sich für

$$z = \pm h \qquad v_z = \mp v_{Wz},$$
$$z = 0 \qquad v_z = 0,$$
$$r = 0 \qquad v_r = 0$$

ergibt. Damit erfüllt das angesetzte Geschwindigkeitsfeld die kinematischen
Randbedingungen für jede beliebige Wahl der Parameter A_{mn}. (Es ist daher auch
für beliebige A_{mn} im Sinne der Extremalaussage (4.159) kinematisch zulässig.)
Werden die Parameter A_{mn} alle gleich Null gesetzt, so erhält man das Geschwindigkeitsfeld für reibungsfreies Stauchen.

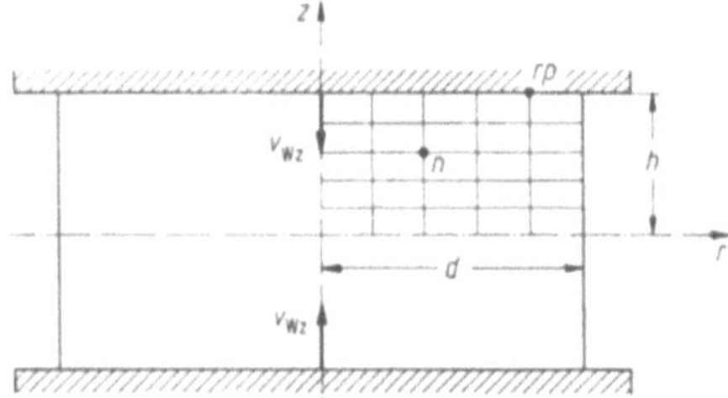

Bild 4.48 Axialsymmetrischer
Stauchvorgang

Für die Spannungsfunktionen werden die Ansätze

$$\Phi_1 = -\frac{\sqrt{3}}{6}\, k r^3 + \sum_2^I \sum_0^J B_{ij} r^{2i-1} z^{2j} \tag{4.184a}$$

und

$$\Phi_2 = \sum_1^P \sum_0^Q C_{pq} r^{2p-1} z^{2q} \tag{4.184b}$$

mit den freien Parametern B_{ij} und C_{pq} gewählt. Diese Ansätze erfüllen nur die
Bedingung, daß die Schubspannung

$$\tau_{rz} = -\sum_2^I \sum_1^J B_{ij}(2i - 1)\, 2j r^{2i-3} z^{2j-1}$$

für $r = 0$ und $z = 0$ zu Null wird, d. h., daß die Schubspannung in der Ebene $r = 0$ und längs der r-Achse verschwindet. Die restlichen Spannungsrandbedingungen müssen, wie unten näher erläutert wird, durch eigene Fehlergleichungen berücksichtigt werden. Die Ansätze für die Strom- und Spannungsfunktionen wurden außerdem so gewählt, daß die Symmetrieeigenschaften der Geschwindigkeits- und Spannungsverteilung stets gewahrt bleiben.

Zur Bestimmung der Parameterkombination A_{mn}, B_{ij} und C_{pq}, welche die „beste" Näherungslösung für die untersuchte Aufgabe liefert, kann die Methode der kleinsten Fehlerquadrate herangezogen werden (s. auch [4.34]). Der Fehler in (4.115a) für einen bestimmten Punkt n der betrachteten Umformzone ergibt sich, wenn die Spannungen und Geschwindigkeiten nach (4.180) und (4.181) mit (4.182) und (4.184) berechnet werden, zu

$$F_{1n} = \sigma_r(r_n, z_n, B_{ij}, C_{pq}) - \sigma_m(r_n, z_n, B_{ij}, C_{pq})$$
$$- \frac{k}{\sqrt{I_2(r_n, z_n, A_{mn})}} \, \dot{\varepsilon}_r(r_n, z_n, A_{mn}). \tag{4.185}$$

Werden diese Fehler für verschiedene Punkte des Umformgebiets — z. B. für die Kreuzungspunkte des in Bild 4.48 eingezeichneten Gitters — berechnet und ihre Quadrate summiert, so erhält man eine von den freien Parametern abhängige Fehlerfunktion

$$F_1(A_{mn}, B_{ij}, C_{pq}) = \sum_n (F_{1n})^2 \geqq 0. \tag{4.186}$$

Dasselbe gilt für (4.115b) und (4.115d), für die sich die Fehlerfunktionen F_2 und F_3 ergeben. (4.115c) braucht nicht durch eine eigene Fehlerfunktion berücksichtigt zu werden, da mit den gewählten Ansätzen stets $\dot{\varepsilon}_z = -(\dot{\varepsilon}_r + \dot{\varepsilon}_\vartheta)$ und $s_z = -(s_r + s_\vartheta)$ und damit, wenn $\dot{\varepsilon}_r = \lambda s_r$ und $\dot{\varepsilon}_\vartheta = \lambda s_\vartheta$ ist, auch $\dot{\varepsilon}_z = \lambda s_z$ gilt.)

Für die in den Ansätzen (4.182) und (4.184) noch nicht berücksichtigten Randbedingungen müssen über die Randpunkte, an denen sie vorgegeben sind, ebenfalls die quadrierten Fehler summiert werden. So ergibt sich z. B. aus der Randbedingung

$$\tau_{rz} = \tau_{rz}^*, \tag{4.187}$$

die für die Berührungsfläche zwischen Werkzeug und Werkstück vorgeschrieben werden muß, die Fehlerfunktion

$$F_4(B_{ij}, C_{pq}) = \sum_{rp} (F_{4rp})^2$$
$$= \sum_{rp} [\tau_{rz}(r_{rp}, z_{rp}, B_{ij}, C_{pq}) - \tau_{rz}^*(r_{rp}, z_{rp})]^2 \geqq 0. \tag{4.188}$$

Für die freien Parameter sollen nun solche Werte gesucht werden, daß die Funktion

$$F_{ges}(A_{mn}, B_{ij}, C_{pq}) = \sum_i g_i F_i, \tag{4.189}$$

die dadurch entsteht, daß die einzelnen Fehlerfunktionen (u. U. mit Gewichtsfaktoren g_i multipliziert) addiert werden, ihren Kleinstwert annimmt. Dies läßt sich bekanntlich dadurch erreichen, daß man F_{ges} nacheinander partiell nach allen

Parametern ableitet und diese Ableitungen gleich Null setzt. Man erhält so ein Gleichungssystem zum Bestimmen der Werte A^*_{mn}, B^*_{ij}, C^*_{pq}, für die F_{ges} zum Minimum wird.

Da das Stoffgesetz (4.115), das in der allgemeinen Form

$$\sigma'_{ij} = \frac{k}{\sqrt{I_2}}\,\dot\varepsilon_{ij} \tag{4.190}$$

geschrieben werden kann, in den Formänderungsgeschwindigkeiten nicht linear ist, würde die Verwendung der Fehlerfunktion (4.189) auf ein nichtlineares Gleichungssystem führen, dessen Auflösung große Schwierigkeiten bereitet. Um diese Schwierigkeiten zu umgehen, schlägt man folgenden Weg ein:

In einem ersten Iterationsschritt wird das Stoffgesetz (4.190) durch die Beziehung

$$\sigma'^{(1)}_{ij} - k\dot\varepsilon^{(1)}_{ij} = 0 \tag{4.191}$$

ersetzt. Man ermittelt also den Spannungs- und Bewegungszustand für eine viskose Flüssigkeit mit der Zähigkeit $\eta = k/2$ unter den gegebenen Randbedingungen. Das so gewonnene Geschwindigkeitsfeld v_r und v_z stellt eine erste Näherung für das Geschwindigkeitsfeld dar, das sich bei plastischem Fließen einstellt. Der Spannungszustand zeigt in der Regel eine erhebliche Abweichung von der Fließbedingung

$$J_2 - k^2 = 0.$$

Im zweiten Iterationsschritt wird die Geschwindigkeitsverteilung konstant gehalten und aus der Beziehung

$$\sigma'^{(2)}_{ij} = \frac{k}{\sqrt{I_2^{(1)}}}\,\dot\varepsilon^{(1)}_{ij} \tag{4.192}$$

der Spannungszustand ermittelt, der diese Gleichungen am besten erfüllt. Die zweite Invariante $I_2^{(1)}$ des Formänderungsgeschwindigkeitstensors wird aus dem im ersten Schritt gewonnenen Bewegungszustand berechnet. Dieser Spannungszustand befriedigt die Fließbedingung i. allg. schon in guter Näherung. Im dritten Iterationsschritt wird über die Beziehung

$$\dot\varepsilon^{(2)}_{ij} = \sigma'^{(2)}_{ij}\,\frac{\sqrt{I_2^{(1)}}}{k} \tag{4.193}$$

der Bewegungszustand korrigiert; der im zweiten Schritt erhaltene Spannungszustand wird festgehalten und eine neue Geschwindigkeitsverteilung berechnet.

Mit dem so gewonnenen Bewegungszustand wird wieder ein dem zweiten Iterationsschritt entsprechender Rechengang durchgeführt, dem ein dem dritten Iterationsschritt entsprechender Schritt folgt. Dieser Zyklus muß solange wiederholt werden, bis die Fehler im Stoffgesetz (4.190), in den Randbedingungen und in der Fließbedingung keine Verkleinerung mehr zeigen und die Spannungs- und Geschwindigkeitsverteilung sich von Iterationsschritt zu Iterationsschritt nicht mehr ändern.

Falls die Randbedingungen linear angesetzt werden, führen die einzelnen Iterationsschritte auf lineare Gleichungssysteme. Die Güte der so gewonnenen Lösung, d. h. die Größe der Fehler in den einzelnen Punkten, hängt in erster Linie von der Art der Ansätze für Ψ, Φ_1 und Φ_2 ab. Bei den hier angegebenen Ansätzen muß man selbstverständlich das der Berechnung zugrunde gelegte Netz mit wachsender Parameterzahl enger wählen, um eine Welligkeit der Näherungslösungen zu unterdrücken. Da die Vergrößerung der Parameterzahl und die Verfeinerung des Netzes die Rechenzeit beträchtlich erhöhen, muß bei der numerischen Durchführung des geschilderten Verfahrens ein möglichst guter Kompromiß zwischen erreichter Genauigkeit und aufgewendeter Rechenzeit gesucht werden.

Die Bilder 4.49a bis c zeigen die auf diese Weise berechnete Verteilung der auf die Schubfließgrenze bezogenen Radialspannung σ_r/k, der Axialspannung σ_z/k und der Schubspannung τ_{rz}/k zu Beginn des Vorgangs. Als Spannungsrandbedingungen wurden an der Stauchbahn die Schubspannung

$$\tau_{rz}^* = \tau_{rz}\big|_{z=h} = cv_{r|z=h}$$

und an der freien Oberfläche $r = d/2$ die Radialspannung

$$\sigma_r\big|_{r=d/2} = 0$$

gefordert. Die geforderte Schubspannungsverteilung läßt die Kontrolle zu, wie weit Randbedingungen vorgeschrieben werden können, in denen nur von vornherein unbekannte Größen (hier $v_r\big|_{z=h}$ und $\tau_{rz}\big|_{z=h}$) verknüpft sind.

Zur Berechnung des weiteren Verlaufs des Stauchvorgangs wurde folgender Weg eingeschlagen: Mit dem für den Ausgangszustand ermittelten Geschwindigkeitsfeld kann die Verschiebung der Kreuzungspunkte des Netzes in einem Zeitintervall Δt nach

$$\Delta s_r = v_r\,\Delta t, \tag{4.194a}$$

$$\Delta s_z = v_z\,\Delta t \tag{4.194b}$$

berechnet werden. Mit Hilfe der Beziehung

$$\Delta k = c_k\,\sqrt{I_2}\,\Delta t \tag{4.195}$$

erhält man die Erhöhung der Schubfließgrenze k infolge der im Zeitintervall Δt vorgegangenen Umformung für jeden Netzpunkt. Dabei wurde folgende Überlegung benutzt: Wie in Abschn. 4.1.9 erläutert, ergibt sich die Vergleichsumformgeschwindigkeit, die zur Umrechnung der beim einachsigen Versuch gemessenen Verfestigung auf Vorgänge mit mehrachsigen Spannungszuständen dient, aus dem Vergleich der auf das Volumen bezogenen Leistungen beim ein- und beim mehrachsigen Vorgang. Für (4.33) kann mit (4.147) allgemeiner

$$k_f\dot{\varphi}_v = \sigma'_{ij}\dot{\varepsilon}_{ij} = k\,\sqrt{2}\,\sqrt{\dot{\varepsilon}_{kl}\dot{\varepsilon}_{kl}} = 2k\,\sqrt{I_2} \tag{4.196}$$

geschrieben werden. Man erhält (mit $k = k_f\sqrt{3}$) für die Vergleichsumformgeschwindigkeit

$$\dot{\varphi}_v = \frac{2}{\sqrt{3}}\,\sqrt{I_2} \tag{4.197}$$

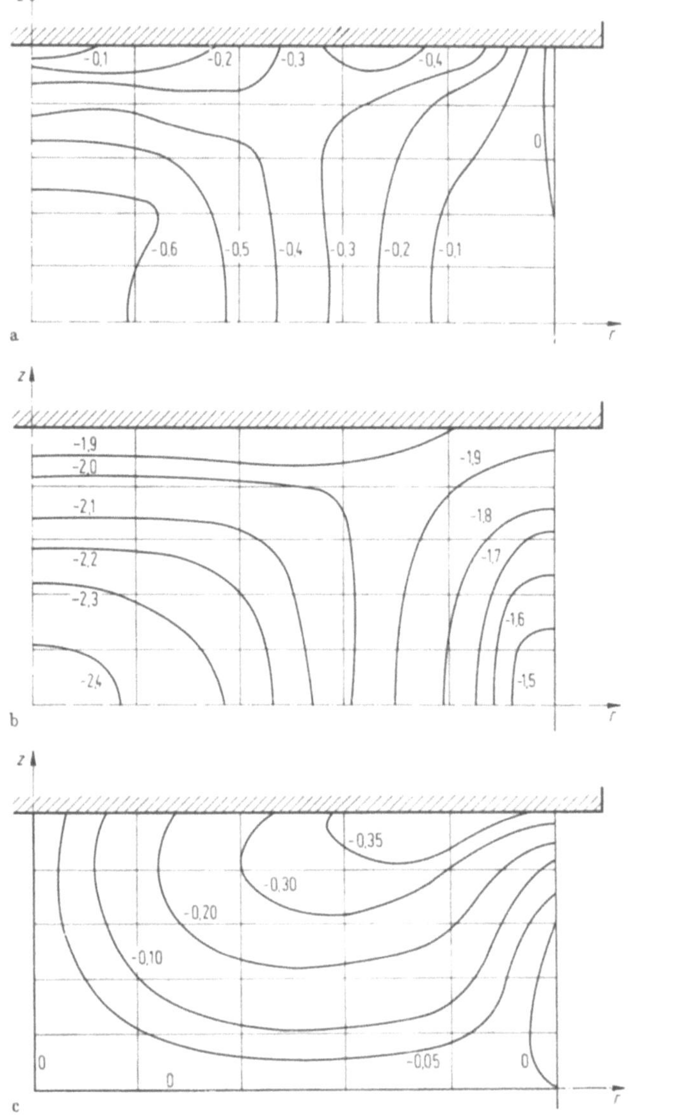

Bild 4.49 Spannungen beim Stauchvorgang nach Bild 4.48 für $h^* = h$.
a Radialspannung σ_r/k; **b** Axialspannung σ_z/k; **c** Schubspannung τ_rz/k

und für den Vergleichsumformgrad

$$\varphi_\mathrm{v} = \frac{2}{\sqrt{3}} \int\limits_{t_0}^{t_1} \sqrt{\overline{I_2}}\,\mathrm{d}t .$$ (4.198)

Die im einachsigen Versuch ermittelte Fließkurve sei in der Form

$$k_\mathrm{f} = k_{\mathrm{f}_0} + f(\dot{\varphi}_\mathrm{v})$$ (4.199)

gegeben. Dann gilt, wenn k_f (und damit k) als eine Funktion der Zeit betrachtet wird,

$$\frac{\mathrm{d}k_\mathrm{f}}{\mathrm{d}t} = \frac{\mathrm{d}f}{\mathrm{d}\varphi_\mathrm{v}}\frac{\mathrm{d}\varphi_\mathrm{v}}{\mathrm{d}t}, \tag{4.200a}$$

$$\mathrm{d}k_\mathrm{f} = f'\dot\varphi_\mathrm{v}\,\mathrm{d}t,$$

$$\mathrm{d}k = \frac{1}{\sqrt{3}}\,f'\dot\varphi_\mathrm{v}\,\mathrm{d}t. \tag{4.200b}$$

f' ist die Steigung der Fließkurve für den Vergleichsumformgrad, den das betrachtete Werkstoffelement augenblicklich besitzt. Sie kann aus der Fließkurve entnommen werden, wenn φ_v etwa durch schrittweise Integration ermittelt wurde. (4.195) entsteht aus (4.200b), wenn man Δk für $\mathrm{d}k$, Δt für $\mathrm{d}t$ und $c_\mathrm{k} = f'/\sqrt{3}$ einsetzt. Bei dem betrachteten Beispiel wurde, um die Rechnung zu vereinfachen, ein konstanter Wert c_k angenommen und damit ein linearer Zusammenhang zwischen Fließspannung und Formänderung vorausgesetzt.

Für das verzerrte Netz und die neue Verteilung der Schubfließspannung können unter Beibehaltung der Ansätze (4.182) und (4.184) wieder die Rechenschritte (4.191), (4.192) und (4.193) durchgeführt und damit die neue Spannungs- und Geschwindigkeitsverteilung bestimmt werden.

Für die Berechnung der in den Bildern 4.50 und 4.51 dargestellten Geschwindigkeiten und Spannungen wurde ein Zeitschritt

$$\Delta t = 0{,}1h/v_\mathrm{Wz}$$

gewählt. Bild 4.50 zeigt das verzerrte Netz und das Geschwindigkeitsfeld für den Stauchschritt, bei dem die augenblickliche Höhe der Probe $h^* = 0{,}6h$ beträgt. In Bild 4.51a ist das verzerrte Netz für $h^* = 0{,}5h$, in den Bildern 4.51b, c und d sind die wieder auf die Schubfließgrenze k zu Beginn des Vorgangs bezogenen Spannungen σ_r/k, τ_rz/k und σ_z/k, und in Bild 4.51e ist die Verteilung der ebenfalls auf k bezogenen Schubfließgrenze k^*/k dargestellt.

Die hier beschriebene Vorgehensweise der Fehlerabgleichmethode läßt sich auch für die Behandlung von Aufgabenstellungen mit z. B. isotropen kompressiblem Werkstoffverhalten anwenden. Bild 4.52 zeigt als Ergebnis einer solchen Berechnung die Spannungsverteilung in der Umformzone beim Voll-Vorwärtsfließpressen in Abhängigkeit von der Kompressibilität des Werkstückstoffs [4.35]. Dabei wurde mit der von Kuhn [4.36] für isotropes kompressibles Werkstoffverhalten vorgeschlagenen Fließbedingung

$$F(\sigma_{\mathrm{ij}}) = J_2' + \frac{\alpha_\mathrm{k}}{3(1-\alpha_\mathrm{k})}\cdot J_1^2 = \frac{k_\mathrm{f}^2}{3(1-\alpha_\mathrm{k})} \tag{4.201}$$

gerechnet. α_k stellt einen dichteabhängigen Faktor dar, der nach der empirischen Beziehung

$$\alpha_\mathrm{k} = (1 - 2\nu)/3 \tag{4.202}$$

aus der Poisson-Zahl ν für plastische Formänderungen berechnet werden kann. Der Übergang von (4.201) zur v. Misesschen Fließbedingung für isotrope inkompressible Werkstoffe ist für $\alpha_\mathrm{k} = 0$ bzw. $\nu = 0{,}5$ gegeben.

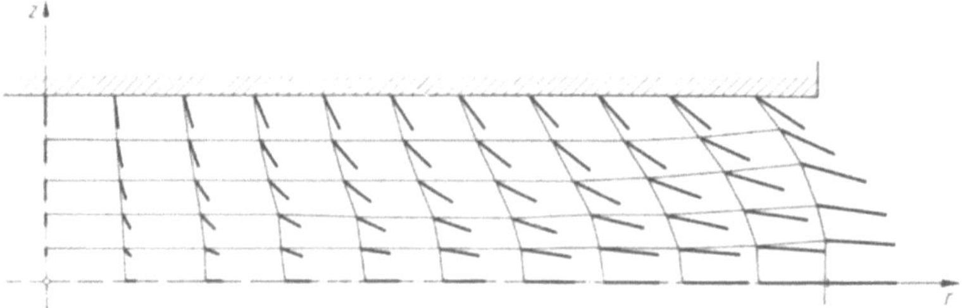

Bild 4.50 Geschwindigkeitsfeld beim Stauchvorgang nach Bild 4.48 für $h^* = 0{,}6h$

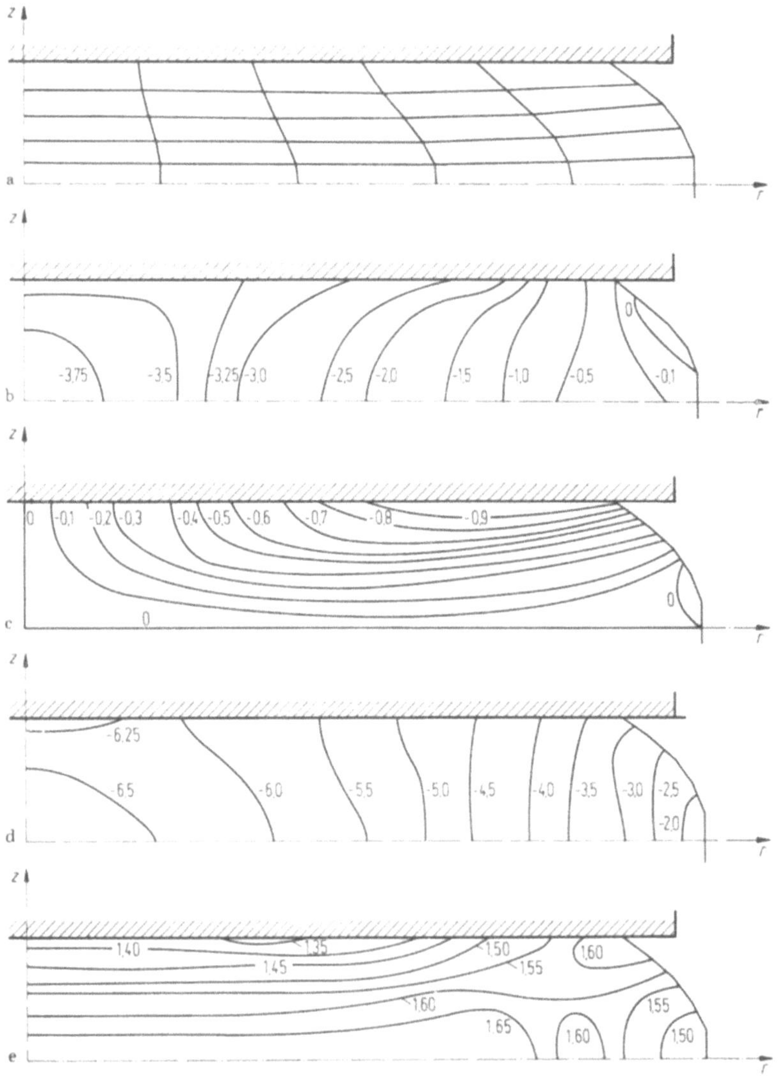

Bild 4.51 Stauchvorgang nach Bild 4.48 bei $h^* = 0{,}5h$. **a** verzerrtes Netz; **b** Radialspannung σ_r/k; **c** Schubspannung τ_rz/k; **d** Axialspannung σ_z/k; **e** Schubfließgrenze k^*/k

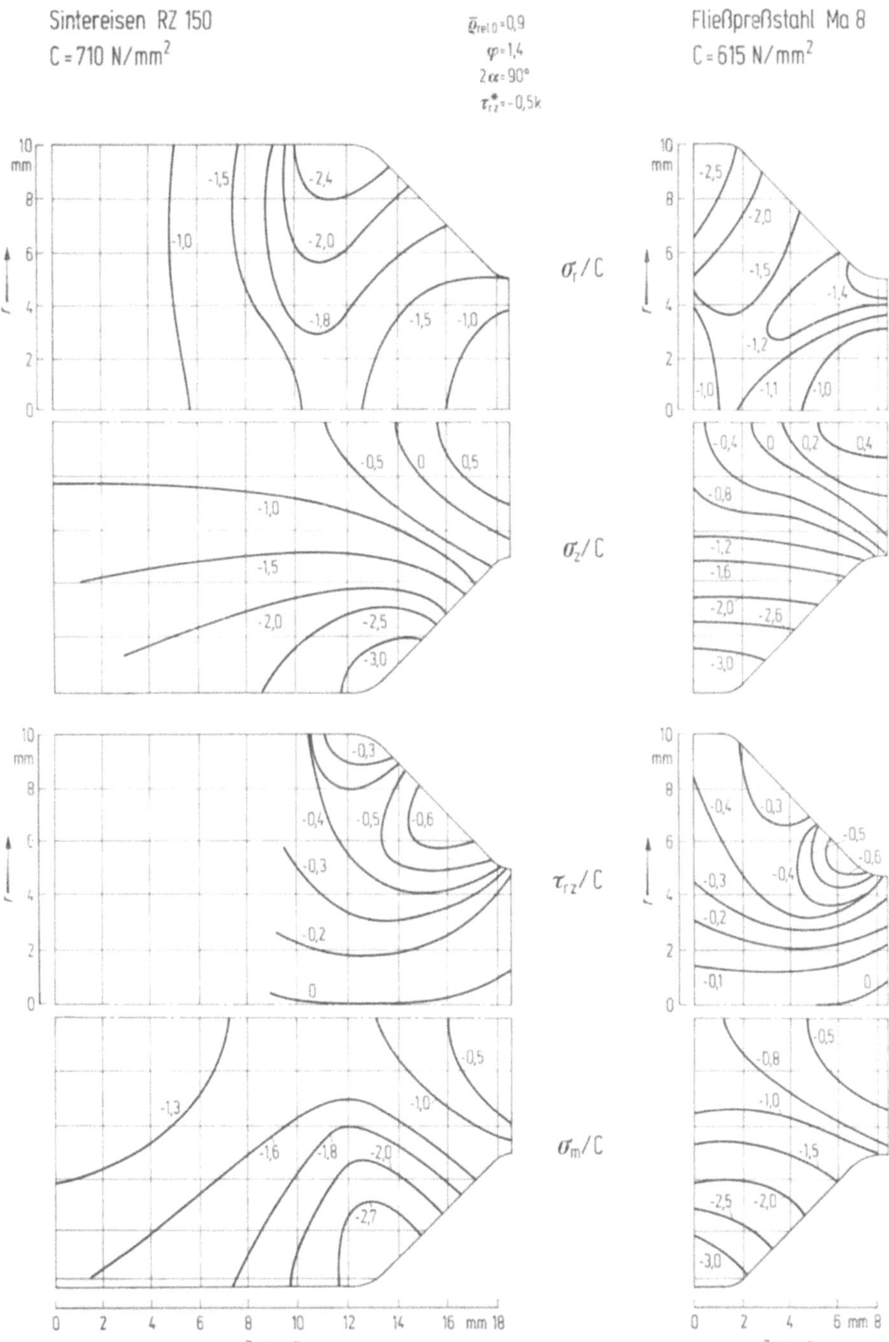

Bild 4.52 Spannungsverteilung im Bereich der Umformzone in Abhängigkeit von der Kompressibilität des Werkstoffs

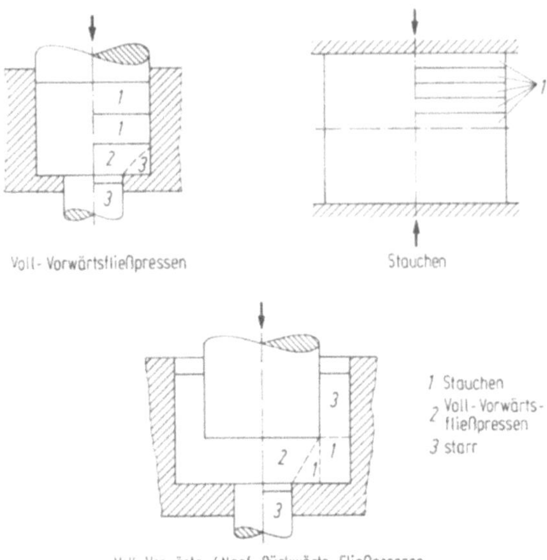

Bild 4.53 Anwendungsmöglichkeiten der Fehlerabgleichmethode

Für die Berechnung von Umformvorgängen mit komplizierter Geometrie nach der Fehlerabgleichmethode empfiehlt sich, die Umformzone in einzelne durch Näherungsansätze für die Zustandsgrößen einfach zu beschreibende Bereiche, sog. Makroelemente, aufzuteilen. Zwischen den Makroelementen sind geeignete Verknüpfungsbedingungen zu definieren.

Bild 4.53 verdeutlicht dieses Vorgehen am Beispiel der Verfahrenskombination Voll-Vorwärts-/Napf-Rückwärts-Fließpressen, wobei von Elementtypen:

Typ 1: Voll-Vorwärtsfließpressen,
Typ 2: Stauchen,
Typ 3: Starrer Bereich

ausgegangen wird. Für Ergebnisse einer solchen Rechnung wird auf [4.37] verwiesen.

4.3.5 Auswertung von im Versuch ermittelten Geschwindigkeitsfeldern („Visioplasticity")

Bei vielen Umformvorgängen ist es möglich, durch Teilen des Werkstücks und Aufbringen von Liniennetzen, die während des Vorgangs verzerrt werden, das Geschwindigkeitsfeld näherungsweise zu ermitteln.

Betrachtet man zunächst einen stationären Vorgang, etwa einen axialsymmetrischen Fließpreßvorgang nach Bild 4.3, bei dem das Gitter in einer Ebene angebracht wurde, die die Achse des Werkstücks enthält, so sind die ursprünglich zur Achse parallelen Linien des verzerrten Gitters Strom- und Bahnlinien des Geschwindigkeitsfelds. Man kann also aus einer einzigen Aufnahme den gesamten Bewegungszustand ermitteln. Dazu soll angenommen werden, daß die Stempelgeschwindigkeit und damit die Geschwindigkeit des Werkstoffs im unverformten Schaft des Werkstücks den Wert $v_{\mathrm{W}z}$ besitze. Dann geht eine Linie $I-I$ im Schaft (Bild 4.54) in der Zeit

$$\Delta t = \frac{\Delta s_0}{v_{\mathrm{W}z}}$$

in die Linie $II-II$ über. In der gleichen Zeit wandert der Kreuzungspunkt A des Netzes in der Umformzone nach A'. Wird die Projektion der Strecke AA' auf die r-Achse mit Δs_r und diejenige auf die z-Achse mit Δs_z bezeichnet, so besitzt man mit

$$\bar{v}_r = \frac{\Delta s_r}{\Delta t}, \qquad (4.203\,\mathrm{a})$$

$$\bar{v}_z = \frac{\Delta s_z}{\Delta t} \qquad (4.203\,\mathrm{b})$$

Näherungswerte für die Geschwindigkeitskomponenten des Punktes A, die um so genauer sind, je enger das Netz gewählt wurde.

Bei instationären Vorgängen erhält man die Geschwindigkeiten auf ähnliche Weise, wenn man die Änderung der Gitterverzerrung für zwei sehr nahe aufeinanderfolgende Schritte des Umformvorgangs feststellt.

Zur Ermittlung der Formänderungsgeschwindigkeiten können nun verschiedene Wege eingeschlagen werden. Trägt man (um bei dem betrachteten Beispiel zu bleiben) die für die einzelnen Netzpunkte ermittelten Geschwindigkeitskomponenten $\bar{v}_r$ und $\bar{v}_z$ über r und z auf, und verbindet sie durch Kurvenzüge, so erhält man aus den Steigungen dieser Kurven die Formänderungsgeschwindigkeiten

$$\bar{\dot{\varepsilon}}_r = \frac{\partial \bar{v}_r}{\partial r}, \qquad \bar{\dot{\varepsilon}}_\vartheta = \frac{\bar{v}_r}{r},$$

$$\bar{\dot{\varepsilon}}_z = \frac{\partial \bar{v}_z}{\partial z}, \qquad \bar{\dot{\varepsilon}}_{rz} = \frac{1}{2}\left(\frac{\partial \bar{v}_r}{\partial z} + \frac{\partial \bar{v}_z}{\partial r}\right).$$

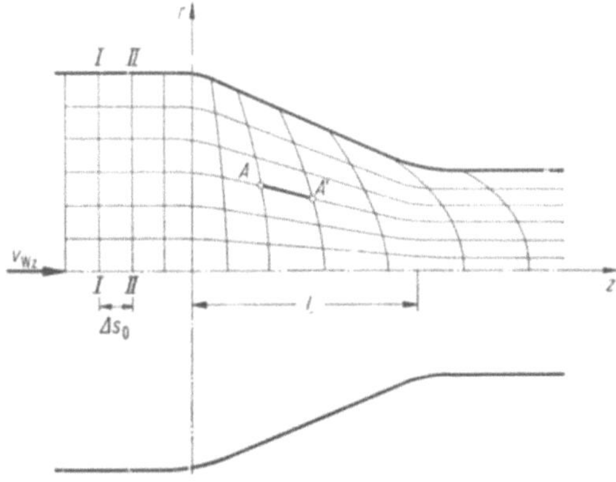

Bild 4.54 Ermittlung des Geschwindigkeitsfelds aus dem verzerrten Netz bei einem stationären Vorgang

Dazu muß allerdings das Netz fein genug gewählt werden, damit eine Interpolation von $\bar{v}_r$ und $\bar{v}_z$ auf Linien $r = \text{const}$ und $z = \text{const}$ mit ausreichender Genauigkeit möglich ist.

Eine andere Möglichkeit besteht darin, die Geschwindigkeitsverteilung durch Funktionen $v_r(r, z)$ und $v_z(r, z)$ zu approximieren. Dazu kann wieder das Prinzip der kleinsten Fehlerquadrate herangezogen werden. Bezeichnet man mit $\bar{v}_{ri}$ und $\bar{v}_{zi}$ die für einen beliebigen Kreuzungspunkt mit den Koordinaten r_i und z_i gemessenen Geschwindigkeitskomponenten und setzt man z. B. Funktionen

$$v_r^* = \sum_0^M \sum_0^N A_{mn} r^m z^n, \tag{4.204a}$$

$$v_z^* = \sum_0^K \sum_0^L B_{kl} r^k z^l \tag{4.204b}$$

mit den Koeffizienten A_{mn} und B_{kl} als Approximationspolynome an, so erhält man, wenn die Geschwindigkeitskomponenten für N Punkte gemessen wurden, aus der Bedingung

$$F = \sum_{i=1}^N \{[v_r(r_i, z_i) - \bar{v}_{ri}]^2 + [v_z(r_i, z_i) - \bar{v}_{zi}]^2\} = \text{Min}! \tag{4.205}$$

die Koeffizienten A_{mn}^* und B_{kl}^*, für die die Polynome (4.204) das Geschwindigkeitsfeld im Sinne der kleinsten Fehlerquadrate am besten annähern. Die Größe F muß dazu nach allen A_{mn} und B_{kl} partiell abgeleitet werden. Setzt man diese Ableitungen gleich Null, so erhält man ein lineares Gleichungssystem für die Werte A_{mn} und B_{kl}. Bei den Ansätzen (4.204) ist es selbstverständlich zu empfehlen, etwa vorhandene Symmetrien des Geschwindigkeitsfelds von vornherein im Ansatz zu berücksichtigen.

Es ist außerdem oft zweckmäßig, v_r und v_z nicht getrennt anzusetzen, sondern sie aus einem Ansatz für eine Stromfunktion abzuleiten. Bei der Approximation wird dann ein Geschwindigkeitsfeld ermittelt, das der Kontinuitätsgleichung streng genügt.

Aus den Funktionen $v_r(r, z)$ und $v_z(r, z)$ können die Formänderungsgeschwindigkeiten für jeden Punkt des Geschwindigkeitsfelds direkt durch Ableiten bestimmt werden.

Hier und besonders bei der unten beschriebenen Spannungsermittlung gilt jedoch, daß durch die Ableitung der Näherungsfunktionen etwaige Welligkeiten im Funktionsverlauf stark vergrößert werden. Auch wenn die Werte für $\bar{v}_r$ und $\bar{v}_z$ gut approximiert werden, können die Ableitungen erhebliche Fehler aufweisen. Diese Gefahr kann dadurch vermindert werden, daß man die Näherungsfunktionen möglichst glatt hält, d. h. bei den Ansätzen (4.204) mit möglichst niedrigen Potenzen auszukommen versucht.

Mit den so ermittelten Formänderungsgeschwindigkeiten lassen sich nun auch die Formänderungen und die Verfestigung des Werkstoffs näherungsweise bestimmen. Zur Berechnung der Formänderungen müssen die Formänderungsgeschwindigkeiten, die ein Teilchen auf seinem Weg entlang einer Bahnlinie erleidet, aufintegriert werden.

Zur Ermittlung der Fließspannung benötigt man den Vergleichsumformgrad des betrachteten Werkstoffelements. Er ergibt sich nach (4.198) zu

$$\varphi_{\mathrm{v}} = \int\limits_{t_0}^{t_1} \dot\varphi_{\mathrm{v}}\, \mathrm{d}t$$

oder, wenn $\mathrm{d}t = \mathrm{d}s/v$ benutzt wird, zu

$$\varphi_{\mathrm{v}} = \int\limits_{s_0}^{s_1} \frac{\dot\varphi_{\mathrm{v}}}{v}\, \mathrm{d}s \tag{4.206}$$

mit

$$v = \sqrt{v_{\mathrm{r}}^2 + v_{\mathrm{z}}^2}.$$

Mit diesem Wert kann k_{f} aus der Fließkurve entnommen werden, wenn s_0 ein beliebiger Ort des Teilchens vor Eintritt in die Umformzone ist.

Es liegt nun nahe, mit Hilfe der so ermittelten Formänderungsgeschwindigkeiten und Fließspannungen die Spannungen im Werkstück zu berechnen. Dazu kann z. B. bei ebenen und axialsymmetrischen Vorgängen theoretisch folgender Weg eingeschlagen werden:

Setzt man die Formänderungsgeschwindigkeiten und die Fließspannung für ein beliebiges Teilchen in das v. Misessche Fließgesetz ein, so erhält man Näherungswerte für die Deviatorkomponenten des Spannungszustands. Es ist also möglich, die Deviatorkomponenten der Spannungsverteilung als Funktionen der Ortskoordinaten zu berechnen. Die Gleichgewichtsbedingungen für die Spannungen beim ebenen Formänderungszustand können mit $\sigma_{\mathrm{x}} = s_{\mathrm{x}} + \sigma_{\mathrm{m}}$, $\sigma_{\mathrm{y}} = s_{\mathrm{y}} + \sigma_{\mathrm{m}}$ und $\tau_{\mathrm{xy}} = s_{\mathrm{xy}}$ in der Form

$$\frac{\partial \sigma_{\mathrm{m}}}{\partial x} = -\left(\frac{\partial s_{\mathrm{x}}}{\partial x} + \frac{\partial s_{\mathrm{xy}}}{\partial y}\right), \tag{4.207a}$$

$$\frac{\partial \sigma_{\mathrm{m}}}{\partial y} = -\left(\frac{\partial s_{\mathrm{y}}}{\partial y} + \frac{\partial s_{\mathrm{xy}}}{\partial x}\right) \tag{4.207b}$$

geschrieben werden. Die rechten Seiten dieser Gleichungen sind näherungsweise bekannt. Ausgehend von einem bekannten Wert für σ_{m} in der Umformzone oder auf ihrem Rand läßt sich die mittlere Normalspannung durch Integration der Gln. (4.207a) und (4.207b) entlang Linien $y = \mathrm{const}$ bzw. $x = \mathrm{const}$ bestimmen. Damit ist die Spannungsverteilung bekannt. Für axialsymmetrische Vorgänge ergibt sich auf ähnlicher Weise

$$\frac{\partial \sigma_{\mathrm{m}}}{\partial r} = -\left(\frac{\partial s_{\mathrm{r}}}{\partial r} + \frac{\partial s_{\mathrm{rz}}}{\partial z} + \frac{s_{\mathrm{r}} - s_{\vartheta}}{r}\right). \tag{4.208a}$$

$$\frac{\partial \sigma_{\mathrm{m}}}{\partial z} = -\left(\frac{\partial s_{\mathrm{z}}}{\partial z} + \frac{\partial s_{\mathrm{rz}}}{\partial r} + \frac{s_{\mathrm{rz}}}{r}\right). \tag{4.208b}$$

Einen Anfangswert für σ_m erhält man z. B. für den betrachteten axialsymmetrischen Fließpreßvorgang an der Stelle $r = 0$, $z = L$ (Bild 4.54). Hier kann $\sigma_z = 0$ angenommen werden. Aus der Stoffgleichung (4.115c) erhält man

$$\sigma_\mathrm{m} = -\frac{\dot{\varepsilon}_z}{\lambda}.$$

Thomsen und seine Mitarbeiter, auf die diese Art der halb experimentellen, halb analytischen Bestimmung der Spannungsverteilung zurückgeht, und die ihr den Namen *Visioplasticity* gegeben haben [4.38; 4.39], gehen etwas anders vor. Sie eliminieren beim ebenen Problem aus den Stoffgleichungen

$$\dot{\varepsilon}_\mathrm{x} = \lambda(\sigma_\mathrm{x} - \sigma_\mathrm{m}),$$

$$\dot{\varepsilon}_\mathrm{y} = \lambda(\sigma_\mathrm{y} - \sigma_\mathrm{m})$$

die mittlere Normalspannung und erhalten

$$\dot{\varepsilon}_\mathrm{x} - \dot{\varepsilon}_\mathrm{y} = \lambda(\sigma_\mathrm{x} - \sigma_\mathrm{y})$$

und damit

$$\sigma_\mathrm{x} = \sigma_\mathrm{y} + \frac{\dot{\varepsilon}_\mathrm{x} - \dot{\varepsilon}_\mathrm{y}}{\lambda}.$$

Differentiation dieser Gleichung nach y ergibt

$$\frac{\partial \sigma_\mathrm{x}}{\partial y} = \frac{\partial \sigma_\mathrm{y}}{\partial y} + \frac{\partial}{\partial y}\left(\frac{\dot{\varepsilon}_\mathrm{x} - \dot{\varepsilon}_\mathrm{y}}{\lambda}\right).$$

Aus der Gleichgewichtsbedingung (4.108b) erhält man

$$\frac{\partial \sigma_\mathrm{y}}{\partial y} = -\frac{\partial \tau_\mathrm{xy}}{\partial x} = -\frac{\partial}{\partial x}\left(\frac{\dot{\varepsilon}_\mathrm{xy}}{\lambda}\right)$$

und damit

$$\frac{\partial \sigma_\mathrm{x}}{\partial y} = \frac{\partial}{\partial y}\left(\frac{\dot{\varepsilon}_\mathrm{x} - \dot{\varepsilon}_\mathrm{y}}{\lambda}\right) - \frac{\partial}{\partial x}\left(\frac{\dot{\varepsilon}_\mathrm{xy}}{\lambda}\right).$$

Für σ_x ergibt sich dann

$$\sigma_\mathrm{x} = \int_{y_1}^{y}\left[\frac{\partial}{\partial y}\left(\frac{\dot{\varepsilon}_\mathrm{x} - \dot{\varepsilon}_\mathrm{y}}{\lambda}\right) - \frac{\partial}{\partial x}\left(\frac{\dot{\varepsilon}_\mathrm{xy}}{\lambda}\right)\right]\,\mathrm{d}y + K(x)$$

mit

$$K(x) = \sigma_\mathrm{x}\big|_{y=y_1}.$$

Für die Einzelheiten der Integration dieser Gleichung, die Behandlung axialsymmetrischer Vorgänge und Beispiele für mit der Visioplasticity-Methode behandelte Aufgaben sei auf das oben erwähnte Buch [4.24] verwiesen.

4.3.6 Finite-Elemente-Methode (FEM)

4.3.6.1 Elastisches Werkstoffmodell

Bei der Finite-Elemente-Methode mit Verschiebungsansätzen wird der untersuchte Körper in einzelne Bereiche (Elemente) aufgeteilt (Bild 4.55). Für jeden Bereich gilt ein eigener Verschiebungsansatz, wobei die Größe der Verschiebungen im Element durch die Knotenpunktsverschiebungen bestimmt sind.

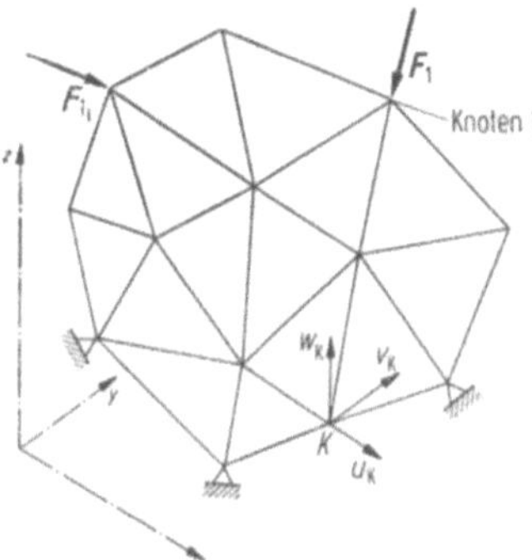

Bild 4.55 Finite-Elemente-Methode

Die Ansätze beschreiben in den Bereichen stetige Verschiebungszustände. Sie müssen außerdem so gewählt werden, daß die Verschiebungen über die Bereichsgrenzen hinweg kontinuierlich sind.

Die auf den Körper einwirkenden Kräfte werden als in den Knoten wirkende Einzelkräfte angenommen.

Für den isotropen linear-elastischen Werkstoff läßt sich das Hookesche Gesetz in Matrizenform schreiben [4.43–4.46]:

$$\sigma = D\varepsilon \tag{4.209}$$

mit

$$\sigma = \begin{Bmatrix} \sigma_x \\ \sigma_y \\ \sigma_z \\ \tau_{xy} \\ \tau_{xz} \\ \tau_{yz} \end{Bmatrix}; \quad \varepsilon = \begin{Bmatrix} \varepsilon_x \\ \varepsilon_y \\ \varepsilon_z \\ 2\varepsilon_{xy} \\ 2\varepsilon_{xz} \\ 2\varepsilon_{yz} \end{Bmatrix};$$

$$D = \begin{bmatrix} 2G+\lambda & \lambda & \lambda & 0 & 0 & 0 \\ \lambda & 2G+\lambda & \lambda & 0 & 0 & 0 \\ \lambda & \lambda & 2G+\lambda & 0 & 0 & 0 \\ 0 & 0 & 0 & G & 0 & 0 \\ 0 & 0 & 0 & 0 & G & 0 \\ 0 & 0 & 0 & 0 & 0 & G \end{bmatrix};$$

$$\lambda = \frac{\nu E}{(1+\nu)(1-2\nu)}.$$

Die Matrix $\boldsymbol{D}$, die die Werkstoffkonstanten enthält (G und λ sind die Laméschen Konstanten), wird als Elastizitätsmatrix bezeichnet.

Mit (4.209) lassen sich — mit Hilfe des Prinzips der virtuellen Verrückungen — die bei linear-elastischem Werkstoffverhalten für jedes Element zu beliebigen Knotenpunktsverschiebungen gehörenden Knotenpunktskräfte ermitteln.

Faßt man sämtliche Knotenpunktsverschiebungen in einer Spaltenmatrix $\boldsymbol{u}$ und die in den Knoten wirkenden Kräfte in einer Spaltenmatrix $\boldsymbol{F}$ gemäß

$$
\boldsymbol{u} = \begin{Bmatrix} u_1 \\ v_1 \\ w_1 \\ \vdots \\ u_i \\ v_i \\ w_i \\ \vdots \\ u_N \\ v_N \\ w_N \end{Bmatrix}, \qquad
\boldsymbol{F} = \begin{Bmatrix} F_{x1} \\ F_{y1} \\ F_{z1} \\ \vdots \\ \cdot \\ \cdot \\ \cdot \\ F_{xN} \\ F_{yN} \\ F_{zN} \end{Bmatrix}
$$

zusammen, so erhält man aus der Forderung nach Kräftegleichgewicht an jedem Knoten das lineare Gleichungssystem

$$
\boldsymbol{Ku} = \boldsymbol{F} \tag{4.210}
$$

für die Knotenpunktsverschiebungen. Die $N \times N$-Matrix $\boldsymbol{K}$ bezeichnet man als die Steifigkeitsmatrix des untersuchten Systems. Sie ist bei elastischem Werkstoffverhalten symmetrisch und hängt von der Geometrie des untersuchten Systems, der Wahl der Elementaufteilung und den Werkstoffkonstanten ab.

Die Lösung der Gl. (4.210) ergibt eine Näherung für den wirklichen Verschiebungszustand, aus der über die Beziehungen

$$
\varepsilon_{ij} = \tfrac{1}{2}\left(\partial_i u_j + \partial_j u_i\right) \tag{4.211}
$$

für jedes Element der zugehörige Verformungszustand und hieraus mit (4.209) der Spannungszustand ermittelt werden kann. Mit der Näherung (4.210) sind die Gleichgewichtsbedingungen näherungsweise — in der Form: Kräftegleichgewicht in den Knoten —, die Kontinuitätsgleichung, Verschiebungs- und Kräfterandbedingungen jedoch streng erfüllt.

4.3.6.2 Elastisch-plastisches Werkstoffmodell

Für Aufgabenstellungen, bei denen elastische und plastische Formänderungen von gleicher Größe zu erwarten sind, müssen beide Formänderungsanteile berücksichtigt werden.

Die Fließbedingung eines elastisch-plastischen Werkstoffs mit isotroper Verfestigung läßt sich in der Form (s. Abschn. 4.2.8)

$$F(\sigma'_{ij}, \varkappa) = 0$$

oder

$$F(\sigma, \varkappa) = 0 \tag{4.148a}$$

schreiben, wenn man die Deviatorkomponenten σ'_{ij} durch die Spannungen ausdrückt. Die Größe $\varkappa$ ist dabei der sog. Verfestigungsparameter, mit dem die Änderung des Fließbeginns infolge vorhergegangener plastischer Formänderungen beschrieben wird.

Nimmt man an, daß die Gesamtformänderungsgeschwindigkeiten in einen elastischen und einen plastischen Anteil aufgespalten werden dürfen, so gilt:

$$\dot{\varepsilon}_{ij} = \dot{\varepsilon}_{ij}^{(el)} + \dot{\varepsilon}_{ij}^{(pl)}.$$

Setzt man die Gültigkeit des Druckerschen Postulats (4.149) voraus, so erhält man für den plastischen Anteil der Formänderungsgeschwindigkeiten

$$\dot{\varepsilon}_{ij}^{(pl)} = \lambda \, \frac{\partial F}{\partial \sigma_{ij}}. \tag{4.150}$$

Für den Zuwachs der Formänderungen im Zeitinkrement $\mathrm{d}t$ gilt:

$$\mathrm{d}\varepsilon_{ij} = \dot{\varepsilon}_{ij}\,\mathrm{d}t = \dot{\varepsilon}_{ij}^{(el)}\,\mathrm{d}t + \dot{\varepsilon}_{ij}^{(pl)}\,\mathrm{d}t = \mathrm{d}\varepsilon_{ij}^{(el)} + \mathrm{d}\varepsilon_{ij}^{(pl)}$$

oder, in der in Abschn. 4.3.6.1 eingeführten Matrizenschreibweise

$$\mathrm{d}\varepsilon = \mathrm{d}\varepsilon^{(el)} + \mathrm{d}\varepsilon^{(pl)}. \tag{4.212}$$

Für den elastischen Anteil dieses Formänderungszuwachses soll das Hookesche Gesetz gelten

$$\mathrm{d}\varepsilon^{(el)} = \boldsymbol{D}^{-1}\,\mathrm{d}\sigma.$$

Für den plastischen Anteil erhält man mit (4.150) und $\lambda\,\mathrm{d}t = \mathrm{d}\bar{\lambda}$

$$\mathrm{d}\varepsilon^{(pl)} = \mathrm{d}\bar{\lambda}\,\frac{\partial F}{\partial \sigma}$$

mit

$$\frac{\partial F}{\partial \sigma} = \left\{ \begin{array}{c} \dfrac{\partial F}{\partial \sigma_x} \\[4pt] \vdots \\[4pt] \dfrac{\partial F}{\partial \tau_{yz}} \end{array} \right\}.$$

Damit wird (4.109) zu

$$\mathrm{d}\varepsilon = \boldsymbol{D}^{-1}\,\mathrm{d}\sigma + \mathrm{d}\bar{\lambda}\,\frac{\partial F}{\partial \sigma}. \tag{4.213}$$

Diese Gleichung ist gültig, solange plastische Formänderungen auftreten, d. h. die Fließbedingung (4.148) erfüllt ist, und

$$\mathrm{d}F = \frac{\partial F}{\partial \sigma_{ij}}\,\mathrm{d}\sigma_{ij} + \frac{\partial F}{\partial \varkappa}\,\mathrm{d}\varkappa = 0 \tag{4.214}$$

gilt. (4.214) drückt aus, daß der Spannungszustand an der Fließgrenze bleiben muß. $\mathrm{d}F < 0$ bedeutet Entlastung; $\mathrm{d}F > 0$ ist nicht möglich (vgl. Abschn. 4.2.8).

(4.214) ergibt in Matrizenschreibweise und mit der Substitution

$$\frac{\partial F}{\partial \varkappa}\,\mathrm{d}\varkappa = -A\,\mathrm{d}\bar{\lambda}$$

die Beziehung

$$\frac{\partial F^{\mathrm{T}}}{\partial \sigma}\,\mathrm{d}\sigma - A\,\mathrm{d}\bar{\lambda} = 0. \tag{4.215}$$

Eliminiert man den Faktor $\mathrm{d}\bar{\lambda}$ aus den Gl. (4.213) und (4.215), so erhält man die Beziehung

$$\mathrm{d}\sigma = \boldsymbol{D}_{\mathrm{ep}}\,\mathrm{d}\varepsilon \tag{4.216}$$

mit der das Werkstoffverhalten beschreibenden Matrix

$$\boldsymbol{D}_{\mathrm{ep}} = \boldsymbol{D} - \frac{\boldsymbol{D}\,\dfrac{\partial F}{\partial \sigma}\,\dfrac{\partial F^{\mathrm{T}}}{\partial \sigma}\,\boldsymbol{D}}{A + \dfrac{\partial F^{\mathrm{T}}}{\partial \sigma}\,\boldsymbol{D}\,\dfrac{\partial F}{\partial \sigma}}. \tag{4.217}$$

(4.216) ermöglicht eine eindeutige Bestimmung der Spannungsänderungen $\mathrm{d}\sigma$ bei gegebenen Dehnungsänderungen $\mathrm{d}\varepsilon$, wobei die elastischen Anteile dem Hookeschen Gesetz, die plastischen Anteile der Beziehung (4.150) gehorchen und die Spannungen an der Fließgrenze bleiben. Über den Faktor A wird dabei die Verfestigung berücksichtigt.

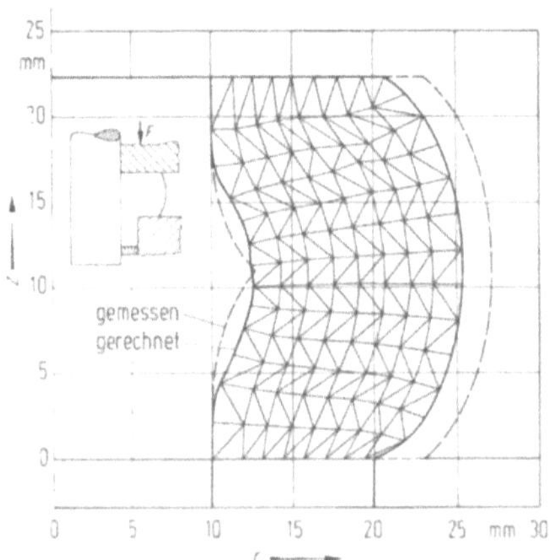

Bild 4.56 Randbedingungen und berechnete Verzerrungen des Gitternetzes beim axial-symmetrischen Flanschstauchen. Nach [4.49]

Mit (4.216) anstelle (4.209) können Aufgaben mit elastisch-plastischem Werkstoffverhalten iterativ (z. B. mit der Methode der Anfangsspannungen [4.47]) gelöst werden [4.48]. Als Beispiel für eine derartige Lösung ist in Bild 4.56 und 4.57 das axialsymmetrische Flanschstauchen dargestellt. Bild 4.56 zeigt die Randwerte der Aufgabenstellung und die berechnete Verformung des Gitternetzes. Aus Bild 4.57 ist der aus der FEM-Lösung berechnete Kraftverlauf zu ersehen. Die Rechenergebnisse zeigen eine gute Übereinstimmung mit Meßwerten [4.49]. Weitere Anwendungsbeispiele der Finite Elemente Methode auf die Berechnung von Umformverfahren wie Fließpressen, Tiefziehen und Streckziehen sind u. a. in [4.50] aufgeführt.

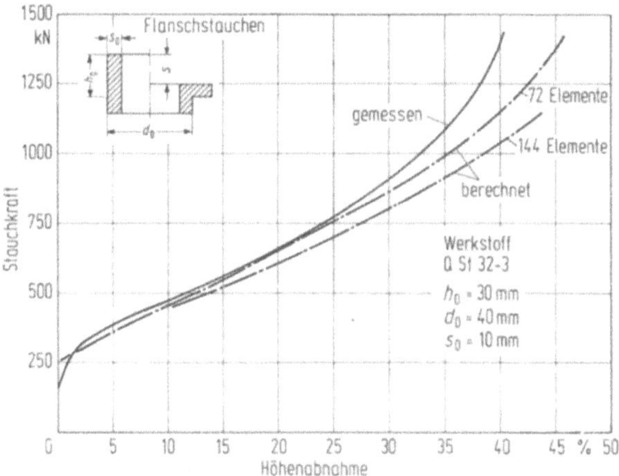

Bild 4.57 Berechneter Kraftverlauf beim axialsymmetrischen Flanschstauchen. Nach [4.49]

4.3.6.3 Starrplastisches Werkstoffmodell [4.48]

Sind plastische Formänderungen im Vergleich zu elastischen Formänderungen sehr groß, wie es in der Regel bei Umformvorgängen der Fall ist, kann näherungsweise mit einem starrplastischen Werkstoffmodell gerechnet werden. In [4.51] ist das Vorgehen der FEM für starrplastisches Werkstoffverhalten ausführlich dargestellt. Es sollen hier nur die Grundlagen des Verfahrens kurz skizziert werden.

Unter Annahme starrplastischen Werkstoffverhaltens gilt für einen Bereich V, in dem überall die Fließbedingung (4.90) erfüllt ist, bei Vernachlässigung von Trägheitskräften die Extremalaussage (4.159), die sich in Matrizenform wie folgt schreiben läßt:

$$I^* = \int_V \sigma_\mathrm{v} \dot{\varepsilon}_\mathrm{v}^* \, \mathrm{d}V - \int_{A_\mathrm{T}} \sigma^\mathrm{T} v \, \mathrm{d}A = \text{Min!} \tag{4.218}$$

A_T ist der Teil der Berandung von V, auf dem Spannungsrandbedingungen σ vorgegeben sind.

Zur Konstruktion finiter Elemente ist es erforderlich, die diesem Extremalprinzip zugrundeliegenden Geschwindigkeitsfelder von der Inkompressibilitäts-
bedingung zu befreien, d. h. die Ansätze für die Geschwindigkeitsfunktionen der
finiten Elemente können nicht so gewählt werden, daß sie von sich aus schon die
Kontinuitätsbedingung erfüllen. Diese Bedingung wird mit Hilfe einer Lagrangeschen Parameterfunktion $1/3\sigma_{ii} = \sigma_m$ dem Funktional in (4.218) beigefügt.
Es ergibt sich dann die Forderung, daß das Funktional

$$I' = \int\limits_V \sigma_v \dot{\varepsilon}_v^* \, \mathrm{d}V + \int\limits_V \sigma_m \, \boldsymbol{C}^T \dot{\boldsymbol{\varepsilon}}^* \, \mathrm{d}V - \int\limits_{A_T} \boldsymbol{\sigma}^T \boldsymbol{v}^* \, \mathrm{d}A \tag{4.219}$$

stationär werden muß. C wird aus der Bedingung

$$\dot{\varepsilon}_{ii} = \boldsymbol{C}^T \dot{\boldsymbol{\varepsilon}} \tag{4.220}$$

bestimmt. In (4.219) stellt das erste Glied die Formänderungsleistung, das zweite
die Volumenänderungsleistung und das letzte die Leistung der in den Randbedingungen gegebenen Spannungen dar. Durch die Variation des Lagrangeschen
Parameters σ_m erhält man als Nebenbedingung die Kontinuitätsbedingung
$\dot{\varepsilon}_{ii} = 0$ [4.52].

Aus der Forderung, daß das Funktional (4.219) stationär werden muß, folgt
ein nichtlineares Gleichungssystem für die Parameter der Geschwindigkeits-
ansätze, zu dessen Lösung verschiedene Iterationsverfahren vorgeschlagen und
angewendet werden [4.48; 4.51; 4.53].

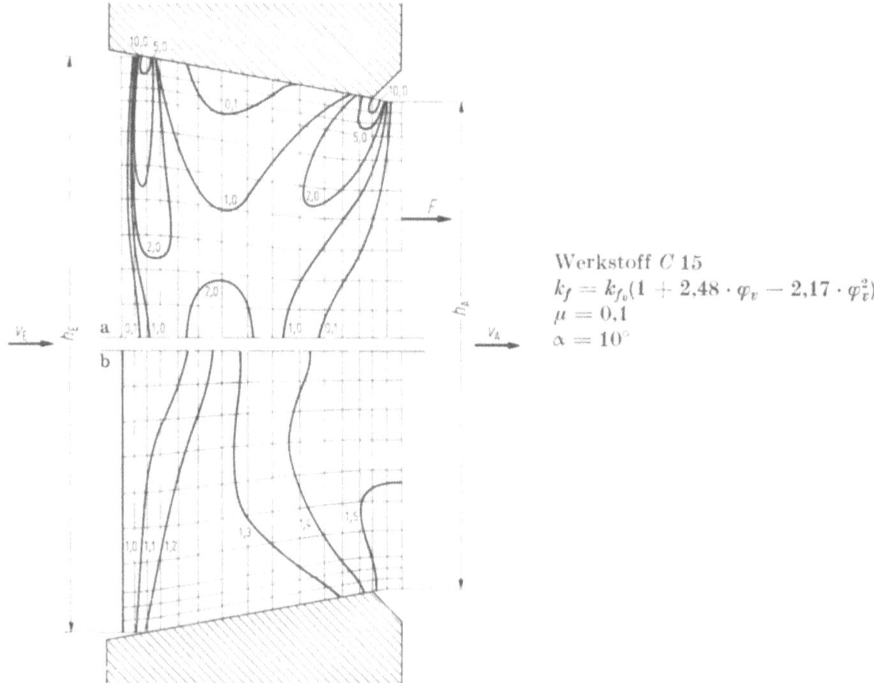

Bild 4.58 Ebenes Bandziehen mit Verfestigung und Wandreibung. Linien gleicher **a** Vergleichsformänderungsgeschwindigkeit, **b** Fließspannung. Nach [4.53]

Lung [4.53] hat nach diesem Verfahren das ebene Bandziehen für starrplastisches Werkstoffverhalten mit Verfestigung und Wandreibung berechnet. In Bild 4.58 sind die Randbedingungen der Aufgabe und die berechneten Verteilungen von Fließspannung und Vergleichsformänderungsgeschwindigkeit über der Umformzone dargestellt.

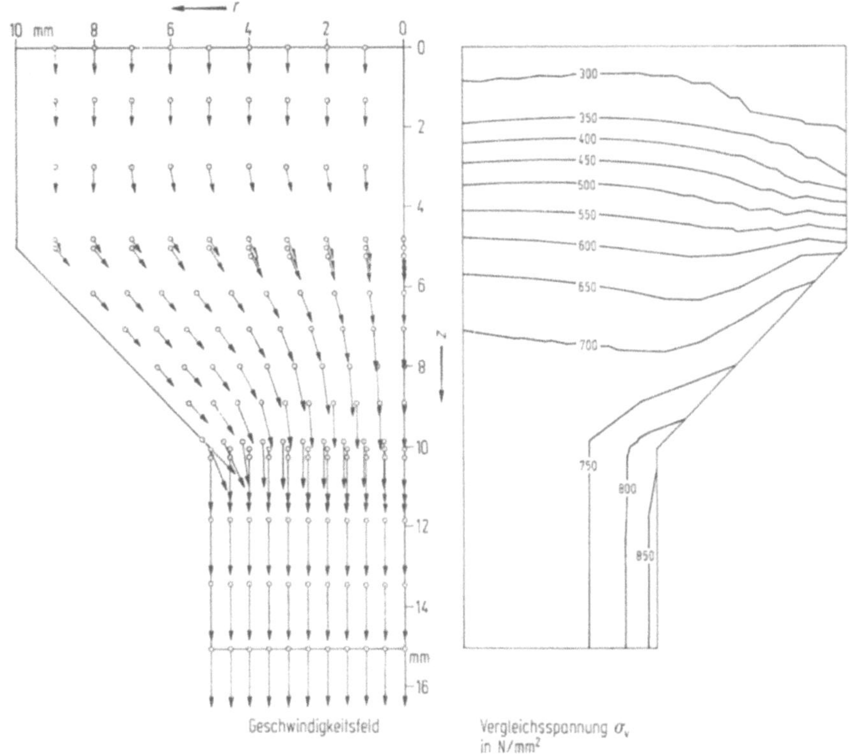

Bild 4.59 Voll-Vorwärtsfließpressen mit starrplastischem Werkstoffverhalten. Nach [4.54]

Für ein weiteres Rechenbeispiel, einen Voll-Vorwärts-Fließpreßvorgang, zeigt Bild 4.59 die Randbedingungen der Aufgabenstellung, das berechnete Geschwindigkeitsfeld und die berechnete Verteilung der Vergleichsspannung [4.54]. In Bild 4.60 sind für einen axialsymmetrischen Stauchvorgang die für starrplastisches Materialverhalten berechnete Gitternetzverzerrung und die Geschwindigkeitsfelder bei einer Höhenabnahme des Stauchkörpers um 60% dargestellt [4.54].

Eine Vergleichsuntersuchung der Ergebnisse der Berechnung von Umformverfahren nach der Fehlerabgleichmethode und der Methode der finiten Elemente hat gezeigt, daß beide Berechnungsverfahren weitgehend übereinstimmende Ergebnisse liefern, vorausgesetzt, bei der Fehlerabgleichmethode werden die diskutierten Verfahrensgrenzen nicht überschritten.

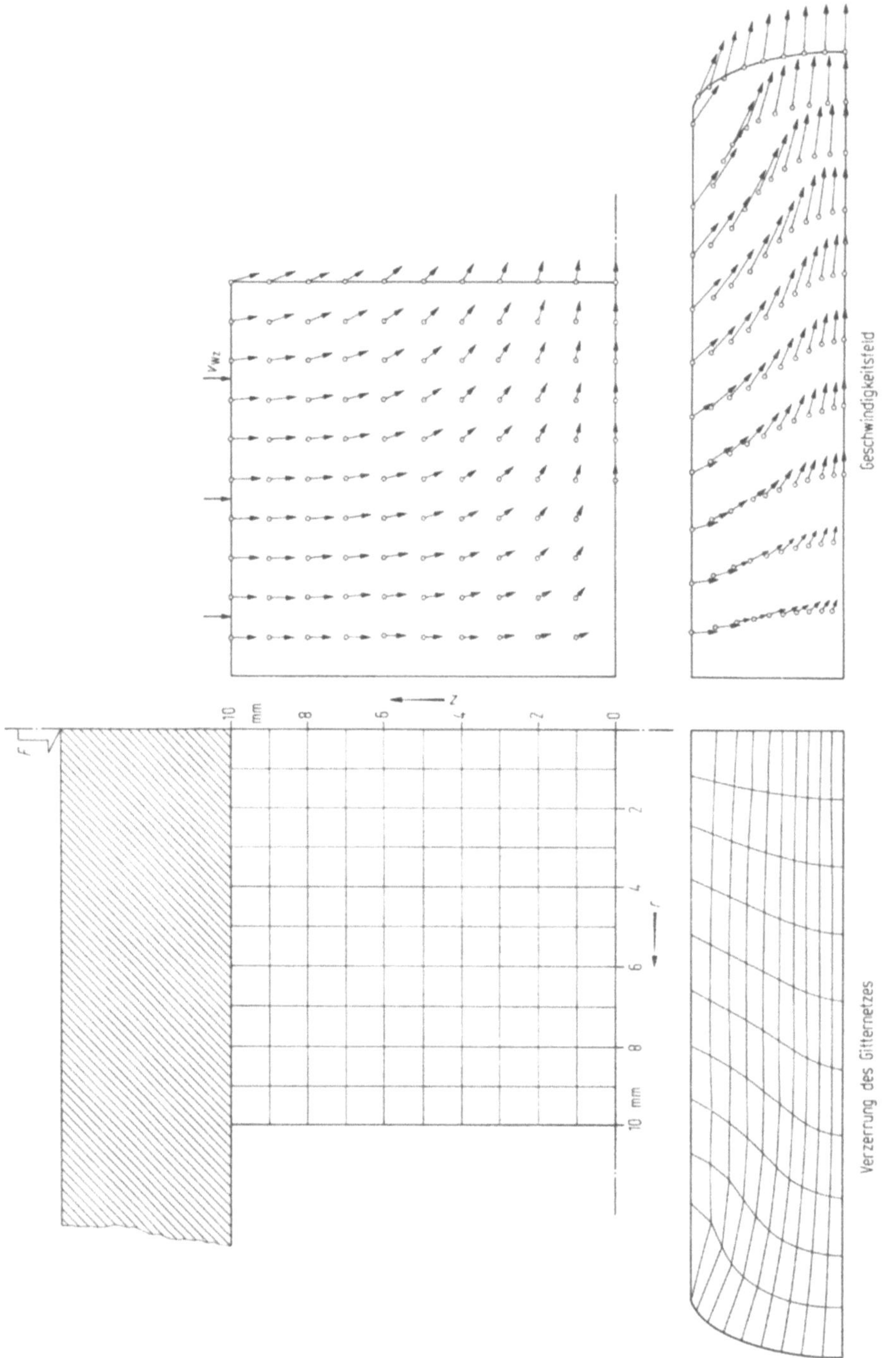

Bild 4.60 Axialsymmetrisches Stauchen mit starrplastischem Werkstoffverhalten. Nach [4.54]

Literatur zu Kapitel 4

4.1 Tresca, H.: Sur l'écoulement des corps solides soumis à des fortes pressions. C. R. Acad. Sci. Paris 59 (1864) 754 u. 764; (1867) 809.

4.2 v. Mises, R.: Mechanik der festen Körper im plastisch deformablen Zustand. Göttinger Nachr. math. phys. Klasse (1913) 582−592.

4.3 Hütte, Des Ingenieurs Taschenbuch, Band I, 28. Aufl. Berlin: Ernst & Sohn 1955, S. 840.

4.4 Hencky, H.: Zur Theorie plastischer Deformationen und der hierdurch im Material hervorgerufenen Nebenspannungen. Proc. 1st Int. Congr. Appl. Mech. Delft (1924) 312−317.

4.5 Taylor, G. I.; Quinney, H.: The plastic distortion of metals. Trans. Roy. Soc. London, Ser. A, 230 (1931) 323−362.

4.6 Krause, U.: Formänderungsfestigkeit der Werkstoffe beim Kaltumformen. In: Grundlagen der bildsamen Formgebung. Düsseldorf: Stahleisen 1966, 99−145.

4.7 Siebel, E.: Kräfte und Materialfluß bei der bildsamen Formänderung. Stahl, Eisen 45 (1925) 1563−1566.

4.8 v. Karman, Th.: Beitrag zur Theorie des Walzvorgangs. Z. Angew. Math. Mech. 5 (1925) 139−141.

4.9 Sachs, G.: Zur Theorie des Ziehvorgangs. Z. Angew. Math. Mech. 7 (1927) 235−236.

4.10 Siebel, E.; Pomp, A.: Zur Weiterentwicklung des Druckversuchs. Mitt. K.-Wilh.-Inst. f. Eisenforschung 10 (1928) 55−62.

4.11 Siebel, E.: Die Formgebung im bildsamen Zustand. Düsseldorf: Stahleisen 1932.

4.12 Lippmann, H.: Die elementare Plastizitätstheorie der Umformtechnik. Bänder Bleche Rohre (1962) 374−383.

4.13 Lippmann, H.; Mahrenholtz, O.: Plastomechanik der Umformung metallischer Werkstoffe, Bd. I. Berlin, Heidelberg, New York: Springer 1967.

4.14 Shield, R. T.: On the plastic flow of metals under conditions of axial symmetry. Proc. Roy. Soc., London A 233 (1956) 267−287.

4.15 Prager, W.; Hodge, P. G.: Theorie idealplastischer Körper. Wien: Springer 1954.

4.16 Hill, R.: The mathematical theory of plasticity. Oxford: Clarendon Press 1950.

4.17 Prager, W.: Einführung in die Kontinuumsmechanik. Basel, Stuttgart: Birkhäuser 1961.

4.18 Nadai, A.: Plastic behaviour of metals in the strain-hardening range. J. Appl. Phys. 8 (1937) 205−213.

4.19 Drucker, D. C.: On the postulate of stability of material in the mechanics of continua. J. Mec. 3 (1964).

4.20 Hill, R.: A variational principle of maximum plastic work in classical plasticity. Q. Appl. Math. 1 (1948).

4.21 Hencky, H.: Über einige statisch bestimmte Fälle des Gleichgewichts in plastischen Körpern. Z. Angew. Math. Mech. 3 (1923) 241−251.

4.22 Geiringer, H.: Beitrag zum vollständigen ebenen Plastizitätsproblem. Proc. 3rd Int. Congr. Appl. Mech. 2 (1930) 185−190.

4.23 Sokolovskij, V. V.: Theorie der Plastizität. Berlin: VEB Verlag Technik 1955.

4.24 Thomsen, E. G.; Yang, Ch. T.; Kobayashi, S.: Mechanics of plastic deformation in metal processing. New York: Macmillan 1965.

4.25 Hill, R.: A theoretical analysis of the stresses and strains in extrusion and piercing. J. Iron Steel Inst. 158 (1948) 353−359.

4.26 Johnson, W.: Estimation of upper-bound loads for extrusion and coining operations. Proc. Inst. Mech. Eng. (London) 173 (1957) 61−72.

4.27 Kudo, H.: An upper-bound approach to plane strain forging and extrusion. Int. J. Mech. Sci. 1 (1960) 57−83, 229−252, 366−368.

4.28 Kobayashi, S.; Thomsen, E. G.: Upper and lower bound solutions to axisymmetric compression and extrusion problems. Int. J. Mech. Sci. 7 (1965) 127−143.

4.29 Baraya, G. L.; Johnson, W.: Flat bar forging. In: Advances in machine tool design and research conference. London, New York: Pergamon Press 1965.

4.30 Steck, E.: Kraftberechnung bei Umformverfahren mit Hilfe der „oberen Schranke". Werkstattstechnik 57 (1967) 273—279.

4.31 Finlayson, B. A.; Scriven, L. E.: The method of weighted residuals — a review. Appl. Mech. Rev. 19 (1966) 735—748.

4.32 Adler, G.: Ein Verfahren zur näherungsweisen Berechnung des Spannungs- und Formänderungszustandes beim Fließen starrplastischer Werkstoffe. Berichte aus dem Institut für Umformtechnik, Universität Stuttgart (TH), Nr. 12, Essen: Girardet 1969.

4.33 Steck, E.: Ein Verfahren zur näherungsweisen Berechnung des Spannungs- und Formänderungszustandes bei Umformvorgängen. Ann. CIRP 17 (1969) 251—258.

4.34 Becker, M.: The principles and applications of variational methods. Res. Monogr. No. 27, MIT Press 1964.

4.35 Schacher, H.-D.: Kaltmassivumformen von Sintermetallen. Berichte aus dem Institut für Umformtechnik, Universität Stuttgart, Nr. 47. Essen: Girardet 1978.

4.36 Kuhn, H. A.: Flow and fracture criteria for powder forging. Proc. of 1971 Fall Powder Metall. Conf., New York 1972.

4.37 Rebholz, M.; Roll, K.: Ein Näherungsverfahren für die Berechnung von Umformvorgängen. Rheol. Acta 18 (1979) 75—85.

4.38 Thomsen, E. G.; Yang, C. T.; Bierbower, J. B.: An experimental investigation of the mechanics of plastic deformation of metals. Berkeley: University of Calif. Press 1954.

4.39 Shabaik, A.; Altan, T.; Thomsen, E. G.: Visioplasticity. Final Report prepared under Navy, Bureau of Naval Weapons, Contract NOw 65-0374-d, Febr. 1966.

4.40 Besdo, D.: Haupt- und Gleitlinienverfahren bei axialsymmetrischer starrplastischer Umformung. Diss. TU Braunschweig 1969.

4.41 Neuberger, F.; Möckel, L.; Rötz, L.: Klassifikation gebräuchlicher Schmiedewerkstoffe durch Stauchversuche. Maschinenbautechnik 7 (1958) 249—254.

4.42 Lippmann, H.: Mechanik des Plastischen Fließens. Berlin, Heidelberg, New York: Springer 1981.

4.43 Geiger, M.: Beitrag zur rechnerunterstützten Auslegung von Pressengestellen. Berichte aus dem Institut für Umformtechnik, Universität Stuttgart, Nr. 28. Essen: Girardet 1975.

4.44 Buck, K. E.; Scharpf, D. W.; Stein, E.; Wunderlich, W.: Finite Elemente in der Statik. Berlin, München, Düsseldorf: Ernst & Sohn 1973.

4.45 Przemieniecki, J. S.: Theory of matrix structural analysis. New York: McGraw-Hill 1968.

4.46 Zienkiewicz, O. C.: The finite element method in engineering science. London: Mc Graw-Hill 1971.

4.47 Zienkiewicz, O. C.; Valliapan, S.; King, P. I.: Elasto-plastic solution of engineering problems. Initial stress, finite element approach. Int. J. Num. Meth. Eng. 1 (1969) 75—100.

4.48 Roll, K.: Calculation of metal forming processes by finite element methods. Winter Annual Meeting of the ASME, San Francisco 1978. AMD/Vol. 28, 67—79.

4.49 Dieterle, K.: Faltenbildung als Verfahrensgrenze beim Stauchen von Hohlkörpern. Berichte aus dem Institut für Umformtechnik, Universität Stuttgart, Nr. 30. Essen: Girardet 1975.

4.50 Key, S. W.; Krieg, R. D.; Bathe, K.-J.: On the application of the finite element method to metalforming processes. Proc. Int. Conf. Finite Elements in Nonlinear Mechanics — FENOMECH 78, Universität Stuttgart 1978.

4.51 Lee, C. H.; Kobayashi, S.: New solution to rigid plastic deformation problems using a matrix method. J. Eng. Ind. (1973) 865—873.

4.52 Gallagher, R. H.: Finite-element-analysis. Berlin, Heidelberg, New York: Springer 1976.

4.53 Lung, M.: Ein Verfahren zur Berechnung des Geschwindigkeits- und Spannungsfeldes bei stationären starrplastischen Formänderungen mit finiten Elementen. Diss. TU Hannover 1971.

4.54 Roll, K.: Einsatz numerischer Näherungsverfahren bei der Berechnung von Verfahren der Kaltmassivumformung. Berichte aus dem Institut für Umformtechnik, Universität Stuttgart, Nr. 66. Berlin, Heidelberg, New York, Tokyo: Springer 1983.

5 Tribologische Grundlagen; Oberflächenwandlung

Von **E. Dannenmann, R. Geiger** und **Th. Gräbener**

Begriffe und Formelzeichen

a	Oberflächenanteil mit Flüssigkeitsschmierung
A_r	Rillenabstand
A_w	Wellenabstand
A_0	Ausgangsquerschnitt
A_1	Endquerschnitt
b	Oberflächenanteil mit Grenzschmierung
c	Oberflächenanteil mit Festkörperreibung
$\bar{d}$	mittlerer Korndurchmesser
k_{f0}	Anfangsfließspannung
l_t	tragende Länge
λ	Profil-Leeregrad
λ_r	räumlicher Leeregrad
m	Reibfaktor
P_t	Profiltiefe
R_a	Mittenrauhwert
R_{max}	maximale Rauhtiefe
R_p	Glättungstiefe
R_t	Rauhtiefe
R_z	gemittelte Rauhtiefe
ϱ	relative Rauheitsänderung; Reibwinkel
t_p	Profiltraganteil
τ_i	Schubspannung in der Reibfuge
τ_s	Schubfließspannung einer Zwischenschicht in der Reibfuge
W	Wellentiefe

5.0 Einleitung

Tribologie — aus dem Griechischen übersetzt: die Reibungslehre — umfaßt als international eingeführter Sammelbegriff alle Fragen der wissenschaftlichen Forschung und praktischen Anwendung auf dem komplexen technischen Gebiet Reibung, Schmierung und Verschleiß und beschäftigt sich damit außer mit den Ursachen und Erscheinungsformen der Reibung auch mit ihren Folgen und den Möglichkeiten zu ihrer Beeinflussung [5.1—5.3].

Bei der Untersuchung tribologischer Vorgänge lassen sich die einzelnen beteiligten Komponenten nicht unabhängig voneinander sondern nur im Zusammenhang miteinander betrachten. Man spricht von einem tribologischen System oder bei einem technischen Anwendungsfall von einem tribotechnischen System und versteht darunter die Gesamtheit der an dem tribologischen Vorgang beteiligten stofflichen Partner, ihre tribologisch relevanten Eigenschaften und Wechselwirkungen, sowie die mit dem Vorgang verbundene Übertragung oder Umwandlung von Energie (Bild 5.1) [5.1].

5.1 Reibung

Reibung setzt voraus, daß sich mindestens zwei stoffliche Partner (Elemente) eines tribologischen Systems unter Wirkung äußerer Kräfte relativ zueinander bewegen. Dabei treten in der sog. Wirkfuge zwischen den beiden Elementen eingeprägte Reibkräfte auf (Bild 5.1).

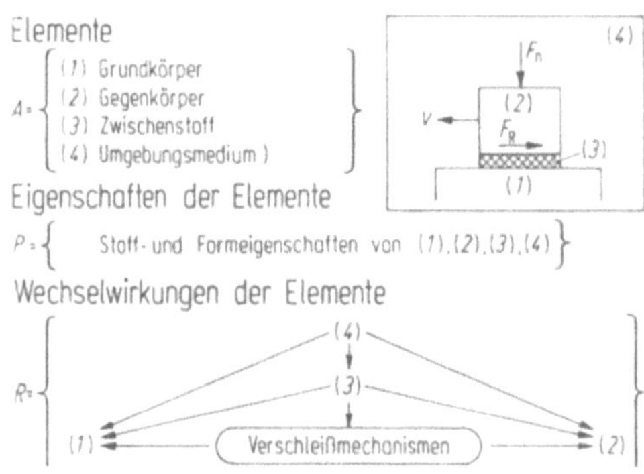

Bild 5.1 Struktur eines tribologischen Systems. Nach [5.1]

5.1.1 Reibung bei plastischen Formänderungen

Tribologische Probleme infolge Kraftübertragung zwischen relativ zueinander bewegten Oberflächen, die durch unterschiedliche Zwischenstoffe (Schmierung) voneinander getrennt sein können, beeinflussen praktisch alle Umformverfahren.

Bei den meisten Umformvorgängen wird die Formänderung durch unmittelbaren Druck (Stauchen, Walzen) oder mittelbaren Druck (Durchdrücken, Durchziehen) hervorgerufen, der sich in der Wirkfuge vom Werkstück auf das Werkzeug überträgt. Dabei können mittlere Flächenpressungen bis zu 3000 N/mm² mit teilweise noch höheren örtlichen Druckspitzen auftreten. Sie sind damit um etwa zwei Größenordnungen höher als in der Lagertechnik, wo die Größtwerte der mittleren Flächenpressung etwa 20 N/mm² erreichen.

Im Gegensatz zur Lagertechnik, bei der die Reibpartner in ihrer Gesamtheit elastisch und nur örtlich an den Rauheitsspitzen plastisch verformt werden, befindet sich bei einem Umformvorgang immer ein Partner im plastischen Zustand. Während sich damit bei der Lagerreibung die Größe der Reibfläche während des Vorgangs nicht ändert, kann sich beim Umformen die Werkstückoberfläche z. T. beträchtlich vergrößern (z. B. beim Napffließpressen). Zu berücksichtigen ist dabei, daß bei Umformvorgängen im Unterschied zur Lagertechnik immer neue, z. B. erst im Verlauf des Umformens gebildete Oberflächen miteinander in der Wirkfuge in Berührung kommen. Damit ergeben sich Gleitverhältnisse, die im Bereich des Einlaufverschleißes liegen.

Als Folge des Werkstoffflusses kommt es in der Wirkfuge zu einer Relativbewegung zwischen Werkstück und Werkzeug. Hierzu überlagert sich die Werkzeugbewegung; Stofffluß und Werkzeugbewegung sind bei den einzelnen Umformverfahren unterschiedlich. Die resultierenden Relativgeschwindigkeiten in der Wirkfuge sind jedoch wesentlich kleiner als in der Lagertechnik, weshalb hydrodynamische Schmierungszustände bei Umformvorgängen i. allg. nicht auftreten.

Die Temperatur in der Wirkfuge Werkstück/Werkzeug erreicht beim Warmumformen einige hundert °C. Aber auch beim Kaltumformen können kurzzeitig hohe Temperaturen auftreten, da mehr als 80% der für den Umformvorgang aufzubringenden Energie in Wärme umgesetzt wird und zusammen mit der Reibungsarbeit zu einer Erwärmung von Werkstück und Werkzeug führt.

5.1.2 Folgen der Reibung

Die für die Fertigungstechnik wichtigsten Folgen der Reibung sind

— Verschleiß der Werkzeuge,
— Oberflächenschäden (Riefen) am Werkstück.

Der Werkzeugverschleiß bestimmt im wesentlichen die Standmenge der Werkzeuge. Er wirkt sich aber auch auf die Werkstückqualität aus, und zwar sowohl auf die Maßgenauigkeit als auch auf die Oberflächengüte.

Reibung führt ferner zu Energieverlusten und damit zu einer Erhöhung des Kraft- und Arbeitsbedarfs des Umformvorgangs. Dieser Aspekt tritt heute in der Bewertung trotz steigender Energiepreise gegenüber den Auswirkungen auf die Fertigungssicherheit meist noch als zweitrangig zurück. Als Folge des höheren Kraftbedarfs kommt es aber auch zu höherer Werkzeugbelastung und damit wieder zu geringerer Standmenge der Werkzeuge.

Ferner ist zu berücksichtigen, daß sich die Reibung auch auf den Ablauf eines Umformvorgangs und damit auf das Umformergebnis auswirkt. So wird der Stofffluß teilweise entscheidend von den Reibbedingungen bestimmt. Das einfachste Beispiel ist hier die tonnenförmige Verwölbung einer Stauchprobe beim Stauchen mit Reibung (Bild 5.2). Auswirkungen zeigen sich dabei nicht nur in der äußeren Form des Werkstücks, sondern auch — was u. U. besonders beachtet werden muß — in den mechanischen Eigenschaften (z. B. der Härte) und ihrer Verteilung über dem Querschnitt der Probe. Da i. allg. die Inhomogenität der Formänderung mit der Reibung zunimmt, treten auch größere Unterschiede in den örtlichen Festigkeiten eines Bauteils auf.

Dennoch ist es nicht berechtigt, Reibung grundsätzlich a priori als negativ und unerwünscht zu betrachten. Es gibt gerade in der Umformtechnik einige Verfahren, bei denen ein gewisses Maß an Reibung unbedingt notwendig ist.

Am bekanntesten ist wohl das Beispiel des Walzens, wo mit zunehmender Reibung im Walzspalt auch die erreichbare Stichabnahme größer wird. Im reibungsfreien Fall ist Walzen nicht möglich, da die Greif- und die Durchziehbedingung (s. Bd. 2, Abschn. 4.1) nicht mehr erfüllt sind.

Beim Abstreckgleitziehen kann durch einen aufgerauhten Stempel ggf. in Verbindung mit sehr kleinen Öffnungswinkeln (s. Bd. 2, Abschn. 5.2.6.1) erreicht werden, daß das Werkstück zumindest teilweise über die zwischen Hülsenwand

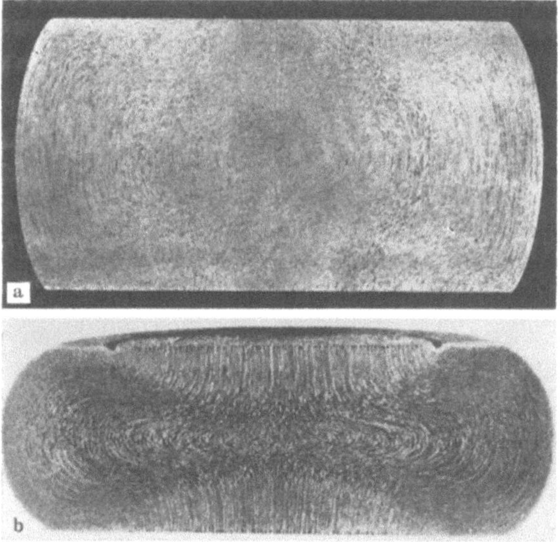

Bild 5.2 Einfluß der Reibzahl auf die Formänderungen beim Stauchen.
Nach [5.11] und [5.8] **a** $\mu \approx 0{,}2$; **b** Haftreibung

und Stempel herrschende Reibkraft durch das Werkzeug gezogen wird. Damit
wird die benötigte Umformkraft verringert und die Gefahr des Bodenreißers
beseitigt.

Auch mit Rücksicht auf die gewünschte Oberflächengüte des Umformteils
ist zuweilen eine zu geringe Reibung ungünstig. So ist für das Blankziehen von
Drähten der Zustand der Grenzschmierung wünschenswerter als die teilweise
oder vollständige Trennung der Reibpartner bei Mischschmierung oder hydro-
dynamischer Schmierung [5.4; 5.5].

Je nach den Erfordernissen des einzelnen Anwendungsfalls stellt sich damit
in der Umformtechnik hinsichtlich der Reibung ein Minimierungs- oder ein
Optimierungsproblem.

5.1.3 Reibpartner, Oberflächeneinfluß

Die Oberflächen metallischer Reibpartner sind nur in wenigen Ausnahmen metallisch rein. Gewöhnlich werden sie mit Grenzschichten abgedeckt, die durch chemische und physikalische Reaktionen des Grundwerkstoffs an Luft, mit Feuch-
tigkeit oder mit Schmierstoffen entstehen. Oft liegen gleichzeitig mehrere verschiedenartige Reaktionsschichten vor, wie z. B. Oxidschichten, die von Schmierstoffschichten und Reaktionsprodukten der Schmierstoffe mit den Oxiden und
dem Grundwerkstoff durchsetzt oder überlagert sein können.

Nach Schmaltz [5.6] wird die Grenzschicht einer technischen Metalloberfläche
in eine äußere und eine innere unterteilt, die unterschiedliche physikalische und
chemische Eigenschaften besitzen (Bild 5.3).

Die äußere Grenzschicht entsteht durch chemische Reaktion der inneren
Grenzschicht mit der Atmosphäre und dem Schmierstoff. Sie besteht aus einer
Oxidschicht und durch Chemisorption bzw. physikalische Adsorption angela-

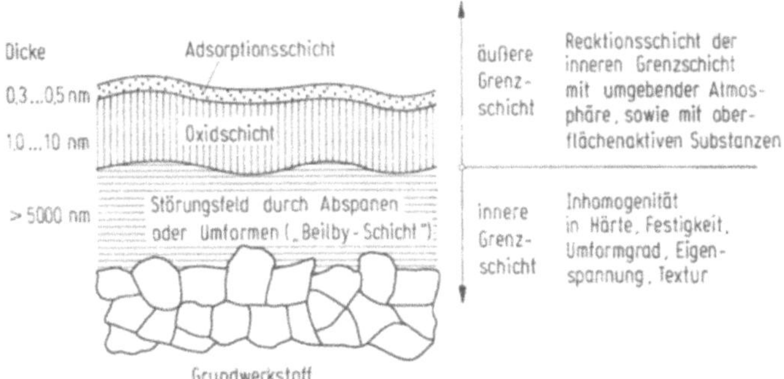

Bild 5.3 Schichtaufbau metallischer Oberflächen. Nach [5.6]

gerten Oberflächenschichten. Für den Ablauf des Reibungs- wie auch des Verschleißvorgangs sind die Eigenschaften dieser äußeren Grenzschicht und ihre Verbindung mit der inneren Grenzschicht maßgebend; die Eigenschaften unterscheiden sich teilweise erheblich von den Eigenschaften des Grundwerkstoffs, so z. B. in der z. T. um ein Vielfaches höheren Härte. Wird die äußere Grenzschicht im Verlauf des Reibungsvorgangs verletzt und kommen die inneren Grenzschichten in direkte Berührung, so tritt je nach der Adhäsionsneigung u. U. Kaltverschweißung auf.

Die innere Grenzschicht („Beilby-Schicht") weist praktisch die gleiche chemische Zusammensetzung wie der Grundwerkstoff auf, dagegen sind verschiedene mechanische und metallurgische Eigenschaftsänderungen nach einer vorausgegangenen Umformung oder spanenden Bearbeitung festzustellen. Das Kristallgitter ist stärker verzerrt als im Grundwerkstoff, wodurch hier vermehrt Eigenspannungen auftreten. Bei abgespanter Oberfläche weist die innere Grenzschicht eine höhere Härte als der Grundwerkstoff in seinem Innern auf, was auf eine Verfestigung dieser Zone infolge hoher Schubspannungen zwischen Werkzeug und Werkstück bei der Bearbeitung zurückzuführen ist.

Die Härteverteilung in den inneren Grenzschichten umgeformter Oberflächen ist vom örtlichen Formänderungs- und Spannungszustand abhängig. Es kann sowohl eine Härtezunahme als auch ein Härteabfall auftreten.

Die geometrische Mikrogestalt einer technischen Oberfläche wird durch Profilschnitte erfaßt (s. Abschn. 5.4). Auch hierbei sind grundsätzliche Unterschiede zwischen einer abgespanten und einer umgeformten Oberfläche festzustellen. Während erstere im Verlauf der Bearbeitung neu entsteht, bleibt beim Umformen die Oberflächenschicht in ihrer Substanz erhalten. Sie bleibt auch bei mehreren Umformvorgängen außen liegen. Durch den Umformvorgang erfährt sie jedoch eine Reihe physikalischer, chemischer und mikrogeometrischer Veränderungen. Abgespante Oberflächen weisen gewöhnlich ein offenes Profil, kaltumgeformte, mit glatten Werkzeugen bearbeitete, eine „tafelbergartige" Oberflächenfeingestalt mit halboffenem Profil auf. Bild 5.4 zeigt Profile einer abgespanten und einer kaltumgeformten Oberfläche.

Während eines Umformvorgangs besitzt das Werkzeug als einer der Reibpartner gewöhnlich eine durch Abspanen hergestellte Oberfläche. Dagegen ändert

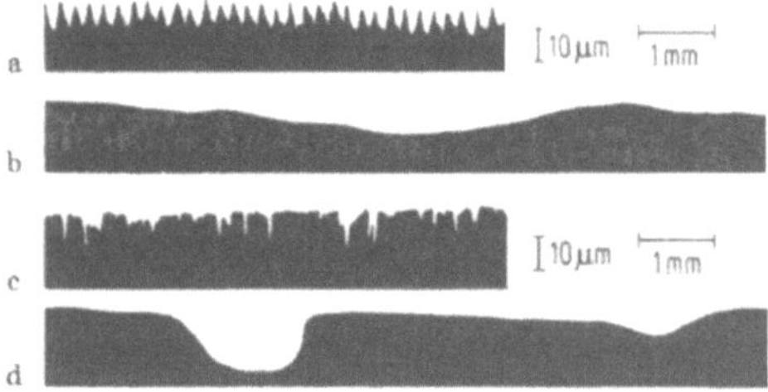

Bild 5.4 Oberflächenprofil einer abgespanten und einer umgeformten Oberfläche. Nach [5.7] **a** gedrehtes, überhöhtes Profil; **b** gedrehtes, entzerrtes Profil; **c** gezogenes, überhöhtes Profil; **d** gezogenes, entzerrtes Profil

sich die Oberfläche des anderen Reibpartners (Werkstück) durch Umformen. Die oben angegebenen Oberflächenprofile können demnach als charakteristisch für die geometrische Oberflächenfeinstruktur der Reibpartner beim Umformen zugrunde gelegt werden.

Die Oberflächenbeschaffenheit von Werkstück auch Werkzeug, d. h. Größe, Verteilung und Ausrichtung der Rauheiten und Welligkeiten, sind wichtig für die Ausbildung des Schmierstoffilms und für dessen Fähigkeit. Oberflächenvergrößerungen der Werkstückoberfläche unter den beim Umformen auftretenden hohen Normal- und Schubbeanspruchungen zu ertragen. Vom tribologischen Standpunkt ist die Ausrichtung der Oberflächenwelligkeit und -rauheit von besonderer Bedeutung. Je nach Bearbeitung kann die mikrogeometrische Beschaffenheit der Oberfläche in eine — z. B. durch Drehen, Schleifen u. a. — oder zwei Vorzugsrichtungen orientiert sein oder eine statistisch regellose Verteilung aufweisen wie z. B. nach Strahlen, Läppen oder erosiver Bearbeitung.

Liegen die Rauheiten ausgerichtet in Richtung der Relativbewegung der Reibpartner, so besteht besonders bei niedrigviskosen Schmierstoffen die Gefahr, daß die Rauheitsspitzen den Schmierstoffilm durchdringen und damit an diesen Stellen Kaltverschweißen zwischen Werkstück- und Werkzeugstoff auftritt. Normal zur Bewegungsrichtung orientierte Rauheiten können dagegen mithelfen, den Schmierstoff in die Umformzone zu tragen und dort zu halten, so daß höhere mechanische Beanspruchungen des Schmierstoffilms möglich sind. Ändert sich die Bewegungsrichtung im Verlauf eines Umformvorgangs, empfiehlt sich eine statistisch regellos verteilte Oberflächenfeinstruktur. Bei Misch- und Grenzschmierungsbedingungen sollten dagegen die Oberflächen der Reibpartner möglichst glatt und parallel zur Gleitbewegung ausgerichtet sein, um ein Durchdringen der Rauheitsspitzen durch den Schmierstoffilm zu verhindern. Eine bestimmte Mindestrauheit kann jedoch auch hier zur Bildung von Schmierstofftaschen bei Einsatz von Fetten, Wachsen oder Festschmierstoffen nützlich sein.

5.1.4 Mathematische Beschreibung der Reibung

Für die Ermittlung der Formänderungen und Spannungen sowie des Kraft- und Arbeitsbedarfs eines Umformvorgangs benötigt man eine geeignete mathematische Beschreibung der in der Wirkfuge zwischen Werkzeug und Werkstück auftretenden Reibungsvorgänge und der damit verbundenen Energieübertragung.

Unter Reibung versteht man den Gleitwiderstand zwischen zwei sich tangential zueinander bewegenden Oberflächen. Er läßt sich durch die Größe der in der

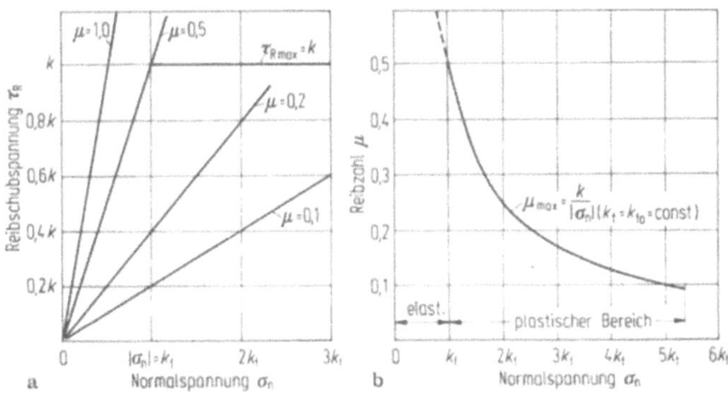

Bild 5.5 Abhängigkeit **a** der Reibschubspannung τ_R und **b** der max. Reibzahl μ_max von der Normalspannung

Wirkfuge herrschenden Schubspannung τ_i, die i. allg. eine Reibschubspannung τ_R ist, angeben. In der Plastizitätstheorie haben sich zur Beschreibung von τ_R zwei physikalische Modelle weitgehend durchgesetzt:

Folgt man dem Coulombschen Reibgesetz, so wird der Zusammenhang zwischen den in Normalenrichtung wirkenden Druckkräften F_n und den in der Wirkfuge entgegen der Bewegungsrichtung auftretenden Reibkräften F_R (Bild 5.1) durch die Beziehung

$$F_\mathrm{R} = \mu F_\mathrm{n} \tag{5.1}$$

erfaßt. Der Proportionalitätsfaktor, die Reibzahl μ, wird meist über den Vorgang und die Reibfläche als konstanter Wert (Mittelwert) angesehen. Neuere Untersuchungen zeigen jedoch, daß die Größe der Reibzahl außer von der Werkstoffpaarung auch von der Geometrie der Reibfläche und von den in der Wirkfuge auftretenden mechanischen und physikalischen Einflußgrößen — Druck, Gleitgeschwindigkeit, Temperatur — bestimmt wird.
Die örtlich wirkende Reibschubspannung läßt sich wiederum mit Hilfe der Reibzahl angeben:

$$\tau_\mathrm{R} = \mu \sigma_\mathrm{n}. \tag{5.2}$$

Sind die Kontaktnormalspannungen σ_n klein gegenüber der Fließspannung k_f, z.B. beim Tiefziehen zwischen Niederhalter und Flansch des Ziehteils, nimmt τ_R bei konstantem μ linear mit σ_n zu (Bild 5.5a) und μ kann jeden konstanten Wert annehmen. Im plastischen Bereich kann dagegen μ nur begrenzt ansteigen. Wird in (5.2) die größte Reibschubspannung gleich der Schubfließgrenze k des Reibpartners mit der geringeren Festigkeit gesetzt, so läßt sich für die größtmögliche Reibzahl schreiben

$$\mu_\mathrm{max} = \frac{k}{\sigma_\mathrm{n}}. \tag{5.3}$$

Danach ist jeder Normalspannung σ_n eine maximale Reibzahl μ_max zugeordnet, die von der Größe von σ_n und k abhängt.

Solange die Schubfließgrenze k,

$$\text{nach Tresca} \qquad k = k_\mathrm{f}/2\,,$$
$$\text{nach von Mises} \qquad k = k_\mathrm{f}/\sqrt{3}\,, \tag{5.4}$$

(s. Abschn. 4.1.5) nicht erreicht ist (elastischer Bereich $0 < \sigma_\mathrm{n} < k_\mathrm{f}$), nimmt $\mu_{\max}$ mit wachsender Normalspannung σ_n hyperbolisch gemäß (5.3) ab. Erreicht σ_n den Wert der Fließspannung k_f, so wird im plastischen Bereich (Bild 5.5b)

$$\text{nach Tresca} \qquad \mu_{\max} = 0{,}5\,,$$
$$\text{nach von Mises} \qquad \mu_{\max} = 1/\sqrt{3} = 0{,}577\,.$$

Bleibt die Fließspannung k_f im plastischen Bereich bei steigendem σ_n konstant, so setzt sich die Abhängigkeit der maximalen Reibzahl entsprechend fort. Verringert sich k_f mit zunehmender Normalspannung, z. B. aufgrund einer Temperaturerhöhung, so fällt die maximale Reibzahl entsprechend stärker ab. Nimmt die Fließspannung um den gleichen Wert wie die Normalspannung zu, so bleibt die Reibzahl konstant (Bild 5.5b).

Allgemein kann gesagt werden, daß bei allen Umformvorgängen, die durch Druckspannungen bewirkt werden, an den kraftbeaufschlagten Reibflächen die Normalspannung größer als die Fließspannung ist, so daß hier die größtmögliche Reibzahl kleiner als $\mu = 0{,}5$ bzw. $\mu = 0{,}577$ ist.

Ist $\tau_\mathrm{R} = \tau_{\mathrm{Rmax}} = k$ und somit $\mu = \mu_{\max}$, so bedeutet dies, daß der weichere Werkstoff mit der Schubfließgrenze k an der Berührfläche zu dem härteren Reibpartner parallel zur Berührfläche abschert. Die Hauptnormalspannungen verlaufen hierbei unter dem Winkel $\pm 45°$ zu σ_n bzw. zur Schubspannung τ_R. Dieser Zustand wird oft mit Haftreibung bezeichnet, hat aber genau betrachtet mit Reibung überhaupt nichts zu tun. Er wird deshalb besser als Grenzfall des Haftens bezeichnet. Bild 5.6 zeigt für diesen Fall bei einem zweiachsigen Formänderungszustand den Zusammenhang zwischen den Spannungen in der Berührfläche des weicheren Werkstoffs, wobei $|\sigma_\mathrm{n}| > k_\mathrm{f}$ ist.

Eine andere Betrachtungsweise geht davon aus, die Reibschubspannung τ_R mit der Schubfließspannung k des weicheren Werkstoffs nach der Beziehung

$$\tau_\mathrm{i} = \tau_\mathrm{R} = mk \tag{5.5}$$

zu verknüpfen [5.8–5.10]. Der Proportionalitätsfaktor m wird zur Unterscheidung von μ als Reibfaktor bezeichnet. Er kann die Werte $0 \leqq m \leqq 1$ annehmen: $m = 0$ entspricht dem reibungsfreien Fall, $m = 1$ dem Grenzfall des Haftens.

Inwieweit sich die beiden Modelle μ und m zur Beschreibung der verschiedenen Schmierungszustände eignen, zeigt Tabelle 5.1.

Konstante Reibbedingungen sind gegeben, wenn Werkzeug- und Werkstückoberfläche rauh und nicht geschmiert sind. Hier liegt der Fall des Haftens vor; es findet kein Gleiten statt, sondern ein Abscheren im Werkstoff mit der Schubfließgrenze $\tau_\mathrm{i} = k$ (Tabelle 5.1, Fall A). Die Schwäche des Reibzahlmodells zeigt sich hier in einem Absinken von μ mit steigendem Normaldruck σ_n entsprechend

$$\mu = \frac{k}{\sigma_\mathrm{n}}\,,$$

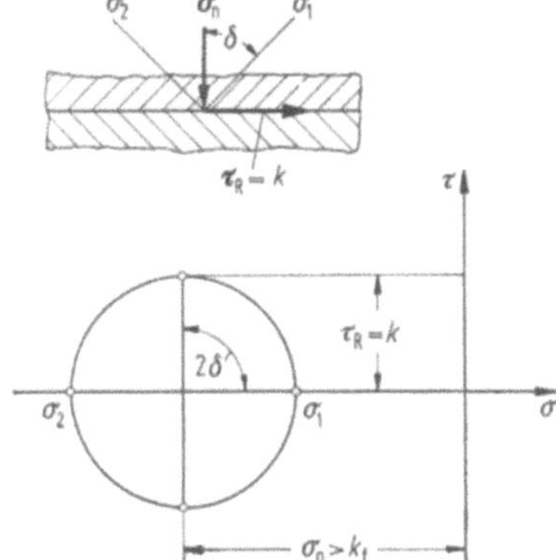

Bild 5.6 Spannungszustand in der Berührfläche bei $\tau_i = \tau_R = k$

Tabelle 5.1 Eignung der beiden Reibmodelle μ und m zur Beschreibung der Schmierungszustände

Reib-/ Schmierungs-zustand → Reibmodell ↓	A Haften $\tau_R = k$	B Festkörper-reibung mit Zwischenschicht $\tau_S < k$ $\tau_R = \tau_S = $ const	C Festkörper-reibung $\tau_R = \tau_S \sim \sigma_n$	D Misch-schmierung τ_R variabel	E Hydrody-namische Schmierung $\tau_R \sim \eta v$
Reibzahl $\mu = \dfrac{\tau_R}{\sigma_n}$	$\dfrac{k}{\sigma_n}$ $(\sigma_n\uparrow, \mu\downarrow)$ —	$\dfrac{\tau_S}{\sigma_n}$ $(\sigma_n\uparrow, \mu\downarrow)$ —	$\dfrac{\tau_S(\sigma_n)}{\sigma_n}$ $\approx$ const wenn ähn-liche Funk-tionen von σ_n $\bigcirc$	$\dfrac{f(\sigma_n)}{\sigma_n}$ variabel $\bigcirc$	$\dfrac{\eta v}{\sigma_n} = $ const $+$
Reibfaktor $m = \dfrac{\tau_R}{k}$	$\dfrac{k}{k} = 1$ $=$ const $+$	$\dfrac{\tau_S}{k} < 1$ $=$ const $+$	$\dfrac{\tau_S}{k}$ variabel —	$\dfrac{\tau_R}{k}$ variabel —	$\dfrac{\eta v}{k}$ variabel —

$+$ gut geeignet, $\bigcirc$ bedingt geeignet, $-$ schlecht geeignet

wobei σ_n bei einachsiger Beanspruchung den Wert k_f des Werkstückwerkstoffs annimmt, bei mehrachsiger Umformung aber darüber hinaus ansteigt. Bei $\sigma_n = k_f$ ist $\mu = \mu_{\max} = 0{,}5$ (Tresca) bzw. 0,577 (v. Mises), bei $\sigma_n > k_f$ nimmt μ kleinere Werte an, ohne daß sich der Reibungszustand physikalisch ändern würde.

Für den Fall des Haftens ist deshalb das Reibfaktormodell überlegen. Die Schubspannung in der Wirkfuge ist wegen $m = 1{,}0$ immer

$$\tau_i = k \tag{5.6}$$

und damit unabhängig von σ_n.

In gleicher Weise kann ein konstanter Reibfaktor m zur mathematischen Beschreibung des Reibzustands benutzt werden, der vorliegt, wenn ein weicheres Metall mit der Schubfließgrenze τ_s in die Wirkfuge eingebracht wird (Festkörperreibung, Fall B in Tabelle 5.1)

$$\tau_\mathrm{i} = \tau_\mathrm{s} = mk. \tag{5.7}$$

Dabei ist $m < 1$ aber für einen nichtverfestigenden Werkstückwerkstoff mit der Schubfließgrenze k konstant, wogegen μ wieder mit steigendem σ_n absinken würde. Es besteht allerdings kein physikalischer Zusammenhang zwischen τ_i und k! Wird der Werkstückwerkstoff geändert, und hat er nun eine höhere Schubfließgrenze k (oder falls der Werkstückwerkstoff stärker verfestigt als das weichere Metall in der Wirkfuge), steigt k an, während τ_s evtl. konstant bleibt. Damit muß m absinken, auch wenn keinerlei physikalische Änderung in der Wirkfuge erfolgt ist.

Weichmetallschichten werden in der Regel immer in Verbindung mit Schmierstoffen verwendet. Für die Reibung ist dabei das Verhalten des Schmierstoffs und weniger das des Weichmetalls maßgebend. Der Schmierungszustand entspricht damit nicht dem Fall B, sondern je nach dem Verhalten des Schmierstoffs den Fällen C, D oder E (Tabelle 5.1).

Ist die Scherfestigkeit τ_s in der Wirkfuge eine Funktion des Normaldrucks σ_n ($\tau_\mathrm{s} = \alpha\sigma_\mathrm{n}$) oder von $\dot\varphi$ wie es bei Grenzreibung der Fall sein kann (Tabelle 5.1, Fall C), so hat m keine Bedeutung. Hier ist μ besser geeignet. Der Reibungszustand würde jedoch am besten durch eine geeignete τ_s-Funktion beschrieben [5.9].

Für Mischschmierungsbedingungen, wie sie bei Umformvorgängen meist anzutreffen sind, eignet sich zur Beschreibung der Reibung am besten die Reibzahl μ, da sie die Abhängigkeit der Reibung von der lokalen oder mittleren Normalspannung in der Wirkfuge erfaßt. Bei Anstieg von τ_R, z. B. bei versagender Schmierung, steigt auch σ_n, wenn auch nicht proportional. Der Wert von μ kann bei Mischschmierung mit zunehmender Flächenpressung steigen, fallen oder auch konstant bleiben, je nach Bedeutung des Grenzschmierungsanteils.

Hydrodynamische Schmierung wird am besten durch μ beschrieben, da μ alle diesen Zustand bestimmenden Faktoren, also Viskosität des Schmierstoffs, Gleitgeschwindigkeit v und Flächenpressung p, erfaßt. m ist nicht geeignet, da für den hydrodynamischen Schmierungszustand die Schubfließgrenze des weicheren Reibpartners keine Einflußgröße ist und obendrein Flächenpressungen $p > k_f$ berücksichtigt werden müssen.

Weder μ noch m sind folglich geeignet, das Reibungsverhalten in allen Fällen zufriedenstellend zu erfassen. Es muß jedoch darauf hingewiesen werden, daß von den beiden Modellen nur μ in der Lage ist, das rheologische Verhalten des Zwischenstoffs zu beschreiben. Bei den meisten in der Praxis zu beobachtenden Schmierungszuständen ist die Reibschubspannung τ_R druckabhängig (Bild 5.7) [5.10]. Diese Abhängigkeit wird nur durch μ, wenn auch nicht physikalisch exakt, erfaßt. Dagegen verknüpft m das Reibungsverhalten in der Wirkfuge mit einer Eigenschaft des Werkstückwerkstoffs, der Schubfließspannung k. Dieser Zusammenhang ist physikalisch nur für den Fall das Haftens sinnvoll.

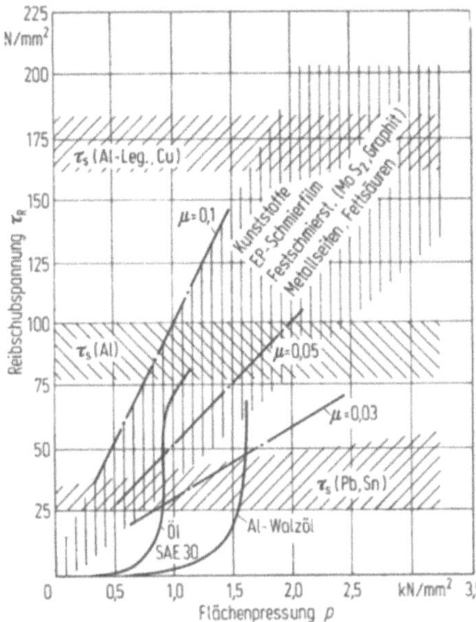

Bild 5.7 Einfluß der Flächenpressung auf die Scherfestigkeit verschiedener Schmierstoffe. Nach [5.10]

Beide Modellvorstellungen werden heute zur rechnerischen Beschreibung der Reibung in plastizitätstheoretischen Berechnungen angewendet. In der elementaren Plastizitätstheorie greift man nahezu ausschließlich auf μ zurück; hier liegen auch ausreichend Erfahrungs- und Versuchswerte für die bei den verschiedenen Umformverfahren anzusetzenden Reibzahlen vor. Der Reibfaktor m wird häufig bei Berechnungen nach den Schrankenverfahren oder bei numerischen Berechnungen eingesetzt; hier bietet er mathematische Vorteile.

Ein eindeutiger Zusammenhang zwischen μ und m läßt sich aufgrund der unterschiedlichen Voraussetzungen und Einflüsse nicht angeben, ausgenommen die beiden Grenzfälle reibungsfrei mit $\mu = m = 0$ und Haften mit $\mu_{max} = 0{,}5$ bzw. 0,577 und $m = 1{,}0$. Das erschwert den Vergleich entsprechender Berechnungen.

5.1.5 Einflußgrößen der Reibung

Die vielfältigen und komplexen Abhängigkeiten der Reibungsvorgänge beim Umformen lassen sich im wesentlichen zu drei Gruppen von Einflußgrößen zusammenfassen:

1. *Verfahrensbedingte Einflüsse*, wie die Größe und Verteilung der Normalspannung über der Berührfläche von Werkstück und Werkzeug, die dort auftretenden Relativgeschwindigkeiten und Oberflächenvergrößerungen sowie -temperaturen beschreiben das Beanspruchungskollektiv in der Reibfläche. Sie sind entscheidend für die Wahl der Schmierung.

2. *Werkstoffbedingte Einflüsse* sind für die Adhäsionsneigung der Reibpartner und damit für den Werkzeugverschleiß zu beachten. Es ist bekannt, daß Metalle gleicher Festigkeit besser ineinander löslich sind und infolgedessen eher miteinander verschweißen als solche, die in der elektrochemischen Spannungsreihe der

Metalle weit voneinander weg stehen. Häufiges Auftreten von Kaltverschweißungen ist deshalb ein sicheres Zeichen dafür, daß die Reibpaarung von Werkstück- und Werkzeugstoff geändert werden muß.

Weitere werkstoffbedingte Einflüsse sind die chemische Zusammensetzung und das Gefüge der Werkstoffe. So sind beispielsweise bei unlegierten bzw. korrosionsbeständigen Stählen völlig verschiedenartige Trennschichten für das Kaltfließpressen zu verwenden. Auch die Oberflächenbeschaffenheit und die Härte der Reibpartner sind zu beachten.

3. *Schmierungsbedingte Einflüsse* sind z. B. Viskosität, Scherfestigkeit, Druck- und Temperaturbeständigkeit des Schmierstoffs, sowie sein chemisches und physikalisches Reaktionsvermögen innerhalb der tribologischen Systeme.

5.2 Schmierung, Oberflächenbehandlung

Unter Schmierung wird die gezielte Anwendung von Schmierstoffen ggf. zusammen mit Schmierstoffträgerschichten verstanden, die zur Ausbildung eines für den jeweiligen Umformvorgang günstigen Schmierungszustands führt. Der Begriff Oberflächenbehandlung umfaßt darüber hinausreichende Vor- und Nachbehandlungen von Rohteilen oder Fertigteilen wie z. B. das Reinigen der Teile vor dem Aufbringen des Schmierstoffs oder das erneute Reinigen der Preßteile nach dem Umformen, wenn Trägerschicht und Schmierstoff auf dem Preßteil nicht erwünscht sind (s. Bd. 2, Abschn. 8.2).

5.2.1 Aufgaben der Schmierung

Bei der Umformung metallischer Werkstoffe hat die Schmierung vor allem zwei Aufgaben [5.12—5.14]:

— Vermeiden von metallischem Kontakt zwischen Werkstück und Werkzeug und damit Verhindern von Kaltverschweißen zum Schutz der Werkzeuge und des Umformguts vor Abrieb und Verschleiß. Im Vordergrund steht hier die Sicherung einer störungsfreien Fertigung und einer gleichmäßigen Qualität der Preßteile.

— Vermindern der Reibungsverluste und damit des Kraft- und Energiebedarfs des Umformvorgangs, bessere Nutzung der Umformbarkeit des Werkstückstoffs sowie Optimierung des Verfahrensablaufs.

Für die Auswahl von Schmierstoffen sind u. U. weitere Kriterien zu beachten, die entweder vom Umformvorgang oder von der Verwendung des umgeformt hergestellten Teils abhängen:

— Kopplung von Schmier- und Kühlwirkung im Sinne der Aufrechterhaltung eines Temperaturgleichgewichts in Werkzeug und Werkstück. Dieser Gesichtspunkt ist zwar besonders beim Warmumformen zu beachten, er kann aber auch beim Kaltumformen wichtig sein, wie z. B. zur Erzielung enger Maßtoleranzen beim Abstreckgleitziehen.

— Einflußnahme auf den Werkstofffluß bei der Umformung im Sinne einer bewußten Begünstigung oder Erschwerung in Teilbereichen der Umformzone (z. B. Bremskanten).

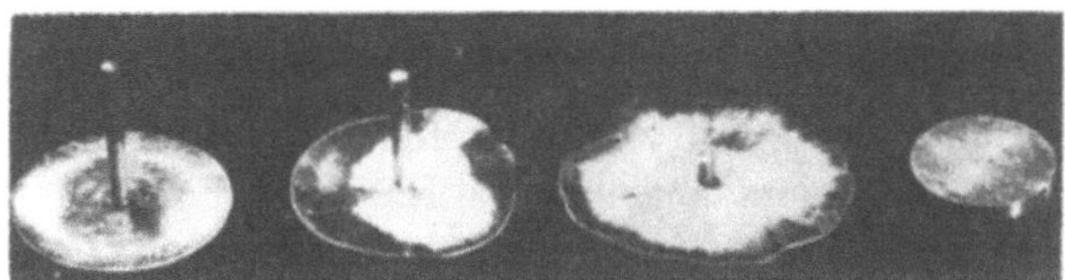

Bild 5.8 Einfluß des Schmierungszustands auf den Stofffluß beim Zapfenpressen. Nach [5.35]

Bild 5.8 zeigt beispielsweise den Einfluß unterschiedlicher Schmierungsverhältnisse auf den Stofffluß beim Zapfenpressen. Ähnliche Auswirkungen sind bei allen Verfahrenskombinationen mit freiem, unbehindertem Stofffluß in mehrere Fließrichtungen zu beachten.

— Einflußnahme auf die Oberflächenausbildung des Preßteils in Bereichen werkzeuggebunden umgeformter Oberflächen (s. Abschn. 5.4.2.2);
— Schwierigkeit der Umformung;
— einfache Aufbring- und Entfernbarkeit der Schmierstoffe;
— Korrosionsschutzeigenschaften des Schmierstoffs;
— Arbeitsplatz- und Umweltbedingungen;
— Verträglichkeit mit nachfolgenden Fertigungsverfahren (z. B. Einfluß auf das Schweißen);
— Wirtschaftlichkeit u. a.

Diese vielfältigen Anforderungen zusammen mit den sehr unterschiedlichen Bedingungen der verschiedenen Umformverfahren führen letztlich zu der sehr großen Vielfalt der heute verwendeten Schmierstoffe.

5.2.2 Schmierungszustände

Die tribologischen Bedingungen in der Wirkfuge Werkzeug/Werkstück sind sehr vielfältig; sie können sich in der Umformzone selbst unterschiedlich ergeben und während der Umformung verändern. Das Verhalten der Schmierstoffe wird dadurch mitbestimmt. Es äußert sich in unterschiedlichen Schmierungszuständen, häufig auch Reibungszustände genannt.

Üblicherweise werden vier verschiedene Reibungs- und/oder Schmierungszustände unterschieden:

— Festkörperreibung (trockene Reibung),
— Grenzschmierung (Oberflächenschichtschmierung),
— Mischschmierung,
— hydrosynamische Schmierung (Flüssigkeitsschmierung).

Bild 5.9 zeigt in einem erweiterten Stribeck-Diagramm die Bereiche der hydrodynamischen Schmierung, der Misch- und der Grenzschmierung für einen viskosen Schmierstoff in Abhängigkeit von der Dicke der Schmierstoffschicht und die jeweils vorliegenden Annäherungsbedingungen der Reibpartner. Ergänzend ist der Bereich der Festkörperreibung eingetragen.

5.2.2.1 Festkörperreibung

Festkörperreibung oder trockene Reibung liegt vor, wenn in einem tribologischen System die durch Belastung und Bewegung eingebrachte Energie von dem einen Reibpartner auf den anderen ohne Vorhandensein eines Zwischenstoffs (oder Oberflächenschicht) übertragen wird. Die Oberflächen der Reibpartner sind metallisch rein. Der Reibmechanismus wird ausschließlich durch die chemischen und physikalischen Eigenschaften der Reibpartner bestimmt. Da der Reibvorgang in keiner Weise begünstigt wird, sind Reibung und Verschleiß hoch.

Festkörperreibung ist in unverfälschter Form nur im Vakuum zu verwirklichen. Kurzzeitig muß man mit ihr aber auch bei Trenn- oder Schneidvorgängen oder bei Auftreten extremer Kaltverschweißungen rechnen, wenn gewollt oder ungewollt reine Metalloberflächen freigelegt werden.

Die während des Aufeinandergleitens zweier fester Körper auftretenden physikalischen Vorgänge sind zu komplex, als daß sie einer einfachen mathematischen Beschreibung zugänglich wären. Es gibt eine Reihe von Hypothesen zur Erklärung der Reibkraft bei Festkörperreibung [5.8; 5.15—5.17].

Wiegand u. a. [5.15] haben dargelegt, daß die hohen Oberflächenschubspannungen und -verformungen metallisch reine Bereiche freilegen, die sich bis auf eine Atomlage dem Werkzeug nähern und atomare Bindungen wirksam werden lassen, die nur mit erhöhtem Kraftaufwand wieder getrennt werden können bzw. nach Abscheren als Furchungsverschleißteil zurückbleiben. Bowden und Tabor [5.16] sowie später Knappwost und Burkhard [5.17] definieren eine Reibzahl μ_{ges} bei der Festkörperreibung, die sich aus einem Scherungs- oder Affinitätsanteil μ_A und einem Furchungs- oder Verformungsanteil μ_V zusammensetzt.

Schey [5.10] teilt weitgehend die Oberfläche in Bereiche auf, in denen ein Verschweißen stattfindet (Flächenanteil c, Bild 5.10) und in solche, wo ein Schutzfilm (Oxidschicht o. ä.) einen metallischen Kontakt noch verhindert (Flächenanteil b, Bild 5.10). Die Schubfließspannung k des Werkstückstoffs und die Schubfestigkeit τ_S der wie auch immer gearteten Zwischenschicht gehen ent-

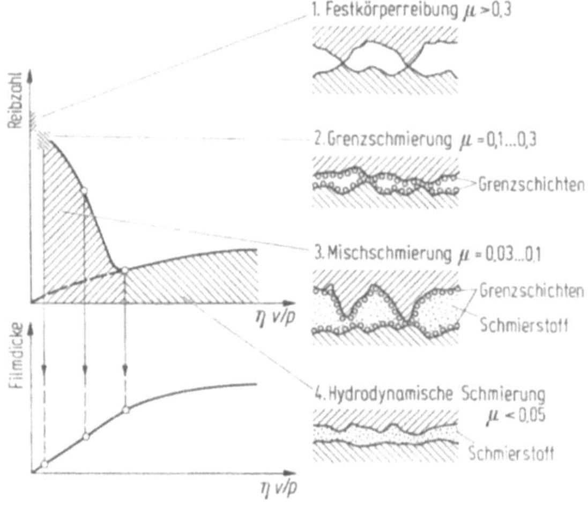

Bild 5.9 Stribeck-Diagramm für unterschiedliche Schmierungszustände. η dynamische Viskosität, v Gleitgeschwindigkeit, p Druck, Flächenpressung

sprechend der Oberflächenanteile in die Reibungsberechnungen ein. Die Schubspannung τ_R in der Wirkfuge kann in diesem Fall beschrieben werden durch

$$\tau_R = c \cdot k + b \cdot \tau_S. \tag{5.8}$$

Daraus folgt nach (5.2) eine Reibzahl

$$\mu = \frac{\tau_R}{\sigma_n} = c\,\frac{k}{\sigma_n} + b\,\frac{\tau_S}{\sigma_n} \tag{5.9}$$

und nach (5.5) ein Reibfaktor

$$m = \frac{\tau_R}{k} = c + b\,\frac{\tau_S}{k}. \tag{5.10}$$

Da der Anteil c nicht konstant bleibt, er wird mit dem Gleitweg zunehmen, sind μ und m nicht konstant.

Zusammenfassend kann gesagt werden, daß die Festkörperreibung auf elastische und plastische Verformungen der Oberflächen der Reibpartner und, sofern die Oxidschichten zerstört werden und metallische Berührung auftritt, auf Adhäsion bzw. örtliche Verschweißungen und deren Abscheren zurückzuführen ist.

Festkörperreibung liegt auch bei Verwendung von metallischen Zwischenschichten (z. B. Cu, Pb, Zn, Sn) vor (Bild 5.11). Sie wirken reibungsmindernd, wenn sie eine geringere Schubfließgrenze als der Grundwerkstoff aufweisen, was normalerweise der Fall ist, wenn also $\tau_S < k$ ist. Die Schubspannung in der Wirkfuge läßt sich auch für diesen Sonderfall durch (5.8) beschreiben. Da die Reibpartner aber durch die Metallzwischenschicht mit $\tau_S < k$ vollkommen voneinander getrennt sind, treten keine Flächenanteile c mit Kaltverschweißungen auf.

In ähnlicher Weise wie die Weichmetallschichten wirken auch Kunststoffe, die als Schmierstoff in Form von Folien oder durch Beschichtung von Werkzeug und/oder Werkstück angewendet werden. Die Scherfestigkeit solcher Kunststoffschichten ist häufig druckabhängig, weshalb zur Beschreibung des Reibungszustands μ besser geeignet ist als m.

5.2.2.2 Grenzschmierung

Unter normalen atmosphärischen Bedingungen sind alle technischen Oberflächen mit adsorbierten Gas- und/oder Flüssigkeits- und/oder chemischen Reaktionsschichten (Oxidschicht) belegt (Bild 5.3). Man spricht hier von Grenzschmierung

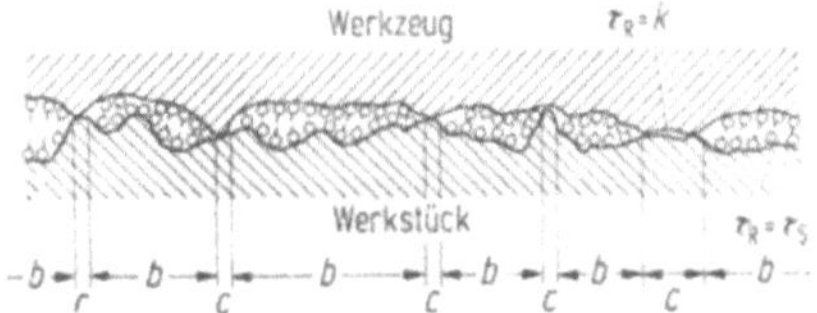

Bild 5.10 Trockene Reibung mit metallischem Kontakt in (c) und durch Oberflächenfilm getrennte Reibpartner in (b). Nach [5.10]

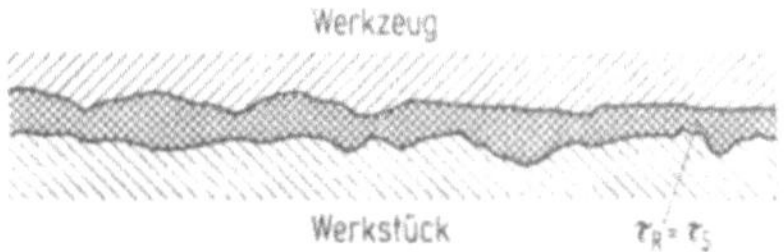

Bild 5.11 Festkörperreibung mit metallischen oder Kunststoffzwischenschichten. Nach [5.10]

(Grenzreibung) oder Oberflächenschichtschmierung. Die gewöhnlich nur wenige Moleküllagen dicken nichtmetallischen Trennschichten begünstigen den Reibungsvorgang und vermindern Reibung und Verschleiß.

Dieses günstige Verhalten macht man sich zunutze, indem man bewußt solche Oberflächenschichten erzeugt. Als Beispiel seien die durch Phosphatieren aufgebrachten Phosphatschichten genannt, die man beim Fließpressen von Stahl verwendet.

In ähnlicher Weise reagieren oberflächenaktive Stoffe, wie z. B. freie Fettsäuren sowie Cl-, P-, As- und S-Verbindungen, die häufig als sog. EP-Additive (extreme pressure additives) Schmierstoffen zugesetzt werden. Sie bilden erst bei Belastung oder höheren Temperaturen auf den Reiboberflächen einen zusammenhängenden Film. Chlorparaffine bilden beispielsweise etwa oberhalb 473 K (200 °C) unter Abspaltung des Cl-Ions einen dünnen Metallchloridfilm mit niedriger Reibzahl und erhöhter Druckbeständigkeit. Arsen- und Phosphorverbindungen wirken verschleißhemmend. Fettsäuren, Chlor- oder Schwefelverbindungen erhöhten die Druckbeständigkeit der Zwischenschicht. Die relativ niedrigen Reibzahlen, die mit Hilfe von Fettsäuren bei Grenzschmierungsbedingungen gemessen werden, beruhen auf der chemischen Reaktion zwischen Fettsäure und Oxidschicht, wobei Metallseifen gebildet werden. Da sich die Reaktion lediglich an der Oberfläche abspielt, verbessern schon sehr geringe Mengen von Fettsäuren das Reibverhalten. Das Reaktionsvermögen der Metalloxide mit Fettsäuren ist unterschiedlich; inaktive Metalloxide, wie z. B. Nickel- oder Chromoxid, zeigen nur eine geringe Reaktionsbereitschaft. Dadurch wird bei solchen Reibpartnern mit Fettsäuren als Schmierstoff keine Verringerung der Reibkraft erzielt.

Nach den wenigen vorliegenden Erkenntnissen [5.10] ist zu vermuten, daß das Reibverhalten solcher Schmierstoffe druckabhängig ist. Es läßt sich damit besser durch die Reibzahl μ als durch m beschreiben (Bild 5.7).

Eindeutig als Schmierungsvorgang — als Trockenschmierung — ist das Aufbringen einer Schicht aus Festschmierstoff, z. B. Graphit und MoS_2, zu betrachten. Vom Mechanismus her handelt es sich dabei um eine Oberflächenschichtschmierung. Da aber hierbei die Oberflächen nicht nur durch dünne Festkörperschichten belegt werden, sondern durch „Ausfüllen" der Rauhtäler das Tragbild der Oberflächen verändert wird, muß man diesen Vorgang eindeutig gegenüber dem durch Adsorption- und Reaktionsschichten gekennzeichneten Schmierungszustand abgrenzen.

Die Scherfestigkeit solcher Schmierstoffschichten ist druckabhängig und kann näherungsweise durch $\mu = 0{,}05$ gekennzeichnet werden (Bild 5.7).

5.2.2.3 Mischschmierung

Bereits bei Vorhandensein kleiner Schmierstoffmengen an der Reibstelle, die flüssig oder pastös sein können, wird die Schmierungsvorgang begünstigt. Zwar kann eine unmittelbare Berührung der Reibpartner nicht ausgeschlossen werden, doch wechseln sich diese Kontaktstellen ab mit Bereichen, in denen ein Schmierfilm die Oberflächen trennt. In Teilbereichen kann es sogar zu einem hydrodynamischen Druckaufbau kommen (Bild 5.12). Dieser Zustand wird als Mischschmierung (Mischreibung) bezeichnet. Eine physikalisch genaue Beschreibung des Mischschmierungsvorgangs ist bisher nicht gelungen.

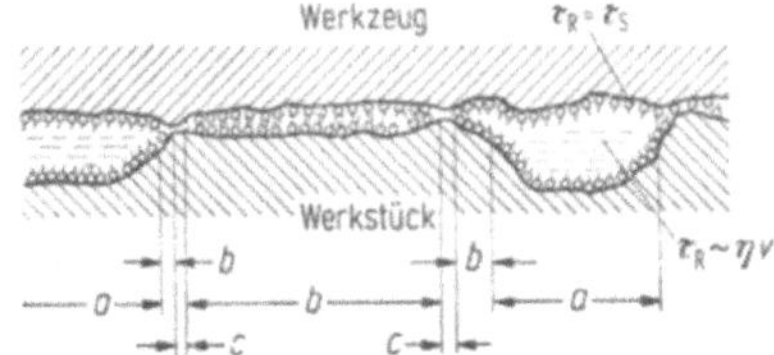

Bild 5.12 Mischschmierung mit metallischem Kontakt in (c), durch Oberflächenfilm getrennte Reibpartner in (b) und Bereiche hydrostatischer Schmierung in (a). Nach [5.10]. η — dynamische Viskosität, v — Gleitgeschwindigkeit

Es müssen also auch hier, wie in [5.9] dargelegt, die Reibbedingungen in den hydrodynamischen und Grenzreibungsbereichen sowie in evtl. auftretenden kleinen Gebieten direkten metallischen Kontakts in Abhängigkeit von ihren Anteilen an der Werkstückoberfläche getrennt betrachtet werden. Reibung und Verschleiß lassen sich damit bei der Mischschmierung sowohl durch die Fähigkeit des Schmierstoffs, auf der Reiboberfläche durch chemische oder physikalische Reaktionen Schutzfilme zu erzeugen, als auch durch Eigenschaften des Schmierstoffs beeinflussen.

Die Mischschmierung wird damit von den geometrischen, physikalischen und chemischen Eigenschaften aller Reibpartner, der beiden Oberflächen wie auch der Schmierschicht, bestimmt. Die Mischschmierung ist der bei Umformvorgängen vorwiegend zu beobachtende Schmierungszustand.

5.2.2.4 Hydrodynamische Schmierung, Flüssigkeitsschmierung

Reichen die sich zwischen den Reibpartnern aufbauenden Drücke in der Schmierstoffschicht aus, der äußeren Kraft das Gleichgewicht zu halten, so werden die Oberflächen vollständig voneinander getrennt, und es findet keinerlei direkte Berührung mehr statt. Der Reibungsvorgang wird dabei aus der Berührungsebene zweier Festkörper in eine Flüssigkeitsschicht verlegt. Als Schmierstoffeigenschaft ist einzig und allein die Viskosität oder eine andere das Fließverhalten der Schmierstoffschicht kennzeichnende Größe von Bedeutung. Die Reibpartner selbst sind an dem Reibungsvorgang nur insofern beteiligt, als sie chemisch mit dem Schmierstoff reagieren bzw. ihre Oberflächenfeingestalt zur Aufrechterhaltung der völligen Trennung der Reibpartner beiträgt.

Bei Massivumformvorgängen sind infolge der hohen Drücke und der gegenüber den Gleitgeschwindigkeiten in der Lagertechnik geringen Relativgeschwindigkeiten hydrodynamische Schmierungszustände i. allg. nicht möglich. Dagegen können sog. hydrostatische Schmierstofftraganteile auftreten. Sie entstehen dann, wenn bei der Annäherung des Umformwerkzeugs an das umzuformende Werkstück Schmierstoff unter hohem Druck in örtliche Vertiefungen der Oberfläche eingeschlossen und am Entweichen gehindert wird.

Derartige Schmierstofftaschen können besonders bei großen Oberflächenvergrößerungen, wie sie z. B. beim Napffließpressen an der Lochinnenwand auftreten, vorteilhaft sein. Andererseits wird die in der Schmierstofftasche eingeschlossene Werkstückoberfläche ohne direkten Kontakt mit der Werkzeugoberfläche, also frei, umgeformt, wodurch es zu eine Aufrauhung und ggf. auch zu Rißbildung kommen kann. Ferner kann der unter hohem Druck eingeschlossene Schmierstoff in Form eines Dieseleffekts sich selbst entzünden und zu örtlichen Oberflächenzerstörungen führen.

5.2.3 Trenn- und Schmierstoffträgerschichten

Bei hohen Normalspannungen und großen Oberflächenvergrößerungen, wie sie z. B. beim Kaltfließpressen von Stahl auftreten, reicht die Druckbeständigkeit üblicher Schmierstoffe nicht aus. Zwischen Werkzeug und Werkstück können deshalb infolge metallischen Kontakts Kaltverschweißungen auftreten. Im allgemeinen ist es deshalb erforderlich, die Oberflächenbeschaffenheit der Werkstücke für das Umformen durch zusätzlich aufgebrachte anorganische oder metallische Überzüge zu verbessern, auf die der Schmierstoff aufgetragen wird (s. Bd. 2, Abschn. 8.2). Als solche Schichten wurden früher vornehmlich Überzüge von Rost („Bräunen") oder duktilen Metallen wie Kupfer, Blei und Zinn verwendet. Kupferüberzüge werden heute noch beim Kaltumformen nichtrostender Edelstähle eingesetzt. Von überragender Bedeutung sind heute jedoch die sog. Konversionsschichten. Beim Kaltfließpressen von Stahl sind sie eine notwendige Voraussetzung für eine wirtschaftliche Fertigung.

Konversionsschichten sind kristalline, chemisch mit dem Grundwerkstoff verwachsene Salzschichten, insbesondere von Metallphosphaten und Metalloxalaten [5.18].

Konversionsschichten bieten eine bessere Verankerung der Schmierstoffe auf der Werkstückoberfläche, wobei die Adhäsion der Schmierstoffe durch die Porosität der Konversionsschicht (von 0,1 bis 1%) verbessert, die Haftung darüber hinaus bei geeigneten Schmierstoffen auch durch chemische Bindung unterstützt wird. Diese bessere Haftung ist ausschlaggebend dafür, daß der Schmierstoffilm hohe Drücke und große Oberflächenvergrößerungen auch an Kanten des Werkzeugs erträgt ohne abzureißen.

Die Gleitwirkung der Konversionsschicht ist nur von untergeordneter Bedeutung.

Die Metallphosphatschichten werden beim Kaltumformen von unlegierten und niedriglegierten Stählen eingesetzt. Für hoch mit Cr und/oder mit Ni legierte Edelstähle sind Oxalatüberzüge erforderlich. Die große Masse der heute aus Stahlwerkstoffen kaltfließgepreßten Formteile wird aus unlegierten und niedriglegierten Güten hergestellt. Damit hat von allen Trennschichten die Metallphosphatschicht heute die weitaus größte wirtschaftliche Bedeutung.

5.2.3.1 Grundlagen des Zinkphosphatierens

Aus der großen Zahl von schichtbildenden Metallphosphaten hat beim Kaltumformen von Stahl das Zinkphosphat die größte Bedeutung erlangt. Es wird auch beim Pressen von Aluminiumlegierungen angewendet.

Neben Zn wird gelegentlich auch Mn als Schichtkation eingesetzt. Anzeichen dafür, daß das Zinkphosphat als Trennschicht für das Kaltumformen von Stahl in größerem Ausmaß durch Mangan- oder ein anderes Metallphosphat substituiert werden könnte, liegen nicht vor.

Der Vorgang der Zinkphosphatierung läßt sich vereinfachend auf zwei wichtige Reaktionen, einen elektrochemischen und einen schichtbildenden Vorgang, zurückführen:

Beim Eintauchen des Werkstücks in die Phosphatierlösung wird zunächst die Werkstückoberfläche durch die in der Lösung enthaltenen H^+-Ionen gebeizt. Durch diesen Korrosionsvorgang wird $Fe^{\pm 0}$ oxidiert, und die H^+-Ionen werden zu Wasserstoffgas H_2 reduziert:

$$Fe^{\pm 0} + 2\,H^+ \rightarrow Fe^{2+} + H_2{}^{\pm 0} \tag{5.11}$$

(Startreaktion)

Das Herauslösen der Fe-Atome aus der Werkstückoberfläche durch den Beizangriff ermöglicht erst die Schichtbildung. Denn durch diesen Vorgang werden H^+-Ionen verbraucht; damit wird an der Grenzfläche Werkstück/Lösung der Phosphorsäuregehalt verringert und das Lösungsgleichgewicht so verändert, daß sich das in der Lösung vorhandene primäre Zinkphosphat in schwerlösliches tertiäres Zinkphosphat und freie Phosphorsäure umsetzt. Das tertiäre Zinkphosphat fällt aus der Lösung aus und scheidet sich als kristalliner Überzug auf der Werkstückoberfläche ab:

$$3\,Zn^{2+} + 2\,[H_2PO_4]^- \rightarrow Zn_3[PO_4]_2 + 4\,H^+ \tag{5.12}$$

(Schichtbildungsreaktion)

Da das bei dem Angriff der Phosphorsäure auf das Metall entstehende H_2-Gas den weiteren Beizangriff hemmen würde, enthalten Phosphatierlösungen stets sog. Oxidationsmittel als Beschleuniger (Nitrite, Nitrate, Chlorate).

Gleichzeitig übernehmen die Oxidationsmittel die Aufgabe, die sich bei der Startreaktion bildenden Fe^{2+}-Ionen (lösliches Fe-II-Phosphat), je nach Badtyp und Oxidationsmittel mehr oder weniger vollständig, in Fe^{3+}-Ionen überzuführen, die mit den Phosphat-Ionen des Bades zu schwerlöslichem Fe-III-Phosphat reagieren, das dann als Badschlamm ausfällt. Damit wird ein unkontrollierter Anstieg des Eigengehalts in den Phosphatierbädern verhindert und so die Nutzungsdauer der Bäder verlängert.

Ein Teil der bei dem Beizangriff freigesetzten Fe^{2+}-Ionen wird mit in die Phosphatschicht eingebaut. Das Ausmaß ist abhängig vom Typ des Beschleunigers.

Zinkphosphatüberzüge sind in Säuren und Laugen löslich. Das gute Aufnahmevermögen für Öle, Ziehfette usw. beruht auf der durch die Porosität gegebenen großen Oberfläche der Zinkphosphatschicht. Bei einer Badtemperatur von 371 K (98 °C) und einer Behandlungsdauer bis zu 15 min lassen sich Schichtdicken von 5 bis 15 μm erreichen. Beim Kaltfließpressen von Stahl wurde festgestellt, daß in diesem Schichtdickenbereich die Preßkraft ohne eine erkennbare Tendenz lediglich um etwa 5 % streut [5.19]. Die Phosphatschicht ist bis ungefähr 673 K (400 °C) beständig.

Zum Phosphatieren wird gewöhnlich eine Durchlaufanlage verwendet. In den einzelnen Bädern erfolgen:

— Entfetten, z. B. mittels eines alkalischen Tauchreinigers bei 363 K (90 °C) bis
  368 K (95 °C);
— Spülen mit fließendem kaltem Wasser;
— Beizen in Salz- oder Schwefelsäure;
— Spülen in fließendem kaltem Wasser;
— Spülen in heißem Wasser bei etwa 343 K (70 °C) bis 363 K (90 °C);
— Phosphatieren bei 333 K (60 °C) bis 371 K (98 °C);
— Spülen in fließendem kaltem Wasser.

Je nach verwendetem Schmierstoff schließen sich noch Neutralisier- und
Befettungsbäder sowie Trocknungsstufen an.

5.2.3.2 Oxalieren

Bei korrosionsbeständigen Stählen, wie ferritischen Cr-Stählen und austenitischen
Cr-Ni-Stählen versagen die gebräuchlichen Phosphatierverfahren. Wegen der zu
geringen Aggressivität dieser Bäder lassen sich bei diesen Werkstoffen keine
brauchbaren Phosphatschichten ausbilden. Man verwendet deshalb Oxalierver-
fahren. Beim Oxalieren wirken oxalsäurehaltige, wäßrige Lösungen auf die
Metalloberfläche ein, wobei meist schwerlösliche Eisen-II-Oxalatschichten auf
ihr abgeschieden werden. Als Badbeschleuniger werden üblicherweise Nitrate,
Nitrite, Chlorate und Eisen-III verwendet.

Die Ferrooxalatschicht hat ähnliche Eigenschaften wie eine Zinkphosphatschicht. Die Temperaturbeständigkeit reicht für Kaltumformung aus, wenngleich
sich die Oxalatschicht bei Erwärmen an Luft bereits oberhalb etwa 433 K (160 °C)
zersetzt.

Nach dem Umformen kann die Oxalatschicht durch eine alkalische Tauch-
reinigung mit anschließendem Beizen entfernt werden.

5.2.4 Schmierstoffe

Die Schmierwirkung der Schmierstoffe in der Wirkfuge zwischen Werkzeug und
Werkstück beruht auf einer Reihe unterschiedlicher Erscheinungen:

— Verbesserung der Gleiteigenschaften durch die geringere Scherfestigkeit der
  Schmierstoffschicht;
— physikalische Adsorption polarer Gruppen, die dem Schmierstoff zugesetzt
  sind;
— gehemmte chemische Reaktion (Chemisorption) der Schmierstoffe mit der
  Reiboberfläche;
— Adhäsion.

Frisch verformte Oberflächen sind gekennzeichnet durch das Auftreten erhöhter
freier Oberflächenenergie, d. h. freier Valenzen, die die Reaktionsbereitschaft der
Oberfläche fördern und so zu einer erhöhten Verschweißneigung führen. Diese
freien Valenzen können durch polar wirkende Schmierstoffkomponenten abge-
sättigt werden. Zu solchen polaren Hilfsstoffen zählen z. B. Fettsäuren und aus
diesen gebildete Metallseifen.

Durch Chemisorption können Schmierstoffe chemische Bindungen mit der Reiboberfläche eingehen. Sie lagern sich in Schichten an, die eine gute Trenn- und Gleitwirkung haben. Solche Schmierstoffe sind Fettsäuren und Schwefelverbindungen, wie z. B. MoS_2; ihre Wirkung ist aber meist auf bestimmte aktive Metalle begrenzt.

Mineralöle und Emulsionen ohne polare oder chemisch reaktionsfähige Atomgruppen lagern sich durch Adhäsionswirkung an die Reiboberfläche an. Die Trennwirkung solcher Schmierstoffe ist sehr gering, die Gleitwirkung jedoch gut. Zur Verbesserung der Trennfähigkeit werden deshalb häufig besonders reaktionsfreudige und oberflächenaktive Additive (EP-Additive) dem Schmierstoff zugegeben. Sie bilden erst bei Belastung oder höheren Temperaturen auf den Reiboberflächen einen zusammenhängenden Film. EP-Additive sind insbesondere organische Verbindungen des Cl, P und S. Chlorparaffine bilden beispielsweise etwa oberhalb 473 K (200 °C) unter Abspaltung des Cl-Ions einen Metallchloridfilm mit geringer Reibzahl. Der Mechanismus der P- und S-Verbindungen ist ähnlich.

Die Reaktion der EP-Additive hängt von den Umformbedingungen, den Werkstoffen und der Additivart ab. Die entstehenden Reaktionsschichten wirken selbst als Festschmierstoffe. Dabei findet während des Reibungsvorgangs eine stetige Abtragung und Erneuerung der Reaktionsschichten statt bis zur Erschöpfung des Additivvorrats.

Schmierstoffe für die verschiedenen Verfahren der Umformtechnik lassen sich nach sehr vielen Kriterien unterscheiden, die zuweilen nicht eindeutig gegeneinander abgegrenzt werden können. Nach der hier gewählten Einteilung werden Öle und Fette, wäßrige Suspensionen, Seifen- und Festschmierstoffe unterschieden.

5.2.4.1 Öle und Fette

Mineralöle werden meist durch Destillation aus Rohöl oder entsprechenden synthetischen Produkten gewonnen und bilden die Grundlage für die meisten industriell angewendeten Schmierstoffe.

Zur Verbesserung der Trennfähigkeit werden den Ölen Zusätze beigemischt. Beim Kaltfließpressen von NE-Metallen haben sich Metallseifen, wie z. B. Zink- und Kadmiumstearat, tierische und pflanzliche Fette sowie Alkohole, Amine und Ester bewährt. Zum Tiefziehen von Stahlblech werden u. a. Mineralöle mit Zusätzen von Stearin- und Ölsäuren eingesetzt, die mit den Metalloxiden druckbeständige Metallseifen bilden.

Werden an die Ölschmierstoffe vom Umformvorgang her noch höhere Anforderungen gestellt, so werden diesen Hochdruck-(EP-) Zusätze beigemischt. Beim Fließpressen von Stahl werden Additive auf Schwefel- (z. B. Zinksulfid), Phosphor- (z. B. Trikresylphosphat) oder Chlorbasis eingesetzt, wobei letzteres als Chlorparaffin hauptsächlich bei nichtrostenden Stählen Anwendung findet.

Natürliche Öle, Fette und Wachse tierischer oder pflanzlicher Herkunft wie Palmöl, Rüböl, Talg u. a. überdecken weiterhin eine relativ große Spanne unterschiedlicher Viskositäten und enthalten i. allg. auch wirksame Zusätze.

Neben den chemisch wirkenden Zusätzen werden den Ölschmierstoffen z. T. auch Festschmierstoffe wie Graphit und Molybdändisulfid (MoS_2) beigemischt.

5.2.4.2 Wäßrige Suspensionen

In Wasser gelöste Öle, Seifen- oder Festschmierstoffe werden sowohl in der Warm- als auch in der Kaltumformung eingesetzt, wobei das Wasser unterschiedliche Aufgaben hat. Beim Warmumformen von Stahl, z. B. beim Walzen, dient Wasser mit entsprechenden Korrosionszusätzen der Kühlung der Werkzeuge. In der Wirkfuge verdunstet es, und der zugesetzte Schmierstoff (1 bis 5%) kommt neben den Eisenoxiden zum Einsatz.

Beim Warmwalzen von NE-Metallen und allen Kaltumformverfahren dient Wasser dagegen als Träger für den suspensierten Schmierstoff (1 bis 20%). Mit entsprechenden Emulgatoren versehen lagert sich der Schmierstoff an Werkstück- oder Werkzeugoberfläche an. Vorteil dieser Öl- oder Seifenschmierstoffemulsionen ist die Möglichkeit für eine Umlaufschmierung.

5.2.4.3 Seifenschmierstoffe

Metallseifen sind die Reaktionsprodukte von Fettsäuren (Stearin- und Ölsäuren) mit Metalloxiden und bilden auf den Metallen sehr druckbeständige Schichten.

Die Seifen gehören zu den polaren Schmierstoffen, da sie in Kationen und Anionen dissoziieren. Die Fettsäureanionen werden von den Kationen der Konversionsschicht adsorbiert. Im pH-Bereich von 8 bis 10 führt diese Beseifung zu einer hinreichenden Bildung von Schwermetallseifen. Diese sind wasserunlöslich und ergeben infolge ihrer chemischen Bindung mit der Trägerschicht die sehr gute Haftfestigkeit des Schmierstoffs. Zusätzlich wird über diese Schicht nicht reagierte Metallseife adhäsiv gebunden.

Eine weitverbreitete reaktive Alkaliseife ist das Natriumstearat. Es wird gewöhnlich unmittelbar nach dem Phosphatieren durch Tauchen in heiße, wäßrige Lösung mit eventuell anschließendem Trocknen mit Warmluft aufgebracht. Vorteile dieses Schmierstoffs sind die gute Druckbeständigkeit und die geringen Schmierstoffkosten. Die Seife ist jedoch nur für Kaltumformung geeignet, da sie oberhalb 493 K (220 °C) ihre Schmierwirksamkeit verliert (Bild 5.21).

Beim Kaltfließpressen von NE-Metallen haben Metallseifen wie z. B. Zink- und Kadmiumstearat große Bedeutung. Schmierfette sind meist kolloidale Dispersionen von Metallseifen in Kohlenwasserstoffölen (z. B. Petroleumöl) und können auch wiederum Zusätze wie EP-Additive und lamellare Festschmierstoffe enthalten. Sie werden dann eingesetzt, wenn Öle oder Emulsionen nicht in der Lage sind, Schmierfilme genügender Dicke aufzubauen.

5.2.4.4 Festschmierstoffe

Die wichtigsten Vertreter dieser Gruppe sind die Festschmierstoffe mit Schichtgitterstruktur. So weist Graphit mit seiner hexagonalen Gitterstruktur relativ schwache Bindungen der einzelnen Lamellen zueinander auf, so daß eine geringe Scherfestigkeit bei Scherbeanspruchung gewährleistet ist. Graphit wird meist in Wasser oder Öl dispergiert eingesetzt. Beim Molybdändisulfid (MoS_2) lagern sich die kovalent gebundenen MoS_2-Kristalle an der Oberfläche an und gleiten schon bei kleinen Schubspannungen leicht aufeinander [5.20]. Die geringe Scherfestigkeit dieser Schichten gewährleistet bei guter Trennung der Reibpartner geringe Reibung auch bei hoher Oberflächenvergrößerung. MoS_2 wird meist in Verbindung mit einer Konversionsschicht angewandt und zur besseren Haftung mechanisch durch Trommeln oder Polieren auf der Werkstückoberfläche verankert. Neben Molybdändisulfid, das bis etwa 673 K (400 °C) beständig ist, wird auch Wolframdisulfid bei Temperaturen bis 773 K (500 °C) eingesetzt. Graphit kann bis 1 073 K (800 °C) verwendet werden. Diese lamellar aufgebauten Festschmierstoffe können auch Öl- oder Seifenschmierstoffen zugesetzt werden.

Kunststoffe (Polymere) wie Polyäthylene, PTFE (Teflon) oder PVC finden in einigen Spezialfällen, wie z. B. als Folien beim Tiefziehen großer Blechteile, Anwendung, sind aber relativ teuer und für große Oberflächenvergrößerungen i. allg. nicht geeignet.

Glas, als Pulver oder aufgeschmolzener Überzug, wird in der Warmumformung eingesetzt, wo es in der Wirkfuge zu einem Film geringer Scherfestigkeit verflüssigt und sogar, z. B. beim Strangpressen, hydrodynamische Schmieranteile erzeugt.

Weichmetalle als Schmierstoffe sind dann angebracht, wenn die Reibpartner nicht auf andere Weise genügend geschmiert werden können. Sie zeichnen sich durch geringe Scherfestigkeit, gute Haftung auf dem Grundmaterial und meist gute Reaktivität mit einem zusätzlich aufgebrachten Schmierstoff aus. Die gebräuchlichsten Beispiele sind Kupferüberzüge auf nichtrostendem Stahl oder Zinn zum Ziehen von Stahlbüchsen.

5.2.5 Anwendung der Schmierstoffe

Tabelle 5.2 gibt einen Überblick über den Einsatz der Schmierstoffe bei den verschiedenen Umformverfahren. Neben den bisher herausgestellten Schmierstoffeigenschaften ist auch deren Aufbringen auf Werkstück oder Werkzeug bei der Entscheidung für ein bestimmtes Produkt ausschlaggebend. Große Mengen von Schmierstoff werden immer dann zugeführt, wenn dieser gleichzeitig eine Kühlwirkung haben soll und sich die Schmierfilmdicke aufgrund der Ausbildung der Werkzeug-Werkstück-Geometrie bei einem Umformvorgang selbst einstellt. Dies trifft für Walzen, Draht- und Rohrziehen sowie eine Reihe von Kaltumformverfahren zu, wo meistens der gesamte Werkzeugraum geflutet wird.

Eine sorgfältig aufgetragene Schmierstoffschicht bestimmter Dicke ist in solchen Fällen zu gewährleisten, wo ein Überschuß das Ausfüllen der Werkzeugkontur verhindert oder diese zusetzt (Fließpressen, Tiefziehen).

Die Verfahren der Schmierstoffaufbringung reichen vom Besprühen von Werkstück oder Werkzeug, Bestreichen, Bestreuen bis hin zum Tauchen. Letzteres wird hauptsächlich nach dem Phosphatieren oder Oxalieren zum Beseifen oder Aufbringen einer Festschmierstoffschicht angewandt.

Besondere Probleme treten beim Einsatz phosphatierter Drähte auf Mehrstufenpressen auf. Die auf der Presse abgescherten Teile weisen eine unbehandelte Scherfläche auf, weshalb je nach nachfolgender Umformung noch zusätzliche Schmierstoffe, meist Öle mit EP-Zusätzen, aufgebracht werden müssen.

5.2.6 Schmierstoffprüfung

Der Schmierungszustand und damit die Reibkraft sind bei den Verfahren der Umformtechnik von einer großen Anzahl von Einflußgrößen bestimmt. Diese beziehen sich auf die beiden Reibpartner, auf die Zwischenschicht und auf die äußeren Einflußgrößen (s. Abschn. 5.1.5).

Tabelle 5.2 Gebräuchliche Schmierstoffe und durchschnittliche Reibzahlen beim Kalt- und Warmumformen verschiedener Werkstoffe (seltener eingesetzte Schmierstoffe in Klammern). (Nach [5.8])

CL	Chlorparaffin	GR	Graphit
EM	wäßrige Emulsion	MO	Mineralöl (Viskosität in cst bei 40°C)
EP	„extreme pressure" Additive	PH	Phosphatschicht
FO	Fette, Fettöle (Palmöl, synth. Palmöl)	PO	Polymer-, Kunststoffbeschichtung
FS	Fettsäuren, Alkohole, Ester, Amine	SF	Seife (Pulver, in wäßriger Lösung oder EM)
GL	Glas		

Umformverfahren	Stahl	μ	Rostfreier Stahl auf Ni-Basis	μ	Ti	μ	Cu, Messing	μ	Al, Mg+	μ
Kaltwalzen	FO FO-EM (FO-MO)	0,03 0,07 0,05	CL-MO CL-FO-MO	0,07 0,1	FO-MO MO + Oxidschicht SF	0,1 0,1 0,1	FO-Mo (10…50) FO-MO-EM	0,03 0,07	1…5% FS-MO (5…20) (od. synth. MO)	0,03
geringe Umformung Kaltfließpressen	EP-MO	0,1	CL-MO	0,1	SF od. GR-Fett auf fluor. PH	0,05	FO-MO	0,1	Lanolin	0,05
hohe Umformung	SF auf PH MoS$_2$ + SF auf PH	0,05 0,05	SF auf Oxalat	0,05			GR-FO GR-Fett	0,05 0,05	Zinkstearat SF auf PH	0,05 0,05
geringe Umformung Kaltschmieden	EP-MO	0,1	EP-MO	0,1	s. Fließpr.		FO	0,05	FO	0,05
hohe Umformung	SF auf PH	0,05	CL-MO SF auf Oxalat	0,1 0,05			SF	0,05	Lanolin	0,05
geringe Umformung Drahtziehen	SF-FO-EM	0,1	MO-CL	0,1	s. Fließpr.		SF-MO-EM	0,1	FO-MO (20…40)	0,03
hohe Umformung	SF auf Kalk oder Borax	0,05	SF auf Oxalat PO od. CL-MO	0,05 0,05			FO-MO (20…80) SF-FO-EM	0,05 0,1	FO-MO (100…400) FO-MO-EM	0,05 0,1

Verfahren	Schmierstoff	μ	Schmierstoff	μ	Schmierstoff	μ	Schmierstoff	μ	Schmierstoff	μ
Stabziehen	EP-FO-MO auf Kalk od. PH Fett; GR-Fett	0,1 0,1	CL-EP-MO	0,1	s. Fließpr. od. PO		FO-MO SF	0,1 0,05	FO-MO (50...400) SF	0,05 0,1
Rohrziehen	EP-FO-MO SF auf PH	0,1 0,05	SF auf Oxalat PO	0,05 0,05	s. Stabziehen		s. Stabziehen		s. Stabziehen	
Tiefziehen, geringe Umformung	MO; SF-EM	0,05	EP-MO EP-MO-EM	0,1	MoS_2-MO	0,07	MO-EM	0,1	FS-MO	0,05
hohe Umformung	FO; FO-EP-MO SF; SF auf PH pigm. FO-SF	0,1 0,05 0,05	SF CL-MO	0,1 0,1	GR-Fett[a]	0,07	FO-MO pigm. FO-SF	0,07 0,05	FO	0,05
Abstreckgleitziehen	EP-GR-Fett SF auf PH	0,1 0,05	SF auf Oxalat	0,05	GR-Fett[a] GR + GL	0,1 0,05	FO SF	0,1 0,1	Lanolin	0,05
Warmwalzen	— (GR-Suspens.) (MO-FS-EM)	μ_{max} 0,2 0,2	s. Stahl		s. Stahl		MO-FS-EM	0,2	MO-FS-EM	0,2
Strangpressen	GL (GR)	0,02 0,2	GL	0,02	GL	0,02	— (GR) (GL)	μ_{max} 0,2 0,02	—	μ_{max}
Warmschmieden	— GR	μ_{max} 0,2	GR MoS_2	0,2	GL MoS_2	0,05 0,1	GR	0,1...0,2	GR MoS_2	0,1...0,2 0,1...0,2

[a] Umformung erfolgt i. allg. bei höheren Temperaturen

Daraus wird deutlich, daß die Bestimmung der Reibkraft bzw. der Reibzahl mit Schwierigkeiten verbunden ist. Während die meisten der Einflußparameter der Reibpartner meßbar sind oder als physikalische Kenngröße vorliegen, sind die herrschenden äußeren Bedingungen bei den einzelnen Umformverfahren nicht oder nur teilweise bekannt und bei der Reibzahlermittlung nicht genau nachvollziehbar. Insbesondere die Spannungs- und Geschwindigkeitsverteilungen in der Berührzone Werkstück/Werkzeug sowie die Vergrößerung der Werkstückoberfläche haben einen großen Einfluß auf die Reibung.

Das Ziel einer verfahrensbezogenen Schmierstoffprüfung muß es sein, die Zahl der Unbekannten im tribologischen System zu minimieren und dennoch die tatsächlich vorliegenden Einflußgrößen im Versuch nachzubilden. Dazu ist es notwendig, die entsprechenden Umformverfahren auf die herrschenden Belastungen hin zu untersuchen und daraufhin ein Prüfverfahren auszuwählen, mit dem deren Simulation möglich ist.

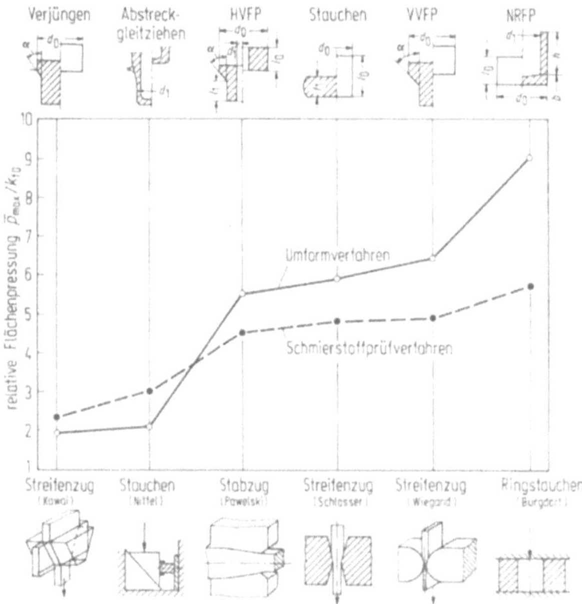

Bild 5.13 Vergleich der relativen Flächenpressung p_{max}/k_{f0} bei sechs Umform- und sechs Schmierstoffprüfverfahren. Nach [5.21]

Ein Vergleich der Maximalwerte der mittleren relativen Flächenpressung bei sechs Kaltmassivumform- und sechs Reibzahlermittlungsverfahren [5.21] zeigt Bild 5.13. Die Verläufe von „Anforderungsprofil" der Umformverfahren und „Leistungsprofil" der Schmierstoffprüfverfahren lassen erkennen, daß mittlere Belastungen nur von wenigen, höhere dagegen von den üblichen Prüfverfahren gar nicht mehr nachgebildet werden können. Ein Schmierstoff für das Napf-Rückwärtsfließpressen (NRFP) kann also im Modellversuch nicht verfahrensgetreu geprüft werden; es sind demnach Versuche am Fließpreßteil selbst vorzunehmen.

Zu ähnlichen Ergebnissen kommt man auch bei entsprechender Betrachtung der mit Prüfverfahren simulierbaren Oberflächenvergrößerungen und Relativgeschwindigkeiten.

Es erhebt sich also die Forderung, bei Entwicklung und praktischem Einsatz von Schmierstoffprüfverfahren eine Anpassung an die Verhältnisse bei der Umformung zu ermöglichen, um praxisnahe, verfahrensbezogene Ergebnisse zu erhalten.

Grundsätzlich bestehen zur Prüfung von Schmierstoffen für die Umformtechnik zwei Möglichkeiten: sie wird einerseits anhand von Modellversuchen und andererseits an Umformverfahren selbst vorgenommen.

Als Kriterium für die Beschreibung der Reibverhältnisse werden neben der Reibkraft bzw. der Reibzahl die Umformkraft selbst bzw. deren Änderung, der erzielbare Umformgrad oder andere charakteristische Abmessungsverhältnisse sowie der Oberflächenzustand herangezogen. Die Vielzahl der Einflußgrößen wirkten sich bei den meisten Reibzahlermittlungs- und Schmierstoffprüfverfahren in einem relativ großen Streubereich der Versuchswerte aus.

5.2.6.1 Reibungsuntersuchungen in Modellversuchen

Bei den bekannt gewordenen Modellversuchen kann man zwischen solchen unterscheiden, die sich an Verfahren der Blechumformung anlehnen und solchen, die die Bedingungen von Massivumformverfahren näherungsweise wiedergeben.

Als Modellversuch für das Tiefziehen wurde der Keilzugversuch von Reihle [5.22] entwickelt und später von Kawai u. a. [5.23] in ähnlicher Weise weitergeführt. Ein Blechstreifen wird zwischen zwei, in einem (bestimmten) Winkel zueinander stehenden, Ziehflächen hindurchgezogen (Bild 5.14a). Senkrecht zu diesem Keil wird über zwei Bremsklötze die Normalkraft aufgebracht, um Beanspruchungsverhältnisse zu realisieren, die denen beim Tiefziehen an einem Rondenausschnitt ähnlich sind. Die über die Berührflächen der Bremsbacken gemittelte Reibzahl wurde für verschiedene Schmierstoffe und Tiefziehbleche unterschiedlicher Qualität und Oberflächenbeschaffenheit in Abhängigkeit von der Normalspannung bestimmt. Bei Verwendung flüssiger Schmierstoffe zeigte sich ein starker Werkstoffeinfluß auf die Reibzahl, der bei Festschmierstoffen aufgrund der besseren Trennwirkung kaum zu erkennen war. Die Reibzahl lag jedoch höher als bei flüssigen Schmierstoffen. Ferner stellte Reihle fest, daß die Reibzahl ab einer bestimmten Normalspannung bei weiter steigender Spannung abnimmt.

Eine Gegenüberstellung zwischen Oberflächenrauheit der Probe und Reibzahl zeigt, daß diese bei einem bestimmten Mittenrauhwert ein Maximum annimmt, während bei kleiner und großer Oberflächenrauheit die Reibung geringer wird.

Bei einer glatten Oberfläche ist die Oberflächenverformung während des Reibvorgangs und die Gefahr des Durchstoßens der Schmierstoffschicht geringer als bei einer rauhen Oberfläche. Andererseits haftet jedoch der Schmierstoff an einer rauhen Oberfläche besser, und der Schmierstoffvorrat in den Rauheitstälern gelangt bis weit in die Umformzone hinein.

Von Doege u. a. [5.24] wurde zur Ermittlung der Reibverhältnisse an der Ziehkantenrundung beim Tiefziehen ein Streifenziehversuch mit Umlenkung entwickelt (Bild 5.14b). Es wurde auch hier festgestellt, daß mit höherer Flächen-

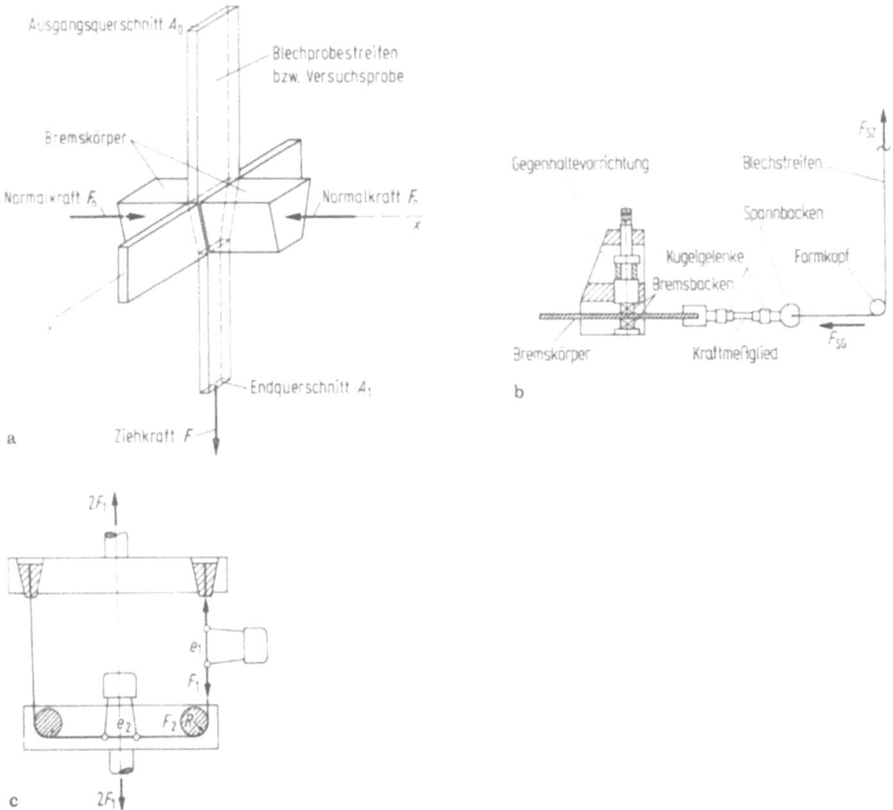

Bild 5.14 Reibungsmeßgeräte zur Schmierstoffprüfung für das Tiefziehen. **a** nach [5.22]; **b** F_{SZ} Streifenziehkraft, F_{SG} Streifengegenkraft, nach [5.24]; **c** e_1, e_2 Dehnungsmesser, F_1 Ziehkraft, F_2 Querkraft, R Formkopfradius; nach [5.25]

pressung, die aus geometrischen Gründen bei kleinerer Ziehkanten-, d. h. Formkopfrundung, auftritt, die Reibzahl erheblich abnimmt.

Ein Vergleich der im Streifenziehversuch mit Umlenkung ermittelten Reibzahlen mit den im entsprechenden Tiefziehversuch gemessenen Ziehkräften zeigt, daß beide Größen jeweils bei Verwendung desselben Schmierstoffs gleich reagieren. Daraus folgt, daß die Ziehkraft in erster Linie von den Reibungsverhältnissen an der Ziehkantenrundung und nur geringfügig von denen zwischen Ziehring und Niederhalter beeinflußt wird.

Besonders bei großen Ziehteilen spielt aber auch die Reibung an der Stempelkantenrundung eine bedeutende Rolle, da hier infolge erhöhter Reibkraft der Werkstoff häufig durch Reißen versagt. Duncan u. a. [5.25] simulierten das Gleiten eines Blechs um die Stempelkante mit einer Vorrichtung, bei der ein U-förmig gebogener Blechstreifen um zwei Zylinder gelegt wird, die durch eine Zugprüfmaschine in Ziehrichtung bewegt werden (Bild 5.14c). Geringste Reibung konnte bei Schmierung mit Polyethylenfolie und Öl festgestellt werden. Nur sehr geringen Einfluß auf die Reibzahl haben der Stempelkantenradius, die Ziehge-

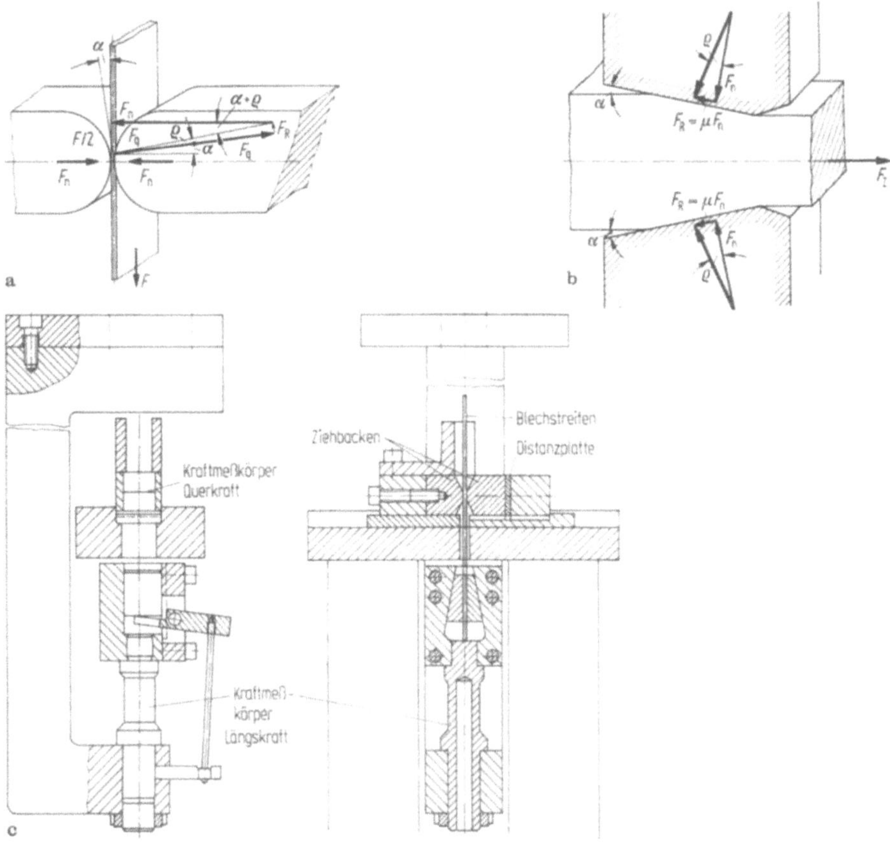

Bild 5.15 Streifenziehgeräte zur Schmierstoffprüfung. **a** F_q Querkraft; nach [5.26];
b nach [5.27]; **c** nach [5.28]

schwindigkeit, die Walzrichtung und kleine Vorverformungen des Streifens
[5.25].

Von Wiegand und Kloos [5.26] stammt ein Gerät (Bild 5.15a) zur Untersuchung der Oberflächenwandlung und der Reibzahl. Es werden zwei feststehende
Zylinder in einen Streifen gedrückt, der dann durch den so gebildeten Ziehspalt
gezogen wird. Für verschiedene Schmierstoffe wurde damit festgestellt, daß die
Reibzahl bei mittlerer Normalspannung ein Minimum aufweist, dagegen zu
größeren und kleineren Flächenpressungen hin ansteigt. Bei Verwendung hoch
druckbeständiger Schmierstoffe zeigte sich auch bei hohen Drücken keine nennenswerte Einebnung der Oberflächenstruktur. Pawelski [5.27] entwickelte eine Vorrichtung, bei der ein Streifen zwischen zwei in bestimmtem Winkel zueinander-
stehenden Ziehbacken hindurchgezogen und in seinem Querschnitt verringert
wird (Bild 5.15b). Die Zieh- und Querkräfte werden gemessen und zur Berechnung
der Reibzahl und der mittleren Flächenpressung herangezogen. Wie bei allen
Streifenziehverfahren können die örtlich auftretenden Drücke erheblich von
diesen abweichen.

Pawelski stellte mit diesem Reibmeßgerät fest (Bild 5.16), daß die Reibkraft bei Verwendung von Schmierölen mit zunehmender Flächenpressung zwischen 400 und 600 N/mm² stark ansteigt, um dann einen nahezu konstanten Verlauf anzunehmen.

Übereinstimmend mit Reihle wurde von Pawelski festgestellt, daß ein großer Einfluß der Oberflächenrauheit auf die Reibzahl derart besteht, daß eine mittlere Rauhtiefe bzw. Glättungstiefe die höchste Reibzahl liefert (Bild 5.17). Bei Verwendung von Festschmierstoffen fand Pawelski in Übereinstimmung mit anderen Untersuchungsergebnissen eine Verringerung der Reibzahl mit zunehmender Normalspannung.

Mit dem von Schlosser [5.28] entwickelten Streifenziehgerät (Bild 5.15c) wurde der Einfluß der Werkstoffpaarung auf die Reibung in der Umformzone beim Einsatz von austenitischen Blechen untersucht. Aus Bild 5.18 ist zu erkennen, daß die berechnete Reibzahl f_r für alle Werkzeugwerkstoffe ein Minimum bei etwa $p_m = (700\dots900)$ N/mm² aufweist. Bei kleineren und höheren Drücken steigt sie hingegen an. Es konnte festgestellt werden, daß die Verfahrensgrenze des Werkstoffübertrags sehr empfindlich auf eine Änderung der Reibverhältnisse reagiert.

Einige der untersuchten Kombinationen lieferten im Streifenziehversuch so gute Ergebnisse, daß in diesen Fällen auf eine Oberflächenvorbehandlung (Oxalieren) verzichtet werden konnte. Die mit diesem Streifenziehverfahren erzielten Ergebnisse zeigten z. T. sehr gute Übereinstimmungen mit beim Abstreckgleitziehen ermittelten Werten [5.29], weshalb dieser Versuch besonders zur Schmierstoffprüfung hinsichtlich dieses Umformverfahrens geeignet ist.

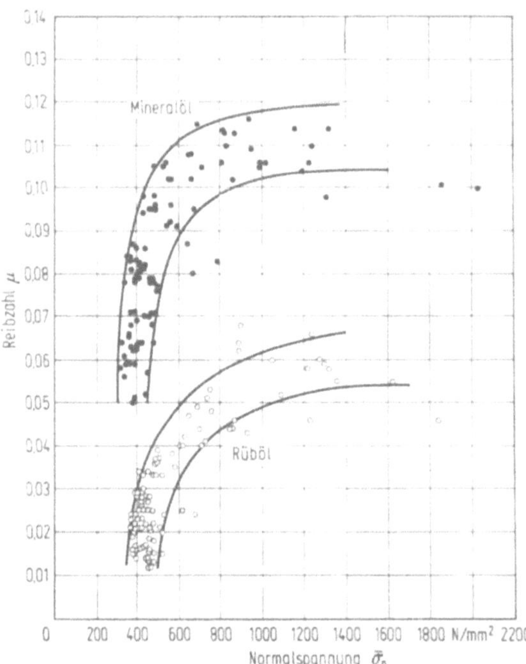

Bild 5.16 Abhängigkeit der Reibzahl von der Normalspannung am Ziehhol beim Streifenziehen. Nach [5.27]

Ein Vergleich der Streifenziehverfahren untereinander zeigt, daß einige der mit ihnen ermittelten Ergebnisse nicht übereinstimmen bzw. z. T. gegenläufige Tendenzen aufweisen. Die Ursachen dafür sind in den unterschiedlichen Bedingungen zu suchen, unter denen diese Ergebnisse zustande kamen. So haben neben den verwendeten Schmierstoffen die Ziehgeschwindigkeit und die Oberflächenbeschaffenheit und Zusammensetzung von Werkstück- und Werkzeugwerkstoff entscheidenden Einfluß auf die herrschenden Reibverhältnisse. Zum Beispiel reagiert die Reibung bei Vorgängen mit überwiegend hydrodynamischen Schmie-

Oberflächen-zustand	Rauhtiefe R_t in µm vor (nach) der Umformung	Glättungstiefe R_p in µm vor (nach) der Umformung
geschliffen	2,5 (2,8)	0,45 (0,65)
gestrahlt	20,0 (7,4)	4,1 (1,0)
gebeizt	48,0 (11,5)	15,5 (0,71)

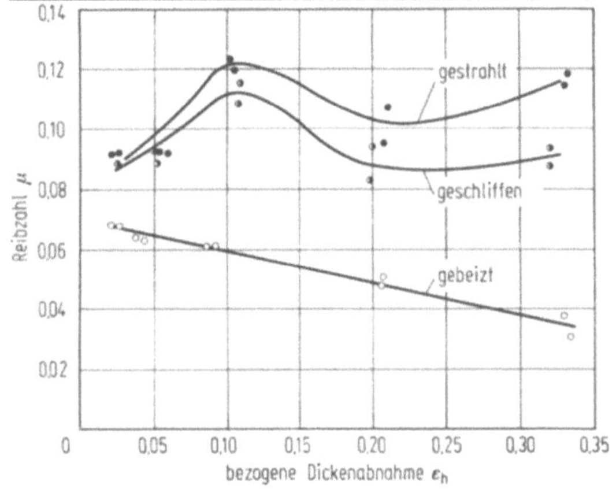

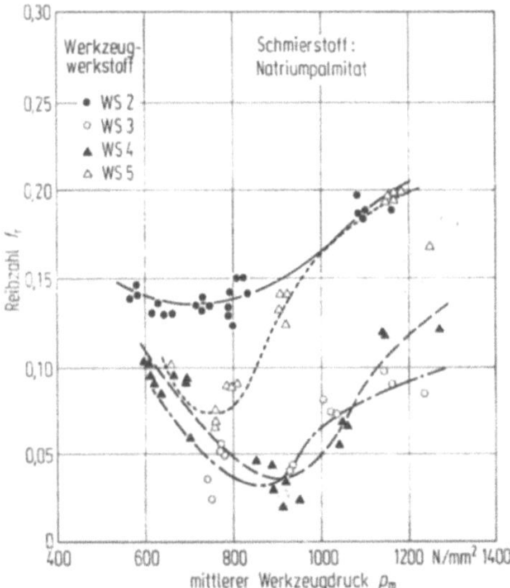

Bild 5.17 Abhängigkeit der Reibzahl von der Oberflächenrauheit einer Versuchsprobe aus Stahl St 37 bei Schmierung mit Mineralöl. Nach [5.27]

Bild 5.18 Abhängigkeit der Reibzahl f_r vom mittleren Werkzeugdruck p_m beim Streifenziehen. Nach [5.28]

rungsanteilen vollkommen anders auf Normalspannungsänderungen als z. B. bei Grenzschmierung. *Es muß also in diesem Zusammenhang noch einmal darauf hingewiesen werden, daß die in Modellversuchen gefundenen Ergebnisse nur sehr bedingt auf andere Verhältnisse übertragbar sind, in den meisten Fällen aber eine qualitative Aussage ermöglichen.*

Eine Reihe von Verfahren zur Schmierstoffprüfung baut auf dem *Stauchversuch* auf. Dabei kann die Reibzahlermittlung entweder anhand der gemessenen Kräfte oder aus dem Formänderungsverlauf heraus erfolgen. Im einfachsten Versuch wird eine kreiszylindrische Probe gestaucht und die Stauchkraft gemessen. Die zur Umformung benötigte Mindestkraft wird aus der Fließspannung k_f berechnet, von der Gesamtkraft abgezogen, und man erhält den zur Überwindung der Reibung benötigten Kraftanteil. Andere Autoren stauchen Proben unterschiedlicher d_0/h_0-Verhältnisse, extrapolieren auf $d_0/h_0 = 0$ und errechnen so den Druck p_0 für reibungsfreies Stauchen, welcher dann k_r entspricht. Die höheren Drücke für andere d_0/h_0-Verhältnisse sind somit der Reibung zuzuschreiben.

Mit Hilfe weiterer Verfahren wird direkt die Reibkraft gemessen, indem etwa die Probe während des Stauchens parallel verschoben und die dazu benötigte Kraft gemessen wird. Auch kann eine Stauchbahn drehbar gelagert sein und während des Vorgangs um ihre Mittelachse rotieren. Aus dem dabei ermittelten Moment errechnet sich die Reibkraft. Von Nittel [5.30] stammt eine Vorrichtung, mit der sich über einen Keil eine Probe gleichzeitig stauchen und parallel zur Werkzeugfläche verschieben läßt. Aus gemessener Normal- und Reibkraft ergibt sich die Reibzahl μ.

Die entscheidenden Nachteile bei diesen Meßverfahren sind einerseits die inhomogene Formänderung und, daraus folgend, das Fehlen eines verläßlichen Wertes für die Fließspannung k_r. Andererseits sind sowohl die Spannungs- als auch Geschwindigkeitsverteilungen auf der Probenstirnfläche sehr ungleichmäßig. Gerade diese Erscheinung aber machen sich die Reibzahlermittlungsverfahren zunutze, die die Reibkraft aus dem Formänderungsverlauf beim Stauchen bestimmen. So wird z. B. die Mantelflächenausbauchung oder der Haftzonenradius auf der Stirnfläche als Maß für die Reibung angesehen.

Das bekannteste und am weitesten verbreitete Verfahren dieser Gruppe ist das Ringstauchen, das von Male und Cockcroft [5.31] und von Burgdorf [5.32] zur Reibzahlbestimmung entwickelt worden ist. Wird eine kreisringförmige Probe zwischen ebenen, parallelen Bahnen gestaucht, so stellen sich ihre Abmessungen entsprechend der an den Stirnflächen herrschenden Reibverhältnisse ein. Insbesondere der Innendurchmesser d_i der Probe reagiert sehr empfindlich auf eine Veränderung der Reibung. Ist diese sehr klein, wird sich d_i vergrößern, bei großer Reibzahl dagegen abnehmen. In Bild 5.19 sind oben ein Ausgangsteil und in der unteren Reihe drei mit unterschiedlicher Reibung gestauchte Proben zu sehen. Die Reibzahl nimmt hier von rechts nach links ab.

Die Anwendbarkeit des Ringstauchens als Reibzahlermittlungsverfahren beruht auf plastizitätstheoretischen Überlegungen, wonach sich für jeden Zeitpunkt der Umformung aus einem angenommenen Geschwindigkeitsfeld die Fließscheide berechnen läßt. Deren Lage ist von der Reibzahl abhängig und bestimmt die Veränderung des Innendurchmessers d_i. Die Fließspannung k_f und damit die Festigkeit des verwendeten Probenwerkstoffs haben keinen Einfluß

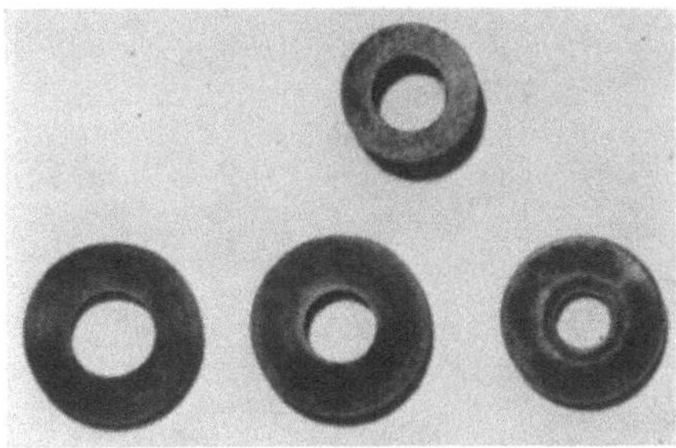

Bild 5.19 Ausgangsteil und umgeformte Proben des Ringstauchversuchs. Nach [5.32]

auf die Abmessungsänderung, so daß eine Kraftmessung unnötig ist. Ungeachtet dessen kann der Ringstauchversuch im Fall der leicht durchführbaren Kraftmessung und Höhenänderungsmessung auch zur Fließspannungsermittlung benutzt werden (siehe z. B. [5.61]. Man erhält so ein rechnerisch ermitteltes Nomogramm (Bild 5.20), aus dem sich nach Messung des Innendurchmessers d_i

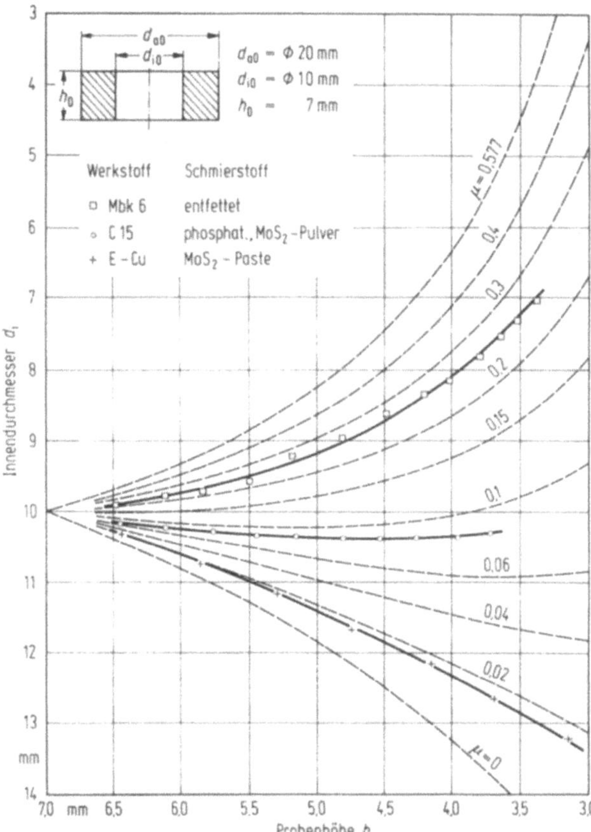

Bild 5.20 Vergleich der errechneten Abhängigkeit des Innendurchmessers von der Probenhöhe mit Meßwerten beim Ringstauchversuch. Nach [5.32]

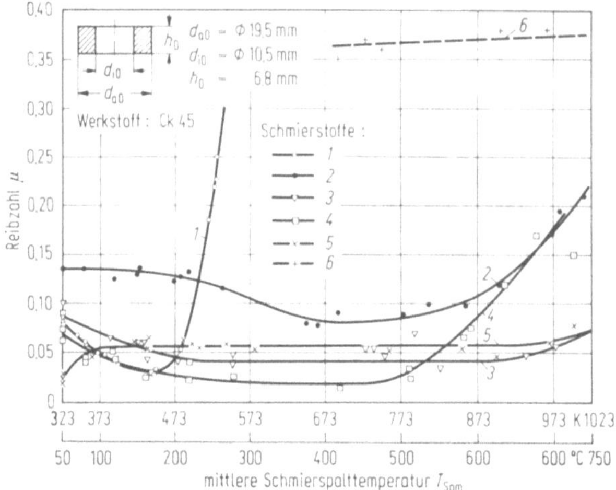

Bild 5.21 Abhängigkeit der Reibzahl von Temperatur und Schmierstoff. Nach [5.33].
1 Natronseife, *2* wäßriger Schmierstoff auf MoS$_2$-Basis, *3* wäßrige Graphitdispersion,
4 Kolloidalgraphit, *5* Festschmierstoffkombination (Graphit, Zinksulfid) in wasserlöslichem
Syntheseöl, *6* Phosphatschmierstoff

und der Stauchhöhe h die Reibzahl μ ablesen läßt. Die im Bild 5.20 eingetragenen
Meßwerte wurden mit verschiedenen Werkstoffen im Stufenstauchversuch ermittelt und stimmen gut mit den gestrichelt eingezeichneten, rechnerisch gefundenen Kurvenzügen überein.

Der Ringstauchversuch eignet sich auch zur Bestimmung des Temperatur-
einflusses auf die Reibung. Entsprechende Versuche hat Geiger [5.33] durchgeführt; Bild 5.21 gibt einige Ergebnisse für verschiedene Schmierstoffe wieder.
Male und Cockcroft [5.31] untersuchten den Geschwindigkeitseinfluß auf die
Reibzahl. Sie stellten mit Paraffin als Schmierstoff fest, daß mit zunehmender
Geschwindigkeit die Reibzahl abnimmt, während ohne Schmierung kein Einfluß
erkennbar war.

Neben diesen Verfahren der Reibzahlermittlung aus Stauchkraft oder Formänderungsverlauf setzen mehrere Autoren Meßstifte ein, die schräg oder normal
zur Reibfuge im Werkzeug angeordnet sind. Die Normal- und Schubspannungen
sowie daraus die Reibzahl lassen sich aus der axialen Druckbeanspruchung der
Meßstifte bestimmen. Die von Nebe [5.34] auf diese Weise ermittelten Ergebnisse
stimmen gut mit den von Burgdorf [5.35] berechneten Werten überein. Im Bild
5.22 sind die Verläufe der aus mathematischen Ansätzen berechneten Spannungen
und der Reibzahl beim Stauchen ungeschmierter Proben zu sehen. Ähnliche Abhängigkeiten wurden von Löwen [5.36] mit kombinierten Meßstiften, mit welchen
gleichzeitig Normal- und Schubspannungen in der Wirkfuge gemessen werden
können, ermittelt.

Von allen Stauchverfahren zur Reibzahlermittlung ist das Ringstauchverfahren
das am weitesten erforschte und zur qualitativen Schmierstoffprüfung im Hinblick auf Massivumformverfahren das geeignetste Verfahren. Es soll aber auch
hier nicht übersehen werden, daß alle Modellverfahren nicht die tatsächlichen

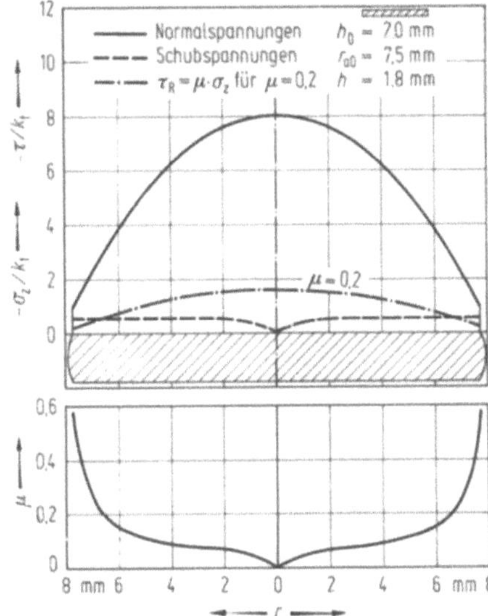

Bild 5.22 Verteilung der Normalspannung, der Reibschubspannung und der Reibzahl über der Stirnfläche eines Stauchkörpers; ohne Schmierstoff. Nach [5.35]

Reibverhältnisse bei der Umformung wiedergeben können. Gerade beim Stauchen treten neben den oben angesprochenen Einschränkungen immer verfahrensbedingte Einflüsse wie z. B. das Anlegen der Mantelflächen an die Stauchbahn auf, was die Reibverhältnisse natürlich stark verändert. Aus diesen Gründen wird die Reibzahlbestimmung bzw. Schmierstoffprüfung zuweilen auch am Umformverfahren selbst vorgenommen.

5.2.6.2 Reibungsuntersuchungen bei Umformverfahren

Beim Walzen und Drahtziehen sind, insbesondere von Dahl, Lueg, Pomp und Siebel, eine Reihe von Reibungsuntersuchungen durchgeführt worden, auf die hier nicht näher eingegangen werden soll. Die Bestimmung der Reibzahl beim Tiefziehen ist nur indirekt über mathematische Ansätze möglich, wodurch etwaige Ungenauigkeiten aufgrund getroffener vereinfachender Annahmen in die Größe der Reibzahl eingehen. Man versucht daher, aus der Bestimmung der Ziehkraft, der Grenzformänderung und der Oberflächenausbildung eine Abhängigkeit zu den verschiedenen Reibverhältnissen herzustellen.

Krämer [5.37] untersuchte den Einfluß des Schmierstoffs auf das Tiefziehergebnis und stellte fest, wie frühere Untersuchungen auch gezeigt haben, daß Metallseifen gegenüber Ölen die Ziehkräfte verringerten. Bei Verwendung von Kadmiumstearat wurden gegenüber Maschinenöl um 8 bis 10% niedrigere Kräfte registriert. Durch EP-Zusätze in Maschinenöl konnte dessen Reibverhalten verbessert werden. Doege und Witthüser [5.24] stellten in vergleichenden Untersuchungen mit einem Streifenziehversuch (vgl. Abschn. 5.2.6.1) und Tiefziehversuch fest, daß sich die Ziehkräfte bei unterschiedlichen Schmierstoffen weitgehend gleich verhalten, wie die im Streifenziehversuch ermittelten Reibzahlen.

Auch bei Massivumformverfahren wird die Möglichkeit der Rückrechnung der Reibzahl aus der gemessenen Gesamtumformkraft genutzt. Bei den so ermittelten Werten handelt es sich aber weniger um eine Reibzahl, als vielmehr

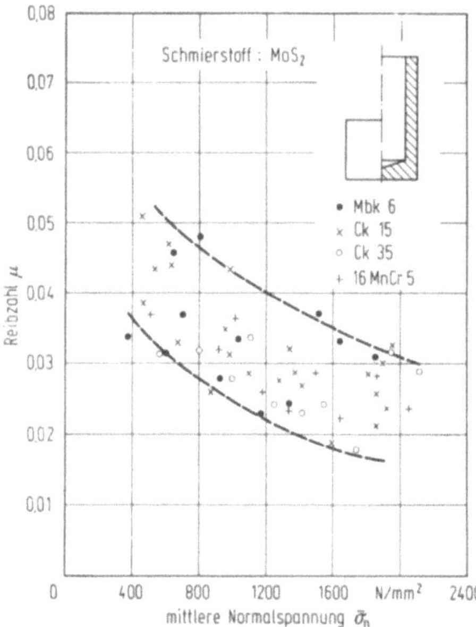

Bild 5.23 Mittlere Reibzahl an der Preßbüchse beim Napf-Rückwärtsfließpressen in Abhängigkeit von der mittleren Normalspannung. Nach [5.39]

um einen Korrekturbeiwert, der die Ungenauigkeiten empirisch gewonnener Kraftformeln ausgleichen soll. Johnson und Mitarbeiter [5.38] benützten Meßstifte (vgl. Abschn. 5.2.6.1) zur Ermittlung der Spannungen und Reibkräfte in der Aufnehmerwand beim Voll-Vorwärtsfließpressen. Sie fanden eine abnehmende Reibzahl mit steigender Normalspannung. Dieselbe Tendenz wurde auch beim Napf-Rückwärtsfließpressen von Schmitt [5.39] festgestellt. Er ermittelte die Normalspannung über die Messung der elastischen Aufweitung der Preßbüchse. Bild 5.23 zeigt die Abhängigkeit der mittleren Reibzahl zwischen Napfwand und Preßbüchse von der dort herrschenden Normalspannung. Die Meßwerte weisen eine relativ große Streuung auf, wobei jedoch kein direkter Einfluß der verwendeten Reibpartnerwerkstoffe festgestellt werden konnte. Die Größe der Reibkraft im Verhältnis zur Stempelkraft zeigt Bild 5.24. Bei kleinem Umformgrad und hohen Rohteilen treten im Verhältnis zur Umformkraft die größten Reibkräfte auf, die im vorliegenden Fall bis zu 45% der Umformkraft ausmachen. Eine gleichsinnig mit dem Stempel beweglich angeordnete Preßbüchse kann die Reibkräfte, besonders zum Ende des Vorgangs hin, bedeutend verringern.

Kudo und Mitarbeiter [5.40] verminderten die Reibung beim Napf-Rückwärtsfließpressen, indem sie bewußt sog. Schmierstofftaschen in die Reibfuge einbrachten. Dazu wurde in die Stirnfläche des Rohteils eine kegelförmige Vertiefung eingedreht, die, mit Schmierstoff angefüllt, durch den Stempel zu Beginn des Preßvorgangs verschlossen wird. Der Schmierstoff wird also nicht sofort verdrängt, sondern mit zunehmender Umformung langsam aus der sich verkleinernden Vertiefung gedrückt. Damit ist gute Schmierung des Stempels während des Umformvorgangs gewährleistet, was hinsichtlich der starken Vergrößerung der Innenoberfläche des Napfes von Bedeutung ist. Weitere Schmierstofftaschen lassen sich am Boden sowie am Umfang des Rohteils anbringen.

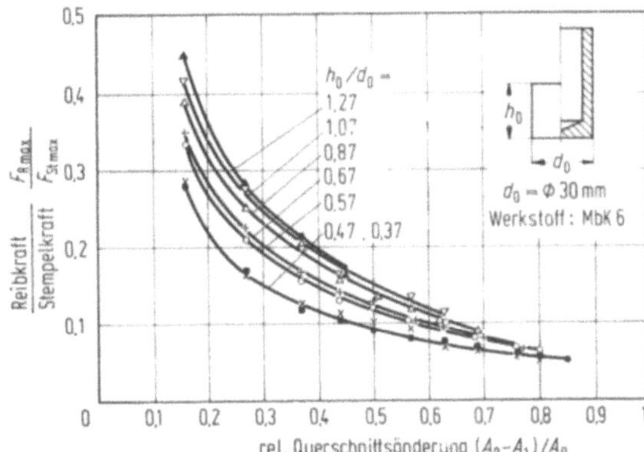

Bild 5.24 Resultierende Reibkraft an der Preßbüchse im Verhältnis zur Stempelkraft beim Napf-Rückwärtsfließpressen. Nach [5.39]

Eine weitere Möglichkeit der Schmierstoffprüfung mit dem Napf-Rückwärtsfließpressen haben Geiger und Stefanakis [5.41] aufgezeigt. Sie verwenden dieses Verfahren zur Schmierstoffbeurteilung anhand der erreichbaren Oberflächenvergrößerung. Durch stufenweises Pressen und ständige visuelle Kontrolle der Schmierstoffschicht auf der Napfinnenfläche wird die Grenztiefe h_i ermittelt, bei der gerade noch keine Riefen auftreten. Bezogen auf den Napfinnendurchmesser d_i ergibt sich die Maßzahl h_i/d_i als Kenngröße für die mit einem bestimmten Schmierstoff erreichbare Oberflächenvergrößerung. Vergleichende Untersuchungen mit dem Ringstauchen ergaben, daß mit beiden Verfahren eine weitgehend ähnliche qualitative Beurteilung der untersuchten Schmierstoffe erreicht wurde.

5.3 Verschleiß

Der Begriff „Verschleiß" wird in DIN 50320 [5.42] wie folgt definiert: „Verschleiß ist der fortschreitende Materialverlust aus der Oberfläche eines festen Körpers, hervorgerufen durch mechanische Ursachen, d. h. Kontakt und Relativbewegung eines festen, flüssigen oder gasförmigen Gegenkörpers." Ergänzend hierzu muß erwähnt werden, daß nicht nur Materialverlust, sondern auch Werkstoffauftrag, Werkstoffverlagerung sowie eine hervorgerufene Änderung der Werkstoffeigenschaften zu den möglichen Verschleißzuständen zu zählen sind.

Verschleiß tritt nur dann auf, wenn zwischen den am Vorgang beteiligten Körpern eine Relativbewegung, meistens unter Druckeinwirkung, besteht. Das tribologische Verhalten der Werkstoffe kann durch die Reibzahl und die Verschleißmeßgrößen sowie die Verschleißerscheinungsform gekennzeichnet werden. Nach DIN 50320 kann ein tribologisches System zur Beschreibung der Verschleißbeanspruchung wie in Bild 5.1 dargestellt werden.

Hieraus wird deutlich, daß der Verschleiß sowohl von den herrschenden äußeren Belastungen als auch von der Struktur des tribologischen Systems, den Eigenschaften seiner Elemente und deren Wechselwirkungen untereinander abhängig ist. Dabei spielt u. a. der auftretende Schmierungsmechanismus eine entscheidende Rolle.

5.3.1 Verschleißmechanismen

Unter Verschleißmechanismus versteht man die im Oberflächenbereich der Elemente eines Tribosystems ablaufenden physikalischen und chemischen Vorgänge.

Nach DIN 50320 unterscheidet man die vier Hauptverschleißmechanismen Adhäsion, Abrasion, tribochemische Reaktionen und Oberflächenzerrüttung.

Bei der *Adhäsion* werden zwischen zwei sich berührenden Körpern Grenzflächen-Haftschichten wirksam, deren chemische Bindungen untereinander so stark sein können, daß diese bei einer weiteren Relativbewegung bestehen bleiben und der weichere Werkstoff im Inneren abschert. Das so von einem auf den anderen Reibpartner übertragene Metall läßt sich meist schon mit bloßem Auge erkennen und weist eine Scherfläche auf, die der Bruchfläche beim duktilen Bruch ähnlich ist [5.43]. Dieser Werkstoffübertrag ist als „Kaltverschweißung" oder als „Fresser" bekannt. Die Stärke der Adhäsion ist neben der Anzahl der sich bildenden Mikrokontakte von der Größe der zwischen den Partnern wirkenden Bindungskräfte und somit von der Fließspannung der an die Kontaktfläche angrenzenden Kristalle abhängig [5.44]. Die sich beim Reibvorgang bildenden Mikrokontaktflächen können bei hexgonalen Metallen mit ihren 3 Hauptgleitsystemen nicht so schnell zunehmen wie bei Metallen mit kubisch-flächenzentrierter Kristallstruktur, welche 12 Gleitmöglichkeiten aufweist. Letztere neigen daher bei direktem metallischem Kontakt eher zu adhäsivem Verschleiß.

Nach weiteren Untersuchungen [5.45] hat ebenfalls die Elektronenkonfiguration der am Tribosystem beteiligten metallischen Körper einen großen Einfluß auf deren Adhäsion. Sind die inneren Bindungen, also die Kohäsion der Kristalle, metallische Bindungen wie z. B. bei Kupfer und Silber, so sind diese Stoffe in der Lage, an ihrer Grenzfläche mit einem anderen Reibpartner ebenfalls metallische Bindungen einzugehen. Diese können ebenso fest sein wie im Inneren der Metalle, so daß eine Gleitbewegung zum Abscheren von Werkstoff führen kann. Metalle mit Bindungen kovalenter Natur, wie z. B. Chrom und Wolfram, sind nicht in der Lage, metallische Adhäsionsverbindungen an der Grenzfläche zu bilden. Die Stärke der Adhäsion nimmt demnach in der Reihenfolge — Übergangsmetalle, Edelmetalle, B-Gruppenmetalle — zu.

Die Verschleißerscheinungsformen beim adhäsiven Verschleiß sind Fresser, Materialübertrag, Löcher oder Schuppen.

Beim *abrasiven Verschleiß* dringen die Rauheitsspitzen eines Reibpartners oder in der Reibfläche befindliche Fremdkörper in die Oberfläche des anderen Partners ein. Werden Grund- und Gegenkörper relativ zueinander bewegt, so entstehen Riefen oder durch eine Art Mikrozerspanungsvorgang werden Werkstoffpartikel aus der Oberfläche herausgelöst, welche dann eine weitere Abrasion bewirken können. Der Widerstand eines Werkstoffs gegen abrasiven Verschleiß nimmt mit erhöhter „natürlicher Härte" der Oberfläche zu [5.46]. Als natürliche Härte bezeichnet man die Härte, die ein Werkstoff im nichtverfestigten Zustand besitzt. Die Vorverfestigung eines Reibpartners hat keinen Anstieg des Verschleißwiderstands gegenüber Abrasion zur Folge, während der diffusionslose Einbau von Fremdatomen bzw. die Umwandlung von Kristallbereichen (z. B. bei der Martensitbildung in Stahl) Vorteile bringt. Die Erklärung dafür liegt in

der Tatsache, daß der den Mikrozerspanungsvorgang bewirkende abrasive Fremdkörper wie ein Meißel die Oberfläche einritzt und somit immer eine Zone maximaler lokaler Verfestigung vor sich herschiebt. Es spielt dabei keine Rolle, ob
das Material zu Beginn des Verschleißvorgangs verfestigt war oder nicht. Als
Verschleißerscheinungsformen treten bei der Abrasion Kratzer, Riefen, Mulden
und Wellen auf.

Tribochemische Reaktionen liegen vor, wenn durch das Einwirken mechanischer
Beanspruchungen im tribologischen System chemische Reaktionen zwischen
Grund- und Gegenkörper, Zwischenstoff und angrenzendem Medium ablaufen.
Die dabei entstehenden Reaktionsprodukte sind meist Veränderungen der
Schmierstoffe oder der Grenzschichten der Reibkörper. Bei metallischen Reibpartnern entstehen durch Oxidation meist spröde Korrosionsschichten, aus denen
Partikel leicht herausgetrennt werden und als lose Verschleißteilchen vorliegen
können. Ebenso können sich Teilchen der Korrosionsschichten beider Reibkörper
chemisch unter Einwirkung von Schmierstoff und Umgebungsmedium miteinander verbinden. Die bei tribologischer Beanspruchung entstehende Reibungs-
wärme begünstigt die Reaktionsbereitschaft der Metalle mit dem Umgebungsmedium. Dünne Korrosionsschichten, die nicht infolge der Reibbeanspruchung
entstanden sind, wirken häufig verschleißmindernd.

Die gezielte Bildung von Reaktionsschichten in einem Tribosystem kann durch
den Einsatz von EP-Additiven im Schmierstoff erzeugt werden. Da diese Schichten während des Reibvorgangs entstehen und wieder abgetragen werden, nimmt
man einen gewissen korrosiven Verschleiß in Kauf, um gravierendere Schäden
durch Adhäsion zu vermeiden.

Von *Oberflächenzerrüttung* spricht man, wenn infolge tribologischer Wechsel-
beanspruchung in den Oberflächenbereichen eines Reibpartners eine erhöhte
Brüchigkeit mit anschließender Rißbildung auftritt. Die so gelockerten, spröden
Teile können aus dem Material abgelöst werden; es entstehen sog. Grübchen.
Die Abgrenzung zum korrosiven Verschleiß ist nicht ganz eindeutig, da die sich
dort bildendenMetalloxide auch spröder als der Grundwerkstoff sind und demnach
ähnliche Verschleißbilder wie beim Ermüdungsverschleiß auftreten können.

Das Auftreten der Oberflächenrisse ist hauptsächlich eine Folge der sich
dauernd nach Betrag und Richtung ändernden Druck- und Schubspannungen
[5.44]. Solche Spannungswechsel werden z. B. beim Walzen beobachtet, wo jedes
Flächenelement des Werkzeugs pro Umdrehung einmal be- und gleich wieder
entlastet wird.

Die vier genannten Hauptverschleißmechanismen treten in der Praxis so gut
wie nie einzeln auf. Der Verschleiß ist meist eine Folge mehrerer zusammenwir-
kender Verschleißvorgänge. Bild 5.25 zeigt, welche Abriebpartikel durch einen
bzw. mehrere Verschleißmechanismen entstehen können [5.44].

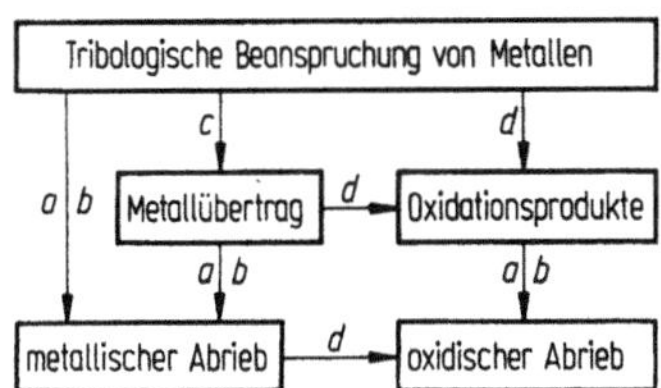

Bild 5.25 Das Zusammenwirken von Verschleißmechanismen. Nach [5.44]. *a* Furchung, *b* Oberflächenzerrüttung, *c* Adhäsion, *d* Tribooxidation

Durch Adhäsion (c) und Tribooxidation (d) entstehen keine Verschleißpartikel. Vielmehr werden die Oberflächen der tribologisch beanspruchten Reibpartner chemisch verändert und deren mechanische Eigenschaften in der Regel verschlechtert. Der eigentliche Abrieb erfolgt durch Abrasion (a) und Oberflächenzerrüttung (b). Dabei kann es sich um metallische Partikel aus der Oberfläche, um vorher durch Adhäsion (c) aufgeschweißtes Metall oder um Oxidationsprodukte nach vorangegangener tribochemischer Beanspruchung (d) handeln. Ferner können metallische Verschleißpartikel, gleichgültig ob sie adhäsiv gebunden sind oder lose in der Reibzone vorliegen, oxidieren.

5.3.2 Möglichkeiten zur Minderung des Werkzeugverschleißes

Der Verschleiß tritt in der Randschicht des Werkzeugs auf, weswegen das Verschleißverhalten auch im wesentlichen von den Eigenschaften der Randschicht bestimmt wird. Entsprechend den vier möglichen Hauptverschleißmechanismen müssen auch die Maßnahmen zur Bekämpfung des Verschleißes abhängig von den Erfordernissen gewählt werden, da z. B. verschieden behandelte Stähle sehr unterschiedlich auf den vorherrschenden Verschleißmechanismus reagieren [5.47].

Zur Verminderung des adhäsiven Verschleißes, der mit den auftretenden Fressern und Verschweißungen häufig zu Fertigungsausfall und teurer Nacharbeit führt, können als geeignete Maßnahmen eine ausreichende Schmierung und sorgfältige Auswahl der Werkstoffpaarung der Reibpartner genannt werden.

Für die Auswahl einer geeigneten Werkstoffpaarung sollen die Neigung zur Bildung von Mikrokontakten sowie die Festigkeit möglicher adhäsiver Bindungen gering sein.

Für das Wachstum der wahren Kontaktfläche sind die Gleitsysteme in den unterschiedlichen Kristallstrukturen verantwortlich. Die Neigung zur Bildung solcher Mikrokontakte nimmt demnach in der Reihenfolge hexagonales — kubisch raumzentriertes-kubisch flächenzentriertes Gitter zu. Eine Werkzeug/ Werkstückwerkstoff-Paarung zweier kfz-Metalle ist daher ungünstig.

Zur Verminderung des abrasiven Verschleißes sind die Randschichteigenschaften (Härte) der Werkstoffe z. B. durch eine Wärmebehandlung (Härte) oder durch Auftragen oder Abscheiden von Verschleißschutzschichten zu verbessern. Die *Veränderung der Randschicht* kann mittels mechanischer, thermischer oder thermochemischer Verfahren vorgenommen werden.

Wird die Randschichthärtung auf mechanischem Wege durchgeführt, so kommen die Verfahren Kugelstrahlen, Oberflächenwalzen oder Kurzzeithärtung durch Reibung in Frage [5.48]. Die wenig angewandte Reibhärtung gehört eigentlich schon zu den thermischen Verfahren, da ihre Wirkung nicht nur in der Oberflächenverfestigung sondern hauptsächlich in der Randschichtveränderung durch die Wärmeeinwirkung begründet ist. Bei den häufiger eingesetzten thermischen Randschichthärteverfahren erfolgt die Umwandlungshärtung der Oberfläche durch Aufheizen entweder induktiv, durch Flammhärten, durch örtliche Laser- oder Elektronenbestrahlung oder durch Hochfrequenz-(HF)-Impulshärten. Die gemeinsame Wirkungsweise der thermischen Oberflächenhärtung besteht in einer Erhöhung der Randschichttemperatur auf Austenitisierungstemperatur und einer anschließenden schnellen Abkühlung, bei der sich die sehr

durch eine gleichmäßige Schichtdicke erreicht wird. Die Beschichtungszeit liegt bei diesem Verfahren um den Faktor 2 bis 3 höher als beim Verchromen und, abhängig von der Werkzeuggeometrie, um 10 bis 15 mal höher als beim galvanischen Vernickeln. Es wird deshalb meist nur für komplizierte Werkstückkonturen oder zur Vermeidung von Nachbearbeitung der Beschichtung angewandt. Werkstücke mit einfacher Geometrie werden aus Kostengründen galvanisch beschichtet, zumal dadurch dickere Verschleißschutzschichten aufgebracht werden können. Für erhöhten Verschleißschutz werden die Nickelbäder mit Hartstoffzusätzen versehen, um so Nickeldispersionsschichten, galvanisch oder chemisch abgeschieden, mit Siliziumkarbid- und Diamanteinlagerungen zu erhalten. Sie sind, ebenso wie die Chromschichten, in ihrem adhäsiven und abrasiven Verschleißverhalten den Nickelschichten weit überlegen.

5.3.3 Verschleißprüfung

Die Prüfung des Verschleißverhaltens eines tribologischen Systems kann sowohl in der Praxis am gefährdeten Bauteil selbst, als auch in Modellversuchen durchgeführt werden. Nach DIN 50321 [5.56] unterscheidet man die daraus ermittelten Verschleißmeßgrößen in direkte, bezogene und indirekte Verschleißmeßgrößen. Die direkten Meßgrößen werden durch Oberflächentastschnitte oder Auswiegen ermittelt (linearer, planimetrischer, volumetrischer, massenmäßiger Verschleißbetrag, Verschleißwiderstand). Werden diese Größen auf Zeit, Weg oder Durchsatzmenge bezogen, so erhält man Verschleißgeschwindigkeit, Verschleiß-Weg- und Verschleiß-Durchsatz-Verhältnis. Indirekte Meßgrößen sind die bis zum verschleißbedingten Ausfall eines Bauteils erreichbare Gebrauchsdauer oder die Durchsatzmenge.

Verschleißprüfverfahren, die direkt in der Produktion eingesetzt werden können, arbeiten meist nach dem Prinzip der radioaktiven Markierung des gefährdeten Werkzeugteils und der anschließenden Messung der Aktivitätsabnahme. Zur sehr genauen Massenbestimmung der Verschleißpartikel kann die Röntgenfloureszenzanalyse oder die Atomabsorptionsspektroskopie angewandt werden. Der weitaus größte Teil der Verschleißprüfungen wird allerdings anhand von Modellversuchen durchgeführt. Auf diesem Gebiet wurden bisher sehr viele Verfahren entwickelt, von denen hier nur die wichtigsten vorgestellt werden können. Dabei handelt es sich zunächst um Prüfgeräte, bei denen beide Reibpartner elastisch sind und andererseits um solche Verfahren, bei denen sich ein Probekörper im plastischen Zustand befindet.

Im Bild 5.26 sind vier Prinzipanordnungen der Probekörper in den Prüfvorrichtungen der ersten Gruppe aufgeführt.

Zur Simulation und Untersuchung der Verschleißmechanismen Adhäsion und Tribooxidation wird meist das Stift-Scheibe-System (Bild 5.26a) angewandt.

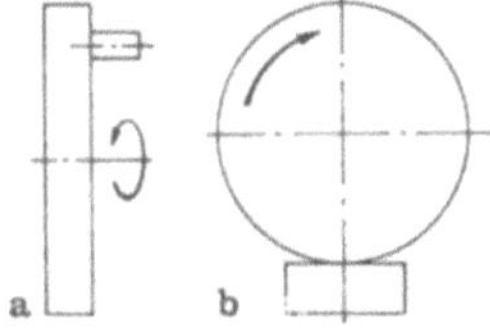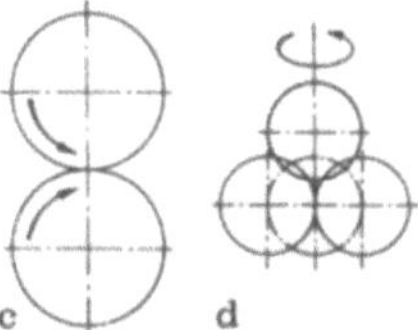

Bild 5.26 Probekörper von Modell-Verschleißprüfgeräten **a** Stift/Scheibe; **b** Klötzchen/Walze; **c** zwei Scheiben; **d** vier Kugeln

Auf der rotierenden Scheibe gleitet der stiftförmige Gegenkörper unter definierter Prüflast und Geschwindigkeit. Nach einem festgelegten Gleitweg können die beiden Reibpartner auf ihren Verschleiß untersucht werden.

Eine Abwandlung dieses Gerätes ist die Schleifteller-Verschleißprüfvorrichtung zur Messung des abrasiven Verschleißes. Ein auf die rotierende Scheibe gespanntes Schleifpapier definierter Körnung und Kornhärte beansprucht den feststehenden Stift durch Furchung. In Abhängigkeit von Härte und Dimension der angreifenden Abrasivpartikel kann das Verschleißverhalten eines tribologischen Systems untersucht werden. Ähnliche Verschleißuntersuchungen wie mit dem Stift-Scheibe-Modell lassen sich mit solchen Versuchseinrichtungen erzielen, welche nach dem Klötzchen-Walze-Verfahren (Bild 5.26 b) arbeiten. Deren wichtigster Vertreter ist der Timken-Apparat. Zur Verschleißprüfung auch bei oszillierender Beanspruchung kann das Zwei-Scheiben-Modell (Bild 5.26 c) eingesetzt werden. Das wichtigste Modellverschleiß-Prüfgerät besonders für die Wälzlagertechnik ist der Vierkugelapparat (Bild 5.26 d). Von den pyramidenförmig angeordneten Kugeln wird die obere in Rotation versetzt, während über die drei unteren eine definierte Last aufgebracht wird. Die anfänglich punktförmigen Kontaktzonen der Kugeloberflächen bilden sich mit zunehmender Laufzeit zu kreisförmigen Verschleißmarken aus, die dann sehr leicht auszumessen sind. Die bisher vorgestellte Auswahl von Verschleißprüfverfahren erscheint allerdings, aufgrund vollkommen anderer Spannungs- und Formänderungsverhältnisse als bei den Umformverfahren, für die in diesem Zusammenhang angesprochenen Probleme nicht geeignet.

Es wurden daher, in Anlehnung an Umformvorgänge, einige Modellverschleiß-Prüfgeräte entwickelt, welche die hier herrschenden Belastungen besser wiedergeben.

In Bild 5.27 sind die wichtigsten dieser Verfahren zusammengestellt.

Bei dem Modellversuch von Melching [5.57] (Bild 5.27 a) wird ein zylindrischer Probekörper mittels eines Stempels durch zwei schrägstehende flache Werkzeugbahnen hindurchgedrückt. Der an den beiden Stauchbahnen gemessene Verschleißbetrag kann in Abhängigkeit von der Werkzeugtemperatur, der Schmierstoffe oder der Werkzeugwerkstoffe, wie z. B. in Bild 5.28, ermittelt werden. Diese Methode hat sich besonders zur Bestimmung des Gesenkverschleißes beim Schmieden bewährt. Für dieses Verfahren haben schon Voss und Netthöfel [5.58] Verschleißkurven von Stählen unterschiedlicher Molybdän- und Wolframgehalte erarbeitet (Bild 5.29). Speziell zur Klassifizierung von Schneidölen wurde ein

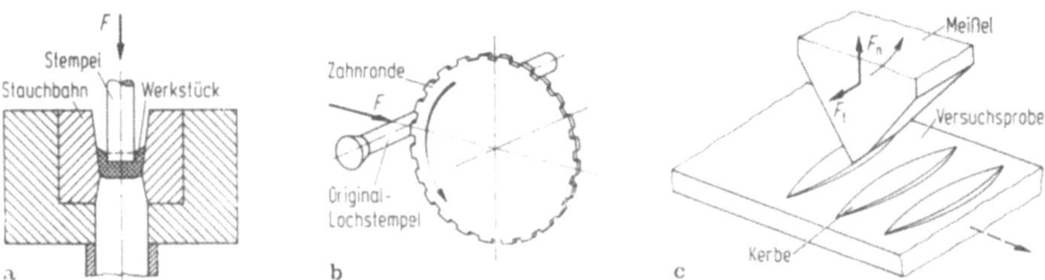

Bild 5.27 Versuchseinrichtungen zur Verschleißprüfung für Umformverfahren. **a** nach [5.57]; **b** nach [5.59]; **c** nach [5.60]

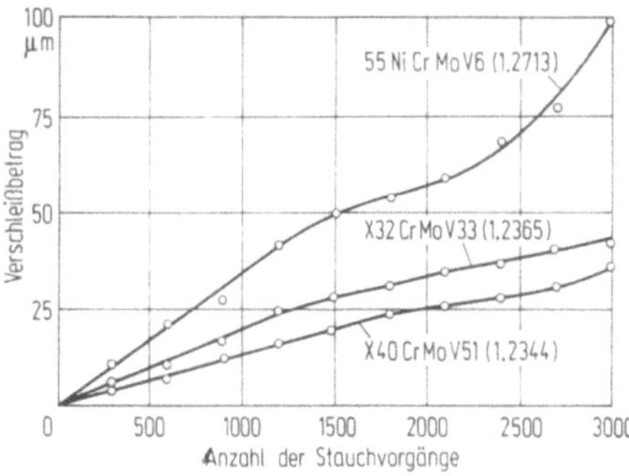

Bild 5.28 Verschleißverhalten von Warmarbeitsstählen in Abhängigkeit von der Anzahl der Stauchvorgänge. Nach [5.57]

Kurzzeitprüfverfahren von Becker [5 59] (Bild 5.27 b) entwickelt, mit welchem sich die beim Schneiden hauptsächlich den Verschleiß bestimmenden Vorgangsgrößen der schlagartigen Stempelbelastung beim Auftreffen des Stempels, der Stempelreibung an der Schnittkante und der Unterbrechung zwischen zwei Schnitten wiedergeben lassen. Eine rotierende Zahnscheibe aus dem zu untersuchenden Blechwerkstoff wird unter einer Kraft von 100 N gegen den zu prüfenden Stempel gedrückt. Die sich ausbildende Verschleißkerbe ist ein Maß für die Güte des Schneidöls. Unabhängig von einem bestimmten Umformvorgang arbeitet das Reibungs- und Verschleißmeßgerät von Kudo [5.60] (Bild 5.27 c). Ein rotierender Meißel ritzt pro Umdrehung eine Kerbe in eine Flachstabprobe, deren Vorschub schrittweise einsetzt. Die Geometrie der sich ausbildenden Kerben — es wird kein Span abgetragen — stellt sich abhängig von der Reibung ein. Der Verschleiß wird an der Meißelspitze gemessen und nimmt linear mit steigender Anzahl von Einkerbungen zu. Kudo konnte mit diesem Verschleißprüfgerät zufriedenstellende Übereinstimmungen mit Verschleißmessungen an Kaltmassiv-

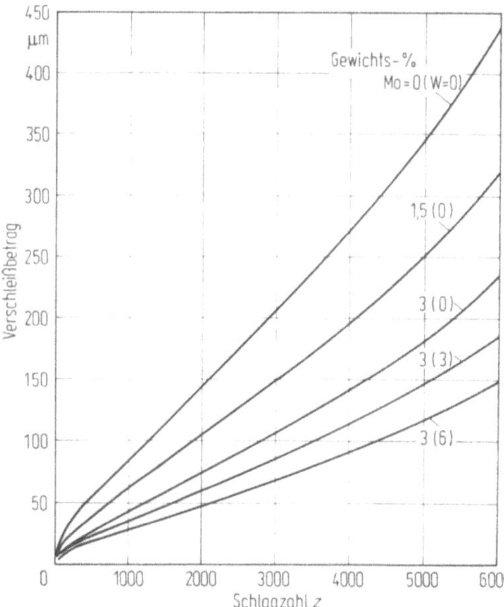

Bild 5.29 Verschleißbetrag eines Gesenkes in Abhängigkeit von der Schlagzahl bei Gesenkstählen mit unterschiedlichen Molybdän- und Wolframgehalten. Nach [5.58]

umformwerkzeugen feststellen, obwohl der technologische Bezug dieses Ritz-
versuchs zu den Umformverfahren nicht eindeutig ist.

Zusammenfassend kann also festgehalten werden, daß die Schmierstoff-
und Verschleißprüfung heute schon auf eine größere Zahl von Simulationsver-
suchen zurückgreifen kann, deren technologische Bedingungen denen der Umformverfahren näher kommen. Auch auf dem Gebiet der Modell-Verschleißprüfung
ist es aber wünschenswert, ein Universalmeßverfahren einzusetzen, mit dem
systematisch möglichst viele Umformvorgänge erfaßt und nachgebildet werden
können. Als Basis dafür müssen umfangreiche statistische Daten über Werkzeugverschleiß in der industriellen Praxis gesammelt und zur Verfügung gestellt
werden.

5.4 Oberflächenwandlung

5.4.0 Begriffe

Die Aufgabe der Fertigungstechnik besteht darin, Werkstücke mit definierten
Eigenschaften, zu denen neben der Werkstückgeometrie (Gestalt und Abmessungen) und den Festigkeitswerten auch die Oberflächenbeschaffenheit gehört,
herzustellen. Die wirtschaftlichen Vorteile der Fertigungsverfahren der Umformtechnik — als Beispiel sei hier die Werkstoffersparnis angeführt — lassen sich
nur dann voll nutzen, wenn die gefertigten Werkstücke ohne weitere Nachbearbeitung einbaufertig sind, d. h., Abmessungen und Oberflächenbeschaffenheit
der Teile müssen durch das jeweils gewählte Umformverfahren endgültig hergestellt werden. Voraussetzung für die Fertigung von Werkstücken mit vorgegebener Oberflächenbeschaffenheit ist die Kenntnis von Art und Auswirkung
derjenigen Fertigungsbedingungen, die die Ausbildung der Oberflächen beeinflussen.

Im Gegensatz zu spanenden und abtragenden Bearbeitungsverfahren, bei
denen in jedem Arbeitsgang eine neue Oberflächenschicht entsteht, bleibt bei
den Fertigungsverfahren der Umformtechnik die Oberflächenschicht als solche
i. allg. erhalten, sie ist jedoch beim Umformvorgang physikalischen und chemischen sowie makro- und mikrogeometrischen Veränderungen unterworfen. Daraus
folgt, daß die Beschaffenheit einer umgeformten Oberfläche im Endzustand von
ihrer Beschaffenheit im Ausgangszustand sowie von ihrer „Geschichte", d. h.
von den jeweils erlebten Umformvorgängen bestimmt wird [5.62].

Will man die Veränderungen, die die mikrogeometrische Beschaffenheit von
Oberflächen beim Umformen erfährt, betrachten, dann hat man zunächst zwischen der Warmumformung und der Kaltumformung zu unterscheiden. Bei der
Warmumformung wird die Oberflächenbeschaffenheit maßgeblich durch Oxi-
dationsvorgänge (Verzunderung bei Stahlwerkstoffen) verändert. Die Oxidschichten müssen durch eine Nachbehandlung wie Beizen, Scheuern, Strahlen
entfernt werden. Wegen der damit verbundenen scheinbaren Aufrauhung (Bild
5.30) sind die Oberflächen warm umgeformter Werkstücke in der Regel als
Funktionsoberflächen ungeeignet, so daß eine Nachbearbeitung durch Abspanen
oder durch ein Feinbearbeitungsverfahren der Kaltumformung wie Glattprägen
oder Glattwalzen erforderlich wird. Die Oberflächenbeschaffenheit warm um-

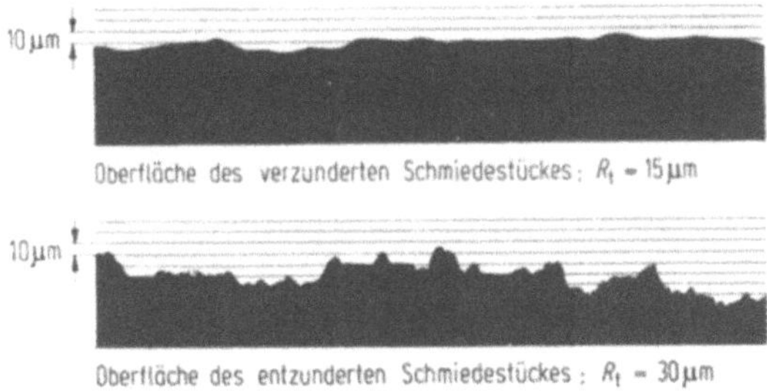

Bild 5.30 Einfluß des Zunders auf die Oberflächenfeingestalt (Gesenkschmiedestück)

geformter Werkstücke ist deshalb nicht als endgültig anzusehen und wird aus der weiteren Betrachtung ebenso ausgeklammert wie die mikrogeometrische Wandlung von Oberflächen, die bei denjenigen Verfahren der Kaltumformung auftritt, durch die lediglich eine Veränderung der Oberflächenbeschaffenheit herbeigeführt werden soll.

Im Hinblick auf die mikrogeometrische Veränderung der Oberfläche bei Kaltumformvorgängen unterscheidet man zwischen freier und gebundener Umformung bzw. zwischen frei und gebunden umgeformten Oberflächen [5.7]. Bei der freien Umformung werden Oberflächen (makrogeometrisch) vergrößert oder verkleinert, ohne daß diese mit einer Werkzeugoberfläche in Berührung stehen (Beispiele: Zug-, Stauch- und Verdrehversuch). Von gebundener Umformung spricht man dann, wenn von einem Werkzeug Druck- und Schubkräfte auf das Werkstück ausgeübt werden. Jede technische Umformung, die darauf abzielt, Werkstücke mit definierter geometrischer Form und Abmessung herzustellen, ist an Werkzeuge gebunden, die Kräfte auf das Werkstück ausüben, und ist demnach als gebundene Umformung anzusehen. Man hat jedoch festgestellt, daß bei den Fertigungsverfahren der Umformtechnik sowohl freie als auch gebundene Umformung auftritt. In verschiedenen Teilbereichen des Werkstücks kann dabei die Oberfläche gleichzeitig frei und gebunden umgeformt werden. oder es folgt einer anfänglich freien Umformung eine gebundene und umgekehrt.

5.4.1 Beschreibung der Oberflächenbeschaffenheit

Begriffe, Verfahren und Maßzahlen für die Erfassung und Beschreibung technischer Oberflächen sind in DIN-Normen (DIN 4760 [5.63], DIN 4761 [5.64], DIN 4762 [5.65], DIN 4768 [5.66] und DIN 4771 [5.67]) festgelegt.

Danach wird zur Beschreibung der mikrogeometrischen Beschaffenheit dieser Oberflächen deren Gestaltabweichung, das ist die Gesamtheit aller Abweichungen der Istoberfläche von der geometrisch-idealen Oberfläche, in Profilschnitten ermittelt. Die Gestaltabweichungen sind in 6 Ordnungen unterteilt (Bild 5.31), von denen im folgenden diejenigen 2. Ordnung (Welligkeit) und insbesondere 3. bis 5. Ordnung (Rauheit) interessieren. Die quantitative Beschreibung der Gestaltabweichungen 2. bis 5. Ordnung erfolgt anhand von Oberflächenmaßen (Meßgrößen). Dabei unterscheidet man Senkrecht- und Waagerechtmaße, die jeweils für die Rauheit und Welligkeit getrennt ermittelt werden. Die größte Bedeutung bei der quantitativen Beschreibung der Oberflächenbeschaffenheit haben die Senkrechtmaße der Rauheit erlangt.

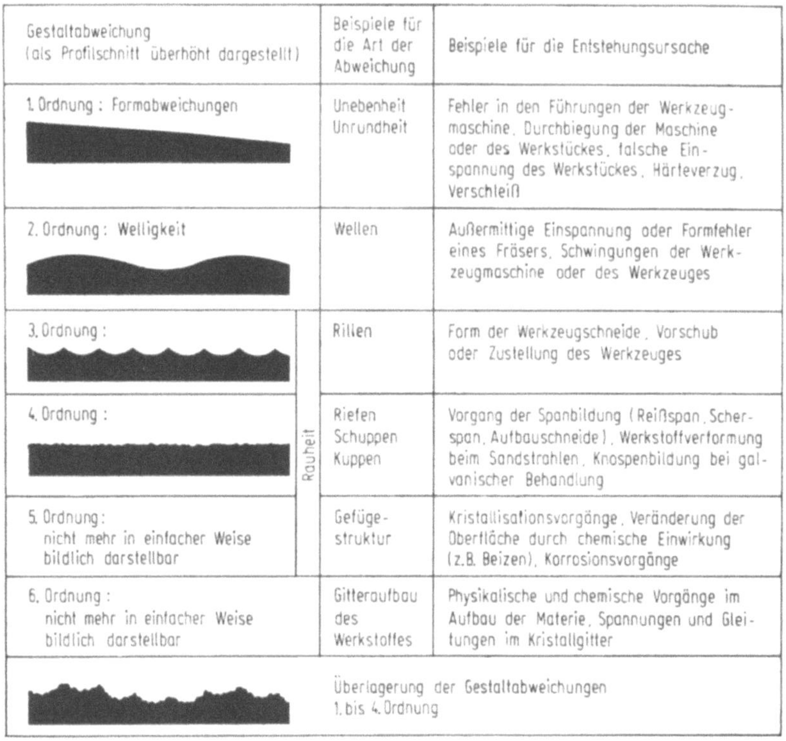

Gestaltabweichung (als Profilschnitt überhöht dargestellt)	Beispiele für die Art der Abweichung	Beispiele für die Entstehungsursache
1. Ordnung: Formabweichungen	Unebenheit Unrundheit	Fehler in den Führungen der Werkzeugmaschine. Durchbiegung der Maschine oder des Werkstückes, falsche Einspannung des Werkstückes. Härteverzug. Verschleiß
2. Ordnung: Welligkeit	Wellen	Außermittige Einspannung oder Formfehler eines Fräsers. Schwingungen der Werkzeugmaschine oder des Werkzeuges
3. Ordnung:	Rillen	Form der Werkzeugschneide. Vorschub oder Zustellung des Werkzeuges
4. Ordnung:	Riefen Schuppen Kuppen	Vorgang der Spanbildung (Reißspan, Scherspan, Aufbauschneide). Werkstoffverformung beim Sandstrahlen. Knospenbildung bei galvanischer Behandlung
5. Ordnung: nicht mehr in einfacher Weise bildlich darstellbar	Gefügestruktur	Kristallisationsvorgänge. Veränderung der Oberfläche durch chemische Einwirkung (z.B. Beizen). Korrosionsvorgänge
6. Ordnung: nicht mehr in einfacher Weise bildlich darstellbar	Gitteraufbau des Werkstoffes	Physikalische und chemische Vorgänge im Aufbau der Materie. Spannungen und Gleitungen im Kristallgitter
	Überlagerung der Gestaltabweichungen 1. bis 4. Ordnung	

Die Gestaltabweichungen 1. bis 4. Ordnung überlagern sich in der Regel zu der Istoberfläche, wie sie beispielsweise im unteren Bild im Schnitt dargestellt ist.

Bild 5.31 Beispiele für Gestaltabweichungen. Nach DIN 4760 [5.63]

5.4.1.1 Senkrechtmaße

Nach DIN 4762 [5.65] werden die Senkrechtmaße der Rauheit — Rauhtiefe R_t, Glättungstiefe R_p, Mittenrauhwert R_a — und das Senkrechtmaß der Welligkeit, die Wellentiefe W, aus dem meßtechnisch erfaßten Oberflächenprofil (Istprofil) innerhalb der jeweiligen Bezugsstrecken ermittelt und wie folgt definiert (Bild 5.32 und 5.33):

Rauhtiefe R_t ist der Abstand des Grundprofils vom Bezugsprofil und damit der größte senkrecht zum geometrisch-idealen Profil gemessene Abstand des Bezugsprofils vom Istprofil.

Glättungstiefe R_p ist der mittlere Abstand des Bezugsprofils vom Istprofil

$$R_p = \frac{1}{l} \int_{x=0}^{x=l} y_i \, dx. \tag{5.13}$$

Die Glättungstiefe ist auch gleich dem Abstand des mittleren Profils vom Bezugsprofil.

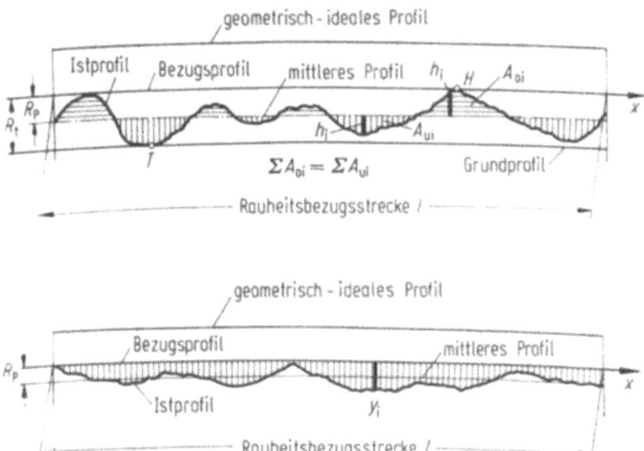

Bild 5.32 Lage des Bezugsprofils zum Istprofil. Mittleres Profil, Rauhtiefe R_t, Abstände h_i zur Ermittlung des Mittenrauhwerts R_a (obere Bildhälfte) und Abstände y_i zur Ermittlung der Glättungstiefe R_p (untere Bildhälfte). Nach DIN 4762, Teil 1 [5.65]

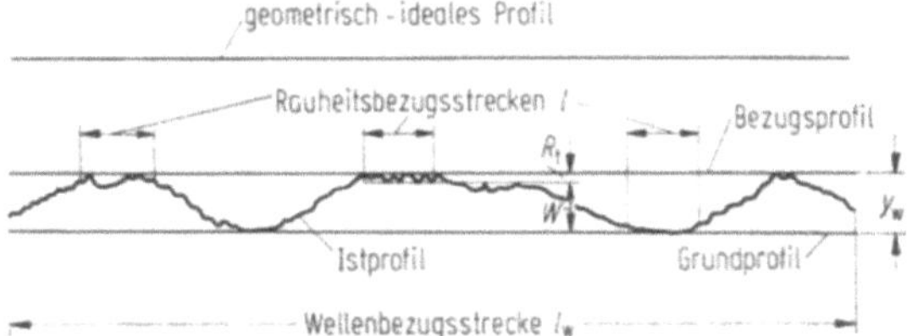

Bild 5.33 Ermittlung der Wellentiefe W. Nach DIN 4762, Teil 2 [5.65]

Mittenrauhwert R_a ist der arithmetische Mittelwert der absoluten Beträge der Abstände h_i des Istprofils vom mittleren Profil

$$R_a = \frac{1}{l} \int\limits_{x=0}^{x=l} |h_i| \, dx. \tag{5.14}$$

Wellentiefe W ist der Abstand y_w des Grundprofils vom Bezugsprofil innerhalb der Wellenbezugsstrecke l_w abzüglich dem arithmetischen Mittelwert der Rauhtiefen R_t mehrerer Rauheitsbezugsstrecken l.

Die in DIN 4768 [5.66] festgelegten Rauheitsmeßgrößen — Mittenrauhwert R_a, gemittelte Rauhtiefe R_z, maximale Rauhtiefe R_{max} — werden aus dem Rauheitsprofil, d. h. dem Istprofil nach Ausfilterung der Welligkeit, bestimmt.

Die Definition des *Mittenrauhwerts* R_a in DIN 4768 [5.66] entspricht derjenigen in DIN 4762 [5.65].

Für gemittelte Rauhtiefe R_z und maximale Rauhtiefe R_{max} wurde vereinbart (Bild 5.34):

Gemittelte Rauhtiefe R_z ist das arithmetische Mittel aus den Einzelrauhtiefen fünf aneinandergrenzender Einzelmeßstrecken, wobei die Einzelrauhtiefe Z_i ($Z_i \triangleq Z_1, \ldots, Z_5$) gleich dem Abstand zweier Parallelen zur mittleren Linie ist, die

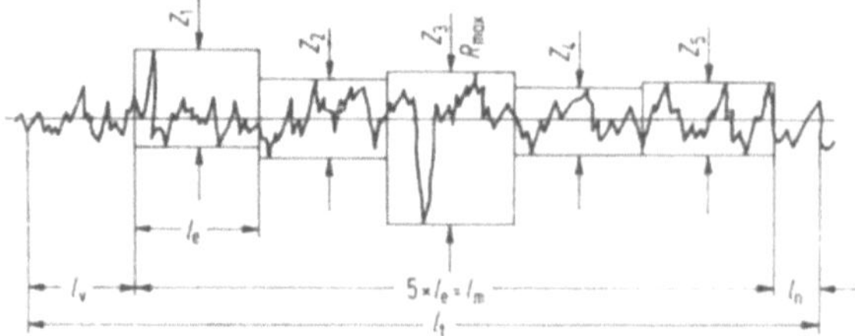

Bild 5.34 Bilden der gemittelten Rauhtiefe R_z aus dem Rauheitsprofil; Einzelrauhtiefen Z_1 ,..., Z_5, maximale Rauhtiefe R_{max}, Einzelmeßstrecke l_e, Gesamtmeßstrecke l_m, Vorlaufstrecke l_v, Nachlaufstrecke l_n und Taststrecke l_t. Nach DIN 4768, Teil 1 [5.66]

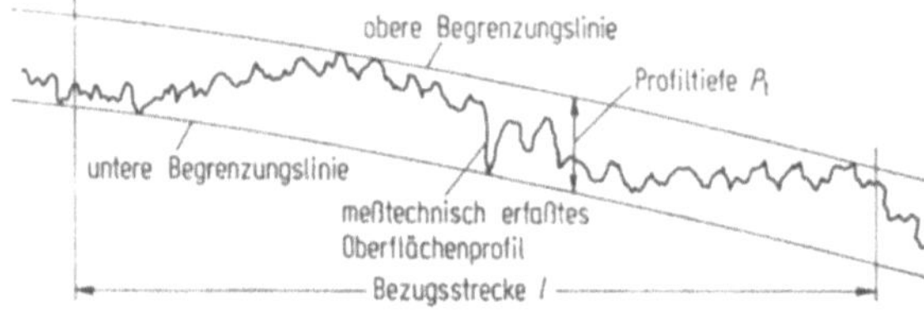

Bild 5.35 Ermittlung der Profiltiefe P_t. Nach DIN 4771 [5.67]

innerhalb der Einzelmeßstrecke das Rauheitsprofil am höchsten bzw. am tiefsten Punkt berühren.

Maximale Rauhtiefe R_{max} ist die größte der auf der Gesamtmeßstrecke l_m vorkommenden Einzelrauhtiefen Z_i (z. B. Z_3 in Bild 5.34).

Die am ungefilterten Istprofil ermittelte *Profiltiefe* P_t (DIN 4771 [5.67]) erfaßt die Gestaltabweichungen 1. bis 4. Ordnung (Formabweichungen, Welligkeit, Rauheit). Sie ist gleich dem Abstand zwischen zwei parallelen bzw. äquidistanten Begrenzungslinien, die das meßtechnisch erfaßte Oberflächenprofil innerhalb der Bezugsstrecke l kleinstmöglich einschließen, wobei die beiden Begrenzungslinien die Form des geometrisch idealen Profils aufweisen (Bild 5.35).

5.4.1.2 Waagerechtmaße

Für die Beschreibung umgeformter Oberflächen wichtige Waagerechtmaße sind der Gipfelabstand der Rauhberge, der etwa dem Rillenabstand A_r nach DIN 4762, Teil 2 [5.65] entspricht, sowie die tragende Länge l_t und der Profiltraganteil t_p, während der Wellenabstand A_w eine untergeordnete Rolle spielt.

Der *Rillenabstand* A_r ist der arithmetische Mittelwert aller Abstände a_{ri} benachbarter Rillenkämme (Punkte STU usw. in Bild 5.36) des Istprofils.

Verschiebt man das Bezugsprofil um einen Betrag c rechtwinklig zum geometrisch-idealen Profil, dann werden aus dem Istprofil die Strecken $l_{c1}, l_{c2}, ..., l_{cn}$ herausgeschnitten (Bild 5.37). Die *tragende Länge* l_t ist die Summe der Projektionen dieser Strecken auf das geometrisch-ideale Profil (Summe der Strecken $l'_{c1}, l'_{c2}, ..., l'_{cn}$).

Der *Profiltraganteil* t_p ist das Verhältnis der tragenden Länge l_t zur Rauheitsbezugsstrecke l:

$$t_p = 100 \, \frac{l_t}{l}. \tag{5.15}$$

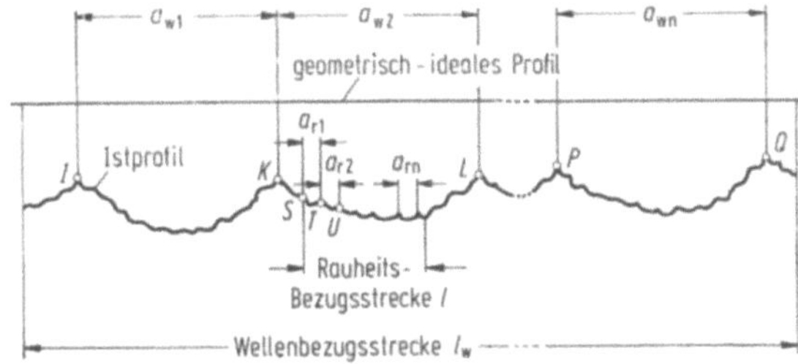

Bild 5.36 Abstände a_{r1}, a_{r2}. ..., a_{rn} zur Ermittlung des Rillenabstands A_r und Abstände a_{w1}, a_{w2}, ..., a_{wn} zur Ermittlung des Wellenabstands A_w. Nach DIN 4762, Teil 1 [5.65]

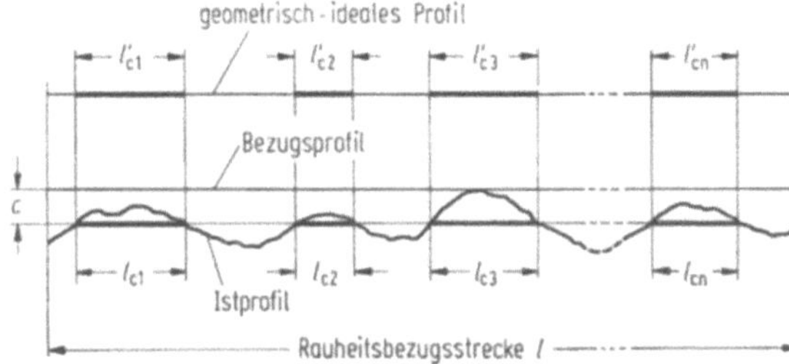

Bild 5.37 Strecken l_{c1}, l_{c2}, ... l_{cn} und l'_{c1}, l'_{c2}, ..., l'_{cn} zur Ermittlung der tragenden Länge l_t. Nach DIN 4762, Teil 1 [5.65]

5.4.1.3 Aussagekraft der Oberflächenmaße; abgeleitete Größen

Technische Oberflächen sind räumliche Gebilde. Bei der Erfassung der Gestaltabweichungen derartiger Oberflächen mit Hilfe von Profilschnitten wird zur meßtechnischen Vereinfachung ein räumliches Problem auf ein ebenes zurückgeführt. Dieses Vorgehen ist zwangsläufig mit einem Informationsverlust verbunden, da ein einzelner Profilschnitt lediglich als Stichprobe aus der Grundgesamtheit der unendlich vielen möglichen Profilschnitte aufzufassen ist. Eine Verringerung dieses Informationsverlustes läßt sich dadurch erreichen, daß die Gestaltabweichungen — vor allem bei Oberflächen mit ausgesprochenem Richtungscharakter — durch Profilschnitte in verschiedenen Richtungen erfaßt werden [5.68]. Hinzu kommt, daß die Aussagekraft der einzelnen Oberflächenmaße sehr unterschiedlich ist. Oberflächenmaße können deshalb eine Oberfläche hinsichtlich ihrer mikrogeometrischen Beschaffenheit nicht eineindeutig beschreiben.

Die Rauhtiefe R_t ist — dies gilt mit geringfügigen Einschränkungen auch für die gemittelte Rauhtiefe R_z und die maximale Rauhtiefe R_{max} — ein sehr anschauliches Oberflächenmaß und ein erster ziemlich guter Anhaltspunkt für die Beurteilung einer Rauheit. Die Rauhtiefe allein liefert keine Aussage über den Charakter und damit über die Funktionseignung einer Oberfläche, sie ist jedoch nützlich zur Beurteilung dafür, wieviel von einer Oberfläche abgetragen werden muß, damit das Rauhgebirge zum Verschwinden gebracht wird.

Die Glättungstiefe R_p besitzt von den Senkrechtmaßen den höchsten Informationsgehalt. In Verbindung mit der Rauhtiefe vermag sie am ehesten den Charakter einer Oberfläche zu beschreiben, was anhand von Bild 5.38b deutlich wird. Dort sind (in der dritten Zeile von oben) ein spitzkämmiges Profil, wie es für abgespante Oberflächen typisch ist, und (in der vierten Zeile von oben) ein rundkämmiges Profil, wie man es bei gebunden umgeformten Oberflächen antrifft (s. dazu auch Bild 5.4), dargestellt. Da sich für beide Profile jeweils gleich

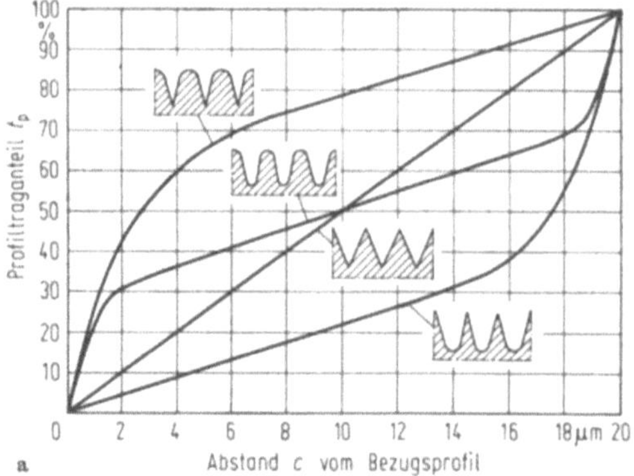

idealisierte Rau- heitsprofilform	Rauheitsmaße [µm]			Völligkeitsgrad	Profil- leeregrad	Formfaktor
	R_t	R_a	R_p	$k = (R_t - R_p)/R_t$	$\lambda = R_p/R_t$	$\delta = R_a/R_p$
	20	5	10	0,5	0,5	0,5
	20	6,3	10	0,5	0,5	0,63
	20	3,65	15,7	0,215	0,785	0,23
	20	3,65	4,3	0,785	0,215	0,85

b

Bild 5.38 Profiltraganteilkurven (a) verschiedener Rauheitsprofilformen (b). Nach [5.69]

große Werte sowohl für die Rauhtiefe R_t als auch für den Mittenrauhwert R_a ergeben, können die Profile anhand dieser beiden Oberflächenmaße nicht unterschieden werden. Deutliche Unterschiede zeigen sich dagegen bei der Glättungstiefe R_p. Sie ist im Falle des spitzkämmigen Profils $R_p = 0{,}785R_t$ und im Falle des rundkämmigen Profils $R_p = 0{,}215R_t$. Der Quotient aus Glättungstiefe R_p und Rauhtiefe R_t wird als Profil-Leeregrad λ bezeichnet [5.7], er ist ein Maß für die Wandlung einer abgespanten Oberfläche ($\lambda \geqq 0{,}5$) zu einer gebunden umgeformten Oberfläche ($\lambda \leqq 0{,}5$). Vom Profil-Leeregrad zu unterscheiden ist der räumliche Leeregrad λ_r. Dieser ist definiert als der Quotient aus Leerraum und Schichtraum, wobei mit Schichtraum der Raum bezeichnet wird, der von den über die Rauhgipfel und durch die Talsohlen gehenden Hüllflächen eingeschlossen wird und der Leerraum den darin nicht von Werkstoff erfüllten Raum darstellt [5.7]. Der räumliche Leeregrad läßt sich unter vereinfachenden Annahmen aus den Profil-Leeregraden zweier senkrecht zueinander stehender Profile ermitteln. Bei bekannter Rauhtiefe ist der räumliche Leeregrad ein Maß dafür, welche Menge einer flüssig aufgebrachten Schicht (Gleitmittel, Lack) die Oberfläche bis zur vollständigen Abdeckung des Rauhgebirges aufzunehmen vermag.

Eine weitere Möglichkeit zur Beurteilung des Oberflächencharakters ist durch die Profiltraganteilkurve (Abbotsche Profiltragkurve) gegeben. Man erhält die Profiltraganteilkurve dadurch, daß man den bei verschieden großen Schnittlinientiefen c $(0 \leqq c \leqq R_t)$ ermittelten Profiltraganteil t_p in Abhängigkeit von der Schnittlinientiefe c darstellt, wie es in Bild 5.38a für vier verschiedene (idealisierte) Rauheitsprofilformen gleicher Rauhtiefe R_t geschehen ist. Wie man sieht, zeigt die Profiltraganteilkurve einen für die jeweilige Profilform eigentümlichen Verlauf. Da die Profiltraganteilkurve auch als Summenkurve der Rauhtiefenhäufigkeit angesehen werden kann, lassen sich durch Profiltraganteil-Messungen die statistischen Eigenschaften der Rauheit in einem einzelnen Profilschnitt auf meßtechnisch verhältnismäßig einfache Weise erfassen.

Wie bereits erwähnt, hängt die Oberflächenbeschaffenheit umgeformter Werkstücke u. a. von der Beschaffenheit der Werkstückoberfläche vor dem Umformen ab. Es ist deshalb zweckmäßig, zur Erfassung der Oberflächenwandlung beim Umformen nicht nur die absolute Zu- oder Abnahme der Rauheit festzustellen, sondern auch die Veränderung der Oberflächenbeschaffenheit auf den Ausgangszustand zu beziehen. Von Kienzle und Mietzner [5.7] wurde — in Anlehnung an die makrogeometrische Formänderung — für die Veränderung der mikrogeometrischen Oberflächenbeschaffenheit der Begriff der „relativen Rauheitsänderung" eingeführt. Die relative Rauheitsänderung ϱ ist bezüglich der Oberflächenmaße R_t, R_p und R_a definiert als

$$\varrho_t = \frac{R_{t0} - R_{t1}}{R_{t0}}, \quad \varrho_p = \frac{R_{p0} - R_{p1}}{R_{p0}} \quad \text{und} \quad \varrho_a = \frac{R_{a0} - R_{a1}}{R_{a0}}, \tag{5.16}$$

wobei der Index 0 den Zustand vor, der Index 1 den Zustand nach der Umformung bezeichnet.

5.4.2 Oberflächenwandlungen beim Kaltumformen

Nach Abschn. 5.4.0 ist bei der Betrachtung der mikrogeometrischen Oberflächenwandlungen zwischen frei und gebunden umgeformten Oberflächen zu unterscheiden.

5.4.2.1 Veränderung der Oberflächenbeschaffenheit bei der freien Umformung

Die wesentlichen Grundverfahren des freien Umformens sind das Dehnen (Strekken, Streckrichten), Stauchen, (freie) Biegen und Verdrehen, wobei das Verdrehen technisch kaum angewandt wird.

Grunderscheinungen der freien Rauhung. Bei der Durchführung von Zugversuchen hatte man eine Aufrauhung der Oberfläche des Zugstabes beobachtet, die in der Einschnürzone, dem Bereich der größten Formänderung, besonders stark ausgeprägt war. Aufgrund dieser Beobachtung war ein Zusammenhang zwischen dem Grad der Aufrauhung und der Größe der vorausgegangenen Umformung vermutet worden. Wie Untersuchungen von Kienzle und Mietzner [5.70] zeigten, besteht sowohl beim Dehnen als auch beim Stauchen jeweils ein linearer Zusammenhang zwischen der Rauheitszunahme anfänglich glatter Oberflächen ($R_{t0} \approx 0{,}5 \ldots 2 \ \mu$m) und der Größe der örtlichen Formänderung, ausgedrückt in der relativen Längenänderung ε_l, wobei die Rauheitszunahme beim Stauchen etwas größer ist als beim Dehnen (Bild 5.39). Zwischen den Rauheiten längs und quer zur Beanspruchungsrichtung konnten keine bezeichnenden Unter-

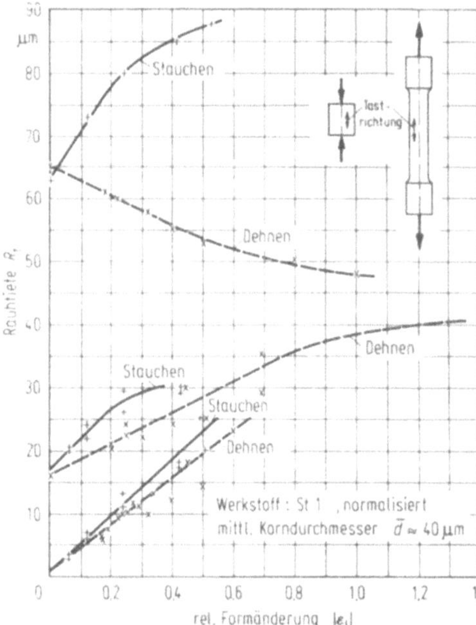

Bild 5.39 Rauhtiefenänderung in Abhängigkeit von der relativen Formänderung, der Umformart und der Anfangsrauheit. Nach [5.70]

schiede festgestellt werden, d. h., frei umgeformte Oberflächen sind als ungerichtet anzusehen.

Die Vorgänge beim Biegen lassen sich hinsichtlich der Formänderungen der interessierenden Oberflächen auf ein Stauchen der Innenfaser und ein Dehnen der Außenfaser zurückführen. Aus Bild 5.40 geht hervor, daß unter der Voraussetzung gleich großer Formänderungen die Rauheitszunahme beim Biegen von der gleichen Größenordnung ist wie beim Dehnen bzw. Stauchen. Allerdings zeigt die gedehnte Biegefaser eine geringere Aufrauhung als die entsprechende gerade gedehnte Oberfläche; bei der gestauchten Biegefaser liegen die Verhältnisse gerade umgekehrt.

Man erkennt weiterhin aus Bild 5.40, daß sich die Glättungstiefe R_p in Abhängigkeit von der Formänderung in gleichem Maße ändert wie die Rauhtiefe R_t. Das bedeutet, daß bei der freien Umformung der Profil-Leeregrad λ konstant, d. h. der Charakter der Oberfläche erhalten bleibt.

Da beim Umformen die Oberflächenschicht als solche erhalten bleibt, ist zu erwarten, daß dann, wenn im Ausgangszustand bereits eine gewisse Rauheit vorliegt, sich diese und die beim Umformen entstehende Aufrauhung gegenseitig überlagern. Wie Bild 5.39 zeigt, spielt bei der Rauheitsänderung anfänglich rauher Oberflächen die Art der Umformung eine um so größere Rolle, je höher die Ausgangsrauheit dieser Oberflächen ist:

Während für eine mittlere Anfangsrauheit ($R_\mathrm{t0} \approx 16$ µm) die Rauhtiefe sowohl beim Dehnen als auch beim Stauchen noch gleichsinnig mit der Formänderung ansteigt und sich für die beiden Umformverfahren lediglich größere Unterschiede in der Rauheitsänderung ergeben als bei anfänglich glatten Oberflächen, nimmt im Falle großer Anfangsrauheit ($R_\mathrm{t0} \approx 65$ µm) die Rauhtiefe beim Stauchen zwar mit der Formänderung zu, beim Dehnen aber ab.

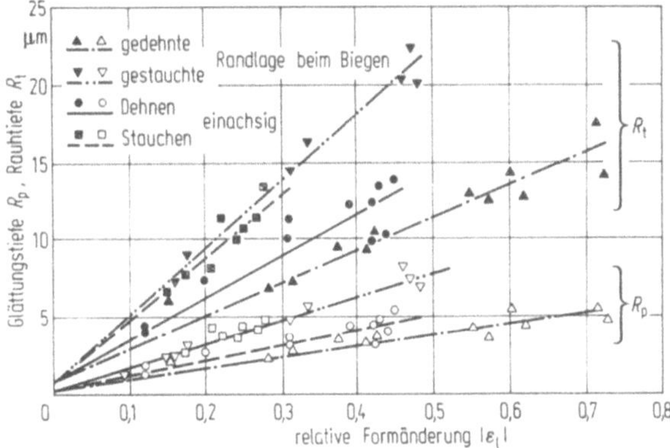

Bild 5.40 Rauheitsänderung beim Dehnen, Stauchen und Biegen in Abhängigkeit von der relativen Formänderung. Nach [5.70]

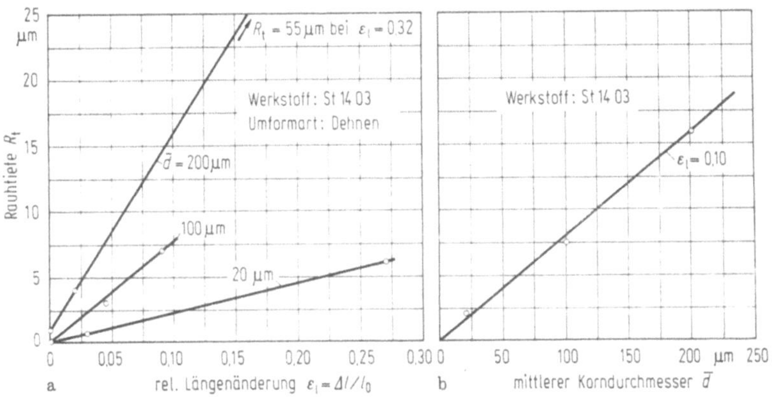

Bild 5.41 Rauhtiefenänderung beim Dehnen in Abhängigkeit von **a** der relativen Längenänderung und **b** der Korngröße. Nach [5.70]

Mechanismen der Rauheitsänderung beim freien Umformen. Als ursächlich für die Rauheitsänderung anfänglich glatter Oberflächen werden zwei Mechanismen angesehen, die gleichzeitig ablaufen und sich in ihren Auswirkungen überlagern.

Ein Vorgang ist die Verformung der einzelnen Kristallite. Während der Umformung bei Raumtemperatur bleibt der Werkstoffzusammenhang längs der Korngrenzen gewahrt. Im statistischen Mittel erfahren daher die Körner die gleiche Formänderung wie der Gesamtkörper. Mit der Verformung der Körner geht eine Änderung ihrer Abmessungen — in diesem Zusammenhang interessiert vor allem die Änderung des wirklichen Korndurchmessers — einher, die letztlich eine Veränderung der Oberflächenbeschaffenheit hervorruft.

Aus diesem Mechanismus heraus wird auch der in Bild 5.41 dargestellte Einfluß des Gefüges auf die Rauheitsänderung beim freien Umformen — die Rauheitszunahme anfänglich glatter Oberflächen ist dem mittleren Korndurchmesser $\bar{d}$

direkt proportional — verständlich: Je größer die einzelnen Körner sind, um so größer muß auch (absolut gesehen) unter sonst gleichen Bedingungen die Veränderung ihrer Abmessungen und als Folge davon die Rauheitsänderung ausfallen. Man wird deshalb mit Rücksicht auf eine möglichst geringe Aufrauhung beim Umformen darauf achten müssen, daß einmal die verwendeten Werkstückstoffe eine genügende Feinkörnigkeit aufweisen, und daß zum anderen während des Fertigungsablaufs in einer Zwischenstufe — etwa durch eine Glühbehandlung nach vorausgegangener „kritischer" Umformung — keine Grobkornbildung auftritt.

Der zweite Vorgang beruht auf Gleitvorgängen in den Kristalliten. Die plastische Formänderung der Metalle wird durch zwei wesentliche Mechanismen herbeigeführt, nämlich einmal durch Gleitung entlang bestimmter kristallographischer Ebenen (Gleitebenen) in bestimmten kristallographischen Richtungen (Gleitrichtungen), zum anderen — weit seltener und deshalb im folgenden nicht weiter behandelt — durch mechanische Zwillingsbildung. Durch den Gleitvorgang werden die Bereiche beiderseits der Gleitebene um ein ganzzahliges Vielfaches des Atomabstands gegeneinander verschoben, wodurch auf der Oberfläche der Kristallite Gleitlinien entstehen. Zu einer meßtechnisch erfaßbaren Veränderung der Kornoberfläche kommt es dadurch, daß sich mehrere Gleitlinien zu Gleitbändern anordnen, wobei Verschiebungen der Gitterbereiche beiderseits der Gleitbänder gegeneinander von bis zu 1 µm erreicht werden. Hieraus wird ersichtlich, daß Gleitvorgänge i. allg. nur in geringem Umfang zur freien Rauhung beitragen. Es gibt allerdings, wie von Akeret [5.71] gezeigt wurde, Werkstoffe, die zur Bildung sog. grober Gleitstufen infolge einer starken Bevorzugung der Einfachgleitung neigen. Hierzu gehören Aluminium und seine Legierungen. Im Falle dieser Werkstoffe kann der Beitrag zur Rauheitsänderung durch Gleitvorgänge in den Kristalliten durchaus von derselben Größenordnung sein wie die Rauheitsänderung infolge der Kristallitverformung.

Anhand der beiden Mechanismen läßt sich ableiten, daß die beim freien Umformen anfänglich glatter Oberflächen beobachtete Verfahrensabhängigkeit der Rauheitsänderung (s. Bild 5.39 und 5.40) nur scheinbar und auf die Verwendung der zur Beschreibung der Formänderungen benutzten Größe „relative Formänderung ε" zurückzuführen ist [5.72]. Eine verfahrensneutrale Formulierung der Gesetzmäßigkeiten der freien Rauhung anfänglich glatter Oberflächen wird erreicht, wenn die Formänderungen durch den dem Betrag nach größten (örtlichen) Umformgrad $|\varphi_{max}|$ beschrieben werden. Die Verwendung von $|\varphi_{max}|$ als Bezugsgröße führt zu einem linearen Zusammenhang zwischen Rauheitsänderung und Formänderung, wobei sich die Rauheitsänderungen für die verschiedenen Umformverfahren — von einer Ausnahme (gedehnte Randlage beim Biegen) abgesehen — nur zufällig im Sinne der Statistik voneinander unterscheiden (Bild 5.42).

Zur Behandlung der Rauheitsänderung anfänglich rauher Oberflächen beim freien Umformen wird ein Kreiszylinder mit umlaufendem regelmäßigem Dreieckprofil betrachtet. der in Richtung seiner Längsachse, d. h. quer zur Richtung der Profilerstreckung homogen gestaucht bzw. gedehnt wird (Bild 5.43). Unter der Voraussetzung, daß die einzelnen Profilelemente dieselben Formänderungen erfahren wie der Kreiszylinder gilt für den Zusammenhang zwischen der Rauhtiefe

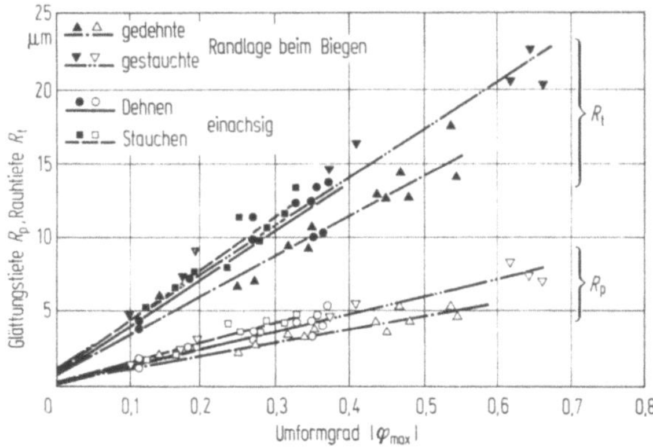

Bild 5.42 Rauheitsänderung beim Dehnen, Stauchen und Biegen in Abhängigkeit vom Umformgrad. Nach [5.72] und [5.70]

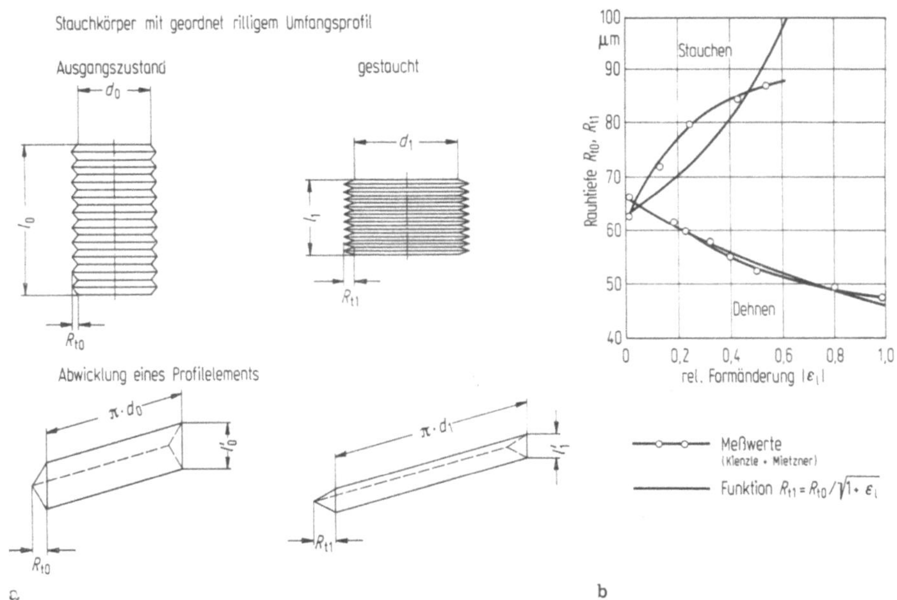

Bild 5.43 Rauheitsänderung anfänglich rauher Oberflächen beim freien Umformen.
a Modellvorstellung; **b** Vergleich der Ergebnisse der Modellrechnung mit Meßwerten von Kienzle und Mietzner [5.70]

(Profiltiefe) nach dem Umformen (R_{t1}) und der Rauhtiefe im Ausgangszustand (R_{t0}) sowie der relativen Formänderung (ε_l) bzw. dem Umformgrad (φ_l) in Achsrichtung:

$$R_{t1} = R_{t0}/\sqrt{1 + \varepsilon_l} \tag{5.17a}$$

bzw.

$$R_{t1} = R_{t0} \exp\left(-\varphi_l/2\right) . \tag{5.17b}$$

Wie aus Bild 5.43 b, in dem die nach (5.17a) berechneten Rauhtiefen den von
Kienzle und Mietzner in [5.70] angegebenen experimentell ermittelten Werten
gegenübergestellt sind, hervorgeht, werden die Verhältnisse beim Dehnen durch
die Modellvorstellung in sehr guter Näherung wiedergegeben. Die Abweichungen
zwischen Modellrechnung und Versuch beim Stauchen dürften darauf zurückzuführen sein, daß bei der Ableitung der Gln. (5.17) eine homogene Umformung
vorausgesetzt wurde und daß diese Voraussetzung für den Stauchvorgang nicht
erfüllt ist.

Im Gegensatz zur freien Rauhung anfänglich glatter Oberflächen muß demnach
beim freien Umformen anfänglich rauher Oberflächen mit geordnet rilligem
Oberflächenprofil — unabhängig von der Wahl der zur Beschreibung der Formänderungen verwendeten Größe — mit einem Einfluß des Umformverfahrens
auf Art und Ausmaß der Rauheitsänderung gerechnet werden.

Die Auswirkungen der für die Rauheitsänderung frei umgeformter Oberflächen maßgeblichen Mechanismen überlagern sich gegenseitig, deshalb ist es
nicht möglich, eine eindeutige Abgrenzung zwischen „anfänglich glatten" und
„anfänglich rauhen" Oberflächen vorzunehmen.

Zusammenfassend gilt demnach für die Oberflächenwandlung bei der freien
Umformung: Die Veränderung der mikrogeometrischen Beschaffenheit frei
umgeformter Oberflächen vollzieht sich nach einfachen Gesetzen. Die haupt-
sächlichen Einflußgrößen bei der freien Rauhung anfänglich glatter Oberflächen
sind der Umformgrad als verfahrensgegebene Größe und der mittlere Korndurchmesser als Werkstoffkenngröße. Beim freien Umformen anfänglich rauher Oberflächen muß als weitere Einflußgröße die Art der Umformung berücksichtigt
werden. Der Charakter der Oberfläche wird durch die freie Rauhung nicht verändert.

5.4.2.2 Veränderung der Oberflächenbeschaffenheit bei der gebundenen Umformung

Bei der gebundenen Umformung wird die freie Verformung der Körner in Ober-
flächennähe durch die Kontaktnormalspannungen zwischen Werkzeug und Werkstück behindert. Ähnlich geschlossene Gesetzmäßigkeiten, wie sie für die freie
Rauhung von Oberflächen bekannt sind, konnten bisher für die Oberflächenwandlung bei der gebundenen Umformung nicht abgeleitet werden. Das rührt
daher, daß zu den bekannten Einflußgrößen der freien Rauhung nun noch der
Reib- und Schmierzustand in der Wirkfuge Werkzeug/Werkstück, d. h. die
Größe der Normal- und Schubspannungen sowie die Tragfähigkeit des „Schmier-
betts" hinzukommen, wobei sich vor allem der Einfluß des Schmierstoffs zahlenmäßig kaum fassen läßt.

Anhand von Bild 5.44 wird der grundsätzliche Einfluß, den ein zwischen
Werkzeug- und Werkstückoberfläche vorhandenes Gleit- oder Trennmittel beim
gebundenen Umformen ausübt, deutlich: Wenn sich zwischen Werkzeug- und
Werkstückoberfläche keine Schmierschicht befindet, dann werden beim Stauchen
und Prägen mit wachsendem Umformgrad, d. h. zunehmender Größe der Normalspannungen, die Gipfel der Rauhberge mehr und mehr eingeebnet, bis schließlich
die Werkstückoberfläche die Rauheit der Werkzeugoberfläche angenommen hat
(Bild 5.44, rechte Bildhälfte). Sehr gut zu beobachten ist die Wandlung, die der

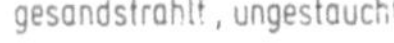
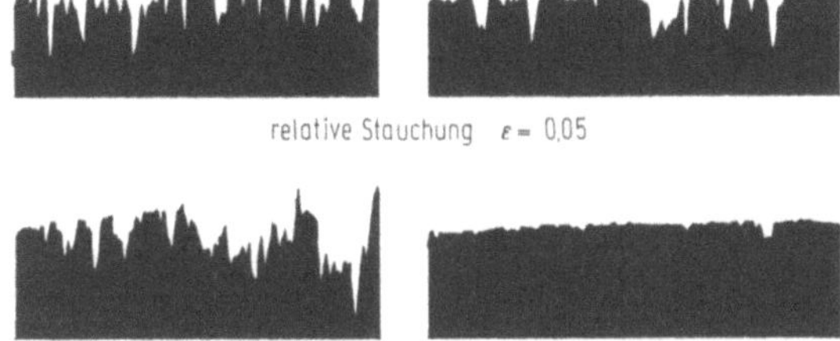

Bild 5.44 Oberflächenveränderungen beim Glattprägen mit und ohne Schmierstoff. Schmierstoff: Molykote Paste G; Werkstoff: C 45 vergütet. Nach [5.62]

Oberflächencharakter — vom offenen Profil im Ausgangs- zum halboffenen Profil im Endzustand — erfährt. Ist dagegen eine Schmierschicht vorhanden, so kann diese bei glattem Werkzeug nicht entweichen und steht in den Rauhtälern unter hohem hydrostatischem Druck, wodurch es nur vereinzelt zu einer Abplattung der Rauhberge am Werkstück kommt (Bild 5.44, linke Bildhälfte).

Bei der Betrachtung der Vorgänge der gebundenen Umformung ist deshalb zu unterscheiden zwischen den Fällen, in denen ohne Schmier- oder Trennschicht und den Fällen, in denen mit derartigen Schichten gearbeitet wird.

Mechanismen der Einebnung beim gebundenen Umformen ohne Schmierung. Vergleichsweise einfache und überschaubare Verhältnisse liegen beim gebundenen Umformen ohne Schmierstoffe vor.

Mit Hilfe der Gleitlinienmethode konnten die für das Einebnen von Rauhgipfeln erforderlichen Spannungen berechnet werden [5.73], wobei zwei unterschiedliche Gipfelprofile Berücksichtigung fanden, ein spitz zulaufendes Profil sowie ein Profil mit abgeflachter Spitze (Bild 5.45a). Die Ergebnisse dieser Berechnungen zeigen (Bild 5.45b), daß mit wachsender Größe des halben Spitzen-

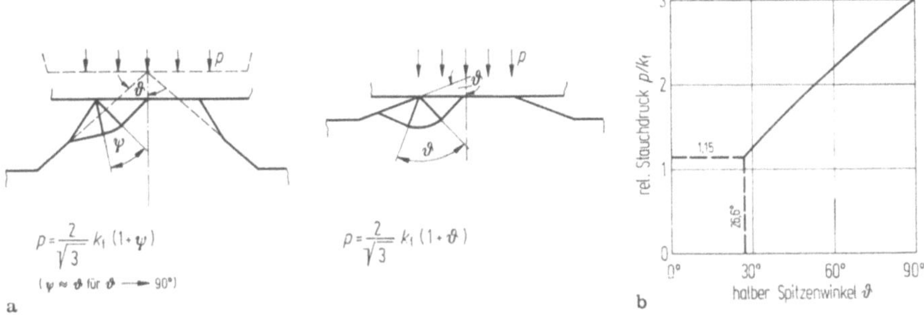

Bild 5.45 Einebnung von Rauhgipfeln. **a** Stauchdruck bei unterschiedlichen Gipfelprofilen. Nach [5.73]; **b** rel. Stauchdruck als Funktion des Spitzenwinkels. Nach [5.14]

winkels ϑ der Rauhgipfel, d. h. abnehmendem Böschungswinkel β ($\beta = 90° - \vartheta$), die zur Einebnung erforderlichen Spannungen zunehmen und bei hinreichend flachen Rauhgipfeln bis auf den dreifachen Wert der Fließspannung anwachsen können [5.14]. Dieser Sachverhalt ist insofern von Bedeutung, als die Böschungswinkel spanend bzw. umformend hergestellter Oberflächen meist wesentlich kleiner sind, als aufgrund der üblicherweise stark überhöht aufgezeichneten Profilschriebe angenommen wird. Nach bisher vorliegenden Messungen [5.74] erreichen die Böschungswinkel bei geschliffenen Oberflächen Größtwerte von etwa 55°, bei gewalzten Oberflächen von etwa 20°. Rein qualitativ läßt sich aus der Modellvorstellung über den Einebnungsvorgang ableiten, daß mit wachsendem Grad der Einebnung die erforderlichen Kräfte überproportional ansteigen, da sowohl die Spannungen — infolge von Verfestigungsvorgängen — als auch die beaufschlagten Flächen zunehmen.

Für den Einebnungsvorgang ist weiterhin maßgebend, ob sich dieser Vorgang bei unbehinderter Breitung der Basis der Rauhgipfel vollzieht, oder ob die Breitung der Basis behindert wird (Bild 5.46 [5.75]). Während im Falle der freien Breitung der bei der Einebnung aus den Rauhgipfeln verdrängte Werkstoff in die Basis der Rauhberge abfließen kann und zu einer nur unwesentlichen Veränderung des Böschungswinkels führt (Bild 5.46 a), werden bei behinderter Breitung die Flanken der Rauhberge, beginnend in den Rauhtälern, mit wachsender Einebnung zunehmend steiler bis sich die Flanken benachbarter Rauhberge berühren, wodurch sich scharfe Einschnitte bilden (Bild 5.46 b). Es ist leicht einzusehen, daß unter den Bedingungen der behinderten Breitung eine vollständige Einebnung im Sinne einer vollkommenen Beseitigung der Rauheit nicht möglich ist, obwohl vom Böschungswinkel her gesehen günstige Voraussetzungen vorliegen.

Beim Stauchen und Flachprägen herrschen in der Mitte der Werkstückstirnflächen die Bedingungen der behinderten Breitung, am Rand dagegen diejenigen der freien Breitung vor. Als Folge davon findet bei gleichgroßer relativer Höhen-

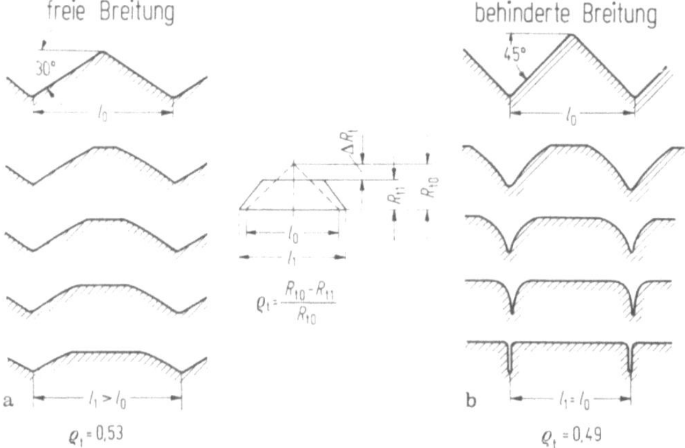

Bild 5.46 Einebnung von Rauhgipfeln. Veränderung der Rauhgipfelgeometrie bei **a** freier und **b** behinderter Breitung. Nach [5.75]

abnahme in der Mitte der Stirnflächen gestauchter bzw. geprägter Werkstücke trotz der dort höheren Drucknormalspannungen eine geringere Einebnung der Oberfläche statt als am Stirnflächenrand (Bild 5.47 [5.76]). Bemerkenswert an der Darstellung in Bild 5.47 ist, daß der größte Einebnungseffekt bereits bei vergleichsweise niedrigen relativen Höhenänderungen, d. h. auch niedrigen Drucknormalspannungen eintritt und mit wachsender relativer Höhenänderung zunehmend geringer ausfällt, was, wie bereits erwähnt, auf die mit der Einebnung einhergehende Verfestigung des Werkstoffs in den Rauhbergen und die Zunahme der gedrückten Flächen zurückzuführen ist.

Einfluß der Schmierung bei der gebundenen Umformung. Anhand von Bild 5.44 war bereits auf den grundsätzlichen Einfluß der Schmierung bei der gebundenen Umformung hingewiesen worden. Bild 5.48 verdeutlicht diesen Einfluß am Beispiel des Prägens im geschlossenen Werkzeug. d. h. unter Bedingungen der be-

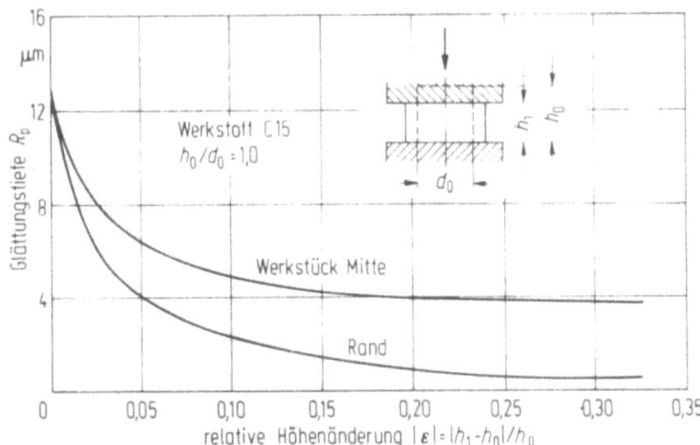

Bild 5.47 Einglättung beim Flachprägen ohne Schmierung. Nach [5.76]

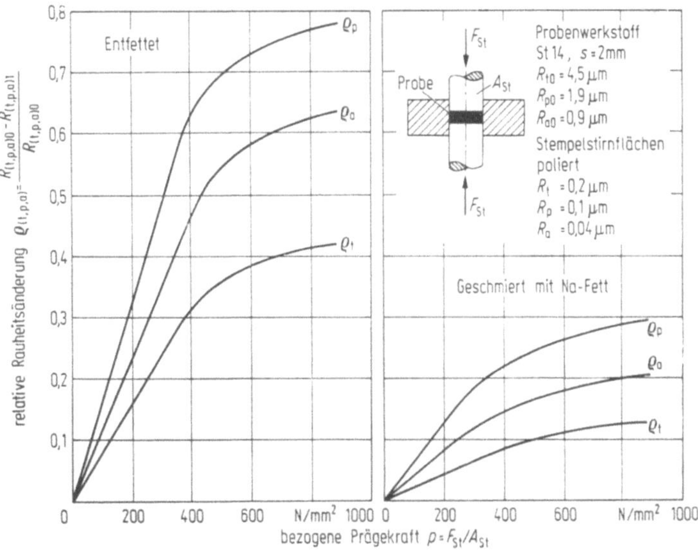

Bild 5.48 Einfluß der Schmierung beim Prägen im geschlossenen Werkzeug. Nach [5.72]

hinderten Breitung auch zahlenmäßig. Bei Verwendung entfetteter Proben (Bild 5.48, links) nimmt mit wachsender Größe der Kontaktnormalspannungen die Einebnung — ausgedrückt durch die relative Rauheitsänderung ϱ — zunächst kräftig, im weiteren Verlauf dann weniger stark zu und erreicht schließlich eine Art Sättigung. Typisch für die gebundene Umformung, insbesondere bei behinderter Breitung, ist dabei, daß sich die Glättungstiefe wesentlich stärker ändert als die Rauhtiefe. Das Verhältnis von Glättungstiefe R_p zu Rauhtiefe R_t — der Profil-Leeregrad λ — nimmt im vorliegenden Fall während der Einglättung von $\lambda_0 = 0{,}42$ auf $\lambda_1 = 0{,}15$ ab. Grundsätzlich ähnlich liegen die Verhältnisse bei Verwendung eines Schmierstoffs (Bild 5.48, rechts). Auch hier nimmt mit wachsender Kontaktnormalspannung die Rauheit der Probenoberfläche ab. Die Abnahme ist jedoch wesentlich geringer, so daß für die relative Rauheitsänderung nur Werte erreicht werden, die etwa 1/3 bis 1/4 der mit entfetteten Proben erzielten Werte ausmachen. Weiterhin ist festzustellen, daß sich Glättungstiefe und Rauhtiefe weniger unterschiedlich verändern, so daß beim Prägen mit Schmierung lediglich ein Profil-Leeregrad von $\lambda_1 = 0{,}34$ erreicht wird.

Beim Prägen in geschlossenen Werkzeugen kann der eingeschlossene Schmierstoff nicht entweichen, es bildet sich ein „Polster" zwischen Werkzeug- und

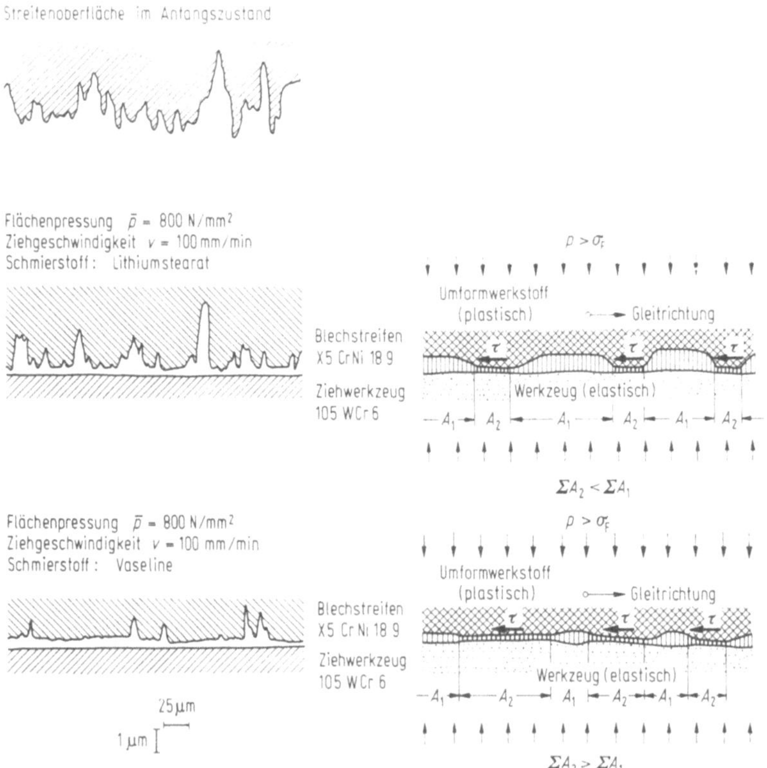

Bild 5.49 **Einfluß des Misch- und Grenzreibungszustands auf die Veränderung der Oberflächenfeingestalt (Streifenziehversuch). Nach [5.77]**

Werkstückoberfläche aus, das die Einglättung behindert. Zu einer derartigen Polsterbildung kann es aber auch — abhängig von der Art des jeweiligen Schmierstoffs — bei Vorgängen kommen, die in offenen oder halboffenen Werkzeugen durchgeführt werden.

So hat man beim Streifenziehen festgestellt [5.77], daß bei gleicher Größe der Normalspannungen im Falle der Verwendung von Festschmierstoffen die Oberflächenanteile A_2, die Grenzreibungsbedingungen unterliegen (Bild 5.49), kleiner sind als die Oberflächenanteile A_1, in denen vorwiegend hydrostatische Schmierbedingungen herrschen. Dadurch ist der Grenzschichtverformungsgrad kleiner und damit die Einglättung der Oberfläche geringer als im Falle der Verwendung von Flüssigschmierstoffen, wo sich hinsichtlich der Oberflächenanteile, in denen Grenzreibungsbedingungen bzw. hydrostatische Schmierbedingungen vorliegen, gerade umgekehrte Verhältnisse ergeben.

Die Bildung eines Schmierstoffpolsters zwischen Werkzeug- und Werkstückoberfläche kann dazu führen, daß nicht nur die Einglättung behindert, sondern daß darüber hinaus in der Grenzschicht die Voraussetzung für das Auftreten einer freien Umformung geschaffen wird [5.78]. Dieser Fall läßt sich beim Stauchen mit üblichen Werkzeuggeschwindigkeiten in den Stirnflächen der mit einem Festschmierstoff versehenen Stauchproben beobachten, wo eine beträchtliche Aufrauhung gegenüber dem Ausgangszustand eintritt (Bild 5.50, links). Bei Verwendung von Flüssigschmierstoffen ist die Ausbildung eines Schmierstoffpolsters eine Frage der Werkzeuggeschwindigkeit. Während bei niedrigen und mittleren Werkzeuggeschwindigkeiten die Tragfähigkeit des Flüssigschmierstoffs gering ist, so daß die Stirnflächen der Stauchproben noch eine Einglättung erfahren,

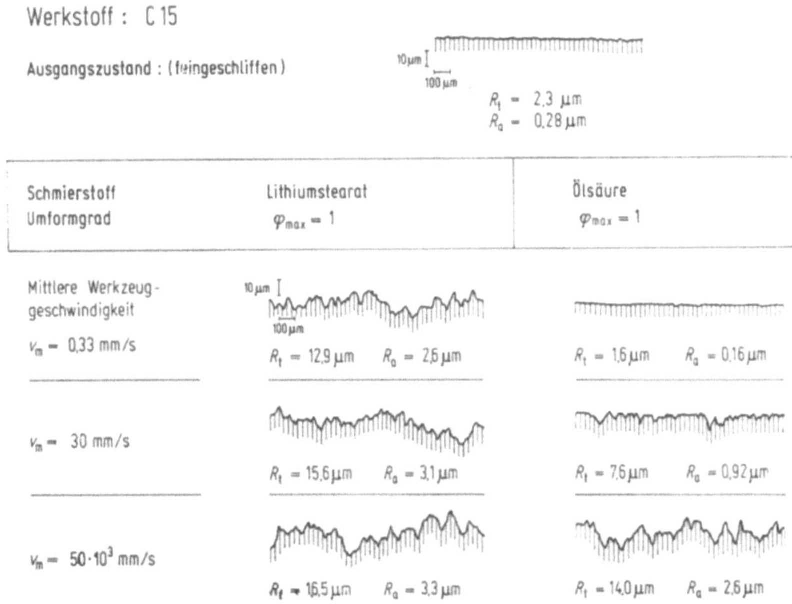

Bild 5.50 Einfluß von Schmierstoff und Werkzeuggeschwindigkeit auf die Veränderung der Feingestalt der Stirnflächen von Stauchproben. Nach [5.78]

wird mit zunehmender Annäherungsgeschwindigkeit des Werkzeugs die Tragfähigkeit des Schmierstoffs gesteigert und der unter Grenzreibungsbedingungen stehende Oberflächenanteil verringert. Die von einem flüssigen Gleitmittel zwischen Werkzeug und Werkstück übertragbare Normalkraft ist proportional der Annäherungsgeschwindigkeit und der dynamischen Zähigkeit des Gleitmittels. Ist die Werkzeuggeschwindigkeit so groß, daß die Beanspruchungszeit des Gleitmittels in der Größenordnung seiner Relaxationszeit liegt, so ist das viskoelastische Verhalten des flüssigen Gleitmittels die Ursache seiner Tragfähigkeit. Die hierbei entstehende Oberflächenfeingestalt entspricht dann nahezu der mit einem Festschmierstoff bei geringerer Werkzeuggeschwindigkeit erzielten Feingestalt (Bild 5.50, rechts).

In Grenzflächen, die unter Mischreibungsbedingungen umgeformt werden, sind in den Oberflächenteilstücken mit vorwiegend hydrostatischen Schmierbedingungen die Voraussetzungen für eine freie Umformung gegeben. Bild 5.51 zeigt REM-Aufnahmen der Zargenaußenseite eines tiefgezogenen Napfes. Im einen Fall (Bild 5.51, unten) wurde durch Aufbringen einer Klebefolie auf die

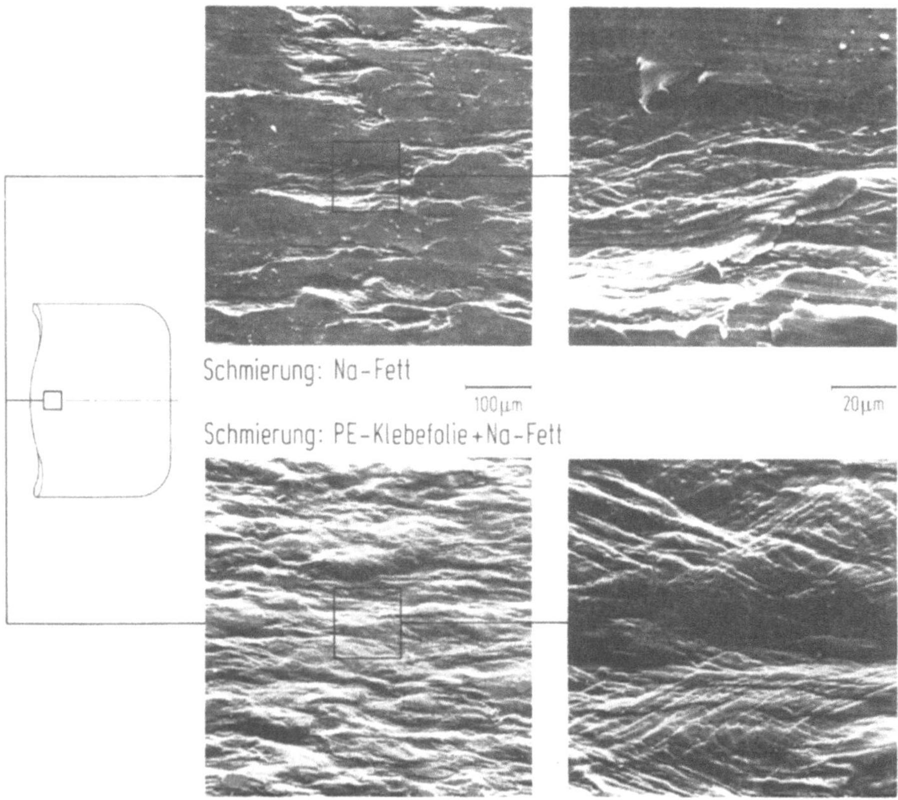

Bild 5.51 Gebundene und freie Umformung an tiefgezogenen Näpfen (Stempeldurchmesser $d_{St} = 50$ mm; Ziehverhältnis $\beta = 2{,}05$; Blechdicke $s_0 = 1$ mm; Werkstoff St 1403). Nach [5.72]

Platine eine Trennschicht zwischen Werkzeug- und Werkstückoberfläche gelegt und damit künstlich eine freie Umformung erzwungen. Man erkennt in der Oberfläche langgestreckte Rauhberge, die von der Verformung der einzelnen Kristallite herrühren und innerhalb der Rauhberge die von den Gleitvorgängen in den Kristalliten verursachten Gleitbänder bzw. Gleitstufen. Im anderen Fall wurde ein übliches Ziehfett verwendet, wodurch sich beim Umformen der Zustand der Mischreibung einstellte. Im Bereich der Oberflächenanteile, die Grenzreibungsbedingungen unterliegen, wurde die Rauheit der Oberfläche weitgehend beseitigt. In den Oberflächenteilstücken mit hydrostatischen Schmierbedingungen lassen sich deutlich Gleitbänder und -stufen, die Begleiterscheinungen der freien Rauhung, ausmachen (Bild 5.51, oben).

Der zahlenmäßigen Übertragung der vorstehend aufgeführten grundlegenden Erkenntnisse über die Vorgänge bei der gebundenen Umformung von Oberflächen auf die Verhältnisse bei technischen Umformverfahren steht u. a. die Tatsache im Wege, daß die hierbei auftretenden Normalspannungen und Formänderungen nicht mit hinreichender Genauigkeit bekannt sind. Beim heutigen Stand der Erkenntnisse müssen deshalb experimentelle Untersuchungen Aufschluß über die Auswirkungen der verschiedenen Einflußgrößen auf die Veränderung der mikrogeometrischen Oberflächenbeschaffenheit bei technischen Umformverfahren geben. Derartige Untersuchungen sind bereits für verschiedene Umformverfahren durchgeführt worden. Auf die dabei erzielten Ergebnisse wird bei der Behandlung der einzelnen Umformverfahren eingegangen.

Literatur zu Kapitel 5

5.1 Czichos, H.: Systemanalyse und Physik tribologischer Vorgänge, Teil 1: Grundlagen. Schmiertech. Tribol. 22 (1975) 126—130.

5.2 Lang, O., u. a.: Tribologie, Reibung — Verschleiß — Schmierung. Bundesministerium für Forschung und Technologie, Forschungsbericht T 76-38. Forschungskuratorium Maschinenbau e. V., Frankfurt/M. 1976.

5.3 Committee on Tribology: The introduction of a new technology. Report 1966—1972. London 1973.

5.4 Pawelski, O.: Probleme der Reibung und Schmierung in der Umformtechnik. Schmiertechnik 13 (1966) 267—273.

5.5 Funke, P.: Kriterien für die Wahl von Schmierstoffen für das Blechumformen. Blech Rohre Profile 26 (1979) 2—7.

5.6 Schmaltz, G.: Technische Oberflächenkunde, Feingestalt und Eigenschaften von Grenzflächen technischer Körper, insbesondere der Maschinenteile. Berlin: Springer 1936.

5.7 Kienzle, O.; Mietzner, K.: Grundlagen einer Typologie umgeformter metallischer Oberflächen. Berlin, Heidelberg, New York: Springer 1965.

5.8 Schey, J. A.: Metal deformation processes: Friction and lubrication. New York: Dekker 1970/Pergamon 1979.

5.9 Schey, J. A.: Tribology in metal forming processes. 4th JCPE, Tokyo 1980.

5.10 Schey, J. A.: Modelling of the tool-workpiece interface. In: Lippmann, H. (ed.): Metal forming plasticity (IUTAM Symp.). Berlin, Heidelberg, New York: Springer 1979.

5.11 Metzler, H.-J.: Über den Einfluß der Werkzeuggeschwindigkeit auf den Stauchvorgang. Berichte aus dem Institut für Umformtechnik, Universität Stuttgart, Nr. 21. Essen: Girardet 1970.

5.12 Mang, T.: Die Schmierung bei der Blechumformung. Blech Rohre Profile 27 (1980) 175—180.

5.13 Geiger, R.: Oberflächenbehandlung für das Kaltmassivumformen von Stahl, Teil 1 u. 2. Draht 33 (1982) 627—629; 674—677.

5.14 Pawelski, O.: Gelöste und ungelöste tribologische Probleme in der Umformtechnik. Schmiertech. Tribol. 25 (1978) 137—140.

5.15 Wiegand, H.; Kloos, K. H.; Müller, R.: Einfluß der Reibungspartner auf die Festkörperberührung in der Kaltformgebung. Stahl Eisen 81 (1961) 924—933.

5.16 Bowden, F. P.; Tabor, D.: Reibung und Schmierung fester Körper. Berlin, Göttingen, Heidelberg: Springer 1959.

5.17 Knappwost, A.; Burkhard, E.: Die Mischreibung als physikalisch-chemisches Festkörperproblem. Z. Metallkde. 50 (1959) 540—545.

5.18 Haupt, H. J.: Oberflächenvorbehandlung für das Kaltmassivumformen. wt. — Z. ind. Fertig. 69 (1979) 555—558.

5.19 Witte, H.-D.: Untersuchungen über die Streuung der Kräfte und Arbeiten beim Fließpressen in der laufenden Fertigung und den Einfluß der Phosphatschichtdicke und des Schmiermittels. Berichte aus dem Institut für Umformtechnik, Universität Stuttgart, Nr. 6. Essen: Girardet 1967.

5.20 Holinski, R.; Gänsheimer, J.: Neuere Ergebnisse der Grundlagenforschung und Praxis der Feststoffschmierung. In: Feststoffe zur Verminderung von Reibung und Verschleiß. Haus-der-Technik-Vortragsveröffentlichungen, Heft 260. Essen: Vulkan 1971.

5.21 Lange, K.; Gräbener, Th.: Untersuchung der Möglichkeiten einer technologischen Schmierstoffprüfung für die Verfahren der Kaltmassivumformung. In: Tribologie/Reibung, Verschleiß, Schmierung, Bd. 1. Berlin, Heidelberg, New York: Springer 1981.

5.22 Reihle, M.: Verhalten des Gleitreibungskoeffizienten von Tiefziehblechen bei hohen Flächenpressungen. Diss. TU Stuttgart 1959.

5.23 Kawai, N.; Nakamura, T.; Iwata, M.: The frictional mechanism on the surface of metal being plastically deformed by drawing. Trans. ASME, J. Eng. Ind. (1977) 242—249.

5.24 Doege, E.; Witthüser, K.-P.; Joost, H.-G.: Prüfverfahren zur Beurteilung der Reibungsverhältnisse beim Tiefziehen. HFF-Ber. Nr. 6, Hannover 1980, S. 16/1—16/13.

5.25 Duncan, J. L.; Shabel, B. S.: A tensile strip test for evaluating friction in sheet metal forming. Aluminium 54 (1978) 585—588.

5.26 Wiegand, H.; Kloos, K. H.: Der Reibungs- und Schmierungsvorgang in der Kaltformgebung und Möglichkeiten seiner Messung. Werkstatt Betr. 93 (1960) 181—187.

5.27 Pawelski, O.: Ein neues Gerät zum Messen des Reibungsbeiwertes bei plastischen Formänderungen. Stahl Eisen 84 (1964) 1233—1243.

5.28 Schlosser, D.: Beeinflussung der Reibung beim Streifenziehen von austenitischem Blech: verschiedene Schmierstoffe und Werkzeuge aus gesinterten Hartstoffen. Bänder Bleche Rohre 16 (1975) 302—306.

5.29 Kerspe, J.-H.: Abstreckgleitziehen von nichtrostenden austenitischen Stählen. Berichte aus dem Institut für Umformtechnik, Universität Stuttgart, Nr. 53. Berlin, Heidelberg, New York: Springer 1980.

5.30 Nittel, J.: Neues Verfahren zur Schmierstoffprüfung in der Umformtechnik durch Reibwertmessung. Fertigungstech. Betr. 18 (1968) 301—304.

5.31 Male, A. T.; Cockcroft, M. G.: A method for the determination of the coefficient of friction of metals under conditions of bulk plastic deformation. J. Inst. Met. 93 (1964/65) 38—46.

5.32 Burgdorf, M.: Über die Ermittlung des Reibwertes für Verfahren der Massivumformung durch den Ringstauchversuch. Ind. Anz. 89 (1967) 799—804.

5.33 Geiger, R.: Untersuchung von Schmierstoffen zum Warmumformen von Stahl. Ind. Anz. 92 (1970) 623—629.

5.34 Nebe, G.: Über die Spannungs- und Formänderungsverteilung beim Stauchen. Diss. TH Aachen 1965.

5.35 Burgdorf, M.: Untersuchungen über das Stauchen und Zapfenpressen. Berichte aus dem Institut für Umformtechnik, Universität Stuttgart, Nr. 5. Essen: Girardet 1966.

5.36 Löwen, J.: Ein Beitrag zur Bestimmung des Reibungszustandes beim Gesenkschmieden. Diss. TU Hannover 1971.

5.37 Krämer, W.: Untersuchung von Schmiermitteln für das Tiefziehen. Ind. Anz. 86 (1964) 2167—2170.

5.38 El-Behery; Lamble, J. H.; Johnson, W.: The measurement of container wall pressure and friction coefficient in axisymmetric extrusion. Proc. 4th Int. MTDR Conf., Manchester, Sept. 1963. London: Pergamon Press.

5.39 Schmitt, G.: Untersuchungen über das Napf-Rückwärts-Fließpressen von Stahl bei Raumtemperatur. Berichte aus dem Institut für Umformtechnik, Universität Stuttgart, Nr. 7. Essen: Girardet 1968.

5.40 Kudo, H.; Takahashi, H.; Shinozaki, K.: An attempt to reduce percing pressure with trapped lubricant. CIRP Ann. 14 (1967) 465—471.

5.41 Geiger, R.; Stefanakis, J.: Ringstauchen und Napf-Rückwärts-Fließpressen als Verfahren zur Prüfung von Schmierstoffen für das Massivumformen. Ind. Anz. 96 (1974) 2245—2246.

5.42 DIN 50320. Verschleiß-Begriffe-Systemanalyse von Verschleißvorgängen — Gliederung des Verschleißgebietes. Dez. 1979.

5.43 Habig, K. H.; Kirschke, K.; Maennig, W.; Tischer, H.: Festkörpergleitreibung und Verschleiß von Eisen, Kobalt, Kupfer, Silber, Magnesium und Aluminium in einem Sauerstoff-Stickstoff-Gemisch zwischen 706 und $2 \cdot 10^{-7}$ Torr. BAM-Ber. Nr. 13 (1972).

5.44 Habig, K. H.: Die Verschleißmechanismen von Metallen und Maßnahmen zu ihrer Bekämpfung. Z. Werkstofftech. 4 (1973) 33—40.

5.45 Czichos, H.: Über den Zusammenhang zwischen Adhäsion und Elektronenstruktur von Metallen bei der Rollreibung im elastischen Bereich. Z. Angew. Phys. 27 (1969) 40—46.

5.46 Wellinger, K.; Uetz, M.: Verschleiß durch körnige mineralische Stoffe. Aufbereit. Tech. 4 (1963) 319—335.

5.47 Habig, K. H.; Czichos, H.: Eine auf der Systemanalyse von Reibungs- und Verschleißvorgängen aufbauende Methodik zur Auswahl von tribotechnischen Werkstoffen. Z. Werkstofftech. 7 (1976) 247—251.

5.48 Stähli, G.: Randschichthärten — Sonderverfahren. VDI-Ber. Nr. 333, 1979.

5.49 Habig, K. H.: Thermochemisch gebildete Oberflächenschichten auf Stahl. VDI Ber. Nr. 333, 1979.

5.50 Hintermann, H. E.: Verschleiß- und Korrosionsschutz durch CVD- und PVD-Überzüge. VDI Ber. Nr. 333, 1979.

5.51 Wahl, W.: Standzeitverlängerung bei Abrasiv-Verschleißschäden durch Auftragsschweißen. VDI Ber. Nr. 333, 1979.

5.52 Adam, P.: Merkmale thermischer Spritzverfahren und ihr Einfluß auf die Eigenschaften der Schichten — Verfahrenstechnische Gesichtspunkte. VDI Ber. Nr. 333, 1979.

5.53 Steffens, H.-D.: Thermisch gespritzte Metallschichten zur Verminderung von Reibung und Verschleiß. VDI Ber. Nr. 333, 1979.

5.54 Kirner, K.: Plasmaspritzen von Hartstoffen. VDI Ber. Nr. 333, 1979.

5.55 Hübner, H.; Ostermann, A. E.: Galvanisch und chemisch abgeschiedene Schichten. VDI Ber. Nr. 333, 1979.

5.56 DIN 50321. Verschleiß-Meßgrößen. Dez. 1979.

5.57 Melching, R.: Untersuchungen über Verschleiß, Reibung und Schmierung beim Gesenkschmieden. Schmiertech. Tribol. 27 (1980) 79—85.

5.58 Voss, H.; Netthöfel, F.: Zur Frage der Lebensdauer von Schmiedegesenken. Ind. Anz. 89 (1967) 597—598.

5.59 Becker, H.: Vereinfachtes Modell zur Schmierstoffauswahl. Bänder Bleche Rohre (1978) 362—366.

5.60 Kudo, H.; Tsubouchi, M.; Fukuhara, Y.; Ito, Y.: Determination of friction and wear characteristics of some lubricants and tool materials for cold forging with the simulation testing machine. CIRP Ann. 28/1 (1979) 159—163.

5.61 Altan, T.; Semiatin, S. L.; Lahoti, G. D.: Determination of flow stress data for practical metal forming analysis. CIRP Ann. 30/1 (1981) 129—134.

5.62 Kienzle, O.: Zur Typologie umgeformter metallischer Oberflächen. Microtecnic XIV (1960) 134—140.

5.63 DIN 4760. Begriffe für die Gestalt von Oberflächen. Juli 1960.

5.64 DIN 4761. Oberflächencharakter. Geometrische Oberflächentextur-Merkmale. Begriffe, Kurzzeichen. Dez. 1978.

5.65 DIN 4762, Teil 1, Teil 2. Erfassung der Gestaltabweichungen 2. bis 5. Ordnung an Oberflächen an Hand von Oberflächenschnitten. Aug. 1960.

5.66 DIN 4768, Teil 1. Ermittlung der Rauheitsmeßgrößen R_a, R_z, R_{max} mit elektrischen Tastschnittgeräten. Grundlagen. Aug. 1974.

5.67 DIN 4771. Messung der Profiltiefe P_t von Oberflächen. April 1977.

5.68 Kienzle, O.; Heiss, A.: Die Oberflächenabtastung in zwei Richtungen. Werkstatttechnik u. Maschinenbau 41 (1951) 73—81.

5.69 Hansen, N.: Die Bedeutung der Profiltraganteilkurve zur Kennzeichnung von abgespanten und umgeformten Oberflächen. Werkstattstechnik 57 (1967) 379—383.

5.70 Kienzle, O.; Mietzner, K.: Mikrogeometrische Veränderungen der Oberfläche bei Kaltumformvorgängen. Forschungsberichte des Landes Nordrhein-Westfalen Nr. 812. Köln/Opladen: Westdeutscher Verlag 1960.

5.71 Akeret, R.: Beobachtungen über die Lokalisierung der Verformung in Aluminiumwerkstoffen. Aluminium 54 (1978) 385—391.

5.72 Dannenmann, E.: Oberflächen- und Randzonenbeeinflussung durch Umformen und Schneiden. Tech. Mitt. — Organ des Hauses der Technik e. V. Essen — 73 (1980) 893—901.

5.73 Fogg, B.: The relationship between the blank and the product surface finish and lubrication in deep-drawing and stretching operations. Sheet Met. Ind. 22 (1967) 95—112.

5.74 Bodschwinna, H.: Digitale Meßwertverarbeitung in der Oberflächenprüfung. In: VDI Ber. Nr. 265, 1976.

5.75 Heller, W.: Einebnungsvorgänge in werkzeuggebundenen Metalloberflächen bei bildsamer Formgebung. Diss. TH Aachen 1970.

5.76 Kienzle, O.; Meier, R.: Erzielbare Maßgenauigkeiten und Oberflächengüten beim Kaltflachprägen von Gesenkschmiedestücken. Werkstattstechnik 51 (1961) 545—551.

5.77 Kloos, K. H., u. a.: Oberfläche und Kaltumformung. In: Kienzle, O. (Hrsg.) Mechanische Umformtechnik. Berlin, Heidelberg, New York: Springer 1968, S. 293—339.

5.78 Wiegand, H.; Kloos, K. H.: Der Kaltstauchversuch als Modellverfahren zur Erfassung der Reibungs- und Oberflächenvorgänge. Werkstattstechnik 56 (1966) 129—137.

6 Ermittlung von Verfahrenskennwerten durch Messen

Von **V. Schmidt**

Begriffe und Formelzeichen

A	Amplitude, Fläche
C	Kapazität
d	Abstand
ε	Graufaktor
φ	Phasenverschiebung
R	ohmscher Widerstand
Z	komplexer Widerstand
U	Gleichspannung
x	Drahtlänge

6.0 Einleitung

Die Definition der Umformmaschine als eine Arbeitsmaschine, die ein Werkzeug an einem Werkstück unter gegenseitiger Führung zum Eingriff bringt und dabei die zur Durchführung eines Umformverfahrens benötigten Kräfte, Momente und Arbeitsbeträge in jedem Augenblick des Vorgangs bereitstellt, sei hier aus Kap. 7 vorweggenommen. Sie drückt die enge Wechselbeziehung zwischen Umformvorgang und Umformmaschine aus. Vom Umformvorgang werden gewisse Anforderungen an die Maschine gestellt, die sich ebenso wie die Eigenschaften der Maschine durch Kenngrößen beschreiben lassen [6.1]. Eine gegenseitige Abstimmung ist mit Hilfe dieser Kenngrößen möglich; ihre Zahlenwerte, die für den absoluten Vergleich nötig sind, heißen Kennwerte.

Neben den Kenngrößen, die — auf das Umformverfahren bezogen — nach außen auf die Maschine zurückwirken, sind solche Kenngrößen zu beachten, die den eigentlichen Vorgangsablauf im Werkstück bzw. Werkstoff kennzeichnen und damit die Vergleichsmöglichkeit mit anderen Umformverfahren eröffnen.

Für das Messen von Verfahrenskennwerten ist eine Unterscheidung insofern zu treffen, ob am eigentlichen Verfahren in seiner natürlichen Größe gemessen wird, oder ob mit verkleinerten Modellen, ja gegebenenfalls sogar mit Modellwerkstoffen oder eigentlichen Modellverfahren gearbeitet wird. Alle Methoden zielen jedoch gleichermaßen auf die Ermittlung von Zahlenwerten für eine kennzeichnende Größe eines Umformvorganges.

Die nachfolgenden Ausführungen werden weniger die Kennwerte einzelner Umformverfahren als vielmehr die allgemeinen Methoden ihrer Erfassung aufzeigen. Die Bewertung ihrer Brauchbarkeit und die Entscheidung für ihre Anwendung im Einzelfall muß offen bleiben, da zu viele Randbedingungen diesen Einzelfall beeinflussen.

6.1 Verfahrenskenngrößen

6.1.1 Kraft, Weg und Arbeit

Als wichtigste Kenngröße bei jedem Umformverfahren ist die von der Maschine für das erfolgreiche Durchführen des Umformvorgangs bereitzustellende *Kraft* anzusehen. Diese Umformkraft ist während des zeitlichen Ablaufs der Umformung i. allg. nicht konstant. Deshalb wird als Kenngröße die größte während des Vorgangs auftretende Kraft angesehen. Sie muß von einem Werkzeugteil auf den umzuformenden Werkstoff übertragen werden und verursacht im Gegenwerkzeug eine entsprechende Reaktionskraft. Für die Messung der Kraft ist es wichtig, den Kraftfluß im System Maschine—Werkzeug—Werkstoff zu kennen, damit auch die ganze tatsächlich wirkende Kraft gemessen wird, d. h., das Meßglied ist direkt in den Kraftfluß zu legen.

Der *Umformweg* als Kenngröße ist praktisch nur bei Vorgängen mit gradliniger Werkzeugbewegung von Bedeutung. Es ist jener Weg, den das krafteinleitende Werkzeugteil unter Kraft während des Umformvorgangs an seinem Berührungspunkt mit dem Werkstück zurücklegt. Einzelne Werkstoffelemente des umgeformten Werkstücks können dabei wesentlich kleinere oder größere Wege zurücklegen. Die Messung des Umformwegs ist meistens nicht am Berührungspunkt möglich, sondern z. B. nur als Relativbewegung von Werkzeugoberteil gegen Werkzeugunterteil oder von Maschinenstößel gegen Maschinentisch. Dabei ist zu beachten, daß elastische Verformungen von Werkzeug bzw. Maschine das Meßergebnis verfälschen können (Bild 6.1).

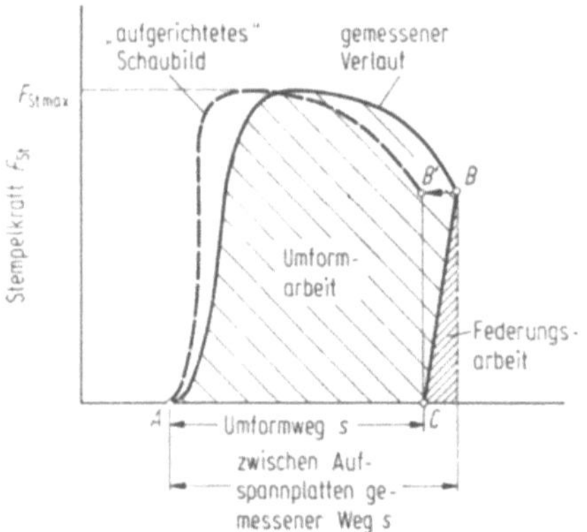

Bild 6.1 Beispiel eines Kraft-Weg-Schaubildes (Napf-Rückwärtsfließpressen). *A* Beginn des Umformvorgangs; *B* Ende des Umformvorgangs und Bewegungsumkehr des Stößels; *C* Abheben der Stempelspitze vom Werkstück

Als Umformzeit ist der Zeitraum zu betrachten, in dem der Umformweg zurückgelegt wird. Aus dieser Zeit kann eine mittlere Geschwindigkeit des Werkzeugs während des Vorgangs ermittelt werden. Diese mittlere Geschwindigkeit ist jedoch für den Umformvorgang i. allg. nicht kennzeichnend. Interessant ist in manchen Fällen die Geschwindigkeit des Werkzeugs im Zeitpunkt des Auftreffens auf das Werkstück.

Eine weitere kennzeichnende Größe eines Umformvorgangs ist der *Kraft-Weg-Verlauf*, d. h. also die Darstellung der Umformkraft über dem Umformweg. Jedes Umformverfahren hat einen typischen Kraft-Weg-Verlauf (Bild 6.2); insbesondere tritt die größte Umformkraft zu verschiedenen Zeitpunkten auf. Diese Kenngröße hat besondere Bedeutung für die Maschinenauswahl, da der Kraftverlauf über dem Maschinenhub und der Zeitpunkt der ausnutzbaren Größtkraft vom Maschinentyp abhängen. Der Kraft-Weg-Verlauf wird durch gleichzeitiges Messen von Kraft und Weg und Aufzeichnung im x-y-Schreiber ermittelt (s. Abschn. 6.2). Wird dabei die Kraft über dem Weg aufgetragen, so umschließt diese Kurve zusammen mit der Wegachse die *Arbeitsfläche*. Die gemessene Kraft-Weg-Kurve ist wegen der miterfaßten Federarbeit der Umformmaschine „aufzurichten", um den tatsächlichen Verlauf zu erhalten. Bild 6.1 zeigt hierzu eine Prinzipskizze. Der Arbeitsbetrag kann durch Ausplanimetrieren leicht gewonnen werden; auch der Vergleich mit dem Arbeitsvermögen der Maschine wird so möglich.

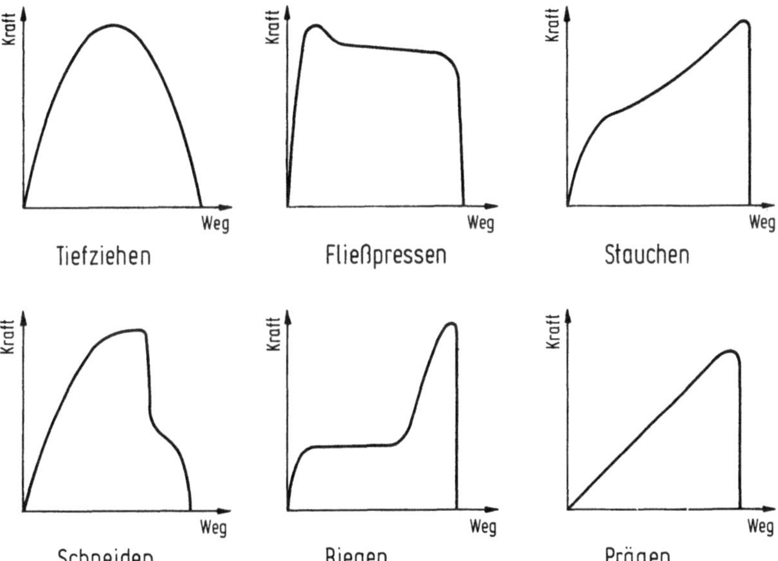

Bild 6.2 Kraft-Weg-Verläufe für verschiedene Umformverfahren

6.1.2 Vorgangskenngrößen

Als herkömmliche Methode für die Bezeichnung der *Größe der Umformung* darf es gelten, dieselben geometrischen Größen am Werkstück (z. B. Länge, Höhe, Querschnittsfläche) vor und nach der Umformung ins Verhältnis zu setzen und sie je nach Verfahren zu bezeichnen (z. B. Stauchverhältnis, Ziehverhältnis) oder ihre Änderung auf den Ausgangszustand zu beziehen (z. B. bezogene Querschnittsänderung). Dieses Maß der Umformung erlaubt als Kenngröße jedoch keinen Vergleich über verschiedene Verfahren hinweg.

Ausgehend von den Geschwindigkeiten, mit denen sich die Werkstoffelemente bewegen, werden in Abschn. 4.1.4 die *Umformgeschwindigkeit* $\dot{\varphi}$ und der *Umformgrad* φ definiert. Als Grundlage ist dort der homogene Umformvorgang gewählt, d. h. es wird vorausgesetzt, daß an jedem Punkt im Innern des Werkstücks die gleichen Formänderungen stattfinden. Diese Formänderungen können in Wirklichkeit örtlich sehr verschieden sein. Daraus ergibt sich, daß auch die *Formänderungsverteilung*, z. B. über einen Längs- oder Querschnitt eines Werkstücks eine Kenngröße für das Umformverfahren ist. Mit der Formänderungsverteilung und in ihrer Folge mit der unterschiedlichen Verfestigung ist der *Werkstofffluß* eng verbunden. Allerdings ist für den Werkstofffluß auch die geometrische Form des Werkzeugs (Radien, Flächenneigungen) von Bedeutung, die Gleitbedingungen für den Werkstoff am Werkzeug entlang beeinflussen ihn, und schließlich wirkt sich auch der innere Zustand des Werkstoffs (Gefüge, Textur) aus. Der Werkstofffluß ist demnach eine kennzeichnende Größe, die sehr verschiedenartige Einflüsse umfaßt.

Der *Spannungszustand*, unter dem ein Werkstoff während des Umformvorgangs steht, entscheidet mit über die erreichbare Umformung. Dabei ist zunächst grundlegend wichtig, ob und in welcher Richtung jeweils Zug- oder Druckspannungen herrschen. Da der Bereich, in dem der Werkstoff umgeformt wird, eine räumliche Ausdehnung hat („Umformzone"), muß die *Spannungsverteilung* in den drei Richtungen innerhalb dieses Raums mindestens näherungsweise bekannt sein. In der elementaren Plastizitätstheorie werden aufgrund der äußeren Kräfte und des Fließkriteriums am Anfang und Ende der Umformzone Spannungen angenommen, und zwischen diesen, d. h. also über den Bereich der Umformzone hinweg, wird linear interpoliert. Mit Hilfe der höheren Plastizitätstheorie kann man dagegen die Spannungen im ganzen Bereich der Umformzone aus dem *Bewegungszustand* berechnen (Visioplasticity, s. Abschn. 4.3.5). Der Bewegungszustand selbst muß experimentell ermittelt werden. Wie in Abschn. 6.3.1 ausgeführt wird, kann der Bewegungszustand nur punktweise erfaßt werden.

Eine weitere wichtige Größe, die das Verhalten des umzuformenden Werkstoffs kennzeichnet, ist die Fließspannung k_f. Eine eigentliche Verfahrenskenngröße ist sie jedoch nicht, weil das Umformverfahren nur indirekt von ihr beeinflußt wird. Über die Fließspannung und ihre Bedeutung unterrichtet deshalb getrennt das Kap. 3.

6.2 Elektrische Messung mechanischer Größen

Zum Bestimmen der Zahlenwerte der angeführten Verfahrenskenngrößen haben sich eine Reihe von Methoden bewährt. Bei den Größen nach Abschn. 6.1.1 handelt es sich um die elektrische Messung und Registrierung mechanischer Größen, die zwar allgemein üblich und bekannt ist, aber doch auf die speziellen Anforderungen der Umformtechnik abgestimmt sein muß. Für eine eingehende Beschäftigung mit Fragen der elektrischen Meßtechnik sei auf das Schrifttum verwiesen (z. B. [6.2—6.5]).

6.2.1 Meßwertaufnehmer

6.2.1.1 Wegaufnehmer

Um die Relativbewegungen zweier Maschinenteile, wie z. B. Werkzeugoberteil und -unterteil, zu bestimmen oder die Stellung zweier Teile zueinander zu erfassen, werden Wegaufnehmer oder Verlagerungsaufnehmer verwendet. Entsprechend der Vielfalt der gestellten Anforderungen werden von der Industrie Geräte angeboten, die sich nicht nur im Meßbereich von etwa 1 μm bis mehrere Meter, sondern auch im Arbeitsprinzip stark unterscheiden. Außerdem ist von Bedeutung, ob unter Laboratoriumsbedingungen oder im Dauereinsatz unter Betriebsbedingungen gemessen werden soll.

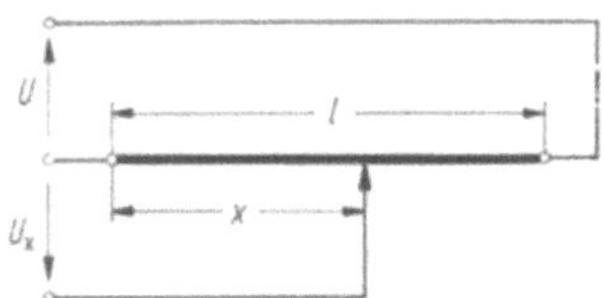

Bild 6.3 Prinzip des Widerstandswegaufnehmers

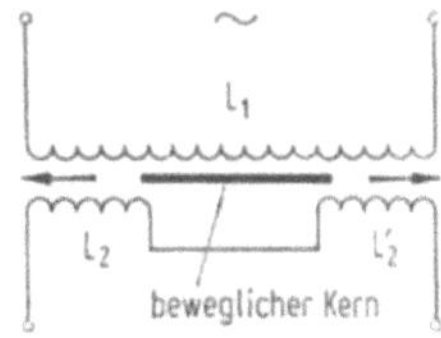

Bild 6.4 Differentialtransformator

Widerstandswegaufnehmer. Das Prinzip dieses Wegaufnehmers ist in Bild 6.3 dargestellt. An einen Widerstandsdraht der Länge l wird die Spannung U gelegt. Da diese Spannung gleichmäßig über die ganze Länge des Drahtes abfällt, gilt für die Spannung U_x, die über die Drahtlänge x abfällt und mit einem Schleifer abgenommen wird:

$$U_x = \frac{Ux}{l}. \tag{6.1}$$

Die abgenommene Spannung U_x ist also dem Weg x proportional. Dies gilt allerdings nur, wenn der Widerstand des Instruments, mit dem U_x gemessen wird, groß gegenüber dem Widerstand des Gebers ist. Außerdem gehen Änderungen der Speisespannung U proportional in das Meßergebnis ein. Diese Spannung muß also ausreichend stabil sein.

Eine weitere Methode zur Herstellung des Widerstands ist das Aufbringen eines Metallfilms oder einer Kohleschicht auf einen Isolierkörper. Durch eine nicht gleichmäßige Gestaltung des Querschnitts dieser Widerstandsbahn kann erreicht werden, daß die Spannung über die Länge nicht linear, sondern z. B. exponentiell oder nach einer anderen gewünschten Funktion abfällt.

Die Methode gestattet die Herstellung von Wegaufnehmern für beliebig große Wege. Sie erfordert einen geringen Aufwand und ist wenig störanfällig. Nachteile sind die begrenzte Verlagerungsgeschwindigkeit, die zwischen Widerstandsbahn und Schleifer wirkende Reibungskraft und der dadurch nicht zu vermeidende Verschleiß.

Differentialtransformator oder LVDT (linear variable differential transformer). In Bild 6.4 ist die Arbeitsweise dieses Wegaufnehmers dargestellt. Die Primärspule L_1 bildet mit den beiden vollkommen identischen symmetrisch angeordneten Sekundärspulen L_2 und L_2' einen Transformator. Befindet sich der bewegliche ferritische Kern in Mittelstellung, so ist die Kopplung zwischen der an eine Wechselspannungsquelle angeschlossenen Primärspule und den Sekundärspulen jeweils gleich groß. Die in den Sekundärspulen induzierte Wechselspannung ist demzufolge dem Betrage nach gleich, jedoch in der Phase um 180° verschoben, da L_2' gegenüber L_2 entgegengesetzten Wicklungssinn hat. An der Serienschaltung beider Sekundärspulen ist also die Spannung Null. Wird der Kern in Richtung von L_2 verschoben, so steigt die in L_2 induzierte Spannung an, während diejenige von L_2' sinkt. Das heißt, die Ausgangsspannung ist eine Funktion der Verlagerung des ferritischen Kerns, wobei die Phasenlage der Ausgangsspannung zur Primärspannung die Verlagerungsrichtung angibt. Durch entsprechende Gestaltung der Wicklungen kann ein linearer Zusammenhang zwischen Kernweg und Ausgangsspannung erreicht werden.

Die moderne Halbleitertechnik erlaubt die Herstellung derartiger Wegaufnehmer mit kleinen Abmessungen, die außerdem auch noch einen Oszillator zur Erzeugung der Primärwechselspannung und einen phasenkritischen Gleichrichter für die Ausgangsspannung enthalten. Ein solcher Aufnehmer wird mit Gleichstrom gespeist und liefert am Ausgang eine proportionale Gleichspannung, wobei der Nulldurchgang durch einen Vorzeichenwechsel gegeben ist.

Induktiver Wegaufnehmer. Wird in eine Luftspule ein ferromagnetischer Kern eingebracht, so wird die Induktivität und damit der Wechselstromwiderstand bzw. die Impedanz Z der Spule größer. Wird der Betrag der Impedanz über dem Weg des Kerns aufgetragen, ergibt sich qualitativ etwa der Verlauf nach Bild 6.5, wobei der Weg $s = 0$ der Mittelstellung des Kerns in der Spule entspricht. Das Bild macht deutlich, daß die Anordnung nur in sehr engen Grenzen linear arbeitet. Es werden deshalb vorteilhafter zwei Spulen koaxial hintereinander angeordnet, in die derselbe Kern eintaucht. Die beiden Spulen werden in einer Brückenschaltung (s. Abschn. 6.2.2.2) so angeschlossen, daß die Differenz ihrer Widerstände gebildet wird. Wie aus Bild 6.6 zu entnehmen ist, wird der lineare Bereich stark erweitert und die Empfindlichkeit gesteigert. Außerdem werden gleichsinnige Widerstandsänderungen durch unerwünschte Einflüsse, wie Erwärmung der Spulen oder Frequenzschwankungen, kompensiert.

Berührungsloser induktiver Wegaufnehmer. Eine Variante des induktiven Wegaufnehmers ist der „Berührungslose", wobei die Induktivitätsänderung nicht durch Verlagerung eines speziellen Kerns, sondern durch Annäherung eines ferromagnetischen Maschinenteils erreicht wird. Dieser Gebertyp kann sehr einfach installiert werden. Er läßt sich zwar eichen, aber die Eichkurve ist nie linear. Aus diesem Grunde wird dieser Weggeber hauptsächlich zur qualitativen Bestimmung benutzt, z. B. um die Endlage eines oszillierenden Maschinenteils anzuzeigen.

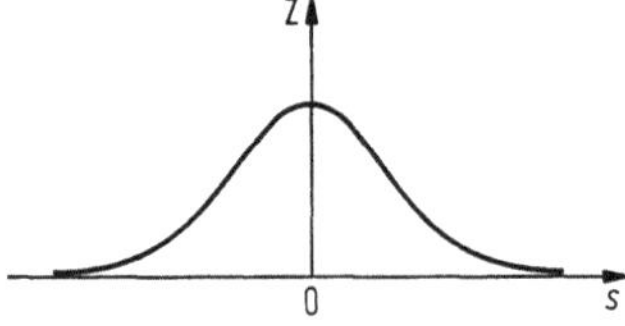

Bild 6.5 Spulenimpedanz bei Kernverlagerung

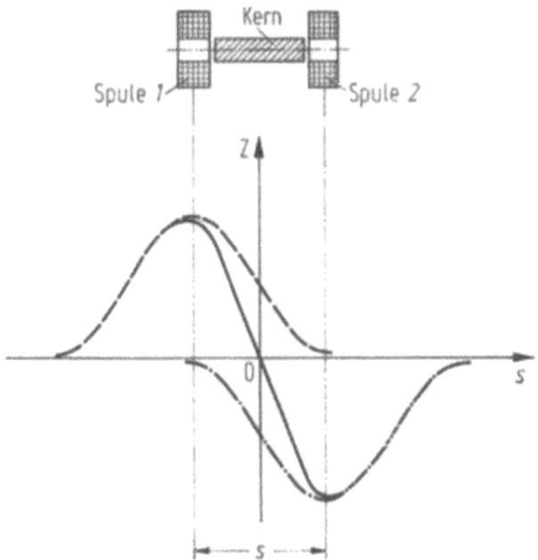

Bild 6.6 Induktiver Wegaufnehmer mit
zwei Spulen

Digitale Wegmessung. Von den Möglichkeiten der digitalen Wegmessung, wie
sie hauptsächlich bei numerisch gesteuerten Werkzeugmaschinen zur spanab-
hebenden Bearbeitung verwendet werden, sei nur der lichtelektrische Impulsgeber erwähnt, der auch zu Messungen an Umformmaschinen vorteilhaft eingesetzt werden kann.

Die bei linearen Bewegungen benützten Impulsmaßstäbe stellen Strichgitter
dar, deren lichtundurchlässige Striche und lichtdurchlässige Öffnungen rechteckig
und gleich breit sind. Zur Abtastung dieser Maßstäbe sind die Geber mit Abtast-
platten ausgerüstet, die mit der Teilung der Impulsmaßstäbe übereinstimmende
Strichgitter tragen.

Bild 6.7 zeigt schematisch die Wirkungsweise dieses Gebers. Das Licht der
Lampe fällt durch den Impulsmaßstab und die Abtastplatte und wird mit dem
Objektiv auf die Fotodiode konzentriert. Die Fotodiode wird dann am hellsten
beleuchtet, wenn sich die Lücken von Abtastplatte und Impulsmaßstab decken;
die geringste Beleuchtung entsteht, wenn die Striche der Abtastplatte die Lücken
des Impulsmaßstabs überdecken.

Entsprechend dem wechselnden Lichtstrom verhält sich die Fotodiode wie
ein wechselnder Widerstand, der in den nachgeschalteten elektronischen Geräten
ausgewertet werden kann. In der Regel werden die Impulse mit einem elektro-

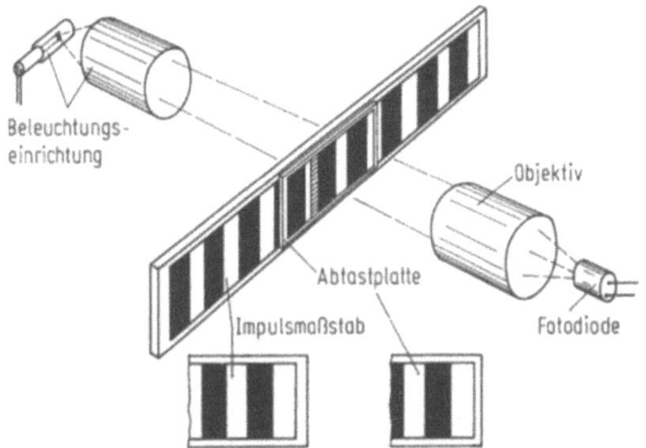

Bild 6.7 Lichtelektrischer
Impulsgeber

nischen Zähler gezählt, so daß der zurückgelegte Weg durch den Zählerstand gegeben ist.

Der große Vorteil, der diese Methode wie alle digitalen Meßeinrichtungen auszeichnet, besteht darin, daß ihre Genauigkeit nur von der Genauigkeit des Analog-Digital-Umsetzers abhängt.

6.2.1.2 Geschwindigkeitsaufnehmer

Die Geschwindigkeit von Werkzeugteilen, wie z. B. des Stößels beim Strangpressen und Fließpressen, oder eines Hammerbären kann einmal aus einem Weg-Zeit-Diagramm entnommen werden oder aber mit Geschwindigkeitsaufnehmern direkt gemessen werden. Daneben interessieren oft Drehgeschwindigkeiten. z. B. von Antriebsmotoren oder von Pressenkurbeln und -exzentern.

Tachogenerator. Befindet sich ein Liter in einem veränderlichen Magnetfeld. so wird in ihm eine Spannung induziert. Wird ein Stabmagnet, wie in Bild 6.8 schematisch dargestellt, in einer Spule gedreht, so kann an deren Anschlüssen eine Wechselspannung abgenommen werden. Amplitude und Frequenz dieser Spannung sind der Drehgeschwindigkeit proportional. Diese kann also an einem Voltmeter direkt abgelesen werden.

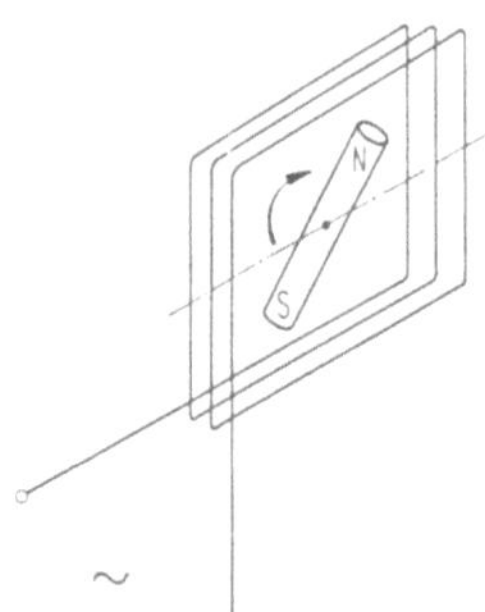

Bild 6.8 Prinzip des Tachogenerators

Induktions-Lineargeschwindigkeitsaufnehmer. Das Prinzip des Tachogenerators kann auch auf lineare Bewegungen übertragen werden. Es wird dabei ein kurzer Stabmagnet axial in einer Spule bewegt, die mit einer Differentialwicklung versehen ist. Das heißt, die Windungszahl pro Längeneinheit nimmt linear in axialer Richtung der Spule zu. Bei der Verlagerung des Magnetfeldes gelangen auf der einen Seite Windungen in den Bereich größerer Feldstärke, es wird also in ihnen eine positive Spannung induziert. Auf der anderen Seite liegen Windungen in einem Bereich, wo die Feldstärke abnimmt; in diesen wird eine negative Spannung induziert. Die Differenz beider Spannungen ist der Geschwindigkeit des Magneten proportional und nur dann nicht Null, wenn die Zahl der Windungen die vom Magneten erreicht bzw. verlassen werden, nicht gleich ist.

Geschwindigkeitsbestimmung durch Frequenzmessung. Wie erwähnt, ist nicht nur die Spannungsamplitude, sondern auch die Frequenz eines Wechselstromgenerators der Drehgeschwindigkeit proportional. Es kann also auch über eine Frequenzmessung die Drehgeschwindigkeit bestimmt werden. In gleicher Weise läßt sich der für die digitale Wegmessung beschriebene Impulsmaßstab zur Messung von Lineargeschwindigkeiten einsetzen, indem die Anzahl der Impulse pro Zeiteinheit bestimmt wird. Eine weitere Möglichkeit dieser Art bietet der berührungslose induktive Wegaufnehmer, an dem sich die Zähne eines Zahnrads oder einer Zahnstange vorbeibewegen. Der Wegaufnehmer liefert bei jedem Zahn einen Impuls. Die Pulsfrequenz ist wiederum ein Maß für die Geschwindigkeit der Zahnstange bzw. Umfangsgeschwindigkeit des Zahnrads.

Zur Messung der Frequenz selbst sei auf Abschn. 6.2.2.3 verwiesen.

6.2.1.3 Kraftaufnehmer

Bei den meisten elektrischen Kraftmessern wird die Elastizität eines Werkzeug- oder Maschinenteils ausgenutzt, das sich im Kraftfluß befindet. Häufig wird man jedoch einen speziellen Kraftmeßkörper in den Kraftfluß einfügen, der in seinen Eigenschaften dem vorliegenden Meßproblem angepaßt werden kann. Ein solcher Kraftmeßkörper kann z. B. aus einem Metallzylinder bestehen, in den die zu messende Kraft axial eingeleitet wird.

Ein Maß für die in den Zylinder eingeleitete Kraft ist dessen Längenänderung, welche mit den in Abschn. 6.2.1.1 beschriebenen Methoden zur Wegmessung bestimmt werden kann. In ähnlicher Weise kann die Auslenkung, die ein einseitig eingespannter Biegebalken durch die Kraft erfährt, als Maß für deren Größe herangezogen werden.

Eine Methode, bei der nicht die absolute Längenänderung des Kraftmeßkörpers, sondern dessen Dehnung direkt gemessen werden kann, eröffnet der sog. Dehnungsmeßstreifen.

Dehnungsmeßstreifen (DMS). Der elektrische Widerstand eines Leiters ist abhängig von seinen geometrischen Abmessungen und vom spezifischen Widerstand des Materials. Wird der Leiter einer mechanischen Belastung ausgesetzt, so ändern sich sowohl die geometrischen Abmessungen als auch der spezifische Widerstand; es wird sich folglich auch der Widerstand des Leiters ändern. Diese Tatsache wird beim Dehnungsmeßstreifen ausgenutzt. Dieser besteht aus einem Meßgitter, das aus einer dünnen Konstantanfolie (3 bis 5 µm Dicke) oder aus einem Halbleitermaterial herausgeätzt und zwischen Kunststoffolien zur Isolation eingebettet wird. Die Streifen werden mit einem Spezialkleber auf den Körper aufgeklebt, dessen Dehnung gemessen werden soll. Der Dehnungsmeßstreifen ändert seinen elektrischen Widerstand proportional der Dehnung des Werkstücks in Richtung des Meßgitters, während Dehnungen quer zum Meßgitter nur eine vernachlässigbar kleine Reaktion auslösen.

Die Industrie bietet eine kaum übersehbare Zahl verschiedener Typen von Dehnungsmeßstreifen an. Die gebräuchlichste Art ist der Gitter-DMS nach Bild 6.9.

Neben verschiedenen aktiven Meßlängen unterscheiden sie sich im Trägermaterial, das den verschiedenen Werkstoffen und Temperaturen angepaßt wird. Zu jedem Trägermaterial und Werkstoff gehört der speziell dafür geeignete Klebstoff. Aus den vielen Dehnungsmeßstreifentypen für Spezialanwendungen seien nur die „Rosetten" erwähnt. Diese dienen zur Bestimmung von Werkstückdehnungen, wenn die Hauptspannungsrichtung nicht bekannt ist und sind folgendermaßen aufgebaut (Bild 6.10):

Auf einer gemeinsamen Trägerfolie befinden sich Meßgitter, die zueinander einen Winkel von genau 120° bzw. 45° und 90° bilden. Aus den unterschied-

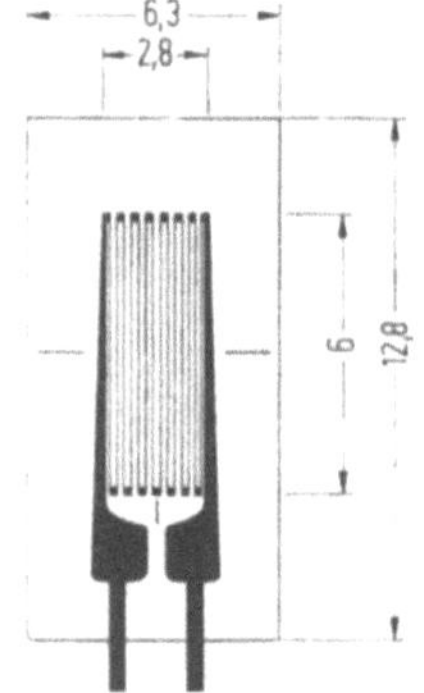

Bild 6.9 Dehnungsmeßstreifen

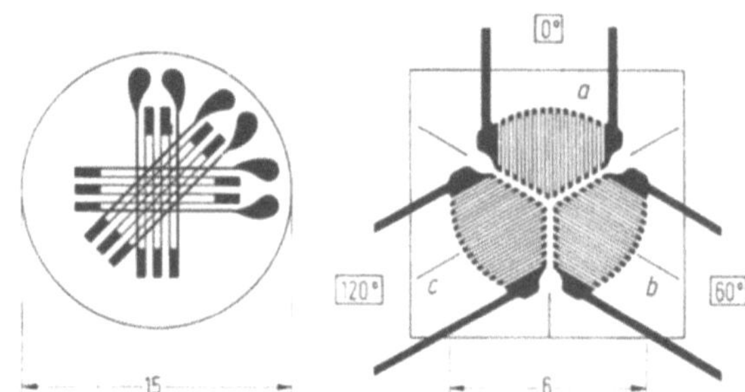

Bild 6.10 Dehnungsmeßstreifen in Rosettenform

lichen Dehnungen in diesen drei Richtungen läßt sich über den Mohrschen Spannungskreis die Hauptspannung mit ihrer Richtung errechnen.

Zur genauen Kraftmessung muß berücksichtigt werden, daß durch die Wärmedehnung des Werkstoffs Dehnungen vorgetäuscht werden können, die nicht durch Krafteinwirkung entstanden sind. Außerdem hat der Widerstand des Dehnungsmeßstreifens selbst eine geringe Temperaturabhängigkeit. Aus diesem Grunde wird der Meßkörper vorteilhaft mit zwei Dehnungsmeßstreifen versehen, wovon der eine — auch als „aktiver" Streifen bezeichnet — in Dehnungsrichtung und der andere — der „passive" Streifen — quer zur Dehnungsrichtung aufgeklebt wird. Bei einer Dehnung des aktiven Dehnungsmeßstreifens erfährt der passive infolge der Querkontraktion eine Stauchung. Die beiden Streifen werden in einer Brückenschaltung (s. Abschn. 6.2.2.2) so miteinander verbunden, daß die Differenz ihrer Widerstandsänderungen gemessen wird. Auf diese Weise werden gleichsinnige Widerstandsänderungen, wie sie durch Wärmedehnung des Körpers hervorgerufen werden, eliminiert; bei einer Dehnung durch Krafteinwirkung wird der Effekt dagegen verstärkt.

Einen Kraftmeßkörper mit Dehnungsmeßstreifen, wie er sich in der Praxis bewährt hat, zeigt Bild 6.11. Die Kraft, die auf den Körper wirkt, wird über zwei starke Ringe, die den Abschluß des Kraftmeßkörpers bilden, gleichmäßig in den Mittelteil in Form eines dünnwandigen Hohlzylinders eingeleitet. Die Stauchung der Zylinderwand wird mit drei Dehnungsmeßstreifen in axialer Richtung und drei Dehnungsmeßstreifen in tangentialer Richtung gemessen, die gleichmäßig über den Umfang verteilt aufgeklebt sind. Durch Serienschaltung von je drei Streifen in der gleichen Dehnungsrichtung erhält man bei außermittiger Belastung des Körpers den ungefähren Mittelwert der Zylinderwanddehnung.

Durch Belasten eines Kraftmeßkörpers oder eines mit Dehnungsmeßstreifen versehenen Maschinenteils mit bekannten Kräften wird eine Eichkurve angefertigt, die die Kraft in Abhängigkeit von der Dehnung angibt.

Piezoelektrischer Kraftmesser. Wird ein piezoelektrischer Kristall in Richtung der elektrischen oder neutralen Achse belastet, so treten auf den senkrecht zur elektrischen Achse liegenden Schnittflächen elektrische Ladungen auf. Die Größe der Ladung ist abhängig vom Material und proportional der elastischen Spannung

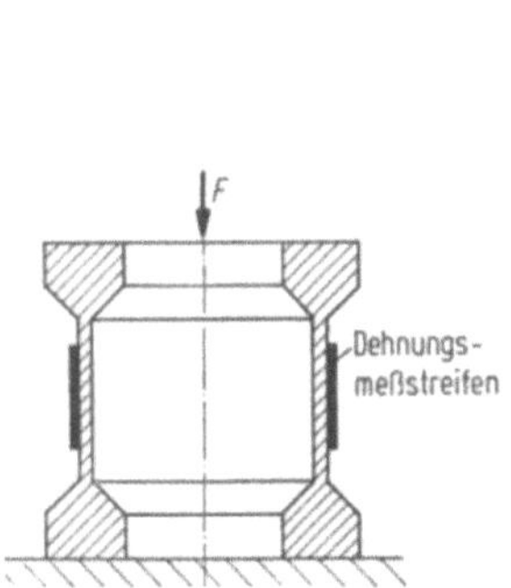

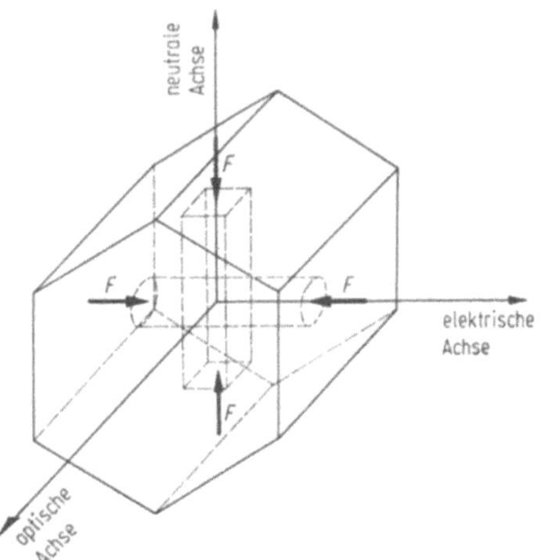

Bild 6.11 Kraftmeßkörper mit Dehnungsmeßstreifen

Bild 6.12 Quarzkristall

des Kristalls; die Polarität kehrt sich mit der Beanspruchungsrichtung um. Bild 6.12 zeigt einen Quarzkristall mit seinen Achsen.

Bei Beanspruchung in Richtung der elektrischen Achse ist die Größe der Ladung unabhängig von den Abmessungen; bei Beanspruchung in Richtung der neutralen Achse hängt sie vom Seitenverhältnis ab und ist um so größer, je länger und dünner das Kristallplättchen ist. Als Piezowerkstoff hat sich Quarz besonders bewährt.

Neben dem klassischen Einsatzgebiet piezoelektrischen Aufnehmer, dem Messen dynamischer Kräfte wie Kraftstößen und Wechsellasten bis über 100 kHz, ist dank der Entwicklung spezieller Verstärker nunmehr auch die Anwendung bei statischen Kräften möglich. Dabei sind die kleinen Abmessungen der Aufnehmer von großem Vorteil, die u. a. in Form von Ringen angeboten werden, deren Durchmesser und Bohrung der genormter Unterlagscheiben entsprechen.

Hydraulischer Kraftmeßzylinder. Bei der hydraulischen Kraftmessung wirkt die zu messende Kraft auf einen Kolben, der eine Flüssigkeit unter Druck setzt. Der Druck ist der Kraft proportional mit der Kolbenfläche als Proportionalitätsfaktor. Der Druck wird im statischen Fall mit einem mechanischen Präzisions manometer gemessen. Bei dynamischen Messungen können elektrische Druck-aufnehmer (s. Abschn. 6.2.1.4) verwendet werden. Die Flüssigkeit kann durch eine Pumpe unter Druck gesetzt werden, um somit über den Kolben eine definierte Kraft auszuüben. Auf diese Weise kann eine Eichkurve für Maschinenteile erstellt werden, die mit Dehnungsmeßstreifen versehen sind.

Der Meßfehler der Anordnung rührt zum größten Teil von der Reibung zwischen Zylinder und Kolben her.

6.2.1.4 Druckaufnehmer

Bei den meisten von der Industrie angebotenen Druckaufnehmern wirken die unter Druck stehenden Flüssigkeiten oder Gase auf eine Membran. Die Auslenkung dieser Membran wird entweder mit einer der in Abschn. 6.2.1.1 beschriebenen Methode zur Wegmessung erfaßt, oder es wird mit Hilfe von Dehnungsmeßstreifen die Dehnung der Membran direkt gemessen.

Zur Messung von Druckstößen oder Druckwellen eignet sich ganz besonders der beschriebene piezoelektrische Kristall. Er kann für Drücke von wenigen Mikrobar (z. B. bei Mikrofonen) bis zu mehreren tausend bar erfolgreich eingesetzt werden.

Wird ein Widerstandsdraht (z. B. Manganin) einem allseitigen Druck ausgesetzt, so ändert er seinen Widerstand. Diese besonders einfache Methode eignet sich gut zur Messung sehr großer Drücke in einem ruhenden Medium.

6.2.1.5 Beschleunigungsaufnehmer

Die bekannten Beschleunigungsaufnehmer haben alle ein gemeinsames Meßprinzip: Eine seismische Masse m übt bei der Beschleunigung a eine Kraft aus der Form

$$F = ma. \tag{6.2}$$

Diese Kraft kann z. B. durch einen piezoelektrischen Kraftmesser erfaßt werden, und man erhält einen piezoelektrischen Beschleunigungsaufnehmer. Eine weitere Möglichkeit ist die, daß die Kraft auf eine Feder wirkt und die Auslenkung dieser Feder mit den bekannten Methoden der Wegmessung (Abschn. 6.2.1.1) bestimmt wird. Hierbei muß immer ein Kompromiß zwischen dem erfaßbaren Meßbereich und der Eigenfrequenz des Systems, d. h. also der maximalen Meßfrequenz, geschlossen werden.

Insbesondere bei der Beschleunigungsmessung von Hämmern können bei großen Auftreffverzögerungen (Prellschläge) Fehlmessungen durch die Eigenfrequenz des Aufnehmers entstehen.

6.2.1.6 Temperaturmessung

Neben den Methoden mit den bekannten Flüssigkeitsthermometern, Metallausdehnungsthermometern o. ä., die z. B. bei kleinen Laboröfen zur Anwendung kommen können, werden in der Umformtechnik vorwiegend elektronische Temperaturmeßverfahren verwendet. Diese haben gegenüber den erstgenannten folgende Vorteile: Aufnehmer und Anzeigeinstrument können räumlich getrennt sein, Tochterinstrumente und Registriergeräte können angeschlossen werden und die Geber lassen sich in Regelkreisen einsetzen. Im folgenden werden deshalb nur die elektronischen Temperaturmeßverfahren betrachtet.

Strahlungspyrometer. Das Prinzip eines Gesamtstrahlungspyrometers ist in Bild 6.13 gezeigt. In einem Rohr ist eine Objektivlinse, eine einstellbare Blende, ein Thermoelement (s. nächster Absatz) und ein verschiebbares Okular angeordnet. Die Wirkungsweise ist folgende: Mit Hilfe des Okulars wird das Meßobjekt anvisiert. Die Objektivlinse konzentriert die Wärmestrahlung auf das in ihrem Brennpunkt befindliche Thermoelement, dessen Thermospannung sich mit der Intensität der Strahlung ändert. Strahlung und Temperatur stehen über die Plancksche Strahlungsformel in Zusammenhang, wonach die abgestrahlte Wärme der vierten Potenz der Temperatur entspricht. Daher kann ein an das Thermoelement angeschlossenes Anzeige- oder Registriergerät direkt mit einer Temperaturskale versehen werden. Alle Strahlungspyrometer werden vor dem sog. ,,Schwarzen Körper'' kalibriert; nur für diesen gilt die einfache Beziehung zwischen Temperatur und Wärmestrahlung. Das Pyrometer zeigt deshalb nur dann die wahre Temperatur an, wenn eine dem Schwarzen Körper entsprechende Hohlraumstrahlung vorliegt. Dies ist in der Praxis mit ausreichender Genauigkeit gegeben, wenn bei Schmelz-, Glüh- oder Härteöfen durch ein Schauloch das Meßgut anvisiert wird. Laut Definition absorbiert ein Schwarzer Körper alle auf ihn auftreffende Strahlung. Entsprechend ihrem endlichen Absorptionsvermögen emittieren alle realen Körper um einen Faktor ε weniger Licht. ε ist die ,,spektrale Emissivität'' oder auch der ,,Graufaktor''. Um die Oberflächentemperatur eines Körpers mit dem Pyrometer bestimmen zu können, muß ε also bekannt sein. Die Messung von Oberflächentemperaturen bei Metallen mit Hilfe eines Pyrometers ist schwierig, da ε nicht nur von Temperatur und Oberflächenbeschaffenheit abhängt, sondern sich auch durch Reaktionsprodukte mit der umgebenden Atmosphäre (Oxide, Nitride, Karbide) erheblich verändern kann.

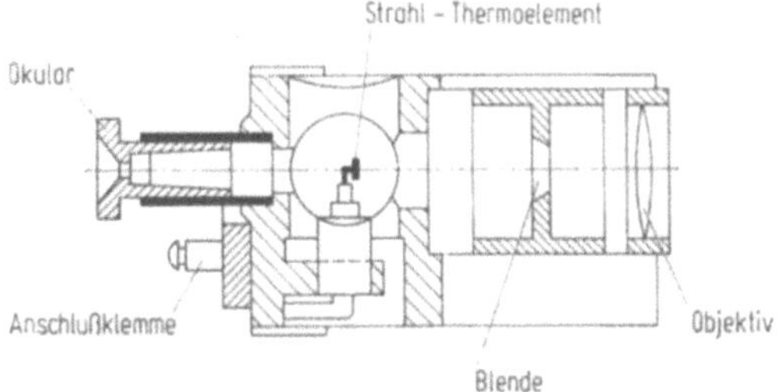

Bild 6.13 Schnitt durch ein Gesamtstrahlungs-pyrometer

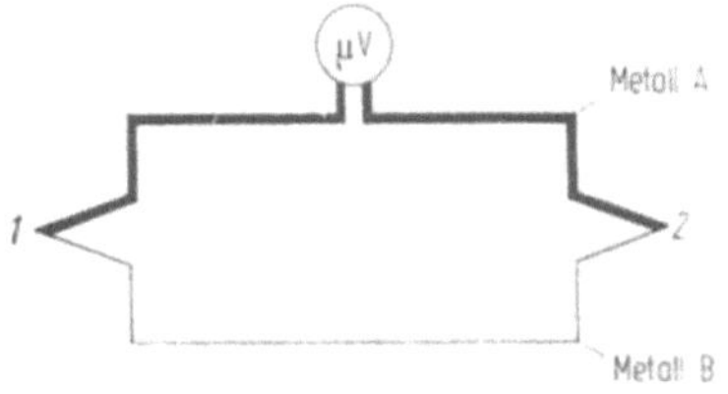

Bild 6.14 Thermoelement mit Meßinstrument. *1* Meßstelle, *2* Vergleichsstelle

Thermoelemente. Das Thermoelement ist ein aktiver Aufnehmer, d. h., es liefert unmittelbar eine elektrische Spannung. Diese Thermospannung tritt an jeder Übergangsstelle zweier verschiedener Metalle auf; in einem aus zwei verschiedenen Metallen gebildeter Stromkreis demnach an zwei Stellen (Bild 6.14). Herrscht an den beiden Verbindungsstellen gleiche Temperatur, so heben sich die beiden Thermospannungen bei *1* und *2* auf und es fließt kein Strom. Sobald jedoch zwischen den beiden Punkten eine Temperaturdifferenz auftritt, entsteht auch eine Potentialdifferenz, die einen Strom hervorruft. Aus Bild 6.14 ersieht man die wichtige Tatsache, daß bei Thermoelementmessung stets zwei temperaturempfindliche Stellen beteiligt sind, die als ,,Meßstelle'' und als ,,Vergleichsstelle'' bezeichnet werden. Man muß in der Praxis darauf achten, daß durch den Anschluß des Meßinstruments keine weiteren Thermoelemente entstehen oder daß sich deren Thermospannungen entsprechend kompensieren. Im Labor wird die Vergleichsstelle in ein Gefäß mit Eiswasser gebracht und hat damit die Temperatur 0°C. Es stehen dafür auch Geräte zur Verfügung die eine Vergleichstemperatur durch thermostatische Regelung liefern. In weniger kritischen Fällen kann auch einfach gegen Raumtemperaturen gemessen werden.

Die Größe und Richtung der Potentialdifferenz wird durch die Art der beiden Metalle bestimmt und ist in weiten Grenzen der Temperaturdifferenz direkt proportial. Sie liegt in der Größenordnung von 6 bis 60 μV/K.

Von der Industrie wird eine Vielzahl spezieller Thermodrähte mit oder ohne fertiger Meßstelle geliefert. Besonders erwähnt sei das Mantelthermoelement nach Bild 6.15. Die Selbstanfertigung von Meßstellen lohnt sich nur dann, wenn eine Anpassung an das Meßproblem notwendig ist. So wurden z. B. von Friedrich [6.19] spezielle Thermoelemente zur Messung der Temperatur in Strangpreß-matrizen entwickelt.

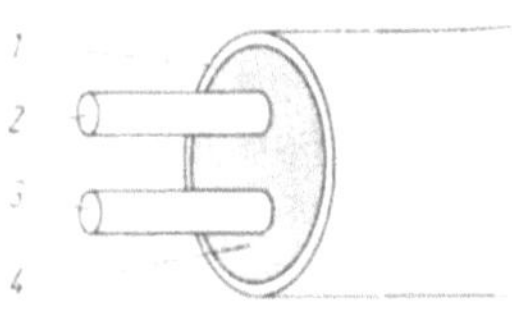

Bild 6.15 Aufbau des Mantelthermoelements.
1 Mantel aus rostfreiem Stahl oder NiCrFe, *2* Chromel.
3 Alumel, *4* Magnesiumoxid

Thermoelemente lassen sich universell als Temperaturfühler einsetzen, haben geringe Abmessungen ($d_\mathrm{min} = 0{,}25$ mm), und es stehen viele Meß- und Registrier-geräte zum Anschluß an Thermoelemente zur Verfügung, weshalb diese Geber wohl am häufigsten in der Praxis angewendet werden.

Widerstandsthermometer. Der elektrische Widerstand sämtlicher reinen Metalle steigt mit erhöhter Temperatur. Diesen Effekt nutzt man für die Temperatur-messung aus, indem man den Widerstand eines Metalldrahts mit bekanntem Temperaturkoeffizienten mißt. Die Methode wird dort angewandt, wo es auf größere Genauigkeit als mit Thermoelementen erreichbar ist, ankommt und wo wegen der geringeren Temperaturunterschiede zwischen Meß- und Vergleichsstelle (z. B. Raumtemperatur) Thermospannungsmessungen schwierig sind.

Mit Platin-Widerstandsthermometern lassen sich Fehlergrenzen von $0{,}1^{0}{}_{0}$ erreichen. Nickel wird als Widerstandsmaterial verwendet, wenn die verlangte Genauigkeit nicht so hoch ist. Industriell gefertigte Widerstandsthermometer bestehen aus einem Schutzrohr, in dem die Widerstandswendel untergebracht ist. Die Temperaturmessung mit Widerstandsthermometern läuft auf die Messung von Widerständen in der Größenordnung von $100\,\Omega$ mit Abweichungen von einigen Ohm hinaus. Diese Aufgabe wird am besten mit der Wheatstoneschen Brücke (s. Abschn. 6.2.2.2) gelöst. Für automatische Messungen und Temperatur-regelungen werden von der Industrie entsprechende Zusatzgeräte geliefert.

NTC-Widerstände. Der Vollständigkeit halber sei noch der NTC-Widerstand (Negative Temperature Coefficient) oder auch Heißleiter erwähnt, dessen Wider-stand im Gegensatz zu Metallen mit steigender Temperatur stark abnimmt. NTC-Widerstände bestehen aus gesinterter, homogener Oxidkeramik und können in der Bauform der jeweiligen Anwendung angepaßt werden. In Fällen, wo die hohe Genauigkeit von Widerstandsthermometern nicht erforderlich ist, kann der schaltungstechnische Aufwand bei Verwendung von NTC-Widerständen wesent-lich reduziert werden, da deren Temperaturkoeffizient um den Faktor 10 größer ist.

6.2.2 Meßwertaufbereitung

Die von den Meßwertaufnehmern gelieferten elektrischen Größen sind nur in
wenigen Fällen geeignet, um von anzeigenden Instrumenten oder gar Registriergeräten direkt verarbeitet zu werden. Deshalb sind Geräte notwendig, die die
Meßwerte entsprechend umformen und aufbereiten. Es müssen in diesem Zusammenhang zwei Typen von Meßwertaufnehmern unterschieden werden.

Die sog. aktiven Aufnehmer geben eine Spannung oder einen Strom ab; diese
sind jedoch meist zu klein oder zu wenig energiereich, um Registriergeräte zu
betreiben. Zu diesem Aufnehmertyp gehören z. B. induktive Lineargeschwindig-
keitsaufnehmer, piezoelektrische Aufnehmer und Thermoelemente. Die Meß-
wertaufbereitung geschieht in diesem Falle mit Verstärkern und Impedanz-
wandlern.

Bei den sog. passiven Aufnehmern führt die Meßgröße zu einer Änderung
eines Widerstands, einer Induktivität oder einer Kapazität. Derartige Geber
sind z. B. Thermowiderstände, Dehnungsmeßstreifen, induktive Wegaufnehmer
usw. Hier müssen zur Aufbereitung Geräte verwendet werden, die diese Widerstandsänderungen in analoge Spannungen oder Ströme umformen.

6.2.2.1 Verstärker

Wie schon der Name sagt, dient ein Verstärker dazu, eine seinem Eingang zugeführte Spannung oder Strom so zu verstärken, daß ihre Größe am Ausgang
ausreicht, um dem gewählten Registriergerät eine entsprechende Leistung zuzu-
führen. Ein oder mehrere Verstärker werden fast bei allen Meßketten benötigt.
Er kann auch Bestandteil eines anderen Geräts sein, wie z. B. beim Kathoden-
strahloszillograph. Es soll im Rahmen dieser Abhandlung nicht auf die Schaltungstechnik eingegangen, sondern nur die für die Auswahl wichtigen Kenngrößen auf-
gezählt werden.
Die wichtigsten Kenngrößen eines Meßverstärkers sind

— Eingangs- und Ausgangswiderstand zur Anpassung an Aufnehmer und Re-
   gistriergerät.
— Die Verstärkung; d. h., das Verhältnis der Ausgangsspannung zur Eingangs-
   spannung. Sie sollte für einen vielseitigen Einsatz einstellbar sein.
— Der Frequenzgang. Dieser gibt Auskunft darüber, wieviel die Verstärkung
   innerhalb eines angegebenen Frequenzbereichs von ihrem Nennwert abweicht.
— Der Klirrfaktor gibt an, wie stark ein Meßsignal durch den Verstärker verzerrt
   wird.
— Das Rauschen ist ein vom Verstärker selbst erzeugtes Störsignal. Es wird als
   Spannung angegeben, die man sich an den Verstärkereingang gelegt denkt.
   Vom Rauschen hängt die kleinste Spannung ab, die der Verstärker noch
   sinnvoll verarbeiten kann.
— Die größte Eingangsspannung, durch die der Verstärker nicht beschädigt
   wird.
— Maximale Ausgangsspannung und Ausgangsstrom und damit die Ausgangs-
   leistung des Verstärkers.

6.2.2.2 Meßbrücke

Zur Bestimmung des Widerstands eines passiven Meßwertaufnehmers kann
derselbe an eine Konstantstromquelle angeschlossen werden. Nach dem Ohmschen
Gesetz ist dann die am Widerstand abfallende Spannung zu dessen Größe proportional. Diese Methode ist jedoch unempfindlich und damit ungenau, zumal wenn
der Widerstand seinen Wert nur um wenige Prozent ändert. Zur Bestimmung von
Widerstandsänderungen wird deshalb vorteilhafter die Brückenschaltung nach
Bild 6.16 verwendet. R_x ist hierbei der Widerstand des Aufnehmers, dessen Änderung ΔR_x bestimmt werden soll. Zu Beginn der Messung wird R_3 solange verändert, bis die am Voltmeter angezeigte Diagonal- oder Brückenspannung Null
ist. Man nennt dies den Abgleich der Brücke. Für eine abgeglichene Brücke gilt
die Beziehung

$$\frac{R_x}{R_3} = \frac{R_2}{R_4}. \tag{6.3}$$

Die Schaltung kann so zur Messung von R_x verwendet werden, wenn R_3 mit
einer entsprechenden Skale versehen ist. Ändert sich der Widerstand des Aufnehmers um ΔR_x, so ist die Brücke nicht mehr abgeglichen, und das Voltmeter
in der Brückendiagonale zeigt die Spannung U_B. Es kann durch Rechnung gezeigt werden, daß

$$U_B \sim \frac{\Delta R_x}{R_x} \tag{6.4}$$

ist. Allerdings wird dabei vorausgesetzt, daß R_x, R_2, R_3 und R_4 in der gleichen
Größenordnung liegen, die Messung von U_B leistungslos erfolgt und die prozentuale
Widerstandsänderung $\Delta R_x/R_x$ klein ist.

Aufgrund des symmetrischen Aufbaus der Brückenschaltung kann der Meß-
wertaufnehmer auch an die Stelle des Widerstands R_2 gesetzt werden. Wurde
bisher die Brückenspannung bei einer Vergrößerung von R_x positiv definiert.
so ist sie jetzt allerdings negativ. Dadurch ist die in Abschn. 6.2.1 mehrfach erwähnte Möglichkeit gegeben, gleichsinnige Widerstandsänderungen zweier Aufnehmer zu kompensieren und gegensinnige Änderungen zu addieren. Dies ist
auch ohne weiteres aus der Abgleichbedingung zu ersehen: Ändern sich R_x und R_2
um den gleichen Prozentsatz, bleibt der Brückenabgleich erhalten.

Sollen mit der Brückenschaltung Induktivitäts- oder Kapazitätsänderungen
— also Änderungen einer Impedanz Z — gemessen werden, muß die Schaltung

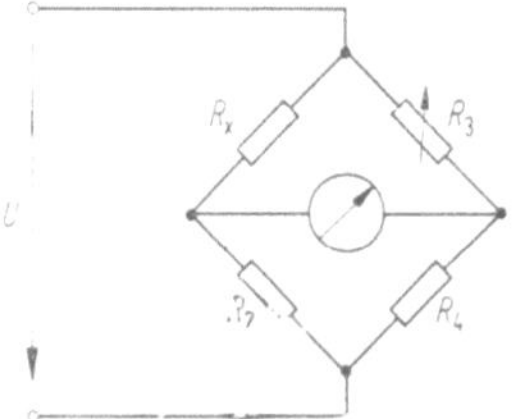

Bild 6.16 Wheatstonesche Brücke

mit Wechselstrom gespeist werden. Die Wheatstonesche Brücke wird damit zur Maxwell-Brücke. Bekanntlich ergibt sich an einer Impedanz eine Phasenverschiebung φ zwischen Spannung und Strom. Die Abgleichbedingung

$$\frac{|Z_x|}{|Z_3|} = \frac{|Z_2|}{|Z_4|} \tag{6.5}$$

ist dann nicht mehr ausreichend, sondern es muß außerdem gefordert werden

$$\varphi_x - \varphi_3 = \varphi_2 - \varphi_4. \tag{6.6}$$

Die Maxwell-Brücke muß also nach Betrag und Phase abgestimmt werden. Einer Vorzeichenumkehr der Brückenspannung U_B bei der Gleichstrombrücke entspricht eine Phasenumkehr bei der Wechselstrombrücke.

Da für die weitere Verarbeitung in Registriergeräten eine den Meßwert analoge Gleichspannung erwünscht ist, wird die Brückenwechselspannung U_B durch einen phasenkritischen Gleichrichter gleichgerichtet.

6.2.2.3 Elektronische Zähler

Grundbestandteil eines elektronischen Zählers ist eine digitale Zählschaltung, mit der elektrische Impulse, die an den Zählereingang gelangen, gezählt und mit Leuchtziffern zur Anzeige gebracht werden. Handelt es sich um einen Vor-Rückwärtszähler, so kann durch Anlegen einer Spannung an einen zweiten Eingang erreicht werden, daß die ankommenden Impulse zum Zählerinhalt nicht addiert, sondern subtrahiert werden.

Ein Zähler besitzt meist ein „elektronisches Tor", das durch eine Spannung an einem dritten Eingang geöffnet oder geschlossen werden kann. Nur bei geöffnetem Tor werden ankommende Impulse gezählt.

In viele Zähler ist ein Oszillator eingebaut, der Impulse mit sehr konstanter Frequenz liefert. Durch einen nachgeschalteten Frequenzteiler kann auch eine kleinere Frequenz erhalten werden. Werden diese Impulse dem Zähler zugeführt, so erhält man eine elektronische Uhr mit digitaler Anzeige. Die Torschaltung erweitert sie zur Stoppuhr, die elektrisch gestartet und gestoppt werden kann.

Durch die große Zählgeschwindigkeit, die bei modernen Zählern bis zu 100 Mill. Impulsen in der Sekunde betragen kann, lassen sich auch sehr schnell ablaufende Vorgänge mit großer Genauigkeit messen. So kann z. B. die Endgeschwindigkeit eines Hammerbären bestimmt werden, indem durch diesen Licht ausgeblendet wird, das auf zwei in Richtung der Bärbewegung nebeneinander liegende Fotodioden fällt. Die Fotodioden liefern zwei Impulse, deren zeitlicher Abstand vom räumlichen Abstand der Dioden und der Bärgeschwindigkeit abhängt.

Soll die Frequenz sehr schneller periodischer Vorgänge gemessen werden, wie z. B. die Drehzahl schnellaufender Wellen oder Maschinenschwingungen, so werden zweckmäßigerweise die vom Vorgang selbst gelieferten Impulse dem Zähler zugeführt, während das Tor durch das vom eingebauten Oszillator gebildete „Zeitnormal" gesteuert wird. Die Messung wird um so genauer, je größer die „Torzeit" — das ist die Zeit, während der das Tor geöffnet ist — gewählt wird.

Zusammenfassend kann gesagt werden: Ein elektronischer Zähler mit Torschaltung gestattet die Messung des Verhältnisses f_1/f_2 zweier Frequenzen. Ist f_1 die Frequenz des Zeitnormals, so ergibt sich eine Zeitmessung; der Zähler zeigt die Periodendauer von f_2. Ist f_2 die Frequenz des Zeitnormals, so kann am Zähler f_1 direkt abgelesen werden.

Die wichtigsten Daten eines elektronischen Zählers sind die maximale Zählfrequenz und die Genauigkeit des Zeitnormals.

6.2.2.4 Analog-Digital-Umsetzer

Sollen digitale Registriergeräte eingesetzt (s. Abschn. 6.2.3.3) oder die Meßwerte direkt in einem Rechner verarbeitet werden, so müssen die meist als analoge Spannung vorliegenden Meßgrößen erst in digitale Form umgesetzt werden. Dies geschieht mit einem Digitalvoltmeter oder Analog-Digital-Umsetzer (kurz ADU bzw. ADC genannt) der die analoge Spannung in einen Zahlenwert umsetzt und diesen durch Leuchtziffern anzeigt und/oder in einem geeigneten binären Code an ein folgendes Gerät weitergibt.

Die verschiedenen Arbeitsmethoden von Analog-Digital-Umsetzern und ihre Schaltungstechnik sollen hier nicht interessieren. Aus der großen Zahl der möglichen Binärcodes sollen nur die gebräuchlichsten erwähnt werden. Jede Ausgangsleitung eines ADC ermöglicht eine Ja/Nein-Aussage (Spannung vorhanden = Ja oder 1, keine Spannung vorhanden = Nein oder 0). Diese Möglichkeit wird als Bit bezeichnet. Die kleinstmögliche Menge an Bit, um eine gegebene Zahl darzustellen, benötigt der reine Binärcode. Bei diesem Code werden den einzelnen Bit die Wertigkeiten 2^0, 2^1, 2^2, 2^3 ... usw. zugeordnet. Aus der Dezimalzahl 25 wird z. B. die Binärzahl 11001. Es werden dafür 5 Bit benötigt.

Ein weiterer Code, dessen Vorteil in der einfachen Übersetzbarkeit in das Dezimalsystem liegt, ist der binär codierte Dezimalcode oder BCD-Code. Jede Dezimalstelle wird binär verschlüsselt, wobei für eine Dezimale 4 Bit benötigt werden. Aus der Zahl 25 wird also 0010,0101.

Ein weit verbreiteter Code zur binären Verschlüsselung, nicht nur der Ziffern 0 bis 9 sondern auch des Alphabets sowie Sonder- und Steuerzeichen, ist der ASCII-Code, der dafür 8 Bit — auch Byte genannt — benötigt.

Ein „Wort" (z. B. ein mehrstelliger Meßwert) setzt sich aus mehreren „Zeichen" (z. B. Ziffern) zusammen, die wiederum durch mehrere Bits dargestellt sind. Hat der ADU so viele Ausgangsleitungen (also Ausgangsbits), daß der komplette, mehrstellige Meßwert gleichzeitig an ein Nachfolgegerät übertragen werden kann, spricht man von einer Parallelausgabe oder einer „parallelen Schnittstelle". Andererseits können aber auch auf nur einer Ausgangleitung die einzelnen Bits zeitlich nacheinander als Impulsfolge ausgegeben werden. Man hat dann eine „serielle Schnittstelle". Ein häufiger Kompromiß ist die „Bit-parallele-Zeichen-serielle" Ausgabe.

Selbstverständlich muß ein anzuschließendes Registriergerät eine entsprechende Schnittstelle aufweisen auch hinsichtlich des Codes, der Übertragungsgeschwindigkeit und der Spannungspegel.

Die Genauigkeit eines digitalen Meßwerts hängt nur vom Analog-Digital-Umsetzer ab. Der große Vorteil digitaler Systeme liegt darin, daß bei der weiteren Übertragung und Verarbeitung keine weiteren Fehler entstehen können.

Neben der Art der Schnittstelle sind wichtige Daten eines ADC seine Umsetzgeschwindigkeit (1 bis 10^7 . Meßwerte pro Sekunde) und seine Genauigkeit, ausgedrückt in Dezimalstellen oder Bits.

6.2.3 Registriergeräte

Bei den Registriergeräten können grundsätzlich zwei Typen unterschieden werden. Beim ersten Typ wird die Meßgröße fortlaufend über der Zeit als Abszisse aufgetragen. Beim zweiten Typ dient als Abszisse ein weiterer Meßwert, so daß Diagramme aus zwei Meßgrößen gewonnen werden können.

Eine dritte Gruppe bilden die digitalen Registriergeräte.

6.2.3.1 Registrierung über der Zeit

Alle Geräte, die ausschließlich über der Zeit registrieren, haben ein gemeinsames Prinzip: Das Registriermaterial wird als langes Band von einer Vorratsrolle oder einem Stapel mit gleichbleibender Geschwindigkeit am Registriersystem vorbeigeführt.

Mechanische Schreiber. Das Registriersystem mechanischer Schreiber ist ähnlich wie ein Drehspulinstrument aufgebaut. Eine im Magnetfeld drehbar gelagerte Spule wird von einem zu registrierenden Strom durchflossen und dadurch um einen entsprechenden Winkel aus ihrer Ruhelage gedreht. Ein mit der Spule verbundener Hebel trägt einen Schreibstift, der senkrecht zu dessen Eigenbewegung über das Registriermaterial geführt wird. Da das System ein großes Trägheitsmoment besitzt und die Reibung zwischen Registrierpapier und Schreibstift überwunden werden muß, eignet sich die Methode nur für relativ langsame Vorgänge.

Es gibt verschiedene Varianten dieses Grundprinzips. So liegt beim sog. Punktdrucker der Schreibstift nicht ständig auf dem Registrierpapier auf, sondern wird in regelmäßigen Zeitabständen durch einen Fallbügel niedergedrückt. Es entsteht so eine Punktreihe auf dem Registrierpapier. Durch die fehlende Reibung wird die notwendige Eingangsleistung stark reduziert. Außerdem ergibt sich die Möglichkeit, zwischen zwei Druckvorgängen auf einen anderen Meßwert umzuschalten. Ein solches Gerät eignet sich gut zur Überwachung mehrerer Temperaturmeßstellen in einem Ofen.

Beim Tintentröpfchenschreiber ist der Hebel mit Schreibstift durch ein Röhrchen ersetzt, aus dem ein feiner Tintenstrahl mit hoher Geschwindigkeit auf das Registrierpapier gespritzt wird. Da der Hebel durch den Tintenstrahl verlängert wird, genügen kleinere Winkelausschläge, um die gleiche Schreibamplitude zu erreichen. Dies hat eine gesteigerte Registriergeschwindigkeit zur Folge.

Lichtstrahloszillographen. Das Meßorgan eines Lichtstrahloszillographen ist ein sog. Spulen- oder Schleifenschwinger. Der Aufbau eines Spulenschwingers ist prinzipiell wieder derselbe wie beim Drehspulmeßwerk, nur daß die Spule ganz besonders klein ausgeführt wird, um ein kleines Trägheitsmoment zu erreichen.

Der Schleifenschwinger besteht nur aus einer Windung in Form einer wie zwei Saiten gespannten Schleife.

Anstelle eines Zeigers ist über die Spule bzw. Schleife ein winziger Spiegel gekittet, der die Drehung der Spule oder Schleife im Magnetfeld mitmacht. Ein vom Spiegel reflektierter Lichtstrahl wird als Lichtpunkt auf das Registriermaterial geworfen, das eine lichtempfindliche Schicht trägt. Wird das Fotopapier senkrecht zur Bewegung des Lichtzeigers gleichförmig bewegt, so entsteht auf dem Papier eine Linie, die genau der Funktion des Stromes durch den Schwinger über der Zeit entspricht. Auf einem Papierstreifen können mehrere Schwinger arbeiten, so daß sich synchrone Abläufe auch absolut synchron aufzeichnen lassen. Das kleine Trägheitsmoment der Schwinger mit dem langen, masselosen Lichtzeiger erlaubt die Registrierung sehr schneller Vorgänge (Frequenzen bis zu 10 kHz) bei großen Amplituden. Ein mit einer elektronischen Uhr gekoppelter Schwinger erzeugt Zeitmarken auf dem Registrierpapier. Durch fest eingestellte Lichtpunkte entsteht ein Referenzlinienraster.

Als Registrierpapier steht einmal normales Fotopapier zur Verfügung, das mit einer normalen Glühlampe belichtet werden kann und anschließend entwickelt und fixiert werden muß; zum anderen gibt es UV-empfindliches Papier, auf dem nach Belichtung mit UV-Licht nach wenigen Sekunden das Ergebnis sichtbar wird und sich bei Schutz vor Tageslicht mehrere Monate hält. Eine zusätzliche Fixierung macht das Diagramm auf unbegrenzte Zeit haltbar.

6.2.3.2 Aufzeichnung von Meßwerten über einem weiteren Meßwert

Mechanische x-y-Schreiber. Entlang einer zur Ordinate des zu erstellenden Diagramms parallelen Schiene wird eine Schreibfeder bewegt, die über einen Seilzug von einem Elektromotor angetrieben wird. Diese Schiene mit dem gesamten Federantrieb wird ihrerseits durch einen zweiten Motor parallel zur Abszisse bewegt. Die Stellung der Schiene in x-Richtung und der Feder auf der Schiene in y-Richtung wird durch zwei eingebaute Widerstandsweggeber, wie in Abschn. 6.2.1.1 beschrieben, ermittelt. Die am x- und y-Eingang des Schreibers liegenden Spannungen werden in zwei Regelkreisen mit den von den entsprechenden Weggebern gelieferten Werten verglichen und den beiden Stellmotoren solange eine Regelspannung zugeführt, bis die Stellung der Feder den Eingangsspannungen entspricht.

Durch Überlagerung der Eingangsspannung mit einer Gleichspannung kann eine beliebige Nullstellung der Feder gewählt werden.

Die statische Genauigkeit von x-y-Schreibern ist sehr gut und liegt in der Größenordnung von einigen Promille des Schreibbereichs. Für dynamische Messungen macht sich die große Masse der Schiene und der Feder störend bemerkbar. Die Genauigkeit hängt dann von der maximalen Schreibgeschwindigkeit v (bis zu 1,5 m/s) und der maximalen Beschleunigung a (etwa 2,5 m/s²) ab. Soll eine sinusförmige Größe aufgezeichnet werden, hängt die maximale Frequenz f von der Amplitude A ab nach den Beziehungen

$$f = \frac{v}{2\pi A} \tag{6.7}$$

oder

$$f = \frac{1}{2\pi} \sqrt{\frac{a}{A}}. \tag{6.8}$$

Die Grenzfrequenz wird meist durch v_{max} bestimmt.

Kathodenstrahloszillographen. Die große Schreibgeschwindigkeit eines Kathodenstrahloszillographen ermöglicht die Aufzeichnung auch der schnellsten mechanischen Vorgänge. Die Arbeitsweise des Geräts wird hier als bekannt vorausgesetzt.

Für die x-y-Darstellung zweier Meßgrößen wird ein Oszillograph benötigt, der nicht nur den üblichen y-Eingang, sondern auch einen Anschluß für die x-Ablenkung des Leuchtpunktes besitzt. Der eingebaute Ablenkgenerator für Darstellungen über der Zeit muß abgeschaltet werden können.

Es gibt zwar sog. Speicherbildröhren, auf denen das Diagramm eines einmaligen Vorganges längere Zeit erhalten bleibt. Normalerweise erzeugen nur sich rasch wiederholende periodische Vorgänge ein stehendes Bild auf dem Oszillographenschirm. Es wird deshalb für die spätere Auswertung vor den Leuchtschirm eine Kamera gesetzt, deren Objektivverschluß während des ganzen Vorganges geöffnet bleibt. Der sich auf dem Schirm bewegende Leuchtpunkt zeichnet somit das Diagramm auf das Filmmaterial.

Um gute Genauigkeiten zu erreichen, sollte der Leuchtschirm möglichst groß, jedoch möglichst wenig gewölbt sein. Um Parallaxefehler zu vermeiden, ist es vorteilhaft, wenn das Referenzlinienraster innerhalb der Elektronenstrahlröhre, d. h. in derselben Ebene wie der Leuchtschirm, angebracht ist.

6.2.3.3 Digitale Registrierung und Verarbeitung von Meßwerten

Wird ein digitaler Meßwert registriert, kann dies entweder zur weiteren digitalen Verarbeitung in Rechnern verschlüsselt oder zur manuellen Auswertung im Klartext erfolgen.

Meßwertdrucker. Zur Ausgabe digitaler Werte im Klartext werden Meßdrucker verwendet. Von einfachen Druckwerken mit fester Stellenzahl bis zu sehr schnellen programmierbaren Ausgabe-Schreibmaschinen wird von der Industrie eine so große Zahl von Geräten angeboten, daß eine Beschreibung hier zu weit führen würde und sehr bald nicht mehr aktuell wäre.

Speicherung in digitaler Form. Die Ausgabe im Klartext ist nur dann sinnvoll, wenn es sich um das Endergebnis handelt oder wenn keine Möglichkeit besteht, digital gespeicherte Daten direkt in einen Rechner einzugeben. Sonst wird ein digital vorliegender Meßwert auch zweckmäßigerweise in digitaler Form gespeichert.

Durch die Entwicklung preisgünstiger Magnetspeicher wie Bandkasette, Floppy Disk und Magnetplattenspeicher haben die Speichermedien Lochkarte und Lochstreifen stark an Bedeutung verloren. Der Kernspeicher wurde fast vollständig durch die preiswerten Halbleiterspeicher verdrängt. Die genannten Speichermedien unterscheiden sich stark in der Speicherkapazität, der Ein- und Ausgabegeschwindigkeit — der sog. „Zugriffszeit" — und der spezifischen Kosten pro Bit. So eignet sich der Halbleiterspeicher — mit der kürzesten Zugriffszeit, aber begrenzter Speicherkapazität — am besten für die kurzzeitige Zwischenspeicherung sehr schnell anfallender Meßwerte. Dagegen hat der Bandspeicher die längste Zugriffszeit, da die Bandstelle, die einen gewünschten Meßwert trägt, erst aufgesucht werden muß. Die Speicherkapazität ist jedoch theoretisch unbegrenzt, da in das Gerät auf einfache Weise ein neues Band eingelegt werden kann.

Digitale Meßwertverarbeitung. Durch das preisgünstige Angebot einer Vielzahl von Kleinrechnern, deren Kosten heute in der Größenordnung von den eigentlichen Meßgeräten liegen, wird die bisher praktizierte Methode, Meßergebnisse manuell oder über einen geeigneten Datenträger in einen zentralen Großrechner einzugeben immer mehr zurückgedrängt. Es ist nämlich in vielen Fällen vorteilhafter, die Meßgeräte direkt mit einem Kleinrechner zu koppeln, und die Vielzahl der anfallenden Meßdaten an Ort und Stelle durch ein vorgegebenes Programm zu verarbeiten. Man bekommt dadurch nicht nur die Möglichkeit der sinnvollen Datenreduzierung sondern auch der aussagekräftigen Darstellung der Ergebnisse auf Bildschirm oder über einen Plotter. Da das Ergebnis sofort vorliegt, kann auch leichter eine Entscheidung getroffen werden, wie Versuchsparameter gegebenenfalls zu ändern sind.

Transientenrekorder. Bei der Erfassung und Verarbeitung von Meßwerten bei Versuchen in der Umformtechnik müssen typische Gegebenheiten berücksichtigt werden. Während z. B. bei Untersuchungen in der Verfahrenstechnik oder an Werkzeugmaschinen ein bestimmter Betriebszustand über längere Zeit aufrechterhalten werden kann, ist die Bearbeitungszeit in der Umformtechnik, z. B. bei mechanischen Pressen, Hämmern usw. meist relativ kurz. Meßwertverarbeitungsanlagen, die auf einen kontinuierlich fließenden Datenstrom über längere Zeit mit relativ großen zeitlichen Abstand zwischen den einzelnen Meßwerten ausgelegt sind, also der Erfassung eines quasi-stationären Betriebszustands dienen, eignen sich deshalb für umformtechnische Versuche nicht, vielmehr ist hierbei während des Umformvorgangs in kurzer Zeit eine Vielzahl von Daten zu erfassen, die dann in der beliebig verlängerbaren Pause zwischen den Arbeitszyklen verarbeitet werden müssen.

Die genannten Anforderungen werden vom sog. Transientenrekorder erfüllt, dessen Blockschaltung in Bild 6.17 gezeigt ist: Die zu erfassende Meßgröße wird einem Analog-Digital-Umsetzer zugeführt, der in einem vorwählbaren zeitlichen Abstand den momentan anliegenden Meßwert in digitale Form umsetzt und in einem Halbleiterspeicher ablegt. Sind sämtliche Speicherplätze belegt, so rücken sämtliche Meßwerte um einen Speicherplatz nach vorne um den letzten Speicherplatz für den nächsten Meßwert freizumachen; der „älteste" Meßwert geht jeweils

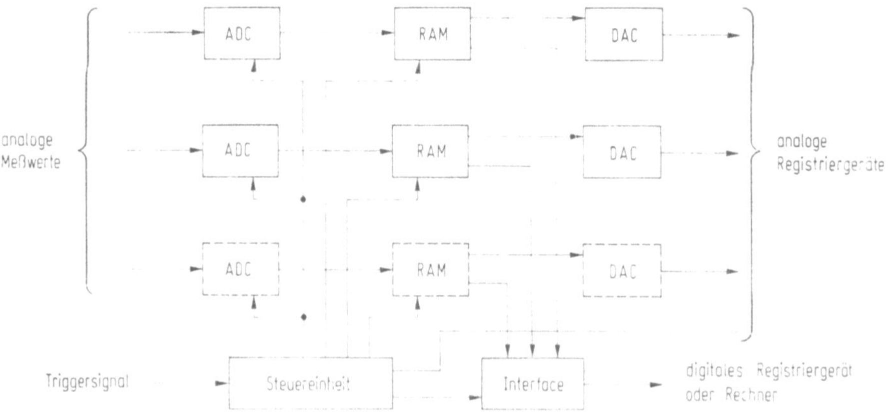

Bild 6.17 Blockschaltbild eines Transientenrekorders. ADC: Analog to Digital Converter, DAC: Digital to Analog Converter, RAM: Random Access Memory (Halbleiterspeicher)

verloren. Durch ein Triggersignal wird die Umsetzung und Speicherung bei Versuchsende unterbrochen. Die im Speicher befindlichen Meßwerte werden nun wiederum nacheinander einem Digital-Analog-Umsetzer (DAC) zugeführt. Die zu den Meßgrößen jetzt wieder analoge Ausgangsspannung des DAC kann auf einem Oszilloskop als stehendes Bild sichtbar gemacht werden, indem die Speicherabfrage zyklisch wiederholt wird. Durch eine Umschaltung ist aber auch eine einmalige, wesentlich langsamere Abfrage des Speicherinhalts durch den Digital-Analog-Umsetzer möglich, um die Meßgröße zur Dokumentation mit einem x-y-Schreiber registrieren zu können. Eine weitere Möglichkeit ist die direkte Ausgabe der digitalen Meßwerte an einen digitalen Permanentspeicher oder einen Rechner zur sofortigen Verarbeitung.

Durch mehrere parallel arbeitende Kanäle können mehrere Meßgrößen absolut synchron erfaßt und hinterher in beliebiger Weise verarbeitet werden, so z. B. als Diagramm einer Größe über der anderen.

Kennzeichnende Daten eines Transientenrekorders sind die maximale Umsetzgeschwindigkeit, die „Speichertiefe" — d. h. die Anzahl der Meßwerte, die im Speicher Platz finden — und die „Wortlänge" eines Meßwerts in Bit, womit die Genauigkeit beschrieben ist.

6.3 Messung der Vorgangskenngrößen

Die Zahlenwerte der auf den Vorgang bezogenen Kenngrößen ergeben sich mit wenigen Ausnahmen aus mechanischen Längenmessungen.

6.3.1 Visioplastizität

Unter „Visioplastizität" wird die Methode verstanden, Fragen des Werkstoffflusses unter Benutzung von experimentell bestimmten Verschiebungs- oder Geschwindigkeitsfeldern zu lösen. Dabei bedient man sich rechtwinkliger, meist quadratischer Liniennetze, die bei der Massivumformung vorzugsweise auf eine durch die Längsachse des Werkstücks gehende Teilebene aufgebracht werden, bei der Blechumformung werden sie auf der Oberfläche angebracht. Es werden

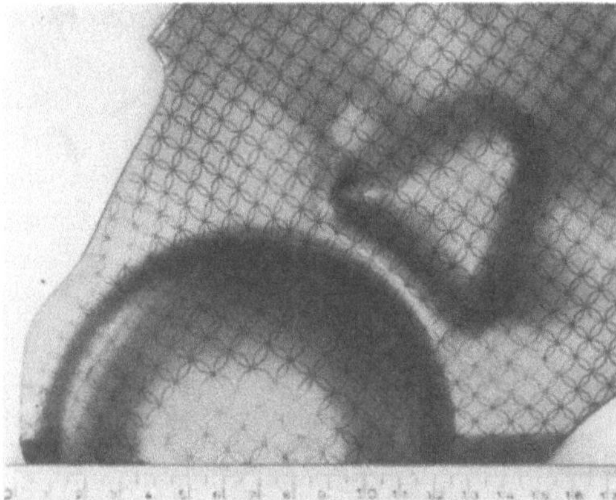

Bild 6.18 Liniennetz auf einem Ziehteil. Nach [6.20]

dabei meistens Liniennetze mit Kreiselementen benützt, weil es dann nicht notwendig ist, die Hauptspannungsrichtungen im voraus zu kennen. Die Liniennetze können sowohl durch mechanisches Einritzen erzeugt werden, als auch Ätzen [6.6], fotografisches Auftragen [6.7] oder Bedrucken. Bedingung ist, daß während der Umformung die aufgetragenen Schichten (fotografisches oder drucktechnisches Verfahren) nicht abplatzen, und daß die Schnittpunkte sich nicht so stark vergrößern, daß nach der Umformung das Ausmessen unmöglich wird; d. h., die Linien müssen dünn und scharf begrenzt sein. Bei Blechteilen (Bild 6.18) wurde von Hasek [6.20] der Offsetdruck erfolgreich angewandt.

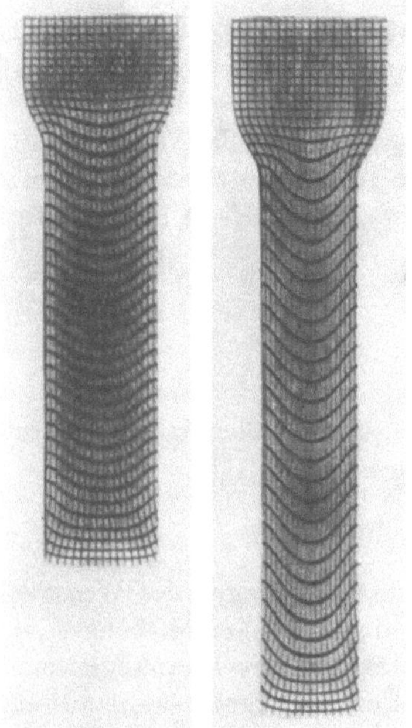

Bild 6.19 Liniennetze nach der Umformung (Voll-Vorwärtsfließpressen)

  Aus dem Vergleich des ursprünglichen Netzes mit dem durch die Umformung verzerrten, wird der Werkstofffluß anschaulich (Bild 6.19) Die Methode ist schon lange bekannt [6.8], gewann aber nach der früheren rein qualitativen Auswertung nach der gesamten Umformung in den letzten Jahren wieder vermehrt an Bedeutung, und zwar werden jetzt die Bewegungen einzelner Teilchen im Werkstoff (= Eckpunkte der Netzmaschen) bei stufenweiser Umformung quantitativ erfaßt. In Bild 6.20 sei A ein markiertes Teilchen vor der Umformung. Nach einem sehr kleinen Umformschritt ist A am Punkt B angekommen, das frühere B am Punkt C usw. Anfangs- und Endpunkt der Bewegung des Teilchens liegen auf seiner Bahnlinie (hier wegen des quasi-stationären Werkstoffflusses gleich der Stromlinie). Ist der Umformschritt unendlich klein, so ist die geradlinige Verbindung von Anfangs- und Endpunkt, also z. B. von H und I, ein Maß für Größe und Richtung der Geschwindigkeit im Punkt H und I. In Wirklichkeit ist der Schritt jedoch nur endlich klein, und die Geschwindigkeit ändert sich zwischen einem Netzpunkt und dem nächsten auf derselben Stromlinie. Deshalb denkt man sich, daß eine mittlere Geschwindigkeit v_m in der Mitte M der Verbindungslinie der Punkte H und I herrscht. Wird dies für alle Punkte des Liniennetzes durchgeführt, so ermittelt man damit ein angenähertes Geschwindigkeitsfeld des Vorgangs. In der praktischen Ausführung dreht es sich also um Messung von Strecken, die zweckmäßig auf einem Meßmikroskop bzw. sogar einem Koordinatenmeßmikroskop erfolgt. Aus dem so erfaßten Bewegungszustand kann man mit Hilfe der Beziehungen der Plastizitätstheorie die Verzerrungsgeschwindigkeiten und die Spannungen erhalten.

Das geschilderte Verfahren ermöglicht zwar, Größe und Verteilung der Formänderung umgeformter Werkstücke zu ermitteln, aber der Versuchs- und Rechenaufwand ist beachtlich groß. Deshalb wurde versucht, mit einfachen Verfahren dieselben Aussagen zu bekommen. Wilhelm [6.9] hat nachgewiesen, daß zwischen der Vickers-Härte und der Größe der vorausgegangenen Umformung ein eindeutiger Zusammenhang besteht. Es kann also auch mit einfach durchzuführenden Härtemessungen Größe und Verteilung der örtlichen Formänderung bestimmt werden.

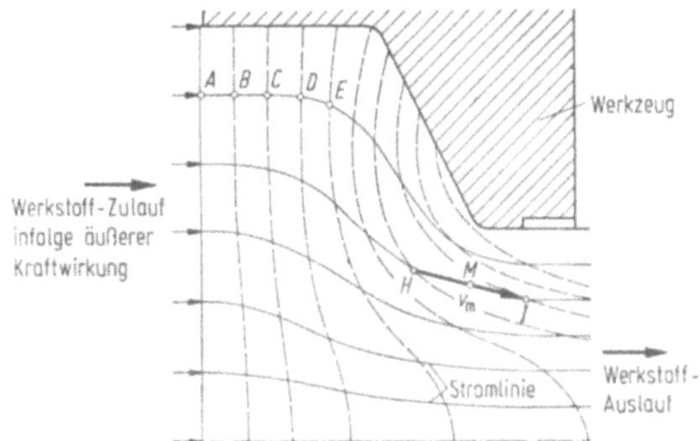

Bild 6.20 Ermittlung des Geschwindigkeitsfeldes aus den verzerrten Netzlinien. Nach [6.9]

6.3.2 Messung örtlicher Spannungen

Neben der beschriebenen Methode der Visioplastizität ist es möglich, Spannungen an vom Werkzeug umschlossenen Oberflächen direkt als Beanspruchung des Werkzeugs zu messen. Bild 6.21 zeigt am Beispiel einer Strangpreßmatrize das Messen der Axialspannungen. Das Meßprinzip entspricht hierbei dem in Abschn. 6.2 für die Kraftmessung allgemein beschriebenen. Anstelle der mit Dehnungsmeßstreifen beklebten Kraftmeßkörper verwandte Dohmann [6.21] kleine Hohlzylinder, deren elastische Stauchung direkt mit induktiven Wegaufnehmern gemessen wurde. Zu beachten ist, daß diese Anordnung nur gültige Werte für die Spannungen liefert, wenn keine Werkstoffbewegung in Richtung der Werkzeugoberfläche, d. h. also quer zum Kraftmeßkörper, stattfindet. Radiale Beanspruchungen haben Vater und Rathjen [6.11] nach dem gleichen Prinzip gemessen und für die Ermittlung von Spannungs- und Formänderungsverteilung beim Stauchen wurde es von Vater und Nebe [6.12] angewandt. Allerdings wurden dabei die Meßstifte schräg gestellt, um auch Kraftwirkungen in der Preßflächenebene mit zu erfassen. Pawelski und Armstroff [6.13] änderten das Prinzip der Meßstifte derart ab, daß sie diese nur bis knapp unter die Werkzeugoberfläche führten und die

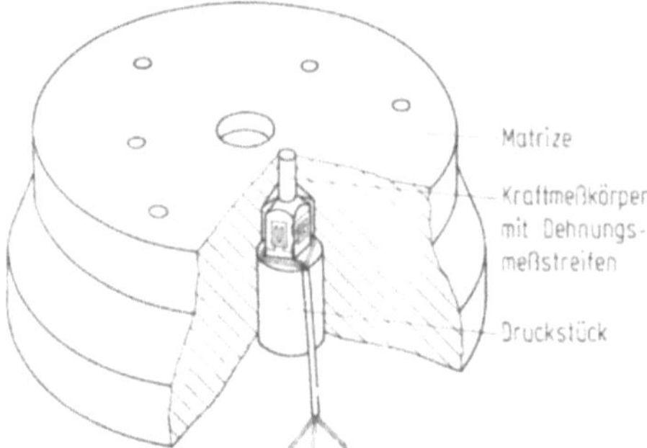

Bild 6.21 Anordnung zum Messen von Axialspannungen. Nach [6.10]

Durchbiegung des verbliebenen als Membran angesehenen dünnen Werkstoffrestes ermittelten. Vorteilhaft ist hierbei die unverletzte Werkzeugoberfläche, womit auch ein einwandfreier Werkstofffluß an dieser entlang gesichert ist.

Eine Methode zum Messen der örtlichen Spannungen innerhalb eines Werkstücks ist für Metalle bis jetzt nicht bekannt geworden. Grundproblem hierbei ist, daß jeder noch so kleine Meßwertgeber, der ja in den Werkstoff eingesetzt werden müßte, den Werkstoffzusammenhang und damit auch die Spannungsverteilung stört.

6.3.3 Modelltechnik

Unter dem zusammenfassenden Begriff Modelltechnik sollen alle Methoden verstanden werden, mit deren Hilfe Verfahrenskennwerte ermittelt werden, ohne daß beim Umformvorgang selbst in seiner natürlichen Größe gemessen wird. In vielen Zweigen der Technik (Strömungslehre, Wärmelehre, chemische Verfahrenstechnik) sind Modelluntersuchungen üblich, wobei Modell in erster Linie eine geometrisch ähnliche Verkleinerung bedeutet. Man kann jedoch solche Untersuchungen auch mit anderen Werkstoffen und anderen Verfahren durchführen, wenn nur die physikalische Ähnlichkeit eines solchen Modells zu dem eigentlichen Umformvorgang als der Hauptausführung gewahrt ist. Um die Ergebnisse aus Modelluntersuchungen auf die Hauptausführung zu übertragen, bedarf es geeigneter Übertragungsgesetze, die aus der Ähnlichkeitsmechanik stammen. Grundlegende Darstellungen hierzu sind von Weber [6.14] und Wallot [6.15] gegeben worden.

Bei Verfahren der Umformtechnik erhofft man aus Ähnlichkeitsbetrachtungen Aussagen über Spannungen, Formänderungen und Werkstofffluß, um daraus weiter auf Kraft und Arbeit zu schließen. Neue Werkstoffe in Luft- und Raumfahrttechnik und häufig sehr große Werkstücke lassen es angebracht erscheinen, Werkstoffverhalten und Technologie eines Verfahrens im Modellversuch zu klären.

6.3.3.1 Modellwerkstoffe

Wenn man Modellversuche nicht mit den gleichen Werkstoffen durchführen will, die auch in der Hauptausführung verwendet werden, sondern mit Werkstoffen, die sich z. B. unter kleineren Kräften oder bei Raumtemperatur anstelle des

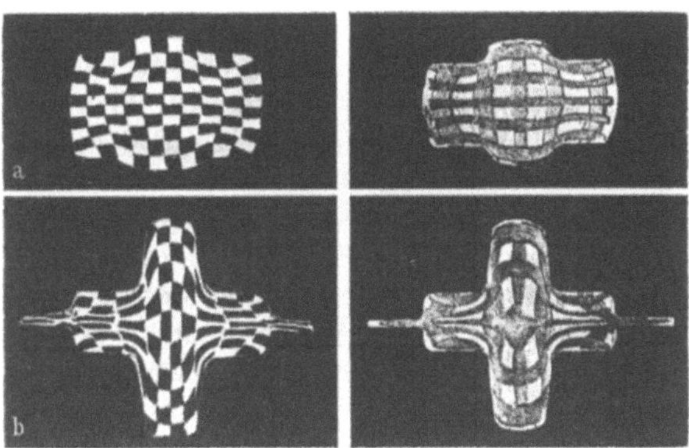

Bild 6.22 Sichtbarmachen des Werkstoffflusses [6.17]

Warmumformens verarbeiten lassen, so benötigt man hierzu Werkstoffe, die sich ähnlich verhalten wie diejenigen der Hauptausführung. Insbesondere muß die Funktion $k_f = f(\varphi, \dot\varphi, T)$ ähnlich sein.

Modellwerkstoffe können die Möglichkeit bieten, einen Vorgang mit einfachen und billigen Werkzeugen (z. B. aus Holz) durchzuführen. Wenn sie niedrige Umformkräfte erfordern, kann z. B. auch ein Werkzeugteil aus Glas oder durchsichtigem Kunststoff gefertigt werden, und man kann so den Werkstofffluß beobachten. Über die Anwendung von Modellwerkstoffen geben Untersuchungen von Heuer [6.16] und Brill [6.17] Aufschluß.

Da beim Warmumformen von Stahl oberhalb der Rekristallisationsgrenze die Fließspannung vom Umformgrad annähernd unabhängig ist, eignet sich für Modellversuche ein Werkstoff besonders gut, der diese Eigenschaft schon bei Raumtemperatur aufweist. Blei und Natrium genügen dieser Anforderung. Plastilin — auch in verschiedenfarbigen Schichten — wird dort gerne verwendet, wo in erster Linie der Werkstofffluß interessiert. So kann damit z. B. das Füllen eines Schmiedegesenkes geprüft werden (Bild 6.22). Zu bemerken ist, daß die Reibwerte bei derartigen Modellversuchen gleich sein müssen wie bei der Hauptausführung. Wenn Verfahren mit diesen Werkstoffen durchgeführt werden, so kann sowohl eine rein qualitative Auswertung erfolgen als auch nach den Methoden der Visioplastizität eine quantitative Auswertung.

Modellwerkstoffe für die Kaltumformung müssen auch eine entsprechende Verfestigung erfahren. Hier können Metalle mit niedrigen Festigkeiten verwendet werden. Kast [6.18] hat in seiner Untersuchung beim Kaltmassivumformen Al 99,5 als Modellwerkstoff für Stahl benutzt und damit ausreichend genaue Ergebnisse hinsichtlich Werkstofffluß und erforderlicher Umformkraft erzielt. Von Wanheim [6.22] wurden spezielle Wachsmischungen entwickelt, die durch entsprechendes Mischungsverhältnis Fließspannungen im Bereich 0 bis 200 N/mm² und Verfestigungsexponenten im Bereich von 0 bis 0,3 aufweisen können.

6.3.3.2 Modellverfahren

Verfahren, die nicht den eigentlichen Umformvorgang im Modellmaßstab und/ oder mit Modellwerkstoffen nachbilden, sondern einen anderen, meist vereinfachten Vorgang zur Ermittlung bestimmter Werte benützten, nennt man Modellverfahren.

Der Zugversuch, der Stauchversuch und der Torsionsversuch, aus denen der für die Umformtechnik wesentliche Werkstoffkennwert „Fließgrenze als Funktion des Umformgrades" gewonnen werden kann, sind Modellverfahren. Wenn auch z. B. im Zugversuch zunächst nur ein einachsiger Spannungszustand herrscht gegenüber einem dreiachsigen bei vielen Umformverfahren, so ist zwar die volle Ähnlichkeit nicht eingehalten, aber es läßt sich doch eine „den Vorgang und das Verhalten eines Werkstoffs kennzeichnende Größe" bestimmen.

Zum Prüfen des technologischen Verhaltens von Werkstoffen und damit zur Ermittlung von Verfahrenskenngrößen gibt es einige Modellverfahren. Der Tiefungsversuch nach Erichsen z. B. beansprucht das Blech in gleicher Art wie Verfahren, bei denen die Umformung mindestens teilweise als Schwächung der Blechdicke erfolgt (Streckziehen, örtlich beim Karrosserieziehen). Der Näpfchenziehversuch kann als Modellverfahren für das Tiefziehen angesehen werden. Beide Verfahren ergeben ausreichend genaue Voraussagen über das Werkstoffverhalten. Auch der Faltversuch, der Hin- und Herbiegeversuch sowie der Aufweitversuch sind als Modellverfahren der Blechumformung zu nennen. In der Massivumformung ist der einfache Stauchversuch wichtig zum qualitativen Bestimmen des Formänderungsvermögens, weil er z. B. für alle Umformverfahren mit Kopf- oder Flanschanstauchen (Schraubenfertigung) Bedeutung hat. Ein weiteres Beispiel mag das Eindringen eines Keils oder Kegels in einen Block sein als Modellverfahren für Trennvorgänge oder Verfahren der Massivumformung, z. B. das Napffließpressen. Dabei kann die Formänderungs- und Spannungsverteilung um die Kerbe, etwa in Abhängigkeit von der Eindringtiefe oder der geometrischen Form, erfaßt werden.

Literatur zu Kapitel 6

6.1 Kienzle, O.: Kenngrößen an Pressen und Hämmern. Werkstatttechnik u. Maschinenbau 43 (1953) 1—5.

6.2 Pflier, P. M.: Elektrische Messung mechanischer Größen. Berlin, Göttingen, Heidelberg: Springer 1956.

6.3 Merz, L.: Grundkurs der Meßtechnik, Teil II: Das elektrische Messen nichtelektrischer Größen. München, Wien: Oldenbourg 1968.

6.4 Nelting, H.; Thiele, G.: Elektronisches Messen nichtelektrischer Größen. Eindhoven (Niederlande): Philips Tech. Bibl. 1966.

6.5 Fink, K.; Rohrbach, Chr.: Handbuch der Spannungs- und Dehnungsmessung. Düsseldorf: VDI-Verlag 1958.

6.6 Pearce, R.; Drinkwater, I. C.: Some aspects of electrochemical marking. Sheet Met. Ind. 45 (1968) 751—755.

6.7 Müschenborn, W.: Untersuchung der Formänderungen an zwei Ziehteilen mit Hilfe eines photo-chemisch aufgebrachten Netzgitters. Thyssenforschung 1 (1969) 109—115.

6.8 Eisbein, W.; Sachs, G.: Kraftbedarf und Fließvorgänge beim Strangpressen. Mitt. dtsch. Mat.-Prüf.-Anst. Sonderheft 16 (1931) 67—96.

6.9 Wilhelm, H.: Untersuchungen über den Zusammenhang zwischen Vickershärte und Vergleichsformänderung bei Kaltumformvorgängen. Berichte aus dem Institut für Umformtechnik, Universität Stuttgart, Nr. 9. Essen: Girardet 1969.

6.10 Dalheimer, R.; Erbslöh, J. C.: Das Messen der Axialspannungsverteilung an der Stirnfläche flacher Matrizen beim axialsymmetrischen Strangpressen. Ind. Anz. 91 (1969) 1575—1580.

6.11 Vater, M.; Rathjen, C.: Untersuchungen über die Größe der Stempelkraft und des Innendruckes im Aufnehmer beim Strangpressen von Metallen. Fortschritt Ber. VDI Z., Reihe 2, Nr. 9. Düsseldorf: VDI-Verlag 1966.

6.12 Vater, M.; Nebe, G.: Über die Spannungs- und Formänderungsverteilung beim Stauchen. Fortschritt Ber. VDI Z. Reihe 2, Nr. 5. Düsseldorf: VDI-Verlag 1965.

6.13 Pawelski, O.; Armstroff, O.: Messung der Druckverteilung beim Hohlzug von Rohren und beim Ziehen von Rundstäben. Arch. Eisenhüttenwes. 38 (1967) 527—534.

6.14 Weber, M.: Das allgemeine Ähnlichkeitsprinzip der Physik und sein Zusammenhang mit der Dimensionslehre und der Modellwissenschaft. Jahrb. d. Schiffbautechnischen Ges. 31 (1930) 274—354.

6.15 Wallot, J.: Größengleichungen, Einheiten und Dimensionen, 2. Aufl. Leipzig: Barth 1957.

6.16 Heuer, P. J.: Modellverfahren für die Umformtechnik. Fließvorgänge, Werkstoffkonstante, Umformbeiwert. VDI-Forschungsh. 493. Düsseldorf: VDI-Verlag 1962.

6.17 Brill, K.: Anwendung von Modellwerkstoffen zur Ermittlung der geometrischen und dynamischen Versuchsgrößen beim Gesenkformen. Werkstattstechnik 53 (1963) 537—542.

6.18 Kast, D.: Modellgesetzmäßigkeiten beim Rückwärtsfließpressen geometrisch ähnlicher Näpfe. Berichte aus dem Institut für Umformtechnik der Universität Stuttgart, Nr. 13. Essen: Girardet 1969.

6.19 Friedrich K.-H.: Beitrag zur Messung der Strangoberflächentemperatur beim Strangpressen. Berichte aus dem Institut für Umformtechnik der Universität Stuttgart Nr. 33. Essen: Girardet 1975.

6.20 Hasek, V.: Über den Formänderungs- und Spannungszustand beim Ziehen von großen unregelmäßigen Blechteilen. Berichte aus dem Institut für Umformtechnik der Universität Stuttgart Nr. 25. Essen: Girardet 1973.

6.21 Dohmann, F.: Die Messung der mechanischen Kontaktspannungen in der Wirkfuge Werkzeug/Werkstück bei Umformverfahren. Berichte aus dem Institut für Umformtechnik der Universität Stuttgart, Nr. 27. Essen: Girardet 1974.

6.22 Wanheim, T., u. a.: Moderne Modelltechnik und ihre Anwendung bei der Untersuchung von Massivumformvorgängen. Seminar des Forschungsinstituts Umformtechnik der Universität Stuttgart „Neuere Entwicklungen im Bereich der Massivumformung", Stuttgart 1977

7 Grundlagen der Werkzeugmaschinen zum Umformen

Von **E. Dannenmann** und **K. Lange**

7.0 Einleitung (Aufgabe, Definition)

Bei den Fertigungsverfahren der Umformtechnik werden Werkstücke meist im Ganzen oder in größeren Schritten umgeformt, wobei die verwendeten Werkzeuge in der Regel zumindest zweiteilig sind. Der Werkzeugmaschine zum Umformen kommt dabei die Aufgabe zu, die Werkzeugteile mit dem Werkstück zum Eingriff zu bringen, die dafür notwendigen Kräfte, Momente und Arbeitsbeträge zur Verfügung zu stellen und die gegenseitige Führung der Werkzeugteile zu übernehmen.

Nach der Art der Relativbewegung der Werkzeuge bzw. Werkzeugteile lassen sich zwei Gruppen von Umformmaschinen unterscheiden (Bild 7.1):

— Umformmaschinen mit geradliniger Relativbewegung der Werkzeuge (Bild 7.2),
— Umformmaschinen mit nicht geradliniger Relativbewegung der Werkzeuge (Bild 7.3).

Umformmaschinen, bei denen die Umformung nicht in mehrteiligen Werkzeugen erfolgt und die sich deshalb nicht unter dem Gesichtspunkt der Relativbewegung der Werkzeugteile zueinander einordnen lassen, sind in der Gruppe der Sondermaschinen zusammengefaßt. Hierzu gehören Maschinen für das Umformen mit Wirkmedien und Maschinen für das Umformen mit Wirkenergie.

Unter den Umformmaschinen, die für die Fertigung von Stückgut eingesetzt werden, haben die Preßmaschinen die weitaus größte Bedeutung erlangt. Die folgenden Ausführungen werden sich deshalb auf Preßmaschinen beschränken.

7.1 Kenngrößen von Preßmaschinen

Begriffe und Formelzeichen

α	Federungswinkel
C	Federzahl
C_α	Winkelfederzahl
C_k	Kippzahl
C_y, C_z	Wegfederzahlen
δ	Drehversatz
E_M	Arbeitsvermögen der Maschine
E_N	Nennarbeitsvermögen
f	Federweg
F	Umformkraft (erforderliche)
F_N	Nennkraft

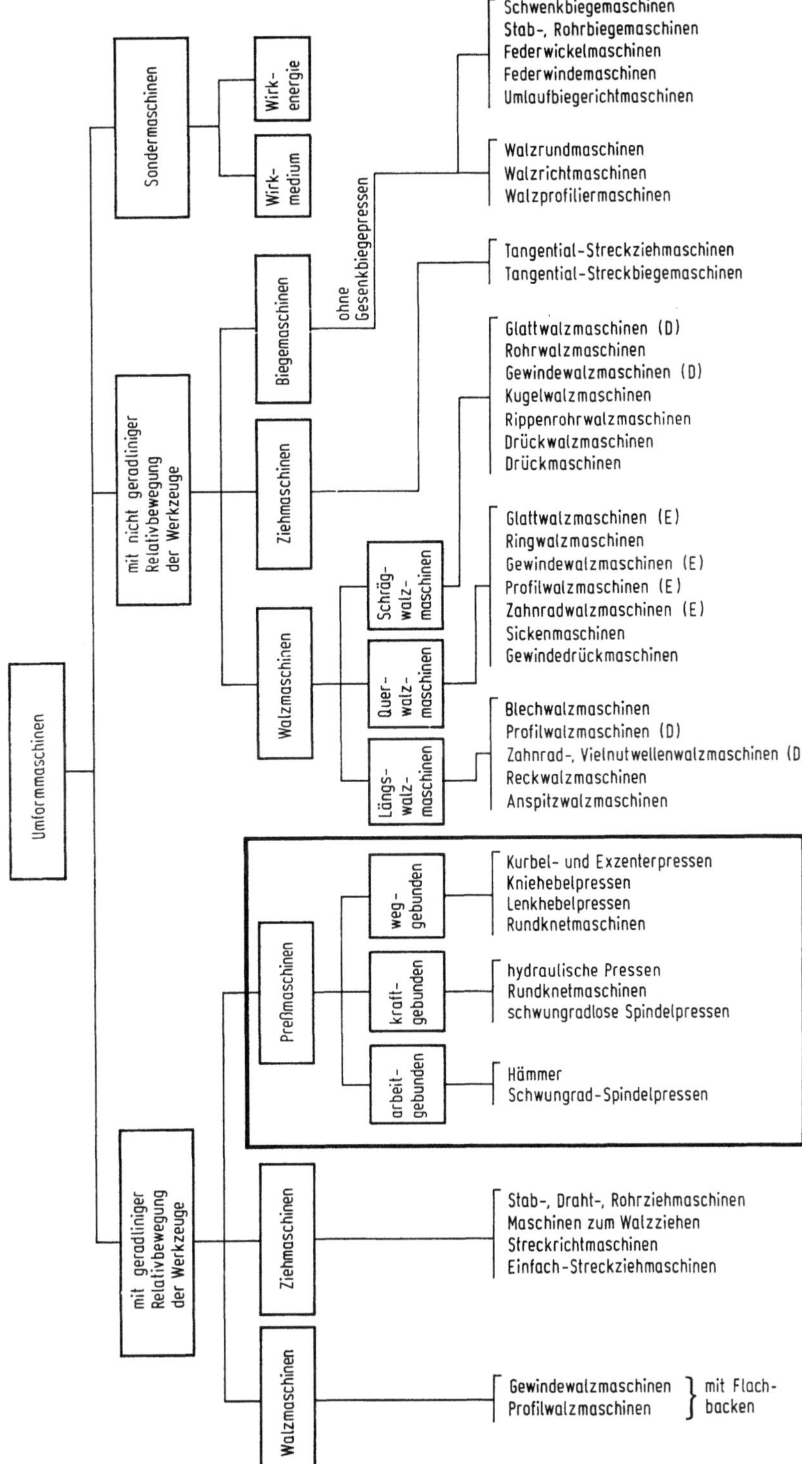

Bild 7.1 Einteilung der Umformmaschinen (D Durchlaufverfahren, E Einstechverfahren)

F_{St}	Stößelkraft
h	Stößelweg, Augenblickshöhe des Werkstücks
h'	Höhenfehler
k	Kippung
l_F	Führungslänge
n_K	Kurbelwellendrehzahl
p	Kippsteifebeiwert
q	Steifebeiwert (vertikal)
s	Umformweg, Vorgangsweg, Spiel
t_B	Berührzeit
u	horizontaler Steifebeiwert
v	horizontale Verlagerung
w	Mittenversatz
W	Arbeitsbedarf des Vorgangs
W_F	Federungsarbeit

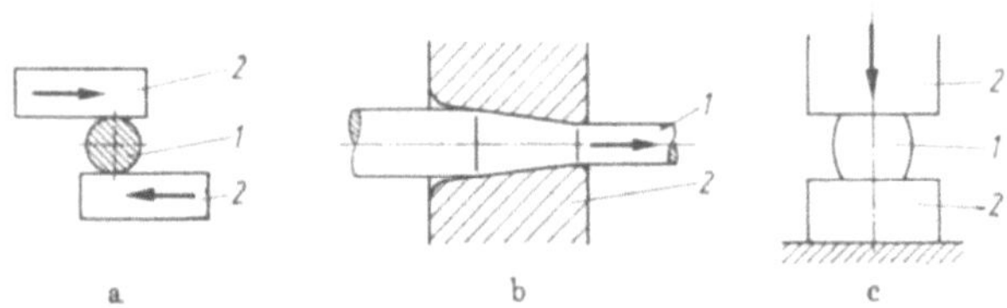

Bild 7.2 Umformmaschinen mit geradliniger Relativbewegung der Werkzeuge.
a Walzmaschine; **b** Ziehmaschine; **c** Preßmaschine. *1* Werkstück; *2* Werkzeug(e)

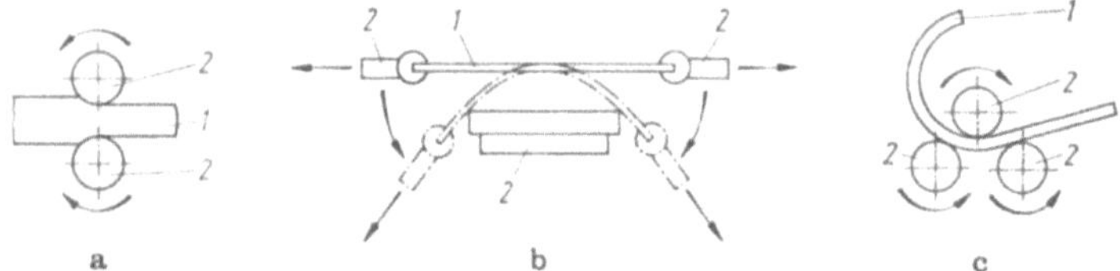

Bild 7.3 Umformmaschinen mit nicht geradliniger Relativbewegung der Werkzeuge.
a Walzmaschine; **b** Tangential-Streckziehmaschine; **c** Biegemaschine. *1* Werkstück;
2 Werkzeug(e)

7.1.0 Arten von Kenngrößen

Die enge wechselseitige Bindung, die im Rahmen eines Fertigungsverfahrens
zwischen Umformmaschine und Umformvorgang besteht, macht es erforderlich,
die Anforderungen, die der Umformvorgang an die Umformmaschine stellt, mit
den von der Umformmaschine angebotenen Eigenschaften abzustimmen. Da die
Anforderungen des Umformvorgangs an eine Umformmaschine und die Eigenschaften, die eine Umformmaschine hinsichtlich ihrer Einsatzmöglichkeiten und
ihres Betriebsverhaltens anbietet, sich weitgehend durch Kenngrößen beschreiben
lassen [7.1], kann die Abstimmung anhand dieser Kenngrößen vorgenommen
werden. Voraussetzung für eine erfolgreiche Abstimmung ist neben der Kenntnis
der verschiedenen Kenngrößenarten vor allem die Kenntnis der Zahlenwerte der
Kenngrößen, der Kennwerte.

Nach Kienzle [7.2] unterscheidet man bei Preßmaschinen drei Gruppen von Kenngrößen:

— Energie- und Kraftkenngrößen,
— Zeitkenngrößen,
— Genauigkeitskenngrößen bei unbelasteter Maschine und bei Betriebslast.

Für die Einsatzmöglichkeiten von Preßmaschinen sind — neben den Kenngrößen — noch die geometrischen Größen entscheidend. Zu den geometrischen Größen rechnen der Hubweg des Stößels bzw. des Bären sowie die Abmessungen und die Beschaffenheit des Werkzeugeinbauraums. Der Vollständigkeit halber seien schließlich an dieser Stelle noch die allgemeinen Maschinendaten, wie Raumbedarf, Gewicht und Anschlußleistung, erwähnt.

7.1.1 Kraft- und Energiekenngrößen

Bei jedem Umformvorgang müssen während einer gewissen Zeit bzw. über einen gewissen Weg hinweg vom Umformwerkzeug Kräfte bestimmter Größe auf das Werkstück ausgeübt werden, wobei ein bestimmter Betrag an mechanischer Energie, die Umformarbeit, aufzuwenden ist. Da jeder Umformvorgang einen ihm eigentümlichen Bedarf an Werkzeugkraft (Umformkraft) in Abhängigkeit vom Werkzeugweg (Umformweg) aufweist, sind Umformkraft und Umformarbeit kennzeichnende Größen des Umformvorgangs. Es ist leicht einzusehen, daß ein Umformvorgang nur dann auf einer Umformmaschine durchgeführt werden kann, wenn einmal von der betreffenden Maschine zu jedem Zeitpunkt des Vorgangs Kräfte, z. B. Stößelkräfte, zur Verfügung gestellt werden, die größer oder mindestens gleich den erforderlichen Werkzeugkräften sind, und wenn außerdem die von der Umformmaschine bereitgestellte Energie, ihr Arbeitsvermögen, größer oder mindestens gleich dem Bedarf des Vorgangs an Umformarbeit ist. Bezeichnet man die von der Umformmaschine her verfügbaren (Stößel-)Kräfte mit F_{St} und das Arbeitsvermögen der Maschine mit E_M, die für die Durchführung des Umformvorgangs erforderlichen Werkzeugkräfte mit F und den Arbeitsbedarf des Vorgangs mit W, dann lassen sich die vorstehend genannten Bedingungen durch die Beziehungen

$$F_{St} \geqq F \tag{7.1a}$$

und

$$E_M \geqq W \tag{7.1b}$$

ausdrücken. Mit anderen Worten: Die Kennwerte des Umformvorgangs müssen durch die entsprechenden Kennwerte der Umformmaschine zumindest gedeckt sein.

Bei der Auswahl einer Umformmaschine für einen gegebenen Umformvorgang sollte im Hinblick auf die Wirtschaftlichkeit der Fertigung die Differenz zwischen dem Angebot der Maschine an Kraft und an Arbeitsvermögen einerseits und dem Kraft- und Arbeitsbedarf des Umformvorgangs andererseits so klein wie möglich gehalten werden. Der sog. „Vollnutzpunkt", das ist der Zustand, bei dem das Angebot der Maschine gerade dem Bedarf des Vorgangs entspricht (mit $F_{St} = F$ und $E_M = W$), stellt dabei die optimale Lösung der Aufgabe dar, die Umform-

maschine im Hinblick auf die Kraft- und Energiekenngrößen auf den Umformvorgang abzustimmen [7.1—7.3].

Der Zustand des Vollnutzpunkts wird sich nur in Ausnahmefällen verwirklichen lassen, da die Unsicherheiten bei der Ermittlung des Kraft- und Arbeitsbedarfs eines Umformvorgangs und die Schwankungen, denen diese Größen
während der Fertigung unterworfen sind, immer die Bereitstellung einer gewissen
Reserve auf der Maschinenseite erforderlich machen.

Neben den reinen Umformkräften und -arbeiten sind bei der Bestimmung
der für die Durchführung eines Umformvorgangs notwendigen Kraft- und Ener-
giekennwerte gegebenenfalls noch diejenigen Kräfte und Arbeitsbeträge zu berücksichtigen, die von Hilfsaggregaten wie Ziehkissen, Niederhaltern und Aus-
stoßern benötigt werden.

Zu den Kraft- und Energiekenngrößen zählt weiterhin die Federungsarbeit
W_F, die bei jedem Umformvorgang — sofern er auf kraft- oder weggebundenen
Preßmaschinen bzw. auf (arbeitgebundenen) Spindelpressen durchgeführt wird —
zusätzlich zur Umformarbeit aufgebracht werden muß. Wenn während des Um-
formvorgangs am „Wirkpaar" Werkzeug/Werkstück die Umformkraft auf den
Wert F ansteigt, verformen sich Werkzeug und Maschine nach Ausgleich der
Spiele in Wirkrichtung der Umformkraft elastisch um einen Betrag f (Bild 7.4).
Dafür ist eine Arbeit — die Federungsarbeit — von der Größe

$$W_F = \frac{1}{2}\,Ff \tag{7.2}$$

aufzuwenden, die als potentielle Energie im System Umformmaschine/Umform-
werkzeug gespeichert ist. Führt man, was wegen der in der Regel linearen Abhängigkeit der elastischen Formänderung von der Umformkraft (Bild 7.4) erlaubt ist, die Federzahl

$$C = \frac{F}{f} \tag{7.3}$$

ein, dann lautet die Gleichung für die Federungsarbeit

$$W_F = \frac{1}{2}\,\frac{F^2}{C}. \tag{7.4}$$

Die im System Maschine/Werkzeug gespeicherte Federungsarbeit läßt sich unter
bestimmten Voraussetzungen, die sowohl von der Maschinen- bzw. Werkzeugseite
als auch vom Vorgang her gegeben sein müssen, für den Vorgang zurückgewinnen,
wie im folgenden anhand der Bilder 7.5 und 7.6 erläutert wird.

In diesen Bildern sind jeweils in der rechten Bildhälfte die Umformkraft-
Umformweg-Verläufe zweier Vorgänge (Bild 7.5: Schneidvorgang — Bild 7.6:
Tiefziehvorgang) wiedergegeben. Die linken Bildhälften zeigen die zum Zeitpunkt
des Größtwertes der Umformkraft gespeicherte Federungsarbeit W_{F1} und W_{F2}
zweier Systeme Maschine/Werkzeug mit unterschiedlich großer elastischer Verformung f_1 und f_2. Wenn die Umformkraft nach Überschreiten ihres Größtwertes
wieder abnimmt, wird auch die elastische Verformung von Maschine und Werkzeug abgebaut. Die dabei frei werdende Federungsarbeit führt zu einer zusätz-

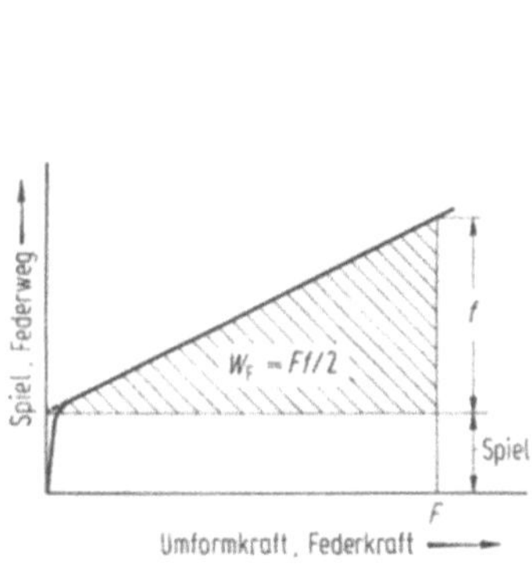

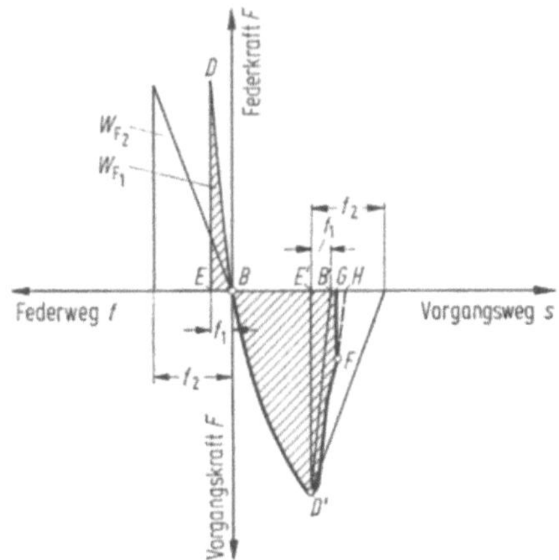

Bild 7.4 Federschaubild und Federungsarbeit einer weggebundenen Presse

Bild 7.5 Federungsarbeit beim Schneidvorgang. Nach [7.1]

lichen Annäherung der Werkzeugteile und wird so für den Vorgang wieder nutzbar gemacht. Die Rückgewinnung der Federungsarbeit ist jedoch nur dann möglich [7.1], wenn während des Abfalls der Umformkraft in jedem Punkt des Umformkraft-Umformweg-Verlaufs der Umformweg gleich oder größer ist als die elastische Formänderung von Maschine und Werkzeug. Es muß also sein (s = Umformweg) $\mathrm{d}F/\mathrm{d}s < \mathrm{d}F/\mathrm{d}f$ und, da nach (7.3) $\mathrm{d}F/\mathrm{d}f = C$,

$$C > \frac{\mathrm{d}F}{\mathrm{d}s}. \tag{7.5}$$

Im Falle des Tiefziehvorgangs (Bild 7.6) ist die Bedingung für die Rückgewinnung der Federungsarbeit sowohl für das „steife" (f_1) als auch für das „weiche" (f_2) System erfüllt. Beim Schneidvorgang (Bild 7.5) dagegen läßt sich nur beim steifen System, und dort auch nur bis zum Punkt „F" des Kraft-Weg-Verlaufs, die Federungsarbeit für den Vorgang wieder nutzen. Der Rest der Federungsarbeit

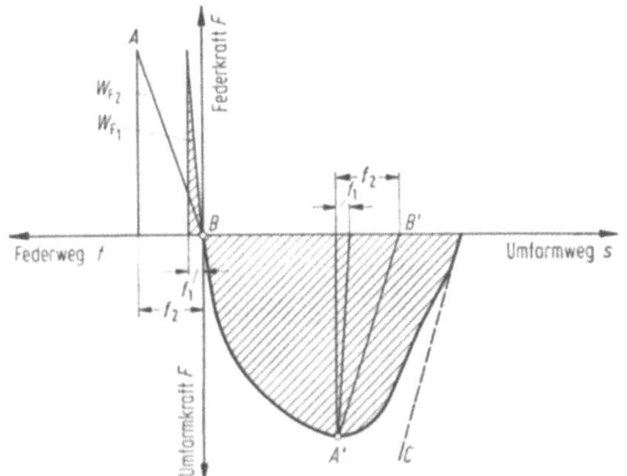

Bild 7.6 Federungsarbeit beim Tiefziehvorgang. Nach [7.1]

(entsprechend der Fläche *FGH*) ist hier für den Vorgang ebenso verloren wie die gesamte Federungsarbeit des weichen Systems. Der nicht für den Vorgang genutzte Teil der Federungsarbeit wird von Antrieb und Gestell der Preßmaschine aufgenommen und führt dort zu Schwingungen.

Im Hinblick auf den Energieaufwand ist demnach ein möglichst steifes System Umformmaschine/Umformwerkzeug anzustreben, und zwar aus zwei Gründen: Einmal deshalb, weil dann die Federungsarbeit für den Vorgang weitgehend wieder genutzt werden kann (s. (7.5)), zum anderen deshalb, weil in all den Fällen, in denen ein Rückgewinnen der Federungsarbeit für den Vorgang selbst nicht möglich ist (Vorgänge, bei denen die Umformkraft nicht auf Null abfällt, wie z. B. Gesenkschmieden, Prägen, Fließpressen) der Energieverlust durch die nicht nutzbare Federungsarbeit bei einem steifen System am geringsten ist (s. (7.4)).

Nach der Art, in der die Kraft- und Energiekenngrößen Stößelkraft und Arbeitsvermögen von den verschiedenen Preßmaschinen bereitgestellt werden, unterscheidet man zwischen

— arbeitgebundenen,
— kraftgebundenen,
— weggebundenen Preßmaschinen
　　(Bild 7.1).

Arbeitgebundene Preßmaschinen bieten einen bestimmten Betrag an Arbeitsvermögen an, der bei jedem Arbeitsspiel vollständig umgesetzt wird. Ein auf einer arbeitgebundenen Preßmaschine durchgeführter Vorgang kommt zum Stillstand, sobald das Arbeitsvermögen der Maschine erschöpft ist. Ist der Arbeitsbedarf des Umformvorgangs größer als das Arbeitsvermögen, das die Maschine bei einem Arbeitsspiel zur Verfügung stellt, dann läßt sich der Vorgang auf mehrere Arbeitsspiele (Hübe, Schläge) aufteilen (Bild 7.7). Die maßgebliche Kenngröße dieser Maschinengruppe, zu der Hämmer und Schwungrad-Spindelpressen gehören, ist das Nennarbeitsvermögen E_N. Bei Spindelpressen müssen, im Gegensatz zu den Hämmern, Getriebe und Gestell die beim Umformvorgang auftretenden Kräfte als Reaktionskräfte aufnehmen. Für diese Maschinenart ist deshalb als weitere Kenngröße neben dem Arbeitsvermögen diejenige Kraft von Interesse, mit der Gestell und Getriebe der Maschine in Arbeitsrichtung des Stößels belastet werden dürfen. Diese Kraft wird als Nennkraft F_N bezeichnet.

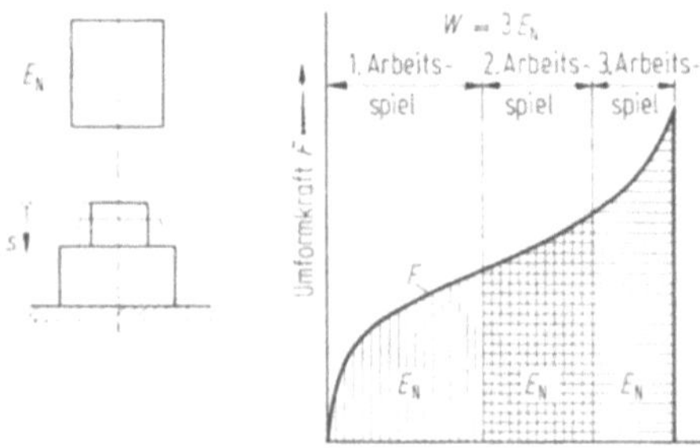

Bild 7.7 Arbeitgebundene Preßmaschinen. Fallhammer (schematisch); Aufteilung eines Umformvorgangs auf drei Arbeitsspiele

Kraftgebundene Preßmaschinen stellen unabhängig von der jeweiligen Stößelstellung eine Stößelkraft zur Verfügung, deren Größtwert, die Nennkraft F_N, durch die konstruktive Auslegung der Maschine gegeben ist. Da die Nennkraft beim Durchführen eines Umformvorgangs nicht überschritten werden kann, stellt sie die maßgebliche Kenngröße dieser Maschinenart dar.

Bei den Hauptvertretern der Gruppe der kraftgebundenen Preßmaschinen, den hydraulischen Pressen (Bild 7.8), unterscheidet man zwischen Pressen mit unmittelbarem Pumpenantrieb und Pressen mit Speicherantrieb. Während bei Pressen mit unmittelbarem Pumpenantrieb das Arbeitsvermögen eine untergeordnete Rolle spielt, da die für jedes Arbeitsspiel benötigte Energie in der erforderlichen Höhe vom Antriebsmotor aufgebracht wird, ist bei Pressen mit Speicherantrieb das Arbeitsvermögen durch die Größe des Speichers begrenzt und damit eine wichtige Kenngröße.

Bei *weggebundenen Preßmaschinen* durchläuft der Maschinenstößel einen durch die Kinematik des Hauptgetriebes festgelegten Weg. Die Größe der vom Stößel ausübbaren Kraft F_{St} ist abhängig von der jeweiligen Stößelstellung (Bild 7.9). In den Endlagen kann die Stößelkraft theoretisch über alle Grenzen wachsen. Da auch bei dieser Maschinenart Getriebe und Gestell im Kraftfluß der Reaktionskräfte der Werkzeugkräfte liegen, darf die Stößelkraft einen durch die Konstruktion von Getriebe und Gestell gegebenen Größtwert, die Nennkraft F_N, nicht überschreiten. Die wichtigsten Kraftkenngrößen sind demnach die Stößelkraft

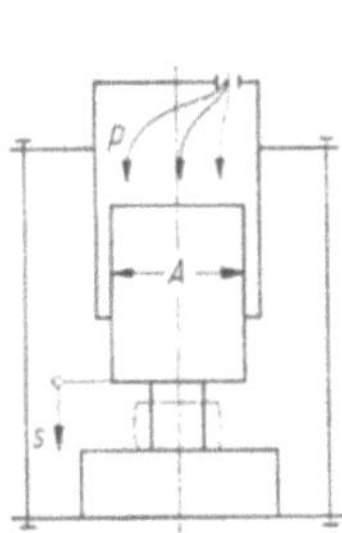
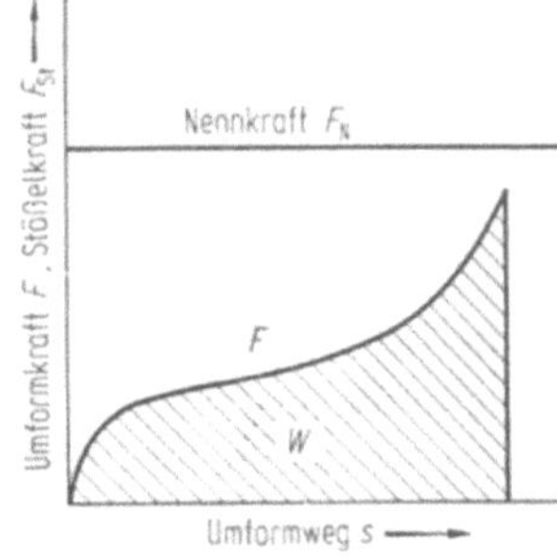

Bild 7.8 Kraftgebundene Preßmaschinen. Hydraulische Presse (schematischer Aufbau und Kraftgrenzen)

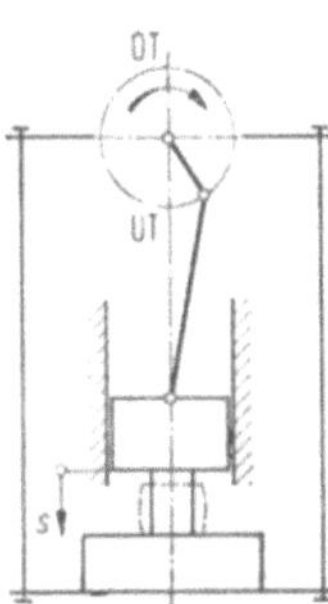
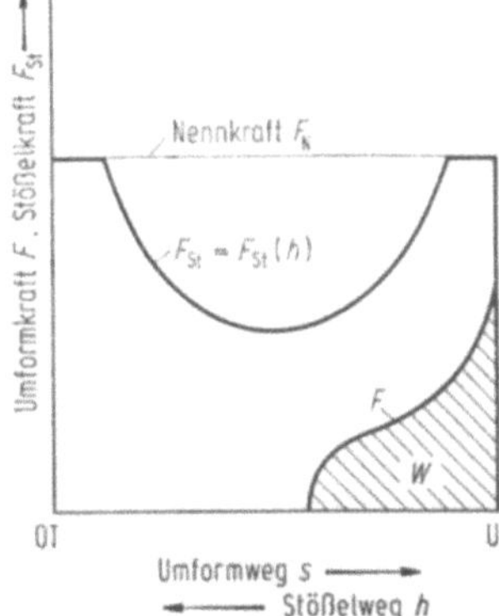

Bild 7.9 Weggebundene Preßmaschinen. Kurbelpresse (schematischer Aufbau und Kraftgrenzen)

$[F_{St} = F_{St}(h)]$ und die Nennkraft. Weggebundene Pressen arbeiten durchweg mit Speicher (Schwungrad). Die für ein Arbeitsspiel zur Verfügung stehende Energiemenge, das Nennarbeitsvermögen E_N, ist durch die konstruktive Auslegung des Speichers gegeben. Das Arbeitsvermögen stellt somit eine weitere wesentliche Kenngröße weggebundener Preßmaschinen dar. Vertreter dieser Maschinenart sind Pressen mit Kurbelgetrieben (Exzenter- und Kurbelpressen, Kniehebelpressen, Lenkhebelpressen sowie Doppelkurbelpressen) und Pressen mit Kurvengetrieben.

7.1.2 Zeitkenngrößen

Zeitkenngrößen beschreiben die von einer Umformmaschine abhängenden Vorgangs zeiten und Geschwindigkeiten. Solche Zeiten sind z. B. Hub- bzw. Schlagfolgezeiten von Pressen und Hämmern oder die Druckberührzeit bei Pressen. Während die erstere allein vom Antrieb bzw. von Antrieb und Steuerung abhängt, wird die letztere außer von der Antriebskinematik noch von der Gesamtsteifigkeit in Abhängigkeit vom jeweiligen Vorgang bestimmt. Eine wichtige Geschwindigkeitskenngröße ist die Werkzeuggeschwindigkeit.

7.1.2.1 Zeiten

Nach Kienzle [7.4] ist einer der vier Grundpfeiler der Fertigungstechnik die Mengenleistung. Diese ist bei Preßmaschinen durch die Schlag- bzw. Hubfolgezeit, aus der sich die nutzbare Schlag- bzw. Hubzahl in der Zeiteinheit ergibt, gegeben. Läßt man die Hantierungszeiten außer acht, so ist z. B. beim Fallhammer die Schlagfolgezeit abhängig von der Fallhöhe, d. h. von der physikalischen Größe der Erdbeschleunigung. Beim Oberdruckhammer läßt sich dagegen durch Anwendung größerer Beschleunigungskräfte die Schlagzahl bei verkürztem Hub wesentlich erhöhen. Bei hydraulischen Pressen ist die nutzbare Hubfolgezeit abhängig von der Größe des eingestellten Gesamthubs, dessen Unterteilung in Eilhub und Arbeitshub sowie von der erreichbaren Stößelgeschwindigkeit im Eil- und Arbeitshubbereich. Bei weggebundenen Pressen ist die Zeit für ein vollständiges Arbeitsspiel und damit für einen Stößelhub durch die Drehzahl der Kurbelwelle bzw. Hauptantriebswelle gegeben. Diese ist bei Last um den vorgangsabhängigen Drehzahlabfall kleiner als die Leerlaufdrehzahl. Bei Einzelhubbetrieb wird die Hubzahl gegenüber der Kurbelwellendrehzahl weiterhin durch die Schaltzeiten bei Einleitung und Beendigung eines Hubs vermindert.

Die Druckberührzeit ist eine bei der Warmumformung wichtige Zeitkenngröße. Sie ist die Zeit, in der ein Werkstück unter Umformdruck mit dem Werkzeug in Berührung steht. In dieser ist der Wärmeübergang nach Beck [7.5] um ein Vielfaches größer als bei losem Aufliegen. Lange Druckberührzeiten führen deshalb zu größerem Werkzeugverschleiß und wegen der Werkstückabkühlung und der dadurch bedingten Erhöhung der Fließspannung zu höheren Kräften. Die Druckberührzeit bei Massivumformvorgängen liegt in folgender Größenordnung:

Hämmer	10^{-3} bis 10^{-2} s,
Schwungrad-Spindelpressen	10^{-2} bis 10^{-1} s,
weggebundene Pressen	10^{-1} bis 5×10^{-1} s,
hydraulische Pressen	10^{-1} bis 1 s.

Bei weggebundenen Pressen wird unter sonst gleichen Bedingungen die Druckberührzeit von der Gesamtfederzahl beeinflußt. Nach Bild 7.10 ist die Druckberührzeit um so größer, je kleiner die Federzahl, d. h. je „weicher" die Presse ist.

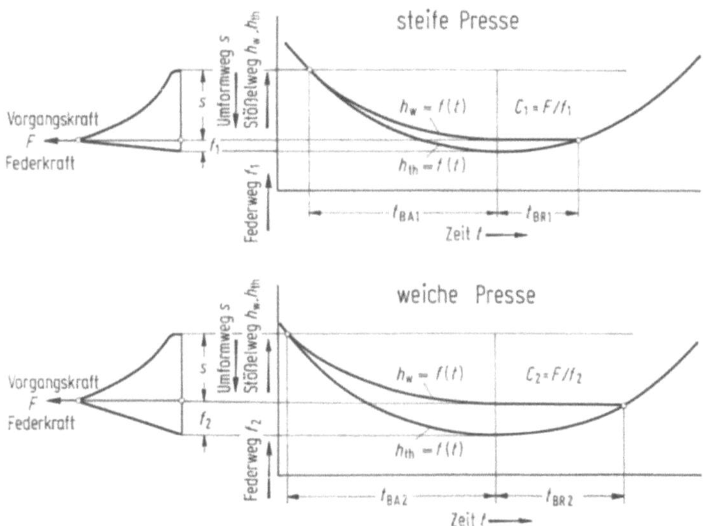

Bild 7.10 Druckberührzeit bei weggebundenen Pressen unterschiedlich großer Federzahl.
t_{BA1}, t_{BA2} Berührzeit im Arbeitshub; t_{BR1}, t_{BR2} Berührzeit im Rückhub; $h_{th} = f(t)$
theoretischer, $h_w = f(t)$ tatsächlicher Weg-Zeit-Verlauf des Stößels. Nach [7.3]

7.1.2.2 Geschwindigkeiten

Eine sehr wichtige Zeitkenngröße ist die Werkzeuggeschwindigkeit. Für Umformvorgänge sind hierbei die Auftreffgeschwindigkeit, d. h. die Werkzeuggeschwindigkeit unmittelbar vor Beginn des Vorgangs, und der Verlauf der Werkzeuggeschwindigkeit während des Vorgangs von Bedeutung. Der letztere bestimmt
beim Stauchen und Dehnen nach der Beziehung

$$\dot{\varphi} = \frac{v_{Wz}}{h} \tag{7.6}$$

(v_{Wz} = Werkzeuggeschwindigkeit; h = Augenblickshöhe des Werkstücks) die
Umformgeschwindigkeit $\dot{\varphi}$.

Bei Hämmern stellt sich die Werkzeuggeschwindigkeit während des Vorgangs
nach dem Vorgang ein, bei weggebundenen Pressen ist sie durch die Pressenkinematik gegeben. Nach der Beziehung (7.6) kann gemäß Bild 7.11 b die Umformgeschwindigkeit dabei während des Vorgangs auch vorübergehend zunehmen.
Besonders bei arbeitgebundenen Maschinen ist die Änderung von $\dot{\varphi}$ über dem
Umformweg so groß, daß der Kraftverlauf beim Warmumformen wegen der Abhängigkeit der Fließspannung k_f von der Temperatur und der Umformgeschwindigkeit gegebenenfalls stark beeinflußt wird.

Die beschriebenen Zusammenhänge werden dadurch noch sehr viel verwickelter, daß wegen des elastischen Verhaltens der Pressen die wahre Werkzeugge-

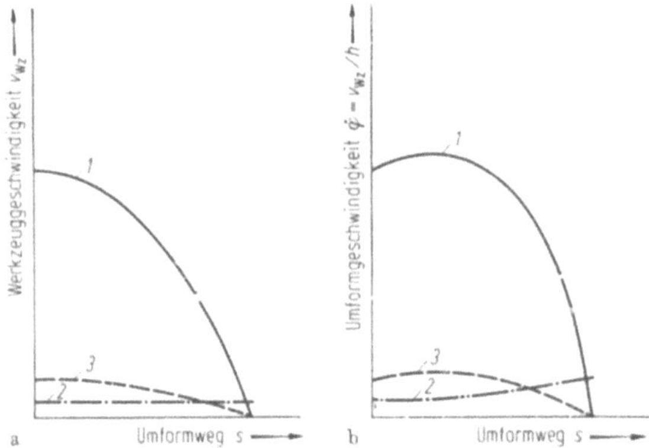

Bild 7.11 Werkzeuggeschwindigkeit (**a**) und Umformgeschwindigkeit (**b**) in Abhängigkeit vom Umformweg beim Stauchen. *1* Fallhammer (Schwungrad-Spindelpresse); *2* hydraulische Presse; *3* Kurbelpresse

schwindigkeit von der in Bild 7.11a gezeigten theoretischen Werkzeuggeschwindigkeit teils beträchtlich abweichen kann. Ein Beispiel für das Ausschneiden von Platinen zeigt Bild 7.12. Bei weggebundenen Pressen ist bei Vorgängen mit kurzen Arbeitswegen (z. B. Prägen, Schneiden) der Unterschied zwischen wahrer und theoretischer Werkzeuggeschwindigkeit um so kleiner, je größer die Federzahl. d. h. je steifer die Presse ist [7.6]. Bei Vorgängen mit langen Arbeitswegen (z. B. Tiefziehen, Biegen, Abstreckgleitziehen) ist der Einfluß der Federzahl geringer, d. h., die Maschinen hierfür können weicher sein.

Die hohe Energie des in Arbeitszylinder und Rohrleitungen hydraulischer Pressen eingeschlossenen Druckmediums bewirkt bei Schneidvorgängen eine

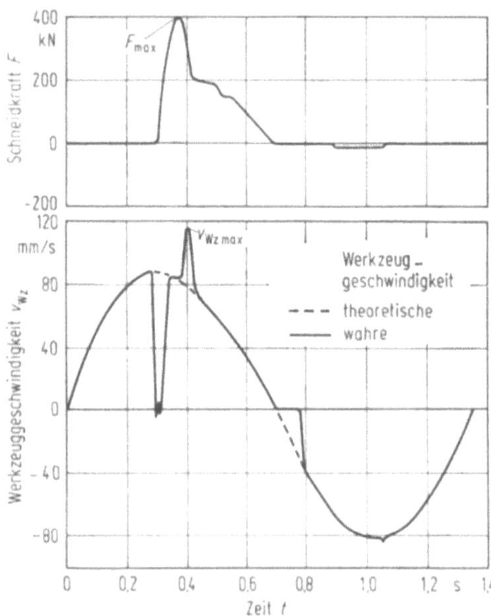

Bild 7.12 Verlauf von wahrer Werkzeuggeschwindigkeit und Kraft beim Schneiden. Exzenterpresse $F_N = 500$ kN, $n_K = 50$ min^{-1}. Nach [7.6]

starke Beschleunigung des Pressenstößels nach dem Durchbrechen des Blechs. Die Stößelgeschwindigkeit kann hierbei auf das 80- bis 100fache des Wertes während des Vorgangs ansteigen. Dies macht Einrichtungen an der Maschine bzw. im Werkzeug zum „Abfangen" des Stößels (Anschläge, Schnittschlagdämpfer) erforderlich.

7.1.3 Genauigkeitskenngrößen

Genauigkeitskenngrößen sollen Hinweise auf die mit einer Umformmaschine erreichbaren Werkstückgenauigkeiten geben. Da der Umformvorgang selbst im Wirkpaar Werkzeug/Werkstück abläuft, kommt der Maschine die Aufgabe der lagegenauen Führung der Werkzeugteile zu. Abweichungen von den geometrisch idealen Bedingungen führen zu Lagefehlern der Werkzeugteile gegeneinander und infolgedessen zu Fehlern am Werkstück. Dabei kann man Auftrefflagefehler und Verschiebelagefehler unterscheiden. Auftrefflagefehler entstehen durch geometrische Ungenauigkeiten der Maschine im *unbelasteten* Zustand. Infolge des elastischen Verhaltens der Maschine verlagern sich im belasteten Zustand die werkzeugtragenden Teile der Maschine und rufen damit Verschiebelagefehler am Werkstück hervor. Man muß demzufolge zwischen Genauigkeitskenngrößen einer Umformmaschine im unbelasteten Zustand (Herstellgenauigkeit) und im belasteten Zustand unterscheiden.

Nach Watermann [7.7] lassen sich am Beispiel eines durch Gesenkschmieden hergestellten Werkstücks folgende Fehler definieren (Bild 7.13):

— Höhenfehler (h'):
Fehlerhafter Abstand der Punkte N_1 und N_2 in z-Richtung. Die Punkte liegen in Höhe der Aufschlagflächen des Werkzeugs in den Gesenkmittelachsen N' und N''.
— Parallelitätsfehler:
Winkel zwischen den Gesenkmittelachsen N' und N'' in x- und y-Richtung.
— Mittenversatz (w_x, w_y):
Verschiebung zweier Punkte N_1 und N_2 in x- bzw. y-Richtung.
— Drehversatz (δ):
Drehwinkel der Werkzeughälften um die z-Achse.

Die geometrischen Ungenauigkeiten der unbelasteten Maschine rufen Parallelitätsfehler, Mittenversatz und Drehversatz hervor, die elastischen Verlagerungen der werkzeugtragenden Maschinenteile unter Betriebslast können sich — abhängig von Gestellform und Belastungsart — auf alle vier Fehler auswirken.

7.1.3.1 Genauigkeitskenngrößen der unbelasteten Maschine

Bei den Genauigkeitskenngrößen der unbelasteten Maschine (Herstellgenauigkeit) unterscheidet man nach [7.8] die Geometrie des Werkzeugeinbauraums und die Bewegungsgenauigkeit des Stößels. Wesentlich für die Maschinengenauigkeit sind

— die Parallelität der Tischfläche zur Stößelfläche;
— die Rechtwinkligkeit der Stößelbewegung in bezug auf die Tischfläche

sowie ferner, wenn das Oberwerkzeug mit einem Zapfen in der Stößelbohrung gespannt wird und der Maschinentisch oder die Aufspannplatte eine Bohrung zur Aufnahme des Unterwerkzeugs aufweist,

— die Parallelität des Stößellochs zur Stößelbewegung;
— das Fluchten der Stößellochmitte mit der Mitte der Tisch- oder Aufspannplattenbohrung.

Richtwerte für zulässige Abweichungen von den geometrisch idealen Verhältnissen sind für weggebundene Pressen in Abhängigkeit von Maschinenbauart und Baugröße in DIN 8650 [7.9] und DIN 8651 [7.10] festgelegt. Die dort angegebenen Werte decken sich in wesentlichen Punkten mit den Angaben von Schlesinger [7.11]. Angaben über die zulässige Größe des Stößelführungsspiels sind in den genannten Normen nicht enthalten, obwohl die Bewegungsgenauigkeit des Stößels auch durch das Führungsspiel beeinflußt wird.

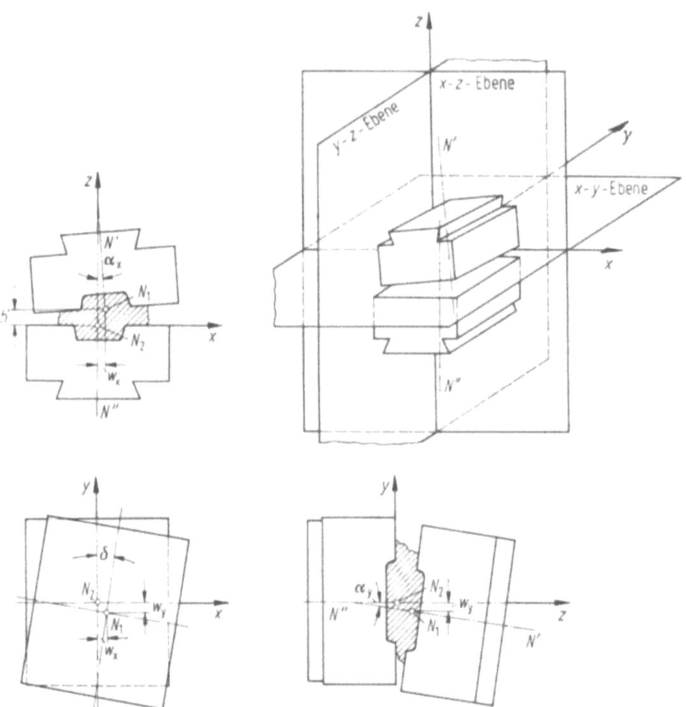

Bild 7.13 Werkstückfehler als Folge von Werkzeuglagefehlern in Hammer und Presse. Nach [7.7]

7.1.3.2 Genauigkeitskenngrößen der belasteten Maschine

Die Verlagerungen der werkzeugtragenden Flächen der belasteten Maschine gegenüber dem unbelasteten Zustand sind abhängig von Gestellform (O-Gestell, C-Gestell) und Belastungsart (mittige, außermittige Belastung).

Pressen mit O-Gestell bei mittiger Belastung. Die elastischen Verlagerungen der werkzeugtragenden Flächen erfolgen in diesem Fall in Bewegungsrichtung

des Stößels (z-Richtung). Sie setzen sich (Bild 7.14) zusammen aus der Gestelldehnung (f_{zG}), der Durchbiegung von Tisch (f_{zTi}) und Stößel (f_{zSt}) sowie der
Triebwerkfederung (f_{zTr}). Zwischen der Belastungskraft (F) und der dadurch
hervorgerufenen Gesamtfederung (f_{zges}) besteht — nach Ausgleich der Spiele —
ein linearer Zusammenhang (Bild 7.15). Maßgebend für das Genauigkeitsverhalten
der belasteten Presse ist die Steigung der Verlagerungskennlinie (Federkennlinie)
$f_{zges} = f(F)$, die als Federzahl

$$C_{z\,ges} = \frac{\Delta F}{\Delta f_{z\,ges}} = \frac{F}{f_{z\,ges}} \tag{7.7}$$

bezeichnet wird. Aus Bild 7.16 geht hervor, daß bei gleicher Kraftschwankungsbreite ΔF vom Vorgang her die Schwankungsbreite der elastischen Verlagerung
(Federung) Δf_z und der dadurch verursachte Höhenfehler h' am Werkstück
um so geringer ausfällt, je größer die Federzahl C_z ist. Wie bereits in Bild 7.16

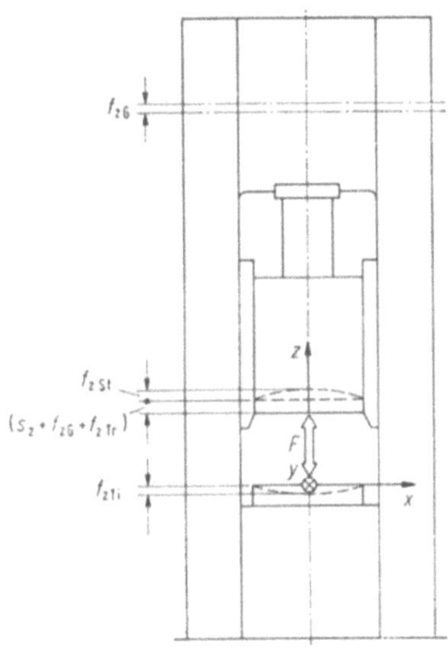

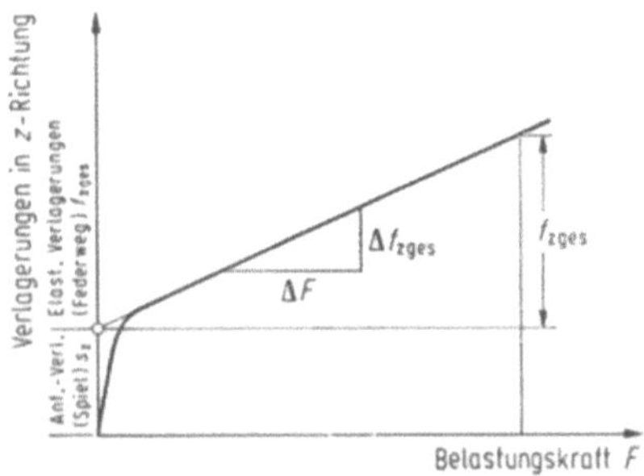

Bild 7.14 Verlagerungen an einer Presse mit
O-Gestell bei mittiger Belastung (f_{zG} Gestelldehnung, f_{zTi} Durchbiegung des Tisches,
f_{zSt} Durchbiegung des Stößels, f_{zTr} Triebwerkfederung, s_z Spiel)

Bild 7.15 Verlagerungskennlinie
(Federschaubild).

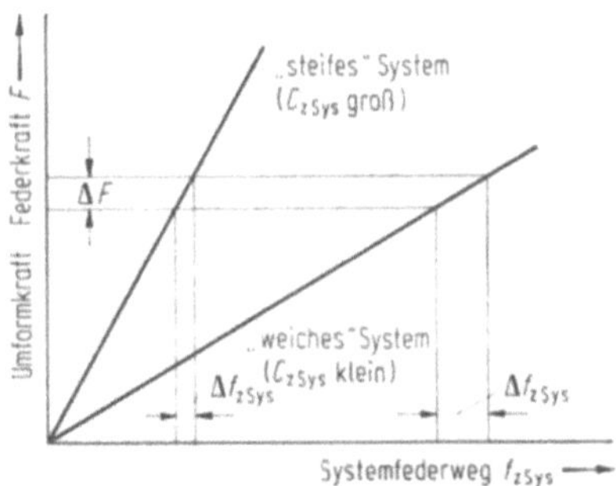

Bild 7.16 Steifigkeit und Federweg bei
gegebener Kraftschwankungsbreite

angedeutet, darf bei der Abschätzung des Höhenfehlers infolge unterschiedlich
großer Vorgangskräfte nicht nur die Presse allein, es muß vielmehr das System
Presse/Werkzeug betrachtet werden.

Hinsichtlich seines elastischen Verhaltens besteht dieses System aus zwei
hintereinander angeordneten Federn. Die Federzahl des Systems $(C_{z\,\mathrm{Sys}})$ ergibt
sich aus den Federzahlen von Presse $(C_{z\,\mathrm{ges}})$ und Werkzeug $(C_{z\,\mathrm{Wz}})$ zu

$$C_{z\mathrm{Sys}} = \frac{C_{z\,\mathrm{ges}}C_{z\,\mathrm{Wz}}}{C_{z\,\mathrm{ges}} + C_{z\,\mathrm{Wz}}} \,. \tag{7.8}$$

Die Systemfederzahl ist demnach immer kleiner als die kleinste Einzelfederzahl.
Bild 7.17 verdeutlicht diesen Sachverhalt beispielhaft für das Napf-Rückwärts-
Fließpressen $(C_{z\,\mathrm{ges}} > C_{z\,\mathrm{Wz}})$ und das Gesenkschmieden $(C_{z\,\mathrm{ges}} < C_{z\,\mathrm{Wz}})$: Mit den
größten Unterschieden zwischen Pressen- und Systemfederzahl ist dann zu rech-
nen, wenn die Werkzeugfederzahl — wie im Falle des Napf-Rückwärts-Fließpressens
(Bild 7.17a) — kleiner ist als die Pressenfederzahl.

Die einzelnen Pressenbaugruppen und Gestellelemente tragen in unterschiedlichem Umfang zu den elastischen Gesamtverformungen bei (Bild 7.18). Den
größten Anteil an der Gesamtfederung $(f_{z\,\mathrm{ges}})$ weist bei allen Pressenbauarten
die Triebwerkfederung $(f_{z\,\mathrm{Tr}})$ auf gefolgt von der Gestelldehnung $(f_{z\,\mathrm{G}})$, während
die Durchbiegungen von Tisch $(f_{z\,\mathrm{Ti}})$ und Stößel $(f_{z\,\mathrm{St}})$ kaum ins Gewicht fallen
([7.8; 7.13; 7.14]). Unter Vernachlässigung der Durchbiegungen von Tisch und
Stößel läßt sich die Federzahl der Presse $(C_{z\,\mathrm{ges}})$ aus den Federzahlen von Gestell
$(C_{z\,\mathrm{G}})$ und Triebwerk $(C_{z\,\mathrm{Tr}})$ — analog zur Ermittlung der Federzahl des Systems
Presse/Werkzeug — zu

$$C_{z\,\mathrm{ges}} = \frac{C_{z\,\mathrm{G}}C_{z\,\mathrm{Tr}}}{C_{z\,\mathrm{G}} + C_{z\,\mathrm{Tr}}} \tag{7.9}$$

berechnen. Die Triebwerkfederzahlen sind unabhängig von der Pressenbauart
immer kleiner als die Gestellfederzahlen. Nach [7.8] liegt das Verhältnis Gestell-/
Triebwerkfederzahl weggebundener Pressen im Bereich $1{,}5 \leqq C_{z\,\mathrm{G}}/C_{z\,\mathrm{Tr}} \leqq 3$

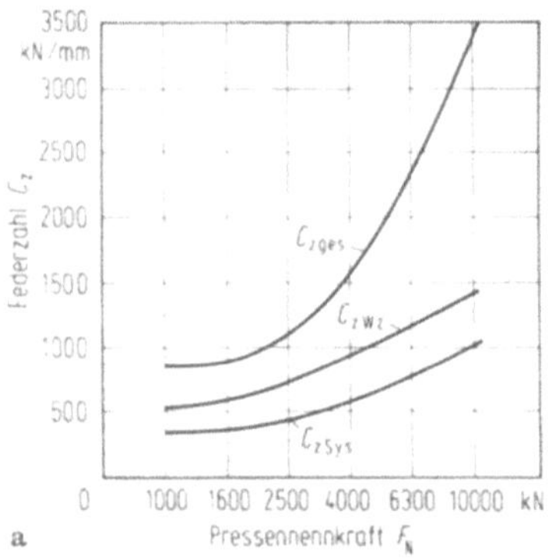

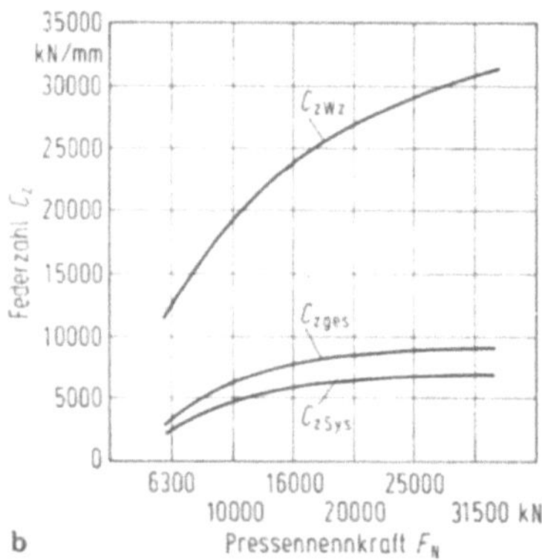

Bild 7.17 Federzahlen von Presse $(C_{z\mathrm{ges}})$, Werkzeug (C_{Wz}) und System Presse/Werkzeug
$(C_{z\mathrm{Sys}})$ in Abhängigkeit von der Pressennennkraft beim **a** Napf-Rückwärts-Fließpressen
und **b** Gesenkschmieden. Nach [7.12]

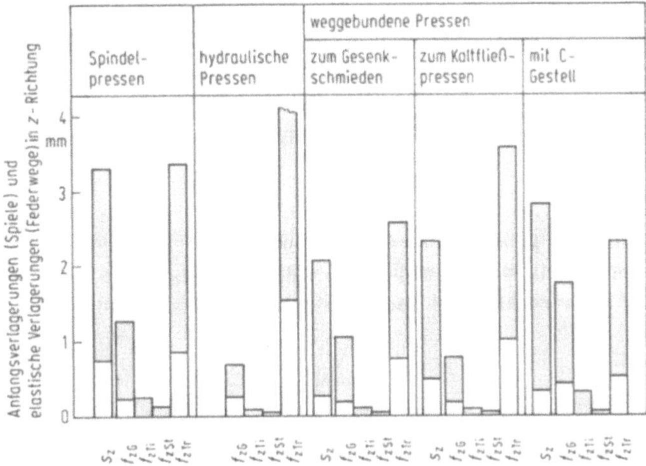

Bild 7.18 Verlagerungsanteile von Gestellelementen und Baugruppen ausgeführter Pressen unterschiedlicher Bauart (Bezeichnungen wie in Bild 7.14). Nach [7.13]

(Pressen mit C-Gestellen) bzw. im Bereich $3 \leqq C_{z\,\mathrm{G}}/C_{z\,\mathrm{Tr}} \leqq 12$ (Pressen mit geschlossenen Gestellen). Eine wesentliche Erhöhung der Gesamtfederzahl $C_{z\,\mathrm{ges}}$ läßt sich demnach nur über eine Vergrößerung der Triebwerkfederzahl erzielen (Bild 7.19).

In Bild 7.20 sind die an einer größeren Anzahl von Pressen unterschiedlicher Bauart und Nennkraft ermittelten Federzahlen wiedergegeben. Die niedrigsten Federzahlen weisen demnach (erwartungsgemäß) weggebundene Pressen mit C-Gestell auf, deutlich darüber liegen die Federzahlen von weggebundenen Pressen zum Kaltfließpressen sowie von Spindelpressen. Die höchsten Werte erreichen weggebundene Pressen zum Gesenkschmieden und — etwas überraschend — hydraulische Pressen, wobei allerdings zu beachten ist, daß die Federzahlen der hydraulischen Pressen ohne Berücksichtigung der Triebwerkfederung ermittelt wurden.

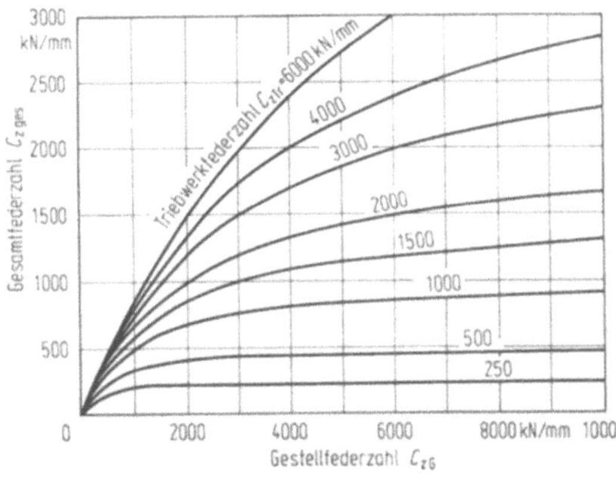

Bild 7.19 Zusammenhang zwischen Gestellfederzahl $C_{z\,\mathrm{G}}$, Triebwerkfederzahl $C_{z\,\mathrm{Tr}}$ und Gesamtfederzahl $C_{z\,\mathrm{ges}}$. Nach [7.15]

Die Federzahl ist eine nennkraftabhängige Kenngröße und deshalb für den Vergleich von Pressen unterschiedlicher Nennkraft nur bedingt geeignet. Mit Hilfe der Ähnlichkeitsmechanik läßt sich zeigen, daß bei geometrisch ähnlich aufgebauten Pressen eine Proportionalität zwischen der Federzahl $C_{z\,ges}$ und der Quadratwurzel aus der Pressennennkraft F_N besteht:

$$C_{z\,ges} = q\sqrt{F_N}. \tag{7.10}$$

Obwohl die Voraussetzung der geometrischen Ähnlichkeit auch bei Pressen, die einer Baureihe angehören, nicht streng erfüllt ist, entsprechen die Federzahlen ausgeführter Pressen der Gesetzmäßigkeit nach (7.10) in guter Näherung.

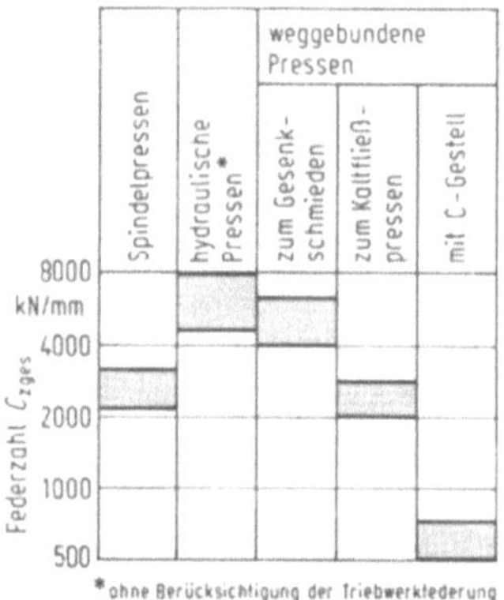
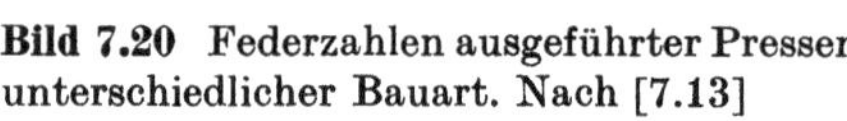

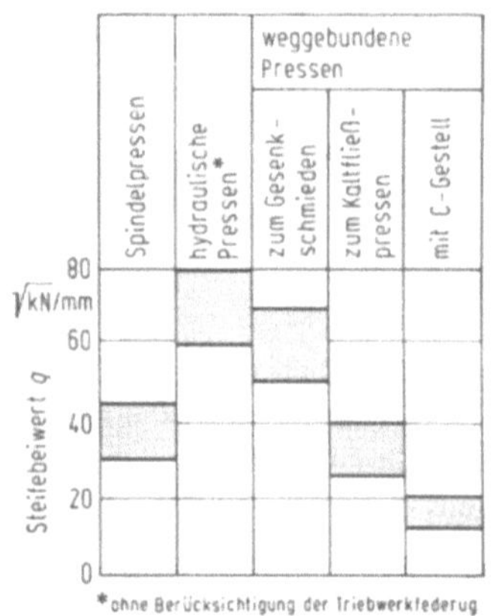

Bild 7.20 Federzahlen ausgeführter Pressen unterschiedlicher Bauart. Nach [7.13]

Bild 7.21 Steifebeiwerte ausgeführter Pressen unterschiedlicher Bauart. Nach [7.13]

Der Proportionalitätsfaktor q in (7.10) wird als „Steifebeiwert" bezeichnet. Er stellt einen nennkraftunabhängigen Gütegrad für die Steife einer Pressenbauart dar und läßt sich damit auch zur Klassifizierung von Pressen hinsichtlich ihres Steifigkeitsverhaltens heranziehen [7.8; 7.16; 7.17]. Wie Bild 7.21 zeigt, ergibt sich für die Steifebeiwerte q der verschiedenen Pressenbauarten die gleiche Reihenfolge wie für die Federzahlen $C_{z\,ges}$ bei deutlich verringertem Abstand zwischen Pressen mit C-Gestell und den übrigen Bauarten.

Pressen mit C-Gestell bei mittiger Belastung. Die Winkelauffederung des C-Gestells (Bild 7.22) verursacht eine Schrägstellung der Stößelführungsbahnen bzw. der Stößellängsachse gegenüber der Mittelsenkrechten auf dem Tisch (z-Achse). Für die Beschreibung der elastischen Verlagerungen werden damit zusätzlich zur Federzahl $C_{z\,ges}$ zwei weitere Federzahlen erforderlich:

Die Winkelfederzahl C_α, die als Quotient aus Belastungskraft F und Federungswinkel α zwischen der Stößellängsachse und der Mittelsenkrechten auf dem Tisch definiert ist, —

$$C_\alpha = F/\alpha \tag{7.11}$$

— und die Wegfederzahl C_y, die sich aus Belastungskraft F und der Verlagerung f_y der Unterkante der Stößelführungsbahn am Gestell senkrecht zur Bewegungsrichtung des Stößels (y-Richtung) zu

$$C_y = F/f_y \qquad (7.12)$$

ergibt.

Federzahlen lassen sich streng genommen nur dann definieren, wenn die Wirkrichtung der Belastungskraft und die Richtung der dadurch hervorgerufenen Verlagerungen zusammenfallen. Diese Voraussetzung ist für die Federzahlen C_α und C_y nicht erfüllt, was jedoch bei der praktischen Anwendung unerheblich bleibt.

Der durch die Schrägstellung der Stößellängsachse entstehende Parallelitätsfehler am Werkstück kann bei bekannter Belastungskraft (Umformkraft) direkt aus der Winkelfederzahl C_α abgelesen werden. Nach [7.18] scheint auch die Größe der Winkelfederzahl C_α von der Nennkraft abhängig zu sein. Im Gegensatz zur Wegfederzahl $C_{z\,ges}$ zeigt die Winkelfederzahl allerdings eine lineare Abhängigkeit von der Nennkraft (Bild 7.23).

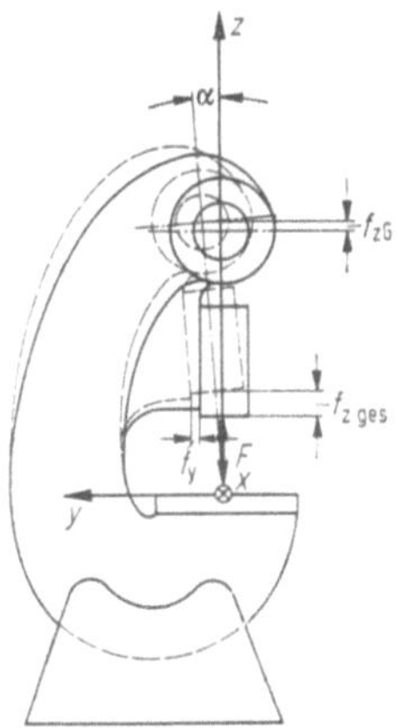

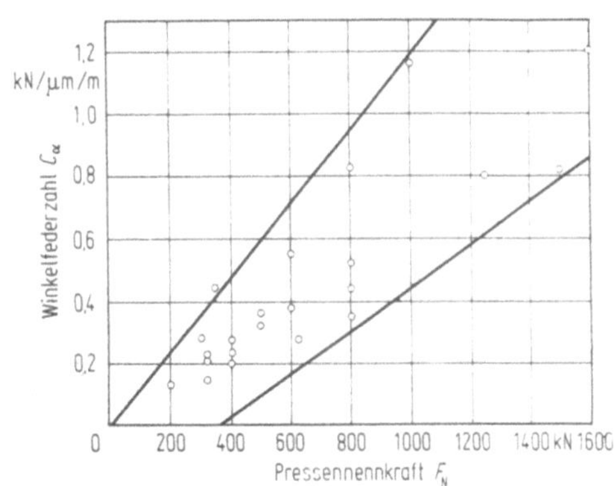

Bild 7.22 Elastische Verlagerungen bei Pressen mit C-Gestell unter Einwirken der Umformkraft

Bild 7.23 Abhängigkeit der Winkelfederzahl von der Nennkraft bei Pressen mit C-Gestell. Nach [7.18]

Die Winkelfederung von C-Gestellen hat weiterhin die gegenseitige Verschiebung von Tisch- und Stößelmitte in Richtung der y-Achse zur Folge, wodurch am Werkstück der Mittenversatz verursacht wird. Für den Versatz $\Delta w_{\alpha y}$ in der Ebene WW (Werkzeugebene) mit dem Abstand z_W von der Tischebene gilt nach Bild 7.24:

$$\Delta w_{\alpha y} = f_y - \alpha(z_F - z_W) \qquad (7.13\,\mathrm{a})$$

oder, unter Verwendung der Federzahlen C_α und C_y,

$$\Delta w_{\alpha y} = F[1/C_y - (z_F - z_W)/C_\alpha]. \qquad (7.13\,\mathrm{b})$$

Neben der Berechnung besteht in Einzelfällen auch die Möglichkeit, den Versatz $\Delta w_{\alpha y}$ direkt aus sog. Versatzschaubildern (Bild 7.25) zu entnehmen.

Außermittige Belastung. Außermittig im Werkzeugeinbauraum angreifende Kräfte rufen unabhängig von der Gestellbauart neben Verlagerungen der werkzeugtragenden Pressenbauteile in Bewegungsrichtung des Stößels ein einseitiges Aufbiegen des Gestells mit einer Verschiebung des Kopfstücks gegenüber dem Tisch in horizontaler Richtung hervor (sog. „S-Schlag" bei Torgestellen, Bild 7.26). Die Folgen sind einmal das Kippen des Tisches sowie des Stößels, das durch elastische Verformungen im Bereich der Führungen zusätzlich verstärkt wird, und zum anderen die gegenseitige horizontale Verlagerung von Tisch und Stößel, was, bezogen auf das Werkstück, zu Parallelitätsfehlern und Mittenversatz führt.

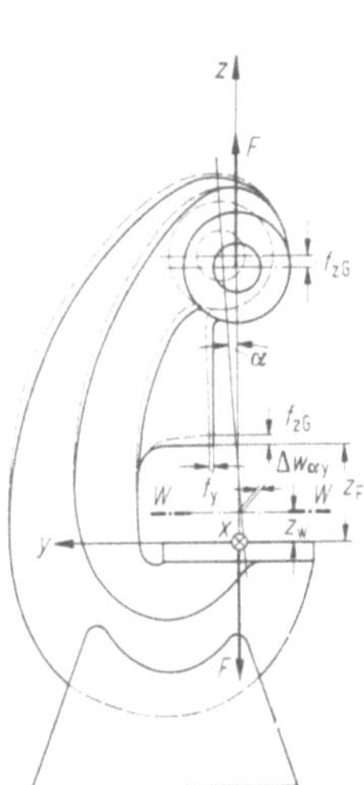

Bild 7.24 Versatz in der Werkzeugebene *W W* als Folge der Winkelfederung von C-Gestellen. Nach [7.18]

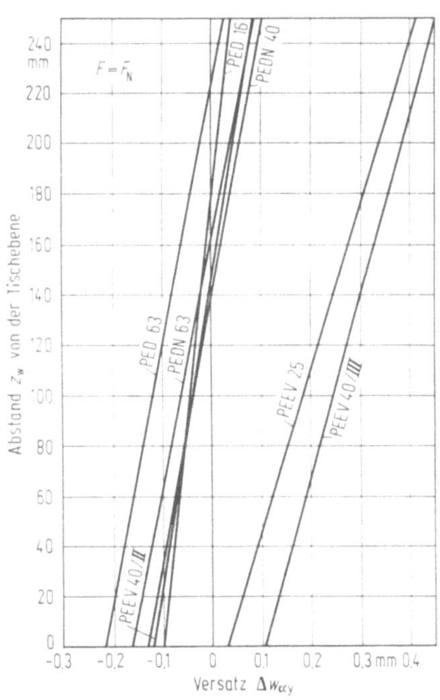

Bild 7.25 Versatzschaubilder von Pressen mit C-Gestellen. Nach [7.16]

Die Ermittlung von Kenngrößen zur Beschreibung des Kippverhaltens erfolgt anhand der Kippungskurve, d. h. der Darstellung der Gesamtkippung k_{ges} in Abhängigkeit vom Belastungsmoment M (Bild 7.27). Bei der Kippungskurve lassen sich zwei Bereiche unterscheiden, die Anfangskippung, die hauptsächlich durch das Führungsspiel beeinflußt wird, und die elastische Kippung, die in guter Näherung eine lineare Abhängigkeit vom Belastungsmoment aufweist.

Aus Bild 7.28 läßt sich für die Anfangskippung k_A ableiten:

$$k_A = \frac{2s}{l_F}, \qquad (7.14)$$

wobei s das Spiel je Führungsbahn (Flachführung) und l_F die wirksame Führungslänge bezeichnen.

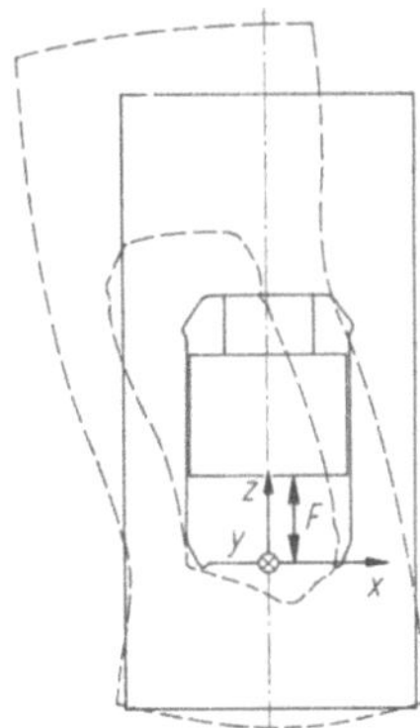

Bild 7.26 Verformung von O-Gestellen bei außermittiger Belastung (— Ausgangszustand, −− verformter Zustand). Nach [7.19]

Analog zur Wegfederzahl $C_{z\,ges}$ wird die Kippzahl C_k definiert als

$$C_k = \frac{\Delta M}{\Delta k_{ges}} = \frac{M}{k_{ges}}.$$ (7.15)

Sie wird aus dem linearen Teil der Kippungskurve bestimmt (Bild 7.27 b). Der durch Kippung am Werkstück verursachte Parallelitätsfehler läßt sich direkt aus der Kippzahl ablesen.

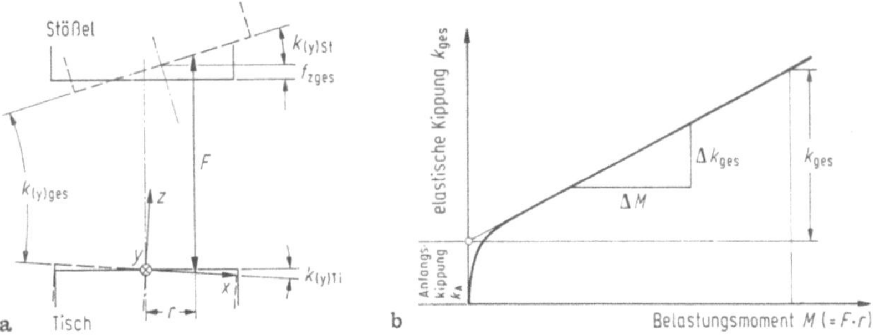

Bild 7.27 Kippungen bei außermittiger Belastung (**a**) und Kippungskurve (**b**). Nach [7.13]

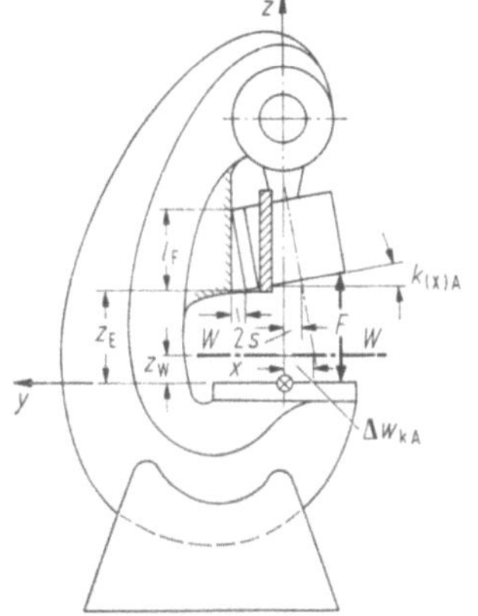

Bild 7.28 Schrägstellung des Stößels und Versatz in der Werkzeugebene infolge des Führungsspiels. Nach [7.18]

In Bild 7.29 sind Kippzahlen C_{ky} (Kippung um die y-Achse bei außermittiger Belastung links-rechts) ausgeführter Pressen unterschiedlicher Bauart zusammengestellt. Wie ein Vergleich mit Bild 7.20 zeigt, ergibt sich für die Kippzahlen der verschiedenen Pressenbauarten nahezu dieselbe Reihenfolge wie für die Wegfederzahlen.

Ebenso wie die Wegfederzahl ist die Kippzahl eine nennkraftabhängige Größe. Anhand der Ähnlichkeitsmechanik wurde für Pressen unterschiedlicher Nennkraft, die eine geometrische Ähnlichkeit aufweisen in [7.17] der folgende Zusammenhang zwischen Kippzahl C_k und Nennkraft F_N abgeleitet:

$$C_k = p\sqrt{F_N^3}. \tag{7.16}$$

Der „Kippsteifebeiwert" genannte Proportionalitätsfaktor p in (7.16) — Bild 7.30 zeigt die aus den Kippzahlen nach Bild 7.29 ermittelten Kippsteifebeiwerte — ist damit eine Kenngröße, die die Beurteilung von Pressen unterschiedlicher Nennkraft im Hinblick auf ihr Kippungsverhalten erlaubt.

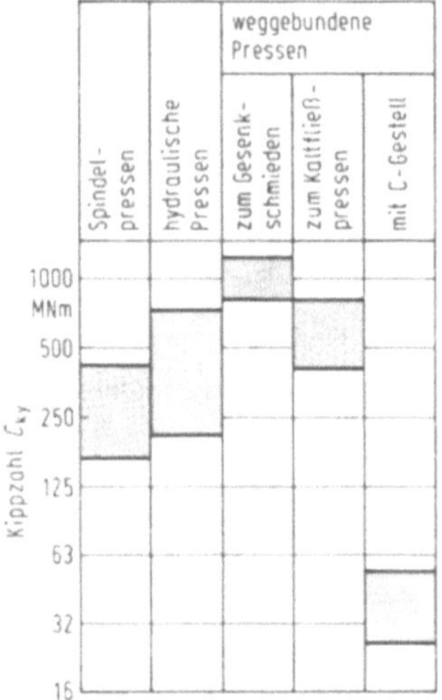

Bild 7.29 Kippzahlen ausgeführter Pressen unterschiedlicher Bauart. Nach [7.13]

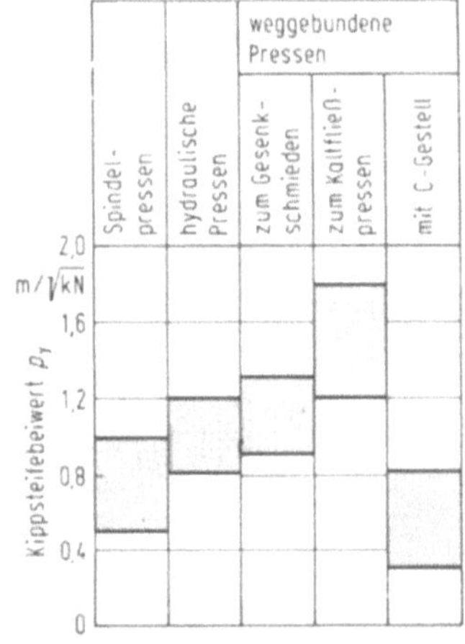

Bild 7.30 Kippsteifebeiwerte ausgeführter Pressen unterschiedlicher Bauart. Nach [7.13]

Die durch außermittig zwischen Tisch und Stößel angreifende Kräfte verursachten horizontalen Verlagerungen werden in Verlagerungskurven — das sind Darstellungen der Verlagerungen v_{ges} für die Tischebene ($z = 0$) und für die Stößelebene ($z = z_E$) als Funktion des Belastungsmoments M — erfaßt (Bild 7.31). Auch bei den horizontalen Verlagerungen ist zu unterscheiden zwischen Anfangsverlagerung (v_A), hervorgerufen durch die Anfangskippung k_A, und elastischer Verlagerung (v_{el}), die linear vom Belastungsmoment M abhängt. Die horizontalen Verlagerungen ändern sich linear über der Höhe des Einbauraums (Bild 7.31a). Für die Anfangsverlagerung in der Werkzeugebene WW mit dem Abstand z_W

zur Tischebene ergibt sich aus Anfangskippung k_A und Spiel s je Führungsbahn nach Bild 7.28

$$\Delta w_{\mathrm{kA}} = 2s + k_\mathrm{A}(z_\mathrm{E} - z_\mathrm{W}). \tag{7.17}$$

Analog läßt sich aus dem linearen Bereich der Verlagerungskurve mit der elastischen Kippung k_ges die elastische Verlagerung in der Werkzeugebene zu

$$\Delta w_\mathrm{k} = v_{\mathrm{el}(z_\mathrm{E})} + k_\mathrm{ges}(z_\mathrm{E} - z_\mathrm{W}) \tag{7.18}$$

berechnen.

In [7.13] wird zur Beschreibung der horizontalen Steifigkeit bei außermittiger Belastung der „horizontale Steifebeiwert" u vorgeschlagen, der, mit F_N Pressennennkraft, F Belastungskraft, r Außermittigkeit des Kraftangriffspunkt und v_el elastische horizontale Verlagerung unter Einwirken der Belastungskraft F, definiert ist als

$$u = \frac{F_\mathrm{N}}{F}\,\frac{r}{v_\mathrm{el}}. \tag{7.19}$$

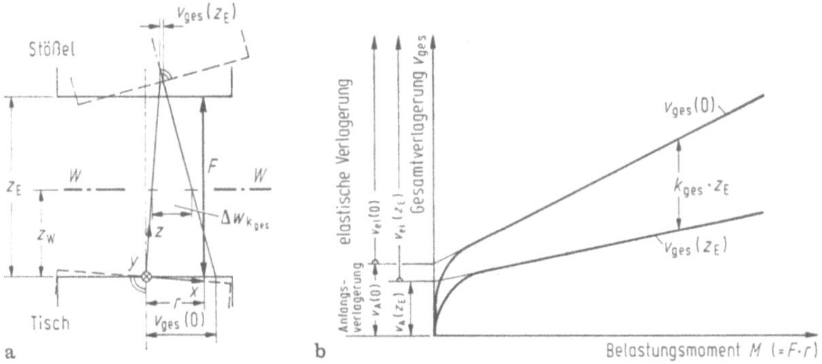

Bild 7.31 Horizontale Verlagerungen im Werkzeugeinbauraum (**a**) und horizontale Verlagerungskurven (**b**) bei außermittiger Belastung. Nach [7.13]

Setzt man (7.19) für die Werkzeugebene ($z = z_\mathrm{W}$) und für den Fall an, daß die Belastungskraft der Pressennennkraft entspricht ($F = F_\mathrm{N}$, dabei ist $v_\mathrm{el} = v_\mathrm{el}^*$), dann erhält man den nennkraftunabhängigen horizontalen Steifebeiwert

$$u_{(z_\mathrm{W})} = r/v_{\mathrm{el}(z_\mathrm{W})}^*, \tag{7.20}$$

der einen Vergleich der horizontalen Steifigkeit von Pressen unterschiedlicher Nennkraft bei außermittiger Belastung ermöglicht. Bild 7.32 zeigt die horizontalen Steifebeiwerte von Pressen unterschiedlicher Bauart und Nennkraft bei außermittiger Belastung links-rechts. Man erkennt hieraus, daß Pressen mit C-Gestell auch hinsichtlich der horizontalen Steifigkeit den übrigen Pressenbauarten deutlich unterlegen sind. Weiterhin läßt die bei den verschiedenen Pressenbauarten

ähnliche Tendenz von horizontalem Steifebeiwert und Kippsteifebeiwert auf
einen Zusammenhang zwischen horizontaler Steifigkeit und Kippsteifigkeit
schließen.

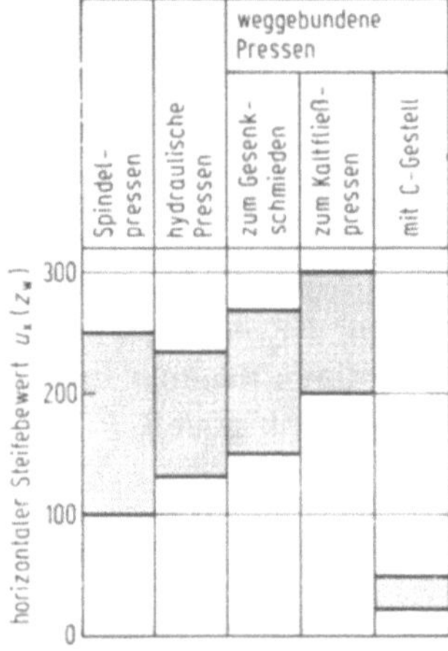

Bild 7.32 Horizontale Steifebeiwerte ausgeführter
Pressen unterschiedlicher Bauart. Nach [7.13]

Die vorstehend angegebenen Genauigkeitskennwerte der belasteten Maschine
beruhen auf Messungen, die bei statischer Belastung durchgeführt wurden. Bei
dynamischer Belastung — hierfür liegen im Schrifttum bislang nur wenige Angaben
vor — ergeben sich i. allg. andere, meist niedrigere Werte als bei statischer Belastung sowohl für Wegfederzahlen als auch für Kippzahlen und die daraus abgeleiteten Kenngrößen [7.20—7.23]. Als Ursache für die bei dynamischer Belastung
geringere Steifigkeit wird das Auftreten von Reibkräften im Bereich der Stößelführung [7.23] sowie das bei statischer und dynamischer Belastung unterschiedliche elastische Verhalten des Schmierfilms in Führungen und Lagern [7.21:
7.22] angesehen. Weiterhin können bei gleicher Presse in Abhängigkeit vom Vorgang — hier ist besonders die Kraftanstiegszeit des Vorgangs im Verhältnis zur
Grundschwingungsdauer der Maschine von Bedeutung [7.24] — deutliche Unterschiede im Federungsverhalten auftreten. Gerade wegen des Einflusses, den das
Verfahren auf die dynamische Steifigkeit ausübt (zu berücksichtigen sind dabei
neben dem Vorgang auch Gestaltung und Aufbau des Werkzeugs sowie Form und
Abmessungen des Werkstücks [7.13]), lassen sich im Einzelfall gewonnene Erkenntnisse über das Verhältnis zwischen statischer und dynamischer Steifigkeit
nicht ohne weiteres auf anders geartete Verhältnisse übertragen.

7.1.4 Zusammenstellung der wichtigsten Kenngrößen von Preßmaschinen

Tabelle 7.1 gibt eine Zusammenstellung der wichtigsten Kenngrößen von Preßmaschinen. Diese Zusammenstellung kann von Fall zu Fall entsprechend dem
Einsatzbereich bzw. der Wirkungsweise einer Maschine erweitert werden. Beispiele hierfür sind die Klemmkraft bei Waagerechtstauchmaschinen zum Gesenkschmieden, die Blechhalterkraft bei Ziehpressen, die Auswerferkraft bei Pressen
zum Kaltmassivumformen usw.

Tabelle 7.1 Zusammenstellung der wichtigsten Kenngrößen von Preßmaschinen. Nach [7.2]

	Arbeitgebundene Preßmaschinen		Kraftgebundene Preßmaschinen		Weggebundene Preßmaschinen
	Hämmer	Schwungrad-Spindelpressen	Hydraulische Pressen mit		
			unmittelbarem Pumpenantrieb	Speicherantrieb	
Energie- und Kraftkenngrößen					
Arbeitsvermögen	×	×		×	×
Nennkraft		×	×	×	×
Stößelkraft (Verlauf)					×
Zeitkenngrößen					
Doppelhubzeit	×	×	×	×	×
Druckberührzeit		×	×	×	×
Auftreffgeschwindigkeit	×	×	×	×	×
Genauigkeitskenngrößen					
Unbelastete Maschine					
Parallelität der Werkzeugspannflächen	×	×	×	×	×
Rechtwinkligkeit der Stößelbewegung zur Tischfläche	×	×	×	×	×
Bei Betriebslast					
Federzahl		(×)	(×)	(×)	×
Kippzahl	×	×	×	×	×
Horiz. Steifebeiwert	×	×	×	×	×

7.2 Arbeitgebundene Preßmaschinen

Begriffe und Formelzeichen

A	Kolbenfläche
$A_\mathrm{B}, A_\mathrm{S}$	Kolbenfläche von Oberbär bzw. Unterbär
B	Bärbreite
B_F	Führungsbreite
E	Arbeitsvermögen
E_N	Nennarbeitsvermögen
$F_\mathrm{max\,zul}$	größte zulässige Kraft
F_N	Nennkraft
F_Prell	Prellschlagkraft
η_ges	Gesamtwirkungsgrad
η_M	Maschinenwirkungsgrad
η_S	Schlagwirkungsgrad

H	Fallhöhe, Hub
H_B, H_S	Hub von Oberbär bzw. Unterbär
k	Stoßzahl
$\varkappa$	Beiwert
m	Kraftverlaufsfaktor
m_B	Bärmasse
m_F	Fundamentmasse
m_S	Schabottemasse; Masse des zweiten (unteren) Bären beim Gegenschlaghammer
n_S	Schlagzahl
ω_M	Winkelgeschwindigkeit der Mittelscheibe
p_{mi}	mittlerer indizierter Druck
Q	Massenverhältnis m_S/m_B
s	Bärspiel
t_S	Schlagfolgezeit
Θ_M	Trägheitsmoment der Mittelscheibe
v_B	Bärgeschwindigkeit
v_S	Schabottegeschwindigkeit; Geschwindigkeit des zweiten (unteren) Bären beim Gegenschlaghammer
W_A	aufgenommene Arbeit
W_N	Nutzarbeit
W_R	Bärrücksprung-Verlustarbeit
W_S	Schabotteverlustarbeit
W_V	Verlustarbeit
W_{Fl}	Federungsarbeit (Längsfederung)
W_{Ft}	Torsionsfederungsarbeit
W_{RF}	Verlustarbeit durch Führungsreibung
W_{RS}	Verlustarbeit durch Spindelreibung

7.2.1 Hämmer

Der Hammer ist hinsichtlich der Erzeugung einer großen Kraft und der Übertragung eines bestimmten Arbeitsvermögens die billigste Umformmaschine (sofern dem Werkstück die verhältnismäßig hohe Auftreffgeschwindigkeit — normalerweise 3 bis 8 m/s — nicht schadet), da der konstruktive Aufbau relativ einfach ist und die beim Schlag auftretenden Kräfte nicht durch Getriebeelemente und Gestell übertragen werden müssen, wie dies bei mechanischen Pressen der Fall ist. Ein Hammer ist deshalb auch nicht überlastbar. Hämmer sind arbeitgebunden und damit anpassungsfähig, d. h., es kann bei Bedarf ein Schlag mehr oder ein kräftigerer Schlag gegeben werden.

Anfang der fünziger Jahre wurden nahezu alle Schmiedestücke auf Hämmern hergestellt (USA: ca. 80%, BR Deutschland: ca. 98%, nach [7.25]). Trotz des starken Vordringens der Pressen nehmen die Hämmer in der Schmiedetechnik noch immer eine führende Stellung ein. Über die Hälfte aller Schmiedestücke wird zur Zeit mit Hämmern umgeformt.

Hauptanwendungsgebiete sind das Freiformschmieden und das Gesenkschmieden. In Sonderfällen werden Hämmer auch zum Prägen, Warmfließpressen und Blechumformen verwendet.

7.2.1.1 Bauarten von Hämmern

Die grobe Einteilung der Hämmer nach ihren Bauarten zeigt die folgende Übersicht:

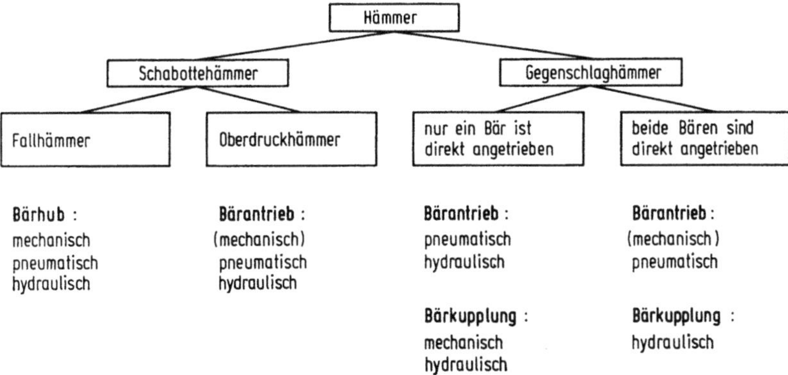

Außer bei den reinen Fallhämmern ist die Beschleunigung des Bären in Schlagrichtung größer als die Erdbeschleunigung. Bei Schabottehämmern trifft der bewegte Bär mit der Masse m_B und der Geschwindigkeit v_{B1} auf die feststehende Schabotte (m_S; $v_{S1} = 0$). Bei Gegenschlaghämmern werden beide Bären bewegt und schlagen gegeneinander, so daß das Fundament praktisch keine Erschütterung erfährt (Bild 7.33 und 7.34).

Fallhämmer werden als Schabottehämmer beim Gesenkschmieden und Blechumformen angewandt. Die Bärendgeschwindigkeit beträgt bei $H = 1$ bis 2 m entsprechend 4,5 bis 6 m/s; bei $H = 1$ m lassen sich Schlagzahlen $n_S = (50...60)$ min^{-1} erreichen. Einen Überblick über die wichtigsten Bauarten gibt Bild 7.35. Beim Brettfallhammer (Bild 7.35d) und Riemenfallhammer (Bild 7.35b) wird das Heben des Bären durch Herstellung von Reibschluß mittels einer Druckrolle zwischen dem Huborgan (Brett, Riemen) und der dauernd um-

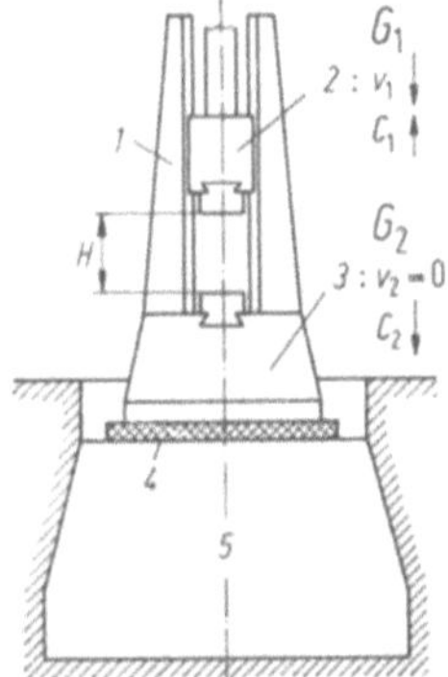

Bild 7.33 Schabottehammer (Prinzip).
1 Gestell, *2* Bär, *3* Schabotte,
4 Zwischenlage, *5* Fundament

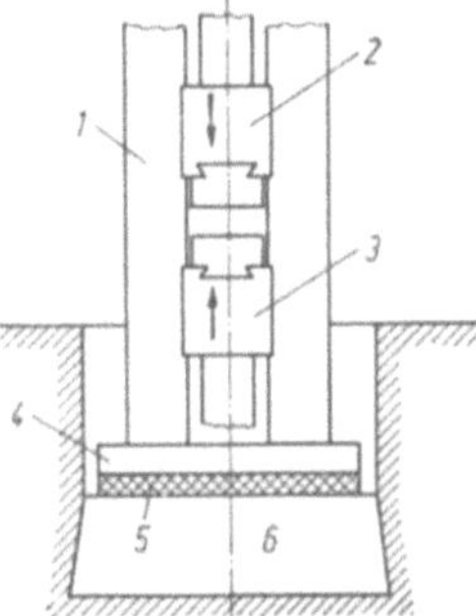

Bild 7.34 Gegenschlaghammer (Prinzip).
1 Gestell, *2* Oberbär, *3* Unterbär, *4* Grundplatte, *5* Zwischenlage, *6* Fundament

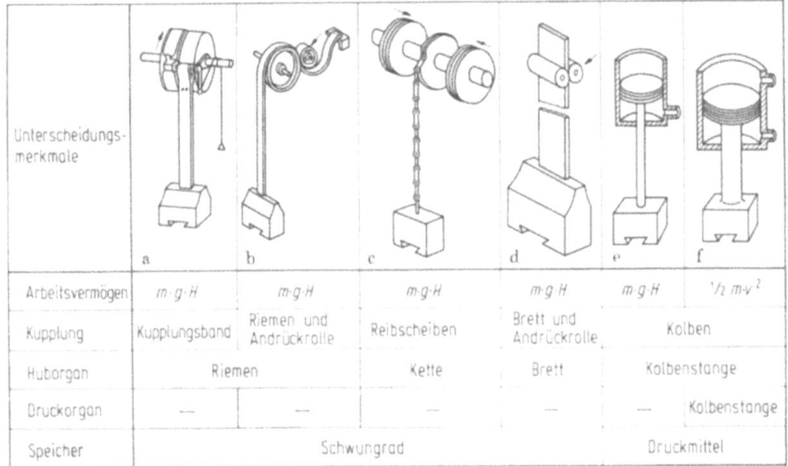

Unterscheidungs-merkmale	a	b	c	d	e	f
Arbeitsvermögen	$m \cdot g \cdot H$	$m \cdot g \cdot H$	$m \cdot g \cdot H$	$m \cdot g \cdot H$	$m \cdot g \cdot H$	$\tfrac{1}{2}\, m \cdot v^2$
Kupplung	Kupplungsband	Riemen und Andrückrolle	Reibscheiben	Brett und Andrückrolle	Kolben	
Huborgan	Riemen		Kette	Brett	Kolbenstange	
Druckorgan	—	—	—	—	—	Kolbenstange
Speicher	Schwungrad				Druckmittel	

Bild 7.35 Bauarten von Schabotte-Gesenkschmiedehämmern. **a** Riemenfallhammer mit Wickelantrieb; **b** Riemenfallhammer mit Schlupfantrieb; **c** Kettenfallhammer (Wickelantrieb); **d** Brettfallhammer (Schlupfantrieb); **e** Fallhammer mit Kolbenstange (Aufzughammer); **f** Oberdruckhammer. Druckmittel bei **e** und **f**: Dampf, Luft, Öl

laufenden Antriebsscheibe (Rolle) bewirkt. Beide Antriebsarten haben den Vorzug einfacher Konstruktion, geringer Anschaffungs- und Wartungskosten und den Nachteil starken Verschleißes des Huborgans. Beim Riemenfallhammer ist eine feinfühlige Änderung der Schlagstärke möglich, beim Brettfallhammer üblicherweise nicht. Hier ist die Steuerung durch den Schmied bzw. Hammerführer auf das Auslösen des Schlags beschränkt; der Hub erfolgt selbsttätig auf die eingestellte Fallhöhe. Bei der englischen Ausführung des Riemenfallhammers (Bild 7.35a, mit Wickelantrieb) sind Huborgan und Kupplung getrennt, ebenso beim Kettenfallhammer (Bild 7.35c). Beim Fallhammer mit Kolbenstange (Aufzughammer, Bild 7.35e) wird der Bär entweder pneumatisch bei großem Kolbenquerschnitt oder ölhydraulisch bei kleinem Kolbenquerschnitt gehoben. Die Entwicklung geht in Europa zu der letzteren Bauart, in den USA zum pneumatisch betriebenen Fallhammer. Beide vermeiden den Nachteil der Riemen- und Brettfallhämmer (Verschleiß des Huborgans). Aber auch die modernen Fallhammerbauarten stehen in verschärftem Wettbewerb zu kleineren, schnellschlagenden pneumatisch und ölhydraulisch angetriebenen Oberdruckhämmern.

Bei einem Schabottehammer mit ölhydraulischem Antrieb wird durch Expansion eines im Antriebssystem eingeschlossenen Gasvolumens, das im Rückhub komprimiert wird, beim Schlag zusätzliche Energie abgegeben. Diese Energie kann entweder gerade den beim Fall auftretenden Verlusten entsprechen (idealer Fallhammer) oder nach dem Oberdruckprinzip das Arbeitsvermögen vergrößern (Bild 7.36). Bei gleichen Bärendgeschwindigkeiten kann dieser ölhydraulische Fallhammer mit Oberdruckwirkung mit kürzerem Hub und ca. 20% erhöhter Schlagzahl ausgeführt und betrieben werden.

Oberdruckschabottehämmer haben entweder *nicht* oder *fest* mit dem Hammergestell verbundene Schabotten je nach Einsatzgebiet *Freiformschmieden* oder

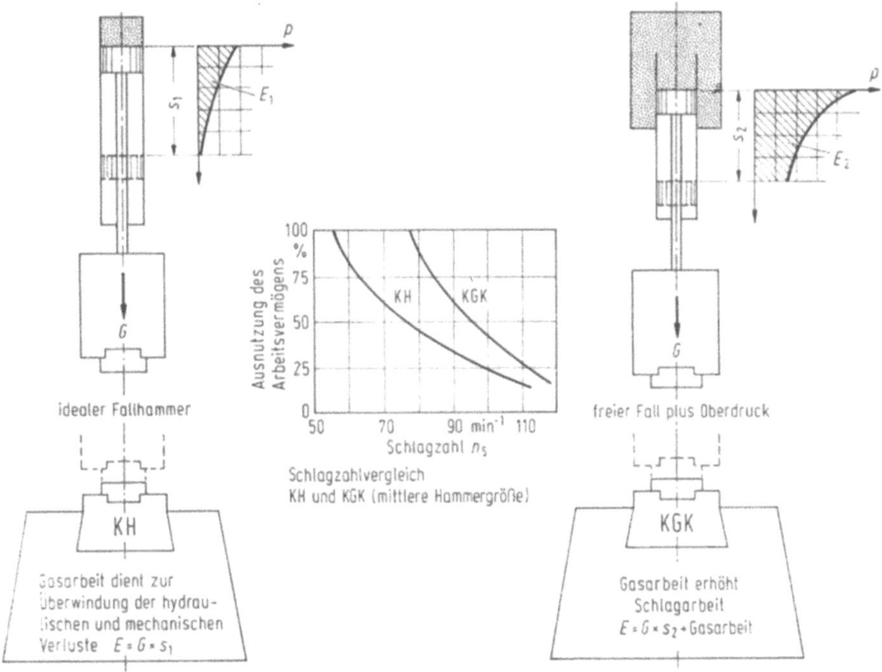

Bild 7.36 Ölhydraulischer Fallhammer mit Oberdruckwirkung (Lasco)

Gesenkschmieden und *Blechumformung*. Für beide Ausführungen werden bei leichten Hämmern ($E_N \leq 5000$ Nm) auch Einständergestelle (Bild 7.37) neben sonst überwiegend Zweiständergestellen (Bild 7.38 und 7.46) benützt. Zweiständergestelle für Freiformschmiedehämmer sind mit großer Ständerweite ausgeführt, damit sperrige Schmiedestücke nach allen Richtungen gewendet und gedreht sowie Werkzeuge leicht angesetzt werden können (Bild 7.38). Wegen der großen Ständerweite wird oft auch die Bezeichnung „Brückenhammer" gebraucht.

Zum Gesenkschmieden werden enge Ständer wegen der hohen bezogenen Schmiedekräfte ($\overline{p} \leq 1000$ bis 1400 N/mm²) und guter Parallelführung des

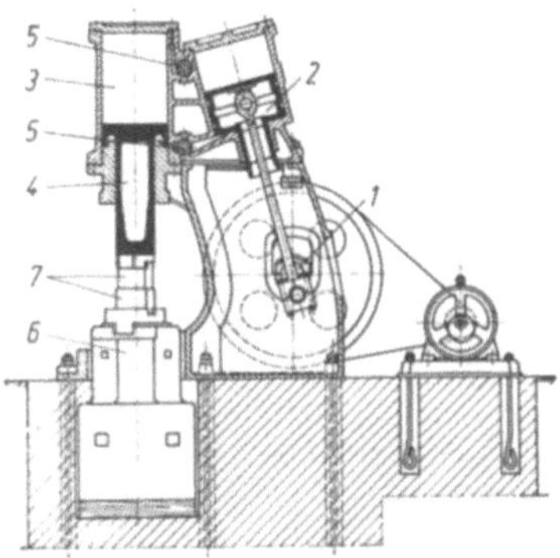

Bild 7.37 Einständer-Lufthammer (Eumuco). *1* Antriebskurbelwelle, *2* Verdrängerkolben, *3* Bärzylinder, *4* Bär, *5* Drehschieber mit Überströmkanälen, *6* Schabotte, *7* Schmiedesättel

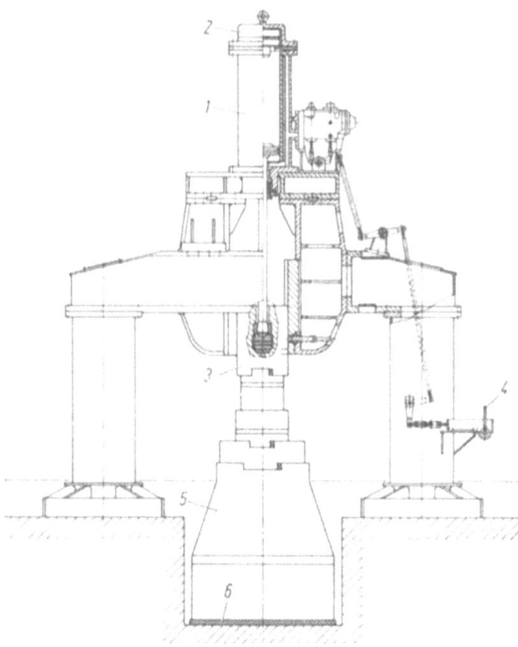

Bild 7.38 Zweiständer-Oberdruckhammer zum Freiformschmieden mit Einzelschlagsteuerung (Banning). *1* Zylinder, *2* Oberdruckprellhaube, *3* Bär mit eingesetzter Kolbenstange, *4* Hilfssteuerung, *5* Schabotte, *6* Gummigewebeplatte

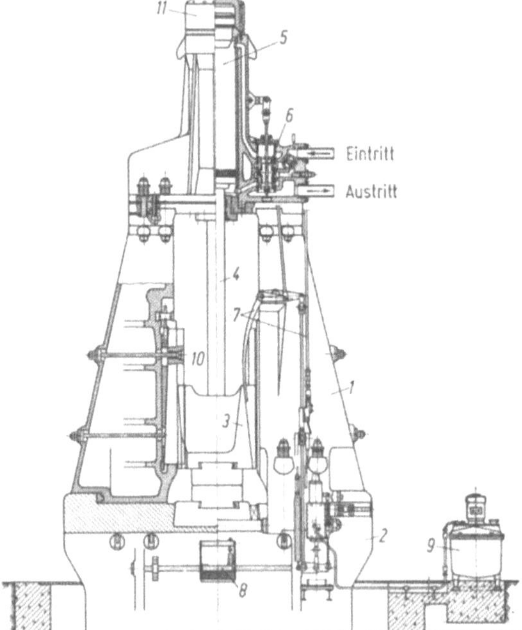

Bild 7.39 Zweiständer-Oberdruck-Gesenkschmiedehammer mit hydraulischer Steuerung. *1* Gestell, *2* Schabotte, *3* Bär, *4* Kolbenstange, *5* Zylinder, *6* Steuerung, *7* Steuergestänge mit Schwert, *8* Fußhebel, *9* Pumpe und Ölbehälter für Steuerung, *10* Führungsleisten, *11* Oberdruckprellhaube

Bären (erwünscht ist Höhe/Breite $\geq$ 1) benutzt (Bild 7.46). Der Antrieb der Hämmer erfolgt durch Öl sowie entweder durch Druckluft bzw. Dampf von 6 bis 7 bar aus dem Betriebsnetz (fremderzeugtes Druckmittel) oder durch Umwandlung mechanischer Energie in Druckluft mit etwa 2 bar im Verdrängerzylinder von Einständerlufthämmern (selbsterzeugtes Druckmittel). Der Bär wird hierbei durch die abwechselnd im Rhythmus der Antriebswellendrehzahl dem Bärzylinderober- und -unterraum zugeführte Druckluft bewegt (Bild 7.37). Die Steuerung verändert lediglich die Schlagstärke.

Bei Oberdruckhämmern (Antriebsprinzip Bild 7.35f) hängt die Bärendgeschwindigkeit und damit das Arbeitsvermögen nicht nur von der Fallhöhe (Hub), sondern auch vom Druck auf den Antriebskolben ab (Dampf, Luft, Öl). Je größer das Verhältnis Kolbenkraft zu Bärgewicht ist, desto höher wird die Bärbeschleunigung. Der Bärhub wird gegenüber Fallhämmern bei gleichen Endgeschwindigkeiten verkürzt, was eine gedrungenere und steifere Bauweise ermöglicht. Den grundsätzlichen Aufbau eines herkömmlichen Oberdruck-Gesenkschmiedehammers nach amerikanischem Vorbild mit großem Hub bei mittlerem Kolbenquerschnitt (Dampf- oder Luftantrieb) zeigt Bild 7.39. Diese Bauweise ist heute noch vor

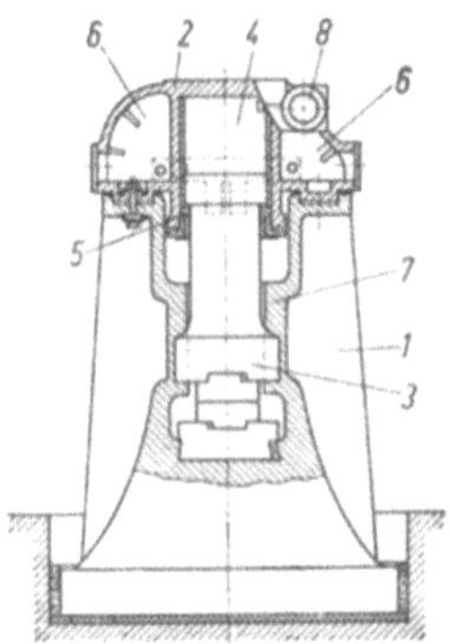

Bild 7.40 Kurzhub-Gesenkhammer (Bêché & Grohs). *1* Gestell (mit Schabotte ein Gußstück), *2* Kopfstück mit Zylinder, *3* Bär (mit Kolbenstange ein Stück), *4* Zylinderoberraum, *5* Zylinderunterraum, *6* Ausgleichraum, *7* Führungen, *8* Drucklufteintritt

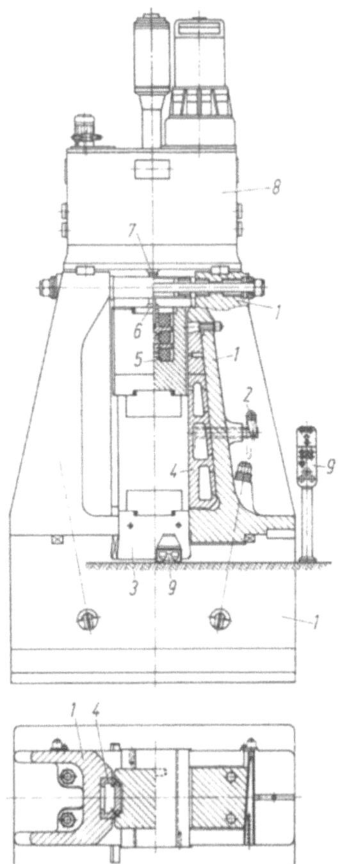

Bild 7.41 Elektronisch gesteuerter ölhydraulischer Oberdruck-Gesenkhammer (Lasco). *1* Hammergestell, *2* Bäraufsetzbolzen, *3* Amboßeinsatz, *4* Stahlführungen, *5* Bär, *6* Kolbenstange, *7* Kolbenstangenführung, *8* ölhydraulischer Antrieb, *9* elektronische Steuerung

allem in Japan, USA und der UdSSR stark gebräuchlich. Der Kurzhubhammer nach Bild 7.40 hat einen wesentlich größeren Kolbenquerschnitt, um bei gleichem Druck die gleiche Bärgeschwindigkeit zu erreichen. Die jüngste Entwicklung zeigt Öl als Druckmittel bei sehr kleinem Kolbenquerschnitt (Bild 7.41). Die Vorteile des Druckmittels Öl werden im Vergleich zu Luft vor allem im geringen Energieverbrauch gesehen. Es ergeben sich bei gleichem Arbeitsvermögen und gleicher Hubzahl Energieeinsparungen von bis zu 75%.

Gegenschlaghämmer (Bauarten nach Bild 7.42) haben bei gleichem Arbeitsvermögen nur etwa 35% der Baumasse von Oberdruckschabottehämmern. Sie haben — besonders in Deutschland und anderen europäischen Ländern — Oberdruckhämmer mit einem Arbeitsvermögen $E_N > 100\,000$ Nm weitgehend verdrängt und werden für das Stückschmieden eingesetzt (Werkstückmasse bis 4\,000 kg). Der Antrieb geschieht bei der herkömmlichen Bauart wie beim Oberdruckhammer, wobei der Unterbär durch eine Bandkupplung (Bild 7.42a) oder eine hydraulische Kupplung (Bild 7.42b und 7.43) mit dem Oberbär verbunden ist und dieselbe Geschwindigkeit hat. Der Unterbär ist etwa 2 bis 5% schwerer als der Oberbär, damit die Bären von selbst in ihrer Ausgangsstellung bleiben und die Kupplungsorgane beim Schlag entlastet werden. Eine Sonderbauart ist der waagerechte Gegenschlaghammer, bei dem beide Bären mit Druckluft angetrieben

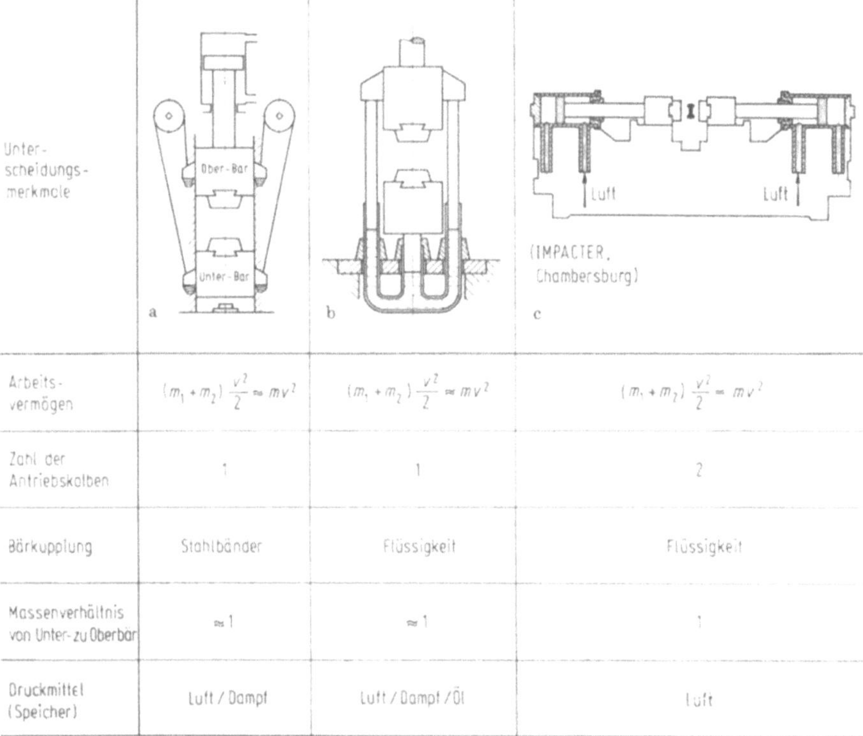

Unterscheidungsmerkmale	a	b	c
Arbeitsvermögen	$(m_1 + m_2)\frac{v^2}{2} \approx mv^2$	$(m_1 + m_2)\frac{v^2}{2} \approx mv^2$	$(m_1 + m_2)\frac{v^2}{2} \approx mv^2$
Zahl der Antriebskolben	1	1	2
Bärkupplung	Stahlbänder	Flüssigkeit	Flüssigkeit
Massenverhältnis von Unter- zu Oberbär	≈ 1	≈ 1	1
Druckmittel (Speicher)	Luft / Dampf	Luft / Dampf / Öl	Luft

Bild 7.42 Bauarten von Gegenschlaghämmern. **a** mit mechanischer Kupplung; **b** mit hydraulischer Kupplung; **c** waagerechte Bauart mit hydraulischer Kupplung

werden (Bild 7.42c). Er erlaubt das Zuführen der Werkstücke in der Schlagebene unabhängig von der Bewegung der Bären.

In einer neueren Entwicklung von Gegenschlaghämmern ist der Oberbär im Unterbär geführt (Bild 7.44). Die Masse des Unterbären ist wesentlich größer als die des Oberbären; der Hub H_S des Unterbären ist sehr viel kleiner als der des Oberbären H_B, woraus sich Vorteile bei der Beschickung ergeben. Gegenüber der konventionellen Bauweise ergibt sich ein wesentlich geringeres Führungsspiel, in der Größenordnung desjenigen von Schabottehämmern. Der Antrieb des Oberbären ist hydraulisch ausgeführt. Der Unterbär wird von einem Luftkissen aufwärts bewegt, das bei seiner hydraulisch angetriebenen Abwärtsbewegung vorgespannt wird. Der energieinhaltsreiche Druckluftverbrauch ist somit auf den Ausgleich von Leckverlusten beschränkt.

Die elektronische Steuerung der Bewegungen von Ober- und Unterbär ist so exakt, daß auf die bei Gegenschlaghämmern übliche hydraulische oder mechanische Kupplung verzichtet werden kann.

Mit sehr hohen Umformgeschwindigkeiten arbeiten die als Gegenschlaghämmer entwickelten Hochgeschwindigkeitshämmer, die jedoch für die Produktion keine nachweisbare Bedeutung erlangten.

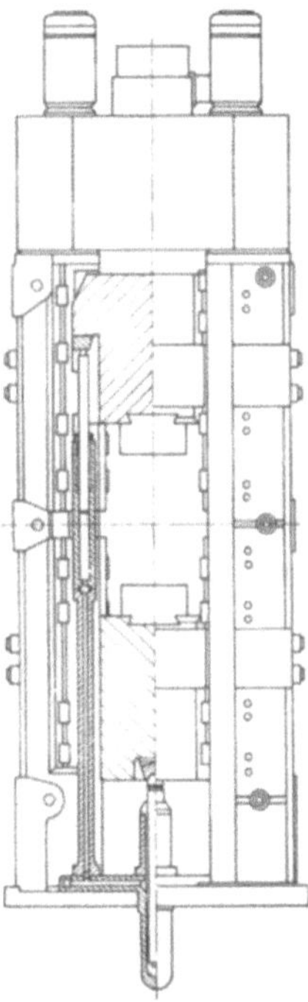

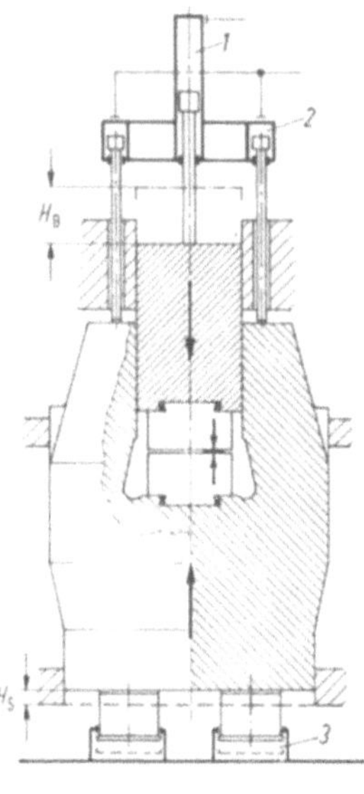

Bild 7.43 Gegenschlaghammer, Antrieb und Bärkupplung hydraulisch. (Bêché & Grohs)

Bild 7.44 Gegenschlaghammer und Prinzip der Bärantriebe (Lasco). *1* Hydraulikzylinder zur Bewegung des Oberbären, *2* Hydraulikzylinder zur Abwärtsbewegung des Unterbären, *3* Luftzylinder zur Aufwärtsbewegung des Unterbären, H_B, H_S Hub von Ober- bzw. Unterbär

7.2.1.2 Kennwerte von Hämmern

Wichtigste Kenngröße eines Hammers ist sein Arbeitsvermögen E, d. h. die Energie, die bei einem Schlag vor Beginn des Umformvorgangs zur Verfügung steht. Beim Schlag selber entstehen Energieverluste, so daß das Werkstück selbst nur die Nutzarbeit W_N verbraucht. Der Schlagwirkungsgrad η_S ist das Verhältnis von Nutzarbeit W_N zum Arbeitsvermögen E. Der Maschinenwirkungsgrad (Wirkungsgrad des Hammers) η_M ist das Verhältnis von Arbeitsvermögen E zu der vom Hammer aufgenommenen Arbeit W_A (z. B. elektrische Arbeit). Weitere Kenngrößen sind die Auftreffgeschwindigkeit v und die Schlagzahl pro Minute n_S oder deren Kehrwert, die Schlagfolgezeit t_S.

Das Arbeitsvermögen eines *Schabottehammers* ergibt sich aus Bärmasse und Bärendgeschwindigkeit zu

$$E = \frac{1}{2}\, m_B v_{B1}^2 . \tag{7.21}$$

Bei reinen Fallhämmern ist dies gleich $m_B g H$ (H Fallhöhe), wobei man annimmt, daß die Energieverluste beim Fall infolge Reibung durch den Energieanteil des eingebauten Obergesenks ausgeglichen werden. Im praktischen Betrieb steht jedoch je nach Bauart nur der 0,7- bis 0,9fache Betrag von E zur Verfügung, da der Bär schon vor dem Auftreffen auf das Schmiedestück umgesteuert werden muß, um „klebende" Schläge zu vermeiden, und somit nicht die der Fallhöhe entsprechende Endgeschwindigkeit erreicht; dies gilt sinngemäß auch für Oberdruckhämmer und Gegenschlaghämmer. Bei Oberdruckhämmern ergibt sich das Arbeitsvermögen zu

$$E = (m_B g + p_{mi} A)\, H , \tag{7.22}$$

worin A die Kolbenfläche und p_{mi} der mittlere indizierte Dampf-, Luft- oder Öldruck ist.

Das Arbeitsvermögen E wird beim Schlag umgesetzt in Nutzarbeit W_N und dynamische Verlustarbeit W_V, die sich aus Bärrücksprungverlustarbeit W_R und Schabotteverlustarbeit W_S zusammensetzt. Aus der Arbeitsbilanz

$$E = W_N + W_R + W_S \tag{7.23}$$

folgt der Schlagwirkungsgrad

$$\eta_S = \frac{W_N}{E} . \tag{7.24}$$

Grundlage für die Behandlung des dynamischen Verhaltens von Hammerbär, Gestell und Schabotte bildet die Stoßtheorie von Huygens und Newton [7.26]. Nach dem Impulssatz gilt für den geraden zentralen Stoß

$$m_B v_{B1} + m_S v_{S1} = (m_B + m_S)\, u = m_B v_{B2} + m_S v_{S2} \tag{7.25}$$

(1 vor dem Stoß, 2 danach; u gemeinsame Geschwindigkeit beider Massen im Augenblick der größten Zusammendrückung).

Der Schlagwirkungsgrad ist

$$\eta_{\mathrm{S}} = \frac{W_{\mathrm{N}}}{E} = \frac{\frac{1}{2}m_{\mathrm{B}}(v_{\mathrm{B1}}^2 - v_{\mathrm{B2}}^2) + \frac{1}{2}m_{\mathrm{S}}(v_{\mathrm{S1}}^2 - v_{\mathrm{S2}}^2)}{\frac{1}{2}m_{\mathrm{B}}v_{\mathrm{B1}}^2 + \frac{1}{2}m_{\mathrm{S}}v_{\mathrm{S1}}^2}$$

oder

$$\eta_{\mathrm{S}} = (1 - k^2)\,\frac{m_{\mathrm{B}}m_{\mathrm{S}}}{m_{\mathrm{B}} + m_{\mathrm{S}}}\,\frac{(v_{\mathrm{B1}} - v_{\mathrm{S1}})^2}{m_{\mathrm{B}}v_{\mathrm{B1}}^2 + m_{\mathrm{S}}v_{\mathrm{S1}}^2}, \tag{7.26}$$

worin

$$k = -\frac{v_{\mathrm{B2}} - v_{\mathrm{S2}}}{v_{\mathrm{B1}} - v_{\mathrm{S1}}} \tag{7.27}$$

die Stoßzahl ist. Da die Schabotte vor dem Schlag in Ruhe ist ($v_{\mathrm{S1}} \equiv 0$), wird daraus

$$\eta_{\mathrm{S}} = \frac{1 - k^2}{1 + \dfrac{m_{\mathrm{B}}}{m_{\mathrm{S}}}}. \tag{7.28}$$

Die Stoßzahl k beträgt beim Freiformschmieden 0,1 bis 0,3, beim Gesenkschmieden 0,6 bis 0,8. Für ein Massenverhältnis $Q = m_{\mathrm{S}}/m_{\mathrm{B}} = 20$ ist der Schlagwirkungsgrad 0,8 bis 0,9 beim Freiformschmieden und 0,3 bis 0,6 beim Gesenkschmieden. Der Gesamtwirkungsgrad $\eta_{\mathrm{ges}} = \eta_{\mathrm{S}}\eta_{\mathrm{M}}$ beim Hammerschmieden liegt im Mittel zwischen 0,05 und 0,3.

Genauere Betrachtungen des Stoßvorgangs beim Hammer (Watermann [7.27]) berücksichtigen den Einfluß des Fundaments und die Federzahl zwischen Schabotte und Fundament ($m_{\mathrm{S}} \to m_{\mathrm{S}}^*$),[1] die Stoßverluste (verlorene Federungsarbeit in Bär und Schabotte, Schwingungen, Wärme, Schall) und die Federungsarbeit in den Werkzeugen. Der Schlagwirkungsgrad ergibt sich zu

$$\eta_{\mathrm{S}} = 1 - \frac{1}{1 - \varkappa}\left[\frac{1}{1 + \dfrac{m_{\mathrm{S}}^*}{m_{\mathrm{B}}}} + \frac{F_1^2}{2C_{\mathrm{Wz}}E}\right]. \tag{7.29}$$

Dabei ist $\varkappa$ von der Werkzeugfederzahl C_{Wz} und der Werkzeugauflage abhängig und liegt nach Watermann zwischen 0,15 (weiche Gesenke, satte Auflage) und 0,45 (steife Gesenke, Fugen). F_1 ist die Endumformkraft, E das Arbeitsvermögen.

Bei der Auslegung eines Hammers erhebt sich die Frage nach der Aufteilung des Arbeitsvermögens E in Bärgewicht G und Fallhöhe H (beim Fallhammer) bzw. Bärmasse m und Bärgeschwindigkeit v (beim Oberdruckhammer). Fallhämmer haben heute Fallhöhen von 1 bis 1,6 m. Um eine hohe Schlagzahl zu erreichen (hohe Mengenleistung, geringe Abkühlung des Werkstücks bei mehreren Schlägen), sollte beim Fallhammer die Fallhöhe möglichst klein sein; daraus folgt jedoch ein großes Bärgewicht und eine teure Konstruktion. Bei Oberdruckhämmern wäre an sich eine kleine Masse bei hoher Geschwindigkeit vorteilhaft,

---

[1] m_{S}^* = Ersatzmasse, gebildet aus m_{S}, m_{F} (Fundamentmasse) und der Federzahl C zwischen Schabotte und Fundament. Für $C = 0$ wird $m_{\mathrm{S}}^* = m_{\mathrm{S}}$, für $C \to \infty$ wird $m_{\mathrm{S}}^* = m_{\mathrm{S}} + m_{\mathrm{F}}$.

um kleine Maschinengewichte zu bekommen (Hochgeschwindigkeitshämmer mit 15 bis 20 m/s). Die Stoßkräfte hängen aber beim gleichen Umformvorgang von der Verzögerung und diese wiederum von der Auftreffgeschwindigkeit ab. Konventionelle Hämmer arbeiten deshalb mit einer Bärgeschwindigkeit von 5 bis 7 m/s, bei der die Lebensdauer der durch Stoßkräfte beanspruchten Teile ausreichend groß ist (was bei Hochgeschwindigkeitshämmern nicht erwiesen ist).

Tabelle 7.2 enthält eine Zusammenstellung der Kennwerte von Schabottehämmern (Anhaltswerte).

Tabelle 7.2 Kennwerte von Schabottehämmern

Kenngröße / Bauart	E kNm	η_S —	v_B m/s	n_S min^{-1}	η_M —
Fallhämmer:					
Riemen-	40			40	0,2 bis 0,3
Brett-	16	0,3 bis 0,6	4 bis 5	35	
Ketten-	100			55	0,5
Kolbenstangen-	63			60	
Oberdruckhämmer:					
Lufthämmer	50			80 bis 250	0,45 bis 0,55
Freiform-Einständer-	40	0,8 bis 0,9	5 bis 8	450	
Freiform-Zweiständer-	250				
Gesenk-	100 (250)	0,3 bis 0,6		55 bis 240	0,5

Das Arbeitsvermögen eines *Gegenschlaghammers* ergibt sich aus den Bärmassen m_B und m_S und den Bärendgeschwindigkeiten v_{B1} und v_{S1} zu

$$E = \tfrac{1}{2}(m_B v_{B1}^2 + m_S v_{S1}^2); \tag{7.30}$$

der Index S gilt für den unteren (zweiten) Bär. Für senkrechte Bauarten mit einem direkt angetriebenen Bär ergibt sich aus den Bärhüben H_B und H_S, dem mittleren indizierten Druck $p_{B\,mi}$, sowie der Kolbenfläche A_B

$$E = (m_B g + p_{B\,mi} A_B)\, H_B - m_S g H_S; \tag{7.31}$$

werden beide Bären direkt angetrieben, so ist diesem Ausdruck das Glied $+p_{S\,mi} A_S H_S$ hinzuzufügen. Für waagerechte Bauarten gilt entsprechend

$$E = p_{B\,mi} A_B H_B + p_{S\,mi} A_S H_S, \tag{7.32}$$

wegen der stets symmetrischen Bauweise

$$E = 2 p_{mi} A H. \tag{7.33}$$

Beim Gegenschlaghammer treten keine Schabotteverluste in dem Sinne wie beim Schabottehammer auf, doch wird wegen der Reibung in den Bärführungen eine gewisse Energiemenge an die Gründung und damit ans Erdreich abgegeben.

Für Stoßzahl und Schlagwirkungsgrad gilt wieder wie bei Schabottehämmern (7.26) und (7.27).

Bei den herkömmlichen senkrechten Bauarten mit Bärkupplung ist $v_{B1} = -v_{S1}$, und es wird

$$\eta_S = (1 - k^2)\,\frac{4m_B m_S}{(m_B + m_S)^2}\,. \tag{7.34}$$

Theoretisch ist danach η_S etwas größer als bei Schabottehämmern, jedoch kann dieser Unterschied praktisch vernachlässigt werden.

Tabelle 7.3 enthält eine Zusammenstellung der Kennwerte von Gegenschlaghämmern (Anhaltswerte).

Tabelle 7.3 Kennwerte von Gegenschlaghämmern

Kenngröße Bauart	E kNm	η_S —	v_{rel} m/s	n_S min⁻¹	η_M —
Bären etwa gleicher Masse					
pneumatischer Antrieb mit Bandkupplung	400		6	40 bis 60	$\approx 0{,}5$
pneumatischer Antrieb mit hydraulischer Kupplung	(1 250) 1 500	etwa wie bei Oberdruck-schabotte-hämmern	6	30 bis 60	$\approx 0{,}5$
hydraulischer Antrieb mit hydraulischer Kupplung	125		8 oder 14	120	
IMPACTER (Chambersburg)	630			4 bis 12	$\approx 0{,}5$
Bären ungleicher Masse					
hydraulisch-pneumatischer Antrieb, elektronische Steuerung, ohne Kupplung	400		6		

Bild 7.45 zeigt die Anwendungsbereiche von verschiedenen Gesenkschmiedehämmern.

7.2.1.3 Bauelemente von Hämmern

Wichtigstes Bauelement eines Hammers ist das Gestell. Dessen Aufgaben sind: 1. Führen des Bären beim Schlag oder Arbeitshub (in Verbindung mit Führungsleisten), 2. Aufnehmen von Querkräften bei außermittigen Schlägen, 3. Tragen des Hammerkopfes mit dem Antrieb. Die grundsätzliche Entwicklung bei Schabottehämmern zeigt Bild 7.46. Diese geht von dünnen, biegeweichen Stangen, die z. T. lose mit der Schabotte verbunden sind, zu schweren, biegesteifen Ständern, die zwecks Verminderung der Fugenzahl teils mit der Schabotte, teils mit dem Kopf vereinigt sind, und schließlich zu Hämmern, bei denen Schabotte, Ständer

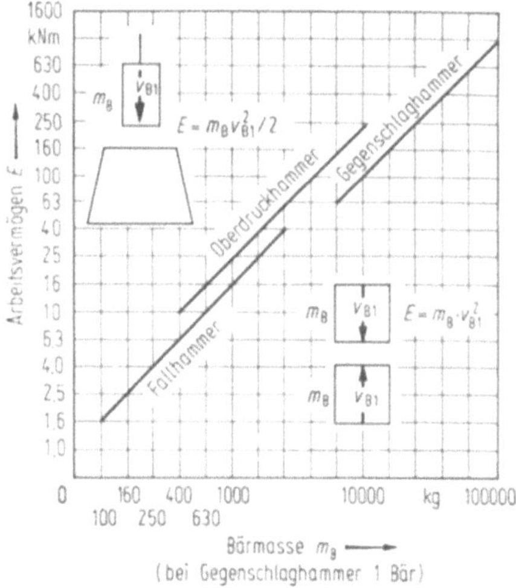

Bild 7.45 Anwendungsbereiche von Schabottehämmern (Fall- und Oberdruckhämmer) und Gegenschlaghämmern (Bären gleicher Masse) zum Gesenkschmieden

und Kopf ein einziges Teil bilden ([7.28]; Bild 7.47). Bei dieser Bauweise kann die Masse des Gestells zur Masse der Schabotte gerechnet werden. Somit ergeben sich im Vergleich zur mehrteiligen Bauweise günstigere Verhältnisse Schabotte/Bärmasse und damit ein größerer Schlagwirkungsgrad und geringere Verluste. Bei gleichem Schlagwirkungsgrad und gleichen Schabotteverlusten bietet diese Bauweise den Vorteil einer geringeren Schabottemasse. Grundsätzlich ist es richtig. biegesteife Gestelle und gute, genaue Bärführung vor dem Schlag zu fordern.

Der Einfluß der Gestellsteifigkeit auf die Schmiedegenauigkeit — Fehler am Werkstück verursacht durch „Kippen" des Bären um seine Querachse — hängt nach Watermann [7.7] von der Größe des Umformwegs ab. Bild 7.48 zeigt die Abhängigkeit des Kippwinkels (um Querachse durch Schwerpunkt) von der Steifigkeit des Gestells und dem Umformweg bzw. der Endumformkraft. Da jede Trennfuge im Gestell durch Schwingungsvorgänge im Laufe der Zeit einen gewissen Verschleiß erleidet, wodurch die Führung verschlechtert wird, ist ein einteiliges Hammergestell in bezug auf Führungsgenauigkeit die günstigste Lösung. Es ist jedoch durch die beim Schlag auftretenden Längs- und Biegeschwingungen sehr

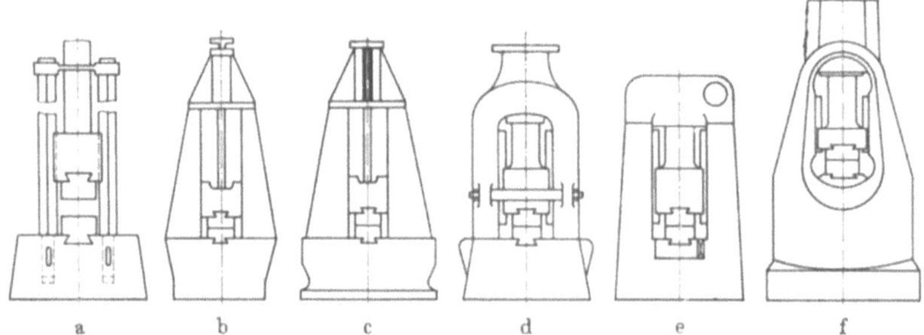

Bild 7.46 Entwicklung der Gestellbauarten bei Gesenkschmiedehämmern

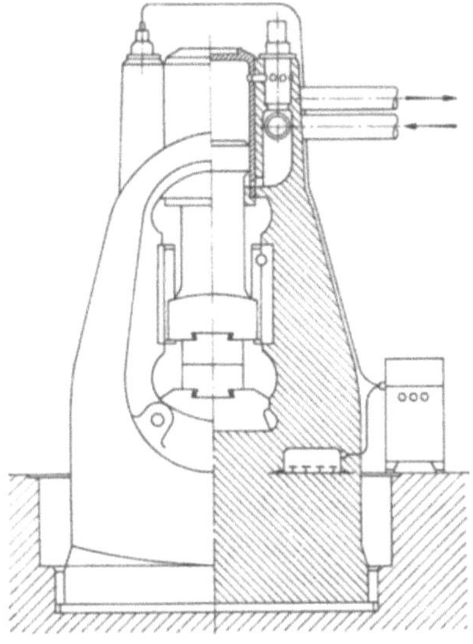

Bild 7.47 Oberdruckhammer mit einteiligem Gestell (Banning)

stark beansprucht, die sich infolge Fehlens dämpfender Fugen über das ganze Gestell ausbreiten. Besonders gefährdet ist der Übergang Ständer/Kopfstück.

Die Aufgabe der Bärführungen ist neben der Parallelführung in Verbindung mit dem Gestell die Sicherung des Bären gegen seitliches Verschieben und Ver-

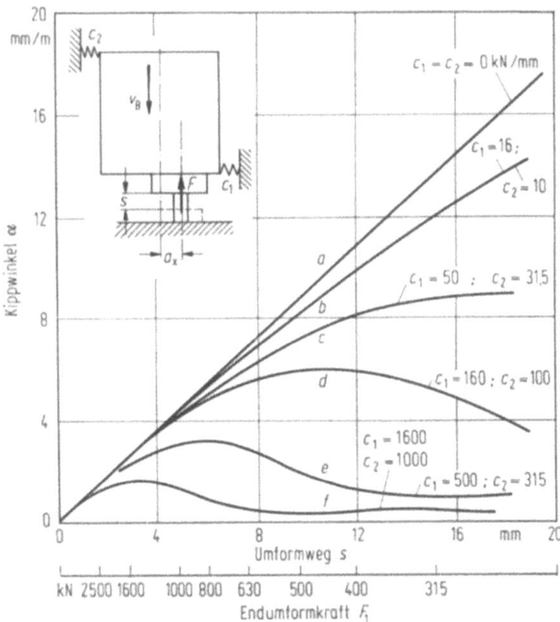

Bild 7.48 Kippwinkel in Abhängigkeit von der Steifigkeit von Gestell und Führung. Nach [7.7]

drehen im Augenblick des Auftreffens auf das Schmiedestück (Versatz!) [7.29].
Für den Führungsquerschnitt lassen sich rein überlegungsmäßig bestimmte Gestaltungsregeln angeben, die auch durch die Praxis bestätigt sind. Beispiele heute ausgeführter Bärführungen zeigt Bild 7.49. Bei gegebenem Spalt b (Bild 7.50a) wird das mögliche Parallelspiel des Bären $s_B = 2b/\sin \alpha$ und $s_L = 2b/\cos \alpha$; s_B und s_L sind gleich bei $\alpha = 45°$, bei $\alpha = 30°$ ist $s_B/s_L = 1,7$! Das Verdrehspiel s' wird offenbar ein Minimum, wenn $\alpha = \varrho$, d. h. wenn sich die Tangenten an die Führungsflächen im geometrischen Mittelpunkt des Führungsquerschnitts schneiden; dann ist $s' = 2b$. Bei runden, gedrungenen Schmiedestücken ist s' ohne Bedeutung für den Versatz, es ist jedoch bei langen Teilen u. U. größer als s_B und s_L. Für bezogenes Verdrehspiel $s'/2b = 1$ und optimales Verhältnis $s_B/s_L = 1$ ($\alpha = 45°$) wird nach Bild 7.50b das Verhältnis B_F/B ebenfalls gleich 1, woraus sich jedoch eine sehr tiefe, schmale Bärform ergeben würde, die z. B. nicht für die Aufnahme von Mehrstufengesenken geeignet ist. Praktisch zieht man daher eine Kompromißlösung mit $\alpha = 30°$ vor. Die Auslegung von α für $s' =$ Minimum hat gleichzeitig den Vorteil, daß bei Erwärmung des Bären die Dehnung etwa radial erfolgt und damit b etwa konstant bleibt.

Ein seitliches Verschieben der Ständer gegenüber der Schabotte ist bei der heute erreichbaren Gesenkherstellgenauigkeit nicht mehr erforderlich. Die Ein-

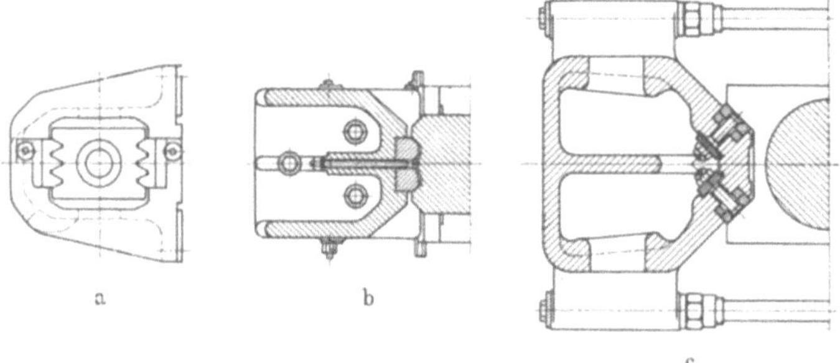

Bild 7.49 Führungen von Gesenkschmiedehämmern. **a** Dreifachprismenführung für Luftgesenkhammer mit Längskeilnachstellung; **b** Zweifachprismenführung; **c** Einfachtrapezführung

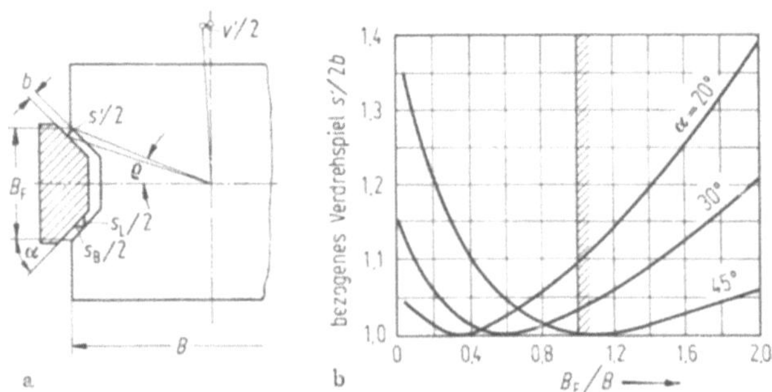

Bild 7.50 Bärführung, Seiten- und Drehversatz

stellung der Führungsleisten erfolgt im wesentlichen auf dreierlei Weise (Bild 7.51):

a) mit Querkeilen: Nachteil: geringe Unterstützungsfläche,
                         Vorteil: freizügige Einstellung bzw. Neigung,

b) mit Längskeilen: Nachteil: nur Parallelverschiebung möglich,
                         Vorteil: gute Auflage, einfache Handhabung,

c) mit Zwischenplatte: Nachteil: genaue Spielmessung erforderlich, da sonst
                                     zu langes Suchen nach richtiger Zwischen-
                                     lagendicke,
                         Vorteil: es kann sich nichts verschieben.

Ein weiteres wichtiges Bauelement des Hammers ist das Hub- und Druckorgan —
Brett, Riemen, Kette, Kolbenstange — und dessen Befestigung am Bär (vgl. Bild
7.35). Brettfallhämmer verwenden Hartholzbretter (Hickory, Buche, Schichtholz)
als Huborgan, das zwischen zwei im entgegengesetzten Sinne umlaufenden Reib-

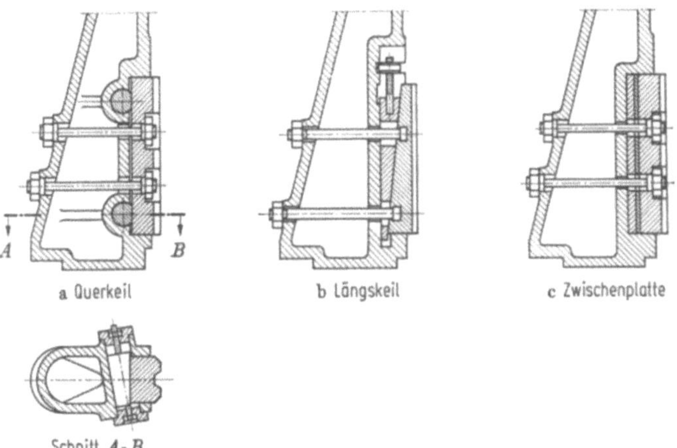

Bild 7.51 Einstellmöglichkeiten des Führungsspiels. **a** mit Querkeil; **b** mit Längskeil;
c mit Zwischenplatte

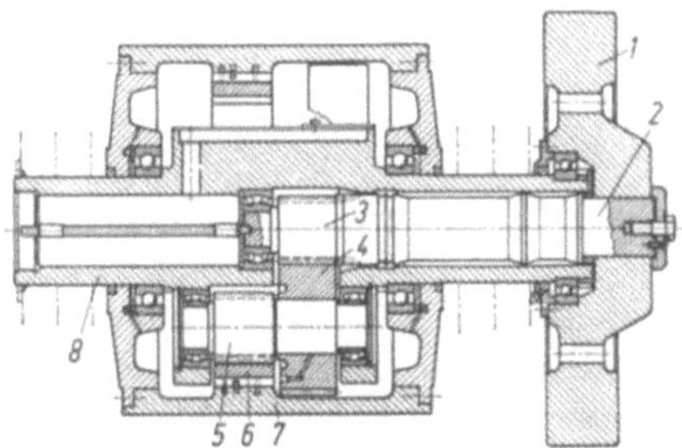

Bild 7.52 Umlaufgetriebe eines modernen Riemenfallhammers mit Ölkühlung
der Riemenscheibe (Bêché & Grohs). Baugrößen 4 bis 40 kNm. *1* Schwungrad
auf schnellaufender Hauptwelle *2*; *3, 4, 5, 6* Räder für Untersetzung;
7 Riemenscheibe; *8* feststehender Lagerkörper mit Kühlölein- und -austritt

rollen eingeklemmt und nach oben beschleunigt wird. Der Textilriemen des Riemenfallhammers (Gemisch aus Wolle, Baumwolle, Kunstfasern) wird auf Zug und durch Wärme beansprucht. Letztere bewirkt eine Versprödung, welche die Dehnung herabsetzt und die Bruchgefahr bei Überlastung erhöht (v. d. Laden [7.30]; Voigtländer [7.31]). Die Hubkräfte im Riemen sind je nach Beschleunigung (2 bis 3)$m_B g$, beim Abfangen aus dem Fall bis $4m_E g$; daher wird bei der Riemenberechnung $5m_B g$ eingesetzt. Die Riemenbelastung soll 10 N/mm² nicht überschreiten, die Mindestzerreißfestigkeit ist 30 N/mm². Durch sorgfältiges Kühlen der Riemenscheibe (Luft, Ölumlauf) kann die Lebensdauer des Riemens beträchtlich erhöht werden. Bild 7.52 zeigt eine Riemenscheibe (Umlaufgetriebe) mit Ölkühlung. Die Befestigung des Riemens am Bär geschieht nach Bild 7.53. Der Kettenfallhammer hat als Huborgan eine Gliederkette, die auf eine Kurvenscheibe aufgewickelt wird.

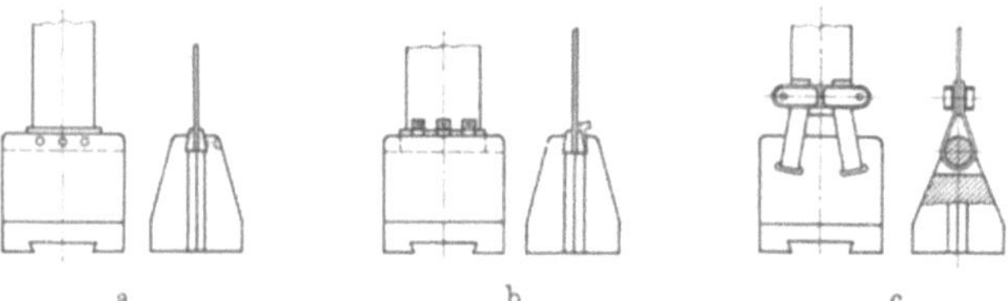

Bild 7.53 Riemenbefestigung am Bär. Deutsche Art: **a** mit Schrauben nach Steffen; **b** mit Keilen nach Dannert; **c** englische Art (Massey) mit geklemmten Hilfsschlaufen

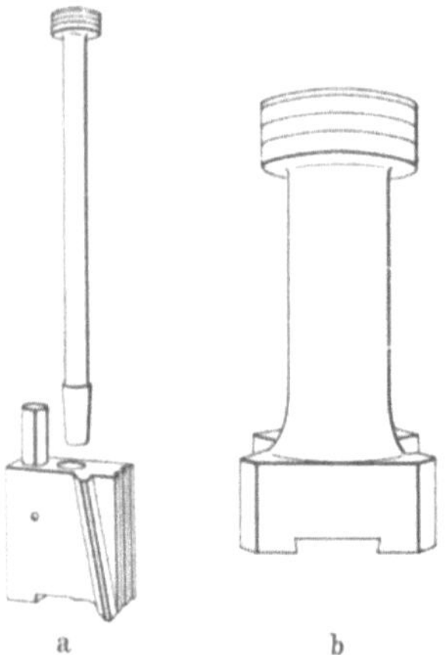

Bild 7.54 Bären mit Kolbenstangen von Oberdruck-Gesenkschmiedehämmern. **a** lange dünne Kolbenstange zum Einsetzen in den Bär; **b** Bär und kurze dicke Kolbenstange aus einem Stück

Bei pneumatisch betriebenen Oberdruckhämmern gibt es zwei Bauarten von Kolbenstangen: a) Bär mit eingesetzter dünner Kolbenstange (Bild 7.54a und b) Bär mit dicker Kolbenstange und Kolben aus einem Schmiedestück, voll oder hohl (Bild 7.54b). Die Beanspruchung durch Massenkräfte beim Schlag (Druck und Biegung) ist schwellend, so daß Dauerbrüche nicht zu vermeiden sind. Die Lebensdauer einer Kolbenstange läßt sich jedoch erhöhen durch Beachtung folgender Punkte: 1. Kolbenstange möglichst kurz halten (kleine Massenkräfte),

2. große Übergangsradien anbringen, 3. kerbunempfindlichen Werkstoff verwenden, 4. Schleifen und Polieren der Stangenoberfläche, 5. Glatt- und Festwalzen der Oberfläche an besonders gefährdeten Stellen, 6. Bär in gewissen Zeitabständen auf Anrisse prüfen und dieselben ausschleifen (wenn Bär und Kolbenstange aus einem Stück).

7.2.1.4 Steuerungen von Hämmern

Für den Betrieb eines Hammers ist seine Steuerung entscheidend:

a) zum Verändern der Schlagstärke und b) zum schnellen Lösen des Obergesenkes vom Schmiedestück nach dem Schlag durch Umsteuern des Bären.

Somit ergeben sich drei Aufgaben für eine Hammersteuerung:

— Umsteuern der Bärbewegung im oberen und unteren Totpunkt als Funktion von Weg und Zeit.
— Erzeugung einer bestimmten Schlagfolge, d. h. Reihen- oder Einzelschlag.
— Erzeugung einer bestimmten Schlagart, wie Setz-, Kleb- oder Prellschlag.

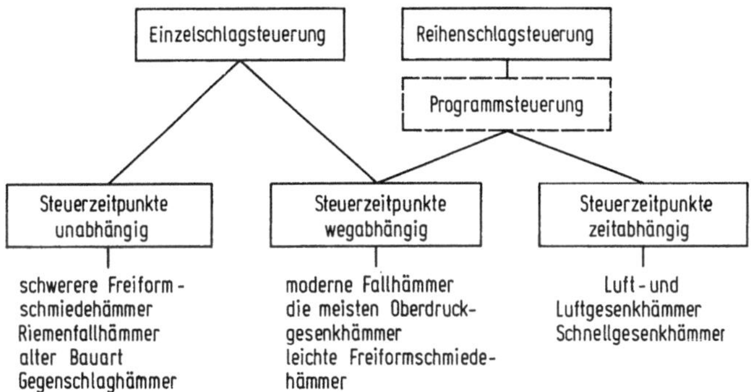

Bild 7.55 Steuerung von Schmiedehämmern (Übersicht)

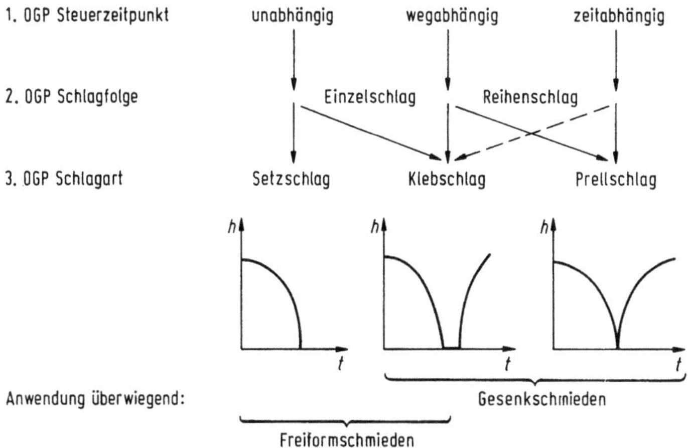

Bild 7.56 Einteilung der Steuerungsarten (OGP Ordnungsgesichtspunkt)

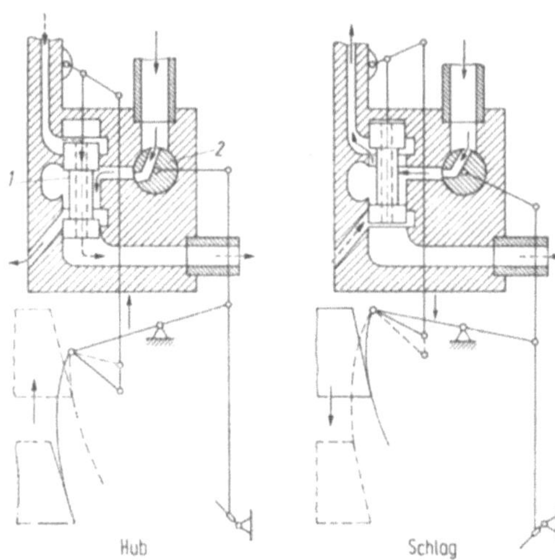

Bild 7.57 Hammersteuerung mit Steuerschwert (Oberdruck-Gesenkschmiedehammer nach Bild 7.39). *1* Steuerschieber, *2* Drosselschieber

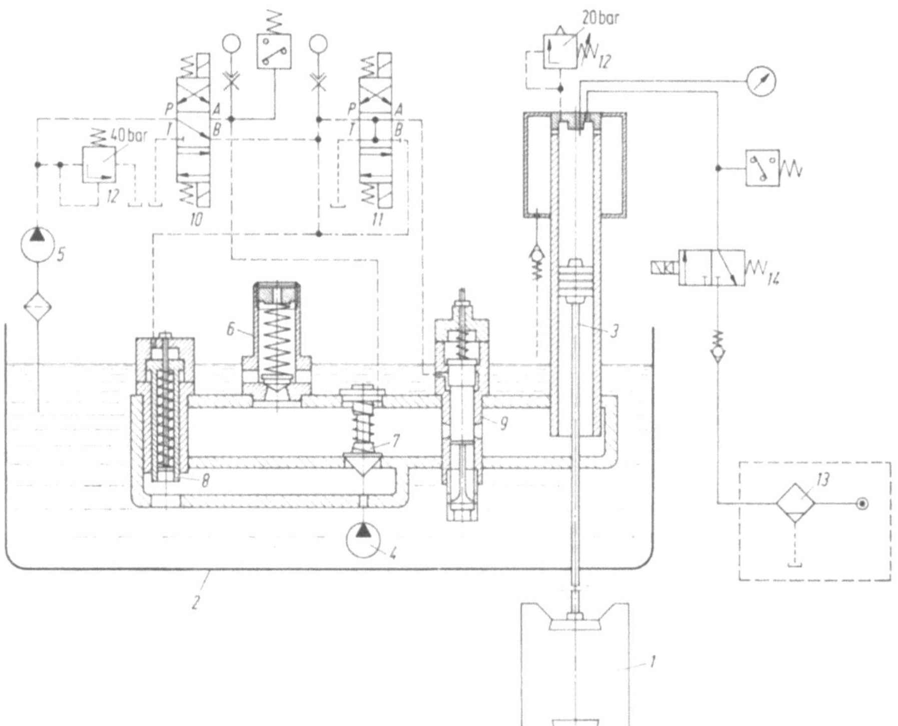

Bild 7.58 Hydraulikschema eines ölhydraulischen Fallhammers mit Oberdruckwirkung (Lasco). *1* Hammerbär, *2* Ölbehälter, *3* Kolbenstange, *4* Hauptpumpe, *5* Steuerpumpe, *6* Stoßdämpferventil, *7* Einlaßventil, *8* Hauptventil, *9* Schlagventil, *10, 11* Magnetventil, *12* Druckbegrenzungsventil, *13* Wasserabscheider, *14* Magnetventil (für Luft)

Die Steuerzeitpunkte (Hubbegrenzung, untere Umsteuerung) können unabhängig, weg- oder zeitabhängig sein (Bild 7.55). Mit dem Steuerzeitpunkt als erstem Ordnungsgesichtspunkt ergibt sich die in Bild 7.56 gezeigte Einteilung der Steuerungsarten.

Wegabhängige Steuerungen bei Fällhämmern verwenden oft mehrere Anschläge oder Endschalter, so daß mit wechselnden Fallhöhen geschmiedet werden kann.

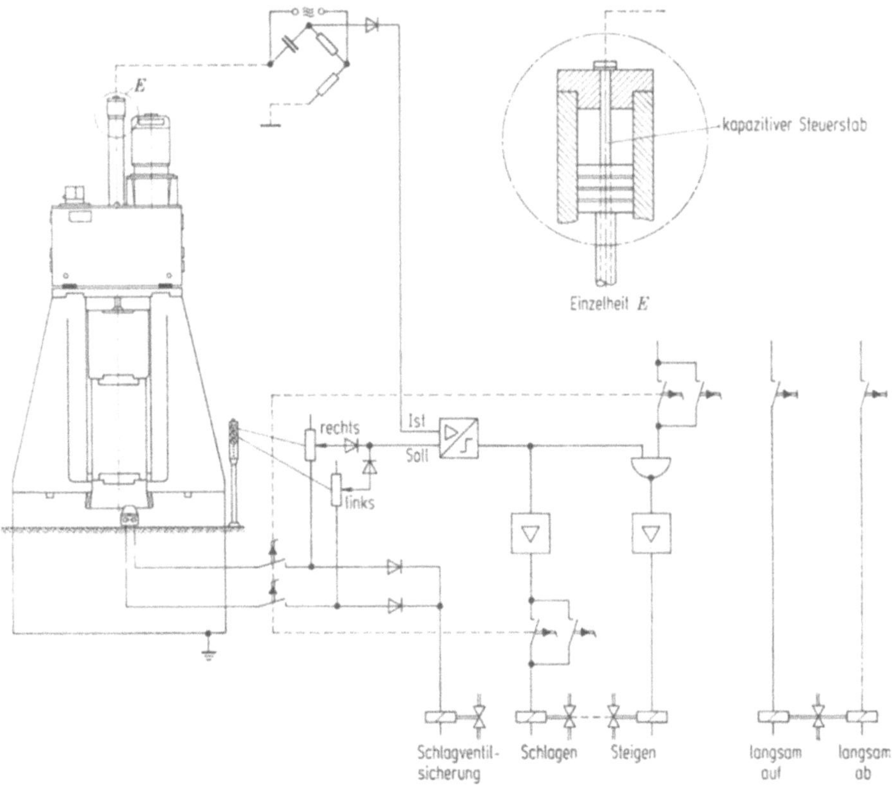

Bild 7.59 Hammersteuerung mit kapazitiver Wegmessung (Lasco)

Oberdruckhämmer haben zeit- oder wegabhängige Steuerungen. Ein Beispiel für eine zeitabhängige Steuerung ist der Lufthammer (Bild 7.37). Wegabhängige Steuerungen sind entweder mechanisch, wobei ein Steuerschwert über ein Gestänge mit dem Schieber verbunden ist (Bild 7.39 und 7.57), oder elektrisch bzw. elektronisch über Magnetventile beim ölhydraulischen Antrieb (Bild 7.58). Für Fall- und Oberdruckhämmer wurde eine Steuerung mit kapazitiver Wegmessung entwickelt, die eine stufenlose Einstellung bzw. Steuerung des Hubes erlaubt. Als Weggeber dient dabei eine am Zylinderkopf isoliert angebrachte Elektrode, die in die hohlgebohrte Kolbenstange hineinragt und mit dieser einen Kondensator veränderlicher Kapazität bildet (Bild 7.59). Die gewünschte Hubhöhe kann durch Vorgeben einer Sollwertspannung an einem im Regelkreis befindlichen Potentiometer vorgewählt und über einen Fußtaster ausgelöst werden. Oberdruckhämmer mit pneumatischem Antrieb (außer Lufthämmern) arbeiten überwiegend mit Expansion bei Ventilsteuerung. (Ventile dichten besser als Schieber. Wegen der bei Schiebern auftretenden Verluste werden künftig vermehrt Ventile eingesetzt.) Gesenkhämmer erlauben Einzel- und Reihenschlagsteuerung sowie Programmsteuerung. Ein Programm ist eine bestimmte, durch einmalige Auslösung eingeleitete Folge von Schlägen wechselnder Stärke (Reihenschläge haben dagegen gleiche Stärke). Damit wird der Schmied bei der Herstellung großer Mengen gleicher Schmiedestücke von der Hammerbedienung entlastet.

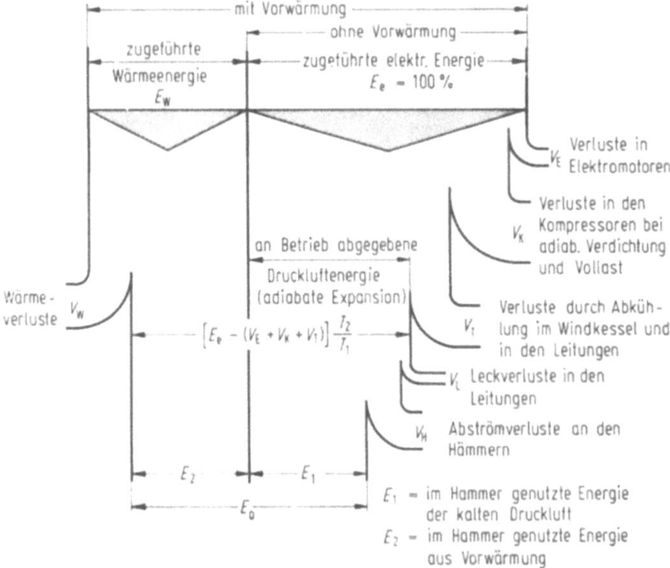

Bild 7.60 Verluste beim Druckluftbetrieb von Schmiedehämmern mit und ohne Vorwärmung

Bei Verwendung von erwärmter Luft als Druckmittel erhöht sich der Wirkungsgrad beträchtlich (Bild 7.60). Wirtschaftlich ergeben sich noch größere Vorteile, da elektrische Energie mehrfach teurer ist als Wärmeenergie. Dabei ist darauf zu achten, daß die Luft absolut ölfrei bleibt, da sonst die Gefahr von Ölnebelexplosionen besteht [7.32].

Gründung der Hämmer. Schabottehämmer rufen u. U. starke Erschütterungen in der Umgebung hervor (Ableitung des Schabotteverlustes ins Erdreich, Bild 7.61). Laut Gewerbeordnung muß die Schabottemasse mindestens das 20fache der Bärmasse betragen; hierbei schwankt der Schabotteverlust theoretisch zwischen 5 und 12% des Arbeitsvermögens. Als Richtwert für die Fundamentmasse bei fester Gründung gilt die 80fache Bärmasse. Zwischen Schabotte und Fundament kommt in der Regel eine Zwischenlage aus Eichenholz, Kork, Filz, gummiertem Gewebe oder Kunststoff, wodurch eine Beschädigung der Fundamentoberfläche vermieden und eine gleichmäßige Lastverteilung begünstigt wird. Das Fundament wird aus bewehrtem Stahlbeton hergestellt. Eine sorgfältige Untersuchung des Baugrunds ist für die richtige Bemessung eines festen Fundaments unerläßlich; dabei ist auch auf eine Störung der Nachbarschaft (Wohnhäuser, Werkstätten mit erschütterungsempfindlichen Maschinen) zu achten. Hämmer können auch auf federnd aufgestellte Fundamente gestellt werden; diese bringen völlige Erschütterungsfreiheit, sind jedoch auch sehr kostspielig.

Bezüglich der Berechnung von Fundamenten und weiterer Einzelheiten sei auf die Literatur verwiesen, z. B. [7.33—7.37].

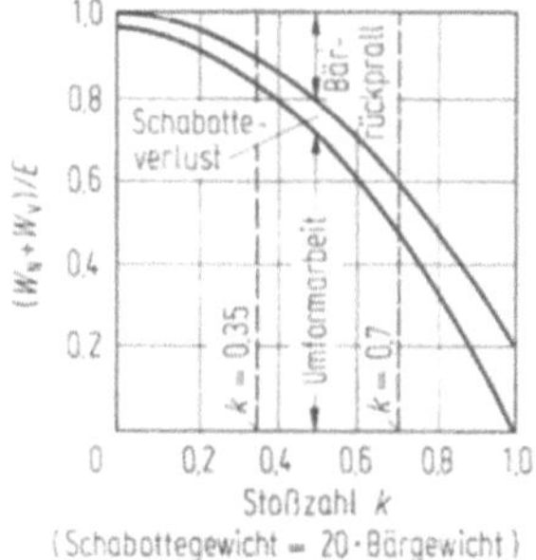

Bild 7.61 Schlagverluste beim Schabottehammer

Die Vorteile einer schwingungsisolierten Gründung von Hammerfundamenten gegenüber der konventionellen Gründung auf festen Fundamenten sind: Erschütterungsminderung in der Umgebung durch die Schwingungsisolierung, Setzungsunempfindlichkeit der schwingungsisolierten Fundamente, die Möglichkeit, diese Fundamente auch in schlechtem Baugrund ohne Zusatzmaßnahmen wie Pfähle oder Bodeninjektionen zu gründen. Wesentlich ist, daß diese Art der Gründung keinen größeren Flächenbedarf erfordert und nicht zu einer Verschlechterung des Schlagwirkungsgrads führt [7.38].

7.2.2 Spindelpressen

Spindelpressen werden i. allg. als Zweiständerpressen gebaut (Bild 7.62). Das Gestell kann einteilig (z. B. bei geschweißten Stahlblechausführungen) oder mehrteilig sein (z. B. bei Stahlgußausführungen mit vorgespannten Stahlankern in den Ständern).

Das charakteristische Merkmal ist der Antrieb. Der Motor treibt ein Schwungrad, das starr bzw. kraftschlüssig mit der Gewindespindel verbunden ist. Die Gewindespindel überträgt die Drehbewegung durch ein steilgängiges Gewinde mit Steigungswinkeln zwischen 13° und 17° als 3fach- oder 4fach-Gewinde in eine geradlinige Hauptbewegung des Pressenstößels. Beim Auftreffen auf das Werkstück wird die gesamte kinetische Energie von Schwungrad und Stößel in Nutzarbeit und Verlustarbeit (Federungsverluste und Reibungsverluste) umgewandelt. Nach der Umformung bewirkt die im Gestell und Getriebe gespeicherte Federungsarbeit eine Rückbeschleunigung des Schwungrads.

Die gleichzeitig einsetzende Umsteuerung des Antriebs bringt den Stößel während
des Rückhubs in die Ausgangslage zurück. Damit besteht ein Arbeitsspiel aus
dem Arbeitshub mit Vorlauf und Umformung und dem Rückhub.

Spindelpressen sind einfachwirkende Pressen. Mit Hilfe hydraulischer, pneumatischer oder mechanischer Vorrichtungen kann eine weitere Wirkung erzielt
werden (z. B. Auswerfereinrichtung).

Bild 7.62 Bauarten von Spindelpressen. **a** Vierscheibenpresse; Spindel führt Drehung und
Längsbewegung aus; Reibantrieb (SMS-Hasenclever); **b** Einscheibenpresse; Spindel führt
nur Drehung aus; Reibantrieb; einteiliges Gestell (Müller-Weingarten); **c** Einscheibenpresse;
Spindel führt nur Drehung aus; elektrischer Direktantrieb; mehrteiliges Gestell (Müller-
Weingarten)

Die vielen verschiedenen Bauarten von Spindelpressen lassen sich nach bestimmten Ordnungsgesichtspunkten in einem Schema nach Bild 7.63 zusammen-
stellen. Das wichtigste Unterscheidungsmerkmal bei den Schwungradspindelpressen (die schwungradlosen, kraftgebundenen Spindelpressen sollen hier nicht
behandelt werden) ist die Art der Spindelbewegung. Die Spindel kann ortsfest im
Gestell gelagert sein (nur Drehung) oder im Stößel (Drehung und Längsbewegung).

Das Streben nach höherer Genauigkeit führte zur Entwicklung der Keilpresse
(Bild 7.64), bei der ohne Mehrgewicht neben anderen Vorteilen eine beträchtliche
Verbesserung der Arbeitsgenauigkeit erreicht wird. Bei diesem Konstruktions-
prinzip wird der Stößel über einen Keil nach unten bewegt, wobei der Keil durch
ein System Schwungrad-Spindel-Mutter angetrieben wird. (Neben diesem arbeitgebundenen sind auch weg- und kraftgebundene Antriebe nach dem Prinzip
des Keilgetriebes möglich bzw. verwirklicht). Die gute Arbeitsgenauigkeit der
Keilpresse beruht auf der sehr großen Kippsteifigkeit; auch bei außermittiger
Belastung wird der Stößel über die gesamte Keilfläche abgestützt, d. h., es tritt
kein Kippmoment auf. Der Keil übersetzt die Kraft des Antriebs im Verhältnis
1 : 2 bis 1 : 4, d. h., bei derselben Nennkraft können die Antriebselemente bei
Keilpressen gegenüber herkömmlichen Bauarten entsprechend kleiner dimensio-
niert werden.

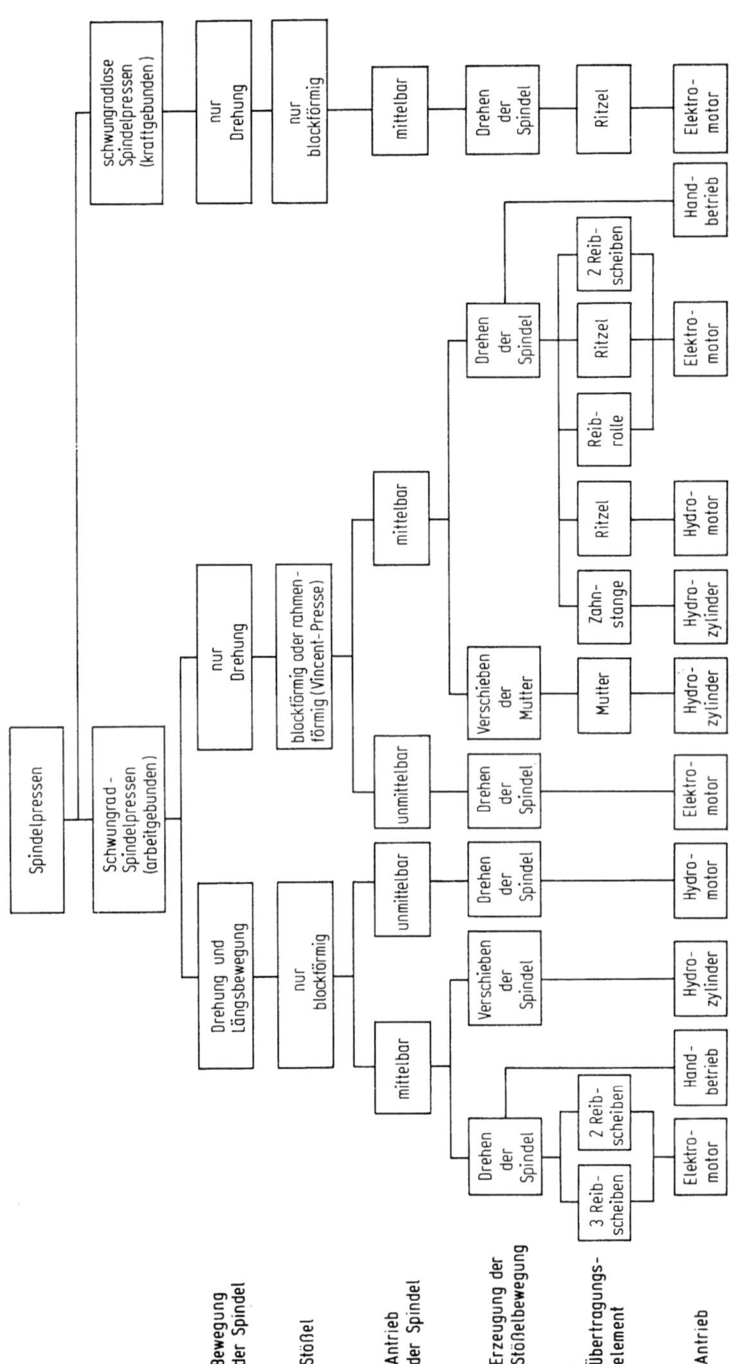

Bild 7.63 Schema für die Einteilung der Spindelpressen

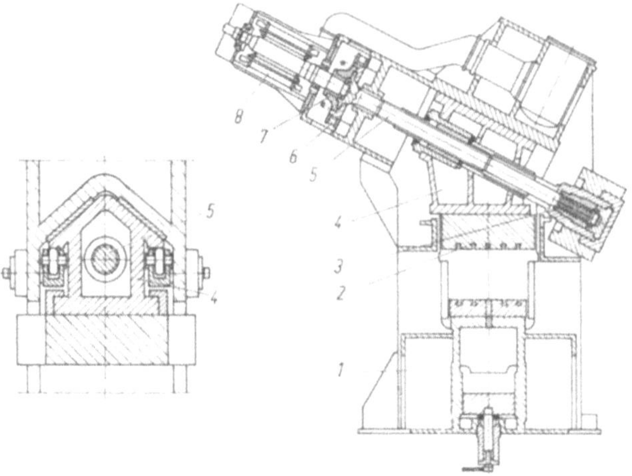

Bild 7.64 Spindelpresse mit Keilantrieb (Lasco). *1* Gestell, *2* Stößel, *3* Spindelkammlager, *4* Keil in Dachform, *5* Gewindespindel, *6* Haltebremse, *7* Schwungrad mit Rutschkupplung, *8* Antriebsmotor

7.2.2.1 Antriebsarten und Bewegungsvorgänge

Die traditionelle Antriebsform bei Spindelpressen ist der Reibradantrieb. Bild 7.65 zeigt einige Antriebsausführungen und die dafür charakteristischen Bewegungsdiagramme.

Bei der Dreischeibenpresse gemäß Bild 7.65a werden die ständig umlaufenden Antriebsräder axial verschoben, so daß jeweils eine Scheibe für den Arbeitshub und für den Rückhub durch Reibschluß zur Wirkung kommt. Die Kraftübertragung an der Reibstelle erfolgt über eine Bandage aus Spezialleder oder Kunststoff am Umfang des Schwungrads. Bei der oberen Ausgangsstellung des Stößels für jeden Arbeitshub befindet sich auch das Schwungrad in der oberen Stellung, so daß die Reibberührung mit dem Antriebsrad an der Stelle der geringsten Umfangsgeschwindigkeit beginnt und damit den Stößel zunehmend beschleunigt. Beim Rückhub tritt die Reibberührung mit dem anderen Antriebsrad dagegen an der Stelle der größten Umfangsgeschwindigkeit auf und bedingt großen Schlupf, während die Beschleunigung bis zum oberen Haltepunkt abnimmt. Die Drehzahländerung des Schwungrads und der Antriebsräder sowie die Umfangsgeschwindigkeit der Antriebsräder an der Berührungsstelle im Bild 7.65a zeigen diese Vorgänge anschaulich.

Unter der Annahme, daß kein Schlupf auftritt, kann die Bewegung des Schwungrads berechnet werden.

Es gilt dann mit den Bezeichnungen nach Bild 7.66:

$$v_\mathrm{u} = r\omega = R\omega_\mathrm{M} = R\,\frac{\mathrm{d}\alpha_\mathrm{M}}{\mathrm{d}t}, \tag{7.35}$$

$$\frac{\mathrm{d}\alpha_\mathrm{M}}{\mathrm{d}r} = \frac{2\pi}{h_\mathrm{Gew}}. \tag{7.36}$$

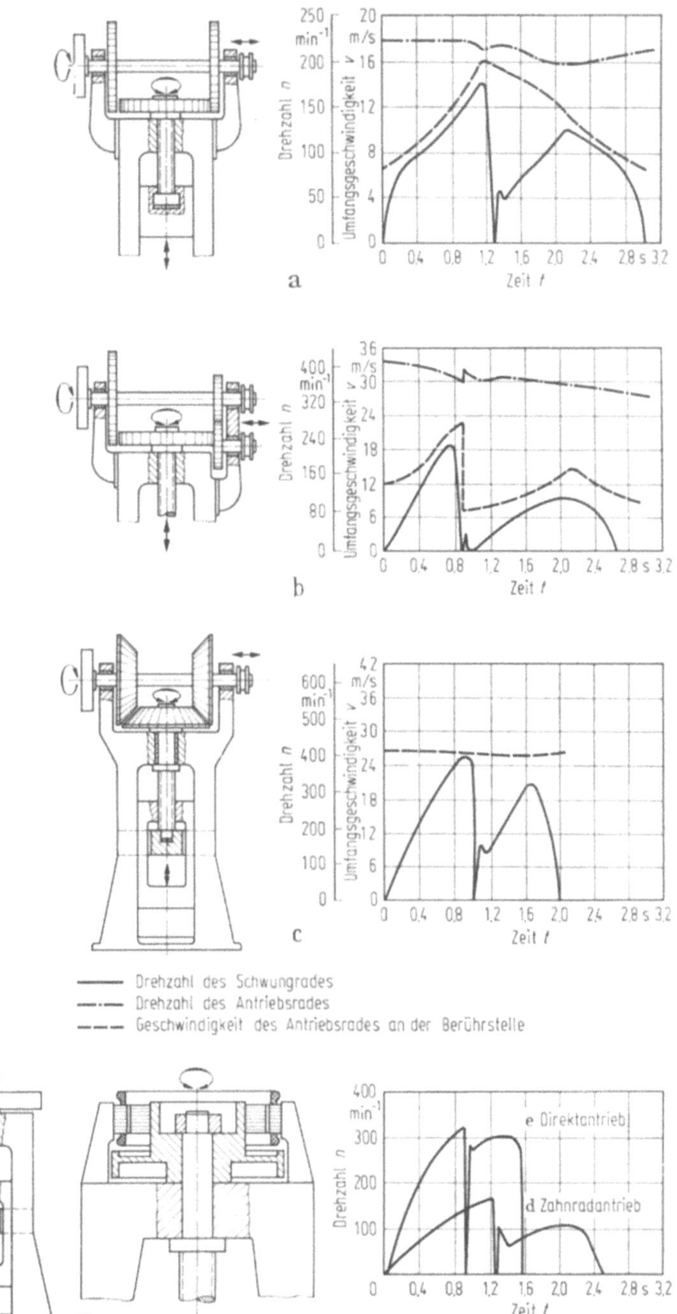

Bild 7.65 Verschiedene Spindelpressenbauarten mit den Bewegungsdiagrammen der Antriebs- und Schwungräder. Nach [7.39] und [7.120]. **a** Dreischeibenpresse (Spindel mit Längsbewegung); **b** Vierscheibenpresse (Spindel mit Längsbewegung); **c** Dreischeibenpresse (Vincent-Presse; Spindel ohne Längsbewegung); **d** Spindelschlagpresse mit Zahnradantrieb (Elektro- oder Hydromotor, Spindel ohne Längsbewegung); **e** Spindelschlagpresse mit elektrischem Direktantrieb (Spindel ohne Längsbewegung)

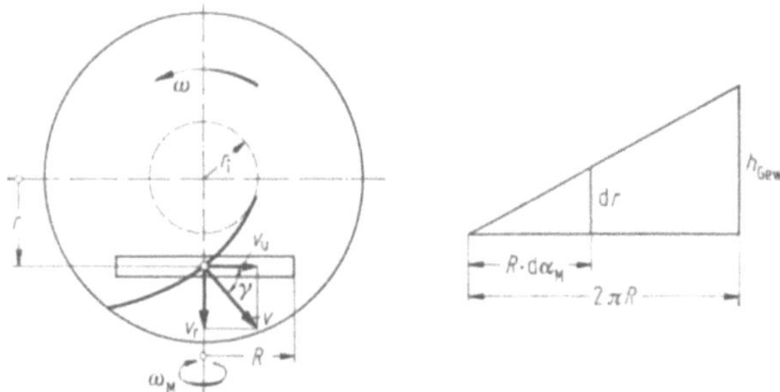

Bild 7.66 Bezeichnungen am Antrieb einer Dreischeibenpresse. R Radius der Mittelscheibe (Schwungrad), ω_M Winkelgeschwindigkeit der Mittelscheibe, ω Winkelgeschwindigkeit der Treibscheibe, v_u Umfangsgeschwindigkeit der Mittelscheibe, v_r Geschwindigkeit der Mittelscheibe in Achsrichtung, v Geschwindigkeit des Berührpunkts, α_M Drehwinkel der Mittelscheibe, r Abstand des Berührpunkts von der Treibscheibenachse, r_i kleinster Abstand des Berührpunkts von der Treibscheibenachse, h_{Gew} Steigung des Spindelgewindes

Aus (7.35) und (7.36) folgt

$$v_u = \frac{2\pi R}{h_{Gew}}\,\frac{\mathrm{d}r}{\mathrm{d}t} = \frac{2\pi R}{h_{Gew}}\,v_r , \tag{7.37}$$

$$\frac{v_r}{v_u} = \tan\gamma = \frac{h_{Gew}}{2\pi R}. \tag{7.38}$$

$\tan\gamma$ ist eine charakteristische Größe für eine Spindelpresse. Aus (7.35) und (7.38) folgt mit $\omega = \omega_0 = \text{const}$

$$v_r = \tan\gamma\, r\omega_0 = \frac{\mathrm{d}r}{\mathrm{d}t} \tag{7.39}$$

oder

$$\int_{r_i}^{r} \frac{\mathrm{d}r}{r} = \tan\gamma\,\omega_0 \int_{0}^{t} \mathrm{d}t; \tag{7.40}$$

durch Integration wird daraus

$$r = r_i \exp\left(\omega_0 t \tan\gamma\right). \tag{7.41}$$

(7.41) ist die Bahnkurve des Berührpunkts auf der Seitenscheibe und stellt eine logarithmische Spirale dar.

Für die Geschwindigkeiten ergibt sich

$$v_r = \frac{\mathrm{d}r}{\mathrm{d}t} = r_i\omega_0 \tan\gamma \exp\left(\omega_0 t \tan\gamma\right), \tag{7.42}$$

$$v_u = \frac{v_r}{\tan\gamma} = r_i\omega_0 \exp\left(\omega_0 t \tan\gamma\right). \tag{7.43}$$

Die Beschleunigung wird

$$a_\mathrm{u} = \frac{\mathrm{d}v_\mathrm{u}}{\mathrm{d}t} = r_\mathrm{i}\omega_0^2 \tan\gamma \exp\left(\omega_\mathrm{J}t \tan\gamma\right) = r\omega_0^2 \tan\gamma. \tag{7.44}$$

Sie muß also linear mit dem Radius zunehmen, damit die Energieübertragung ohne Gleiten erfolgt. Also müssen auch Drehmoment und Anpreßkraft proportional zur Beschleunigung aufgebracht werden. Durch den praktisch vorhandenen Schlupf wird der Geschwindigkeitsverlauf jedoch verzerrt (vgl. Bild 7.65a). Außerdem bedeutet er einen Energieverlust und verursacht den Verschleiß des Reibbelags.

Bei der Vierscheibenpresse gemäß Bild 7.65b wird erreicht, daß beim Rückhub der große Anfangsschlupf nicht auftritt.

Bei der Vincent-Presse gemäß Bild 7.65c sind Schwungrad und Spindel ortsfest, so daß die Reibberührung immer an der Stelle der größten Umfangsgeschwindigkeit der Antriebsräder erfolgt. Zur besseren Kraftübertragung werden die Räder auch kegelig ausgeführt. Das Merkmal einer Vincent-Presse ist der rahmenförmige Stößel. Bei dieser Bauart wird das Gestell nicht durch die Umformkraft belastet. Bild 7.67 zeigt die Beanspruchungen in den Bauelementen.

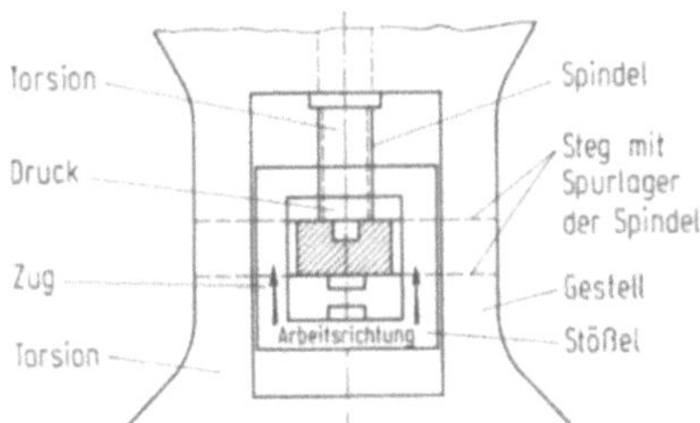

Bild 7.67 Beanspruchungen in den Elementen der Vincent-Presse

Bei der Einscheibenpresse gemäß Bild 7.65d sind Schwungrad und Spindel ebenfalls ortsfest. Der Antrieb erfolgt vom Motor (Elektro- oder Hydromotor) mit einem Ritzel auf das Schwungrad, das auf seinem Umfang einen Zahnkranz trägt, wobei zwischen Zahnkranz und Schwungrad eine Rutschkupplung angeordnet sein kann. Neben dieser Ausführung sind Reibrollenantriebe gebräuchlich. Die profilierte Reibrolle sitzt dabei direkt auf der Motorwelle; der Schwungradkranz ist mit einem entsprechenden Gegenprofil versehen. Für den Rückhub muß die Drehrichtung des Motors umgekehrt werden. Wegen der dadurch bedingten häufigen Umschaltungen werden Sonderantriebsmotoren (Reversiermotoren) verwendet.

Beim elektrischen Direktantrieb nach Bild 7.65e sind Schwungrad und Rotor des Antriebsmotors eine Einheit, so daß keine mechanische Kraftübertragung notwendig ist. Dabei treten jedoch erhebliche elektrische Schlupfverluste in dem Spezialmotor auf. Die dadurch entstehende Wärme muß mit Hilfe eines gesondert angetriebenen Lüfters abgeführt werden.

Aus Sicherheitsgründen werden alle Schwungräder bzw. Spindeln durch Backen- oder Bandbremsen beim Stillstand festgehalten, da infolge der Selbstgängigkeit der Spindeln der Stößel sofort nach unten fällt, wenn der Kraftschluß mit dem Antrieb unterbrochen wird. Bei Einscheibenpressen kann die Haltebremse auch als Betriebsbremse ausgeführt werden.

Verschiedene, rein hydraulische Antriebssysteme wurden mit dem Ziel entwickelt, die Reibungsverluste der herkömmlichen Antriebe zu umgehen. Im wesentlichen haben sich davon zwei Bauarten durchgesetzt:

— Für kleinere und mittelgroße Spindelpressen:
Der Stößel wird hydraulisch nach unten gedrückt. Seine Längsbewegung wird über die Spindel und die Mutter in eine Drehbewegung des Schwungrads umgesetzt. Ein Beispiel zeigt Bild 7.68.

— Für größere Spindelpressen:
Ein oder mehrere Hydromotoren treiben über Ritzel das schräg verzahnte Schwungrad an, das über eine Rutschkupplung mit der Spindel verbunden ist. Bei der Bauart mit längsbewegter Spindel ist die Höhe des Schwungsrads bzw. der Schrägverzahnung größer als der Gesamthub (Bild 7.74).

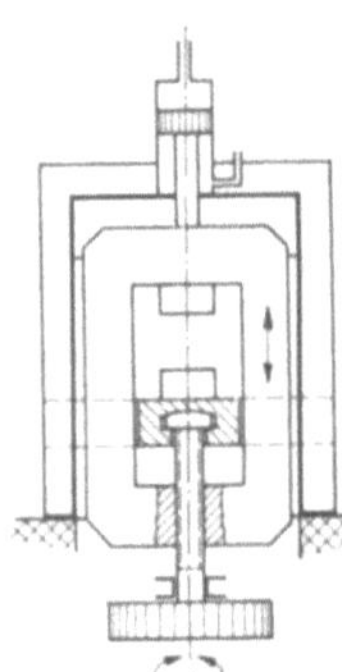

Bild 7.68 Vincent-Presse mit untenliegendem Schwungrad. Antrieb durch Hydrozylinder

In einer neueren Bauart (Bild 7.69) erfolgt die Energieübertragung vom ständig umlaufenden Schwungrad auf die Spindel über eine pneumatisch gesteuerte Reibscheibenkupplung. Die bei jedem Arbeitshub zu beschleunigenden Massen sind daher klein, und es wird eine kurze Beschleunigungszeit des Stößels erreicht. Am Ende des Arbeitshubes wird die Kupplung gelöst, der Rückhub erfolgt durch Rückhubzylinder in ausgekuppeltem Zustand. Die Preßkraft läßt sich über das Rutschmoment der Reibungskupplung begrenzen.

7.2.2.2 Energieumsetzung und Wirkungsgrad

Bei jedem Hub wird die gesamte Rotationsenergie in Umform- und Verlustarbeit umgesetzt (eine Ausnahme bildet die Presse nach Bild 7.69), wobei die Verluste in Längsfederungsarbeit (Auffederung des Gestells, Stauchung der Spindel), Torsion der Spindel und Reibungsarbeit im Spindel-Mutter-System aufgeteilt werden können. Torsions- und Federungsverluste sind proportional zur maximal auftretenden Kraft, die Reibungsarbeit hängt nur von der Reibungszahl μ ab.

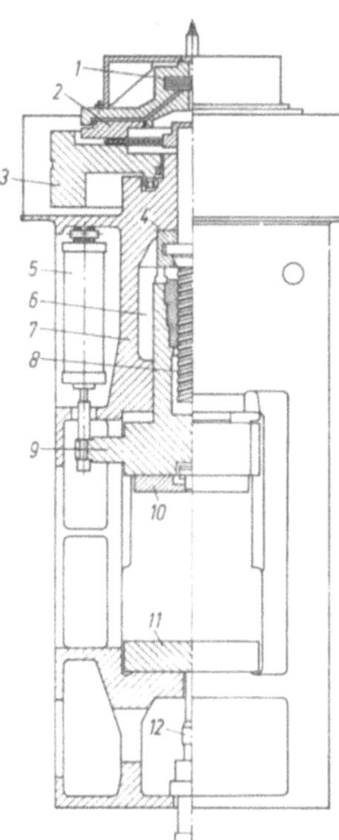

Bild 7.69 Spindelpresse mit ständig umlaufendem Schwungrad (Siempelkamp). *1* Kupplungszylinder, *2* Kupplungskolben, *3* Schwungrad, *4* Drucklager, *5* Rückzugzylinder, *6* Schmieröl, *7* Pressenkörper, *8* Spindel, *9* Stößel, *10* Stößel-Schonplatte, *11* Tischplatte, *12* Ausstoßer

Die Kraftspitze wird normalerweise erreicht, wenn die gesamte Energie umgesetzt ist, also am Ende des Umformvorgangs (Bild 7.70). Je weniger Energie vom Umformvorgang verbraucht wird, desto größer ist der in Torsions- und Federungsarbeit umgewandelte Betrag (Bild 7.71). Beim sogenannten „Prellschlag" wird keine Nutzarbeit verbraucht, d. h., die gesamte bereitgestellte Energie geht in die Verluste. Dabei besteht die Gefahr, daß die Presse überlastet

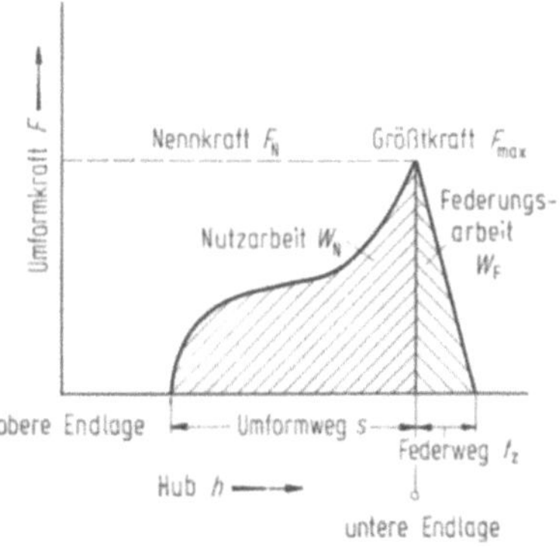

Bild 7.70 Ideale Energieumsetzung in einer Spindelpresse. Arbeitsvermögen und Nennkraft sind ausgenutzt

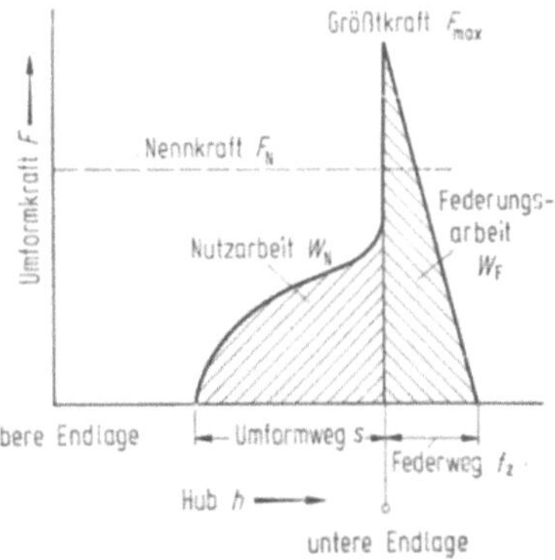

Bild 7.71 Überlastung einer Spindelpresse. Arbeitsvermögen ist nicht ausgenutzt, Nennkraft ist überschritten

wird. Spindelpressen für die Warmmassivumformung können aus Gründen der Wirtschaftlichkeit wegen des üblicherweise großen Bedarfs an Umformenergie nicht prellschlagsicher konstruiert werden. Pressen mit kleinem Arbeitsvermögen, die z. B. zu Prägearbeiten mit geringem Umformweg eingesetzt werden, sind so ausgelegt, daß sie der Belastung eines Prellschlags standhalten. Die Prellschlagsicherheit kann auch dadurch erreicht werden, daß das vom Schwungrad bzw. Antrieb auf die Spindel übertragbare Drehmoment begrenzt wird (Rutschkupplung, Scherstifte) (s. Abschn. 7.5.2).

Ist die für den Umformvorgang erforderliche Energie größer als die von der Presse angebotene, so kann die Endform wie bei einem Hammer in mehreren Hüben erreicht werden. Allerdings besteht auch hier wieder mit kleiner werdendem Umformweg und kleiner werdendem Bedarf an Umformarbeit die Gefahr eines Prellschlags.

Weitere Bemühungen gelten der Energiedosierung [7.40], womit die von der Presse aufzunehmenden Kräfte auf ein Minimum reduziert werden können. Bei einer Drehmomentbegrenzung muß die überschüssige Energie in Wärme umgesetzt werden, während die Energiebilanz wesentlich günstiger ausfällt, wenn das Schwungrad nur die für den Umformvorgang selbst und die zur Deckung der Verluste erforderliche Energie bereitstellt. So kann z. B. die Schwungraddrehzahl zur Energiedosierung herangezogen werden ($E = \Theta w_\mathrm{M}^2/2$).

Unter Vernachlässigung der Torsionsfederung der Spindel und der Reibungsverluste läßt sich die größte auftretende Kraft F_max für einen bestimmten Umformvorgang berechnen, wenn Arbeitsvermögen E, Längsfederzahl C_z und Umformweg s bekannt sind. Es ist dann (Mäkelt (7.70))

$$E = W_\mathrm{N} + W_\mathrm{Fl} \tag{7.45}$$

mit

$$W_\mathrm{N} = \int\limits_0^s F \, \mathrm{d}s = F_\mathrm{m} s \tag{7.46}$$

und

$$W_\mathrm{Fl} = \frac{1}{2} F_\mathrm{max} f_z = \frac{1}{2} \frac{F_\mathrm{max}^2}{C_z}, \tag{7.47}$$

wobei F_m die über dem Umformweg s gemittelte Kraft und f_z der Federweg ist.

Mit

$$m = \frac{F_\mathrm{m}}{F_\mathrm{max}} = \frac{1}{s F_\mathrm{max}} \int\limits_0^s F \, \mathrm{d}s \tag{7.48}$$

als Kraftverlaufsfaktor, dessen Wert für einen bestimmten Umformvorgang (z. B. Stauchen, Tiefziehen) charakteristisch ist, ergibt sich aus (7.45)

$$E = m F_\mathrm{max} s + \frac{1}{2} \frac{F_\mathrm{max}^2}{C_z}. \tag{7.49}$$

Daraus folgt für die größte auftretende Kraft

$$F_\mathrm{max} = C_z \left[\sqrt{\frac{2E}{C_z} + (ms)^2} - ms \right]. \tag{7.50}$$

Da von der Maschine nur eine gewisse größte zulässige Kraft $F_{\text{max zul}}$ ertragen werden kann, darf der Umformweg einen bestimmten Wert nicht unterschreiten; er läßt sich aus (7.49) berechnen zu

$$s_{\min} = \frac{1}{m}\left[\frac{E}{F_{\text{max zul}}} - \frac{F_{\text{max zul}}}{2C_z}\right] \leqq s_{\text{erf}}, \tag{7.51}$$

der kleiner sein muß als der für den jeweiligen Vorgang erforderliche Umformweg. Beim Prellschlag ist $W_N = 0$ und die auftretende Kraft wird mit (7.49)

$$F_{\text{Prell}} = \sqrt{2C_z E}. \tag{7.52}$$

Zwischen Nennkraft F_N, Prellschlagkraft F_{Prell} und größter (im Dauerbetrieb) zulässiger Kraft $F_{\text{max zul}}$ bestehen in der Regel folgende Beziehungen: Die Prellschlagkraft entspricht der doppelten Nennkraft ($F_{\text{Prell}} = 2\,F_N$), die größte zulässige Kraft dem 1,6fachen der Nennkraft ($F_{\text{max zul}} = 1{,}6\,F_N$) bzw. dem 0,8fachen der Prellschlagkraft ($F_{\text{max zul}} = 0{,}8\,F_{\text{Prell}}$).

Zur Beurteilung der Wirtschaftlichkeit beim Einsatz von Spindelpressen müssen außer den schon erwähnten Federungsverlusten infolge elastischer Verformung einzelner Pressenelemente auch die Verluste berücksichtigt werden, die im Antriebssystem und an den gleitenden Flächen durch Reibung entstehen. Ein Sankey-Verlustschaubild, das im Bild 7.72 für ein Arbeitsspiel dargestellt ist, gibt einen Überblick über die umgesetzten Energieanteile.

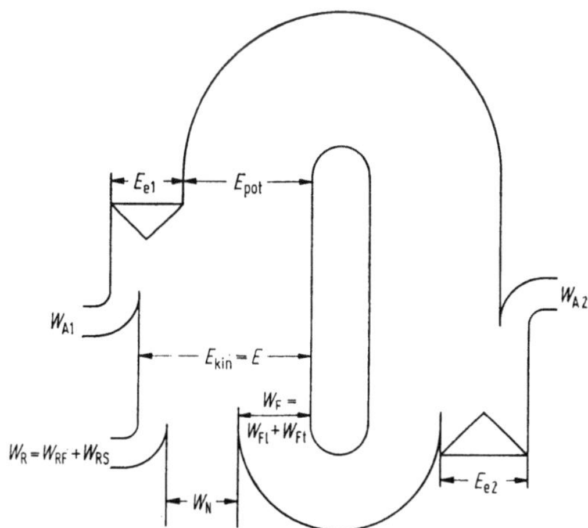

Bild 7.72 Sankey-Diagramm einer Spindelpresse für ein Arbeitsspiel. E_{e1} beim Vorlauf zugeführte elektrische Energie, E_{pot} potentielle Energie von Stößel, Schwungrad und Spindel bei Beginn des Arbeitsspiels, W_{A1} Antriebsverluste (einschließlich Führungs- und Spindelreibung) beim Vorlauf, $E_{\text{kin}} = E$ kinetische Energie (Arbeitsvermögen) unmittelbar vor dem Umformvorgang, W_N Nutzarbeit; W_{RF} Führungsreibungsverluste während des Umformvorgangs; W_{RS} Spindelreibungsverluste während des Umformvorgangs; W_{Fl} Federungsarbeit (Längsfederung), W_{Ft} Torsionsfederungsarbeit, E_{e2} beim Rückhub zugeführte elektrische Energie, W_{A2} Antriebsverluste beim Rückhub. Energiebilanz: $E_{e1} + E_{e2} = W_{A1} + W_R + W_N + W_{A2}$

Bei den heute erreichbaren Auftreffgeschwindigkeiten der Spindelpressenstößel erscheint der Sprachgebrauch gerechtfertigt, von einem „Schlag" zu sprechen, wenn auch die Auftreffgeschwindigkeiten von Fallhämmern mindestens 3- bis 4mal größer sind. Man bezeichnet deshalb auch hier wie bei den Hämmern das Verhältnis von Nutzarbeit zur kinetischen Energie vor dem Schlag (Arbeitsvermögen) als Schlagwirkungsgrad:

$$\eta_{\mathrm{S}} = \frac{W_{\mathrm{N}}}{E} = 1 - \frac{W_{\mathrm{V}}}{E} \tag{7.53}$$

oder

$$\eta_{\mathrm{S}} = 1 - \frac{1}{E}\,(W_{\mathrm{RF}} + W_{\mathrm{RS}} + W_{\mathrm{F}} + W_{\mathrm{Ft}}). \tag{7.54}$$

Er setzt sich aus einem konstanten Anteil und einem von der Endumformkraft abhängigen Anteil zusammen. Die Federungsverluste W_{Fl} und W_{Ft} nehmen mit steigender Kraft stark zu; außerdem ist der Schlagwirkungsgrad stark von der Spindelreibungszahl μ abhängig (Bild 7.73), [7.27]).

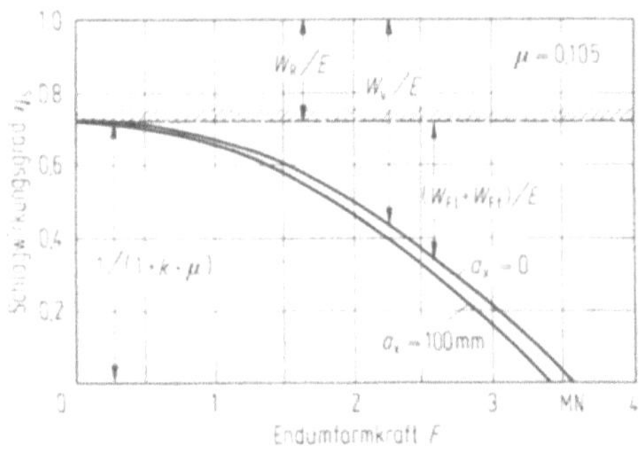

Bild 7.73 Schlagwirkungsgrad einer Schwungradspindelpresse. Reibungszahl $\mu = 0{,}105$. Nach [7.27]. a_{x} Abstand des Kraftangriffs bei außermittigem Schlag

7.2.2.3 Steuerungen

Bei der Einscheiben-Spindelpresse kann der Antriebsmotor nur eingeschaltet werden, wenn vorher der Motor des Kühlgebläses eingeschaltet ist und ein Magnetventil die Backenbremse gelöst hat. Bei der Abwärtsbewegung des Stößels wird kurz vor dem Auftreffen auf das Unterwerkzeug über eine am Stößel verstellbar angeordnete Steuerkurve ein Endschalter betätigt, der den Reversiermotor umschaltet, so daß der Stößel nach dem Schlag wieder nach oben bewegt wird. Der obere Haltepunkt hängt von einer zweiten Steuerkurve und einem Endschalter ab, der den Motor abschaltet und gleichzeitig die Bremse einschaltet. Die Verstellung der beiden Haltepunkte erlaubt damit bei gleichbleibender Schaltverzögerung eine genaue Hubeinstellung. Soll eine unterschiedliche Schlagfolge nach einem bestimmten Programm ablaufen, so kann das durch eine zusätzliche Steuerung ermöglicht werden.

Bei Mehrscheiben-Spindelpressen sind die Antriebsräder axial verschiebbar gelagert und werden durch einen Servomotor über Druckmittelbetätigung gegen die Mittelscheibe gepreßt. Da das Arbeitsvermögen proportional zum Quadrat der Drehzahl der Mittelscheibe ist, wird zur Einstellung des Arbeitsvermögens die Drehzahl der Mittelscheibe von einem Tachodynamo in eine proportionale Spannung umgewandelt, die nach Verstärkung ein einstellbares Steuerrelais schaltet. Wird die vorher eingestellte Spannung erreicht, so schaltet das Steuergerät über Magnetventile den Servomotor ab, und die Antriebsräder werden durch Federrückstellung in die Mittellage gebracht und damit der Reibschluß unterbrochen. Auch die Geschwindigkeit des Rückhubes kann so gesteuert werden. Außerdem können verschiedene Einstellwerte vorgewählt werden, so daß die Schlagfolge nach einem bestimmten Programm ablaufen kann.

7.2.2.4 Anwendung und Baugrößen von Spindelpressen

Spindelpressen werden vor allem in der Warmmassivumformung (Gesenkschmieden von Stahl und Buntmetallen) und in der Kaltmassivumformung (Besteckfertigung, Münzenprägen, Maßprägen) eingesetzt. Sie stehen damit in Konkurrenz zu mechanischen und hydraulischen Schmiedepressen sowie zu den Hämmern.

Vorteile der Spindelpressen sind: Die gesamte Rotationsenergie der Mittelscheibe wird bei jedem Hub umgesetzt. Fordert man ein großes Arbeitsvermögen, so ist die erforderliche Spindelpresse kleiner und billiger als eine entsprechende Kurbelpresse. Eine Vergleichsrechnung für gleiches Arbeitsvermögen bei Spindelpresse ($E \approx \frac{1}{2}\Theta_\mathrm{M}\omega_\mathrm{M}^2$) und Fallhammer ($E \approx m_\mathrm{B}gH$) zeigt, daß die Bärmasse etwa sechsmal so groß sein muß wie die Schwungradmasse (unter sinnvollen Annahmen für Fallhöhe, Schwungraddurchmesser und -drehzahl). Gegenüber Hämmern haben Spindelpressen eine höhere Arbeitsgenauigkeit, da der Beschleunigungsweg relativ klein ist und somit lange Stößelführungen ausgeführt werden können. Da Spindelpressen im Augenblick des Zusammentreffens von Ober- und Unterwerkzeug ihre größte Stößelgeschwindigkeit haben, die bei etwa 0.5 bis 1 m/s liegt, ist die Druckberührzeit der Werkzeuge häufig kürzer als bei mechanischen Pressen.

Ein Nachteil liegt in der verhältnismäßig geringen Hubzahl, die bei der Warmumformung bis zu etwa 20 Teile/min und bei automatisch ablaufender Kaltumformung bis zu etwa 30 Teile/min ermöglicht. Bei Reibspindelpressen wirkt sich der starke Verschleiß des Reibbelags ungünstig aus.

Bei 3- und 4-Scheibenpressen gibt es Baugrößen bis zu einer Nennkraft von $F_\mathrm{N} = 31,5$ MN und einem Arbeitsvermögen von 630 kNm. Große Spindelpressen werden hauptsächlich als Einscheibenpressen in zwei verschiedenen Bauarten ausgeführt:

— Antrieb mit elektrischen Reversiermotoren über Ritzel auf das Schwungrad, Spindel nur drehbar.

— Antrieb mit Hydromotoren über Ritzel auf Schwungrad, Spindel drehbar und längsbeweglich. In dieser Bauweise ist die derzeit größte Spindelpresse ausgeführt, deren Nennarbeitsvermögen 4,5 MNm beträgt, wobei eine Prellschlagkraft von 315000 kN erreicht wird (Bild 7.74).

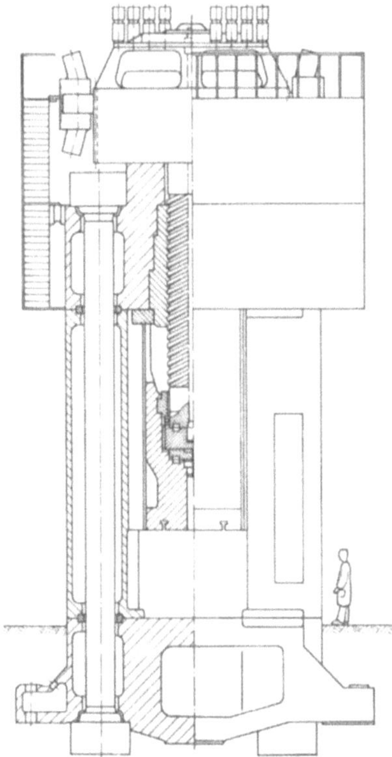

Bild 7.74 Einscheiben-Spindelpresse mit Antrieb durch Hydromotoren (SMS-Hasenclever)

7.3 Kraftgebundene Preßmaschinen

Begriffe und Formelzeichen

A	Kolbenfläche
α	Schwenkwinkel
C_D	Federzahl infolge Kompressibilität der Druckflüssigkeit
E_N	Nennarbeitsvermögen
F	Kraft
F_N	Nennkraft
η	dynamische Viskosität
η_A	Gesamtwirkungsgrad des hydraulischen Systems
$h_{\mathrm{V}1,2}$	Verlusthöhe (Reibungsverluste der strömenden Flüssigkeit)
v	kinematische Viskosität
P_P	Pumpenleistung
ϱ	Dichte
$\dot{V}$	Förderstrom
u	Ungleichförmigkeitsgrad

7.3.0 Einleitung

Die Möglichkeit, mit Druckflüssigkeiten große Kräfte zu erzeugen, wurde schon frühzeitig erkannt (Pascal 1662). Aus dem Jahr 1795 stammt ein Patent des Engländers Bramah für eine hydraulische Presse mit Handpumpenantrieb. Um

1860 baute der Engländer Haswell eine wasserhydraulische Freiformschmiedepresse, die in Österreich eingesetzt wurde.

Die Krafterzeugung und der Bewegungsablauf bei hydraulischen Pressen erfolgt mit Hilfe von Druckflüssigkeiten.

Für die stationäre Bewegung einer reibungsfreien, inkompressiblen Flüssigkeit gilt entlang einer Stromlinie die Gleichung:

$$\frac{v^2}{2g} + \frac{p}{\varrho g} + z = \text{const} \qquad \text{(D. Bernoulli)}. \tag{7.55}$$

Die drei Glieder der Gleichung sind der Dimension nach Längen. $v^2/2g$ Geschwindigkeitshöhe, $p/\varrho g$ Druckhöhe, z Ortshöhe.

Damit lautet die Gleichung von Bernoulli:

Bei der stationären Bewegung einer idealen Flüssigkeit ist die Summe aus Geschwindigkeitshöhe, Druckhöhe und Ortshöhe eine für jede Stromlinie charakteristische und unveränderliche Größe.

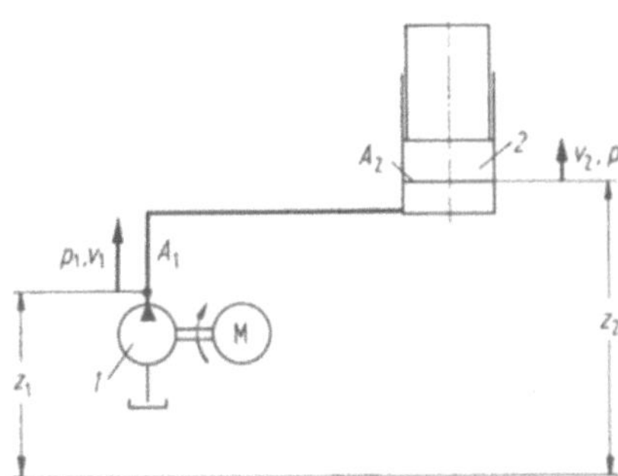

Bild 7.75 Schema zur Ableitung der Grundgleichungen einer hydraulischen Presse. *1* Pumpe; *2* Hydrozylinder

Bild 7.75 zeigt ein stark vereinfachtes Schema einer hydraulischen Presse, an dem einige wichtige Beziehungen abgeleitet werden sollen. In der Pumpe (*1*) wird mechanische Energie in hydraulische Energie der Druckflüssigkeit umgesetzt. Diese strömt über Leitungen und entsprechende Ventile in den Hydrozylinder (*2*), wo die hydraulische Energie wieder in mechanische Arbeit umgesetzt wird.

Die Druckflüssigkeit kann für die meisten Berechnungen als inkompressibel betrachtet werden.

Nach der Kontinuitätsgleichung gilt dann:

$$A_1 v_1 = A_2 v_2 = \dot{V}. \tag{7.56}$$

Der Kolben (*2*) bewegt sich also mit der Geschwindigkeit

$$v_2 = \frac{A_1}{A_2} v_1 = \frac{\dot{V}}{A_2}, \tag{7.57}$$

wobei $\dot{V}$ der Förderstrom der Pumpe (*1*) ist.

Für das hydraulische System (Bild 7.75) kann unter Berücksichtigung der Flüssigkeitsreibung (Zähigkeit) eine verallgemeinerte Form der Gleichung von

Bernoulli angeschrieben werden:

$$\frac{v_1^2}{2g} + \frac{p_1}{g\varrho} + z_1 = \frac{v_2^2}{2g} + \frac{p_2}{g\varrho} + z_2 + h_{\mathrm{V}1,2}. \tag{7.58}$$

In der Verlusthöhe $h_{\mathrm{V}1,2}$ sind die Reibungsverluste der strömenden Druckflüssigkeit in Leitungen, Ventilen, Zylindern usw. enthalten.

Für den hydrostatischen Druck auf den Kolben (2) folgt aus (7.58)

$$p_2 = p_1 + g\varrho(z_1 - z_2) + \frac{\varrho}{2}\,(v_1^2 - v_2^2) - g\varrho h_{\mathrm{V}1,2}. \tag{7.59}$$

Kennzeichnend für den Antrieb hydraulischer Pressen ist nun, daß sowohl der Gewichtsanteil $g\varrho(z_1 - z_2)$, als auch der Geschwindigkeitsanteil $(\varrho/2)\,(v_1^2 - v_2^2)$, gegenüber dem hydrostatischen Druck p_1 bei der Berechnung der Kräfte vernachlässigbar klein ist.

Aus (7.59) wird dann

$$p_2 = p_1 - g\varrho h_{\mathrm{V}1,2}. \tag{7.60}$$

Hydraulische Pressen arbeiten also nach dem hydrostatischen Prinzip. Der hydrostatische Druck der als Energieträger dienenden Flüssigkeit wird wirksam.

Im Gegensatz zu den Strömungsmaschinen, bei denen die kinetische Energie der strömenden Flüssigkeit ausgenutzt wird, dient die Strömung bei den hydrostatischen Antrieben in erster Linie der Erzeugung von Bewegungsabläufen und nicht der Krafterzeugung.

Bei der Behandlung der Strömungsverluste in Ventilen, Leitungen usw. (Verlusthöhe $h_{\mathrm{V}1,2}$) müssen dagegen die Gesetze der Hydrodynamik herangezogen werden, da hierbei die Geschwindigkeit der Druckflüssigkeit von entscheidender Bedeutung ist.

Die vom hydrostatischen Druck hervorgerufene Kraft auf eine Kolbenfläche steht senkrecht auf der Fläche bzw. dem Flächenelement, auf das sie wirkt.

Die Kraft in Richtung der Achse eines Kolbens wird daher

$$F = pA. \tag{7.61}$$

A ist die Projektion der vom Druck beaufschlagten Fläche in Richtung der Kolbenachse auf eine zu dieser senkrechten Ebene, Bild 7.76.

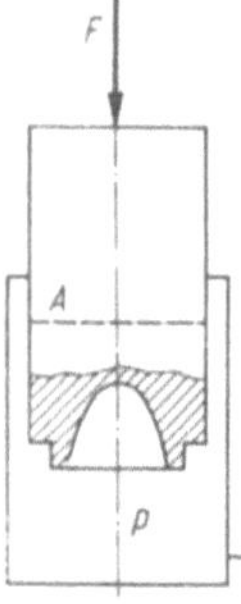

Bild 7.76 Kraft in Achsrichtung eines Kolbens mit beliebiger Form der vom Druck beaufschlagten Fläche

Mit (7.60) und (7.61) folgt für die Kraft auf den Kolben (2) in Bild 7.75

$$F_2 = p_2 A_2 = (p_1 - g \varrho h_{\mathrm{V}1,2}) \, A_2, \tag{7.62a}$$

bzw. bei Vernachlässigung von $h_{\mathrm{V}1,2}$:

$$F_2 = p_1 A_2. \tag{7.62b}$$

Durch die Abstimmung von Druck und Kolbenfläche lassen sich mit hydraulischen Pressen leicht Preßkräfte der unterschiedlichsten Größe konstruktiv verwirklichen.

7.3.1 Druckflüssigkeiten

Die Funktion einer hydraulischen Presse hängt entscheidend von der Auswahl der geeigneten Druckflüssigkeit und deren Zustand ab.

Bei hydraulischen Pressen werden in der Hauptsache Mineralöle nach DIN 51524 oder schwer entflammbare Flüssigkeiten nach VDMA 24317 und 24320 eingesetzt.

7.3.1.1 Aufgaben der Druckflüssigkeiten

Die Hauptaufgabe der Druckflüssigkeit ist die Energieübertragung vom Ort der Erzeugung (Pumpe) zum Ort des Verbrauchs (z. B. Zylinder). Die meisten Druckflüssigkeiten dienen darüber hinaus gleichzeitig als Schmiermittel für die beweglichen Teile der Presse, die mit der Flüssigkeit in Berührung stehen. Weitere Aufgaben der Druckflüssigkeit sind der Abtransport von Schmutzpartikeln, der Korrosionsschutz der Anlageninnenteile und die Wärmeabfuhr bzw. Kühlung [7.41]

7.3.1.2 Wichtige Eigenschaften der Druckflüssigkeiten

Bewegt man in einer Flüssigkeit eine ebene Platte der Fläche A in nicht zu großem Abstand h mit der konstanten Geschwindigkeit v parallel zu einer ebenen Wand, so ist infolge der inneren Reibung der Flüssigkeit eine Kraft F erforderlich (Bild 7.77). Nach einem Ansatz von Newton gilt

$$F = \eta A \, \frac{dv}{\mathrm{d}z}. \tag{7.63}$$

Die dynamische Viskosität η ist ein Maß für die innere Reibung der Flüssigkeit. Gebräuchliche Einheiten von η:

SI-Einheit: Pa · s (Pascalsekude); 1 Pa · s = 1 Ns/m²

[P (Poise); 1 P = 0,1 Pa · s; seit 1. 1. 1978 nicht mehr zulässig].

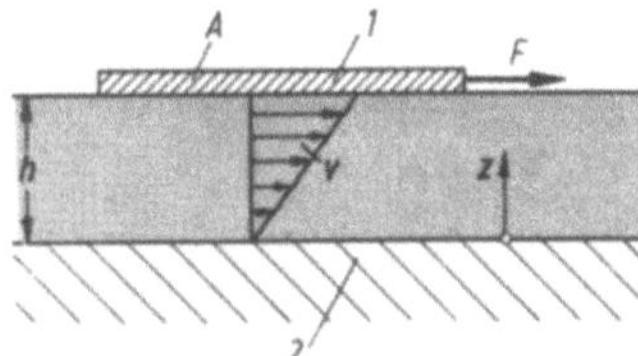

Bild 7.77 Geschwindigkeitsverteilung in einer zähen Flüssigkeit beim Bewegen der Platte *1* parallel zur Wand *2*

In der Strömungslehre wird vielfach die kinematische Viskosität ν verwendet.

$$\nu = \frac{\eta}{\varrho}. \tag{7.64}$$

Gebräuchliche Einheiten von ν:

SI-Einheit: m²/s

> [St (Stokes); 1 St $= 10^{-4}$ m²/s; seit 1. 1. 1978 nicht mehr zulässig, ebenso die früher gebräuchliche Angabe der kinematischen Viskosität in Engler-Grad (E)].

Die Wahl der Viskosität der Druckflüssigkeit erfordert einen Kompromiß. Bei niedriger Viskosität sind die Strömungsverluste klein, die Pumpfähigkeit, die Ansprechempfindlichkeit der Anlage sowie die Schmierwirkung bei kleinen Belastungen sind gut. Dagegen sind die Leckverluste bei niedriger Viskosität größer. Bei hydraulischen Pressen wird bei Mineralöl eine Viskosität von etwa 46 mm²/s nach DIN 51519 bei 50 °C empfohlen [7.42]. Die Viskosität nimmt bei Flüssigkeiten mit steigender Temperatur ab. Da die Druckflüssigkeiten in den hydraulischen Pressen beträchtlichen Temperaturschwankungen unterworfen sind, soll die Temperaturabhängigkeit der Viskosität des Öls möglichst gering sein, um Unterschiede im Betriebsverhalten der Presse klein zu halten.

Flüssigkeiten sind geringfügig kompressibel. Dies wirkt sich auf die Federzahl der Maschine und deren dynamisches Verhalten aus.

Für die Volumenverminderung dV bei einer Druckerhöhung um dp gilt:

$$dV = \frac{1}{K} V_0\, dp, \tag{7.65}$$

für luftfreies Öl ist

$$\frac{1}{K} \approx 7 \cdot 10^{-5}\ \text{bar}^{-1},$$

für Wasser

$$\frac{1}{K} \approx 5 \cdot 10^{-5}\ \text{bar}^{-1}.$$

Die sich allein aus der Kompressibilität der Druckflüssigkeit ergebende Federzahl eines Pressenzylinders wird nach Bild 7.78 und mit (7.65)

$$C_\text{D} = \frac{dF}{\Delta h} = \frac{KA_0}{h} = \frac{KF}{hp}. \tag{7.66}$$

Für eine hydraulische Presse mit der Nennkraft F_N, dem Hub H und dem Druck p ergibt sich die Federzahl der Druckflüssigkeit bei ganz ausgefahrenem Kolben und Nennkraft zu:

$$C_\text{D} = \frac{KF_\text{N}}{Hp}. \tag{7.67}$$

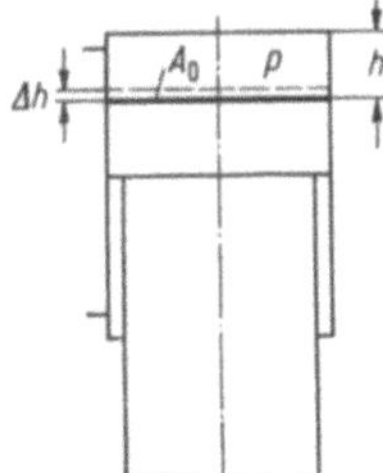

Bild 7.78 Federweg Δh bei Kompression der Druckflüssigkeit in einem Hydrozylinder

Für eine ölhydraulische Presse mit den Daten

$$F_\mathrm{N} = 6300\ \mathrm{kN}, \qquad H = 800\ \mathrm{mm},$$

$$p = 315\ \mathrm{bar}, \qquad \frac{1}{K} = 7 \cdot 10^{-5}\ \mathrm{bar}^{-1}$$

ergibt sich bei Nennkraft und Nennhub nach (7.67) eine Federzahl aus der Kompressibilität des Öls von

$$C_\mathrm{D} = 357\ \mathrm{kN/mm},$$

der Federweg des Öls bei Nennkraft wird

$$\Delta h = \frac{F_\mathrm{N}}{C_\mathrm{D}} = 17{,}6\ \mathrm{mm}.$$

Die Kompressibilität des Öls und die Auffederung der Pressenteile bei Belastung können zu Umformgeschwindigkeiten führen, die erheblich von den theoretisch zu erwartenden Werten abweichen. Bei Schneidvorgängen treten infolge des bei dem steilen Kraftabfall expandierenden Drucköls Schwierigkeiten auf, die durch Dämpfungssysteme (Schnittschlagdämpfung) kompensiert werden können.

Unter Altern versteht man die Reaktion der Druckflüssigkeit mit dem Luftsauerstoff. Durch die Alterung entstehen ölunlösliche Oxidations- und Polymerisationsprodukte, wie Harze und Teerstoffe. Fortschreitende Alterung läßt sich an zunehmender Dunkelfärbung und einem Anstieg der Zähigkeit erkennen. Die Alterungsgeschwindigkeit wird durch die Katalysationswirkung verschiedener Metalle (z. B. Kupfer, Bronze) sowie Schmutz, Wasser und Rost erhöht. Eine ständige Filtrierung des Hydrauliköls im Haupt- und Nebenstrom verlängert den Alterungsprozeß.

Bei Temperaturen über 70 °C nimmt die Alterungsgeschwindigkeit sehr stark zu [7.41]. Die Schutzwirkung gegen Korrosion ist maßgeblich für die Lebensdauer der Anlage, sie kann durch sog. Additive bedeutend erhöht werden.

Um Mischreibungszustände bei hohen Flächenpressungen zu vermeiden, müssen die Druckflüssigkeiten ausreichende Haft- und Schmiereigenschaften haben.

Zwischen der Druckflüssigkeit und den Dichtungen dürfen keine Reaktionen auftreten, die zu einer Zersetzung der Dichtung, zum Kleben am Metall oder zu einer Verunreinigung der Druckflüssigkeit führen.

Durch Fehler beim Befüllen oder Undichtigkeiten kann die Druckflüssigkeit beachtliche Mengen Luft lösen. Dadurch wird die Kompressibilität erhöht, und beim Entspannen kann durch Freiwerden der gelösten Luft starke Schaumbildung auftreten. Durch Antischaummittel kann das Luftabscheidevermögen vergrößert und die Schaumneigung verringert werden.

Dringt durch Kondensation oder Undichtigkeiten im Kühlsystem Wasser in das Hydrauliksystem ein, so wird die Korrosionsgefahr erhöht und die Schmierwirkung verringert. Außerdem kann das Wasser mit der Druckflüssigkeit chemisch reagieren und alkalische oder saure Verbindungen bilden. Die Druckflüssigkeit sollte regelmäßig auf ihren Zustand kontrolliert und in entsprechenden Abständen gewechselt werden.

7.3.1.3 Schwer entflammbare Druckflüssigkeiten

Bei hydraulischen Pressen zur Warmumformung besteht bei Leckverlusten oder Undichtigkeiten die Gefahr der Entzündung von Hydrauliköl. Um die Brandgefahr zu verringern, wurden schwer entflammbare Druckflüssigkeiten entwickelt. Auch die meisten schwer entflammbaren Flüssigkeiten können beim Auftreffen auf eine Zündquelle kurzzeitig aufflammen. Doch während sich Mineralöl an heißen Teilen entzündet und weiterbrennt, kommt es bei schwer entflammbaren Flüssigkeiten zur Bildung von Gasen oder Dämpfen, welche die Flammen ersticken.

Feuerresistente Druckflüssigkeiten sind z. B.:

- HF-A-Flüssigkeiten = Öl-in-Wasser-Emulsionen mit einem Wasseranteil von mehr als 90%.
- HF-B-Flüssigkeiten = Wasser-in-Öl-Emulsionen mit einem Wasseranteil von mindestens 40% und erhöhter Schmierfähigkeit.
- HF-C-Flüssigkeiten = Wasser-Glykol-Lösungen, deren Mischungsverhältnis einer stetigen Überwachung bedarf. Die Schmierfähigkeit entspricht Mineralöl.
- HF-D-Flüssigkeiten = Wasserfreie, synthetische Flüssigkeiten, Phosphatester, Silikone, chlorierte Kohlenwasserstoffe.
  Der Einsatz dieser Flüssigkeiten ist wegen z. T. gesundheitsschädigender Folgen im Arbeitsbereich nicht zu empfehlen.

Viele schwer entflammbare Flüssigkeiten haben eine höhere Dichte und eine geringere Schmierwirkung als Mineralöle. Die bei ihrer Verwendung auftretenden Dichtungsprobleme sind insbesondere hinsichtlich der Werkstoffe für Dichtungen noch nicht allgemein gelöst.

7.3.2 Antriebssysteme

Bei hydraulischen Pressen wird einem oder mehreren Zylindern Druckflüssigkeit mit hoher Druckenergie zugeführt, die dort in mechanische Arbeit umgesetzt wird. Nach der Art der Energiequelle für die Flüssigkeit lassen sich hydraulische Kreisläufe bei Umformmaschinen nach Zymák [7.43] in zwei Gruppen einteilen:

- Hydraulische Kreisläufe mit einer Förderstromquelle,
- hydraulische Kreisläufe mit einer Druckquelle.

Die ideale Förderstromquelle liefert den Hydrozylindern einen gleichbleibenden Flüssigkeitsstrom, dessen Betrag unabhängig vom Druck im System ist.

Entsprechend hat die ideale Druckquelle einen gleichbleibenden Druck, der vom Flüssigkeitsstrom, der aus der Druckquelle entnommen wird, unabhängig ist.

Die bei hydraulischen Pressen in der Praxis ausgeführten Systeme stellen nur näherungsweise ideale Quellen dar.

7.3.2.1 Pressen mit Förderstromquelle (unmittelbarer Pumpenantrieb)

Bei hydraulischen Pressen mit diesem Antrieb wird den Zylindern der aus Hochdruckpumpen kommende Flüssigkeitsstrom direkt über Leitungen und Ventile zugeführt. Als Druckflüssigkeit wird fast ausschließlich Öl verwendet. Bild 7.79 zeigt das vereinfachte Schema einer Presse mit unmittelbarem Pumpenantrieb.

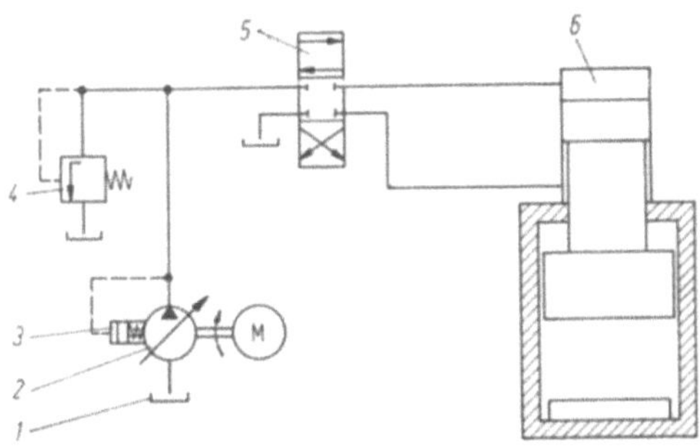

Bild 7.79 Grundschema eines hydraulischen Kreislaufs einer Presse mit Förderstromquelle (unmittelbarer Pumpenantrieb). Nach [7.43].
1 Behälter, 2 Verstellpumpe, 3 Regler, 4 Druckbegrenzungsventil, 5 4/3-Wegeventil, 6 Hydrozylinder der Presse

Von der Pumpe wird primär ein bestimmter Förderstrom geliefert (Förderstromquelle). Der Druck im Kreislauf stellt sich erst als Folge der äußeren Kraft sowie der Widerstände im System ein. Da die Pumpen nur gegen den jeweils für den Umformvorgang erforderlichen Druck fördern müssen, ist der Wirkungsgrad des Antriebssystems auch bei Vorgängen gut, die nicht die volle Nennkraft der Maschine erfordern. Der Antrieb kann so ausgelegt werden, daß die Drehzahl der Pumpen und damit der Förderstrom nur geringfügig vom Druck im hydraulischen Kreis abhängen. Daher kann bei einer hydraulischen Presse mit direktem Pumpenantrieb die geforderte Geschwindigkeit auch bei Umformvorgängen mit stark veränderlicher Umformkraft eingehalten werden. Dies kann z. B. bei Strangpressen, auf denen schwer umformbare Metalle verarbeitet werden sollen, von ausschlaggebender Bedeutung sein.

Die Geschwindigkeit des Kolbens (Stößels) kann meist stufenlos über eine Verstellung der Fördermenge der Hochdruckpumpen eingestellt werden. Dadurch eignet sich der direkte Pumpenantrieb für Pressen, die mechanisiert werden sollen, bzw. in Fertigungsstraßen mit mehreren anderen Pressen verkettet sind.

Infolge der begrenzten Fördermenge und Leistung der verfügbaren Hochdruckpumpen werden für große Pressen oft mehrere Pumpen mit unterschiedlicher Fördermenge parallel geschaltet. Durch Kombination entsprechender Pumpen lassen sich in Stufen verschiedene Arbeitsgeschwindigkeiten einstellen. Die nicht benötigten Pumpen arbeiten dabei leer oder werden abgeschaltet. Durch Kombination mehrerer Pumpen mit konstanter Fördermenge mit einer Pumpe mit verstellbarer Fördermenge läßt sich auch bei großen Anlagen die Geschwindigkeit stufenlos einstellen [7.44].

Ein wesentliches Merkmal des unmittelbaren Pumpenantriebs ist es, daß die Leistung der Pumpe und das Antriebsmotors nach dem maximalen Leistungsverbrauch der Presse ausgelegt werden muß [7.46].

Die Pumpenleistung wird:

$$P_\mathrm{P} = \frac{1}{\eta_\mathrm{A}}\, F_\mathrm{N} v_\mathrm{max}. \tag{7.68}$$

Bei großen Nennkräften bzw. Geschwindigkeiten sind verhältnismäßig große Pumpenleistungen erforderlich. Damit wird auch die Belastung des elektrischen Netzes größer als bei vergleichbaren Pressen mit Speicherantrieb.

7.3.2.2 Kreisläufe mit Druckquelle (Speicherantrieb)

Die Druckflüssigkeit wird den Zylindern der Presse über Leitungen und Ventile aus Hydrospeichern zugeführt. Bild 7.80 zeigt einen vereinfachten Kreislauf einer Presse mit Speicherantrieb. Als Druckflüssigkeit wird normalerweise Wasser mit einem Zusatz von 1 bis 3% Öl verwendet [7.44]. Die modernen Hydrospeicher für Druckwasser sind Hochdruckbehälter, in denen die Flüssigkeit direkt von komprimierter Luft beaufschlagt wird. Bei Entnahme von Druckflüssigkeit aus dem Hydrospeicher nimmt der Druck infolge der Expansion der eingeschlossenen Luft ab (üblicherweise werden etwa 10 bis 15% Druckabfall zugelassen). Als Druckquelle liefert der Hydrospeicher Flüssigkeit mit gegebenem hydrostatischem Druck. Der Flüssigkeitsstrom und damit die Geschwindigkeit des Kolbens (Stößels) stellen sich nach dem Widerstand des Systems, der sich aus der wirkenden Umformkraft sowie den vorhandenen Strömungs- und Reibwiderständen zusammensetzt, ein. Die Geschwindigkeit des Kolbens (Stößels) wird durch Drosseln verstellt, wobei die überschüssige hydraulische Energie in Wärme umgesetzt wird.

Ein Vorteil des Speicherantriebs ist es, daß die Pumpen und Antriebsmotoren im Gegensatz zum unmittelbaren Pumpenantrieb nur auf eine mittlere Leistung der Presse oder der Anlage ausgelegt werden müssen. Die Pumpen fördern über einen längeren Zeitraum in die Hydrospeicher, welche die kurzzeitig auftretenden Leistungsspitzen des Umformvorgangs decken. Nachteilig ist bei Speicherantrieb, daß die Pumpen stets gegen den vollen Betriebsdruck der Speicher fördern müssen, auch dann, wenn die Nennkraft der Presse nicht ausgenützt wird [7.44].

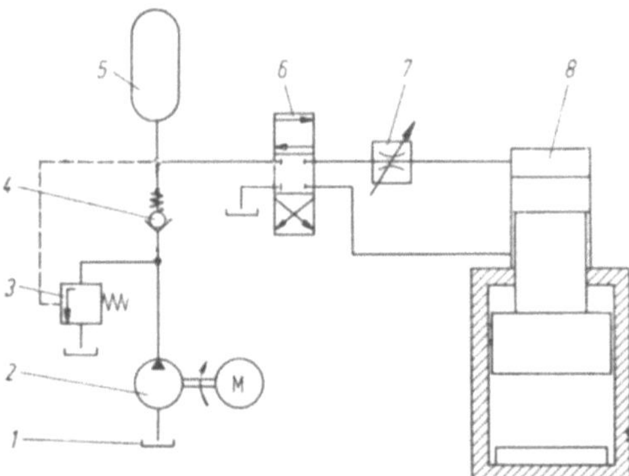

Bild 7.80 Grundschema eines hydraulischen Kreislaufs einer Presse mit Druckquelle (Speicherantrieb). Nach [7.43]. *1* Behälter, *2* Pumpe mit Motor, *3* Druckbegrenzungsventil, *4* Rückschlagventil, *5* Hydrospeicher, *6* 4/3-Wegeventil, *7* Drosselventil, verstellbar, *8* Hydrozylinder der Presse

7.3.2.3 Anwendungsgebiete von unmittelbarem Pumpenantrieb und Speicherantrieb

Der unmittelbare Pumpenantrieb ist in jüngerer Zeit stark im Vordringen. Die Grenze für die Anwendung wird von der erreichbaren Pumpenleistung gezogen. Daher wird der direkte Pumpenantrieb für kleine bis mittlere Pressen sowie für große Pressen mit kleinen Arbeitsgeschwindigkeiten eingesetzt. Bei Schmiedepressen liegt die Grenze derzeit bei einer Nennkraft von etwa 20000 bis 30000 kN. Die stufenlose Einstellbarkeit der Geschwindigkeit und die zuverlässige und schnelle Steuerung durch Ventile mit Schiebern, welche bei Öl als Druckflüssigkeit verwendet werden können, hat dem unmittelbaren Pumpenantrieb in der Serienproduktion zum Durchbruch verholfen. So werden hydraulische Pressen für die Serienfertigung von Blechteilen und zur Kaltmassivumformung fast ausschließlich mit unmittelbarem Pumpenantrieb ausgeführt.

Für Pressen mit sehr großer Nennpreßkraft und (oder) großen Arbeitsgeschwindigkeiten wird der Speicherantrieb bevorzugt. Auch für Pressen, die von einer gemeinsamen Speicheranlage versorgt werden können, ist der Speicherantrieb günstig, da die Pressen normalerweise nicht gleichzeitig den Arbeitshub ausführen. Jedoch verlagert sich auch in Schmiedebetrieben das Schwergewicht zum unmittelbaren Pumpenantrieb, da beim Einsatz von Manipulatoren die Handhabungszeiten kürzer und die Hubzahlen größer werden. Damit werden die Zeiten für das Aufladen der Speicher kürzer, und die erforderlichen Pumpenleistungen nähern sich denen bei unmittelbarem Pumpenantrieb [7.44].

7.3.3 Kenngrößen hydraulischer Pressen

Bei einer mechanischen Presse ist die am Stößel verfügbare Kraft nicht konstant, sondern sie ändert sich entsprechend der Kinematik des Antriebs (Kniehebel-, Kurbelantrieb usw.) mit dem Stößelweg (Bild 7.81).

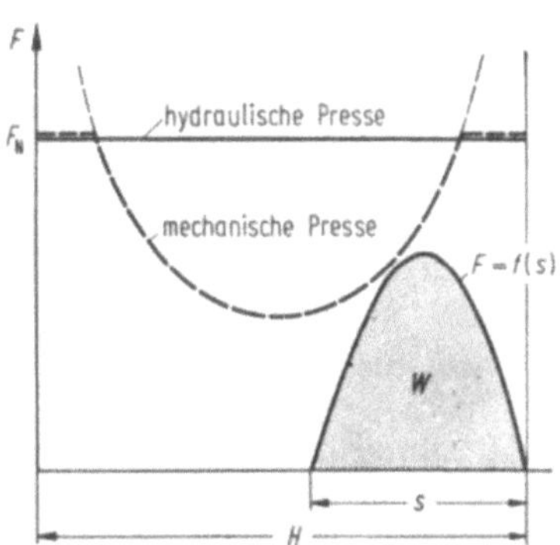

Bild 7.81 Vergleich einer hydraulischen Presse mit einer mechanischen Presse im Kraft-Weg-Schaubild. $F = f(s)$: Kraft-Weg-Schaubild eines Umformvorgangs

Im Gegensatz dazu besteht bei hydraulischen Pressen keine Abhängigkeit zwischen der Stößelstellung und der Stößelkraft. Die Größtkraft steht im Prinzip während des gesamten Hubs zur Verfügung und kann nicht überschritten werden (kraftgebundene Presse).

Für die Beanspruchung der Presse ist das Kraft-Weg-Schaubild des Umformvorgangs maßgeblich.

$$F = f(s); \qquad W = \int_0^s F\, ds. \tag{7.69}$$

Von der hydraulischen Presse aus betrachtet:

Preßkraft nach (7.62b) $\qquad\qquad\qquad F \approx pA\,,$ $\qquad\qquad$ (7.70)[2]

theoretische Werkzeuggeschwindigkeit $\qquad v = \dfrac{\dot V}{A}\,,$ $\qquad\qquad$ (7.71)

Arbeit $\qquad\qquad\qquad\qquad\qquad\qquad W \approx \int_0^s pA\, ds\,.$ $\qquad\qquad$ (7.72)[2]

Für die Auslegung des hydraulischen Antriebs sind der Druck p und der Förderstrom $\dot V$ die maßgeblichen Größen.

7.3.4 Bauarten hydraulischer Pressen

Hydraulische Werkzeugmaschinen zum Umformen haben sich auf nahezu allen Gebieten der Umformtechnik eingeführt, bei denen eine geradlinige Hauptbewegung des Werkzeugs erforderlich ist. Entsprechend der Mannigfaltigkeit der Umformverfahren und der Größe der umzuformenden Teile ergibt sich eine außerordentliche Vielfalt an Bauarten und Größen hydraulischer Pressen.

Die Einteilung der hydraulischen Pressen kann einmal von der Art des Antriebs ausgehen:

— Hydraulische Pressen mit Förderstromquelle (unmittelbarer Pumpenantrieb),
— hydraulische Pressen mit Druckquelle (Speicherantrieb).

Ein weiteres Unterscheidungsmerkmal ist die Art der darauf zu bearbeitenden Werkstücke:

— Hydraulische Pressen für die Blechumformung,
— hydraulische Pressen für die Massivumformung.

Neben dieser groben Einteilung ist die Benennung der hydraulischen Pressen nach den Umformverfahren üblich, welche hauptsächlich auf ihnen ausgeführt werden, z. B. Freiformschmiedepresse, Schmiedepresse, Strangpresse aus dem Bereich Massivumformung oder Schneid- und Ziehpresse aus dem Bereich Blechumformung.

Bei den Pressen zur Kaltmassivumformung und zum Karosserieziehen entsprechen die Gestellbauarten der hydraulischen Pressen weitgehend denjenigen mechanischer Pressen. Auf anderen Gebieten (Schmiedepressen, Strangpressen usw.) wurden Bauformen entwickelt, die weitgehend von der Eigenart des Vorgangs und der Hydraulik geprägt sind. Die Bilder 7.82 und 7.83 zeigen hydraulische Pressen für verschiedene Umformverfahren.

---

[2] Reibungs- und Beschleunigungskräfte vernachlässigt.

Bild 7.82 Dreistufige Freiformschmiedepresse in Viersäulenbauart.
Nennkraft 60000 kN, Kraftstufung 20000/40000/60000 kN.
Speicherantrieb $p = 200$ bar (Hydraulik Duisburg)

Bild 7.83 Pressenstraße mit hydraulischen Pressen zur Herstellung von Karosserieteilen
(Müller-Weingarten)

So sind hydraulische Pressen für das Kaltfließpressen besonders für lange Wege geeignet (Bild 7.84). Das (unbeschränkte) Arbeitsvermögen bei direkt angetriebenen, regelbaren Hochdruckpumpen erlaubt eine ideale Abstimmung der erforderlichen Umformgeschwindigkeiten auf Werkstoff und Werkzeug. Eine exakte mechanische Hubbegrenzung ermöglicht die Einhaltung engster Höhentoleranzen.

Hydraulische Warmschmiedepressen werden aus Sicherheitsgründen meist mit schwer entflammbaren Druckflüssigkeiten betrieben. Bei direktem Antrieb mit Hochdruckpumpen ist ein schnelles Regelverhalten erforderlich, damit die Druckberührzeiten klein gehalten werden können. Aus Gründen der Energieersparnis werden Schmiedepressen mit Speicherantrieben ausgeführt.

Bild 7.84 Hydraulische Presse für das Kaltfließpressen; Nennkraft 12 500 kN (Müller-Weingarten)

Bei hydraulischen Schneidpressen sind innerhalb der Steuerung Dämpfungssysteme üblich. Diese verringern den sog. Schnittschlag, d. h. die große Beschleunigung des Stößels aufgrund der Dekompression des Hydraulikmediums beim Kraftabfall am Ende des Schneidvorgangs.

Bei Ziehpressen werden hauptsächlich zwei Ausführungen unterschieden: Solche mit stehendem Niederhalter und solche mit bewegtem Niederhalter. Bei Pressen mit stehendem Niederhalter sind auf dem Niederhalterrahmen zwei, vier oder sechs Druckkolben angeordnet. Damit ist eine sehr feinfühlige Einstellung der Niederhalterkräfte möglich, was besonders bei komplizierten, asymmetrischen Werkstücken vorteilhaft ist. Im Gegensatz dazu eignen sich Pressen mit bewegtem Niederhalter vor allem für symmetrische Ziehteile, wobei der unten angeordnete Blechhalter gleichzeitig die Funktion des Auswerfers übernimmt.

7.3.5 Bauelemente

7.3.5.1 Pumpen und zugehörige Regeleinrichtungen

Pumpen für Öl als Druckflüssigkeit. Öl unterscheidet sich von Wasser in seinen Eigenschaften als Druckflüssigkeit besonders durch seine höhere Viskosität und die gute Schmierwirkung. Die höhere Viskosität erlaubt es, in Ventilen und Pumpen eingeschliffene Kolben ohne besondere Dichtungen zu verwenden. Infolge des geringen Passungsspiels treten nur geringe Lecköverluste auf. Gleichzeitig sind hohe Kolbengeschwindigkeiten möglich und damit hohe Pumpendrehzahlen zulässig. Pumpe und Elektromotor können deshalb direkt gekuppelt werden, wodurch sich Pressenantriebe mit geringem Leistungsgewicht und nahezu gleichmäßigem Ölstrom ergeben.

Eine Übersicht über die wichtigsten Pumpenbauarten und deren Kennwerte gibt Tabelle 7.4.

Als Hochdrucköpumpen werden bei hydraulischen Pressen Vielkolbenpumpen mit kleinem Hub und Kolbendurchmesser oder Innenzahnradpumpen verwendet.

Innenzahnradpumpen in ein- oder mehrstufiger Ausführung haben eine beidseitige Axialkompensation und eine sich selbst nachstellende Radialkompensation. Derzeit liegt der maximale Betriebsdruck bei 320 bar, der maximale Förderstrom bei $185\,\mathrm{l/min^{-1}}$ (Bild 7.85 und 7.86). Diese Pumpen zeichnen sich durch eine sehr niedrige Geräuschentwicklung aus.

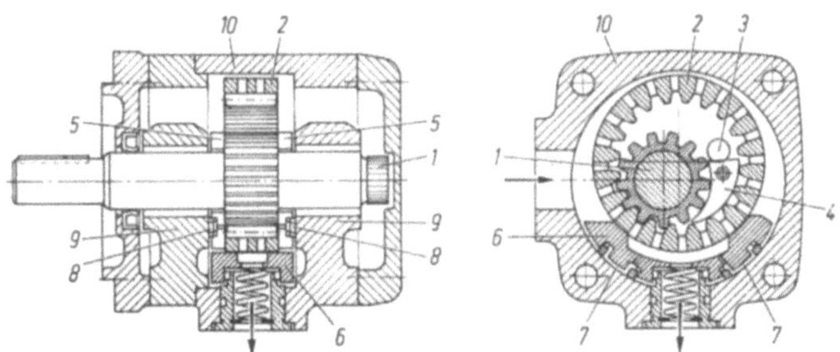

Bild 7.85 Vereinfachte Darstellung des Aufbaus einer Innenzahnradpumpe (Voith, Lizenz Eckerle). *1* Ritzwelle, *2* Außenrotor, *3* Füllstückstift, *4* Füllstück, *5* Axialscheiben, *6* Steuerkolben, *7* Radial-Druckfelder, *8* Axial-Druckfelder, *9* Elasticlager, *10* Gehäuse

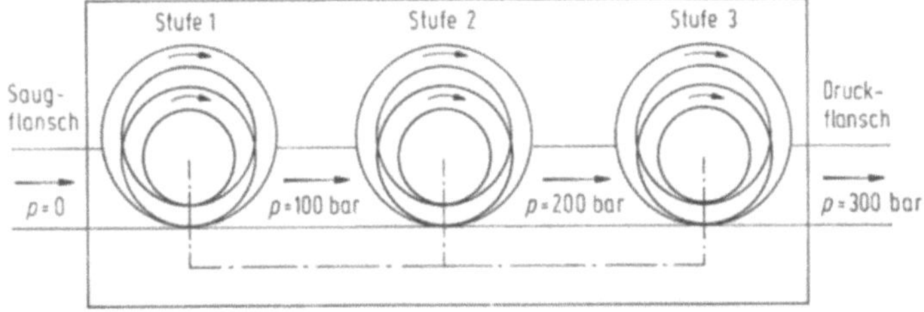

Bild 7.86 Mehrstufige Anordnung von Innenzahnradpumpen (Bucher)

Tabelle 7.4 Kennwerte der wichtigsten Pumpenbauarten. Nach [7.45]

Gruppe	Bauweise	Arbeitsdruck Δp bar	Verdrängungsvolumen je Umdrehung V_1 ml	Antriebsdrehzahl n_1 s^{-1}	Bemerkung
Zahnradpumpen	Außenzahnradpumpen	bis 350	bis 1200	bis 66,5	V_1 nicht verstellbar; η schlecht bei kleineren Drehzahlen; hohe Leistungsdichte $G < 0,1$ kg/kW
	Innenzahnradpumpen	bis 350	bis 1200	bis 50	V_1 nicht verstellbar; η schlecht bei kleinen Drehzahlen; besonders geräuscharm
Flügelpumpen	Flügelzellen-pumpen	bis 250	bis 800	bis 40	V_1 verstell- und reversierbar; auch als Hydromotor verwendbar
	Festflügelpumpen	bis 250	bis 400	bis 66,5	V_1 nicht verstellbar; besonders gleichförmiger Fördervorgang;

Kolbenpumpen	Reihenkolben-pumpen	bis 630	bis 5000	bis 30	V_1 nicht verstellbar; überwiegend für Wasser sowie HF-A- oder HF-B-Flüssigkeiten
	Radialkolben-pumpen	bis 700	bis 15000	bis 58	V_1 verstell- und reversierbar; geräuscharm; größte Systemdrücke erreichbar; auch als Hydromotor nutzbar
	Axialkolben-pumpen	bis 500	bis 2000	bis 66,5	V_1 verstell- und reversierbar; wirtschaftlich bei großen Übertragungsleistungen; hoher Geräuschpegel; auch als Hydromotor verwendbar.

Das Funktionsprinzip einer Innenzahnradpumpe zeigt Bild 7.85. Hierbei treibt das außenverzahnte Innenrad (1) den innenverzahnten Außenrotor (2) an. Durch den sich einstellenden Betriebsdruck in den Radialfeldern (7) wird der Steuerkolben (6) gegen den Außenrotor gepreßt und drückt diesen dabei gegen das Innenrad und das Füllstück (4) gegen den Füllstückstift (3). Geführt wird der Außenrotor durch die seitlich anliegenden Axialscheiben (5). Durch Drehung des Zahnradpaars im Uhrzeigersinn wird das Öl in den Zahnhohlräumen am Füllstück entlang transportiert, durch die sich schließende Verzahnung auf ein höheres Druckniveau gebracht und über den Druckraum des Steuerkolbens zum Druckölanschluß des Steuerkolbens gefördert. Der große Eingriffsweg und der flankenspielarme Lauf ergeben eine geringe Förderstrom- und Druckpulsation, was sehr zum geräuscharmen Lauf der Pumpe beiträgt. Der von einer Innenzahnradpumpe mit einem Zahnräderpaar erreichbare Druck ist begrenzt. Oft werden deshalb mehrere Pumpenelemente in Reihe hintereinander geschaltet, das Öl fließt vom Ausgang der einen Stufe in den Eingang der folgenden (Bild 7.86). Für einen Enddruck von 300 bar ergibt sich bei einer dreistufigen Anordnung eine Belastung von 1/3 des Gesamtdrucks je Stufe.

Die verwendeten Vielkolbenpumpen lassen sich nach der Anordnung der Kolben einteilen in:

> Radialkolbenpumpen,
> Axialkolbenpumpen,
> Reihenkolbenpumpen.

Weiterhin kann bei den Drucköpumpen für hydraulische Pressen zwischen den Bauarten mit konstantem Förderstrom und denjenigen mit stufenlos verstellbarem Förderstrom unterschieden werden.

Als Beispiele für die vielen verschiedenen Bauarten von Drucköpumpen, welche auf dem Markt sind, sollen zwei Ausführungen kurz beschrieben werden.

Radialkolbenpumpen eignen sich für kleinere und mittlere Pressen. Sie werden sowohl direkt im Ölbehälter als auch außerhalb angeordnet. Durch eine Vielzahl von Steuereinheiten, die im Baukastenprinzip je nach Einsatzgebiet der Presse an die Pumpe angebaut werden können, weist dieser Pumpentyp eine große Vielseitigkeit auf.

Bei der in Bild 7.87 gezeigten Radialkolbenpumpe handelt es sich um eine innenbeaufschlagte, schiebergesteuerte Pumpe mit radial im Zylinderstern angeordneten Kolben, die sich über hydrostatisch entlastete Gleitschuhe im exzentrischen Hubring abstützen. Volumenverstellung und Förderrichtungsumkehr erfolgen durch Veränderung der Exzentrizität des Hubrings mit Hilfe von Stellkolben.

Das Antriebsmoment wird von der Welle (1) über eine Kreuzscheibenkupplung (2) querkraftfrei auf den Zylinderstern (3) übertragen, der auf dem Steuerzapfen (4) gelagert ist. Die radial im Zylinderstern angeordneten Kolben (5) stützen sich über hydrostatisch entlastete Gleitschuhe (6) im Hubring (7) ab. Kolben und Gleitschuh sind über ein Kugelgelenk miteinander verbunden und durch einen Ring (8) gefesselt. Die Gleitschuhe werden durch zwei übergreifende Ringe (9) im Hubring geführt und im Betrieb durch Fliehkraft und Öldruck an den Hubring gedrückt. Bei Rotation des Zylindersterns führen die Kolben infolge der exzen-

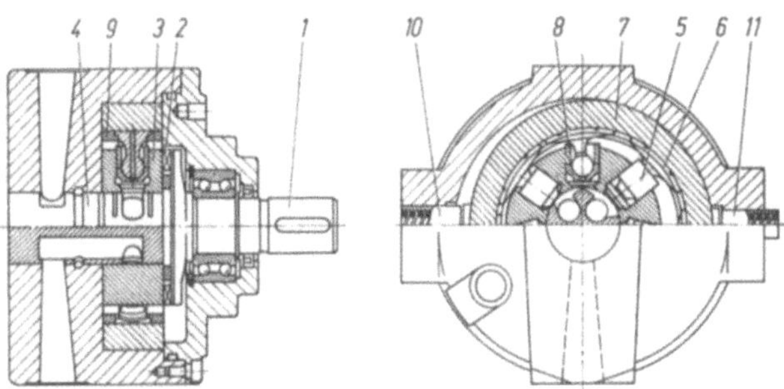

Bild 7.87 Radialkolbenpumpe (Bosch). *1* Antriebswelle, *2* Kreuzscheibenkupplung,
3 Zylinderstern, *4* Steuerzapfen, *5* Kolben, *6* Gleitschuhe, *7* Hubring, *8, 9* Ring,
10, 11 Stellkolben

trischen Lage des Hubrings eine Hubbewegung aus, die dem doppelten Wert der
Exzentrizität entspricht. Die Exzentrizität wird durch zwei im Pumpengehäuse
gegenüberliegende Stellkolben (*10, 11*) verändert. Die Zu- und Abführung des
Ölstroms erfolgt über Kanäle im Gehäuse und Steuerzapfen, gesteuert durch
Saug- und Druckschlitze. Nach Erreichen des am Druckregler eingestellten Drucks
wird der Pumpenförderstrom durch Verkleinerung der Exzentrizität mit den
Stellkolben (*10, 11*) so vermindert, daß er nur noch dem Verbraucherölbedarf
bzw. dem Leckölstrom entspricht. (Bild 7.88 zeigt schematisch den Aufbau dieser
Regelung.) Wegen der Anpassung des Ölstroms an das „System" haben druck-
geregelte Pumpen eine geringere Verlustleistung.

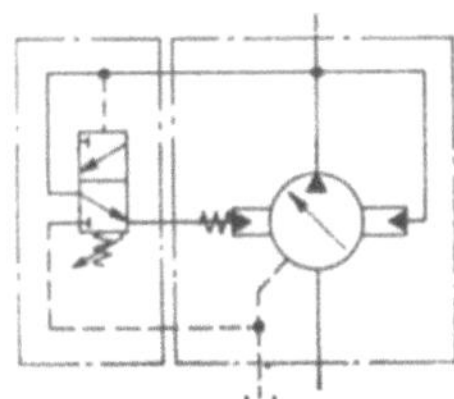

Bild 7.88 Schema der Druckregelung der Radialkolbenpumpe
nach Bild 7.87 (Bosch)

Axialkolbenpumpen werden bei mittleren und großen Pressen in Einfach-
und Mehrfachanordnung eingesetzt. Die leichte Verstellbarkeit dieser Konstruktion erlaubt einen Einsatz als einseitig verstellbare oder durch Null verstellbare
(reversierende) Pumpe. Damit ist eine Umkehrung des Förderstroms möglich,
die auch bei großen bewegten Massen eine stoßfreie Umkehr der Bewegung gestattet. Weitere Vorteile dieses Prinzips sind die Möglichkeit der Leistungs-
oder Druckregelung sowie der beliebig einstellbare Förderstrom und das geringe
Leistungsgewicht. Als nachteilig gilt bei Axialkolbenpumpen lediglich die relativ
hohe Geräuschentwicklung, die nur durch aufwendige sekundäre Maßnahmen
gedämpft werden kann. Aus der schematischen Darstellung in Bild 7.89 ist die
Funktionsweise der Axialkolbenpumpe ersichtlich.

Beim Drehen der Antriebswelle wird der Zylinderkörper über die Kolben und
Kolbenstangen zwangsläufig mitgenommen. Jeder der Kolben führt relativ zu

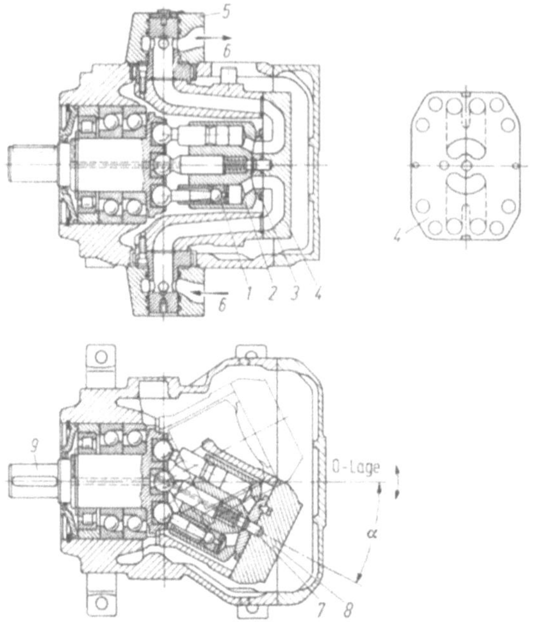

Bild 7.89 Axialkolbenpumpe mit stufenlos verstellbarem Förderstrom (Hydraulik Horb).
1 Kolben, *2* Zylinder, *3* Steuerplatte, *4* Abschlußplatte, *5* Rohrflansch, *6* Arbeitsleitungen,
7 Mittelzapfen, *8* Schwenkgehäuse, *9* Antriebswelle

dem Zylinderkörper pro Umdrehung einen Saughub und einen Druckhub aus.
Zwei nierenförmige Schlitze in der fest mit dem Gehäuse verbundenen Steuerplatte verbinden die einzelnen Zylinder beim Saughub mit der Saugleitung und
beim Druckhub mit der Druckseite der Pumpe. Der Förderstrom kann stufenlos
durch Verstellen des Kolbenhubs verändert werden. Dazu wird das Schwenkgehäuse der Pumpe und damit auch der Zylinderkörper geschwenkt. Der
Hub und damit der Förderstrom ist dem Sinus des Schwenkwinkels α proportional

$$\dot{V} = \frac{\dot{V}_{\max}}{\sin \alpha_{\max}} \sin \alpha. \tag{7.73}$$

Beim Durchfahren der Nullage wechselt der Förderstrom seine Richtung.

Bild 7.89 zeigt den konstruktiven Aufbau der beschriebenen Pumpe. Der
umlaufende Zylinderkörper wird durch den Mittelzapfen geführt und durch die
auf diesem angeordnete Feder gegen die als sphärisches Lager ausgebildete
Steuerplatte gedrückt.

Steuer- und Regeleinrichtungen. Für die Hochdruckkolbenpumpen mit stufenlos
verstellbarem Förderstrom werden Steuer- und Regeleinrichtungen verwendet,
um den Förderstrom der Pumpe dem Arbeitsvorgang anzupassen [7.42].

Bei den schwenkbaren Axialkolbenpumpen (Bild 7.89) erfolgt die Änderung
des Förderstroms durch Schwenken des Gehäuses und damit Verändern des
Kolbenhubs.

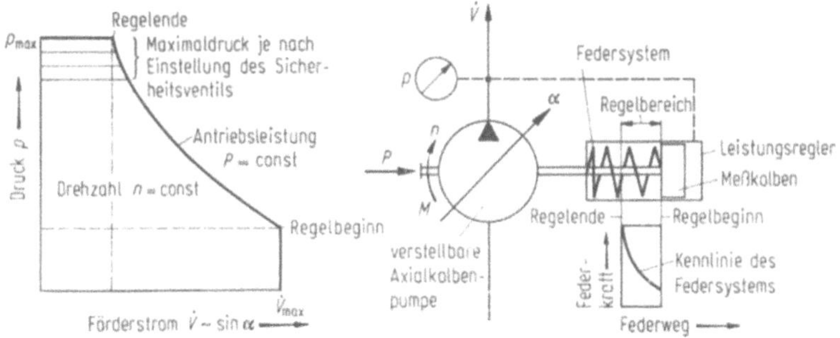

Bild 7.90 Schema und Kennlinie eines Leistungsreglers für eine stufenlos verstellbare Axialkolbenpumpe (Hydromatik)

Um den Förderstrom schnell und feinfühlig verstellen zu können, werden vielfach Folgesysteme (Servoventile) verwendet. Der Servokolben folgt dabei den Bewegungen des Steuerkolbens und erzeugt die erforderliche Verstellkraft, welche die Schwenkbewegung des Gehäuses der Pumpe bewirkt.

Durch die Verwendung von Reglern lassen sich die Pumpen bei hydraulischen Pressen in vielen Fällen den Anforderungen des Umformvorgangs anpassen. Je nach der Aufgabenstellung werden folgende grundsätzlichen Typen von Reglern verwendet:

— Leistungsregler,
— Nullhubregler,
— Druckregler.

Durch einen Regler wird eine physikalische Größe (z. B. Leistung, Druck usw.) laufend mit dem vorgegebenen Wert verglichen, der aufgrund dieser Messungen durch Eingriffe hergestellt und aufrechterhalten wird.

Bild 7.90 zeigt das Prinzip eines Leistungsreglers für eine schwenkbare Axialkolbenpumpe. Seine Hauptaufgabe ist es, bei einem Antriebssystem die Arbeitsgeschwindigkeit automatisch so zu beeinflussen, daß unabhängig von der Belastung die installierte Antriebsleistung in bestimmten Grenzen ausgenutzt wird, aber nie überschritten werden kann (Überlastungsschutz).

Soll entsprechend der Aufgabenstellung die Leistung P konstant gehalten werden, so muß bei der Pumpe nach Bild 7.89 bei konstanter Drehzahl n die Beziehung erfüllt sein:

$$P = p\dot{V} = \text{const}, \tag{7.74}$$

bzw. nach (7.73)

$$P = \frac{\dot{V}_{\max}}{\sin \alpha_{\max}} \sin \alpha \, p = \text{const}. \tag{7.75}$$

Die Abhängigkeit des Förderstroms vom Druck bei konstanter Leistung stellt eine Hyperbel dar (Bild 7.90). Nach (7.75) kann die Leistungsregelung durch ein druckabhängiges Steuern des Schwenkwinkels der Pumpe erreicht werden. Bei einem bekannten Pumpentyp, bei gegebener Antriebsleistung und -drehzahl, ist der Verlauf der Hyperbel festgelegt.

Konstruktiv ist der Regler so aufgebaut, daß ein mit dem Betriebsdruck beaufschlagter Kolben den Pumpenschwenkkörper gegen die Kraft eines Federsystems verstellt, dessen Kennlinie entsprechend der erwähnten Beziehung hyperbolisch ausgelegt ist (Bild 7.90). Bild 7.91 zeigt den Aufbau eines direktgesteuerten Leistungsreglers. Durch entsprechende Zusatzgeräte läßt sich eine Druckabschneidung oder eine Begrenzung des Verstellhubs des Reglers erzielen.

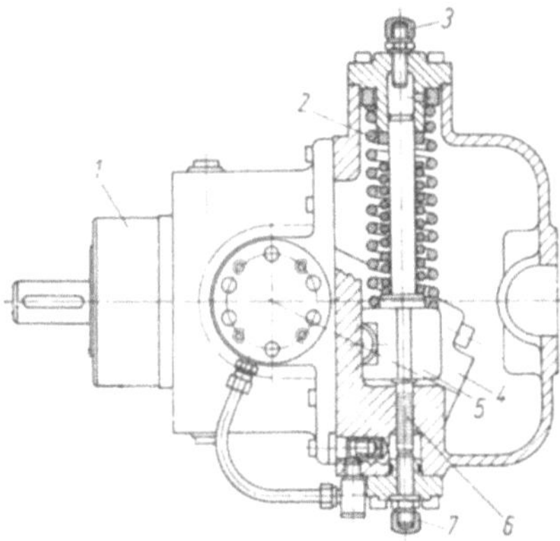

Bild 7.91 Konstruktiver Aufbau eines Leistungsreglers für eine schwenkbare Axialkolbenpumpe mit stufenlos verstellbarem Förderstrom (Hydromatik). *1* Verstellpumpe, *2* Federsatz, *3* Festanschlag für Regelende ($\dot{V}_{min}$), *4* Pumpenschwenkkörper, *5* Führungsstück, *6* Stellkolben, *7* Hubbegrenzung mechanisch, festeingestellt ($\dot{V}_{max}$)

Normalerweise wird der Höchstdruck der Pumpe über ein Druckbegrenzungsventil festgelegt. Soll nur der Höchstdruck gehalten werden, ohne daß eine Pressenkolbenbewegung erfolgt, so strömt der vom Leistungsregler vorgegebene Förderstrom über das Druckbegrenzungsventil. Dort wird die Pumpenleistung in Wärme umgesetzt.

Bei einem Leistungsregler mit Druckabschneidung hingegen kann der Förderstrom beim Höchstdruck bis nahezu Null reduziert werden, so daß die Pumpe nur die nötige Leckölmenge fördert.

Mit einer Hubbegrenzung läßt sich bei Leistungsreglern der Pumpenschwenkwinkel begrenzen und damit der maximale Förderstrom verkleinern. Mit einer Hubbegrenzung kann die Geschwindigkeit eines Pressenkolbens verringert werden, z. B. zur Anpassung an den Vorgang oder zum Einrichten.

Für Vorgänge, bei denen über längere Zeit ein bestimmter Enddruck erforderlich ist, ohne daß eine Bewegung des Pressenkolbens stattfindet, kann ein Nullhubregler eingesetzt werden. Der Hub der Pumpe wird von ihm mit steigendem Betriebsdruck linear bis auf den „Nullhub" verkleinert. Beim Nullhub wird ähnlich wie bei der Druckabschneidung lediglich die Leckölmenge gefördert. In der Nullhubstellung kann der Betriebsdruck bis zu dem am Sicherheitsventil eingestellten Wert ansteigen. Konstruktiv unterscheidet sich der Nullhubregler vom Leistungsregler nur durch die Federauslegung.

Pumpen für Wasser als Druckflüssigkeit. Reihenkolbenpumpen werden fast ausnahmslos für den Betrieb mit HF-A- oder HF-B-Flüssigkeiten eingesetzt. Aufgrund der hohen Pulsationsstöße eignen sie sich besonders für Speicherantriebe. Diese Pumpenbauart zeichnet sich durch hohe Dauerbetriebsdrücke (630 bar) und sehr lange Lebensdauer aus. Besonders verbreitet ist die Dreiplunger-Kolbenpumpe [7.46] (Bild 7.92).

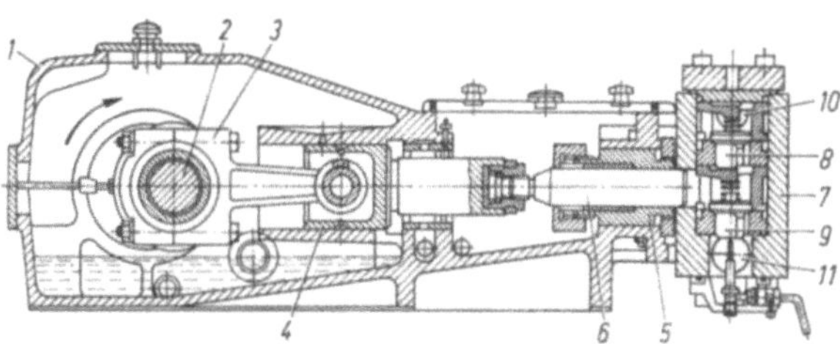

Bild 7.92 Reihenkolbenpumpe (Müller-Weingarten). *1* Triebwerksgehäuse, *2* Kurbelwelle, *3* Pleuelstange, *4* Kreuzkopf, *5* Zylinder, *6* Tauchkolben, *7* Pumpenkörper, *8* Druckventil, *9* Saugventil, *10* Druckanschluß, *11* Sauganschluß

Der Förderstrom einer Kolbenpumpe ist zeitlich nicht konstant, sondern weist eine von der Kolbenzahl abhängige Ungleichförmigkeit auf. Er wird durch den Ungleichförmigkeitsgrad u gekennzeichnet:

$$u = \frac{\dot{V}_{max} - \dot{V}_{min}}{\dot{V}_m} \cdot 100\% \quad \text{für} \quad n = \text{const.} \tag{7.76}$$

Bei Dreiplunger-Kolbenpumpen werden die Pleuel auf der Kurbelwelle um 120° versetzt, wodurch der Ungleichförmigkeitsgrad auf etwa 14% verringert wird. Die Drehzahl dieser Pumpen ist verhältnismäßig niedrig und liegt meist zwischen 120 und 180 min^{-1} [7.46].

7.3.5.2 Zylinder

In den Zylindern der hydraulischen Presse wird die Druckenergie der Hydraulikflüssigkeit in mechanische Arbeit umgewandelt. Bei der Vielzahl von unterschiedlichen Pressenkonstruktionen ist es natürlich, daß auch eine ganze Reihe verschiedener Bauarten von Zylindern Anwendung findet [7.47].

Die folgende kurze Zusammenstellung von Hydrozylindern für Pressen soll einige wichtige Bauarten zeigen.

— Einfachwirkender Zylinder (Hydrozylinder mit Tauchkolben):
Die von der Druckflüssigkeit ausgeübte Kraft bewegt den Zylinder nur in einer Richtung. Die Rückbewegung kann durch äußere Kräfte (z. B. Federkraft, Gegengewicht) erfolgen.

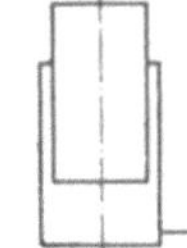

— Doppeltwirkender Zylinder (Differentialzylinder) mit einseitiger Kolbenstange:
Die von der Druckflüssigkeit ausgeübte Kraft bewegt den Kolben in zwei Richtungen. Diese Bauart wird bei Pressen am häufigsten eingesetzt. Die große Kolbenfläche wird beim Umformvorgang, die Ringfläche bei der Rückzugbewegung beaufschlagt.

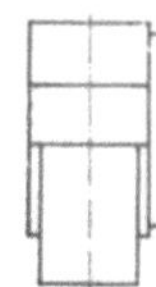

— Doppelwirkender Zylinder mit beidseitiger Kolbenstange:

Es lassen sich gleiche Geschwindigkeiten und Kräfte in
beiden Richtungen erzielen. Da die Kolbenstange beidseitig
im Zylinder geführt ist, eignet sich diese Bauart für große
Hübe.

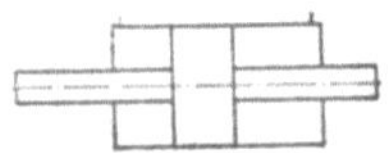

— Zylinder mit Voreilkolben:

Mit dieser Anordnung können zwei verschiedene Geschwindigkeiten in einer Richtung verwirklicht werden (Eilvor-
lauf, Arbeitsgeschwindigkeit).

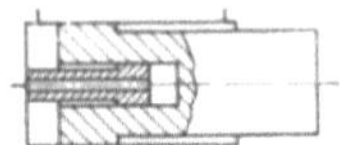

7.3.5.3 Hydrospeicher

In Speicheranlagen wird die Druckflüssigkeit von Pumpen in Hydrospeicher
gefördert. Die für den Arbeitsvorgang von der Maschine benötigte Druckflüssigkeit wird dann aus dem Speicher entnommen. Der Flüssigkeitsdruck wird meist
zwischen 200 und 315 bar gewählt [7.44; 7.48].

Für den Betrieb mit Wasser als Druckflüssigkeit werden heute praktisch nur
noch druckluftbelastete Hydrospeicher eingesetzt (Bild 7.93a).

Damit bei der Entnahme von Druckflüssigkeit nur ein begrenzter Druckabfall
von etwa 10% erfolgt, verhält sich das Wasservolumen zum Gesamtvolumen der
Speicher normalerweise wie 1 : 10 [7.46].

Der nutzbare Druckwasserinhalt der Speicher muß dazu ausreichen, die
Differenz zwischen Pumpenförderung und Druckwasserbedarf zu decken. Bei
kleinen Hydrospeichern wird oft das Wasser- und Luftvolumen in einer Flasche
vereinigt. Bei großen Anlagen wird vielfach eine Wasserflasche und eine ganze

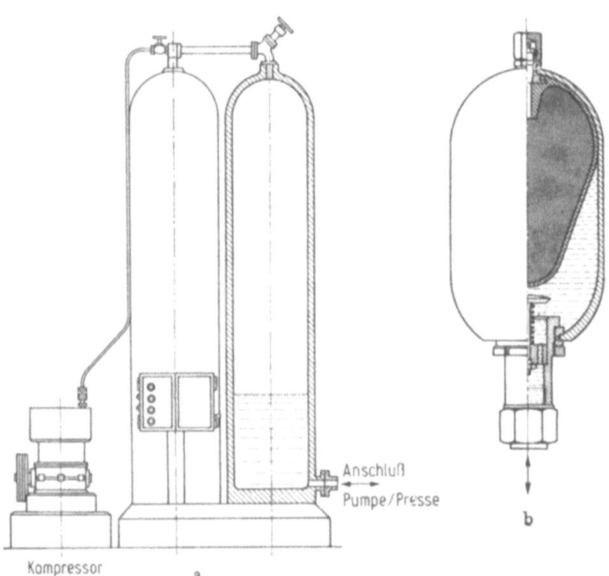

Bild 7.93 Hydrospeicher. **a** Druckwasserspeicher mit Luft beaufschlagt (Banning); **b** Öl-
speicher, indirekt beaufschlagt (Bosch)

Anzahl Luftflaschen verwendet. Die Druckflüssigkeit wird durch die in Abschn. 7.3.5.1 beschriebenen Wasserpumpen in den Speicher gefördert.

Zum Auffüllen des Hydrospeichers mit Druckluft werden kleinere mehrstufige Hochdruckkompressoren eingesetzt. Für das erstmalige Füllen sind mehrere Tage erforderlich, während der Kompressor später nur noch in größeren Abständen zum Nachfüllen benötigt wird.

Außer den großen Speicheranlagen werden bei Öl als Druckflüssigkeit oft kleinere Hydrospeicher mit indirekter Beaufschlagung benützt (Bild 7.93 b). Dabei wird die Druckflüssigkeit über eine elastische, mit Gas gefüllte Blase belastet.

7.3.5.4 Ventile

Ventile sind Geräte zur Steuerung oder Regelung von Start, Stopp und Richtung sowie Druck oder Durchfluß des von einer Hydropumpe oder einem Verdichter geförderten oder in einem Behälter gespeicherten Druckmittels. Die Benennung „Ventil" gilt übergeordnet — entsprechend dem internationalen Sprachgebrauch — für alle Bauarten, wie Schieber, Kugelventile, Tellerventile, Hähne usw.

Die Benennungen und Sinnbilder für Ölhydraulik und Pneumatik sind in DIN 24300, Blatt 1 bis 8, genormt [7.49].

Darin werden fünf Gruppen von Ventilen unterschieden:

1. *Wegeventile.* Ventile, die den Weg eines Hydrostroms (vorwiegend Start, Stopp und Durchflußrichtung) beeinflussen.

Beispiel: Sinnbild

4/2 *Wegeventil*

mit Elektromagnetbetätigung und Rückstellfeder.

2. *Sperrventile.* Ventile, die den Durchfluß vorzugsweise in einer Richtung sperren und in entgegengesetzter Richtung freigeben. Der Druck auf der Abflußseite belastet das sperrende Teil und unterstützt dadurch das Schließen des Ventils.

Beispiel: Sinnbild

Rückschlagventil

Sperrventil, das durch eine auf das sperrende Teil wirkende Kraft schließt.

3. *Druckventile.* Ventile, die vorwiegend den Druck beeinflussen (z. B. Druckbegrenzungsventil, Druckregelventil).

Beispiel: Sinnbild

Druckbegrenzungsventil

Ventil zur Begrenzung des Druckes am Eingang durch Öffnung des Ausgangs gegen Rückstellkraft.

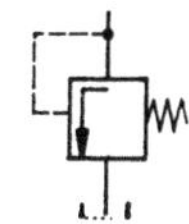

4. *Stromventile.* Ventile, die vorwiegend den Durchfluß beeinflussen (z. B. Drosselventil, Stromregelventil, Absperrventil).

Beispiel: Sinnbild

Drosselventil

Stromventil mit in eine Leitung eingebauter konstanter Verengung. Durchfluß und Druckgefälle sind viskositätsabhängig.

5. *Absperrventil*   Sinnbild

Hinsichtlich ausführlicher Angaben über Hydraulikelemente und Steuerungen sei auf die Spezialliteratur, z. B. [7.50—7.54] verwiesen.

7.3.5.5 Steuerung hydraulischer Pressen

Die Darstellung des Hydrauliksystems erfolgt entsprechend VDI 3225 in Steuerketten, die der Übersichtlichkeit halber aufgeteilt sind in

— Druckerzeugerteil,
— Steuerteil(e),
— Verbraucher.

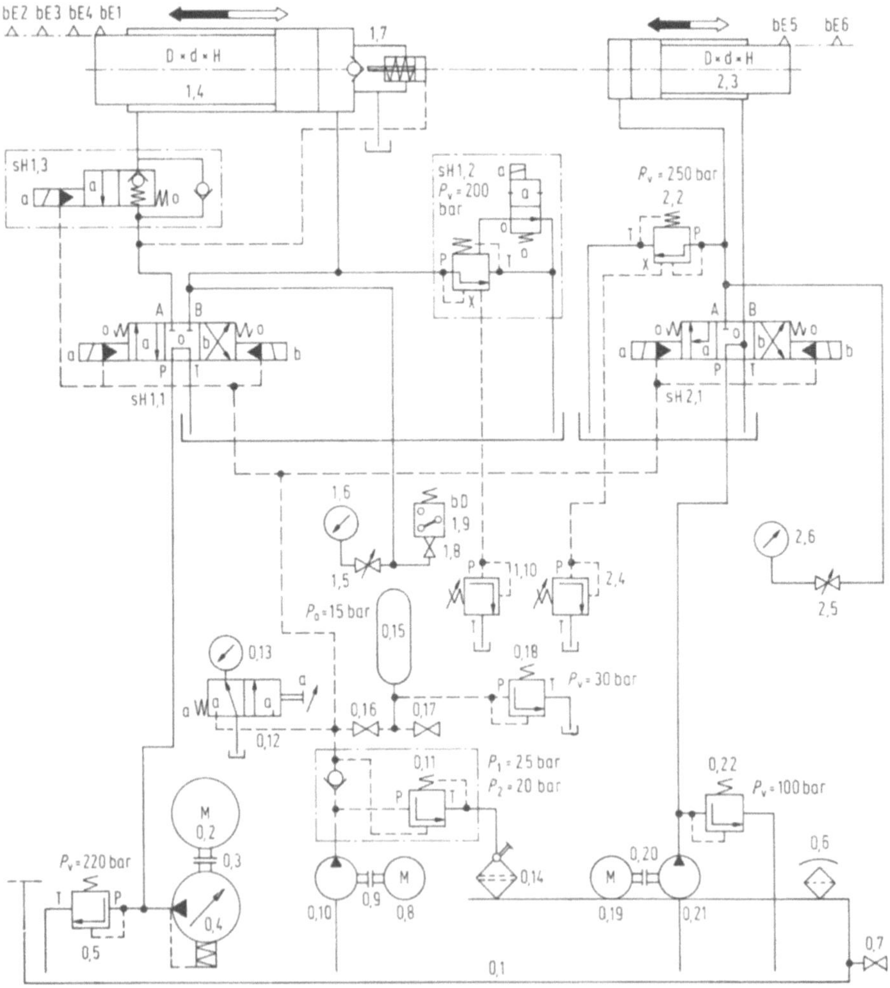

Bild 7.94 Hydraulikplan einer einfachwirkenden Presse mit Ziehkissen (Müller-Weingarten)

Für eine hydraulische Ziehpresse ergeben sich im einfachsten Fall z. B. die drei Steuerketten Versorgungseinheit, Stößelhydraulik und Ziehkissenhydraulik (Bild 7.94). Der Hydraulikplan wird durch den Geräteplan ergänzt, woraus Lage und Anordnung der Geräte ersichtlich sind (Bild 7.95). Über den zeitlichen Ablauf der einzelnen Befehle und Funktionen wird nach VDI 3260 ein Steuerablaufplan (Bild 7.96) aufgestellt.

Durch die Entwicklung von Proportional- und Servoventilen sowie von Druck- und Wegmeßsystemen und den dazugehörigen elektronischen Steuer- und Regelmöglichkeiten können die Bewegungsabläufe der hydraulischen Pressen programmiert und abgespeichert werden. Die für einen bestimmten Fertigungsvorgang notwendigen Weg-, Zeit- und Druckdaten werden einmal eingegeben. Bei einem erneuten Einrichten desselben Werkzeugs entfällt somit die Zeit für die Einstellung der Maschine.

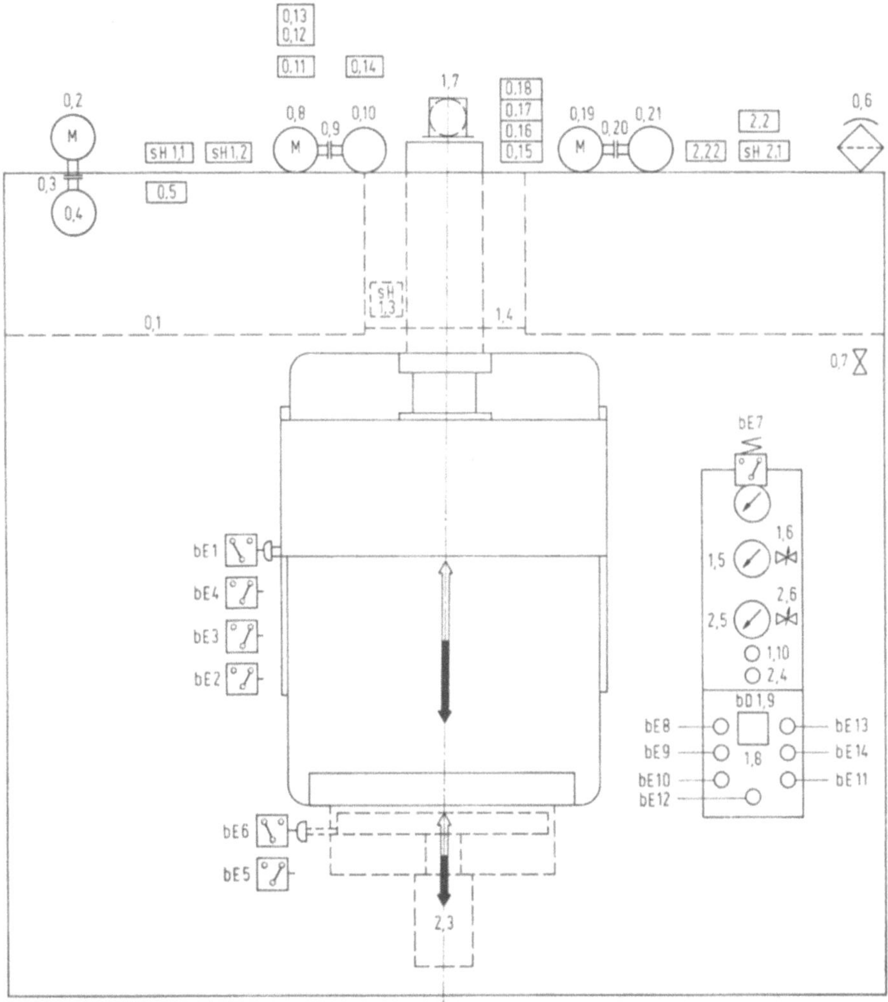

Bild 7.95 Gerätelageplan einer einfachwirkenden Presse mit Ziehkissen (Müller-Weingarten)

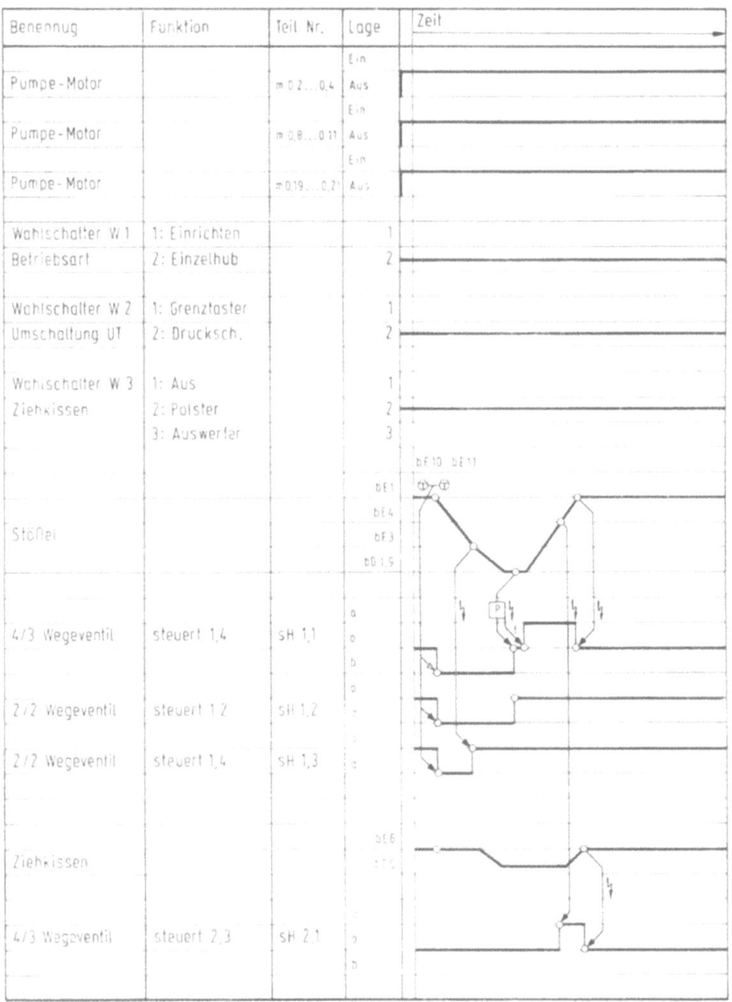

Bild 7.96 Steuerablaufplan einer einfachwirkenden Presse mit Ziehkissen für das Tiefziehen (Müller-Weingarten)

7.3.6 Vor- und Nachteile hydraulischer Pressen, Einsatzgebiete

Bei den Strangpressen und den Freiformschmiedepressen sind die Vorteile des hydraulischen Antriebs so offensichtlich, daß er sich dort eindeutig durchgesetzt hat. Auf anderen Gebieten der Umformtechnik, etwa bei der Blechumformung durch Tiefziehen, oder bei der Kaltmassivumformung durch Fließpressen, stehen die hydraulischen Pressen in harter Konkurrenz zu mechanisch angetriebenen Pressen. Schließlich gibt es auch Gebiete, auf denen der mechanische Antrieb klar überlegen ist, etwa bei Schneid- und Umformautomaten mit hoher Hubzahl [7.55—7.57].

Während Extremfälle klar hervortreten, ist die Grenze zwischen dem Einsatzgebiet der hydraulischen Pressen und der mechanischen Pressen nur schwer festzulegen. Der Bereich, in dem beide Antriebsarten im Wettbewerb stehen, verschiebt sich im Laufe der Zeit durch den technischen Fortschritt aber auch infolge psychologischer Gründe.

Die folgenden Hinweise auf allgemeine Vor- und Nachteile der Hydraulik als Pressenantrieb sollen dabei helfen, hydraulische Pressen richtig einzusetzen.

An Vorteilen des hydraulischen Antriebs seien genannt:

Das Prinzip der Hydraulik führt zu einfachen im Kraftfluß liegenden Antriebselementen (Zylinder/Kolben). Die Druckfortpflanzung und der Energietransport in Flüssigkeiten bringt eine weitgehende Unabhängigkeit des Orts der Energieerzeugung (Pumpe, Speicher) vom Ort des Verbrauchs (Zylinder) mit sich.

Hydraulische Pressen können daher auch für sehr große Nennkräfte gebaut werden.

Der Druck im hydraulischen Kreislauf kann mit entsprechenden Ventilen auf einfache Weise verstellt und begrenzt werden.

Die größte Preßkraft einer hydraulischen Presse steht an jeder Stelle des Hubs voll zur Verfügung.

Hydraulische Pressen sind gegen Überlastung gesichert. Die Druckbegrenzung kann so eingestellt werden, daß auch Werkzeuge gegen Überlastung bei entsprechend kleineren Kräften geschützt werden können.

Die Einstellbarkeit des Drucks gestattet es z. B., die Blechhalterkraft beim Tiefziehen dem Vorgangsverlauf anzupassen. Weiterhin kann bei komplizierten Ziehteilen die Blechhalterkraft getrennt an den Anlenkpunkten des Blechhalters eingestellt werden.

Die Umformkraft kann im unteren Umkehrpunkt längere Zeit gehalten werden. Dies ist bei Prägevorgängen an Ziehteilen von Bedeutung.

Die Stößelgeschwindigkeit läßt sich innerhalb der vorgegebenen Grenzen weitgehend verstellen.

So läßt sich die Geschwindigkeit dem Umformvorgang anpassen, während die Leerwege mit großer Geschwindigkeiten durchfahren werden können. Beim direkten Pumpenantrieb läßt sich eine vom Hub und der wirkenden Kraft weitgehend unabhängige Geschwindigkeit verwirklichen. Durch entsprechende Steuerung oder Regelung können nahezu beliebige Geschwindigkeitsverläufe verwirklicht werden.

Der Stößelhub läßt sich stufenlos dem Vorgang anpassen.

Die Umkehrpunkte des Stößels lassen sich druck- oder wegabhängig beliebig einstellen. Dadurch entfällt die bei mechanischen Pressen erforderliche Stößel- bzw. Hubverstellung. Die Zeiten für den Werkzeugwechsel werden dadurch herabgesetzt.

Dem stehen jedoch auch einige Nachteile des hydraulischen Antriebs gegenüber:

Bei direktem Pumpenantrieb sind die installierten Leistungen größer als bei entsprechenden mechanischen Pressen.

Die Druckflüssigkeiten sind kompressibel.

Die in den Arbeitszylindern komprimierte Druckflüssigkeit entspricht einer gespannten Feder. Bei schnellem Kraftabfall kommt es zu einer Ausdehnung der Flüssigkeit und damit zu einer starken Beschleunigung des Stößels. Dies kann zu Schwingungen im Hydrauliksystem und zu einer Störung der Pumpe und der Regeleinrichtung führen. Besonders bei Schneidarbeiten wirkt sich der Nachlauf des Stößels ungünstig aus. Daher müssen für Schneidarbeiten Zusatzeinrichtungen zur Hubbegrenzung vorgesehen werden.

Druckflüssigkeiten haben eine begrenzte Lebensdauer.

In bestimmten, von den Betriebsbedingungen abhängigen Zeiträumen muß die Druckflüssigkeit gewechselt werden.

7.4 Weggebundene Preßmaschinen

Begriffe und Formelzeichen

α	Kurbelwinkel
α_N	Nennkraftwinkel
β	Stangenwinkel
E_D	Arbeitsvermögen der Presse im Dauerhubbetrieb
E_E	Arbeitsvermögen der Presse im Einzelhubbetrieb
E_N	Nennarbeitsvermögen
E_S	Arbeitsvermögen des Schwungrads
F	Umformkraft (erforderliche)
F_S	Stangenkraft
F_{St}	Stößelkraft (verfügbare)
F_V	Vorspannkraft
h_N	Nennkraftweg
I_M	Motorstromstärke
J_S	Massenträgheitsmoment des Schwungrads
l	Schubstangen-(Pleuel)-länge
λ	Schubstangenverhältnis ($\lambda = r/l$)
M_K	Drehmoment an der Kurbelwelle
M_M	Drehmoment des Antriebsmotors
n_K	Drehzahl der Kurbelwelle
n_M	Drehzahl des Antriebsmotors
n_S	Drehzahl des Schwungrads
ν	relativer Drehzahlabfall (Schlupf)
ψ	Übertragungswinkel
r	Kurbelkreishalbmesser
v_{St}	Stößelgeschwindigkeit
W_F	Federungsarbeit
W_R	Reibungsarbeit

7.4.0 Einleitung, Bauarten

Zu den weggebundenen Preßmaschinen (weggebundenen Pressen) zählen die in Abschn. 7.1.1 erwähnten Maschinen.

Die Gruppe der weggebundenen Pressen stellt den weitaus größten Teil der zum Umformen von Stückgut eingesetzten Umformmaschinen. Entsprechend dem jeweiligen Verwendungszweck wurde eine Vielzahl von Bauarten entwickelt. Für die Behandlung der Grundlagen weggebundener Pressen erscheint es zweckmäßig, eine Einteilung der verschiedenen Bauarten nach Art und Aufbau des Hauptgetriebes (Hauptgetriebe ist das die Hauptbewegung erzeugende Getriebe) vorzunehmen. Danach lassen sich zunächst zwei Hauptgruppen unterscheiden:

— Pressen mit Kurbelgetriebe,
— Pressen mit Kurvengetriebe (Bild 7.97).

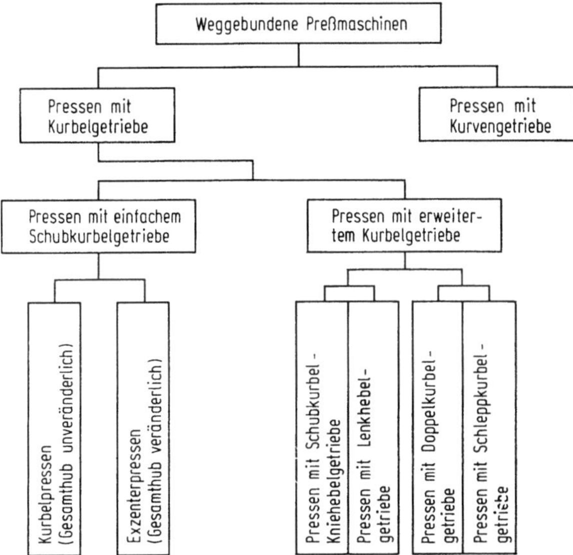

Bild 7.97 Einteilung der weggebundenen Pressen nach der Art des Hauptgetriebes

Die Gruppe der Pressen mit Kurbelgetriebe umfaßt Maschinen mit einfachem, geradem (meist ungeschränktem) Schubkurbelgetriebe und Maschinen mit erweitertem Kurbelgetriebe. Zu den Pressen mit einfachem Schubkurbelgetriebe zählen die Kurbelpressen (unveränderlicher Gesamthub) und die Exzenterpressen (Gesamthub veränderlich). Diese Unterscheidung in Kurbel- und Exzenterpressen ist zwar etwas willkürlich, sie hat sich jedoch als zweckmäßig erwiesen. Ist das einfache Schubkurbelgetriebe um zusätzliche Getriebeglieder, wie z. B. Kniehebel oder Lenkhebel, erweitert, spricht man von Kniehebel- bzw. Lenkhebelpressen. Bei Mehrkurbelpressen schließlich bewirken in der Regel zwei versetzt gegeneinander angeordnete Kurbeln über einen gemeinsamen Pleuel die Stößelbewegung.

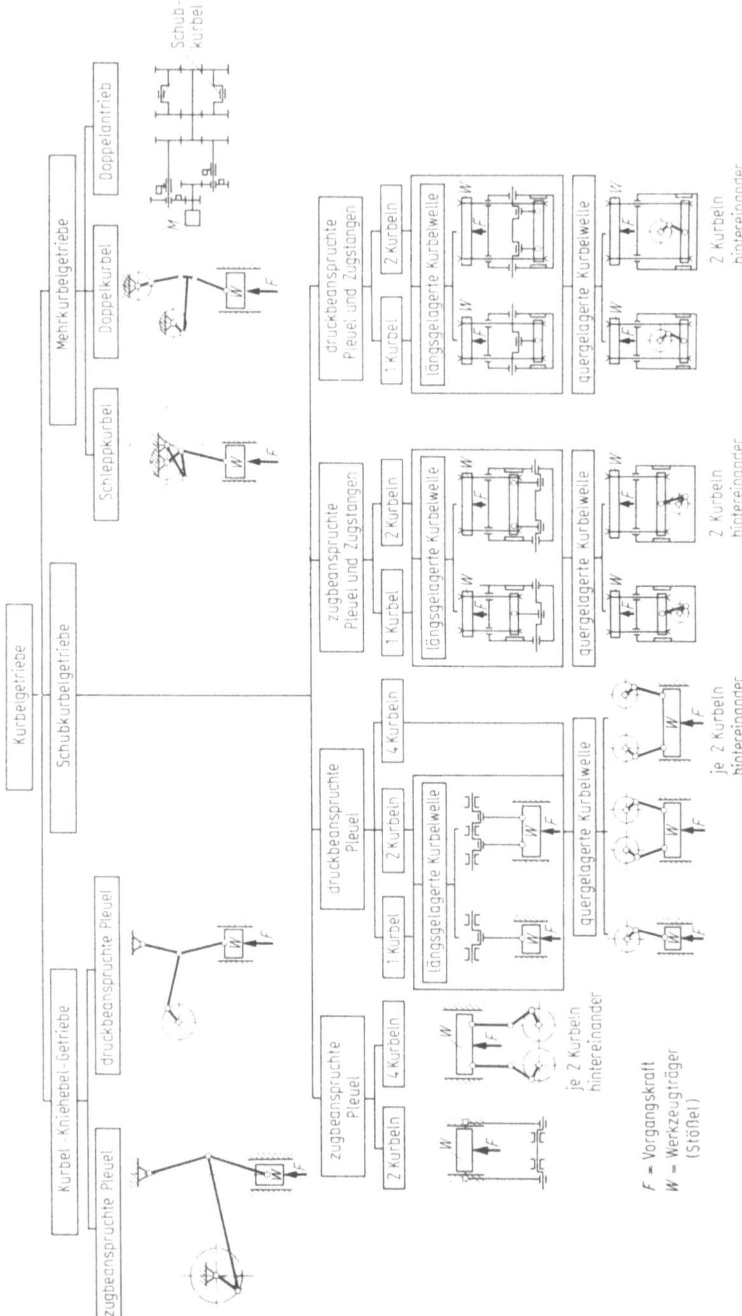

Bild 7.98 Bauarten von Kurbelgetrieben für weggebundene Pressen. Nach [7.58]

Innerhalb der so entstandenen Untergruppen lassen sich weitere Unterteilungen nach folgenden Gesichtspunkten vornehmen:

— Gestellbauart (Pressen mit ausladenden C-Gestellen und Pressen mit Rahmengestellen; s. Abschn. 7.4.2.1);
— Zahl der ausübbaren Wirkungen (einfach-, mehrfachwirkend);
— Lage des Antriebs (Oberantrieb—Pleuel meist druckbeansprucht, Unterantrieb—Pleuel meist zugbeansprucht, Bild 7.98, 7.134);
— Lage der Hauptantriebswelle (Längs-, Querwellenantrieb, Bild 7.98, 7.134);
— Anzahl der auf den Stößel wirkenden Pleuel (Ein-, Zwei- und Vierpunktantrieb, Bild 7.98, 7.134).

7.4.1 Kinetisches und kinematisches Verhalten weggebundener Pressen

Das kinetische und kinematische Verhalten weggebundener Pressen — hier ist vor allem die vom Pressenstößel ausübbare Kraft sowie dessen Bewegungsablauf von Interesse — wird weitgehend durch Art und Aufbau des Hauptgetriebes festgelegt. In Bild 7.99 sind die für den Stößelantrieb heute gebräuchlichsten Getriebearten schematisch dargestellt. Aufgrund ihrer Eigenschaften ergeben sich für die verschiedenen Getriebebauarten folgende Anwendungsbereiche:

Schubkurbelgetriebe — meist mit druckbeanspruchtem Pleuel — sind in ihrem Aufbau sehr einfach und deshalb als Hauptgetriebe am weitesten verbreitet. Diese Getriebeart wird im folgenden ausführlich behandelt.

Erweiterte Kurbelgetriebe finden dort Anwendung, wo vom Verfahren her eine gegenüber dem Schubkurbelantrieb verminderte Stößelgeschwindigkeit im Arbeitsbereich erwünscht ist (Lenkhebel- und Mehrkurbelgetriebe) oder wo bei verhältnismäßig kleinen Stößelwegen große Stößelkräfte ausgeübt werden müssen (Kniehebelantrieb). Wegen der vielfältigen Ausführungsarten von erweiterten Kurbelgetrieben lassen sich über deren kinetisches und kinematisches Verhalten keine allgemeingültigen Aussagen machen. Als Beispiel eines erweiterten Kurbelgetriebes wird im folgenden das Kurbel-Kniehebelgetriebe behandelt.

Kurvengetriebe erlauben auf der Abtriebsseite nahezu beliebige Bewegungsabläufe. Ihre Verwendung als Hauptgetriebe ist jedoch wegen der geringen übertragbaren Kräfte auf Pressen kleiner Nennkraft beschränkt.

7.4.1.1 Kinetisches und kinematisches Verhalten von weggebundenen Pressen mit geradem, ungeschränktem Schubkurbelgetriebe und unveränderlichem Gesamthub des Stößels (Kurbelpressen)

Kräfte und Momente. Ein an der Kurbelwelle (Bild 7.100) angelegtes Drehmoment (M_K) ruft im Kurbelzapfen die Tangentialkraft F_t (in Bewegungsrichtung des Kurbelzapfens), die Radialkraft F_r (senkrecht zur Bewegungsrichtung des Kurbelzapfens) und die Stangenkraft F_S hervor (Bild 7.101a). Unter Vernachlässigung der Reibung gilt für die Größe der einzelnen Kräfte

$$\text{Tangentialkraft} \quad F_t = \frac{M_K}{r}, \tag{7.77}$$

$$\text{Stangenkraft} \quad F_S = \frac{F_t}{\sin(\alpha + \beta)} = \frac{M_K}{r}\frac{1}{\sin(\alpha + \beta)}, \tag{7.78}$$

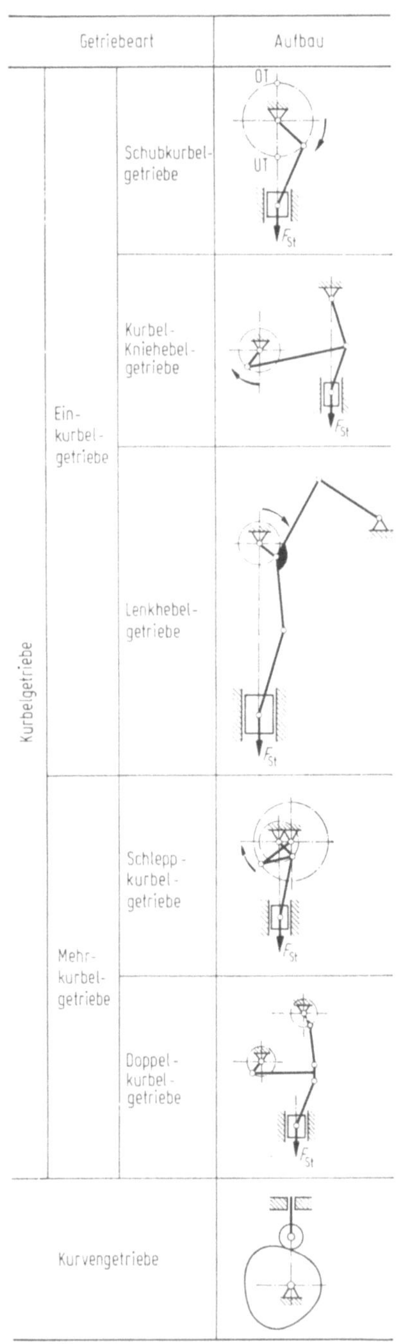

Bild 7.99 Aufbau (schematisch) verschiedener Arten von Hauptgetrieben. Nach [7.58]

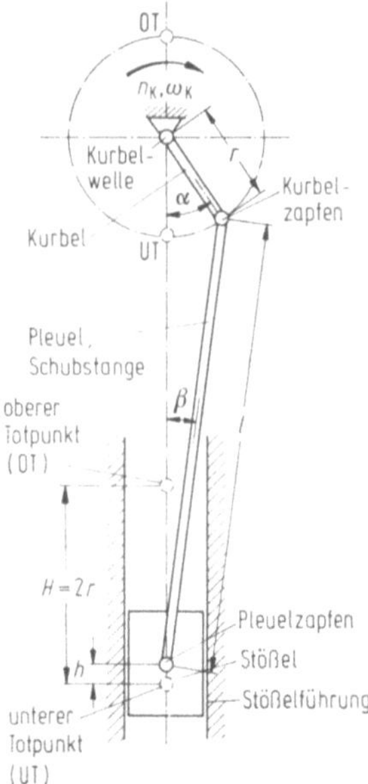

Bild 7.100 Maße und Benennungen am geraden ungeschränkten Schubkurbelgetriebe. r Länge der Kurbel, l Schubstangen-(Pleuel-)Länge, $\lambda = r/l$ Schubstangenverhältnis, α Kurbelwinkel, β Stangenwinkel, $H = 2r$ Gesamthub, h Stößelweg bis zum unteren Totpunkt

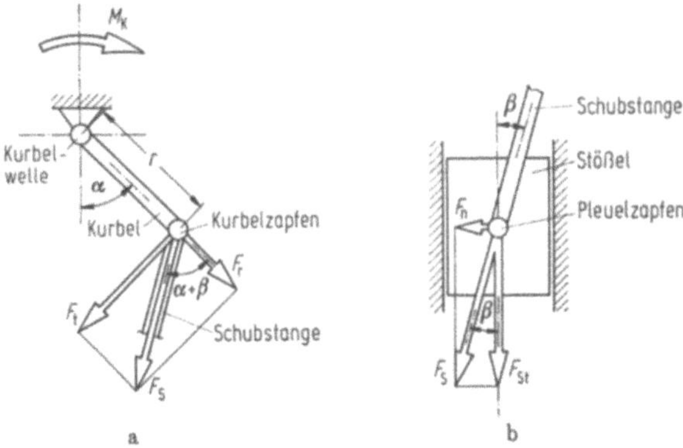

Bild 7.101 Kräfte beim geraden ungeschränkten Schubkurbelgetriebe.
a am Kurbelzapfen; **b** am Pleuelzapfen

Radialkraft
$$F_r = F_S \cos{(\alpha + \beta)} = \frac{M_K}{r}\,\frac{1}{\tan{(\alpha + \beta)}}. \tag{7.79}$$

Die Reaktionskraft der Radialkraft muß von den Lagern der Kurbelwelle aufgenommen werden.

Am Pleuelzapfen führt die Stangenkraft F_S zu einer Kraft in Wirkrichtung des Stößels, der Stößelkraft F_{St}, und einer Kraft senkrecht dazu, der Normalkraft F_n (Bild 7.101 b). Für diese Kräfte gilt:

Stößelkraft
$$F_{St} = F_S \cos{\beta} = \frac{M_K}{r}\,\frac{\cos{\beta}}{\sin{(\alpha + \beta)}} \tag{7.80}$$

Normalkraft
$$F_n = F_S \sin{\beta} = \frac{M_K}{r}\,\frac{\sin{\beta}}{\sin{(\alpha + \beta)}}, \tag{7.81a}$$

oder, abgeleitet von der Stößelkraft,

$$F_n = \frac{F_{St} \sin{\beta}}{\cos{\beta}} = F_{St} \tan{\beta}. \tag{7.81b}$$

Die Reaktionskraft der Normalkraft ist von der Stößelführung aufzubringen.

Bei Schubkurbelgetrieben, die in weggebundenen Pressen als Hauptgetriebe verwendet werden, ist die Schubstangenlänge l im Verhältnis zur Länge der Kurbel r sehr groß. Üblicherweise nimmt das Schubstangenverhältnis $\lambda = r/l$ Werte zwischen $\lambda = {}^1/_4$ und $\lambda = {}^1/_{15}$ an, im Mittel kann mit $\lambda = {}^1/_{10}$ gerechnet werden. Daraus folgt, daß der Stangenwinkel β sehr klein ist. (Für $\lambda = 0{,}1$ z. B. wird — mit $\sin{\beta} = \lambda \sin{\alpha} \to \beta_{max} \approx 6°$). Zur Vereinfachung kann man nun in (7.80) $\cos{\beta} = 1$ und $\sin{(\alpha + \beta)} = \sin{\alpha}$ setzen. Die Gleichung für die Stößelkraft lautet damit

$$F_{St} = \frac{M_K}{r}\,\frac{1}{\sin{\alpha}}. \tag{7.82}$$

Die Größe der vom Stößel ausübbaren Kraft F_{St} ist demnach bei gegebenem Kurbelkreishalbmesser r und gegebenem Drehmoment M_{K} vom jeweiligen Kurbelwinkel α abhängig.

Bei der Auslegung des Schubkurbelgetriebes von weggebundenen Pressen wird die Größe des Kurbelwellendrehmoments dadurch festgelegt, daß man vorschreibt, das Kurbelwellendrehmoment solle bei einem bestimmten Kurbelwinkel [7.59—7.66], dem Nennkraftwinkel α_{N}, oder, was bei Pressen mit einfachem Schubkurbelgetriebe gleichbedeutend damit ist (s. (7.87)) bei einem bestimmten Stößelweg [7.67; 7.68], dem Nennkraftweg h_{N}, eine Stößelkraft in Höhe der Pressennennkraft F_{N} erzeugen können. Setzt man nun in (7.82) $F_{\mathrm{St}} = F_{\mathrm{N}}$ und $\alpha = \alpha_{\mathrm{N}}$, so erhält man für das nach der obigen Festlegung erforderliche Drehmoment an der Kurbelwelle

$$M_{\mathrm{K}} = F_{\mathrm{N}} r \sin \alpha_{\mathrm{N}}. \tag{7.83}$$

Durch Einsetzen von (7.83) in (7.82) ergibt sich dann die Stößelkraft zu

$$F_{\mathrm{St}} = F_{\mathrm{N}} \frac{\sin \alpha_{\mathrm{N}}}{\sin \alpha}. \tag{7.84}$$

Nach den geltenden DIN-Normen über Baugrößen von Exzenterpressen mit C-Gestell [7.59—7.66] „ist der Antrieb (von Exzenterpressen) so auszulegen, daß die Preßkraft (gemeint ist hier die Nennkraft F_{N}) bei größtem Hub 30° vor dem unteren Totpunkt erzeugt werden kann". Man bezeichnet diese Auslegung des Antriebs als Normalauslegung. (In DIN 55184 (z. Z. noch Entwurf) [7.68] ist für Pressen mit C-Gestell nicht der Kurbelwinkel (α_{N}), sondern der Stößelweg (h_{N}) festgelegt, bei dem die Stößelkraft in Höhe der Nennkraft zur Verfügung stehen soll. Die Festlegung des Nennkraftwegs h_{N} in [7.68] erfolgt in Abhängigkeit von Baugröße (Nennkraft) und Gesamthub, wobei zwischen Pressen mit bzw. ohne Vorgelege unterschieden wird. Die für den Nennkraftweg angegebenen Werte entsprechen bei Pressen mit Vorgelege einem Nennkraftwinkelbereich $20° \leqq \alpha_{\mathrm{N}} \leqq 25°$ und bei Pressen ohne Vorgelege einem Nennkraftwinkelbereich $16° \leqq \alpha_{\mathrm{N}} \leqq 20°$. Für die Zukunft ist demnach bei Pressen mit C-Gestell mit gegenüber der Normalauslegung kleineren Nennkraftwinkeln zu rechnen.)

Aus (7.83) errechnet sich für die Normalauslegung mit $\alpha_{\mathrm{N}} = 30°$ das erforderliche Kurbelwellendrehmoment zu

$$M_{\mathrm{K}} = F_{\mathrm{N}} r \sin 30° = F_{\mathrm{N}} \frac{r}{2}; \tag{7.85}$$

für die Stößelkraft gilt nach (7.84)

$$F_{\mathrm{St}} = F_{\mathrm{N}} \frac{\sin 30°}{\sin \alpha} = \frac{F_{\mathrm{N}}}{2} \frac{1}{\sin \alpha}. \tag{7.86}$$

In Bild 7.102 ist die nach (7.86) ermittelte Stößelkraft in Abhängigkeit vom Kurbelwinkel dargestellt. Betrachtet man den Verlauf der Stößelkraft im Bereich $0° \leqq \alpha \leqq 90°$ — dieser Bereich entspricht dem Teil des Gesamthubs, der für einen Umformvorgang nutzbar ist —, so erkennt man zweierlei:

1. Für $\alpha > 30°$ nimmt mit wachsendem Kurbelwinkel die verfügbare Stößelkraft ab und erreicht bei $\alpha = 90°$ einen Kleinstwert $F_{\mathrm{St\,min}}$, der gerade gleich der halben Nennkraft ist. Überschreitet die auf den Stößel vom Umformwerkzeug ausgeübte Kraft den Wert der gemäß (7.86) verfügbaren Stößelkraft, dann wird an der Kurbelwelle ein Drehmoment hervorgerufen, das größer ist als dasjenige Drehmoment, für das der Antrieb ausgelegt ist, und es besteht die Gefahr der Überlastung der umlaufenden Getriebeteile. Bei Kurbelwinkeln $30° \leqq \alpha \leqq 90°$ ist demnach die zulässige Stößelkraft kleiner oder höchstens gleich der verfügbaren Stößelkraft.

2. Im Bereich $\alpha < 30°$ nimmt die verfügbare Stößelkraft mit kleiner werdendem Kurbelwinkel sehr stark zu und wächst — theoretisch — für $\alpha = 0°$ über alle Grenzen. Da die nicht umlaufenden Getriebeteile und das Pressengestell für die Übertragung der Nennkraft ausgelegt sind, ist für Kurbelwinkel $0° \leqq \alpha \leqq 30°$ die zulässige Stößelkraft kleiner oder höchstens gleich der Pressennennkraft.

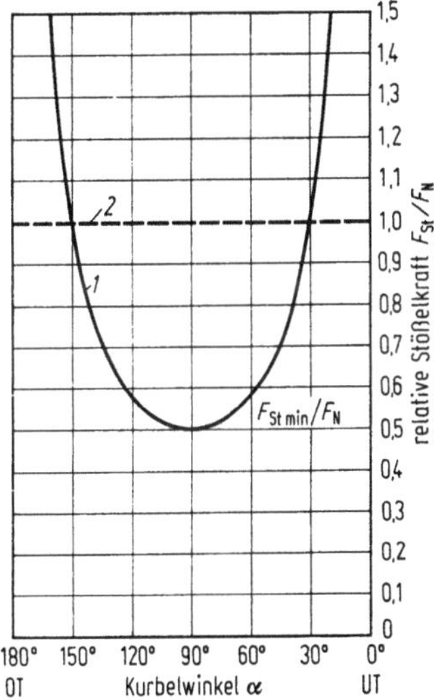

Bild 7.102 Stößelkraftgrenzen beim Schubkurbelgetriebe in Abhängigkeit vom Kurbelwinkel. Normalauslegung. *1* Kraftgrenze gegeben durch die zulässige Beanspruchung der umlaufenden Antriebsteile, *2* Kraftgrenze gegeben durch die zulässige Beanspruchung der nicht umlaufenden Antriebsteile

Für die Beurteilung der Einsatzmöglichkeiten weggebundener Pressen interessiert meist nicht der Verlauf der zulässigen Stößelkraft in Abhängigkeit vom Kurbelwinkel α, sondern deren Verlauf in Abhängigkeit vom Stößelweg h. Mit den Bezeichnungen von Bild 7.100 gilt für den Stößelweg

$$h = r(1 - \cos \alpha) + l(1 - \cos \beta)$$

oder, falls das Schubstangenverhältnis $\lambda \leqq 0{,}4$,

$$h = r[(1 - \cos \alpha) + \tfrac{1}{2}\lambda \sin^2 \alpha]. \tag{7.87}$$

In Bild 7.103 ist der Zusammenhang zwischen Kurbelwinkel und Stößelweg für ein Schubstangenverhältnis $\lambda = 0{,}1$ dargestellt. Bild 7.104 zeigt den Verlauf

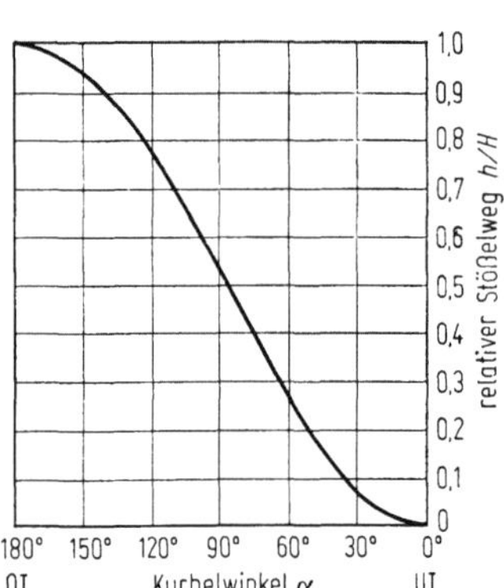

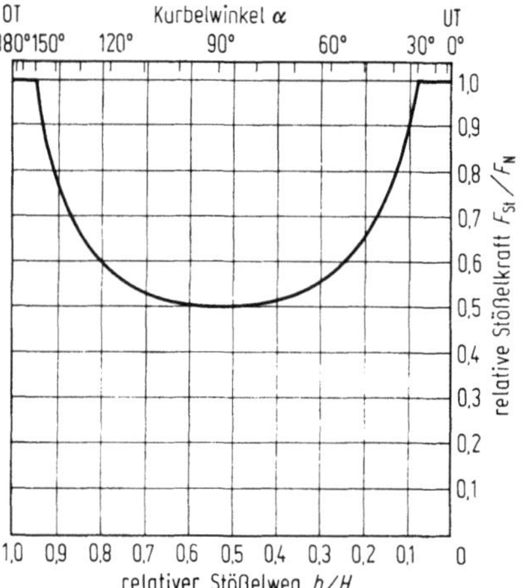

Bild 7.103 Zusammenhang zwischen Stößelweg und Kurbelwinkel beim geraden ungeschränkten Schubkurbelgetriebe ($\lambda = 0{,}1$)

Bild 7.104 Stößelkraftgrenzen beim Schubkurbelgetriebe in Abhängigkeit vom Stößelweg. Normalauslegung. ($\lambda = 0{,}1$)

der zulässigen Stößelkraft in Abhängigkeit vom Stößelweg bei normal ausgelegtem Schubkurbelgetriebe. Wie man sieht, steht die Stößelkraft nur in einem verhältnismäßig kleinen Bereich des Gesamthubs in Höhe der Nennkraft zur Verfügung ($h_{\mathrm{N}} = 0{,}073H$), fällt mit wachsenden Stößelwegen verhältnismäßig stark ab und erreicht ihren Kleinstwert bei etwa halbem Gesamthub. Das hat zur Folge, daß bei Umformvorgängen mit langen Wirkwegen (Tiefziehen) und insbesondere dann, wenn zu Vorgangsbeginn eine Kraftspitze auftritt, wie z. B. beim Fließpressen, die Nennkraft der Presse nicht voll genutzt werden kann. Bei Vorgängen mit kurzen Wirkwegen (Schneiden) oder Vorgängen mit einer Kraftspitze zu Vorgangsende (Gesenkschmieden, Prägen) kann dagegen der Stößelweg, in dem die Nennkraft in voller Höhe zur Verfügung steht, kleiner sein als bei der Normalauslegung. Es ist deshalb üblich, den Antrieb von Pressen, die ausschließlich für ein bestimmtes Verfahren eingesetzt werden, so auszulegen, daß die Nennkraft am Stößel bei von der Normalauslegung abweichenden Kurbelwinkeln bzw. Nennkraftwegen zur Verfügung steht. Gemäß (7.83) ändert sich mit dem Nennkraftwinkel α_{N} das Kurbelwellendrehmoment und damit nach (7.84) auch die im Bereich $\alpha > \alpha_{\mathrm{N}}$ bzw. $h > h_{\mathrm{N}}$ zur Verfügung stehende Stößelkraft. Im oberen Teil von Tabelle 7.5 sind die nach Mäkelt [7.70] für verschiedene Verfahren gebräuchlichen Auslegungen mit ihren wichtigsten Daten zusammengefaßt. Bild 7.105a zeigt den Verlauf der zulässigen Stößelkraft in Abhängigkeit vom Stößelweg für Schubkurbelgetriebe mit verschiedenen Nennkraftwinkeln.

Mit der zunehmenden Verwendung von erweiterten Kurbelgetrieben als Hauptgetriebe weggegebener Pressen war eine Auslegung nach dem Nennkraftwinkel nicht mehr sinnvoll, da bei derartigen Getrieben wegen der Vielfalt an Ausführungsarten kein einheitlicher Zusammenhang zwischen Kurbelwinkel und Stößelweg besteht. In den neueren DIN-Normen über Baugrößen weggebundener Pressen [7.67; 7.68] wird deshalb nicht mehr der Nennkraftwinkel α_{N}, sondern der

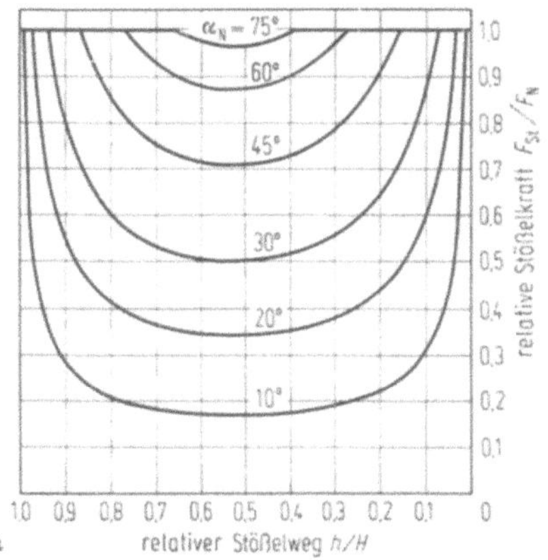

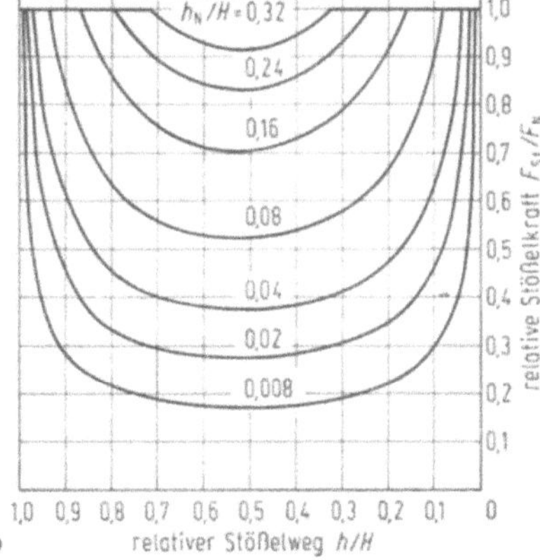

Bild 7.105 Stößelkraftgrenzen in Abhängigkeit vom Stößelweg für Kurbelpressen verschiedener Auslegung. **a** Auslegung nach dem Nennkraftwinkel α_N; **b** Auslegung nach dem Nennkraftweg h_N. ($\lambda = 0{,}1$)

Nennkraftweg h_N festgelegt. Aus den in DIN 55181 [7.67] für weggebundene Pressen mit O-Gestell angegebenen Werten über den Nennkraftweg ($h_\mathrm{N} = 3{,}5\,$mm, 7 mm, 12 mm und 25 mm) ergibt sich in Verbindung mit den dort aufgeführten Gesamthüben H ein Auslegungsbereich von $0{,}008 \leq h_\mathrm{N}/H \leq 0{,}32$ oder, ausgedrückt im Nennkraftwinkel einfacher Schubkurbelgetriebe, von $10° \leq \alpha_\mathrm{N} \leq 66°$. Der nach DIN 55181 mögliche Auslegungsbereich ist demnach nahezu identisch mit dem Bereich, der sich bei der Auslegung des Antriebs nach dem Nennkraft-

Tabelle 7.5 Zusammenstellung der wichtigsten Daten von Kurbelpressen verschiedener Auslegung

Auslegung α_N	h_N/H	$F_\mathrm{St\ min}/F_\mathrm{N}$	$M_\mathrm{K}/M_\mathrm{K30}$	Verwendung
10°	0,008	0,17	0,35	Gesenkschmieden
20°	0,033	0,34	0,68	Schneiden
30°	0,073	0,50	1,00	(Normalauslegung)
45°	0,158	0,71	1,41	Fließpressen
60°	0,269	0,87	1,73	
75°	0,398	0,97	1,93	Geschirrziehen

Auslegung h_N/H	α_N	$F_\mathrm{St\ min}/F_\mathrm{N}$
0,008	10°	0,17
0,02	16°	0,28
0,04	22°	0,37
0,08	31°	0,52
0,16	45°	0,71
0,24	56°	0,83
0,32	66°	0,91

winkel aufgrund der von Mäkelt [7.70] angegebenen Werte ergibt. Der untere Teil
von Tabelle 7.5 enthält die Daten von hinsichtlich des Nennkraftwegs im Bereich
$0{,}008 \leq h_\mathrm{N}/H \leq 0{,}32$ unterschiedlich ausgelegten Pressen mit einfachem Schubkurbelgetriebe; der Verlauf der zulässigen Stößelkraft dieser Pressen ist in Bild
7.105 b in Abhängigkeit vom Stößelweg wiedergegeben.

Das Vorgehen, den Stößelkraft-Stößelweg-Verlauf durch Verändern des Nenn-
kraftwinkels bzw. des Nennkraftwegs den Erfordernissen des jeweiligen Umform-
verfahrens anzupassen, erfordert von der Maschinenseite her einen geringeren
Bauaufwand und ist dehalb wirtschaftlicher als das Vorgehen, die Anpassung durch
Verändern der Hubgröße vorzunehmen. Dieser Sachverhalt soll anhand eines
Beispiels kurz erläutert werden:

Bei einer Presse mit normal ausgelegtem Schubkurbelgetriebe steht die
Stößelkraft in Höhe der Nennkraft im Bereich $0 \leq h \leq h_\mathrm{N}$ ($= 0{,}073H$) zur
Verfügung. Eine Erweiterung dieses Bereichs auf das Doppelte läßt sich entweder
durch Vergrößerung des Gesamthubs ebenfalls auf das Doppelte oder durch Ver-
änderung des Nennkraftwinkels von $\alpha_\mathrm{N} = 30°$ auf $\alpha_\mathrm{N} = 45°$ (mit $h_\mathrm{N} = 0{,}158H$)
erreichen. Während die Verdoppelung des Gesamthubs eine Verdoppelung des
erforderlichen Kurbelwellendrehmoments zur Folge hat [s. (7.83)], nimmt bei
Veränderung des Nennkraftwinkels auf $\alpha_\mathrm{N} = 45°$ das Drehmoment an der Kurbelwelle lediglich auf das 1,41fache des bei $\alpha_\mathrm{N} = 30°$ erforderlichen Werts zu (s.
Tabelle 7.5).

Das *Arbeitsvermögen* weggebundener Pressen im Dauerhubbetrieb (E_D) ist
üblicherweise gleich dem Produkt aus Nennkraft (F_N) und Nennkraftweg (h_N):

$$E_\mathrm{D} = F_\mathrm{N} h_\mathrm{N}. \tag{7.88}$$

Im Stößelkraft-Stößelweg-Schaubild (Bild 7.106) läßt sich das Arbeitsvermögen
einer Presse gemäß (7.88) durch die gerasterte Rechteckfläche darstellen. Dieses
Rechteck kann außerdem als Umformvorgang mit der Umformkraft $F = \mathrm{const}$
$= F_\mathrm{N}$ und dem Umformweg $s = h_\mathrm{N}$ — sog. Rechteckvorgang — gedeutet werden.

Für Rechteckvorgänge (Beispiel: Fließpressen) mit Umformwegen $s > h_\mathrm{N}$
ergibt sich mit Rücksicht auf das Arbeitsvermögen der Presse eine weitere Grenzkurve für die zulässige Umformkraft F. Mit $F = \mathrm{const}$ und $s = \mathrm{Umformweg}$ gilt

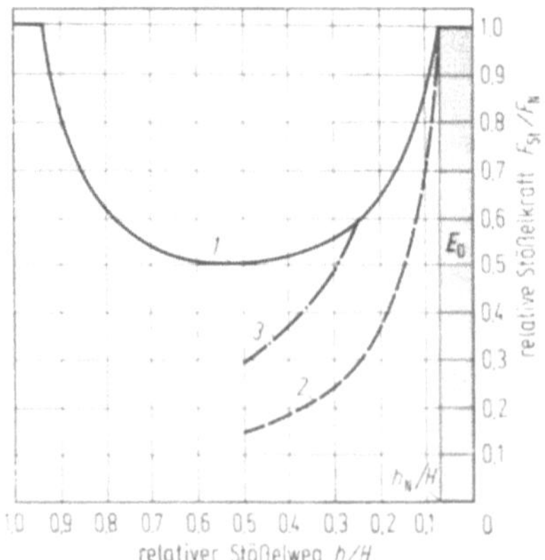

Bild 7.106 Stößelkraft in Abhängigkeit vom
Stößelweg. *1* Grenzkurve bei Normalauslegung,
2 Grenzkurve für Rechteckvorgänge, Dauerhubbetrieb ($E_\mathrm{M} = E_\mathrm{D}$), *3* Grenzkurve für
Rechteckvorgänge, Einzelhubbetrieb
($E_\mathrm{M} = E_\mathrm{E} = 2E_\mathrm{D}$)

für den Arbeitsbedarf eines Rechteckvorgangs

$$W = Fs. \tag{7.89}$$

Aus der Bedingung $E_\mathrm{D} \geqq W$ (Gl. (7.1 b)) folgt dann mit (7.88) für die zulässige Umformkraft

$$F \leqq \frac{F_\mathrm{N} h_\mathrm{N}}{s}. \tag{7.90}$$

Der Verlauf der Grenzkurve gemäß (7.90) ist in Bild 7.106 (gestrichelter Linienzug) eingezeichnet. Wie man daraus ersieht, läßt sich für einen Rechteckvorgang mit $s > h_\mathrm{N}$ nur noch ein Teil der am Stößel zur Verfügung stehenden Kraft nutzen. Es hat sich deshalb im Hinblick auf das Arbeiten im Vollnutzpunkt (s. Abschn. 7.1.1) als notwendig erwiesen, in einzelnen Fällen eine von (7.88) abweichende Vereinbarung bezüglich des Arbeitsvermögens weggebundener Pressen zu treffen.

Ergänzend sei an dieser Stelle darauf hingewiesen, daß aus Gründen, die später noch dargelegt werden, das Arbeitsvermögen einer Presse im Einzelhubbetrieb (E_E) das Doppelte des Arbeitsvermögens im Durchlaufbetrieb betragen kann ($E_\mathrm{E} = 2E_\mathrm{D}$) [7.70]. Mit dem Übergang von Dauerhub- auf Einzelhubbetrieb wird demnach die Grenzkurve für die zulässige Kraft eines Rechteckvorgangs zu höheren Kräften hin verschoben (strichpunktierter Linienzug in Bild 7.106). Wegen der im Einzelhubbetrieb geringeren Mengenleistung wird man jedoch von diesem Sachverhalt nur in Ausnahmefällen Gebrauch machen können.

Stößelgeschwindigkeit. Wie bereits in Abschn. 7.1.2 erwähnt, ist die Werkzeuggeschwindigkeit (Stößelgeschwindigkeit) eine wichtige Zeitkenngröße. Unter der Voraussetzung einer konstanten Drehgeschwindigkeit des Kurbelzapfens gilt mit $\omega_\mathrm{K} = (\pi n_\mathrm{K})/30$, wo n_K = Drehzahl der Kurbelwelle in min^{-1}, für die Stößelgeschwindigkeit die Beziehung

$$v_\mathrm{St} = r\omega\,\frac{\sin(\alpha + \beta)}{\cos\beta} \approx r\,\frac{\pi n_\mathrm{K}}{30}\left(\sin\alpha + \frac{1}{2}\,\lambda\sin 2\alpha\right). \tag{7.91}$$

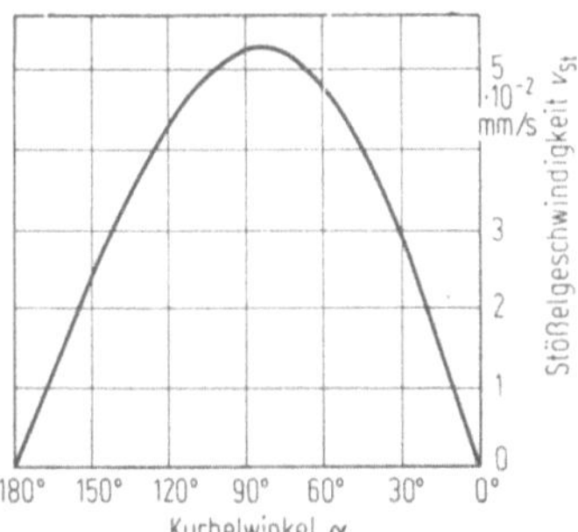

Bild 7.107 Stößelgeschwindigkeit in Abhängigkeit vom Kurbelwinkel beim geraden, ungeschränkten Schubkurbelgetriebe für Gesamthub $H = 1$ mm und Kurbelwellendrehzahl $n_\mathrm{K} = 1$ min^{-1}. ($\lambda = 0,1$)

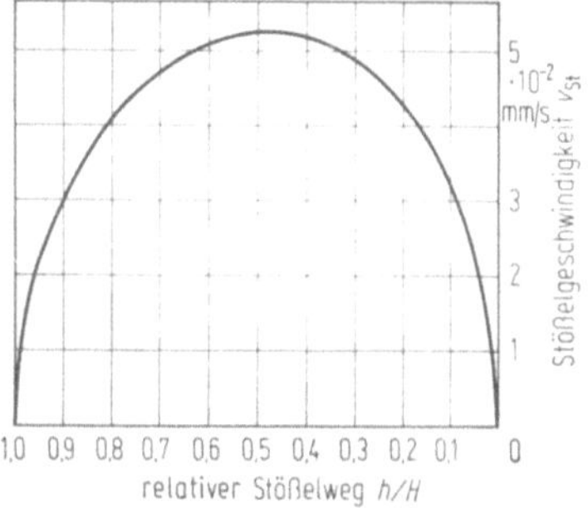

Bild 7.108 Stößelgeschwindigkeit in Abhängigkeit vom Stößelweg beim geraden, ungeschränkten Schubkurbelgetriebe für Gesamthub $H = 1$ mm und Kurbelwellendrehzahl $n_\mathrm{K} = 1$ min^{-1}. ($\lambda = 0,1$)

In Bild 7.107 ist die nach (7.91) ermittelte Stößelgeschwindigkeit als Funktion des Kurbelwinkels, in Bild 7.108 in Abhängigkeit vom Stößelweg, für einen Gesamthub $H = 2r = 1$ mm, eine Kurbelwellendrehzahl $n_K = 1$ min^{-1} und das Schubstangenverhältnis $\lambda = 0{,}1$ dargestellt:

Wegen der direkten Proportionalität zwischen der Stößelgeschwindigkeit und dem Produkt aus halbem Kurbelkreisdurchmesser und Kurbelwellendrehzahl läßt sich mit Hilfe der gewählten Darstellung die Stößelgeschwindigkeit für beliebige Hub- und Drehzahlverhältnisse dadurch ermitteln, daß die Zahlenwerte für die Stößelgeschwindigkeit aus den Schaubildern mit den jeweils vorliegenden Werten für Gesamthub und Kurbelwellendrehzahl vervielfacht werden.

Die Stößelgeschwindigkeit erreicht bei etwa dem halben Gesamthub ihren Größtwert, sie fällt in Richtung auf die Endlagen des Stößels zu auf den Wert Null ab.

7.4.1.2 Kinetisches und kinematisches Verhalten von weggebundenen Pressen mit geradem, ungeschränktem Schubkurbelgetriebe und veränderlichem Gesamthub des Stößels (Exzenterpressen)

Prinzip der Hubverstellung. Pressen kleiner und mittlerer Baugröße werden vielfach mit einer Hubverstellung ausgerüstet. Das Prinzip der Hubverstellung ist in Bild 7.109 dargestellt:

Auf dem Zapfen Z (Mittelpunkt 0_Z) der Exzenterwelle W mit Mittelpunkt 0_W (Abstand $0_Z - 0_W = e_1$) ist die mit einer exzentrisch zum Außenmantel (Mittelpunkt 0_B) liegenden Bohrung (Exzentrizität der Bohrung zum Außenmantel $= e_2$) versehene Büchse B verdrehbar angeordnet. Der Außenmantel der Büchse B bildet das Lager der Schubstange S. Durch Verdrehen der Büchse B auf dem Zapfen Z der Exzenterwelle ändert sich die Länge der Strecke $0_W 0_B$, die dem jeweilig wirksamen Kurbelhalbmesser $r = H/2$ entspricht. Der Mittelpunkt 0_B der Büchse B beschreibt beim Verdrehen die in Bild 7.109 (rechtes Teilbild) eingezeichnete Ortskurve. Die Mitnahme der Büchse und die Sicherung ihrer jeweiligen Stellung zum Zapfen Z der Exzenterwelle erfolgt durch einen in Bild 7.109 nicht eingezeichneten Ring, der mit einer entsprechenden Gegenverzahnung in die Stirnverzahnung V der Büchse B eingreift und auf dem Keilprofil des Zapfens Z verdrehfest, jedoch in axialer Richtung verschiebbar angeordnet ist. Die

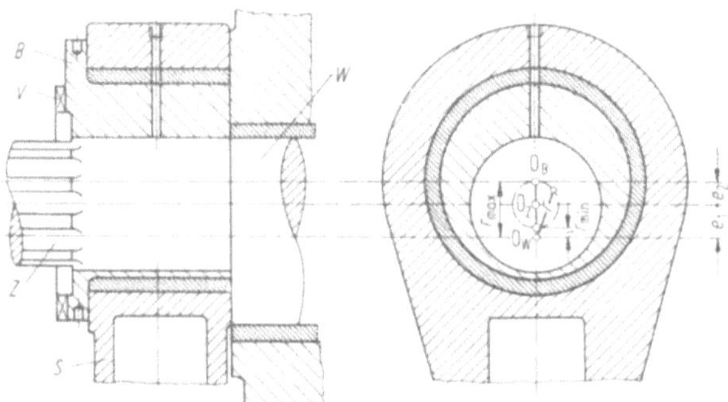

Bild 7.109 Prinzip der Hubverstellung. Nach [7.70]. Erläuterung der Bezeichnungen im Text

Hubverstellung läßt sich nur in diskreten Schritten entsprechend der Teilung der Stirnverzahnung V durchführen.

Zwischen den Exzentrizitäten e_1 und e_2 und dem größten bzw. kleinsten Gesamthub des Stößels bestehen folgende Zusammenhänge:

größter Gesamthub $\qquad H_{max} = 2(e_1 + e_2),$ $\qquad\qquad\qquad$ (7.92)

kleinster Gesamthub $\qquad H_{min} = 2(e_1 - e_2).$ $\qquad\qquad\qquad$ (7.93)

Aus (7.92) und (7.93) folgt für den Verstellbereich des Stößelhubs

$$\Delta H = H_{max} - H_{min} = 4e_2. \qquad\qquad (7.94)$$

Der Verstellbereich des Stößelhubs ist aus konstruktiven Gründen begrenzt. Im allgemeinen lassen sich bei Pressen mittlerer Baugröße Hubverhältnisse $H_{max}/H_{min} \leq 10$ verwirklichen. Für Pressen mit C-Gestellen ist der Verstellbereich des Stößelhubs in DIN-Normen festgelegt [7.59—7.66; 7.68].

Auswirkungen der Hubverstellung. Durch die Verstellung des Stößelhubs ändern sich Verlauf und Größe der nutzbaren Stößelkraft sowie die Stößelgeschwindigkeit, wogegen das Arbeitsvermögen der Presse nicht beeinflußt wird. Nach den derzeit geltenden DIN-Normen für weggebundene Pressen mit C-Gestell [7.59 bis 7.66] ist der Antrieb für den größten Stößelhub normal, d. h. in der Weise auszulegen, daß am Stößel bei einem Nennkraftwinkel von $\alpha_N = 30°$ eine Kraft in Höhe der Pressennennkraft zur Verfügung steht (s. auch Abschn. 7.4.1.1). Damit ergibt sich beim größten eingestellten Gesamthub für die zulässige Stößelkraft der in den Bildern 7.102 und 7.104 dargestellte Verlauf.

Geht man davon aus, daß die Größe des Drehmoments an der Exzenterwelle bei größtem Gesamthub — $M_K = F_N r_{max}/2$ — (7.85) — bei der Hubverstellung unverändert erhalten bleibt, dann gilt nach (7.82) für die zulässige Stößelkraft bei einem beliebigen Gesamthub $H = 2r$:

$$F_{St} = \frac{M_K}{r}\,\frac{1}{\sin\alpha} = \frac{F_N}{2}\,\frac{r_{max}}{r}\,\frac{1}{\sin\alpha} = \frac{F_N}{2}\,\frac{H_{max}}{H}\,\frac{1}{\sin\alpha}. \qquad (7.95)$$

In Bild 7.110 ist der nach (7.95) für verschieden große Gesamthübe $0{,}4H_{max} \leq H \leq H_{max}$ errechnete Verlauf der vom Antriebsdrehmoment her zulässigen Stößelkraft in Abhängigkeit vom Kurbelwinkel wiedergegeben. Man erkennt aus dieser Darstellung, daß eine Verringerung des Gesamthubs einer Vergrößerung des Nennkraftwinkels gleichkommt. Die Vergrößerung des Nennkraftwinkels bewirkt einmal eine Verschiebung des Stößelkraftminimums zu höheren Werten (für $H = H_{max}/2$ wird $F_{St\,min} = F_N$), zum anderen, wie aus Bild 7.111 hervorgeht, eine Vergrößerung des Nennkraftwegs (bei $H \leq H_{max}/2$ ist $F_{St} = \text{const} = F_N$ und damit $h_N = H$).

Vor allem die letztere Erscheinung läßt sich vorteilhaft dazu benutzen, das Angebot der Presse hinsichtlich der Stößelkraft dem Kraftbedarf des Umformvorgangs anzupassen, wie anhand von Bild 7.111 erläutert wird. Dort ist der Kraft-Weg-Verlauf eines Schneidvorgangs mit $F_{max} = F_N$ und $W = E_D$ eingezeichnet. Wie man leicht erkennt, ist der Vorgang bei größtem Stößelhub nicht durchführbar, weil dort zu Vorgangsbeginn $F > F_{St}$. Durch Verringerung des Stößelhubs auf $H = 0{,}6H_{max}$ läßt sich jedoch die Grenzkurve für die zulässige

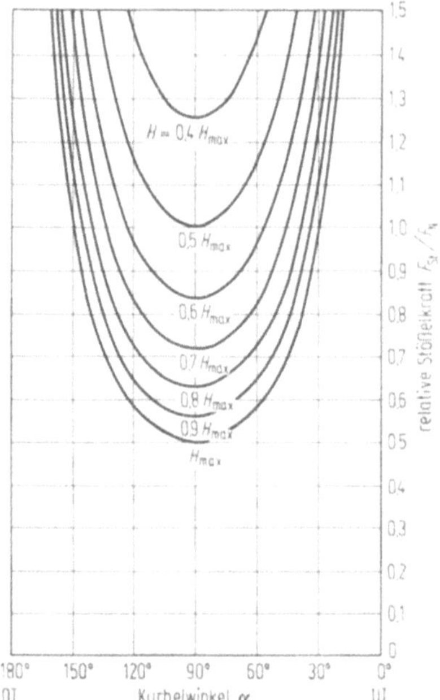

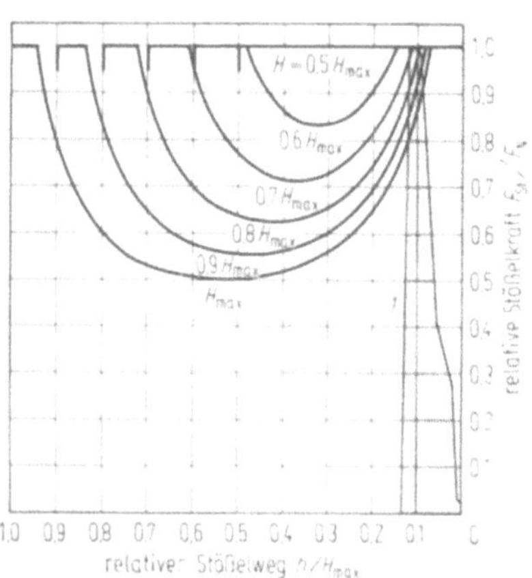

Bild 7.110 Auswirkung der Hubverstellung auf die durch die zulässige Belastung der umlaufenden Antriebsteile gegebenen Stößelkraftgrenzen (Normalauslegung für $H = H_{\max}$)

Bild 7.111 Stößelkraftgrenzen in Abhängigkeit vom Stößelweg bei der Hubverstellung (Normalauslegung für $H = H_{\max}$). *1* Kraft-Weg-Verlauf eines Schneidvorgangs

Stößelkraft so weit verschieben, daß nun zu jedem Zeitpunkt des Vorgangsablaufs $F \leqq F_{\mathrm{St}}$ ist.

Gemäß (7.91) bringt eine Veränderung des Stößhubs eine gleichsinnige Änderung der Stößelgeschwindigkeit mit sich; der grundsätzliche Verlauf der Stößelgeschwindigkeit in Abhängigkeit von Kurbelwinkel bzw. Stößelweg bleibt jedoch erhalten.

Das Arbeitsvermögen wird durch eine Hubverstellung nicht verändert. Es beträgt (s. (7.88)) $E_{\mathrm{D}} = F_{\mathrm{N}} h_{\mathrm{N}}$ mit $h_{\mathrm{N}} = 0{,}073 H_{\max}$.

7.4.1.3 Kinetisches und kinematisches Verhalten von weggebundenen Pressen mit Schubkurbel-Kniehebel-Getriebe (Kniehebelpressen)

Das Schubkurbel-Kniehebel-Getriebe ist als Hauptgetriebe weggebundener Pressen aus der Gruppe der erweiterten Kurbelgetriebe am weitesten verbreitet.

Aufbau. Das aus Schwinge und Druckstange bestehende Kniehebelsystem wird durch einen im Kniegelenk angelenkten Pleuel eines Kurbelgetriebes gebeugt bzw. gestreckt. Die Schwinge des Kniehebelsystems ist im Pressenkörper drehbar gelagert, die Druckstange trägt an ihrem freien Ende den Pressenstößel. Neben den beiden gebräuchlichsten Ausführungsarten von Schubkurbel-Kniehebel-Getrieben mit zug- bzw. druckbeanspruchter Pleuelstange, dargestellt in Bild 7.112, sind Sonderbauarten wie z. B. eine Ausführung mit „zugbeanspruchter" Druck-

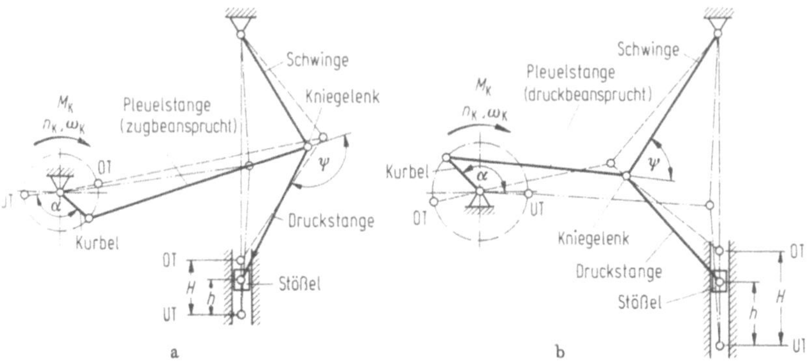

Bild 7.112 Aufbau (schematisch) und Benennungen am Schubkurbel-Kniehebel-Getriebe.
a mit zugbeanspruchter Pleuelstange; **b** mit druckbeanspruchter Pleuelstange

stange [7.71] für Pressen mit Unterantrieb und ein „modifizierter Kniehebelantrieb" mit vergrößertem Nennkraftweg bei gleichzeitig verringerter Stößelgeschwindigkeit im Bereich des Nennkraftwegs [7.72] anzutreffen. Die größte Kraftwirkung am Stößel wird dann erzielt, wenn der Übertragungswinkel $\psi_{\mathrm{max}} = 90°$ ist, d. h., wenn die Pleuellängsachse mit dem gestreckten Kniehebelsystem einen rechten Winkel bildet [7.73]. Mit Rücksicht auf einen weitgehend ruckfreien Ablauf der Stößelbewegung wird jedoch der Schubkurbel-KniehebelAntrieb als Hauptgetriebe weggebundener Pressen so ausgelegt, daß das Kniegelenk in der unteren Totlage des Stößels nicht völlig durchgedrückt ist.

Stößelkraft und Arbeitsvermögen. Die analytische Erfassung der im Schubkurbel-Kniehebel-Getriebe auftretenden Kräfte und Momente erfordert einen verhältnismäßig hohen Aufwand. Es ist deshalb üblich, den Verlauf der vor allem interessierenden Stößelkraft punktweise für verschiedene Kurbelstellungen auf grafischem Wege zu ermitteln (Bild 7.113). Unter Voraussetzung eines Kurbelwellendrehmoments konstanter Größe, das so bemessen wurde, daß dadurch bei einem Kurbelwinkel $\alpha = 30°$ vor dem unteren Totpunkt eine Stößelkraft in Höhe der Pressennennkraft hervorgerufen wird, ergibt sich für die Stößelkraft eines Schubkurbel-Kniehebel-Getriebes mit zugbeanspruchter Pleuelstange in Abhängigkeit vom Kurbelwinkel der in Bild 7.114 dargestellte Verlauf. Zum Vergleich ist in Bild 7.114 der Stößelkraftverlauf eines normal ausgelegten Schubkurbelgetriebes eingezeichnet. Ähnlich wie im Falle des Schubkurbelgetriebes wächst beim Schubkurbel-Kniehebel-Getriebe die Stößelkraft in den Endlagen des Stößels theoretisch über alle Grenzen. Bei $\alpha = 130°$ erreicht die Stößelkraft ihren Kleinstwert, der jedoch mit $F_{\mathrm{St\,min}} = 0{,}05 F_{\mathrm{N}}$ wesentlich niedriger liegt als der entsprechende Wert des Schubkurbelgetriebes normaler Auslegung ($F_{\mathrm{St\,min}} = 0{,}5 F_{\mathrm{N}}$).

Analog zu den Verhältnissen beim Schubkurbelgetriebe (s. Abschn. 7.4.1.1) gilt für die zulässige Stößelkraft des Schubkurbel-Kniehebel-Getriebes: Im Bereich $0° \leqq \alpha \leqq \alpha_{\mathrm{N}}$ ist die zulässige Stößelkraft kleiner oder höchstens gleich der Pressennennkraft, für $\alpha > \alpha_{\mathrm{N}}$ ist die zulässige Stößelkraft kleiner oder höchstens gleich der durch das Auslegungsdrehmoment der Kurbelwelle hervorgerufenen Stößelkraft.

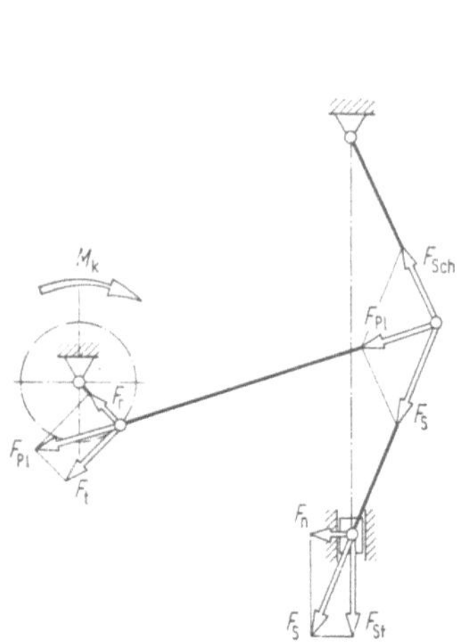

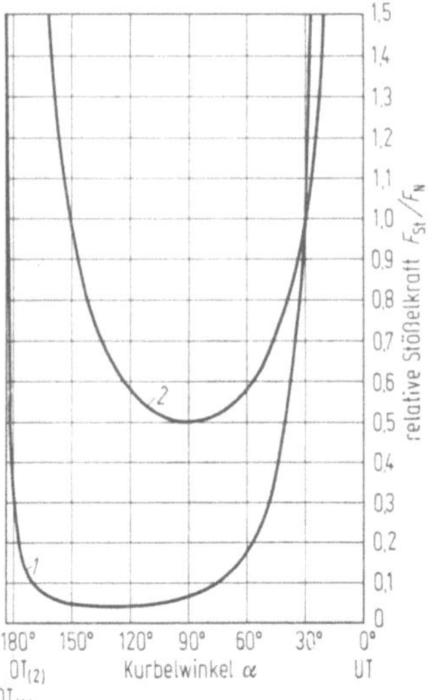

Bild 7.113 Kräfte am Schubkurbel-
Kniehebel-Getriebe nach Bild 7.112 a

Bild 7.114 Stößelkraftgrenzen gegeben durch
die zulässige Belastung der umlaufenden Antriebsteile in Abhängigkeit vom Kurbelwinkel.
1 Für das Schubkurbel-Kniehebel-Getriebe
nach Bild 7.112 a ($\alpha_N = 30°$), *2* für das gerade,
ungeschränkte Schubkurbelgetriebe (Normalauslegung)

In Bild 7.115 ist der Zusammenhang zwischen Stößelweg und Kurbelwinkel
des Schubkurbel-Kniehebel-Getriebes dargestellt. Zum Vergleich ist wieder der
entsprechende Zusammenhang des einfachen Schubkurbelgetriebes eingezeichnet.
Wie man sieht, ist die Stößelbewegung vom oberen zum unteren Totpunkt, die
etwas mehr als eine halbe Kurbelwellenumdrehung erfordert, sehr ungleich-
förmig: Während — ausgehend vom oberen Totpunkt — die Hälfte des Stößel-
wegs innerhalb eines Kurbeldrehwinkels von 60° zurückgelegt wird, verläuft die
Stößelbewegung in der Nähe des unteren Totpunkts stark verzögert, so daß dort
ein Kurbeldrehwinkel von ebenfalls 60° nur noch einen Stößelweg in Höhe von
$0,05H$ erbringt.

Aufgrund dieses Sachverhaltes steht, wie aus Bild 7.116 (Stößelkraft in
Abhängigkeit vom Stößelweg) hervorgeht, beim normal, d. h. mit einem Nennkraftwinkel von $\alpha_N = 30°$ ausgelegten Schubkurbel-Kniehebel-Getriebe die
Stößelkraft nur über einen sehr kurzen Stößelweg ($h_N \approx 0,005H$) in Höhe der
Nennkraft zur Verfügung, was etwa den Verhältnissen eines mit $\alpha_N = 7°30'$
ausgelegten Schubkurbelgetriebes entspricht. Wollte man dagegen beim Schubkurbel-Kniehebel-Getriebe hinsichtlich des Nennkraftwegs dieselben Bedingungen
schaffen wie beim normal ausgelegten Schubkurbelgetriebe, dann müßte das
Schubkurbel-Kniehebel-Getriebe mit einem Nennkraftwinkel von $\alpha_N = 67°$
ausgelegt werden (Bild 7.116). Zu beachten ist jedoch, daß beim Schubkurbel-
Kniehebel-Getriebe das Stößelkraftminimum deutlich niedriger liegt als beim
vergleichbaren Schubkurbelgetriebe. Pressen mit Schubkurbel-Kniehebel-Ge-

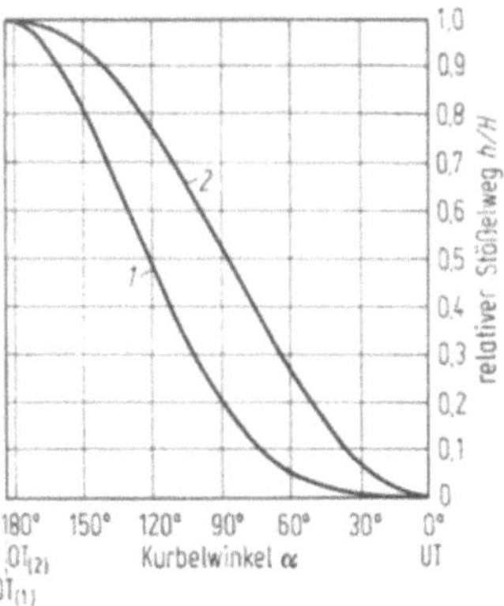

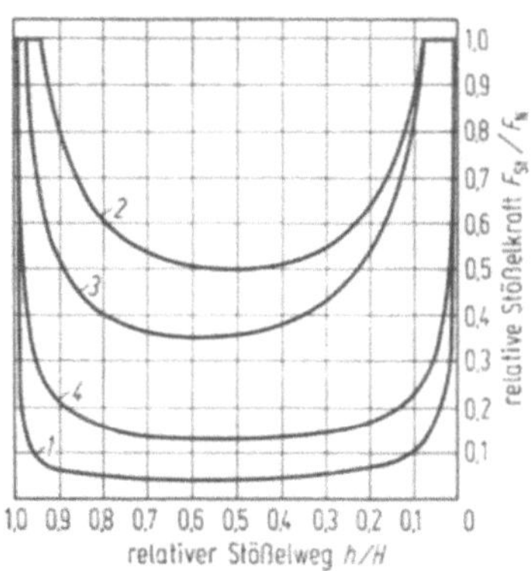

Bild 7.115 Zusammenhang zwischen Kurbelwinkel und Stößelweg. *1* Für das Schubkurbel-Kniehebel-Getriebe nach Bild 112a; *2* für das gerade, ungeschränkte Schubkurbelgetriebe ($\lambda = 0{,}1$)

Bild 7.116 Stößelkraftgrenzen in Abhängigkeit vom Stößelweg für Schubkurbel-Kniehebel-Getriebe und einfache Schubkurbelgetriebe verschiedener Auslegung. *1* Schubkurbel-Kniehebel-Getriebe nach Bild 7.112a, Nennkraftwinkel $\alpha_N = 30°$; *2* gerades, ungeschränktes Schubkurbelgetriebe, Nennkraftwinkel $\alpha_N = 30°$ (Normalauslegung); *3* Schubkurbel-Kniehebel-Getriebe nach Bild 7.112a, Nennkraftwinkel $\alpha_N = 67°$; *4* gerades, ungeschränktes Schubkurbelgetriebe, Nennkraftwinkel $\alpha_N = 7° 30'$

triebe eignen sich aufgrund ihres Stößelkraft-Stößelweg-Verlaufs besonders für Vorgänge mit kurzen Wirkwegen, bei denen zu Vorgangsende eine Kraftspitze auftritt (Flachprägen, Fließpressen von Tuben).

Da die verschiedenen Ausführungen von Schubkurbel-Kniehebel-Getrieben bezüglich ihres Stößelkraft-Kurbelwinkel- sowie Kurbelwinkel-Stößelweg-Verlaufs

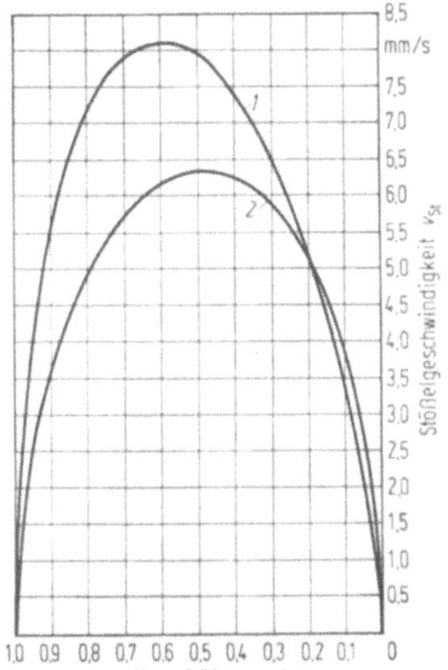

Bild 7.117 Stößelgeschwindigkeit in Abhängigkeit vom Stößelweg. *1* Für das Schubkurbel-Kniehebel-Getriebe nach Bild 7.112a; *2* für das gerade, ungeschränkte Schubkurbelgetriebe ($\lambda = 0{,}1$) bei gleichem Gesamthub ($H = 120$ mm) und gleicher Kurbelwellendrehzahl ($n_K = 1$ min^{-1})

beträchtlich voneinander abweichen können, wird bei diesen und allen anderen erweiterten Kurbelgetrieben vereinbart, daß die Stößelkraft in Höhe der Pressennennkraft nicht bei einem bestimmten Kurbelwinkel, sondern bei einem bestimmten Stößelweg, dem Nennkraftweg h_N, verfügbar sein soll.

Die Größe des Arbeitsvermögens von Pressen mit Schubkurbel-Kniehebel-Getrieben wird analog zum Arbeitsvermögen von Pressen mit Schubkurbelgetrieben mit $E_D = F_N h_N$ festgelegt.

Stößelgeschwindigkeit. Die Stößelgeschwindigkeit des Schubkurbel-Kniehebel-Getriebes — dargestellt in Bild 7.117 — zeigt in Abhängigkeit vom Stößelweg einen ähnlichen Verlauf wie beim Schubkurbelgetriebe. Sie nimmt zwar im Bereich großer Stößelwege höhere Werte an als die Stößelgeschwindigkeit eines hinsichtlich Gesamthub und Kurbelwellendrehzahl vergleichbaren Schubkurbelgetriebes, bei kleinen Stößelwegen, also im eigentlichen Arbeitsbereich, ist jedoch die Stößelgeschwindigkeit beim Schubkurbel-Kniehebel-Getriebe niedriger als beim Schubkurbelgetriebe.

7.4.2 Baugruppen weggebundener Pressen

7.4.2.1 Gestell

Der Bauform nach lassen sich bei den Gestellen weggebundener Pressen zwei Grundtypen unterscheiden (Bild 7.118):

— Die C-Gestellform (offenes oder ausladendes Gestell),
— die O-Gestellform (geschlossenes Rahmengestell).

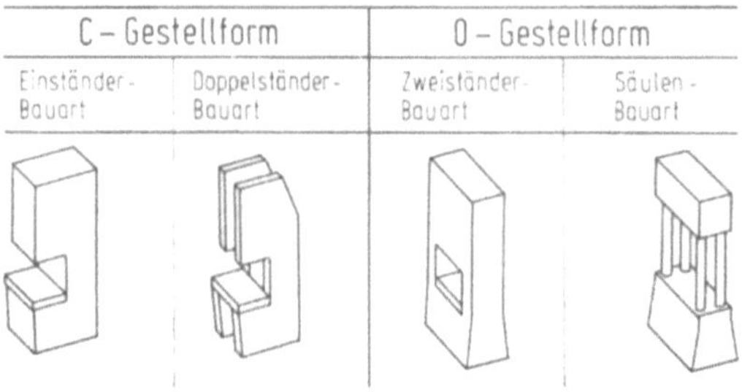

Bild 7.118 Bauformen und Bauarten von Gestellen für weggebundene Pressen. Nach [7.58]

C-Gestelle. C-Gestelle, die vorwiegend für Pressen kleiner bis mittlerer Baugröße Anwendung finden, unterteilt man in Einständer- und Doppelständer- (doppelwandige) Gestelle (Bild 7.118).

Hauptbestandteil des *Einständergestells* ist ein meist senkrecht stehender Träger (Ständer), der bei den heute üblichen Konstruktionen als biegesteifer Kastenträger ausgebildet ist. Der Antrieb ist im mittleren und oberen Teil des Trägers angeordnet, die Kurbel- oder Exzenterwelle liegt meist quer zur Vorderseite des Gestells (Querwellenantrieb). Der Pressentisch ist mit dem unteren Teil des Trägers entweder fest verbunden oder gegen diesen in der Höhe verstellbar. Das Einständergestell wird stehend oder neigbar ausgeführt.

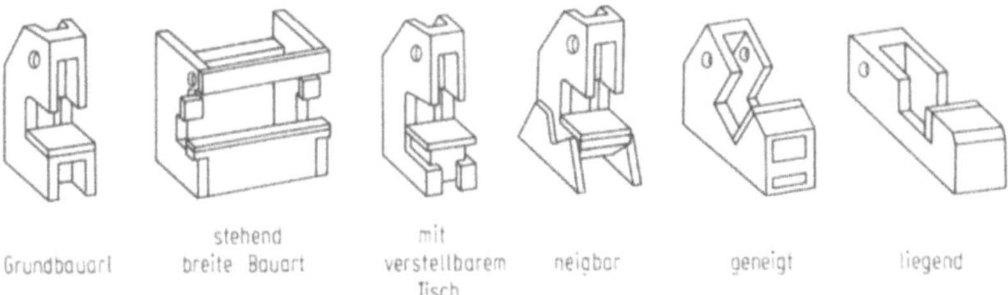

Bild 7.119 Bauarten von Doppelständergestellen. Nach [7.58]

Das *Doppelständergestell* wird durch zwei parallel stehende Ständer (Wände) gebildet, die durch den Pressentisch und im Kopfteil fest miteinander verbunden sind. Die Hauptantriebswelle liegt meist parallel zur Gestellvorderseite (Längswellenantrieb). Die Grundausführung des doppelwandigen Gestells (stehend mit festem Tisch) läßt sich in vielfältiger Weise abwandeln (Bild 7.119).

Wichtige Abmessungen von C-Gestellen, wie Größe und Beschaffenheit der Tischfläche, Tischhöhe, Höhenverstellbarkeit des Tischs, Ausladung und größter Neigungswinkel des Gestells, sind in Abhängigkeit von der Baugröße in DIN-Normen festgelegt [7.59—7.66; 7.68].

C-Gestelle bieten den Vorteil des freien Zugangs zum Werkzeugeinbauraum von drei Seiten her beim Einständer- und von vier Seiten her beim Doppelständergestell. Dem steht als Nachteil das Aufbiegen der Gestelle unter Last gegenüber, das zu Parallelitätsfehlern und Mittenversatz am Werkstück führt (s. Abschn. 7.1.3.2). Dieser Nachteil läßt sich durch Anbringen von Zugankern an der Gestellvorderseite teilweise beseitigen, da das seither offene nunmehr zum geschlossenen Rahmengestell wird (Bild 7.120). Für die Federzahl in z-Richtung ($C_{z(G,A)}$) des C-Gestells mit Zugankern gilt unter der vereinfachenden Annahme, daß Gestell und Zuganker ein System aus zwei parallel geschalteten Federn bilden (C_{zG} = Federzahl des Gestells ohne Zuganker und C_{zA} = Federzahl der Zuganker):

$$C_{z(G,A)} = C_{zG} + C_{zA}. \tag{7.96}$$

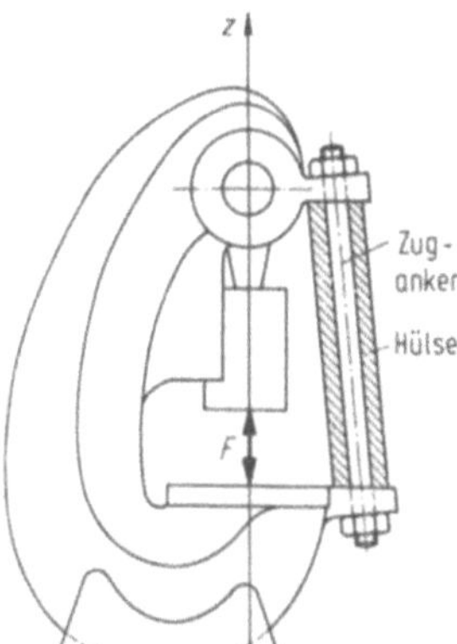

Bild 7.120 Vergrößerung der Steifigkeit von C-Gestellen durch Zuganker und Hülse. Nach [7.18]

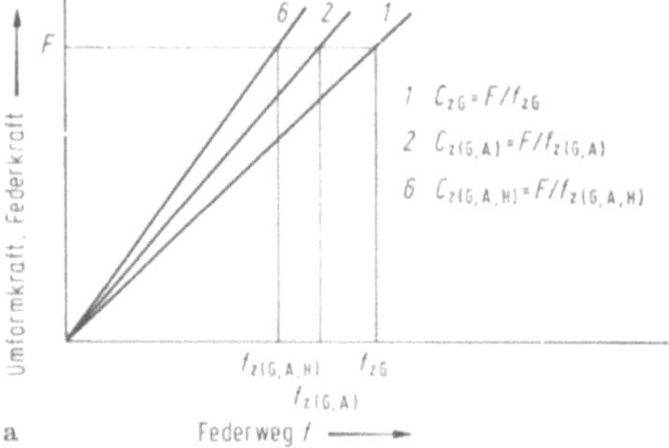

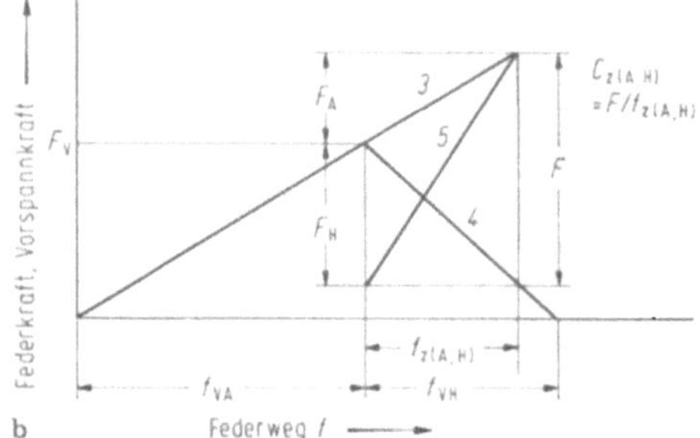

Bild 7.121 Federkennlinien von C-Gestellen. **a** Gestell (*1*), Gestell mit Zugankern (*2*), Gestell mit Zugankern und Hülsen (*6*); **b** Zuganker (*3*), Hülsen (*4*), Zuganker und Hülsen (*5*) (Verspannungsschaubild)

Das Anbringen von Zugankern führt demnach zu einer Vergrößerung der Federzahl bzw. einer Verringerung des Gestellfederwegs in z-Richtung (Bild 7.121 a).

Nachteilig bei dieser Anordnung ist einmal, daß durch die Zuganker der Zugang zum Werkzeugeinbauraum erschwert wird, zum andern, daß bei Lastabfall das Gestell unter der zusätzlichen Wirkung der Ankerkraft zurückfedert. Die beim Lastabfall in Bewegungsenergie umgesetzte Federungsarbeit (s. Abschn. 7.1.1) von Gestell und Zugankern muß nach Erreichen der ursprünglichen Nullage vom Gestell allein als Federungsarbeit wieder aufgenommen werden, was dazu führt, daß das Gestell stärker zurückfedert als es vorher aufgefedert war.

Man kann diesem Mangel durch Anbringen von vorgespannten Hülsen, die über die Anker geschoben werden, abhelfen. Die Auswirkungen dieser Maßnahme werden am Verspannungsschaubild von Anker und Hülse (Bild 7.121 b) deutlich:

Unter Wirkung der Vorspannkraft F_V werden — ihren Kennlinien entsprechend — die Zuganker um den Betrag f_{VA} gedehnt und die Hülsen um f_{VH} verkürzt. (Vereinfachend wird angenommen, daß beim Aufbringen der Vorspannung in Ankern und Hülsen das Gestell frei von Vorspannungen bleibt). Läßt man nun auf das vorgespannte System aus Anker und Hülse eine äußere Kraft F einwirken, dann nimmt die Kraft in den Ankern auf $(F_V + F_A)$ zu, während sie in den Hülsen auf $(F_V - F_H)$ abfällt. Die Anker dehnen sich dabei um $f_{z(A,H)}$, die entlasteten Hülsen dehnen sich um denselben Betrag. Die Federzahl des vorgespannten Systems ist definitionsgemäß der Quotient aus der äußeren Belastung F und der dadurch hervorgerufenen elastischen Formänderung $f_{z(A,H)}$ in Wirkrichtung von F:

$$C_{z(A,H)} = F/f_{z(A,H)}. \tag{7.97}$$

Da nach Bild 7.121 b $F = (F_A + F_H)$ ist, erhält man aus (7.97)

$$C_{z(A,H)} = \frac{F_A}{f_{z(A,H)}} + \frac{F_H}{f_{z(A,H)}}. \qquad (7.98)$$

Mit der Federzahl der Zuganker $C_{zA} = F_A/f_{z(A,H)}$ und der Federzahl der Hülsen $C_{zH} = F_H/f_{z(A,H)}$ folgt aus (7.98)

$$C_{z(A,H)} = C_{zA} + C_{zH}. \qquad (7.99)$$

Die Federzahl des C-Gestells mit Zugankern und Hülsen in z-Richtung ($C_{z(G,A,H)}$) ergibt sich analog zu (7.96) als

$$C_{z(G,A,H)} = C_{zG} + C_{z(A,H)}. \qquad (7.100)$$

Da $C_{z(A,H)} > C_{zA}$ ist (s. (7.99)), läßt sich durch Einsetzen von Hülsen nicht nur das Zurückfedern des C-Gestells vermeiden, sondern darüber hinaus eine weitere Erhöhung der Gestellfederzahl in z-Richtung erzielen (Bild 7.121 a).

O-Gestelle. Bei den O-Gestellen unterscheidet man zwischen der Zweiständer- und der Säulenbauart, die allerdings für weggebundene Pressen nur in seltenen Fällen Anwendung findet (Bild 7.118).

Die Abmessungen des Werkzeugeinbauraums sowie der Durchbrüche in den Seitenständern sind für einige Pressenbauarten in DIN 55181 [7.67] und DIN 55185 [7.69] genormt.

Zweiständergestelle für Pressen kleiner und mittlerer Baugröße werden einteilig ausgeführt. Bei Pressen höherer Nennkraft werden die Gestelle aus Tisch, Seitenständern und Kopfstück zusammengesetzt und die einzelnen Gestellbauteile durch Zuganker zusammengehalten.

Der Werkzeugeinbauraum ist bei Zweiständergestellen nur von der Vorder- und Rückseite her frei zugänglich. Vielfach werden deshalb in den Seitenständern zusätzlich Durchbrüche für die Zu- und Abfuhr von Werkstoff bzw. Werkstücken vorgesehen.

Die Gestellfederung von O-Gestellen erfolgt bei mittiger Belastung im wesentlichen nur in Wirkrichtung der Stößelkraft, sie setzt sich zusammen aus der Dehnung der Seitenständer sowie der Durchbiegung von Tisch und Kopfstück (s. Bild 7.14 und 7.18).

Die Größe der Durchbiegung von Tisch und Kopfstück ist in starkem Maße von der Ständerweite abhängig. Erfahrungsgemäß ist mit einer Tischdurchbiegung von 0,1 mm je m Ständerweite zu rechnen. Eine große Gestellsteife in Wirkrichtung des Stößels läßt sich deshalb nur bei Pressen kleiner Ständerweite verwirklichen.

Unter der Einwirkung der im Zweiständergestell bei Belastung auftretenden Biegemomente erfahren die Seitenständer eine Durchbiegung, die zu ihrer gegenseitigen Annäherung führt und als Querverengen bezeichnet wird. Da die Führungsbahnen für den Pressenstößel an den Seitenständern angebracht sind, kann bei ungenügender Quersteifigkeit der Seitenständer die Bewegungsgenauigkeit des Stößels durch das Querverengen beeinträchtigt werden.

Wie bereits erwähnt, werden bei geteilten Zweiständergestellen die einzelnen Gestellteile durch vorgespannte Zuganker zusammengehalten. In ähnlicher Weise wie beim System Zuganker/Hülse von C-Gestellen läßt sich das Verhalten von

Zweiständergestellen mit Zugankern anhand des Verspannungsschaubildes (Bild 7.122) erläutern: Die Vorspannkraft F_V bewirkt eine Verkürzung des Gestells um f_{VG} und eine Verlängerung der Zuganker um f_{VA} entsprechend den jeweiligen Federkennlinien. Unter Einwirken der Betriebskraft F (Stößelkraft) nimmt die Belastung der Anker auf $(F_V + F_A)$ zu, die Vorspannkraft im Gestell wird auf $(F_V - F_G)$ abgebaut. Damit unter Betriebslast die Trennfugen des Gestells nicht aufklaffen, muß die Vorspannkraft F_V so gewählt werden, daß die Restvorspannkraft $(F_V - F_G) > 0$ ist. Die Betriebskraft verursacht eine zusätzliche Längung der Zuganker um $f_{z(G,A)}$, das entlastete Gestell verlängert sich um denselben Betrag. Analog zu den Verhältnissen beim System Zuganker/Hülse des C-Gestells ergibt sich die Federzahl $C_{z(G,A)}$ des Zweiständergestells mit Zugankern als Summe der Federzahlen von Gestell (C_G) und Zugankern (C_A)

$$C_{z(G,A)} = \frac{F}{f_{z(G,A)}} = C_G + C_A. \tag{7.101}$$

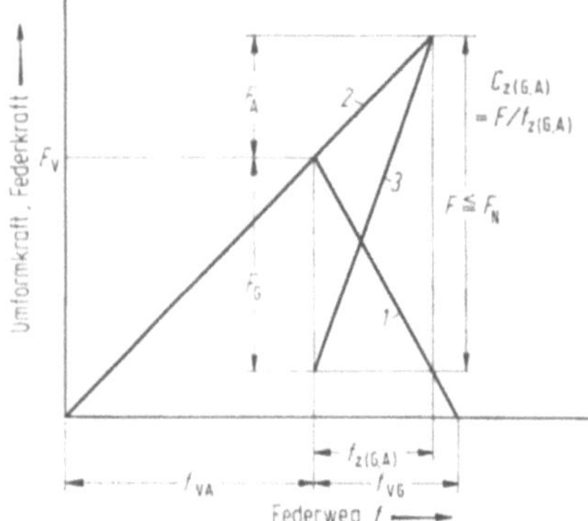

Bild 7.122 Verspannungsschaubild eines Zweiständergestells mit vorgespannten Zugankern. *1* Federkennlinie des Gestells, *2* Federkennlinie der Zuganker, *3* Federkennlinie des Gestells mit Zugankern

Betrachtungen anhand des Verspannungsschaubildes können nur sehr globale Aussagen über das Steifigkeitsverhalten der Gestelle liefern. Wesentlich genauere und detailliertere Berechnungen sind mit Hilfe der Finite-Elemente-Methode (FEM) möglich. Bisher mit der FEM durchgeführte Untersuchungen befaßten sich mit dem Steifigkeitsverhalten von Zweiständergestellen [7.74], wobei auch das elastische Verhalten des Triebwerks berücksichtigt wurde [7.19; 7.75], sowie mit der Variantenrechnung an O-Gestellpressen unterschiedlicher Bauart [7.76; 7.77]. Damit stehen zuverlässige Unterlagen zur Verfügung, die eine Optimierung des Steifigkeitsverhaltens von Gestell, Triebwerk und deren Elementen sowie der gesamten Presse bereits im Entwurfsstadium ermöglichen.

Im heutigen Pressenbau läßt sich klar die Tendenz erkennen, daß die Gestelle von Pressen kleiner Nennkraft (hauptsächlich C-Gestellpressen, die in Serie gebaut werden) aus Grauguß, seltener aus Stahlguß, hergestellt werden, während man im Großpressenbau (Einzelanfertigung) immer mehr zu Gestellen übergeht, die aus Stahlplatten unter Verwendung von Formteilen aus Stahlguß zusammengeschweißt werden. Der Vorteil der Stahlschweißbauweise liegt einmal darin, daß man Gestellquerschnitte im Hinblick auf größtmögliche Gestellsteifigkeit bei geringstem Werkstoffeinsatz ausbilden kann, ohne auf gußtechnische Bedingungen Rücksicht nehmen zu müssen, zum andern erlaubt es der gegenüber Grauguß höhere Elastizitätsmodul von Stahl, geschweißte Stahlgestelle bei gleicher Steifigkeit leichter zu bauen. Man nimmt dabei die geringere Schwingungsdämpfung von Stahl gegenüber Grauguß in Kauf.

7.4.2.2 Antrieb

Der Antrieb weggebundener Pressen umfaßt — in Richtung des Energieflusses betrachtet — folgende Baugruppen:

Antriebsmotor und Schwungrad, die meist durch ein Riemengetriebe miteinander verbunden sind, Schaltkupplung und Bremse sowie das Hauptgetriebe mit (bei Kurbelpressen) Kurbelwelle, Pleuelstange und Stößel (Bild 7.123).

Zwischen Schwungrad und Hauptgetriebe kann ein in der Regel nicht schaltbares ein- oder mehrfaches Zahnrädervorgelege angeordnet sein.

Antriebsmotor und Schwungrad. Der Energiebedarf von Umformvorgängen ist wegen der hohen Umformkräfte sehr groß. Bei der Durchführung eines Umformvorgangs auf weggebundenen Pressen fällt dieser Energiebedarf nur während eines Bruchteils (im Höchstfall etwa während eines Viertels) der Zeit an, die für ein vollständiges Arbeitsspiel des Stößels erforderlich ist. Da im Zeitraum zwischen Beendigung des einen und Beginn des darauffolgenden Umformvorgangs (bei Dauerhubbetrieb ist das die Zeit, die der Stößel zum Durchfahren der Leerwege benötigt, im Einzelhubbetrieb kommt dazu noch die Stößelstillstandszeit zwischen zwei aufeinanderfolgenden Hüben) der Presse keine nennenswerte Arbeit abverlangt wird, wäre es unwirtschaftlich, den Antriebsmotor nach dem Spitzenbedarf an Energie während des Umformvorgangs zu bemessen. Die Antriebe weggebundener Pressen werden deshalb durchweg mit Energiespeichern versehen. Während des Umformvorgangs wird den Speichern Energie entnommen, in der Zeit bis zum Beginn eines weiteren Umformvorgangs wird der Energieinhalt der Speicher durch den Antriebsmotor wieder ergänzt. Damit läßt sich

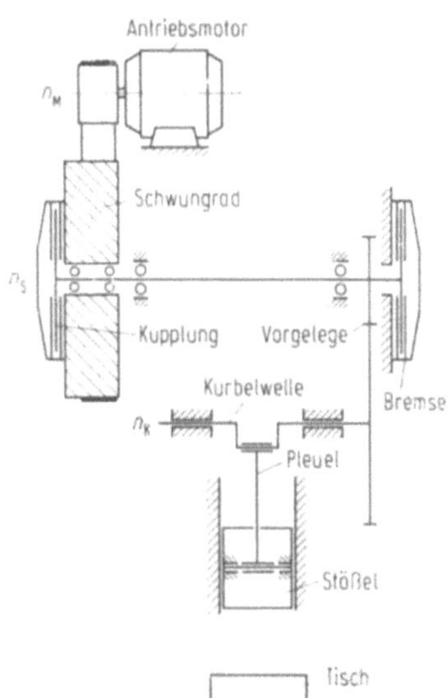

Bild 7.123 Schematischer Aufbau des Antriebs einer Kurbelpresse

der Antriebsmotor für eine mittlere Energieabgabe über das gesamte Arbeitsspiel hinweg auslegen. Als Energiespeicher dient bei weggebundenen Pressen ein Schwungrad, das bei Änderung seiner Drehzahl Energie abgibt bzw. aufnimmt.

Für die Auslegung des Schwungrads weggebundener Pressen wird angenommen, daß der Arbeitsbedarf der Maschine während des Umformvorgangs allein durch Energieabgabe des Schwungrads gedeckt werde [7.78]. Der Arbeitsbedarf der Presse während des Umformvorgangs setzt sich zusammen aus dem Bedarf des Vorgangs an Umformarbeit W, der Federungsarbeit W_F (sofern diese nicht für den Vorgang zurückgewonnen werden kann) und der Reibungsarbeit im Antrieb unter Last W_R. Da der Arbeitsbedarf des Vorgangs W höchstens gleich dem Arbeitsvermögen der Presse E_D sein darf, gilt demnach für die vom Schwungrad zur Verfügung zu stellende Energie:

$$E_S = E_D + W_F + W_R. \tag{7.102}$$

Die von einem Schwungrad mit dem Massenträgheitsmoment J_S bei einem Drehzahlabfall von n_{S0} auf n_{S1} abgegebene Energie ist (mit $\omega_S = \pi n_S/30$)

$$E_S = \frac{J_S}{2} (\omega_{S0}^2 - \omega_{S1}^2). \tag{7.103}$$

Unter Verwendung des relativen Drehzahlabfalls (Schlupf) $v = (n_{S0} - n_{S1})/n_{S0}$ $= (\omega_{S0} - \omega_{S1})/\omega_{S0}$ lautet (7.103)

$$E_S = \frac{J_S}{2} \omega_{S0}^2 v(2 - v). \tag{7.104}$$

Setzt man — einem Vorschlag von Mäkelt [7.70] folgend — in (7.104)

$$\frac{J_S}{2} \omega_{S0}^2 = W \quad \text{(Schwungradwucht)}$$

und

$$v(2 - v) = Z \quad \text{(Wuchtausnutzung)},$$

dann wird

$$E_S = WZ. \tag{7.105}$$

Nach (7.105) ist die Energiemenge, die ein Schwungrad bei vorgegebener Schwungradwucht abzugeben vermag, um so größer, je größer die Wuchtausnutzung, d. h., je größer der relative Drehzahlabfall ist. Eine möglichst hohe Wuchtausnutzung wäre demnach im Hinblick auf das Arbeitsvermögen der Presse erwünscht. Aus der thermischen Belastbarkeit des Antriebsmotors in Verbindung mit der Motorcharakteristik (Motormoment und Motorstrom in Abhängigkeit von der Motordrehzahl) und der Betriebsart der Presse (Einzelhub- oder Dauerhubbetrieb) ergeben sich jedoch für die Wuchtausnutzung bestimmte Grenzwerte, die nicht überschritten werden dürfen.

Elektromotoren sind so ausgelegt, daß sie sich im Dauerbetrieb durch den bei Abgabe des Nennmoments aufgenommenen Motorstrom (Nennstrom) nicht unzulässig erwärmen. Die Motorerwärmung ist, da der Motorwiderstand als annähernd gleichbleibend angesehen werden kann, dem Quadrat des aufgenommenen Stroms proportional. Da der Antriebsmotor bei weggebundenen Pressen mit dem Schwungrad dauernd gekoppelt ist, erfährt er dieselben Drehzahländerungen wie das Schwungrad, wird also nicht im Auslegungspunkt betrieben; seine Stromaufnahme richtet sich dabei nach der Motorkennlinie (Bild 7.124).

Nach Lindner [7.79] bleibt die Erwärmung von Elektromotoren bei instationärem Betrieb innerhalb der zulässigen Grenzen, solange die Bedingung

$$I_\mathrm{N}^2 t_\mathrm{ges} \geqq \int\limits_{t=0}^{t=t_\mathrm{ges}} I^2(n_\mathrm{M})\,\mathrm{d}t \tag{7.106}$$

erfüllt ist. In (7.106) bedeuten: I_N Nennstrom des Motors; $I(n_\mathrm{M})$ Motorstrom bei der jeweiligen Motordrehzahl n_M; t_ges Zeit für ein vollständiges Arbeitsspiel.

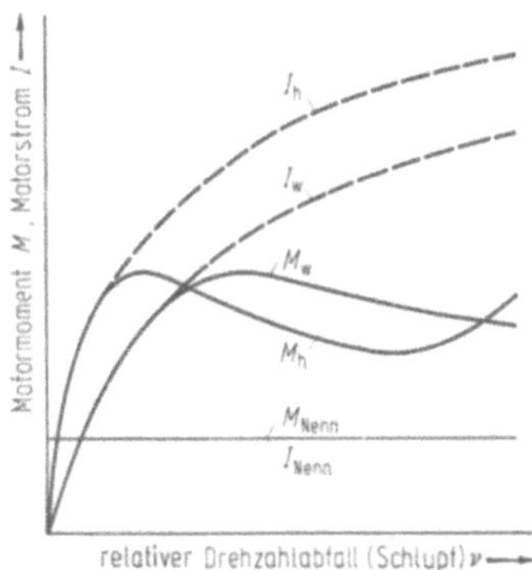

Bild 7.124 Kennlinien von Drehstrom-Asynchronmotoren mit „harter" (Index h) Charakteristik (Kurzschlußläufer) und „weicher" (Index w) Charakteristik (Widerstandsläufer). Nach [7.70]

Für den zulässigen relativen Drehzahlabfall bzw. die Wuchtausnutzung folgt aus (7.106) zweierlei:

1. In Bild 7.124 ist der Verlauf von Drehmoment und aufgenommenem Strom in Abhängigkeit vom relativen Drehzahlabfall für zwei Motoren mit unterschiedlicher Charakteristik („hart" bzw. „weich") dargestellt. Wie man sieht, ist bei gleichem Schlupf die Stromaufnahme des Motors mit harter Charakteristik höher als diejenige des weichen Motors, was unter gleichen Bedingungen zu einer geringeren Erwärmung des Motors mit weicher Kennlinie führt. Läßt man für beide Motorenarten dieselbe Erwärmung zu, dann erlaubt der Motor mit weicher Kennlinie einen größeren relativen Drehzahlabfall und damit eine höhere Wuchtausnutzung.

2. Im Einzelhubbetrieb ist die Zeit für ein vollständiges Arbeitsspiel (t_ges) größer als im Dauerhubbetrieb. Wenn man davon ausgeht, daß bei beiden Betriebsarten die Zeit, in der dem Schwungrad Energie entnommen wird, gleich ist, dann steht für das Aufladen des Schwungrads im Einzelhubbetrieb ein größerer Zeitraum zur Verfügung. Da vor allem gegen Ende der Aufladezeit die Stromaufnahme des Motors gering ist ($I < I_\mathrm{N}$), kann dem Motor im Einzelhubbetrieb ein größerer relativer Drehzahlabfall zugemutet werden als im Dauerhubbetrieb, d. h., die Wuchtausnutzung ist im Einzelhubbetrieb höher.

Von Mäkelt [7.70] werden für den zulässigen relativen Drehzahlabfall bzw. für die Wuchtausnutzung in Abhängigkeit von der Betriebsart folgende Werte genannt:

	Zulässiger relativer Drehzahlabfall ν	Wuchtausnutzung Z
Einzelhubbetrieb	0,29	0,50
Dauerhubbetrieb	0,13	0,25

Aus den Zahlenwerten für die Wuchtausnutzung ergibt sich in Verbindung mit (7.105) der bereits in Abschn. 7.4.1.1 erwähnte Sachverhalt, wonach das Arbeitsvermögen weggebundener Pressen im Einzelhubbetrieb etwa doppelt so groß wie im Dauerhubbetrieb ist.

Hubzahländerung. Zur Anpassung an unterschiedliche Arbeitsbedingungen werden weggebundene Pressen vielfach mit Einrichtungen zur in der Regel stufenlosen Veränderungen der Hubzahl (Drehzahl der Hauptantriebswelle) versehen. Die Hubzahländerung erfolgt entweder durch Anordnung eines (mechanischen oder hydrostatischen) Getriebes mit veränderlicher Abtriebsdrehzahl zwischen Antriebsmotor (Drehstromasynchronmotor mit $n_M \approx$ const) und Schwungrad oder durch Verwendung eines Antriebsmotors mit veränderlicher Drehzahl (z. B. Gleichstrommotor, Drehstromnebenschlußmotor). Die Hubzahländerung beeinflußt sowohl die Stößelgeschwindigkeit (s. Abschn. 7.4.1) als auch insbesondere das Arbeitsvermögen der Presse. Da eine Änderung der Hubzahl zu einer analogen Änderung der Schwungraddrehzahl führt und nach (7.104) die Schwungradwucht dem Quadrat der Schwungraddrehzahl proportional ist, würde bei gleichbleibender Wuchtausnutzung eine Erhöhung der Hubzahl eine Vergrößerung des Arbeitsvermögens zur Folge haben. Nach Mäkelt [7.70] nimmt jedoch bei Antrieben mit gleichbleibender Motorleistung die Wuchtausnutzung mit der dritten Potenz der Hubzahl ab, so daß in diesem Fall das Arbeitsvermögen mit wachsender Hubzahl kleiner wird.

Kupplung und Bremse. Mit den Fragen der Gestaltung von Kupplung und Bremse sowie deren Steuerung ist die Frage der Sicherheit des an weggebundenen Pressen arbeitenden Menschen eng verknüpft. Die folgenden Ausführungen befassen sich mit der Funktion von Kupplung und Bremse; Sicherheitsfragen werden in Abschn. 7.5.1 behandelt.

Kupplung. Aufgabe der Kupplung ist es, zur Einleitung der Stößelbewegung eine Verbindung zwischen den dauernd umlaufenden Teilen des Antriebs (Schwungrad, Antriebsmotor) und der Hauptantriebswelle für ein oder mehrere Arbeitsspiele herzustellen, die dabei erforderlichen Drehmomente zu übertragen und zur Beendigung der Stößelbewegung die Verbindung der Hauptantriebswelle mit dem Schwungrad bzw. Motor wieder zu lösen. Nach der Art der Drehmomentübertragung unterscheidet man zwischen

formschlüssigen und kraftschlüssigen

Kupplungen.

Formschlüssige Kupplungen — auch Mitnehmerkupplungen genannt — verbinden durch Einrücken eines Mitnehmerelements die getriebenen mit den zu treibenden Kupplungsteilen. Das Einrücken der Mitnehmerelemente führt zu einer schlagartigen Beanspruchung der Kupplungsteile, wodurch vor allem die Mitnehmerelemente einem starken Verschleiß unterworfen sind und die zulässige Kupplungsdrehzahl auf $\leq 100\ \mathrm{min}^{-1}$ begrenzt bleiben muß. Formschlüssige Kupplungen lassen sich nicht zu jedem beliebigen Zeitpunkt während eines Stößelhubs ausrücken; sie sind deshalb nur noch für eine Arbeitsweise mit geringen Sicherheitsanforderungen an die Presse, d. h. bei Verwendung sicherer Werkzeuge oder fester Abschirmungen oder in Verbindung mit beweglichen Abschirmungen zugelassen (s. Abschn. 7.5.1). Zu den formschlüssigen Kupplungen zählen Bolzen- und Drehkeilkupplungen (Bild 7.125). Die letzteren sind vor allem bei Pressen älterer Bauart noch häufig anzutreffen.

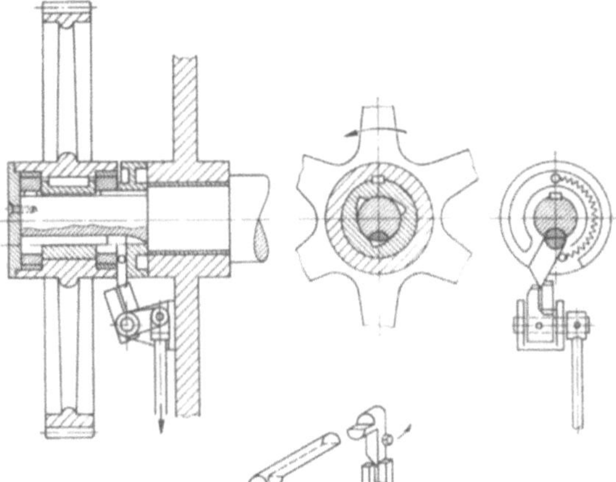

Bild 7.125 Drehkeilkupplung.
(Schuler — nach [7.80])

Bei *kraftschlüssigen Kupplungen* müssen zur Übertragung eines Drehmoments Kupplungsteile dauernd gegeneinander gepreßt werden. Durch Fortnahme der Anpreßkraft ist bei jeder beliebigen Stößelstellung ein Entkuppeln und damit eine stufenlose Hubunterbrechung möglich. Die erforderlichen Anpreßkräfte können mechanisch, elektromagnetisch oder durch ein Druckmedium (Luft, Öl) aufgebracht werden.

Durch rein mechanische oder elektromagnetische Betätigung lassen sich nur verhältnismäßig geringe Anpreßkräfte ausüben. Kupplungen dieser Bauart sind deshalb nur für die Übertragung von kleinen und mittleren Drehmomenten geeignet. Bei Kupplungen, die durch ein Druckmedium betätigt werden, kann die Anpreßkraft und damit das übertragbare Drehmoment durch Veränderung des Drucks eingestellt werden.

Am weitesten verbreitet bei weggebundenen Pressen sind heute druckluftbetätigte Kupplungen, meist in der Ausführung als Einscheibenkupplungen mit leicht auswechselbaren Reibklötzen (Bild 7.126). Bei dieser Kupplungsbauart läßt sich die in den Reibflächen anfallende Wärme durch Eigenbelüftung

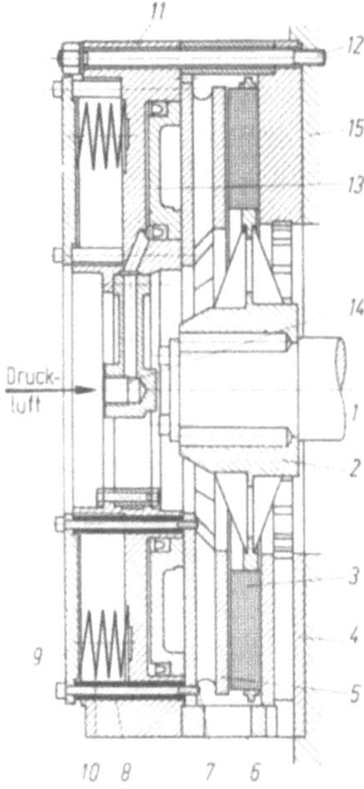

Bild 7.126 Druckluftbetätigte Einscheibenkupplung.
Nach [7.81]. *1* Schnellaufende Pressenvorgelegewelle,
2 Reibbelagträger, *3* Reibbeläge, *4, 5* Reibscheiben,
6 Gehäusering, *7* Zylinderschrauben, *8* Distanzrohre,
9 Gegenring, *10* Druckfedern, *11* Zylinder, *12* Befestigungsschrauben, *13* Ringkolben, *14* Luftzuführung,
15 Schwungrad oder Vorgelegerad

verhältnismäßig gut abführen, so daß auch bei hoher Schalthäufigkeit der Verschleiß in vertretbaren Grenzen bleibt.

Bremse. Die Bremse soll nach dem Lösen der Kupplung den Pressenstößel
unverzüglich stillsetzen. Dazu wird die kinetische Energie der nicht dauernd
umlaufenden sowie der hin- und hergehenden Teile des Antriebs in der Bremse
durch Reibung in Wärmeenergie umgewandelt.

Aus Gründen der Sicherheit wird bei Bremsen die erforderliche Anpreßkraft
der Reibflächen stets durch Federn aufgebracht, das Lüften der Bremsen kann
mechanisch, elektromagnetisch oder durch Druckmedien erfolgen. Kupplungen
und Bremsen müssen außerdem so geschaltet sein, daß bei einem Bruch der mechanischen Betätigung, bei Ausfall der Spannung oder des Drucks im Druckmedium
die Kupplung selbsttätig ausgerückt und die Bremse voll wirksam wird. Zur
Vermeidung von unnötigem Verschleiß ist es erforderlich, Kupplung und Bremse
in ihrer Wirkung so aufeinander abzustimmen, daß sie überschneidungsfrei
arbeiten.

In Verbindung mit formschlüssigen Kupplungen werden Backen- oder Bandbremsen (Bild 7.127) verwendet. Bandbremsen sind — wie formschlüssige Kupplungen — nur bei einer Arbeitsweise mit geringen Sicherheitsanforderungen an
die Presse oder in Verbindung mit beweglichen Abschirmungen erlaubt (s. Abschn.
7.5.1).

Den Einscheibenkupplungen im Aufbau ähnlich sind die Einscheibenbremsen,
die entweder getrennt von den zugehörigen Kupplungen angeordnet (Bild 7.128)
oder mit diesen zusammengebaut sein können (Bild 7.129). Im Falle der kombinierten Anordnung von Kupplung und Bremse wird durch ein gemeinsames
Betätigungselement (Ringkolben in Bild 7.129) die Kupplung eingerückt und

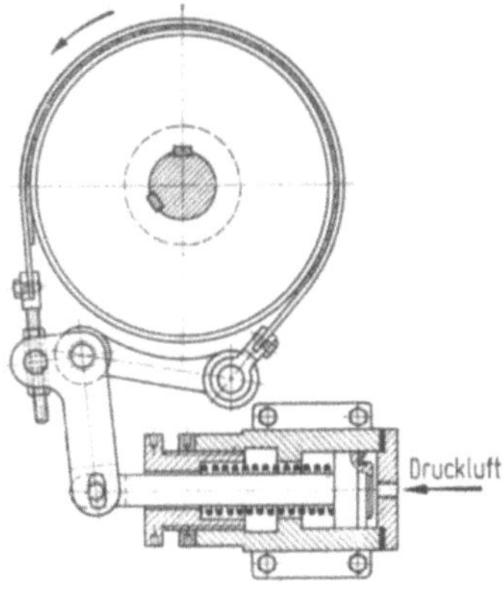

Bild 7.127 Druckluftgesteuerte Bandbremse (Kieserling — nach [7.70])

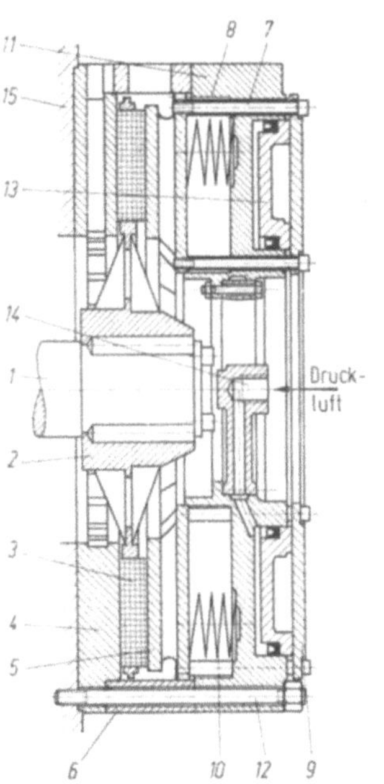

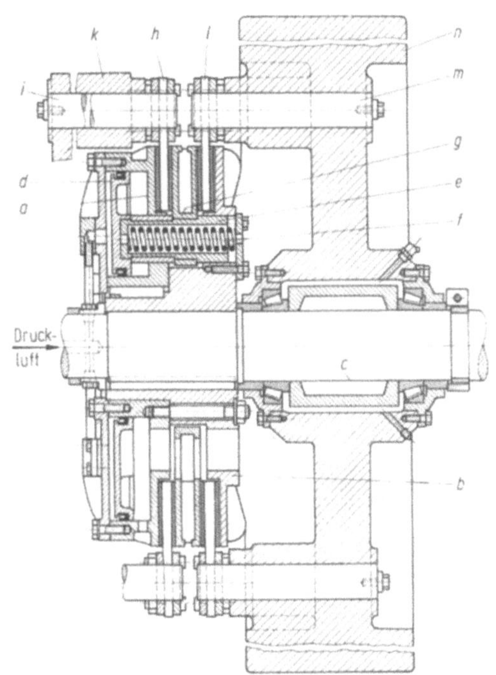

Bild 7.128 Druckluftgesteuerte Einscheibenbremse. Nach [7.81].
1 Schnellaufende Pressenvorgelegewelle, *2* Reibbelagträger, *3* Reibbeläge, *4, 5* Reibscheiben, *6* Gehäusering, *7* Zylinderschrauben, *8* Distanzrohre, *9* Gegenring, *10* Druckfedern, *11* Zylinder, *12* Befestigungsschrauben, *13* Ringkolben, *14* Luftzuführung, *15* Pressengestell

Bild 7.129 Druckluftbetätigte Einscheibenkupplung, kombiniert mit druckluftgesteuerter Einscheibenbremse (Bliss — nach [7.70]).
a Luftzylinder, *b* Kupplungskörper (Widerlager), *c* Hauptwelle oder 1. Zwischenwelle, *d* Ringkolben, *e* Federhülse, *f* Bremsfeder, *g* Druckscheibe, *h* zweiteilige Bremsscheibe, *i* Bremsscheiben-Tragbolzen, *k* Bremshalter (Maschinengestell), *l* zweiteilige Kupplungsscheibe, *m* Kupplungsscheiben-Tragbolzen, *n* Antriebszahnrad oder Schwungrad

die Bremse gelüftet. Damit entfallen besondere Vorkehrungen zur Gewährleistung der Überschneidungsfreiheit.

Lage des Antriebs. Die Frage nach der günstigsten Anordnung des Antriebs weggebundener Pressen — Oberantrieb oder Unterantrieb — kann nicht eindeutig beantwortet werden. Nach Böhringer [7.82] lassen sich für Großpressen die Vor- und Nachteile der beiden Antriebsanordnungen wie folgt umreißen:

Dem größeren Raumbedarf der Presse mit Oberantrieb über Flur steht der größere Raumbedarf der Unterantriebspresse unter Flur gegenüber (Bild 7.130), woraus sich für die Presse mit Unterantrieb höhere Fundamentierungskosten ergeben. Die seitlich am Stößel angreifenden Zugpleuel der Unterantriebspresse führen zu einer größeren Biegebeanspruchung und einer entsprechend großen Durchbiegung des Stößels; dafür liegt die Wirklinie auch außermittig am Stößel angreifender Kräfte immer zwischen den Anlenkpunkten der Pleuel. Bei Pressen mit Oberantrieb verläuft der Kraftfluß durch das Gestell; da dieses gleichzeitig Führungsfunktionen für den Stößel übernimmt, können sich bei Oberantriebspressen Gestellverformungen infolge von Preßkraftreaktionen ungünstig auf die Bewegungsgenauigkeit des Stößels auswirken, was bei Pressen mit Unterantrieb. deren Gestell weitgehend frei ist von Preßkraftreaktionen, kaum zu erwarten ist. Die kleineren Querschnittsflächen, die bei Unterantriebspressen quer zum Kraftfluß liegen, führen in Verbindung mit der größeren Stößeldurchbiegung trotz

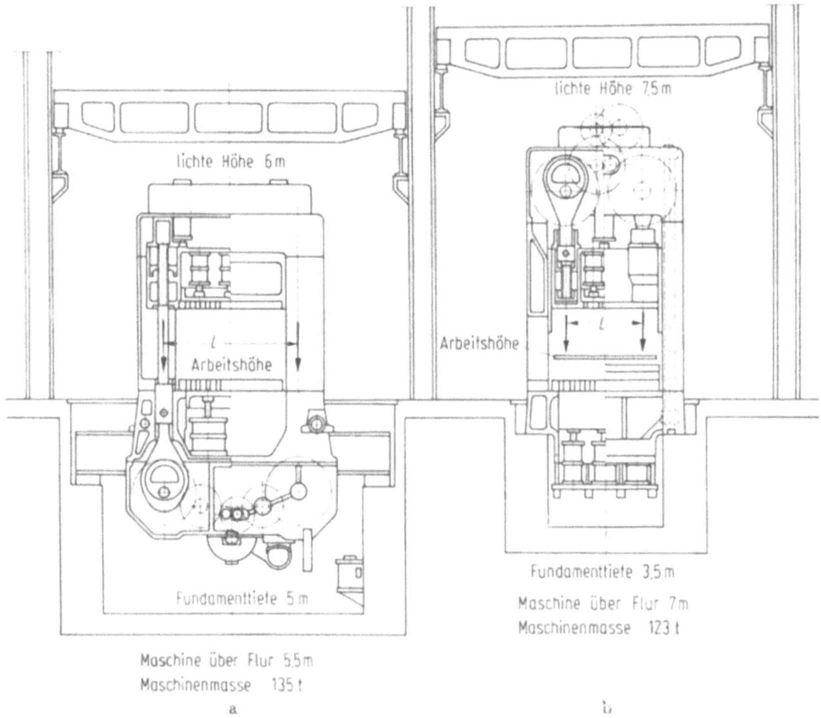

Bild 7.130 Aufbau und Platzbedarf von Zweiständer-Kurbelpressen mit **a** Unterantrieb und **b** Oberantrieb. Nach [7.82]

höherer Gesamtmasse zu einer gegenüber Oberantriebspressen geringeren Federzahl in Wirkrichtung des Stößels. Im Tisch von Pressen mit Unterantrieb bleibt wegen des dort untergebrachten Antriebs wenig Platz für die Anordnung von Ziehkissen und Auswerfern, dafür lassen sich derartige Aggregate in den Stößel einbauen, was bei Pressen mit Oberantrieb nur in beschränktem Umfang möglich ist.

Obwohl sich nach dem vorstehend Gesagten die Vor- und Nachteile der beiden Antriebsbauarten etwa die Waage halten, ist festzustellen, daß Großpressen heute vorwiegend mit Oberantrieb ausgeführt werden. Bei Schneid- und Umformautomaten — Pressen kleiner Nennkraft und hoher Hubzahl — dagegen ist der Unterantrieb wegen der damit verbundenen tiefen Schwerpunktlage noch anzutreffen.

Stößel. Der Stößel dient der Aufnahme des Werkzeugoberteils, er übernimmt beim Umformvorgang die gegenseitige Führung der Werkzeugteile.

Zur Aufnahme und Befestigung des Werkzeugs ist der Stößel mit Spannuten (T-Nuten) und bei Pressen kleiner Nennkraft mit einer Bohrung für Spann- bzw. Zentrierzapfen versehen. Abmessungen und Beschaffenheit der Werkzeugaufspannfläche am Stößel sind für weggebundene Pressen in DIN-Normen festgelegt [7.59—7.69].

Die Anpassung des Abstands zwischen Tischfläche und Stößelsohle an unterschiedliche Einbauhöhen der Werkzeuge erfolgt hauptsächlich durch die Stößelseltener durch die Tischverstellung. Tischverstellungen findet man bei Pressen mit C-Gestellen (Spindelverstellung) und bei Gesenkschmiedepressen (Keilverstellung). Die Stößelverstellung geschieht entweder durch Veränderung der Pleuellänge (vornehmlich bei Pressen kleiner Nennkraft — Bild 7.131 a), durch

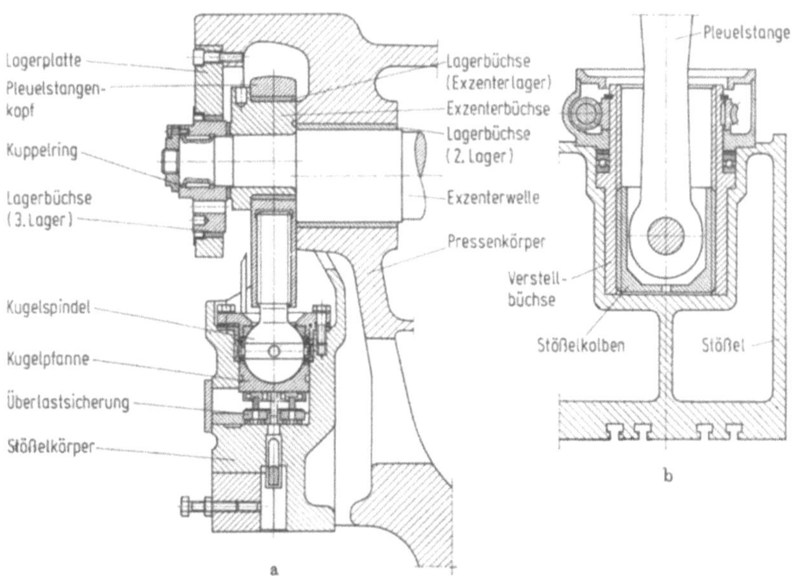

Bild 7.131 Stößelverstellung. **a** durch Veränderung der Pleuellänge. Nach [7.83]. **b** durch Veränderung des Abstands zwischen dem Anlenkpunkt des Pleuels am Stößel und der Stößelsohle (Schuler)

Veränderung des Abstands zwischen der Stößelsohle und dem Anlenkpunkt des Pleuels am Stößel (Bild 7.131 b) oder bei Pressen mit Schubkurbel-Kniehebel-Getriebe durch Veränderung des Abstands zwischen dem Schwingenlager und dem Pressengestell (Keilverstellung).

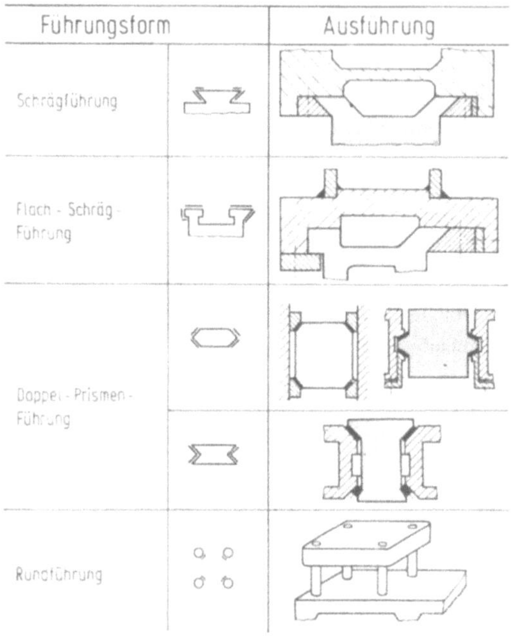

Bild 7.132 Zusammenstellung der wichtigsten Formen und Ausführungen von Stößelführungen (Gleitführungen) weggebundener Pressen. Nach [7.84]

Die Bewegungsgenauigkeit des Stößels wird im wesentlichen durch die Stößelführung bestimmt. Im Hinblick darauf sind von den Führungen eine große wirksame Führungslänge, geringes Führungsspiel und kleine elastische Verformungen infolge von Preßkraftreaktionen im Gestell bzw. unter Einwirken der vom Stößel ausgeübten Normalkraft F_n (s. (7.81 b)) zu fordern (s. Abschn. 7.1.3.2). Stößelführungen werden hauptsächlich als Gleitführungen ausgebildet, wobei das kleinstzulässige Führungsspiel durch die erforderliche Schmierfilmdicke gegeben ist. In Fällen, in denen an die Bewegungsgenauigkeit des Stößels besonders hohe Ansprüche gestellt werden (z. B. bei Genauschneidpressen sowie bei Schneid- und Umformautomaten) findet man auch spielfreie Wälzführungen als Rund- oder Flachführungen. — Die üblichen Ausführungsformen von Stößelführungen (Gleitführungen) sind in Bild 7.132 schematisch dargestellt. Schrägführungen und Flachschrägführungen werden vor allem bei Pressen mit C-Gestellen, Doppelprismenführungen bei Pressen mit Zweiständergestellen angewendet, während Rundführungen auf Sonderbauarten (Schneid- und Umformautomaten mit Unterantrieb) beschränkt sind. Die Einstellung des Führungsspiels erfolgt über die am Pressengestell angeordneten Führungsleisten, die durch Schrauben, Rundkeile oder Keilleisten gegen die Führungsbahnen am Stößel verstellt werden können (Bild 7.133). Bei der Nachstellung durch Keilleisten und Rundkeile wird die Führungsleiste auf einer größeren Fläche unterstützt, die Stößelführung kann dadurch Querkräfte besser aufnehmen. Neben herkömmlichen Lagerwerkstoffen (Bronze, Messing) finden für die am Stößel angeschraubten oder angeklebten Führungsbahnen zunehmend Kunststoffe wegen ihrer sehr guten Notlaufeigenschaften Verwendung, die Führungsleisten werden aus Stahl oder Grauguß hergestellt.

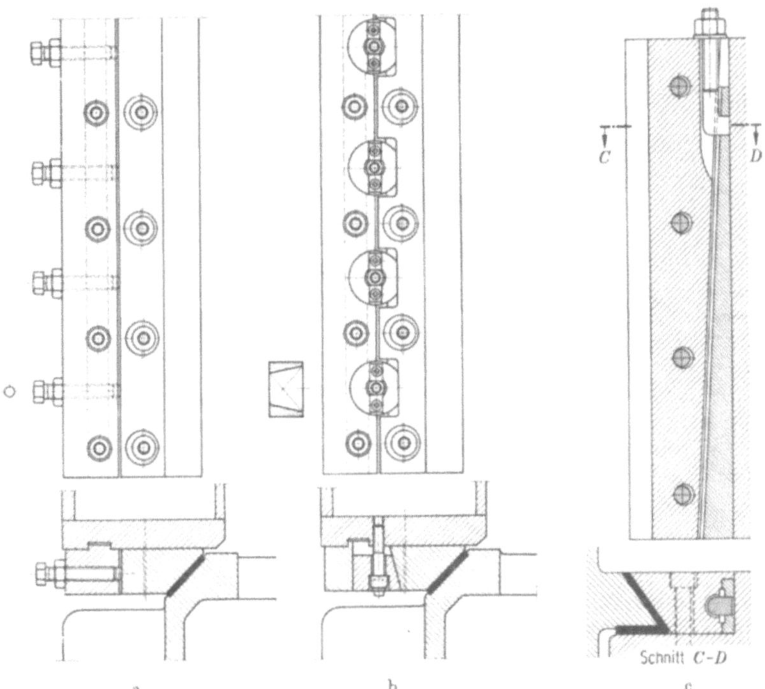

Bild 7.133 Möglichkeiten zur Einstellung des Stößelführungsspiels. Nach [7.85]. **a** durch Stellschrauben; **b** durch Rundkeile; **c** durch Keilleiste

Die Krafteinleitung in den Stößel wird bei kleinen Stößelabmessungen in Breiten- und Tiefenrichtung durch *einen* Pleuel vorgenommen (Einpunktantrieb). Stößel mit größerer Ausdehnung in Breitenrichtung machen die Anordnung von *zwei* Pleueln (Zweipunktantrieb) und sehr großflächige Stößel die Anordnung von *vier* Pleueln (Vierpunktantrieb) notwendig. Die Hauptantriebswelle kann bei Ein- und Zweipunktantrieb parallel oder senkrecht zur Maschinenvorderseite liegen (Längswellen- bzw. Querwellenantrieb); beim Vierpunktantrieb sind nur querliegende Antriebswellen üblich (Bild 7.134). Durch gegenläufige Drehrichtung der Hauptantriebswellen der Querwellenanordnung heben sich die Normalkräfte in den Pleuelzapfen gegenseitig auf, so daß in den Stößelführungen keine Reaktionskräfte hervorgerufen werden (Bild 7.135).

Weggebundene Pressen mittlerer und großer Nennkraft werden mit Einrichtungen zum Ausgleich des Gewichts von Stößel und Werkzeugoberteil versehen, wodurch der Einfluß des Lagerspiels auf den Bewegungsablauf des Stößels ausgeschaltet und ein ruhiger Lauf der Maschine erreicht werden soll.

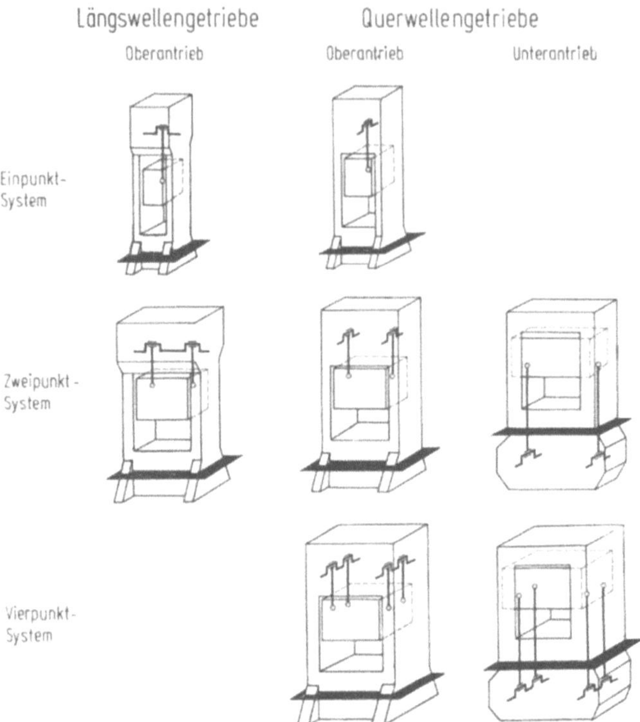

Bild 7.134 Möglichkeiten für die Anordnung des Hauptgetriebes bei Zweiständer-Kurbelpressen. Nach [7.58]

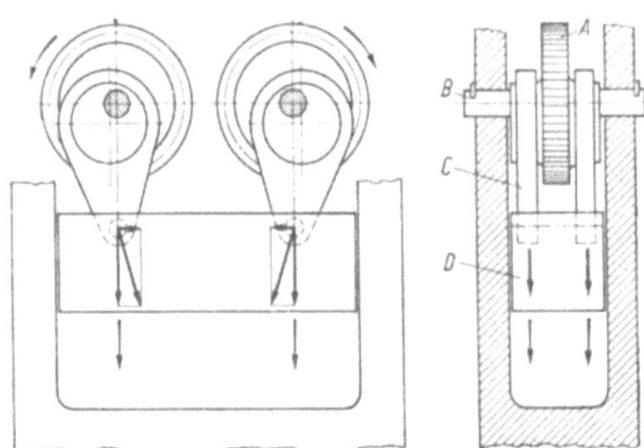

Bild 7.135 Ausführung des Hauptgetriebes einer 4-Punkt-Kurbelpresse. Nach [7.86]. *A* Zahnräder mit Hubscheiben; *B* Achsen (fest); *C* Pleuel; *D* Stößel

7.5 Schutzeinrichtungen

Im Blick auf notwendige Schutzeinrichtungen sind zwei Gesichtspunkte zu beachten: Schutz des arbeitenden Menschen und Schutz der Maschine.

7.5.1 Einrichtungen zum Schutz des arbeitenden Menschen

Das Arbeiten an Pressen ist immer mit Unfallgefahren verbunden. Das hat seine Ursache darin, daß Ober- und Unterwerkzeug der Presse bei der Schließbewegung eine offene Quetschstelle bilden, in die beim Einlegen und Herausnehmen der Werkstücke von Hand eingegriffen werden muß. Dabei kann die Gefahr von den Bedienungspersonen ausgehen, wenn sie sich ganz oder mit einzelnen Gliedmaßen im Gefahrenbereich des niedergehenden Stößels mit den Werkzeugen befinden oder fahrlässig zu instinktiv beabsichtigten Korrekturen der Werkstücklage in den Gefahrenbereich greifen. Die Folgen solcher Unfälle sind meist schwere Verletzungen an Händen und Armen durch Quetschungen oder der Verlust von Gliedmaßen.

Die Unfallgefahr kann aber auch von den Pressen ausgehen, wenn z. B. nach beendetem Stößelhub bei der Entnahme des umgeformten Werkstücks ein ungewollter Stößelniedergang ausgelöst wird und dadurch sowohl Verletzungen der Person als auch Schäden an Maschinen und Werkzeugen entstehen.

Die wesentlichen die Unfallverhütung an Pressen betreffenden Vorschriften und Regeln der Technik sind in Bild 7.136 zusammengestellt. Im folgenden werden davon die Vorschriften für weggebundene Pressen („Exzenter- und ver-

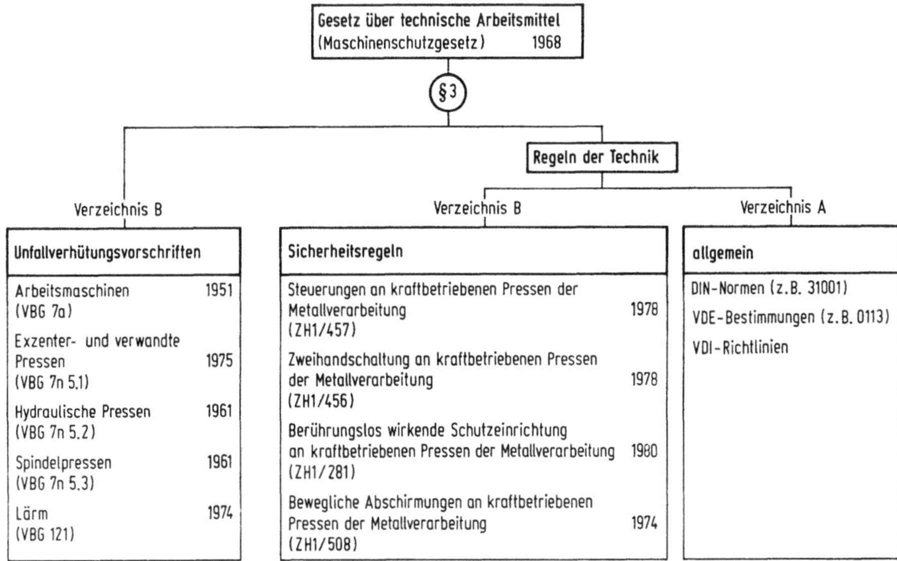

Bild 7.136 Übersicht der Unfallverhütungsvorschriften und Sicherheitsregeln bei Pressen. Nach [7.87]

wandte Pressen"), die dem neuesten Stand der Sicherheitstechnik entsprechen, behandelt. Die Behandlung erfolgt dabei in enger Anlehnung an die in [7.80] und [7.88] verwendete Systematik.

Sicherheitseinrichtungen an weggebundenen Pressen umfassen Maßnahmen, die ein Hineingreifen in den Gefahrenbereich (Werkzeugeinbauraum) während der Schließbewegung der Werkzeuge verhindern — sie werden als „Handschutz" bezeichnet —, sowie Maßnahmen, die eine unbeabsichtigte Schließbewegung unterbinden. Diese werden unter dem Begriff „Pressen-Sicherheitseinrichtungen" zusammengefaßt. (Die Begriffe „Handschutz" bzw. „Pressen-Sicherheitsein-richtungen" decken sich in etwa mit den früher üblichen Bezeichnungen „Nach-greifsicherheit" bzw. „Nachschlagsicherheit").

Die Sicherheitsanforderungen und die jeweiligen Sicherheitsmaßnahmen richten sich nach dem Unfallrisiko, das seinerseits von der sog. Arbeitsweise, d. h. von der Art abhängig ist, in der die Werkzeuge beschickt und die Werk-stücke aus dem Werkzeug entnommen werden. Man unterscheidet drei Arbeits-weisen, die wie folgt charakterisiert sind (s. a. Bild 7.137):

— Eine Arbeitsweise mit geringen Sicherheitsanforderungen liegt bei mechani-siertem oder automatisiertem Zu- und Abführen der Teile vor.
— Zur Arbeitsweise mit erhöhten Sicherheitsanforderungen gehören das Ein-legen von Hand in Verbindung mit entweder dem Herausnehmen mit Hilfs-werkzeugen oder einer automatischen Teileabfuhr im oberen Totpunkt sowie das Einlegen mit Hilfswerkzeugen bei automatischer Teileabfuhr.
— Eine Arbeitsweise mit hohen Sicherheitsanforderungen ist beim Einlegen von Hand und Herausnehmen von Hand gegeben.

Die bei den verschiedenen Arbeitsweisen erforderlichen Sicherheitsmaßnahmen können Bild 7.137 entnommen werden. Die folgende Beschreibung der einzelnen Maßnahmen beschränkt sich auf die wichtigsten Punkte. Wegen ausführlicherer Darstellungen wird auf die Literatur [7.80; 7.87; 7.88] verwiesen.

7.5.1.1 Arbeitsweise mit geringen Sicherheitsanforderungen

Die Sicherheitsanforderungen dieser Arbeitsweise werden durch Verwendung sicherer Werkzeuge oder durch eine feste Abschirmung des Gefahrenbereichs (Bild 7.138) erfüllt. Sichere Werkzeuge sind Werkzeuge, die aufgrund ihrer Kon-struktion oder durch zusätzlich angebaute Abschirmungen ein Hineingreifen in die Gefahrenstellen ausschließen, wobei Quetsch- und Scherstellen sowohl durch die Formgebung der Werkzeuge als auch durch die Art ihrer Aufspannung weit-gehend zu vermeiden sind. Von der festen Abschirmung wird gefordert, daß ohne Werkzeug abnehmbare oder öffenbare Teile der Abschirmung so mit der Steue-rung der Presse verbunden sein müssen, daß bei abgenommenem oder geöffnetem Abschirmteil eine Schließbewegung nicht eingeleitet werden kann und beim Ent-fernen oder beim Öffnen während der Schließbewegung der Stößel rechtzeitig stillgesetzt wird.

An die Presse und ihre Steuerung werden keine besonderen Sicherheitsan-forderungen gestellt, so daß für diese Arbeitsweise auch weiterhin formschlüssige Kupplungen und Bandbremsen (s. Abschn. 7.4.2.2) zugelassen sind.

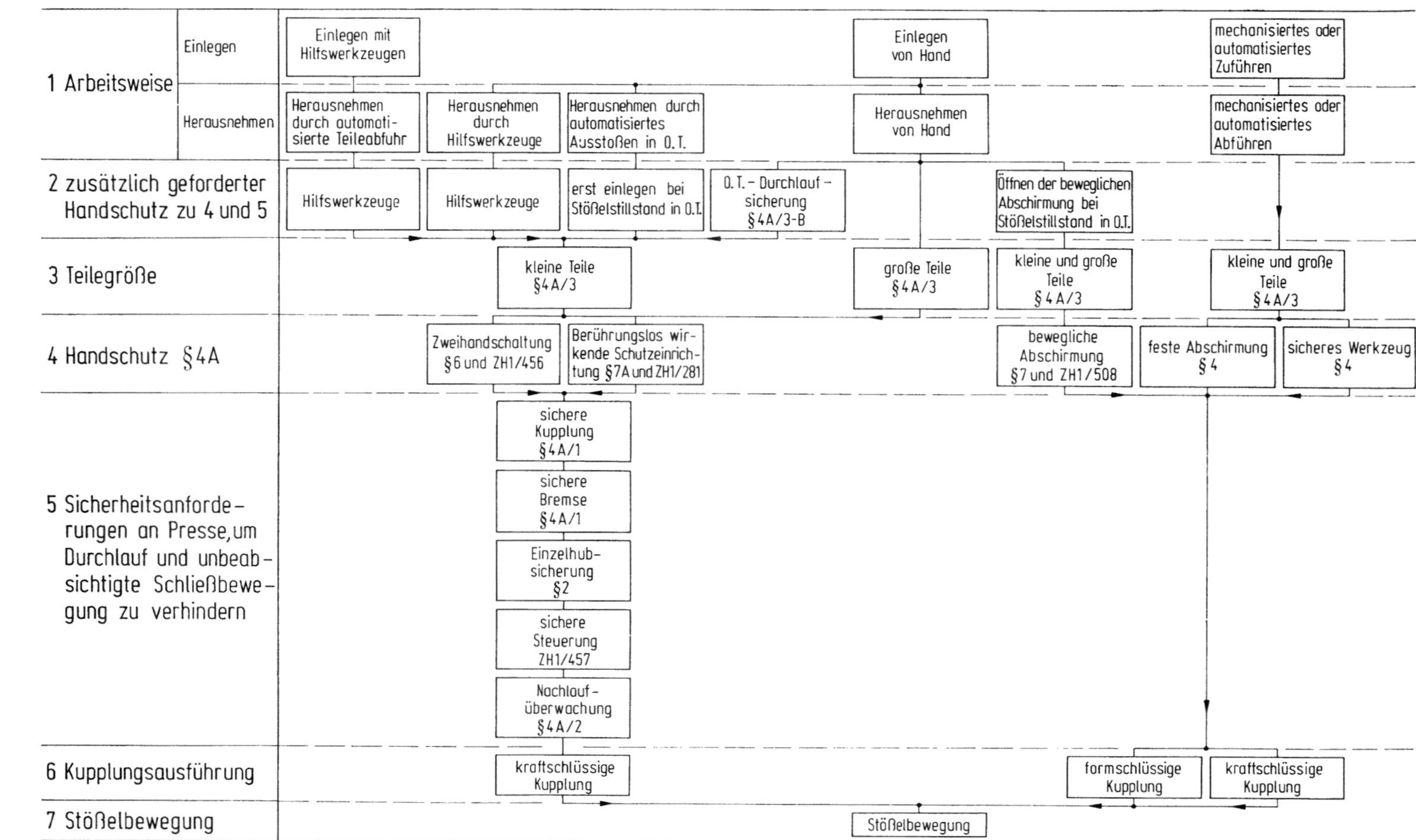

Bild 7.137 Flußdiagramm zur Unfallverhütungsvorschrift 11.062 Exzenter- und verwandte Pressen (VBG 7 n 5.1). Nach [7.80]

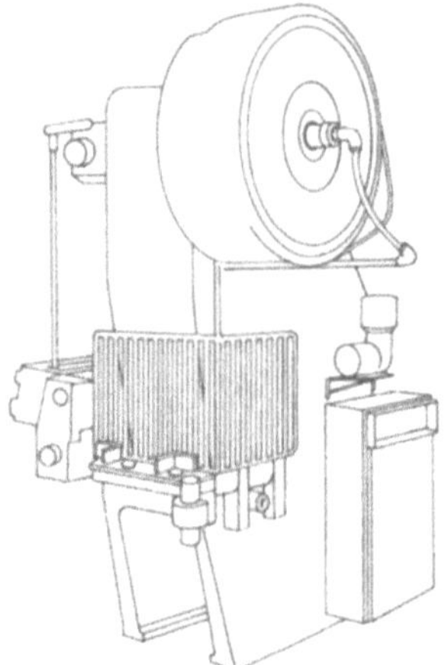

Bild 7.138 C-Gestell-Exzenterpresse mit fester Abschirmung. Nach [7.88]

7.5.1.2 Arbeitsweise mit erhöhten Sicherheitsanforderungen

Bei dieser Arbeitsweise muß betriebsmäßig mit den Händen in den Gefahrenbereich hineingegriffen werden, woraus sich besondere Anforderungen sowohl an den Handschutz als auch an die Pressen-Sicherheitseinrichtungen ergeben.

Handschutz wird erreicht durch die Verwendung von Zweihandschaltungen oder von berührungslos wirkenden Schutzeinrichtungen, deren gebräuchlichster Vertreter die Lichtschranke ist. Von Zweihandschaltungen wird verlangt, daß sie nicht unbeabsichtigt betätigt werden können, daß sie nur wirksam werden, wenn die Betätigung beider Schaltorgane gleichzeitig (innerhalb eines Zeitabstands von höchstens 0,5 s) erfolgt, daß das Versagen eines Bauteils nicht zu einem Durchlauf führt und daß sich nach dem Versagen eines Bauteils eine weitere Schließbewegung des Stößels nicht auslösen lassen darf. Für die Lichtschranke gilt die zusätzliche Forderung, daß durch Ausfall eines Bauteils die Schutzwirkung der Lichtschranke nicht aufgehoben wird. Außerdem muß die Sicherheit gegen Untergreifen, Übergreifen und Umgreifen des Schutzfeldes (Bild 7.139) sowie gegen den Aufenthalt zwischen Schutzfeld und Gefahrenstellen gewährleistet sein.

Zweihandschaltung und berührungslos wirkende Schutzeinrichtung sind in einem Sicherheitsabstand s von der nächstgelegenen Gefahrenstelle anzuordnen, der sich aus der Nachlaufzeit t des Stößels und der (gesetzlich festgelegten) Nachgreifgeschwindigkeit von $v = 1{,}6$ m/s ergibt ($s = vt$).

Die erforderlichen Pressen-Sicherheitseinrichtungen umfassen sichere Kupplung, sichere Bremse, sichere Steuerung und Nachlaufüberwachung. — Es sind ausschließlich kraftschlüssige Kupplungen und Bremsen (s. Abschn. 7.4.2.2) zugelassen, wobei der Bremsvorgang durch Federkraft erfolgen muß. Durch ungewolltes Lösen von Schrauben oder Bolzen und beim Bruch von Federn oder anderen Bauteilen darf keine gefährliche Schließbewegung ausgelöst werden. Als besonders sicher gelten die heute allgemein gebräuchlichen pneumatisch betätigten Einscheibenkupplungen in Verbindung mit federbetätigten, pneumatisch gelüfteten Einscheibenbremsen. Die Steuerung dieser Aggregate geschieht durch sog. Pressen-Sicherheitsventile, das sind zwei in einem gemeinsamen Gehäuse angeordnete, voneinander unabhängige Ventilsysteme in Parallelschaltung

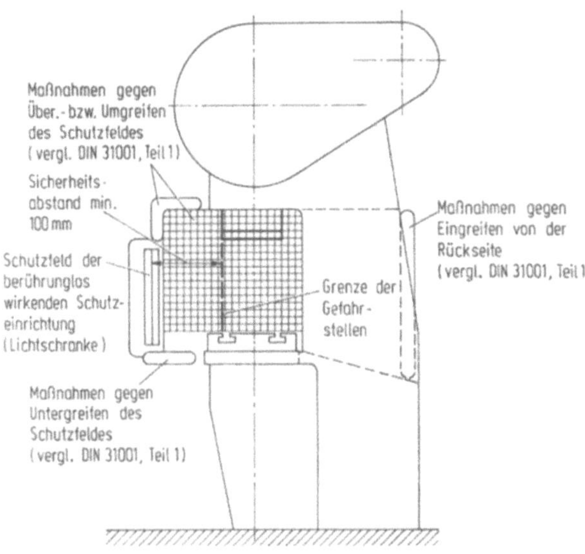

Bild 7.139 Berührungslos wirkende Schutzeinrichtung mit zusätzlicher Steuerfunktion an einer C-Gestell-Exzenterpresse. (Höhe des Pressentischs $\geq$ 0,75 m). Nach [7.87]

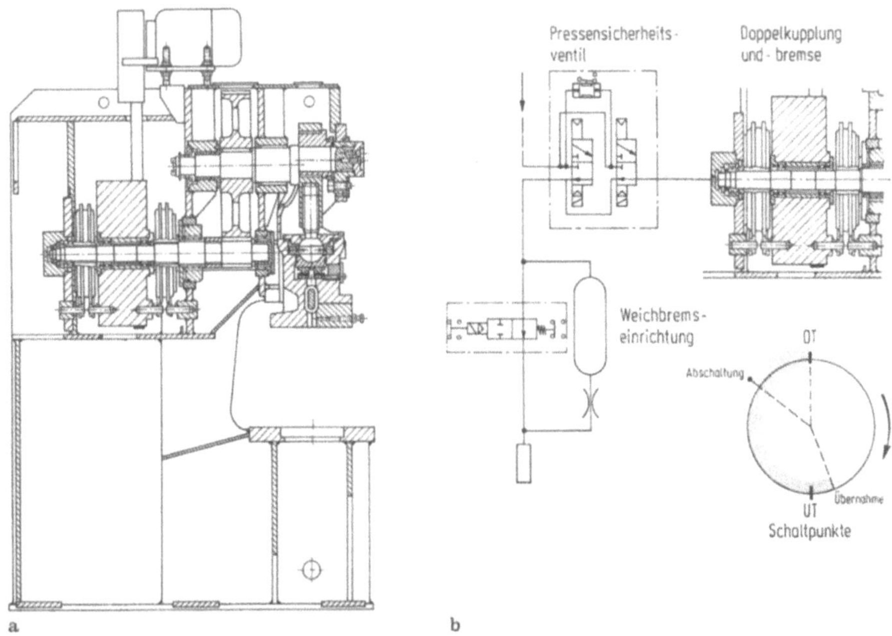

Bild 7.140 Doppelkupplung und -bremse. Nach [7.87]. **a** Anordnung in einer C-Gestell-Exzenterpresse; **b** pneumatische Steuerung (schematisch)

(Prinzipdarstellung in Bild 7.140 b). Bei dieser Lösung geht man davon aus, daß die Wahrscheinlichkeit des gleichzeitigen Ausfalls beider Ventilsysteme sehr gering ist. — Zur Verhinderung eines Durchlaufs mußt die Steuerung so ausgelegt sein, daß auch bei Versagen eines Bauteils der Steuerbefehl am Ende des Stößelaufwärtsgangs aufgehoben wird und sich nach Versagen eines Bauteils der Steuerung eine weitere Schließbewegung des Stößels nicht mehr auslösen läßt. Die Erfüllung dieser Forderungen bedingt einen beträchtlichen Bauaufwand. Ein Beispiel für eine derartige Steuerung wird in [7.80; 7.88] ausführlich beschrieben. — Aufgabe der Nachlaufüberwachung ist es, die Steuerung der Presse zwangsläufig abzuschalten, sobald der Grenzwert des Stößelnachlaufs überschritten wird. Der Grenzwert des Stößelnachlaufs ist der Wert, bei dessen Einhaltung unter Berücksichtigung von Greifgeschwindigkeit und Sicherheitsabstand (s. o.) Handverletzungen beim Nachgreifen nicht zu erwarten sind. Die Nachlaufüberwachung besteht i. allg. aus einem um ca. 10° nach dem normalen oberen Umkehrpunkt angeordneten Endschalter, bei dessen Betätigung der Steuerbefehl aufgehoben wird und gleichzeitig die Betriebsbereitschaft erlischt, so daß kein weiterer gewollter Stößelhub ausgelöst werden kann.

7.5.1.3 Arbeitsweise mit hohen Sicherheitsanforderungen

Für die Erfüllung der Sicherheitsanforderungen dieser Arbeitsweise bestehen zwei Möglichkeiten, nämlich die Erweiterung der Pressen-Sicherheitseinrichtungen gegenüber den in Abschn. 7.5.1.2 aufgeführten Maßnahmen um eine Einrichtung, die einen beginnenden Durchlauf zwangsläufig verhindert, oder die Absicherung des Gefahrenbereichs durch eine bewegliche Abschirmung.

Einrichtung zur zwangsläufigen Verhinderung eines Durchlaufs. Die Einrichtung darf in ihrer Wirksamkeit durch ein Versagen von Kupplung, Bremse und Pressensteuerung nicht beeinträchtigt werden, die Wirksamkeit muß außerdem bei jedem Hub getestet werden. Nach den Vorschriften kann die Einrichtung aus einem kraftschlüssigen oder (bei kleinen Pressen ohne Vorlage) aus einem formschlüssigen Bremssystem bestehen. Das kraftschlüssige Bremssystem (Zusatzbremse) muß bei einem beginnenden Durchlauf selbsttätig wirksam werden und den Stößel zum Stillstand bringen, ehe eine Verletzungsgefahr besteht. Nach Ansprechen der Einrichtung darf die Betriebsbereitschaft nur mit einem besonderen Werkzeug wieder hergestellt werden können. Eine elegante Lösung für eine derartige Einrichtung zeigt Bild 7.140. Dabei ist die Betriebsbremse in zwei gleich große, voneinander unabhängige Bremssysteme aufgeteilt, wobei jedes der beiden Bremssysteme beim Ausfall des anderen die Funktion einer Zusatzbremse übernehmen kann. Besondere Vorkehrungen zur Überprüfung der Wirksamkeit entfallen, da die Überprüfung bei jedem Hub bereits durch die Funktion als Betriebsbremse vorgenommen wird. — Bei der in Bild 7.141 dargestellten Ausführung einer formschlüssigen Bremse wird die Exzenterwelle. wenn der Stößel im oberen Umkehrpunkt nicht zum Stillstand kommt, über einen Sicherheitshebel, der sich gegen ein Knickrohr abstützt, abgebremst. Das Knickrohr nimmt die Bewegungsenergie von Exzenterwelle, Pleuel, Stößel und Werkzeugoberteil als Verformungsenergie auf. Es ist so bemessen, daß die bei seiner Verformung auftretenden Kräfte eine Beschädigung der Presse ausschließen.

Bewegliche Abschirmungen. Bewegliche Abschirmungen müssen in der Schutz-

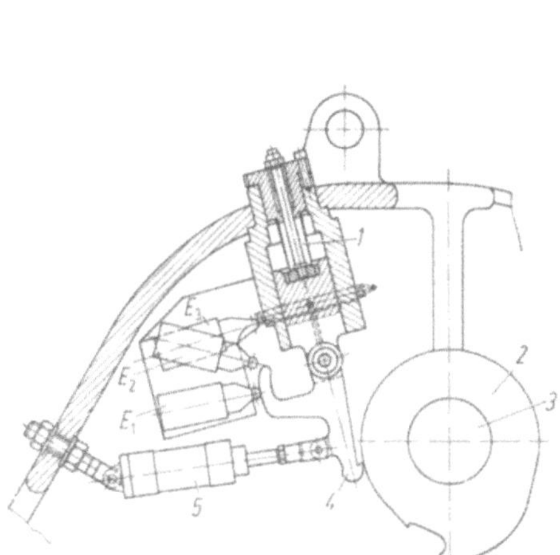

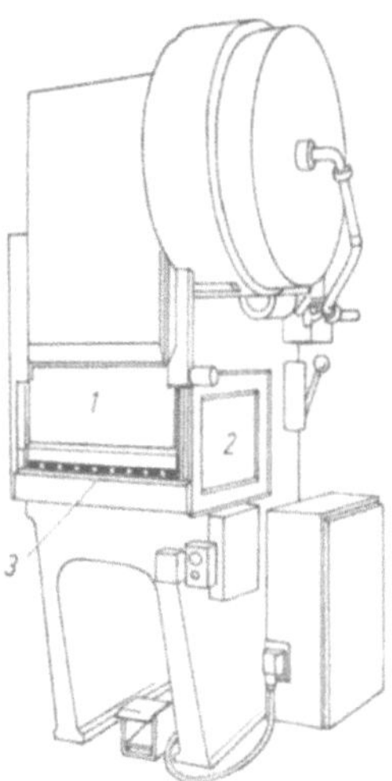

Bild 7.141 Prinzip einer Durchlaufsicherung im oberen Totpunkt als formschlüssige Bremse mit Knickrohr. Nach [7.80]. *1* Knickrohr, *2* Nockenscheibe, *3* Exzenter- bzw. Kurbelwelle, *4* Sicherheitshebel, *5* Zylinder zum Ein- bzw. Ausschwenken des Sicherheitshebels, E_1, E_2, E_3 Endschalter

Bild 7.142 C-Gestell-Exzenterpresse mit beweglicher Abschirmung. Nach [7.88]. *1* bewegliches Frontteil, *2* feststehendes Seitenteil, *3* Kontaktleiste

stellung die Gefahrstellen abschirmen; sie müssen so beschaffen sein, daß eine Schließbewegung des Stößels nur in Schutzstellung eingeleitet werden kann. Die Schutzwirkung darf erst aufgehoben werden, wenn der Stößel im oberen Totpunkt zum Stillstand gekommen ist. Bei geöffneter Abschirmung darf das Versagen eines Bauteils der Schutzschirmsteuerung nicht zur Auslösung einer Schließbewegung des Stößels führen. Nach Versagen eines Bauteils der Schutzschirmsteuerung darf sich die bewegliche Abschirmung entweder nicht mehr öffnen lassen oder es darf eine Schließbewegung des Stößels nicht mehr ausgelöst werden können. Bewegliche Abschirmungen bestehen aus einem beweglichen Frontteil und — bei Pressen mit C-Gestellen — den feststehenden Seitenteilen (Bild 7.142), die verschließbar oder durch Endschalter gesichert sind. Das bewegliche Frontteil wird meist als durchsichtige Kunststoffscheibe ausgeführt, die gleichzeitig als Splitterschutz wirkt. An der Unterkante des Frontteils ist zur Vermeidung von Handverletzungen eine Kontaktleiste angebracht, die bei Berührung die Bewegungsrichtung des Frontteils umsteuert. — An die Pressensteuerung werden bei Verwendung von beweglichen Abschirmungen keine besonderen Anforderungen gestellt, so daß auch Pressen mit formschlüssigen Kupplungen eingesetzt werden können.

Abschließend ist anzumerken, daß nach den Unfallverhütungsvorschriften Handverletzungen nicht zu erwarten sind — und damit auch Handschutzmaßnahmen entfallen können — bei Warmumformarbeiten, bei denen aufgrund der Temperatur der Rohteile bzw. Werkstücke ausschließlich Hilfswerkzeuge (Zangen u. dgl.) verwendet werden müssen, bei der Umformung von Grobblechen (z. B. im Schiff- und Behälterbau) und bei der Bearbeitung von Blechgroßteilen, wenn die

Bedienungspersonen sich z. B. infolge der Größe des Auflagetischs oder des Werkstücks so weit mit den Händen von den Gefahrenstellen entfernt aufhalten müssen, daß ein Hineingreifen in die Gefahrenstellen nicht möglich ist. Eine selbsttätige Materialzuführung allein stellt jedoch keine Handschutzvorkehrung dar.

7.5.2 Einrichtungen zum Schutz der Maschine gegen Überlastung

Werden Pressen durch Überlastung beschädigt, kann es zu längeren Ausfällen wegen Reparaturen und damit zu Störungen des Fertigungsflusses kommen. Dies gilt in besonderem Maße, wenn die Pressen in verketteten Fertigungsreihen oder automatischen Pressenstraßen stehen und damit auf andere Maschinen zurückwirken. Deshalb sind Einrichtungen notwendig, welche die Bauteile einer Maschine vor unzulässigen Beanspruchungen schützen. Die Art der Sicherung gegen Überlastung richtet sich nach der jeweiligen Bauart der Presse.

7.5.2.1 Schutzeinrichtungen an weggebundenen Pressen

Bei weggebundenen Pressen ist die Gefahr einer Überlastung von Gestell und nichtumlaufenden Getriebeteilen gegeben, wenn im Bereich des Nennkraftwegs die auf den Stößel einwirkende Kraft größer als die Nennkraft F_N der Presse wird. Im Bereich außerhalb des Nennkraftwegs ruft eine am Stößel angreifende Kraft, die größer ist als die zulässige Stößelkraft (s. Abschn. 7.4.1), im Antrieb ein Drehmoment hervor, das größer ist als das Auslegungsdrehmoment, wodurch die Gefahr einer Überlastung der umlaufenden Getriebeelemente entsteht. Ein vollständiger Überlastungsschutz bei weggebundenen Pressen muß deshalb in einer Begrenzung sowohl des Drehmoments als auch der Größtkraft auf die jeweils zulässigen Werte bestehen.

Eine *Begrenzung des Drehmoments* läßt sich bei den Pressen vornehmen, die mit durch ein Druckmedium direkt betätigten Reibungskupplungen ausgestattet sind. Dazu wird die Anpreßkraft der Kupplungsreibflächen bzw. der Druck im Betätigungsmedium so eingestellt, daß die Kupplungen beim Überschreiten des zulässigen Drehmoments durchrutschen.

Begrenzung der Größtkraft. Da der Kraftanstieg schnellaufender Schneidpressen bis zur Belastungsspitze nur 0,1 bis 0,2 s dauert, ist keine noch so schnell ansprechende Abschaltung in der Lage, den Stößel rechtzeitig abzubremsen und die Überlastung zu verhindern. Aus diesem Grunde muß für einen wirkungsvollen Schutz ein nachgiebiges Element in den Kraftfluß des Schubkurbelgetriebes gelegt werden, das beim Durchlaufen der Strecklage etwa $^1/_{10}$ bis $^1/_{15}$ des Stößelhubs als unbelasteten Leerweg frei läßt.

Solche Schutzeinrichtungen, die auf der Verkürzung der wirksamen Pleuellänge beruhen, sind Scherplatten, Hydraulikkissen und Federglieder.

Der *Scherplatten*-Überlastungsschutz besteht aus einer Matrize und einem Schneidring oder -stempel (Bild 7.143), zwischen denen ein Schertopf oder eine Scherplatte liegt, die aus möglichst sprödem Werkstoff, wie Grauguß oder gehärtetem Si-Stahl, hergestellt sind. Die Scherfestigkeit soll dabei möglichst nahe der Bruchfestigkeit liegen, damit beim Eindringen des Schneidstempels ein verformungsloser Trennbruch entsteht. Messungen bei statischen und dynamischen Belastungen haben ergeben, daß bei Verwendung von Scherplatten mit engen

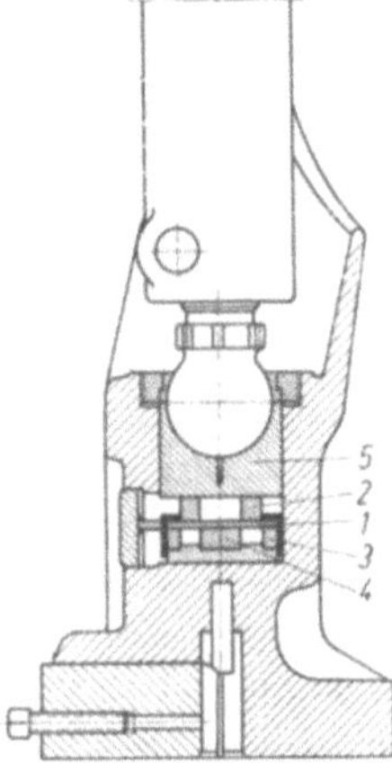

Bild 7.143 Scherplatten-Überlastungsschutz (Schuler).
1 Scherplatte, *2*, *3*, *4* Scherringe, *5* Kugelpfanne

Herstelltoleranzen die Bruchkräfte bei Dauerbetrieb im Bereich der Nennkraft bis zum 1,3fachen der Nennbelastung ansteigen können [7.83].

Die Wirkungsweise eines *Hydraulikkissens* ist in Bild 7.144 dargestellt. Das Hydrauliköl wird von den im Stößel eingebauten Kolben in einen Zylinder gedrückt, der mit einem Doppelkolben als Druckübersetzer ausgebildet ist. Die große obere Kolbenfläche wird mit Preßluft als Feder vorgespannt. Im Überlastungsfall kann die Luft über ein Schnellschaltventil (Druckbegrenzungsventil) entweichen und gibt den Doppelkolben frei. Damit kann auch das Drucköl austreten, so daß der unbelastete Leerweg unter dem Pleuel wirksam wird. Die Belastung, bei der die Sicherung anspricht, hängt von der Schaltgeschwindigkeit des Druckbegrenzungsventils ab und kann bei schnellaufenden Pressen bis zum 1,5fachen der Nennbelastung gehen.

Ein begrenzter Schutz ist möglich, wenn ein *Federglied* im Kraftfluß liegt, das beim Überschreiten der zulässigen Belastung elastisch nachgeben kann und damit einen Teil der Antriebsenergie aufnimmt. Solche Federglieder können z. B. als vorgespannte Tellerfederpakete oder Ringfedern mit keilförmigen Berührungs-

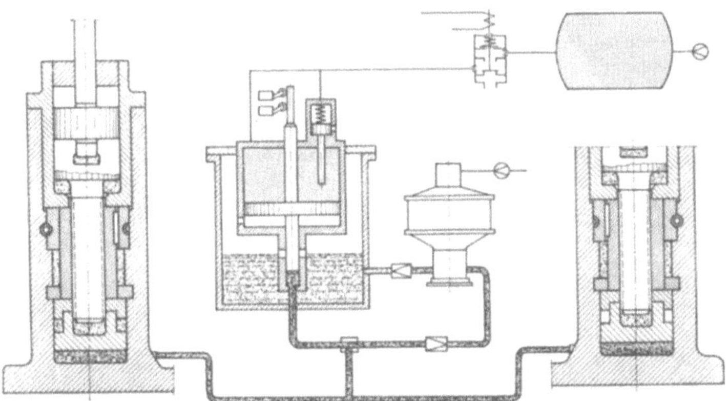

Bild 7.144 Hydraulikkissen als Überlastungsschutz (Müller-Weingarten)

flächen im Pressentisch oder im Stößel unterhalb des Pleueldrucklagers eingebaut werden. Ein Nachteil liegt im großen Platzbedarf der Federn. Außerdem sind infolge proportionaler Abhängigkeit von Preßkraft und Federweg nur geringe, zusätzlich frei werdende Wege erreichbar, die keinen Durchlauf am unteren Umkehrpunkt gestatten. Dieses Prinzip hat auch eine geringe Steifigkeit von Gestell und Getriebe, also eine niedrige Gesamtfederzahl, zur Folge.

Einen ebenso begrenzten Schutz stellen die anzeigenden Einrichtungen dar. Sie können den einmaligen Überlastungsvorgang nicht verhindern, aber die Wiederholung durch direktes Abschalten der Presse oder Auslösung eines Warnsignals vermeiden.

Mit den früher vielfach üblichen mechanischen Einrichtungen wird die elastische Verformung eines im Kraftfluß liegenden Pressenbauteils (Seitenständer des Gestells, Zuganker, Pleuel) erfaßt und durch eine Meßuhr angezeigt. Über eine Kalibrierkurve lassen sich dann die jeweils auftretenden Kräfte ermitteln. Bei Überschreiten der zulässigen Kraft wird ein Endschalter betätigt, der auf die Pressensteuerung einwirkt. Die Geräte müssen sehr robust ausgeführt sein; ihre Anzeigegenauigkeit ist aus diesem Grunde gering. Wegen der Anzeigeträgheit der Meßuhr bei schnell ablaufenden Vorgängen sind solche Geräte nur für relativ langsam laufende Maschinen und Vorgänge mit langen Wirkwegen geeignet.

Eine trägheitslose und unverfälschte Kraftanzeige ist mit Meßelementen auf der Basis von Dehnungsmeßstreifen (DMS) oder Piezoquarzen erreichbar. Diese Meßelemente werden (bei Pressen kleinerer Nennkraft) direkt in den Kraftfluß eingebaut (Bild 7.145) oder mit einem im Kraftfluß liegenden Bauteil verbunden und liefern ein der Preßkraft proportionales Meßsignal. Das Meßsignal läßt sich wie bei den mechanischen Geräten zur Anzeige des Spitzenwerts der Kraft und im Falle des Überschreitens der zulässigen Werte zur Abgabe eines Warnsignals

Bild 7.145 Kraftmeßeinschub auf DMS-Basis (Erichsen)

oder zur Abschaltung der Presse verwenden. In Verbindung mit einer entsprechenden Auswerteelektronik ist der Ausbau zu einem Prozeßüberwachungssystem möglich. Dabei werden z. B. die auftretenden Kräfte laufend registriert und untereinander oder mit einem vorgegebenen Sollwert verglichen, wodurch sich geänderte Fertigungsbedingungen und Störungen im Vorgangsablauf erkennen lassen.

7.5.2.2 Schutzeinrichtungen an Schwungrad-Spindelpressen

Bei Schwungrad-Spindelpressen muß bei jedem Arbeitshub das gesamte im Schwungrad gespeicherte Arbeitsvermögen umgesetzt werden. Das vom Umformvorgang nicht genutzte Arbeitsvermögen wird in Federungsarbeit umgewandelt, wodurch die im Kraftfluß liegenden Maschinenteile höher als notwendig beansprucht werden. Die Gewindespindel als schwächstes Glied im Kraftfluß ist besonders gefährdet, so daß vorzeitig Ausfälle durch Bruch entstehen können. Auch im Hinblick auf die Sicherheit gegen Überlastung ist deshalb eine möglichst weitgehende Anpassung des Arbeitsvermögens der Maschine an den Arbeitsbedarf des Vorgangs anzustreben. Der heutige Stand der Steuerungstechnik bietet hierfür eine Reihe von Möglichkeiten an.

Wenn es wegen stark schwankenden Arbeitsbedarfs für die wechselnden Werkstücke des Fertigungsprogramms erforderlich ist, über eine große Reserve an Arbeitsvermögen zu verfügen, müssen besondere Überlastungsschutzeinrichtungen vorgesehen werden, bei denen im Überlastungsfall die Verbindung zwischen Schwungrad und Spindel getrennt wird. Bei älteren Maschinen findet man noch häufig die Scherstiftsicherung (Bild 7.146a). Sie hat den Nachteil, daß ein Ersatz gebrochener Scherstifte umständlich und zeitraubend ist. Außerdem können auch die Scherhülsen bei häufigeren Überlastungen beschädigt werden.

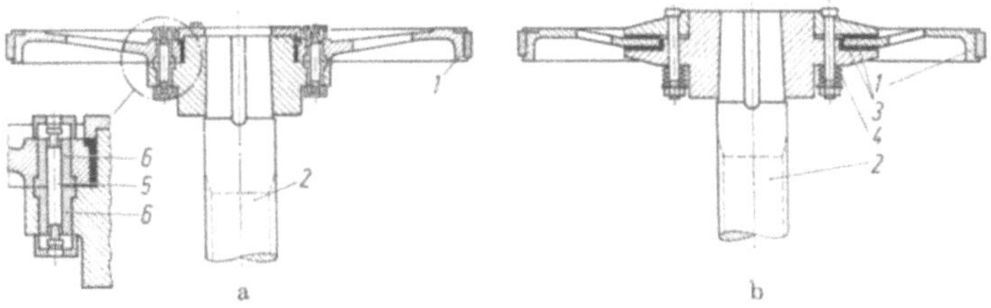

Bild 7.146 Überlastsicherung an Schwungrad-Spindelpressen. Nach Georg und Huydts. **a** Scherstifte zwischen Schwungrad und Spindel; **b** Rutschkupplung im Schwungrad. *1* Schwungrad, *2* Spindel, *3* Reibbeläge der Rutschkupplung, *4* Tellerfedern zur Vorspannung der Rutschkupplung, *5* Scherstift, *6* Scherhülsen

In die neueren Maschinen wird meist eine Rutschkupplung eingebaut (Bild 7.146b). Damit ist das übertragbare Moment auf das eingestellte Reibmoment begrenzt. Beim Überschreiten dieses Werts beginnt der äußere Teil des Schwungrads durchzurutschen, ohne die Belastung weiter ansteigen zu lassen. Bei besonders großer Antriebsenergie und Verwendung mehrerer Motoren ist eine doppelte Schutzeinrichtung notwendig, wenn z. B. ein Zahnradkranz noch extra gegen

Stöße geschützt werden muß (Bild 7.147). Da diese Schutzeinrichtungen einen
größeren Bauaufwand bedingen, werden sie in erster Linie an großen Spindelpressen verwendet.

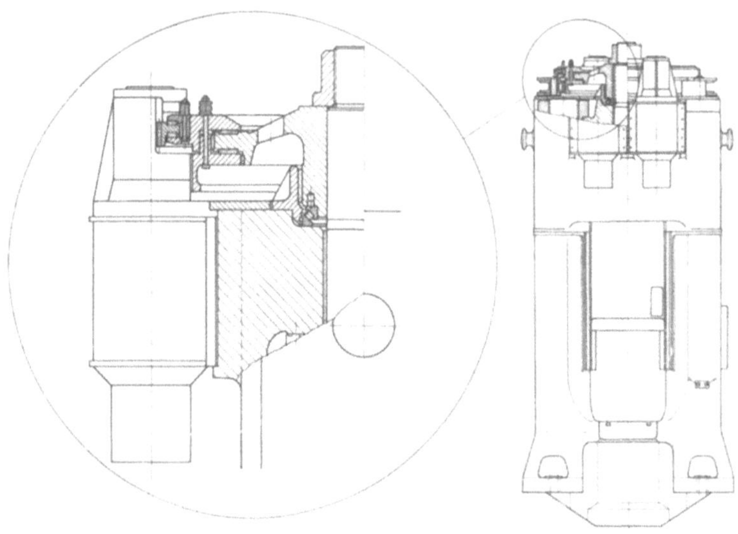

Bild 7.147 Doppelter Überlastungsschutz an schweren Schwungrad-Spindelpressen
(Müller-Weingarten)

7.6 Automatisierungsfragen

Die Automatisierung bei der Fertigung von Werkstücken — Stückgut — ist eine
wesentliche Voraussetzung für hohe Mengenleistung und Gleichmäßigkeit hinsichtlich Maßgenauigkeit, Oberflächenbeschaffenheit und mechanischer Eigenschaften. Unter *Automatisierung* wird nach DIN 19233 [7.89] das Ergebnis des
Automatisierens, d. h. des Einsetzens künstlicher Mittel verstanden, damit ein
Vorgang *automatisch* abläuft. Automatisch wiederum heißt, nach Art eines Auto-
maten arbeitend, wobei ein *Automat* ein künstliches *System* ist, das selbsttätig
ein *Programm* verfolgt. Ein System ist schließlich eine abgegrenzte Anordnung
von aufeinander einwirkenden Gebilden, während ein Programm die zur Lösung
einer Aufgabe erforderliche vollständige Anweisung zusammen mit allen zugehörigen Vereinbarungen ist. Unter Automatisierungsgrad versteht man den
Anteil, den die Funktionen der Automatisierungsbereiche an der Gesamtfunktion
einer Anlage haben; er liegt zwischen null und eins.

Für die Umformtechnik liegt die Problematik der Automatisierung zunächst
in der fast unübersehbaren Vielfalt der Werkstückgeometrien und der Mannigfaltigkeit allein ihrer etwa 200 Grundverfahren (s. Kap. 1) [7.90; 7.91].

7.6.1 Die Gegebenheiten

Bei allen Verfahren wird gemäß Definition des Umformens die gegebene Form eines festen Körpers in eine andere unter Beibehaltung der Masse und des Stoffzusammenhangs übergeführt. Hierbei ist sowohl ungebundenes als auch gebundenes Umformen — für engere Bereiche identisch mit Freiformen und Gesenkformen — möglich. Beide unterscheiden sich grundsätzlich (Bild 7.148). Beim *ungebundenen* Umformen wird die Werkstückform kinematisch mit Werkzeugen erzeugt, die die Werkstückform nicht oder nur teilweise enthalten. Die Steuerung des Bewegungsablaufs ist somit — ähnlich wie bei den spanenden Verfahren — entscheidend für die Haupt- und Fehlergeometrie der Werkstücke. Beim *gebundenen* Umformen ist die Werkstückform als Gegenform in den Werkzeugen analog gespeichert. Die Relativbewegung zwischen den Werkzeugteilen — umlaufend oder hin- und hergehend — muß lediglich in engen Maßgrenzen gehalten werden, damit die geforderte Genauigkeit der werkzeugfreien Maße — das sind solche, die durch die Endlage der Werkzeugteile zueinander gegeben sind — gewährleistet ist [7.92]. Wie bei den abgespanten Werkstücken, so entstehen auch bei den umgeformten alle nicht einfachen Werkstücke in mehreren Stufen, mit anderen Worten über Zwischenformen, die aber gegenüber jenen i. allg. den Vorzug haben, gleich lange Maschinenzeiten zu erfordern. Das stufenweise Umformen über verschiedene „Zwischenformen" ist mit Rücksicht auf den Werkstoffverbrauch, die Spannungen und Kräfte — begrenzt durch die Beanspruchbarkeit der Werkzeuge — erforderlich.

Die im Bereich zwischen einigen $10\ \text{N/mm}^2$ und etwa $3\,000\ \text{N/mm}^2$ liegenden, die Werkzeugteile beanspruchenden Spannungen, werden in ihrer Höhe vornehmlich durch den Werkstückstoff, die Umformtemperatur, das Verfahren und die Reibungsverhältnisse bestimmt. Die kleineren Werte gelten für Warmumformen, ungebundenes schrittweises Umformen und Blechumformung, die größeren für Kaltumformen, gebundenes Umformen im ganzen und Massivumformung.

Die Änderungen der physikalischen Eigenschaften des Werkstücks beim Umformen hängen vom Ausgangszustand, dem Umformvorgang und den während des Umformens und danach vorgenommenen Wärmebehandlungen ab. Ein über große Stückmengen hinweg völlig gleichmäßig ablaufender Vorgang ist daher

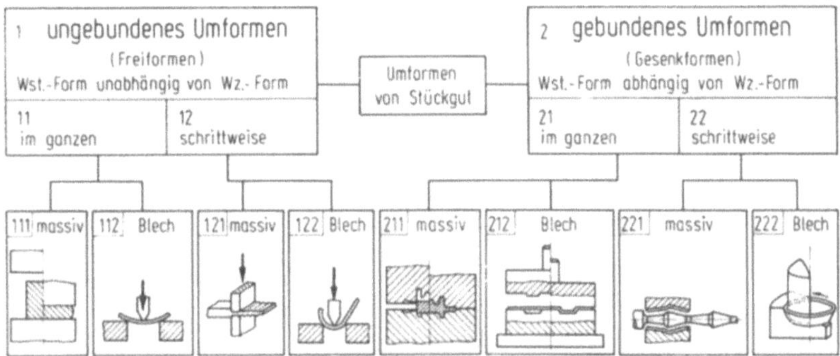

Bild 7.148 Umformverfahren für einzelne Werkstücke. Gebundenes und ungebundenes Umformen. Beispiele nach DIN 8583/8586

äußerst wichtig. Dafür ist die Automatisierung mindestens sehr günstig, oft aber
geradezu vonnöten. Wenig hängen die physikalischen Erzeugniseigenschaften
davon ab, ob die Umformung ungebunden oder gebunden abläuft. Aber es können
sich Abweichungen vom Sollausgangszustand — Härte, Fließgrenze, Verfestigungsexponent, Korngröße, Anisotropie (Texturen) — auf den Umformvorgang
selbst nachteilig auswirken, z. B. durch Änderung der Rückfederung, Zipfelbildung bei der Blechumformung oder zu starke Verfestigung mit Werkzeug-
überlastung bei der Kaltmassivumformung.

Sowohl bei der Massivumformung als auch bei der Blechumformung kann die
Formänderung des Werkstücks bald im ganzen, bald schrittweise vor sich gehen.
Beispiele für schrittweises Umformen sind das Recken eines Flachstabes (Bild
7.148; *121*) und — zugleich ganz werkzeuggebunden — das Kümpeln eines großen
Behälterbodens mit kalottenförmigem Werkzeug (Bild 7.148; *222*).

Die Mengenleistungen in Stück gemessen sind am größten, wenn in Preßmaschinen im ganzen *gebunden* umgeformt wird und je Maschinenhub ein fertiges
Werkstück anfällt. Einfache Teile lassen sich danach vom Rohteil unmittelbar
zum Fertigteil auf einstufigen Einzelmaschinen umformen; verwickeltere Teile mit
Zwischenformen zwischen Rohteil und Fertigteil erfordern je nach Werkstückgröße und Anzahl der benötigten Zwischenformen mehrstufige Einzelmaschinen
(mit mehreren, gleichzeitig ausgeführten Arbeitsgängen) oder verkettete Maschi-
nenfließreihen aus ein- oder mehrstufigen Einzelmaschinen. Hierbei muß jede
Stufe bei jedem Maschinenhub mit einem Werkstück belegt sein. Bei kleineren
Transferpressen für Blechformteile lassen sich z. B. 3 000 bis 6 000 Fertigteile mit
einigen zehntausend Arbeitsgängen stündlich erzeugen. Die Mengenleistung sinkt,
wenn bei mehrstufiger Umformung nicht jede Stufe bei jedem Hub mit einem
Werkstück belegt sein kann. Sie nimmt weiter ab bei *schrittweiser* Umformung,
sei sie *gebunden* oder *ungebunden*; hierbei erhöht sich jedoch die Flexibilität,
während die Genauigkeit in der Regel abnimmt. Hinsichtlich Genauigkeit, Flexibilität und Mengenleistung ergeben sich damit folgende, allgemeine Anhalts-
punkte:

		Genauigkeit	Flexibilität	Mengenleistung
Gebundenes	im ganzen:	hoch	gering	groß bis sehr groß
Umformen	schrittweise:	mittel bis hoch	gering	mittel bis groß
Ungebundenes	im ganzen:	mittel	mittel	mittel bis sehr groß
Umformen	schrittweise:	gering bis mittel	hoch	klein bis mittel

Ein wohl zu beachtender Gesichtspunkt ist schließlich die Umformtemperatur.
Beim Warmumformen wird zwar die Fließgrenze herabgesetzt und das Formänderungsvermögen erhöht, aber diese Vorteile werden mit Nachteilen erkauft:
Erhöhte Werkzeugbeanspruchung durch Kräfte *und* Wärme, geringere Werkstückgenauigkeit, Oxidieren der Werkstückoberflächen mit Oberflächenfehlern,
Werkzeugverschmutzung und -verschleiß als Folge. Bei Automatisierung werden
diese Nachteile besonders spürbar: Die Wärmebeanspruchung der Werkzeuge

nimmt mit höherer Mengenleistung zu, abfallende Oxidschichten (Zunder) beeinträchtigen das einwandfreie Arbeiten der Einrichtungen zur Werkstückhandhabung. Diese müssen ebenfalls für die thermische Beanspruchung beim Warmumformen ausgelegt sein. Bei Kaltumformen fallen diese Erscheinungen weg.

7.6.2 Fertigungssysteme

Nach DIN 69651 Teil 1 (Entwurf März 1981) [7.93] werden in einem *Fertigungssystem* geometrisch bestimmte Werkstücke nach vorgegebenem Fertigungsablauf durch Zusammenwirken der erforderlichen Fertigungsmittel von einem Ausgangszustand (z. B. Rohzustand) in einen festgelegten Zwischen-, Folge- oder Fertigzustand überführt. Fertigungssysteme können aus *Fertigungsanlagen* oder -anlagenkombinationen bestehen, die verschiedenen Fertigungsverfahrensgruppen nach DIN 8580 [1.1] zugeordnet sind. Eine Fertigungsanlage besteht i. allg. aus einer oder mehreren *Werkzeugmaschinen, Einrichtungen* bzw. Zusatzeinrichtungen und sonstigen mit ihnen organisatorisch und ggf. auch konstruktiv verknüpften *Hilfseinrichtungen* z. B. Versorgungs- und Entsorgungseinrichtungen, Steuer-, Meß- und Regelsystemen. Werkzeugmaschinen schließlich sind mechanisierte und mehr oder weniger automatisierte Fertigungseinrichtungen, die durch relative Bewegungen zwischen Werkzeug und Werkstück eine vorgegebene Form oder Veränderung am Werkstück erzeugen.

Werkzeugmaschinen werden als *Einzelmaschinen* und als *Mehrmaschinensysteme* gebaut. Einzelmaschinen sind entweder *Universalmaschinen* oder *Einzweckmaschinen*. Die ersteren sind für ein breiteres Werkstückspektrum einsetzbar — z. B. C-Gestellpressen für Verfahren der Massiv- und Blechumformung, für Trennen (Schneiden) und Fügen (z. B. Nieten) —, die letzteren sind auf eine bestimmte Aufgabe zugeschnitten und können nicht oder nur mit größerem Aufwand auf andere Werkstücke umgerüstet werden. Mit steigendem Automatisierungsgrad wird dabei unterschieden zwischen „Maschine" (z. B. Prägepresse) „Automat" (z. B. Schneidautomat) und „Zentrum" (z. B. Nutzentrum). Bei Mehrmaschinensystem erfolgt die weitere Einteilung nach universell einsetzbaren (flexiblen) Mehrmaschinensystemen (integrierte flexible Fertigungssysteme) und nicht universell einsetzbaren Mehrmaschinensystemen (produktgebunden).

Für umformende Werkzeugmaschinen ergeben sich in Anlehnung an die vorgestellte Einteilung und Gliederung nach DIN 69651 die in Bild 7.149 und

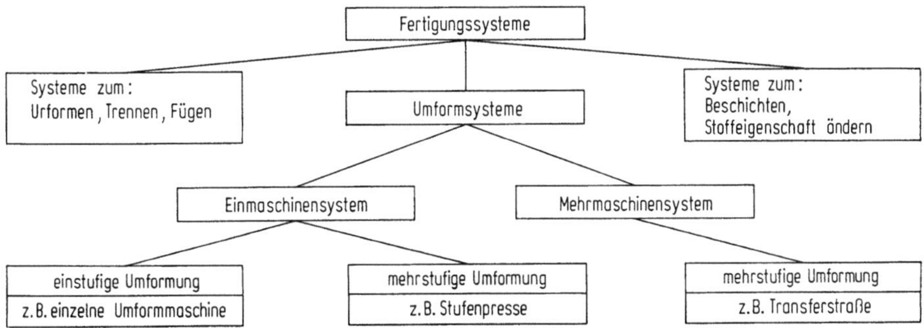

Bild 7.149 Einteilung umformender Fertigungssysteme. Nach [7.94]

7.150 dargestellten Gliederungen, aus denen sich die Vielzahl der möglichen Lösungen für Warm-, Kalt-, Massiv- und Blechumformung andeutet. Zur Erläuterung ist in Bild 7.151 das Kaltpressen von Kegelrad-Rohteilen auf einer automatisierten Mehrstufenpresse (= mehrstufiges Einmaschinen-Umformsystem) und in Bild 7.152 das Gesenkschmieden von Pleuelrohteilen auf einem teilweise lose, teilweise starr verketteten Mehrmaschinen-Umformsystem gezeigt [7.94]. Lösungsbeispiele folgen in Abschn. 7.6.5.

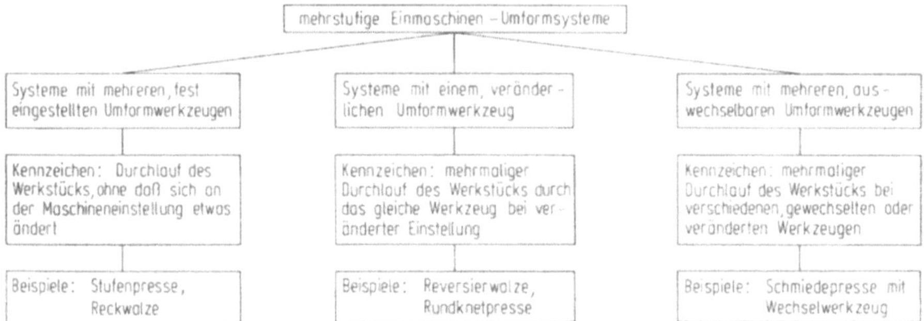

Bild 7.150 Untergliederung mehrstufiger Einmaschinen-Umformsysteme. Nach [7.94]

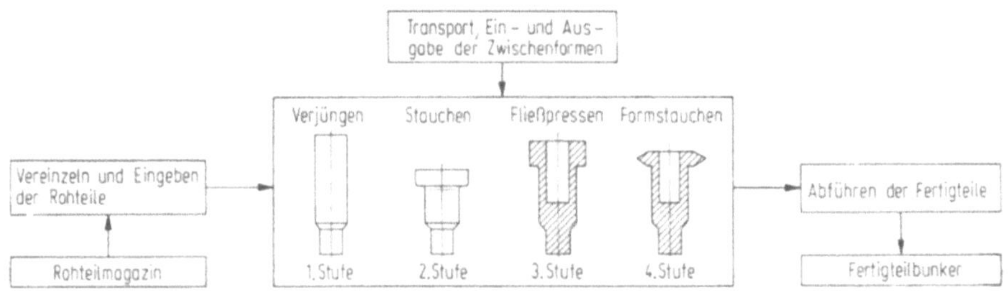

Bild 7.151 Kaltpressen eines Kegelrad-Rohteils in einem mehrstufigen Einmaschinen-Umformsystem. Nach [7.94]

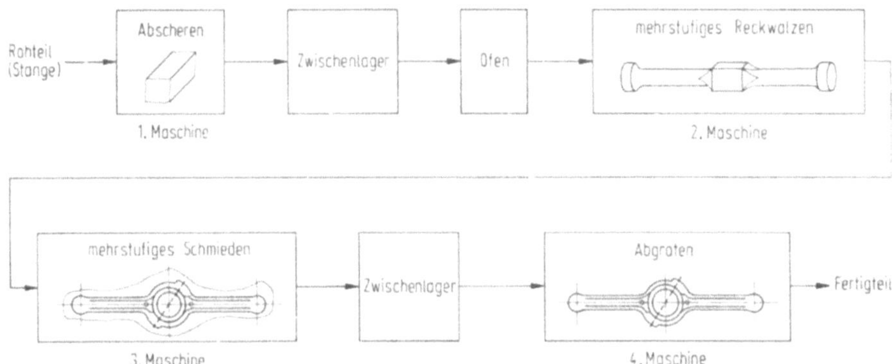

Bild 7.152 Warmgesenkschmieden von Pleuelrohteilen in einem teils lose teils starr verketteten Mehrmaschinen-Umformsystem. Nach [7.94]

7.6.3 Numerische Steuerungen für umformende Fertigungseinrichtungen

Die nach etwa 1960 einsetzende und sich stark beschleunigende Ausbreitung und hard- und softwareseitige Entwicklung der numerischen Steuerungstechnik (NC-Technik) führte zunächst bei der spanenden Bearbeitung zu erheblichen Produktivitätssteigerungen bei abnehmender Beanspruchung der Arbeitskräfte mit parallel dazu verbesserter Arbeitsgenauigkeit, insbesondere Wiederholgenauigkeit und erhöhter Flexibilität, die sich vornehmlich in der Einzel- und Kleinserienfertigung positiv auswirkt. Bei Werkzeugmaschinen und Fertigungseinrichtungen der Umformtechnik setzte die Anwendung der NC-Technik wegen der i. allg. komplexeren Aufgabenstellung, bedingt durch die in Abschn. 7.6.1 aufgeführten umformspezifischen Einflußgrößen (Temperatureinflüsse, Stoffeigenschaftsänderung durch Umformen, Ort der Gestalterzeugung) erst ein Jahrzehnt später und zunächst zögernd ein; erst ab Mitte der siebziger Jahre, nachdem weiterentwickelte NC-Steuerungen zur Verfügung standen, zeigte sich auch in der Umformtechnik eine beschleunigte Einführung. Zwei besonders gravierende Unterschiede zwischen umformender und spanender Bearbeitung seien noch erwähnt: Beim Umformen ändern sich bei Änderung einer Abmessung wegen der Volumenkonstanz andere Abmessungen mit, beim Spanen nicht. Beim Umformen sind ferner die elastischen Verformungen und Rückfederungen in Abhängigkeit von E-Modul und Querschnitt gegenüber dem Spanen sehr groß. NC-Steuerungen für Fertigungseinrichtungen der Umformtechnik müssen dem Rechnung tragen. So werden z. B. die Steuerdaten für das Biegen mehrfach räumlich gekrümmter Rohre entweder direkt in die Maschinensteuerung eingegeben — ggf. mit mehrmaligem Messen und Korrekturen — oder extern mit Hilfe von Meßeinrichtungen ermittelt und steuerungsgerecht aufbereitet. Für das Drücken von Hohlkörpern werden CNC-Drückmaschinen entweder nach analog vorgegebenen Werkzeugwegen programmiert oder die in einigen wenigen Versuchen ermittelten Steuerdaten werden auf einem Datenträger festgehalten und im „Playback-Verfahren" wiederverwendet. Bei Gesenkbiegepressen und Schwenkbiegemaschinen können Winkelabweichungen kompensiert werden, u. a. durch Verstellen des Matrizengrunds. Einbezogen in die Vorgangssteuerung werden auch Lageregelsysteme zum Ausgleichen einer Schrägstellung bei einseitiger Belastung oder Systeme mit Hydraulikelementen zum Ausgleich elastischer Tisch- und Stößelverformungen. Ebenso integriert werden können Steuerprogramme für Werkzeugwechsel — z. B. Biegestempel — und Werkstückhandhabungseinrichtungen, sowie periphere Einrichtungen z. B. für die Rohteilzu- und Werkstückabfuhr oder für die Optimierung der Tafelaufteilung bei Blechzerteilanlagen. Zunehmend werden auch Pressen für Massiv- und Blechumformung mit Mehrstufen-Werkzeugsätzen für automatisches Umrüsten, automatischen Werkzeugwechsel und automatische Umstellung von z. B. Vorschubeinrichtungen, Anschlägen, Auswerfern u. a. m. [7.95] am Markt angeboten.

7.6.3.1 Definition und Benennung der Steuerungen

Unter Steuern versteht man die technischen Vorgänge, bei denen in *abgeschlossenen Systemen* (z. B. Werkzeugmaschine) *physikalische oder technische Größen aufgrund installierter Gesetzmäßigkeiten entsprechend einem gewünschten Soll-*

oder Vorgabewert verändert werden. Bei Werkzeugmaschinen umfaßt die Steuerungsaufgabe:

Einleitung und Beendigung von Bewegungen, Veränderung von Geschwindigkeiten, Drehzahlen, Kräften im Rahmen gegebener, enger Toleranzen sowie ferner Ausgabe von Schaltbefehlen für Hilfsverrichtungen wie z. B. Spannen des Werkstücks, Werkzeugwechsel, Positionieren, Weitertransport. Der Ablauf des Bearbeitungsvorgangs in einer Werkzeugmaschine erfordert eine bestimmte zeitliche und räumliche Zuordnung von Bewegungen und Schaltvorgängen = *Arbeitszyklus.* Bei automatisch arbeitenden Maschinen, bei denen der Mensch nicht in den Ablauf eingreift, ist die Steuerung für den selbsttätigen Ablauf verantwortlich. Hierzu benötigt sie ein Programm und wird in diesem Fall Programmsteuerung genannt. *Programmsteuerungen* werden *nach ihrer Funktion* eingeteilt in *Zeitplan-, Wegplan-* und *Führungssteuerungen* sowie *nach ihrem technologischen Einsatz* in *Punkt-, Strecken-* und *Bahnsteuerungen.* Die von der Steuerung veranlaßten Bewegungs- und Schaltvorgänge werden mittels mechanischer, pneumatischer, hydraulischer, elektrischer Stellglieder (oder Kombinationen davon) ausgeführt. Optische, elektrische und mechanische *Meldeglieder* dienen der Kontrolle von Positionen und Bewegungsabläufen [7.96; 7.97].

7.6.3.2 Strukturen von Steuerungen

Nach Bild 7.153 lassen sich Werkzeugmaschinen-Steuerungssysteme in Funktionssteuerungen, Programmsteuerungen und Datenverteilung gliedern [7.98]. Bei der auf der unteren Hierarchieebene rangierenden *Funktionssteuerung* werden keine numerischen Sollwerte vorgegeben, sondern lediglich bestimmte Schaltzustände. Bei konventionellen, festverdrahteten Lösungen dieser Art muß jede Maschinenfunktion von Hand eingeleitet werden, (z. B. Ablaufsteuerung für den Arbeitszyklus einer hydraulischen Presse).

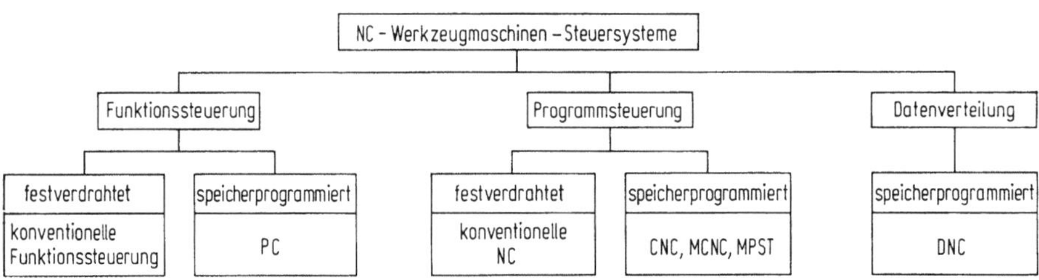

Bild 7.153 Gliederung der Werkzeugmaschinen-Steuerungssysteme. Nach [7.96]

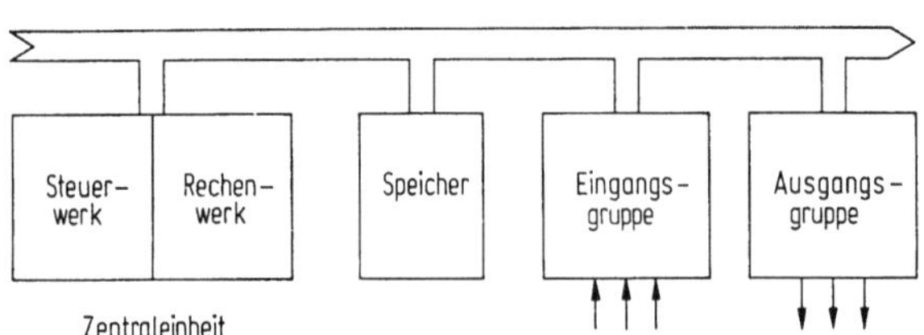

Bild 7.154 Blockschaltbild einer speicherprogrammierbaren Funktionssteuerung (PC). Nach [7.101]

Bei der seit 1970 bekannten elektronischen *programmierbaren Funktionssteuerung* (PC) werden die gewünschten Verknüpfungen in einen programmierbaren Speicher eingegeben, der dann einem universellen Steuergerät die spezielle Funktion gibt. Der Anschluß der Melde- und Stellglieder an die Steuerung ist unabhängig von den in den Programmspeicher verlagerten Verknüpfungen der Bausteine der Steuerung, d. h. dieselbe Steuerung kann nach entsprechender Programmierung eine andere oder auf ein anderes Werkstück umgerüstete Maschine steuern (Bild 7.154) [7.99; 7.100].

7.6.3.3 Bauarten von NC-Steuerungen

Als *konventionelle numerische Steuerung* wird die sog. „Hardware-NC", bei der Funktionen und Funktionsabläufe durch die festverdrahtete Verknüpfung der Hardwarebausteine festgelegt sind, bezeichnet. Gemäß Bild 7.155 wird das für die Werkstückbearbeitung festgelegte Programm über einen Datenträger (Lochstreifen, Magnetband) eingelesen oder von Hand über ein Tastenfeld eingegeben. Nach Dekodierung, Trennung in technologische und geometrische Daten werden Schaltbefehle über einen Speicher an die Anpaßsteuerung der Maschine gegeben und dort mit Rückmeldungen verknüpft. Die geometrischen Daten werden für einfache Positioniervorgänge (Punktsteuerung) und Streckensteuerungen direkt, für erweiterte Streckensteuerungen und Bahnsteuerungen (Erzeugung beliebiger ebener und räumlicher Kurven) über Interpolatoren für lineare und zirkulare Interpolation nach Vergleich mit Meßdaten über Verstärker an die Stellglieder gegeben.

Die nächste Stufe der NC-Steuerungen stellen die rechnerintegrierten Steuerungen (CNC) dar. Hier werden frei programmierbare Digitalrechner (Prozeß-

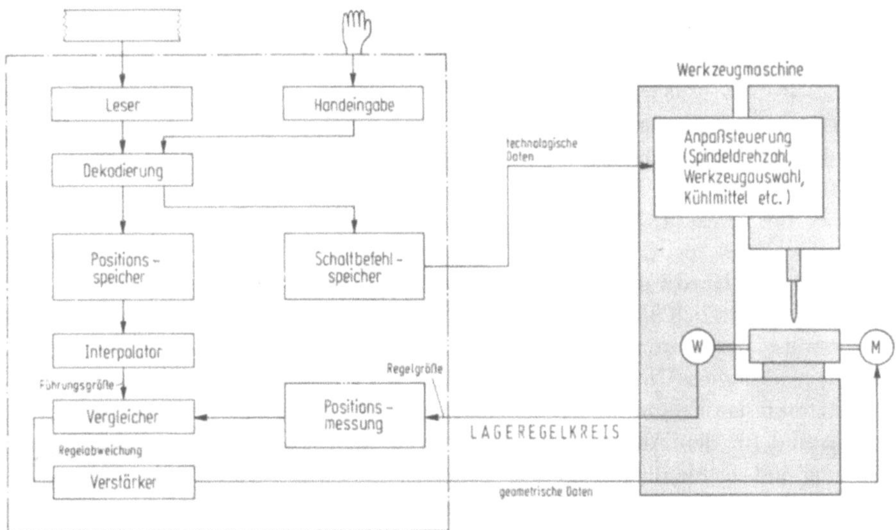

Bild 7.155 Informationsverarbeitung in einer konventionellen NC-Steuerung. Nach [7.96]. W Wegmeßgeber, M Motor

rechner) eingesetzt, die sich durch die folgenden speziellen Eigenschaften aus-
zeichnen:

— Kurzwort-Maschinen (Wortlänge zwischen 8 und 32 bit);
— Echtzeit-Organisation (Programmunterbrechung, Speicherschutz, Echtzeit-
betriebssystem);
— Einzelbit-Verarbeitungsmöglichkeit;
— Einrichtungen zur Ein- und Ausgabe von Prozeßsignalen.

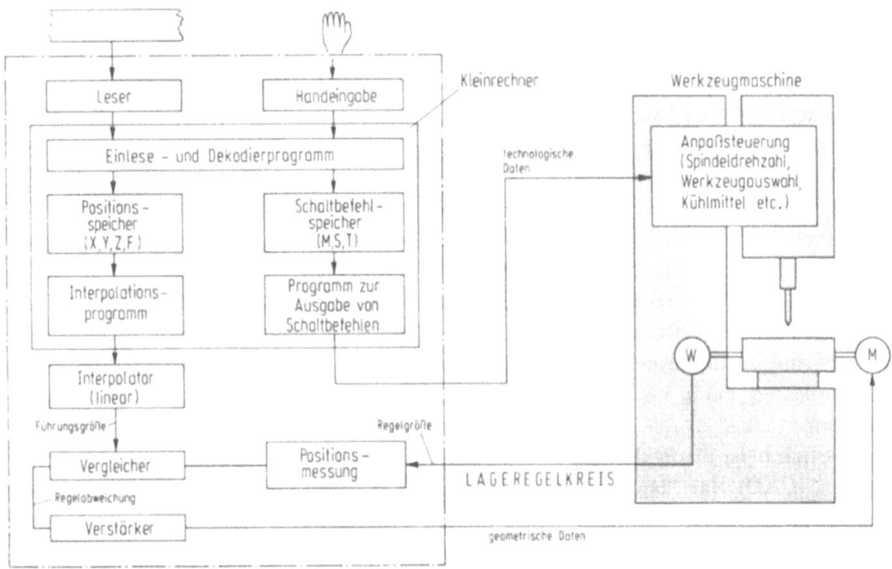

Blid 7.156 Informationsverarbeitung in einer CNC-Steuerung. Nach [7.96]. W Wegmeßgeber, M Motor

CNC-Steuerungen mit Prozeßrechner entsprechen in ihrer Funktion weit-
gehend den konventionellen NC-Steuerungen; wesentliche Funktionen der
Steuerungs-Hardware sind jedoch an Software-Bausteine übertragen, die im
Speicher des Prozeßrechners abgelegt sind (Bild 7.156). Diese bilden in ihrer
Gesamtheit das sog. CNC-*Systemprogramm*. Dessen Struktur entspricht weitgehend der NC-Hardware bei konventionellen NC-Steuerungen; der Informationsfluß ist grundsätzlich ähnlich strukturiert wie bei dieser. Trotz im Prinzip gleicher
Arbeitsweise bestehen zwischen NC- und CNC-Steuerungen doch Unterschiede,
vor allem bezüglich Übernahme zusätzlicher Funktionen. Vor allem läßt sich bei
der letzteren das Programmsystem sehr viel einfacher erweitern bzw. verändern.
Ferner sind für den Anwender wichtig die Codeumschaltung, wodurch die Verwendung unterschiedlich codierter Lochstreifen (z. B. EIA, ISO)[3] möglich ist,
die Verwendung höherer hyperbolischer und elliptischer Interpolationen und die

---

[3] EIA = Electronic Industries Association
   ISO = International Organisation for Standardization

wesentlich verbesserte Bedienerfreundlichkeit, z. B. durch Testprogramme zunehmend mit Bildschirmgeräten, durch die Möglichkeit zu Satzkorrekturen direkt an der Maschine [7.102].

Die neuere Entwicklung der in der ersten Generation mit Kleinrechnern (Minicomputern) als Prozeßrechner arbeitenden CNC-Steuerungen geht zu Steuerungen mit Kleinstrechnern (Mikrocomputern) auf Mikroprozessorbasis (MCNC) über. Der *Mikroprozessor* enthält ein Leit- und Rechenwerk und damit einen vollständigen Prozessor eines Digitalrechners mit allen zugehörigen Elementen wie Befehlszähler, Programmzähler, Hilfsregister in einigen wenigen integrierten Schaltkreisen (IC) oder auch nur in einem einzigen vereinigt. Zusätzlich zu diesen werden Logik- und Speicherelemente (meist Halbleiterspeicher) benötigt [7.103]. Wegen geringerer Arbeitsgeschwindigkeit eines Mikroprozessorsystems (geringere Wortlänge und technologisch bedingte längere Zykluszeiten verglichen mit Kleinrechner) lagert man einzelne NC-Funktionen, z. B. Anzeigen und Bedienung, Eingaben, Lageregelung, Feininterpolation in getrennte Funktionseinheiten aus, die vom Mikrocomputer gesteuert werden. Diesem obliegt damit die Verwaltung des Gesamtsystems, der Speicherung, der Grobinterpolation nach vorgegebenen Funktionen sowie der Korrekturrechnungen (Bild 7.157) [7.104]. Für einzelne dieser Funktionseinheiten können ebenfalls aktive und programmierbare Bauteile verwendet werden, z. B. als Anpaßsteuerung (adaptive control).

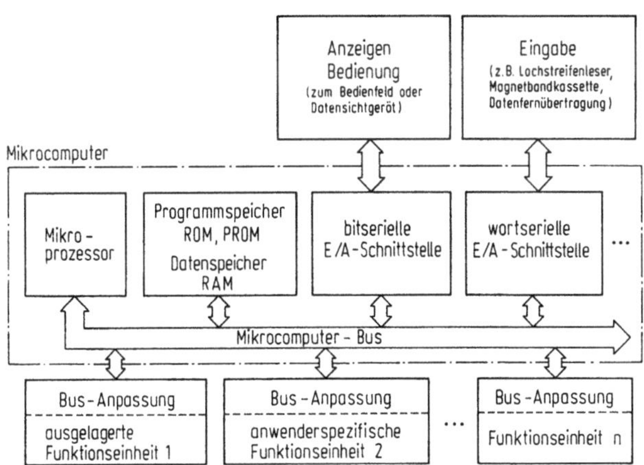

Bild 7.157 Struktur einer MCNC-Steuerung. Nach [7.96]

Die Weiterentwicklung dieses Systems modularen Aufbaus einer Rechnersteuerung aus aktiven Funktionseinheiten mit Einsatz von programmierbaren (Mikro)-Prozessoren in diesen Funktionseinheiten führt zum *Mehrprozessor-Steuersystem* (MPST), Bild 7.158. Hierdurch gelangt man durch den Einsatz von Mikroprozessoren und die damit mögliche Verringerung der Anzahl der Bauelemente von funktionsmäßigen Schnittstellen der numerischen Steuerung zu gerätemäßigen Schnittstellen. Hardwaremäßig gleichwertige Funktionseinheiten können durch anlagenabhängige Softwarebausteine nach Art und Umfang an die Maschine

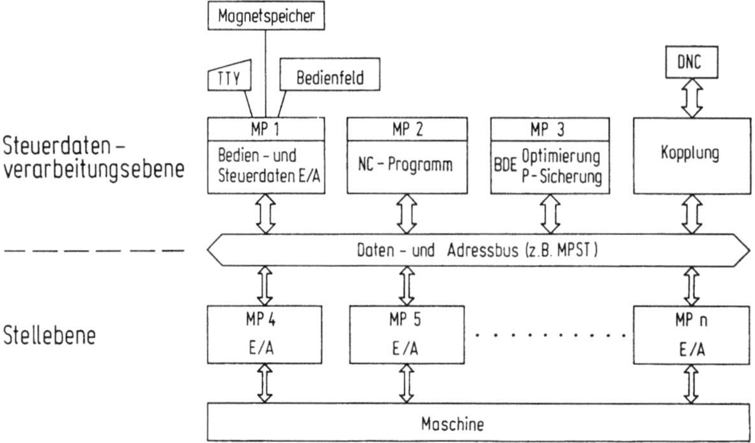

Bild 7.158 Struktur eines Mehrprozessor-Steuerungssystems (MPST). Nach [7.96]

angepaßt werden, wobei ihnen jeweils eine Aufgabe und ein spezielles Programm zugeordnet ist, z. B.

— zentrale Steuereinheit;
— Übernahme, Verwaltung, Änderung und Aufbereitung von NC-Programmen;
— Erzeugung und Beeinflussung von Führungsgrößen,
  z. B. Lageregelung;
— Signalverknüpfung technologischer Informationen;
— Betriebsdatenerfassung (BDE)
— adaptive control (AC)

Die Funktionseinheiten sind elektrisch über einen gemeinsamen Bus gekoppelt, eine ähnliche Schnittstelle ist auch für das Zusammenspiel der verschiedenen Programmteile erforderlich. Derartige Lösungen werden gerade in den USA und in Schweden veröffentlicht [7.105].

Zusammenfassend kann man sagen, daß die neueren Entwicklungen der CNC-Steuerung die folgenden wesentlichen Vorteile beinhalten [7.106]:

— Die Reduzierung der Bauelemente und die Standardisierung der Steuerungselemente haben eine Erhöhung der Zuverlässigkeit zur Folge.
— Eine auf Grundfunktionen reduzierte Hardware ist neutral und kann für verschiedene Anwendungsfälle eingesetzt werden.
— Die Realisierung der Steuerungsfunktionen durch Rechnerprogramme gewährleistet eine große Flexibilität.
— Die verwendeten Kleinrechner sind so leistungsfähig, daß man z. B. Funktionen der Anpaßsteuerung in die CNC integrieren kann.
— Programmierfehler können durch entsprechende Prüfroutinen ermittelt werden.
— Programmkorrektur und -optimierung können direkt an der Werkzeugmaschine erfolgen.
— CNC-Steuerungen zeichnen sich durch einen hohen Bedienungskomfort aus.

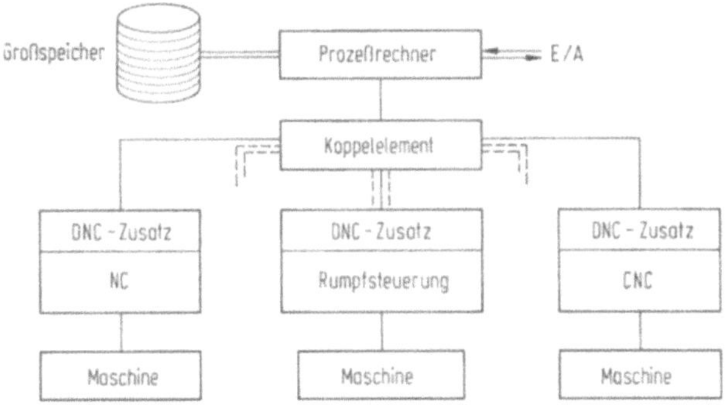

Bild 7.159 Struktur eines rechnergeführten Steuerungssystems (DNC). Nach [7.96].

MCNC und MPST-Systeme haben aufgrund der genannten Vorteile die Einführung numerischer Steuerungen bei Werkzeugmaschinen und Anlagen der Umformtechnik nachhaltig gefördert.

Systeme zur Rechnerdirektführung (DNC-Direct Numerical Control) von mehreren numerisch gesteuerten Arbeitsmaschinen durch Digitalrechner wurden Ende der sechziger Jahre entwickelt. Ihr wesentliches Merkmal ist die zeitgerechte Verteilung von Steuerinformationen an mehrere numerisch gesteuerte Maschinen, wobei Funktionen der numerischen Steuerung vom Rechner — Prozeßrechner mit Großspeicher — wahrgenommen werden können. Bei den angeschlossenen NC-Systemen kann es sich sowohl um konventionelle NC-Systeme als auch CNC-Systeme, ggf. auch um abgerüstete NC-Steuerungen (sog. Rumpfsteuerungen) handeln (Bild 7.159). Durch Erweiterung der DNC-Systeme mit Aufgaben der Betriebsdatenerfassung und -verarbeitung läßt sich die Effektivität einer Fertigung weiter steigern. Weitere Entwicklungsstufen sind gekennzeichnet durch Kopplung mit einem übergeordneten Betriebsrechner mit Einbezug weiterer Betriebsbereiche, z. B. Planungsbereich, in den Informationsfluß, oder Integrierung der direkten Fertigungsführung in ein DNC-System [7.107; 7.108]. DNC-Steuerungssysteme werden bei Fortsetzung der schnellen Einführung von NC-Steuerungen auch für die umformende Fertigung bald von großer Bedeutung sein.

Die bisher üblichen numerischen Steuerungen arbeiten sämtlich nach dem Prinzip einer offenen Steuerkette (Bild 7.160a); die auf den Vorgang einwirkenden Störgrößen, z. B. Blechdicken- und Festigkeitsschwankungen beim NC-Biegen müssen bei der Festlegung der Stellgrößen im Werkstückprogramm so berücksichtigt werden, daß auch im ungünstigsten Fall ein ordnungsgemäßer Ablauf gewährleistet ist. Dadurch wird die Leistungsfähigkeit von Maschine und Werkzeug nicht ausgenutzt, und die Bearbeitung erfolgt nicht mit der bei optimalem Vorgangsablauf erreichbaren Wirtschaftlichkeit. Dieses Ziel läßt sich durch eine selbstanpassende Steuerung (adaptive control (AC)) näherungsweise erreichen. Der jeweilige Istzustand wird mit Sensoren erfaßt und mit den vorgegebenen Sollwerten verglichen. Die Steuerung paßt dann die Stellgrößen wieder an den aktuellen Bearbeitungszustand an (Bild 7.160b). Unterschieden werden z. Z. technologische und geometrische AC-Systeme. Orientiert sich ein AC-System an

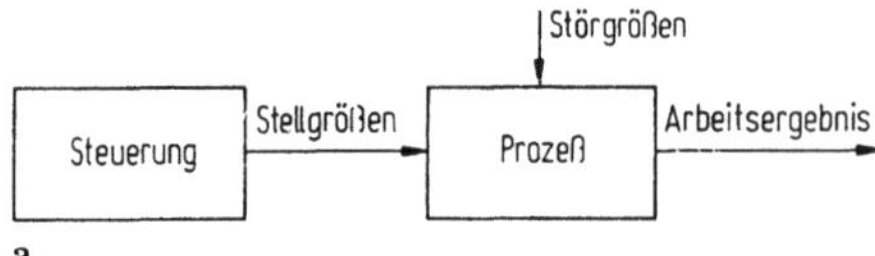

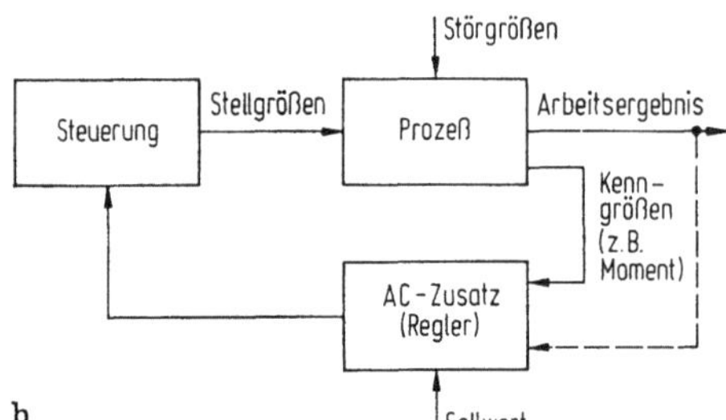

Bild 7.160 Numerische Steuerungen. Nach [7.96]. **a** mit offener Steuerkette (NC, CNC, MPST); **b** mit geschlossenem Regelkreis (adaptive control (AC))

festen oder variablen Grenzen (z. B. Leistungs- oder Stabilitätsgrenze eines Vorgangs), so spricht man von ACC (adaptive control constraint); orientiert sich ein AC-System bei mehreren gegenläufigen Einflußgrößen an „Optimalwertkriterien", so nennt man diese Variante ACO (adaptive control optimization) [7.102]. Für Fertigungseinrichtungen der Umformtechnik wären AC-Steuersysteme in vielen Fällen vorteilhaft. Es fehlt jedoch noch weitgehend an geeigneten Sensoren; die Erstellung geeigneter Programmsysteme wäre dann im Einzelfall möglich. Dieser letzte Gesichtspunkt gilt jedoch auch für die anderen hier abgehandelten numerischen Steuerungssysteme, so daß die Werkstückprogrammierung oft als zu aufwendig befunden wird und damit auf NC-Steuerungen noch verzichtet werden muß auch bei entsprechenden technologischen Vorteilen. Man hat sich deshalb bemüht, bei einfacheren Bearbeitungsaufgaben wie z. B. Blechbiegen, Blechtafelzerteilen, Arbeitsablauf bei einer hydraulischen Presse die Programmierung an die Maschine zu verlegen. Hierbei bieten moderne MCNC-Steuerungen mit Handeingabe der Steuerdaten große Vorteile. Bei komplexeren Bearbeitungsaufgaben wie Drücken, Drückwalzen, räumliches Mehrfach-Rohrbiegen wird die Geometrie von Musterteilen ggf. in einzelnen Zwischenformen mit geeigneten Geräten erfaßt und digitalisiert, teils extern, teils in der Maschine (Teach-in, Play-back-Methode). In allen Fällen können die zunächst in den Speicher der Steuerung eingegebenen Daten und Programminformationen bei der Bearbeitung weiterer Werkstücke aus diesem Speicher abgerufen und bei Bedarf z. B. durch Speicherung auf Magnetbandkassetten archiviert werden [7.102; 7.95].

7.6.4 Werkstückhandhabung

Die Einrichtungen zur Werkstückhandhabung müssen die bekannten Teilfunktionen: *Speichern — Weitergeben — Ordnen — Vereinzeln — Eingeben — Positionieren — Spannen — Ausgeben* erfüllen. Welche von diesen jeweils benötigt werden, hängt vom betreffenden Fertigungsverfahren ab. Bei automatisierten Fertigungen der Umformtechnik geht man häufig vom Fließgut bei der Werk-

stückzufuhr zur 1. Arbeitsstufe aus, z. B. vom Draht, gewalzten oder gepreßten
Stäben, Blechstreifen, Blechbändern. Für die Bearbeitung von Blechband benötigt man z. B. folgende Einrichtungen: Haspeln und Abrollgeräte, Richtgeräte,
Reinigungs- und Befettungsgeräte, Walzen- oder Zangenvorschubgeräte, Abfall-
schneider.

Werden bereits der 1. Arbeitsstufe zugeschnittene Rohteile — Platinen, Blöckchen — zugeführt und liegen nach dieser Werkstücke in Zwischenstufen vor, so
stellt sich die weit schwierigere Aufgabe der Handhabung *einzelner* Werkstücke;
diese ist besonders schwierig, wenn nicht im Durchlauf sondern mit Zwischen-
lagerung gearbeitet wird. Insbesondere die Funktionen Speichern (Magazinieren)
und Ordnen erfordern einen hohen technischen Aufwand vor allem aus geometrischen Gründen. Andere Zubringefunktionen wie Bunkern oder Abzweigen sind
dagegen weniger werkstückspezifisch.

Alle Einrichtungen zur Werkstückhandhabung sollen bei ausreichender Zu-
gänglichkeit wenig Raum beanspruchen und weitgehend mit festen Austausch-
teilen innerhalb einer engeren Werkstückformengruppe sog. „kleine Umstellun-
gen" zulassen [7.91]. Bei den Steuergruppen der Geräte finden sich mechanische,
elektrische/elektronische, pneumatische und hydraulische Systeme.

Sowohl aus Gründen der Produktivität als auch wegen erheblich verminderter
Unfallgefahr haben Einlegegeräte an Pressen eine zunehmende Bedeutung. In
der Regel sind diese mit Greifern ausgerüstete mechanische Handhabungsein-
richtungen mit nach festem Programm ablaufenden Bewegungen. Sie werden
wegen ihrer geringen Flexibilität vorzugsweise in der Serien- und Massenfertigung
eingesetzt. Bild 7.161 zeigt ein Einlegegerät für Rohteile zum Napf-Rückwärtsfließpressen mit pneumatischem Antrieb und mechanischer Nockensteuerung.
Bild 7.162 eine Maschinengruppe (Vorformpresse, Gesenkschmiedehammer,
Abgratpresse mit mechanisch-pneumatischem Einlege- und Entnahmegerät mit
Folgesteuerung. Fast unübersehbar ist die am Markt angebotene Vielfalt bei Ein-
legegeräten; ihrer erweiterten Anwendung steht oft das Fehlen konstruktiv vorgegebener Anschlußmöglichkeiten an Pressen verschiedener Hersteller entgegen.
Eine Standardisierung dieser Schnittstelle Handhabungsgerät/Presse erscheint
dringend notwendig.

Bild 7.161 Einlegegerät für
Stababschnitte für Kaltmassivumformung (Inst. f. Umformtechnik, Univ. Stuttgart)

Bild 7.162 Gesenkschmiede-
Maschinengruppe mit auto-
matischem Werkstückhand-
habungsgerät (Bêché & Grohs)

Deutlich abgesetzt gegenüber den genannten Einlege- und Handhabungs-
geräten sind die seit Anfang der siebziger Jahre im Zunehmen begriffenen Industrieroboter. Diese sind in mehreren Bewegungsachsen frei programmierbare, mit
Greifern oder Werkzeugen ausgerüstete mechanische Handhabungsgeräte mit
einem hohen Maß an Flexibilität [7.109; 7.110]. Sie könnten deshalb ein geeignetes
Mittel zur Werkstückhandhabung bei kleinen und mittleren Serien sein und
menschliche Arbeit ersetzen, wenn alle vom Menschen seither ausgeführten Funktionen vom Roboter bzw. von Zusatzeinrichtungen übernommen werden können.
Oft stehen folgende Punkte dem Industrierobotereinsatz zunächst entgegen:

— Der Automatisierungsgrad des Fertigungsmittels ist oft nicht ausreichend:
— Kontrollfunktionen, die der Bedienmann nebenbei mit übernommen hat,
  müssen automatisiert werden oder an einen anderen Arbeitsplatz verlegt
  werden;
— die Abfuhr von Spänen und anderem Abfall muß automatisch erfolgen;
— das Ordnen von ungeordnet angelieferten Werkstücken muß automatisch
  erfolgen, was insbesondere bei kleinen Losen heute ein technisches und damit
  ein wirtschaftliches Problem darstellt.

Industrieroboter sind dann verhältnismäßig leicht einzusetzen, wenn das
Problem des Teile-Ordnens nicht auftritt. Ihre Einsatzbereiche finden sich nach
Bild 7.163 wegen der oben genannten Probleme vorwiegend in der Mittelserien-
fertigung für Handhabungs- und Materialflußaufgaben. Bild 7.164 zeigt als
Beispiel einen Industrieroboter mit sechs Achsen.

Fertigungsform	Einzel- und Kleinserienfertigung	Mittelserienfertigung	Massenfertigung
Fertigungsart	Punktfertigung		
	Werkstattfertigung		
		Gruppenfertigung	
		Fließfertigung	
Fertigungsmittel	konvegtionelle Einzelmaschine / NC-Maschine	programmgesteuerte Maschine	Automat / Transferstraße
Werkstückhandhabung	vorwiegend manuell	manuell oder automatisch	automatisch
Materialfluß	manuell	manuell oder teil-automatisch	automatisch

Bild 7.163 Merkmale unterschiedlicher Fertigungsformen. Nach [7.109]

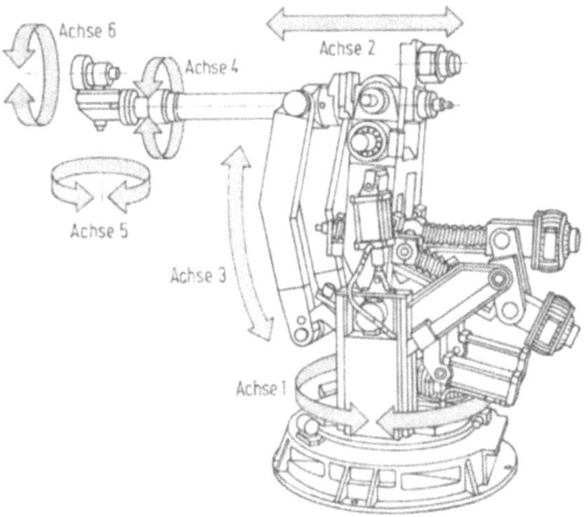

Bild 7.164 Industrieroboter mit sechs Achsen (KUKA Keller u. Knappich)

Die weitere Entwicklung geht zur Ausrüstung der Industrieroboter mit taktilen und optischen Sensoren, um z. B. ihren Einsatz beim Arbeiten „von Kiste zu Kiste" zu ermöglichen. Es ist nicht zu erwarten, daß Geräte mit diesen Eigenschaften, die für den Einsatz in der industriellen Praxis geeignet sind, vor 1990 zur Verfügung stehen [7.109].

7.6.5 Lösung der Automatisierungsaufgaben

Die vollständige Automatisierung erfordert nach Dolezalek [7.111] in Verbindung mit dem Fertigungssystem ein Qualitätskontrollsystem, ein Störungskontrollsystem und ein Kostenkontrollsystem. Diese Zielvorstellung wird aus wirtschaftlichen Gründen auch in den achtziger Jahren nur in Einzelfällen realisiert werden. Der zunehmende Zwang zur Automatisierung höheren Grades macht jedoch das Messen und Prüfen der Werkstücke in der Maschine neben der schon weit verbreiteten automatischen Funktionskontrolle im System Werkzeugmaschine-Werkzeug zunehmend erforderlich. Struktur und Funktion eines derartigen automatisierten Fertigungssystems zeigt Bild 7.165. Unter Bezugnahme auf Abschn. 7.6.2 können solche Systeme Eigenschaften nach Bild 7.166 haben. Mit dem Merkmal „flexibel" verbindet sich in der Regel die Ausrüstung der Fertigungs-

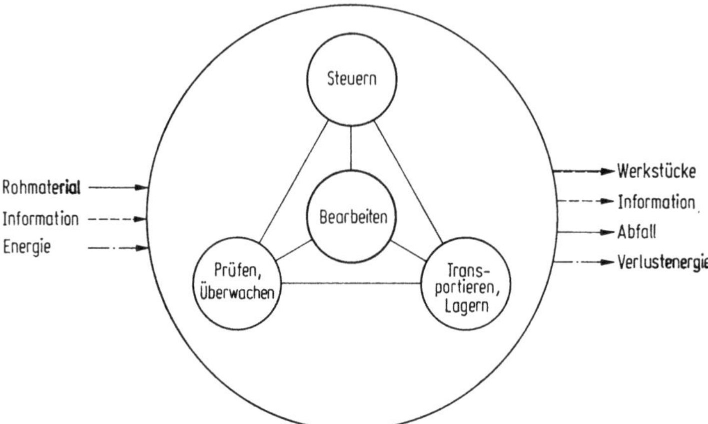

Bild 7.165 Aufbau und Funktionen eines automatisierten Fertigungssystems. Nach [7.94].

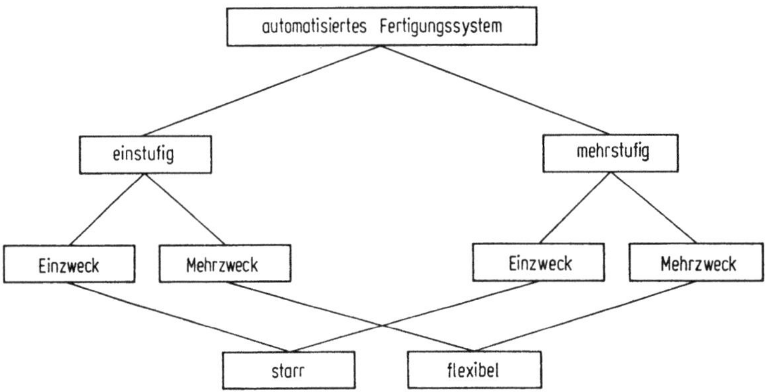

Bild 7.166 Einteilung automatisierter Fertigungssysteme. Nach [7.94]

und/oder Hilfseinrichtungen mit numerischen Steuerungen entsprechend Abschn. 7.6.3. Neben die Automatisierung des Arbeitsablaufs in einem Fertigungssystem tritt seit den siebziger Jahren zunehmend die Teil- oder Vollautomatisierung des Umrüstens; hierauf wird im folgenden auch kurz eingegangen.

7.6.5.1 Einzelmaschinen

Bei kleinen Einzelmaschinen, in denen ein Arbeitsgang oder wenige Arbeitsgänge vollzogen werden, ist die Automatisierung etwa ebenso lange bekannt wie bei den Drehautomaten; gemeint sind die selbsttätigen Blechschneid- und Biegemaschinen. Ihnen werden Bänder zugeführt, und der Ablauf ist ebenso automatisch wie bei einem mit Stangen zu fütternden Drehautomaten. Aber auch selbsttätige Magazinbeschickung kommt in Frage. Ein anderes Beispiel ist der Federwickelautomat, dem man Draht von der Rolle zuführt; die Federform wird ihm analog in Gestalt von Kurven- und Führungsstücken aufgezwungen.

Eine weitergehende Automatisierung bedeuten die Mehrstufenmaschinen;

z. B. sind Drahtbiegeautomaten mit drei bis sechs Stufen schon vor Jahrzehnten in Gebrauch gekommen. Sie sind flexibel, indem die formerzeugenden Werkzeuge auf Schlitten in drei bis acht Richtungen ausgewechselt werden, wobei häufig Normalkurvensätze benutzt werden.

In der Blechbearbeitung benutzt man für kleine Teile die sog. Revolverpressen, z. T. mit Zuführung aus Magazinen. Darüber hinaus wird eine wichtige Automatisierung mit Hilfe der Stufen- oder Transferpressen durchgeführt. Aus dem zugeführten Band schneiden sie Platinen aus, ziehen sie tief, lochen sie und biegen Lappen daran um usw. Die Automatisierung erlaubt hierbei zur Schonung der Werkzeuge und zum Erzielen besserer Oberflächen bei mehr Zwischenstufen geringere Umformgrade, als der Werkstoff je Stufe ertragen kann. Bei diesen Maschinen findet sich ein Qualitätskontrollsystem in Ansätzen: Elektrische Taster schalten die mechanisch arbeitenden Maschinen ab, wenn z. B. ein Werkstück nicht richtig positioniert ist. Auch ließe sich dieses System durch Prüfstationen ausbauen. Außerdem ist dabei eine mittelbare Kostenkontrolle durch Erfassung der Produktions- und Stillstandszeiten möglich, womit gleichzeitig eine Störungskontrolle verbunden ist.

Diese Mehrstufenanordnung wird in zunehmendem Maße bei Schmiedepressen angewandt, in denen das Werkstück innerhalb des Arbeitsraums selbsttätig bis zu vier Umformstellen durchläuft. Antriebsgruppe, Steuergruppe (in jüngster Zeit auch NC-Steuergruppe) und Arbeitsgruppe der Umformmaschine [7.111] sind hierbei optimal auf den Vorgang bzw. die Gruppe ausführbarer Vorgänge abgestimmt. Die Werkzeuge sind zu geschlossen austauschbaren Sätzen zusammengefaßt, so daß kurze Rüstzeiten den Einsatz derartiger Maschinen auch bei häufiger wechselnden Werkstücken wirtschaftlich machen.

Bild 7.167 zeigt eine automatische Gesenkschmiedeanlage mit fünf Umformstufen (Stauchen, Vorpressen, Fertigpressen, Lochen, Abgraten). Die Gesenkschmiedeanlage wird über einen Prozeßrechner gesteuert. Der Anlage ist ein Stangenmagazin vorgeschaltet. Die vereinzelte Stange wird durch die Induktionserwärmungsanlage geführt und anschließend warm abgeschert. Der Stababschnitt wird dann in einen Hubbalkenförderer eingelegt und durch die fünf Bearbeitungsstufen getaktet. Um die Umformwerkzeuge zu kühlen und mit Schmierstoff zu besprühen, ist nur jede zweite Zange des Hubbalkenförderers mit einem Werkstück bestückt. Die Presse arbeitet im Dauerbetrieb.

7.6.5.2 Maschinenfließreihen

Mit Rücksicht auf den Arbeitstakt können in der Regel nur Einzelmaschinen mit grundsätzlich gleicher Arbeitsweise sinnvoll zu Maschinengruppen bzw. -fließreihen verkettet werden. *Lose* Verkettung (Beispiel: Fertigung von Autorädern in den Gruppen Herstellung der Felgen, Herstellung der Radschüssel, Fügen zum Rad) erfordert einen geringeren Kapitaleinsatz als eine *starre* Verkettung, braucht jedoch dabei keine Nachteile bezüglich der Mengenleistung zu haben. Für diese stellt die Fertigung von Autotüren in den Gruppen Türinnenteil und Türaußenteil mit anschließendem Fügen zur Rohtür ein kennzeichnendes Beispiel dar. Dabei zwingt bei der Fließfertigung von Karosserieteilen die Verwirklichung hoher Mengenleistungen zum Einsatz von Ziehpressen mit Sonderantrieb als erste Presse (sog. Kopfpresse) einer Fließreihe.

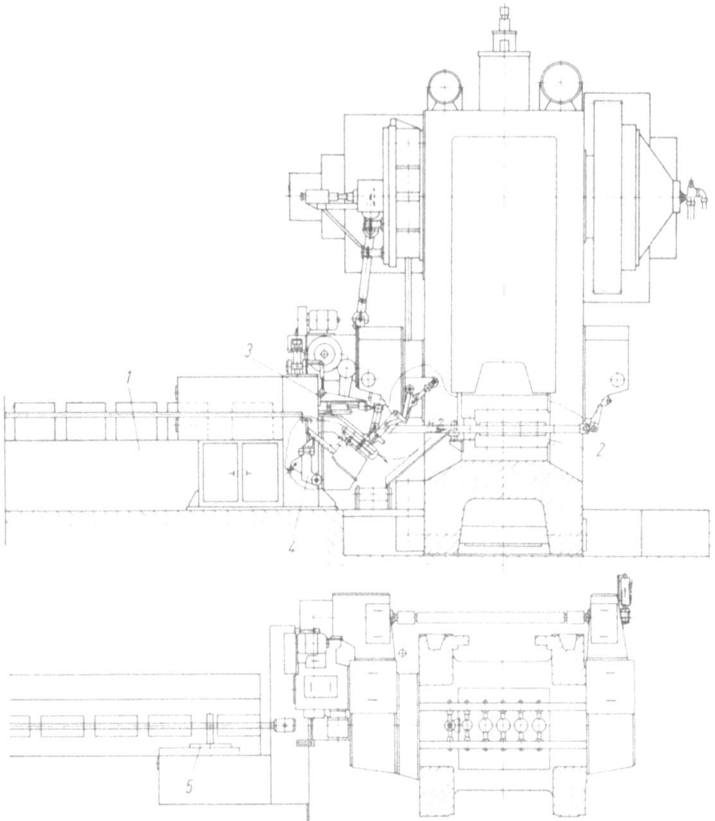

Bild 7.167 Automatisierte Gesenkschmiedemaschine (Eumuco). *1* Induktionserwärmungsanlage, *2* Hubbalkenförderer, *3* motorisch verstellbarer Längenanschlag, *4* Übergabezange, *5* Stabvorschub.

Die Anfang der fünfziger Jahre aufgestellten Pressenreihen für die Karosserieteilherstellung sind später durch selbsttätige Förderglieder — eiserne Hand. Rutsche, Wendevorrichtung, Förderband — voll automatisiert worden, teilweise unter Einsatz von NC-Steuerungen. Hier erreicht die Werkstückhandhabung den in den Maschinen möglichen Rhythmus. Sie stellen mit ihren Millionenwerten heute die großartigsten Automatenreihen der Metallfertigung dar (Bild 7.168). Nach 1980 finden sich anstelle von Pressenreihen auch Großstufenpressen mit 30 MN Preßkraft und Vorschüben bis zu 1,5 m zunehmend für die Karosserieteilfertigung (Bild 7.169).

Soweit es sich um Warmumformen handelt, kann man bei nicht zu großen Stabdurchmessern die elektrisch arbeitende Wärmeeinrichtung unmittelbar mit der Umformmaschine verketten. Das wird mit Erfolg beim Schmieden kleiner Wälzlagerringe und einfacher rotationssymmetrischer Voll- und Hohlkörper von der Stange gemacht. Für größere Ringe hat man eine selbsttätige Reihe von Wärmeeinrichtung — Schmiedepresse mit mehreren Stufen — Ringwalze — geschaffen.

Bild 7.168 Großpressen-Linie (Schuler)

Bild 7.169 Großstufenpresse (Müller-Weingarten)

Ändern sich die Fertigungsaufgaben in mehr oder weniger langen Zeiträumen — Wochen, Monaten —, so kann in vielen Fällen die zeitlich begrenzte Einrichtung einer automatisierten Maschinenfließreihe aus vorwiegend Universalmaschinen Vorteile bringen. Dann ist es vorteilhaft, wenn die einzelne Maschine in ihrem Arbeitstakt verstellbar ist, wofür z. B. die hydraulische Presse günstig ist. Eine wesentliche Voraussetzung — einheitliche Anschlußmaße an Maschinen- und Werkstückhandhabungseinrichtungen — fehlt hierzu jedoch noch weitgehend. Die Ausdehnung der Automatisierung auf diese mittleren Mengen hängt stark von den Umrüstzeiten ab. Auf ihre Verkürzung kommt es in Zukunft mehr denn je an, da an den Taktzeiten — Haupt- und Nebenzeiten — häufig nur noch unwesentlich gespart werden kann.

7.6.5.3 Umformmaschinen für die Klein- und Mittelserienfertigung

Beim ungebundenen, schrittweisen Umformen finden sich bemerkenswerte Entwicklungen in Richtung auf den Einsatz numerischer Steuerungen, z. B. beim Stabschmieden mittels gemeinsam numerisch gesteuerter hydraulischer Presse und Manipulator, beim Schmieden gestufter Wellen mit Rundschmiedemaschine [7.112] oder beim numerisch gesteuerten Biegen von Rohrleitungen und Profilen. Auch bei mit dem Umformen eng verbundenen Trennverfahren, wie dem Ausschneiden, haben sich numerisch gesteuerte Vielstempelschneidpressen mit Punktsteuerung, aber auch kombinierte Ausschneid- und Nibbelpressen mit Punkt- und Bahnsteuerung eingeführt [7.113]. Beim Fügen sind im Flugzeugbau numerisch gesteuerte Nietmaschinen gebräuchlich, die positionieren, bohren, senken, den Niet zuführen, nieten und den Nietkopf spanend bearbeiten.

Beim gebundenen, schrittweisen Umformen liegt das Problem der von Hub zu Hub zu verändernden Hublage vor, das grundsätzlich mit starren Anschlägen, Endschaltern (Taster, berührungslose induktive und kapazitive Geber, Fotozellen, Radioisotope) oder über die Antriebskinematik (bei weggebundenen Pressen) angegangen werden kann. Es ist jedoch zusätzlich der Einsatz numerischer Steuerungen mit allen Vorteilen für das kurzzeitige Umstellen einer Maschine auf andere Werkstücke möglich, wodurch die wirtschaftliche Mindestmenge gegebenenfalls sehr klein wird.

Bei den numerischen Steuerungen bietet sich von Fall zu Fall die Anpaßsteuerung („adaptive control") für Einzweckmaschinen an. Zum Beispiel wurden bereits Anfang der 70er Jahre Entwicklungsarbeiten für eine Maschine betrieben, die dünne Bleche mit schwachen Krümmungen sehr genau biegen soll. Hierzu dienen zahlreiche Hydraulikeinheiten auf beiden Seiten des Blechs, die dieses schrittweise in die Sollform biegen, wobei zwischenzeitlich die jeweilige Istkrümmung gemessen wird. Die Sollwerte werden digital vorgegeben; das Steuerprogramm betätigt jede Hydraulikeinheit unter Soll-Ist-Vergleich so lange, bis die gewünschten Krümmungen erzielt sind.

Eine adaptive Steuerung kommt auch in der Schmiedefertigung vor. In einer russischen Entwicklung wird das Volumen der Längeneinheit eines Walzstahlstabs durch ein umfassendes hydraulisches Kissen erfaßt und danach der Längenanschlag beim Scheren auf gleiche Volumina gesteuert. Der ganze Kunstgriff liegt in der Art der Istinformation. Eine andere russische Entwicklung benutzt zum Messen der Dicke oder Höhe von Freiformschmiedestücken ein mit Strahlensender als Geber und Geiger-Zählrohr ausgestattetes Steuergerät, das unabhängig von sich ändernden Bedingungen — Temperatur, Werkstoff — den Pressenstößel in eine eng tolerierte Hubendlage fährt.

7.6.5.4 Automatisierung und Fertigungskosten

Durch Automatisierung in der Fertigung verändern sich Fertigungslohnkosten und Maschinenstundenkosten und damit die Fertigungskosten (Bild 7.170), [7.115]. Die Fertigungslohnkosten können beispielsweise durch automatisierte Werkstückhandhabung oder durch Mehrmaschinenbedienung gesenkt werden. Grundvoraussetzung für die Durchführbarkeit einer Mehrmaschinenbedienung

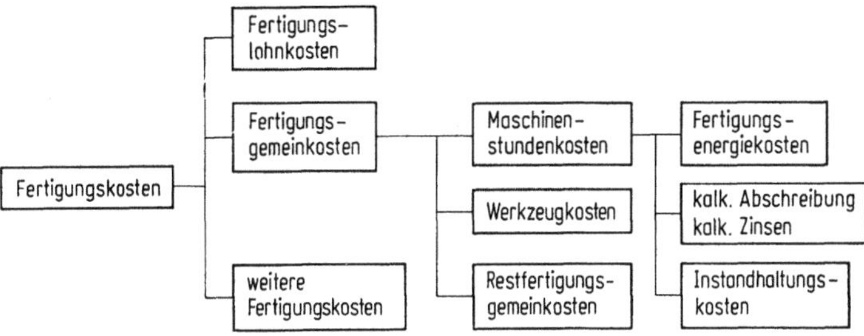

Bild 7.170 Kalkulationsschema zur Berechnung der Fertigungskosten

ist jedoch häufig eine automatisierte Rohteilzuführung. Unter Wahrnehmung der Wirtschaftlichkeit erweist sich in der Umformtechnik eine Zwei-Maschinen-Bedienung in der Regel als Grenzfall [7.116], da bei einer Drei-Maschinen-Bedienung mit erhöhten Maschinenstillstandszeiten zu rechnen ist.

Durch die automatische Werkstückzuführung bei Mehrmaschinenbedienung kommen höhere Anlagekosten zum Tragen (Beschaffungskosten, Kapitaldienst, Raumkosten usw.), wodurch der mögliche, einzusparende Lohnanteil verkleinert wird. Bild 7.171 zeigt den Einfluß der Maschinenbedienung beim Abscheren von Stababschnitten. Weiterhin ist der Einfluß des Maschinennutzungsgrads η_M auf die Fertigungskosten dargestellt. Der Maschinennutzungsgrad ist festgelegt zu

$$\eta_M = \frac{\text{tatsächliche Maschinenlaufzeit}}{\text{theoretisch mögliche Maschinenlaufzeit}} \, .$$

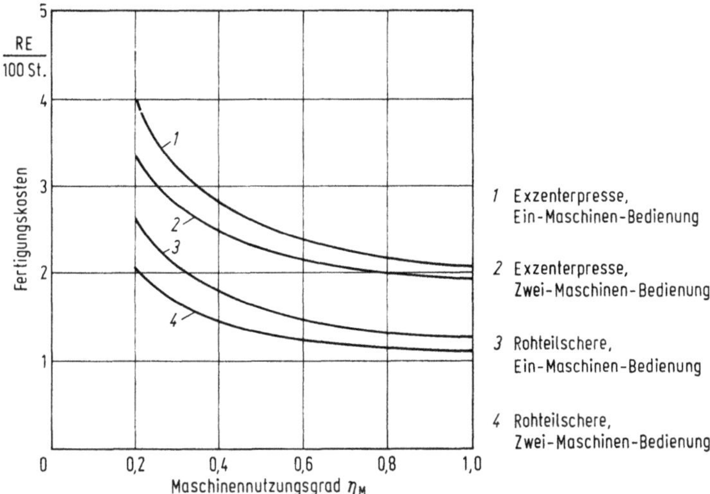

Bild 7.171 Einfluß der Maschinenauslastung auf die Fertigungskosten, dargestellt für das Abscheren von Abschnitten mit $d = 20$ mm, $l/d = 1$. Fertigungsbedingungen: Losgröße 10 000 Stck., Zwei-Schicht-Betrieb, RE = Recheneinheiten. Nach [7.116]

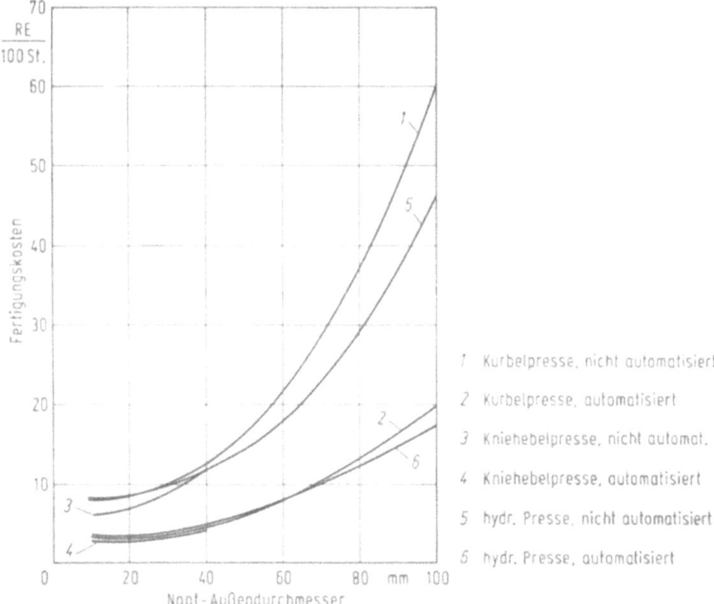

Bild 7.172 Fertigungskosten beim Rückwärtsfließpressen von Näpfen aus Ma 8 unter Einsatz von Pressen verschiedener Bauart (automatisierte Werkstückhandhabung, Losgröße 40 000 Stck.). Nach [7.116]

Von der Maschinenauslastung hängen Maschinenabschreibungskosten, Kapitaldienst, Raum- und Lohnkosten unmittelbar ab. Auch die Bauart der Presse beeinflußt in starkem Maße die Fertigungskosten. Wird beispielsweise ein Napf-Rückwärtsfließpreßvorgang auf einer einstufigen Presse durchgeführt, so ergeben sich je nach Bauart (Kurbelpresse, Kniehebelpresse, hydraulische Presse) und Werkstückzuführung (manuell, automatisch) unterschiedliche Fertigungskosten (Bild 7.172). Bei Napfaußendurchmessern kleiner als 40 mm verursacht die automatische Kniehebelpresse die niedrigsten Fertigungskosten. Ist der Napfaußendurchmesser dagegen größer als 40 mm, so verursachen die automatisierte Kurbelpresse bzw. hydraulische Presse die niedrigsten Fertigungskosten.

Üblicherweise wird ein Werkstück in mehreren Fertigungsstufen hergestellt. Häufig ist daher zu überprüfen, ob das Werkstück auf der Mehrstufenpresse oder auf mehreren Einstufenpressen kostengünstiger herzustellen ist. In Bild 7.173 sind die Herstellkosten für eine Flanschhülse dargestellt. Der Einsatz von Einstufenpressen in Verbindung mit manueller Werkstückzuführung ist ab ca. 16 000 Teilen die teuerste der dargestellten Fertigungsvarianten. Bei ca. 100 000 Teilen sind die Herstellkosten bereits doppelt so hoch wie bei einer Fertigung auf einer Mehrstufenpresse. Die Fertigungskosten weisen in diesem Fall die gleiche Abhängigkeit wie die Herstellkosten auf, da die Materialkosten beider Varianten gleich sind. Da höhere Automatisierung auch höhere Anlagekosten zur Folge hat, wird künftig vermehrt optimaler Maschineneinsatz bei maximaler Maschinenauslastung gefordert werden, um den Maschinenstundensatz in Grenzen zu halten [7.117].

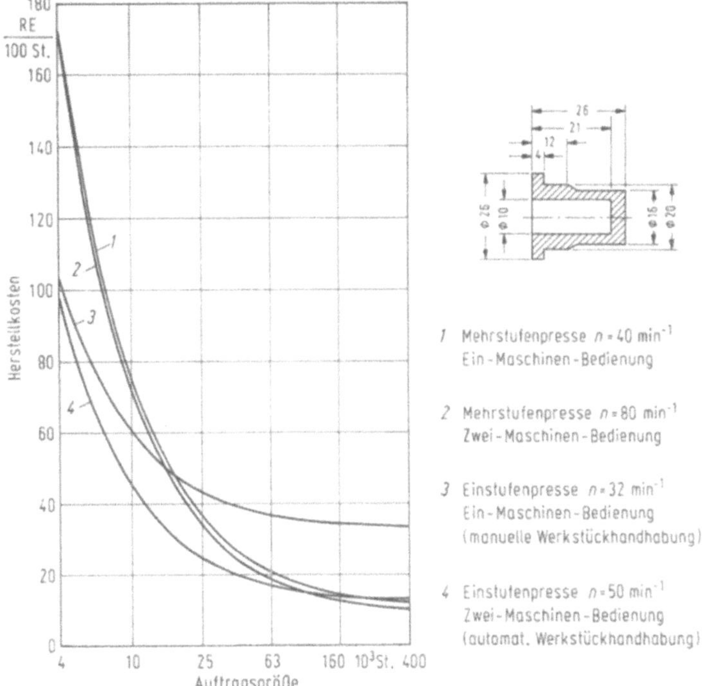

Bild 7.173 Gegenüberstellung von Ein- und Mehrstufenpressen am Beispiel der Herstellkosten für eine Flanschhülse aus Ma 8. Fertigungsbedingungen: Kurbelpressen, Zwei-Schicht-Betrieb, $\eta_{\mathrm{M}} = 0{,}8$. Nach [7.116]

7.6.5.5 Flexible Fertigungssysteme

Das Bestreben, kleine und mittlere Losgrößen wirtschaftlich zu fertigen, führt auch in der Umformtechnik zu flexiblen Fertigungseinrichtungen. Bei einem flexiblen Fertigungssystem sind mehrere Fertigungseinrichtungen, auf denen unterschiedliche Werkstücke automatisch bearbeitet werden können, durch Informations- und Materialfluß miteinander verkettet.

Schmieden. Die in Bild 7.174 dargestellte Radialumformmaschine ermöglicht das vollautomatische Schmieden von Werkstücken mit ausgeprägter Längsachse, wie z. B.: abgesetzte Wellen, Doppel-T-Profile, Kreuzprofile mit Querstegen, Rechteckprofile [7.118]. Dabei werden kreisrunde Werkstückquerschnitte beim Schmieden durch Vielecke angenähert. Bei der genannten Radialumformmaschine erfolgt eine vorwiegend radiale Krafteinleitung auf das Werkstück. In der Zentraleinheit der Bearbeitungsanlage befinden sich vier X-förmig angeordnete hydraulische Zylinder mit einer Nennkraft von je 500 kN je Stößel. Die Hublagenverstellung (Nullagenverstellung) der Stößel erfolgt mit Hilfe eines Gleichstrompermanentmagnetmotors über eine Spindel-Getriebe-Kombination.

Die Arbeitszylinder werden mit einem Öldruck von bis zu 280 bar beaufschlagt. Bei Nennkraft sind Stößelgeschwindigkeiten von bis zu 50 mm/s erreichbar. Während der Werkstückbearbeitung positioniert der Manipulator das Werkstück

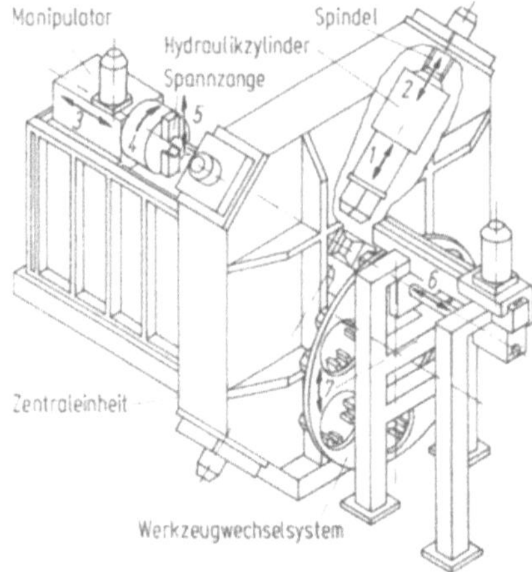

Bild 7.174 Flexible Radialumformmaschine. (Inst. f. Umformtechnik, Universität Stuttgart) Technische Daten: Stößelnennkraft 500 kN, Stößelgeschwindigkeit 50 mm/s, Stößelhub max. 50 mm, Hubzahl max. 60 min⁻¹, Hublagenverstellbereich 135 mm, Vorschubweg max. 820 mm, Werkstückabmessungen max. 150 × 150 × 800 mm³, Werkzeugkapazität 6 Werkzeuge (davon 5 im Speicher)
Zentraleinheit: *1* Hub (hydraulisch), *2* Hublage (mechanisch);
Manipulator: *3* Vorschub, *4* Drehen, *5* Spannen;
Werkzeugwechsel: *6* Wechselbewegung, *7* Speicherposition

zwischen den Werkzeugen. Er führt dabei Längs-(Vorschub) und Drehbewegungen (um die Längsachse) aus.

Im Werkzeugwechselsystem können fünf Werkzeugsätze abgelegt werden. Ein automatischer Werkzeugwechsel benötigt nur ca. 20 s. Die Steuerung von Radialumformmaschine, Manipulator und Werkzeugwechselsystem wird von einem Prozeßrechner übernommen, der u. a. auch die automatische Arbeitsablaufplanerstellung durchführt.

Schneiden. Große Rationalisierungserfolge beim Schneiden von Blech wurden durch die Nutzung einer CNC für das Herstellen von Rotor- und Statorblechen für Elektromotoren mittlerer Größe erzielt [7.119]. Diese Elektromotoren im Bereich von 50 bis 5000 kW sind vorwiegend Einzelanfertigungen; die dafür benötigten Bleche werden deshalb im Einzelnutschnitt hergestellt. Die Herstellung eines vollständigen Rotor- und Statorpakets wird in drei oder vier Durchläufen vorgenommen (Bild 7.175):

— Ausschneiden der Lüftungslöcher im Statorblech;
— Ausschneiden der Statornuten und Trennen von Rotor- und Statorblech;
— Nuten des Rotorblechs;
— Ausschneiden der Lüftungslöcher im Rotorblech.

Die Eingabestation wird mit dem vollständigen Stapel kreisrunder oder achteckiger Rohplatinen mit Achsloch und Keilnut oder Stiftlöchern beladen. Nach dem letzten Durchlauf werden die fertig genuteten Stator- und Rotorpakete aus der Anlage herausgefahren. Die gewünschte Nutenzahl, sowie Start- und Ablegewinkel können über die numerische Steuerung vorgegeben werden. Durch

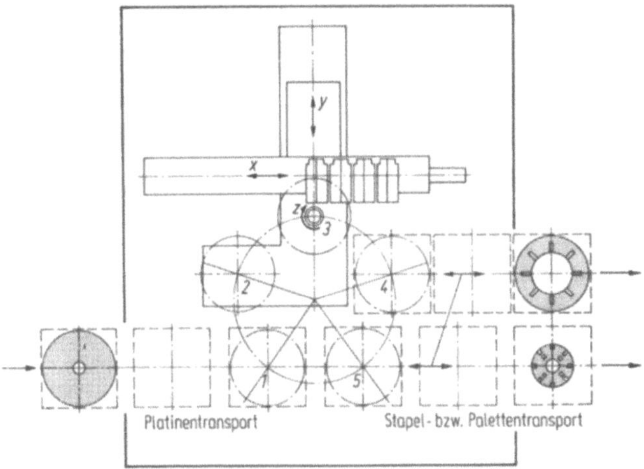

Bild 7.175 CNC-Nutzentrum (nach Schuler). *1* Beladestation für Rohplatinen, *2* Prüfstation, *3* Bearbeitungsstation, *4/5* Entladestationen für Fertigteile und Zwischenformen bzw. Beladestationen für Zwischenformen

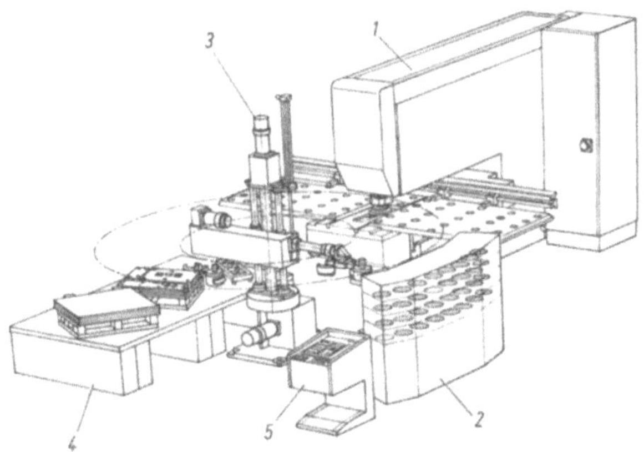

Bild 7.176 Vollautomatische, flexibel arbeitende Fertigungszeller für die Blechbearbeitung (Trumpf). *1* C-Gestellpresse, *2* Werkzeugmagazin, *3* Handhabungsgerät, *4* Werkstückablage, *5* Bedienfeld

eine Änderung von Blech zu Blech lassen sich damit auch auf wirtschaftliche Weise Rotor- und Statorpakete mit einer Parallel-Schrägnutung herstellen.

Bild 7.176 zeigt eine automatisch arbeitende, flexible CNC-gesteuerte Schneid- und Nibbelmaschine (Nennkraft 250 kN) mit Hublängenprogrammierung für mögliche Umformvorgänge. Das Werkzeugmagazin faßt maximal 110 Werkzeugsätze. Werkzeugwechsel, Blechzufuhr, Werkstückentnahme und ggf. Werkstückübergabe an eine weitere Bearbeitungsstation werden mit Hilfe eines Drei-Achsengesteuerten Handhabungsgerätes durchgeführt. Hierfür ist das Handhabungsgerät mit einem drehbaren Doppelgreifer ausgestattet. Ein Werkzeugwechsel benötigt beispielsweise 6 s.

Literatur zu Kapitel 7

7.1 Kienzle, O.: Die Kenngrößen an Pressen und Hämmern. Werkstattstechnik u. Maschinenbau 43 (1953) 1—5.

7.2 Kienzle, O.: Kenngrößen für Werkzeugmaschinen zum Gesenkschmieden. Schmiedetech. Mitt. 5 (1965), Sonderteil zu Werkstattstechnik 55 (1965) 509—514.

7.3 Kienzle, O.: Entwicklungslinien bei Werkzeugmaschinen der Umformtechnik. Werkstattstechnik 49 (1959) 479—489.

7.4 Kienzle, O.: Die Grundpfeiler der Fertigungstechnik. Werkstattstechnik u. Maschinenbau 46 (1956) 204—209.

7.5 Beck, G.: Wärmemäßige Beanspruchung von Werkzeugstählen beim Warmstauchen und Schmieden in Gesenken. Stahl Eisen 78 (1958) 1556—1563.

7.6 Doderer, A. W.: Der wahre Geschwindigkeitsverlauf bei Schneidpressen. Mitt. Forschungsges. Blechverarbeitung e. V. (1958) 149—152.

7.7 Watermann, H. D.: Die Arbeitsgenauigkeit von Hämmern und Schwungrad-Spindelpressen beim außermittigen Schlag. Werkstattstechnik 53 (1963) 413—421.

7.8 Schweer, W.; Hoppe, H.: Zum Genauigkeitsverhalten mechanischer Pressen. Mitt. Dtsch. Forschungsges. f. Blechverarbeitung u. Oberflächenbehandlung e. V. 19 (1968) 90—95.

7.9 DIN 8650: Abnahmebedingungen für Werkzeugmaschinen. Einständer-Exzenterpressen. Juni 1942.

7.10 DIN 8651: Abnahmebedingungen für Werkzeugmaschinen. Zweiständer-Exzenterpressen. Juni 1942.

7.11 Schlesinger, G.: Prüfbuch für Werkzeugmaschinen, 7. Aufl. Middelburg: den Boer 1962.

7.12 Podrabinnik, I. M.; Rodov, E. M.: Über die Steifigkeit mechanischer Pressen zum Kaltfließpressen und die Genauigkeit der hergestellten Teile. Draht 18 (1967) 208—212.

7.13 Doege, E., u. a.: Einfluß der Umformmaschine auf die Werkstückgenauigkeit. In: HFF-Ber. Nr. 6, S. 25/1—25/13. Hannover: Hannoversches Forschungsinstitut für Fertigungsfragen e. V. 1980.

7.14 Ettlich, W.; Horn, D.: Ermittlung der statischen Steife von Großpressen. Maschinenbautechnik 16 (1967) 307—312.

7.15 Kienzle, O.; Neumann, H.: Methoden zur Bestimmung des elastischen Verhaltens von Pressen beliebiger Breite. Forschungsber. d. Landes Nordrhein/Westfalen Nr. 1696. Köln, Opladen: Westdeutscher Verlag 1966.

7.16 Olivo, G.: Prüfung der statischen Steife von Exzenter- und Kurbelpressen. Maschinenbautechnik 13 (1964) 345—352.

7.17 Hanisch, M.: Das Verhalten mechanischer Kaltfließpressen in geschlossener Bauart bei mittiger und außermittiger Belastung. Diss. TU Hannover 1978.

7.18 Münnich, H.: Elastische Verformungen an ausladenden Pressen. Werkstattstechnik u. Maschinenbau 44 (1954) 502—509.

7.19 Blum, H.: Berechnung der elastischen Eigenschaften von Baugruppen im Pressenbau. Berichte aus dem Institut für Umformtechnik, Universität Stuttgart, Nr. 51. Berlin, Heidelberg, New York: Springer 1980.

7.20 Najuch, H.: Prüfung der Steife von Kaltstauchautomaten. Maschinenbautechnik 13 (1964) 358—361.

7.21 Bockel, G.: Genauigkeitsverhalten von Spindelpressen bei statischer und dynamischer Belastung. Kurzberichte der Hochschulgruppe Fertigungstechnik (HGF) Nr. 81/56. Essen: Girardet 1981.

7.22 Cheng, R.: Dynamische vertikale Steifigkeit von Gesenkschmiede-Exzenterpressen. Ind. Anz. 103 (1981) 1/2, S. 43—46; 18, S. 60, 62, 64.

7.23 Doege, E.; Teutrine, J.: Das Genauigkeitsverhalten von Schmiede-Exzenterpressen. Ind. Anz. 104 (1982) 90, S. 41—45; 105 (1983) 11, S. 33, 34, 36.

7.24 Foucher, J.: Auswirkung rasch verlaufender Kräfte auf ausladende Pressengestelle. Forschungsber. d. Landes Nordrhein/Westfalen Nr. 1612. Köln, Opladen: Westdeutscher Verlag 1967.

7.25 Jung, A.: Entwicklungsrichtungen im Hammerbau. Werkstattstechnik u. Maschinenbau 44 (1954) 297—301.

7.26 Szabó, I.: Einführung in die Technische Mechanik, 4. Aufl. Berlin, Göttingen, Heidelberg: Springer 1959 (8. Aufl. 1975).

7.27 Watermann, H. D.: Der Schlagwirkungsgrad in Hämmern und Schwungradspindelpressen. Ind. Anz. 85 (1963) 1727—1738.

7.28 Keilholz, F.: Untersuchungen an einteiligen Hammergestellen. Werkstattstechnik 53 (1963) 421—427.

7.29 Lange, K.: Die Arbeitsgenauigkeit beim Gesenkschmieden unter Hämmern. Diss. TH Hannover 1953.

7.30 v. d. Laden, E.: Das Verhalten von Fallhammerriemen hinsichtlich Zugfestigkeit und Verschleiß. Diss. TH Hannover 1957.

7.31 Voigtländer, O.: Das Triebwerk von Riemenfallhämmern. Diss. TH Hannover 1952.

7.32 Hohn, W.: Vermeidung von Ölnebelexplosionen. Ind. Anz. 89 (1967) 1799—1801.

7.33 Splittgerber, H.: Beitrag zur federnden und gedämpften Gründung von Maschinenfundamenten mit stoßartiger Anregung. VDI Z. 107 (1965) 789—792. Auszug in Ind. Anz. 88 (1966) 1023.

7.34 Ščeglov, V. F.: Schwingungsisolierung von Fundamenten schwerer Gesenkhämmer. Kuzn.-Štamp. Proizvod. (1963) 9, S. 21—38. Auszug in Werkstattstechnik 55 (1965) 100—101.

7.35 Koch, H. W.; Hüffmann, G.: Neue Erkenntnisse über Erschütterungen in der Umgebung von Fall- und Gegenschlaghämmern. Schmiedetech. Mitt. (1966) 45—49.

7.36 Koch, H. W.; Hüffmann, G.: Berechnung der Fundamente für Gesenkschmiedehämmer. Ind. Anz. 89 (1967) 1782—1787.

7.37 Widera, O. E.: Vergleich des dynamischen Verhaltens von ein- und mehrteiligen Schabotten beim Stauchen. Ind. Anz. 91 (1969) 659—663.

7.38 Hüffmann, G.: Die Bedeutung schwingungsisolierter Gründungen beim Bau von Hammerfundamenten. Ind. Anz. 95 (1973) 183—186.

7.39 Hammersen, H.: Vergleichende Untersuchungen des Verhaltens verschiedenartiger Schwungrad-Spindelpressen. Werkstattstechnik 48 (1958) 237—243.

7.40 Golf, K.-H.: Das Betriebsverhalten von Spindelpressen. Werkstattstechnik 63 (1973) 280—284.

7.41 Vorberg, K.: Druckflüssigkeit in Hydraulikanlagen. Maschinenmarkt 75 (1969) 834—838.

7.42 Oehler, G.: Die hydraulischen Pressen. München: Hanser 1962.

7.43 Zymák, V.: Vereinfachte Art der Auslegung hydraulischer Kreisläufe bei Umformmaschinen. Ölhydraulik Pneumatik 12 (1968) 429—438.

7.44 Dohrn, W.: Wirtschaftlichkeit verschiedener Antriebsarten bei hydraulischen Pressen. Werkstattstechnik u. Maschinenbau 45 (1955) 515—520.

7.45 Nikolaus, H.: Grundlagen hydrostatischer Antriebstechnik, Teil II: Hydrostatische Pumpen, Motoren und Zylinder. wt-Z. ind. Fertig. 70 (1980) 555—557.

7.46 Müller, E.: Hydraulische Pressen und Druckflüssigkeitsanlagen.
Band I: Schmiedepressen, 3. Aufl. Berlin, Göttingen, Heidelberg: Springer 1962.
Band II: Pressen für die Herstellung und Verarbeitung von Rohren, Hohlkörpern, Platten und Blechen aus Stahl. Berlin, Göttingen, Heidelberg: Springer 1955.
Band III: Pressen für die Herstellung von Rohren, voll- und hohlprofilierten Stangen, Drähten sowie Kabelmänteln aus NE-Metallen. Berlin, Göttingen, Heidelberg: Springer 1959.

7.47 Schmid, H.: Hydrozylinder im Pressenbau. Ölhydraulik Pneumatik 9 (1965) 132—142.

7.48 Berns, W.: Druckwasserfibel. Wiesbaden: Krausskopf 1960.

7.49 DIN 24300, Bl. 1—8: Ölhydraulik und Pneumatik, Benennungen und Sinnbilder. März 1966.

7.50 Dohrn, W.; Robra, H.: Steuerung hydraulischer Pressen. Stahl Eisen 79 (1959) 500—513.

7.51 Dieter, W.: Ölhydraulikfibel. Wiesbaden: Krausskopf 1960.

7.52 Krug, H.: Flüssigkeitsgetriebe bei Werkzeugmaschinen, 2. Aufl. Berlin, Göttingen, Heidelberg: Springer 1959.

7.53 Zoebel, H.: Ölhydraulik. Wien: Springer 1963.

7.54 Pahnke, H. J.: Inbetriebnahme und Wartung von Schnellschmiedepressen mit öl-hydraulischem Antrieb. Stahl Eisen 87 (1967) 993—1003.

7.55 Blechschmidt, A.: Gegenüberstellung von hydraulischen Pressen und mechanischen Pressen. Blech 15 (1968) 138—141.

7.56 Peters, K. H.: Die Konstruktionsmerkmale der hydraulischen Pressen und ihre Anwendungsgebiete. (Teil 1 u. 2) TZ. Prakt. Metallbearb. 59 (1965) 140—143; 215—219.

7.57 Zitzmann, E.: Hydraulische Pressen für die Blechbearbeitung. Werkstatttechnik u. Maschinenbau 45 (1955) 521—525.

7.58 Autorenkollektiv: Das Fachwissen des Ingenieurs, Band I/2. Leipzig: VEB Fachbuchverlag 1965.

7.59 DIN 55170: Einständer-Tisch-Exzenterpressen. Baugrößen. Oktober 1961.

7.60 DIN 55171, Bl. 1: Einständer-Exzenterpressen mit festem Tisch und kleiner Ausladung. Baugrößen. Oktober 1961.

7.61 DIN 55171, Bl. 2: Einständer-Exzenterpressen mit festem Tisch und großer Ausladung. Baugrößen. Oktober 1961.

7.62 DIN 55172: Einständer-Exzenterpressen mit verstellbarem Tisch. Baugrößen. Oktober 1961.

7.63 DIN 55173, Bl. 1: Doppelwandige Exzenterpressen mit festem Tisch und kleiner Ausladung. Baugrößen. Oktober 1961.

7.64 DIN 55173, Bl. 2: Doppelwandige Exzenterpressen mit festem Tisch und großer Ausladung. Baugrößen. Oktober 1961.

7.65 DIN 55174: Doppelwandige Exzenterpressen neigbar. Baugrößen. Oktober 1961.

7.66 DIN 55180: Doppelwandige Exzenterpressen mit verstellbarem Tisch. Baugrößen. Oktober 1961.

7.67 DIN 55181: Werkzeugmaschinen. Mechanische Zweiständerpressen einfachwirkend mit Nennkräften von 400 kN bis 4000 kN. Baugrößen. Mai 1983.

7.68 DIN 55184 (Entw.): Werkzeugmaschinen. Mechanische Einständerpressen. Einbauraum für Werkzeuge, Baugrößen. Juli 1983.

7.69 DIN 55185: Werkzeugmaschinen. Mechanische Zweiständer-Schnelläuferpressen mit Nennkräften von 250 kN bis 4000 kN. Baugrößen. Mai 1983.

7.70 Mäkelt, H.: Die mechanischen Pressen. München: Hanser 1961.

7.71 May, O.: Presse für verlangsamtes Fließen. Werkstatttechnik u. Maschinenbau 46 (1956) 20—21.

7.72 Doege, E., u. a.: Neues über Zweiständer-Pressen für die Kaltmassivumformung. wt-Z. ind. Fertig. 62 (1972) 736—742.

7.73 Müller, S.: Berechnung des Kniehebelantriebes in Kniehebelpressen. Maschinenbautechnik 15 (1966) 411—414.

7.74 Geiger, M.: Beitrag zur rechnerunterstützten Auslegung von Pressengestellen. Berichte aus dem Institut für Umformtechnik, Universität Stuttgart, Nr. 28. Essen: Girardet 1974.

7.75 Schemperg, L.: Elastische Wechselwirkungen an Gestell und Hauptgetriebe weggebundener Pressen. Berichte aus dem Institut für Umformtechnik, Universität Stuttgart, Nr. 39. Essen: Girardet 1976.

7.76 Haft, F.: Variantenrechnungen an O-Gestell-Pressen mit der Methode Finiter Elemente als Beitrag zu einem Konstruktionskatalog für die steifigkeitsgerechte Pressenauslegung. Bericht KfK-CAD 147. Karlsruhe: Kernforschungszentrum Karlsruhe 1980.

7.77 Burchert, H.: Untersuchung der Steifigkeit mechanischer Pressen in geschlossener Bauart mit der Finite-Element-Methode. Diss. TU Hannover 1980.

7.78 Ueckert, E.: Der elektrische Antrieb von mechanischen Pressen mit Schwungradausgleich. Conti Elektro Ber. Juli/September 1962, 129—143.

7.79 Lindner, H.: Die Berechnung von Schwungradantrieben an Umformmaschinen. Werkstatt Betr. 89 (1956) 661—664.

7.80 Schneider, F.; Hoffmann, H.: Praktische Aspekte der Sicherheit bei Exzenter- und verwandten Pressen (Teil 1 u. 2). wt-Z. ind. Fertig. 66 (1976) 31—37; 81—86.

7.81 Höppner, O.: Leistungssteigerung in Pressereien. Maschinenmarkt 74 (1968) 1302—1304.

7.82 Böhringer, H.: Oberantrieb oder Unterantrieb bei Ziehpressen. Werkstattstechnik u. Maschinenbau 44 (1954) 311—317.

7.83 Kilp, K.-H: Berechnungen und Betriebsuntersuchungen an Exzenterpressen mit C-Gestell bei statischen und dynamischen Belastungen. Bänder Bleche Rohre 11 (1970) 10—20.

7.84 Tauber, H.: Grundsätze der Prüfung und Abnahme umformender und schneidender Werkzeugmaschinen. Maschinenbautechnik 13 (1964) 337—344.

7.85 Panknin, W.: Forderungen an den Bau von C-Gestell-Exzenterpressen für die spanlose Formung. VDI Z. 100 (1958) 1287—1293.

7.86 Hütte, Taschenbuch für Betriebsingenieure (Betriebshütte), 6. Aufl. Bd. II. Hrsg. vom Akademischen Verein Hütte. Berlin, München: Ernst & Sohn 1964.

7.87 Knauss, P.: Sicherheit beim Bau und Betrieb von mechanischen Pressen. wt-Z. ind. Fertig. 69 (1979) 89—96.

7.88 Schneider, F.; Hoffmann, H.: Sicherheits-Einrichtungen an Exzenterpressen. Werkstattblatt 659. München: Hanser 1976.

7.89 DIN 19233: Automat, Automatisierung. Begriffe. Juli 1972.

7.90 Lange, K.: Automatisierungsfragen der mechanischen Umformtechnik. In Pentzlin/ Kienzle: Fertigungstechnische Automatisierung. Berlin, Heidelberg, New York: Springer 1969.

7.91 Kienzle, O.: Schritte zur Automatisierung in der Umformtechnik. Werkstattstechnik 47 (1957) 393—402.

7.92 Lange, K.: Automatisierung und Umformmaschine. VDI Ber. Nr. 123, Düsseldorf 1968, S. 115—124.

7.93 DIN 69651, Teil 1 (Entw.): Werkzeugmaschinen für die Metallbearbeitung, Begriffe. März 1981.

7.94 Kaiser, H.: Umformende Bearbeitung in flexiblen Fertigungssystemen. Berichte aus dem Institut für Umformtechnik, Universität Stuttgart, Nr. 44. Essen: Girardet 1977.

7.95 Lange, K.; Stute, G.; Warnecke, H.-J.: Eindrücke und Gedanken zur Europäischen Werkzeugmaschinen-Ausstellung 4. EMO 1981 in Hannover. wt.-Z. ind. Fertig. 71 (1981) 741—748.

7.96 Lange, K.; Mössle, E.; Roll, K.: Studie über den Einsatz der NC-Technik bei Werkzeugmaschinen und Fertigungseinrichtungen der Umformtechnik. Abschlußbericht des Inst. f. Umformtechnik, Universität Stuttgart, zu VDW-Vorhaben 0905.

7.97 Berthold, H.: Programmgesteuerte Werkzeugmaschinen. Berlin: VEB Verlag Technik 1975.

7.98 Stute, G.: Steuerungstechnik. wt Weiterbildung Technik, Bd. 1. Berlin, Heidelberg, New York: Springer 1981.

7.99 Spitzig, J. S.: Frei programmierbare Steuerungen für mannigfache Aufgaben. Werkstatt Betr. 108 (1975) 195—200.

7.100 Stute, G.; Vetter, H.: Programmierbare Steuerungen für Fertigungseinrichtungen. wt-Z. ind. Fertig. 64 (1974) 657—665.

7.101 Hilgers, P.: Software orientierter Entwurf von Maschinensteuerungen. Regelungstech. Prax. 24 (1982) 203.

7.102 Weck. M: Werkzeugmaschinen, Band 3: Automatisierung und Steuerungstechnik. Düsseldorf: VDI-Verlag 1978.

7.103 Stute, G.: Neue Bauelemente für die Steuerungstechnik. wt-Z. ind. Fertig. 66 (1976) 679—682.

7.104 Spur, G.; Moser, P.; Wendtlandt, R.: Programmierbare Steuerungen für Fertigungseinrichtungen. Z. Wirtsch. Fertigung 71 (1976) 131—134.

7.105 Stute, G.: Die Entwicklung der Steuerungstechnik unter dem Einfluß neuer Bauelemente. wt-Z. ind. Fertig. 66 (1976) 683—690.

7.106 Spur, G.; Stute, G.; Weck, M.: Fortschritte der Fertigung auf Werkzeugmaschinen (4). Rechnergeführte Fertigung. München, Wien: Hanser 1977.

7.107 Zenner, K.; Zwoll, K.: Modulares DNC-System mit standardisierten Komponenten. Tech. Rundsch. (1978) Nr. 21.

7.108 Nann, R.: Einsatz von Prozeßrechnern bei der Steuerung von Werkzeugmaschinen.

Kurzberichte oder Hochschulgruppe Fertigungstechnik (HGF) Nr. 73/37. Essen: Girardet 1973.

7.109 Schraft, R.-D.: Industrieroboter, ein Mittel zur flexiblen Automatisierung und Werkstückhandhabung. Blech Rohre Profile 28 (1981) 252—254.

7.110 Warnecke, H.-J.; Schraft, R.-D.: Industrieroboter. Mainz: Krausskopf 1979.

7.111 Dolezalek, C. M.: Die technischen Grundlagen der Automatisierung unter besonderer Berücksichtigung der Fertigungstechnik. CIRP-Annalen 11 (1962/63) 15—24.

7.112 Kralowetz, B.: Neue Entwicklungen bei automatischen Schmiedemaschinen für Freiform- und Gesenkschmieden. VDI Ber. Nr. 123, Düsseldorf 1968, S. 131—135.

7.113 Herb, E.: Numerisch gesteuerte Ausschneid- und Nibbelmaschine. Ind. Anz. 91 (1969) 207—211.

7.114 Lange, K.: Wirtschaftliches Gesenkschmieden — Stand und Entwicklungstendenzen. Arbeitsgemeinschaft für Rationalisierung des Landes Nordrhein/Westfalen (1964) H. 72, S. 43—80.

7.115 Lange, K.; Glöckl, H.; Rebholz, M.: Veränderung der Herstellkosten spanend und umformend gefertigter gleicher Werkstücke bei Erhöhung der Energiekosten. wt-Z. ind. Fertig. 69 (1979) 521—525.

7.116 Noack, P.: Rechnerunterstützte Arbeitsplanerstellung und Kostenberechnung beim Kaltmassivumformen von Stahl. Berichte aus dem Institut für Umformtechnik, Universität Stuttgart, Nr. 48. Essen: Girardet 1979.

7.117 Leibinger, B.: Die Fertigungstechnik in der Bundesrepublik Deutschland im internationalen Vergleich. wt-Z. ind. Fertig. 73 (1983) 277.

7.118 Lange, K.: Radialumformen — wirtschaftliche Herstellung von Halbzeugen im Rahmen gemischter flexibler Fertigungssysteme, Tagungsband: Flexible Fertigungssysteme, Kolloquium 12. Juli 1983. Stuttgart: Sonderforschungsbereich 155, Universität Stuttgart.

7.119 Schmidt, V.; Lange, K.: Numerisch gesteuerte Blechbearbeitungsmaschinen. wt-Z. Ind. Fertig. 72 (1982) 569—574.

7.120 Böhringer, H.; Kilp, K.-H.: Die Entwicklung der Spindelschlagpressen. Werkstatttechnik 55 (1965) 28—30.

8 Arbeitsgenauigkeit

Von **K. Lange**

Begriffe und Formelzeichen

a	Werkzeugmaß
Δa	Maßkorrektur
A_A	Fläche des Anschlags
A_o	oberes Abmaß
A_u	unteres Abmaß
C_A	Federzahl des Anschlags
Δf_A	Federweg des Anschlags
F	Formfaktor
G	Größtmaß
H_A	Höhe des Anschlags
i	internationale Toleranzeinheit
J	Nachdrückimpuls
K	Kleinstmaß
λ	Schwindmaß
N	Nennmaß
ψ	Steigungswinkel
r_u	Radius der ungelängten Faser beim Biegen
S	Feingliedrigkeit
s_1	Gesamtbereich der Maßschwankungen
T_{abl}	Ablegetemperatur beim Schmieden
V_H	Hüllvolumen
V_S	Volumen eines Schmiedestücks

8.0 Begriffe, Allgemeines

Nach Kienzle [8.1] stützt sich die Fertigungstechnik auf die vier Grundpfeiler

— Hauptgeometrie,
— Fehlerbeherrschung,
— Mengenleistung,
— Anpassung der Arbeit an den Menschen.

Die Fehlerbeherrschung ist die Lehre von der Beherrschung der durch vielfältige Einflüsse bedingten unvermeidlichen Abweichungen gegenüber den Sollwerten. Die wichtigsten Einflüsse üben Verfahren, Werkstückstoff, Werkzeug, Maschine und Arbeitsablauf aus. Je schwieriger die Gestalt des Werkstücks — d. h. je *verwickelter die Hauptgeometrie* —, desto größer sind auftretende Abweichungen. Jedes Verfahren hat eine sich ohne besondere Sorgfalt einstellende „natürliche" Genauigkeit. Eine verbesserte „gepflegte" Genauigkeit erfordert höheren Aufwand, wobei die Kosten progressiv mit der Genauigkeit zunehmen (Bild 8.1). Genauigkeit und Wirtschaftlichkeit sind daher stets gegeneinander abzuwägen.

Was ist nun Genauigkeit? Nach Ickert [8.2] ist „Genauigkeit der Grad der Annäherung an ein gewünschtes Ergebnis". Als Maßzahl für die Genauigkeit nimmt man meist die Ungenauigkeit, d. h. die Abweichung zwischen Soll- und Istwert (Bild 8.2). Unter Toleranz wird schließlich eine zulässige, vereinbarte (z. B. genormte) Abweichung zwischen Soll- und Istwert verstanden.

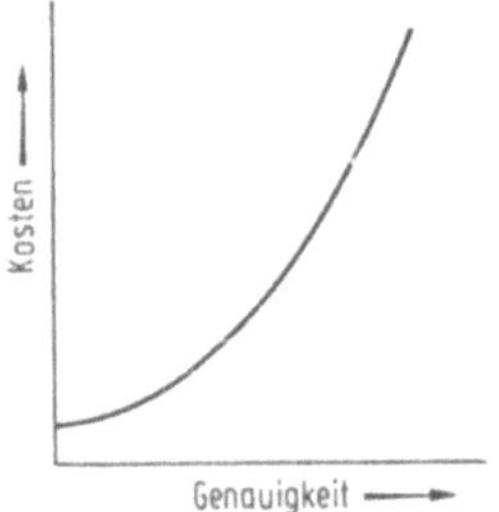

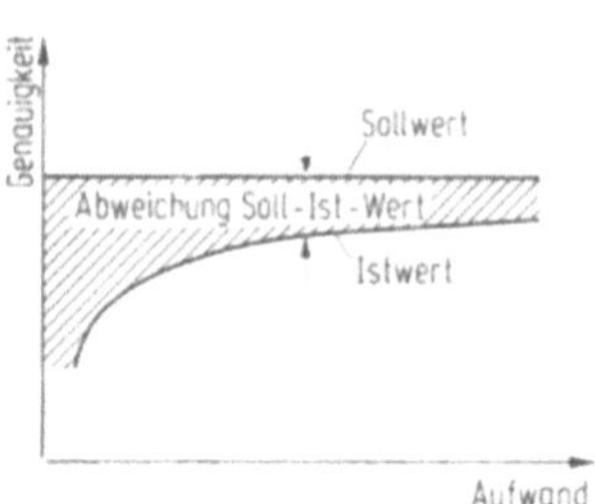

Bild 8.1 Zusammenhang zwischen Kosten und Genauigkeit (schematisch)

Bild 8.2 Genauigkeit als Abweichung Soll-Ist-Wert

8.1 Fehler

8.1.1 Systematische und zufällige Fehler

Bei der Fertigung von Werkstücken treten systematische und zufällige Fehler nebeneinander auf.

Systematische Fehler sind solche, die im Laufe der Fertigung eine bestimmte Tendenz zeigen, z. B. Durchmesserzunahme gedrehter Wellen durch Drehmeißelverschleiß, Durchmesserzunahme gestauchter Köpfe durch Reibverschleiß (Stoffabtragung) und bleibende Werkzeugverformung, Dickenabnahme durch bleibende Werkzeugverformung bei Gesenkschmiedestücken (Bild 8.3).

Zufällige Fehler sind solche, die von Werkstück zu Werkstück keine bestimmte Tendenz zeigen, sondern ein Maß bald größer, bald kleiner werden lassen. Sie entstehen durch zahlreiche, sich teils addierende, teils aufhebende Einflüsse, wie Temperaturschwankungen, Schwankungen im Zuschnitt bzw. in der Stoff-

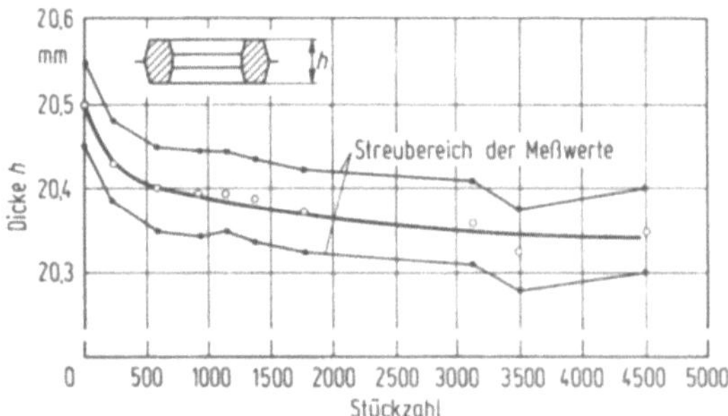

Bild 8.3 Einfluß bleibender Verformung von Gesenkaufschlagflächen auf die Dicke von Gesenkschmiedestücken. Nach [8.3]

menge, Schwankungen in Stoffzusammensetzung und Gefüge, federnde Verformung von Werkzeugen und Maschinen als Folge von Kraftschwankungen usw. Die zufälligen Fehler gehorchen jedoch den Gesetzen der Statistik, d. h., bei einer ausreichenden Anzahl beobachteter Werkstücke verteilen sie sich nach einer Normalverteilungskurve (Gaußsche Kurve) (Bild 8.4).

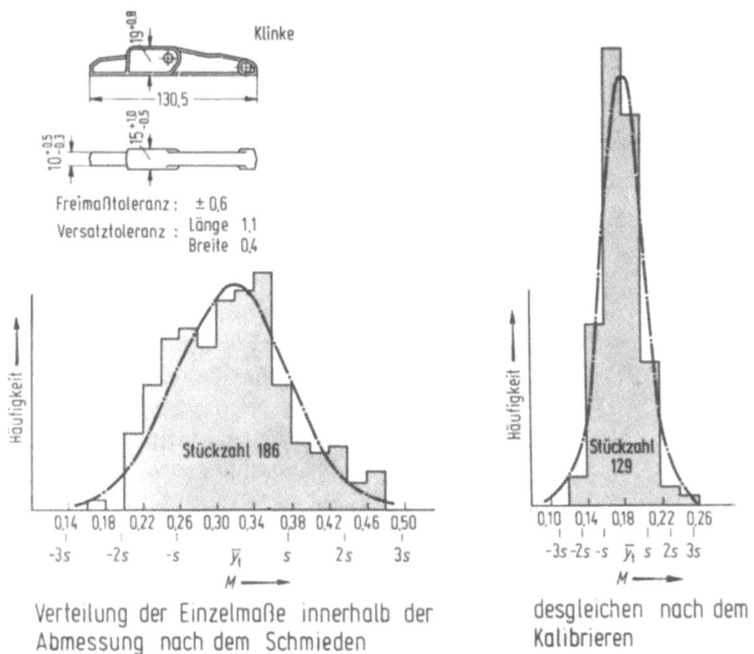

Bild 8.4 Häufigkeitsverteilung von Dickenmaßen an Gesenkschmiedestücken (Maß $15^{+1}_{-0,5}$ der Klinke). Nach [8.4]

8.1.2 Werkzeugabhängige und maschinenabhängige Fehler

Bei Maß- bzw. Formfehlern lassen sich zwei Arten unterscheiden:

— Werkzeugabhängige Fehler (in einem Werkzeugteil),
— maschinenabhängige Fehler (über zwei Werkzeugteile hinweg) (Bild 8.5).

Werkzeugabhängig sind z. B. in Bild 8.5 die Durchmesser d_1 und d_2, maschinenabhängig die Abweichungen der Höhenmaße h_1 und h_2. Zu Maß- bzw. Formabweichungen, die durch Fehler am Werkzeug bzw. fehlerhafte Abbildung der

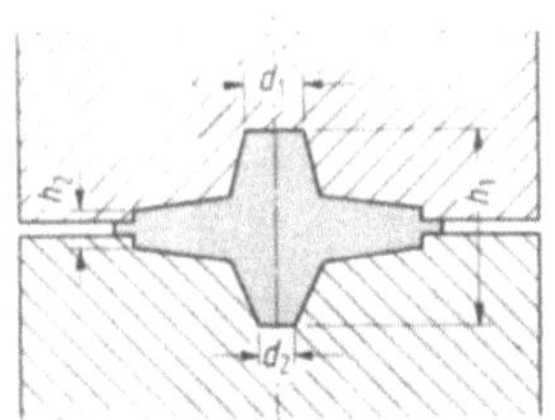

Bild 8.5 Werkzeug- und maschinenabhängige Fehler. Werkzeugabhängig: d_1; d_2; maschinenabhängig: h_1; h_2

Werkstückform am Werkzeug hervorgerufen werden, treten im Fall der maschinenabhängigen Fehler noch die Abweichungen hinzu, die durch fehlerhafte Endlage der beteiligten Werkzeugteile zueinander hervorgerufen werden. In der Regel sind dies bei zwei Werkzeugteilen Dicken- bzw. Höhenabweichungen am Werkstück. Die maschinenabhängigen Fehler werden bei Hämmern, Spindelpressen und hydraulischen Pressen durch die Steifigkeit der Werkzeuge bzw. zusätzlich verwendeter Anschläge bestimmt, bei mechanischen weggebundenen Pressen durch die Längssteifigkeit (Längsfederzahl C_l).

8.1.3 Fehler am Werkstück

Wesentliche Fehlermöglichkeiten sind (Beispiele s. Bild 8.6):

Maßfehler:	Abweichung eines Werkstückmaßes vom Sollwert;
Lagefehler:	Abweichung zweier Körperachsen von ihrer Sollage: Parallelversatz, Windschiefe;
Formfehler:	Abweichung von der *makrogeometrischen* Idealgestalt des Körpers: Fehler in Zylindrizität, Unebenheiten und Unparallelitäten von Boden- und Flanschflächen, Durchkrümmungen von Zylinderachsen, Ovalitäten usw.;
Oberflächenfehler:	Abweichungen von der *mikrogeometrischen* Idealgestalt des Körpers (Größenordnung wenige μm!);
Stoffeigenschaftsfehler:	z. B. durch falsche Wärmebehandlung usw.

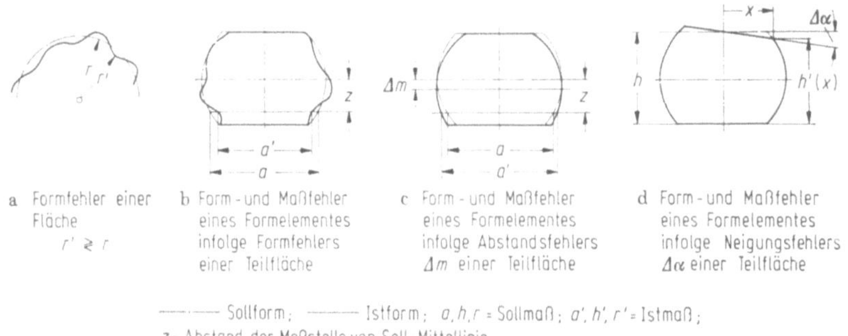

Bild 8.6 Beispiele von Form- und kombinierten Form-, Maß- und Lagefehlern an technischen Körpern. Nach [8.4]

Nicht immer ist eine eindeutige Beschreibung der Fehler am Werkstück möglich. Zum Beispiel: Der Lagefehler der Zylinder A und *B* zueinander wird durch Formfehler des Zylinders *C* (Unparallelität) verursacht (Bild 8.7).

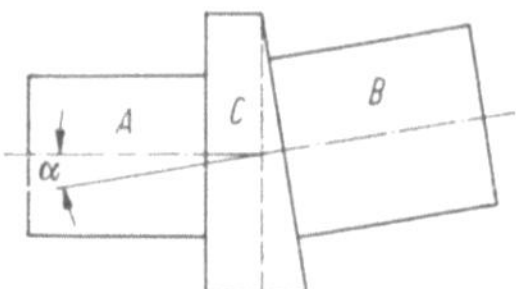

Bild 8.7 Durch Formfehler verursachter Lagefehler

Am Werkstück auftretende geometrische Fehler können bei Warm- und Kaltmassivumformung mit zweiteiligen Werkzeugen nach Untersuchungen von
Watermann [8.5] sein (Bild 7.13):

— Höhenfehler,
— Parallelitätsfehler,
— Mittenversatz,
— Drehversatz.

Die ersten drei Fehler sind durch Ungenauigkeit in der Maschine und durch
fehlerhaften Werkzeugeinbau begründet. Dabei tritt als systematischer Fehler
das Wandern der Gesenke, d. h. die langzeitige Verschiebung einer Gesenkhälfte
gegen die andere in einer bestimmten Richtung, in Erscheinung. Zufällige Fehler
ergeben sich durch Verschieben der Werkzeughälften beim Umformvorgang im
Rahmen des gegebenen Führungsspiels in Richtung der resultierenden Umformkraft.

Der Höhenfehler ist eine Folge von Maß-, Festigkeits- und Temperaturschwankungen des Rohteils und der von der Maschine bereitgestellten Kraft- und Arbeitsbeträge (= zufällige Fehler) sowie des Gesenkverschleißes (= systematischer
Fehler, s. Bild 8.8).

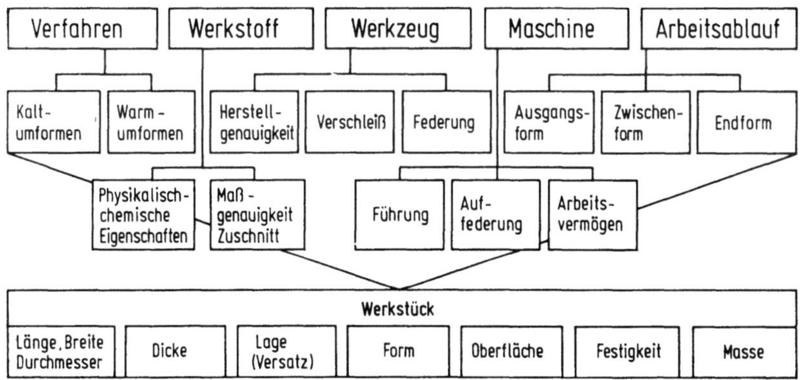

Bild 8.8 Einflüsse auf die Arbeitsgenauigkeit bei Umformvorgängen

8.2 Einflüsse auf die Genauigkeit beim Umformen

Die Beeinflussung der Größen am Werkstück — Abmessungen, Form, Oberfläche,
Lage, Festigkeit, Gewicht — durch Verfahren, Werkstoff, Werkzeug, Maschine,
Arbeitsablauf ist außerordentlich vielfältig, so daß eine genaue Analyse nur
im konkreten Einzelfall möglich sein dürfte. Wir müssen uns daher hier mit
einer schematischen Darstellung begnügen, anhand derer nachfolgend die
Wirkung der Haupteinflußgrößen diskutiert werden soll (Bild 8.8).

8.2.1 Werkstoff

Schwankungen von Werkstoffkennwerten und Gefügeausbildung. Wichtigste Kennwerte sind R_m, A, R_p und $k_f = f(\varphi, \dot{\varphi}, T)$, wodurch das Verfestigungsverhalten beschrieben wird.

Damit bei *Warmumformung* die Kräfte von Stück zu Stück möglichst gleich bleiben, müssen die Umformtemperaturen T und die Umformgeschwindigkeit $\dot{\varphi}$ in engen Grenzen gehalten werden. Schwankungen von T wirken sich entweder unmittelbar [Schwindmaß $\lambda = f(T_{abl})$] oder von T und $\dot{\varphi}$ mittelbar (Federung von Werkzeug und Maschine infolge Kraftschwankungen) auf die Genauigkeit aus.

Bei *Kaltumformung* beeinflussen Schwankungen in Analyse, Gefügeausbildung (auch Störungen im Kristallgitter) den Verlauf der Fließkurve. Die Folge sind Streuungen der Umformkräfte und Rückfederungen. Letztere sind besonders bei Biegeteilen mit großem Biegeradius unangenehm. Kraftschwankungen wirken sich wiederum mittelbar über Federung von Werkzeug und Maschine aus.

Maßschwankungen des Ausgangswerkstoffs. Bei *Blechbearbeitung* wirken sich Blechdickenschwankungen unangenehm aus (Blechdickentoleranz nach DIN 1541 Blatt 2, Regelabweichung 20 bis 12% bei $s = 0,5...2,0$ mm und Nennbreite < 1200 mm):

Biegen	→ Auswirkung auf Rückfederung $= f(r_u/s_0)$.
Falzen	→ Dickenfehler addieren sich.
Tiefziehen	→ Ziehspalt u_z muß weit sein ($> s_0$), sonst Abstrecken!
Gesenkdrücken	→ Ebenso wie Tiefziehen und U-Biegen: Dickenschwankungen Δs gehen zweimal ein! (Bild 8.9) (Nachschlagen im Gesenk).

Diese Nachteile lassen sich nur durch Erhöhung der Genauigkeit in der *Vorstufe* beseitigen, d. h. bei der Blechherstellung!

Ungenauigkeiten von der *Vorstufe* her wirken sich auch bei *Massivumformung* nachteilig aus:

Volumenschwankungen beim Aufteilen von Stäben in Blöckchen sind hauptsächlich durch Querschnittsschwankungen bedingt! (Walztoleranz nach DIN 1013 bei 20 mm Durchmesser z. B. $= \pm 0,5$ mm, d. h. Querschnittsschwankung $\approx 10\%$). Daneben wirken sich auch Längenschwankungen, die vom Aufteilen herrühren, nachteilig auf die Volumengenauigkeit der Abschnitte aus. Erreichbar sind mit mittlerem Aufwand ± 2 bis 3%, mit großem Aufwand $\pm 0,5$ bis 1% Volumengenauigkeit.

Volumenschwankungen ergeben beim Umformen in geschlossenen Gesenken Kraftschwankungen mit Auffedern von Werkzeug und Maschine. Dabei besteht Überlastungsgefahr, wenn das eingesetzte Volumen V unzulässig groß wird. Bei offenen Werkzeugen muß V_{min} so groß sein, daß die Hohlform ganz ausgefüllt wird. Die Folge davon ist Werkstoffmehrverbrauch. In der Mehrzahl aller Fälle ist dieses Vorgehen jedoch wirtschaftlicher als die Erhöhung der Genauigkeit beim Walzen und Abscheren bzw. Sägen. Dabei muß der Stoffüberschuß dann durch *Abgraten* (Gesenkschmieden) oder auch spanend (z. B. Fließpressen von Hülsen) entfernt werden.

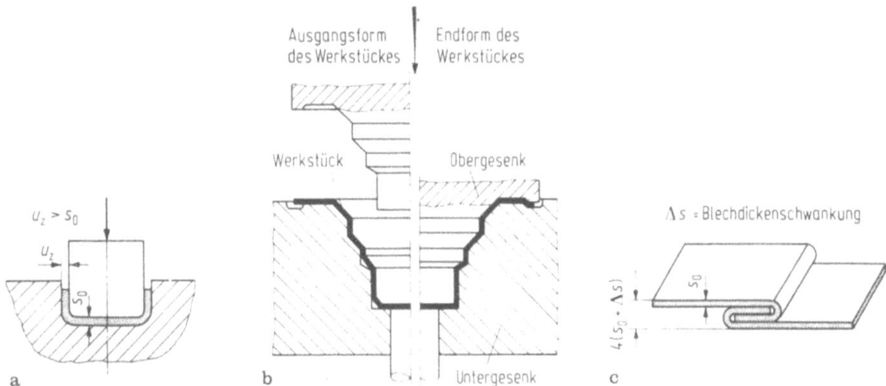

Bild 8.9 Blechdicke und Werkzeugspalt. **a** U-Biegen, Tiefziehen; **b** Gesenkdrücken nach DIN 8583 (Nachschlagen im Gesenk); **c** Falzen

8.2.2 Werkzeug

Die Werkzeuggenauigkeit ist von ganz entscheidender Bedeutung für die Genauigkeit umgeformter Werkstücke, denn Umformen ist oft Nachformen im ganzen, wobei das Werkzeug als analoger Speicher für Maße und Form betrachtet werden kann. Abweichungen von den Sollwerten wirken sich als systematische Fehler aus.

Zu fordern sind hohe Herstellgenauigkeit, geringe Maßänderung in der Fertigung durch Verschleiß und plastische Verformung. Da die Werkzeuggenauigkeit 1 bis 3 ISO-Qualitäten besser sein soll als die Werkstückgenauigkeit, ergeben sich z. B. folgende Werkzeuggenauigkeiten:

— Schmiedegesenke: IT 8/9 bis 13,
— Stauch- und Fließpreßwerkzeuge: IT 6/7 bis 9,
— Schrumpfringe für Preßmatrizen: IT 5/6 bis 7.

Bei Warmarbeitswerkzeugen ist noch das *Schwindmaß* zu berücksichtigen, d. h., das Werkzeugmaß a wird größer. Die maßgebende Temperaturspanne für die Berechnung der Maßkorrektur ist *Ablegetemperatur — Werkzeugarbeitstemperatur*.

$$\Delta a = \alpha(T_{\mathrm{abl}} - T_{\mathrm{Wz}}). \tag{8.1}$$

In der Fertigung ändern sich Werkzeugherstellmaße durch adhäsiven und abrasiven Verschleiß und Verformung. Der Verschleiß durch Abrieb wird um so kleiner, je besser die Vorformung ist, was zu kleinen Gleitwegen führt. Wenn Gleiten nicht zu vermeiden ist, dann kann der Verschleiß durch abriebfeste Werkzeugstoffe und gute Schmierung herabgesetzt werden: Phosphatschicht + Seife, Graphit, MoS_2, Mineralöl mit Fettsäurezusatz, reine Mineralöle, Emulsionen. Wenn man das Ausmaß des unter Betriebsbedingungen auftretenden Verschleißes kennt, kann man zur Einhaltung einer Toleranz bestimmte Stückzahlen bis zum Ausbau bzw. zur Nacharbeit des Werkzeugs vorschreiben. Eine Überwachung durch Stichproben ist nützlich. In der Regel findet sich bei allen durch hohe bezogene Kräfte beanspruchten Werkzeugen nach einem Anfangsbereich bleibender Verformung [8.3; 8.6] ein mehr oder weniger großer Bereich linearer Maßänderung. Der Steigungswinkel ψ dieses Abschnitts kann als Maß für den Verschleiß dienen. Daran anschließend folgt der Bereich des Werkzeugerliegens. Produktionswerkzeuge sollten vorher, jedoch möglichst dicht am Übergang dazu ausgetauscht werden (Bild 8.10).

Die Werkzeugverformung kann außer bleibend auch elastisch sein. *Bleibende* Verformung findet sich meist *zu* Beginn der Produktion, wenn die Spannungen $> R_\mathrm{p}$ sind. Diese Verformung geht so weit, bis sich der Werkzeugstoff entsprechend verfestigt hat (Beispiele: Aufschlagflächen Schmiedegesenk in Bild 8.3; Stauchen von Fließpreßstempeln).

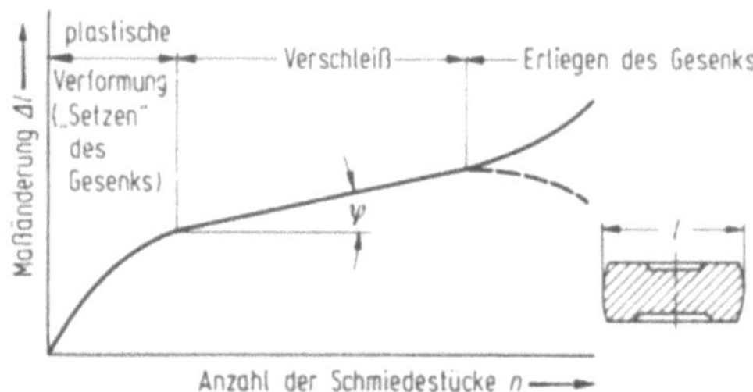

Bild 8.10 Maßänderung an Hohlformwerkzeugen mit hohen Innendrücken (schematisch)

Die *elastische* Werkzeugverformung wird durch die Umformkräfte beeinflußt. Hierbei ist ein hoher E-Modul erwünscht (gegebenenfalls Hartmetall, $E = 44 \cdot 10^4$ bis $63 \cdot 10^4$ N/mm²!). Für Blechumformwerkzeuge kann statt GG ($E = 10 \cdot 10^4$ N/mm²) Stahl ($E = 21 \cdot 10^4$ N/mm²) verwendet werden. Die Schwankungen der Kräfte wirken sich in entsprechenden Maßschwankungen am Werkstück aus. Steif gebaute Werkzeuge haben eine größere Federzahl mit entsprechend geringeren elastischen Verformungen bei gleicher Beanspruchung.

8.2.3 Maschine

Die Führungsgenauigkeit von Stößel bzw. Bär, das Steifigkeitsverhalten bei weg- und kraftgebundenen Maschinen sowie Schwankungen des Arbeitsvermögens bei arbeitgebundenen Maschinen sind auf die Fertigungsgenauigkeit von großem Einfluß.

Führung. Da die Umformwerkzeuge meist zumindest zweiteilig sind, ist die gegenseitige Führung Stößel—Gestell entscheidend für Lagegenauigkeit (Versatz, Wanddickenunterschiede, Außermittigkeit).

Der Werkzeuglagefehler setzt sich nach Watermann [8.5] zusammen aus dem

— Auftrefflagefehler (ohne Belastung),
— Verschiebelagefehler (unter zentrischer bzw. exzentrischer Last),
— Kippen des Stößels.

Die in der Maschinenkonstruktion bedingten Ursachen für diese Lagefehler sind

— das Führungsspiel der unbelasteten Presse,
— örtliche elastische Verformungen der Führungen,
— seitliches Neigen des Gestells.

Bild 8.11 zeigt diese Zusammenhänge am Beispiel von Schwungrad-Spindelpressen [8.5].

Nach Schweer und Hoppe [8.7] ist für weggebundene Pressen der Werkzeuglagefehler unter Last mindestens viermal so groß wie derjenige ohne Last. Bei außermittigem Kraftangriff ist der Parallelitätsfehler bei C-Gestellpressen größer als bei Torgestellpressen (s. auch Bild 7.29).

Für die Bewegungsgenauigkeit des Stößels ohne Last, die bestimmt wird durch die Rechtwinkligkeit der Stößelbewegung zur Tischfläche (d. h. durch Bearbeitungsgenauigkeit und Führungsspiel) werden in DIN 8650 [7.9] und DIN 8651 [7.10] zulässige Fehler für C- und O-Gestellpressen angegeben. Diese liegen in Abhängigkeit von Nennkraft und Gesamthub zwischen 0,025 und 0,14 mm. Der derzeitige Stand der Technik läßt eine Einschränkung der oberen Werte bei der entstehenden Neubearbeitung von DIN 8650 und DIN 8651 erwarten.

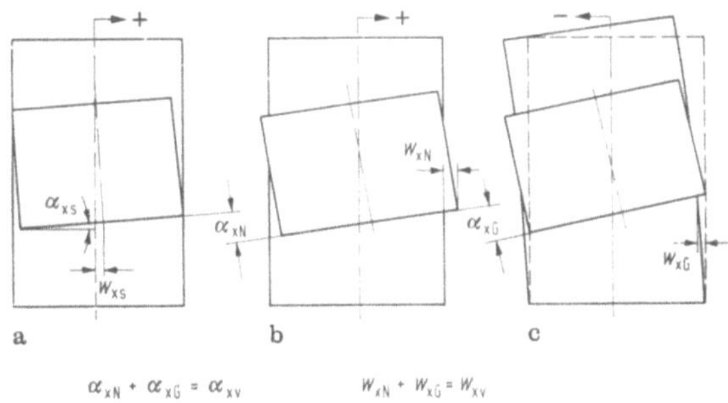

Bild 8.11 Werkzeugfehler in einer Schwungradpresse. **a** Spiel der unbelasteten Presse; **b** örtliche elastische Verformungen der Führungen bei außermittiger Beanspruchung; **c** seitliches Neigen des Gestells bei außermittiger Beanspruchung; α Winkelfehler, w Lagefehler in x-Richtung

Im allgemeinen ist bei Pressen die Führungsgenauigkeit noch nicht so gut wie bei spanenden Werkzeugmaschinen (bei Drehmaschinen z. B. 15 bis 30 µm/m). Zur Verbesserung der Maschinenführungen werden daher Werkzeuge häufig mit Führungen (Säulenführungen mit Kugelkäfig, spielfrei) eingesetzt. Nachteil dieser Lösung ist eine statische *Überbestimmung* bei fester Einspannung in Tisch *und* Stößel.

Verbesserungen der Maschinenführungen sind in jüngerer Zeit jedoch zu verzeichnen. Hierbei wird teils völlige Spielfreiheit durch Wälzführungen erreicht. Ein Beispiel hierfür ist eine Genauschneidpresse (Bild 8.12); dort ist zwischen Stempel und Schneidplatte nur ein Spiel von einigen µm zugelassen (s. Band 3). Auch bei kleinen Stufenpressen werden Wälzführungen (Rundführungen) verwendet.

Auffederung. Eine absolut „steife" Presse, d. h. ohne Verformung bei Belastung, gibt es nicht. Vielmehr verformen sich Gestell und Triebwerksteile entsprechend ihren Federzahlen C_{zG} und C_{zTr} elastisch, wobei nach Bild 7.19 die Gesamtfederzahl C_{zges} fast ausschließlich von C_{zTr} bestimmt wird. Je größer C_{zges}, desto „steifer" ist die Presse und desto kleiner ist nach Bild 7.16 die

Federungsschwankung Δf bei gegebener Kraftschwankung ΔF infolge unvermeidlicher Ungenauigkeiten im Fertigungsablauf (z. B. Temperatur-, Einsatzvolumen-, Stoffeigenschafts- und Schmierstoffschwankungen).

Deshalb sollte man bei Prägen, Gesenkschmieden — wenn genaue Dickenmaße in Kraftrichtung erzielt werden sollen — steife Pressen verwenden! Torgestelle sind bei solchen Vorgängen, ferner auch beim Schneiden, den sich aufbäumenden C-Gestellen überlegen (Bild 8.13; s. auch Abschn. 7.3.1).

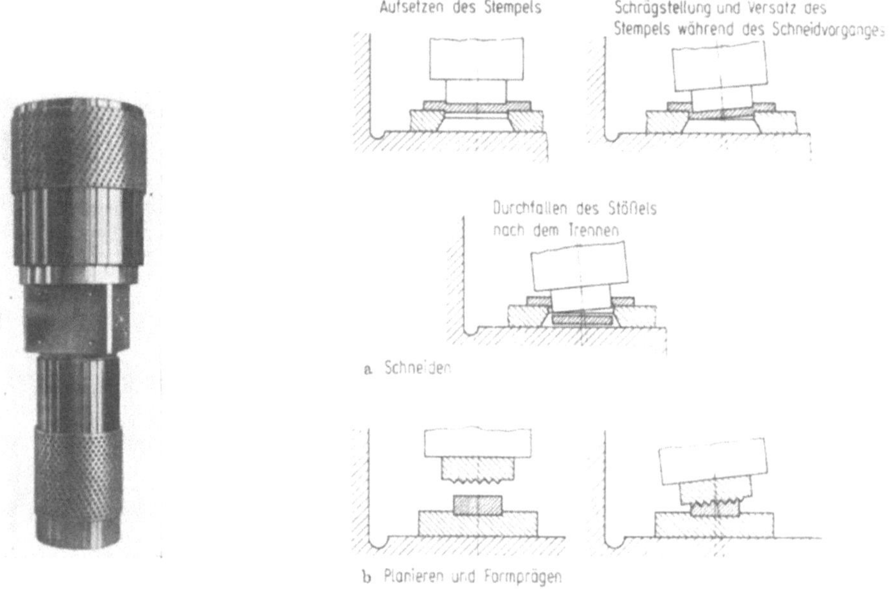

Bild 8.12 Wälzführung für Stößel einer Genauschneidpresse (Essa)

Bild 8.13 Auswirkung der Federung ausladender Pressen. Nach [7.8]

Je steifer die Presse, desto kürzer ist ferner die Berührzeit von Werkzeug und Werkstück unter Druck (Bild 7.10). Dadurch ergibt sich z. B. eine geringere Wärmebeanspruchung beim Gesenkschmieden mit daraus folgender höherer Standmenge; die Steifigkeit hat hier also eine indirekte Wirkung zur Erhöhung oder Erhaltung der Fertigungsgenauigkeit.

Weiche mechanische weggebundene Pressen sind jedoch günstiger bezüglich der Rückfederung von Biegeteilen beim Gesenkbiegen! Blechdickenschwankungen rufen dann nur verhältnismäßig kleine Schwankungen der Nachdrückkraft hervor; ebenso ändern sich die Druckberührzeiten beim Biegen im Gesenk mit Nachdrücken nicht stark dabei. Nach Tafel [8.8] nimmt die durchschnittliche Biegeteil-Rückfederung mit wachsender Kraft ab. Die Streuung der Rückfederung wird mit wachsendem Nachdrückimpuls $J = \int F\, \mathrm{d}t$ kleiner. Bei „weichen" Pressen wird dieser Ausdruck wegen höherer Druckberührzeiten schon bei kleinen Kräften F ausreichend groß. Weiche, mechanische, weggebundene Pressen sind auch besser geeignet wegen der größeren Druckberührzeiten für das Kaltumformen flacher

Werkstücke mit kombiniertem Werkstofffluß in Richtung der Werkzeugbewegung und quer dazu. Burgdorf hat z. B. nachgewiesen, daß sich bei der Verfahrenskombination Stauchen und Zapfenpressen bei größeren Druckberührzeiten wesentlich größere Zapfenlängen erreichen lassen [8.9].

Arbeitsvermögen. Schwankungen des Arbeitsvermögens bei Hämmern und Spindelpressen (bei gegebener Masse bzw. Schwungmasse, also Schwankungen von H, v bzw. ω) wirken sich auf die Dickenmaße der Werkstücke aus. Das Arbeitsvermögen E muß daher bei erhöhten Ansprüchen an die Genauigkeit möglichst konstant gehalten werden.

Hierzu dient bei Hämmern die Dosierung der Fallhöhe H durch Endkontakte (Fallhämmer) bzw. die Dosierung des Druckmittels bei Oberdruckhämmern (ungenauer!). Bei Spindelpressen verwendet man entweder eine Hubbegrenzung oder besser und genauer eine Spindeldrehzahlsteuerung; bei Bauarten mit gesteuerter Kupplung zwischen Schwungrad und Spindel erfolgt die Energiedosierung durch Auskuppeln.

8.2.4 Arbeitsablauf

Entscheidend für die Genauigkeit ist es in hohem Ausmaß, wie *gleichmäßig* und sorgfältig, ggf. auch taktmäßig die gesamte Fertigung abläuft: Hierzu zählen Zurichten des Werkstoffs, Glühen, Entzundern, Befetten, Wärmen bei Warmumformung, Schmierung des Werkzeugs, Werkzeugtemperatur, Zwischenformung, Endformung. Hierdurch und durch gute Abstimmung der Folge: Ausgangsform → Zwischenform → Endform wird oft mehr erreicht für die Genauigkeit als durch den Einsatz *einer* Maschine z. B. für Endformgebung. Der Arbeitsablauf kann oft ohne große Investitionen entscheidend verbessert werden! Hierin liegt eine echte Ingenieuraufgabe. Sie läßt sich heute nicht ohne die Verwendung der Methoden der mathematischen Statistik lösen [8.11]. Bild 8.14 zeigt die im Verlauf einer Fertigung (Beispiel Gesenkschmieden) auftretenden Maßschwankungen. Bild 8.15 gibt einen Überblick über die Normalverteilungen von Werkstückmaßen. Es gilt, innerhalb einer gegebenen Toleranz, zwecks optimaler Werkzeugausnutzung den zulässigen Betrag Z für Werkzeugverschleiß und -verformung so groß wie möglich zu machen. Das kann durch Verminderung der Streubreite, d. h. Eindämmung der zufälligen Fehler, erreicht werden.

Untersuchungen von Witte in der Serienfertigung von Kaltfließpreßteilen [8.12] zeigten z. B., daß der Betriebszustand der Werkzeuge, insbesondere ihre

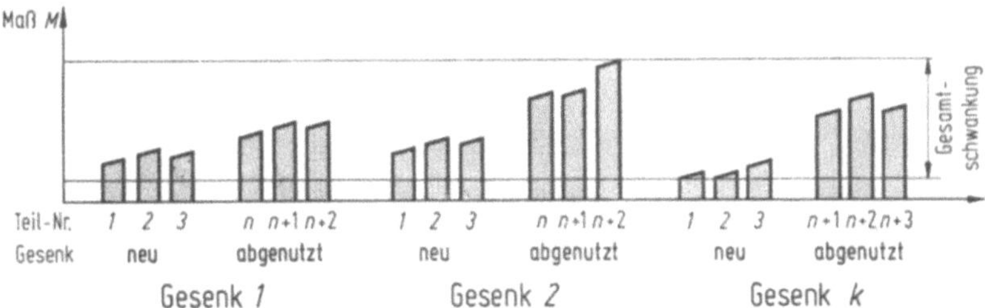

Bild 8.14 Maßschwankung im Verlauf einer Fertigung bei Einsatz mehrerer Werkzeuge. Nach [8.4]

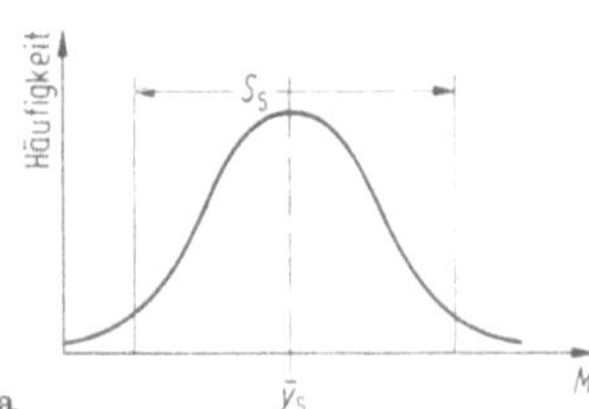 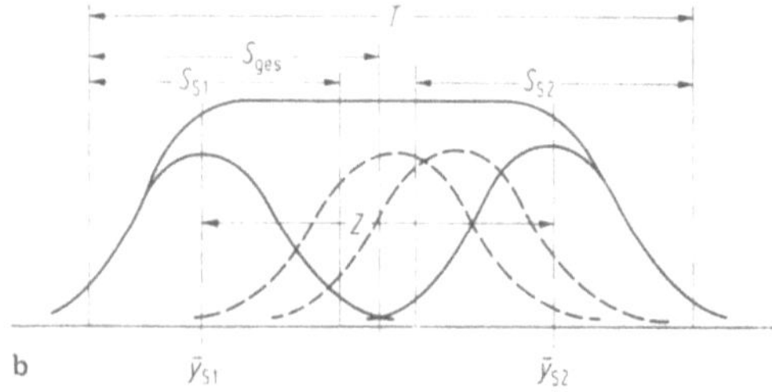

Bild 8.15 Maßverteilungen an Werkstücken in der laufenden Fertigung. Nach [8.4]. **a** Verteilung der Werkstückmaße y_t von aufeinanderfolgenden Stücken zu einem beliebigen Zeitpunkt aus einem Gesenk; **b** Verteilung der Werkstückmaße y_t zu Beginn und bei Beendigung des Schmiedens aus einer Gravur (schematisch). $2S_{ges}$ Gesamtverteilung der Maße (Streubreite) innerhalb gegebener Toleranz T; Z nutzbarer Betrag für Werkzeugmaßänderung. (Verschleiß und Verformung.) (y_t = Maß am Werkstück t; $\bar{y}_s = \dfrac{\sum y_t}{n}$)

von der Erwärmung durch die Werkstücke herrührende Temperatur (≈ 80 bis $150\,°C$), die Streuung der Größtumformkräfte bei sonst gleichen Bedingungen stark beeinflußt. Die Streuung lag bei kaltem Werkzeuganfangszustand für das größte Werkstück bei 12 bis 14%, für das kleinste bei 5%. Hat sich ein Temperaturbeharrungszustand eingestellt, so tritt eine Verringerung der Streubereiche ein. Gleichzeitig wurde festgestellt, daß durch verschiedenartige Schmierstoffe Änderungen der mittleren Größtkraft bis zu 20% hervorgerufen werden können, während die Dicke der üblicherweise bei Stahl verwendeten Phosphatschicht (s. Kap. 5) kaum einen Einfluß auf die Größtkraft hat.

8.3 Genauigkeit einzelner Verfahren

8.3.1 Warmumformen, Kaltumformen

Warmumformen $\equiv$ Umformen nach Anwärmen des Werkstücks und Kaltumformen $\equiv$ Umformen ohne Anwärmen wurden in Hinsicht auf Werkstoffverhalten (Fließkurve, Formänderungsvermögen) bereits in Kap. 1 behandelt. In bezug auf die Genauigkeit ist Warmumformen schlechter, da

— die Maße durch „Schwinden" beeinflußt werden,
— Oxidation der Oberflächen mit Metallverlust auftritt.

Warmumgeformte Werkstücke sind daher i. allg. einige ISO-Qualitäten ungenauer als kaltumgeformte. Auch ihre Oberflächen sind schlechter (s. Kap. 5). Durch Kombination Warm—Kalt lassen sich in manchen Fällen die Vorteile beider Verfahrensbereiche nutzen: geringere Kräfte und Arbeiten, größeres Formänderungsvermögen in der Wärme, höhere Genauigkeit und bessere Oberfläche bei Raumtemperatur.

8.3.2 Gesenkschmieden

Der Arbeitsablauf erfordert hierbei mit Rücksicht auf die Genauigkeit um so mehr Stufen, je höher diese sein soll; das gilt besonders für größere Mengen und geometrisch verwickelte Teile. Die unmittelbare und mittelbare Auswirkung der eingangs besprochenen Einflüsse auf Maße, Form, Lage, Oberfläche usw. läßt sich für das Gesenkschmieden aufgrund detaillierter Untersuchungen teils quantitativ darstellen. Sehr wichtig sind beim Gesenkschmieden Umformtemperatur, genaue Gesenkherstellung, Dosierung des Arbeitsvermögens, Maschinen- und Werkzeugführung. Zum gleichmäßigen Erwärmen großer Mengen von Werkstücken benutzt man daher Durchlauftaktöfen, Induktionswärmeanlagen. Zunderbildung ist nur durch Wärmen unter Schutzgas in elektrisch beheizten Öfen ganz vermeidbar.

Genauschmiedestücke werden entweder im ganzen oder in einzelnen Maßen nach Schmiedegüte E toleriert (s. hierzu Abschn. 8.5.1). Werden Gesenkschmiedestücke mit einer Genauigkeit nach Schmiedegüte S (Sondertoleranz) gefertigt, so spricht man von Präzisionsschmiedestücken.

Beispiele für Präzisionsgesenkschmiedestücke sind: Gasturbinenschaufeln mit Dickentoleranzen $\leq 0{,}2$ bis $0{,}25$ mm, Nähmaschinen- und Büromaschinenteile mit $0{,}25$ bis $0{,}4$ mm, einbaufertige Zahnräder (Kegelräder, Stirnräder) nach Qualität 7 bis 8 DIN 3961 (für Stirnräder), kalt nachgeprägt Qualität 6. Hierbei handelt es sich um eine ganz außergewöhnliche Leistung für Warmumformen. Sie wird erreicht durch Wärmen unter Schutzgas in ganz enger Temperaturtoleranz, Gesenke, in denen alle wichtigen Elemente in einer Werkzeughälfte liegen, und genaues Dosieren der Umformenergie (Bild 8.16) [8.14].

Bild 8.16 Präzisionsgeschmiedete Bauteile für den Fahrzeugbau [8.14]

Die systematische Untersuchung der Einflüsse auf die Genauigkeit beim Gesenkschmieden [8.4] führte zu einem neuen Toleranzsystem, das verschiedene Einflüsse erfaßt und auch örtlich unterschiedliche Toleranzen an *einem* Werkstück erlaubt (s. Abschn. 8.4). Die in der Praxis häufig benutzte Verfahrenskombination Gesenkschmieden → Kaltumformen erlaubt örtlich oder im Ganzen teils beträchtliche Verbesserung der Genauigkeit (Maßprägen, Vollprägen).

8.3.3 Maßprägen

Maßprägen als erste Anwendung des Flachprägens [8.15, 8.16] dient der örtlichen
Verbesserung von Dickenmaßen an Gesenkschmiedestücken, Blechteilen und dgl.
Die zweite Anwendung des Flachprägens ist das Glattprägen zur Verbesserung
der Oberflächengüte. Flachprägen ist Stauchen mit kleinen Dickenabnahmen
zwischen ebenen, parallelen Werkzeugflächen bei Raumtemperatur.

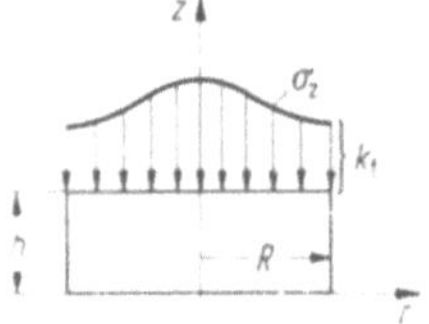

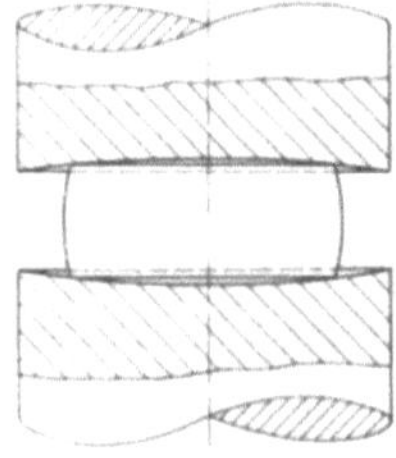

Bild 8.17 Normalspannungsverteilung und Werkzeug-
Werkstück-Verformung beim Maßprägen

Beim Maßprägen soll der Einfluß ungleichmäßiger Normalspannungsverteilung über der gedrückten Fläche (Bild 8.17; s. auch Band 2, Kap. 2) möglichst
klein bleiben, da sonst eine Aufwölbung des Werkstücks auftritt. Diese ergibt
sich aus der elastischen Verformung der Werkzeuge und der örtlich unterschiedlichen elastischen Rückfederung der Werkstücke wegen des Verlaufs von σ_z über
r nach der Siebel-Formel für die Normalspannungsverteilung beim Stauchen
zwischen parallelen, glatten Stauchbahnen

$$\sigma_z = -k_\mathrm{f}\left(1 + 2\mu\,\frac{R - r}{h}\right).^1 \tag{8.2}$$

Praktisch wird eine kleine Aufwölbung durch folgende Maßnahmen erreicht:

- ε_h klein → 0,03 bis 0,05 (damit k_f bei verfestigenden Werkstoffen klein);
- gute Schmierung der geprägten Flächen, d. h. möglichst kleine Reibzahl μ;
- kleines Verhältnis $2R/h$ d. h. nicht zu flache Werkstücke;
- Werkzeugeinsätze mit hohem E-Modul (Bild 8.18, Sinterhartmetall);
- Flächen in Mitte (Bild 8.19) aussparen, wenn konstruktiv möglich.

Die gegebene Ungenauigkeit der Ausgangsform (Schmiedestück, Blechaus-
schnitt) pflanzt sich fort, da infolge der Kraftschwankungen von Werkstück zu
Werkstück $[\to f(A, k_\mathrm{f}(\varphi_\mathrm{h}))]$ unterschiedliche federnde Verformungen an Maschine
und Werkzeug auftreten und die Werkstücke unterschiedlich rückfedern (s.
Bild 8.20).

---

[1] Siehe hierzu Band 2, Kap. 2.

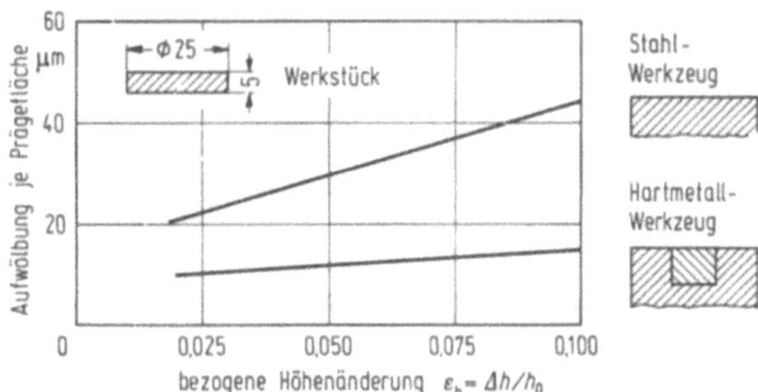

Bild 8.18 Werkzeugstoff (*E*-Modul) und Werkstückaufwölbung beim Maßprägen
(VDI-Richtlinie 3172)

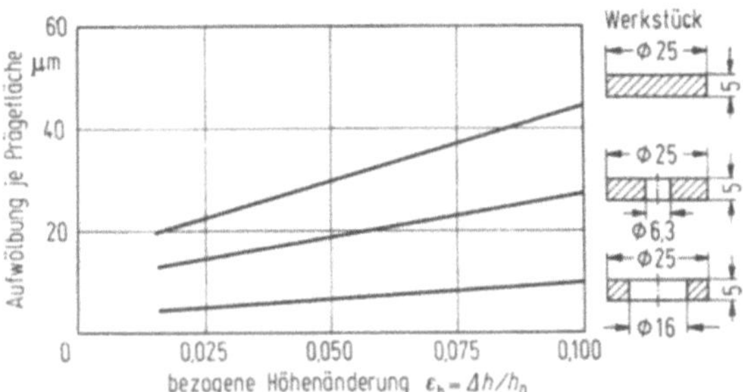

Bild 8.19 Werkstückaussparung und Aufwölbung beim Maßprägen
(VDI-Richtlinie 3172)

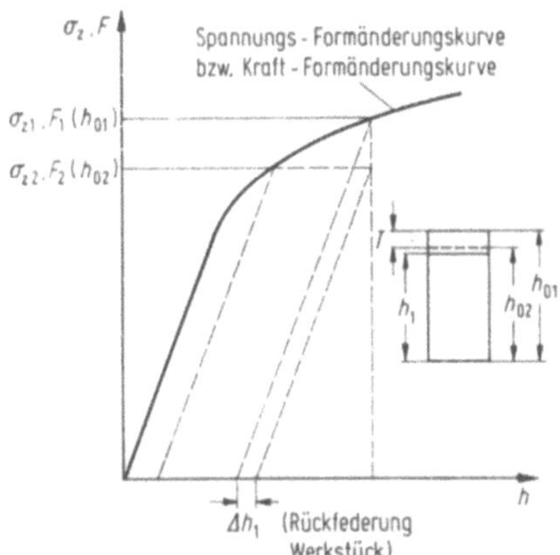

Bild 8.20 Rückfederungsschwankung beim Maßprägen (schematisch)

So ist z. B. der Gesamtbereich der Maßschwankungen nach dem Prägen bei weggebundenen Pressen (Bild 8.21 a):

$$s_1 = h_{1\,\text{max}} - h_{1\,\text{min}} = \Delta h + \Delta f_{\text{Wz}} + \Delta f_{\text{M}}. \tag{8.3}$$

Da die Gestelle der Maschinen relativ „weich" sind, ist die Verwendung von Anschlägen bei kraft- und arbeitgebundenen Maschinen meist genauer (Bild 8.21 b).

Hierbei ist

$$s_1 = \Delta h + \Delta f_{\text{Wz}} + \Delta f_{\text{A}}. \tag{8.4}$$

Die Anschläge sind um so steifer, je größer die Fläche A und je kleiner ihre Höhe H ist, da

$$C_{\text{A}} = \frac{E A_{\text{A}}}{H_{\text{A}}}. \tag{8.5}$$

Die erreichbare Genauigkeitserhöhung durch Maßprägen ist aus Tabelle 8.1 ersichtlich.

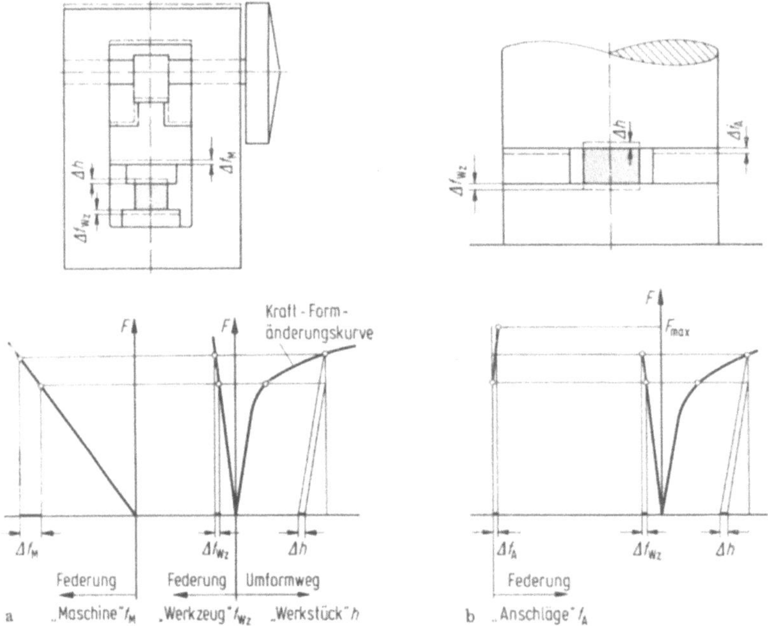

Bild 8.21 Verhalten von weg- und arbeitsgebundenen Maschinen beim Maßprägen (VDI-Richtlinie 3172)

8.3.4 Kaltfließpressen, Kaltmassivumformen

Beim Kaltfließpressen treten in der Reihenfolge ihrer chronologischen Wirkung folgende Einflüsse auf die Arbeitsgenauigkeit auf:

— Werkstoffunterschiede — Stoffeigenschaftsschwankungen;

— Abmessungs-, Gewichts- und Formschwankungen der Rohteile (gesägt, geschert);

Tabelle 8.1 Erreichbare Genauigkeitserhöhung durch Maßprägen

Werkstückart	Werkstoff	Ausgangsgenauigkeit	Prägegenauigkeit
a) Gesenkschmiedestücke		IT 12…14	IT 9…11
Kreisquerschnitte	Stahl		
Ringquerschnitte	Stahl	IT 12…14	IT 8…10
b) Blechausschnitte			
Kreisquerschnitte	Stahl	IT 12…15	IT 10…12
Kreisquerschnitte	Rein-Al	IT 12…15	IT 9…11

— Ungleichmäßigkeiten in Wärme- und Oberflächenbehandlung;
— Werkzeugabmessungs- und Federungsschwankungen;
— Einflüsse der Umformmaschine.

Gleichmäßigkeit beim Glühen und Oberflächenbehandeln gewährleistet geringe Kraftschwankungen, die sich beim Napfen in kleinen Bodenwanddickenschwankungen Δh bemerkbar machen. Wichtig für Mittigkeit d_a zu d_i beim Napfen ist ein kurzer, steifer Stempel und eine gute spielfreie Führung; sonst lassen sich Abdrängen und Verlaufen des Stempels, d. h. Lagefehler, nicht vermeiden. Das Rohteil muß ferner saubere, planparallele Oberflächen haben, sonst tritt ebenfalls leicht Verlaufen des Stempels auf. Diese Forderung ist bei Sägen meist ausreichend genau gegeben. Beim wirtschaftlicheren Scheren muß unbedingt ein „Setzen" (Formpressen im geschlossenen Gesenk) folgen. Hierbei kann gegebenenfalls eine Eindrückung zu besseren Stempelführung erzeugt werden. Voraussetzungen für befriedigende Mittigkeit sind somit

— genauer Werkzeugeinbau (fluchtende Mittellinien Stempel-Preßbüchse);
— gute Stempel- und Maschinenstößelführung;
— planparalleles Rohteil, mit kleinem Spiel in Preßbüchse passend.

Mit hydraulischer Presse, die gegen Anschläge arbeitet, läßt sich größere Bodendicken- und Flanschdickengenauigkeit als bei mechanischen Pressen erzielen. Bei mechanischen Pressen bewirkt die waagerechte Komponente der Schubstangenkraft Form- und Lagefehler.

Neuere Untersuchungen von Wagener und Leykamm [8.17] haben gezeigt, daß Kaltfließpreßteile oft stärker durch Form- als durch Maßfehler beeinträchtigt werden.

Von den Einflußgrößen

— Werkstückgröße (Masse, Durchmesser, Länge);
— Form $\left(\text{Formfaktor} = \dfrac{\text{Hüllvolumen der Ausgangsform}}{\text{Hüllvolumen der Endform}}\right)$;
— Werkstoff;
— Werkzeug (Innendurchmesser, Armierungsaußendurchmesser);
— Umformmaschine (Bauart, Baugröße);
— Umformverfahren (Voll-, Hohl-, Napffließpressen und Kombinationen, Abstreckgleitziehen, Stauchen, Anstauchen)

haben nur die Werkstückmasse, der Werkstückdurchmesser, die Maschinenbauart und teilweise der Formfaktor einen statistisch nachweisbaren Einfluß auf die Genauigkeit (Beispiele in Bild 8.22). Insgesamt liegen die üblicherweise erzielbaren Genauigkeiten im Bereich:

> IT 8 bis 12 für Innenabmessungen,
> IT 10/11 bis 13 für Außenabmessungen.

(Siehe hierzu Abschn. 8.4).

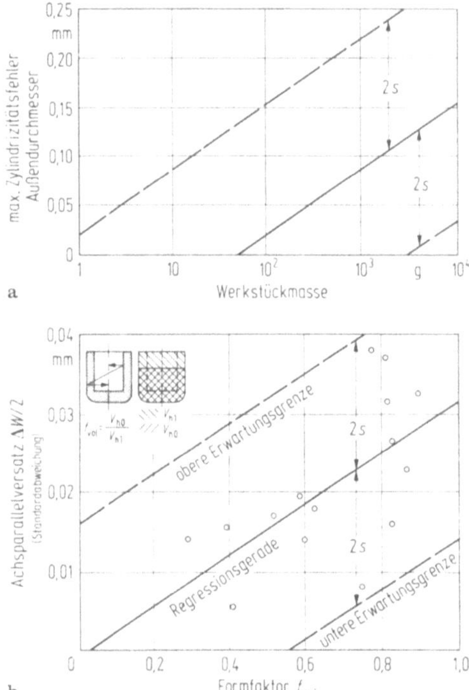

Bild 8.22 Statistisch ermittelte Einflüsse auf Maß- und Formfehler beim Kaltfließpressen. **a** Zusammenhang zwischen Werkstückmasse und Maßfehler am Werkstück beim Kaltfließpressen; **b** Einfluß des Formfaktors auf die Maß- und Formgenauigkeit des Werkstücks beim Kaltfließpressen. Nach [8.18]

Ein Sondergebiet der Kaltmassivumformung ist das Fließpressen einbaufertiger Zahnräder. Schrägverzahnte Zahnräder nach dem Samanta-Verfahren [8.19] erreichen beim Fließpressen eine Genauigkeit von Qualität 10/11 nach DIN 3962. Durch anschließendes Radialnachwalzen kann diese um eine Stufe verbessert werden [8.20].

Beim Kaltfließpressen von Innen- und Außenverzahnungen sind die Werkzeugteile hohen Belastungen ausgesetzt. Diese Belastungen bewirken elastische Formänderungen am Werkzeug während des Umformens. Diese elastischen Formänderungen wirken sich auf die Maß- und Formgenauigkeit des Werkzeugs aus. Um nun maßgenaue Verzahnungen herstellen zu können, ist eine gezielte Vorverzerrung des Verzahnungsprofils am abbildenden Werkzeug erforderlich.

Bild 8.23 zeigt beispielsweise u. a. eine Nabenhülse mit Innenverzahnung und Kegelräder für die Automobilindustrie, die einbaufertig kaltfließgepreßt wurden. Die Zahnflankenform dieses kaltfließgepreßten Kegelrads weicht von der eines Musterrads um maximal 0,01 mm ab [8.21; 8.22].

Bild 8.23 Beispiel für Kegelrad-
verzahnungen und Innenverzahnungen
(Neumeyer Fließpressen)

8.3.5 Kombination von Warm-, Halbwarm- und Kaltumformung

Beim Halbwarmumformen werden durch entsprechende Erwärmung des Rohteils
(bei Stahl ca. 500 bis 750 °C), die Vorteile der Warmumformung — geringe Kräfte,
größeres Formänderungsvermögen — mit denen der Kaltumformung — erhöhte
Genauigkeit und bessere Oberflächenbeschaffenheit — kombiniert.

Abhängig von geforderten Werkstückeigenschaften und Maßgenauigkeiten,
sowie von dem Zwang kostengünstig zu fertigen (Einsparung an Werkstoff und
Wärmeenergie) können ferner das Warm-, Halbwarm- oder Kaltumformen miteinander an einem Werkstück angewandt werden. Hirschvogel [8.23] unterscheidet
hier folgende Möglichkeiten:

a) Warm-vorformen/Kalt-fertigformen
b) Halbwarm-vorformen/Kalt-fertigformen
c) Kalt-vorformen/Warm-fertigformen
d) Kalt-vorformen/Halbwarm-fertigformen

Die unter a) und b) angeführten Kombinationen werden in der Regel dort
eingesetzt, wo infolge der Ausgangswerkstoffqualität oder des zu großen Umformgrades eine reine Kaltumformung nicht möglich ist. Hier werden die Vorteile des
Warmpressens und des Kaltpressens gezielt genutzt. Lediglich Werkstückform-
elemente, bei denen eine hohe Form- und Maßgenauigkeit bzw. Oberflächengüte gefordert wird, werden noch kaltumgeformt. (Prägen, Abstreckgleitziehen
usw.)

Wird eine gewisse Werkstoffverteilung am Werkstück benötigt (z. B. Gelenk-
pfanne an einem runden Schaft), die während des Warmumformvorgangs nur mit
relativ großem Aufwand erzielbar wäre, so wird das Kalt-scheren und Kalt-vor-
formen in einem Arbeitsgang zusammengefaßt. (Kombination c)) Anschließend
wird das Werkstück zur Warmumformung, meist partiell, induktiv erwärmt.

d) stellt einen Sonderfall dar, bei dem das Rohteil bei Raumtemperatur gesetzt
und anschließend eine Halbwarmumformung durchgeführt wird. Maßgenauigkeit
und Oberflächenqualität werden um so besser, je größer der Anteil des Halb-
warm- bzw. des Kaltumformens an der Gesamtumformung wird.

8.3.6 Feinschneiden

Im allgemeinen zeigen die Schnittflächen geschnittener oder gelochter Teile eine glatte, geschnittene Zone und eine Bruchzone. Die Maßgenauigkeit der Teile über die Schnittfläche gemessen liegt in den Toleranzfeldern IT 9 bis 14. Diese Schnittflächen sind nicht als Funktionsflächen zu gebrauchen.

Um nun möglichst über die ganze Blechdicke eine geschnittene Oberfläche zu erhalten, wird beim Feinschneiden eine sog. Ringzacke in das Blech gedrückt. Durch die so erzeugten Druckspannungen in der Schneidzone wird das Entstehen eines Risses verhindert.

Die Außenmaße geschnittener Teile werden durch die Maße der Schneidplatte, die Innenmaße durch die Maße des Schneidstempels bestimmt. Abweichungen von diesen Sollmaßen entstehen als Folge des Werkstoffflusses während des Vorgangs, durch die elastische Rückfederung des Werkstücks nach dem Schneiden und infolge der elastischen Verformung des Werkzeugs. Die Werkzeugverformung hat einen erheblichen Einfluß auf die am Werkstück auftretenden Fehler.

Feingeschnittene Teile weisen zwei Formfehler auf:

— Sie sind nicht zylindrisch, sondern tonnenförmig ausgebildet.
— Bei Lochungen ergeben sich Durchmesserunterschiede. Maximaler und minimaler Durchmesser sind um $90°$ versetzt (Anisotropieeinfluß bei Stahlblech).

Abweichungen bei genaugeschnittenen Teilen in der Produktion wurden von Krämer [8.24] durch Ausmessen einer größeren Anzahl verschiedener Teile ermittelt. Die Abweichungen an den betreffenden Werkstücken lagen alle innerhalb der Toleranz IT 8. Hierin sind Maß- und Formabweichungen eingeschlossen.

Bild 8.24 zeigt einige Beispiele für Feinschnitteile.

Bild 8.24 Beispiele für Feinschnitteile (Feintool AG)

8.3.7 Kaltwalzen von Präzisionsprofilen

Beim Kaltwalzen von ohne spanende Nacharbeit einsatzfähigen Profilen kommen i. allg. drei Verfahren zum Einsatz (Bild 8.25):

1. Das *Roto-Flo-Verfahren* entspricht prinzipiell dem Gewindewalzen mit zwei gegenläufigen Walzbacken. Es zählt zu den Abwälzverfahren. Das zu erzeugende

Profil wird durch eine Relativbewegung zwischen Werkzeug und Werkstück hergestellt. Kennzeichnend sind hohe Verfestigung und daraus folgend hohe Umformkräfte, die sich nachteilig auf die Herstellgenauigkeit auswirken können.

2. Beim *Marciniak-Verfahren* (auch als WPM-Verfahren bezeichnet) wird das Profil durch die Relativbewegung zwischen rotierendem Werkstück und zwei sich kreisförmig bewegenden, innenverzahnten Werkzeugen erzeugt. Bedingt durch die intermittierende Herstellung des Profils treten weniger hohe Umformkräfte auf. Für gerade Profile liegt die erreichbare Qualität bei 6 bis 8 nach DIN 3962 [8.25].

3. Das *Grob-Verfahren* benutzt einfache Werkzeuge, deren Profilform identisch mit der Zahnlückenform des zu erzeugenden Werkstücks ist. Ein Abwälzvorgang erübrigt sich, der Werkstoff wird im wesentlichen nur in einer Richtung (radial) verdrängt. Der Gesamtumformvorgang wird in einzelne Teilumformvorgänge zerlegt, die ihrerseits einen geringen Kraftaufwand benötigen. Die erreichbare Maß- und Formgenauigkeit liegt zwischen Qualität 6 bis 7 nach DIN 3962. Die Oberflächenrauheit liegt meist unter 1 μm [8.26].

Kaltgewalzte Präzisionsprofile werden zunehmend für Keilwellen, Schiebehülsen, Zahnriemenscheiben, Stirnradlaufverzahnungen verwendet.

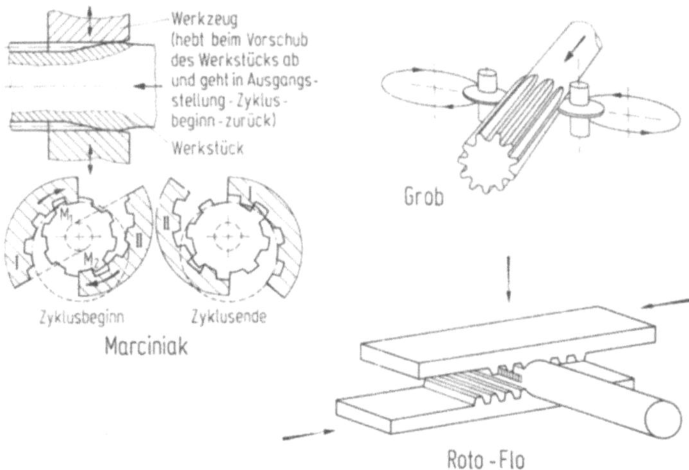

Bild 8.25 Kaltwalzverfahren zur Verzahnungsherstellung

8.4 Toleranzen

8.4.1 Toleranzfelder

Da aus fertigungstechnischen Gründen kein Werkstück mit absolut genauen Maßen hergestellt werden kann, wird für diese eine Toleranz vorgesehen. Sie muß so gewählt werden, daß die Funktion des Teils gesichert ist; sie soll nicht kleiner sein als dafür erforderlich, da sonst *unwirtschaftlich* gefertigt wird.

Das bei der Fertigung erzielte *Istmaß* muß innerhalb der noch zulässigen Grenzmaße, dem *Größtmaß* G und dem *Kleinstmaß* K liegen. Zwischen G und K

liegt die sog. Toleranz. Bezogen auf das *Nennmaß N*, das der Maßeintragung dient, teilt sie sich in *oberes und unteres Abmaß* — A_o und A_u — auf.

Es ist: $A_u = N - K$, $A_o = G - N$ (N kann auch $= G$ bzw. K gewählt werden!).

Beispiel für tolerierte Maßbezeichnung:

$$28 \; {+\,0{,}12 \atop -\,0{,}15}.$$

Hierbei ist $N = 28$, $A_o = 0{,}12$, $A_u = 0{,}15$, $T = A_u + A_o = 0{,}27$ mm.

Bild 8.26 bringt für Ausschneiden von Platinen (Ronden) und Lochen Betrachtungen über Toleranzfelder unter Berücksichtigung von Maßschwankungen bei der Werkzeugherstellung.

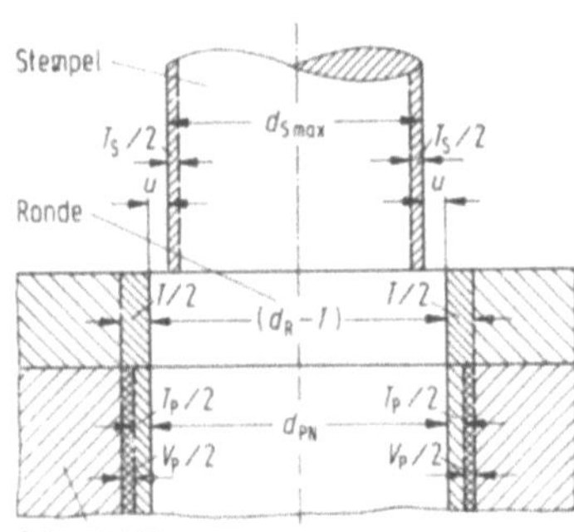

Bild 8.26 Toleranzfelder, Größt- und Kleinstmaße beim Ausschneiden und Lochen. $d_{S\,max}$ Größtmaß Stempel; d_{PN} Nennmaß Schneidplatte; V_P Verschleiß der Schneidplatte; d_R Nenndurchmesser Ronde; T_S Herstelltoleranz Stempel; T_P Herstelltoleranz Schneidplatte; T Toleranz Ronde; u Nennmaß des Schneidspalts. Man wählt den Nenndurchmesser der Schneidplatte gleich dem Kleinstmaß der Ronde.
Größtmaße: $d_P = (d_R - T) + T_P + V_P$, $d_{Smax} = (d_R - T) - 2u$; *Nennmaß:* $d_{PN} = (d_R - T)$

8.4.2 ISO-Toleranzen

Die internationale Toleranzeinheit im ISO-System für runde und parallelflächige Teile von Werkstücken ist nach DIN 7150/7151

$$i = 0{,}45 \sqrt[3]{d} + 0{,}001d,$$

i in μm berücksichtigt die mit wachsendem Nennmaß d steigende Meßunsicherheit (d in mm).

ISO-Toleranzen sind für den Nennmaßbereich von 1 bis 500 mm eingeführt. Jeder Teilnennmaßbereich kann in 16 (18) Qualitäten (Kurzzeichen IT) toleriert werden. Die Größe der Toleranz für jede Qualität ist durch eine bestimmte Anzahl Toleranzeinheiten i festgelegt. Die Qualitäten sind ab IT 6 ($= 10i$) geometrisch nach DIN 323 (Normzahlen), Stufensprung 1,6, gestuft. Darunter ist die Stufung teils geometrisch, teils linear.

Beispiel:

Qualität		IT 5	IT 6	IT 7	
Toleranzgröße		$7i$	$10i$	$16i$	Stufensprung
Nennmaßbereich	6...10 mm	6	9	15 μm	$\approx 1{,}6$
	30...50 mm	11	16	25 μm	
	120...180 mm	18	25	40 μm	

Bild 8.27 zeigt für verschiedene Verfahren, darunter die hier besprochenen. die i. allg. erreichbaren Genauigkeiten für Durchmesser, Dicken usw. an. Im Vergleich dazu sind auch die Werte für einige abspanende Verfahren aufgeführt. Alle Angaben sind als Richtwerte aufzufassen, von denen im Einzelfall Abweichungen nach unten oder oben möglich sind.

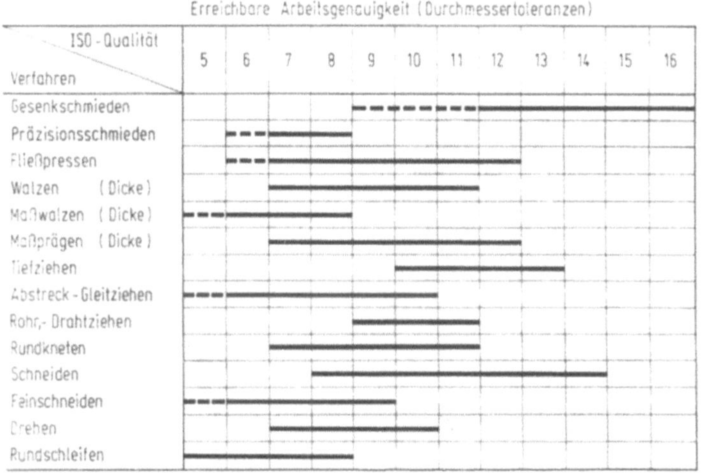

Bild 8.27 Erfahrungsrichtwerte für erreichte Arbeitsgenauigkeit verschiedener Umformverfahren

8.5 Normen und Richtlinien für Toleranzen an umgeformten Werkstücken

Während nach Bild 8.27 wohl allgemeine Erfahrungswerte für die Genauigkeit zahlreicher Umformverfahren vorliegen, bestehen in der Bundesrepublik Deutschland bis jetzt nur Toleranznormen für Gesenkschmiedestücke aus Stahl aufgrund systematischer Untersuchungen [8.4][2]. Sie sind in DIN 7526 festgelegt [8.27; 8.28]. Daneben gibt es ferner Toleranznormen für Gesenkschmiedestücke aus Aluminium in DIN 1749 [8.29], Magnesium in DIN 9005 [8.30], Kupfer und Kupferlegierungen in DIN 17673 [8.31]. Außerdem sind für ausgewählte Verfah-

---

[2] Für Fließgut, wie gewalzte, gepreßte und gezogene Stäbe, sind Maßtoleranzen in den einschlägigen Werkstoffnormen festgelegt.

ren, wie Flachprägen, Flachwalzen, systematische Genauigkeitsberachtungen angestellt worden, die jedoch nicht über statistische Untersuchungen in der Serienproduktion zu Toleranzrichtlinien führten. In jüngster Zeit wurden nach Abschn. 8.3.4 jedoch derartige Untersuchungen für die Grundverfahren des Fließpressens und einige oft in Verbindung damit benutzte Verfahren, wie Abstreckgleitziehen, Stauchen, Anstauchen, durchgeführt. Die Ergebnisse erlauben zunächst die Aufstellung von Richtlinien für Toleranzen für derartig hergestellte Werkstücke [8.17]. Im folgenden werden Auszüge aus den Toleranznormen für Gesenkschmiedestücke und den Toleranzrichtlinien für Kaltfließpreßteile vorgestellt.

8.5.1 Toleranznormen für Gesenkschmiedestücke aus Stahl (DIN 7526)

Die Toleranznormen fußen auf den Bezugsgrößen Schmiedestück—Masse bzw. —Gewicht, jeweilige Bezugsgröße und „Feingliedrigkeit S". Die letztere ist ein Maß für die geometrische Form des Schmiedestücks und ist entsprechend Bild 8.28 als Verhältnis des Schmiedestückvolumens zum Hüllvolumen (V_S/V_H) definiert.

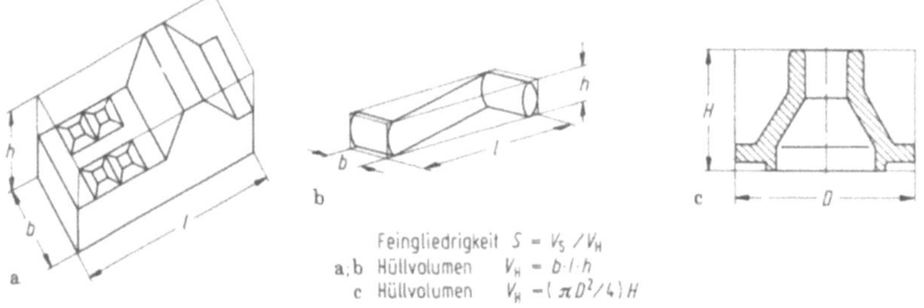

Bild 8.28 Feingliedrigkeit bei Gesenkschmiedestücken. Nach [8.28]

Toleriert sind die Abmessungen unterteilt nach Längen-, Breiten- und Höhenmaßen, die in einer Gesenkhälfte liegen, und die Gesenkfuge kreuzenden Dickenmaßen, ferner Versatz, Außermittigkeit, Gratansatz und Anschnittiefe. Genormt sind ferner zwei Schmiedegüten — F und E —, wobei F als übliche Schmiedegüte den 1,6fachen Wert von E hat. Der Einfluß des bearbeiteten Werkstoffs auf die Toleranzen ist durch Einführung von zwei Graden der Stoffschwierigkeit unterschieden:

M_1 für leicht zu verarbeitende Stähle ($C < 0,65\%$ und Summe Mn, Cr, Ni, Mo, V, W $< 5\%$).

M_2 für schwer zu verarbeitende Stähle (C $> 0,65\%$ oder Summe der Legierungsanteile wie bei $M_1 > 5\%$).

Für die Erfassung der Feingliedrigkeit S sind vier Stufen in den Tabellen vorgesehen. Diese Tabellen sind getrennt einerseits für Längen-, Breiten- und Höhenmaße in einer Gesenkhälfte, andererseits für die die Gesenkfuge kreuzenden Dickenmaße vorhanden. Ebenso sind die Tabellen für die Schmiedegüten E und F getrennt aufgeführt, um Ablesefehler zu vermeiden. Auf der anderen Seite hat man, wie Bild 8.29 als Ausschnitt aus DIN 7526, Tab. 1, zeigt, die ebenfalls von der Masse bzw. dem Gewicht abhängenden zu tolerierenden Größen Versatz und Außermittigkeit sowie Gratansatz mit hineingenommen. Man geht bei diesen Tabellen, die insgesamt für Maßbereiche bis 2500 mm und Schmiedestückmassen bis 250 kg vorliegen, von der Masse aus und gelangt den schrägen Leitlinien folgend zu Toleranzen und zulässigen Abmaßen für verschiedene Nennmaßbereiche in Spalte 7. Diese steigen mit zunehmender Abmessung mit einem Stufensprung von 1,12 an.

Bezüglich der Anwendung sind die Toleranznormen sehr flexibel. Es bestehen grundsätzlich folgende sechs Möglichkeiten:

1. Auf alle Längen-, Breiten- und Höhenmaße werden die Toleranzen des jeweils größten Längen-, Breiten- und Höhenmaßes angewandt. Auf die Durchmesser runder Naben oder Vertiefungen eines Gesenkschmiedestücks werden i. allg. die Toleranzen der größten Breite angewandt.

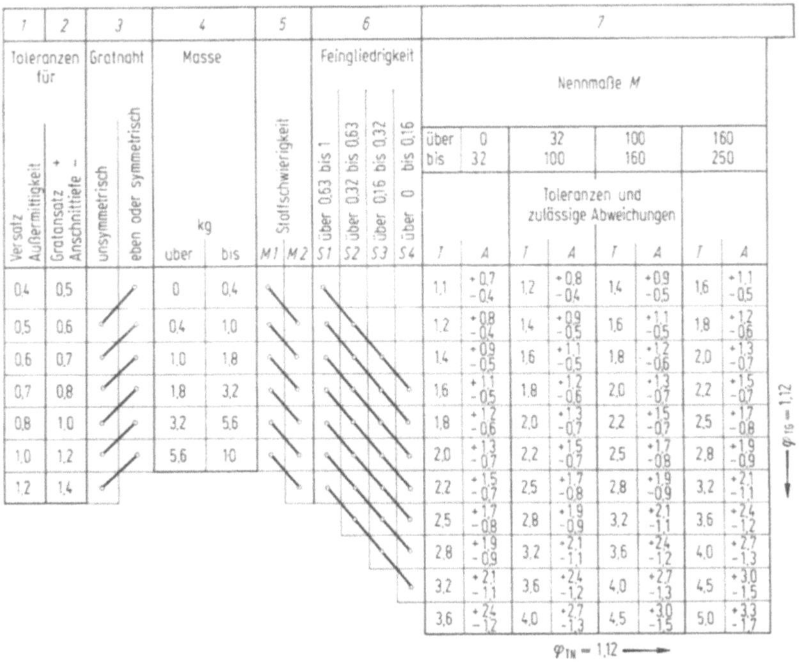

1	2	3		4		5		6				7							
Toleranzen für	Gratnaht			Masse				Feingliedrigkeit				Nennmaße M							
Versatz Außermittigkeit	Gratansatz + Anschnittiefe −	unsymmetrisch	eben oder symmetrisch	kg		Stoffschwierigkeit		über 0,63 bis 1	über 0,32 bis 0,63	über 0,16 bis 0,32	über 0 bis 0,16	über 0 / bis 32		32 / 100		100 / 160		160 / 250	
				über	bis	M1	M2	S1	S2	S3	S4	Toleranzen und zulässige Abweichungen							
												T	A	T	A	T	A	T	A
0,4	0,5			0	0,4							1,1	+0,7 / −0,4	1,2	+0,8 / −0,4	1,4	+0,9 / −0,5	1,6	+1,1 / −0,5
0,5	0,6			0,4	1,0							1,2	+0,8 / −0,4	1,4	+0,9 / −0,5	1,6	+1,1 / −0,5	1,8	+1,2 / −0,6
0,6	0,7			1,0	1,8							1,4	+0,9 / −0,5	1,6	+1,1 / −0,5	1,8	+1,2 / −0,6	2,0	+1,3 / −0,7
0,7	0,8			1,8	3,2							1,6	+1,1 / −0,5	1,8	+1,2 / −0,6	2,0	+1,3 / −0,7	2,2	+1,5 / −0,7
0,8	1,0			3,2	5,6							1,8	+1,2 / −0,6	2,0	+1,3 / −0,7	2,2	+1,5 / −0,7	2,5	+1,7 / −0,8
1,0	1,2			5,6	10							2,0	+1,3 / −0,7	2,2	+1,5 / −0,7	2,5	+1,7 / −0,8	2,8	+1,9 / −0,9
1,2	1,4											2,2	+1,5 / −0,7	2,5	+1,7 / −0,8	2,8	+1,9 / −0,9	3,2	+2,1 / −1,1
												2,5	+1,7 / −0,8	2,8	+1,9 / −0,9	3,2	+2,1 / −1,1	3,6	+2,4 / −1,2
												2,8	+1,9 / −0,9	3,2	+2,1 / −1,1	3,6	+2,4 / −1,2	4,0	+2,7 / −1,3
												3,2	+2,1 / −1,1	3,6	+2,4 / −1,2	4,0	+2,7 / −1,3	4,5	+3,0 / −1,5
												3,6	+2,4 / −1,2	4,0	+2,7 / −1,3	4,5	+3,0 / −1,5	5,0	+3,3 / −1,7

$\varphi_{TN} = 1{,}12 \longrightarrow$ $\varphi_{TG} = 1{,}12$

Bild 8.29 Ausschnitt aus DIN 7526, Tab. 1, Schmiedegüte F [8.27]

2. Längenmaße, die kleiner sind als das größte Längenmaß, erhalten nicht dessen F-Toleranz, sondern die auf das betreffende Längenmaß in Spalte 7 der Tabellen zutreffende F-Toleranz. Dasselbe geschieht bei den Breiten- und Höhenmaßen. Bezeichnet man das Vorgehen nach Punkt 1 mit „$F_{\text{größt}}$", dann ist dasjenige nach Punkt 2 „F_{x}" zu bezeichnen.

3. Eine oder nur wenige Abmessungen erfordern eine kleinere Toleranz „E". Die Kennzeichnung ist dann: „$F_{\text{größt}}, E$". Diese Art sollte die Regel sein, wenn

örtlich engere Toleranzen gebraucht werden. Ebenso ist aber auch die Kombination „F_x, E" möglich.

4. Für insgesamt genaue Gesenkschmiedestücke erhalten alle Längenmaße die E-Toleranz $E_{größt}$ der größten Länge usw. Dieser Fall ist jedoch selten, denn es gibt meist Nebenmaße, die man nach F tolerieren kann.

5. Hierbei wird ähnlich wie unter Punkt 2 vorgegangen mit individuellen „E-Toleranzen E_x".

6. Hierbei handelt es sich um eine sorgfältig durchüberlegte Tolerierung mit großen Toleranzen, wenigen aus der Schmiedegüte E und nur einer einzelnen Sondertoleranz S (die Sondertoleranzen S sind von Fall zu Fall zu vereinbaren). Kennzeichnung: „$F_{größt}$, E_x, S".

Die erste und die dritte Möglichkeit der Tolerierung bilden die Regel. Bei Dickenmaßen über die Gesenkfuge hinweg soll die erste oder vierte Art benutzt werden, da alle diese Maße an einem Werkstück in gleicher Weise von der Gratdicke beeinflußt werden. Ähnliches gilt für die Gratansatzmaße. Von der Seite der *Fertigungskosten* her ist zu bedenken, daß diese in der Reihenfolge der Tolerierungsarten $F_{größt}$, F_x, ($F_{größt}$, E), $E_{größt}$, E_x, ($F_{größt}$, E_x, S) ansteigen.

Das Toleranzsystem nach DIN 7526 enthält die Möglichkeit der Ausweitung in verschiedenen Richtungen. So lassen sich andere Werkstoffe, andere Abmessungen sowie andere Schmiedegüten ohne weiteres einarbeiten. Das System ist damit der fertigungstechnischen Entwicklung gegenüber, die eindeutig zur Beherrschung höherer Genauigkeiten führt, offen.

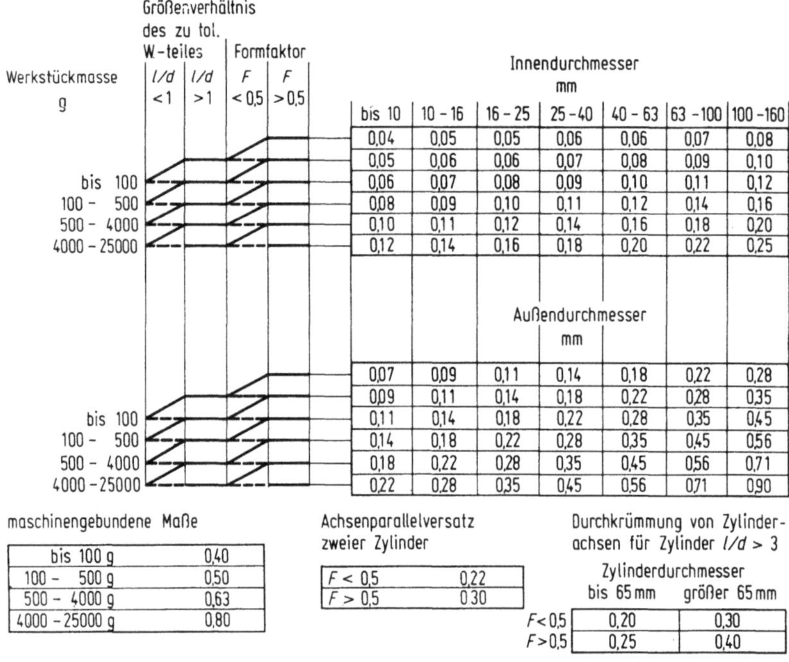

Bild 8.30 Toleranzrichtwerte für das Kaltfließpressen von Werkstücken Kohlenstoffstählen mit C < 0,2%. Nach [8.17]

8.5.2 Toleranzsystem für Kaltumformteile aus Stahl [8.17]

Das Toleranzsystem umfaßt gegenwärtig Werkstückmassen zwischen 0,1 und 25 kg, Gesamtlänge bis 500 mm und Durchmesser zwischen 10 und 160 mm. Einflußgrößen sind die Werkstückmasse, das Verhältnis Länge zu Durchmesser des zu tolerierenden Werkzeugteils, der Formfaktor F (s. Abschn. 8.3.4) (nicht zu verwechseln mit der Feingliedrigkeit S nach DIN 7526!) und die betreffende Abmessung. Die Toleranzen nehmen mit der Werkstückmasse, dem Verhältnis l/d, dem Formfaktor F und dem zu tolerierenden Durchmesser zu. Für Innendurchmesser und Außendurchmesser sind getrennte Tabellen vorgesehen. Daneben sind maschinengebundene Maße, Achsenparallelversatz zweier Zylinder sowie Durchkrümmung von Zylinderachsen für längere zylindrische Teile in Abhängigkeit von der Werkstückmasse, dem Formfaktor und dem Durchmesser zylindrischer Teile toleriert. Die in Bild 8.30 zusammengestellten Toleranzrichtwerte gelten zunächst für Kohlenstoffstähle mit C < 0,2% und üblicher Fließpreßgüte.

Es handelt sich bei dem hier vorgestellten System um einen ersten Schritt zur Toleranznormung auf dem Gebiet der Kaltmassivumformteile. Es ist zu erwarten, daß weitere Untersuchungen zu ähnlichen Lösungen wie beim Gesenkschmieden führen werden. Auch hier wird Offenheit gegenüber der künftigen fertigungstechnischen Entwicklung zu größerer Genauigkeit hin erwartet werden müssen.

Literatur zu Kapitel 8

8.1 Kienzle, O.: Die Grundpfeiler der Fertigungstechnik. Werkstattstechnik u. Maschinenbau 46 (1956) 204—209.

8.2 Ickert, J.: Das Genauigkeitswesen in der technischen Normung. Berlin, Göttingen, Heidelberg: Springer 1955.

8.3 Lange, K.: Die Arbeitsgenauigkeit beim Gesenkschmieden unter Hämmern. Diss. TH Hannover 1953. Forschungsbericht Nr. 98 d. Wirtschafts- u. Verkehrsministeriums Nordrhein-Westfalen. Köln, Opladen: Westdeutscher Verlag 1954.

8.4 Huwendiek, D. J.: Aufstellung von Fertigungstoleranzen mit Hilfe statischer Methoden, dargelegt am Beispiel des Gesenkschmiedens von Stahl. Diss. TH Hannover 1963.

8.5 Watermann, H. D.: Die Arbeitsgenauigkeit von Hämmern und Schwungradspindelpressen beim außermittigen Schlag. Werkstattstechnik 53 (1963) 413—421.

8.6 Lange, K.; Meyer-Nolkemper, H.: Gesenkschmieden, 2. Aufl. Berlin, Heidelberg, New York: Springer 1977.

8.7 Schweer, W.; Hoppe, H.: Zum Genauigkeitsverhalten mechanischer Pressen. Mitt. d. Dtsch. Forschungsges. f. Blechverarbeitung und Oberflächenbehandlung e. V. 19 (1968) 90—95.

8.8 Tafel, K.: Untersuchung über den Einfluß der Belastungszeit auf die Streuung der Rückfederung von Biegeteilen. Berichte aus dem Institut für Umformtechnik, Universität Stuttgart, Nr. 1. Essen: Girardet 1964.

8.9 Burgdorf, M.: Untersuchungen über das Stauchen und Zapfenpressen. Berichte aus dem Institut für Umformtechnik, Universität Stuttgart, Nr. 5. Essen: Girardet 1966.

8.10 Kienzle, O.: Entwicklungslinien bei Werkzeugmaschinen der Umformtechnik. Werkstattstechnik 49 (1959) 479—489.

8.11 Soom, E.: Statistische und mathematische Methoden in der Fertigung I, II, Bern: Verlag Technische Rundschau. Blaue TR-Reihe Heft Nr. 72 u. 82.

8.12 Witte, H. D.: Untersuchungen über die Streuung der Kräfte und Arbeiten beim Fließpressen in der laufenden Fertigung und den Einfluß der Phosphatschichtdicke und des Schmiermittels. Berichte aus dem Institut für Umformtechnik. Universität Stuttgart, Nr. 6. Essen: Girardet 1967.

8.13 Lange, K., u. a.: Möglichkeiten moderner Umformtechnik. wt-Z. ind. Fertig. 73 (1983) 349—358.

8.14 Schorp, G.: Die spanlose Fertigung von Zahnrädern. VDI-Ber. Nr. 47. Düsseldorf: VDI-Verlag 1961.

8.15 VDI-Richtlinie 3172: Flachprägen. Düsseldorf: VDI-Verlag 1961.

8.16 Kienzle, O.; Meier, R.: Erzielbare Maßgenauigkeit und Oberflächengüten beim Kaltflachprägen von Gesenkschmiedestücken. Werkstatttechnik 51 (1961) 545—551.

8.17 Wagner, H. W.; Leykamm, H.: Maßtoleranzen an Kaltfließpreßwerkstücken aus Stahl. Ind. Anz. 90 (1968) 45—52.

8.18 Leykamm, H.: Beitrag zur Arbeitsgenauigkeit des Kaltmassivumformens. Berichte aus dem Institut für Umformtechnik, Universität Suttgart, Nr. 57. Berlin, Heidelberg, New York: Springer 1980.

8.19 Samanta, S. K.: Helical gear: A novel method of manufacturing it. Proceedings NAMRC-IV, 1976. Soc. of Manufact. Engineers, Dearborn, Michigan, USA, pp. 199—205.

8.20 Lange, K.: Neue Möglichkeiten der Werkstückherstellung durch Massivumformen. Tagungsband Fertigungstechnisches Kolloquium Stuttgart 7./8. Oktober 1976.

8.21 Burgdorf, M.: Kaltpressen von zahnradartigen Teilen. Tagungsband Int. Cold-Forging Congr., Brighton, 1975. Inst. of Sheet Met. Engg., Redhill, Surrey, GB.

8.22 VDI Ber. Nr. 445: Wirtschaftliches Kaltmassivumformen, Düsseldorf: VDI-Verlag 1982.

8.23 Hirschvogel, M.: Kombinationen von Warm-, Halbwarm- und Kaltumformverfahren in der Praxis. Tagungsband 6. Int. Tagung, Kaltumformung, Düsseldorf 1980.

8.24 Krämer, W.: Untersuchungen beim Genauschneiden von Stahl und Nichteisenmetallen. Berichte aus dem Institut für Umformtechnik, Universität Stuttgart, Nr. 14. Essen: Girardet 1970.

8.25 Hammerschmidt, Verzahnungswalzen mit verschiedenen Maschinensystemen. Verzahnungswalzen nach dem WPM-Verfahren. 1. Umformtechnisches Kolloquium Darmstadt, 11. Sept. 1980. Bericht 1, Hrsg. Prof. Dr.-Ing. Schmoeckel, Institut für Umformtechnik der TH Darmstadt.

8.26 Krapfenbauer, H.: Verzahnungswalzen mit verschiedenen Maschinensystemen nach dem Grob-Verfahren. Draht 32 (1981) 292—294; 347—349.

8.27 DIN 7256: Toleranzen und zulässige Abweichungen für Gesenkschmiedestücke aus Stahl, 1969.

8.28 Kienzle, O.: Maßtoleranzen umgeformter Werkstücke. Beispiel: Gesenkschmieden von Stahl. Werkstatttechnik 59 (1969) 257—265.

8.29 DIN 1749: Gesenkschmiedestücke aus Aluminium, 1963.

8.30 DIN 9005: Gesenkschmiedestücke aus Magnesium, 1963.

8.31 DIN 17673: Gesenkschmiedestücke aus Kupfer und Kupferknetlegierungen, 1963.

Sachverzeichnis

Springer